软件开发微视频讲解大系

Linux从入门到精通

（微课视频版）

（适用于实战与Linux认证）

何 明 编著

中国水利水电出版社
www.waterpub.com.cn
·北 京·

内 容 提 要

《Linux 从入门到精通（微课视频版）》是一本介绍 Linux 系统、Linux 命令、Linux 内核、Linux shell 的 Linux 教程。既是一本 Linux 入门教程，也是一本全面介绍 Linux 操作系统的实用教材，它几乎覆盖了 Red Hat 公司官方教程 RH033 和 RH133 的全部内容，覆盖所有常用、重要的 Linux 命令及 Linux 认证考试内容，并带有同步视频，实战讲师用其深厚的基本功和实战经验告诉你：Linux 该怎么学。

《Linux 从入门到精通（微课视频版）》共 24 章，第 0 章介绍了 Linux 安装及配置的相关内容；第 1～2 章对 UNIX 和 Linux 系统进行了概述，并介绍了 Linux 命令的运行方法；第 3～4 章介绍了目录和文件的浏览和管理、不同系统之间传输文件及文件的浏览；第 5 章是 Bash Shell 简介；第 6～23 章分别讲述了输入/输出和管道（|）及相关的命令，用户、群组和权限，Linux 文件系统及一些命令的深入探讨，正文处理命令及 tar 命令，Shell 编程，利用 vi 编辑器创建和编辑正文文件，系统的初始化和服务，Linux 内核模块及系统监控，软件包的管理，硬盘分区、格式化及文件系统的管理，Linux 网络原理及基础设置，Linux 系统排除故障方法，作业的自动化和 OpenSSH 等。

《Linux 从入门到精通（微课视频版）》中许多概念和例题都给出了商业应用背景。许多例题是以场景或故事的形式出现的。不少例题和它们的解决方案是企业中的 Linux 系统管理员或开发人员在实际工作中可能经常遇到的。因此，很多例题不加修改或略加修改后便可应用于实际工作中。

为了帮助读者理解本书的内容，每一章都准备了多个教学视频，其中包括 PPT 的讲解和上机实践的演示。读者可扫描相关二维码观看、学习，另外，这本书还配送实例源代码，方便读者对比学习。

《Linux 从入门到精通（微课视频版）》适合作为 Linux 操作系统入门学习用书，也可作为学校、培训机构 Linux 操作系统课程的教材，还可作为所有想从事 IT（也包括想了解 IT）人员的起步教材，同时也适合 UNIX 操作系统学习者参考学习。

图书在版编目（C I P）数据

Linux从入门到精通 ： 微课视频版 / 何明编著. --
北京 ： 中国水利水电出版社， 2018.4（2024.8 重印）.
（软件开发微视频讲解大系）
ISBN 978-7-5170-6002-4

Ⅰ. ①L… Ⅱ. ①何… Ⅲ. ①Linux操作系统 Ⅳ.
①TP316.89

中国版本图书馆CIP数据核字(2017)第267655号

丛 书 名	软件开发微视频讲解大系
书　　名	Linux 从入门到精通（微课视频版）　Linux CONG RUMEN DAO JINGTONG(WEIKE SHIPIN BAN)
作　　者	何明　编著
出版发行	中国水利水电出版社 （北京市海淀区玉渊潭南路 1 号 D 座　100038） 网址：www.waterpub.com.cn E-mail：zhiboshangshu@163.com 电话：（010）62572966-2205/2266/2201（营销中心）
经　　售	北京科水图书销售有限公司 电话：（010）68545874、63202643 全国各地新华书店和相关出版物销售网点
排　　版	北京智博尚书文化传媒有限公司
印　　刷	三河市龙大印装有限公司
规　　格	203mm×260mm　16 开本　37.75 印张　987 千字
版　　次	2018 年 4 月第 1 版　2024 年 8 月第 7 次印刷
印　　数	20001—22000 册
定　　价	89.80 元

序

Linux 是一个性能稳定的多用户网络操作系统，也是世界上使用最多的一种 UNIX 类操作系统。在写作本书时，想尽力把我二十多年的 Linux 使用经验全部写进书里，但限于篇幅，又不可能面面俱到，所以将部分内容放置在电子书里，感兴趣的读者可以下载后阅读（**下载方法请参考前言中的“本书学习资源列表及获取方式”**）。

在本书中，除了介绍工作中必备的 Linux 知识外，还增加了如下内容，以扩展读者的知识范围：

- 作业的调度和自动化（包括 cron 作业和 anacron 作业的配置）
- 使用 at 和 batch 工具来调度和管理一次性的作业
- 安装和使用 OpenSSH 工具
- 使用 OpenSSH 的私钥（private key）和公钥（public key）进行身份验证
- Oracle Linux 6 和 Oracle Linux 7 操作系统的安装与配置
- Oracle Linux 6 和 Oracle Linux 7 的企业不间断内核
- Oracle Linux 6 和 Oracle Linux 7 的新特性
- Oracle Linux 6 和 Oracle Linux 7 引入的新文件系统，如 ext4 和 xfs
- Oracle Linux 7 的 GRUB 2 等

为了帮助读者理解本书内容，我们为每一章都准备了多个教学视频（至少两个），其中包括 PPT 的讲解和上机实践的演示。

本书是一本 Linux 操作系统的实用教材，它几乎覆盖了 Red Hat 公司官方教程 RH033 和 RH133 的全部内容，但重点放在实际工作能力的训练上。本书的内容和例题设计均由浅入深，为了消除初学者对计算机和操作系统教材常有的畏惧感，本书把那些难懂而且又不常用的内容尽量放在书的后面章节介绍。

本书的第 1 个特点是：书中并不是对每条命令进行简单的介绍，而是把相关的命令有机地组合在一起来讲解。例如，在执行一条 Linux 命令之前，先介绍使用什么命令来显示目前操作系统相关的信息；接下来再介绍怎样执行所学的 Linux 操作系统命令；最后还要介绍使用什么样的方法来验证所执行的命令是否真的成功等。而且，本书中几乎所有的例题都是完整的，读者只要照着书中的例子输入，一定会得到与书中一样（或相似，因为每个操作系统的配置可能略有不同）的结果。

本书的第 2 个特点是：为了消除初学者对 Linux 教材常有的畏惧感，本书并未追求学术上的完美，而是使用生动、简单的生活实例来解释复杂的计算机和操作系统的概念，避免用计算机的例子来解释计算机和操作系统的概念。

本书的第 3 个特点是：它是自封闭的，即读者在阅读此书时不需要其他的参考书。

由于以上的设计，本书对读者的计算机专业知识几乎是没有任何要求的，即本书可以作为读者学习计算机操作系统的起步教材。

本书中许多概念和例题都给出了商业应用背景。许多例题是以场景或故事的形式出现的。不少例题和它们的解决方案是企业中的 Linux 系统管理员或开发人员在实际工作中可能经常遇到的。因此，很多例题不加修改或略加修改后便可应用于实际工作中。

如果读者深入地学习过任何一种大型的软件系统并在这一领域混了一段时间，就会惊奇地发现：其实，许多大型的软件系统，如Oracle、UNIX或Linux系统，它们的核心部分变化相当小而且也非常缓慢。虽然表面上看IT的知识飞快地更新，但是真正核心的内容却很少变，有的几十年都没变。

通过我对Oracle、UNIX、Linux系统的长期学习和应用，我发现这些系统的许多概念和技术几乎是如出一辙。因此，一旦您真正掌握了一个系统，再学习其他系统或升级到新的版本时就不会有太大的困难了。

现实生活中也是一样，在科技日新月异的当今社会，有人曾使用了这样的话来形容当今社会变化速度之快——现在唯一不变的是“变”这个字。但是当我们静下心来仔细观察和分析周围的事物时，就会惊奇地发现：真正核心的东西几乎没什么变化，变化的只是表面现象，而事物的本质根本没有发生变化。

正如一首著名的民歌所唱的那样——太阳下山明朝依旧爬上来，花儿谢了明年还是一样地开。也可以用一句电视剧的台词来形容我们的生活——生活就是一个7日接着另一个7日。

因此建议读者在学习Linux/UNIX或其他新技术时，要尽可能地学习和掌握那些核心的不变或很少变的东西。而Linux/UNIX所提供的许多命令或功能是相当稳定的，如基于UNIX的cp、rm、mkdir和ls命令依然保持着它们几十年前的风采，这样的系统重新学习或培训（更新）的成本很低，也就是您一旦掌握了这一系统，许多功能可以一直使用许多年，甚至于伴随您的整个IT职业生涯。

非常幸运的是Linux和UNIX正是这样一种稳定的操作系统，尽管Linux和UNIX不断升级，但是它们的基本命令和操作几乎没有改变过。而且由于UNIX操作系统对计算机界的影响极为深远，所以许多大型软件（如Oracle数据库管理系统）都有它的影子存在。一旦了解了UNIX或Linux系统之后，您就会惊奇地发现学习和掌握其他大型软件系统变得相对容易多了。

从严格意义上讲，Oracle网络配置与管理并不属于本书的内容。之所以将这部分内容包括在本书中，其主要目的是方便一些读者将来的学习和工作，因为许多Oracle数据库系统都是运行在Linux或UNIX操作系统上并且客户端都是通过网络来访问数据库服务器的。

最后，祝愿大家在Linux学习路上一帆风顺，早日成为Linux大咖。

何　明

前 言

20 世纪 80 年代中期，一个偶然的机会我得到一本 UNIX 和一本 C 语言程序设计的书（都是英文版的）。出于对 UNIX 操作系统和 C 语言的好奇（因为当时许多计算机同仁将 UNIX 和 C 语言“奉若神明”），我开始一边查英语字典一边阅读这两本我的 UNIX 和 C 语言的启蒙教程。虽然当时我的英语水平不是很高，但我发现这两本书很好理解。

正是由于这一经历，使我对 UNIX 系统和 C 语言产生了浓厚的兴趣，并使 UNIX 系统一直如影随行地与我相伴了 20 多个春秋。回首自己学习 UNIX 和 Linux 系统的经历，真是要感谢那两本书的作者，如果我看的第一本 UNIX 和 C 启蒙教材不是这两本书也许根本就没有兴趣在这一领域坚持这么久了。不过非常遗憾的是我没能记住它们的名字，因为搬了多次家，已经不记得将这两本书收藏在什么地方了。在写这本书时，曾经在家里翻了很多地方，但是都没找到，多少有些遗憾！

正是由于对 UNIX 系统和 C 语言产生了浓厚兴趣，在读研究生时，我选修了高级操作系统技术和高级 C 语言程序设计两门课程。学习这两门课程的过程中，在老师的指导下我阅读了不少 UNIX 操作系统命令的 C 语言源程序（如 cp、rm、mv、mount 以及 ls 等），并利用工作之便在单位的计算机上对这些程序进行编译或运行。没想到这种完全是出于好奇和好玩的个人经历却为自己的 IT 职业生涯打下了坚实的基础。

20 世纪 90 年代，我开始接触 SUN 公司的 UNIX 操作系统，最早使用的是 Solaris 2.51，之后陆续使用了 Solaris 7、8、9 和 10。由于工作的需要还学习和使用过惠普公司的 UNIX 操作系统 HP-UX 以及 Tru64 UNIX 5.1B 等不同厂家的 UNIX 操作系统。

1999 年，也是出于好奇，鬼使神差地花了五十多新西兰元买了一本名为《Teach Yourself Linux in 24 Hours》的介绍 Linux 系统的书（不过坦率地说，我读懂这本 500 多页的书所用的时间远远不止 24 小时），就此又开始学习和使用 Linux 系统了。之后，学习和使用的 Linux 系统包括 Red Hat Linux 7.3、Red Hat Linux 9。

后来由于要将 Oracle 数据库管理系统安装在 Linux 操作系统上，转而学习和使用 Red Hat Enterprise Linux 3、Red Hat Enterprise Linux 4、Red Hat Enterprise Linux 5 以及 Oracle Enterprise Linux 4 和 Oracle Enterprise Linux 5。

在快速变化的现代社会中，能够与一件东西相伴差不多四分之一世纪已经实属不易。我与 UNIX 和 Linux 操作系统朝夕相处这么久，确实发现了它们具有许多其他系统无法比拟的优点。也许正是由于这些优点，UNIX 和 Linux 系统被广泛地应用在大中型企业级服务器和 Web 服务器上，现在它们已经成为当今的主流操作系统，并将继续保持这种引领计算机操作系统潮流的趋势。

Linux 操作系统以其稳定、可靠、高效、廉价以及开源等诸多的优点受到众多企事业用户的青睐。随着 IBM、惠普以及 Oracle 等这些 IT 巨人们开始支持或开发他们自己的 Linux 操作系统，目前许多大中型企事业的计算机服务器正在越来越多地转向 Linux 操作系统。Linux 操作系统在服务器领域的领先地位在可以预见的将来会越来越明显。随之而来的是对 Linux 系统管理和开发人员需求的不断增加，从而会吸引更多的人学习 Linux。但是目前学习 Linux 的人数与学习微软系统或 Java 的人数相比，可以说还是少的可怜。造成这种现象的原因可能主要有以下几点：

（1）Linux 的门槛较高，对初学者来说有一定的难度。

（2）Linux 的学习时间较长，因此对于想快速致富的人没有吸引力。

（3）与微软系统相比，Linux 操作系统的安装比较复杂，所以实践环境的搭建比较困难。

本书就是要帮助初学者在比较短的时间内掌握 Linux 操作系统的使用，并能够管理和维护 Linux 系统，而且学习费用极为低廉（只是购买这本书的价钱）。通过与 UNIX 和 Linux 系统二十多年的朝夕相处，我发现 Linux 系统其实与 UNIX 系统一样，是一个变化相当小的操作系统。许多常用的命令（如 cp、rm、mkdir、ls）几乎保持二十多年前的风采，这样的系统重新学习或培训（更新）的成本很低，也就是您一旦掌握了这一系统，许多功能可以一直使用许多年，甚至于伴随您的整个 IT 职业生涯。而不同的是，微软系统比较容易掌握，但是变化也非常快。

通过自己对 UNIX 和 Linux 系统的学习和工作经历，我发现其实 Linux 系统很好玩，Linux 的书也可以写得很精彩。本书是我从二十多年曲折的 IT 工作经历中提炼出来的，是从一位 IT 从业人员的视角来尽可能地介绍在实际工作中常用的和相对较稳定的 Linux 操作系统的知识和技能。

本书首先教读者安装 Linux 系统服务器，并在以后的章节中将其配置成一个与真实的生产环境相近的模拟环境。读者通过对这个与真实的生产系统相近的操作系统的操作，可以获得对真实生产环境中的操作系统进行维护和管理的实际知识与技能，从而成为真正的操作系统管理员或有经验的用户，而不是光能说不能干的“纸上操作系统管理员”。

为了帮助读者，特别是没有从事过 IT 工作的读者了解商业公司和 Linux 从业人员的真实面貌，在书中设计了一个虚拟科研项目（繁育新品种狗的项目，简称狗项目）。利用这个狗项目的运作来帮助读者理解真正的 Linux 系统从业人员在商业公司中是如何工作的。

Oracle Enterprise Linux 是一个免费的开源操作系统，可以在 Oracle 的官方网站上免费下载。之所以使用 Oracle 的 Linux 系统，是因为考虑到将来一些读者在学完 Linux 操作系统之后，可能要在 Linux 系统上安装 Oracle 数据库管理系统（目前有越来越多的 Oracle 数据库系统运行在 Linux 服务器上），而 Oracle 的 Linux 系统已经包括了安装 Oracle 所需的所有软件包和驱动程序，而且 Oracle Enterprise Linux 系统的默认安装已经考虑到了安装 Oracle 数据库管理系统的需要，因此将来读者在这一 Linux 操作系统上安装 Oracle 会非常容易。

本书既可作为学校或培训机构及企业的 Linux 操作系统课程的教材，也可作为自学教材，还可作为所有想从事 IT（也包括想了解 IT）人员的起步教材。可能有读者在想我将来也不想从事 Linux 系统方面的工作，学习 Linux 系统有什么用？其实，您只要想从事 IT 工作，理解操作系统对您将来的职业生涯会有很大的帮助，因为所有的软件系统（包括数据库系统）都是运行在操作系统之上的。而 UNIX 和 Linux 操作系统对计算机操作系统理论和技术的贡献是业界所公认的，许多目前流行的操作系统技术，甚至数据库技术都是源自 UNIX。

其实，许多 UNIX 和 Linux 操作系统的知识还可以直接套用到其他应用系统上。记得 20 世纪 90 年代末期，我在新西兰参加为期 3 个月的 Oracle 的全职培训课程，一天，一位孟加拉同学鬼使神差地将他的 Oracle 数据库搞乱了，而且 Oracle 此时几乎不允许他输入任何 Oracle 命令。他请教老师，老师看了一会儿后说只能重装 Oracle 系统了，因为当时老师已经要下班了，所以他告诉这位同学明天上课时帮他重装 Oracle 系统。凭直觉我觉得问题应该不至于严重到重装 Oracle 数据库系统，所以等老师走后，我问那位孟加拉的同学之前他做了哪些操作，他告诉我修改了一个 Oracle 的系统文件，具体的文件名称记不清了，只记得文件名中的几个字符。于是，我使用搜索命令找到了这个 Oracle 系统文件并改正了他的错误，最后重新启动 Oracle 系统，问题就解决了。

其实，当时我对 Oracle 的理解要远远低于我的老师，但是由于我熟悉操作系统，所以把在管理和维护操作系统工作中掌握的方法原封不动地套用到了 Oracle 数据库系统的管理和维护工作上。在后来的 Oracle 学习和使用过程中，我发现 Oracle 系统的许多概念和技术与 UNIX 或 Linux 操作系统的几乎是如出一辙。因此，我学习 Oracle 系统时并未发现很困难。不只 Oracle 系统，其他的应用系统也有许多 UNIX 或 Linux 操作系统的影子。

可能有读者问为什么它们都这么相像，答案是它们都是人设计和开发的。任何书（包括 Linux 的书），读者都应该能用人的思维方式来读懂。如果一本 Linux 的书，您读了几遍也读不懂，那么请不要读了。很可能这本书根本就不是给初学者写的，也可能人家根本就没想让您看懂（可能是保护知识产权吧），或者是作者自己也没搞懂。

本书是按照认知学习的方式来编排的，每一章都附有大量完整的例子，而且这些例子都在不同的 Linux 操作系统上测试过。读者可以通过在 Linux 系统上运行这些例子来加深对 Linux 操作系统的理解。另外，本书还附有大量的图片来帮助读者从不同的角度理解 Linux 操作系统。对一些很难用文字、图片和例题解释清楚的内容，本书还附有视频（**在下载的资源包中可以找到**），以降低读者学习的难度。在资源包中还包括一些比较冗长的例题的脚本文件，如果读者不想输入复杂和冗长的文件内容，则可以直接使用复制和粘贴的方法来轻松地使用这些文件中的内容。本书中所有的内容都是按循序渐进的方式安排的，即只要顺序阅读本书，即使是初学者也能读懂和掌握本书的内容。

当人们看到或触摸到某一事物时，就会更加容易理解这一事物。计算机操作系统也是一样，它是一门实践性相当强的学科。如果想真正地掌握 Linux 操作系统，就必须不断地使用它。还需要尽可能得到足够的学习资源，例如，比较好的教材（文档、参考手册、用户指南、宝典等一般不能作为教材，因为它们不是按由浅入深的顺序编排的，而且涉及的内容太多。它们一般是为专业人员，而不是初学者学习设计的），最好还能得到一些其他的帮助（如从同事和朋友那里），否则，您的学习将是异常艰难的，即使学完了也未必能干活，因为许多系统功能和操作的用法是上机用出来的，而不是读书读出来的。

专家都从菜鸟来，牛人（大虾）全靠熬出来。其实，所谓大虾或专家就是一件事干长了干久了，在一个行当里混久了就自然而然地混成了专家。我们的祖先之所以能从灵长类中脱颖而出进化成万物之灵的人类，就是因为学会了使用和发明工具。借助于 Linux 这一强大的操作系统（工具），相信即使那些只有很少，甚至没有 IT 背景的读者也会轻松、迅速地从 IT 领域的菜鸟进化成老鹰、大虾，再进化成专家、大师，最后在年逾古稀时进化成一代宗师（只要能够坚持下去）。

本书学习资源列表及获取方式

为让读者朋友在最短时间学会并精通 Linux 操作系统的使用方法，本书提供了丰富的学习配套资源。具体如下：

（1）为方便读者学习，本书特录制了 76 集同步视频（可扫描章首页的二维码直接观看或通过下述方法下载后观看）

（2）为了方便教学和学生快速掌握知识点，本书还制作了配套 PPT。

（3）为了巩固每章知识点，本书大部分章节还赠送了对应的 Linux 试题及答案。

（4）因为篇幅有限，本书将部分细节内容放在电子书里，感兴趣的读者也可以查看学习。

以上资源的获取及联系方式（注意：本书不配带光盘，以上提到的所有资源均需通过下面的方法下载后使用）

（1）读者朋友可以加入下面的微信公众号下载资源或咨询本书的任何问题。

（2）登录网站 xue.bookln.cn，输入书名，搜索到本书后下载。

（3）登录中国水利水电出版社的官方网站：www.waterpub.com.cn/softdown/，找到本书后，根据相关提示下载。

（4）读者可加入 QQ 群 632093241 与其他读者互动交流，获取资源下载链接，或咨询本书其他问题。

（5）如果在图书写作上有好的建议，可将您的意见或建议发送至邮箱 sql_minghe@aliyun.com 或 945694286@qq.com，我们将根据您的意见或建议在后续图书中酌情进行调整，以更方便读者学习。

参与本书编写和资料整理的有王莹、万妍、王逸舟、牛奎奎、王威、程玉萍、万群柱、王静、范萍英、王洁英、王超英、万新秋、王莉、黄力克、万节柱、万如更、李菊、万晓轩、赵菁、张民生和杜蘅等。在此对他们的辛勤和出色的工作表示衷心的感谢。

最后，预祝读者 Linux 操作系统的学习之旅轻松而愉快！

何　明

目　录

第 0 章　Linux 的安装及相关配置

虽然 Linux 的安装与配置应该放在 Linux 系统管理与维护部分讲解，但是没有 Linux 系统，读者就无法上机操作 Linux 的命令。因此为了使读者能够使用 Linux 系统，将这部分内容放到本书的最前面。如果读者对本章的一些内容理解有困难，请不要着急，因为等学完了 Linux 系统管理与维护部分后，再回过头来阅读本章就很容易理解了。

另外，为了帮助没有计算机专业背景的读者更好地理解计算机操作系统工作原理，在接下来的两节中，将简单地介绍计算机组成和操作系统原理。

0.1　计算机的主要部件

计算机是由硬件和软件所组成，并通过硬件和软件的协同工作来完成各种操作。计算机的硬件是由一些不同的部件所组成，其中 4 种主要部件为内存（Random Access Memory，RAM）、中央处理器（Central Processing Unit，CPU）、输入/输出部件（Input/Output，I/O）和硬盘（Hard Disk）。如图 0-1 所示为计算机硬件组成的示意图。

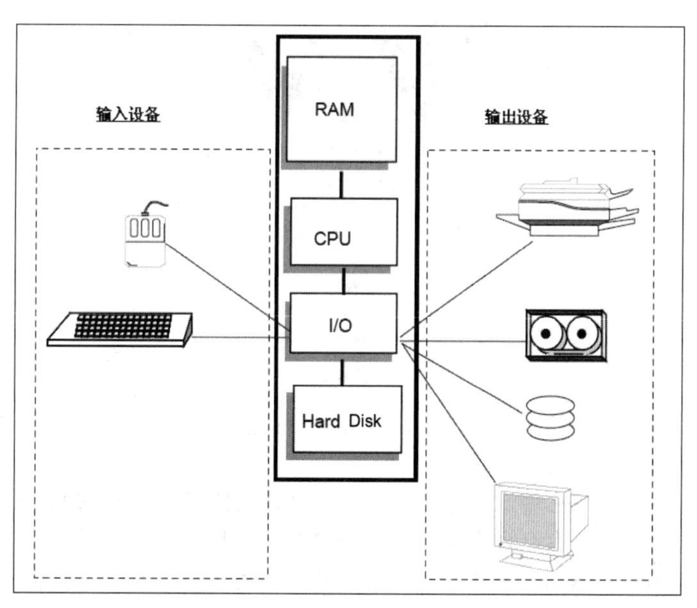

图 0-1

有人将 RAM 翻译成随机存储器，它就是我们所说的计算机内存，也叫主存。当说该计算机系统的内存为 8GB 时，就是指这台计算机上安装了 8GB 的 RAM。软件程序和数据在处理之前必须先要装入内存，之后操作系统才能进行处理。所有软件的运行和数据的处理都是在内存（RAM）中进行的。

软件程序是存放在硬盘上的，当运行一个软件程序时，这个程序的一个备份（映像）被装入 RAM。只要需要，这个映像将一直保存在内存中。当映像不再需要时可以被其他的映像覆盖，即该映像所使用的内存可以为其他程序的映像所使用。如果系统断电或重新启动，内存中所有的映像全部消失。

中央处理器是一个计算机逻辑集成电路芯片，它用来执行从 RAM 接收到的计算机指令，这些指令是以二进制语言（机器指令）存储的。

输入/输出部件从一个设备（如键盘）读入数据并放在内存中，并且将内存中的输出写到一个设备（如终端屏幕）上。主要的输入设备包括键盘和鼠标，主要的输出设备包括显示器、打印机和磁带机等。

硬盘是一种磁性存储设备，用来永久地存储数据。所有的文件、目录和应用程序都存储在硬盘上。

0.2 计算机操作系统简介

由于计算机只能识别和执行二进制的机器指令，而二进制的机器指令对于绝大多数人来说理解起来相当困难。

为了解决这一难题，当然也是为了计算机的普及，人们引入了计算机操作系统。操作系统是一个用来协调、管理和控制计算机硬件和软件资源的系统程序。操作系统位于硬件和应用程序之间，其内核在计算机启动时立即装入内存，提供计算机的基本功能。它们之间的关系如图 0-2 所示。

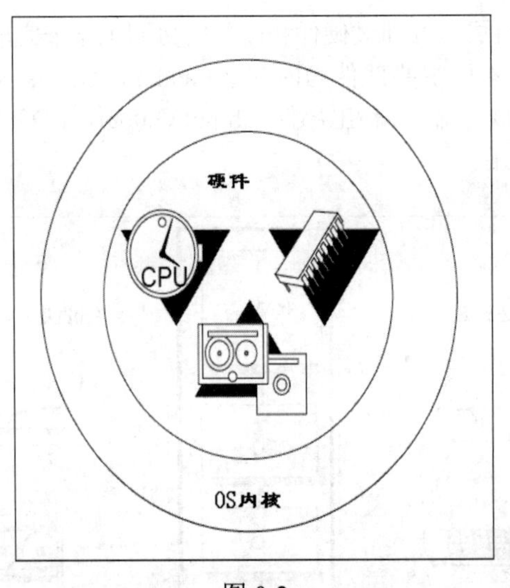

图 0-2

操作系统内核是一个管理和控制程序，负责管理计算机的所有物理资源。操作系统内核包括文件系统、内存管理、设备管理和进程管理。

那么用户和应用程序又是怎样使用操作系统提供的功能（服务）呢？它们通过接口（用户界面）来使用操作系统的功能。目前主要有两种操作系统用户界面：一种是图形界面，如微软的视窗；另一种是命令行界面，如 UNIX 和 Linux 的 shell 命令行解释器。两种系统各有利弊，将在以后的章节中进行介绍。微软的视窗系统在业界被称为用户友好的操作系统，而 UNIX 和 Linux 则被称为程序员友好的操作系统。

提示：

如果读者理解上有困难，也不要紧。相信您一定使用过电视，计算机操作系统与电视机的遥控器相似。您可以完全不理解电视和遥控器的工作原理，但是只要会使用遥控器上的按键就可以欣赏电视节目。

其实读者在学习这本书之前只要有 Windows 系统的知识和会使用键盘及鼠标就行了。

0.3　安装 Linux 系统的准备工作

在本书中将使用 Oracle Linux 6 和 Oracle Linux 7（在下载的资源包中附赠了这两个版本的 Linux 的安装视频），它们与 Red Hat Enterprise Linux 6 和 Red Hat Enterprise Linux 7 百分之百兼容。实际上，Oracle Linux 就是用 Red Hat Enterprise Linux 的源代码开发的，只是修改了商标并加入和改进了与 Oracle 数据库相关的功能而已。Oracle Linux 操作系统是免费的，可以在 Oracle 官方网站上免费下载，其网址为 https://edelivery.oracle.com/linux/。您可能需要注册一下，注册也是免费的。其实，Oracle Linux 操作系统下载的网址不止一个，而且会发生变化。您完全没有必要记住下载的网站，只需在任何搜索引擎中输入 Oracle Linux 之类的关键字就可以很容易地搜索到所需的下载网址。您可以根据您的计算机和操作系统的现状来决定下载的 Linux 操作系统的版本。在本书中分别安装的是 Oracle Linux 6.6 和 Oracle Linux 7.2，其下载界面分别如图 0-3 和图 0-4 所示。

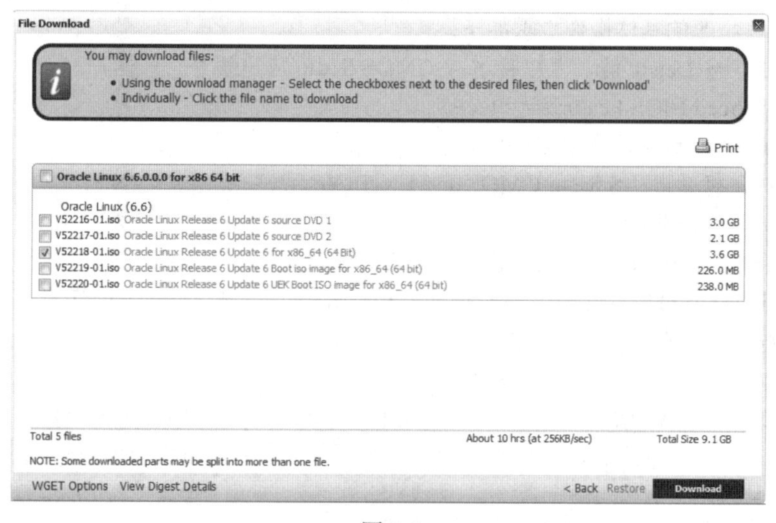

图 0-3

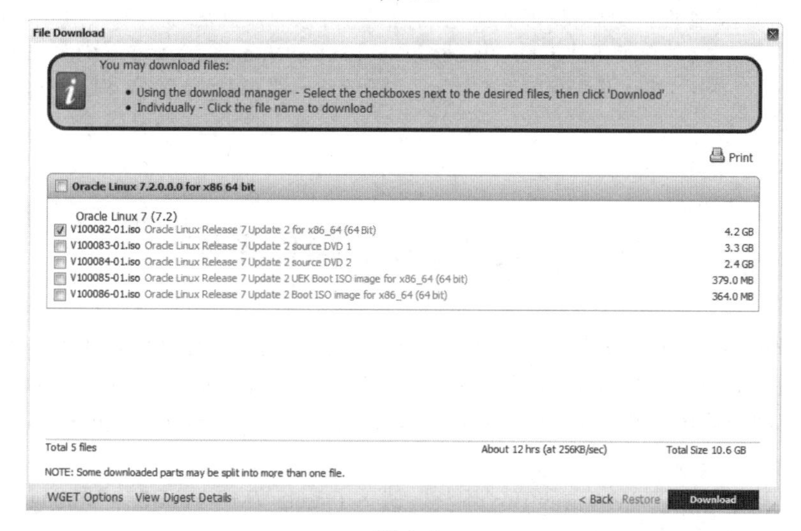

图 0-4

Oracle Linux 和 Red Hat Enterprise Linux 都是免费开源的操作系统。之所以选择 Oracle Linux，除了因为它是免费的以外，还因为将来要在这个 Linux 操作系统上安装 Oracle 数据库管理系统非常方便。Oracle 把安装 Oracle 数据库系统所需的所有操作系统软件包都包括在了它的 Linux 的安装盘中（映像文件），同时 Oracle Linux 的默认配置也基本上满足了安装 Oracle 的需要。甚至还提供了 Oracle RDBMS 的预安装软件包（oracle-rdbms-server-11gR2-preinstall 和 oracle-rdbms-server-12cR2-preinstall），只要您安装了其中之一的软件包（如果要安装 Oracle 12c，就要选择安装 oracle-rdbms-server-12cR2-preinstall），一旦安装成功就自动完成了与 Oracle 数据库系统相关的系统配置并创建了 oracle 用户。是不是很方便？相信有些读者将来会在 Linux 或 UNIX 系统上使用 Oracle 数据库。

在 Oracle 网站上下载的是 DVD 光盘的 ISO 映像文件。如果在虚拟机上安装 Linux，则不需要把该 ISO 映像文件制作成 DVD 光盘，而是修改虚拟机上的设置，将该 ISO 映像文件直接虚拟成光盘。有关虚拟机的安装和配置请参阅下载的资源包中的相关电子书和教学视频。

如果是直接在 PC 上安装 Linux，建议最好先安装 Windows。这时，必须先将 Linux 操作系统的 ISO 映像文件制作成 DVD 光盘。另外，在安装之前可能要修改计算机的 BIOS，将 CD-ROM 改为第 1 个启动（Boot）设备。其修改的具体操作步骤如下：

（1）开机后立即按 Delete 键，之后将进入 CMOS Setup 应用程序。

（2）选择 Advanced BIOS Feature 选项。

（3）将 First Boot Device 设置为 CD-ROM。

（4）按 F10 键，将弹出“Save to CMOS and EXIT (Y/N)?y”提示。

（5）接受默认 Y，按 Enter 键退出。

这里需要指出的是，不同的计算机修改 BIOS 的方法会有一些微小的差别。修改完 BIOS 后即可将 Linux 操作系统的 DVD 光盘放入光驱，然后重新启动计算机即可进行 Linux 操作系统的安装。其后面的安装过程与在虚拟机上的安装方法完全相同，这里不再赘述。

提示：

建议读者在学习 Linux 操作系统期间，最好是在虚拟机上安装。因为这样可以在 Windows 系统和 Linux 之间方便地进行切换。还有您可以把 Windows 系统当成一个远程终端，通过虚拟网络连接到 Linux 操作系统，您就可以真实地体验远程操作计算机的感觉了。使用虚拟机的另一个好处是在虚拟机上可以虚拟出许多个硬盘，甚至多台计算机，这是直接在 PC 上安装无法比拟的。因为您不可能为了学习 Linux 系统在 PC 上装很多硬盘，特别是 SCSI 硬盘。而在虚拟机上就很方便，可以根据需要虚拟出多个硬盘，之后可以随意对它们进行硬盘分区和格式化等操作。虽然在本书中使用的是 Oracle Linux 6.6 和 Oracle Linux 7.2 操作系统，本书的多数例题也曾在其他版本的 Linux，甚至 UNIX 操作系统上测试过。对于在这一级别来说，从学习的角度它们之间的差别是非常微小的。

0.4 安装 Linux 操作系统

本书使用 Oracle VM VirtualBox，而不是 VMware。其主要原因是这一虚拟机软件是免费的，您可以在 Oracle 的官方网站上免费下载。另外，由于它是 Oracle 公司自己的软件，所以与 Oracle Linux 操作系统和 Oracle 数据库结合得比较好。在 VirtualBox 虚拟机上安装 Linux 操作系统的操作过程比较简单，以下为具体的安装步骤。

（1）双击桌面上的 Oracle VM VirtualBox 图标，进入 Oracle VM VirtualBox Manager 界面。单击 Start（开始）图标，开始 Linux 操作系统的安装，如图 0-5 所示。

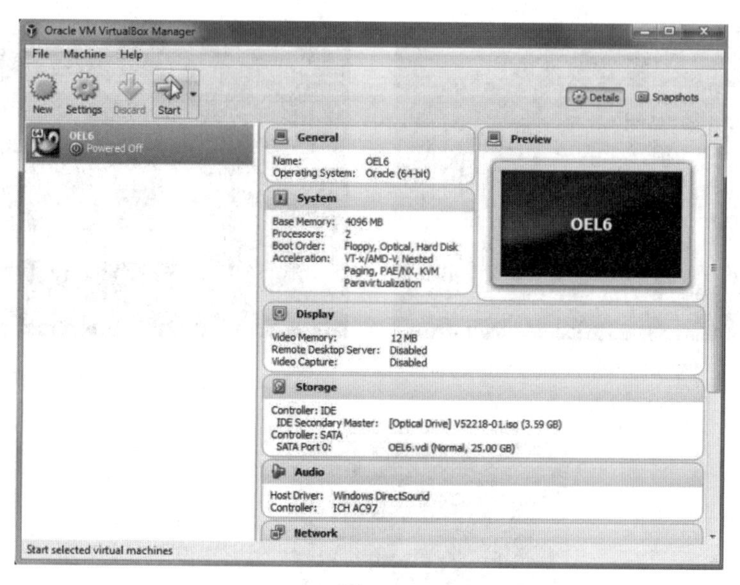

图 0-5

提示：

在安装 Linux 时，可以按 HOST+F（HOST 一般是右侧的 Ctrl 键）键（即同时按下这两个键）切换到全屏，再次按下 HOST+F 键（即同时按下这两个键）又切换回原来的方式。为了减少本书的篇幅，在安装步骤中省略了绝大部分的安装画面。但是在下载的资源包中的电子书中保留了所有详细的安装画面，另外该资源包中还提供了虚拟机安装以及 Oracle Linux 6 和 Oracle Linux 7 系统安装的视频。如果读者在安装时遇到问题，可以参阅资源包中的电子书和视频。

（2）等一会儿将出现如图 0-6 所示的安装界面，在这里为了简单起见接受第一个默认的安装选择，因此直接按 Enter 键。

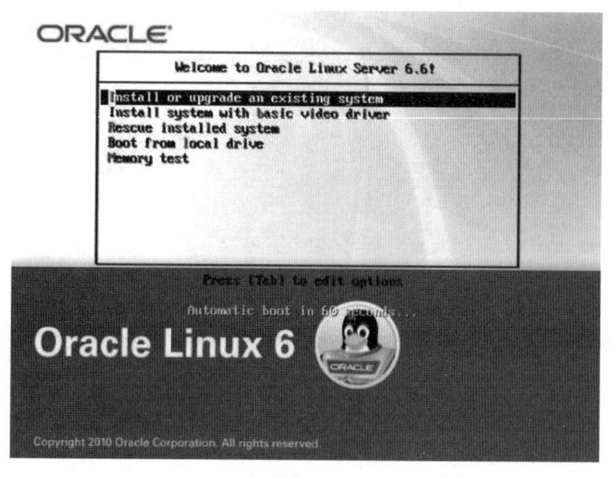

图 0-6

（3）之后将出现如图 0-7 所示的界面，询问是否要检查 CD。为了减少安装所需的时间，这里不进行检查，因此按 Tab 键使光标跳到 Skip 按钮上，按 Enter 键继续安装，如图 0-8 所示。接下来将出现如图 0-9 所示的 Linux 界面，继续单击 Next 按钮。在弹出的界面中选择 English (English) 选项，单击 Next 按钮，如图 0-10 所示。

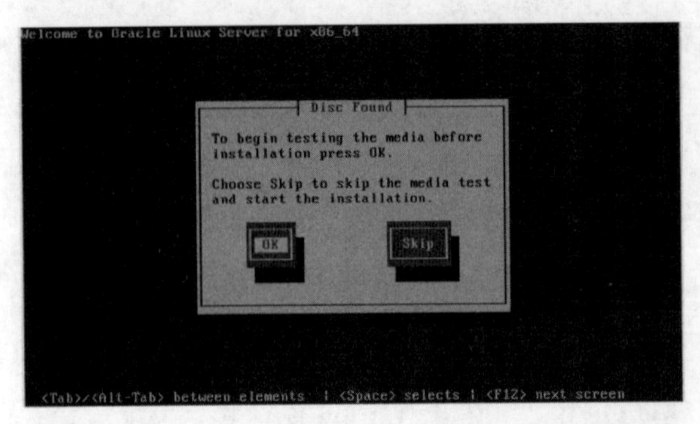

图 0-7

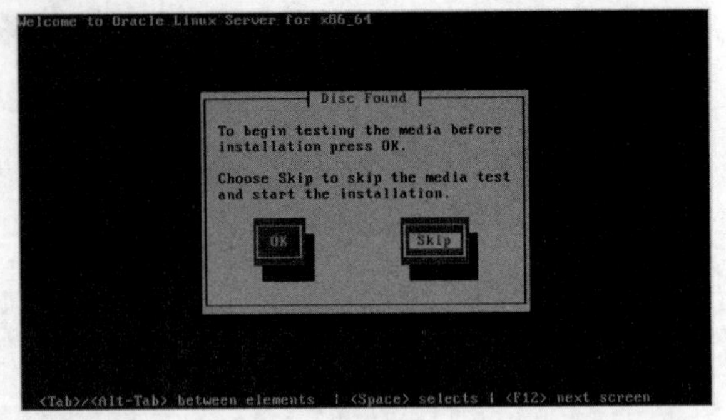

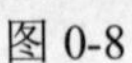
图 0-8

图 0-9

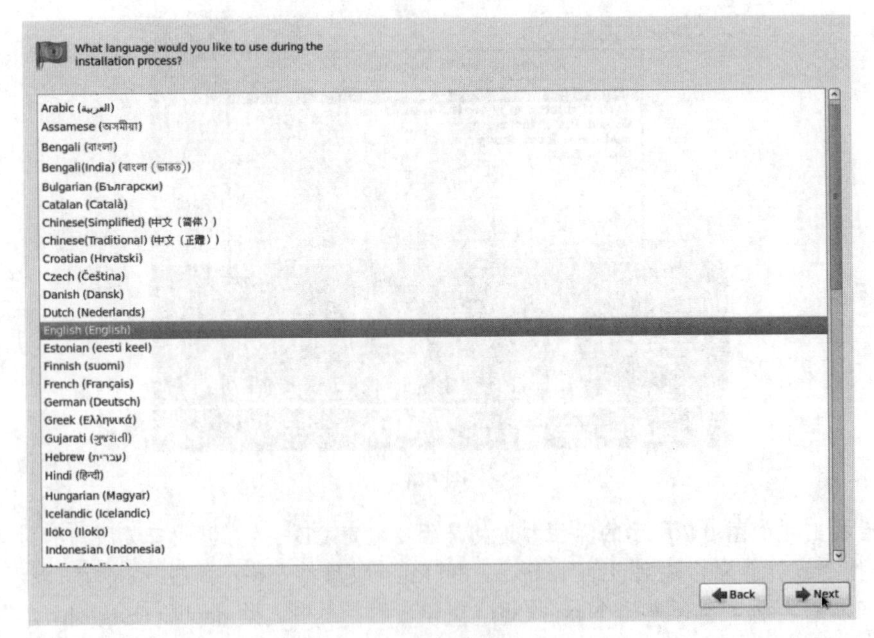

图 0-10

（4）在键盘配置列表框中选择 U.S. English 选项，单击 Next 按钮，如图 0-11 所示。

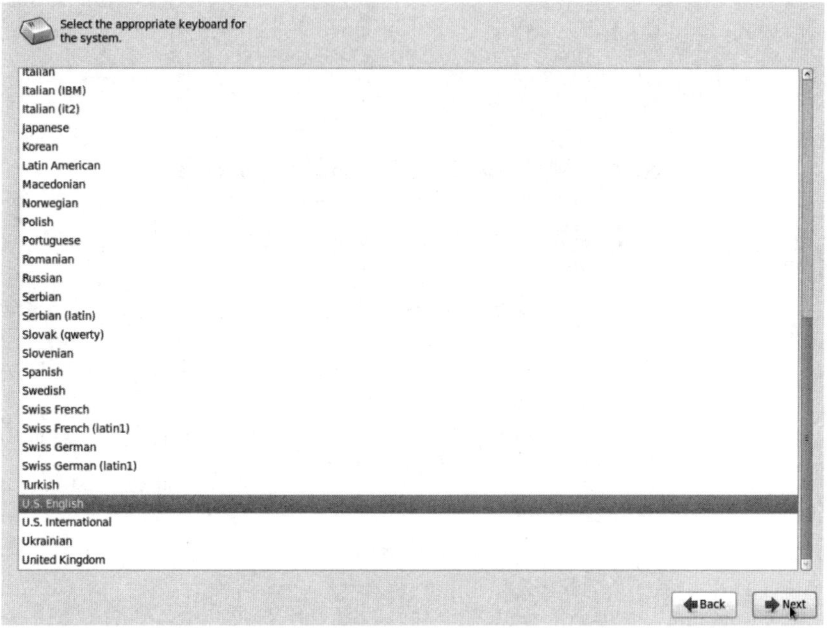

Select the appropriate keyboard for the system.
Italian
Italian (IBM)
Italian (it2)
Japanese
Korean
Latin American
Macedonian
Norwegian
Polish
Portuguese
Romanian
Russian
Serbian
Serbian (latin)
Slovak (qwerty)
Slovenian
Spanish
Swedish
Swiss French
Swiss French (latin1)
Swiss German
Swiss German (latin1)
Turkish
U.S. English
U.S. International
Ukrainian
United Kingdom
Back
Next

图 0-11

（5）选中 Basic Storage Devices 单选按钮，单击 Next 按钮，如图 0-12 所示。

What type of devices will your installation involve?
Basic Storage Devices
Installs or upgrades to typical types of storage devices. If you're not sure which option is right for you, this is probably it.
Specialized Storage Devices
Installs or upgrades to enterprise devices such as Storage Area Networks (SANs). This option will allow you to add FCoE / iSCSI / zFCP disks and to filter out devices the installer should ignore.
Back
Next

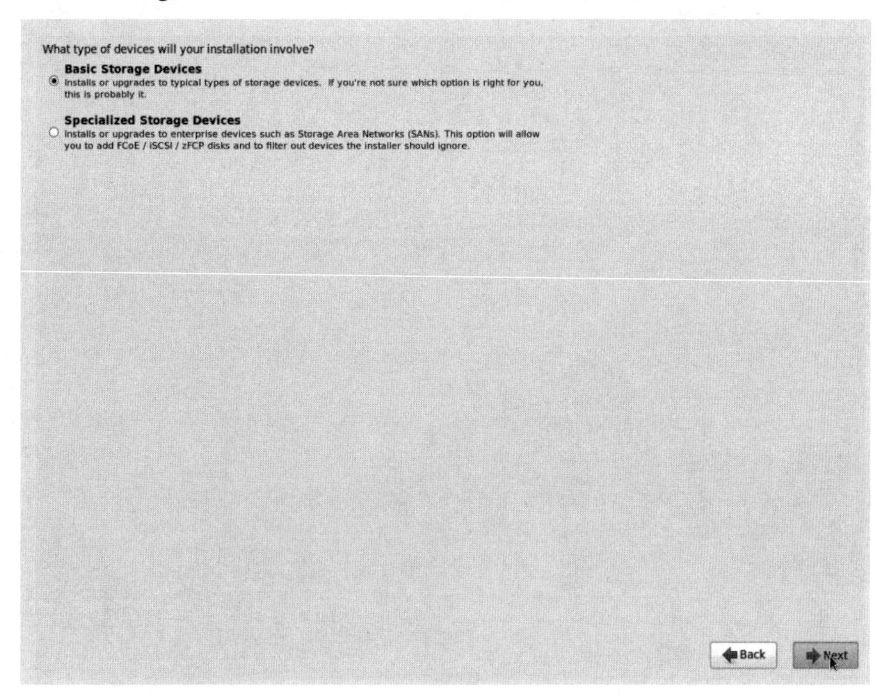

图 0-12

（6）随后将出现存储设备警告对话框，单击“Yes, discard any data”按钮，如图 0-13 所示。

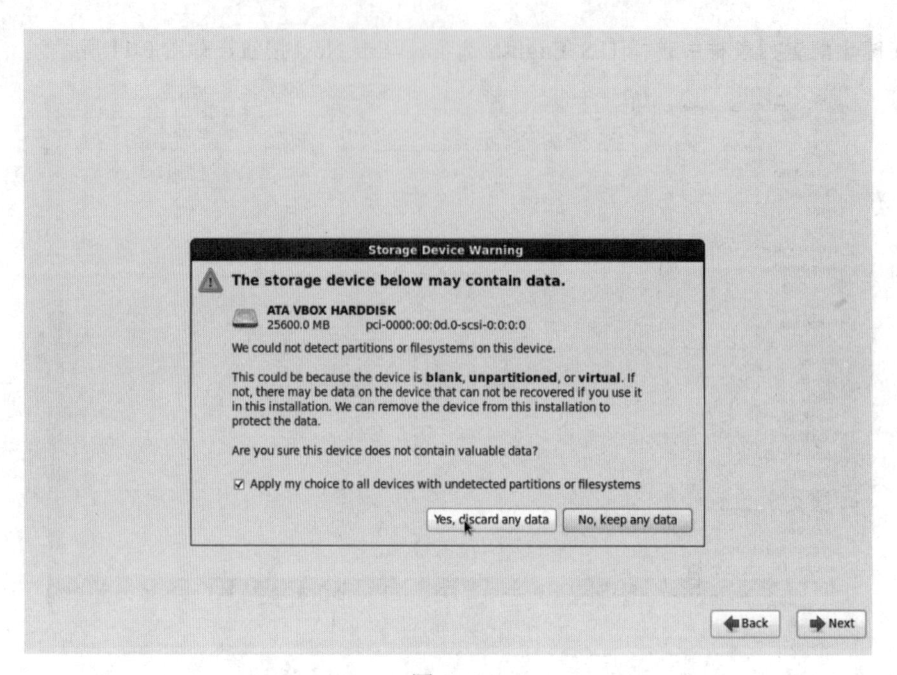

图 0-13

（7）在 Hostname 文本框中输入 dog.super.com，然后单击 Configure Network 按钮，如图 0-14 所示。

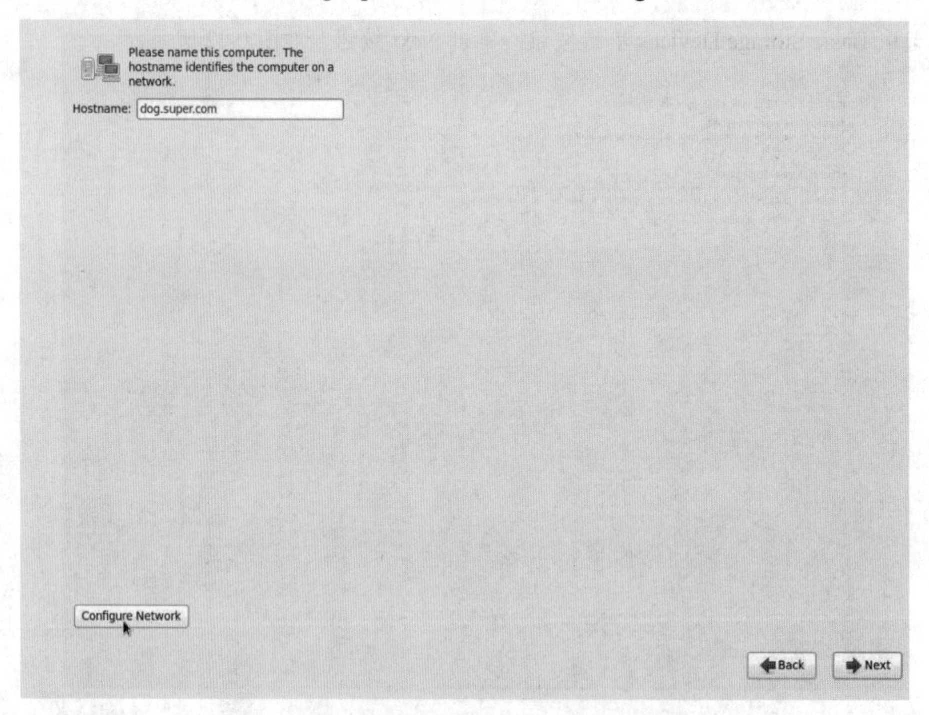

图 0-14

（8）在 Network Connections 对话框中选择网卡，单击 Edit 按钮，如图 0-15 所示。

（9）在 Editing System eth0 对话框中选择 IPv4 Settings 选项卡，在 Method 下拉列表框中选择 Manual，输入网络地址以及掩码等（最好与 VirtualBox 在一个网段以方便虚拟网络之间的通信，并注意要勾选 Connect automatically 复选框），随后单击 Apply 按钮，如图 0-16 所示。

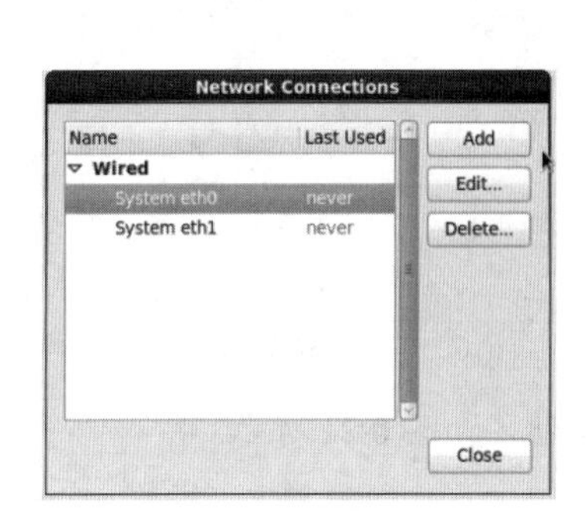

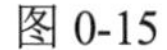
图 0-15

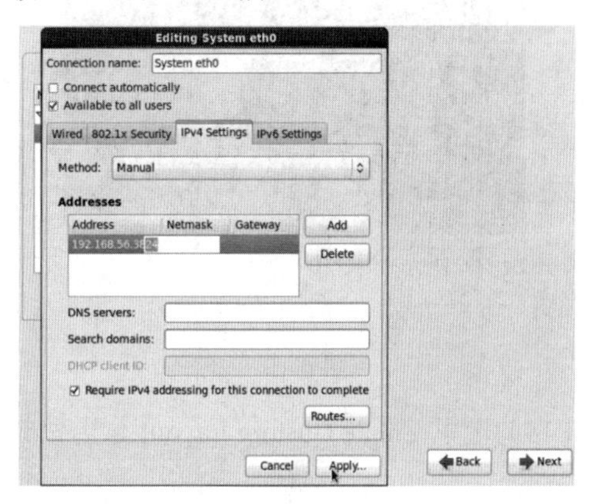

图 0-16

（10）在 Editing System eth1 对话框中选择 IPv4 Settings 选项卡，在 Method 下拉列表框中选择 Automatic (DHCP)，勾选 Connect automatically 复选框，随后单击 Apply 按钮，如图 0-17 所示。

（11）单击 Close 按钮关闭 Network Connections 对话框，随后单击 Next 按钮，如图 0-18 所示。

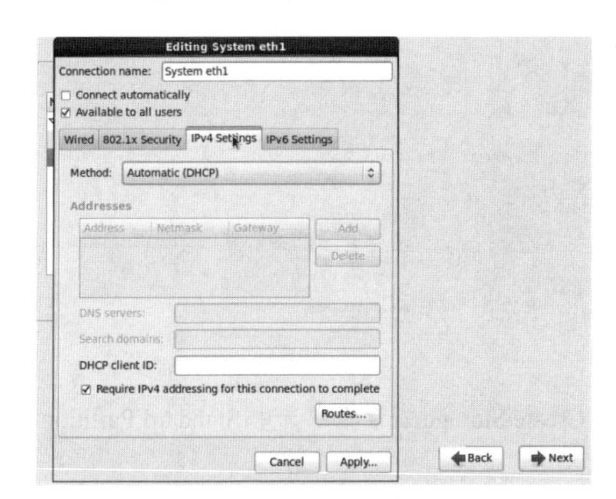

图 0-17

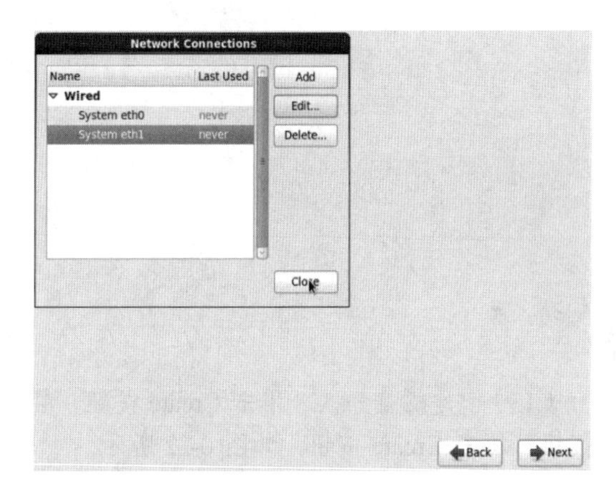

图 0-18

提示：

为了后面的操作方便，在该虚拟机上配置了两个虚拟网卡。一个用于在虚拟网络中各个虚拟机之间的通信，而另一个是为了访问互联网所设置的，所以其方法选择了 Automatic (DHCP)。在一个计算机网络中，每一台计算机都有唯一的网络地址（如 192.168.56.38），实际上计算机之间的通信就是使用这个网址来进行的。如果读者没有网络基础，可以将网址想象为街道的门牌号，而网段就相当于整个街道（即包括了该街道的所有门牌号）。Gateway 等其他名词在以后的章节中将详细介绍。

（12）选择所在的时区（没有北京时区，要选亚洲/上海时区。因为笔者在修订这一版时在新西兰，所以选择了太平洋/奥克兰），单击 Next 按钮，如图 0-19 所示。

（13）输入 root 的密码（要大于或等于 6 个字符）并再次输入以确认密码的正确性，单击 Next 按钮，如图 0-20 所示。如果弹出弱密码提示对话框，则可以单击 Use Anyway 按钮继续。因为目前不是生产系统，所以安全并不重要，而方便可能更可取。

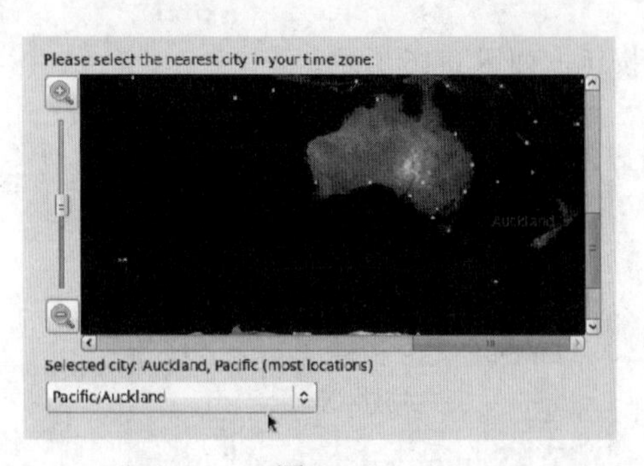

图 0-19

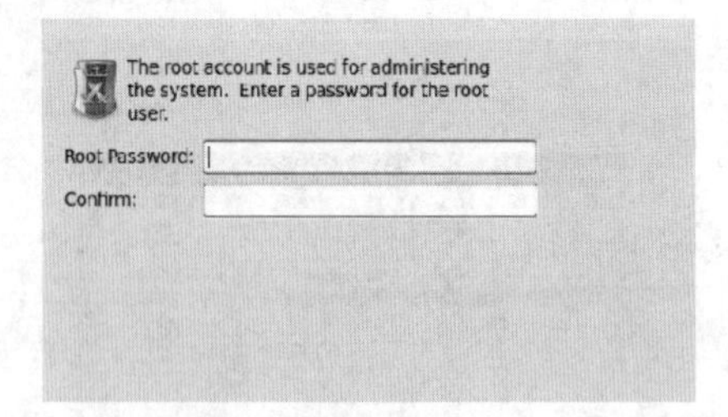

图 0-20

（14）选中 Create Custom Layout 单选按钮，单击 Next 按钮，如图 0-21 所示。

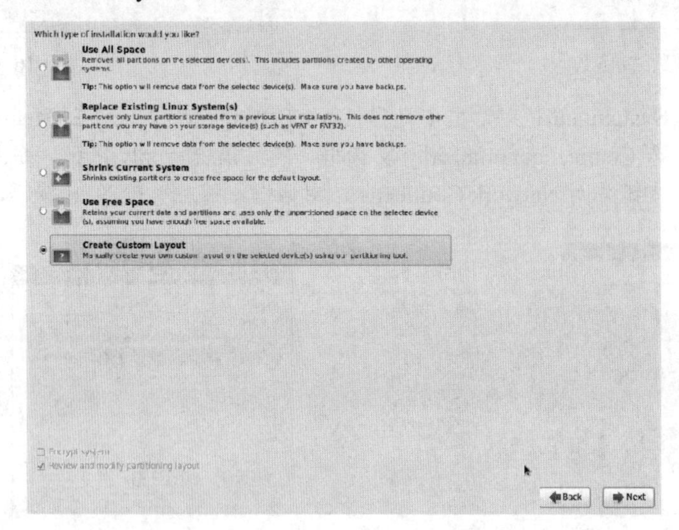

图 0-21

（15）创建磁盘分区。单击 Create 按钮，在弹出的 Create Storage 对话框中选中 Standard Partition 单选按钮，单击 Create 按钮，如图 0-22 所示。

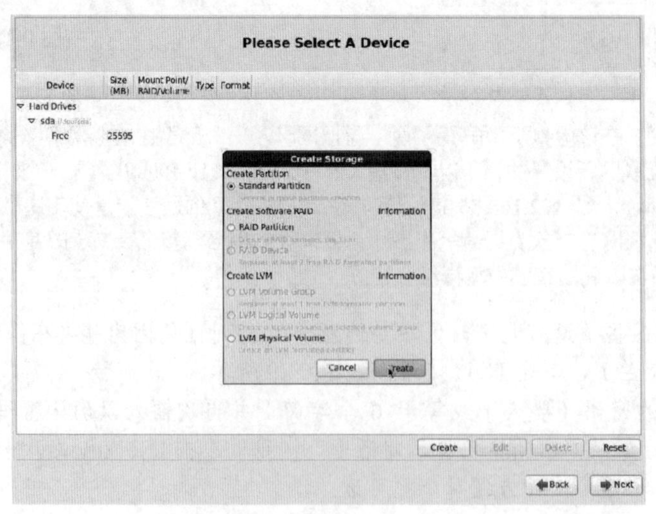

图 0-22

（16）在弹出的 Add Partition 对话框中选择 Mount Point（这里选择/boot），选择文件系统类型（这里接受默认 ext4），输入分区的大小（这里输入 512MB），单击 OK 按钮，如图 0-23 所示。

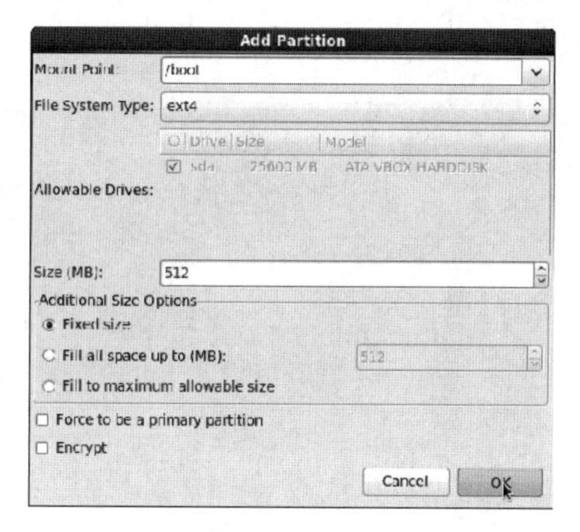

图 0-23

（17）以相同的方法创建所需的全部磁盘分区，单击 Next 按钮。在弹出的格式化警告对话框中单击 Format 按钮，如图 0-24 所示。接下来，单击 Write changes to disk 按钮。

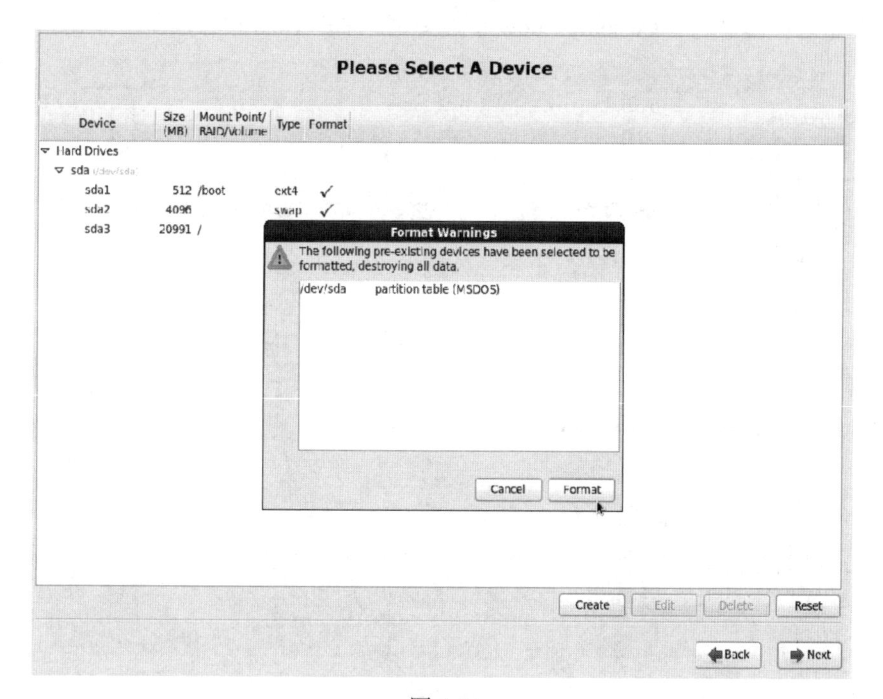

图 0-24

提示：

文件系统默认类型不同版本之间有一些变化，在 Oracle Linux 6 之前的版本默认是 ext3；而 Oracle Linux 6 的默认文件系统是 ext4；Oracle Linux 7 又做了改变，其默认文件系统变成了 xfs。

（18）接受默认的 boot loader 设置，单击 Next 按钮，如图 0-25 所示。

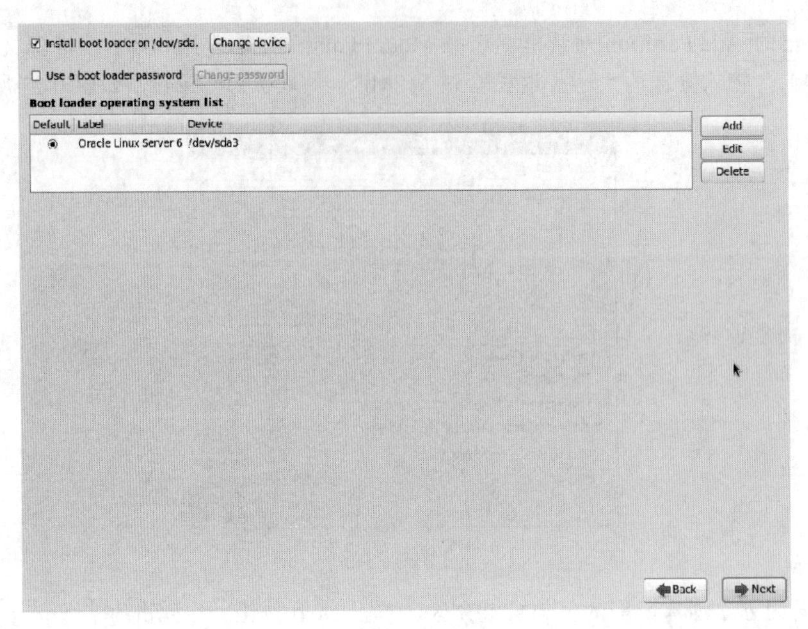

图 0-25

（19）在弹出的界面中选中 Customize now 单选按钮，单击 Next 按钮，如图 0-26 所示。

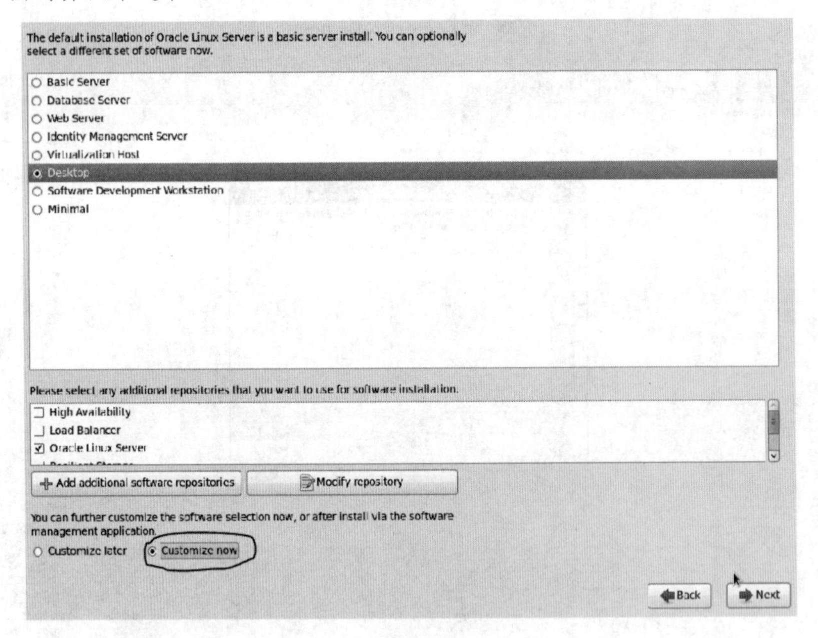

图 0-26

（20）选择要安装的软件包的种类，如选择 Base System，随后勾选 Legacy UNIX Compatibily 复选框，单击 Optional packages 按钮，如图 0-27 所示。

（21）勾选要安装的软件包所对应的复选框（如 telnet…），选择完所需的全部软件包之后单击 Close 按钮，如图 0-28 所示。

（22）接下来，选择 Server，随后勾选 System Administration Tools 复选框，单击 Optional packages 按钮，如图 0-29 所示。

Base System
Servers
Web Services
Databases
System Management
Virtualization
Desktops
Applications
Development
UEK3 kernel repo
Languages
Backup Client
Base
Compatibility libraries
Console internet tools
Debugging Tools
Dial-up Networking Support
Directory Client
FCoE Storage Client
Hardware monitoring utilities
Infiniband Support
Java Platform
Large Systems Performance
Legacy UNIX compatibility
Mainframe Access
Network file system client
Networking Tools
Performance Tools
Perl Support
Compatibility programs for migration from or working with legacy UNIX environments.
Optional packages selected: 1 of 21
Optional packages
Back
Next

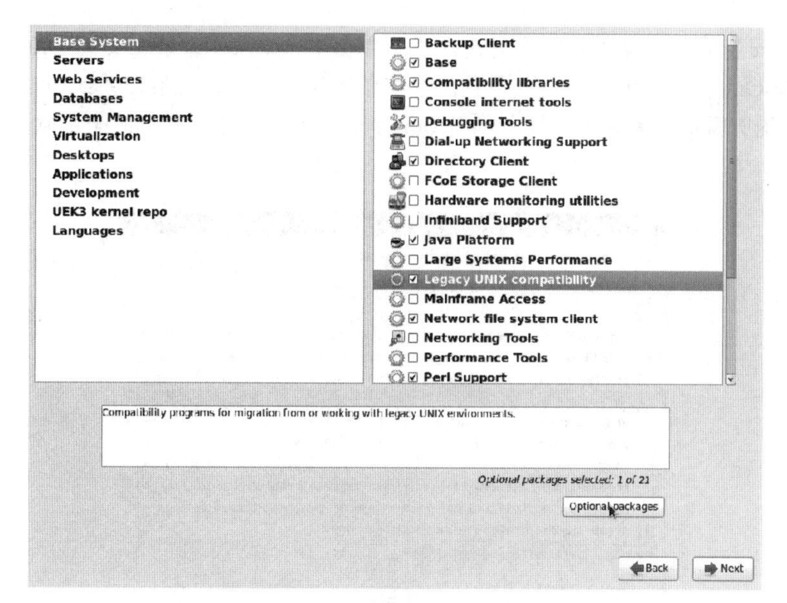

图 0-27

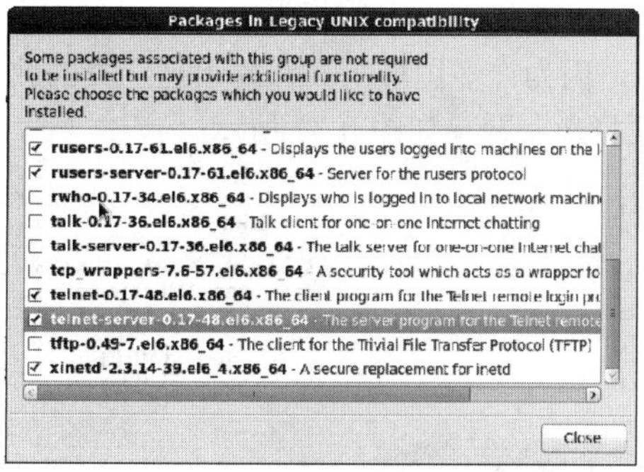

Packages in Legacy UNIX compatibility
Some packages associated with this group are not required to be installed but may provide additional functionality. Please choose the packages which you would like to have installed.
rusers-0.17-61.el6.x86_64 - Displays the users logged into machines on the l
rusers-server-0.17-61.el6.x86_64 - Server for the rusers protocol
rwho-0.17-34.el6.x86_64 - Displays who is logged in to local network machin
talk-0.17-36.el6.x86_64 - Talk client for one-on-one Internet chatting
talk-server-0.17-36.el6.x86_64 - The talk server for one-on-one Internet chat
tcp_wrappers-7.6-57.el6.x86_64 - A security tool which acts as a wrapper fo
telnet-0.17-48.el6.x86_64 - The client program for the Telnet remote login pr
telnet-server-0.17-48.el6.x86_64 - The server program for the Telnet remote
tftp-0.49-7.el6.x86_64 - The client for the Trivial File Transfer Protocol (TFTP)
xinetd-2.3.14-39.el6_4.x86_64 - A secure replacement for inetd
Close

图 0-28

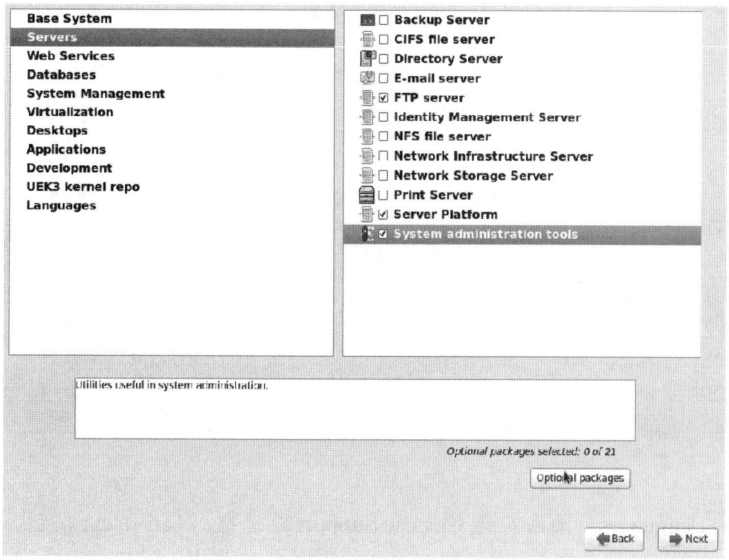

Base System
Servers
Web Services
Databases
System Management
Virtualization
Desktops
Applications
Development
UEK3 kernel repo
Languages
Backup Server
CIFS file server
Directory Server
E-mail server
FTP server
Identity Management Server
NFS file server
Network Infrastructure Server
Network Storage Server
Print Server
Server Platform
System administration tools
Utilities useful in system administration.
Optional packages selected: 0 of 21
Optional packages
Back
Next

图 0-29

（23）勾选要安装的软件包所对应的复选框（如要在 Linux 操作系统上安装 Oracle 12c 数据库管理系统，就可以选择 Oracle 12c 的预安装软件包。当安装了这一软件包之后，系统会自动完成安装 Oracle 12c 数据库管理系统所需的所有系统配置并创建 oracle 用户），选择完所需的全部软件包之后单击 Close 按钮，如图 0-30 所示。

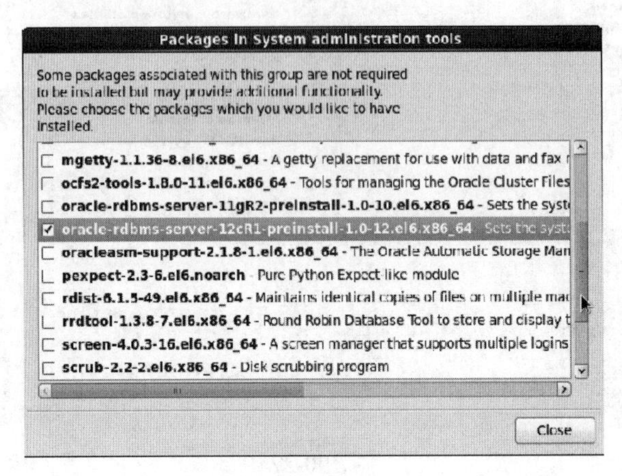

图 0-30

（24）最好要选择 Desktops，因为许多图形工具都属于这一类的软件包。选择 Application，随后勾选 Internet Browser 复选框以方便将来上网，如图 0-31 所示。

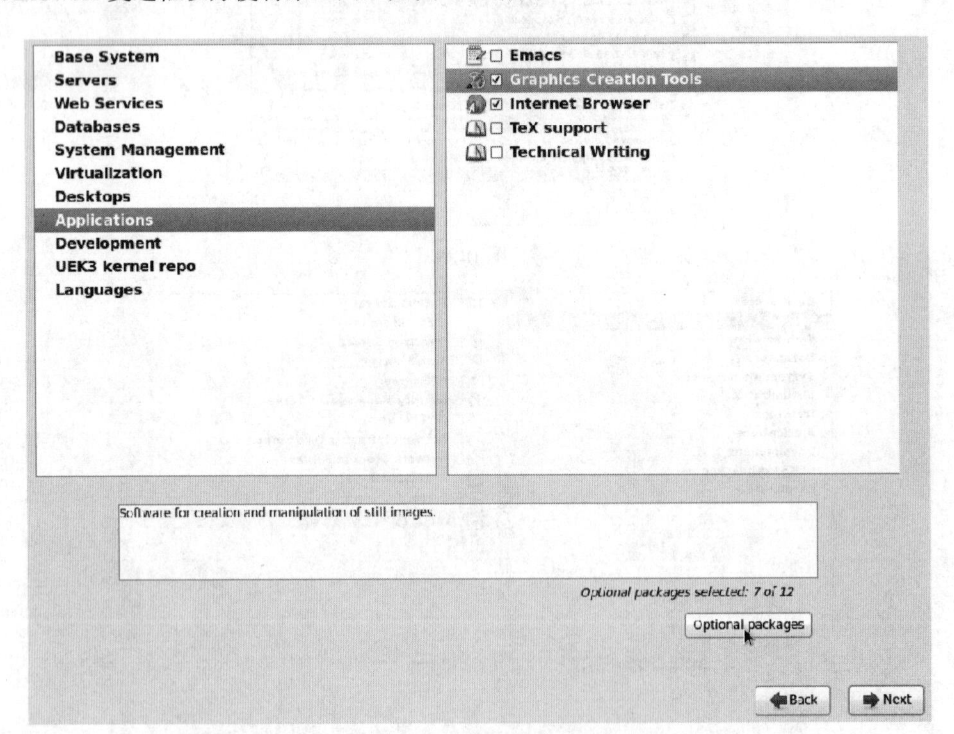

图 0-31

（25）接着选择 Languages，随后勾选 Chinese Support 复选框，单击 Next 按钮，如图 0-32 所示。

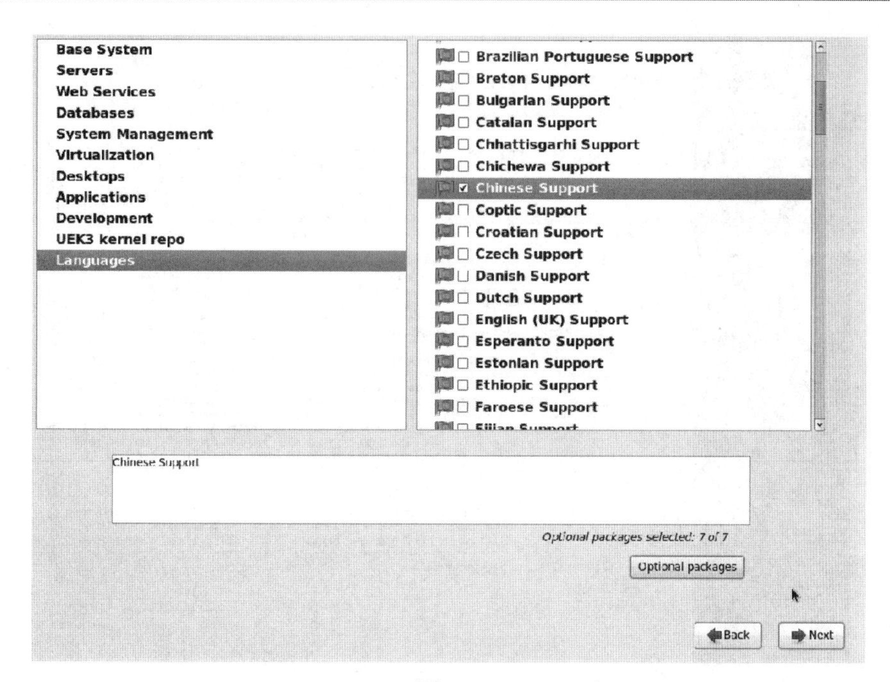

图 0-32

（26）系统将检查软件包之间的依赖性。如果没有问题就将开始安装，如图 0-33 所示。当出现安装完成界面时，单击 Reboot 按钮重新启动系统。

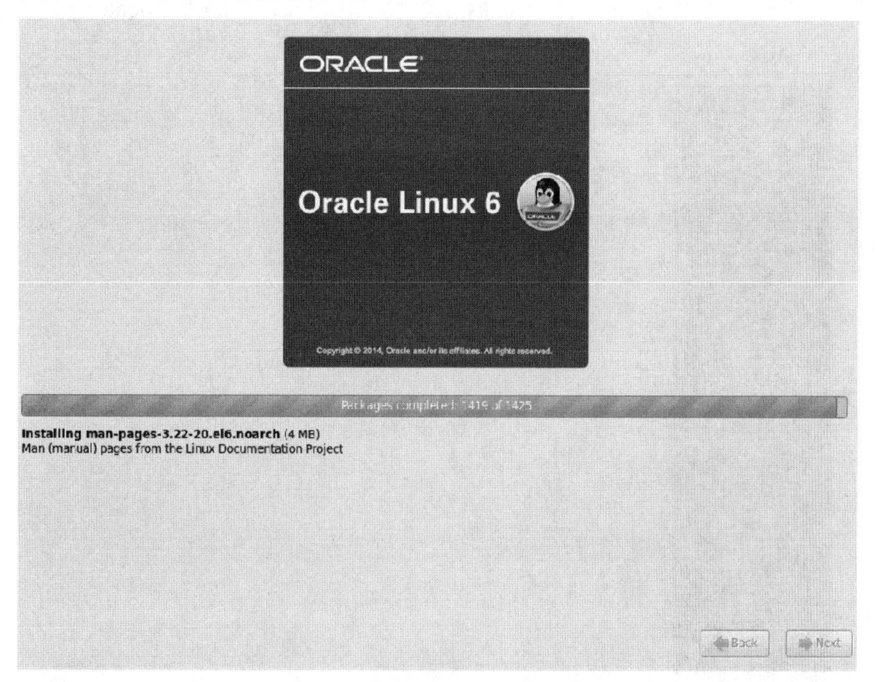

图 0-33

（27）当出现欢迎界面时，单击 Forward 按钮进入下一页。在 License Information 界面中选中 “Yes, I agree to the License Agreement” 单选按钮，随后单击 Forward 按钮，如图 0-34 所示。

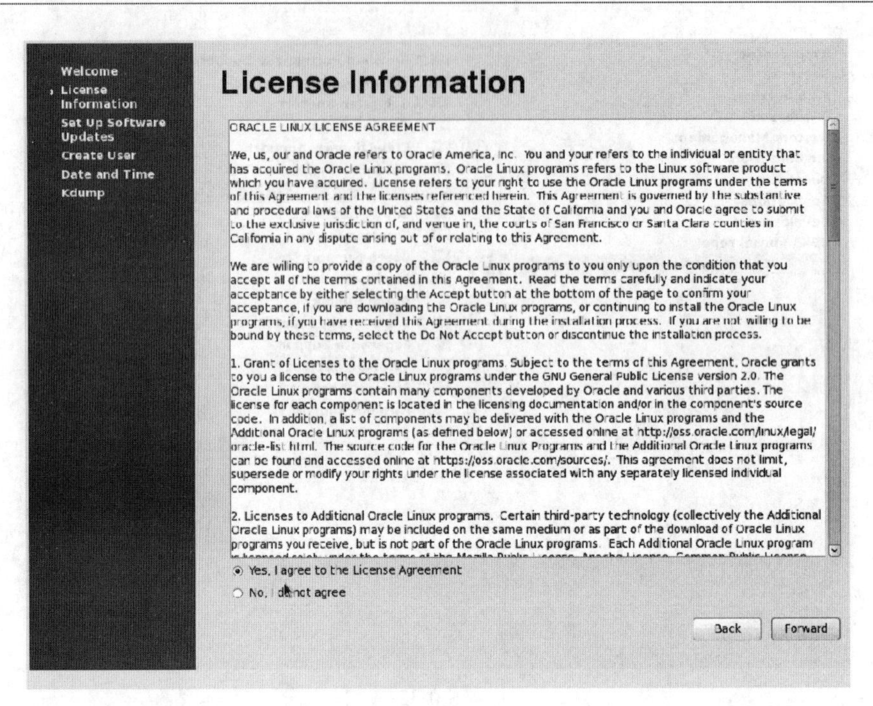

图 0-34

（28）当出现 Set Up Software Updates 界面时，选中“No…”单选按钮，随后单击 Forward 按钮，如图 0-35 所示。在弹出的窗口中单击“No thanks,…”按钮。当出现 Finish Updates Setup 界面时，单击 Forward 按钮。

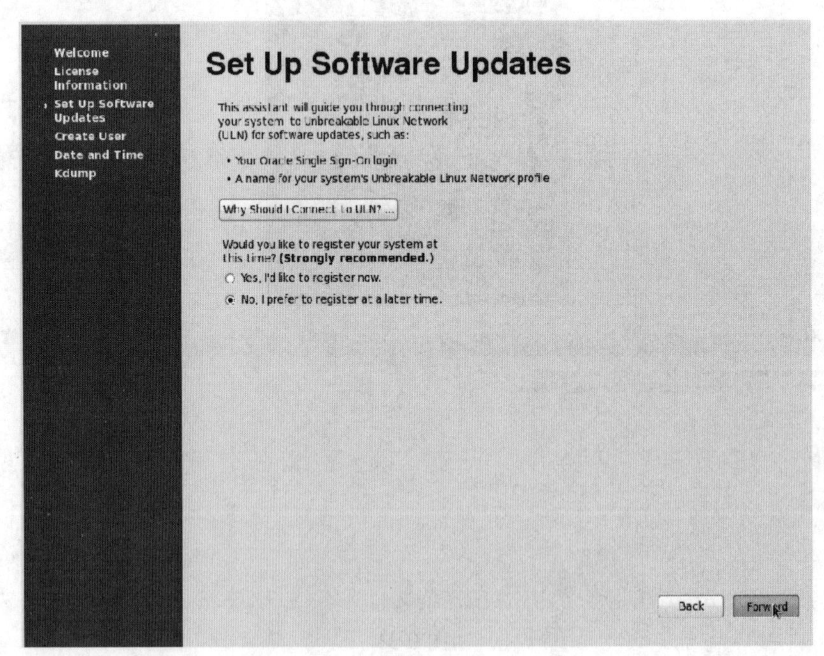

图 0-35

（29）当出现 Create User（创建用户）界面时，输入要创建的用户的用户名、密码等相关信息，随后单击 Forward 按钮，如图 0-36 所示。

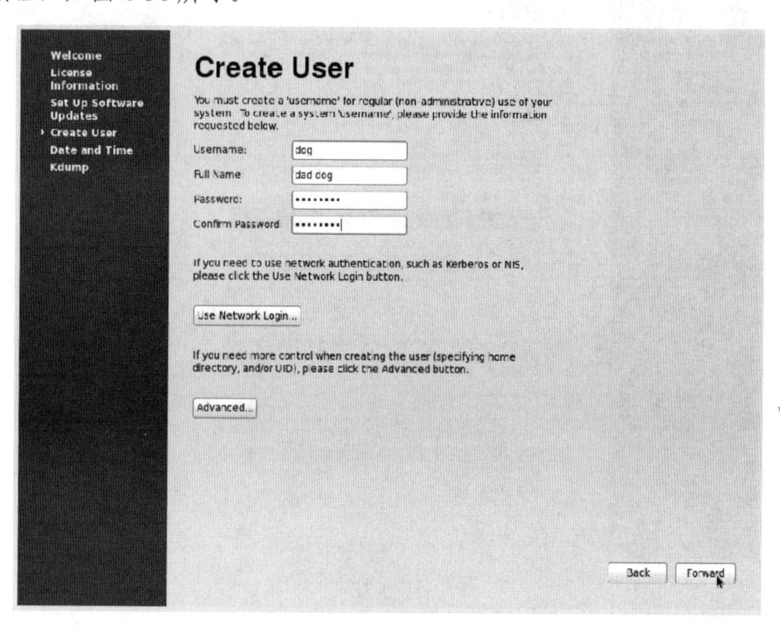

图 0-36

（30）当出现 Date and Time（日期与时间）界面时，可以根据实际情况调整日期或时间。随后单击 Forward 按钮，如图 0-37 所示。

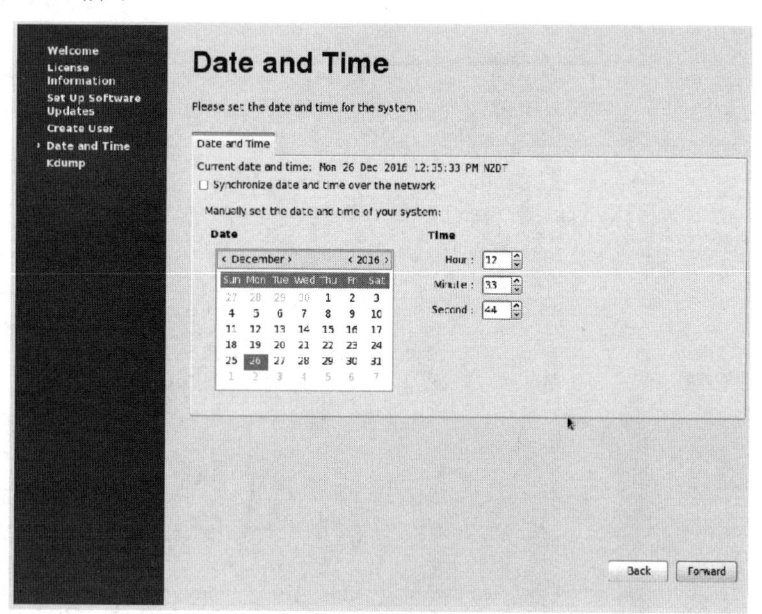

图 0-37

（31）当出现 Kdump 界面时，取消选中 Enable kdump 复选框。随后单击 Finish 按钮，在弹出的对话框中单击 Yes 按钮，如图 0-38 所示。

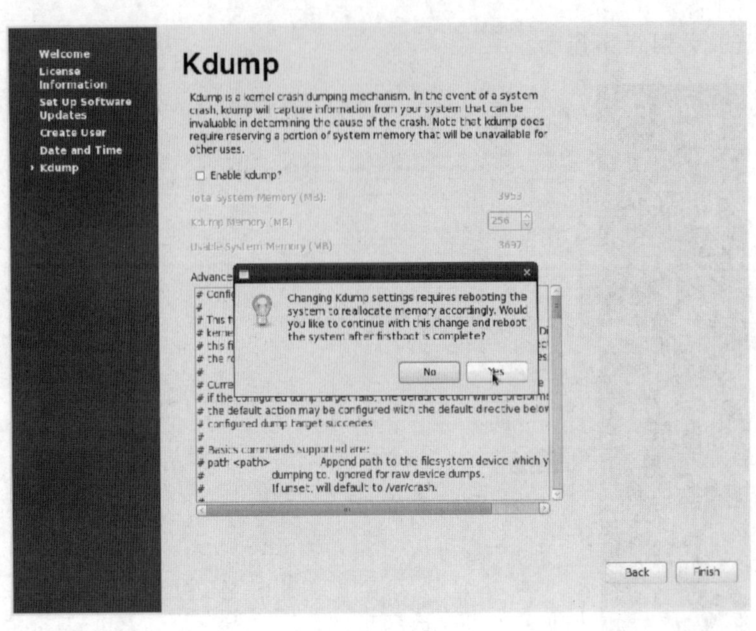

图 0-38

（32）当出现 Linux 登录界面时，可以根据实际情况选择用户（在这里选择 other...并在 Username 文本框中输入 root），输入该用户的密码。随后单击 Log In 按钮，如图 0-39 所示。

（33）单击 Close 按钮关闭弹出的提示对话框，随后将出现如图 0-40 所示的 Linux 操作系统的桌面。

图 0-39

图 0-40

步骤（34）～（40）是为了提高虚拟机屏幕的解像度而进行的操作，并不是必需的。如果读者感觉到有困难，可以暂时不做这些操作，而这并不会从本质上影响后面的学习。

（34）选择 Applications→System Tools→Terminal 命令，如图 0-41 所示。

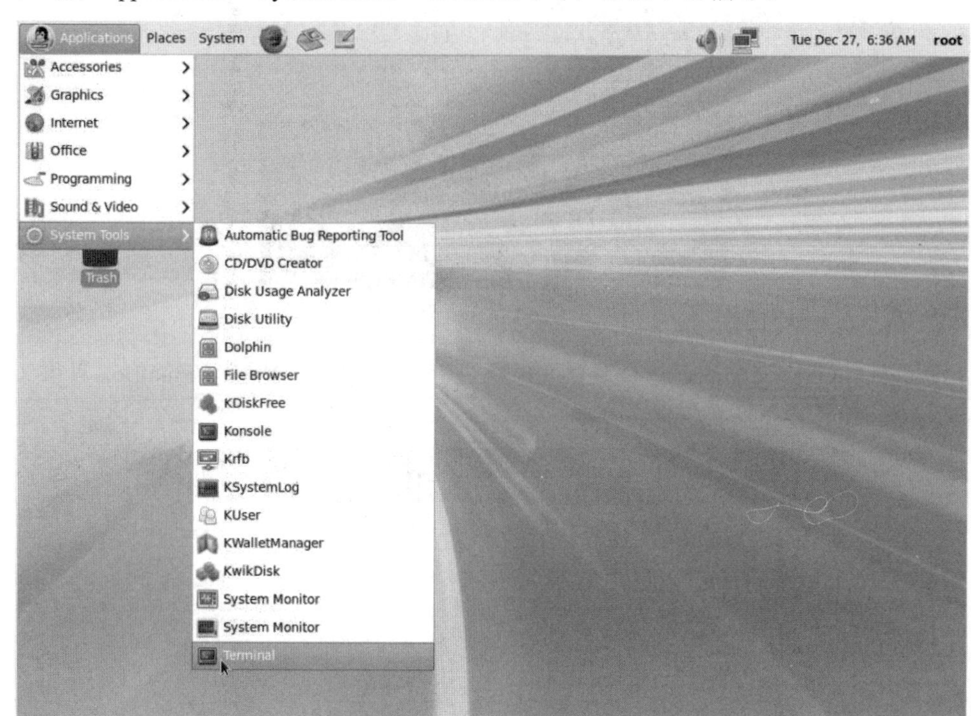

图 0-41

（35）之后将开启一个终端窗口，终端上的#是 root 用户的提示符。输入 Linux 的系统更新命令 yum update 更新操作系统，如图 0-42 所示。

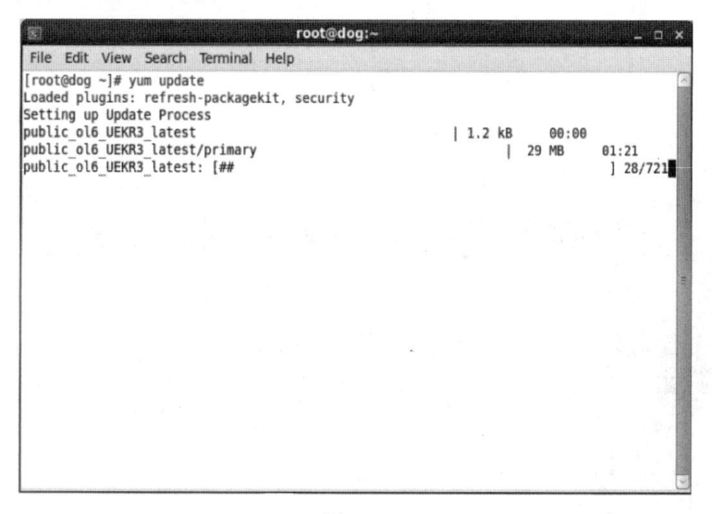

图 0-42

（36）可能需要使用 yum install gcc 命令安装 GUN C 编译器；随后，可以使用 yum install kernel-uek-devel 或 yum install kernel-devel 命令安装内核开发软件包。

（37）在虚拟机的菜单栏中选择 Devices→Optical Devices→Choose disk image 命令，如图 0-43 所示。

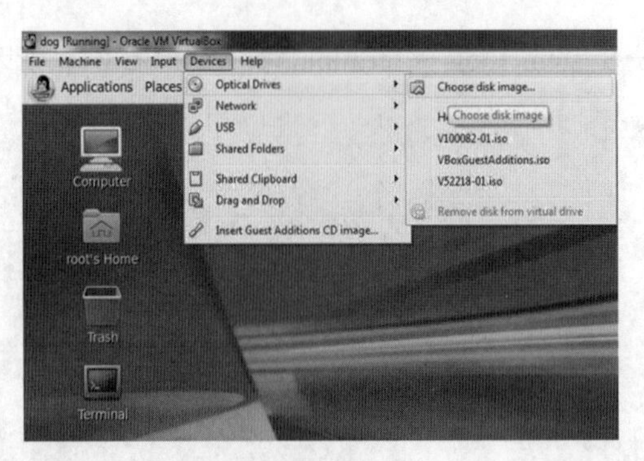

图 0-43

（38）为了加载 Guest Additions CD 映像，选择 C:\Program Files\Oracle\VirtualBox 目录（文件夹）中的 VBoxGuestAdditions.iso 文件，如图 0-44 所示。

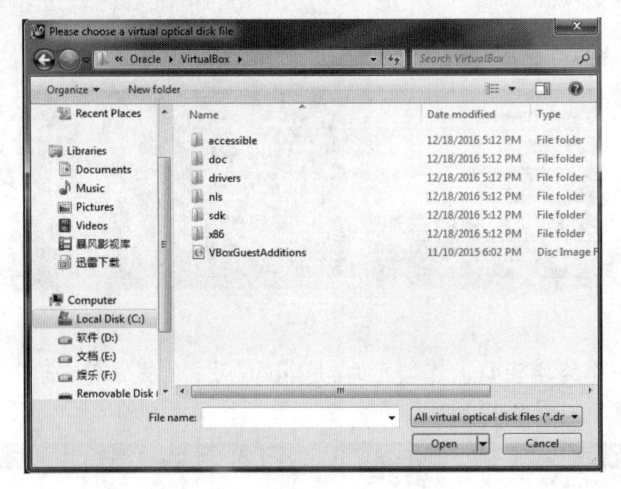

图 0-44

（39）以 root 用户执行 VBoxLinuxAdditions.run 这个 shell 脚本文件，如图 0-45 所示。

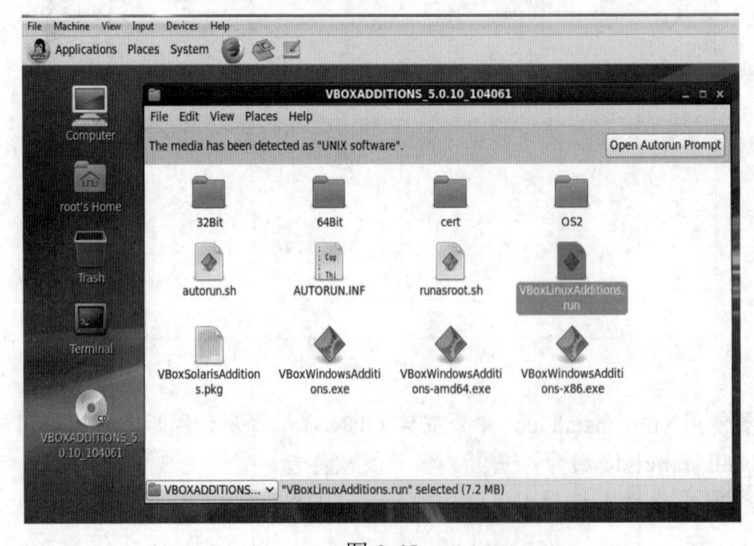

图 0-45

（40）执行 VBoxLinuxAdditions.run 脚本文件之后退出 root 用户，再次重新登录，会发现 Linux 桌面已经填满整个屏幕而且屏幕的解像度也变高了，如图 0-46 所示。

图 0-46

到此为止，Linux 操作系统就已经安装成功了。实际上，这也是本书中“最令人望而生畏”的操作。相比之下，读者很快将会感觉到后面的学习显得简单多了。

0.5　telnet 和 ftp 服务的启动与连接

其实即使读者不使用 telnet 和 ftp 服务也可以继续学习后面的章节。但是读者可以通过利用 telnet 服务来感受使用 Windows 系统登录和使用远程的 Linux 操作系统的乐趣，读者可以将 Windows 操作系统看成本地的工作站而将 Linux 操作系统看成远程的服务器，利用 telnet 读者使用“本地的工作站”直接登录远程的 Linux 服务器。这样感觉上是不是很爽？

利用 ftp 服务，读者可以方便地在 Windows 和 Linux 两个不同的操作系统之间交换大量的数据。以下是检查和启动这两个服务的具体操作步骤：

（1）在 Linux 桌面上选择 Applications→System Tools→Terminal（程序）命令，如图 0-47 所示。

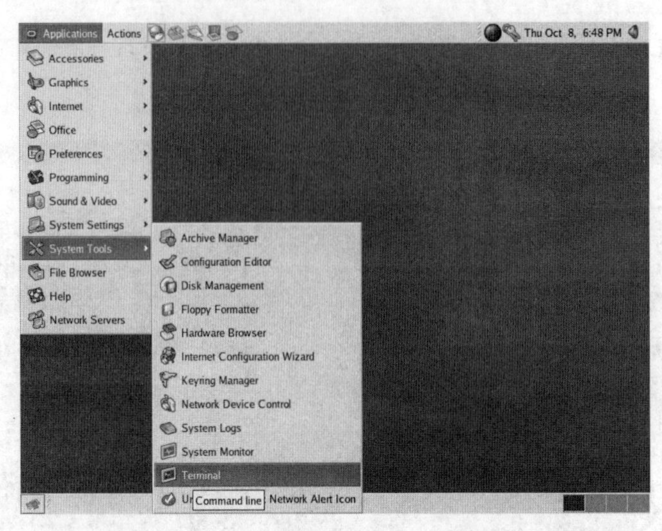

图 0-47

（2）之后将开启一个终端窗口，终端上的#是 root 用户的提示符。输入例 0-1 的 Linux 命令来检查 telnet 服务是否启动（现在读者只需照着做就行了，这些命令以后将详细介绍）。

【例 0-1】

```
[root@dog ~]# chkconfig telnet --list
telnet          off
```

约定 1：[root@dog ~]#为 Linux 系统提示，后边的部分是读者输入的，阴影部分是操作系统的显示输出结果。

从例 0-1 的显示结果可知在刚刚安装 Linux 后，telnet 服务并未启动，于是使用例 0-2 的 Linux 命令启动这一服务。

【例 0-2】

```
[root@dog ~]# chkconfig telnet on
```

系统不会有任何显示。这也是 Linux 和 UNIX(Oracle 也是这样)的一个特点。**在许多情况下，UNIX 和 Linux 系统假设用户都是专家，用户应该知道自己在干什么。这与 Windows 的设计理念完全相反，Windows 系统假设用户都是傻瓜。读者在以后的学习中要注意这一区别。**为此下面使用例 0-3 的 Linux 命令重新检查一下 telnet 服务当前的状态。

【例 0-3】

```
[root@dog ~]# chkconfig telnet --list
telnet          on
```

看到了例 0-3 的显示结果，您应该放心了，因为 telnet 服务当前的状态已经为 on。接下来检查 ftp 服务的状态。注意在 Linux 系统中所使用的 ftp 进程名为 vsftpd，因此使用例 0-4 的 Linux 命令来检验 ftp 服务的当前状态。

【例 0-4】

```
[root@dog ~]# service vsftpd status
vsftpd is stopped
```

从例 0-4 的显示结果可知在刚刚安装 Linux 之后，ftp 服务并未启动，于是使用例 0-5 的 Linux 命令启动这一服务。

【例 0-5】

```
[root@dog ~]# service vsftpd start
Starting vsftpd for vsftpd:   OK  ]
```

接下来，为了确认 ftp 服务已经启动，使用例 0-6 的 Linux 命令重新检查一下 ftp 服务当前的状态。

【例 0-6】

```
[root@dog ~]# service vsftpd status
vsftpd (pid 3537) is running...
```

例 0-6 的显示结果表明 ftp 服务已经开启，现在即可继续下面的工作了。

为了能够使用 Windows 通过虚拟网络访问 Linux 系统，可能需要重新配置网络的本地连接。可以使用如下方法开启网络连接：

（1）选择“开始”→“连接到”→“显示所有连接”命令，打开如图 0-48 所示窗口，双击“本地连接”图标。

图 0-48

（2）打开“本地连接属性”对话框，选中“Internet 协议（TCP/IP）”复选框，单击“属性”按钮，如图 0-49 所示（这个系统安装的是 VMware 虚拟机）。

（3）修改 IP 地址和子网掩码。这里要注意，IP 地址一定要和 VMnet8(NAT)在一个网段，即一定要在 192.168.137 范围之内（**如果使用的是 Oracle VM VirtualBox，IP 的网段是 192.168.56**）。修改之后单击“确定”按钮，如图 0-50 所示。

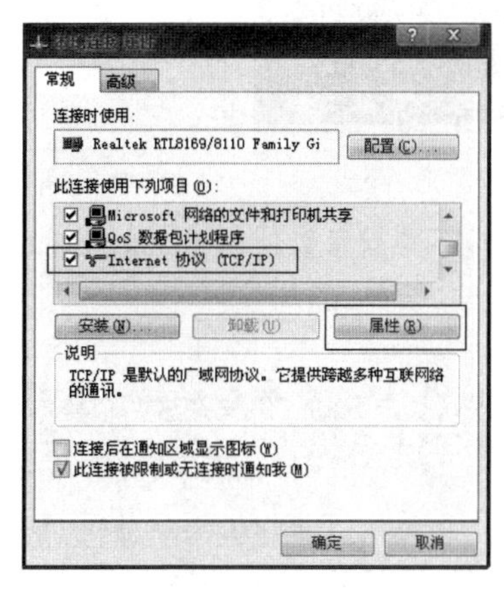

图 0-49

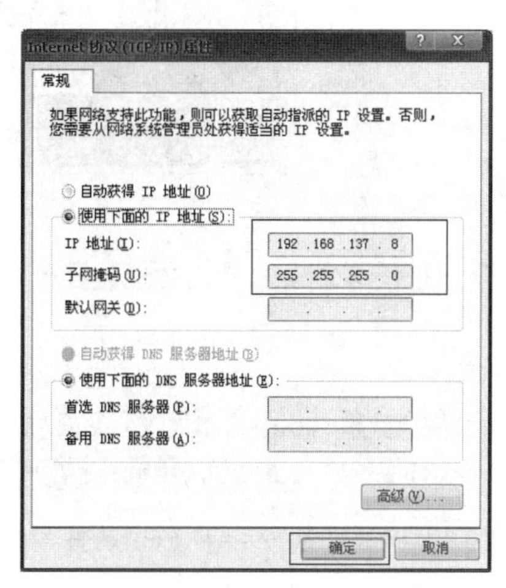

图 0-50

（4）接下来可以按如下的方法启动 DOS 界面（窗口）：选择“开始”→“运行”命令，打开“运行”对话框，在“打开”文本框中输入 cmd，单击“确定”按钮，如图 0-51 所示。

（5）启动 DOS 窗口后，为了与“远程”的 Linux 操作系统进行 telnet 的连接，在 DOS 提示符下输入 telnet 192.168.137.38，之后按 Enter 键，如图 0-52 所示。

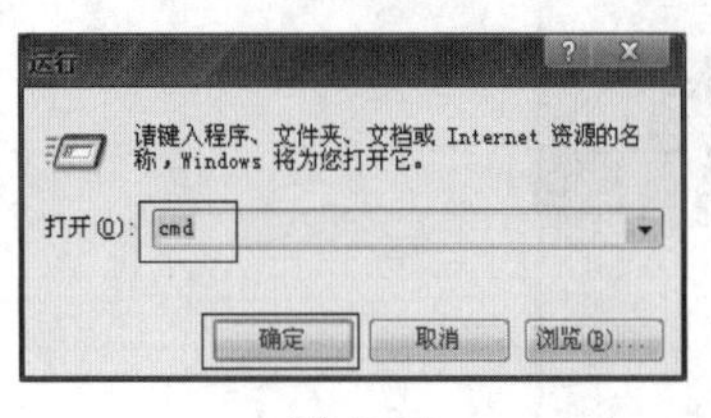

图 0-51

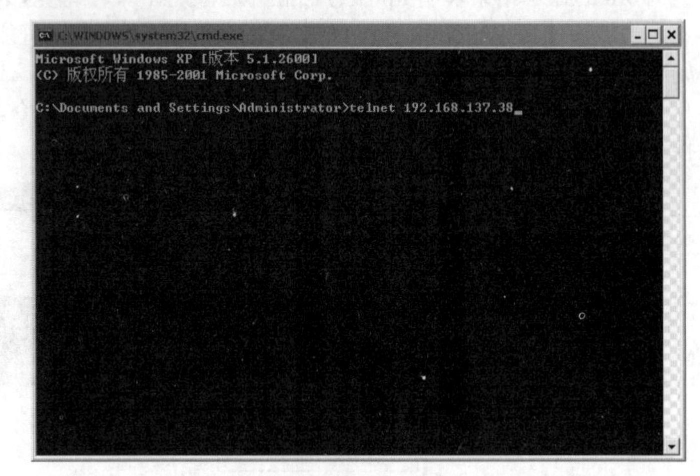

图 0-52

（6）在 Linux 系统的登录界面输入用户名（这里不能是 root 用户，以后会详细解释）和密码，如图 0-53 所示。

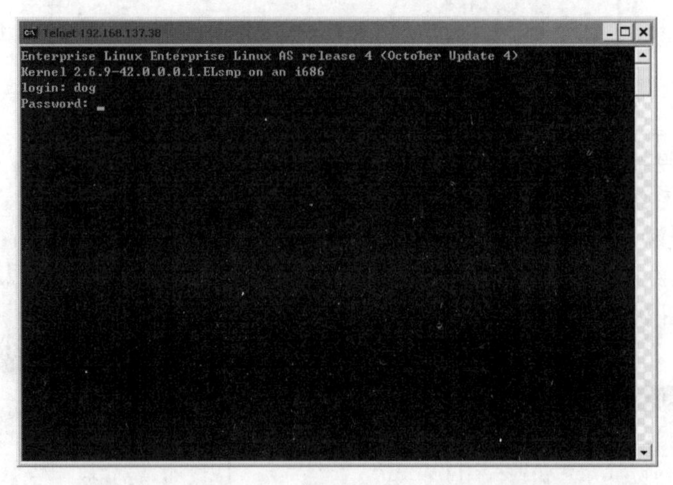

图 0-53

（7）如果没有错误，将成功地远程登录 Linux 操作系统，接下来就可以使用 Linux 系统的命令开始工作了。

提示：

如果您使用的是 Windows 7 或 Windows 8 操作系统，telnet 服务默认并未启动。怎样在这两个操作系统下默认启动 telnet 服务，读者可参阅下载资源包中的电子书。

这么快不但成功地安装了 Linux 服务器，而且还能远程登录和操作这一服务器，没想到吧？也许有读者会想 Linux 操作系统也太复杂了，只是安装与配置就折腾了这么长的时间。其实，最艰苦的时光已经过去。一旦成功地安装了 Linux/UNIX 操作系统，之后的学习和上机实践就变得简单多了。

操作系统（数据库管理系统也一样）是一个操作性非常强的系统，要想真正掌握 Linux/UNIX 操作系统，就必须不断地使用它。

其实现实生活中也一样，当人们没有真正地见到或体验到某一事物时，是很难理解它的。如对月亮的理解，我们的祖先费尽心机经过了不知多少代精英的毕生努力才研究出来嫦娥奔月、广寒宫、玉兔和天蓬元帅等与月球相关的理论，但现代科学证明这些只能是美好的传说而已。

另一个例子就是我们生活的宇宙到底是什么样？古埃及和古印度的精英们前仆后继，不知经过了多少代人的艰苦奋斗，终于为世人描绘出他们心目中的宇宙模型，如图 0-54 和图 0-55 所示。

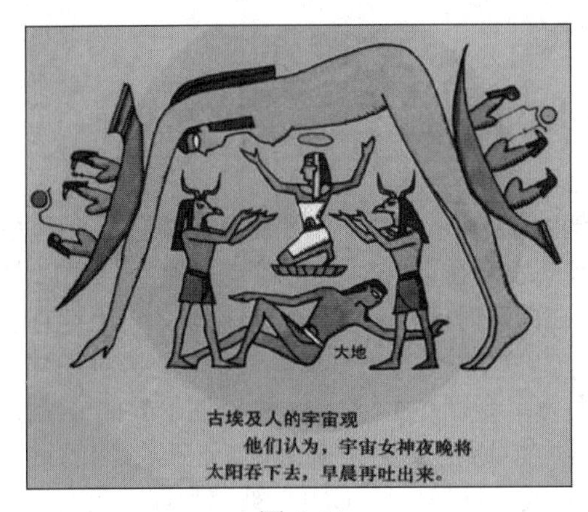

图 0-54

图 0-55

许多顶尖的科学家和专家们认为：人类在最近的 200 多年里突然变得聪明起来的最重要的原因是望远镜和显微镜的发明和应用。利用高倍望远镜人类看到了几十亿甚至上百亿光年的宇宙深处，推翻了所有古老的传说和理论，发现宇宙起源于一次大爆炸，并且还一直在不停地膨胀。利用高倍显微镜人类看到了微观世界，终于发现每个生命都是由基因所组成的，生命的过程几乎完全由基因控制。利用基因工程，科学家们已经证明现在世界上的所有人都是一位伟大女性的后代，她是十几万年前生活在非洲的一位名副其实的“老妈妈”（一位真正的女娲或夏娃）。

读者在学习 Linux 操作系统时，一定不要重蹈古代精英们的覆辙。不要只是看书和听课，一定要反复地实践。在结束这一章之前，再强调一遍，Linux 和 UNIX 的专业人员是实践出来的而不是想出来的。只有不断地实践，才能保证您在正确的道路上前行，而不是像古代的那些中外精英们，耗尽了毕生的心血给后人留下的只能是传奇或神话。

第 1 章　UNIX 和 Linux 操作系统概述

一谈到 Linux 就不得不谈到 UNIX，因为 Linux 是从 UNIX 发展而来的。Linux 本身也是 UNIX 系统大家族中的一员。毫无疑问，UNIX 和 Linux 在目前和可以预见的将来都是最有影响的计算机操作系统。UNIX 和 Linux 系统被广泛地应用到大中企业级服务器和 Web 服务器上，它们已经成为了当今的主流操作系统。

1.1　什么是 UNIX

UNIX 是一个计算机操作系统，一个用来协调、管理和控制计算机硬件和软件资源的控制程序。UNIX 操作系统是一个多用户和多任务操作系统：多用户表示在同一时刻可以有多个用户同时使用 UNIX 操作系统而且他们互不干扰；多任务表示任何用户在同一时间可以在 UNIX 操作系统上运行多个程序。

与 Windows 操作系统不同的是 UNIX 主要的用户界面是命令行界面（UNIX 也有图形界面），用户通过 UNIX 系统提供的命令来操作计算机系统。UNIX 一共有大约 250 多个命令，但是常用的很少。Windows 被称为用户友好的操作系统，因为普通用户很容易学习和使用。UNIX 被称为程序员友好的操作系统，因为程序员可以方便地重新配置 UNIX 操作系统使之适应于自己的工作环境。

UNIX 系统不但可以使用在大中型计算机、小型计算机、工作站上，随着微型机的功能不断提高和 Internet 的发展，UNIX（特别是 Linux）系统也越来越多地使用在微机上。UNIX 得到企业的广泛应用的主要原因是该系统的功能强大、可靠性高、技术成熟、网络功能强大还有开放性好等特点。Linux 被广泛地应用于 Web 服务器的另一个非常重要的原因是其成本非常低廉（应该是最低的），因为绝大多数 Linux 软件是免费的。

1.2　UNIX 的简要发展史

UNIX 操作系统的诞生本身就是一个传奇。事情可以追溯到 20 世纪 60 年代末期，当时美国麻省理工学院（MIT）、AT&T 公司的贝尔（Bell）实验室和通用电气公司（GE）联合研发一个叫做 Multics（Multiplexed Information and Computing System）的操作系统。Multics 被设计运行在 GE-645 大型计算机上，由于系统目标过于庞大，糅合了太多的特性，许多专家把它称为 Monster（怪物），以至于该系统的研发人员都不知道最终该把它做成什么样。

到 1969 年，贝尔试验室已经对 Multics 不抱任何幻想了，最终撤出了投入该项目的所有资源。其中一个开发者，肯・汤姆森（Ken Thompson）则继续为 GE-645 开发软件，并最终编写了一个太空旅行游戏，这个游戏模拟太阳系主要天体的运动，由玩家来指挥飞船，并试着在不同的行星和它们的卫星上登录。游戏运行并不顺畅而且耗费昂贵——每次运行要花费约 100 美元。

汤姆森后来找了一台没什么人用的 DEC（数字仪器公司）的 PDP-7 小型计算机。在他的同事丹尼斯・里奇（Dennis Ritchie）的帮助下，汤姆森用 PDP-7 的汇编语言重写了这个游戏，并使其在 DEC PDP-7 上运行起来。这次经历加上 Multics 项目的经验，促使汤姆森开始了一个 DEC PDP-7 上的新操作系统项目。汤姆森和里奇领导一组开发人员，开发了一个新的多任务操作系统。这个系统包括命令解释器和一些实用程序，这个项目称为UNICS（Uniplexed Information and Computing System），以表示它源自Multics的同时又比它的前身简单，后来这个名字被改为UNIX。

最初的UNIX是用汇编语言编写的，一些应用是由叫做B语言的解释型语言和汇编语言混合编写的，里奇在1971年发明了C语言。**1973年汤姆森和里奇用C语言重写了UNIX，此举是极具大胆创新和革命意义的。用C语言编写的UNIX代码简洁紧凑、易移植、易读、易修改，为此后UNIX的发展奠定了坚实基础。**

在20世纪70年代，AT&T公司还没有被拆分，受当时美国反垄断法的限制，AT&T不能进入计算机操作系统市场。因此它以十分低廉甚至免费的许可将UNIX源码授权给学术机构做研究或教学之用，许多机构在此源码基础上加以扩充和改进，形成了所谓的UNIX"变种（Variations）"，这些变种反过来也促进了UNIX的发展，其中最著名的变种之一是由加州大学Berkeley分校开发的BSD产品。AT&T的这一举措本身也培养了大量的UNIX人才，为UNIX的普及铺平了道路。

尽管UNIX一开始就得到了学术界的一片赞扬，但并未受到商界的重视。**因为以往的经验告诉他们："受到学术界高度好评的东西，多数是不实用的。"，但是这次商界依靠他们过往经验做出的"英明"判断却大错特错了。有人估计商界为此次错误判断付出了近10年的时光，**也就是UNIX系统在商界的普及比应该的时间晚了近10年。

由于AT&T公司注册了UNIX商标，因此后来其他公司开发出来的"UNIX操作系统"就不能再使用UNIX这个名称，如SUN公司的UNIX操作系统叫做Solaris，而IBM的UNIX操作系统叫做AIX。但是它们之间的差别是很微小的。

有专家用"有心栽花花不开，无心插柳柳成荫"来形容UNIX的成功与发展。**UNIX的成功也验证了"失败乃成功之母"这句名言。但是，随着岁月的流逝，人们已经渐渐地遗忘了促使UNIX成功的Multics和太空旅行游戏这两位失败的"妈"，而只记住了UNIX这个成功的"孩"。**

1.3 UNIX的设计理念

UNIX操作系统所秉持的设计理念的宗旨就是简单、通用和开放。为此它的设计原则包括如下几个方面：

（1）**在UNIX系统中所有的东西都是文件，其中也包括了硬件。**这样使得系统的管理和维护更加一致和简单。UNIX的文件系统采用树状层次结构，如图1-1所示。它像一棵倒置的树，其中"/"是根节点（目录），以下的节点既可以是目录也可以是文件。这一部分的内容在以后的章节中将详细介绍。其实，UNIX的目录就对应Windows的文件夹。

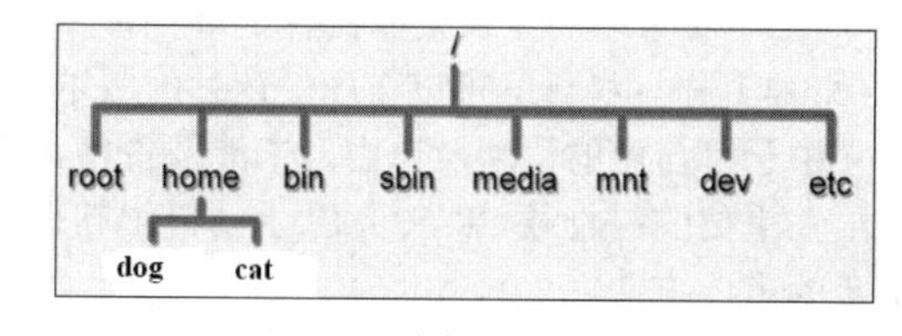

图 1-1

（2）**所有的操作系统配置数据都存储在正文文件中。**因为正文文件是最通用的接口，许多UNIX操作系统应用程序都可以维护正文（许多其他的系统也一样，如Oracle数据库管理系统）。以正文方式存储系统配置信息允许操作系统管理员轻松地将一组配置信息从一台计算机移到另一台计算机。这样可以减少操作系统管理员管理计算机系统的工作负担。

（3）**每一个操作系统命令或应用程序都很小，而且只完成单一的功能。**UNIX操作系统提供了许多小的应用程序，每个应用程序都能够很好地执行单一的功能。当需要一个新功能时，UNIX的通用原则是为此创建一个单独的程序而不是扩展一个已经存在的应用程序的功能。

（4）**避免使用俘获用户的接口。**在UNIX操作系统中很少有交互（问答式）的命令。用户在UNIX系统上发出命令之后，命令在通常情况下可能产生输出或者产生错误信息或者什么也不产生。交互的特性留给了应用程序，如正文编辑器vi。

（5）**可以将多个程序串接在一起来完成复杂的任务。**UNIX操作系统的一个核心特性就是可以将一个程序的输出变成另一个程序的输入。这就使用户可以灵活地将许多小程序组合在一起来完成较大和较复杂的任务。

1.4 GNU项目与自由软件

GNU（革奴）计划，是由Richard Stallman在1983年9月27日公开发起的。它的目标是创建一套完全自由的操作系统。GNU是“GNU's Not UNIX”的递归缩写。Stallman宣布GNU的发音为Guh-NOO以避免与new这个单词混淆（Gnu在英文中原意为非洲牛羚，发音与new相同）。GNU计划采用了部分当时已经可自由使用的软件，例如TeX排版系统和X Window视窗系统等。不过GNU计划也开发了大批其他的自由软件。

为保证GNU软件可以自由地被使用、复制、修改和发布，所有GNU软件都有一份在禁止其他人添加任何限制的情况下授予所有权利给任何人的协议条款，GNU通用公共许可证（GNU General Public License，GPL）来达到这一目的。这也就是被称为“反版权”（或称Copyleft）的概念。

1985年，Richard Stallman又创立了自由软件基金会（Free Software Foundation）来为GNU计划提供技术、法律以及财政支持。尽管GNU计划大部分时候是由个人自愿无偿奉献，但FSF有时还是会聘请专业程序员帮助编写软件。当GNU计划开始逐渐获得成功时，一些商业公司开始介入开发和技术支持。当中最著名的就是之后被Red Hat兼并的Cygnus Solutions公司。

到了1990年，GNU计划已经开发出的软件包括了一个功能强大的文字编辑器Emacs、C语言编译器GCC，以及大部分UNIX系统的程序库和工具。唯一没有完成的重要组件就是操作系统的内核。

“自由软件”（Free Software）这一术语有时被错误地理解，其实它与价格无关。自由软件的定义为对你，一个特定的用户，一个程序是自由软件，就意味着：

（1）你有自由以任何目的来运行该程序。

（2）你有修改该程序满足自己需求的自由（为使该自由实际上可实施，你必须可接触源代码，因为没有源代码的情况下，在一个程序中做修改是非常困难的）。

（3）你有权利重新发布副件，既可以白送也可以收取一定费用。

（4）你有权利发布该程序修改过的版本，从而让其他人得益于你的改进。

由于“自由的”涉及自由，未涉及价格，卖副件与自由软件之间没有矛盾。事实上，卖副件的自由是至关重要的：收藏CD-ROMS上的自由软件对社团是重要的，同时，出售它们是为自由软件发展筹集资金的重要方法。

1.5 Linux简介

Linux是一种类似于UNIX的计算机操作系统。它诞生于1991年10月5日（这是第一次正式向外公布的时间）。以后借助于Internet网络，并经过全世界各地计算机爱好者的共同努力，现已成为世界上使用最多的一种UNIX类型的操作系统，并且使用人数还在迅猛增长。

1991年芬兰赫尔辛基大学的一名大学生李纳斯·托瓦兹（Linus Torvalds）编写出了与UNIX兼容的

Linux 操作系统内核并在 GPL 条款下发布。Linux 之后在网上广泛流传，许多程序员参与了开发与修改。1992 年 Linux 与其他 GNU 软件结合，完全自由的操作系统正式诞生。该操作系统往往被称为 GNU/Linux 或简称 Linux。

Linux 的标志和吉祥物是一只名字叫做 Tux 的企鹅，标志的由来是因为 Linus 在澳洲时曾被动物园里的一只企鹅咬了一口，便选择了企鹅作为 Linux 的标志。Linux 操作系统是自由软件和开放源代码发展中最著名的和最成功的系统。现在 Linux 内核支持从个人计算机到大型主机甚至包括嵌入式系统在内的各种硬件设备。

在开始的时候，Linux 只是个人狂热爱好的一种产物。1994 年 3 月，Linux 1.0 版正式发布，Marc Ewing 成立了 Red Hat 软件公司，成为最著名的 Linux 分销商之一。现在，Linux 已经成为一种受到广泛关注和支持的操作系统，包括 IBM、惠普和 Oracle 公司在内的一些计算机界巨头也开始支持 Linux。很多人认为，和其他的商用 UNIX 系统以及微软 Windows 相比，作为自由软件的 Linux 具有低成本、安全性高、更加可信赖的优势。

Linux 用户往往比其他操作系统如微软 Windows 和 Mac OS 的用户更有经验。这些用户有时被称作“黑客”或“极客”（geek）。然而随着 Linux 越来越流行，越来越多的原厂委托制造（OEM）开始在其销售的计算机上预装上 Linux，Linux 的用户中也有了普通计算机用户，Linux 系统也开始慢慢抢占桌面电脑操作系统市场。同时 Linux 也是最受欢迎的服务器操作系统之一。Linux 也在嵌入式计算机市场上拥有优势、低成本的特性使 Linux 深受用户欢迎。使用 Linux 主要的成本为移植、培训和学习的费用，早期由于会使用 Linux 的人较少，这方面费用较高，但这方面的费用已经随着 Linux 的日益普及和 Linux 上的软件越来越多、越来越方便而降低。

KDE 和 GNOME 等桌面系统使 Linux 更像是一个 Mac 或 Windows 之类的操作系统，提供完善的图形用户界面，而不同于其他使用命令行界面（Command Line Interface，CLI）的类 UNIX 操作系统。

Linux 操作系统是一个模块化的系统，如图 1-2 所示。在系统的底层，是由内核（Kernel）与硬件（Hardware）进行互，同时内核也代表应用程序（Application）控制和调度所访问的资源（这些资源包括 CPU、内存、存储设备、网络等）。应用程序是运行在所谓的用户空间（User Space）中而只能通过调用一组稳定的系统程序库（Libraries）来请求内核的服务。在 Linux 系统中 glibc 程序库是 GNU C 程序库——该程序库定义了一些系统调用和其他的基本函数（如 open、malloc 和 printf）。几乎所有的应用程序，包括 Oracle 数据库管理系统，都会使用这个程序库。

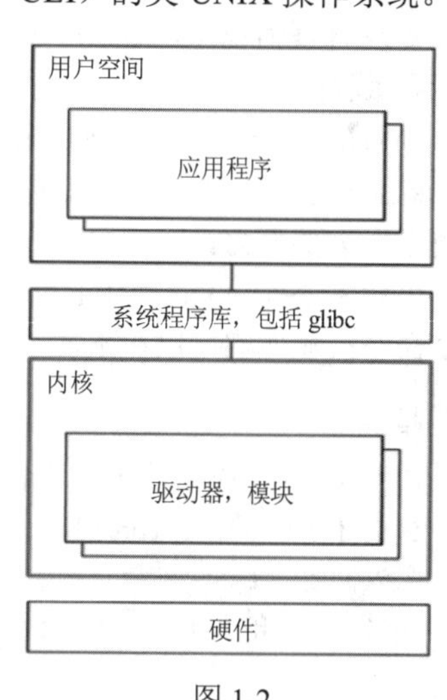

图 1-2

这种模块化的设计允许 Linux 的一些组件源自不同的开发人员，而每一个组件都有开发人员自己心目中特殊的设计目标。模块化的设计还意味着 Linux 的内核是独立于任何应用程序和界面的。这带来的好处是：当应用程序崩溃时或应用程序中出现安全漏洞时一般会只孤立在应用程序中，而不会蔓延至整个系统。

与之相反，Windows 操作系统与应用程序和界面是高度集成的。例如，Windows 内核与图形化用户界面高度集成。虽然其好处是系统的效率提高，但是却存在非常大的安全隐患而且系统也不稳定。综上所述，读者应该清楚了为什么 Linux 操作系统比 Windows 操作系统更安全而且更可靠了吧？

在 Linux 系统中，每一个组件都是独立配置的，而且基本上是通过基于正文的配置文件来配置的。这些系统配置并不是存储在一个加密的数据库中，如 Widows 系统的注册表（Registry）。可以通过脚本文件或简单的正文编辑器读写配置信息。在访问系统配置信息时并不需要（也没有）特殊的应用程序接

口（API）。也许这就是Linux操作系统被称为程序员友好的系统的原因吧？

Linux作为较早的源代码开放操作系统，将引领未来软件发展的方向。基于Linux开放源码的特性，越来越多的大中型企业及政府机构投入更多的资源来开发 Linux。现今世界上，很多国家逐渐把政府机构内部的计算机转移到Linux上，这个情况还会一直持续。Linux的广泛使用为政府机构节省了不少经费，也降低了对封闭源码软件潜在的安全性的忧虑。

1.6 Oracle Linux的特点

Linux 操作系统与 UNIX 极为相似，几乎任何在其他 UNIX 操作系统上可以使用的功能都可以在Linux操作系统上使用，只可能有少许的差异。Linux也同样是多用户和多任务操作系统，是一个非常适用于企业服务器的操作系统，而且其成本十分低廉。

Oracle Linux与Red Hat Enterprise Linux完全兼容。与Red Hat Enterprise Linux一样，Oracle Linux支持绝大多数x86兼容的硬件。在Oracle Linux安装软件中，除了包含Red Hat Enterprise Linux所包含的常用软件包之外，还包括了安装、管理和维护Oracle数据库管理系统所需的软件包。Oracle Linux默认安装的配置基本上满足了 Oracle 数据库管理系统所需要的环境。这无疑为将来想继续学习和使用Oracle的读者提供了便利。

Oracle 公司有一个专门的 Linux 内核开发团队。Oracle Linux 与 Red Hat Enterprise Linux（RHEL）是完全兼容（这包括源代码兼容和二进制码兼容）。只要可以在 RHEL 上运行的应用程序就百分之百地可以在Oracle Linux上运行。

Oracle Linux 是使用与 Red Hat Enterprise Linux 几乎完全相同的源代码生成的。为了保障与RHEL没有任何偏差，Oracle Linux与RHEL进行了逐字节的源代码比较。仅有的改变只是去掉或改变商标和版权。

Oracle Linux和Oracle Linux支持的主要目标就是：除了保证Oracle Linux与Red Hat Enterprise Linux百分之百兼容之外，还要提高Linux操作系统的质量并改进Linux的支持。Oracle公司在这方面做出了巨大的努力。

虽然本书使用Oracle Linux来讲授，但是由于不同Linux/UNIX之间的差别很小，所以本书中的几乎全部命令或操作都可以在不加修改或略加修改的情况下运行在其他Linux/UNIX操作系统上。

☞ **指点迷津：**

现在网上人气比较高的一个Linux操作系统是Fedora系统，Fedora是由Red Hat公司赞助的一个开源项目，但是Red Hat公司对Fedora操作系统并不提供正式的技术支持。用Red Hat公司自己的说法：Fedora操作系统是个人使用的Linux系统。考虑到Linux操作系统主要用于服务器，特别是网络服务器这一趋势，所以本书使用的是企业版的Linux系统，即与Red Hat Enterprise（企业）Linux系统完全兼容的Oracle Linux系统。

1.7 启动和关闭Linux系统

如果 Linux 操作系统直接安装在计算机上，启动 Linux 将没有以下的第一步和第二步。下面是在虚拟机上启动Linux的具体操作步骤：

（1）双击桌面上的Oracle VM VirtualBox图标，如图1-3所示。

（2）选择虚拟机（有时可能安装了多个虚拟计算机），单击Start按钮，如图1-4所示。

图 1-3

图 1-4

（3）然后可能出现操作系统选择画面，选择要使用的 Linux 操作系统，如图 1-5 所示。可以同时按 HOST+F 键（HOST 一般是右侧的 Ctrl 键）切换到全屏幕，再次同时按 HOST+F 键即可切换回原来的方式。

（4）出现 Linux 系统启动画面，启动会持续一会儿，这些画面都是临时的，如图 1-6 所示。

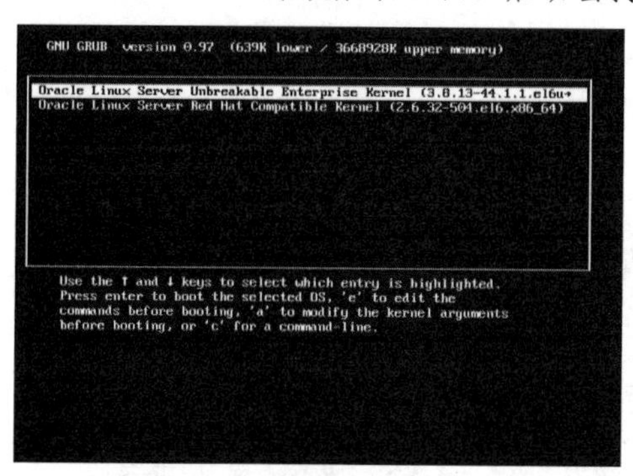

图 1-5

图 1-6

（5）最后出现如图 1-7 所示的登录画面，这就表示 Linux 操作系统已经成功启动。注意，画面的底部右下角是启动的日期和时间，dog.super.com 为该主机的名称（是安装 Linux 操作系统时设定的）。

（6）单击右下角的 Shutdown 按钮，在弹出的菜单中选择 Shut Downw 命令（如图 1-8 所示），系统就会正常关闭。到此为止，相信读者应该清楚如何利用图形界面启动和关闭 Linux 系统了。

图 1-7

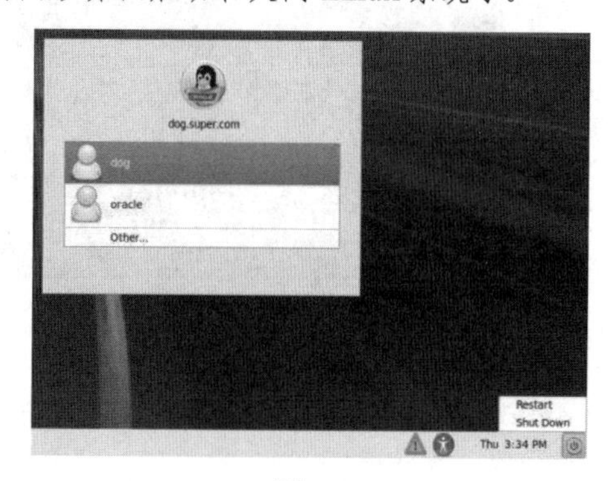

图 1-8

1.8 登录和退出 Linux

接下来介绍用户如何登录 Linux 系统，首先介绍使用图形界面登录 Linux 系统。其具体操作步骤如下：

（1）如果某个用户想登录 Linux，只需在 Username 文本框中输入用户名（如 root），按 Enter 键，如图 1-9 所示。

（2）在 Password 文本框中输入该用户的密码，单击 Log In 按钮，如图 1-10 所示。

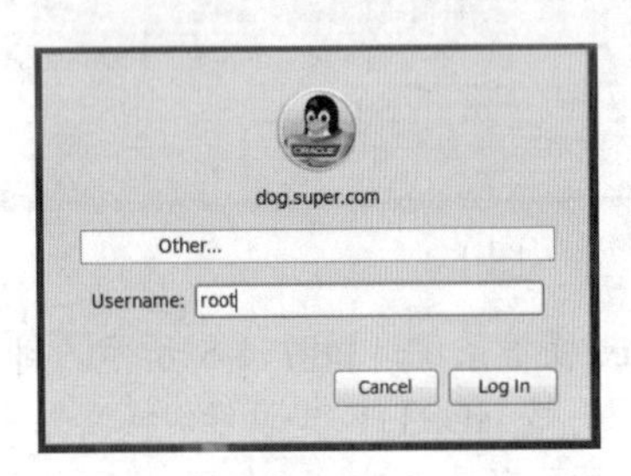

图 1-9

图 1-10

（3）接下来就会出现 Linux 操作系统的桌面，此时就可以像在 Windows 系统上那样，使用鼠标单击或拖动来完成所需的操作，如图 1-11 所示。

图 1-11

（4）为了开启终端窗口，选择 Applications→System Tools→Terminal 命令，如图 1-12 所示。

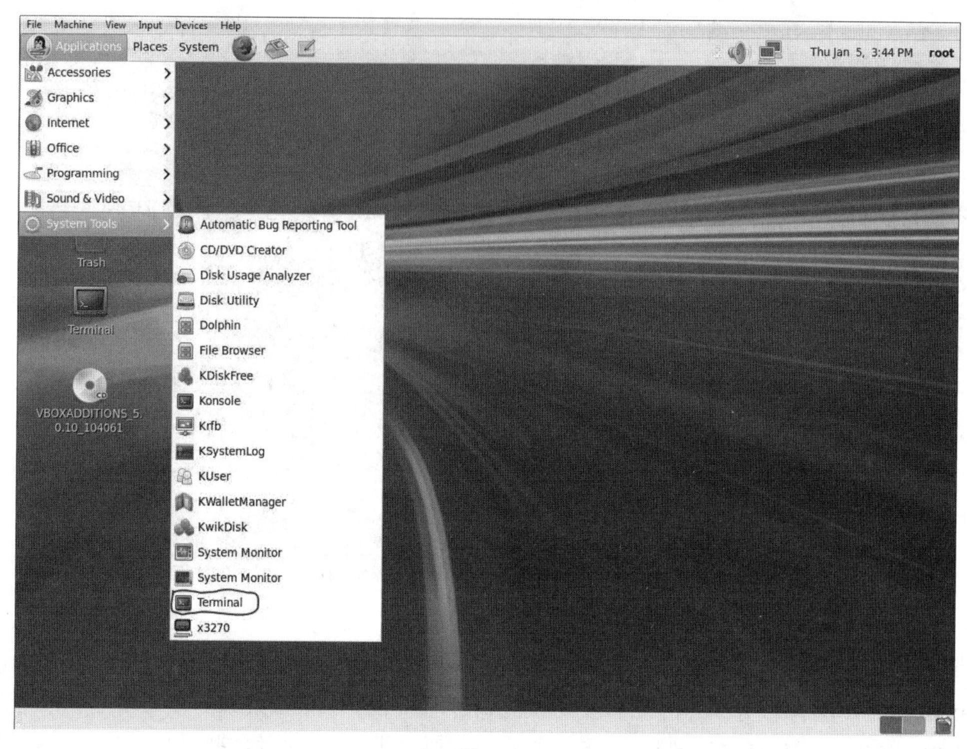

图 1-12

（5）等一会儿将出现图形终端窗口，如图 1-13 所示。在这个终端窗口中用户就可以输入 Linux 的命令了。如果要关闭 Linux 系统，可以输入 init 0 命令（这是一个关闭系统的命令，当然还有其他的命令可以关闭系统，在以后的章节中将详细介绍）。

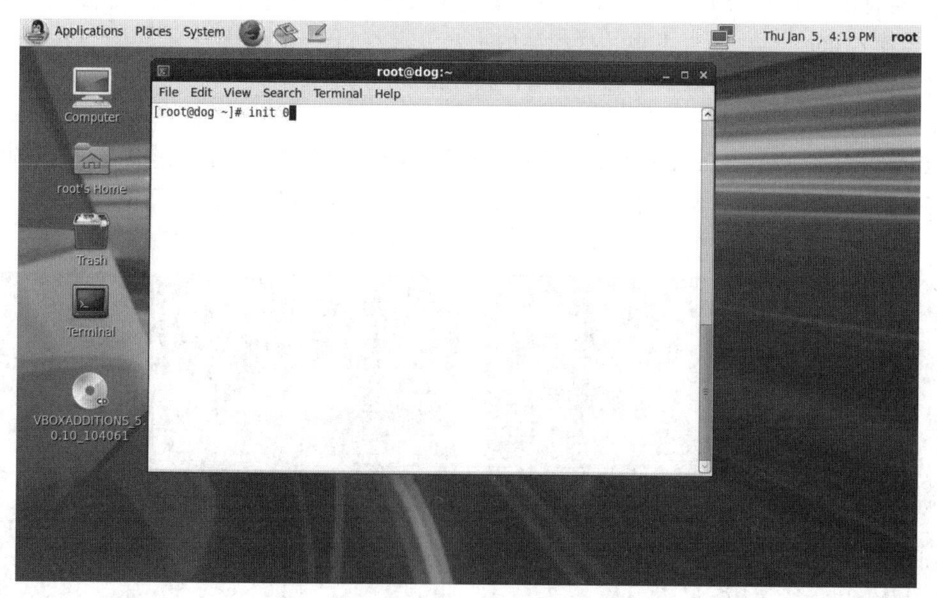

图 1-13

（6）如果要退出 Linux 操作系统，选择 System→Log Out root 命令即可，如图 1-14 所示。

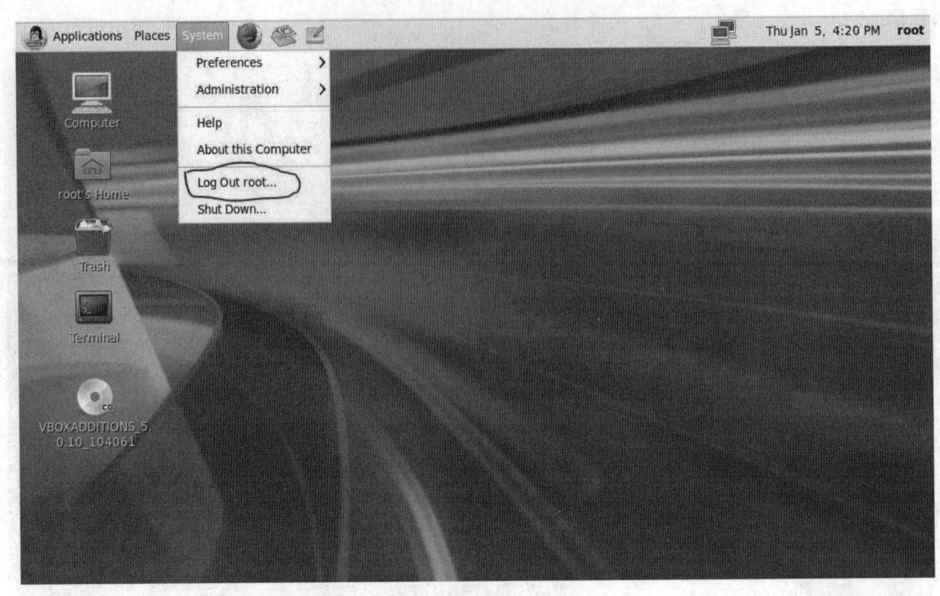

图 1-14

介绍完使用图形界面登录和退出 Linux 系统之后，再介绍使用命令行界面登录和退出 Linux 系统。由于 Linux 默认是启动图形界面，因此需要切换到命令行界面。Linux 系统提供了 6 个虚拟控制台（或称虚拟终端），要同时按 Ctrl+Alt+F[1～6]这三个键来切换到相应的虚拟终端。以下是切换虚拟终端和以命令行界面登录的具体操作步骤：

（1）如果想切换到第二号虚拟终端，则同时按 Ctrl+Alt+F2 这 3 个键，如图 1-15 所示。

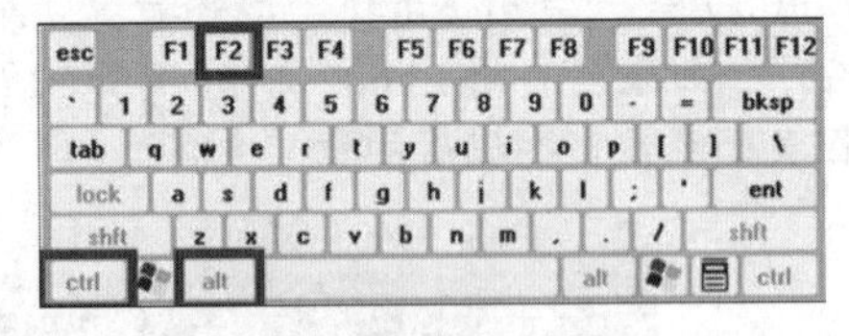

图 1-15

（2）此时将出现 Linux 的登录界面，在 login 处输入用户名（这里输入 dog，也可以是其他已经创建的用户），按 Enter 键；在 Password 处输入该用户的密码，按 Enter 键，如图 1-16 所示。

（3）在登录成功之后，Linux 的系统提示符是$而不是#，这是因为 dog 是普通用户，使用普通用户登录后系统的提示符为$，使用 root 用户登录后系统的提示符为#。可以输入 Linux 的 tty 命令来验证当前所使用的虚拟终端，系统的显示是/dev/tty2，确实是第二号虚拟终端，如图 1-17 所示。

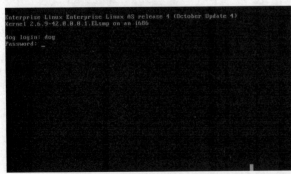

图 1-16

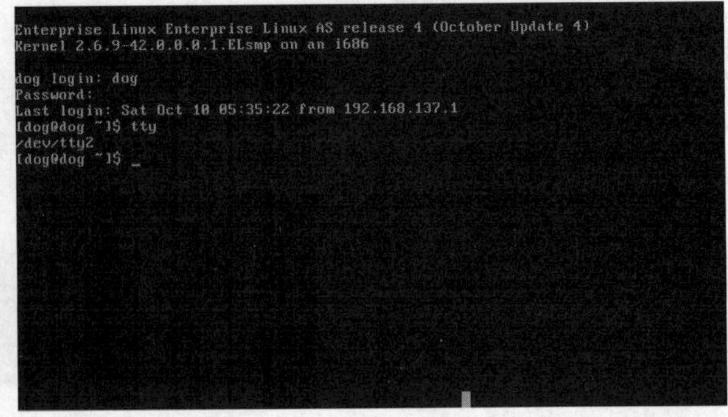

图 1-17

（4）如果想退出 Linux 系统，可以输入 exit 命令，如图 1-18 所示。

（5）重新出现 Linux 系统的命令行登录界面，这表示已经成功地退出 Linux 系统，如图 1-19 所示。

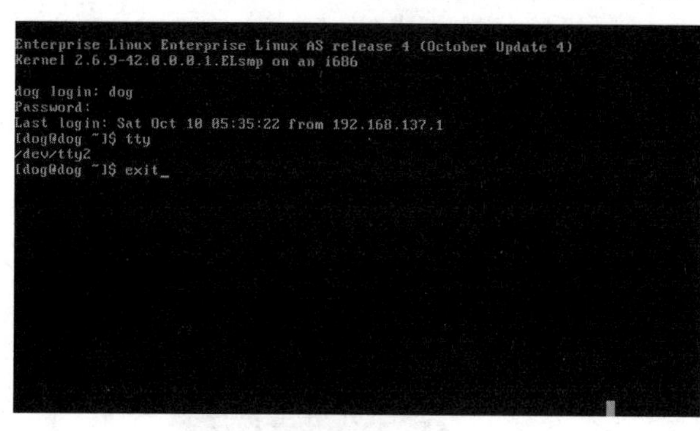

图 1-18

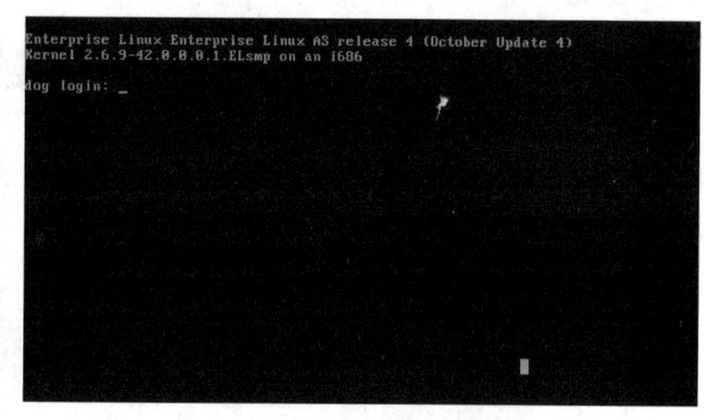

图 1-19

（6）如果想要返回图形终端，同时按 Ctrl+Alt+F7 这 3 个键即可，如图 1-20 所示。

☞指点迷津：

在虚拟机中，利用以上方法切换或使用虚拟终端时有时并不顺畅，而且有时可能产生不了预期的结果。

（7）如果想使用 telnet “远程” 连接到 Linux 操作系统，首先启动 DOS 窗口，在命令行提示符下输入 telnet 192.168.137.38（这是安装 Linux 系统时设置的，一般 VirtualBox 中的网址可能是 192.168.56.38），按 Enter 键进行连接，如图 1-21 所示。

图 1-20

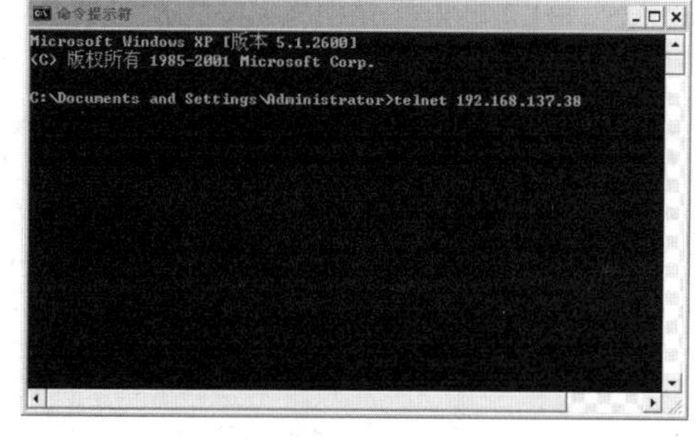

图 1-21

（8）出现 Linux 系统的登录界面，输入登录的用户名（这里输入 dog），按 Enter 键，输入密码并按 Enter 键，如图 1-22 所示。

（9）进入 Linux 系统，其身份是 dog 用户。由于 dog 是普通用户，所以系统提示符是$。如果要退出 Linux 系统，可以输入 exit 命令，如图 1-23 所示。

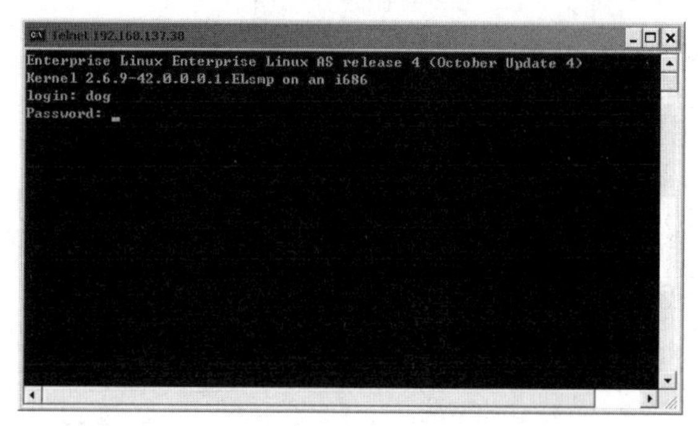

图 1-22

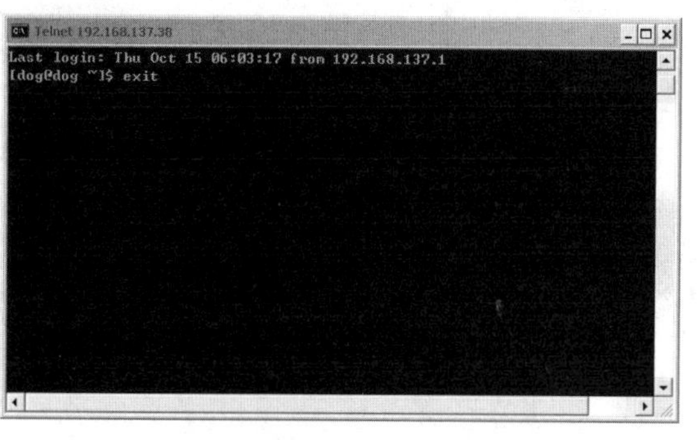

图 1-23

（10）如果还在终端上，可以输入 init 0 命令来关闭 Linux 系统，如图 1-24 所示。

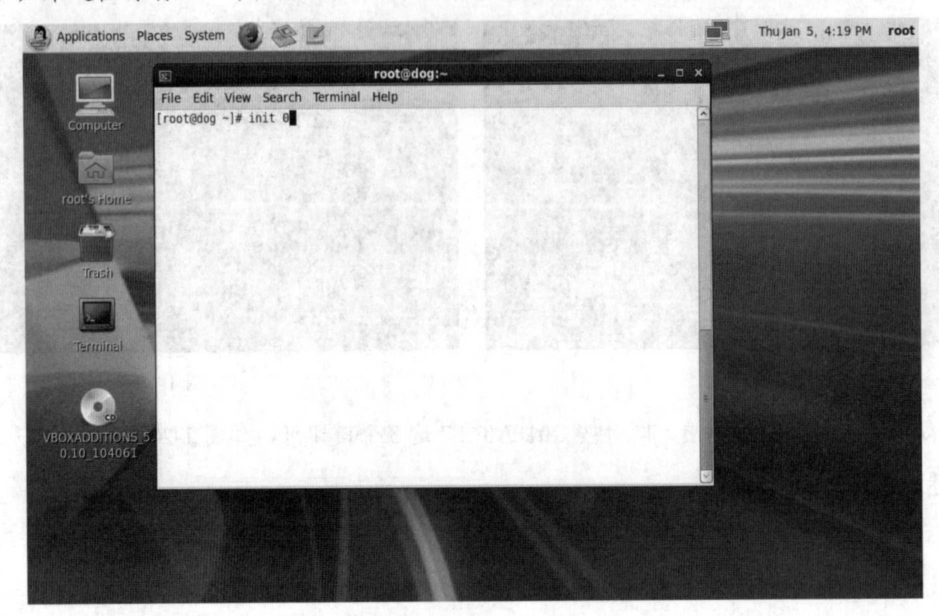

图 1-24

（11）Linux 系统关闭后就回到 Oracle VM VirtualBox 的控制界面，选择 File→Exit 命令退出 VirtualBox，如图 1-25 所示。

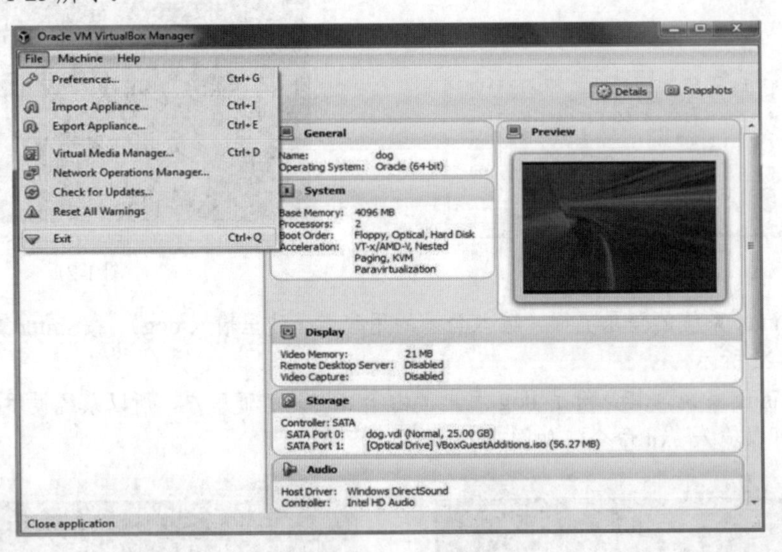

图 1-25

经过以上详细的介绍，相信读者已经掌握了如何启动与关闭 Linux 系统，以及怎样登录 Linux 操作系统了。在以后的各章节中，在讲解 Linux 命令时为了节省篇幅，只给出命令行和必要的显示输出，不再给出与上面类似的图形显示细节。

第 2 章　运行 Linux 命令及获取帮助

虽然 Linux 操作系统也提供了与 Windows 操作系统类似的图形界面，但多数 Linux 用户还是更喜欢使用传统的命令来操作系统，特别是在进行服务器的管理和维护时。其原因一是命令比图形操作稳定，二是在远程操作服务器时图形操作会使网络的流量大增。本章将介绍 Linux 命令的格式、运行方式以及如何获取命令的使用说明（帮助）。

2.1　Linux（UNIX）命令的格式

其实 Linux（UNIX）命令的语法并不像许多初学者想象中的那样复杂，**它们与英语口语十分相似，其命令的语法格式如下：**

```
命令 [选项] [参数] (command [options] [arguments])
```

命令行中的每一项之间使用一个或多个空格分隔开，以方括号括起来的部分是可选的，即可有可无的。在命令行中每一部分的具体含义如下。

- 命令：告诉 Linux（UNIX）操作系统做（执行）什么。
- 选项：说明命令运行的方式（可以改变命令的功能）。选项部分是以“-”字符开始的。
- 参数：说明命令影响（操作）的是什么（如一个文件、一个目录或一段正文文字）。

在命令行中，命令相当于英语的动词，选项相当于英语的形容词，参数相当于英语的名词，而整个命令行就相当于英语的语句。相信只要读者学习过英语，学会 Linux（UNIX）命令的使用肯定不成问题。

当读者已经了解了 Linux（UNIX）的命令语法之后，接下来将开始介绍一些简单常用的 Linux（UNIX）命令。在进行以下操作之前，必须使用第 1 章中介绍的方法之一登录 Linux。为了模拟远程登录 Linux 服务器，这里使用 telnet 登录。

首先启动 Linux 系统，之后在 Windows 操作系统下启动 DOS 界面。在 DOS 提示符下输入命令 telnet 192.168.56.101（在不同计算机的系统中 IP 可能不同），之后按 Enter 键，如图 2-1 所示。随后将出现 Linux 系统的登录界面，在 login 处输入用户名 dog（在不同计算机的系统中可能为不同的用户名）并按 Enter 键，在 Password 处输入密码 wang（在不同计算机的系统中可能是不同的密码）并按 Enter 键，如图 2-2 所示。

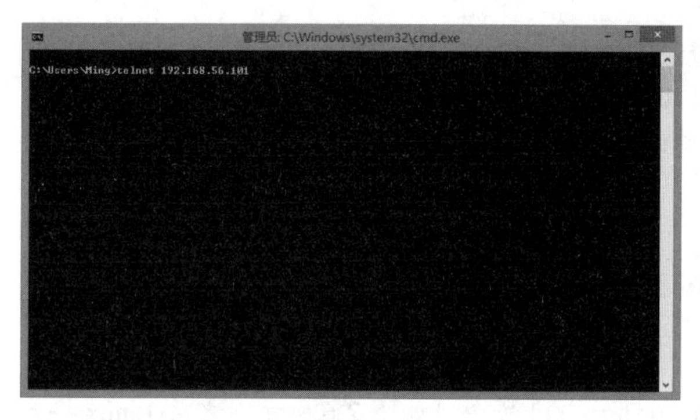

图 2-1

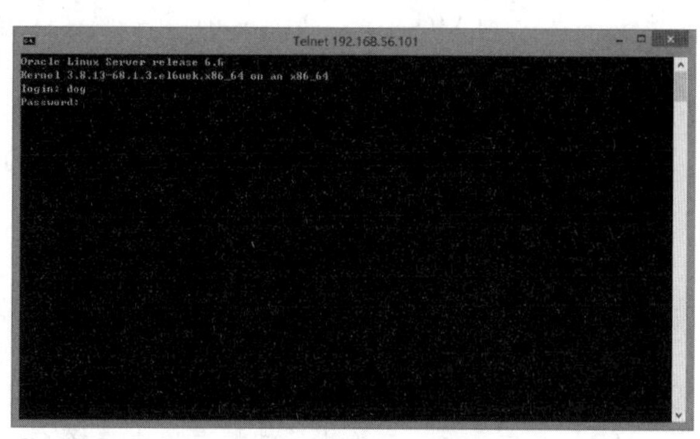

图 2-2

随后将登录 Linux 操作系统，并出现如图 2-3 所示的画面。其中$字符是 Linux 的普通用户提示符。

现在即可在 Linux 操作系统提示符下输入并运行各种 Linux 的命令了。

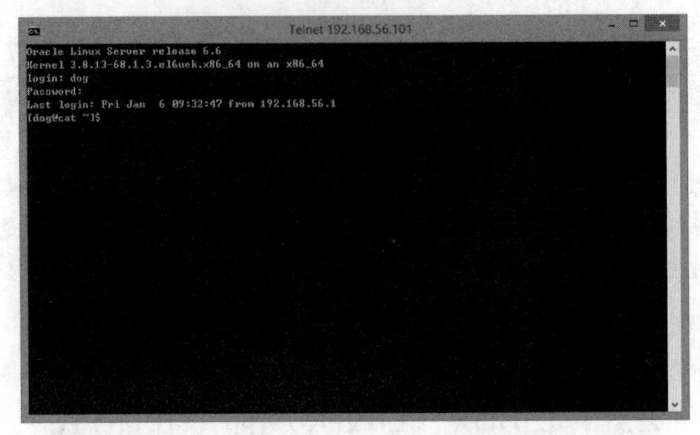

图 2-3

2.2 whoami 命令

当一个用户登录 Linux 系统之后，也许他想知道自己是以哪个用户登录的。此时可以使用 whoami 命令，该命令也是 Linux（UNIX）系统中最简单的命令之一。可以在 Linux 的提示符下输入例 2-1 的命令。

【例 2-1】

```
[dog@dog ~]$ whoami
dog
```

其中[dog@dog ~]$为 Linux 系统的提示信息，在以后的章节中将详细介绍[dog@dog ~]的含义。阴影部分的 dog 为命令的显示结果，即用户名。whoami 命令的功能就是列出您目前登录 Linux 系统所使用的用户名（账户）。

可能有读者会问："我自己怎么能不知道我是以哪个用户登录的呢？"实际上，一个人可能有多个用户名。有时由于工作的需要，一个人可能同时使用多个用户名登录 Linux 系统。在这种情况下，不记得目前使用的是哪个用户也就很正常了。

接下来试着在 Linux 系统中输入 who am i 命令并运行，将发现同样也会得到所需的信息而且更多，如例 2-2。

【例 2-2】

```
[dog@dog ~]$ who am i
dog      pts/0        2017-01-06 10:08 (192.168.56.1)
```

who am i 命令除了显示用户名之外，还会显示登录的终端（pts/0）、当前的日期和时间（2017-01-06 10:08）以及所使用的计算机的 IP 地址（192.168.56.1）。

对于多数 Linux（UNIX）命令，如果在命令的单词之间加入空格或标点符号，该命令会照常执行。

接下来演示以 Linux 图形界面登录和运行命令，其具体操作步骤如下：

（1）在图形登录界面的 Username 文本框中输入 root（可以输入其他的用户名），之后按 Enter 键，如图 2-4 所示。

（2）在 Password 文本框中输入 wang（密码，在安装 Linux 系统时设置的），之后按 Enter 键，如图 2-5 所示。如果无误，即可登录 Linux 操作系统。

（3）右击桌面，在弹出的快捷菜单中选择 Open in Terminal 命令，如图 2-6 所示。之后 Linux 将开启一个终端窗口。

（4）此时的 Linux 操作系统提示符为 “#”，因为这里是以 root 用户登录的。输入 who am i 命令，如图 2-7 所示。

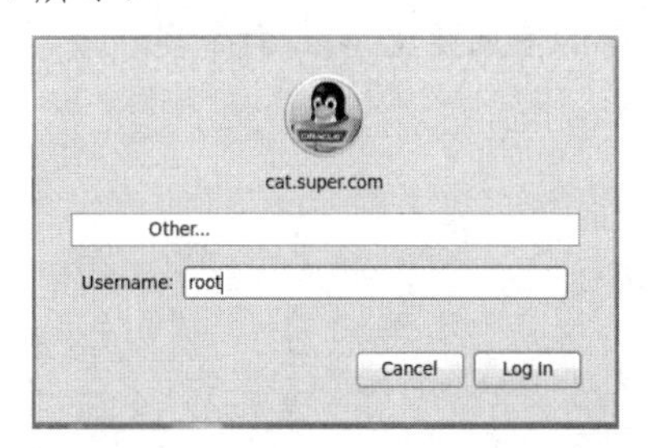

图 2-4

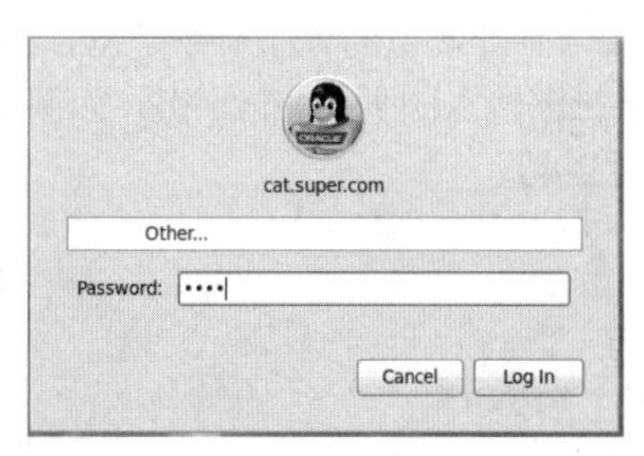

图 2-5

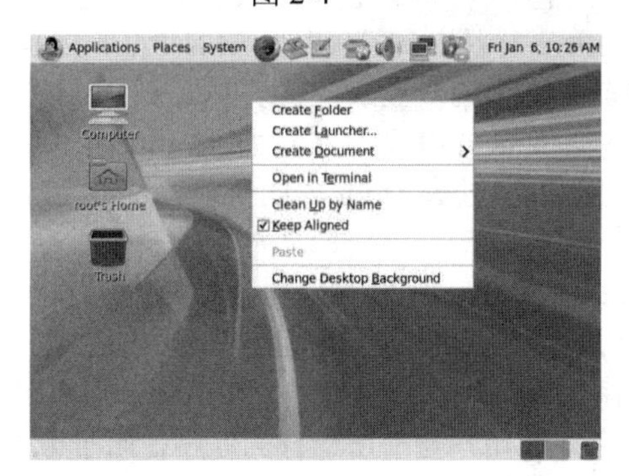

图 2-6

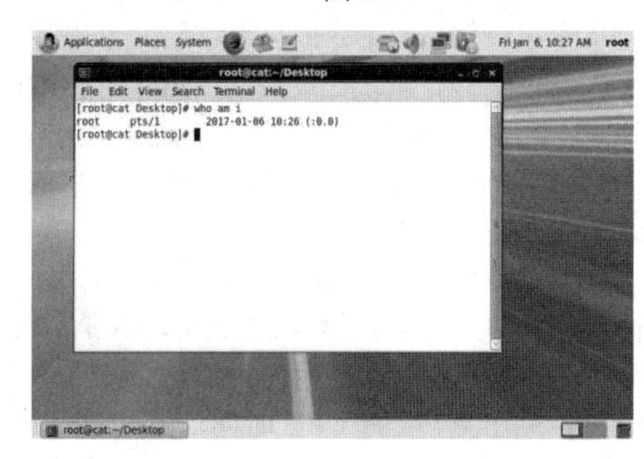

图 2-7

从图 2-7 中细心的读者可能已经注意到了，此时该用户使用的终端和计算机都与使用 telnet 登录系统是不同的。

如果读者对 whoami 和 who am i 命令还是感到不完全理解，可以想象一下您刚刚到一个新的公司或机构上班。您是不是要首先知道您的职位（相当于用户）、隶属的部门（相当于终端）、上班时间（相当于登录时间）、公司的名称（相当于计算机 IP 地址）等，也就是说上班时一定要搞清楚自己是谁（who am I）。您要想彻底了解这些信息，还是要下一番工夫的。相比之下，在 Linux 或 UNIX 系统上反倒容易多了，因为只需要一个命令即可。

☞ **指点迷津：**

许多人以为知道自己是谁太简单不过了，其实不然。有些人在成名之前，他/她们很郁闷，因为别人不知道自己是个什么东西。可是成了名之后，渐渐地就飘起来了，很快自己就不知道自己是个什么东西了。

2.3　who、w、users 和 tty 命令

知道了我是谁之后，当然也想知道**目前有哪些用户在系统上工作。此时可以使用 who 命令来获取这方面的信息，**如例 2-3。

【例 2-3】

```
[dog@dog ~]$ who
root     tty1         2017-01-06 10:21 (:0)
dog      pts/0        2017-01-06 10:08 (192.168.56.1)
root     pts/1        2017-01-06 10:26 (:0.0)
```

从例 2-3 的显示结果可以看出，who 命令显示的内容与 who am i 命令相比，只是多了系统上工作的其他用户而已。

与 who 命令类似的一个命令是 w，但是使用 w 命令所获得的信息要比 who 命令多一些。在 Linux 系统提示符下输入 w 并按 Enter 键，如例 2-4。

【例 2-4】

```
[dog@dog ~]$ w
00:09:39    up  1:10,   3 users,    load average: 0.66, 0.58, 0.46
USER  TTY    FROM            LOGIN@  IDLE    JCPU    PCPU WHAT
dog    pts/1  192.168.56.1  23:04   0.00s   0.17s   0.01s w
root   :0       -           23:48   ?xdm?   8:59    0.62s /usr/bin/ gnome- session
root  pts/2  :0.0           23:49   48.00s  0.09s   0.09s bash
```

接下来解释例 2-4 命令的显示结果。首先看显示结果的第 1 行从左到右的每一项的含义：**当前的时间是上午 00:09:39、系统已经启动（up）了 1h10min、目前有 3 个用户登录、系统在过去 1min 内平均提交 0.66 个任务（或启动程序）、在过去 10min 内平均提交 0.58 个任务、在过去 15min 内平均提交 0.46 个任务（load average 为平均负载，之后的 3 个数字分别表示过去 1min 内的负载、过去 10min 内的负载和过去 15min 内的负载）。**

下面解释显示结果的第 3 行从左到右的每一列的含义：其中前 3 列与 who am i 命令的显示结果相同，因此就不再解释了。**第 4 列（LOGIN@）表示 dog 用户于 23:04 登录系统，第 5 列（IDLE）表示 dog 用户是一个正在活动的用户（IDLE 为 0.00s 即没有空闲），第 6 列中（JCPU）表示 dog 用户到目前为止一共使用了 0.17s 的 CPU 时间，第 7 列（PCPU）表示 dog 用户当前所运行的程序使用了 0.01s 的 CPU 时间，第 8 列（WHAT）表示 dog 用户当前所运行的程序是 w。**

最后解释显示结果的第 5 行从左到右的每一列的含义：其中前 3 列与 who am i 命令的显示结果相同。第 4 列（LOGIN@）表示 root 用户于 23:49 登录系统，第 5 列（IDLE）表示 root 用户不是一个正在活动的用户（IDLE 为 48.00s，即已经空闲了 48.00s），第 6 列（JCPU）表示 root 用户到目前为止一共使用了 0.09s 的 CPU 时间，第 7 列（PCPU）表示 root 用户当前所运行的程序使用了 0.09s 的 CPU 时间，第 8 列（WHAT）表示 root 用户当前所运行的程序是 bash。

利用这个只有一个字符的不起眼的 w 命令竟然能获取这么多有用的信息，出乎意料吧？这也正是 Linux 或 UNIX 系统设计的独到之处。看来**使用 Linux 命令并不难，但是要读懂命令显示的结果是需要一定的训练的。**

如果只想知道目前有哪些用户登录了 Linux 系统，有一个更简单的命令，那就是 users 命令。在 Linux 系统提示符下输入 users 并按 Enter 键，如例 2-5。

【例 2-5】

```
[dog@dog ~]$ users
dog root root
```

如果只想知道目前登录 Linux 系统所使用的终端，又该怎么办呢？也同样有一个简单的命令，那就是 tty 命令。在 Linux 系统提示符下输入 tty 并按 Enter 键，如例 2-6。

【例 2-6】

```
[dog@dog ~]$ tty
/dev/pts/1c
```

☞ 指点迷津：

tty 是一个历史遗产，它既可以表示一台计算机也可以表示一条终端线。因为最早的 UNIX 系统是使用美国数据仪器公司（Digital Equipment Corporation，DEC）的电传打字机（teletypewriter）作为与终端交互的设备。很快就有人给这种电传打字机起了一个绰号 tty 并一直沿用至今。DEC 公司对计算机和操作系统的贡献很大，在 20

世纪 80 年代时，一些专家认为全世界在计算机技术上唯一能与 IBM 抗衡的公司就是 DEC。不幸的是，后来 DEC 被康柏（Compact）收购了，最终 Compact 又被惠普（HP）收购了。实际上，最后活下来的公司是市场做得最好的公司，而不是技术做得最好的公司。

还是以到一个新公司或机构上班为例，本节所介绍的命令就相当于了解您所在公司的所有同事的信息。有了这些信息，您才知道谁握有权利，谁与权利核心更接近等，这些都是您规划未来的重要信息。要获取这些信息，您可能要几经周折，也许要拉关系、请客、送礼等。但是在 Linux 或 UNIX 系统上就简单多了，只是运行几个命令而已。这么看来学习 Linux 或 UNIX 是不是比面对真实的生活更容易些？

2.4 uname 命令及带有选项的命令

知道了 Linux 系统上的用户信息之后，读者可能也想知道所登录的系统的信息，本节将介绍获取系统本身信息的命令 uname。默认情况下，当执行 uname 命令时，终端上会出现当前的操作系统。这里 u 应该是 UNIX 的缩写，因此 **uname 应该是 UNIX name 的缩写**。

要显示操作系统的信息，可以执行如例 2-7 的 Linux 命令。显示的结果表明所使用的操作系统是 Linux。

【例 2-7】

```
[dog@dog ~]$ uname
Linux
```

使用 uname 命令还可以获得其他有关系统的信息，但是必须在命令中加入选项。在命令中加入选项将改变所显示的信息类型，需要注意的是，命令选项是大小写相关的，而且选项前要冠以“-”。

要显示所使用系统的主机名，使用带有-n（n 是 nodename 的第 1 个字符）选项的 uname 命令，如例 2-8。

【例 2-8】

```
[dog@dog ~]$ uname -n
dog.super.com
```

显示的结果表明目前所使用的系统的主机名是 dog.super.com，该名称是在安装 Linux 操作系统时设置的。

要显示所使用系统的硬件平台名，使用带有-i（i 应该是 information 的第 1 个字符）选项的 uname 命令，如例 2-9。

【例 2-9】

```
[dog@dog ~]$ uname -i
x86_64
```

如果想同时获得所使用系统的主机名和硬件平台名，可以使用带有-n 和-i 组合的 uname 命令，即可使用例 2-10～例 2-13 中的任何一个命令。

【例 2-10】

```
[dog@dog ~]$ uname -n -i
dog.super.com x86_64
```

【例 2-11】

```
[dog@dog ~]$ uname -i -n
dog.super.com x86_64
```

【例 2-12】

```
[dog@dog ~]$ uname -in
dog.super.com x86_64
```

【例 2-13】

```
[dog@dog ~]$ uname -ni
dog.super.com x86_64
```

从例 2-10～例 2-13 的显示结果可以清楚地看出，命令显示的结果与选项的先后次序无关，即无论怎样组合-n 和-i 这两个选项，最终的显示结果都相同，即 dog.super.com x86_64。

下面再介绍几个可能会用到的选项，这些选项可以帮助读者获取系统更详细的信息。

- -r（release 的第 1 个字符）：显示操作系统发布的版本信息。
- -s（system 的第 1 个字符）：显示操作系统名。
- -m（machine 的第 1 个字符）：显示机器硬件名。
- -p（processor 的第 1 个字符）：显示中央处理器的类型。
- -a（all 的第 1 个字符）：显示所有的信息。

如果想同时获得所使用系统的操作系统名和版本信息，可以使用带有-r 和-s 组合的 uname 命令，可以使用例 2-14 或例 2-15 中的任何一个命令。

【例 2-14】

```
[dog@dog ~]$ uname -rs
Linux 3.8.13-68.1.3.el6uek.x86_64
```

【例 2-15】

```
[dog@dog ~]$ uname -sr
Linux 3.8.13-68.1.3.el6uek.x86_64
```

如果想同时获得所使用系统的操作系统名、版本信息、机器硬件名和中央处理器的类型，可以使用带有-r、-s、m 和 p 组合的 uname 命令，可以使用类似例 2-16 的命令。

【例 2-16】

```
[dog@dog ~]$ uname -pmrs
Linux 3.8.13-68.1.3.el6uek.x86_64 x86_64 x86_64
```

如果想同时获得所使用系统的很多信息，其实有一种更简单的方法，就是使用带有-a 选项的 uname 命令，可以使用例 2-17 的命令。

【例 2-17】

```
[dog@dog ~]$ uname -a
Linux cat.super.com 3.8.13-68.1.3.el6uek.x86_64 #2 SMP Wed Apr 22 11:54:49 PDT 2015
x86_64 x86_64 x86_64 GNU/Linux
```

Linux 操作系统对传统的 UNIX 系统命令进行了一些改进使之更简单易学，其中之一就是一些选项可以使用完整的英语单词，但是此时在选项之前要冠以“--”而不是“-”。如可以使用例 2-18 的带有--all 选项的 uname 命令来获取所使用系统的全部信息。

【例 2-18】

```
[dog@dog ~]$ uname --all
Linux cat.super.com 3.8.13-68.1.3.el6uek.x86_64 #2 SMP Wed Apr 22 11:54:49 PDT 2015
x86_64 x86_64 x86_64 GNU/Linux
```

如果想知道 uname 命令可以使用的全部选项，可以使用带有--help 选项的 uname 命令，如例 2-19。

【例 2-19】

```
[dog@dog ~]$ uname --help
Usage: uname [OPTION]...
Print certain system information.  With no OPTION, same as -s.
  -a, --all                print all information, in the following order:
  -s, --kernel-name        print the kernel name
  -n, --nodename           print the network node hostname
```

```
  -r, --kernel-release      print the kernel release
  -v, --kernel-version      print the kernel version
  -m, --machine             print the machine hardware name
  -p, --processor           print the processor type
  -i, --hardware-platform   print the hardware platform
  -o, --operating-system    print the operating system
      --help                display this help and exit
      --version             output version information and exit
```

例 2-19 显示的结果列出了 uname 命令的所有选项及简单的介绍。在许多 Linux 命令中都可以使用这样的--help 选项来获取命令的帮助信息，这也是 Linux 操作系统对 UNIX 系统的又一扩充。

其实在现实中也极为相似，继续以到一个新公司或机构上班为例，本节所介绍的命令就相当于了解您所在公司的相关信息。如您需要知道公司的运营现状、产品或服务在市场上的地位、公司大股东的信息等。别干了很长时间连工钱都拿不到，更倒霉的是如果公司涉及了非法活动，您没准稀里糊涂地就进了局子。

2.5　date、cal 和 clear 命令及带有参数的命令

清楚了 Linux 系统本身的信息之后，接下来可能想知道有关系统的日期和时间的信息，可以使用 date 和 cal 命令来获取这些信息。

date 命令用于显示系统当前的日期和时间。要获取当前的日期和时间，可以在 Linux 系统上运行如例 2-20 的命令。

【例 2-20】

```
[dog@dog ~]$ date
Fri Jan  6 11:04:18 NZDT 2017
```

cal（为 calendar 的前 3 个字符）命令用来显示某月的日历。要显示本月的日历，可以在 Linux 系统上运行如例 2-21 的命令。

【例 2-21】

```
[dog@dog ~]$ cal
    January 2017
Su Mo Tu We Th Fr Sa
 1  2  3  4  5  6  7
 8  9 10 11 12 13 14
15 16 17 18 19 20 21
22 23 24 25 26 27 28
29 30 31
```

参数能够使用户准确地定义想用一个命令来做什么。例 2-22 带有两个参数，第 1 个参数为 8，表示要显示的月份；第 2 个参数为 2008，表示要显示的年份。

【例 2-22】

```
[dog@dog ~]$ cal 8 2008
     August 2008
Su Mo Tu We Th Fr Sa
                1  2
 3  4  5  6  7  8  9
10 11 12 13 14 15 16
17 18 19 20 21 22 23
```

```
24 25 26 27 28 29 30
31
```

也可以只显示某一年的全年日历（12 个月），如例 2-23 将显示 2012 年的日历。在本例中 cal 命令只使用了一个参数 2012。为了节省篇幅，这里省略了显示结果。

【例 2-23】

```
[dog@dog ~]$ cal 2012
```

经过了前一段的工作，您已经看到了所使用的终端屏幕上显示了太多的信息，怎样才能将屏幕上的信息清除掉呢？答案是**使用 clear 命令，该命令将清除终端窗口中的显示。**因此，可以使用例 2-24 的命令清除屏幕。

【例 2-24】

```
[dog@dog ~]$ clear
```

继续以到一个新公司或机构上班为例，本节所介绍的命令就相当于要了解您所在公司的作息时间信息。如您需要知道公司上、下班时间，休息时间，哪些月份是公司的繁忙季节？哪些月份是公司的淡季？

2.6 su 和 passwd 命令

su 命令放在后面的章节介绍会更容易一些，但本节的操作要使用到该命令，所以就提前介绍了。如果觉得理解上有困难，也不要紧，因为后面还会进一步解释。

首先解释为什么需要 su 这个命令。**默认情况下，如果用户利用 telnet 进行远程登录，是不能使用 root 用户的。**也就是在使用 telnet 时，必须以普通用户来登录 Linux 系统。如果要使用 root 用户在远程对操作系统进行维护工作，就必须先以一个普通用户登录 Linux（UNIX），之后再切换到 root 用户。可以利用以下操作来测试能否利用 telnet 以 root 这个超级用户远程登录 Linux 操作系统：

（1）启动 DOS 窗口，输入 telnet 192.168.56.101（您的系统的 IP 可能不同）并按 Enter 键，如图 2-8 所示。之后将出现 Linux 操作系统的登录界面。

（2）在 login 处输入 root，在 Password 处输入 wang（root 用户的密码），之后按 Enter 键，如图 2-9 所示。

图 2-8

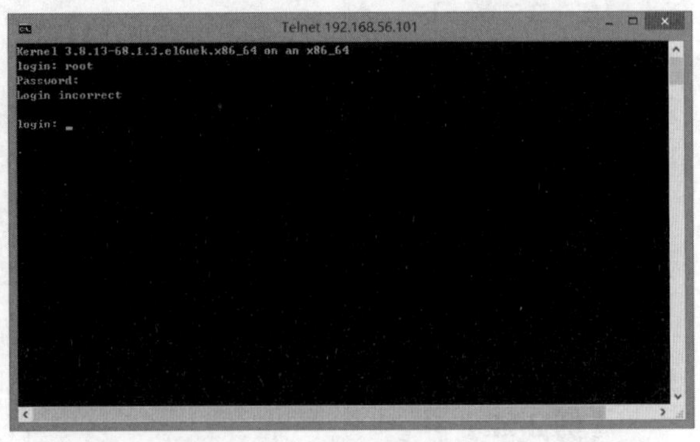

图 2-9

尽管 root 用户肯定存在，而且使用的密码也是正确的，但是最后却显示 Login incorrect（登录信息不正确）信息。这就说明在默认情况下，无法使用 root 用户利用 telnet 登录 Linux（UNIX）。那么，怎样才能使用 root 用户对 Linux（UNIX）系统进行远程操作呢？

正是 su 命令提供了这样的功能，**su（应该是 switch user 的缩写）命令将从当前的用户切换到一个**

指定的其他用户。如可以先使用普通用户登录 Linux（UNIX）系统，如使用 dog 用户，之后再使用 su 命令切换到 root 用户。

如果现在是在 dog 用户下（如果还没有登录 Linux，要先使用 dog 登录），可以使用例 2-25 的命令切换到 root 用户。

【例 2-25】

```
[dog@dog ~]$ su - root
Password:
[root@dog ~]#
```

当在 Password 处输入 root 的正确密码之后，系统会出现 root 用户的提示符“#”。其实从系统的提示符已经可以断定当前的用户为 root。如果还不放心，可以使用例 2-26 的 whoami 命令验证。

【例 2-26】

```
[root@dog ~]# whoami
root
```

通过例 2-26 的显示结果可以确定当前用户为 root。如果现在又想退回到 dog（普通）用户，该怎么办呢？可以使用 exit 命令，如例 2-27。

【例 2-27】

```
[root@dog ~]# exit
[dog@dog ~]$
```

之后，系统将会出现普通用户的提示符“$”。从系统的提示符已经可以断定当前的用户为 dog。如果还不放心，可以使用例 2-28 的 whoami 命令验证。

【例 2-28】

```
[dog@dog ~]$ whoami
dog
```

☞ 指点迷津：

如果读者读过其他 Linux 或 UNIX 的书，会发现一些书在介绍命令时使用的是 root 用户。建议读者在练习时，最好像本书一样尽量使用普通用户。在操作系统（或数据库管理系统）的管理或维护中有一个系统管理员应该奉行的金科玉律，即最小化原则。该原则是在能够完成工作的情况下尽量使用权限最低的用户。这样一旦操作失误对系统所造成的危害最小。现实当中也是一样，氢弹是目前世界上最恐怖的大规模杀伤武器，但是自从这种超级核武器诞生以来还没有任何国家的领导人敢按下它的发射按钮。

使用 su 命令不但可以从普通用户切换到 root 用户，还可以从一个普通用户切换到另一个普通用户，也可以从 root 用户切换到一个普通用户。

为了演示从 root 用户切换到一个普通用户的操作，首先在图形界面以 root 用户登录，之后启动终端窗口。在 Linux 系统提示符下输入例 2-29 的 su 命令以切换到普通用户 dog。

【例 2-29】

```
[root@dog ~]# su - dog
[dog@dog ~]$
```

可以发现：在执行 su - dog 命令时 Linux（UNIX）系统并未要求输入 Password，而是直接返回了普通用户的提示符，即直接切换到普通用户 dog。

接下来介绍 passwd（为 password 的缩写）命令。可以使用 passwd 命令来修改用户（既可以是普通用户，也可以是 root 用户）的密码，查看用户的密码状态等。

出于安全的考虑，有些公司要求用户在第一次登录 Linux（UNIX）系统时必须修改自己的密码。还有些公司要求用户每隔一段时间（如 3 个月）必须修改密码以防止用户密码泄密。此时，**用户就可以使用 passwd 命令来修改其密码**。如果现在是在 dog 用户下，以下的操作将演示如何修改 dog 的密码。

在系统的普通用户提示符下输入 passwd 命令，在系统的（current）UNIX password 提示处输入现在 dog 用户的密码 W_wang，在系统的 New UNIX password 提示处输入 dog 用户的新密码 wang，之后系统会显示 BAD PASSWORD: it is too short 并重新显示 New UNIX password 提示，要求用户输入新密码，如例 2-30。此时可以按几次 Enter 键退出 passwd 命令，因为目前我们并不想修改 dog 的密码。

【例 2-30】

```
[dog@dog ~]$ passwd
Changing password for user dog.
Changing password for dog
(current) UNIX password:
New UNIX password:
BAD PASSWORD: it is too short
New UNIX password:
```

接下来使用例 2-31 的 su 命令切换到 root 用户，其实在“-”之后即使不使用 root 也可以切换到 root 用户。在 Password 处输入 root 用户的密码之后将出现 root 用户的提示符“#”，这表示现在已经切换为 root 用户。

【例 2-31】

```
[dog@dog ~]$ su -
Password:
[root@dog ~]#
```

下面演示怎样修改 root 用户的密码。为了以后的操作方便，本书将 root 用户的密码改成一个少于 6 个字符的简单密码，这里改为 ming（这个密码显然是不安全的，这样的密码是不能在生产系统中使用的）。现在即可使用例 2-32 的命令来修改 root 用户的密码。因为现在是 root 用户，所以 Linux 系统并没有要求输入当前的密码。在 New UNIX password 处输入 ming（新密码），之后系统会提示 BAD PASSWORD: it is too short，即提示该密码太短。但系统还是继续提示重新输入新的密码，在 Retype new UNIX password 处继续输入 ming，之后系统将会显示密码已经成功修改的信息。

【例 2-32】

```
[root@dog ~]# passwd
Changing password for user root.
New UNIX password:
BAD PASSWORD: it is too short
Retype new UNIX password:
passwd: all authentication tokens updated successfully.
```

通过例 2-32，读者可以知道 root 用户即使将密码修改成不安全的很短的密码，系统也照样执行，只是给出警告信息而已。因为 root 用户有至高无上的权利。

☞ **指点迷津：**

出于安全的考虑，用户的口令（密码）要大小写混写，最好至少包含一个字符、一个数字和一个特殊字符。但是这样安全的口令是很难记忆的，因此有人发明了如下的记忆方法：使用特殊字符替换单词之间的空格；使用数字 0 替代字符 o；使用数字 9 替代字符 q；使用数字 1 替代字符 l 或 I；使用数字 2 替代单词 to；使用数字 4 替代单词 for 等。

现在即可使用 root 这个超级用户来将 dog 用户的密码修改成 wang，如例 2-33。尽管还会出现警告信息，但是修改照样会成功。

【例 2-33】

```
[root@dog ~]# passwd dog
Changing password for user dog.
```

```
New UNIX password:
BAD PASSWORD: it is too short
Retype new UNIX password:
passwd: all authentication tokens updated successfully.
```

passwd 命令的另一个功能就是查看某一用户密码的状态，这是通过在命令中使用-S 选项来完成的。如可以使用例 2-34 的命令来获取 dog 用户的密码状态，其中-S 为选项，dog 为参数。

【例 2-34】

```
[root@dog ~]# passwd -S dog
dog PS 2015-10-14 0 99999 7 -1 (Password set, SHA512 crypt.)
```

例 2-34 显示的结果表明系统已经为 dog 用户设置了密码，即用户登录时必须使用密码，而且这个密码是使用 SHA512 算法加密的(在早期的版本中是使用 MD5 算法加密的)。

为了进一步解释 passwd 命令的用法，这里使用如例 2-35 的添加用户命令在系统中添加一个新用户 cat（useradd 命令将在以后的章节中详细介绍）。当按 Enter 键后系统不会显示任何信息，只是回到系统提示符等待用户输入下一条命令。

【例 2-35】

```
[root@dog ~]# useradd cat
```

☞ 指点迷津：

Linux 和 UNIX 的设计理念与微软完全不同。微软是假设用户都是傻子，所以微软的系统帮助用户做尽可能多的工作。而 Linux 和 UNIX 是假设用户是猴子，用户做了什么自己应该清楚。这可能也是 Linux 和 UNIX 系统高效和稳定的原因之一。

当在 Linux 系统中成功地添加了 cat 用户后，即可使用例 2-36 的命令来获取 cat 用户的密码状态。

【例 2-36】

```
[root@dog ~]# passwd -S cat
cat LK 2017-01-05 0 99999 7 -1 (Password locked.)
```

例 2-36 显示的结果表明 cat 的密码被锁住了，这是因为在创建 cat 用户时并未设置它的密码。下面使用例 2-37 的 passwd 命令将 cat 用户的密码设置为 miao（这个密码显然是不安全的，在这里使用它只是为了方便）。需要在 New UNIX password 处和 Retype new UNIX password 处两次输入 miao 来完成 cat 用户的密码设置。

【例 2-37】

```
[root@dog ~]# passwd cat
Changing password for user cat.
New UNIX password:
BAD PASSWORD: it is too short
Retype new UNIX password:
passwd: all authentication tokens updated successfully.
```

之后，再次使用与例 2-36 完全相同的 passwd 命令重新获取 cat 用户的密码状态，如例 2-38。

【例 2-38】

```
[root@dog ~]# passwd -S cat
cat PS 2017-01-05 0 99999 7 -1 (Password set, SHA512 crypt.)
```

例 2-38 显示的结果表明系统已经为 cat 用户设置了密码，即该用户登录时必须输入密码，而且这个密码也是使用 SHA512 算法加密的。现在 cat 和 dog 用户都处在相同的工作状态了。

也可以在 passwd 命令中使用--status 选项，该选项的功能与-S 相同，需要注意当选项是单词时前面要冠以“--”而不是“-”，如可以分别使用例 2-39 和例 2-40 的命令来获取 dog 和 cat 用户的密码状态。

【例 2-39】

```
[root@dog ~]# passwd --status dog
dog PS 2015-10-14 0 99999 7 -1 (Password set, SHA512 crypt.)
```

【例 2-40】

```
[root@dog ~]# passwd --status cat
cat PS 2017-01-05 0 99999 7 -1 (Password set, SHA512 crypt.)
```

现在退回到 dog 用户，再使用例 2-41 的 passwd 命令查看 cat 用户密码的状态，看看会发生什么。

【例 2-41】

```
[dog@dog ~]$ passwd -S cat
Only root can do that.
```

例 2-41 的显示结果表明只有 root 用户可以查看另一个用户的密码状态。如果将例 2-41 所示的命令中的选项-S 改成--status，系统仍然会显示相同的结果。

又回到那个到新公司上班的例子，其中 su 命令相当于在公司变换工作岗位。在普通用户之间切换就相当于同级调动，当然一般人都是想干些既轻松又收入高的活。要调到这样的肥缺上，当然必须得知道其中的套路（相当于知道了密码），如拉关系、请客、送礼等。如果您想升迁，那就需要知道公司内部的运作和人事关系了（相当于知道了 root 的密码）。使用 passwd 命令就相当于您可以修改和制定公司的游戏规则，即大权在握了。

2.7 whatis 命令与命令的--help 选项

由于 Linux 或 UNIX 操作系统的命令和命令中的选项及参数实在太多了，因此 Linux 和 UNIX 系统的作者们建议用户不要试图记住所有命令的用法，实际上也不可能记住。而是借助于 Linux 或 UNIX 提供的多种帮助工具。首先介绍 **whatis 命令，该命令显示所查询命令的简单说明。**

whatis 命令的用法非常简单，例如，如果想知道 uname 命令的用法，可以使用例 2-42 的 whatis 命令。

【例 2-42】

```
[dog@dog ~]$ whatis uname
uname           (1)  - print system information
uname           (2)  - get name and information about current kernel
```

例 2-42 显示的结果说明 uname 命令有两种功能，它们是：

- 列出系统的信息。
- 获取当前内核的名字和信息。

如果想知道 who 命令的用法，可以使用例 2-43 的 whatis 命令来获取 who 命令的功能。

【例 2-43】

```
[dog@dog ~]$ whatis who
who                  (1)  - show who is logged on
```

例 2-43 显示的结果说明 who 命令的功能是显示谁登录了 Linux 系统。例 2-42 和例 2-43 的命令都是在普通用户下运行的，因为它们的系统提示符都是$。当然 whatis 这个命令也可以在 root 用户下运行，有兴趣的读者可以自己试一下。

介绍完怎样使用 whatis 命令获取 Linux 命令的帮助信息之后，下面介绍另一种在 Linux 系统中获取帮助信息的方法，就是**在 Linux 命令之后使用--help 选项。该选项可以用于绝大多数 Linux 命令，但不是所有的命令。**--help 选项显示命令的简要说明和选项列表。

如果想知道 uname 命令的用法，可以使用例 2-44 的带有--help 选项的命令。

【例 2-44】

```
[dog@dog ~]$ uname --help
Usage: uname [OPTION]...
Print certain system information.  With no OPTION, same as -s.
  -a, --all                print all information, in the following order:
  -s, --kernel-name        print the kernel name
  -n, --nodename           print the network node hostname
  -r, --kernel-release     print the kernel release
  -v, --kernel-version     print the kernel version
  -m, --machine            print the machine hardware name
  -p, --processor          print the processor type
  -i, --hardware-platform  print the hardware platform
  -o, --operating-system   print the operating system
      --help     display this help and exit
      --version  output version information and exit
Report bugs to <bug-coreutils@gnu.org>.
```

例 2-44 显示结果的前两行就是 uname 命令的简要说明，也叫使用摘要，接下来的部分是选项列表。

2.8　怎样阅读命令的使用摘要

当获得了一个命令的使用摘要之后，接下来的问题就是如何理解这些信息。其实不只是命令的--help 选项，还有 man 命令和其他的一些说明文件都会产生命令的使用摘要。如果使用例 2-45 的带有--help 选项的 date 命令就会获得 date 命令的帮助信息，使用例 2-46 的 man date 命令也会获得 date 命令的帮助信息。为了节省篇幅，这里只截取了使用摘要部分。

【例 2-45】

```
[dog@dog ~]$ date --help
Usage: date [OPTION]... [+FORMAT]
  or:  date [-u|--utc|--universal] [MMDDhhmm[[CC]YY][.ss]]
```

【例 2-46】

```
[dog@dog ~]$ man date
SYNOPSIS
      date [OPTION]... [+FORMAT]
      date [-u|--utc|--universal] [MMDDhhmm[[CC]YY][.ss]]
```

对比例 2-45 通过--help 选项获得的 date 命令的使用摘要与例 2-46 通过 man 命令获得的 date 命令的使用摘要，可以发现结果完全相同。下面将解释在使用摘要说明部分所列出的命令的语法。

- []中的选项或参数为可选的，即可有可无。如在例 2-47 中 date 命令语法中一对方括号中的选项就是可有可无的。

【例 2-47】

```
Usage: date [OPTION]... [+FORMAT]
  or:  date [-u|--utc|--universal] [MMDDhhmm[[CC]YY][.ss]]
```

- a|b|c 表示或者使用 a，或者使用 b，或者使用 c，即只能使用 abc 中的一个。在例 2-48 的 date 命令语法中，如果使用了以方括号括起来的竖线，就只能或者使用-u，或者使用--utc，或者使用--universal，因为这三个选项之间是用“|”分隔的。

【例 2-48】

```
Usage: date [OPTION]... [+FORMAT]
```

```
 or: date [-u|--utc|--universal] [MMDDhhmm[[CC]YY][.ss]]
```

- 在<>中的选项或参数为变量，即这个选项或参数是可变的。如例 2-49 的 man 命令，该命令将在 2.9 节详细介绍。

【例 2-49】

```
man [<option | number>] <command | filename>
```

- -efg 表示 e、f、g 这三个选项或参数的任意组合，既可以是-e、-f、-g，也可以是-ef、-eg、-fg，甚至也可以是-efg。需要指出的是，选项排列次序的不同不会影响命令执行的结果，即使用-ef 和-fe 命令的执行结果是相同的，如例 2-14 和例 2-15 的命令执行结果。

2.9 利用 man 命令来获取帮助信息

本节将介绍如何使用 man 命令来获取某个 Linux（UNIX）命令的使用说明。Linux（UNIX）命令的 Man Pages（页）是又一种获取命令语法帮助的来源，这里的 man 是 manual（手册）的前三个字符。在 Linux（UNIX）中每一个命令都有相对应的说明文件，而这些说明文件就叫做 Man Pages。Man Pages 中有像书一样的结构，其内容分为不同的章节。所有 Man Pages 的集合就称为 Linux（UNIX）的联机手册（操作说明），该手册提供了每一个 Linux（UNIX）命令的详细描述和使用方法。man 命令的格式如下：

```
man [<option | number>] <command | filename>
```

其中，option 是要显示的关键字；number 是要显示的章节号；command 是要了解的命令；filename 为文件名。

每个命令的 Man Pages 包括 8 个不同的章节，例 2-50 的 ls 命令列出了/usr/share/man 目录的全部内容（为了节省篇幅，这里对显示的结果进行了剪裁，只保留了相关的内容）。

【例 2-50】

```
[dog@dog ~]$ ls  -l /usr/share/man
drwxr-xr-x  2 root root   4096 Oct  8 17:41 man0p
drwxr-xr-x  2 root root  61440 Oct  8 18:11 man1
drwxr-xr-x  2 root root   4096 Oct  8 17:41 man1p
drwxr-xr-x  2 root root  16384 Oct  8 17:57 man2
drwxr-xr-x  2 root root 151552 Oct  8 18:03 man3
drwxr-xr-x  2 root root  40960 Oct  8 17:41 man3p
drwxr-xr-x  2 root root   4096 Oct  8 18:11 man4
drwxr-xr-x  2 root root  12288 Oct  8 18:10 man5
drwxr-xr-x  2 root root   4096 Oct  8 17:41 man6
drwxr-xr-x  2 root root   4096 Oct  8 18:03 man7
drwxr-xr-x  2 root root  20480 Oct  8 18:11 man8
drwxr-xr-x  2 root root   4096 Oct  7  2006 man9
drwxr-xr-x  2 root root   4096 Oct  7  2006 mann
```

例 2-50 显示结果的 man1～man8 的目录中就存放着相应的 Man Pages。图 2-10 列出了 Man Pages 中每一部分所对应内容的简单描述（命令行中的 chapter 为章节号）。

图 2-10

其中经常使用的有第 1、5 和 8 部分。下面进一步解释这三部分中每一部分的用法。

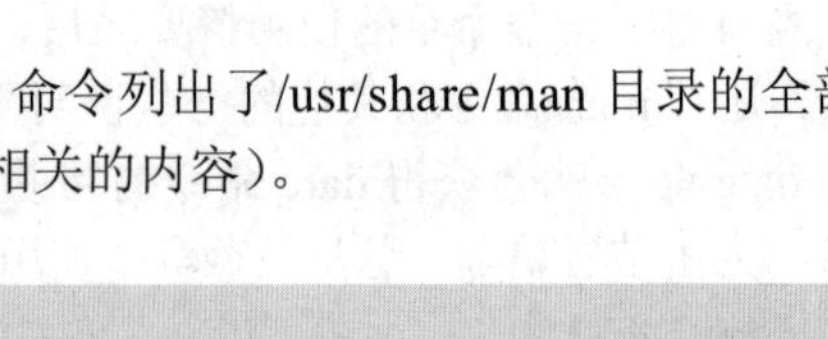

第 1 部分为用户命令，它包括了一般用户可以使用的命令的说明。如在 Linux 系统提示符下输入 man su 命令，如例 2-51（为了节省篇幅，这里对显示的结果进行了剪裁，只保留了相关的内容），因为命令显示结果中 su 后面的标号是 1，所以 su 命令是一个普

通用户可以使用的命令，如果要离开 Man Pages，输入字母 q 即可。

【例 2-51】

```
[dog@dog ~]$ man su
SU(1)                    User Commands                         SU(1)
NAME
       su - run a shell with substitute user and group IDs
SYNOPSIS
       su [OPTION]... [-] [USER [ARG]...]
DESCRIPTION
       Change the effective user id and group id to that of USER.
```

第 5 部分是文件的说明，用来查询命令的文件说明。如使用例 2-52 的命令指定要查看 passwd 命令中编号为 5 的 Man Pages，之后就能看到 password（口令）文件的文件说明。

【例 2-52】

```
[dog@dog ~]$ man 5 passwd
```

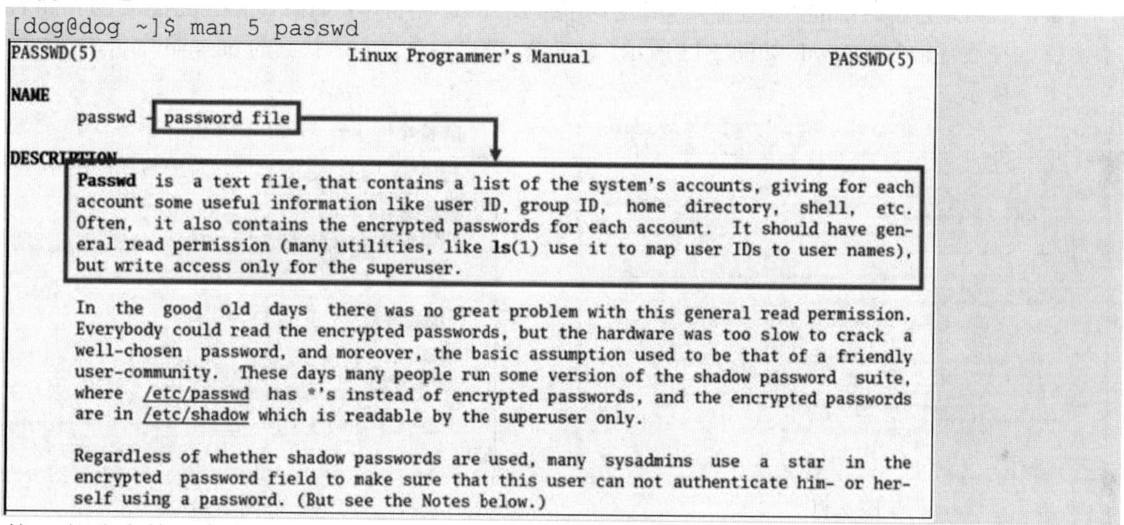

```
PASSWD(5)              Linux Programmer's Manual              PASSWD(5)

NAME
       passwd - password file

DESCRIPTION
       Passwd is a text file, that contains a list of the system's accounts, giving for each
       account some useful information like user ID, group ID, home directory, shell, etc.
       Often, it also contains the encrypted passwords for each account. It should have gen-
       eral read permission (many utilities, like ls(1) use it to map user IDs to user names),
       but write access only for the superuser.

       In the good old days there was no great problem with this general read permission.
       Everybody could read the encrypted passwords, but the hardware was too slow to crack a
       well-chosen password, and moreover, the basic assumption used to be that of a friendly
       user-community. These days many people run some version of the shadow password suite,
       where /etc/passwd has *'s instead of encrypted passwords, and the encrypted passwords
       are in /etc/shadow which is readable by the superuser only.

       Regardless of whether shadow passwords are used, many sysadmins use a star in the
       encrypted password field to make sure that this user can not authenticate him- or her-
       self using a password. (But see the Notes below.)
```

第 8 部分为管理命令，即查询只有 Linux 系统的管理员 root 用户可以使用的命令说明，如使用例 2-53 的命令来查看 lvm 命令的使用说明，因为命令显示结果中 LVM 后面的编号是 8，所以 lvm 命令是一个只有管理员用户可以使用的命令。

【例 2-53】

```
[dog@dog ~]$ man lvm
LVM(8)                                                          LVM(8)
NAME
       lvm - LVM2 tools
SYNOPSIS
       lvm [command | file]
DESCRIPTION
       lvm provides the command-line tools for LVM2.  A separate manual page
       describes each command in detail.
```

2.10　浏览 Man Pages

通过 2.9 节的介绍，相信读者已经可以解读 Man Pages 中的信息了。接下来介绍如何快速方便地浏览 Man Pages 说明文件中的信息。当使用 man 命令进入一个命令的 Man Pages 之后，可以使用以下方式来浏览 Man Pages 中的内容：

- 按键盘上的上下左右箭头键在 Man Pages 中移动，如图 2-11 所示。
- 按键盘上的 PgUp 或 PgDn（也可以是空格）键来上移一页或下移一页，如图 2-12 所示。

图 2-11

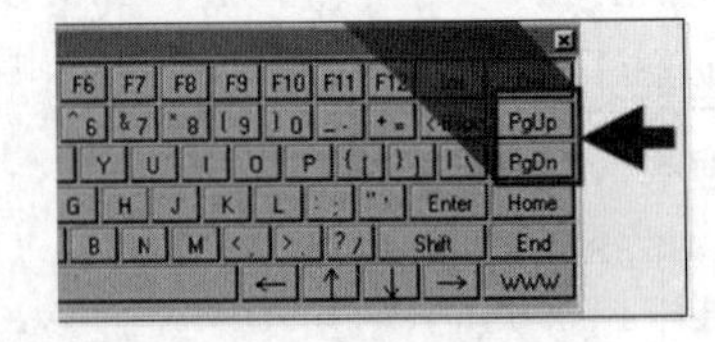

图 2-12

- 按键盘上的 Home 键移到第一页，按键盘上的 End 键移到最后一页。
- 在终端屏幕底部的“:”处输入/string 向下搜索 string 字符串，如果目前在 passwd 的 Man Pages，在底部输入/passwd，如图 2-13 所示。按 Enter 键之后会显示所找到的 passwd 字符串，如图 2-14 所示。

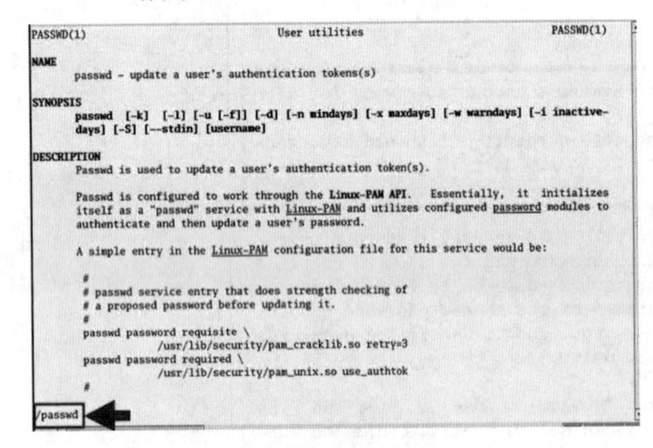

图 2-13

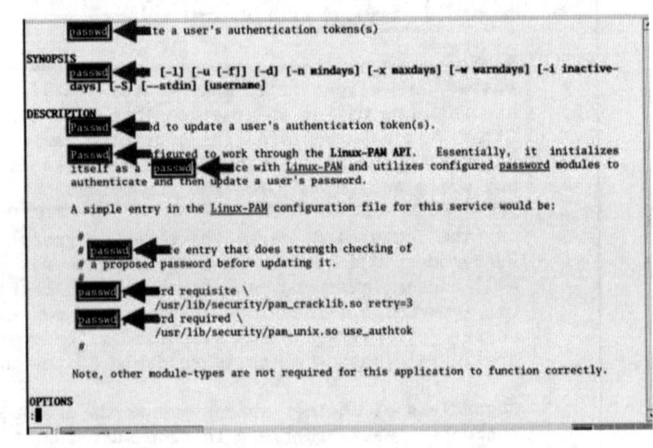

图 2-14

- 在终端屏幕底部的“:”处输入？string 向前搜索 string 字符串。
- 按键盘上的 n 键继续下一个搜寻，如果目前仍然在 passwd 的 Man Pages，其搜寻的方式如图 2-15 所示。
- 按键盘上的 N 键进行反向搜寻，如果目前仍然在 passwd 的 Man Pages，其搜寻的方式如图 2-16 所示。

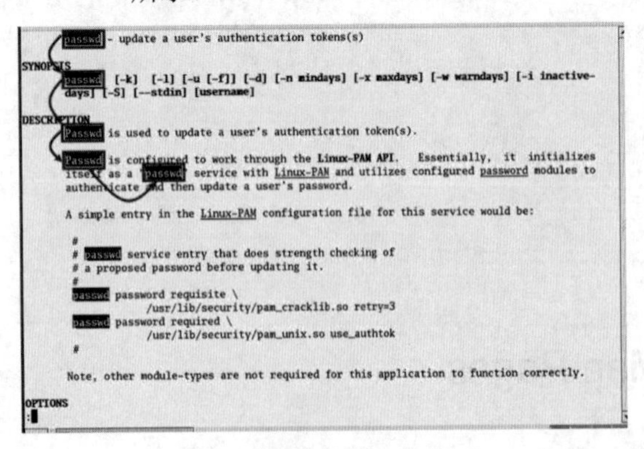

图 2-15

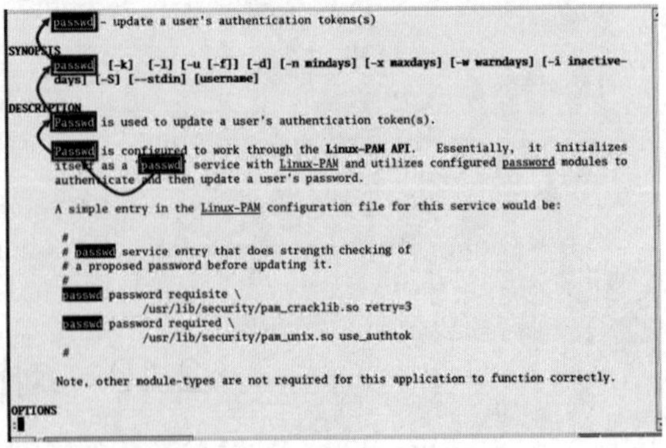

图 2-16

- 按键盘上的 q 键将退出所在的 Man Pages。

2.11 利用关键字搜寻 Man Pages

当要使用一个命令而又无法确定它的名字时，就可以使用带有-k 选项和要搜寻的关键字的 man 命令来搜寻 Man Pages 中相关的内容。其命令格式如下：

```
man -k keyword
```

其中，-k 是选项；keyword 是要搜寻的关键字。这一命令的输出将显示一个包含了搜寻关键字的命令和命令描述的列表。

如果现在想使用 whoami 命令，但是只记住了前三个字符 who，就可以使用例 2-54 的带有搜寻关键字 who 的 man 命令。

【例 2-54】

```
[dog@dog ~]$ man -k who
at.allow [at]    (5)  - determine who can submit jobs via at or batch
at.deny [at]     (5)  - determine who can submit jobs via at or batch
jwhois           (1)  - client for the whois service  ……
w                (1)  - Show who is logged on and what they are doing
who              (1)  - show who is logged on
whoami           (1)  - print effective userid
```

例 2-54 显示结果的最后一行 whoami 命令就是要找的命令。如果要查看带有关键字 calendar 的 Linux 命令，但是只记住了前 6 个字符 calend，就可以使用例 2-55 的 man 命令来查找所需的命令。

【例 2-55】

```
[dog@dog ~]$ man -k calend
cal              (1)  - displays a calendar
read-ical        (1)  - coverts information on your Palm handheld into an Ic
al-formatted calendar. Note, this is not the same as the iCal calendar format
```

如果只知道某个 Linux 命令的名字，但是想进一步了解该命令的功能，就可以使用带有-f 选项的 man 命令。其命令格式如下：

```
man -f <command>
```

其中，-f 为选项；command 为 Linux 命令；<>表示命令可以变化，即根据实际需要可选择不同的命令。如果想了解 who 命令的功能，可使用例 2-56 带有-f 选项的 man 命令。

【例 2-56】

```
[dog@dog ~]$ man -f who
who                  (1)  - show who is logged on
```

之后，可在系统提示符下输入例 2-57 的 whatis 命令重新获取 who 命令的相关信息。

【例 2-57】

```
[dog@dog ~]$ whatis who
who                  (1)  - show who is logged on
```

仔细观察例 2-56 和例 2-57 的显示结果，很快就会发现它们的输出显示完全相同。如果还想了解 clear 命令的功能，可以使用例 2-58 带有-f 选项的 man 命令。

【例 2-58】

```
[dog@dog ~]$ man -f clear
clear                      (1)   - clear the terminal screen
clear [curs_clear]         (3x)  - clear all or part of a curses window
```

之后，可在系统提示符下输入例 2-59 的 whatis 命令重新获取 clear 命令的相关信息。

【例 2-59】

```
[dog@dog ~]$ whatis clear
clear                  (1)  - clear the terminal screen
clear [curs_clear]     (3x)  - clear all or part of a curses window
```

可以清楚地看出例 2-58 和例 2-59 的显示结果完全相同。**其实带有-f 选项的 man 命令与 whatis 命令的功能是一样的。在 Linux 或 UNIX 系统中，常常可以使用不同的命令（方法）来获取同样的信息。**

如果想知道 man 命令本身的使用说明，那又该怎么办呢？其实很简单，只需要输入例 2-60 的 man 命令即可（为了节省篇幅，这里省略了输出显示结果）。

【例 2-60】

```
[dog@dog ~]$ man man
```

提示：

尽管有专家和学者会对不同方法的优劣进行详细比较，但是我们认为从实用的角度来看使用哪种方法来获取有用的信息本身并不重要，重要的是获取了所需要的信息，不要纠缠于一些使用的细节，所谓“通往十三陵的路不止一条”。在实际工作中，关心的只是能否解决问题，而不是怎样解决问题。

2.12　利用 info 命令来获取帮助

尽管在所有的 UNIX 系统和 Linux 系统中都可以使用 man 命令来获取命令的帮助信息，但是作为一个菜鸟要看懂 Man Pages 中的命令或文件使用说明并不是一件易事。因此 Linux 系统提供了另外一种在线帮助的方法，那就是使用 info 实用程序（命令）。如果 Info Pages 存在，它们通常提供了比 Man Pages 更好的文档。info 命令的语法格式如下：

```
info <command>
```

info 命令与 man 命令相似，但是它提供的信息更详细并且用法更简单（至少 Linux 的设计者们这样认为）。info 实用程序也是一种基于正文的帮助系统，该系统将 info 命令显示的信息组织成不同的章节。使用 info 命令产生的输出显示叫 Info Pages，Info Pages 是以网页的结构显示它的正文内容，而且每一页都使用不同的小节来区分不同的主题，如输入例 2-61 的 info 命令，就可看到现在显示的是 20.6 节，这一小节介绍 who 命令的使用方法。

【例 2-61】

```
[dog@dog man]$ info who
File: coreutils.info, Node: who invocation, Prev: users invocation, Up: User information
20.6 'who': Print who is currently logged in
============================================
'who' prints information about users who are currently logged on.
Synopsis:
   'who' [OPTION] [FILE] [am i]
```

如果按键盘上的 p 键，之后将显示 20.5 节的内容，而这一小节介绍的是 users 命令的使用方法，如例 2-62。

【例 2-62】

```
File: coreutils.info,  Node: users invocation,  Next: who invocation,  Prev: groups
invocation,  Up: User information
20.5 'users': Print login names of users currently logged in
============================================================
```

```
'users' prints on a single line a blank-separated list of user names of
users currently logged in to the current host.  Each user name   ......
```

如果显示的正文之前冠以“*”，表示这是一个超链接，利用这个超链接可以转到其他章节。在本节的稍后部分，将演示如何使用超链接。

提示：

为了减少篇幅，本书将以下操作的图形解释部分全都移到了下载的资源包中的电子书中了。读者在阅读此书以下部分时，如果理解上有困难可以参阅资源包中的电子书，上面有详细的图示。

接下来介绍如何浏览 Info Pages。浏览 Info Pages 的方法与浏览 Man Pages 十分相似。当使用 info 命令进入一个命令的 Info Pages 之后，可用以下方式浏览 Info Pages 中的内容：

- 按键盘上的上下左右箭头键在 Info Pages 中移动。
- 按键盘上的 PgUp 或 PgDn（也可以是空格）键来上移一页或下移一页。
- 按键盘上的 Tab 键可以跳到下一个“*”，即超链接。如在图形界面的 Linux 系统提示符下输入例 2-63 的 info 命令来查询 info 命令本身的使用说明，之后将进入 info 命令的 Info Pages。按键盘上的 Tab 键将跳到下一个超链接。继续按 3 次 Tab 键将跳到 Index 超链接。

【例 2-63】

```
[dog@dog ~]$ info info
```

- 当光标停在某个超链接上（停在“*”上）时，只要按键盘上的 Enter 键就将跳转到该链接所指向的网页。如在“* Index::”处按 Enter 键就将跳转到 Index 的网页。
- 按键盘上的 p（为 Previous 的第 1 个字符）键将转到上一个小节。如在图形界面的 Linux 系统提示符下输入例 2-64 的 info 命令来查询 who 命令的使用说明，之后将进入 Info Pages 的 20.6 节。按键盘上的 p 键将跳到上一个小节 20.5。继续按 p 键直到 20.1 节，此时若再按 p 键将在屏幕的底部显示“No ‘Prev’ pointer for this node”，即 20.1 节已经是最前面的一节了。

【例 2-64】

```
[dog@dog ~]$ info who
```

- 按键盘上的 n（为 Next 的第一个字符）键将转到下一个小节。如果在 20.1 节中按键盘上的 n 键将跳到下一个小节 20.2。继续按 n 键直到 20.6 节，此时若再按 n 键将在屏幕的底部显示“No ‘Next’ pointer for this node”，即 20.6 节已经是最后面的一节了。
- 按键盘上的 u 键将跳转到上层的章节。如果在 20.6 节中按键盘上的 u 键将跳到上层的章节 20。
- 在 Info Pages 中输入 s 之后，屏幕底部将出现“Search for string []:”的提示，此时即可输入要查找的字符串。如输入 user，按 Enter 键，之后光标将停止在 user 的第 1 个字符 u 上。
- 当操作完成之后，按 q 键就将退出 Info Pages 并回到 Linux 系统提示符下。

2.13　其他获取帮助的方法

除了上面所介绍的获取帮助的方法之外，Linux 还提供了众多的额外的说明文件，这些文件就存放在/usr/share/doc/目录下，可使用例 2-65 的命令列出该目录中的所有目录和文件。

【例 2-65】

```
[dog@dog ~]$ ls -l /usr/share/doc
total 3884
drwxr-xr-x   2 root root    4096 Oct  8 17:44 a2ps-4.13b
drwxr-xr-x   2 root root    4096 Oct  8 17:41 acl-2.2.23  ......
```

用户进入感兴趣的目录，之后打开相应的说明文件即可查找所需要的信息。如果这些信息还不能满足需求，则还可以通过互联网来搜寻所需的信息。通过以下的两个网址，可以分别获取 Redhat 和 Oracle 的 Linux 文档。

- https://access.redhat.com/documentation/en/
- https://www.oracle.com/linux/resources.html/

提示：

以上网址可能会发生变化，之前已经变更过。不过问题也不大，您只要在搜索引擎中输入 Oracle Linux 之类的关键字就很容易搜索到相关的网址。

启动网络浏览器，在地址栏中输入网址 https://access.redhat.com/documentation/en/，之后将转到如图 2-17 所示的页面。在地址栏中输入网址 https://www.oracle.com/linux/resources.html，之后将转到如图 2-18 所示的页面。

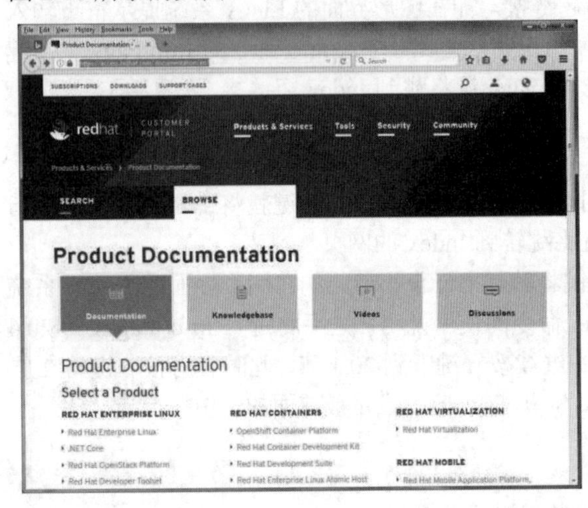

图 2-17

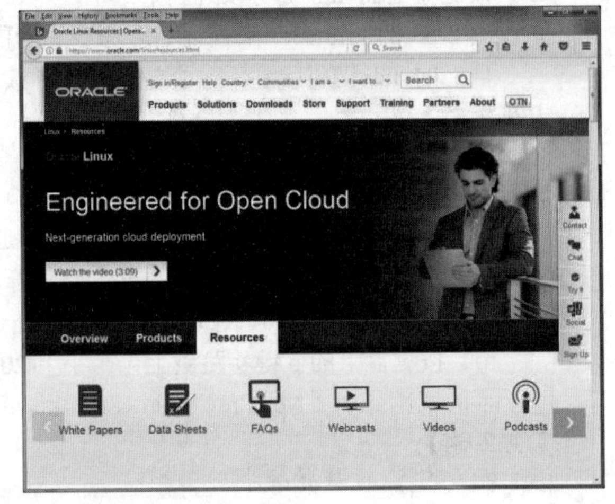

图 2-18

提示：

尽管通过以上求助方法可以获取所需命令的使用说明信息，但是初学者要理解这些信息并不容易。其实，多数文档并不是为读者学习设计的而是为专业人士在需要时查找有用的信息设计的，因此在没有掌握一定数量的命令和对系统有相当了解之前是不容易读懂这些文档的。这与字典和辞海有些类似，在没有一定单词量和一定的语言水平之前是看不懂的。因此建议读者在学习 Linux 的初期不要过分地依赖这些帮助文档。

2.14 您应该掌握的内容

在学习第 3 章之前，请检查一下您是否已经掌握了以下内容：

- Linux（UNIX）命令的语法。
- 怎样确定登录所使用的用户（whoami）？
- 怎样发现在系统上工作的所有用户的信息（使用 who、w、users、tty 命令）？
- 怎样获取系统本身的信息（使用 uname 命令）？
- uname 命令的常用选项的用法。

- 怎样获取日期和时间的信息（使用 date 和 cal 命令）？
- 怎样在不同的用户之间切换（使用 su 命令）？
- 怎样更改用户的密码和获取用户密码的状态（使用 passwd 命令）？
- 怎样显示所查询命令的简单说明（使用 whatis 命令）？
- 使用--help 选项来显示命令的简要说明和选项列表。
- 怎样阅读命令的使用摘要？
- 怎样使用 man 命令来获取某个命令的帮助信息？
- 怎样浏览 Man Pages 和解读 Man Pages 中的内容？
- 怎样使用 info 命令来获取某个命令的帮助信息？
- 怎样浏览 Info Pages 和解读 Info Pages 中的内容？

第 3 章　目录和文件的浏览、管理及维护

本章将首先介绍 Linux 文件系统的结构，之后将进一步介绍如何浏览目录和文件，最后介绍怎样创建目录和文件。

提示：

读者如果在学习 3.1～3.3 节内容的过程中，对有些内容理解有困难的话，请不用担心，因为一些内容在以后的章节中还要详细介绍。

3.1　Linux 文件系统的层次结构

在 Linux 或 UNIX 操作系统中，所有的文件和目录都被组织成以一个根节点开始的倒置的树状结构，如图 3-1 所示。其中，目录就相当于 Windows 中的文件夹，目录中存放的既可以是文件，也可以是其他的子目录。而文件中存储的是真正的信息。

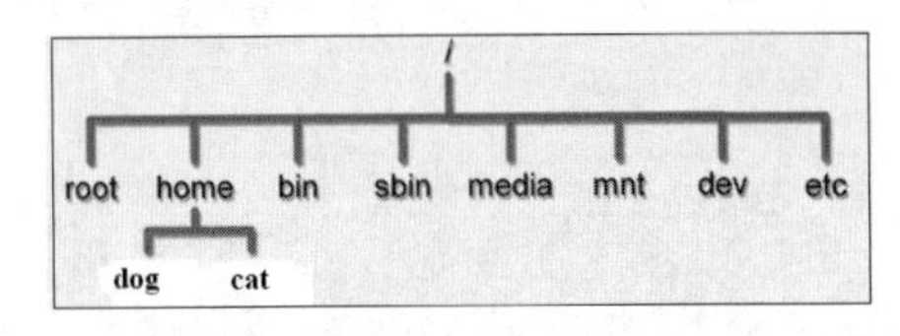

图 3-1

文件系统的顶层是由根目录开始的，系统使用“/”来表示根目录。在根目录之下的既可以是目录，也可以是文件，而每一个目录中又可以包含（子）目录或文件。如此反复就可以构成一个庞大的文件系统。

指点迷津：

其实 Linux 使用这种树状具有层次的文件结构主要目的是方便文件系统的管理和维护。可以想象如果所有的文件都放在一个目录下，其文件系统的管理和维护将变成一场噩梦。

现实中也有许多类似的例子，例如我们的行政管理体制。村民就相当于文件，他们住在一个村庄中，村庄就是存储村民的目录。许多村又组成了一个乡，这个乡就相当于存储村的目录，依此类推可以构建出一个庞大的行政区域管理结构图来。

目录名或文件名都是区分大小写字符的，如 dog、DOG 和 Dog 为三个不同的目录或文件。完整的目录或文件路径是由一连串的目录名所组成的，其中每一个目录由“/”来分隔。如 cat 的完整路径是 /home/cat。

在 Linux 文件系统中有两个特殊的目录，**一个是用户所在的工作目录，即当前目录，可用一个点“.”表示**；另一个是**当前目录的上一层目录，也叫父（parent）目录**（其实叫父目录不够精确，因为英文 parent 的原义是父母亲），**可以使用两个点“..”表示**。

如果一个目录或文件名是以一个点开始，就表示这个目录或文件是一个隐藏目录或文件。即以默认方式查找时，不显示该目录或文件。

3.2　Linux 系统中一些重要的目录

为了方便管理和维护，Linux 系统采用了文件系统层次标准（Filesystem Hierarchy Standard，FHS）

的文件结构。FHS 只定义了根目录（/）之下各个主要目录应该存放的文件（或子目录）。该标准一共定义了两层规范，第一层为根目录下的各个目录应该存放哪些类型的文件（或子目录），如在/bin 和/sbin 目录中存放的应该是可执行文件；而第二层是针对/usr 和/var 这两个目录的子目录定义的，如在/usr/share 目录中存放的应该是共享数据。

在 Linux 系统中一共有 3 个 bin 目录。在 bin 目录下存放的是常用的可执行文件，即命令或程序，如之前介绍过的 date 或 su 命令，用户可以使用 ls -l /bin 命令来验证这一点。在根目录和/usr 目录下都有 bin 这个目录，它们是/bin 和/usr/bin。这两个目录下存放的内容大体相同。在/usr/local 目录下也有一个 bin 目录，即/usr/local/bin。在默认情况下这个目录中没有任何内容，即该目录是空的，如图 3-2 所示。

sbin 目录用来存放系统的可执行文件，如 fdisk。将在以后的章节中介绍一些重要的系统可执行文件的使用方法。在根目录/和/usr 目录下都有 sbin 目录，它们是/sbin 和/usr/sbin。在/usr/local 目录下也有一个 sbin 目录，即/usr/local/sbin。在默认情况下这个目录中也没有任何内容，即该目录也是空的，如图 3-3 所示。

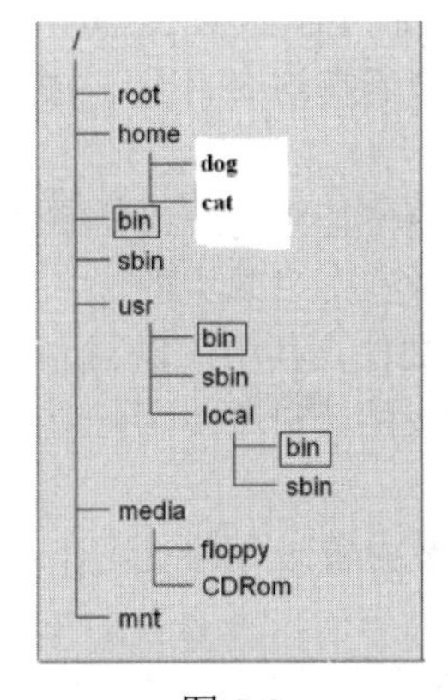

图 3-2

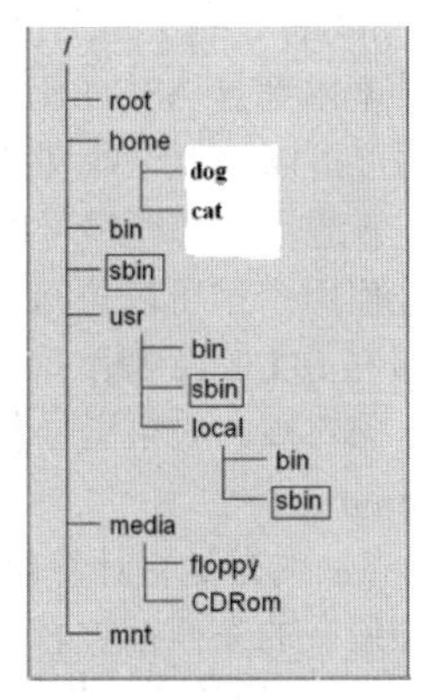

图 3-3

Linux 文件系统中另一个非常重要的目录，也是用户使用最多的目录应该是用户的家目录。**家目录用来存放用户自己的文件或目录，每当用户登录 Linux 系统时就自动进入家目录**。其中，超级用户 root 的家目录是/root，而普通用户的家目录被存放在/home 目录之下，并使用用户名作为最后一级家目录的名称，如 cat 用户的家目录为/home/cat，如图 3-4 所示。

指点迷津：

在不同版本的 Linux 操作系统中，其文件系统结构（包括目录和文件）会略有不同，但是都会包括那些重要的目录和文件。

在 Linux 文件系统中还有另一个重要的目录，那就是挂载点（mount points）。当 Linux 操作系统监测到可移除式硬件被加入到文件系统中时，就会自动产生一个挂载点（目录）。通常这些可移除式硬件会被挂载在/media 或/mnt 目录下，如光盘可能会挂载在/media/CDRom 之下，如图 3-5 所示。用户可以使用例 3-1 中的 Linux 命令来验证这一点。

【例 3-1】

```
[dog@dog ~]$ ls -l /media
total 8
drwxr-xr-x  2 root root 4096 Nov 28 06:19 cdrom
drwxr-xr-x  2 root root 4096 Nov 28 06:19 floppy
```

除了以上所介绍的 Linux 文件系统的重要目录外，在 Linux 中还有另一些常用的目录，如图 3-6 所示。下面按图 3-6 中由上至下的顺序来解释这些目录。

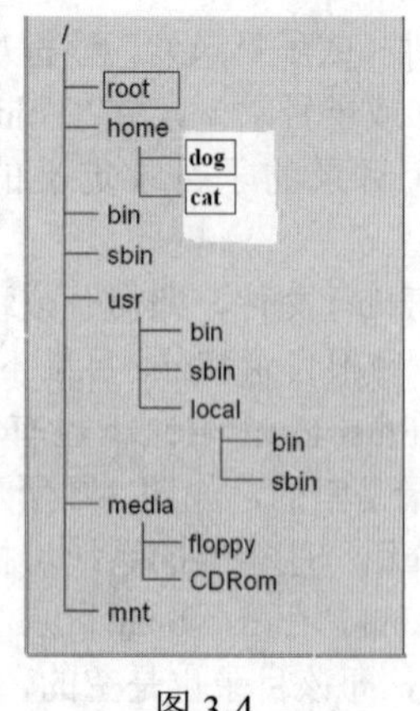

图 3-4

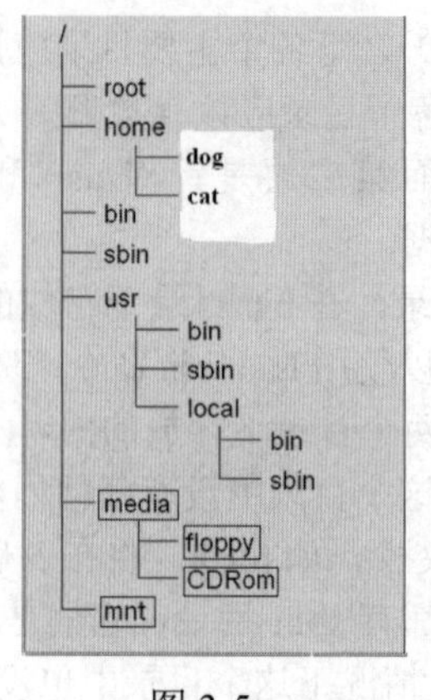

图 3-5

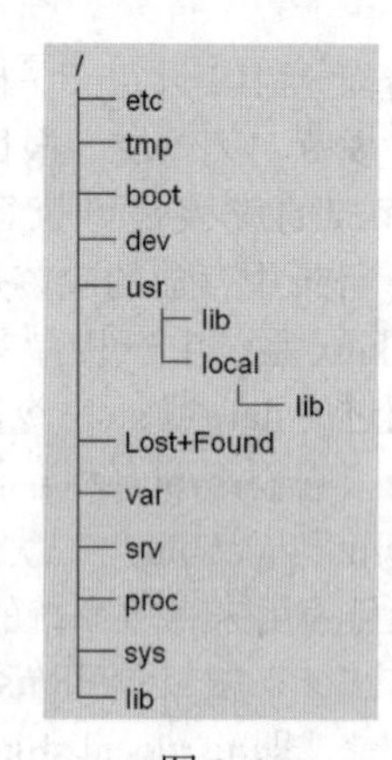

图 3-6

- /etc：系统的一些主要配置文件几乎全部放在这个目录下，如口令文件 passwd。在这个目录下的文件基本都是 ASCII 码的正文文件，普通用户一般可以查看在这个目录下的文件，但是只有 root 用户可以修改这些文件。
- /tmp：普通用户或程序可以将临时文件存入这一目录以方便与其他用户或程序交互信息。该目录是任何用户都可以访问的，因此重要的信息是不应该存放在此目录中的。
- /boot：存放 Linux 操作系统的内核和系统启动时所使用的文件。其中，以 vmlinuz 开头的就是 Linux 的内核。如果引导程序（loader）选择了 grub，在该目录中还会有一个 grub 的子目录（/boot/grub）。
- /dev：存放的是这台计算机中所有的设备。第 1 章的 1.3 节中曾经介绍过，在 UNIX 或 Linux 系统中所有的东西都被看成文件，其中也包括硬件。
- /usr：存放系统的应用程序和与命令相关的系统数据，其中包括系统的一些函数库及图形界面所需的文件等。有些类似 Windows 的 C:\Program Files 文件夹。**需要指出的是，usr 为 unix system resources 的缩写，而不是像有些书上说的那样——user 的缩写。**
- Lost+Found：当系统异常关机、崩溃或出现错误时，系统会将一些遗失的片段存放在该目录中，这个目录会在需要时由系统自动产生。
- /var：存放的是系统运行过程中经常变化的文件，如 log 文件和 mail 文件。
- /srv：存放的是所有与服务器相关的服务，即一些服务启动之后，这些服务需要访问的目录。
- /proc：是一个虚拟的文件系统，它是常住在内存中的，不占用任何磁盘空间。在该目录下存放了系统运行所需要的信息，这些信息反映了内核的环境。在该目录中存放了内存中所有的信息，它有些类似 Oracle 系统中以 v$开头的数据字典。
- /libs、/usr/lib、/usr/local/lib：存放的是 libraries，即系统使用的函数库。许多程序在运行的过程中都会从这些函数库中调用一些共享的库函数，如/lib/modules 目录下包括了内核的相关模块。

3.3 目录和文件的命名以及绝对和相对路径

介绍完 Linux 系统中常用的目录之后，读者一定想知道怎样为一个目录或文件命名。与其他系统相比，Linux 操作系统对文件或目录命名的要求是比较宽松的。**在 Linux 系统中目录和文件的命名原则如下：**

（1）**除了字符“/”之外，所有的字符都可以使用。**但是在目录名或文件名中使用某些特殊字符并不是明智之举。例如，应该避免使用<、>、?、*和非打印字符等。如果一个文件名中包含了特殊字符，如空格，那么在访问这个文件时就需要使用引号将文件名括起来。

（2）**目录名或文件名的长度不能超过 255 个字符。**

（3）**目录名或文件名是区分大小写的。**如 DOG、dog、Dog 和 DOg 是不同的目录名或文件名。使用字符大小写来区分不同的文件或目录也是不明智之举。

（4）**文件的扩展名对 Linux 操作系统没有特殊的含义**，这与 Windows 操作系统不一样。如 dog.exe 只是一个文件，其扩展名.exe 并不代表可执行文件。

因为文件是存放在目录中的，而目录又可以存放在其他的目录中，所以用户（或程序）就可以通过文件名和目录名从文件树中的任何地方开始搜寻并定位所需的目录或文件。说明目录或文件名位置的方法有两种，分别是（目录或文件的）绝对路径或相对路径。

一个绝对路径必须以一个正斜线（/）开始。绝对路径包括从文件系统的根节点开始到要查找的对象（目录或文件）所必须遍历的每一个目录的名字，它是文件位置的完整路标，因此在任何情况下都可以使用绝对路径找到所需的文件。

相对路径不是以正斜线（/）开始，它可以包含从当前目录到要查找的对象（目录或文件）所必须遍历的每一个目录的名字。相对路径一般比绝对路径短，这也是为什么许多用户喜欢使用相对路径的原因。

如果用户的当前目录是 cat（如图 3-7 所示），想要切换到 dog 目录，既可以使用绝对路径/home/dog，也可以使用相对路径“../dog”来完成。3.4 节将介绍目录切换的命令。

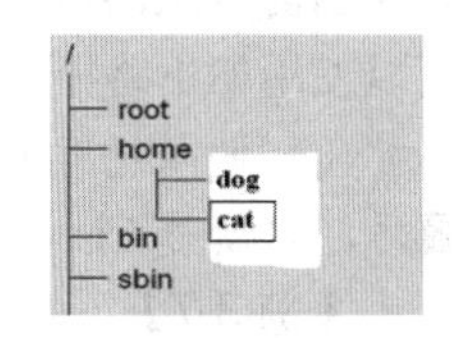

图 3-7

3.4 使用 pwd 和 cd 命令来确定和切换目录

由于 Linux 文件系统中有许多目录，而当用户执行一条 Linux 命令又没有指定该命令或参数所在的目录时，Linux 系统就会首先在当前目录（目前的工作目录）搜寻这个命令或它的参数。因此用户在执行命令之前常常需要确定目前所在的工作目录，即当前目录。当用户登录 Linux 系统之后，其当前目录就是它的家目录。

那么怎样确定当前目录呢？可以使用 Linux 系统的 **pwd 命令来显示当前目录的绝对路径**。pwd 是 print working directory（打印工作目录）3 个单词的缩写。pwd 命令的用法非常简单，下面通过一些例子来演示该命令的具体用法。

首先，使用例 3-2 的 whoami 命令来确定您现在的用户名。例 3-2 的显示结果表明当前的用户为 dog。

【例 3-2】

```
[dog@dog ~]$ whoami
dog
```

接下来即可使用例 3-3 的 pwd 命令来确定您现在所在的工作目录。例 3-3 的显示结果表明 dog 用户的当前目录就是它的家目录/home/dog。

【例 3-3】

```
[dog@dog ~]$ pwd
/home/dog
```

之后，可以使用例 3-4 的 su 命令切换到 root 用户，在 Password 处输入 root 的密码。

【例 3-4】

```
[dog@dog ~]$ su - root
Password:
```

现在可以使用例 3-5 的 whoami 命令来确定您现在的用户名。例 3-5 的显示结果表明当前的用户为 root（根）。

【例 3-5】

```
[root@dog ~]# whoami
root
```

接下来即可使用例 3-6 的 pwd 命令来确定现在所在的工作目录了。例 3-6 的显示结果表明 root 用户的当前目录就是它的家目录/root。

【例 3-6】

```
[root@dog ~]# pwd
/root
```

确定当前目录的命令 pwd 的用法是不是很简单？其实 Linux 和 UNIX 的命令并不像许多人想象的那么复杂。

知道怎样确定自己目前工作的目录（当前目录）之后，自然也想知道怎样切换（进入）到其他目录。**切换当前目录的命令也很简单，这个命令是 cd**，cd 是 change directories 两个单词的缩写。在 cd 命令中可以使用如下路径表示法：

（1)使用绝对路径。如例 3-7 使用 cd 命令切换到/home 目录。这条命令执行后系统没有任何形式的显示。这就是 Linux 或 UNIX 的工作方式，它们总是认为用户是专家，用户应该知道自己在做什么。

【例 3-7】

```
[root@dog ~]# cd /home
```

因此，在学习 Linux 或 UNIX 系统时要养成一个习惯，就是在执行完命令之后自己测试一下，看看命令执行的结果是否正确。现在使用例 3-8 的 pwd 命令显示当前目录，例 3-8 的显示结果表明现在的当前目录已经为/home。

【例 3-8】

```
[root@dog home]# pwd
/home
```

也许您觉得/home 太短，也太简单了，没关系下面使用 ls 命令（这个命令以后将详细介绍）列出/home 下的所有内容，如例 3-9 所示。

【例 3-9】

```
[root@dog home]# ls
cat  dog  lost+found
```

在/home 目录下有一个 dog 目录，于是可以使用例 3-10 的 cd 命令进入/home/dog。同样这条命令执行后系统没有任何形式的显示，所以还需要测试一下。

【例 3-10】

```
[root@dog home]# cd /home/dog
```

接下来可以使用例 3-11 的 pwd 命令显示当前目录，例 3-11 的显示结果清楚地表明当前目录已经为/home/dog。

【例 3-11】

```
[root@dog dog]# pwd
/home/dog
```

（2)使用“..”进入上一级目录。例 3-12 中使用 cd 命令可以重新退回到/home 目录。这条命令执行后系统也是没有任何形式的显示。

【例 3-12】

```
[root@dog dog]# cd ..
```

因此使用例 3-13 的 pwd 命令显示当前目录，例 3-13 的显示结果清楚地表明当前目录又回到了/home。

【例 3-13】

```
[root@dog home]# pwd
/home
```

（3）使用相对路径。可以使用例 3-14 的 cd 命令进入/home/dog。同样这条命令执行后系统没有任何形式的显示。

【例 3-14】

```
[root@dog home]# cd dog
```

因此使用例 3-15 的 pwd 命令显示当前目录，例 3-15 的显示结果清楚地表明当前目录又回到了/home/dog。

【例 3-15】

```
[root@dog dog]# pwd
/home/dog
```

（4）**使用“~”或空白切换到用户的家目录。**可以使用例 3-16 的 cd 命令切换到 root 的家目录/root。同样这条命令执行后系统没有任何形式的显示。

【例 3-16】

```
[root@dog dog]# cd ~
```

因此使用例 3-17 的 pwd 命令显示当前目录，例 3-17 的显示结果清楚地表明当前目录已经切换到/root，即 root 的家目录。

【例 3-17】

```
[root@dog ~]# pwd
/root
```

为了演示使用空白切换到用户的家目录，首先使用例 3-18 的 cd 命令切换回/home/dog 目录。同样这条命令执行后系统没有任何形式的显示。

【例 3-18】

```
[root@dog ~]# cd /home/dog
```

因此使用例 3-19 的 pwd 命令显示当前目录，例 3-19 的显示结果清楚地表明当前目录又回到了/home/dog。

【例 3-19】

```
[root@dog dog]# pwd
/home/dog
```

使用例 3-20 的 cd 命令切换回 root 的家目录，注意这次在 cd 命令之后没有任何参数。

【例 3-20】

```
[root@dog dog]# cd
```

因此使用例 3-21 的 pwd 命令显示当前目录，例 3-21 的显示结果清楚地表明当前目录已经切换回了/root，即 root 的家目录。

【例 3-21】

```
[root@dog ~]# pwd
/root
```

通过以上的例子可以看出，cd~和 cd 命令的结果完全相同，似乎这两种方法没有任何差别。其实不然，通过下面的例子来说明它们之间细微的差异。首先使用例 3-22 的 ls 命令列出/root 目录中所有的内容。从例 3-22 的显示结果可以看出在/root 目录下有一个 Desktop 子目录。

【例 3-22】

```
[root@dog ~]# ls -l
total 136
-rw-r--r--  1 root root  1435 Oct  8 18:15 anaconda-ks.cfg
drwxr-xr-x  2 root root  4096 Oct  8 18:41 Desktop  ……
```

接下来使用例 3-23 的 cd 命令切换回/home/dog 目录。同样这条命令执行后系统没有任何形式的显示。

【例 3-23】

```
[root@dog ~]# cd /home/dog
```

使用例 3-24 的 pwd 命令显示当前目录，例 3-24 的显示结果清楚地表明当前目录又回到了/home/dog。

【例 3-24】

```
[root@dog dog]# pwd
/home/dog
```

从系统的提示符“#”看出目前的用户仍然是 root，如果现在想进入/root/Desktop 目录，即 root 家目录下的 Desktop 子目录，此时使用带有“~”符号的 cd 命令就非常方便了，如例 3-25。

【例 3-25】

```
[root@dog dog]# cd ~/Desktop
```

使用例 3-26 的 pwd 命令显示当前目录，例 3-26 的显示结果清楚地表明当前目录已经是/root/Desktop。现在读者就可以知道带有“~”符号的 cd 命令的方便之处了。

【例 3-26】

```
[root@dog Desktop]# pwd
/root/Desktop
```

（5）使用“-”切换到用户之前的工作目录。可以使用例 3-27 的 cd 命令切换到 root 用户之前的工作目录/home/dog。

【例 3-27】

```
[root@dog ~]# cd -
/home/dog
```

例 3-27 的显示结果清楚地表明当前目录又回到了/home/dog。再次使用 cd -命令切换回用户之前的工作目录，即/root/Desktop，如例 3-28。

【例 3-28】

```
[root@dog dog]# cd -
/root/Desktop
```

例 3-28 的显示结果清楚地表明当前目录又回到了/root/Desktop。其实使用 cd -命令可以在用户刚刚使用过的目录之间交替地切换。

除了以上介绍的方法之外，用户还可以使用一个叫$HOME 的 Linux 系统变量切换回用户的家目录。为了演示该方法的使用，先使用例 3-29 的命令切换到/home/cat。

【例 3-29】

```
[root@dog Desktop]# cd /home/cat
```

使用例 3-30 的 pwd 命令显示当前目录，例 3-30 的显示结果清楚地表明当前目录已经是/home/cat 目录。

【例 3-30】

```
[root@dog cat]# pwd
/home/cat
```

现在即**可利用变量$HOME 轻松地切换回用户的家目录**，如例 3-31。其实这一命令与 cd ~和 cd 命令的效果完全相同。

【例 3-31】

```
[root@dog cat]# cd $HOME
```

使用例 3-32 的 pwd 命令显示当前目录，例 3-32 的显示结果清楚地表明当前目录已经回到了/root 目录，即 root 用户的家目录。

【例 3-32】

```
[root@dog ~]# pwd
/root
```

☞ 指点迷津：

cd 命令使读者能够在 Linux 系统中闲逛，而 pwd 命令就是帮助您确定当前所在的位置。

3.5 使用 ls 命令列出目录中的内容

通过 3.4 节的学习，相信读者已经能够在庞大的 Linux 文件系统中随心所欲地游荡并确定自己所在的方位了。接下来，读者可能感兴趣的就是如何知道某个目录中存放了哪些宝贝。Linux 的 ls（list 的缩写）命令正是完成这一使命的最好选择。**ls 命令的功能是列出当前目录（默认为当前目录）或指定目录中的内容**，该命令的语法格式如下：

```
ls [options] [directories|files]
```

- options：以“-”开始的选项。注意这里的英语单词 option（选项）用的是复数，表示可以同时使用多个选项。
- directories|files：目录或文件。这里的英语单词 directory（目录）和 file（文件）也都用的是复数，表示可以同时使用多个目录或多个文件。

为了以后的演示方便，首先以 dog 用户登录 Linux 系统（如果没有登录），之后使用例 3-33 的命令在当前目录下创建一个 babydog 子目录。再分别使用例 3-34 和例 3-35 的命令在当前目录中创建两个文件，它们的文件名分别为 lists 和 cal2012。

提示：

读者此时不必理解这些命令的含义，只要照着做就可以了，因为这些命令在以后的章节中还要详细介绍。

【例 3-33】

```
[dog@dog ~]$ mkdir babydog
```

【例 3-34】

```
[dog@dog ~]$ ls -l / > lists
```

【例 3-35】

```
[dog@dog ~]$ cal 2013 > cal2012
```

接下来即可使用例 3-36 所示的最简单的 ls 命令列出当前目录，也就是 dog 的家目录中所有的文件和目录。

【例 3-36】

```
[dog@dog ~]$ ls
babydog  cal2012  lists
```

例 3-36 显示的结果就是刚刚创建的一个目录 babydog 与两个文件 cal2012 和 lists，其中目录在屏幕上显示为蓝色。

如果想在显示当前目录的所有内容的同时又显示当前目录上一级目录（父目录）中的所有内容，那又该怎么办呢？还记得可以使用“.”来表示当前目录，使用“..”来表示当前目录上一级目录吗？因此可以使用例 3-37 的 ls 命令来同时显示这两个目录中的内容。

【例 3-37】

```
[dog@dog ~]$ ls . ..
.:
babydog  cal2012  lists

..:
cat  dog  lost+found
```

可以使用例 3-38 的 ls 命令来显示“/”目录（根目录）中的所有内容。从例 3-38 显示的结果可以看出“/”目录下的内容全是目录，因为在屏幕上的显示都是蓝色。

【例 3-38】

```
[dog@dog ~]$ ls /
bin   dev  home    lib         media  mnt   proc  sbin     srv  tmp  var
boot  etc  initrd  lost+found  misc   opt  root  selinux  sys  usr
```

如果要想知道所显示的文件类型，可以在 ls 命令中使用-F 选项，文件类型符号所代表的文件类型如下。

- /：表示目录。
- *：表示可执行文件。
- 什么也没有：表示纯文本文件或 ASCII 码文件。
- @：表示符号链接（在以后的章节中将详细介绍）。

如果想列出当前目录中所有的内容，同时给出每个文件的文件类型（目录本身就是一种特殊的文件，目录中存放的是有关文件的信息），可以使用例 3-39 的 ls 命令。

【例 3-39】

```
[dog@dog ~]$ ls -F
babydog/  cal2012  lists
```

例 3-39 的显示结果表明在当前目录中有一个名为 babydog 的目录和两个纯文本文件。

如果想列出/bin 目录中所有的内容，并且同时给出每个文件的文件类型，可以使用例 3-40 的 ls 命令。为了节省篇幅，对显示的结果进行了剪裁，省略了大部分的输出显示结果。

【例 3-40】

```
[dog@dog ~]$ ls -F /bin
alsaunmute*     dnsdomainname@  keyctl*    ping*    touch*
arch*           doexec*         kill*      ping6*   tracepath*
ash*            domainname@     ksh*       ps*      tracepath6*
ash.static*     dumpkeys*       link*      pwd*     traceroute*
aumix-minimal*  echo*           ln*        red@     traceroute6*
awk@            ed*             loadkeys*  rm*      true*
basename*       egrep@          login*     rmdir*   umount*
bash*           env*            ls*        rpm*     uname*
```

从例 3-40 的显示结果可知，在/bin 目录中不但存有许多符号链接，还存放着大量的可执行文件。其中就包括已经学习过的 pwd、uname 和 ls 命令等。

通过以上对 ls 命令的介绍，读者可能已经发现了当一个用户在刚刚创建之后，它的家目录中并没有任何文件。如 dog 用户在创建之初并没有任何文件，后来使用命令创建了目录和文件之后，在它的家目录中才能看到所创建的一个目录和两个文件。其实不然，在每个用户的家目录下，Linux 系统都创建了一些隐藏文件。**那么怎样才能找到这些隐藏文件呢？可以使用带有-a（a 为 all 的第 1 个字母）选项的 ls 命令，**如例 3-41 所示。

【例 3-41】

```
[dog@dog ~]$ ls -a
.  babydog         .bash_logout   .bashrc  .emacs  lists    .zshrc
.. .bash_history  .bash_profile  cal2012  .gtkrc  .viminfo
```

例 3-41 结果中所显示的文件还真不少，其实所谓的隐藏文件就是文件名以“.”开始的文件。也可以使用例 3-42 的带有--all 选项的 ls 命令获取同例 3-41 的命令完全相同的信息。

【例 3-42】

```
[dog@dog ~]$ ls --all
```

下面演示一个稍微复杂点的 ls 命令，这个命令同时显示多个目录下的所有文件，其中也包括隐藏文件。为此首先使用例 3-43 的 su 命令切换到 root 用户。

【例 3-43】

```
[dog@dog ~]$ su - root
Password:
```

使用例 3-44 的 ls 命令列出/home/dog 和/home/cat 目录中所有的文件，也包括隐藏文件。

【例 3-44】

```
[root@dog ~]# ls -a /home/dog /home/cat
/home/cat:
.  ..  .bash_logout .bash_profile  .bashrc  .emacs  .gtkrc  .zshrc

/home/dog:
.  babydog          .bash_logout   .bashrc  .emacs  lists    .zshrc
.. .bash_history    .bash_profile  cal2012  .gtkrc  .viminfo
```

如果想要列出某个目录中每一个文件的详细资料，可以使用带有-l（long 的第 1 个字符）选项的 ls 命令，如例 3-45 就是列出/home/dog 目录中所有非隐藏文件的细节。

【例 3-45】

```
[root@dog ~]# ls -l /home/dog
total 12
drwxrwxr-x  2 dog dog 4096 Dec  1 08:29 babydog
-rw-rw-r--  1 dog dog 1972 Dec  1 08:29 cal2012
-rw-rw-r--  1 dog dog 1040 Dec  1 08:29 lists
```

例 3-45 的显示结果列出了/home/dog 目录中所有非隐藏文件的细节，显示结果的第 2 行的第 1 个字符是 d，表示 babydog 是一个目录；第 3 行和第 4 行都是“-”，表示 cal2012 和 lists 都是文件。

也可以在 ls 命令中同时使用多个选项，如例 3-46 的 ls 命令将显示/home/dog 目录中所有文件的细节，其中也包括了隐藏文件。

【例 3-46】

```
[root@dog ~]# ls -la /home/dog
total 56
drwx------  3 dog  dog  4096 Dec  1 08:29 .
drwxr-xr-x  5 root root 4096 Nov 13 14:22 ..
drwxrwxr-x  2 dog  dog  4096 Dec  1 08:29 babydog
-rw-------  1 dog  dog  3145 Dec  1 04:42 .bash_history
......
```

细心的读者可能已经注意到了例 3-45 和例 3-46 显示结果中第 5 列的数字，它们表示文件的大小，单位是字节。这样的文件大小并不好理解，特别是文件很大时。于是 Linux 在 ls 命令中又加入了另外一个选项，**那就是-h（h 为 human 的缩写），使用这个选项之后，文件的大小就变成了人们熟悉的方式，**如例 3-47 就是以人们容易阅读的方式列出/home/dog 目录中所有非隐藏文件的细节。

【例 3-47】

```
[root@dog ~]# ls -lh /home/dog
total 12K
drwxrwxr-x  2 dog dog 4.0K Dec  1 08:29 babydog
-rw-rw-r--  1 dog dog 2.0K Dec  1 08:29 cal2012
-rw-rw-r--  1 dog dog 1.1K Dec  1 08:29 lists
```

例 3-47 显示结果中的文件和目录的大小是不是要清楚多了？在带有-l 选项的 ls 命令长列表（显示结果）中还有一些其他的列，将在以后的章节中详细介绍。

如果只想知道目录本身的属性，可以使用带有-d 的 ls 命令，如例 3-48 中 ls 命令使用了包括-d 的 3 个选项。

【例 3-48】

```
[dog@dog ~]$ ls -ldh
drwx------  3 dog dog 4.0K Dec  1 08:29 .
```

例 3-48 显示的结果只列出了当前目录，即/home/dog 目录本身的属性，而没有列出这个目录所包含的文件或目录的信息。

☞ **指点迷津：**

其实，ls 命令就是帮助用户确定有多少家当（包括文件和目录等）。ls 是一个使用频率相当高的命令，曾有同行开玩笑说："会使用 ls 命令就可以说会使用 UNIX 系统了。"

3.6 使用 cp 命令复制文件和目录

使用 cp（copy 的缩写）命令可以将一个文件或目录从一个位置复制到另一个位置。cp（复制）命令的功能就是将文件（可以是多个）复制成一个指定的目的文件或复制到一个指定的目标目录中。目的文件或目录一定是 cp 命令中的最后参数。

☞ **指点迷津：**

cp（复制）命令是一个具有破坏性的命令，如果使用不当，可能会导致灾难性的后果。

可以使用 cp（复制）命令将一个文件中的内容复制到另一个文件，也可以一次复制多个文件。使用带有选项的 cp 命令可以改变该命令的功能，**如可以使用带有-r 选项的 cp 命令来递归地复制一个目录。**cp（复制）命令的语法格式如下：

```
cp [-option(s)] source(s) target
```

- source（源）：可以是一个或多个文件，也可以是一个或多个目录名。
- target（目的）：可以是一个文件或一个目录。

-option（选项）为 cp 命令的选项，其中 cp 命令常用的选项有以下几种。

（1）-i（interactive 交互的）：防止不小心覆盖已经存在的文件或目录，在覆盖之前给出提示信息。

（2）-r（recursive 递归的）：递归地复制目录。当复制一个目录时，复制该目录中所有的内容，其中也包括子目录的全部内容。

（3）-p（preserve 维持）：保留一些特定的属性，如时间戳（timestamp）等。

（4）-f（forc 强制）：若目标文件已经存在，系统并不询问而是强制复制，即直接覆盖掉原有的文件。

最简单的 cp 命令就是将一个文件复制成同一目录中的一个新文件。此时，在 cp 命令中必须同时指定源文件名和目的文件名。为此，以 dog 用户登录 Linux 系统后，使用例 3-49 的 ls 命令列出 dog 家目录中所有文件名以 c 开头的文件的详细信息。

【例 3-49】

```
[dog@dog ~]$ ls -l c*
-rw-rw-r--  1 dog dog 1972 Dec  1 08:29 cal2012
```

根据例 3-49 显示的结果可知在 dog 家目录中有两个文件，分别为 cal2012 和 lists。例 3-50 是将原来 cal2012 文件复制为新的 cal2038 文件，当这一命令执行完之后，Linux 系统不会出现任何提示信息。

【例 3-50】

```
[dog@dog ~]$ cp cal2012 cal2038
```

为了验证以上的复制命令是否成功，可以使用例 3-51 的带有-l 选项的 ls 命令列出当前目录中所有相关内容的详细信息。

【例 3-51】

```
[dog@dog ~]$ ls -l c*
-rw-rw-r--  1 dog dog 1972 Dec  1 08:29 cal2012
-rw-rw-r--  1 dog dog 1972 Dec  2 05:02 cal2038
```

例 3-51 的显示结果清楚地表明 cal2038 文件已经生成，它的大小与 cal2012 文件相同，都是 1972 个字节，但是它们的时间戳（日期和时间）是不同的。

那么，能否使复制后生成的新文件的时间戳与原文件相同呢？Linux 系统当然可以做到这一点，就是使用带有-p 选项的 cp 命令，如例 3-52 就是一条这样的复制命令。

【例 3-52】

```
[dog@dog ~]$ cp -p cal2012 cal3009
```

为了验证以上的复制命令是否成功，可以使用例 3-53 的带有-l 选项的 ls 命令再次列出当前目录中所有相关内容的细节。

【例 3-53】

```
[dog@dog ~]$ ls -l c*
-rw-rw-r--  1 dog dog 1972 Dec  1 08:29 cal2012
-rw-rw-r--  1 dog dog 1972 Dec  2 05:02 cal2038
-rw-rw-r--  1 dog dog 1972 Dec  1 08:29 cal3009
```

例 3-53 的显示结果清楚地表明 cal3009 文件已经生成，不但它的大小与 cal2012 文件相同，而且它们的时间戳（日期和时间）也是相同的。

如果 cp（复制）命令的目标文件已经存在，那么复制命令的结果又该如何呢？例 3-54 的 cp 命令将 lists 文件复制为 cal2038，当按 Enter 键后系统立即执行了这条命令，虽然 cal2038 这个文件已经存在了，系统仍然没有任何警示信息。

【例 3-54】

```
[dog@dog ~]$ cp lists cal2038
```

可以通过使用例 3-55 的 ls 命令列出当前目录中所有相关内容的详细信息来检查 Linux 系统到底是怎样执行例 3-54 中的 cp 命令的。

【例 3-55】

```
[dog@dog ~]$ ls -l c* l*
-rw-rw-r--  1 dog dog 1972 Dec  1 08:29 cal2012
-rw-rw-r--  1 dog dog 1040 Dec  2 06:49 cal2038
```

```
-rw-rw-r--  1 dog dog 1972 Dec  1 08:29 cal3009
-rw-rw-r--  1 dog dog 1040 Dec  1 08:29 lists
```

例 3-55 显示结果清楚地表明 cal2038 的大小已经从 1972 字节变成了 1040 字节，与 lists 文件的大小相同了，这说明 cal2038 文件中原有的内容已经被 lists 文件覆盖。如果现在使用 cat cal2038 命令，屏幕上显示的内容将与 lists 文件中的信息相同。

指点迷津：

以上 cp（复制）命令的执行方式与一些 Linux 书上的解释有细微的差异。在这些 Linux 书中解释是：当使用 cp 命令时，如果目标文件已经存在系统要询问是否覆盖原来的文件，其实这就是 cp -i 的工作方式。而我们使用的 Oracle Linux 操作系统中 cp 命令默认的执行方式与 cp -f 相同，这种方式在进行 Oracle 数据库系统的文件维护时非常方便。如果是以 root 用户执行 cp 命令，这时系统就以 cp -i 的方式工作了。

当不确定要生成的目的文件是否存在时，可以使用带有-i 的 cp 命令来进行复制，如例 3-56 所示。由于 cal3009 已经存在，所以当按 Enter 键后，系统会出现提示信息询问是否要覆盖 cal3009，如果回答 n，就表示不覆盖；如果回答 y，就表示覆盖。

【例 3-56】

```
[dog@dog ~]$ cp -i lists cal3009
cp: overwrite 'cal3009'? n
```

接下来，通过使用例 3-57 的 ls 命令列出当前目录中所有文件名以 c 开头的文件的详细信息以检查 Linux 系统到底是怎样执行例 3-56 中的 cp 命令的。

【例 3-57】

```
[dog@dog ~]$ ls -l c*
-rw-rw-r--  1 dog dog 1972 Dec  1 08:29 cal2012
-rw-rw-r--  1 dog dog 1040 Dec  2 06:50 cal2038
-rw-rw-r--  1 dog dog 1972 Dec  1 08:29 cal3009
```

从例 3-57 的显示结果可以清楚地看出文件 cal3009 没有任何变化，这也就说明了例 3-56 中的 cp 命令并未覆盖原来的 cal3009 文件。

也可以使用 cp 命令将一个或多个文件复制到一个指定的目录中。为了演示以下的例子，使用例 3-58 的 ls 命令列出当前目录下的 babydog 子目录中所有的内容。

【例 3-58】

```
[dog@dog ~]$ ls -l babydog
total 0
```

例 3-58 的显示结果表明在当前目录下的 babydog 子目录中没有任何文件或目录（隐藏文件除外）。使用例 3-59 的 cp 命令将 lists 和 cal2012 两个文件同时都复制到 babydog 目录中。

【例 3-59】

```
[dog@dog ~]$ cp lists cal2012 babydog
```

为了验证 cp 命令的执行情况，使用例 3-60 的 ls 命令再次列出当前目录下的 babydog 子目录中所有的内容。

【例 3-60】

```
[dog@dog ~]$ ls -l babydog
total 8
-rw-rw-r--  1 dog dog 1972 Dec  2 07:06 cal2012
-rw-rw-r--  1 dog dog 1040 Dec  2 07:06 lists
```

在例 3-60 的显示结果中确实多了 lists 和 cal2012 这两个文件。也可以通过在文件名中使用通配符“*”的方法一次复制多个文件，如例 3-61 的 cp 命令将把文件名以 cal 开头的所有文件复制到 babydog

目录下。

【例 3-61】

```
[dog@dog ~]$ cp cal* babydog
```

为了验证 cp 命令的执行情况，使用例 3-62 的 ls 命令再次列出当前目录下的 babydog 子目录中所有相关的内容。

【例 3-62】

```
[dog@dog ~]$ ls -l babydog/cal*
-rw-rw-r--  1 dog dog 1972 Dec  2 07:06 cal2012
-rw-rw-r--  1 dog dog 1040 Dec  2 07:06 cal2038
-rw-rw-r--  1 dog dog 1972 Dec  2 07:06 cal3009
```

从例 3-62 显示的结果可以看出所有以 cal 开头的文件都已经复制到了 babydog 目录中。

在 cp 命令中，源和目标可以都是目录，即将一个目录复制到另一个目录中。为了演示 cp 命令的这一功能，先使用例 3-63 的 su 命令切换到 root 用户。

【例 3-63】

```
[dog@dog ~]$ su - root
Password:
```

之后，使用例 3-64 的 ls 命令列出/home/cat 中所有内容的细节（不包括隐藏文件）。该命令显示的结果表明在/home/cat 中没有任何文件或目录。

【例 3-64】

```
[root@dog ~]# ls -l /home/cat
total 0
```

接下来，可以试着使用例 3-65 的 cp 命令将/home/dog 目录中的内容全部复制到目录/home/cat 中。

【例 3-65】

```
[root@dog ~]# cp /home/dog /home/cat
cp: omitting directory '/home/dog'
```

看到了例 3-65 显示结果中的系统提示信息，不用着急，因为/home/dog 是一个目录，**要复制目录需要在 cp 命令中加入-r 选项**。于是可以在命令中加入-r 选项，如例 3-66 所示。

【例 3-66】

```
[root@dog ~]# cp -r /home/dog /home/cat
```

Linux 系统没有任何提示。**Linux 和 UNIX 系统就是这么伟大，做对了不吭声（甘愿做无名英雄），做错了才给出提示。**

虽然英雄（Linux）任劳任怨地埋头工作，但是作为领导的您还是必须了解下属到底做了些什么工作。可以使用例 3-67 的 ls 命令列出/home/cat 目录中所有的内容，也包括子目录中所有的内容。

【例 3-67】

```
[root@dog ~]# ls -lR /home/cat
/home/cat:
total 4
drwx------  3 root root 4096 Dec  2 17:42 dog

/home/cat/dog:
total 20
drwxr-xr-x  2 root root 4096 Dec  2 17:42 babydog
......
/home/cat/dog/babydog:
total 16
```

```
-rw-r--r--  1 root root 1972 Dec  2 17:42 cal2012
......
```

从例 3-67 显示的结果可以看出例 3-66 的带有-r 的 cp 命令不但复制了 dog 目录中的所有内容，而且还同时复制了 dog 子目录 babydog 的全部内容。您会发现所有文件和目录的时间戳都是刚刚复制时的日期和时间。**如果想要在复制时保留原有的日期和时间，那又该怎么办呢？可能您已经想到了在原来的 cp 命令中加上-p 选项，其实还有另一种更简单的办法就是使用-a 选项**，如例 3-68 的复制命令。由于要复制的目标文件和目录都已经存在，所以系统会询问是否要覆盖文件，在所有的提示处回答 y。

【例 3-68】

```
[root@dog ~]# cp -a /home/dog /home/cat
cp: overwrite '/home/cat/dog/.bash_history'? y
```

再次使用带有-lR 选项的 ls 命令列出/home/cat 目录中所有的内容，也包括子目录中所有的内容，如例 3-69 所示。

【例 3-69】

```
[root@dog ~]# ls -lR /home/cat
/home/cat:
total 4
drwx------  3 dog dog 4096 Dec  2 06:51 dog

/home/cat/dog:
total 20
drwxrwxr-x  2 dog dog 4096 Dec  2 07:06 babydog
......
/home/cat/dog/babydog:
total 16
-rw-rw-r--  1 dog dog 1972 Dec  2 07:06 cal2012
......
```

从例 3-69 显示的结果可以看出所有文件和目录的时间戳都是原来的日期和时间。cp 命令的功能强大吧？

通过以上的学习，读者应该对 cp 命令的功能和适用范围有了一定的了解。在复制的过程中由于目标的不同，cp 的执行方式也会有所不同。下面对 cp 命令的执行方式做一个小结。

（1）若指定目标不存在，系统将创建一个同名文件并将源文件中的内容复制进来。

（2）若指定目标存在并且是一个文件，系统将用指定文件覆盖掉原来的目标文件。

（3）若指定目标存在并且是一个目录，系统将把指定文件放在这个目录中并且文件名与源文件同名。

指点迷津：

cp（复制）命令是一个使用频率很高的命令，文件备份就可以通过 cp 命令来完成。所谓使用备份或冗余保护系统文件（如 Oracle 系统）的方法就是将一个文件的多个备份放在不同的地方（如磁盘或磁带上）。这样当一个文件出了问题（包括磁盘坏了），用户还有其他的备份文件。如果读者读过操作系统或数据库管理系统的书，就会发现这些系统都不约而同地使用了备份或其他冗余的方法来保护系统文件。

3.7 使用 mv 命令移动及修改文件和目录名

使用 mv（move 的缩写）命令，既可以在不同的目录之间移动文件和目录，也可以重新命名文件和

目录。mv（移动）命令并不影响被移动或改名的文件或目录中的内容。mv（移动）命令的语法格式与cp 命令相同，因此在这里不再介绍。

指点迷津：

mv（移动）命令也是一个具有破坏性的命令，如果使用不当，可能会导致灾难性的后果。

在演示 mv（移动）命令的用法之前，首先做些准备工作，首先使用例 3-70 的 pwd 命令确定当前目录，如果当前目录不是 dog 的家目录，要先进入 dog 的家目录中。

【例 3-70】

```
[dog@dog ~]$ pwd
/home/dog
```

在当前目录（dog 的家目录）中使用例 3-71 的 rm 命令（这个命令将在 3.10 节中介绍）删除 babydog 子目录中所有的文件。这个命令执行后系统不会给出任何提示信息，所以您可以使用例 3-72 的 ls 命令来检验 babydog 子目录是否已经被清空。

【例 3-71】

```
[dog@dog ~]$ rm babydog/*
```

【例 3-72】

```
[dog@dog ~]$ ls -l babydog
total 0
```

当发现 babydog 子目录中已经没有任何文件后，再使用例 3-73 的 ls 命令列出当前目录下所有文件名以 l 开头的文件和目录。

【例 3-73】

```
[dog@dog ~]$ ls -l l*
-rw-rw-r--  1 dog dog 1040 Dec  1 08:29 lists
```

使用 mv（移动）命令可以将一个文件从一个目录移到另一个目录中，如例 3-74 的 mv 命令将当前目录（dog 的家目录）中的 lists 文件移到 dog 的子目录 babydog 中。

【例 3-74】

```
[dog@dog ~]$ mv lists babydog
```

为了检验例 3-74 的 mv 命令的执行是否成功，使用例 3-75 的 ls 命令列出 babydog 子目录中所有的内容。

【例 3-75】

```
[dog@dog ~]$ ls -l babydog
total 4
-rw-rw-r--  1 dog dog 1040 Dec  1 08:29 lists
```

从例 3-75 的显示结果可以看出 lists 文件确实已经被移到了 babydog 子目录中。使用 mv 命令也可以一次搬移多个文件，而且目录不但可以是相对路径，也可以是绝对路径，如例 3-76 的 mv 命令将当前目录下的两个文件同时搬移到/home/dog/babydog 中。

【例 3-76】

```
[dog@dog ~]$ mv cal2012 cal3009 /home/dog/babydog
```

为了检验例 3-76 的 mv 命令的执行是否成功，使用例 3-77 的 ls 命令再次列出 babydog 子目录中所有的内容。

【例 3-77】

```
[dog@dog ~]$ ls babydog
cal2012  cal3009  lists
```

也可以使用 mv 命令改变一个文件的文件名，如例 3-78 的 mv 命令将 babydog 子目录中的 lists 文件名改为 new_lists（仍然存放在 babydog 子目录中）。

【例 3-78】

```
[dog@dog ~]$ mv babydog/lists babydog/new_lists
```

为了检验例 3-78 的 mv 命令的改名操作是否成功，可以使用例 3-79 的 ls 命令再次列出 babydog 子目录中所有的内容。

【例 3-79】

```
[dog@dog ~]$ ls babydog
cal2012  cal3009  new_lists
```

在例 3-79 的显示结果中，lists 文件确实不见了，取而代之的是 new_lists 文件。这表明 mv 的更改文件名的操作已经成功。

如果此时您使用例 3-80 的 ls 命令重新列出当前目录中的所有内容，会发现在这个目录中所剩文件无几，因为那些文件都被 mv 命令搬移到了 babydog 子目录中去了。

【例 3-80】

```
[dog@dog ~]$ ls
babydog  cal2038
```

也可以利用 mv 命令移动文件的同时修改文件名，如可以使用例 3-81 的 mv 命令将 babydog 子目录下的 new_lists 文件移回到当前目录中，同时将文件名改为 lists200。

【例 3-81】

```
[dog@dog ~]$ mv babydog/new_lists lists200
```

为了检验例 3-81 的 mv 命令所做的移动和改名操作是否成功，可以使用例 3-82 的 ls 命令再次列出当前目录（dog 的家目录）中所有的内容。

【例 3-82】

```
[dog@dog ~]$ ls
babydog  cal2038  lists200
```

还可以利用 mv 命令修改目录名，如可以使用例 3-83 的 mv 命令将名为 babydog 子目录名改为 boydog。

【例 3-83】

```
[dog@dog ~]$ mv babydog boydog
```

为了检验例 3-83 中利用 mv 命令为目录改名的操作是否成功，可以使用例 3-84 的 ls 命令再次列出当前目录（dog 的家目录）及其子目录中所有的内容。

【例 3-84】

```
[dog@dog ~]$ ls -R
.:
boydog  cal2038  lists200

./boydog:
cal2012  cal3009
```

从例 3-84 的显示结果可以看出 babydog 子目录已经不见了，取而代之的是 boydog，该目录就是原来 babydog 目录。

也可以利用 mv 命令移动目录，为此要首先使用例 3-85 的 su 命令切换到 root 用户（在系统的 Password:提示处输入 root 用户的密码），因为要同时操作 cat 和 dog 两个用户的文件。

【例 3-85】

```
[dog@dog ~]$ su - root
```

```
Password:
```

之后，使用例 3-86 的 ls 命令列出/home/cat/dog 目录下的所有文件和目录。例 3-86 命令的显示结果表明在这个目录中有一个名为 babydog 的子目录（为蓝色）。

【例 3-86】

```
[root@dog ~]# ls /home/cat/dog
babydog  cal2012  cal2038  cal3009  lists
```

接下来，使用例 3-87 的 mv 命令将/home/cat/dog/babydog 子目录移到/home/dog 目录中。

【例 3-87】

```
[root@dog ~]# mv /home/cat/dog/babydog /home/dog
```

为了检验例 3-87 中利用 mv 命令的移动操作是否成功，可以使用例 3-88 的 ls 命令再次列出/home/cat/dog 目录中所有的内容。

【例 3-88】

```
[root@dog ~]# ls /home/cat/dog
cal2012  cal2038  cal3009  lists
```

从例 3-88 的显示结果可知 babydog 子目录确实不见了。接下来还要使用例 3-89 的 ls 命令列出/home/dog 目录中所有的内容。

【例 3-89】

```
[root@dog ~]# ls -F /home/dog
babydog/  boydog/  cal2038  lists200
```

例 3-89 的显示结果表明 babydog 子目录确实移到了/home/dog 目录中。最后使用例 3-90 的 ls 命令列出/home/dog/babydog 目录中所有的内容。

【例 3-90】

```
[root@dog ~]# ls /home/dog/babydog
cal2012  cal2038  cal3009  lists
```

例 3-90 的显示结果表明：mv 命令不但移动了目录，而且同时也移动了该目录中的所有内容。

通过以上学习，读者应该对 mv 命令的功能和适用范围有了一定的了解。在移动的过程中由于目标的不同，mv 的执行方式也会有所不同。下面是 mv 命令的执行方式的小结。

（1）如果指定目标并不存在，系统将把源文件和目录更名为目标文件或目录。

（2）如果指定目标已经存在，并且是一个文件，系统将把指定的文件更名为目标文件的名称并覆盖掉原来的目标文件中的内容。

（3）如果指定目标已经存在，并且是一个目录，系统将把指定的文件移动到这个目录中并且文件名与源文件同名。

3.8　使用 mkdir 命令创建目录

在之前的操作中，主要使用 Linux 系统的一些默认目录。其实用户完全可以根据自己的需要在文件系统的目录层次中加入（创建）新的目录和文件。**创建一个新目录的 Linux 命令为 mkdir（是 make directory 的缩写）**。该命令非常简单，其最简单的语法格式为：

```
mkdir 目录名
```

其中，目录名既可以是相对路径名，也可以是绝对路径名。

以下的例子演示如何在 dog 的家目录下创建一个名为 daddog 的子目录。首先使用例 3-91 的命令确认当前目录是否为 dog 的家目录，如果不是，要切换到 dog 的家目录。

【例 3-91】

```
[dog@dog ~]$ pwd
/home/dog
```

之后，使用例 3-92 的 ls 命令查看当前目录中的所有内容。例 3-92 的显示结果表明在当前目录中有两个名字分别为 babydog 和 boydog 的目录，因为它们都是呈蓝色显示的。

【例 3-92】

```
[dog@dog ~]$ ls
babydog  boydog  lists  lists200
```

接下来就可以使用例 3-93 的创建目录命令来创建 daddog 子目录，系统执行完这条命令之后不会有任何提示信息。

【例 3-93】

```
[dog@dog ~]$ mkdir daddog
```

为了检验例 3-93 中创建目录命令的操作是否成功，可以使用例 3-94 的带有-F 选项的 ls 命令再次列出当前目录中所有的内容。

【例 3-94】

```
[dog@dog ~]$ ls -F
babydog/  boydog/  daddog/  lists  lists200
```

从例 3-94 的显示输出可以看出已经在当前目录下成功地创建了 daddog 子目录。**以上操作在 mkdir 命令中使用的是相对路径，当然也可以使用绝对路径**。如例 3-95 的 mkdir 命令是使用绝对路径在当前目录下创建一个名为 mumdog 的子目录。

【例 3-95】

```
[dog@dog ~]$ mkdir /home/dog/mumdog
```

为了检验例 3-95 中创建目录命令的操作是否成功，可以使用例 3-96 的带有-F 选项的 ls 命令再次列出当前目录中所有的内容。

【例 3-96】

```
[dog@dog ~]$ ls -F
babydog/  boydog/  daddog/  lists  lists200  mumdog/
```

为了演示在 mkdir 命令中使用不同路径表示的方法，可以使用例 3-97 的 cd 命令切换到 daddog 目录（也可以是其他目录），再使用例 3-98 的 pwd 命令验证一下。

【例 3-97】

```
[dog@dog ~]$ cd daddog
```

【例 3-98】

```
[dog@dog daddog]$ pwd
/home/dog/daddog
```

做完了以上的准备工作，可以试着使用例 3-99 的创建目录命令在 dog 的家目录下创建一个名为 mumdog/girldog/babydog 的子目录。

【例 3-99】

```
[dog@dog daddog]$ mkdir ~/mumdog/girldog/babydog
mkdir: cannot create directory '/home/dog/mumdog/girldog/babydog': No such file or
directory
```

系统所产生的提示信息告诉您无法创建目录。这是因为在 mumdog 目录中并没有 girldog 子目录。您可以使用带有-p（为 parents 的第 1 个字符）选项的 mkdir 命令，**当加入了-p 选项之后 mkdir 命令会创建在指定路径中所有不存在的目录**。例如可以使用例 3-100 的带有-p 选项的 mkdir 命令来重新创建所需的所有目录。

【例 3-100】

```
[dog@dog daddog]$ mkdir -p ~/mumdog/girldog/babydog
```

为了检验例 3-100 中创建目录命令的操作是否成功，还应该使用例 3-101 的带有-FR 选项的 ls 命令再次列出当前目录中 mumdog 子目录下所有的内容。

【例 3-101】

```
[dog@dog daddog]$ ls -FR ~/mumdog
/home/dog/mumdog:
girldog/

/home/dog/mumdog/girldog:
babydog/

/home/dog/mumdog/girldog/babydog:
```

例 3-101 的显示结果清楚地表明您已经在 mumdog 子目录下成功地创建了 girldog 子目录及 girldog 的子目录 babydog（一个小狗崽渐渐地长大成为了狗丫头，之后又结婚生儿育女成为了一个狗妈妈，原来 Linux 设计的灵感就是来自大自然，是不是？）。

3.9 使用 touch 命令创建文件

知道了在 Linux 系统中怎样创建目录，接下来您可能也想在这些目录中创建一些文件。可以使用 touch 命令来轻松地完成这一工作，**使用 touch 命令可以创建一个空文件，也可以同时创建多个文件。** touch 命令语法非常简单，其语法格式如下：

touch 文件名

其中，文件名既可以使用绝对路径名，也可以使用相对路径名，而且可以是多个文件，文件名之间用空格隔开。

假设当前目录是/home/dog/daddog（如果不是，可以使用 cd 目录切换一下，可以使用例 3-102 的命令来查看一下当前目录）。

【例 3-102】

```
[dog@dog daddog]$ pwd
/home/dog/daddog
```

之后，使用例 3-103 的 ls 命令列出/home/dog/daddog 目录中的所有文件和目录。例 3-103 显示的结果表明在这个目录下没有任何文件或目录。

【例 3-103】

```
[dog@dog daddog]$ ls -l
total 0
```

现在即可使用例 3-104 的 touch 命令在当前目录中创建一个名为 babydog1 的文件。

【例 3-104】

```
[dog@dog daddog]$ touch babydog1
```

接下来继续使用带有-l 选项的 ls 命令再次列出当前目录中的所有文件，如例 3-105。

【例 3-105】

```
[dog@dog daddog]$ ls -l
total 0
-rw-rw-r--  1 dog dog  0  Dec  4 16:06 babydog1
```

例 3-105 的显示结果表明您确实已经成功地创建了一个空文件，注意文件的大小部分显示为 0。

下面可以**使用例 3-106 的 touch 命令一次创建 3 个文件**，它们分别是 babydog2、babydog3 和 babydog4。

【例 3-106】

```
[dog@dog daddog]$ touch babydog2  babydog3  babydog4
```

接下来还是继续使用带有-l 选项的 ls 命令再次列出当前目录中的所有文件，如例 3-107。

【例 3-107】

```
[dog@dog daddog]$ ls -l
total 0
-rw-rw-r--  1 dog dog 0 Dec  4 16:06 babydog1
-rw-rw-r--  1 dog dog 0 Dec  4 16:08 babydog2
-rw-rw-r--  1 dog dog 0 Dec  4 16:08 babydog3
-rw-rw-r--  1 dog dog 0 Dec  4 16:08 babydog4
```

如果在使用 touch 命令创建文件时，将要创建的文件已经存在了，接下来又会发生什么呢？为了演示这一操作，首先使用例 3-108 的命令返回到 dog 用户的家目录。然后使用例 3-109 的 pwd 命令验证命令的执行是否正确。

【例 3-108】

```
[dog@dog daddog]$ cd
```

【例 3-109】

```
[dog@dog ~]$ pwd
/home/dog
```

接下来，使用例 3-110 的 ls 命令列出在当前目录中所有以 l 开头的文件（或目录）。

【例 3-110】

```
[dog@dog ~]$ ls -l l*
-rw-rw-r--  1 dog dog 1040 Dec  3 16:09 lists
-rw-rw-r--  1 dog dog 1040 Dec  2 06:50 lists200
```

之后使用例 3-111 的 touch 命令，接下来在例 3-112 中再次使用与例 3-110 完全相同的 ls 命令重新列出在当前目录中所有以 l 开头的文件（或目录）。

【例 3-111】

```
[dog@dog ~]$ touch lists200
```

【例 3-112】

```
[dog@dog ~]$ ls -l l*
-rw-rw-r--  1 dog dog 1040 Dec  3 16:09 lists
-rw-rw-r--  1 dog dog 1040 Dec  4 22:38 lists200
```

比较例 3-112 和例 3-110 显示结果中与 lists200 相关的信息，您会发现除了时间戳（日期和时间）发生了变化之外，其他的信息完全相同。在例 3-112 中，lists200 的时间戳就是使用 touch 命令的日期和时间。

如果文件名或目录名已经存在，touch 命令将把该文件或目录的时间戳（上一次修改时间）改为当前访问的日期和时间。这里并未给出 touch 后面跟目录名的例子，其用法与例 3-111 中使用的 touch 命令几乎相同，有兴趣的读者可以自己试一下。

提示：

有些公司利用程序监测员工经常使用的文件的时间变化来推测员工上班时是否偷懒，因为如果某个员工经常使用的文件的时间戳很少变化就说明这个员工可能偷懒了。公司中的一些老油条就用 touch 命令来掩盖他们偷懒的事实，因为使用 touch 命令之后文件的时间戳已经是当前的时间了。

3.10　使用 rm 命令删除文件

当一个系统运行了很长时间之后，随着时间的推移，系统中可能会有一些已经没用的文件（即垃圾）。这些垃圾不但会消耗宝贵的磁盘空间，也会降低系统的效率。因此需要及时地清理，可以**使用 rm（remove 的缩写）命令永久地在文件系统中删除文件或目录**。在使用 rm 命令删除文件或目录时，系统不会产生任何提示信息。rm 命令的语法格式如下：

```
rm [-option(s)]  files|directories
```

其中，files 表示一个或多个文件；directories 表示一个或多个目录；-option（选项）为 rm 命令的选项，其中常用的选项有如下几个。

- -i（interactive 交互的）：防止不小心删除有用的文件，在删除之前给出提示信息。
- -r（recursive 递归的）：递归地删除目录。当删除一个目录时，删除该目录中所有的内容，其中也包括子目录中的全部内容。
- -f（forc 强制）：系统并不询问而是强制删除，即直接删除原有的文件。

指点迷津：

rm（删除）命令是一个具有破坏性的命令，因为 rm 命令将永久地删除文件或目录，如果没有备份，将无法恢复。

为了演示方便，首先使用例 3-113 的 cd 命令切换到当前目录下的 daddog 子目录，之后使用例 3-114 的 ls 命令列出该目录中的所有内容。

【例 3-113】

```
[dog@dog ~]$ cd daddog
```

【例 3-114】

```
[dog@dog daddog]$ ls -F
babydog1  babydog2  babydog3  babydog4
```

接下来，使用例 3-115 的 rm 命令删除当前目录中的 babydog1 文件。该命令执行之后系统将不会有任何提示。

【例 3-115】

```
[dog@dog daddog]$ rm babydog1
```

为了查看 rm 命令执行结果，可使用例 3-116 的 ls 命令再次列出当前目录中所有内容。

【例 3-116】

```
[dog@dog daddog]$ ls -F
babydog2  babydog3  babydog4
```

从例 3-116 显示结果发现 babydog1 文件已经不见了，这说明例 3-115 的 rm 命令已经成功地删除了文件 babydog1。

使用 rm 命令也可以一次删除多个文件，如例 3-117 的 rm 命令将删除当前目录中所有以 ba 开头的文件。

【例 3-117】

```
[dog@dog daddog]$ rm ba*
```

为了查看 rm 命令执行结果，可使用例 3-118 的 ls 命令再次列出当前目录中所有内容。

【例 3-118】

```
[dog@dog daddog]$ ls -l
```

```
total 0
```

从例 3-118 的显示结果发现当前目录中所有的文件都已经不见了，这说明例 3-117 的 rm 命令已经成功地删除了所有以 ba 开头的文件。

指点迷津：

上述 rm（删除）命令的执行方式与一些 Linux 书上的解释有细微的差异。在这些 Linux 书中解释的是：当使用 rm 命令时，系统要询问是否删除原来的文件，其实这就是 rm -i 的工作方式。而在使用的 Oracle Linux 操作系统时 rm 命令默认的执行方式与 rm -f 相同，这种方式在进行 Oracle 数据库系统的文件维护时非常方便。但是如果以 root 用户执行 rm 命令，这时系统就以 rm -i 的方式工作了。

因为已经删除了当前目录中所有的文件，为了能继续后面的操作，可以使用例 3-119 的 touch 命令再重新创建 3 个空文件。

【例 3-119】

```
[dog@dog daddog]$ touch dog1 dog2 dog3
```

为了验证这些文件是否已经生成，可使用例 3-120 的 ls 命令列出当前目录中所有文件。

【例 3-120】

```
[dog@dog daddog]$ ls -l
total 0
-rw-rw-r--  1 dog dog 0 Dec  5 00:58 dog1
-rw-rw-r--  1 dog dog 0 Dec  5 00:58 dog2
-rw-rw-r--  1 dog dog 0 Dec  5 00:58 dog3
```

当您想在每次删除一个文件之前要再确定一下所要删除的文件时，可以使用带有-i 选项的 rm 命令进行删除操作，如使用例 3-121 命令以交互式的方式来删除当前目录中所有以 dog 开头的文件。之后，系统会询问是否要移除这个文件。如果回答是 y，就移除（如 dog1）。如果回答是 n，就继续保留该文件（如例 3-121 的 dog2 和 dog3）。

【例 3-121】

```
[dog@dog daddog]$ rm -i dog*
rm: remove regular empty file 'dog1'? y
rm: remove regular empty file 'dog2'? n
rm: remove regular empty file 'dog3'? n
```

之后为了查看哪些文件已经被删除及哪些文件仍然保存，就可以使用例 3-122 的 ls 命令再次列出当前目录中所有的文件。

【例 3-122】

```
[dog@dog daddog]$ ls -l
total 0
-rw-rw-r--  1 dog dog 0 Dec  5 00:58 dog2
-rw-rw-r--  1 dog dog 0 Dec  5 00:58 dog3
```

从例 3-122 的显示结果可以清楚地看出确实只有回答为 y 的名为 dog1 的文件被删除了，而其他两个回答是 n 的文件依然存在。

本节并未给出带有-r 的 rm 命令的例子，这一选项的用法将在 3.11 节中与删除目录的命令一起介绍。

3.11 使用 rmdir 或 rm -r 命令删除目录

介绍完了怎样删除文件，本节将介绍怎样删除目录。在 Linux 系统中有两种方法可以用来删除目录：第 1 种方法就是使用 rmdir（remove directories 的缩写）命令删除空目录；第 2 种方法就是**使用带有 -r 选项的 rm 命令删除其中包含文件和子目录的目录。**

要删除正在工作的目录（当前目录），则必须切换到该目录的父目录（上一级目录）。rmdir 命令的语法格式非常简单，其格式如下：

```
rmdir 目录名
```

为了演示 rmdir 命令的用法，首先要切换到 dog 的家目录，可以使用例 3-123 的 pwd 命令确认当前目录是否为 dog 的家目录。之后，使用例 3-124 的命令列出 dog 家目录中所有的文件和目录（以斜线“/”结尾的为目录）。

【例 3-123】

```
[dog@dog ~]$ pwd
/home/dog
```

【例 3-124】

```
[dog@dog ~]$ ls -F
babydog/  boydog/  daddog/  lists  lists200  mumdog/
```

您应该还记得前文曾在 dog 的家目录中创建了一个 mumdog/girldog/babydog，而且这个 babydog 目录是空的。如果记不清了也不要紧，可以使用 ls 命令再确认一下。

现在就可以使用例 3-125 的 rmdir 命令来删除这个空目录。系统执行这个 rmdir 命令之后不会显示任何信息。因此为了确认这个目录确实已经被删除，还要使用例 3-126 的 ls 命令确认一下。

【例 3-125】

```
[dog@dog ~]$ rmdir mumdog/girldog/babydog
```

【例 3-126】

```
[dog@dog ~]$ ls -l mumdog/girldog
total 0
```

如果要使用 rmdir 命令直接删除 mumdog，Linux 操作系统又会怎样处理呢？可以使用例 3-127 的 rmdir 命令试一下。

【例 3-127】

```
[dog@dog ~]$ rmdir mumdog
rmdir: 'mumdog': Directory not empty
```

例 3-127 的显示结果表明 mumdog 目录不是空的，因为在 mumdog 目录中还有一个名为 girldog 的子目录。**使用 rmdir 命令只能删除一个空目录**，所以您必须在删除 mumdog 目录中的 girldog 子目录之后，再删除 mumdog 目录。

那么如果一个目录中只存有文件而没有包括任何子目录，rmdir 这个命令又是怎样执行的呢？为此，首先使用例 3-128 的 ls 命令列出 daddog 目录中所有的内容。

【例 3-128】

```
[dog@dog ~]$ ls -l daddog
total 0
-rw-rw-r--  1 dog dog 0 Dec  5 00:58 dog2
-rw-rw-r--  1 dog dog 0 Dec  5 00:58 dog3
```

例 3-128 的显示结果表明在 daddog 目录中只有两个文件，并没有任何子目录。于是可以使用例 3-129 的 rmdir 命令试着删除 daddog 目录。

【例 3-129】

```
[dog@dog ~]$ rmdir daddog
rmdir: 'daddog': Directory not empty
```

例 3-129 的显示结果同样表明 daddog 目录不是空的，因为在 daddog 目录中包含有两个名字分别为

dog2 和 dog3 的文件。**使用 rmdir 命令只能删除一个空目录，即在要删除的目录中既不能包括目录，也不能包括文件。**

您现在可能又想起来 rm 命令，可以使用例 3-130 的 rm 命令试着删除 mumdog 目录。

【例 3-130】

```
[dog@dog ~]$ rm mumdog
rm: cannot remove 'mumdog': Is a directory
```

看了例 3-130 的显示结果，您一定会再一次感到失望，因为即使是使用 rm 也无法删除这个 mumdog 的目录。其实也不用惊慌，**只要在 rm 命令中加入-r 选项就可以了**，如例 3-131。

【例 3-131】

```
[dog@dog ~]$ rm -r mumdog
```

Linux 系统执行完例 3-131 的 rm 命令后不会给出任何提示信息，因此为了确认这个目录确实已经被删除，还要使用例 3-132 的 ls 命令确认一下。

【例 3-132】

```
[dog@dog ~]$ ls -F
babydog/  boydog/  daddog/  lists  lists200
```

例 3-132 的显示结果清楚地表明您已经成功地删除了 mumdog 目录，因为那个 mumdog 的目录终于不见了。同样也可以使用例 3-133 的 rm 命令删除 daddog 目录。

【例 3-133】

```
[dog@dog ~]$ rm -r daddog
```

执行完例 3-133 的 rm 命令之后，Linux 系统不会给出任何提示信息。因此为了确认这个目录确实已经被删除，还要使用例 3-134 的 ls 命令确认一下。

【例 3-134】

```
[dog@dog ~]$ ls -F
babydog/  boydog/  lists  lists200
```

例 3-134 的显示结果清楚地表明 daddog 目录已经被成功地删除，因为那个 daddog 的目录也终于不见了。

☞ **指点迷津：**

创建时，是先创建目录，之后在目录中创建文件。删除时，是先删除文件，之后再删除目录。这与现实生活中一样，如必须先盖楼房，之后住户才能住进去。而在拆楼时，必须要所有的住户都搬出来之后才能拆楼。否则可能要出现法律纠纷，甚至要出人命的。

3.12　Linux 系统图形界面操作简介

其实用户也可以通过 Linux 系统提供的图形界面来进行系统文件的管理和维护工作。UNIX 或 Linux 系统中的图形化用户界面（Graphical User Interface，GUI）叫 X-Windows。X-Windows 是独立于任何操作系统平台的，最初它是运行在 UNIX 系统上的，是 1984 年由美国麻省理工学院（MIT）开发出来的，要比微软的视窗系统早很多。

虽然两者都是图形化用户界面，但是它们的内部机制是完全不同的。微软的 Windows 系统的图形支持是在内核级的，而 X-Windows 只是 Linux 或 UNIX 操作系统下的一个应用程序。因此从理论上来讲微软的 Windows 图形界面的性能要比 X-Windows 的好，这也许就是微软的 Windows 系统独霸桌面市场的原因吧。也正是由于图形功能没有放在操作系统之内（这只是部分原因），所以 Linux 或 UNIX 系统的服务器的性能和稳定性都远远高于微软的 Windows。

Linux 操作系统中的默认桌面环境是 Gnome（GNU's network object model environment 的缩写），Gnome 的文件管理器为 nautilus（鹦鹉螺）。为了节省篇幅，将图形工具的操作部分放在了与书配套的资源包中，有兴趣的读者可以自行查阅。

3.13　您应该掌握的内容

在学习第 4 章之前，请检查一下您是否已经掌握了以下内容：

- 什么是 Linux 文件系统的层次结构？
- 文件系统层次标准（Filesystem Hierarchy Standard，FHS）。
- Linux 系统中有哪些重要的目录？
- 目录和文件的命名原则。
- 目录和文件的绝对和相对路径。
- 怎样确定当前目录？
- 使用不同的方法进行目录切换。
- 怎样利用 ls 命令列出目录中的内容？
- ls 命令中一些常用选项的用法。
- 怎样使用 cp 命令复制文件？
- 怎样使用 cp 命令复制目录？
- cp 命令中一些常用选项的用法。
- 怎样使用 mv 命令移动文件和目录？
- 怎样使用 mv 命令重新命名文件和目录？
- mv 命令中一些常用选项的用法。
- 怎样使用 mkdir 命令创建目录？
- touch 命令的用法。
- 怎样使用 rm 命令删除文件？
- 怎样使用 rm 命令删除目录？
- 怎样使用 rmdir 命令删除目录？

第 4 章　不同系统之间传输文件及文件的浏览

有时可能需要在不同的系统（甚至不同类型的操作系统）之间传输文件，如将微软的 Windows 系统中的文件传给 Linux 或 UNIX 系统，或反过来将 Linux 或 UNIX 系统中的文件传给微软的 Windows 系统。本章将首先介绍怎样使用 FTP（File Transfer Protocol，文件传输协议）在不同的系统之间传输文件。可以使用 ftp 命令在网络上将一台计算机上的文件复制到另一台计算机上。

4.1　ftp 简介

ftp 命令是使用标准的 FTP 协议在不同的系统之间传输文件，这些系统既可以是相似的，也可以是不相似的操作系统。在网络上使用 FTP 是在系统之间下载或上传文件的通用方法。FTP 网站通常是一些允许匿名用户（即不需要在远程系统上有用户账户）登录和下载软件和文档的公共网站。

在 Oracle Linux 系统上 FTP 服务的守护进程被称为"very secure FTP"（非常安全的 FTP），其守护进程名为 vsftpd。如果 vsftpd 软件包还没有安装，可以在 root 用户下使用如下的命令安装 vsftpd 软件包：

```
yum install vsftpd
```

在使用 ftp 传输文件时，既可以利用正文模式也可以使用二进制模式。ftp 命令的语法非常简单，其语法格式如下：

```
ftp 主机名或 IP 地址
```

在进一步介绍 ftp 之前，先做一些准备工作。首先在 Windows 系统上启动 DOS 窗口，在 DOS 提示符下输入切换硬盘的命令，如例 4-1 就是切换到 F 盘。

【例 4-1】

```
C:\Documents and Settings\Administrator>f:
```

接下来在该盘上创建一个名为 ftp 的文件夹（目录）以存放将来在使用 ftp 命令时将用到的文件，如例 4-2。随即使用 DOS 的 dir 命令查看 F 盘中所有的目录和文件以验证 ftp 目录是否已经建立，如例 4-3。这里为了节省篇幅，省略了该命令的输出显示。

【例 4-2】

```
F:\>md ftp
```

【例 4-3】

```
F:\>dir
```

将资源包中 ftp 目录中的所有文件复制到刚刚创建的 ftp 目录中，接下来使用例 4-4 的 cd 命令进入 F 盘上的 ftp 目录。之后，可以使用例 4-5 的 dir 命令列出 F 盘上 ftp 目录中所有的目录和文件。

【例 4-4】

```
F:\>cd ftp
```

【例 4-5】

```
F:\ftp>dir
 驱动器 F 中的卷没有标签。
 卷的序列号是 F07D-CFA6
```

```
 F:\ftp 的目录
2009-12-10  09:49    <DIR>          .
2009-12-10  09:49    <DIR>          ..
2005-01-18  13:10         2,990,289 dog.JPG
2008-11-08  04:32         1,097,294 flowers.JPG
2009-12-10  09:24             1,950 game.txt
2009-12-10  09:15             4,720 learning.txt
2008-10-11  04:02           674,610 NewZealand.JPG
               5 个文件      4,768,863 字节
               2 个目录 133,059,158,016 可用字节
```

接下来可以使用例 4-6 的命令与远程的名为 superfox 计算机（也可以使用 IP 地址，该计算机的 IP 为 192.168.137.38）进行 ftp 的连接。

提示：

如果使用计算机的主机名，您需要配置 C:\Windows\System32\drivers\etc 目录中的 hosts 文件，即在该文件中加入 192.168.137.38　superfox 一行。

【例 4-6】

```
F:\ftp>ftp superfox
ftp: connect :未知错误号
```

如果出现了例 4-6 的结果所显示的错误信息，则可能是远程计算机的 ftp 服务没有启动。此时要以 root 用户登录系统（可以再开启一个 DOS 窗口，之后使用 telnet 以 dog 用户登录，然后再使用 su 命令切换到 root 用户。也可以直接使用 root 用户以图形方式登录 Linux，之后再启动终端窗口），之后使用例 4-7 的 Linux 命令查看一下 ftp 服务的状态（这里 vsftpd 为 ftp 服务所对应的进程名）。**在 Linux 7 上，也可以使用 systemctl status vsftpd 命令。**

【例 4-7】

```
[root@dog ~]# service vsftpd status
vsftpd is stopped
```

例 4-7 的显示结果表明，ftp 服务确实没有启动。于是可以使用例 4-8 的 Linux 命令启动该计算机上的 ftp 服务。**在 Linux 7 上，也可以使用 systemctl start vsftpd 命令；如果要在 Linux 7 系统启动时开启 ftp 服务，可以使用 systemctl enable vsftpd 命令。**

【例 4-8】

```
[root@dog ~]# service vsftpd start
Starting vsftpd for vsftpd:  OK  ]
```

现在切换回 ftp 所在的窗口，如果仍然在 ftp>的提示符下，可以输入 bye 命令退出 ftp，如例 4-9。

【例 4-9】

```
ftp> bye
```

现在即可使用例 4-10 的命令利用 ftp 来远程登录 IP 地址为 192.168.137.38（也可以使用主机名 superfox，这里使用 IP 地址的目的主要是为读者演示不同的 ftp 登录方法）的计算机。在 User 处输入用户名 dog，在 Password 处输入 dog 用户的密码 wang，之后系统会显示登录成功的信息。

【例 4-10】

```
F:\ftp>ftp 192.168.137.38
Connected to 192.168.137.38.
220 (vsFTPd 2.0.1)
User (192.168.137.38:(none)): dog
331 Please specify the password.
```

```
Password:
230 Login successful.
```

在使用 ftp 访问远程的 Linux 或 UNIX 操作系统时，**可以继续在 ftp>提示符下使用一些与文件操作相关的 Linux 命令，如 ls 和 cd 等命令**。现在，可以使用例 4-11 的 ls 命令列出当前目录（ftp 正在操作的工作目录）中所有的目录和文件。

【例 4-11】

```
ftp> ls -F
200 PORT command successful. Consider using PASV.
150 Here comes the directory listing.
Desktop/
lists
......
226 Directory send OK.
ftp: 收到 55 字节，用时 0.03Seconds 1.77Kbytes/sec.
```

如果用户有查看一个目录内容的权限，就可以使用 ls 命令列出该目录中的内容。如果没有访问一个目录或文件的权限，那么 ftp 将产生一个“Permission denied”的出错提示信息。

也可以使用 cd 命令改变在远程系统上的当前工作目录，如例 4-12 的 cd 命令将远程的当前工作目录切换为 dog 目录的子目录 boydog。

【例 4-12】

```
ftp> cd boydog
250 Directory successfully changed.
```

例 4-12 的显示结果说明改变目录的操作已经成功，但是并未指出当前目录的具体位置（路径）。可以使用例 4-13 的 pwd 命令来确认当前工作目录的绝对路径。

【例 4-13】

```
ftp> pwd
257 "/home/dog/boydog"
```

为了下面的演示方便，这里在 F 盘的 ftp 目录中创建一个名为 ftpdog 的子目录（其具体做法读者可以参阅例 4-1～例 4-5，也可以使用 Windows 的资源管理器）。

如果想改变本地系统的当前工作目录，可以在 ftp>提示符下使用 lcd 命令（其中 l 应该是 local 的第 1 个字符）。如果现在想知道所在的本地系统的当前工作目录的绝对路径，可以使用例 4-14 的 lcd 命令。

【例 4-14】

```
ftp> lcd
Local directory now F:\ftp.
```

例 4-14 的显示结果清楚地表明所在的本地系统的当前工作目录为 F:\ftp。**如果想将本地系统的当前目录切换为 F:\ftp 的子目录 ftpdog，就可使用例 4-15 的 lcd 命令。**

【例 4-15】

```
ftp> lcd F:\ftp\ftpdog
Local directory now F:\ftp\ftpdog.
```

如果现在想将本地系统的当前工作目录切换回原来的 F:\ftp，即使用 ftp 进行远程连接时所在的目录，只需简单地输入 lcd 命令即可，如例 4-16。

【例 4-16】

```
ftp> lcd
Local directory now F:\ftp.
```

如果想要结束 ftp 会话（退出 ftp），可以在 ftp>提示符下输入 bye 或 quit 命令，如例 4-17（这里使用了 quit，因为之前已经使用过了 bye）。

【例 4-17】

```
ftp> quit
421 Timeout.
F:\ftp>
```

看到例 4-17 的显示输出，就表示 ftp 会话已经结束，并已经返回到 DOS 操作系统。

4.2　利用 ftp 将文件从本地传送到远程系统

要利用 ftp 将存在本地计算机系统中的文件传送到一台远程计算机系统上，首先要建立本地与远程系统的 ftp 连接（会话）。为此，在 Windows 系统上开启 DOS 窗口，在 DOS 提示符下输入盘符切换到存放发送或接收文件的盘，如例 4-18。

【例 4-18】

```
C:\Documents and Settings\Administrator>f:
```

之后，输入 cd 命令切换到存放发送或接收文件的目录（文件夹），如例 4-19。

【例 4-19】

```
F:\>cd ftp
```

接下来就可以使用例 4-20 的 ftp 命令来与远程的系统建立 ftp 的连接。这里故意将远程的主机名输入错误。

【例 4-20】

```
F:\ftp>ftp superdog
Unknown host superdog.
```

当看到例 4-20 显示的错误信息后，可以使用 ftp 的 bye 命令先退出 ftp 之后再使用正确的主机名或 IP 地址重新建立 ftp 连接。**也可以不退出 ftp 直接使用 ftp 的 open 命令重新建立连接。**如例 4-21，要在 User 处输入用户名 dog，在 Password 处输入 dog 用户的密码 wang。

【例 4-21】

```
ftp> open superfox
Connected to superfox.
220 (vsFTPd 2.0.1)
User (superfox:(none)): dog
331 Please specify the password.
Password:
230 Login successful.
```

当看到例 4-21 显示的登录成功的信息之后，即可进行后面的操作。与其他的登录方法相同，登录后的当前目录就是用户的家目录。可以使用 ls 命令列出当前目录中所有的文件和目录，如例 4-22。

【例 4-22】

```
ftp> ls -F
200 PORT command successful. Consider using PASV.
150 Here comes the directory listing.
Desktop/    ......
226 Directory send OK.
ftp: 收到 55 字节，用时 0.00Seconds 55000.00Kbytes/sec.
```

ftp 有两种发送（传输）文件的模式（方式），一种是用来传输纯文本文件的 ASCII 模式，另一种是传输二进制文件的 bin 模式。下面首先演示如何将正文文件（纯文本文件）从本地发送到远程计算机系统，因此要**使用例 4-23 的命令切换到 ASCII 模式。**

【例 4-23】

```
ftp> ascii
200 Switching to ASCII mode.
```

之后使用例 4-24 的 **put 命令将正文文件 game.txt 由本地的 Windows 系统发送到远程 Linux 系统。**

【例 4-24】

```
ftp> put game.txt
200 PORT command successful. Consider using PASV.
150 Ok to send data.
226 File receive OK.
ftp: 发送 1950 字节，用时 0.00Seconds 1950000.00Kbytes/sec.
```

为了验证发送是否成功，可以再开启一个 DOS 窗口，之后使用 telnet 以 dog 用户登录。登录后使用例 4-25 的 ls 命令列出 dog 家目录中所有的文件和目录。

【例 4-25】

```
[dog@dog ~]$ ls -F
babydog/  boydog/  cal3009  Desktop/  game.txt  lists  lists200
```

例 4-25 显示的结果表明在 dog 的家目录中确实多了一个名为 game.txt 的文件，这表示发送操作是没有问题的。为了以后的操作方便，要使用例 4-26 的 rm 命令删除 game.txt 文件。

【例 4-26】

```
[dog@dog ~]$ rm game.txt
```

还可以**使用 ftp 的 mput 命令一次发送多个文件到远程系统**，如例 4-27 的 mput 命令可以将 game.txt 和 learning.txt 文件一起从本地系统发送到远程系统。ftp 默认是运行在交互方式，即 ftp 在发送每一个文件之前都要显示询问信息，如果输入 y，ftp 就发送这个文件。

【例 4-27】

```
ftp> mput game.txt learning.txt
mput game.txt? y
200 PORT command successful. Consider using PASV.
150 Ok to send data.
226 File receive OK.
ftp: 发送 1950 字节，用时 0.00Seconds 1950000.00Kbytes/sec.
mput learning.txt? y        ......
```

下面演示如何将二进制的图像文件从本地发送到远程计算机系统，因此要**使用例 4-28 的命令切换到二进制模式。**

【例 4-28】

```
ftp> bin
200 Switching to Binary mode.
```

之后要使用例 4-29 的 prompt 命令关闭交互的提示信息，prompt 命令可以在交互提示信息的开启（on）和关闭（off）之间进行切换。因为下面要一次传输多个文件并且不希望每个文件进行乏味的回答。

【例 4-29】

```
ftp> prompt
Interactive mode Off .
```

现在就可以使用**例 4-30 的 mput 命令将所有以.jpg 结尾的二进制图像文件从本地 Windows 系统发送到远程的 Linux 系统。**

【例 4-30】

```
ftp> mput *.jpg
200 PORT command successful. Consider using PASV.
```

```
150 Ok to send data.
226 File receive OK.
ftp: 发送 2990289 字节，用时 0.17Seconds 17487.07Kbytes/sec.
200 PORT command successful. Consider using PASV.
150 Ok to send data.      ……
```

之后，应该检验一下发送是否成功。这次使用图形界面来检验。双击桌面上的 dog’s Home 图标，之后就会发现所发送的所有图像文件，如图 4-1 所示。双击任意一个图形文件，如 dog.jpg 文件，将会看到所希望的图像，如图 4-2 所示。可以看到 Linux 操作系统的图形界面与 Windows 操作系统类似。

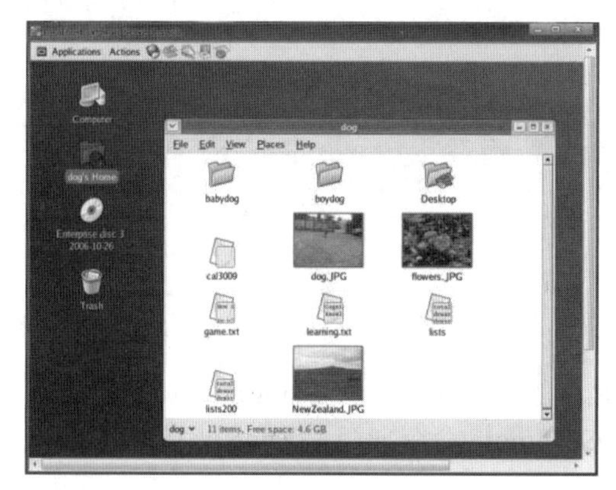

图 4-1

图 4-2

4.3　利用 ftp 将文件从远程系统传输到本地

介绍完利用 ftp 将存在本地计算机系统中的文件传送到一台远程计算机系统上之后，下面接着介绍如何将文件从远程系统传输到本地系统。

下面将远程系统的文件发送到本地 Windows 系统的 F:\ftp\ftpdog 目录。首先要确认该目录中没有相关的文件，用户既可以再启动一个 DOS 窗口，然后使用 DOS 的命令 dir 来确认；也可以使用 Windows 系统的资源管理器来确认。

如果现在还保持着本地与远程系统的 ftp 连接（否则要重新连接），则可以使用例 4-31 的 lcd 命令确定一下本地的当前目录。

【例 4-31】

```
ftp> lcd
Local directory now F:\ftp.
```

例 4-31 显示的结果表明本地的当前目录是 F:\ftp，所以使用例 4-32 的 lcd 命令将本地的当前目录设置为 F:\ftp\ftpdog。

【例 4-32】

```
ftp> lcd F:\ftp\ftpdog
Local directory now F:\ftp\ftpdog.
```

由于接下来要传输的是正文文件，所以使用例 4-33 的 ascii 命令将传输的模式转换成 ASCII 模式。

【例 4-33】

```
ftp> ascii
200 Switching to ASCII mode.
```

之后，使用例 4-34 的 **get 命令将远程系统上当前目录中的 game.txt 文件传输到本地系统的当前目**

录中。

【例 4-34】

```
ftp> get game.txt
200 PORT command successful. Consider using PASV.
150 Opening BINARY mode data connection for game.txt (1950 bytes).
226 File send OK.
ftp: 收到 1950 字节，用时 0.01Seconds 130.00Kbytes/sec.
```

为了验证传输是否成功，切换到之前打开的 DOS 窗口，使用例 4-35 的 dir 命令列出本地 Windows 系统上 F:\ftp\ftpdog 目录中的所有内容。

【例 4-35】

```
F:\ftp\ftpdog>dir gam*
 驱动器 F 中的卷没有标签。
 卷的序列号是 F07D-CFA6
 F:\ftp\ftpdog 的目录
2012-12-11  11:05            1,950 game.txt
             1 个文件         1,950 字节
             0 个目录 47,395,471,360 可用字节
```

例 4-35 显示的结果表明 F:\ftp\ftpdog 目录已经不再是空的，出现了一个新的 game.txt 文件。这表明所做的文件传输操作是成功的。如果愿意，可以使用 DOS 的 more 命令来查看 game.txt 文件中的详细内容，如例 4-36（为了节省篇幅这里省略了输出显示）。

【例 4-36】

```
F:\ftp\ftpdog>more game.txt
```

也可以**使用 mget 命令从远程传输多个文件**，如使用例 4-37 的 mget 命令将远程系统上当前目录中所有以.txt 结尾的文件、lists 文件以及所有以 cal 开头的文件都传输到本地系统的当前目录中。

【例 4-37】

```
ftp> mget *.txt lists cal*
200 Switching to ASCII mode.
200 PORT command successful. Consider using PASV.
150 Opening BINARY mode data connection for game.txt (1950 bytes).
226 File send OK.    ......
ftp: 收到 1972 字节，用时 0.02Seconds 123.25Kbytes/sec.
```

需要注意的是，尽管 game.txt 已经在本地系统的当前目录中存在了，以上命令照样执行。实际上原来已经存在的文件被同名的新文件覆盖了，而且系统没有任何提示信息。所以在进行以上操作之前，一定要保证不会把真正有用的文件给覆盖了。

为了验证传输是否真正成功，再次切换到之前打开的 DOS 窗口，使用例 4-38 的 dir 命令重新列出本地 Windows 系统上 F:\ftp\ftpdog 目录中的所有内容。

【例 4-38】

```
F:\ftp\ftpdog>dir
 驱动器 F 中的卷没有标签。
 卷的序列号是 F07D-CFA6
 F:\ftp\ftpdog 的目录
2012-12-11  11:13    <DIR>          .
2012-12-11  11:13    <DIR>          ..
2012-12-11  11:13            1,972 cal3009
2012-12-11  11:13            1,950 game.txt
2012-12-11  11:13            4,720 learning.txt
```

```
2012-12-11  11:13            1,040 lists
              4 个文件         9,682 字节
              2 个目录 133,345,853,440 可用字节
```

接下来将演示如何**将二进制的图像文件从远程的 Linux 系统传输到本地的 Windows 系统**，因此要使用例 4-39 的命令**切换到二进制模式**。

【例 4-39】

```
ftp> bin
200 Switching to Binary mode.
```

之后可以试着使用例 4-40 的 **mget 命令将所有以.jpg 结尾的二进制的图像文件从远程的 Linux 系统传输到本地的 Windows 系统。**

【例 4-40】

```
ftp> mget *.jpg
200 Switching to Binary mode.
```

该命令运行的结果可能会使您感到失望，因为并没有任何文件传输到本地系统中。其实原因很简单，**与 Windows 系统不同，Linux 系统的文件名是区分大小写的**。因此将文件名的结尾部分改为.JPG 即可，如例 4-41。

【例 4-41】

```
ftp> mget *.JPG
200 Switching to Binary mode.
200 PORT command successful. Consider using PASV.
150 Opening BINARY mode data connection for NewZealand.JPG (674610 bytes).
226 File send OK.     ......
ftp: 收到 1097294 字节，用时 0.16Seconds 7033.94Kbytes/sec.
```

当完成所有的操作之后，即可使用例 4-42 的 bye 命令退出 ftp（结束 ftp 会话）。

【例 4-42】

```
ftp> bye
221 Goodbye.
```

最后在 DOS 提示符下输入如例 4-43 的 DOS 命令 dir 以列出 F:\ftp\ftpdog 目录中所有的文件和目录。

【例 4-43】

```
F:\ftp>dir ftpdog
 驱动器 F 中的卷没有标签。
 卷的序列号是 F07D-CFA6
 F:\ftp\ftpdog 的目录
2012-12-11  11:16    <DIR>          .
2012-12-11  11:16    <DIR>          ..
2012-12-11  11:13            1,972 cal3009
......
              7 个文件      4,771,875 字节
              2 个目录 133,324,320,768 可用字节
```

例 4-43 的显示结果说明远程 Linux 系统所传送的所有文件都在该目录中。

☞ 指点迷津：

其实常说的启动 ftp 服务（打开 ftp 口）就是指之前用过的 service vsftpd start 命令（在系统中可能 ftp 的进程名会有所不同）；停止 ftp 服务（关闭 ftp 口）就是指 service vsftpd stop 命令；看看 ftp 服务是否启动（ftp 口是否打开）就是指 service vsftpd status 命令。

其实，使用 ftp 不但可以在 Windows 操作系统和 Linux 操作系统之间传输文件，也可以在 Linux（UNIX）与 Linux（UNIX）系统之间传输文件。

提示：

为了减少篇幅，本书中将在虚拟机上添加 USB 控制器的内容放在资源包中的电子书中了。另外，在资源包中还有在 Linux 7.2 上安装 USB 的教学视频。

4.4 使用 file 命令确定文件中数据的类型

在 Linux 或 UNIX 系统中查看一个文件之前，要先确定该文件中数据的类型，之后再使用适当的命令或方法打开该文件。

与微软系统不同，在 Linux 或 UNIX 系统中文件的扩展名（即后缀）并不代表文件的类型，也就是说扩展名与文件的类型没有关系。因此在打开一个文件之前就要先确定该文件的类型，确定文件类型的命令是 file 命令。下面使用一些例子来演示 file 命令的用法。

首先使用例 4-44 的带有-F 选项的 ls 命令列出 dog 家目录（也是当前目录）中所有的文件和目录及其类型。

【例 4-44】

```
[dog@dog ~]$ ls -F
babydog/  cal3009   dog.JPG     game.txt      lists    NewZealand.JPG
boydog/   Desktop/  flowers.JPG  learning.txt  lists200
```

接下来使用例 4-45 的 **file 命令确定由 Windows 系统发送过来的 game.txt 文件的类型。**

【例 4-45】

```
[dog@dog ~]$ file game.txt
game.txt: ISO-8859 English text, with very long lines, with CRLF line terminators
```

例 4-45 显示的结果表明 game.txt 是一个内容为英语的正文文件。其显示结果比较多，这是因为该文件是在微软的操作系统上生成的。

现在，可以使用例 4-46 的 file 命令确定由 Linux 操作系统生成的文件 lists 的类型，以与 Windows 操作系统中的文件进行简单的比较。

【例 4-46】

```
[dog@dog ~]$ file lists
lists: ASCII text
```

例 4-46 显示的结果表明 lists 文件中的内容是 ASCII 码的正文。从例 4-45 和例 4-46 显示结果之间的差别，可以推测在 Windows 操作系统中的正文文件和 Linux 操作系统中的正文文件之间是存在某种细微差别的。这一点以后将会进一步介绍。

接下来可以使用例 4-47 的 file 命令确定由 Windows 操作系统发送过来的图像文件 flowers.JPG 的文件类型。

【例 4-47】

```
[dog@dog ~]$ file flowers.JPG
flowers.JPG: JPEG image data, EXIF standard 2.2
```

例 4-47 显示的结果表明 flowers.JPG 文件中的内容是 JPEG 的图像数据。接下来也可以使用例 4-48 的 file 命令确定当前目录下 babydog 的文件类型。

【例 4-48】

```
[dog@dog ~]$ file babydog
```

```
babydog: directory
```

例 4-48 显示的结果表明 babydog 是一个目录。为了进一步演示使用 file 命令确定其他的文件类型的例子，可以使用例 4-49 的带有-F 选项的 ls 命令列出/bin 目录下的所有内容。为了减少篇幅，这里省略了该命令的显示输出。

【例 4-49】

```
[dog@dog ~]$ ls -F /bin
```

之后，可以使用例 4-50 的 file 命令确定/bin 目录下 pwd 的文件类型。

【例 4-50】

```
[dog@dog ~]$ file /bin/pwd
/bin/pwd: ELF 32-bit LSB executable, Intel 80386, version 1 (SYSV),
for GNU/Linux 2.2.5, dynamically linked (uses shared libs), stripped
```

例 4-50 的显示结果表明 pwd 是一个可执行文件，原来 **Linux 的一些命令就是以可执行文件的形式放在系统中的。**最后可使用例 4-51 的 file 命令确定/bin 目录下 awk 的文件类型。

【例 4-51】

```
[dog@dog ~]$ file /bin/awk
/bin/awk: symbolic link to 'gawk'
```

例 4-51 的结果表明 awk 是一个符号链接。仔细回忆一下，会发现其实 file 命令显示的结果与带有-F 的 ls 命令的显示结果基本一致，只不过 file 命令的结果显示的信息更详细而已。

4.5　使用 cat 命令浏览正文文件的内容

下面学习如何查看文件中的内容。**如果这个文件是一个正文文件，就可使用 cat（Concatenate 的缩写）命令列出这个文件的内容。cat 命令将一个或多个文件的内容显示在屏幕上，该命令会不停顿地以只读的方式显示整个文件的内容。如果是显示多个文件，则所有的文件会连续地显示在屏幕上。**cat 命令的用法也很简单，其语法格式如下：

```
cat [options] [files]
```

其中，options 是选项；files 为一个或多个文件，它们的含义与之前介绍的命令类似，这里不再赘述。下面通过一些例子来演示该命令的各种使用方法。

因为已经知道了当前目录中的 game.txt 文件是一个英语的正文文件，所以可能想浏览该文件的全部内容，可以使用例 4-52 的 cat 命令来完成这一操作。为了节省篇幅，这里只截取了命令显示的部分内容，其中显示结果中最后一行的“…”表示省略了后面的内容。

【例 4-52】

```
[dog@dog ~]$ cat game.txt
How important is gaming in teaching to become an expert?

An old Chinese proverb, "Tell me and I will forget, show me and I will remember,
involve me and I will understand" (Danchak, Jennings, Johnson & Scalzo, 1999,
 p. 4).

Learning is an integration of insight, experience, cognition, and actions
(Kolb,1984; Lainema, 2009). …
```

以上的内容摘自作者之一何茜颖的一篇论文。其中所提到的那个古老的中国名言应该出自两千多年前的荀子《荀子・修身》：“不闻不若闻之，闻之不若见之，见之不若知之，知之不若行之。学至于行而止矣。行之，明也。”

我们在本书的一开始就强调在学习 IT 过程中实践的重要性，但是也许有读者会觉得现在干什么都要专业证书，而专业证书是考出来的，根本不需要做呀！没错，但是如果您只是通过读书和做考题拿到了专业证书，不管您拿了多少，最多也只是一个光会说不会干的“专家”。如果您对我们一再强调实践的说法曾经有怀疑的话，现在应该没有了吧？因为不是我们说的，是一个很大很大的大人物，而且是一个两千多年前的圣人说的。现在不少明星在自报家门时一定要与某个或某几个更大的名人扯上关系，这样才可以使观众相信她/他的表演是出自名家的真传。咱们也模仿那些明星们一把，披上一张好大的老虎皮，这样说起话来才有份量，是不是？

如果在 cat 命令中加入-A 选项，则在显示文件内容的同时还将显示原来看不见的特殊字符，其中就包括了换行字符，如例 4-53。

【例 4-53】

```
[dog@dog ~]$ cat -A game.txt
How important is gaming in teaching to become an expert? ^M$
^M$
An old Chinese proverb, M-!M-0Tell me and I will forget, show me and I will reme
mber, involve me and I will understandM-!M-1 (Danchak, Jennings, Johnson & Scalzo,
1999, p. 4).^M$
^M$
Learning is an integration of insight, experience, cognition, and actions (Kolb,
 1984; Lainema, 2009). Learning through direct experience has been found to prod
......
^M$
```

例 4-53 的显示结果表明微软的 Windows 操作系统生成的正文文件的换行字符是^M$。现在为了下面的演示方便，使用 dog 用户以图形界面登录 Linux 系统。之后双击桌面上的 dog's Home 目录图标，然后继续双击 lists 文件的图标，如图 4-3 所示。之后会显示文件的编辑画面，在该文件的第 2 行的最后按两次 Enter 键，在第 5 行的最后按 3 次 Enter 键。然后保存并退出该文件，如图 4-4 所示。这些操作的目的是在 lists 文件中加入几个空行。如果读者熟悉 vi 编辑器，也可以使用 vi 编辑器来完成以上操作。

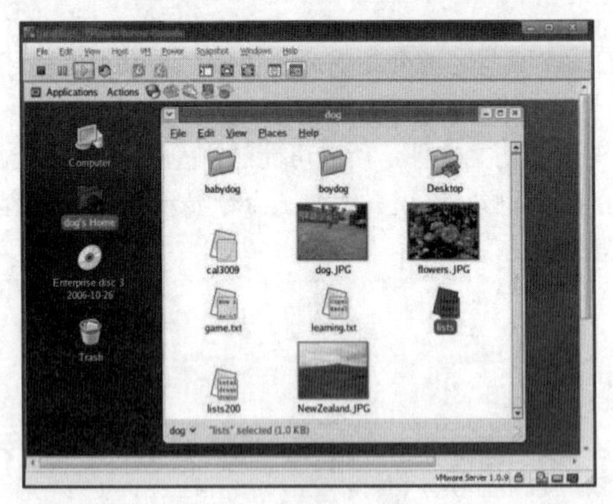

图 4-3

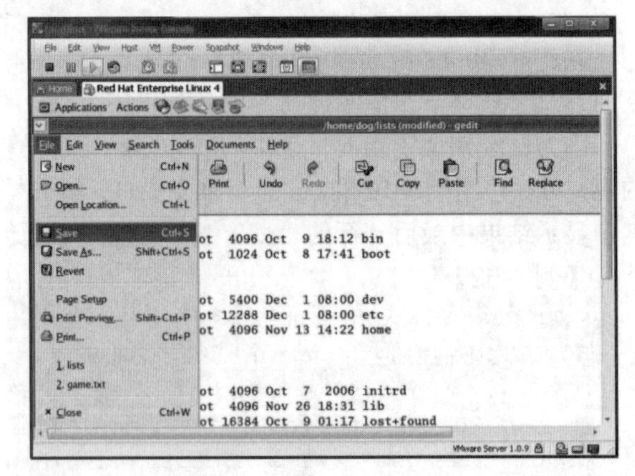

图 4-4

现在就可以再次使用带有-A 选项的 cat 命令来显示 lists 文件的内容和看不见的换行字符，如例 4-54。同样为了节省篇幅，这里只截取了命令显示的部分内容。

【例 4-54】

```
[dog@dog ~]$ cat -A lists
```

```
total 162$
drwxr-xr-x   2 root root  4096 Oct  9 18:12 bin$
drwxr-xr-x   4 root root  1024 Oct  8 17:41 boot$
$
$
drwxr-xr-x   8 root root  5400 Dec  1 08:00 dev$
drwxr-xr-x  87 root root 12288 Dec  1 08:00 etc$
drwxr-xr-x   5 root root  4096 Nov 13 14:22 home$
$
$
$
drwxr-xr-x   2 root root  4096 Oct  7  2006 initrd$
drwxr-xr-x  11 root root  4096 Nov 26 18:31 lib$
drwx------   2 root root 16384 Oct  9 01:17 lost+found$
```

例 4-54 的显示结果表明 **Linux 系统生成的正文文件的换行字符为$，与微软的^M$不同。**

在例 4-54 的显示结果中有不少空行，**如果想要在显示结果中将没用的空行压缩掉，可以在 cat 命令中加入-s 选项。该选项的功能是将两个或更多个相邻的空行合并成一个空行。**如使用例 4-55 的带有-s 选项的 cat 命令列出 lists 文件中的全部内容。

【例 4-55】

```
[dog@dog ~]$ cat -s lists
total 162
drwxr-xr-x   2 root root  4096 Oct  9 18:12 bin
drwxr-xr-x   4 root root  1024 Oct  8 17:41 boot

drwxr-xr-x   8 root root  5400 Dec  1 08:00 dev
drwxr-xr-x  87 root root 12288 Dec  1 08:00 etc
drwxr-xr-x   5 root root  4096 Nov 13 14:22 home

drwxr-xr-x   2 root root  4096 Oct  7  2006 initrd
drwxr-xr-x  11 root root  4096 Nov 26 18:31 lib
drwx------   2 root root 16384 Oct  9 01:17 lost+found
```

例 4-55 的显示结果表明那些多余的而且相邻的空行确实不见了，这样的显示结果看上去更清晰。

cat 命令的另一个可能会常用到的选项是-b，该选项的功能是在显示的每一行的最前面（最左面）放上行号。如使用例 4-56 的 cat 命令列出 lists 文件中的全部内容并加上行号。

【例 4-56】

```
[dog@dog ~]$ cat -b lists
     1  total 162
     2  drwxr-xr-x   2 root root  4096 Oct  9 18:12 bin
     3  drwxr-xr-x   4 root root  1024 Oct  8 17:41 boot
     ……
     4  drwxr-xr-x   8 root root  5400 Dec  1 08:00 dev
     5  drwxr-xr-x  87 root root 12288 Dec  1 08:00 etc
     6  drwxr-xr-x   5 root root  4096 Nov 13 14:22 home
     ……
     7  drwxr-xr-x   2 root root  4096 Oct  7  2006 initrd
     8  drwxr-xr-x  11 root root  4096 Nov 26 18:31 lib
     9  drwx------   2 root root 16384 Oct  9 01:17 lost+found
```

从例 4-56 的显示结果可以看出空行是不参与行的编号的。对比较大的文件的内容进行编号，会为文件的管理和维护提供便利。

除了以上介绍的用法，**cat 命令的另外一个用处就是可以创建新文件。此时，在 cat 命令和文件名之间要加上“>”，如例 4-57 就是使用 cat 命令创建一个名为 news 的新文件。之后，光标将停在下一行的开始处，此时输入方框中的 3 行文字**（可以输入不同的内容）。

【例 4-57】

```
[dog@dog ~]$ cat > news
The newest scientific discovery shows that God exists.
He is a super programmer,
and he creates our life by writing programs with life codes (genes) !!!
```

在新的一行的开始处，同时按 Ctrl 和 D（Ctrl+D）键（保存文件并退出），这样就使用 cat 命令创建了一个名为 news 的新文件，而文件中的内容就是刚刚输入的正文文字。

这里需要指出的是，当一个命令执行的时间太长，需强制中断该命令的执行，可以同时按 Ctrl 和 C（Ctrl+C）键来立即终止该命令的执行。

接下来可以使用例 4-58 的带有-F 选项的 ls 命令来验证 news 文件是否已经生成。

【例 4-58】

```
[dog@dog ~]$ ls -F
babydog/  cal3009  dog.JPG  game.txt   lists  lists200  NewZealand.JPG
boydog/  Desktop/  flowers.JPG  learning.txt  lists~  news
```

最后，可以使用例 4-59 的 cat 命令浏览 news 文件的内容以确定创建的文件是否正确。

【例 4-59】

```
[dog@dog ~]$ cat news
The newest scientific discovery shows that God exists.
He is a super programmer,
and he creates our life by writing programs with life codes (genes) !!!
```

news 文件的内容：“一项最新的科学发现表明上帝是存在的。他是一位超级程序员，他用生命的代码（基因）编写程序的方法创造了我们的生命!!!”您觉得是真的吗？

☞ **指点迷津：**

不要使用 cat 命令浏览二进制文件，否则可能会造成终端窗口突然停止工作（英语使用的是 freeze 这个动词）。如果发生了这种情况，可以关闭该终端窗口，之后再开启一个新的终端窗口。

4.6 使用 head 命令浏览文件中的内容

如果只想查看某一文件中大概存了些什么信息而不关心其中的全部内容，可以使用 head 命令，**head 命令将显示一个文件的前 10 行。用户可以使用-n 选项来改变显示的行数，-n 选项显示的行数是从文件的开始处算起。**

在/etc 目录下有一个 passwd 文件，在该文件中存放了该系统上所有用户的用户名、家目录等信息。可以使用例 4-60 的 head 命令来查看/etc/passwd 文件中前 10 行的详细信息。

【例 4-60】

```
[dog@dog ~]$ head /etc/passwd
root:x:0:0:root:/root:/bin/bash
bin:x:1:1:bin:/bin:/sbin/nologin
daemon:x:2:2:daemon:/sbin:/sbin/nologin ……
```

看了例 4-60 所显示的/etc/passwd 文件中前 10 行的内容，应该清楚该文件中存放了些什么信息。**如果觉得 10 行太多了，可以使用-n 选项来改变要显示的行数，如例 4-61 的 head 命令就只显示/etc/passwd 文件中前 2 行的内容。**

【例 4-61】

```
[dog@dog ~]$ head -n 2 /etc/passwd
root:x:0:0:root:/root:/bin/bash
bin:x:1:1:bin:/bin:/sbin/nologin
```

也可以使用带有--line 选项的 head 命令来改变要显示的行数，如例 4-62 的 head 命令就只显示/etc/passwd 文件中前 2 行的内容。

【例 4-62】

```
[dog@dog ~]$ head --line 2 /etc/passwd
root:x:0:0:root:/root:/bin/bash
bin:x:1:1:bin:/bin:/sbin/nologin
```

也可以在 head 命令的选项中不使用-n 或--line 选项而直接在“-”之后使用数字，如例 4-63 的 head 命令就只显示/usr/share/dict/words 文件中前 15 行的内容。words 文件实际上是 Linux 自带的一个英语字典，例 4-63 的 head 命令就是显示了该字典中的前 15 个单词。

【例 4-63】

```
[dog@dog ~]$ head -15 /usr/share/dict/words
&c
'd
'em
……
'sfoot
```

如果使用 head 命令查看 dog 的家目录（当前目录）中的 game.txt 文件，会产生什么样的输出结果呢？如例 4-64。为了节省篇幅，这里删掉了大部分的显示输出。

【例 4-64】

```
[dog@dog ~]$ head game.txt
How important is gaming in teaching to become an expert?

An old Chinese proverb, “Tell me and I will forget, show me and I will remember,
involve me and I will understand” (Danchak, Jennings, Johnson & Scalzo, 1999,
 p. 4).    ……
```

看到例 4-64 的显示结果，读者也许会感到诧异，因为整个 game.txt 文件的内容都显示出来了。其实，head 命令在计算行数时是以换行字符为标准的。

4.7 使用 tail 命令浏览文件中的内容

在 Linux 或 UNIX 操作系统上，除了可以显示一个文件的头几行，也可以显示一个文件的最后几行。**显示一个文件最后几行的命令是 tail，该命令默认显示一个文件最后 10 行的内容。可以通过在 tail 命令中使用-n 或+n 选项来改变显示的行数，-n 选项显示从文件末尾算起的 n 行，而+n 选项显示从文件的第 n 行算起到文件结尾的内容。**

仿照例 4-60 的 head 命令，可以使用例 4-65 的 tail 命令来查看/etc/passwd 文件中最后 10 行的详细信息。

【例 4-65】

```
[dog@dog ~]$ tail /etc/passwd
apache:x:48:48:Apache:/var/www:/sbin/nologin    ......
dog:x:500:500:dog:/home/dog:/bin/bash
cat:x:501:501::/home/cat:/bin/bash
```

tail 命令有时更有用，例如，在 Linux 系统中添加了一个新用户，之后想查看这个用户的相关信息，就可以通过使用 tail 命令浏览/etc/passwd 文件来获取这些信息，因为刚刚创建的用户数据就追加到了该文件的最后面。

如果现在不是 root 用户，使用例 4-66 的 su 命令切换到 root 用户，在 Password 处输入 root 用户的密码以完成用户的切换。

【例 4-66】

```
[dog@dog ~]$ su - root
Password:
```

之后使用例 4-67 的 useradd 命令添加一个新用户 fox，该命令执行完毕后系统不会产生任何提示信息。

【例 4-67】

```
[root@dog ~]# useradd fox
```

要想查看这个新用户的相关信息，即可通过使用例 4-68 的 tail 命令浏览/etc/passwd 文件来完成。

【例 4-68】

```
[root@dog ~]# tail -n 2 /etc/passwd
cat:x:501:501::/home/cat:/bin/bash
fox:x:502:502::/home/fox:/bin/bash
```

也可以使用例 4-69 或例 4-70 的 tail 命令来获取同样的信息，相比之下，例 4-70 的 tail 命令最简单。其显示结果与例 4-68 的完全相同。为了节省篇幅，这里省略了输出显示结果。

【例 4-69】

```
[root@dog ~]# tail --line 2 /etc/passwd
```

【例 4-70】

```
[root@dog ~]# tail -2 /etc/passwd
```

在例 4-63 中使用 head 命令显示了 words 字典中的前 15 个单词，现在可以使用例 4-71 的 tail 命令显示该字典中最后 12 个单词。

【例 4-71】

```
[root@dog ~]# tail -12 /usr/share/dict/words
zymotechnics
......
zyzzyva
zyzzyvas
```

tail 命令的另一个比较有用的选项是-f 或--follow，其含义是当一个正文文件的内容发生变化时，tail 命令将把这些变化的信息显示在屏幕上。使用-f 或--follow 选项非常适合监视日志系统的（log）文件。

下面可以使用例 4-72 的带有-f 选项的 tail 命令监视（查看）/var/log/messages 文件。当该命令执行完毕后，光标会停在最后一行之后的空白行的开始处。

【例 4-72】

```
[root@dog ~]# tail -f /var/log/messages
Dec  9 13:27:50 dog kernel: mtrr: your processor doesn't support write-combining
Dec  9 13:28:01 dog gdm(pam_unix)[3628]: session opened for user root by (uid=0)
......
```

之后再开启一个终端窗口（一定是在 root 用户下），使用例 4-73 的命令重新启动网卡。

【例 4-73】

```
[root@dog ~]# service network restart
Shutting down interface eth0:     OK  ]
Shutting down loopback interface:     OK  ]  ......
```

例 4-73 的命令一开始执行，切换到 tail 命令所在的窗口，就会发现不断有新的信息产生，其显示的信息如下：

```
Dec  9 13:30:15 dog network: Shutting down interface eth0:  succeeded
Dec  9 13:30:16 dog network: Shutting down loopback interface:  succeeded
......
```

实际上，系统会一直显示/var/log/messages 这个日志文件的变化信息。最后，按 Ctrl+C 键即可退出 tail 命令。**如果在 Linux 系统上安装了 Oracle 数据库管理系统，也可以使用同样的方法监督 Oracle 的报警（alert）文件。所谓的监督 Oracle 报警日志也那么简单，是吧？别看 tail 命令不起眼，有时还真挺有用的。就像在现实生活中一样，有时小人物也能办成大事，如搬倒一个大贪官，是不？**

4.8　使用 wc 命令显示文件行、单词和字符数

另一个经常用到的查看文件的 Linux 命令就是 **wc（word count 的缩写），用来显示一个文件中的行数、单词数和字符数**。wc 命令的语法格式如下：

```
wc -options 文件名
```

其中，-options 为选项，可以在 wc 命令中使用的选项如下。

- -l：仅显示行数，l 是 line 的第 1 个字符。
- -w：仅显示单词数，w 是 word 的第 1 个字符。
- -c：仅显示字符数，c 是 character 的第 1 个字符。

如果使用没有任何选项的 wc 命令，将显示文件中所包含的行数、单词数和字符数。如果要显示 learning.txt 文件中所包含的行数、单词数和字符数，可以使用例 4-74 的 wc 命令。

【例 4-74】

```
[dog@dog ~]$ wc learning.txt
wc: learning.txt:6: Invalid or incomplete multibyte or wide character
......
  18  670 4720 learning.txt
```

尽管在例 4-74 的显示结果中有许多错误提示信息（这也再一次证明了微软的 Windows 系统上的文件与 Linux 系统上的文件确实有差别），但是在最后一行还是给出了 learning.txt 文件中包含了 18 行、670 个单词和 4720 个字符的信息。

如果现在要显示 Linux 系统上生成的文件 lists200 中所包含的行数、单词数和字符数，可以使用例 4-75 的 wc 命令。

【例 4-75】

```
[dog@dog ~]$ wc lists200
  22  191 1040 lists200
```

这次什么错误信息也没有，而是直接显示 lists200 文件中包含了 22 行、191 个单词和 1040 个字符的内容。

如果想再统计 learning.txt 文件中的单词（字）数，这在出版论文或书籍时经常会用到，即可使用例 4-76 的 wc 命令。

【例 4-76】

```
[dog@dog ~]$ wc -w learning.txt
wc: learning.txt:6: Invalid or incomplete multibyte or wide character
......
670 learning.txt
```

例 4-76 显示结果的最后一行只给出了 learning.txt 文件中共有 670 个字（单词）。实际上这个结果与例 4-74 显示结果的最后一行的第二列完全相同。

在 wc 命令的所有选项中，-l 选项的使用最频繁。还记得前面曾使用 who、w、whaoami、users 等 Linux 命令来获取有关 Linux 用户的信息吗？但是**如果想知道 Linux 系统上一共有多少个用户**（既包括联机也包括脱机的用户），这些命令就无能为力了。**因为每一个用户都在/etc/passwd 文件中存有一行（而且只有一行）记录，所以/etc/passwd 文件的行数就是该系统中所有的用户数。**因此，可使用例 4-77 的 wc 命令获取该文件的行数，即用户数。

【例 4-77】

```
[dog@dog ~]$ wc -l /etc/passwd
40 /etc/passwd
```

例 4-77 的显示结果表明/etc/passwd 文件内总共有 40 行的记录，即所在的 Linux 系统上一共有 40 个用户。

在 4.6 节和 4.7 节中曾经介绍了一个 Linux 系统的联机字典/usr/share/dict/words，现在可以使用例 4-78 的带有-l 选项的 wc 命令查看这个联机字典中到底有多少个单词。

【例 4-78】

```
[dog@dog ~]$ wc -l /usr/share/dict/words
483523 /usr/share/dict/words
```

例 4-78 的显示结果表明/usr/share/dict/words 文件内总共有 483523 行的记录，即这个 Linux 的联机字典里总共有 483523 个单词。

4.9 使用 more 命令浏览文件

如果一个文件很大，使用前面所介绍的 Linux 命令来浏览该文件还是不太方便。**能不能让文件中的内容在屏幕上每次只显示一页，在需要时再翻到下一页或上一页呢？**当然能，只有您想不到的，没有 Linux 系统做不到的。那就是**使用 more 命令**。

当进入 more 命令之后，每次在屏幕上显示一屏（一页）的文件内容，并且在屏幕的底部将会出现“--More--(n%)”的信息（其中，n%是已经显示文件内容的百分比），此时可以使用键盘上的如下常用键进行操作。

- 空格键：向前（向下）移动一个屏幕。
- Enter 键：一次移动一行。
- b：往回（向上）移动一屏。
- h：显示一个帮助菜单。
- /字符串：向前搜索这个字符串。
- n：发现这个字符串的下一次出现。
- q：退出 more 命令并返回操作系统提示符下。
- v：在当前行启动/usr/bin/vi（vi 是 Linux 或 UNIX 自带的文字编辑器）。

下面通过浏览 dog 家目录中的 learning.txt 文件来演示 more 命令和它的选项的具体功能。最好以 dog 用户使用图形界面登录 Linux 系统，之后开启一个终端窗口，因为 telnet 的终端窗口有些操作不太顺畅。

提示：

learning.txt 文件的内容也是摘自何茜颖的论文，这部分是介绍认知学习的。这部分内容从认知科学的角度讨论了怎样有效地学习和获取新的知识，同时也再一次强调了实践和经历的重要性，感兴趣的读者可以阅读一下。之后，可能会发现本书的风格基本上遵循了认知学习的理念，如将一个大而难的问题分拆成几个小而简单的问题来介绍、由浅入深、循序渐进、强调实践等。

提示：

为了减少篇幅，本书将有关使用 more 命令来浏览文件内容的具体操作步骤放在资源包中的电子书中了。有兴趣的读者可以自己查阅。

指点迷津：

本书之所以介绍 more，是因为 more 命令在所有的 UNIX 系统上是必备的，连 DOS 系统上都有这个命令，但是 less 命令只是 Linux 系统引入的。学会了使用 more，将来读者在其他 UNIX 系统平台上工作时就不会遇到麻烦。其实，在 Linux 系统上 ftp 也有不少变种，而这些变种比标准的 ftp 要更灵活和更方便，但本书介绍的也是标准的 ftp。之所以这样做，就是使读者在不同的 UNIX 或 Linux 平台上都可以顺利地工作，也将减少读者再学习或再培训的时间。本书将一直坚持这样的原则，即把重点放在通用的命令和功能上。

4.10　您应该掌握的内容

在学习第 5 章之前，请检查一下您是否已经掌握了以下内容：

- 怎样查看 ftp 服务的状态？
- 怎样启动 ftp 服务？
- ftp 的两种发送（传输）文件模式。
- 怎样利用 ftp 将一个或多个文件从本地传送到远程系统？
- 怎样利用 ftp 将一个或多个文件从远程系统传送到本地？
- file 命令的用法。
- 怎样使用 cat 命令浏览正文文件的内容？
- 使用 cat 命令浏览二进制文件可能的后果及解决办法。
- 怎样使用 cat 命令来创建文件？
- 怎样使用 head 命令浏览文件中的内容？
- 怎样使用 tail 命令浏览文件中的内容？
- 怎样使用 tail 命令监督系统日志？
- 使用 wc 命令。
- 怎样利用 wc 命令获取系统上的用户总数？
- 怎样使用 more 命令来浏览文件？
- more 命令的常用选项的用法。

扫一扫，看视频

第 5 章　Bash Shell 简介

在解释 Bash Shell 之前，必须先介绍一下什么是 shell。读者应该都知道计算机是不能识别任何人类语言的，其中也包括英语。计算机只能识别由 0 和 1 所组成的机器码，可是这些机器码对正常智商的人来说实在是太难记忆了。那么人怎样才能与计算机进行交流呢？就是使用命令解释器，人输入类似英语的计算机命令到命令解释器，再由这个命令解释器将这些命令翻译成计算机的机器指令交由计算机执行。在 Linux 或 UNIX 操作系统上，这个命令解释器就叫 shell。

5.1　shell 的工作原理

其实当一个用户以命令行方式登录 Linux 或 UNIX 操作系统之后即进入了 shell 应用程序。例如，以 dog 用户使用 telnet 登录您的 Linux 系统之后，就会进入 shell 的控制，如图 5-1 所示，其中[dog@dog ~]$就是 shell 的提示符。从此时起 shell 就随时恭候，等待您的差遣（等您输入命令）并为您保质保量地提供服务（执行您输入的命令）。如果您是以图形界面登录，当开启一个终端窗口后也将进入 shell 应用程序的控制。

是不是与开启 DOS 窗口很相似？如图 5-2 所示。其中 DOS 的提示符为 C:\Documents and Settings\Administrator>。

```
Telnet 192.168.136.38
Enterprise Linux Enterprise Linux Server release 5.4 (Carthage)
Kernel 2.6.18-164.el5 on an i686
login: dog
Password:
Last login: Mon Jan 28 16:56:01 from 192.168.136.1
[dog@dog ~]$ _
```

图 5-1

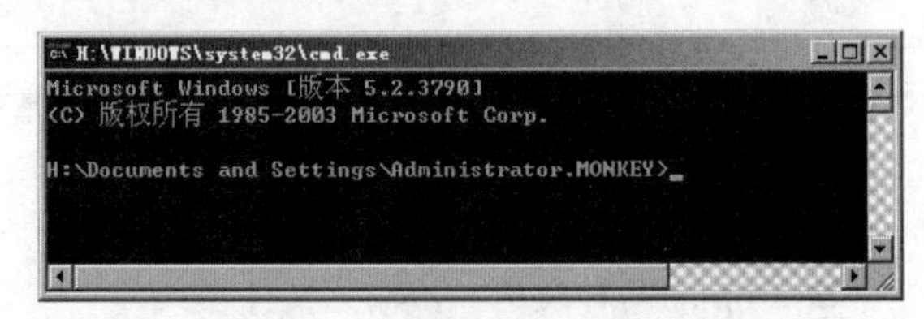

图 5-2

shell 的功能是将用户输入的命令翻译成 Linux 内核（Kernel）能够理解的语言，这样 Linux 的内核才能真正地操作计算机的硬件，如图 5-3 所示。简而言之，**shell 就是人与计算机沟通的桥梁，**如图 5-4 所示。

图 5-3

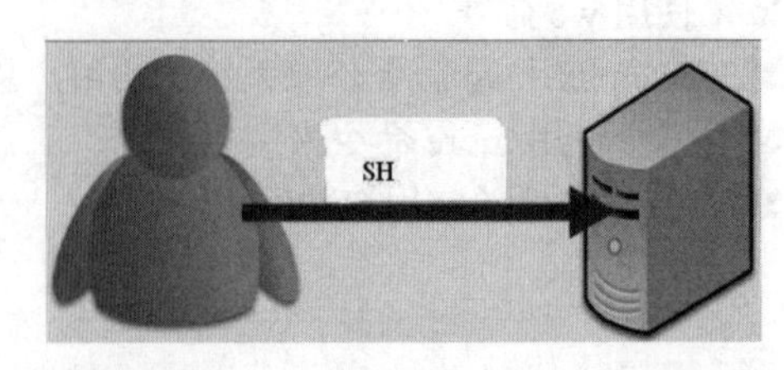

图 5-4

可以将 shell 看成用户与 Kernel 之间的一个接口。shell 主要是一个命令解释器，它接收并解释用户输入的命令，然后将它们传给 Kernel。最后由 Kernel 来执行这些命令。

5.2 bash 的成长历程

在 UNIX 和 Linux 操作系统上存在许多种 shell，这是因为参与 UNIX 开发的人员众多，开发人员根据自己的理解和需要开发出多种不同类型的 shell（它们的基本功能还是相同的，只是做了些不同的扩展），以下简单地介绍这些 shell。

首先凌空出世的就是 Bourn shell，简称 bsh。它是由 AT&T 的 Steven Bourn 开发的，其名字就是为了纪念这位计算机界真正的泰斗。可以这样说，**Bourn shell 实际上就是现在所有 shell 的始祖。**

之后另一个相当流行的 shell 就是 C shell。C shell 是由当时柏克莱大学的 Bill Joy 开发的，由于其语法与 C 语言相似，所以被称为 C shell，简称 csh。C shell 增加了若干 Bourn shell 没有的特性，如命令行历史、别名和作业控制等。

Korn shell，简称 ksh，是由 AT&T 的 David Korn 开发的。Korn shell 是 Bourn shell 的超集，它具有类似 C shell 的加强功能，如命令的行编辑、命令历史、别名和作业控制等。

提示：

尽管有些 Linux 的书籍中说 SUN 公司的 UNIX 系统上 C shell 是默认 shell，但是实际上 SUN 公司的 Solaris 操作系统（SUN 公司的 UNIX）上默认的 shell 是 Korn shell。其实，惠普（HP）公司的 UNIX 操作系统上默认也是使用 Korn shell。

Z shell，简称 zsh，与 Korn shell 极为相似，但是包括了许多其他的加强功能。

TC shell，简称 tcsh，完全与 C shell 兼容，但是包括了一些附加的加强功能。

Bourn-Again shell，简称 bash，是由 GNU 项目开发的，也是实际上的标准 Linux shell。bash 与 Bourn shell 兼容同时加入了 csh、ksh 和 tcsh 的一些有用的功能，如命令历史、命令行编辑及别名等。

可以**使用 cat /etc/shells 命令找到 Linux 系统中所有的 shell，**如使用例 5-1 的 cat 命令。为了节省篇幅，这里删除了显示结果中无关的行。

【例 5-1】

```
[dog@dog ~]$ cat /etc/shells
/bin/sh
/bin/bash
/bin/ksh
/bin/tcsh
/bin/csh
/bin/zsh
```

那么，怎样确定一个用户的默认 shell，即该用户登录 Linux 之后所使用的 shell 呢？还记得 /etc/passwd 文件吗？在这个文件中每个用户记录的最后一列就是该用户的默认 shell。为此，您首先使用例 5-2 的 Linux 的 whoami 命令确定当前用户。

【例 5-2】

```
[dog@dog ~]$ whoami
dog
```

之后使用例 5-3 的 tail 命令显示/etc/passwd 文件中的最后 4 行（由于到目前为止，一共才添加了 3 个用户。但是在您的 Linux 系统上可能要使用比 4 更大的数值）。

【例 5-3】

```
[dog@dog ~]$ tail -4 /etc/passwd
htt:x:100:101:IIIMF Htt:/usr/lib/im:/sbin/nologin
dog:x:500:500:dog:/home/dog:/bin/bash
cat:x:501:501::/home/cat:/bin/bash
fox:x:502:502::/home/fox:/bin/bash
```

例 5-3 的显示结果表明当前用户 dog 的默认 shell 是 bash。接下来的一个问题就是怎样切换到不同的 shell，其实十分简单。例如，可以使用例 5-4 的 **sh 命令切换到 Bourn shell**。切换之后系统提示符从[dog@dog ~]$变为 sh-3.00$。

【例 5-4】

```
[dog@dog ~]$ sh
sh-3.00$
```

那么，怎样才能确定用户目前用的到底是哪个 shell 呢？这里可以使用一个小技巧，就是在 shell 的命令提示符处故意输入一个不存在的命令，如例 5-5 输入 ok。

【例 5-5】

```
sh-3.00$ ok
sh: ok: command not found
```

例 5-5 显示结果的开始部分清楚地告诉我们此时使用的 shell 为 Bourn shell。接下来可以使用例 5-6 的 **ksh 命令切换到 Korn shell**。切换之后系统提示符从 sh-3.00$变为$。

【例 5-6】

```
sh-3.00$ ksh
$
```

为了要确定用户目前所使用的 shell，在 shell 的命令提示符处故意输入一个不存在的命令，如例 5-7 输入 oh。

【例 5-7】

```
$ oh
ksh: oh: not found [No such file or directory]
```

例 5-7 显示结果的开始部分的前 3 个字符清楚地告诉我们此时使用的 shell 为 Korn shell。最后为了以后操作方便，再使用例 5-8 的 bash 命令切换回 dog 用户默认的 shell——bash。

【例 5-8】

```
$ bash
[dog@dog ~]$
```

为了要确定用户目前所使用的 shell 就是 bash，在 shell 的命令提示符处再次故意输入一个不存在的命令，如例 5-9 输入 oo。

【例 5-9】

```
[dog@dog ~]$ oo
bash: oo: command not found
```

例 5-9 显示结果的开始部分的前 4 个字符清楚地告诉我们此时使用的 shell 为 Bourn- Again shell。看来计算机还是没有人狡诈，它就不会耍个鬼心眼儿。你错了我就是啥也不告诉你，让你干着急。要是这样，我们的小把戏也就无用武之地了。

提示：

本书的例子全部是在 Bourn-Again shell，即 bash 下完成的，因为 Linux 操作系统默认的 shell 就是 bash。如果您喜欢或熟悉其他的 shell，就可以使用上面所介绍的方法方便地切换到您要使用的 shell。既然 Linux 操作系统是一个自由软件，它当然也就不会限制您使用其他 shell 的自由。

5.3　使用 type 识别 bash 的内置命令

Linux 操作系统的命令分为两大类，一类是内部命令即内置在 bash 中的命令，另一类是外部命令（即该命令不是内置在 bash 中的）。外部命令是以可执行文件的方式存储在 Linux 的文件系统中的。 有时可能需要知道一个命令是内部还是外部命令，因为在执行外部命令时可能就需要给出完整的路径。

那么怎样才能知道哪些命令是内部命令，而哪些命令是外部命令呢？答案是使用 type 命令。您可以使用例 5-10 的命令看到哪些命令属于内部命令。为了节省篇幅，这里删除了绝大部分无关的显示输出内容。

【例 5-10】

```
[dog@dog ~]$ man type
BASH_BUILTINS(1)                                            BASH_BUILTINS(1)
NAME
    bash,  :, ., [, alias, bg, bind, break, builtin, cd, command, compgen,
    complete, continue, declare, dirs, disown, echo, enable,  eval,  exec,
    exit,  export,  fc, fg, getopts, hash, help, history, jobs, kill, let,
    local, logout, popd, printf, pushd, pwd, read, readonly, return,  set,
    shift,  shopt,  source,  suspend,  test,  times,  trap, type, typeset,
    ulimit, umask, unalias, unset, wait  -  bash  built-in  commands, see
    bash(1)
BASH BUILTIN COMMANDS
      Unless  otherwise  noted, each builtin command documented in this sec-
      tion as accepting options preceded by - accepts -- to signify the  end
      of the options.
```

在例 5-10 的显示结果中用方框框起来的都是内部命令，看来这内部命令还真不少。**如果除了命令的类型之外，还想知道其他的一些相关信息，就要使用 type 命令了，**该命令的语法格式如下：

```
type [选项] 命令名
```

其中，常用选项包括以下内容。

- -t：显示文件的类型，其文件类型如下。file 为外部命令；alias 为别名；builtin 为 bash 的内置命令。
- -a：列出所有包含指定命令名的命令，也包括别名（alias）。
- -P：显示完整的文件名（外部命令），或者为内部命令。

例 5-11 是使用不带任何选项的 type 命令来显示 pwd 命令的类型，而例 5-12～例 5-14 分别是使用其中一个选项的 type 命令来显示 pwd 命令的类型。

【例 5-11】

```
[dog@dog ~]$ type pwd
pwd is a shell builtin
```

【例 5-12】

```
[dog@dog ~]$ type -a pwd
pwd is a shell builtin
pwd is /bin/pwd
```

【例 5-13】

```
[dog@dog ~]$ type -t pwd
builtin
```

【例 5-14】

```
[dog@dog ~]$ type -P pwd
/bin/pwd
```

例 5-11、例 5-12 和例 5-13 的显示结果都表明 pwd 是一个 shell 的内置命令，但是例 5-12 显示结果第二行也是最后一行告诉我们在/bin 目录中还有一个 pwd 的外部命令，这与例 5-14 的显示结果一致。您可以使用例 5-15 的带有-l 选项的 ls 命令来验证这一点。

【例 5-15】

```
[dog@dog ~]$ ls -l /bin/pwd
-rwxr-xr-x  1 root root 16544 Oct  7  2006 /bin/pwd
```

例 5-15 的显示结果表明在/bin 目录中确实有一个 pwd 的文件（因为显示结果的第 1 个字符数为-）。可是我们又怎样确定 pwd 是一个外部命令（可执行文件）呢？还记得 file 命令吗？您可以使用例 5-16 的 file 命令来确定/bin/pwd 文件的类型。

【例 5-16】

```
[dog@dog ~]$ file /bin/pwd
/bin/pwd: ELF 32-bit LSB executable, Intel 80386, version 1 (SYSV), for GNU/Linux
2.2.5, dynamically linked (uses shared libs), stripped
```

例 5-16 的显示结果表明/bin/pwd 确实是一个可执行文件。现在就可以放心了。

下面看两个不是内部命令的例子。例 5-17 使用带有-a 选项的 type 命令来显示 ls 命令的类型，而例 5-18 则使用带有-P 选项的 type 命令来显示 ls 命令的类型。

【例 5-17】

```
[dog@dog ~]$ type -a ls
ls is aliased to 'ls --color=tty'
ls is /bin/ls
```

【例 5-18】

```
[dog@dog ~]$ type -P ls
/bin/ls
```

例 5-17 和例 5-18 的显示结果都给出了 ls 命令的绝对路径，但是例 5-17 显示结果的第 1 行还告诉我们 ls 命令实际上是一个别名（alias）并给出了这个别名的定义。

其实除了 type 命令之外，您还可以使用曾经学过的 which 或 whatis 命令来获取一个命令的类型信息。如使用例 5-19 的 which 命令和例 5-20 的 whatis 命令列出 pwd 命令的类型相关的信息，用例 5-21 的 which 命令和例 5-22 的 whatis 命令列出 ls 命令的类型相关的信息。

【例 5-19】

```
[dog@dog ~]$ which pwd
/bin/pwd
```

【例 5-20】

```
[dog@dog ~]$ whatis pwd
pwd                  (1)  - print name of current/working directory
pwd [builtins]       (1)  - bash built-in commands, see bash(1)
```

【例 5-21】

```
[dog@dog ~]$ which ls
alias ls='ls --color=tty'
        /bin/ls
```

【例 5-22】

```
[dog@dog ~]$ whatis ls
ls                   (1)  - list directory contents
```

从例 5-19～例 5-22 的显示结果可以看出使用 which 或 whatis 命令确实也能获取一个命令的类型信息，但是没有 type 命令获取的信息丰富。

最后看两个外部命令的例子。例 5-23 使用带有-t 选项的 type 命令来显示 whoami 命令的类型，而例 5-24 则使用不带任何选项的 type 命令来显示 whoami 命令的类型。

【例 5-23】

```
[dog@dog ~]$ type -t whoami
file
```

【例 5-24】

```
[dog@dog ~]$ type whoami
whoami is /usr/bin/whoami
```

例 5-23 的显示结果表明 whoami 命令是一个文件（当然也就是一个外部命令了），而例 5-24 的显示结果则给出了 whoami 这个文件的绝对路径。

5.4　利用通配符操作文件

人的记忆是有限的，有不少东西只能记个大概。如果在操作文件时，只记住了这个文件名中的一部分，或者要一次操作多个文件名相似的文件，那又该怎么办呢？没关系，可使用 Linux 操作系统提供的通配符。通配符的英文是 wildcard，实际上这个词的原义是扑克牌中可以代替其他任何牌的那张牌，如 2。台湾人将 wildcard 翻译成万用字元，我们将它译成通配符。其实这个翻译已经相当到位了，但是好像还是无法表达原文的全部含义。

提示：

将一种语言十分准确地翻译成另一种语言是一件相当困难的事，甚至有专家认为语言是不能翻译的，因为语言是基于文化的。因此如果读者想在 IT 领域长期混下去，最好花些时间提高一下英语水平，因为最新的 IT 资料一定是英语的，而且多数的英语教材比中文教材准确（这可能部分是由于语言本身的特性造成的，因为中文的二义性比较多，所以中文适合写诗，可以写出非常美的诗，因为不同的人可以有完全不同的理解）。

在有些 UNIX 书中将通配符称为元字符[metacharacter，所谓的元字符就是描述其他字符（数据）的字符]，**Linux 操作系统提供了如下的通配符。**

- *：将匹配 0 个（即空白）或多个字符。
- ？：将匹配任何一个字符而且只能是一个字符。
- [a-z]：将匹配字符 a～z 范围内的所有字符。
- [^a-z]：将匹配所有字符但是 a～z 范围内的字符除外。
- [xyz]：将匹配方括号中的任意一个字符。
- [^xyz]：将匹配不包括方括号中的字符的所有字符。

下面通过一些例子来演示以上这些“小 2”（通配符）的具体用法。假设您正在参加一个培养狗的新品种的科研项目，简称狗项目。该项目的目的是用家狗和母狼杂交，以培育出更好的狗品种。根据项目的要求，现在要为该项目创建一个单独的目录并为每一只繁育的狗狼创建一个单独的文件以记录其成长的细节。

因此，首先使用例 5-25 的 mkdir 命令在 dog 用户的家目录中创建一个名为 wolf 的目录。之后再使用例 5-26 的 cd 命令进入 wolf 目录（将当前目录切换成 wolf）。

【例 5-25】

```
[dog@dog ~]$ mkdir wolf
```

【例 5-26】

```
[dog@dog ~]$ cd wolf
```

接下来使用例 5-27 和例 5-28 的 touch 命令为每只狗狼创建一个空文件以开始科研资料的记录。

【例 5-27】

```
[dog@dog wolf]$ touch dog1.wolf dog2.wolf dog3.wolf dog11.wolf dog21.wolf
```

【例 5-28】

```
[dog@dog wolf]$ touch dog.wolf.girl dog.wolf.boy dog.wolf.baby
```

这些 touch 命令执行完后系统不会有任何显示提示，因此您需要使用例 5-29 的 ls 命令显示 wolf 目录中的所有内容，为了区分文件和目录您使用了-F 选项。

【例 5-29】

```
[dog@dog wolf]$ ls -F
dog11.wolf  dog21.wolf  dog3.wolf     dog.wolf.boy
dog1.wolf   dog2.wolf   dog.wolf.baby  dog.wolf.girl
```

例 5-29 的显示结果清楚地表明所创建的文件确实都已生成。如果想列出所有文件名以“.wolf”结尾的文件，就可以使用例 5-30 的 ls 命令。

【例 5-30】

```
[dog@dog wolf]$ ls *.wolf
dog11.wolf  dog1.wolf  dog21.wolf  dog2.wolf  dog3.wolf
```

如果想列出所有文件名中间部分含有“.wolf.”的文件，可以使用例 5-31 的 ls 命令。

【例 5-31】

```
[dog@dog wolf]$ ls *.wolf.*
dog.wolf.baby  dog.wolf.boy  dog.wolf.girl
```

如果想列出所有文件名以 dog 开头之后是一个数字（可以是任何一个字符）并以“.wolf”结尾的文件，就可以使用例 5-32 的 ls 命令。

【例 5-32】

```
[dog@dog wolf]$ ls dog?.wolf
dog1.wolf  dog2.wolf  dog3.wolf
```

如果想列出所有文件名以 dog 开头之后是两个数字（可以是任何两个字符）并以“.wolf”结尾的文件，就可以使用例 5-33 的 ls 命令。

【例 5-33】

```
[dog@dog wolf]$ ls dog??.wolf
dog11.wolf  dog21.wolf
```

为了后面的演示方便，再次使用例 5-34 的 touch 命令创建两个空文件，其文件名分别为 dog1.wolf.girl 和 dog3.wolf.boy。

【例 5-34】

```
[dog@dog wolf]$ touch dog1.wolf.girl dog3.wolf.boy
```

以上 touch 命令执行完后系统不会有任何显示提示，因此需要再次使用例 5-35 的 ls 命令显示 wolf 目录中的所有内容。

【例 5-35】

```
[dog@dog wolf]$ ls -F
dog11.wolf  dog1.wolf.girl  dog2.wolf  dog3.wolf.boy  dog.wolf.boy
dog1.wolf   dog21.wolf      dog3.wolf  dog.wolf.baby  dog.wolf.girl
```

例 5-35 的显示结果清楚地表明所创建的新文件 dog1.wolf.girl 和 dog3.wolf.boy 都已经存在于当前目

录中。

如果想列出所有文件名以 dog1.或 dog2.开头的文件，就可以使用例 5-36 的 ls 命令。

【例 5-36】

```
[dog@dog wolf]$ ls dog[1-2].*
dog1.wolf  dog1.wolf.girl  dog2.wolf
```

如果想列出所有文件名以 dog 之后跟一个不包括 1～2 范围的数字随后是一个“.”开头的文件，就可以使用例 5-37 的 ls 命令。

【例 5-37】

```
[dog@dog wolf]$ ls dog[^1-2].*
dog3.wolf  dog3.wolf.boy
```

如果想列出所有文件名以 dog1.或 dog3.开始的文件，就可以使用例 5-38 的 ls 命令。

【例 5-38】

```
[dog@dog wolf]$ ls dog[13].*
dog1.wolf  dog1.wolf.girl  dog3.wolf  dog3.wolf.boy
```

如果想列出所有文件名以 dog 之后跟一个不包括 1 或 3 的数字随后是一个“.”开头的文件，就可以使用例 5-39 的 ls 命令。

【例 5-39】

```
[dog@dog wolf]$ ls dog[^13].*
dog2.wolf
```

其实不只是在 ls 命令中可以使用通配符，在其他的 Linux 命令中同样可以使用通配符。如果想删除文件名以 dog 开始，之后跟两个数字（也可以是字符）随后跟一个“.”开头的所用文件，就可以使用例 5-40 的 rm 命令。

【例 5-40】

```
[dog@dog wolf]$ rm dog??.*
```

以上 rm 命令执行完后系统不会有任何显示提示，因此需要再次使用例 5-41 的 ls 命令显示 wolf 目录中的所有内容。

【例 5-41】

```
[dog@dog wolf]$ ls
dog1.wolf       dog2.wolf  dog3.wolf.boy  dog.wolf.boy
dog1.wolf.girl  dog3.wolf  dog.wolf.baby  dog.wolf.girl
```

例 5-41 的显示结果清楚地表明 dog11.wolf 和 dog21.wolf 两个文件已经不存在了，这就说明 rm 命令已经正确地执行了。

到此为止，作为一只 Linux 的大虾您已经完成了自己的使命，接下来就是那些动物学家和科研人员的工作了。

5.5 利用 Tab 键补齐命令行

通过 5.4 节的学习读者已经知道了，如果在操作文件时只记住了这个文件名中的一部分，可以通过使用通配符的方法来完成所需的操作。但如果是 Linux 操作系统命令本身记不清了，又该怎么办呢？不要着急，Linux 操作系统的设计者早就高瞻远瞩地想到了这一点，那就是使用键盘上的 Tab 键，如图 5-5 所示。

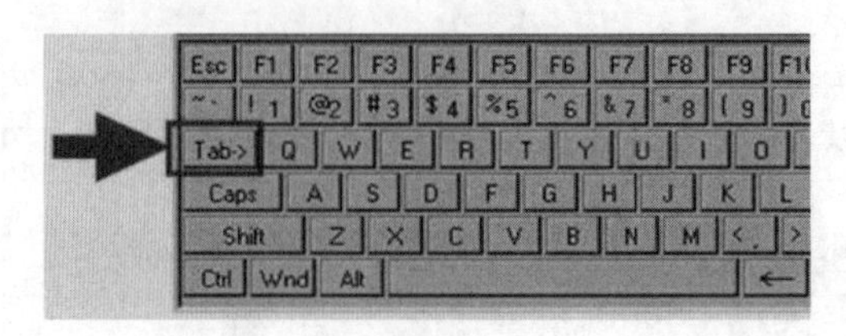

图 5-5

当在键盘上按 Tab 键时，如果光标在命令上，Tab 键将补齐一个命令名；如果光标在参数上，Tab 键将补齐一个文件名。

如您现在想使用 Linux 系统的 whoami 命令，但是只记得该命令的前 4 个字符，于是在 bash 提示符下输入 whoa，如图 5-6 所示。此时光标在字母 a 的后面，当您按键盘上的 Tab 键之后系统会自动补齐这个命令剩余的字符，如图 5-7 所示。

图 5-6

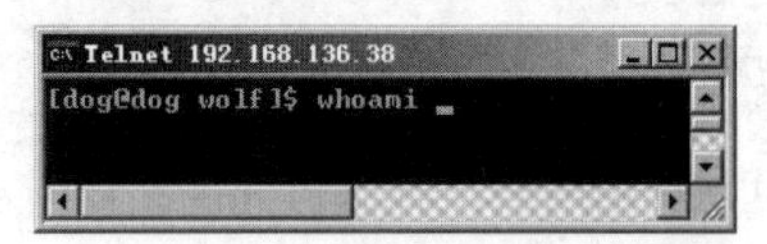

图 5-7

执行完 whoami 命令就会显示当前的用户为 dog。这次可以只输入 wh 试试，如图 5-8 所示，按 Tab 键不会显示任何信息，这是因为以 wh 开头的命令不只一个。再按 Tab 键就会显示出所有以 wh 开头的 Linux 系统命令，如图 5-9 所示。此时就可以根据系统的显示输入并补齐所需要的命令了。

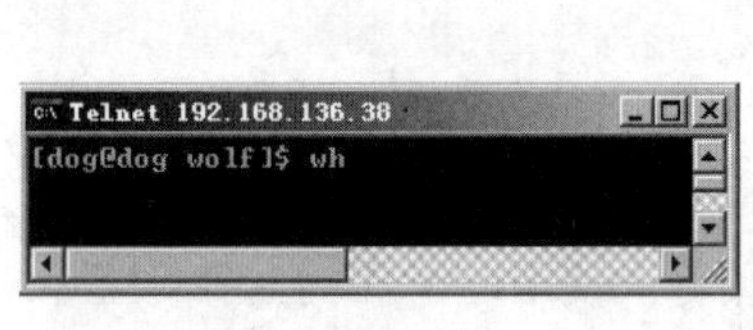

图 5-8

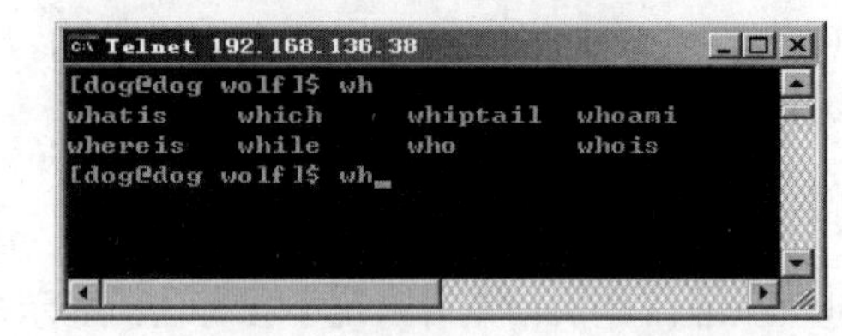

图 5-9

如果在 bash 提示符下输入了 file dog，如图 5-10 所示。连续按两次 Tab 键就会显示出所有以 dog 开头的文件名，如图 5-11 所示。此时就可根据系统的显示输入并补齐所需要的文件名了。

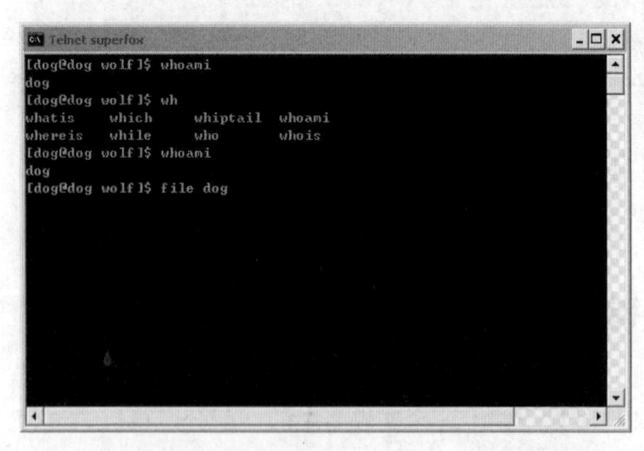

图 5-10

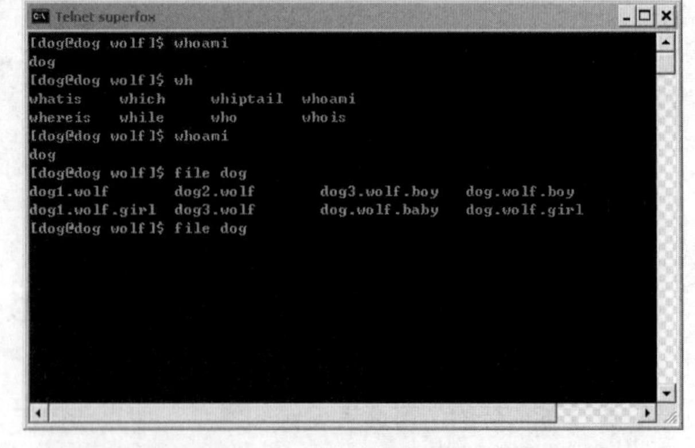

图 5-11

看来 Tab 键虽然不起眼，但用起来还是蛮方便的，利用它居然能够弥补万物之灵的人类的记忆力不太好的缺陷，没想到吧？

5.6 命令行中~符号的使用

实际上~符号的使用在第 3 章的 3.4 节中就简单地介绍过，本节将更进一步地介绍~符号的用法。~符号的含义如下：

（1）**如果~符号后面没有用户名，则该符号代表当前用户的家目录。**

（2）**如果~符号后面跟一个用户名，则该符号代表这个用户的家目录。**

☞ 指点迷津：

除了 Bourn shell 之外，~符号在其他所有的 shell 中都可以使用。

假设目前是在 dog 用户的家目录中。为了使下面的演示方便，可以使用例 5-42 的 cd 命令进入当前目录的子目录 boydog 中。

【例 5-42】

```
[dog@dog ~]$ cd boydog
```

这个命令执行之后，系统不会出现任何提示信息。因此要使用例 5-43 的 pwd 命令验证一下现在是否在/home/dog/boydog 目录中。

【例 5-43】

```
[dog@dog boydog]$ pwd
/home/dog/boydog
```

这里再做一个假设，您现在已经不知道您在哪个目录中了而且也不记得 pwd 命令。在这种情况下，您要显示 dog 家目录下的 wolf 子目录中所有的内容。其实完全没有必要犯愁，因为可以在目录的路径中使用~符号来完成这一操作，如例 5-44 所示。

【例 5-44】

```
[dog@dog boydog]$ ls ~/wolf
dog1.wolf       dog2.wolf  dog3.wolf.boy  dog.wolf.boy
dog1.wolf.girl  dog3.wolf  dog.wolf.baby  dog.wolf.girl
```

下面可使用例 5-45 的 ls 命令试着列出 cat 用户家目录下的 dog 子目录中的所有内容。

【例 5-45】

```
[dog@dog boydog]$ ls ~cat/dog
ls: /home/cat/dog: Permission denied
```

看到例 5-45 显示的结果，读者应该已经知道了其中的原因，那就是 dog 用户没有权利访问/home/cat/dog 目录。没有关系，您可以切换到具有至高无上权限的 root 用户，使用例 5-46 的 su 命令转换到 root 用户。您要在 Password 处输入 root 用户的密码。

【例 5-46】

```
[dog@dog boydog]$ su - root
Password:
```

之后可以使用例 5-47 的 ls 命令列出 cat 用户家目录下的 dog 子目录中的所有内容。

【例 5-47】

```
[root@dog ~]# ls -F ~cat/dog
cal2009  cal2038  cal3009  lists
```

还可以使用例 5-48 的 ls 命令列出 dog 用户家目录下的 wolf 子目录中的所有内容。

【例 5-48】

```
[root@dog ~]# ls -F ~dog/wolf
dog1.wolf       dog2.wolf  dog3.wolf.boy  dog.wolf.boy
dog1.wolf.girl  dog3.wolf  dog.wolf.baby  dog.wolf.girl
```

一个小小的~符号竟然能使用户在 Linux 系统上的工作变得如此简单快捷，没想到吧？

为了 5.7 节的操作方便，首先使用例 5-49 的 exit 命令退回到 dog 用户。之后使用例 5-50 的 cd 命令切换到/home/dog/wolf 目录。

【例 5-49】

```
[root@dog ~]# exit
```

【例 5-50】

```
[dog@dog boydog]$ cd ~/wolf
```

5.7　history 命令与操作曾经使用过的命令

绝大多数 shell 都会保留最近输入的命令的历史。这一机制可以使用户能够浏览、修改或重新执行之前使用过的命令。使用 history 命令将列出用户最近输入过的命令（也包括您输入的错误命令），例如，可以使用例 5-51 的 history 命令列出最近曾经使用过的命令。

【例 5-51】

```
[dog@dog wolf]$ history
797  ls
798  ls dog[23].*
799  ls dog[^23].*     ......
```

在 history 命令显示结果的最左边是命令编号，可以使用命令号重新执行所对应的命令。如果想要重新执行 798 号命令，可以**输入惊叹号之后紧跟着 798 来重新运行命令 ls dog[23].***，如例 5-52。

【例 5-52】

```
[dog@dog wolf]$ !798
ls dog[23].*
dog2.wolf  dog3.wolf  dog3.wolf.boy
```

如果现在想将命令中的 2 改为 1 之后再重新执行刚刚运行过的命令，就可以使用以下的简单方法，如例 5-53。

【例 5-53】

```
[dog@dog wolf]$ ^2^1
ls dog[13].*
dog1.wolf  dog1.wolf.girl  dog3.wolf  dog3.wolf.boy
```

在例 5-53 中所介绍的使用次方符号^修改刚刚输入的命令的方法乍看起来用处不大，但有时可能很有用。如果是在一个计算机网络中工作，有时必须使用 ping 命令测试计算机与要操作的计算机之间的网络是不是通的，如图 5-12 所示。

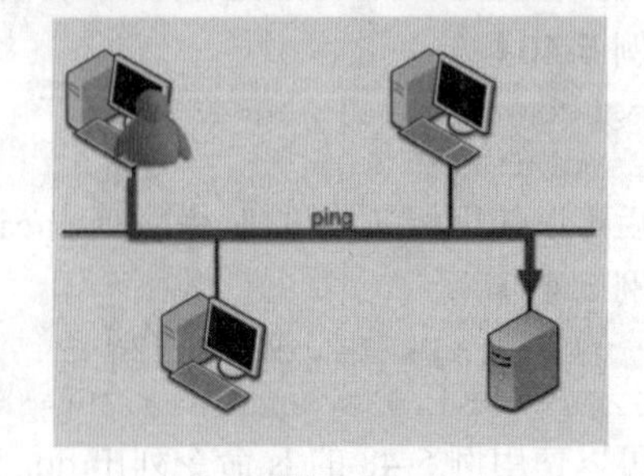

图 5-12

此时，使用次方符号就非常方便。**如果要查看计算机与 IP 为 192.168.137.38 的计算机之间的网络是否畅通，**就可以使用例 5-54 的 ping 命令。

【例 5-54】

```
[dog@dog wolf]$ ping 192.168.137.38
PING 192.168.137.38 (192.168.137.38) 56(84) bytes of data.
64 bytes from 192.168.137.38: icmp_seq=0 ttl=64 time=3.75 ms
64 bytes from 192.168.137.38: icmp_seq=1 ttl=64 time=0.636 ms
......
```

接下来要查看计算机与 IP 为 192.168.137.7 的计算机的网络是否畅通，就可以使用例 5-55 利用次方符号将 38 直接改为 7 并执行 ping 192.168.137.7 命令。就不用再输入那么长的 ping 命令了，方便吧？

【例 5-55】

```
[dog@dog wolf]$ ^38^7
ping 192.168.137.7
PING 192.168.137.7 (192.168.137.7) 56(84) bytes of data.
From 192.168.137.38 icmp_seq=0 Destination Host Unreachable
......
```

Linux 操作系统提供的操作历史命令的功能是不是挺方便的？其实除了所介绍的这些功能，Linux 还有更丰富实用的功能。bash 还包含了以下更方便快捷的使用历史命令的功能（也叫快捷键）：

- 利用键盘上的上下箭头键在以前使用过的命令之间移动。
- 按 Ctrl+R 键在命令的历史记录中搜寻一个命令。当按 Ctrl+R 键之后，会出现如下的提示信息，此时即可输入要搜寻的内容。

```
(reverse-i-search)'':
```

- 可以使用如下的组合键提取上一个命令的最后面的参数，即顺序地按 Esc+.键或同时按 Alt+.键。

下面通过例子来演示以上的功能。假设当前目录是/home/dog/wolf 目录，如果不是，要使用 cd 命令切换到该目录。使用例 5-56 的 history 命令列出曾经输入过的命令。这里已经对该命令的输出结果进行了剪裁以减少篇幅。

【例 5-56】

```
[dog@dog wolf]$ history
876  history
877  ls dog[23].*
878  ls dog[13].*
879  ping 192.168.137.38
......
```

可以不停地按上箭头键直到找到感兴趣的命令为止，如 ls dog[13].*，此时按 Enter 键系统就再次执行这个命令，如例 5-57 所示。

【例 5-57】

```
[dog@dog wolf]$ ls dog[13].*
dog1.wolf  dog1.wolf.girl  dog3.wolf  dog3.wolf.boy
```

如果在按上箭头键时，不小心走过了头也不要紧，只需再按下箭头键往回找就行了。

但是如果历史命令太多使用上下箭头键的方法就不方便了，在这种情况下可以使用按 Ctrl+R 键的方法进行搜寻。如例 5-58 所示，**当按住 Ctrl+R 键之后系统出现(reverse-i- search)'':，此时输入 p，系统就会找到 pwd 命令，按 Enter 键之后系统就会执行这个 pwd 命令并给出结果。**

【例 5-58】

```
(reverse-i-search)'':p
(reverse-i-search)'p': pwd
[dog@dog wolf]$ pwd
/home/dog/wolf
```

当出现(reverse-i-search)'':提示时，若想直接退回到操作系统提示符下，可直接按 Enter 键。如按照类似例 5-58 的操作得到了例 5-58 的显示输出之后发现 pwd 命令并不是所需要的命令又该怎么办呢？可继续按 Ctrl+R 键，之后就可能会得到例 5-59 的显示输出。如果 ping 192.168.137.7 还不是您所需要的命令，可继续按 Ctrl+R 键，就会得到例 5-60 的显示输出，如果这回 ping 192.168.137.38 正是您所需要的命令，即可按 Enter 键来执行这个命令。

【例 5-59】

```
(reverse-i-search)'p': ping 192.168.137.7
```

【例 5-60】

```
(reverse-i-search)'p': ping 192.168.137.38
[dog@dog wolf]$ ping 192.168.137.38
PING 192.168.137.38 (192.168.137.38) 56(84) bytes of data.
64 bytes from 192.168.137.38: icmp_seq=0 ttl=64 time=0.000 ms
......
```

在实际网络工作环境中，在连接一台计算机之前通常会使用类似例 5-60 的 ping 命令检查一下网络是否是通的，之后再使用如 telnet 建立连接。由于 IP 地址很长，因此这时顺序地按 Esc+.键或按 Alt+.键提取之前的 ping 命令的参数（IP 地址）就显得十分方便。

如紧接着例 5-60 的 ping 命令输入例 5-61 的 telnet 加一个空格，顺序地按 Esc+.键（先按 Esc 键，释放后再按.键），如图 5-13 所示。或同时按 Alt+.键（注意，必须是在图形界面的终端窗口中输入，如果是在 telnet 的终端窗口中使用可能不工作），如图 5-14 所示。

【例 5-61】

```
[dog@dog wolf]$ telnet
```

图 5-13

图 5-14

系统会将上一次执行命令的最后参数（即 IP 地址）放在 telnet 和空格之后，如例 5-62 所示，此时就可以按 Enter 键执行这个 telnet 命令。

【例 5-62】

```
[dog@dog wolf]$ telnet 192.168.137.38
Trying 192.168.137.38...
Connected to 192.168.137.38 (192.168.137.38).
Escape character is '^]'.
Enterprise Linux Enterprise Linux AS release 4 (October Update 4)
Kernel 2.6.9-42.0.0.0.1.ELsmp on an i686
login:
```

此时即可输入 Linux 的用户名以登录远程的系统。Linux 系统的历史功能强大吧？

5.8 bash 变量简介及大括号{}的用法

在以前的章节中介绍了不少 Linux 命令，为了扩展命令的功能，在命令中还可以使用变量。那么什么是 shell 的变量呢？简单地说，**shell 变量就是内存中一个命了名的临时存储区。变量中所存储的信息**

有以下两种：

- 按用户的习惯定制 shell 所需的信息。
- 使一些进程正常工作所需的信息。

为了方便系统的管理和维护（也是为了系统的正常工作），Linux 系统预定义了一些系统常用的变量。这些变量用户可以直接使用。下面通过几个例子来演示 shell 变量在命令中的使用。

在 Linux 系统中有一个名为 PATH 的预定义变量，在这个变量中存放着执行一个命令时要搜寻的路径，即如果一个命令存储在 PATH 所列出的任何一个路径中，用户就可以只输入命令名来运行这个命令，其中每一个路径用:隔开。如例 5-63 所示的 echo 命令就将列出 PATH 变量的值，要提取一个变量的值，需在变量名前冠以$符号。

【例 5-63】

```
[dog@dog ~]$ echo $PATH
/usr/kerberos/bin:/usr/local/bin:/bin:/usr/bin:/usr/X11R6/bin:/home/dog/bin
```

在 Linux 系统中还有另一名为 HOME 的预定义变量，在这个变量中存放着当前用户的家目录，如例 5-64 所示的 echo 命令就将列出 HOME 变量的值。

【例 5-64】

```
[dog@dog ~]$ echo $HOME
/home/dog
```

例 5-64 显示的结果表明当前用户的家目录为/home/dog，实际上这与 pwd 命令显示的结果一模一样。

为了进一步演示 HOME 这个预定义变量的用法，先使用例 5-65 所示的 cd 命令切换到当前目录的 wolf 子目录。

【例 5-65】

```
[dog@dog ~]$ cd wolf
```

系统执行了以上命令之后不会有任何提示信息，因此最好使用例 5-66 所示的 pwd 命令验证一下。

【例 5-66】

```
[dog@dog wolf]$ pwd
/home/dog/wolf
```

现在可以利用 HOME 变量直接切换回当前用户的家目录中，如例 5-67 所示。

【例 5-67】

```
[dog@dog wolf]$ cd $HOME
```

系统执行了以上命令后不会有任何提示信息，因此最好用例 5-68 的 pwd 命令验证一下。

【例 5-68】

```
[dog@dog ~]$ pwd
/home/dog
```

例 5-68 显示的结果表明现在已经回到了当前用户（dog）的家目录中。初看起来，cd $HOME 命令用处也不大，因为完全可以使用 cd ~或 cd -命令来完成同样的功能。其实不然，如果 Linux（也可以是 UNIX）上安装了 Oracle 数据库，要管理或维护 Oracle 系统的文件，此时使用 cd ~或 cd -命令就没有办法切换到 Oracle 的文件所在的目录，因为 Oracle 的文件的安装目录是存在了一个叫 ORACLE_HOME 的变量中。此时就可以使用 cd $ORACLE_ HOME 切换到 Oracle 的安装目录，是不是很方便？

简单介绍了 shell 变量之后，接着介绍在 Linux 系统上如何利用大括号来减轻工作负担。为了讲解方便，首先使用例 5-69 的 mkdir 命令在当前家目录中创建一个 mumdog 子目录。

【例 5-69】

```
[dog@dog ~]$ mkdir mumdog
```

命令执行之后系统不会有任何回应，因此可以使用 ls 命令来测试这个命令是否已经成功（为了节省篇幅，这里省略了测试的 ls 命令）。使用例 5-70 的 cd 命令将当前目录切换为 dog 家目录下的 mumdog 目录。

【例 5-70】

```
[dog@dog ~]$ cd mumdog
```

指点迷津：

当以上的 cd 命令执行之前，系统提示符的 dog@dog 之后是~，这就表示当前目录为 dog 的家目录。当以上的 cd 命令执行之后，系统提示符在 dog@dog 之后是 mumdog，这就表示当前目录已经是 dog 家目录之下的 mumdog 目录。

可以使用例 5-71 的 touch 命令创建两个新文件，它们的文件名分别为 dog 和 wolf。

【例 5-71】

```
[dog@dog mumdog]$ touch {dog,wolf}
```

使用例 5-72 带有-ls 选项的 ls 命令列出当前目录中所有的内容。注意这里 s 选项是要在显示清单的最左面列出每一个文件或目录的大小（size）。

【例 5-72】

```
[dog@dog mumdog]$ ls -ls
total 0
0 -rw-rw-r--  1 dog dog 0 Dec 14 20:24 dog
0 -rw-rw-r--  1 dog dog 0 Dec 14 20:24 wolf
```

例 5-72 显示的结果表明已经成功地创建了 dog 和 wolf 文件。乍看起来例 5-71 利用{}创建文件的方法并未提供什么方便，因为之前已经看到了在 touch 命令中不使用{}同样也可以创建多个文件，只是将文件名之间的“,”改为空格就行了。其实不然，请看下面**例 5-73 所示的创建文件的例子。Linux 系统是这样处理的，baby.与 dog 组合生成 baby.dog 文件，baby.还要与 wolf 组合生成 baby.wolf 文件。**

【例 5-73】

```
[dog@dog mumdog]$ touch baby.{dog,wolf}
```

为了验证所创建的文件是否已经生成，可以使用例 5-74 的 ls 命令列出当前目录中的所有内容。

【例 5-74】

```
[dog@dog mumdog]$ ls -ls
total 0
0 -rw-rw-r--  1 dog dog 0 Dec 14 20:25 baby.dog
0 -rw-rw-r--  1 dog dog 0 Dec 14 20:25 baby.wolf
0 -rw-rw-r--  1 dog dog 0 Dec 14 20:24 dog
0 -rw-rw-r--  1 dog dog 0 Dec 14 20:24 wolf
```

例 5-74 显示的结果表明已经成功地创建了 baby.dog 和 baby.wolf 文件（狗娘产下了一个狗崽子，还产下了一个狼崽子）。现在知道{}好用了吧？

还可以在第 1 个大括号中使用多个以逗号隔开的字符串，如例 5-75 所示的创建空文件的 touch 命令。Linux 系统是这样处理的，girl.和 boy.要分别与 dog 和 wolf 组合生成 girl.dog、girl.wolf、boy.dog 和 boy.wolf 文件。

【例 5-75】

```
[dog@dog mumdog]$ touch {girl,boy}.{dog,wolf}
```

为了验证所创建的文件是否已经生成，可以使用例 5-76 的 ls 命令列出当前目录中的所有内容。

【例 5-76】

```
[dog@dog mumdog]$ ls -ls
total 0
0 -rw-rw-r--  1 dog dog 0 Dec 14 20:25 baby.dog
0 -rw-rw-r--  1 dog dog 0 Dec 14 20:25 baby.wolf
0 -rw-rw-r--  1 dog dog 0 Dec 14 20:26 boy.dog
0 -rw-rw-r--  1 dog dog 0 Dec 14 20:26 boy.wolf
0 -rw-rw-r--  1 dog dog 0 Dec 14 20:24 dog
0 -rw-rw-r--  1 dog dog 0 Dec 14 20:26 girl.dog
0 -rw-rw-r--  1 dog dog 0 Dec 14 20:26 girl.wolf
0 -rw-rw-r--  1 dog dog 0 Dec 14 20:24 wolf
```

例 5-76 显示的结果表明已经成功地创建了 girl.dog、girl.wolf、boy.dog 和 boy.wolf 文件（狗娘还养了一个狗小子、一个狗丫头、一个狼小子和一个狼丫头）。

不只在 touch 命令中可以使用{}，在其他的命令中也可以使用{}，如使用例 5-77 所示的 rm 命令删除文件 baby.dog 和 baby.wolf。

【例 5-77】

```
[dog@dog mumdog]$ rm baby.{dog,wolf}
```

为了验证 baby.dog 和 baby.wolf 这两个文件是否已经删除，可以使用例 5-78 的 ls 命令再次列出当前目录中的所有内容。

【例 5-78】

```
[dog@dog mumdog]$ ls -l
total 0
-rw-rw-r--  1 dog dog 0 Dec 14 20:26 boy.dog
-rw-rw-r--  1 dog dog 0 Dec 14 20:26 boy.wolf
-rw-rw-r--  1 dog dog 0 Dec 14 20:24 dog ……
```

例 5-78 显示的结果表明已经成功地删除了 baby.dog 和 baby.wolf 这两个文件。这狗娘养的狗崽子和狼崽子居然真的不见了。可能的情况是这两个狗崽子和狼崽子送人了，也可能是这两个狗崽子和狼崽子长大了变成了狗小子或狗丫头和狼小子或狼丫头，当然也可能被送到了武大郎烧饼店给做成了狗肉火烧了。{}的功能就这么强大，没想到吧？

5.9 将一个命令的输出作为另一个命令的参数

因为 UNIX 的原则是每一个命令都很简单而且只完成单一的功能，因此想要完成比较复杂的工作时可能就需要将一些命令组合在一起。例如，将一个命令的输出结果作为另一个命令的输入参数。

如果想知道目前所使用的系统的主机名，可以使用例 5-79 的 hostname 命令。

【例 5-79】

```
[dog@dog ~]$ hostname
dog.super.com
```

例 5-79 的显示结果告诉我们这个系统的主机名是 dog.super.com。现在想让显示输出更容易阅读，想让显示的输出为 This computer system's name is dog.super.com，于是试着使用例 5-80 所示的 echo 命令来完成这一使命。

【例 5-80】

```
[dog@dog ~]$ echo "This computer system's name is hostname"
```

```
This computer system's name is hostname
```

例 5-80 显示的结果却令读者感到有些失望，因为主机名并未出现在显示的结果中，取而代之的是 hostname 字符串本身。

可以使用两个倒引号将要执行的命令括起来，这样就能保证系统执行这个命令。倒引号与~是一个键，如图 5-15 所示。

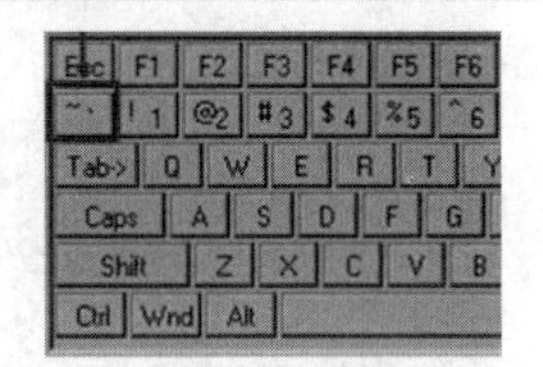

图 5-15

现在就可以重新输入刚刚输入的 echo 命令并将 hostname 用倒引号括起来，如例 5-81 所示。

【例 5-81】

```
[dog@dog ~]$ echo "This computer system's name is `hostname`"
This computer system's name is dog.super.com
```

例 5-81 显示的结果表明系统确实在执行 echo 命令之前已经执行了 hostname 命令，因为这次在 is 之后显示的已经是 dog.super.com 而不是 hostname 了。

除了使用两个倒引号将要执行的命令括起来之外，还可以使用()将要执行的命令括起来并在左括号之前冠以$符号的方法来执行这个命令。如运行例 5-82 的 echo 命令可以获得与例 5-81 完全相同的输出结果。

【例 5-82】

```
[dog@dog ~]$ echo "This computer system's name is $(hostname)"
This computer system's name is dog.super.com
```

最后为了加深印象，再做两个类似的例子。可以使用例 5-83 或例 5-84 所示的 echo 命令来显示相同的系统日期和时间的信息。

【例 5-83】

```
[dog@dog ~]$ echo "Today is 'date'"
Today is Tue Jan 15 08:25:51 CST 2013
```

【例 5-84】

```
[dog@dog ~]$ echo "Today is $(date)"
Today is Tue Jan 15 08:26:19 CST 2013
```

别看"和$()看上去挺简单的，但是还挺管用的，是吧？

5.10 使用 Linux 命令进行数学运算

有时，可以利用 Linux 系统的 shell 变量进行数学运算，但是首先必须定义要使用的 shell 变量。假设狗项目已经进行了多年并繁育出许多后代，现在狗项目经理让您对该项目狗的数量和年龄进行一些简单的统计。

首先进行一个简单的测试，看看在不设定一个变量之前就使用它会产生什么样的后果。因此，可以分别输入例 5-85 和例 5-86 所示的 echo 命令。

【例 5-85】

```
[dog@dog ~]$ echo year1
year1
```

【例 5-86】

```
[dog@dog ~]$ echo $year1
```

其结果已经很清楚了，根本不是我们所需要的。在下面的例子中，可以使用 year1 代表 1 岁、year2

代表 2 岁、year3 代表 3 岁、year4 代表 4 岁、year5 代表 5 岁。使用 n1 代表 1 岁狗的个数，使用 n2 代表 2 岁狗的个数，使用 n3 代表 3 岁狗的个数，使用 n4 代表 4 岁狗的个数，使用 n5 代表 5 岁狗的个数。

可以使用例 5-87 的命令定义 shell 变量 year1 的值为 1。使用例 5-88 所示的 echo 命令测试一下所定义的变量是否正确。

【例 5-87】

```
[dog@dog ~]$ year1=1;
```

【例 5-88】

```
[dog@dog ~]$ echo $year1
1
```

为了简化定义变量的过程，您可以在一行上定义多个变量（输入多个命令），它们之间用分号（;）隔开，如例 5-89 就在一行中定义了 4 个变量。

【例 5-89】

```
[dog@dog ~]$ year2=2; year3=3; year4=4; year5=5;
```

您可以使用例 5-90 所示的 echo 命令随机测试所定义的一个变量，看看其是否正确。

【例 5-90】

```
[dog@dog ~]$ echo $year3
3
```

接下来可以使用例 5-91 的方法在一行上同时定义 n1～n5 的 5 个 shell 变量。之后可以使用例 5-92 的 echo 命令随机测试一下您所定义的一个变量，看看其是否正确。

【例 5-91】

```
[dog@dog ~]$ n1=99; n2=53; n3=38; n4=8; n5=2
```

【例 5-92】

```
[dog@dog ~]$ echo $n2
53
```

现在，狗项目经理要您算一下 1 岁的狗和 2 岁的狗到底一共有多少条，就可以使用例 5-93 的 echo 命令。注意，算术表达式$n1+ $n2（其他的表达式也一样）要用方括号括起来并在左括号之前再冠以$。

【例 5-93】

```
[dog@dog ~]$ echo $[ $n1 + $n2 ]
152
```

看来还真不少，1 岁和 2 岁的狗加起来居然有 152 条。接下来，狗项目经理又让您算出 2 岁狗的总狗龄。于是可以使用例 5-94 所示的 echo 命令。

【例 5-94】

```
[dog@dog ~]$ echo $[ $year2 * $n2 ]
106
```

这总狗龄可真不短！其实在一些软件公司投标项目时会标出公司总的开发经验的年限就可以使用类似的方法。

之后，狗项目经理要您算一下 1 岁狗是 5 岁狗的多少倍，您就可以使用例 5-95 的 echo 命令。注意，“/”表示的除法是整除，即舍弃小数点之后的数。

【例 5-95】

```
[dog@dog ~]$ echo $[ $n1 / $n5 ]
49
```

不看不知道，一看吓一跳，居然狗的数量 5 年里翻了近 50 翻，也是一件蛮恐怖的事，是不是？

但是您还是想知道到底 echo $[$n1 / $n5]的结果中舍弃了多少，于是可以使用例 5-96 所示的 echo

命令。注意，%表示取余数。

【例 5-96】

```
[dog@dog ~]$ echo $[ $n1 % $n5 ]
1
```

从例 5-96 的显示结果可以看出一共才舍弃了 1 条狗，问题不大。接下来，狗项目经理要您估算一下，按每年一对狗生 6 只小狗来计算，该项目开始 8 年后，如果不进行人工干预，狗的数量大概有多少。实际上这是一个表达式 2×(1+3)的等比数列，因为 6 正好是 2 的 3 倍。为了进行相关的计算，您可以使用例 5-97 的命令定义一个 N 的变量，其值为 8。

【例 5-97】

```
[dog@dog ~]$ N=8
```

之后，使用例 5-98 的 echo 命令来完成所要求的估算。其中**为 shell 的次方符号，表达式 $[$year4**$N]表示 4 的 8 次方。这里在运算符和变量之间都没有空格，这与有空格是一样的，但是建议还是使用空格，最起码更容易阅读，也因为这是标准语法（考虑到自然的减员等因素，在这个表达式中没有被 2 乘）。

【例 5-98】

```
[dog@dog ~]$ echo $[ $year4**$N ]
65536
```

8 年后如果没有人为的干预，狗的数量将达到数万只。曾在网上看到过一条新闻说："一个小城市中的流浪狗太多已经影响了市容卫生和市民的正常出行，所以市政府开始捕杀流浪狗"，但是一些网友却对此进行严厉谴责，他们认为狗也是生命，要珍爱每一个生命。这算不算狗道主义？对一个政策提出批评和谴责是很容易的事，关键的是能否提出一个切实可行的方法，如这些流浪狗该怎么处理。是不是这些网友将它们领到家里养起来？

5.11 命令行中反斜线（\）的用法

因为在 Linux 命令中有些字符已经赋予了特殊的含义，如$符号表示提取一个变量的值，如果要恢复一个特殊字符的原来含义，要在这个特殊字符之前冠以反斜线（\）。反斜线（\）也叫做逃逸符号，即\之后的特殊字符逃脱其特殊含义而恢复原来的字面意思。

狗项目经理发现所繁殖的狗实在太多了，饲养这么多狗每天的开销实在太大了，因此决定将一些狗卖掉。这样既可以节省日常的开销，也可以增加些额外的收入，也好给手下的人多发点奖金。于是您使用例 5-99 的命令显示出每只小狗的价格。

【例 5-99】

```
[dog@dog wolf]$ echo "A baby dog's price is $6839.00"
A baby dog's price is 839.00
```

例 5-99 显示的结果是不是令您感到困惑，不但$符号没有显示而且还少了这个符号后面的数字 6。少了整整 6000 元！这是因为 Linux 系统将$6 看成了一个 shell 变量，由于之前并未定义过这个变量，所以它的值是空的。

现在对之前的命令做一点小小的修改，在$之前加上反斜线（\），之后重新运行这个命令，如例 5-100。例 5-100 显示的结果终于正确地给出了每只小狗的标价。

【例 5-100】

```
[dog@dog wolf]$ echo "A baby dog's price is \$6839.00"
```

```
A baby dog's price is $6839.00
```

在命令行中，反斜线（\）还有另外一种用法。如果将反斜线（\）放在命令行的最后，就表示它是一个续行符号，即命令要在下一行继续。反斜线（\）的这一功能在输入很长的命令时就很有用。下面给出一个简单的例子。

如果现在输入 ls -\之后按 Enter 键，如例 5-101。随后系统将出现>的提示符，可以继续输入命令的剩余部分，如 l *.wolf.*，按 Enter 键就会得到所需的结果。

【例 5-101】

```
[dog@dog wolf]$ ls -\
> l *.wolf.*
-rw-rw-r--  1 dog dog 0 Dec 12 21:50 dog1.wolf.girl
-rw-rw-r--  1 dog dog 0 Dec 12 21:50 dog3.wolf.boy
......
```

最后介绍\另外一种用法，就是放在通配符前以恢复其原来的含义。根据狗项目经理的指示，您想使用 echo 命令列出*** We only sell baby dogs ***（我们只卖小狗），如例 5-102。

【例 5-102】

```
[dog@dog wolf]$ echo *** We only sell baby dogs ***
dog1.wolf dog1.wolf.girl dog2.wolf dog3.wolf dog3.wolf.boy dog.wolf.baby dog.wolf.
boy dog.wolf.girl We only sell baby dogs dog1.wolf dog1.wolf.girl dog2.wolf dog3.
wolf dog3.wolf.boy dog.wolf.baby dog.wolf.boy dog.wolf.girl
```

读者可能已经看出来问题了，因为***是表示匹配所有字符的通配符，所以例 5-102 的 echo 命令是先列出当前目录中的所有内容，再列出 We only sell baby dogs，最后再次列出当前目录中的所有内容。

要使*恢复原来的含义而不再作为通配符使用，在 echo 命令中每个*之前加上\，如例 5-103。

【例 5-103】

```
[dog@dog wolf]$ echo \*\*\* We only sell baby dogs \*\*\*
*** We only sell baby dogs ***
```

也可以只在第 1 个*之前加上\，如例 5-104，也可以达到与例 5-103 完全相同的结果（但是并不一定所有的版本都支持这种用法）。

【例 5-104】

```
[dog@dog wolf]$ echo \*** We only sell baby dogs \***
*** We only sell baby dogs ***
```

这回终于如愿以偿了，告诉买狗的客户，你们那里只卖小狗，不卖大狗。可能是怕买大狗的人是为了吃狗肉而买，狗项目经理还是蛮有慈悲之心的。

5.12 Linux 命令中引号的用法

Linux 操作系统中的引号分为两种，第一种是单引号（'），第二种是双引号（"）。通过 5.11 节的例 5-103 和例 5-104 的练习，读者已经知道如何使用反斜线（\）来恢复通配符（*）的原本含义。其实，读者可以利用单引号（'）和双引号（"）重做这两个例子并产生完全相同的结果，如例 5-105 和例 5-106。看起来，使用单引号的例 5-105 和使用双引号的例 5-106 所示命令似乎比例 5-103 和例 5-104 更清晰。

【例 5-105】

```
[dog@dog wolf]$ echo '*** We only sell baby dogs ***'
*** We only sell baby dogs ***
```

【例 5-106】

```
[dog@dog wolf]$ echo "*** We only sell baby dogs ***"
*** We only sell baby dogs ***
```

例 5-105 和例 5-106 显示的结果是一模一样的，那么**在命令中使用单引号（'）和双引号（"）之间到底有什么区别呢？它们的区别如下。**

（1）单引号（'）：禁止所有的命令行扩展功能。

（2）**双引号（"）：禁止所有的命令行扩展功能但以下特殊符号除外。**

- 美元符号（$）。
- 倒引号（`）。
- 反斜线（\）。
- 惊叹号（!）。

以下通过几个例子来进一步解释单引号（'）和双引号（"）之间的区别。为此首先通过例 5-107 定义一个 shell 变量 price（每只小狗的价格）。

【例 5-107】

```
[dog@dog wolf]$ price=6839.00
```

之后，又想让系统在屏幕上显示$price 字符串，因此您使用了例 5-108 的 echo 命令。

【例 5-108】

```
[dog@dog wolf]$ echo $price
6839.00
```

例 5-108 显示的结果却是变量 price 中的值 6839.00，这是因为在 price 的前面加上了$，所以系统认为是要取 price 变量中的值。为了显示$price 这个字符串本身，试着在 echo 命令中将 price 用双引号括起来，如例 5-109。

【例 5-109】

```
[dog@dog wolf]$ echo "$price"
6839.00
```

例 5-109 显示的结果还是变量 price 中的值 6839.00，这就说明双引号不能禁止$符。双引号不灵了，还有单引号。于是，试着在 echo 命令中将 price 用单引号括起来，如例 5-110。

【例 5-110】

```
[dog@dog wolf]$ echo '$price'
$price
```

例 5-110 显示的结果已经是字符串$price 了，这就说明单引号可以禁止$符的功能。

接下来，想在屏幕上显示 Today is 'date'的信息，因此试着使用了例 5-111 的 echo 命令。

【例 5-111】

```
[dog@dog wolf]$ echo Today is 'date'
Today is Tue Jan 15 08:51:14 CST 2013
```

例 5-111 显示的结果并不是想要的而是将'date'变成了系统的日期和时间，这是因为'date'表示要运行 date 这个 Linux 命令。为了要显示'date'这个字符串本身，您试着在 echo 命令中将整个要显示的字符串用双引号括起来，如例 5-112。

【例 5-112】

```
[dog@dog wolf]$ echo "Today is 'date'"
Today is Tue Jan 15 08:51:59 CST 2013
```

例 5-112 显示的结果没有任何变化，这就说明“"”不能禁止“'”的功能。于是，又想到了单引号，接下来试着在 echo 命令中将要显示的整个字符串用单引号括起来，如例 5-113。

【例 5-113】

```
[dog@dog wolf]$ echo 'Today is 'date''
Today is 'date'
```

例 5-113 显示的结果已是所需的字符串了，这说明单引号可以禁止倒引号（'）的功能。

接下来，想在屏幕上显示\$MAIL 这个字符串，因此试着使用了例 5-114 的 echo 命令。

【例 5-114】

```
[dog@dog wolf]$ echo \$MAIL
$MAIL
```

例 5-114 显示的结果并不是想要的而是$MAIL，这是因为反斜线（\）是逃逸符号，它将恢复紧跟其后的$的原本美元符号的意思。为了要显示\$MAIL 这个字符串本身，试着在 echo 命令中将整个\$MAIL 字符串用双引号括起来，如例 5-115。

【例 5-115】

```
[dog@dog wolf]$ echo "\$MAIL"
$MAIL
```

例 5-115 显示的结果没有任何变化依然是$MAIL，这就说明双引号（"）不能禁止反斜线（\）的功能。于是，又想到了单引号，接下来试着在 echo 命令中将字符串\$MAIL 用单引号括起来，如例 5-116。

【例 5-116】

```
[dog@dog wolf]$ echo '\$MAIL'
\$MAIL
```

例 5-116 显示的结果已经是字符串\$MAIL 了，这就说明单引号（'）可以禁止反斜线（\）的功能。其实，MAIL 变量中存放的是当前用户的邮件所在目录的全路径，可以使用例 5-117 的 echo 命令列出这个变量的值。

【例 5-117】

```
[dog@dog ~]$ echo $MAIL
/var/spool/mail/dog
```

最后，想在屏幕上显示!751 这个字符串，因此试着使用了例 5-118 的 echo 命令。

【例 5-118】

```
[dog@dog wolf]$ echo !751
echo whoami
whoami
```

例 5-118 显示的结果并不是您想要的而是以前的历史命令，因为!751 就是执行第 751 号历史命令。为了要显示!751 这个字符串本身，试着在 echo 命令中将整个!751 字符串用双引号括起来，如例 5-119。

【例 5-119】

```
[dog@dog wolf]$ echo "!751"
echo "whoami"
whoami
```

例 5-119 显示的结果没有任何变化依然是第 751 号历史命令的执行结果，这就说明双引号（"）不能禁止惊叹号（!）的功能。于是，再次想到了单引号，接下来试着在 echo 命令中将字符串!751 用单引号括起来，如例 5-120。

【例 5-120】

```
[dog@dog wolf]$ echo '!751'
!751
```

终于在例 5-120 的显示结果中看到了朝思暮想的!751，这就说明单引号（'）可以禁止惊叹号（!）的功能。

5.13　gnome 终端的一些快捷操作

所谓 gnome 终端（gnome-terminal）就是 Linux 系统的图形界面中的终端仿真器。在 gnome 终端上可以通过选项卡来同时启动或操作多个 shells。gnome 终端提供了更多快捷的操作（快速键）功能。在开启 gnome 终端之后，即可使用这些强大的操作功能，其中包括以下内容。

- Shift+Ctrl+T：开启（创建）一个新的选项卡（终端窗口）。
- Ctrl+PgUp/PgDn：切换到上一个/下一个选项卡。
- Alt+N：切换到第 N 个选项卡。
- Shift+Ctrl+C：复制所选的正文。
- Shift+Ctrl+V：把正文粘贴到提示处。
- Shift+Ctrl+W：关闭一个选项卡（所在的终端窗口）。

提示：

在以上部分中"键 1"+"键 2"+"键 3"表示同时按下这 3 个键，如 Shift+Ctrl+T 表示同时按下 Shift、Ctrl 和 T 3 个键。

以图形界面登录 Linux 系统之后，选择 Applications→System Tools→Terminal 命令，将开启一个 gnome 终端窗口。或者右击 Linux 系统的桌面空白处，在弹出的快捷菜单中选择 Open Terminal 命令也同样可以开启一个 gnome 终端窗口。

除了以上介绍的快捷键之外，Linux 系统还提供了以下快捷键以加快和方便命令编辑工作。它们包括以下内容。

- Ctrl+A：将光标移到命令行的开始处。
- Ctrl+E：将光标移到命令行的结尾处。
- Ctrl+U：删除到命令行的开始处的所有内容。
- Ctrl+K：删除到命令行的结尾处的所有内容。
- Ctrl+箭头：向左或向右移动一个字。

提示：

为了减少篇幅，本书将有关使用 gnome 终端的具体操作步骤放在资源包中的电子书中了。有兴趣的读者可以自己查阅。

5.14　您应该掌握的内容

在学习第 6 章之前，请检查一下您是否已经掌握了以下内容：

- shell 的工作原理。
- 怎样知道系统中有哪些 shells 及目前所使用的 shell？
- 了解常用的 shell 及 bash 的发展过程。
- 利用 type 命令识别 Linux 命令的类型。
- bash 中常用的通配符。
- 怎样在命令中灵活地使用通配符？

- 怎样使用 Tab 键命令行的补齐功能？
- 使用~符号进行目录的切换。
- 了解操作历史命令方法及如何利用快捷键来提高工作效率。
- 了解 bash 变量及大括号{}的用法。
- 如何在 Linux 命令中使用倒引号（`）？
- 怎样使用 Linux 命令和变量进行数学运算？
- 逃逸字符反斜线（\）的用法。
- 熟悉在 Linux 命令中单引号和双引号的用法。
- 熟悉在 gnome 终端（gnome-terminal）中所使用的快捷键。

扫一扫，看视频

第 6 章　输入/输出和管道（|）及相关的命令

在系统默认情况下，shell 从键盘读（接收）命令的输入，并将命令的输出显示（写）到屏幕上。shell 的标准命令输入（Standard Input）或输出（Standard Output）如图 6-1 所示。

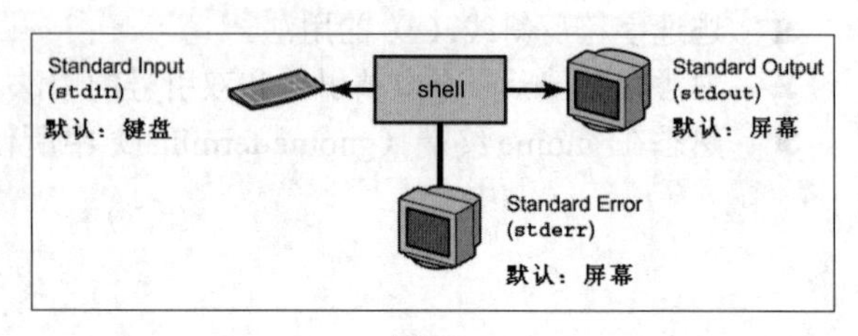

图 6-1

可以在命令行中或 shell 脚本（以后将介绍）中指示 shell 将命令的输入或输出重定向到文件。输入重定向强迫命令从文件中读输入而不是从键盘。输出重定向将命令的输出送到一个文件而不是送到屏幕。当命令产生错误信息时，这些错误信息将被送到标准错误（显示），通常错误信息被送到终端的屏幕上。

6.1　文件描述符与标准输入/输出

shell 创建的每一个进程都要与文件描述符打交道。其实文件描述符就是 Linux 系统内部使用的一个文件代号。文件描述符决定从哪里读入命令所需的输入和将命令产生的输出及错误显示送到什么地方。 以下是文件描述符的进一步解释，其中，0、1 和 2 为文件描述符的号码。

- 0：标准的命令输入，文件描述的缩写为 stdin。
- 1：标准的命令输出，文件描述的缩写为 stdout。
- 2：标准的命令错误（信息），文件描述的缩写为 stderr。

☞ **指点迷津：**

如果读者不清楚什么是进程也不要紧，可以把一个进程看成一段在内存中运行的程序。

所有处理文件内容的命令都是从标准输入读入数据并将输出结果写到标准输出。可能会有读者问："你小子是怎么知道文件描述符号和它们的缩写之间的对应关系的？"其实方法很简单，答案就在您的手下。您可以使用例 6-1 的带有-l 选项的 ls 命令获得想要的这些信息。

【例 6-1】

```
[dog@dog ~]$ ls -l /dev/std*
lrwxrwxrwx. 1 root root 15 Jan 10  2017 /dev/stderr -> /proc/self/fd/2
lrwxrwxrwx. 1 root root 15 Jan 10  2017 /dev/stdin -> /proc/self/fd/0
lrwxrwxrwx. 1 root root 15 Jan 10  2017 /dev/stdout -> /proc/self/fd/1
```

一个简单的 ls 命令就获取了如此重要的信息，在例 6-1 的显示结果中每行的最后面的 fd 是 file descriptor（文件描述符）的缩写。

下面再通过一个例子来进一步解释标准输入/输出。在例 6-2 中首先在系统提示符下输入 cat 命令并按 Enter 键。其中，没有阴影的字是输入的，阴影部分是系统显示的，Ctrl+D 表示同时按键盘上的 Ctrl+D 键，同时按这两个键之后就会退出 cat 命令（控制）。#及其之后的文字都是注释（解释）信息。

【例 6-2】

```
[dog@dog ~]$ cat                      #从标准输入（即键盘）读入信息
Do you sell an adult dog?             #从标准输入（即键盘）读入信息
Do you sell an adult dog?             #将输出写到标准输出（即终端窗口）
No, we just sell a baby dog.          #从标准输入（即键盘）读入信息
No, we just sell a baby dog.          #将输出写到标准输出（即终端窗口）
Ctrl+D                                #从标准输入（即键盘）读入信息
```

现在，您对标准输入/输出的理解是不是更深刻了？如果还没有完全理解也没有关系。可以使用例 6-3 的 ls 命令列出 dog 用户当前目录中所有的目录和文件。

【例 6-3】

```
[dog@dog ~]$ ls -F
babydog/    Desktop/      for_more     lists     mumdog/ unixsql
boydog/     dog.JPG       game.txt     lists~    news    winsql ←— 标准输出
cal3009     flowers.JPG learning.txt    lists200   NewZealand.JPG  wolf/
```

例 6-3 在终端屏幕上显示的结果就是标准输出。接下来使用例 6-4 的 ls 命令列出 dog 用户当前目录中所有以 dog.wolf.开头的文件名（也包括目录名）。

【例 6-4】

```
[dog@dog ~]$ ls -F dog.wolf.*
ls: dog.wolf.*: No such file or directory ←— 标准错误信息
```

例 6-4 在终端屏幕上显示的结果就是标准错误信息，因为在 dog 用户当前目录中就没有以 dog.wolf.开头的文件名或目录。

通过运行例 6-3 和例 6-4 的 Linux 命令，读者应该清楚了什么是标准输出和什么是标准错误信息了。

6.2　使用 find 命令搜索文件和目录

在继续讲解文件描述符的应用之前，先介绍一个在 Linux 或 UNIX 系统中经常要用到的命令——find，因为 6.3 节就会用到这个命令。

可以使用 find 命令在命令的层次结构中定位（找到）文件和目录。find 命令可以使用诸如文件名、文件大小、文件属主、修改时间和类型的条件进行搜寻。find 命令在路径名列表中递归地向下遍历（搜索）目录树以寻找与搜寻条件相匹配的文件。当 find 命令找到了那些与搜寻条件相匹配的文件时，系统将把满足条件的每一个文件显示在终端的屏幕上。find 命令的语法格式如下：

```
find pathnames expressions actions
```

其中，各选项的含义如下。

- pathnames：搜寻起始的绝对路径或相对路径。
- expressions：由一个或多个选项定义的搜寻条件。如果定义了多个选项，find 命令将使用它们逻辑与（and）操作的结果，因此将列出所有满足全部条件的表达式。
- actions：当文件被定位之后需要进行的操作。默认操作是将满足条件的所有路径打印在屏幕上。

在 find 命令中，可以使用如下的条件表达式（expressions）。

- -name 文件名：查找与指定文件名相匹配的文件。在文件名中可以使用元字符（通配符），但是它们要放在双引号之内（" "）。
- -size [+|-]n：查找大小（尺寸）大于+n，或小于-n，或正好等于 n 的文件。在默认情况下，n 代表 512 字节大小的数据块的个数。

- -atime [+|-]n：查找访问时间已经超过+n 天，低于-n 天，或正好等于 n 天的文件。
- -mtime [+|-]n：查找更改时间是在+n 天之前，不到-n 天，或正好在 n 天之前的文件。
- -user loginID：查找属于 loginID 名（用户）的所有文件。
- -type：查找某一类型的文件，如 f（文件）或 d（目录）。
- -perm：查找所有具有某些特定的访问许可位的文件（以后将介绍）。

在 find 命令中，可以使用如下的动作表达式（actions）：

- -exec 命令 {} \;：在每一个所定位的文件上运行指定的命令。大括号{}表明文件名将传给前面表达式所表示的命令。一个空格、一个反斜线（\）和一个分号（;）表示命令的结束。在反斜线（\）与大括号之间必须有一个空格。
- -ok 命令 {} \;：在 find 命令对每个定位的文件执行命令之前需要确认。这实际上就是-exec 命令的交互方式。
- -print：指示 find 命令将当前的路径名打印在终端屏幕上，这也是默认方式。
- -ls：显示当前路径名和相关的统计信息，如 i 节点（inode）数、以 K 字节为单位的大小（尺寸）、保护模式、硬连接和用户。

下面通过一些例子来进一步解释 find 命令的具体用法。例 6-5 的 find 命令是从 dog 用户的家目录（也是当前用户）开始搜寻名为 dog.wolf.baby 的文件。

【例 6-5】

```
[dog@dog ~]$ find ~ -name dog.wolf.baby
/home/dog/wolf/dog.wolf.baby
```

例 6-5 的显示结果表明 dog.wolf.baby 这个文件是存在的，并且存在于 dog 用户的家目录下的子目录 wolf 中。

如果想寻找文件名以 dog.开头并以.baby 结尾的文件（搜寻的起始点还是 dog 用户的家目录），就可以使用例 6-6 的 find 命令。注意由于在文件名中使用了通配符*，所以应该使用双引号将整个文件名括起来。

【例 6-6】

```
[dog@dog ~]$ find ~ -name "dog.*.baby"
/home/dog/wolf/dog.wolf.baby
```

如果在例 6-6 的命令中只将文件名中的*用双引号括起来，又会发生什么情况呢？请看例 6-7 的 find 命令。

【例 6-7】

```
[dog@dog ~]$ find ~ -name dog."*".baby
/home/dog/wolf/dog.wolf.baby
```

如果在例 6-6 的命令中干脆将双引号去掉，又会发生什么情况呢？请看例 6-8 的 find 命令。

【例 6-8】

```
[dog@dog ~]$ find ~ -name dog.*.baby
/home/dog/wolf/dog.wolf.baby
```

从例 6-6、例 6-7 和例 6-8 的显示结果可以看出，即在文件名中含有通配符加不加双引号或加在不同的地方，find 命令查找到的结果都是相同的。不过这里需要指出的是读者最好使用例 6-6 的方法，因为这是标准的语法。其他两种方法并不保证在所有的 UNIX 或 Linux 系统上都能正常工作。

为了后面的演示方便，可以使用例 6-9 的 touch 命令在/home/dog/wolf 目录中创建一个名为 disable_dog.wolf.baby（disable 意思是残疾的）的空文件。

【例 6-9】

```
[dog@dog ~]$ touch /home/dog/wolf/disable_dog.wolf.baby
```

以上命令执行之后系统不会有任何提示。为了确定这个文件确实生成了，可以使用例 6-10 的 ls 命令列出/home/dog/wolf 目录中的所有内容。

【例 6-10】

```
[dog@dog ~]$ ls -F ~/wolf
disable_dog.wolf.baby   dog2.wolf       dog.wolf.baby
dog1.wolf               dog3.wolf       dog.wolf.boy
dog1.wolf.girl          dog3.wolf.boy   dog.wolf.girl
```

例 6-10 显示的结果清楚地表明这个 disable_dog.wolf.baby 文件确实生成了。

项目经理认为这个残疾的狗狼崽子对项目没有任何的用处，于是将这个小生命卖给了武大郎烧饼店（被店里做成了狗肉火烧卖了）。之后他叫您将它的所有记录从系统中去掉，此时您就可以使用例 6-11 的 find 命令来完成领导的重托。

【例 6-11】

```
[dog@dog ~]$ find ~ -name disable_dog.wolf.baby -exec rm {} \;
```

以上命令执行之后系统还是不会有任何提示。为了确定这个文件确实被删除了，可以使用例 6-12 的 ls 命令再次列出/home/dog/wolf 目录中的所有内容。

【例 6-12】

```
[dog@dog ~]$ ls -F ~/wolf
dog1.wolf       dog2.wolf  dog3.wolf.boy  dog.wolf.boy
dog1.wolf.girl  dog3.wolf  dog.wolf.baby  dog.wolf.girl
```

例 6-12 显示的结果清楚地表明 disable_dog.wolf.baby 文件确实不见了。find 命令的功能强大吧？

为了继续演示带有“-ok rm {} \;”参数的 find 命令，可以使用例 6-13 的 touch 命令在/home/dog/wolf 目录中重新创建名为 disable_dog.wolf.baby 的空文件。

【例 6-13】

```
[dog@dog ~]$ touch /home/dog/wolf/disable_dog.wolf.baby
```

之后，就可以使用例 6-14 的 find 命令来完成删除这一文件的操作。这次系统会给出提示信息询问是否确实要删除/home/dog/wolf/dog1.wolf.girl 文件，回答 y 之后按 Enter 键即完成了 disable_dog.wolf. baby 文件的删除操作。

【例 6-14】

```
[dog@dog ~]$ find ~ -name dog1.wolf.girl -ok rm {} \;
< rm ... /home/dog/wolf/dog1.wolf.girl > ? y
```

为了确定这个文件确实被删除了，可以使用例 6-15 的 ls 命令再次列出/home/dog/wolf 目录中的所有内容。

【例 6-15】

```
[dog@dog ~]$ ls -F ~/wolf
dog1.wolf  dog3.wolf      dog.wolf.baby  dog.wolf.girl
dog2.wolf  dog3.wolf.boy  dog.wolf.boy
```

例 6-15 显示的结果再一次清楚地表明 disable_dog.wolf.baby 文件确实不见了。

为了更好地理解后面 find 命令的演示，首先切换到/home/dog/wolf 目录。之后使用例 6-16 的 ls 命令列出当前用户中所有文件和命令的详细信息，其中也包含日期和时间的信息。

【例 6-16】

```
[dog@dog wolf]$ ls -l
total 0
-rw-rw-r--  1 dog dog 0 Dec 12 21:45 dog1.wolf
-rw-rw-r--  1 dog dog 0 Dec 12 21:45 dog2.wolf
```

```
-rw-rw-r--  1 dog dog 0 Dec 12 21:45 dog3.wolf ......
```

使用例 6-17 的 date 命令确认一下当前的日期和时间，以方便进行后面的比较。

【例 6-17】

```
[dog@dog wolf]$ date
Fri Dec 18 18:10:49 CST 2012
```

如果想搜寻在过去的 3 天之内没有修改过的文件，也就是修改的时间大于 3 天的文件，而且是从当前目录开始搜寻的，可以使用例 6-18 的 find 命令。

【例 6-18】

```
[dog@dog wolf]$ find . -mtime +3
./dog2.wolf
./dog3.wolf.boy
./dog3.wolf ......
```

例 6-18 显示的结果表明当前目录中所有的文件在过去 3 天内都没有修改过，这与例 6-16 和例 6-17 的显示结果是一致的，因为文件的修改时间都是 6（18-12=6）天之前。

如果想搜寻在过去的 3 天之内修改过的文件，也就是修改的时间小于 3 天的文件，而且是从当前目录开始搜寻的，可以使用例 6-19 的 find 命令。

【例 6-19】

```
[dog@dog wolf]$ find . -mtime -3
.
```

例 6-19 显示的结果表明当前目录中没有一个文件在过去 3 天内修改过，这也与例 6-16 和例 6-17 的显示结果是一致的，因为文件的修改时间都是 6（18-12=6）天之前。

如果想搜寻在过去的 3 天之内没有访问过的文件，也就是访问的时间大于 3 天的文件，而且是从当前目录开始搜寻的，可以使用例 6-20 的 find 命令。

【例 6-20】

```
[dog@dog wolf]$ find . -atime +3
./dog2.wolf
./dog3.wolf.boy
./dog3.wolf ......
```

例 6-20 显示的结果表明当前目录中所有的文件在过去 3 天内都没有访问过，其实例 6-20 显示的结果与例 6-18 显示的完全一样。

如果想搜寻文件大小大于 20 个数据块的文件，而且是从 dog 的家目录开始搜寻的，可以使用例 6-21 的 find 命令。

【例 6-21】

```
[dog@dog wolf]$ find ~ -size +20
/home/dog/.bash_history    ......
/home/dog/flowers.JPG
/home/dog/dog.JPG
......
/home/dog/NewZealand.JPG
/home/dog/.Trash/dog.JPG
```

例 6-21 的显示结果中以“.”开头的文件是系统的隐含文件，其他的几个大于 20 个数据块的文件都是较大的以.JPG 结尾的图像文件，而且它们都是存在于 dog 的家目录中的。

如果想搜寻文件尺寸小于两个数据块的文件，而且是从 dog 的家目录开始搜寻的，可以使用例 6-22 的 find 命令。

【例 6-22】

```
[dog@dog wolf]$ find ~ -size -2
/home/dog/wolf/dog2.wolf
/home/dog/wolf/dog3.wolf.boy
......
/home/dog/.gnome/gnome-vfs/.trash_entry_cache
/home/dog/.gconf/apps/nautilus/preferences/%gconf.xml
```

从例 6-22 的显示结果可以看出满足搜寻条件的文件相当多，其中有许多以“.”开头的文件，都是系统自动生成的隐含文件。

6.3　将输出重定向到文件中

默认情况下，如果同时产生了标准输出和标准错误信息，它们会同时显示在终端的屏幕上。为了进一步解释以上说明的含义，首先要以普通用户登录 Linux，如 dog 用户。如果不是，切换到普通用户。使用例 6-23 的 find 命令从/etc 目录开始搜寻名为 passwd 的文件。

【例 6-23】

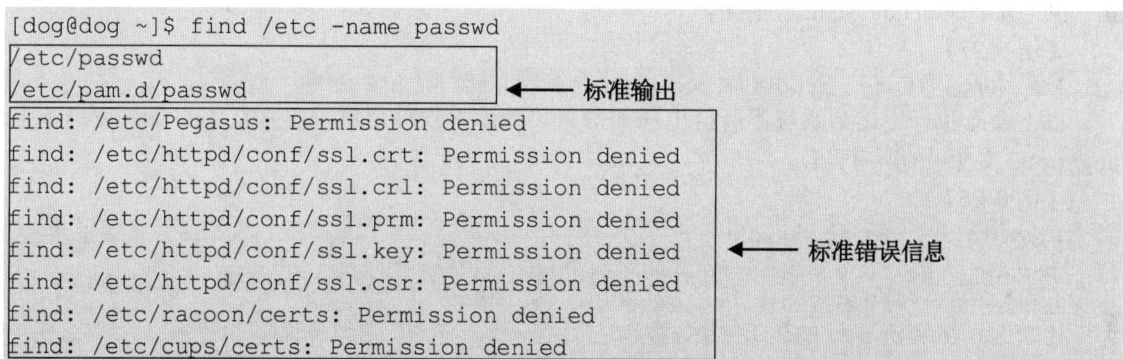
```
[dog@dog ~]$ find /etc -name passwd
/etc/passwd
/etc/pam.d/passwd
find: /etc/Pegasus: Permission denied
find: /etc/httpd/conf/ssl.crt: Permission denied
find: /etc/httpd/conf/ssl.crl: Permission denied
find: /etc/httpd/conf/ssl.prm: Permission denied
find: /etc/httpd/conf/ssl.key: Permission denied
find: /etc/httpd/conf/ssl.csr: Permission denied
find: /etc/racoon/certs: Permission denied
find: /etc/cups/certs: Permission denied
```


例 6-23 的显示结果既包括了标准输出信息也包括了标准错误信息，这是因为普通用户（如 dog 用户）无权访问/etc 下的某些文件或目录造成的。所有的标准输出和标准错误信息同时都显示在终端的屏幕上，看上去是不是有点眼晕？那么有没有办法解决这一问题呢？当然有，其实 Linux 系统早就想到了。那就是**使用输出重定向。输出重定向的符号是：**

（1）>: 覆盖原文件的内容。

（2）>>: 在原文件之后追加内容。

下面还是使用例子来解释以上两个输出重定向符号的用法。以下例子假定您在 dog 的家目录中（只要看到提示信息中的 dog ~就可以确定当前目录是 dog 的家目录）。

狗项目经理觉得现在的狗狼越来越多，其对应的文件也急剧地增加，因此他叫您将所有狗狼的文件的详细目录放到一个文件中，这样他查起来就方便了。为了完成经理大人交给的重任，您首先使用例 6-24 的 ls 命令列出当前目录下 wolf 子目录中的所有文件。

【例 6-24】

```
[dog@dog ~]$ ls -l wolf/*
-rw-rw-r--  1 dog dog 0 Dec 12 21:45 wolf/dog1.wolf
-rw-rw-r--  1 dog dog 0 Dec 12 21:45 wolf/dog2.wolf
-rw-rw-r--  1 dog dog 0 Dec 12 21:45 wolf/dog3.wolf  ......
```

从例 6-24 的显示结果可以看出：这狼还真下了不少的狗崽子和狼崽子，其中有些已经长成了狗小子和狗丫头。确定了 wolf 目录中的文件列表正是您的项目经理所需要的信息之后，您使用了例 6-25 的命令将 wolf 目录中的文件列表写入（重定向输出）到当前目录的 dog_wolf（狗狼）文件中，命令行中的>就是输出重定向符号。

【例 6-25】

```
[dog@dog ~]$ ls -l wolf/* > dog_wolf
```

以上命令执行完之后系统不会给出任何信息，因此要使用例 6-26 的 cat 命令在屏幕上显示 dog_wolf（狗狼）文件中的所有内容。

【例 6-26】

```
[dog@dog ~]$ cat dog_wolf
-rw-rw-r--  1 dog dog 0 Dec 12 21:45 wolf/dog1.wolf
-rw-rw-r--  1 dog dog 0 Dec 12 21:45 wolf/dog2.wolf ......
```

例 6-26 的显示结果表明 wolf 目录中的文件列表的详细信息确实已经写入了 dog_wolf 文件中。如果文件很多，要是将所有的文件列表信息手工输入到一个文件中，这将是一件相当艰苦的工作，而且也容易产生错误。现在利用 Linux 系统提供的输出重定向功能，只需一行简单的命令就可以完成。

受到前面成功的鼓舞，也想试试 Linux 系统提供的另一个输出重定向符号“>>”，看看使用它能不能生成狗项目经理想要的文件。于是，使用例 6-27 的命令再次将 wolf 目录中的文件列表写入（重定向输出）到当前目录的 dog_wolf2 文件中。

【例 6-27】

```
[dog@dog ~]$ ls -l wolf/* >> dog_wolf2
```

以上命令执行完之后系统不会给出任何信息，因此再次使用例 6-28 的 cat 命令在屏幕上显示 dog_wolf2 文件中的所有内容。

【例 6-28】

```
[dog@dog ~]$ cat dog_wolf2
-rw-rw-r--  1 dog dog 0 Dec 12 21:45 wolf/dog1.wolf
-rw-rw-r--  1 dog dog 0 Dec 12 21:45 wolf/dog2.wolf  ......
```

比较例 6-26 和例 6-28 的显示结果，发现它们是一模一样的，这似乎说明“>”和“>>”这两个输出重定向符号没有什么区别，其实这是因为原本文件 dog_wolf 和 dog_wolf2 都不存在，所以对文件的覆盖和追加的效果都是一样的。

当您将所生成的 dog_wolf 文件和其中的内容显示给狗项目经理时，他非常高兴并认为这个文件中的信息已经足够了，但是他让您在这个文件的底部加入生成这些信息的时间，这样会使将来的项目管理变得更加容易，例如可以判断在生成该文件之后是否又有新的小狗出生等。因此您试着使用例 6-29 的命令将当前系统的日期和时间添加到这个文件中。

【例 6-29】

```
[dog@dog ~]$ date > dog_wolf
```

以上命令执行完之后系统同样不会给出任何信息，因此您使用例 6-30 的 cat 命令再次在屏幕上显示 dog_wolf 文件中的所有内容。

【例 6-30】

```
[dog@dog ~]$ cat dog_wolf
Sat Dec 19 13:28:20 CST 2012
```

看了例 6-30 的显示结果您可能会大吃一惊，因为您辛辛苦苦获得的那些有用信息都不见了，而只剩下 date 命令的结果，即目前的系统日期和时间。这也就证明了**输出重定向符号“>”确实要覆盖文件中原有的所有内容。**

好在您高瞻远瞩将这些非常重要的信息还存在了另一个文件 dog_wolf2 中，这样您就不用再重新生成这些信息了。现在试着改用另一个输出重定向符号“>>”来加入目前的日期和时间。于是使用例 6-31 的命令将当前系统的日期和时间添加到 dog_wolf2 文件中。

【例 6-31】

```
[dog@dog ~]$ date >> dog_wolf2
```

以上命令执行完之后系统照样不会给出任何信息，因此再次使用例 6-32 的 cat 命令在屏幕上显示 dog_wolf2 文件中的所有内容。

【例 6-32】

```
[dog@dog ~]$ cat dog_wolf2
-rw-rw-r--  1 dog dog 0 Dec 12 21:45 wolf/dog1.wolf
-rw-rw-r--  1 dog dog 0 Dec 12 21:45 wolf/dog2.wolf
-rw-rw-r--  1 dog dog 0 Dec 12 21:45 wolf/dog3.wolf  ......
Sat Dec 19 13:28:34 CST 2012
```

例 6-32 的显示结果表明输出重定向符号“>>”确实是在文件的末尾处添加上了 date 命令的结果，而且文件中原有的内容依然完好无损。这也证明了**输出重定向符号“>>”确实只在文件中原有的内容之后添加信息。**现在明白了输出重定向符号“>”和“>>”之间的差别了吧？

6.4　重定向标准输出和标准错误（输出信息）

读者应该还记得本章 6.3 节中例 6-23 命令的显示结果将标准输出信息和标准错误信息都显示在了终端的屏幕上。现在您想在屏幕上只显示标准错误信息，而将标准输出重定向输出到一个叫 output.std 的文件中（在当前目录）。于是，使用了例 6-33 的 find 命令。这里的 1 就是标准输出的文件描述符号码，所以 1>output.std 就是将标准输出重定向导出到文件 output.std 中，而且这个文件中原有的内容会被覆盖掉。

【例 6-33】

```
[dog@dog ~]$ find /etc -name passwd 1> output.std
find: /etc/Pegasus: Permission denied
find: /etc/httpd/conf/ssl.crt: Permission denied
......
```

例 6-33 的显示结果中只有错误信息并没有正常的标准输出信息，那么标准输出信息哪里去了呢？它们已经存储到 output.std 文件中了，可以使用例 6-34 的 cat 命令来验证这一点。

【例 6-34】

```
[dog@dog ~]$ cat output.std
/etc/passwd
/etc/pam.d/passwd
```

例 6-34 的显示结果清楚地表明标准输出（也就是 find 命令查找的结果）已经被存储到 output.std 文件中。

其实，输出重定向符号左边的标准输出的文件描述符号码 1 是可以省略的，省略了这个号码并不影响命令的结果，因为 Linux 系统默认的文件描述符号码就是 1（标准输出）。因此您也可以使用例 6-35 的命令将标准输出重定向导出到一个叫 output2.std 的文件中。

【例 6-35】

```
[dog@dog ~]$ find /etc -name passwd > output2.std
find: /etc/Pegasus: Permission denied
find: /etc/httpd/conf/ssl.crt: Permission denied
......
```

同样可以使用例 6-36 的 cat 命令来验证 find 命令的结果（标准输出信息）是否已经存储到 output2.std 文件中了。

【例 6-36】

```
[dog@dog ~]$ cat output2.std
/etc/passwd
/etc/pam.d/passwd
```

其实例 6-35 和例 6-36 的显示结果与例 6-33 和例 6-34 的完全相同，这也进一步证明了即使在输出重定向操作中不使用标准输出文件描述符号码，也会将标准输出的信息导出到指定的文件中。

熟悉了将标准输出信息导出到文件之后，也许想将标准错误信息导出到一个文件中。相信您可能已经猜到了其操作的方法，就是将例 6-33 中的数字 1 改成 2。因此您可以使用**例 6-37 的命令将 find 命令的错误信息导出到 errors.std 文件中（在当前目录）。这里的 2 就是错误信息的文件描述符号。**

【例 6-37】

```
[dog@dog ~]$ find /etc -name passwd 2> errors.std
/etc/passwd
/etc/pam.d/passwd
```

例 6-37 的显示结果只包含了 find 命令搜寻的结果，并未包含错误信息。其实，读者可能已经想到了那就是错误信息已经存放到 errors.std 文件中了。因此使用例 6-38 的 cat 命令来显示 errors.std 文件中存放的所有内容。

【例 6-38】

```
[dog@dog ~]$ cat errors.std
find: /etc/Pegasus: Permission denied
find: /etc/httpd/conf/ssl.crt: Permission denied
......
```

例 6-38 的显示结果表明果真在 errors.std 文件中保存了以上 find 命令的所有错误信息。可能会有读者问，能不能使用一个命令将标准输出和标准错误信息同时导出到两个文件中。当然可以。还是那句老话，只有您想不到的，没有 Linux 做不到的，牛吧？可使用**例 6-39 的命令同时将标准输出导出到文件 output 中，将标准错误信息导出到文件 errors 中。**

【例 6-39】

```
[dog@dog ~]$ find /etc -name passwd 2> errors 1> output
```

以上命令执行完之后系统不会给出任何信息，因此需要分别使用例 6-40 和例 6-41 的 cat 命令来验证一下。

【例 6-40】

```
[dog@dog ~]$ cat errors
find: /etc/Pegasus: Permission denied
find: /etc/httpd/conf/ssl.crt: Permission denied
......
```

【例 6-41】

```
[dog@dog ~]$ cat output
/etc/passwd
/etc/pam.d/passwd
```

现在您可能又改主意了，您想使用一个命令就将标准输出和标准错误信息同时导出到一个文件中而不是两个文件。那又该怎么办呢？您可以使用例 6-42 的命令。下面解释一下这个命令。由于在第 1 个“>”的左边没有任何数字，所以使用默认的 1，因此**> output_errs 也就是将标准输出导出到 output_errs 文件中。2>&1 表示将 2 导出到 1 所指向的文件，也就是将标准错误信息也导出到 1 所指向的文件**

output_errs 中。

【例 6-42】

```
[dog@dog ~]$ find /etc -name passwd > output_errs 2>&1
```

系统执行完以上命令后还是不会给出任何信息，因此您可以使用例 6-43 的 cat 命令列出 output_errs 文件中的所有内容以检验以上命令是否正确执行。

【例 6-43】

```
[dog@dog ~]$ cat output_errs
/etc/passwd
/etc/pam.d/passwd
find: /etc/Pegasus: Permission denied
find: /etc/httpd/conf/ssl.crt: Permission denied
......
```

例 6-43 的显示结果与本章中 6.3 节的例 6-23 的完全相同，这里不再解释。现在您又改主意了，想能不能再简单点，在命令中只使用一个“>”（不过您这主意一会儿一变，看来离成功也只有一步之遥了。据说能成大业者一般都是朝令夕改，没个准谱）。当然没问题，可以使用例 6-44 的命令同样将标准输出和标准错误信息同时导出到一个名为 output_errs2 的文件中。这里的&符号代表了所有的文件描述符（包括了 0、1 和 2）。所以**&> output_errs2 就是将所有的信息都导出到 output_errs2 文件中。**

【例 6-44】

```
[dog@dog ~]$ find /etc -name passwd &> output_errs2
```

系统执行完以上命令后还是不会给出任何信息，因此可以使用例 6-45 的 cat 命令列出 output_errs2 文件中的所有内容以检验以上命令是否正确执行。

【例 6-45】

```
[dog@dog ~]$ cat output_errs2
/etc/passwd
/etc/pam.d/passwd
find: /etc/Pegasus: Permission denied
find: /etc/httpd/conf/ssl.crt: Permission denied
......
```

从例 6-45 的显示结果可以看出例 6-44 的命令与例 6-42 的命令效果是相同的，可以说是殊途同归。

☞ **指点迷津：**

建议不要使用例 6-44 的&>表示法而使用例 6-42 的表示法，因为使用&>表示法可能会在文件中包含一些不需要的信息。

6.5　输入重定向及 tr 命令

介绍完输出重定向和错误（输出信息）重定向之后，接下来介绍输入重定向。重定向标准输入的符号是“<”。Linux 系统的一些命令只能使用标准输入，如 tr 命令。

tr 是 translate 的前两个字符。该命令的功能是转换、压缩和/或删除来自标准输入的字符并将结果写到标准输出上。tr 命令不接受文件名形式的参数，该命令要求它的输入被重定向为某个地方。下面通过一个例子来解释 tr 命令和输入重定向的用法。

在下载的资源包中有 3 个文件，它们分别是 winsql.sql、dept.data 和 emp.data。读者可以利用第 4 章 4.2 节介绍的方法使用 ftp 命令将这些文件发送到 dog 的家目录中，或者使用 4.5 节介绍的 cat 命令直接在

Liunx 操作系统上创建这个文件。

☞ 指点迷津：

如果使用的是 Oracle VM VirtualBox 虚拟机软件，则也可以利用共享文件夹来完成文件在 Windows 操作系统和 Linux 操作系统之间的传输。

以下是 winsql.sql 文件中的内容，其实这个文件是在 Windows 系统上写的一个 Oracle 脚本文件（如果读者没有学习过 Oracle，也没关系，可以在完全不用理解这个 SQL 语句的含义的情况下继续后面的学习）。

```
SELECT EMPNO, ENAME, JOB, SAL, DEPTNO
FROM EMP
WHERE SAL >= 1200
AND JOB <> UPPER('CLERK');
```

由于许多长期在 Windows 系统工作的人倾向于使用大写字母，但是在 UNIX 或 Linux 系统上工作的大虾们有偏爱小写字母的倾向。因此读者可以使用 tr 命令将类似的在 Windows 上开发的脚本文件中的内容直接转换成小写字母，这样看上去就更专业了，因为在 IT 行业内普遍的看法是 UNIX 或 Linux 系统上开发的东西技术含量比 Windows 上的高，尽管有时功能上并没有任何差别。

可以使用**例 6-46 的 tr 命令将 winsql.sql 文件中所有的大写字母转换成小写字母（a～z）。**

【例 6-46】

```
[dog@dog ~]$ tr 'A-Z' 'a-z' < winsql.sql
select empno, ename, job, sal, deptno
from emp
where sal >= 1200
and job <> upper('clerk');
```

原来这么容易就成了 UNIX 大虾了，只需要写一条 tr 命令。要注意例 6-46 的 tr 命令是将输出结果直接显示在终端屏幕上（即标准输出）。如果今后要使用这些 Oracle 的 SQL 语句，则可以使用例 6-47 的 tr 命令将转换后的结果存入 unixsql.sql 文件中。

【例 6-47】

```
[dog@dog ~]$ tr 'A-Z' 'a-z' < winsql.sql > unixsql.sql
```

系统执行完以上命令后还是不会给出任何信息，因此可以使用例 6-48 的 cat 命令列出 unixsql.sql 文件中的所有内容以检验以上命令是否正确执行。

【例 6-48】

```
[dog@dog ~]$ cat unixsql.sql
select empno, ename, job, sal, deptno
from emp
where sal >= 1200
and job <> upper('clerk');
```

可以使用例 6-49 的 cat 命令列出 winsql.sql 文件中的所有内容与 unixsql.sql 文件中的内容进行比较。

【例 6-49】

```
[dog@dog ~]$ cat winsql.sql
SELECT EMPNO, ENAME, JOB, SAL, DEPTNO
FROM EMP
WHERE SAL >= 1200
AND JOB <> UPPER('CLERK');
```

tr 命令的另一个用法是将 DOS 格式的正文文件（以回车符“\r”和换行符“\n”结束一行）转换成 Linux 格式的文件（只用换行符“\n”来结束一行）。您可以使用例 6-50 带有-A 选项的 cat 命令显示

dept.data 文件中的所有内容。

【例 6-50】

```
[dog@dog ~]$ cat -A dept.data
deptno,dname,location^M$
10,ACCOUNTING,NEW YORK^M$
20,RESEARCH,DALLAS^M$
30,SALES,CHICAGO^M$
40,OPERATIONS,BOSTON^M$
```

从例 6-50 的显示结果可以看出 dept.data 文件的行结束符确实是 DOS 的结束符。现在，您可以**使用例 6-51 的 tr 命令删除 dept.data 文件中每行结束符中的\r 符号并将结果存入 dept.data.unix 文件中。**

【例 6-51】

```
tr -d "\r" < dept.data > dept.data.unix
```

系统执行完以上命令后还是不会给出任何信息，因此您可以使用例 6-52 的 cat 命令列出 dept.data.unix 文件中的所有内容以检验以上命令是否正确执行。

【例 6-52】

```
[dog@dog ~]$ cat -A dept.data.unix
deptno,dname,location$
10,ACCOUNTING,NEW YORK$
20,RESEARCH,DALLAS$
30,SALES,CHICAGO$
40,OPERATIONS,BOSTON$
```

从例 6-52 的显示结果可以看出 dept.data.unix 文件的行结束符确实已经变成了 Linux（UNIX）的结束符。

在 tr 命令的参数部分也可以使用 ascii 码字符的八进制表示的数字，如\007 表示警铃。可能有读者问怎样才能知道一个 ascii 码字符所对应的数字呢？您可以使用例 6-53 的 man 命令来获取。为了节省篇幅，这里省略了例 6-53 的显示结果。

【例 6-53】

```
[dog@dog ~]$ man ascii
```

6.6　cut（剪切）命令

可以使用 **cut 命令从一个文件中剪切掉某些正文字段（fields，也就是列）并将它们送到标准输出显示。实际上 cut 命令是一个文件维护的命令**，其语法格式如下：

```
cut [选项]...[文件名]…
```

其中的主要选项包括如下内容。

- -f：说明（定义）字段（列）。
- -c：要剪切的字符。
- -d：说明（定义）字段的分隔符（默认为 Tab）。

下面还是通过一些例子来讲解 cut 命令的具体使用方法。首先，您使用例 6-54 的 cat 命令列出 emp.data 文件中的全部内容（实际上这个文件中的内容是从 Oracle 数据库的默认用户 scott 的 emp 表中导出来的）。为了减少篇幅对输出结果进行了剪裁和压缩。

【例 6-54】

```
[dog@dog ~]$ cat emp.data
```

```
7369    SMITH   CLERK   800     17-DEC-80
7499    ALLEN   SALESMAN        1600    20-FEB-81
7521    WARD    SALESMAN        1250    22-FEB-81
7566    JONES   MANAGER 2975     02-APR-81 ……
```

例 6-54 显示的结果表明 emp.data 文件共有 5 个字段（列），它们之间使用 Tab 字符分隔。如果要进一步确信分隔符是 Tab 字符，可在例 6-54 的 cat 命令中加入-A 参数，在 Linux 系统中 Tab 字符用^I 表示，如果读者感兴趣可以自己试一下。

假设 emp.data 文件中存放的是参与狗项目的员工信息。现在狗项目经理要求您将参与该项目所有人的名单列出来，他要在即将发表在国际一流学术杂志上的一篇论文上列出参与工作的人员名单。狗项目经理学术品德还挺高的，没有把这么高水平的科研成果一个人独吞了。您可以使用例 6-55 的 cut 命令来完成狗项目经理交给您的重任，**其中-f2 表示文件中的第 2 个字段（列）即人名。**

【例 6-55】

```
[dog@dog ~]$ cut -f2 emp.data
SMITH
ALLEN
WARD
......
```

虽然例 6-55 的 cut 命令已经完成了经理交给您的任务，但是这些人名是显示在终端屏幕上。这样以后用起来不方便，于是可以使用例 6-56 的 cut 命令将所获得的人名导到一个名为 name.txt 的正文文件中。

【例 6-56】

```
[dog@dog ~]$ cut -f2 emp.data > name.txt
```

系统执行完以上命令后不会给出任何信息，因此您可以使用例 6-57 的 cat 命令列出 name.txt 文件中的所有内容以检验以上命令是否正确执行。为了节省篇幅，这里省略了输出。

【例 6-57】

```
[dog@dog ~]$ cat name.txt
```

指点迷津：

在例 6-55 和例 6-56 的 cut 命令中并未使用-d 参数指定字段的分隔符，因为 emp.data 中的字段是使用 Tab 字符分隔的，而这正是默认的分隔符。

接下来使用例 6-58 的 cat 命令列出 dept.data 文件中的全部内容（实际上这个文件中的内容是从 Oracle 数据库的默认用户 scott 的 dept 表中导出来的）。

【例 6-58】

```
[dog@dog ~]$ cat dept.data
deptno,dname,location
10,ACCOUNTING,NEW YORK
20,RESEARCH,DALLAS
30,SALES,CHICAGO
40,OPERATIONS,BOSTON
```

例 6-58 显示的结果表明 dept.data 文件共有 3 个字段（列），它们之间使用逗号“,”分隔。如果只想获取部门名（第 2 列），则可以使用例 6-59 的 cut 命令。**注意，这个命令中必须使用-d 选项，因为逗号“,”不是字段的默认分隔符。**

【例 6-59】

```
[dog@dog ~]$ cut -f2 -d, dept.data
Dname
ACCOUNTING
```

```
RESEARCH
SALES
OPERATIONS
```

如果只想显示 dept.data 文件中部门名的前 4 个字符，则可以使用例 6-60 的 cut 命令试一下。**这里 -c4-7 表示从第 4 个字符开始取一直取到第 7 个字符（总共 4 个字符）。**

【例 6-60】

```
[dog@dog ~]$ cut -c4-7 dept.data
tno,
ACCO
RESE
SALE
OPER
```

指点迷津：

其实 Linux 系统的 cut 命令就相当于 Windows 系统的剪切操作。Windows 系统的剪切操作是将剪切的内容放在了剪贴板上，而 Linux 系统的 cut 命令默认是将剪切的内容放在了标准输出上。只不过 Linux 系统的 cut 命令更强大，但是 Windows 系统的剪切操作更简单。

6.7　paste（粘贴）命令

当您掌握了 cut 命令之后，可能会想在 Linux 操作系统中是否也有支持粘贴操作的命令？当然有，那就是 paste（粘贴）命令。该命令的语法格式如下：

```
paste [选项]...[文件名]…
```

paste 命令的功能是将每一个文件中的每一行用 Tab 字符分隔开并顺序地写到标准输出上。如果命令中没有文件名，或文件名使用了“-”，paste 命令将从标准输入读入。可以使用 paste 命令将多个文件合并成一个文件。如果在 paste 命令中使用了-d 选项将更改输出的分隔符（默认分隔符是 Tab 字符）。

您的狗项目经理要给手下人出粮（发工资）了，他要您做一个工资的清单，列出所有员工的人名和工资。您此时想到了刚刚学过的 paste 命令，不过在使用这一命令之前，您还需要做点准备工作。之前您已经生成了一个存放员工名字清单的文件 name.txt，现在您要使用类似的方法生成一个只包含每个员工工资的文件 salary.txt，如例 6-61。

【例 6-61】

```
[dog@dog ~]$ cut -f4 emp.data > salary.txt
```

系统执行完以上命令后不会给出任何信息，因此您可以使用例 6-62 的 cat 命令列出 salary.txt 文件中的所有内容以检验以上命令是否正确执行。

【例 6-62】

```
[dog@dog ~]$ cat salary.txt
800
1600
1250
......
```

如果没有错误，您就可以使用例 6-63 的 paste 命令生成所需的清单 emplist.txt（即**将人名和工资两个文件合并成一个文件**）。

【例 6-63】

```
[dog@dog ~]$ paste name.txt salary.txt > emplist.txt
```

系统执行完以上命令后同样不会给出任何信息，因此您可以使用例 6-64 的 cat 命令列出 emplist.txt 文件中的所有内容以检验以上命令是否正确执行。

【例 6-64】

```
[dog@dog ~]$ cat emplist.txt
SMITH   800
ALLEN   1600
WARD    1250 ......
```

如果您想在人名和工资之间使用逗号“,”作为分隔符，则可以在 paste 命令中加入-d 选项，如例 6-65。因为没有给出输出重定向的文件，所以这个命令的结果将直接写到终端的显示屏上。同样为了节省篇幅，这里还是省略了部分输出。

【例 6-65】

```
[dog@dog ~]$ paste -d, name.txt salary.txt
SMITH,800
ALLEN,1600
WARD,1250  ......
```

细心的读者可能已经发现了 paste 命令实际上进行的是横向合并操作，即合并后的文件宽度增加。那么又怎样进行文件的纵向合并呢？其实您已经做过了，那就是使用“>>”输出重定向符号进行的文件添加操作。

☞ 指点迷津：

其实 Linux 系统的 paste 命令就相当于 Windows 系统的粘贴操作。只不过 Linux 系统的 paste 命令更强大，但是 Windows 系统的粘贴操作更简单。

通过将 Linux 系统的 paste 命令和 cut 命令与 Windows 系统的相关操作进行比较，读者可能已经发现其实 Linux 操作系统与 Windows 操作系统的本质差别不大。通过把两个不同的系统进行比较，从中发现它们的共同或相似之处，这是一种很重要的学习方法。通过这种类比和外推的方法，可以更容易地掌握以前不知道或不理解的知识。下面给出一个生活中的例子来进一步说明类比和外推方法的应用。

科学研究发现现代人的大脑与几万年甚至十几万年前的人类祖先没有什么差别，因此才造成了历史总是惊人的相似这一现象。几乎所有的人都认为选美是伴随现代化通信传播媒体而诞生的新生事物，但是历史学家和考古学家的发现却彻底颠覆了这一观点，选美可以追溯到几千年前人类文明的早期，那就是在集市上拍卖驴马。表 6-1 对选美和拍卖驴马进行了一些简单的对比。通过这些对比，读者可以发现这两件风马牛不相及的事情却有许多极为相似的方面。这是因为人类的大脑几乎是相同的，所以思维也极为相似。

表 6-1

选　美	拍 卖 驴 马
评价五官长相	看牙口（是否健康和年轻）
评价胸围、腰围、臀围	看腰身和臀部（是否健康和年轻）
走台步（看走路的姿态）	拉出来遛遛（看是否有残疾）
唱歌（听声音是否悦耳）	让驴或马叫（听叫声是否洪亮）
评委打分	买家出价
......	......

☞ 指点迷津：

在类比和外推之前，一定要画出边界，因为超出了适用范围的边界的外推可能得出荒谬的结论。

6.8　使用 col 命令将 Tab 转换成空格

在解释 col 命令之前，先使用例 6-66 的带有-A 参数的 cat 命令列出刚刚生成的文件 emplist.txt 中的全部内容。为了节省篇幅，这里只给出了前 3 行的显示输出。

【例 6-66】

```
[dog@dog ~]$ cat -A emplist.txt
SMITH^I800$
ALLEN^I1600$
WARD^I1250$
```

例 6-66 显示结果中的^I 就是 Tab 字符。如果想将 Tab 字符都转换成空格又该怎么办呢？可以使用例 6-67 的带有-x 参数的 col 语句将 Tab 字符都转换成对等的空格。该命令中的-x 参数的功能就是将 Tab 字符都转换成对等的空格。

【例 6-67】

```
[dog@dog ~]$ col -x < emplist.txt > emp.spaces
```

系统执行完以上命令后不会给出任何信息，因此可以使用例 6-68 带有-A 参数的 cat 命令列出 emp.spaces 文件中的所有内容以检验以上命令是否正确执行。

【例 6-68】

```
[dog@dog ~]$ cat -A emp.spaces
SMITH   800$
ALLEN   1600$
......
```

例 6-68 显示的结果清楚地表明所有的分隔符 Tab 已经被转换成了空格。col 命令还有一些其他的特殊用途，但是目前我们所关心的只是这一功能而已。

6.9　使用 sort 命令进行排序

sort 命令是对正文数据进行排序并将结果送到标准输出，但是原始文件中的数据不会发生任何改变。其正文数据既可以来自一个文件，也可以来自另一个命令的输出。sort 命令的语法格式如下：

```
sort [选项]… [文件名]…
```

其中常用的选项如下：

- -r：进行反向排序（降序），r 是 reverse 的第 1 个字母。
- -f：忽略字符的大小写，f 是 folds 的第 1 个字母。
- -n：以数字的顺序进行排序，n 是 numeric 的第 1 个字母。
- -u：去掉输出中的重复行，u 是 unique 的第 1 个字母。
- -t：-t c 表示以字符 c 作为分隔符。
- -k：-k N 表示按第 N 个字段排序；-k N1，N2 表示先按第 N1 个字段排序，当第 1 个字段重复时再按第 N2 个字段排序。

为了进一步详细解释 sort 命令的具体使用方法，需要使用例 6-69 的 cat 命令创建一个名为 test.sort 的文件（可以按个人的兴趣输入一些不同的信息，输入所有的字符之后，在最后一行的开始处按 Ctrl+D 键存盘并退出 cat 命令）。

【例 6-69】

```
[dog@dog ~]$ cat > test.sort
A
C
b
x
d
A
E
f
a
S
u
t
T
S
s
```

接下来，可以使用例 6-70 的 sort 命令对 test.sort 文件中的内容（字母）进行排序并将输出显示在终端的屏幕上。

【例 6-70】

```
[dog@dog ~]$ sort test.sort
a
A
A
b
c
d
E
f
s
S
S
t
T
u
x
```

例 6-70 的显示结果告诉我们 sort 的命令是按 ASCII 码的顺序对字符进行排序的，即小写字母在前大写字母在后。

下面可以使用**例 6-71 的 sort 命令对 test.sort 文件中的内容（字母）进行反向（-r 选项的功能）排序并忽略大小写（-f 选项的功能）和去掉重复行（-u 选项的功能）。**

【例 6-71】

```
[dog@dog ~]$ sort -rfu test.sort
x
u
```

```
t
S
f
E
d
c
b
A
```

为了演示 sort 命令中-t 选项和-k 选项的用法，将使用系统的口令文件/etc/passwd。首先使用例 6-72 的 cat 命令显示该文件中的内容。为了节省篇幅，这里省略了部分输出。

【例 6-72】

```
[dog@dog ~]$ cat /etc/passwd
root:x:0:0:root:/root:/bin/bash
bin:x:1:1:bin:/bin:/sbin/nologin
daemon:x:2:2:daemon:/sbin:/sbin/nologin
adm:x:3:4:adm:/var/adm:/sbin/nologin   ......
uucp:x:10:14:uucp:/var/spool/uucp:/sbin/nologin
operator:x:11:0:operator:/root:/sbin/nologin
games:x:12:100:games:/usr/games:/sbin/nologin
gopher:x:13:30:gopher:/var/gopher:/sbin/nologin
```

从例 6-72 的显示结果可以知道/etc/passwd 中的每个列的分隔符是“:”，而且第 3 列是数字。于是，**使用例 6-73 的 sort 命令对/etc/passwd 中的内容按第 3 列排序（-k3 选项的功能）。其中-t:表示列（字段）之间的分隔符是“:”**。为了节省篇幅，这里同样省略了部分输出。

【例 6-73】

```
[dog@dog ~]$ sort -t: -k3 /etc/passwd
root:x:0:0:root:/root:/bin/bash
htt:x:100:101:IIIMF Htt:/usr/lib/im:/sbin/nologin
uucp:x:10:14:uucp:/var/spool/uucp:/sbin/nologin
operator:x:11:0:operator:/root:/sbin/nologin
bin:x:1:1:bin:/bin:/sbin/nologin
games:x:12:100:games:/usr/games:/sbin/nologin   ......
ftp:x:14:50:FTP User:/var/ftp:/sbin/nologin
daemon:x:2:2:daemon:/sbin:/sbin/nologin
squid:x:23:23::/var/spool/squid:/sbin/nologin   ......
rpc:x:32:32:Portmapper RPC user:/:/sbin/nologin
netdump:x:34:34:Network Crash Dump user:/var/crash:/bin/bash
```

从例 6-73 的显示结果可以发现 sort 命令是以 ASCII 码字符的顺序排序的，因此 100、10 和 11 等都排在了 2 的前面。可以使用**例 6-74 的带有-n 参数的 sort 命令来重新按数字的顺序排序**。为了节省篇幅，这里也省略了部分输出。

【例 6-74】

```
[dog@dog ~]$ sort -t: -k3 -n /etc/passwd
root:x:0:0:root:/root:/bin/bash
bin:x:1:1:bin:/bin:/sbin/nologin
daemon:x:2:2:daemon:/sbin:/sbin/nologin
adm:x:3:4:adm:/var/adm:/sbin/nologin   ......
news:x:9:13:news:/etc/news:
uucp:x:10:14:uucp:/var/spool/uucp:/sbin/nologin
```

```
operator:x:11:0:operator:/root:/sbin/nologin
games:x:12:100:games:/usr/games:/sbin/nologin
gopher:x:13:30:gopher:/var/gopher:/sbin/nologin
ftp:x:14:50:FTP User:/var/ftp:/sbin/nologin
squid:x:23:23::/var/spool/squid:/sbin/nologin
```

最后，可以使用例 6-75 的带有两个-k 参数的 sort 命令对 emp.data 文件中的内容进行排序，其中第 3 列是员工的职位而第 4 列是员工的工资。

【例 6-75】

```
[dog@dog ~]$ sort -k3,4 emp.data
7788    SCOTT   ANALYST 3000    19-APR-87
7902    FORD    ANALYST 3000    03-DEC-81
7876    ADAMS   CLERK   1100    23-MAY-87
7934    MILLER  CLERK   1300    23-JAN-82
7369    SMITH   CLERK   800     17-DEC-80
7900    JAMES   CLERK   950     03-DEC-81
7782    CLARK   MANAGER 2450    09-JUN-81 ……
```

从例 6-75 的显示结果可以发现 sort 命令在按第 2 个 k 参数（第 4 列）排序时，还是有些怪异，并未严格地按数字的大小顺序排序。因为 sort 命令默认是以字符顺序进行排序的。

6.10 使用 uniq 命令去掉文件中相邻的重复行

介绍完 sort 命令之后，下面接着介绍一个相关的命令 uniq。**uniq 命令删除掉一个文件中的相邻重复行**。uniq 命令中经常使用的一些选项如下。

- -c：在显示的行前冠以该行出现的次数。
- -d：只显示重复行。
- -i：忽略字符的大小写。
- -u：只显示唯一的行，即只出现一次的行。

可以使用例 6-76 的 uniq 命令对 test.sort 文件的内容进行 uniq 操作。操作的结果与 cat 命令显示的结果一样，因为 uniq 命令只删除一个文件中的相邻重复行，虽然在 test.sort 文件中有相同的行但它们都是不相邻的。为了节省篇幅，这里省略了输出显示结果。

【例 6-76】

```
[dog@dog ~]$ uniq test.sort
```

接下来，使用例 6-77 的 sort 命令对 test.sort 文件中的内容进行排序并将结果写入 test.sorted 文件中。

【例 6-77】

```
[dog@dog ~]$ sort test.sort > test.sorted
```

系统执行完以上命令后不会给出任何信息，因此可以使用例 6-78 的 cat 命令列出 test.sorted 文件中的所有内容以检验以上命令是否正确执行。

【例 6-78】

```
[dog@dog ~]$ cat test.sorted
a
A
A
b
c
```

```
d
E
f
s
S
S
t
T
u
x
```

现在，可以使用例 6-79 的 uniq 命令来对 test.sorted 文件的内容进行 uniq 操作。

【例 6-79】

```
[dog@dog ~]$ uniq test.sorted
a
A
b
c
d
E
f
s
S
t
T
u
x
```

例 6-79 的显示结果表明 uniq 命令已经去掉了 test.sorted 文件的内容中相邻的重复行。

可以使用**例 6-80 的带有-c 选项的 uniq 命令在对 test.sorted 文件的内容进行 uniq 操作的同时在每行之前显示出该行的重复次数。**

【例 6-80】

```
[dog@dog ~]$ uniq -c test.sorted
      1 a
      2 A
      1 b
      ......
      2 S
      ......
```

也可以使用**例 6-81 的 uniq 命令只显示 test.sorted 中重复的行和重复的次数。其中，-d 参数表示只显示重复行。**

【例 6-81】

```
[dog@dog ~]$ uniq -c -d test.sorted
      2 A
      2 S
```

也可以使用例 6-82 的 uniq 命令只显示 test.sorted 中重复的行和重复的次数的同时忽略大小写。其中，-i 参数表示忽略字符的大小写。

【例 6-82】

```
[dog@dog ~]$ uniq -cid test.sorted
```

```
     3 a
     3 s
     2 t
```

也可以使用**例 6-83 的 uniq 命令只显示 test.sorted 中非重复的行（唯一的行）和重复的次数的同时忽略大小写。其中，-u 参数表示只显示唯一的行。**

【例 6-83】

```
[dog@dog ~]$ uniq -ciu test.sorted
     1 b
     1 c
     1 d
     ......
```

如果读者认真回忆一下 sort 命令，实际上 uniq 命令与 sort -u 命令的结果十分类似。在以上的介绍中，有时为了完成所需的操作，不得不创建一个中间文件。有读者可能会问能不能不使用中间文件，将前一个命令的输出结果直接输入给后一个命令？当然可以，这就是 6.11 节将要介绍的管道（|）操作。

6.11 管道（|）操作

可以**使用管道（|）操作符连接两个（或多个）Linux（或 UNIX）操作系统命令**，其语法格式如下：

```
命令 1 | 命令 2 …
```

系统会将命令 1 的标准输出重定向为命令 2 的标准输入。可以在任何两个命令之间插入一个管道操作符，管道操作符之前的命令将把输出写到标准输出上，而管道符之后的命令将把这个标准输出当作它的标准输入来读入。

其实管道的概念就是来自于生活中的自来水管接头，如图 6-2 所示。所谓的使用管道操作符将两个命令组合起来，就相当于使用水管接头将水龙头与洗车的高压水枪接在一起。如果现在是冬天，还可以先将水龙头过来的水送到热水炉加温后再送到高压水枪，通过水管接头就将 3 个现有的正常工作器械（系统）组合成一个新的功能更强的器械（系统），如图 6-3 所示。

图 6-2　　　　图 6-3

在图 6-3 中，水龙头、热水炉和高压水枪就相当于 Linux（UNIX）的命令，水管（接头）就相当于 Linux 的管道操作符（|）。现在应该清楚管道操作符（|）的概念和工作原理了吧？

指点迷津：

标准错误信息（stderr）并不通过管道传播，即第 1 个命令的错误信息不会传给第 2 个命令，当然第 2 个命令的错误信息也同样不会传给下一个命令等。

如果您是一个 Linux 操作系统的管理员，有时可能需要知道现在正在系统上工作（已经登录）的用户有多少，就可以使用例 6-84 的方式利用管道操作符将 who 与 wc 两个命令组合起来以获取所需的信息。

【例 6-84】

```
[dog@dog ~]$ who | wc -l
2
```

可能有读者想其实也没有必要使用管道操作符，直接使用 who 命令将所有的上机用户都列出来，之后数一下不就行了，何必那么麻烦？实际情况并不像想象的那么简单，因为在实际的生产系统上可能有几百个用户，怎么数？但是使用例 6-84 的方式来获取相应的信息就十分简单了。

如果您现在想知道在 Linux 系统上一共创建了多少用户（包括目前没有登录的用户），那又该怎么办呢？还记得以前介绍的口令文件/etc/passwd 吗？因为在这个文件里每一个用户占一行的记录（也包括系统自动创建的系统用户），所以该文件的记录行数就是用户数。因此，您可以使用例 6-85 的方式利用管道操作符将 cat 与 wc 两个命令组合起来以获取所需的信息。

【例 6-85】

```
[dog@dog ~]$ cat /etc/passwd | wc -l
43
```

如果想知道 Linux 操作系统上的英语字典的词汇量有多少，则可以使用例 6-86 的组合命令来获取准确的数字。

【例 6-86】

```
[dog@dog ~]$ cat /usr/share/dict/words | wc -l
483523
```

另外，如果想使用带有-l 选项的 ls（命令）列出/bin 目录下所有的文件和目录细节，您会发现显示的内容会很多，一屏根本装不下，所以浏览起来很困难。此时就可以使用例 6-87 的命令将 ls 的显示结果通过管道直接送到 more 命令的输入。之后就可以使用之前学习过的方法来浏览整个 ls 命令的显示结果了，当浏览完之后按 q 键退出 more 命令。

【例 6-87】

```
[cat@dog ~]$ ls -lF /bin | more
total 5976
-rwxr-xr-x  1 root root  17260 Oct  7  2006 alsaunmute*
lrwxrwxrwx  1 root root      4 Oct  8 17:40 awk -> gawk*
-rwxr-xr-x  1 root root  15444 Oct  7  2006 basename* ......
--More—
```

还记得在 6.10 节中使用例 6-77 的 sort 命令和例 6-82 的 uniq 命令才完成的操作吗（不但使用了两个命令还生成了一个中间文件 test.sorted）？现在有了管道操作符，就方便多了，您只需使用例 6-88 的一个组合命令就行了，而且也不需要中间文件。是不是方便多了？

【例 6-88】

```
[dog@dog ~]$ sort test.sort | uniq -cid
      3 a
      3 s
      2 t
```

例 6-88 的显示结果与例 6-82 的一模一样，但是命令却简单多了。

如果想获得一张反向排列的所有用户（在系统上已经创建的用户）的清单，就可以使用例 6-89 的命令。其中 cut 命令从/etc/passwd 取出第 1 字段，字段的分隔符为“:”。**系统将 cut 命令的执行结果通过管道送给 sort 命令，sort 命令对这些数据进行反向排序。之后系统再将 sort 命令执行的结果通过管道送给 more 命令，more 命令一屏一屏地显示这些结果。**

【例 6-89】

```
[dog@dog ~]$ cut -f1 -d: /etc/passwd | sort -r | more
xfs
webalizer
vcsa
news ......
--More—
```

进入 more 命令的控制之后，就可以使用曾经学习过的 more 命令的操作来浏览所有的用户名。当操作完成之后，可以按 q 键退出。在例 6-89 的命令中也可以将最后的 more 命令替换成 less 命令，但是一般 UNIX 操作系统不支持 less 命令。

除了以上介绍的管道功能外，还可以在管道操作中加入 xargs 命令，它可以将管道导入的数据转换成后面命令的输入参数列表。这里先解释一下 xargs 的含义，x 是算术运算中的乘号，args 就是 arguments 的缩写，所以 xargs 的含义是产生某个命令的参数。

下面通过例子来进一步解释 xargs 命令的用法。假设狗项目已经与武大郎烧饼店建立了战略合作伙伴关系，现在狗项目经理要将那些残疾的小狗和小狼都卖给该店做成狗肉火烧和狼肉火烧。他让您在系统中删除它们的全部记录。为了演示后面的操作，首先将当前目录切换到/home/dog/wolf 目录，之后使用例 6-90 和例 6-91 的 touch 命令创建 4 个文件。

【例 6-90】

```
[dog@dog wolf]$ touch disable_babyboy.dog disable_babygirl.dog
```

【例 6-91】

```
[dog@dog wolf]$ touch disable_babyboy.wolf disable_babygirl.wolf
```

系统执行完以上两个命令后不会给出任何信息，因此可以使用例 6-92 的 ls 命令列出当前目录中所有以 dis 开头的文件以检验以上命令是否正确执行。

【例 6-92】

```
[dog@dog wolf]$ ls dis*
disable_babyboy.dog   disable_babygirl.dog
disable_babyboy.wolf  disable_babygirl.wolf
```

使用例 6-93 的 cat 命令创建一个名为 delete_disable 的文件，当进入 cat 命令的控制之后分别在 4 行上输入您刚刚创建的文件名，之后按 Ctrl+D 键存盘退出。

【例 6-93】

```
[dog@dog wolf]$ cat > delete_disable
disable_babyboy.dog
disable_babygirl.dog
disable_babyboy.wolf
disable_babygirl.wolf
```

系统执行完以上命令后也不会给出任何信息，因此可以使用例 6-94 的 cat 命令列出 delete_disable 中的所有内容以检验以上命令是否正确执行。

【例 6-94】

```
[dog@dog wolf]$ cat delete_disable
disable_babyboy.dog
disable_babygirl.dog
disable_babyboy.wolf
disable_babygirl.wolf
```

当一切准备就绪之后，就可以**使用例 6-95 的命令一次删除这 4 个文件了**，效率高吧？

【例 6-95】

```
[dog@dog wolf]$ cat delete_disable | xargs rm -f
```

例 6-95 命令的执行过程大致如下：首先 cat 命令列出文件 delete_disable 中的 4 个文件名，每行一个；之后通过管道送入下一个命令，xargs 命令将由管道得来的内容即 4 个文件名转换成下一个命令 rm -f 的参数列表，最后系统执行 rm -f 命令。实际上，经过 xargs 命令的转换，最后一个命令就变成了如下 4 个命令：

（1）rm -f disable_babyboy.dog。

（2）rm -f disable_babygirl.dog。

（3）rm -f disable_babyboy.wolf。

（4）rm -f disable_babygirl.wolf。

系统执行完例 6-95 的命令后还是不会给出任何信息，因此可以使用例 6-96 的 ls 命令列出当前目录中的所有内容以检验以上命令是否正确执行。

【例 6-96】

```
[dog@dog wolf]$ ls -F
delete_disable  dog2.wolf  dog3.wolf.boy  dog.wolf.boy
dog1.wolf      dog3.wolf  dog.wolf.baby  dog.wolf.girl
```

从例 6-96 的显示结果可以看出，全部残疾的狗崽子和狼崽子确实都被处理掉了。

6.12　使用 tee 命令分流输出

如果想将前一个命令的输出结果直接输入给后一个命令，同时还要将前面命令的结果存入一个文件，那又该怎么办呢？可以使用 tee 命令。**tee 命令的功能就是将标准输入复制给每一个指定的文件和标准输出。也有人称 tee 命令为 T 型管道。**

其实 T 型管道的概念就是来自于生活中的自来水管的 T 型接头，如图 6-4 所示。假设 6.11 节说的洗车店是个小本生意，店老板为了节省水钱，在一个公厕的水管阀门上接了一个 T 型接头，将“免费”的水进行了分流，同时接入了洗车的高压水枪和抽水马桶，如图 6-5 所示。

图 6-4　　　　图 6-5

接下来，可以使用 tee 命令来进一步扩充 6.11 节例 6-89 的组合命令的功能，如例 6-97 通过在 sort -r 命令之前和之后加入管道符和 tee 命令的方式将排序之前和之后的数据分别存入 passwd.cut 和 passwd.sort 文件。下面对这个例子中与 tee 命令有关的操作进行一些解释。首先 tee passwd.cut 命令将由管道送过来的数据存入 passwd.cut 文件，同时还通过管道将这些数据送给下一个命令进行处理（sort -r 命令进行反向排序）。tee passwd.sort 命令将由管道送过来的数据（反向排序后的用户名）存入 passwd.sort 文件，同时还通过管道将这些数据送给下一个命令进行处理（more 命令进行分页显示）。

【例 6-97】

```
[dog@dog ~]$ cut -f1 -d: /etc/passwd | tee passwd.cut | sort -r | tee passwd.sort
| more
xfs
webalizer
vcsa
uucp ……
--More—
```

进入 more 命令的控制之后，您就可以使用曾经学习过的 more 命令的操作来浏览所有的用户名。当操作完成之后，可以按 q 键退出。

使用例 6-98 的 ls 命令列出在当前目录中所有以 pass 开头的文件。当确认了 passwd.cut 和 passwd.sort 两个文件已经存在之后，您可以使用 cat 命令分别浏览 passwd.cut 和 passwd.sort 这两个文件，您会发现：passwd.cut 文件中的用户名是没有次序的，因为该文件的数据是在排序之前存入的，但是 passwd.sort 文件中的用户名是按降序排列的，因为该文件的数据是在降序排序之后存入的。

【例 6-98】

```
[dog@dog ~]$ ls -l pass*
-rw-rw-r--  1 dog dog 233 Dec 23 01:12 passwd.cut
-rw-rw-r--  1 dog dog 233 Dec 23 01:12 passwd.sort
```

接下来将介绍怎样利用管道将从 Linux 系统所获取的信息直接以电子邮件的方式发给其他用户。但是在讲解这一功能之前，首先要介绍如何发送电子邮件。

6.13 发送电子邮件

在 Linux 系统上收发邮件都使用一个命令，即 mail 命令。假设您目前是在 dog 用户的家目录（否则要切换到该目录）。下面通过例 6-99 的 mail 命令来解释如何使用 mail 命令发送一个电子邮件给 fox 用户。**在 mail 命令中-s（subject 的第 1 个字母）表示要设定邮件的主题，主题就是放在-s 之后双引号括起来的部分，这部分您可以根据需要随便输入。**fox 为邮件的收件人，他既可以是本机上的用户账号（用户名），也可以是一般邮件地址的格式。在这个例子中 fox 用户是本机用户。按 Enter 键之后光标会停留在下一行的开始处，此时即可输入邮件的内容（从 Hi my little brother 开始一直到 From your big brother 是您要输入的）。如果要结束邮件的内容，按 Enter 键并在新的一行中输入一个点（这个点就表示要结束邮件的内容）并按 Enter 键。之后会出现 Cc:，**Cc 为 Carbon copy 的缩写，意思是复写本（副本），如果在冒号后面输入另一个用户，该邮件副本就可以再寄给这个用户。**在这里您只按 Enter 键即可退出 mail 程序（mail 是 Linux 的外部命令）并返回 Linux 系统。实际上，此时 dog 用户已经将这个主题为 An Urgent Notice 的电子邮件发送给了 fox 用户），如图 6-6 所示。

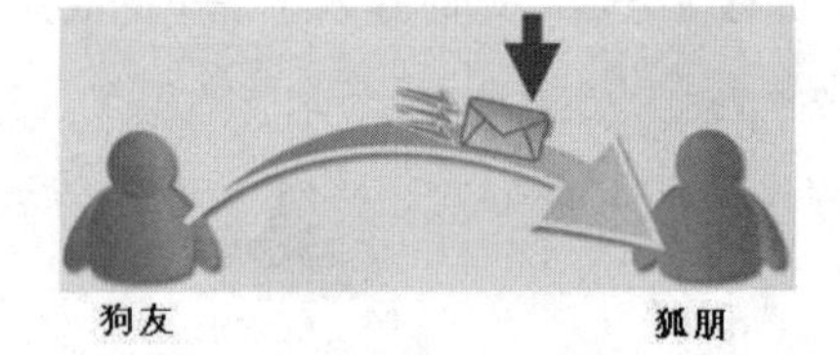

图 6-6

【例 6-99】

```
[dog@dog ~]$ mail -s "An Urgent Notice" fox
Hi my little brother,
Water price will be up very soon. Please wash and clear your clothes
as many as possible now, and store water as much as possible.
strickly confidential
From your big brother
.
Cc:
```

主题的大意是紧急通知。邮件内容部分的大意是：嗨，老弟，水费很快就要涨了。赶紧把能洗的都洗了，尽可能多存点水。最后落款是高度机密，你大哥。看来这对狐朋狗友是生活在社会底层的草根一族，要是有钱佬关心的应该是股价或房价。可真是一对难兄难弟，有啥办法呀！没有钱能省点算点。

下面演示在 Cc:之后输入用户名的例子。这次使用 cat 用户。在 Windows 系统上再开启一个 DOS 窗口，使用 telnet 以 cat 用户登录 Linux 系统。

接下来使用例 6-100 的 mail 命令发给 dog 用户一封电子邮件，其主题是 Water Price Up（水价上调）。为了简单起见，邮件中的内容与例 6-99 中完全一样。但是在 Cc:之后输入 fox。

【例 6-100】

```
[cat@dog ~]$ mail -s "Water Price Up" dog
Hi my little brother,
Water price will be up very soon. Please wash and clear your clothes
```

```
as many as possible now, and store water as much as possible.
strickly confidential
From your big brother
.
Cc: fox
```

当按 Enter 键之后，猫大哥（cat 用户）就将水价上调这封电子邮件同时发送给了他的狐朋（fox 用户）和狗友（dog 用户）。这猫大哥消息还蛮灵通的，而且有情有义，时刻惦念着他的狐朋狗友们。

除了使用刚刚介绍的直接输入邮件内容的方法发送邮件之外，还可以将一个文件的内容以电子邮件直接发送给其他用户。为此，您要先找到要发送的文件。首先您要切换回 dog 用户，您可以使用类似例 6-101 的 ls 命令列出以 ne 开头的全部文件。

【例 6-101】

```
[dog@dog ~]$ ls -l ne*
-rw-rw-r--  1 dog dog 159 Dec  9 13:47 news
```

找到了 news 文件之后，您可以使用例 6-102 的 cat 命令浏览该文件中所存放的内容，看看是不是您所需要的最伟大发现。

【例 6-102】

```
[dog@dog ~]$ cat news
A newest scientific discovery shows that the god is exist.
He is a super programmer,
and he creates our life by written programs with life codes (genes) !!!
```

从例 6-102 的显示结果可以确认这确实是一个惊天动地的伟大发现，原来我们人类苦苦探索了千万年的复杂生命奥秘竟是如此的简单，只不过是上帝他老人家随手写的一段程序代码而已。真是太不可思议了！现在 dog 用户就可以使用例 6-103 的 mail 命令将这一有史以来最伟大的发现发给 fox 用户了。

【例 6-103】

```
[dog@dog ~]$ mail -s "A Great News" fox < news
```

当按 Enter 键之后系统不会显示任何信息，但是这封主题为 A Great News 的电子邮件已经发送给了 fox 用户，邮件的内容就是文件 news 的内容。

在前面的几个例子中，读者已经发出去了好几封电子邮件，现在一定想知道怎样来阅读这些电子邮件吧？

6.14 阅读电子邮件

为了阅读自己的电子邮件，您可以使用例 6-104 的 ls 命令来列出所有用户的邮件箱（存放电子邮件内容的文件）。

【例 6-104】

```
[dog@dog ~]$ ls -l /var/spool/mail
total 104
-rw-rw----  1 cat  mail     0 Nov 13 14:22 cat
-rw-rw----  1 dog  mail   747 Dec 23 13:19 dog
-rw-rw----  1 fox  mail  2233 Dec 23 13:19 fox
-rw-------  1 root root 92575 Dec 23 04:02 root
```

从例 6-104 的显示结果可知 **Linux 操作系统为每一个用户准备了一个邮件箱（文件）以存放用户的电子邮件，其文件名（邮箱）就是用户名，它存放的目录为/var/spool/mail**。接下来就可以使用例 6-105

的 cat 命令来浏览狗邮箱中的全部电子邮件了。

【例 6-105】

```
[dog@dog ~]$ cat /var/spool/mail/dog
From cat@dog.super.com  Wed Dec 23 13:19:19 2012
Return-Path: cat@dog.super.com  ……
Message-Id: 201212230519.nBN5JJ8M003731@dog.super.com
To: dog@dog.super.com
Subject: Water Price Up
Cc: fox@dog.super.com

Hi my little brother,
Water price will be up very soon. Please wash and clear your clothes
as many as possible now, and store water as much as possible.

strickly confidential
>From your big brother
```

例 6-105 显示的结果清楚地表明/var/spool/mail/dog 确实是 dog 用户的邮箱。为了下面的解释方便，我们将要解释的部分用黑框括起来了。显示的第 1 行表明这个邮件是从 cat@dog.super.com（其中@符号之后的是主机名）这个邮件地址发来，时间是 2012 年 12 月 23 日星期三 13 点 19 分 19 秒。带黑框的第 2 行表示这个邮件是发给 dog.super.com 主机上的 dog 用户的，带黑框的第 3 行表示这个邮件的主题是 Water Price Up（水价上调），带黑框的第 4 行表示还将这个邮件的副本发给了 dog.super.com 主机上的 fox 用户。接下来的部分就是电子邮件的内容了。

以上是使用 cat 命令浏览自己的邮箱，我们是否可以使用同样的方法浏览其他用户的邮箱呢？您可以使用例 6-106 的 cat 命令试一下（您现在在 dog 用户下）。

【例 6-106】

```
[dog@dog ~]$ cat /var/spool/mail/fox
cat: /var/spool/mail/fox: Permission denied
```

例 6-106 显示的结果告诉我们，普通用户不能使用 cat 命令浏览其他用户的邮箱（但是 root 用户可以）。尽管狗与狐狸是患难与共的难兄难弟，无话不说，但还是不能浏览这位狐朋邮箱中的任何信息。Linux 系统总是铁面无私忠实地执行自己的职责，什么亲朋好友裙带关系，Linux 系统全都不认，就是按规则（或法律）办事，跟包公转世差不多！

尽管使用 cat 命令可以浏览用户自己的邮箱，但是感觉不太方便，因为每次都要输入长长的文件路径名。那么有没有更简单快捷的方法来查看邮件呢？Linux 操作系统总是想到您的前头，答案是有的，那就是使用 mail 命令。为了演示方便清晰，您使用例 6-107 的 su 命令切换到 fox 用户，在系统的 Password 提示处输入 fox 用户的密码（如果忘了，可以先切换到 root 用户，使用 passwd fox 命令强行修改 fox 用户的密码）。

【例 6-107】

```
[dog@dog ~]$ su - fox
Password:
```

输入例 6-108 的 mail 命令，系统就会显示该用户（fox 用户）的全部邮件。为了解释方便，我们重新列出邮件 3 的相关信息。

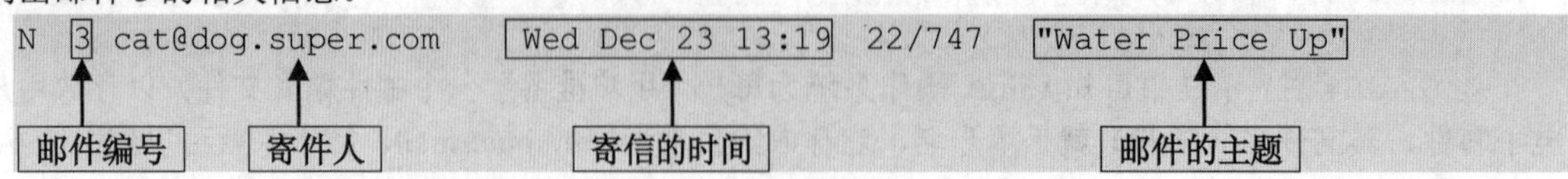

【例 6-108】

```
[fox@dog ~]$ mail
Mail version 8.1 6/6/93.  Type ? for help.
"/var/spool/mail/fox": 3 messages 3 new
>N  1 dog@dog.super.com   Wed Dec 23 01:46  21/765   "An Urgent Notice"
 N  2 dog@dog.super.com   Wed Dec 23 01:50  18/721   "A Great News"
 N  3 cat@dog.super.com   Wed Dec 23 13:19  22/747   "Water Price Up"
& 3
Message 3:
From cat@dog.super.com  Wed Dec 23 13:19:19 2012
Date: Wed, 23 Dec 2012 13:19:19 +0800
From: cat@dog.super.com
……
Hi my little brother,
Water price will be up very soon. Please wash and clear your clothes
as many as possible now, and store water as much as possible.

strickly confidential
>From your big brother
& q
Saved 1 message in mbox
Held 2 messages in /var/spool/mail/fox
```

从例 6-108 的显示结果可以知道该用户的邮箱中一共有 3 封电子邮件。如果您想阅读第 3 封邮件，输入 3 并按 Enter 键，之后系统就会显示第 3 封邮件中的详细内容。当您阅读完这封邮件中的内容之后，您可以使用两种方式中的一种退出 mail 程序的控制，一个是按 q 键之后按 Enter 键，另一个是按 x 键之后按 Enter 键。

如果这次您使用 q 键退出，当退出 mail 程序后系统将显示在 mbox 中存入了一条消息，而在 fox 的邮箱中还有两条消息（因为使用 q 键退出时已经删除了阅读过的第 3 封邮件）。

☞ **指点迷津：**

在新的 Linux 版本中要在&之后输入 d 才能删除刚刚阅读的电子邮件，也可以指定要删除的邮件，甚至指定范围删除多个电子邮件。

6.15 利用管道发送邮件

假设狗友（dog 用户）的狐朋（fox 用户）对狗项目也发生了兴趣，他让 dog 用户帮忙将这个狗项目的清单发给他，可能他也想效法申请一个狐狼杂交的科研项目。为了演示后面的操作，您要首先切换回 dog 用户，之后使用例 6-109 的 cd 命令将当前目录切换到/home/dog/wolf 目录。

【例 6-109】

```
[dog@dog ~]$ cd wolf
[dog@dog wolf]$
```

接下来，您可以使用例 6-110 带有-l 选项的 ls 命令。其实，这个 ls 命令的显示结果就是 fox 用户所需的狗项目清单，您可以利用管道操作符直接将这个清单发送给 fox 用户。

【例 6-110】

```
[dog@dog wolf]$ ls -l
```

```
total 4
-rw-rw-r--   1 dog dog 84 Dec 22 19:07 delete_disable
-rw-rw-r--   1 dog dog   0 Dec 12 21:45 dog1.wolf
-rw-rw-r--   1 dog dog   0 Dec 12 21:45 dog2.wolf
-rw-rw-r--   1 dog dog   0 Dec 12 21:45 dog3.wolf
-rw-rw-r--   1 dog dog   0 Dec 12 21:50 dog3.wolf.boy
-rw-rw-r--   1 dog dog   0 Dec 12 21:46 dog.wolf.baby
-rw-rw-r--   1 dog dog   0 Dec 12 21:46 dog.wolf.boy
-rw-rw-r--   1 dog dog   0 Dec 12 21:46 dog.wolf.girl
```

狐朋

其操作也比较简单，您可以使用例 6-111 的组合命令直接将 ls -l 命令列出的清单通过管道发送给狐朋（fox 用户），邮件的主题是 Dog Project List。

【例 6-111】

```
[dog@dog wolf]$ ls -l | mail -s "Dog Project List" fox
```

当您按 Enter 键之后这封邮件即寄出去，但是系统不会给出任何提示信息。于是您可以使用例 6-112 的 su 命令切换到 fox 用户，在系统的 Password 提示处输入 fox 用户的密码。

【例 6-112】

```
[dog@dog wolf]$ su - fox
Password:
```

进入 fox 用户之后，使用例 6-113 的 mail 命令查看 fox 用户的邮件。您可以发现在邮箱里确实多了一封编号为 3 的新邮件，邮件的主题就是 Dog Project List（狗项目清单）。如果您想阅读第 3 封邮件，输入 3 并按 Enter 键，之后系统就会显示第 3 封邮件中的详细内容，果然邮件的内容就是 fox 用户所需要的狗项目清单。当您阅读完这封邮件中的内容之后，您就可以输入小写的 q 或者 x 退出 mail 命令。利用管道来发送邮件方便吧？

【例 6-113】

```
[fox@dog ~]$ mail
Mail version 8.1 6/6/93.  Type ? for help.
"/var/spool/mail/fox": 3 messages 1 new 3 unread
 U  1 dog@dog.super.com     Wed Dec 23 01:46  22/775   "An Urgent Notice"
 U  2 dog@dog.super.com     Wed Dec 23 01:50  19/731   "A Great News"
>N  3 dog@dog.super.com     Wed Dec 23 20:21  24/978   "Dog Project List"
& 3
Message 3:
From dog@dog.super.com  Wed Dec 23 20:21:43 2012
Date: Wed, 23 Dec 2012 20:21:43 +0800
From: dog dog@dog.super.com
To: fox@dog.super.com
Subject: Dog Project List

total 4
-rw-rw-r--  1 dog dog 84 Dec 22 19:07 delete_disable
-rw-rw-r--  1 dog dog  0 Dec 12 21:45 dog1.wolf
-rw-rw-r--  1 dog dog  0 Dec 12 21:45 dog2.wolf
-rw-rw-r--  1 dog dog  0 Dec 12 21:45 dog3.wolf
-rw-rw-r--  1 dog dog  0 Dec 12 21:50 dog3.wolf.boy
-rw-rw-r--  1 dog dog  0 Dec 12 21:46 dog.wolf.baby
```

```
-rw-rw-r--  1 dog dog  0 Dec 12 21:46 dog.wolf.boy
-rw-rw-r--  1 dog dog  0 Dec 12 21:46 dog.wolf.girl

&
```

6.16　您应该掌握的内容

在学习第 7 章之前，请检查一下您是否已经掌握了以下内容：

- 什么是标准输入/输出及标准错误信息？
- 文件描述符与标准输入/输出及标准错误信息的关系。
- 怎样利用 find 命令搜索文件和目录？
- 怎样在所定位的文件上运行指定的命令？
- 怎样将输出重定向到文件中？
- 重定向标准输出和标准错误。
- 重定向符号>和>>的区别。
- 怎样将输入重定向？
- tr 命令的功能与用法。
- cut（剪切）命令的用法。
- paste（粘贴）命令的用法。
- 怎样使用 sort 命令进行排序？
- 怎样使用 uniq 命令去掉相邻的重复行？
- 怎样使用管道（|）将独立而简单的命令组合成功能更强的命令？
- 怎样使用 tee 命令分流输出？
- 怎样使用 mail 命令发送电子邮件？
- 怎样将一个文件的内容以电子邮件直接发送给其他用户？
- 怎样利用 cat 命令阅读电子邮件？
- 怎样利用 mail 命令阅读电子邮件？
- 怎样利用管道发送邮件？

第 7 章　用户、群组和权限

本章将介绍 Linux 系统的用户、群组和文件的访问权限等概念，并讲解怎样浏览和变更文件的访问权限。在本章中还要介绍默认权限的概念。

7.1　Linux 系统的安全模型

首先，**作为一个安全系统的重要功能之一就是只允许那些授权的用户登录该系统，而阻止那些未经授权的用户登录（进入）这一系统。其次，登录该系统的用户只能访问（操作）那些他有权访问（操作）的文件和资源**。那么在 Linux 操作系统中又是怎样做到这些的呢？Linux 操作系统采用了如下措施：

- 用户登录系统时必须提供用户名和密码（用户是由 root 用户创建的，最初的密码也是 root 用户设定的）。
- 使用用户和群组来控制使用者访问文件和其他资源的权限。
- 系统上的每一个文件都一定属于一个用户（一般该用户就是文件的创建者）并与一个群组相关。
- 每一个进程都会与一个用户和群组相关联。可以通过在所有的文件和资源上设定权限来只允许该文件的所有者（创建者）或者某个群组的成员访问它们。

虽然主要由系统管理员（root 用户）来维护一个系统的安全，但是普通用户在保证系统安全方面也扮演着重要的角色。

7.2　用户（Users）及 passwd 文件

用户的概念是在计算机发展的早期引入的，当时计算机是非常庞大和昂贵的系统。在计算机系统上创建用户的目的就是允许许多人可以共享这一十分昂贵的计算机系统。Linux 系统继承了 UNIX 操作系统的传统，继续使用用户（Users）这一机制来进行系统的管理和维护。在 Linux 操作系统中，用户（Users）具有如下特性：

- **系统中的每一个用户（User）都有一个唯一的用户标识符（号码），即 uid（user identifier 的缩写），uid 0 为 root 用户的标识符（号码）。**
- 所有的用户名和用户标识符（号）都被存放在根目录下的/etc/passwd 文件中。
- 在口令文件中还存放了每个用户的家目录，以及该用户登录后第一个执行的程序（通常是 shell，在 Linux 系统中默认是 bash。但是在 SUN 的 Solaris 上默认为 ksh）。
- **如果没有相应的权限，就不能读、写或执行其他用户的文件。**

下面解释/etc/passwd（口令）文件中所存信息的具体含义，为此使用例 7-1 的 more 命令一屏一屏地显示这个文件中的内容。为了节省篇幅，这里只截取了部分的显示输出。

【例 7-1】

```
[dog@dog ~]$ more /etc/passwd
root:x:0:0:root:/root:/bin/bash
bin:x:1:1:bin:/bin:/sbin/nologin    ……
dog:x:500:500:dog:/home/dog:/bin/bash
cat:x:501:501::/home/cat:/bin/bash
```

```
fox:x:502:502::/home/fox:/bin/bash
```

在这个口令文件中，第一个记录就是 root 用户的。这个文件的最后储存了曾经创建的 3 个用户 dog、cat 和 fox 的信息。**/etc/passwd 这个文件储存了所有用户的相关信息，该文件也被称为用户信息数据库（Database）。读者不要一见到数据库就感到紧张，其实任何存放数据的东西都可以称为数据库（甚至文件柜、装卡片的盒子等）。**在文件中，每一个用户都占用一行记录，并且利用冒号分隔成 7 个字段（列），如图 7-1 所示。

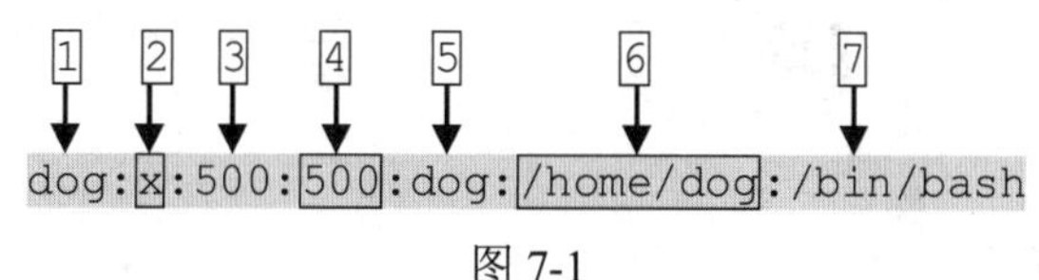

图 7-1

以下顺序地逐个解释每个字段（列）的具体含义：

（1）第 1 个字段（列）记录的是这个用户的名字（在创建用户时 root 用户起的）。

（2）**第 2 个字段（列）如果是 x，表示该用户登录 Linux 系统时必须使用密码**，也就是使用了所谓的影子密码（隐藏密码）；**如果为空，则该用户在登录系统时无须提供密码。**

（3）第 3 个字段（列）记录的是这个用户的 uid。

（4）第 4 个字段（列）记录的是这个用户所属群组的 gid。

（5）第 5 个字段（列）记录的是有关这个用户的注释信息（如全名或通信地址）。

（6）第 6 个字段（列）记录的是这个用户的家目录的路径。

（7）第 7 个字段（列）记录的是这个用户登录后，第一个要执行的进程。

下面通过例子来进一步详细地解释/etc/passwd 这个文件中第 2 个字段的功能。首先在 Windows 下开启一个 DOS 窗口，使用 telnet 与 Linux 系统建立连接。在 login 处输入 cat（以猫用户登录），在 Password 处输入 miao（猫用户的密码）以完成登录 Linux 系统，如例 7-2。

【例 7-2】

```
login: cat
Password:
Last login: Wed Dec 23 13:18:15 from 192.168.137.1
```

登录之后将出现[cat@dog ~]$的系统提示信息，可以使用例 7-3 的 whoami 命令进一步确定当前的用户是否是 cat，如图 7-2 所示。

【例 7-3】

```
[cat@dog ~]$ whoami
cat
```

由于接下来要修改/etc/passwd 文件中的内容，所以要以 root 用户的身份登录。这次使用图形界面登录，其具体操作步骤如下：

（1）在 Username 处输入 root，之后输入 root 用户的密码来完成登录，如图 7-3 所示。

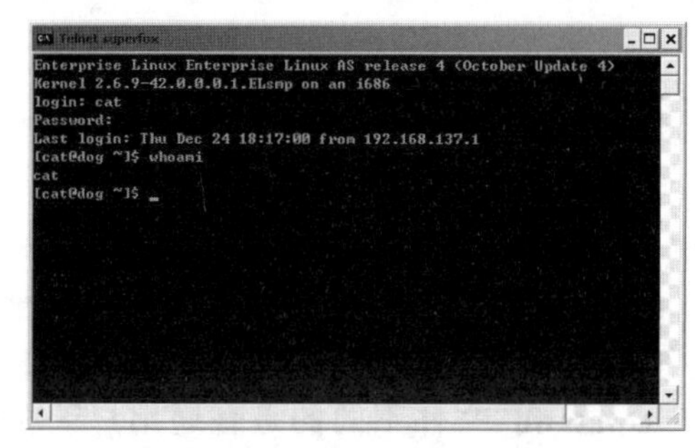

图 7-2

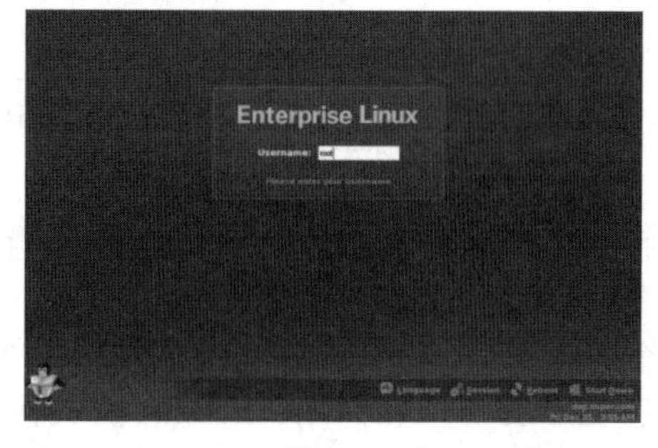

图 7-3

（2）在 Linux 系统的桌面上双击 Computer 图标→双击 Filesystem 图标→双击 etc 图标→双击 passwd 图标打开/etc/passwd 文件，如图 7-4 所示。

（3）此时是使用 gedit 编辑器打开/etc/passwd 文件的，将光标移到倒数第 2 行的第 2 列，删除 x 之后单击编辑窗口上部的 Save 图标存盘，如图 7-5 所示。

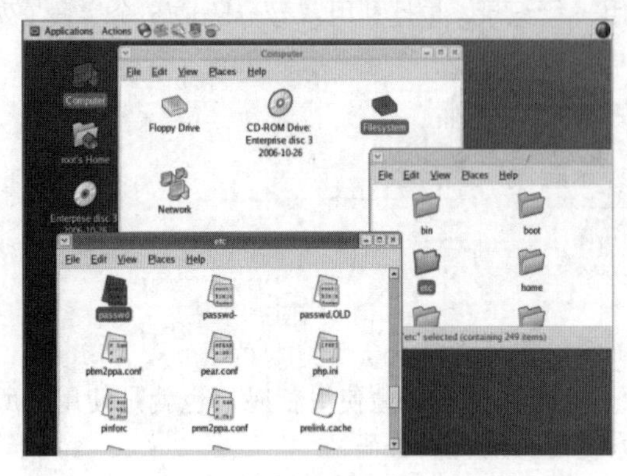

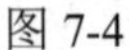
图 7-4

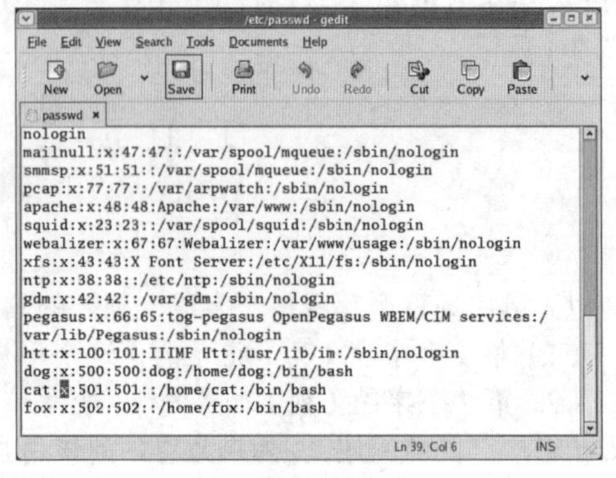

图 7-5

（4）选择 File→Quit 命令退出 gedit 编辑器，如图 7-6 所示。

（5）按 Ctrl+Alt+F1 键启动一个虚拟终端（也可以使用 telnet 登录）。在 login 处输入 cat，系统会立即登录而不会像例 7-2 那样要求您输入 Password 了。之后您同样可以使用 whoami 命令来验证当前用户是否是 cat，如图 7-7 所示。

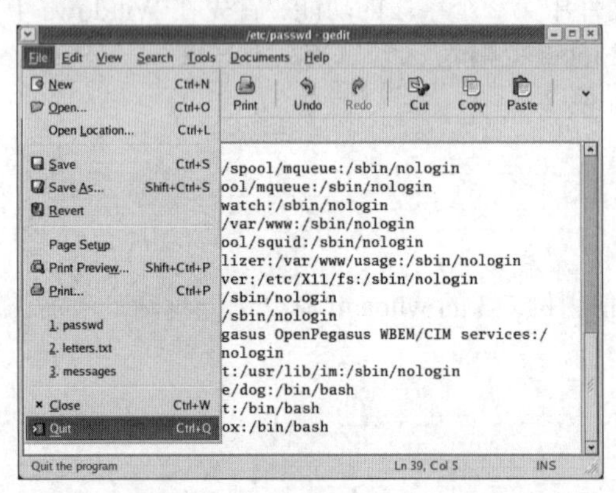

图 7-6

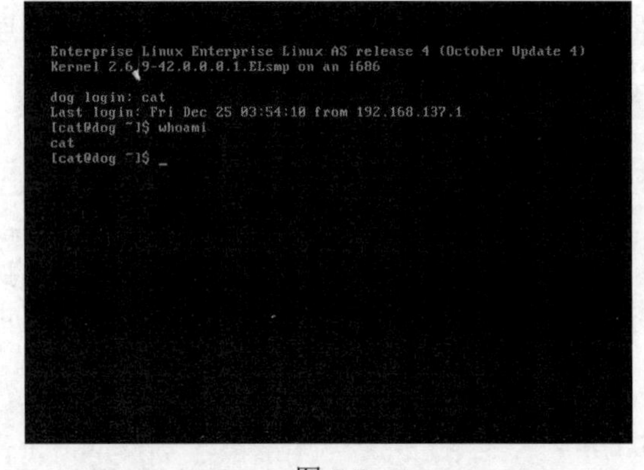

图 7-7

现在明白了/etc/passwd 文件中第 2 个字段的妙用了吧？问题是现在操作完之后想回到 Linux 的图形桌面，又该怎么办呢？还记得吗？按 Ctrl+Alt+F7 键就回到了图形终端。

7.3 shadow（影子）文件

通过 7.2 节的学习读者对/etc/passwd 文件已经很熟悉了，但是可能还是有疑惑，那就是真正的密码存放在了什么地方？显然没有存放在/etc/passwd 文件中，因为在这个文件中有关密码的第 2 列只能表示在一个用户登录时需要提供密码（x）或不需要提供密码（空）。**为了系统的安全，Linux 系统将真正的密码存在了另一个名为/etc/shadow 的文件中了，与/etc/passwd 文件不同的是普通用户无权访问/etc/shadow 这个文件。**

/etc/shadow 这个文件存储了所有用户的密码，每一个用户占用一行记录，该文件实际上就是存放用户密码的数据库（Database）。假设当前用户为 cat（也可以是其他的普通用户，如 dog），您可以试着使用类似例 7-4 的命令来浏览/etc/shadow 文件。

【例 7-4】

```
[cat@dog ~]$ tail -5 /etc/shadow
tail: cannot open '/etc/shadow' for reading: Permission denied
```

例 7-4 的显示结果告诉我们，因为没有相应的权限，所以不能打开/etc/shadow 这个文件。现在切换到 root 用户，之后使用例 7-5 的 tail 命令来浏览/etc/shadow 文件。

【例 7-5】

```
[root@dog ~]# tail -4 /etc/shadow
htt:!!:14525:0:99999:7:::
dog:$1$FLAQ3m6z$h0LSBoVSwpyQhQkaJfPsW0:14561:0:99999:7:::
cat:$1$wgjVOCA2$ggKjUQtmqA/7WTjtToAw4.:14561:0:99999:7:::
fox:$1$iMj6Ei8G$jy0V8FRrdl7rkyZ6slVyx/:14600:0:99999:7:::
```

在/etc/shadow 文件中每个字段（列）也是由冒号分隔，其中第 1 个字段（列）也是用户名，它是与/etc/passwd 文件中的内容相对应的。第 2 列则是密码，这个密码是经过 MD5 加密算法加密过的密码。如果密码以1开头，则表示这个用户已经设定了密码。如果密码以!!开头，则表示这个用户还没有设定密码。许多 Linux 书上也是这么解释的。

指点迷津：

在 Oracle Linux 6 或 Oracle Linux 7 操作系统上密码的默认加密算法已经改为 SHA512 并且加密后的密码是以6开头而且长了许多。

细心的读者可能已经发现了有点不对劲，按以上的说法又怎么解释 cat 用户呢？因为在 7.2 节的例子中经过您的艰苦努力，使 cat 用户登录 Linux 系统已经不需要密码了。为了使读者进一步了解其中的奥秘，这里通过一组例子来详细地解释其中的原委。

首先，您要使用例 7-6 的 useradd 命令（该命令以后将详细介绍），在 Linux 系统中添加一个名为 pig 的新用户。

【例 7-6】

```
[root@dog ~]# useradd pig
```

系统不会给出任何有关该命令执行成功与否的信息，因此需要使用例 7-7 的 tail 命令浏览/etc/passwd 文件以确定 pig 用户是否已经存在于系统中。

【例 7-7】

```
[root@dog ~]# tail -3 /etc/passwd
cat::501:501::/home/cat:/bin/bash
fox:x:502:502::/home/fox:/bin/bash
pig:x:503:503::/home/pig:/bin/bash
```

看到例 7-7 的显示结果您就可以放心了，因为/etc/passwd 文件中的最后一行记录就是刚刚创建的 pig 用户的信息。接下来再使用例 7-8 的 tail 命令查看/etc/shadow 文件。

【例 7-8】

```
[root@dog ~]# tail -3 /etc/shadow
cat:$1$wgjVOCA2$ggKjUQtmqA/7WTjtToAw4.:14561:0:99999:7:::
fox:$1$iMj6Ei8G$jy0V8FRrdl7rkyZ6slVyx/:14600:0:99999:7:::
pig:!!:14602:0:99999:7:::
```

对比例 7-8 的显示结果中 cat 用户和 pig 用户第 2 列的信息，您会发现 pig 用户的密码才符合我们对在/etc/shadow 文件中密码字段的解释。实际上，cat 用户应该理解成它的密码是空值，这样更准确一些。

为了进一步加深理解，您可以分别使用例 7-9 和例 7-10 的带有-S（注意，S 是大写）选项的 passwd 命令先后列出 cat 和 pig 用户密码的状态。

【例 7-9】

```
[root@dog ~]# passwd -S cat
Password set, MD5 crypt.
```

如果是 Oracle Linux 6 或 Oracle Linux 7 密码是使用的 SHA512 加密算法，其显示为：

```
cat PS 2017-01-05 0 99999 7 -1 (Password set, SHA512 crypt.)
```

【例 7-10】

```
[root@dog ~]# passwd -S pig
Password locked.
```

如果是 Oracle Linux 6 或 Oracle Linux 7 密码是使用的 SHA512 加密算法，其显示为：

```
pig LK 2017-01-11 0 99999 7 -1 (Password locked.)
```

例 7-9 的显示结果清楚地表明 cat 是使用了 MD5 的加密算法设置了密码（只不过现在是空的而已）。而例 7-10 的显示结果告诉我们 pig 的密码是锁住的。这又是什么意思呢？

下面可以通过例子来了解其中的含义，您可以使用 pig 用户利用 telnet 登录 Linux 系统，在 login 处输入 pig，在 Password 处随便输入些字符（因为您根本就没设置过密码），之后会出现登录不正确的提示信息，如例 7-11 所示。

【例 7-11】

```
login: pig
Password:
Login incorrect
```

为了能使 pig 用户登录 Linux 系统，您切换到 root 用户并试着使用例 7-12 带有-u 选项的 passwd 命令为 pig 用户解锁。

【例 7-12】

```
[root@dog ~]# passwd -u pig
Unlocking password for user pig.
passwd: Unsafe operation (use -f to force).
```

结果是以上命令没玩活，但是根据例 7-12 的显示提示信息您已经知道了还应该加上 f 选项（有时利用系统的错误提示信息就可以知道下一步要做的操作，这也是管理和维护系统时常用的一个小技巧）。于是使用例 7-13 的 passwd 命令再次试着将 pig 用户解锁。

【例 7-13】

```
[root@dog ~]# passwd -uf pig
Unlocking password for user pig.
passwd: Success.
```

这回灵了。既然 pig 用户的锁已经解开，您就可以使用 pig 用户登录 Linux 系统了，当您在 login 处输入 pig 并按 Enter 键之后就立即登录了 Linux 系统，系统不会要求您输入 pig 用户的密码，如例 7-14。

【例 7-14】

```
login: pig
```

接下来，您可以使用例 7-15 的 whoami 命令确认一下当前的用户是不是 pig 用户。

【例 7-15】

```
[pig@dog ~]$ whoami
pig
```

其实这样做是非常危险的，因为任何知道 pig 用户名的用户都可以登录 Linux 系统并与其他普通用户一样可以在系统上进行操作。**一般没有极为特殊的需要，任何用户都必须设定密码。那么如果需要某个用户不使用密码就可以登录的话，作为操作系统管理员（root 用户）您必须对该用户的操作进行严格的限制，以防止危害整个系统的安全。**

那么您可能会问怎样限制这些用户的操作呢？以下通过限制 pig 用户在登录 Linux 系统之后只能使用 more 命令浏览某个文件的例子来演示其具体的操作方法。

首先用例 7-16 的 ls 命令找到要浏览的文件，这里使用 dog 家目录中的 learning.txt 文件。

【例 7-16】

```
[root@dog ~]# ls -l /home/dog/le*
-rw-r--r--  1 dog dog 4720 Dec  7 13:36 /home/dog/learning.txt
```

确定 learning.txt 文件存在之后，使用例 7-17 的 cp 命令将该文件复制到 pig 的家目录中。

【例 7-17】

```
[root@dog ~]# cp /home/dog/learning.txt /home/pig/
```

接下来使用例 7-18 的 ls 命令验证一下以上的复制是否成功。

【例 7-18】

```
[root@dog ~]# ls -l /home/pig
total 8
-rw-r--r--  1 root root 4720 Dec 25 06:08 learning.txt
```

使用在 7.2 节中所介绍的编辑/etc/passwd 文件的方法再次编辑这个文件，将最后一行 pig 用户记录的最后一个字段改成 more learning.txt，如例 7-19。存盘退出 gedit 编辑器。

【例 7-19】

```
pig:x:503:503::/home/pig:more learning.txt
```

在另一个 telnet 窗口（或终端窗口）重新以 pig 用户登录 Linux 系统。当您在 login 处输入 pig 并按 Enter 键之后，系统将立即执行 more learning.txt 命令，如例 7-20。

【例 7-20】

```
login: pig
Last login: Fri Dec 25 06:10:55 from 192.168.137.1
Cognitive Learning
......
Individuals engage in a learning process while acquiring new knowledge, which in
l knowledge state. Teaching facilitates the learning process (Reif, 2008).
--More--(29%)
```

现在，就可以使用曾经学过的手艺使用 more 所提供的功能来浏览 learning.txt 这个文件。如果按 q 键将直接退出 Linux 操作系统，如例 7-21。由于您是使用 telnet 登录的 Linux 系统，所以直接退回到 DOS 操作系统。

【例 7-21】

```
失去了跟主机的连接。
C:\Documents and Settings\Administrator>
```

这样做是不是更安全一些，因为这个用户除了浏览所需的文件之外什么也干不了。现在您对/etc/shadow 文件中每个记录的第 2 列和/etc/passwd 文件中每个记录的最后一列的含义应该更加清楚了吧？

提示：

当以上操作完成后，您最好将/etc/passwd 文件中最后一行的 pig 记录的最后一列改回为原来的/bin/bash 以方便后面的操作。

7.4 groups（群组）及 group 和 gshadow 文件

与其他 UNIX 系统相同，**为了使用用户共享文件或其他资源的方便，在 Linux 操作系统中也引入了群组（groups）的功能。Linux 系统中群组（groups）具有如下特性：**

- **Linux 系统中，每一个用户都一定隶属于至少一个群组（group），而每一个群组（group）都有一个 group（群组）标识符（号码），即 gid。**
- 所有的群组和对应的 gids 都存放在根目录下的/etc/group 文件中。
- Linux 系统在创建用户时为每一个用户创建一个同名的群组（group）并且把这个用户加入到该群组中，也就是说每个用户至少会加入一个与他同名的群组中，并且也可以加入到其他的群组中。加入到其他群组的目的是获取适当的权限来访问（存取）特定的资源。
- 如果有一个文件属于某个群组，那么这个群组中所有的用户都可以存取这个文件。

接下来进一步解释 group 和 gshadow 文件。这两个文件都存放在根目录下的/etc 子目录中。您首先要使用 su 命令切换到 root 用户，可以使用 more 命令列出/etc/group 文件中的全部内容，如例 7-22。为了节省篇幅，这里只保留了相关部分的输出。

【例 7-22】

```
[root@dog ~]# more /etc/group
root:x:0:root
bin:x:1:root,bin,daemon
daemon:x:2:root,bin,daemon
sys:x:3:root,bin,adm  ......
fox:x:502:
pig:x:503:
```

/etc/group 文件中的第 1 行记录就是 root 群组的，之后有很多系统预设群组的记录。在这个文件的最后是之前创建的几个普通群组，也包括了 pig 群组。

/etc/group 文件存放了 Linux 系统中所有群组的信息，它实际上就是一个存放群组信息的数据库（Database）。在/etc/group 文件中，每一个群组（group）占用一行记录。每一个记录被冒号分隔成 4 个字段（列）。以下顺序地逐个解释每个字段（列）的具体含义：

（1）第 1 个字段是这个群组的名字。

（2）第 2 个字段中的 x 表示这个群组在登录 Linux 系统时必须使用密码。

（3）第 3 个字段记录的是这个群组的 gid。

（4）第 4 个字段记录的是这个群组里还有哪些其他的成员（以后将介绍）。

与处理用户密码的方式如出一辙，为了系统的安全，Linux 系统将真正的群组（group）密码也存放在了另一个名为/etc/gshadow 的文件中，与/etc/group 文件不同的是普通用户也无权访问/etc/gshadow 这个文件。现在，您可以使用 more 命令（也可以使用 less 命令）列出/etc/gshadow 文件中的全部内容，如例 7-23。为了节省篇幅，这里只保留了相关部分的输出。

【例 7-23】

```
[root@dog ~]# more /etc/gshadow
root:::root
bin:::root,bin,daemon  ......
fox:!::
pig:!::
```

在/etc/gshadow 文件中，每一个群组都占用一行记录，每一列用冒号分隔，其中第 1 列就是群组名，这个文件中的内容是与/etc/group 文件中一一对应的，第 2 列是经过加密算法加密过的密码。

☞ **指点迷津：**

在 Linux 或 UNIX 的实际应用中，一般很少为群组设定密码。

为了后面操作的方便，您现在应该使用例 7-24 的 su 命令切换到 pig 用户。切换成功之后，使用例 7-25 带有-l 的 ls 命令列出 pig 家目录中所有文件（也包括目录）的详细信息。

【例 7-24】

```
[root@dog ~]# su - pig
```

【例 7-25】

```
[pig@dog ~]$ ls -l
total 8
-rw-r--r--  1 root root 4720 Dec 25 06:08 learning.txt
```

接下来，使用例 7-26 的 cp 命令在当前目录中生成一个名为 test.txt 的新文件。

【例 7-26】

```
[pig@dog ~]$ cp learning.txt test.txt
```

然后，使用例 7-27 带有-l 的 ls 命令再次列出 pig 家目录中所有文件的详细信息。

【例 7-27】

```
[pig@dog ~]$ ls -l
total 16
-rw-r--r--  1 root root 4720 Dec 25 06:08 learning.txt
-rw-r--r--  1 pig  pig  4720 Dec 25 23:34 test.txt
               ↑    ↑
              uid  gid
```

在 ls -l 命令的显示列表中，第 3 列表示这个文件的所有者（uid），第 4 列表示这个文件所属的群组（gid）。由于第 1 个文件 learning.txt 是由 root 用户使用 cp 命令生成的，所以这个文件的所有者为 root 用户并且所属的群组也是 root 群组。而 test.txt 是由 pig 用户使用 cp 命令生成的，所以这个文件的所有者为 pig 用户并且所属的群组是 pig 群组。

那么怎样才能确认在 ls -l 命令的显示列表中，第 3 列和第 4 列显示的就是 uid 和 gid 呢？下面可以通过例子来证明第 4 列显示的确实是 gid。

首先，您可以使用类似例 7-28 的 tail 命令列出/etc/passwd 文件中有关 pig 用户的信息。

【例 7-28】

```
[root@dog ~]# tail -3 /etc/passwd
cat::501:501::/home/cat:/bin/bash
fox:x:502:502::/home/fox:/bin/bash
pig:x:503:503::/home/pig:/bin/bash
```

之后，使用 7.2 节介绍的编辑/etc/passwd 文件的方法再次编辑这个文件，将最后一行 pig 用户记录的第 3 个字段改成 501（与 cat 用户同组），如例 7-29 所示。之后，存盘退出 gedit 编辑器。为了减少篇幅，这里省略了大部分操作的细节。

【例 7-29】

```
pig:x:503:501::/home/pig:/bin/bash
```

接下来，您再使用类似例 7-30 的 tail 命令列出/etc/group 文件中有关 pig 群组的相关信息。

【例 7-30】

```
[root@dog ~]# tail -3 /etc/group
```

```
cat:x:501:
fox:x:502:
pig:x:503:
```

随后，使用 7.2 节介绍的编辑/etc/passwd 文件的方法编辑/etc/group 这个文件，将最后一行 pig 用户的记录注释掉，即在该行记录的最前面加上#，如例 7-31 所示。之后，存盘退出 gedit 编辑器。为了减少篇幅，这里省略了大部分操作的细节。

【例 7-31】

```
# pig:x:503:
```

最后，再次使用 ls 命令列出 pig 用户家目录中所有文件（目录）的细节，如例 7-32。

【例 7-32】

```
[root@dog ~]# ls -l /home/pig
total 16
-rw-r--r--  1 root root 4720 Dec 25 06:08 learning.txt
-rw-r--r--  1 pig   503  4720 Dec 25 23:34 test.txt
```

例 7-32 的显示结果清楚地告诉我们：尽管我们修改了/etc/passwd 和/etc/group 两个文件中有关 pig 群组的信息，但是 Linux 系统还是使用 pig 用户所属的原来群组的 gid（503）。

7.5 root 用户及文件的安全控制

在每个 Linux 系统上都一定有一个特殊用户的账户，那就是 root 用户。**root 用户也经常被称作超级用户，它可以完全不受限制地访问任何用户的账户和所有的文件及目录。加在文件和命令上的权限并不能限制 root 用户，root 用户在 Linux 系统中拥有至高无上的权限。**

由于 root 用户的权限过大，如果使用不当或操作失误就可能对系统造成灾难性的损失。因此一般不是绝对需要的话，尽量不要使用 root 用户登录 Linux 系统，而是尽可能地使用普通用户在 Linux 系统上工作。这样一旦出现了失误，对系统造成的损失要比使用 root 用户来的小。这也是为什么在本书的例子中，绝大多数都是使用普通用户完成的，其目的是让读者在一开始接触 Linux 或 UNIX 系统时就养成一个良好的习惯，所谓习惯成自然。这样会对以后的工作有好处。

☞ **指点迷津：**

一般在系统管理中采用的一个原则是“最小化原则”。其原理是在能完成工作的前提下，使用权限最低的用户。这样万一有失误，对系统所造成的破坏是最小的。其实，现实生活中也是使用同样的原理：氢弹是大家知道的最强大的杀伤武器，但是自从这种超级武器诞生以来还没有哪个国家的领导人敢按下发射的按钮。

读者可能还记得在 Linux 上所有的资源都被看作文件，包括物理设备和目录。在 Linux 系统上可以为每一个文件（或目录）设定三种类型的权限，这三种类型的权限详细地规定了谁有权访问这个文件（或目录），它们分别是：

（1）这个文件（或目录）的所有者（owner）的权限。

（2）与所有者用户在同一个群组的其他用户的权限。

（3）既不是所有者也不与所有者在同一个群组的其他用户的权限。

根据以上的说明，**其实 Linux 系统是将系统中的所有用户分成了三大类：第 1 类就是所有者，第 2 类就是同组用户，第 3 类就是非同组的其他用户。因此可以为这三类用户分别设定所需的文件操作权限。这些文件操作权限包括读（read）、写（write）和执行（execute）。**Linux 操作系统在显示权限时，使用如下的 4 个字符来表示文件操作权限。

- r：表示 read 权限，也就是可以阅读文件或者使用 ls 命令列出目录内容的权限。
- w：表示 write 权限，也就是可以编辑文件或者在一个目录中创建（如使用 touch 命令创建）和删除（如使用 rm 命令删除）文件的权限。
- x：表示 execute 权限，也就是可以执行程序（可执行文件）或者使用 cd 命令切换到这个目录以及使用带有-l 选项的 ls 命令列出这个目录中详细内容的权限等。
- -：表示没有相应的权限（与所在位置对应的 r、w 或 x）。

系统上的每一个文件都一定属于一个用户（一般该用户就是文件的创建者）并与一个群组相关。

一般地，一个用户可以访问（操作）属于他自己的文件（或目录），也可以访问其他同组用户共享的文件，但是一般是不能访问非同组的其他用户的文件。不过 root 用户并不受这个限制，该用户可以不受限制地访问 Linux 系统上的任何资源。

也许一些读者对 Linux（UNIX）操作系统为什么引入群组（group）和群组权限感到有些困惑，其实即使没有群组 Linux 系统也可以照样工作，如 DOS 操作系统就没有群组这一概念。群组（group）在项目开发和管理上非常有用，**因为可以将同一个项目的用户放在同一个群组中，这样该项目中那些大家都需要的资源就可以利用 group 权限来共享了。其他用户和其他用户权限的概念也很有用，因为有时一个用户可能需鼓励系统中的所有用户（公众）访问它的某些资源，如广告。**

其实，如果读者留意一下我们的现实生活就可以发现许多类似的例子。如每一个家庭就是一个 group，夫妻可以分享家中的一切共有的（资源）财产，当然最重要的财产就是孩子，但是有些资源（如短信）就很难或不愿分享，这些资源是属于一个用户（所有者）的私有资源。另外这对夫妻也可以为孩子请一个家庭教师，此时他们就赋予了这位家庭教师教育和照顾他们孩子的权限，但是他们不大可能将孩子送人或卖掉的权限赋予家庭教师。

提示：

> 可以认为家庭教师是属于另外一个 group，通过授予这个 group 教育和照顾孩子的权限来完成以上的需求。一般家庭教师不可能与夫妻属于同一个 group，如果属于同一个 group，那她/他与这对夫妻的关系就不一般了，是不是就成了小三了？

其他用户和其他用户权限的概念现实中的例子也很多，例如，一些明星为了增加人气故意将自己的一些“隐私”或绯闻让媒体曝光，就是赋予了公众共享他/她们“隐私”或绯闻的权限。

7.6 怎样查看文件的权限

已经讨论了半天的权限，可能一些读者要问怎样才能知道一个文件上到底具有哪些权限呢？其实方法很简单，那就是**使用带有-l 选项的 ls 命令来查看文件上所设定的权限**。这个命令会在显示结果的第 1 列（字段）中列出一组具有 10 个字符的字符串，其中包括了文件的类型（如是文件还是目录）和该文件的存取权限。

如您以 dog 用户登录 Linux 系统，之后使用例 7-33 的带有-l 的 ls 命令列出 dog 用户的家目录中的所有内容（包括文件和目录）。

【例 7-33】

```
[dog@dog ~]$ ls -l
total 4820
drwxrwxr-x  2 dog dog    4096 Dec  3 16:07 babydog
drwxrwxr-x  2 dog dog    4096 Dec  6 19:04 boydog
```

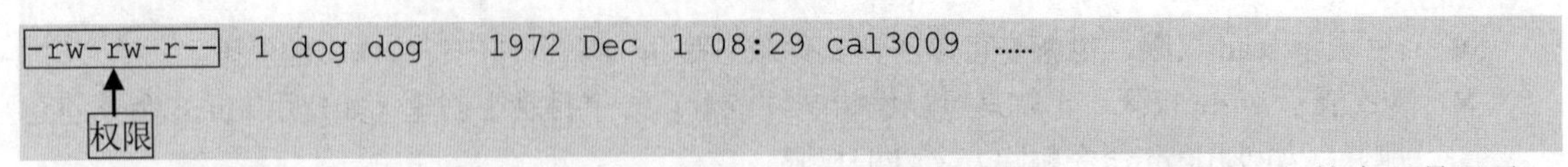

ls -l命令显示结果中的第1列的第1个字符表示文件的类型，如果是d（directory）就表示是目录，如果是“-”就表示是文件。紧接其后的9个字符是这个文件或命令的权限。接下来将详细介绍每个字符所代表的具体含义。

Linux或UNIX将ls -l命令的显示结果中的第1列分成4组，如图7-8所示。其中：

（1）第1个字符为第1组，代表这是一个文件（-）或一个目录（d），也可能是其他的资源（以后将会介绍）。

（2）第2、3、4个字符为第2组，定义了文件或目录的所有者（owner）所具有的权限，使用u代表所有者（owner）对文件的所有权限。

（3）第5、6、7个字符为第3组，定义了文件或目录的所有者所在的群组中其他成员（用户）所具有的权限，使用g代表这一组（group）权限。

（4）第8、9、10个字符为第4组，定义了所有既不是owner也不和owner在同一群组的其他用户对文件或目录所具有的权限，使用o代表这一组（other）权限。

在第2、3、4组中，每一组的第1个字符一定是r（可读），表示具有读权限；或者是“-”，表示没有读权限，如图7-9所示。

图7-8

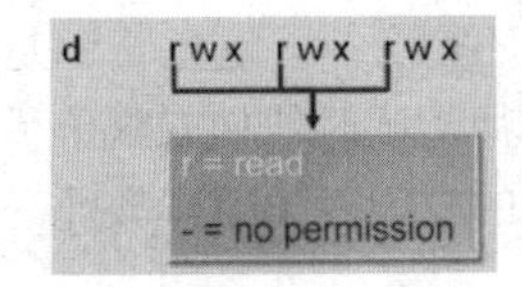

图7-9

在第2、3、4组中，每一组的第2个字符一定是w（写），表示具有写权限；或者是“-”，表示没有写权限，如图7-10所示。**在第2、3、4组中，每一组的第3个字符一定是x（执行），表示具有执行权限；或者是“-”，表示没有执行权限，**如图7-11所示。

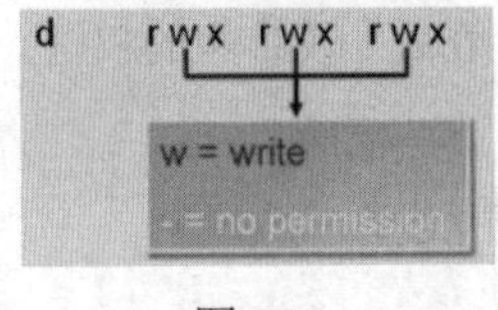

图7-10

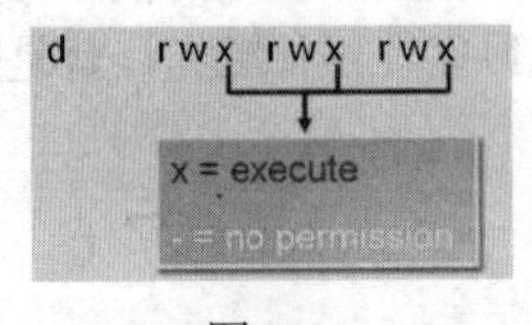

图7-11

下面利用两个例子来演示如何查看目录或文件的类型及权限等信息。首先使用例7-34带有-ld选项的ls命令列出dog用户家目录的wolf子目录的相关信息。

【例7-34】

```
[dog@dog ~]$ ls -ld wolf
drwxrwxr-x  2 dog dog 4096 Dec 22 19:08 wolf
```

在例7-34的显示结果中只给出了wolf目录的详细信息而并未列出该目录中所包含的内容，这就是ls命令的-d选项的功能。由于显示结果的第1个字符是d，所以表示wolf是一个目录。后面的3组权限告诉我们这个目录的owner（dog）可以对它进行读写和执行的全部操作，与dog同组的用户也可以对它进行读写和执行操作，但是除此之外的用户只能对该目录进行读和执行操作而不能进行写操作。

接下来，使用例7-35的ls命令列出dog用户家目录的wolf子目录中所有内容的细节。

【例 7-35】

```
[dog@dog ~]$ ls -l wolf
total 4
-rw-rw-r--  1 dog dog 84 Dec 22 19:07 delete_disable
-rw-rw-r--  1 dog dog  0 Dec 12 21:45 dog1.wolf  ……
```

由于例 7-35 显示结果中每一行的第 1 个字符都是“-”，所以表示它们都是文件。后面的 3 组权限告诉我们这些文件的 owner（dog）可以对它们进行读写操作，与 dog 同组的用户也可以对它们进行读写操作，但是除此之外的其他用户只能对这些文件进行读操作。

7.7　Linux 系统的安全检测流程

在知道了怎样查看文件和目录的权限之后，在本节介绍一下当一个用户要求存取某一个文件或目录时，Linux 操作系统验证与授权给这个用户（使用者）的工作流程。当有一个用户要求访问某个文件或目录时，Linux 操作系统会依照图 7-12 所示的流程验证这个用户或群组（group）是否有权限存取这个文件或目录。

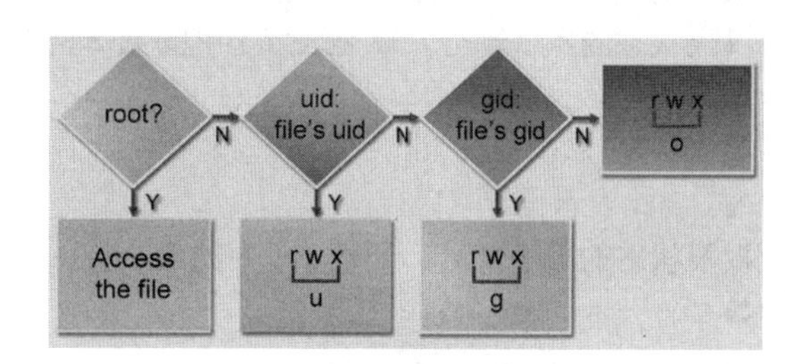

图 7-12

（1）首先，Linux 系统会判断这个用户是否是 root 用户，如果是 root 用户就可以直接存取（访问）文件（或目录）而不受文件（或目录）本身的权限限制。

（2）如果不是 root 用户，系统会比较这个用户的 uid 和文件上的 uid。如果用户的 uid 与文件上的 uid 相同就表示这个用户是该文件的所有者（owner），那么系统就会按该文件上所有者权限的设定来让这个用户存取该文件。

（3）如果也不是 owner，系统就会继续比对这个用户的 gid 和文件上的 gid。如果用户的 gid 与文件上的 gid 相同就表示这个用户与该文件的 owner 是同一个 group 的成员，那么系统就会按该文件上 group 权限的设定来让这个用户存取该文件。

（4）如果这个用户与该文件的 owner 也不是同一个 group 的成员，那么系统就会按该文件上 other 权限的设定来让这个用户存取该文件。

如果是一个女强人的单亲妈妈带一个孩子，她请了一个全职保姆。现在这个小孩子就相当于文件，单亲妈妈就相当于 owner，而保姆就相当于同组的一个成员。孩子上学的小学规定：为了安全起见，每天下学孩子必须有人接。现在可以把小学校看成系统。当放学时，如果是孩子的妈妈接，当然没有问题了，这就相当于系统发现她与这孩子（文件）的 uid 相同。如果保姆接也没问题，因为这就相当于系统发现她与这孩子（文件）的 gid 相同。

那么又怎样理解系统对 root 用户的操作过程呢？设想一下，某一天这个家庭出了一件大事，孩子的妈妈和保姆都无法来接这个孩子了，但是公安局的警察来接他了，此时学校（系统）当然要放行了。现在应该了解 Linux 系统的安全检测流程了吧？

7.8　使用符号表示法设定文件或目录上的权限

在本节将介绍怎样使用符号表示法设定或更改文件或目录上的权限。要使用 chmod 这个 Linux 命令来设定或更改文件或目录上的权限，chmod 命令的语法格式如下：

```
chmod [-R] mode 文件或目录名
```

其中，-R（R 是 Recursive 的第 1 个字母，中文意思是递归的）表示不但要设置（或更改）该目录权限而且还要递归地设置（或更改）该目录中所有文件和子目录的权限。mode 为存取（访问）的模式（状态），符号表示法是指使用几个特定的符号来设定权限的状态（模式）。表 7-1 是权限状态的一个汇总表。权限状态可以分成 3 个部分。

权限状态的第 1 部分，就是表 7-1 中的第 1 栏（列），表示要设定谁的状态。其具体表示如下。

- u：表示所有者（owner）的权限。
- g：表示群组（group）的权限。
- o：表示既不是 owner 也不与 owner 在同一个 group 的其他用户（other）的权限。
- a：表示以上 3 组，也就是所有用户（all）的权限。

权限状态的第 2 部分，就是表 7-1 中的第 2 栏是运算符（操作符）。其具体表示如下。

- +：表示加入权限。
- -：表示去掉权限。
- =：表示设定权限。

权限状态的第 3 部分，即表 7-1 中的第 3 栏，表示权限（permission）。其具体表示如下。

- r：表示 read（读）权限。
- w：表示 write（写）权限。
- x：表示 execute（执行）权限。

表 7-1

mode		
who	operator	permission
u	+	r
g	-	w
o	=	x
a		

接下来通过几个例子来演示怎样使用符号表示法设定或更改文件或目录上的权限。首先以 dog 用户登录 Linux，之后使用例 7-36 的 ls 命令列出当前目录中所有文件和目录的细节。

【例 7-36】

```
[dog@dog ~]$ ls -l
total 4820
drwxrwxr-x  2 dog dog   4096 Dec  3 16:07 babydog
drwxrwxr-x  2 dog dog   4096 Dec  6 19:04 boydog
-rw-rw-r--  1 dog dog   1972 Dec  1 08:29 cal3009 ……
-rw-rw-r--  1 dog dog     29 Dec 19 13:28 dog_wolf
```

例 7-36 显示的结果表明 babydog 是一个目录，因为这一行记录的第 1 个字符是 d，这个目录的所有者（dog）和与狗同组的用户对该目录是可读、可写还可以执行。但是除此之外的其他用户对该目录是可读和可执行但不可写。

例 7-36 显示的结果还表明 dog_wolf 是一个文件，因为这一行记录的第 1 个字符是“-”，这个文件的所有者（dog）和与该用户同组的用户对该文件是可读和可写但是不可以执行。而除此之外的其他用户对该目录是只有读权限。

现在，您可以**使用例 7-37 的 chmod 命令在 dog_wolf 文件上添加上所有者和同组用户的可执行权限。**

【例 7-37】

```
[dog@dog ~]$ chmod ug+x dog_wolf
```

当 Linux 系统执行完以上的命令之后不会给出任何信息，需要使用例 7-38 的 ls 命令重新列出 dog_wolf 文件相关的详细信息以验证例 7-37 的命令是否正确执行了。

【例 7-38】

```
[dog@dog ~]$ ls -l dog_wolf
-rwxrwxr--  1 dog dog 29 Dec 19 13:28 dog_wolf
```

例 7-38 显示的结果清楚地表明文件 dog_wolf 的所有者和同组用户已经对 dog_wolf 文件具有了可执行权限。

接下来，您使用例 7-39 的带有-l 选项的 ls 命令列出 dog 家目录下的 babydog 目录中所有文件的详细信息。

【例 7-39】

```
[dog@dog ~]$ ls -l babydog
total 12
-rw-rw-r--  1 dog dog 1972 Dec  2 07:06 cal2009
-rw-rw-r--  1 dog dog 1040 Dec  2 07:06 cal2038
-rw-rw-r--  1 dog dog 1972 Dec  2 07:06 lists
```

现在，您使用**例 7-40 的 chmod 命令在 babydog 目录上为其他用户添加上一个写权限。**

【例 7-40】

```
[dog@dog ~]$ chmod o+w babydog
```

当 Linux 系统执行完以上的命令之后还是不会给出任何信息，因此您需要使用例 7-41 的 ls 命令只重新列出 babydog 目录相关的详细信息以验证例 7-40 的命令是否正确执行了。

【例 7-41】

```
[dog@dog ~]$ ls -ld babydog
drwxrwxrwx  2 dog dog 4096 Dec  3 16:07 babydog
```

例 7-41 显示的结果清楚地表明其他用户对目录 babydog 已经具有了写权限。接下来，您还要使用例 7-42 带有-l 选项的 ls 命令列出 babydog 目录中所有文件和目录的详细信息。

【例 7-42】

```
[dog@dog ~]$ ls -l babydog
total 12
-rw-rw-r--  1 dog dog 1972 Dec  2 07:06 cal2009
-rw-rw-r--  1 dog dog 1040 Dec  2 07:06 cal2038
-rw-rw-r--  1 dog dog 1972 Dec  2 07:06 lists
```

从例 7-42 的显示结果可以发现 babydog 目录中的任何文件的权限都完全没有变化。这是为什么呢？还记得 chmod 命令中有一个-R 选项吗？在 chmod 命令中，使用-R 这个选项，就可以递归地设置（或更改）一个目录本身的权限以及该目录中所有文件和子目录的权限。

为此，您可以试着**使用例 7-43 的带有-R 选项的 chmod 命令来递归地将所有者、同组用户以及其他用户在 babydog 目录上的读权限去掉。**

【例 7-43】

```
[dog@dog ~]$ chmod -R ugo-r babydog
chmod: 'babydog': Permission denied
```

例 7-43 的显示结果是不是让您感到有些失望？因为 Linux 系统拒绝执行您的带有-R 选项的 chmod 命令。现在，再试着**使用例 7-44 的带有-R 选项的 chmod 命令来递归地在 babydog 目录上添加上所有**

者、同组用户以及其他用户执行权限。

【例 7-44】

```
[dog@dog ~]$ chmod -R ugo+x babydog
chmod: 'babydog': Permission denied
```

例 7-44 的显示结果同样使您感到有些失望，因为 Linux 系统还是拒绝执行您的带有-R 选项的 chmod 命令。这是为什么呢？其实，在 Linux 系统上只有 root 用户才能使用带有-R 选项的 chmod 命令。于是，您使用例 7-45 的 su 命令切换到 root 用户。

【例 7-45】

```
[dog@dog ~]$ su - root
Password:
```

切换到 root 用户之后，您可以**使用例 7-46 的带有-R 选项的 chmod 命令来递归地将所有者、同组用户以及其他用户在/home/dog/babydog 目录上的读权限去掉。**

【例 7-46】

```
[root@dog ~]# chmod -R ugo-r /home/dog/babydog
```

当系统执行完以上的命令之后还是不会给出任何信息，因此您需要使用例 7-47 的 ls 命令只重新列出/home/dog/babydog 目录相关的详细信息来验证以上命令是否正确执行了。

【例 7-47】

```
[root@dog ~]# ls -ld /home/dog/babydog
d-wx-wx-wx  2 dog dog 4096 Dec  3 16:07 /home/dog/babydog
```

例 7-47 的显示结果表明所有者、同组用户以及其他用户对/home/dog/babydog 目录已经都没有了读权限。接下来，您要使用例 7-48 的带有-l 选项的 ls 命令列出 dog 家目录下的 babydog 目录中所有文件的详细信息。

【例 7-48】

```
[root@dog ~]# ls -l /home/dog/babydog
total 12
--w--w----  1 dog dog 1972 Dec  2 07:06 cal2009
--w--w----  1 dog dog 1040 Dec  2 07:06 cal2038
--w--w----  1 dog dog 1972 Dec  2 07:06 lists
```

例 7-48 的显示结果表明所有者、同组用户以及其他用户对/home/dog/babydog 目录中所有文件的读权限都已经不见了。

7.9 使用数字表示法设定文件或目录上的权限

通过 7.8 节的学习，相信读者已经能够使用字符表示法来设定或更改文件或目录上的权限了。可能有读者会觉得如果设定或更改多种权限时，还是有些繁琐。有没有一种更快捷的方法呢？当然有，那就是使用数字表示法设定文件或目录上的权限。

数字表示法是指使用一组 3 位数的数字来表示文件或目录上的权限，如图 7-13 所示。其中：

rwx rwx rwx
u g o

图 7-13

（1）第 1 个数字代表的是所有者（owner）的权限（u）。

（2）第 2 个数字代表的是群组（group）的权限（g）。

（3）第 3 个数字代表的是其他用户（other）的权限（o）。

这一组 3 位数的数字中的每一位数字都是由以下表示资源权限状态的数字（即 4、2、1 和 0）相加而获得的总和。

- 4：表示具有读（read）权限。
- 2：表示具有写（write）权限。
- 1：表示具有执行（execute）权限。
- 0：表示没有相应的权限。

将以上的数字相加就可以得到一个范围在 0～7 之间（也包括 0 和 7）的数字，而这一组 0～7 的数字就是表示所有者、同组和其他用户权限状态的数字。

如果想对所有的使用者（包括 owner、group 和 other）开放（一个文件或目录）所有的权限（read、write 和 execute），就可以将每组使用者的权限都设定为 7（4+2+1=7），即将这组 3 位数的数字设定为 777，如图 7-14 所示。

如果只想对所有者（owner）开放所有的权限，对同组用户开放读和执行权限，而对其他用户只开放读权限，那么所有者的权限状态（u）就将被设定为 7，同组用户的权限就将被设定为 5（4+0+1），而其他用户的权限就将被设定为 4（4+0+0），即将这组 3 位数的数字设定为 754，如图 7-15 所示。

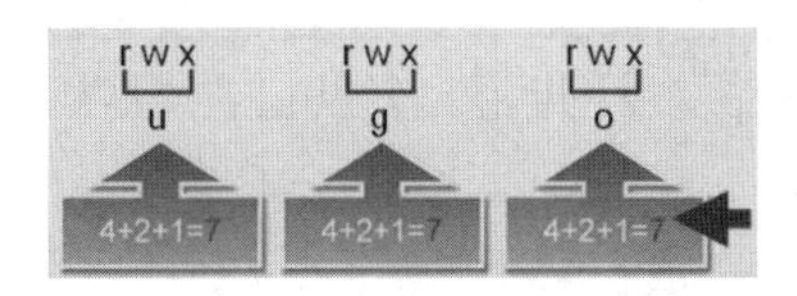

图 7-14

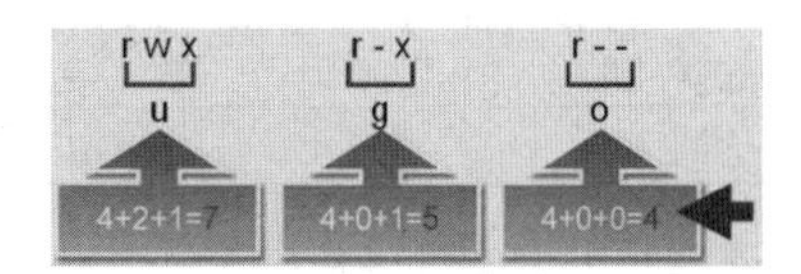

图 7-15

可能有一定计算机基础的读者会觉得以上获取权限所对应的数字的方法比较繁琐。其实之所以使用以上的方法来讲解，是因为考虑到一些读者可能没有任何计算机知识的背景。

指点迷津：

如果读者对以下使用二进制或八进制表示权限状态的方法理解上有困难，请不要紧张。因为即使完全不了解二进制或八进制也不会影响以后各章的学习。

实际上，计算机内部使用的都是二进制数字。二进制的数就是逢二进一，也就是二进制的数只有 0 和 1 这两个数字。使用二进制数来表示以上所介绍的权限状态就非常方便了，因为每一个权限的状态都可以使用一位二进制数来表示，使用 1 表示具有这一权限状态，使用 0 表示没有这一权限状态。因此每一组权限状态就可以使用一个 3 位的二进制数来表示。

为了书写方便，可以将这个 3 位的二进制数写成一个 1 位的八进制数（八进制数是逢八进一）。这样 3 组权限状态就可以使用 3 个八进制的数字来表示了。八进制数与二进制数的换算及每组的权限状态，如图 7-2 所示。

表 7-2

八 进 制	每 组 权 限	二 进 制
7	rwx	111(4+2+1)
6	rw-	110(4+2+0)
5	r-x	101(4+0+1)
4	r--	100(4+0+0)
3	-wx	011(0+2+1)
2	-w-	010(0+2+0)
1	--x	001(0+0+1)
0	---	000(0+0+0)

如果读者熟悉了二进制和八进制，可能会发现使用数字表示法设定或更改一个文件上的权限状态更方便；如果能记住表 7-2，则连加法都省了。

可能会有读者感到奇怪，为什么计算机内部的操作都要使用二进制而不是以我们人类从孩童时就开始接触的十进制呢？这牵扯到计算机的设计问题，设想一下如果我们的计算机内部是使用十进制进行操作的，计算机使用电压来表示 10 个不同的数字。假设它使用 0V 表示 0、1V 表示 1、2V 表示 2……9V 表示 9。

这样看起来好像是没问题，但是如果电子元件老化造成了电压的漂移，如原来 1V 的电压漂移到了 1.5V，现在计算机就无法判断这个 1.5V 的电压是从 1V 向上漂移的还是从 2V 向下漂移的。可能有读者想那也很简单，我们使用 10V 表示 1、20V 表示 2……90V 表示 9。这样问题不就解决了吗？可是要知道电压差的增大必然伴随着电路成本和复杂性的上升。

使用二进制的设计以上问题就简单多了，例如可以使用 0V 表示 0、用 5V 表示 1。现在可以规定 2.5V 以下都认为是 0，而 2.5V 以上都认为是 1。在这样的设计中不用说电压漂移 0.5V，就是漂移 2V，系统照样正常工作，是不是计算机更稳定了？

使用二进制的另外一个好处是计算机的存储容量增大了许多，听起来这二进制怎么有点像“金刚大力”丸似的（可以包治百病），有这么神吗？这您还别不信，就那么神！我们通过表 7-3 来进一步解释其中的奥秘。

表 7-3

二 进 制	1000	1001	1010	1011	1100	1101	1110	1111
十 进 制	8	9						
十 六 进 制	8	9	A	B	C	D	E	F

表 7-3 展示了从十进制 8 开始的二进制与十进制及十六进制的转换。从这个表可以看出，要表示 8～9 的十进制数字，二进制数字要增加到 4 位。但是 1010～1111 的 6 个二进制数是没有对应的十进制数字（编码）的，这也就是说同样的 4 位二进制数如果是使用十进制编码就少了 6 个。所以在计算机上使用二进制与十进制相比确实可以使计算机的存储容量增大。

为了表达一个 4 位的二进制数更方便，在计算机界有时使用一位的十六进制数来表示。那么要表示一个 3 位的二进制数，使用什么进制呢？还记得吗？就是使用八进制数。数学上已经证明在所有的进制中，二进制表示的状态接近最多，同时二进制又最容易实现。

可能会有读者问那我们的祖先为什么发明和流传下来的是十进制呢？一些人类学家和考古学家推测可能是因为人有 10 个手指的原因，在人类大智初开的远古时代，能掰着手丫把东西数清楚了这件事本身已经是人类进化史上的一个辉煌的里程碑了。这么看来要是我们人类有 8 个手指头的话，也许计算机几百年前甚至几千年前就被我们的老祖宗制造出来了，我们学习八进制和计算机也会更容易了。

假设当前用户是 root 用户（如果不是要切换到 root），如果您想对 owner 开放 dog 家目录的 babydog 子目录和其中所有文件的一切权限，但是对同组用户开放读和执行权限而对其他用户只开放读权限，您可以参考图 7-15 或表 7-2 使用例 7-49 的 chmod 命令来实现。

【例 7-49】

```
[root@dog ~]# chmod -R 754 /home/dog/babydog
```

当 Linux 系统执行完以上的命令之后还是不会给出任何信息，因此需要使用例 7-50 的 ls 命令只重新列出/home/dog/babydog 目录相关的详细信息以验证例 7-49 的命令是否正确执行了。

【例 7-50】

```
[root@dog ~]# ls -ld /home/dog/babydog
drwxr-xr--  2 dog dog 4096 Dec  3 16:07 /home/dog/babydog
```

例 7-50 的显示结果表明所有者对/home/dog/babydog 目录已经具有了所有的权限，但是同组用户没有写权限，而其他用户只有读权限。接下来，您要使用例 7-51 的带有-l 选项的 ls 命令列出 dog 家目录下的 babydog 目录中所有文件的详细信息。

【例 7-51】

```
[root@dog ~]# ls -l /home/dog/babydog
total 12
```

```
-rwxr-xr--  1 dog dog 1972 Dec  2 07:06 cal2009
-rwxr-xr--  1 dog dog 1040 Dec  2 07:06 cal2038
-rwxr-xr--  1 dog dog 1972 Dec  2 07:06 lists
```

例 7-51 的显示结果表明所有者对/home/dog/babydog 目录中每一个文件都已经具有了所有的权限，但是同组用户没有写权限而其他用户只有读权限。

接下来，您可以使用例 7-52 的 exit 命令切换回 dog 用户（因为您是在 dog 用户下使用 su 命令切换到 root 的）。

【例 7-52】

```
[root@dog ~]# exit
```

之后为了演示后面的例子，您使用例 7-53 的 cd 命令进入 dog 家目录下的 wolf 子目录。

【例 7-53】

```
[dog@dog ~]$ cd wolf
```

接下来，使用例 7-54 的 ls 命令列出 dog 家目录下的 babydog 子目录中的全部内容。

【例 7-54】

```
[dog@dog wolf]$ ls -l ~/babydog
total 12
-rwxr-xr--  1 dog dog 1972 Dec  2 07:06 cal2009
-rwxr-xr--  1 dog dog 1040 Dec  2 07:06 cal2038
-rwxr-xr--  1 dog dog 1972 Dec  2 07:06 lists
```

假设您想**将这个目录中的 lists 文件上的所有权限向所有者和同组用户开放，但是对其他用户开放除了写权限以外的所有其他权限**，您可以**使用例 7-55 的 chmod 命令来实现。**

【例 7-55】

```
[dog@dog wolf]$ chmod 775 ~/babydog/lists
```

当 Linux 系统执行完以上的命令之后还是不会给出任何信息，因此您需要使用例 7-56 的带有-l 选项的 ls 命令列出 dog 家目录下的 babydog 目录中所有文件的详细信息。

【例 7-56】

```
[dog@dog wolf]$ ls -l ~/babydog
total 12
-rwxr-xr--  1 dog dog 1972 Dec  2 07:06 cal2009
-rwxr-xr--  1 dog dog 1040 Dec  2 07:06 cal2038
-rwxrwxr-x  1 dog dog 1972 Dec  2 07:06 lists
```

例 7-56 的显示结果清楚地表明 lists 文件的所有者和与所有者同组的用户可以对这个文件进行所有的操作，但是其他用户不能进行写操作。

通过以上的例子，可能读者会发现使用数字表示法来设定或更改文件或目录上的权限不但快捷而且看上去更专业。建议您在用户面前尽量使用这种数字表示法。因为许多用户根本不明白八进制和二进制，一看到就觉得眼晕，自然而然地就觉得您专业了。

生活当中也是一样，现在流行的一句话是：“喜欢的歌静静地听，喜欢的人远远地看。”因为远远地看就看不清，看不清的就美，从现在起您也可以在用户面前朦胧起来了，这样很快在用户眼里您就成了 Linux 或 UNIX 的大虾，甚至泰斗或宗师了。

7.10　Linux 6 和 7 对用户和群组的改变

在 Oracle Linux 7 之前的版本中，Linux 系统将 1～499 之间的号码（包括 1 和 499）保留给内建的系统用户和系统群组使用。但是，Oracle Linux 7 对此做了比较大的修改，在 Oracle Linux 7 中 1000 以下的号码保留给系统用户和系统群组，1000 或以上的号码为普通用户。其规则如下：

- 1000：UID，普通用户的 UID 以 1000 开始，每添加一个新用户 UID 加 1。而 1000 以下的 UID 保留给系统使用。
- 1000：用户主要属组的 GID，普通用户属组的 GID 以 1000 开始，每添加一个新属组 GID 加 1。而 1000 以下的 GID 保留给系统使用。用户可以属于多个属组。

另外在 Oracle Linux 6 或 Oracle Linux 7 操作系统上，可以选择多种不同的加密算法来加密用户的密码。但在这两个版本的 Linux 系统上密码的默认加密算法已经改为 SHA512 而不是早期版本的 MD5。在这两个版本的 Linux 系统上所提供的加密算法有 descrypt、bigcrypt、MD5、SHA256 和 SHA512。

那么，怎样才能得知一个用户的秘密是用哪个算法加密的呢？您可以使用带有-S 选项的 passwd 命令，如使用例 7-57 的命令获取 cat 用户密码状态的相关信息。

【例 7-57】

```
[root@cat Desktop]# passwd -S cat
cat PS 1969-12-31 0 99999 7 -1 (Password set, SHA512 crypt.)
```

利用以上 passwd 命令只获取了一个用户的密码状态信息。如果想要知道目前系统正在使用的加密算法，那又有什么妙招呢？答案是：可以使用 Linux 系统的 authconfig 命令。可以使用例 7-58 的组合命令（grep 命令在稍后要详细介绍）确定这一系统的当前加密算法。

【例 7-58】

```
[root@cat Desktop]# authconfig --test | grep hashing
password hashing algorithm is sha512
```

由于 Oracle Linux 6 和 Oracle Linux 7 提供了多个加密算法，所以可以选择您熟悉或喜欢的加密算法。同样是使用 authconfig 命令来改变系统的加密算法，此时要使用--passalgo 选项和--update 选项，如可以使用例 7-58 的 authconfig 命令将系统的加密算法改为 MD5（这也就与早期的版本相同了）。

【例 7-59】

```
[root@cat Desktop]# authconfig --passalgo=md5 --update
```

在以上命令执行之后，您可以使用与例 7-58 完全相同的组合命令例 7-60 再次获取系统当前的加密算法。

【例 7-60】

```
[root@cat Desktop]# authconfig --test | grep hashing
password hashing algorithm is md5
```

例 7-60 显示的结果表明目前系统所使用的加密算法已经更改为 MD5 了。为了进一步验证更改后的效果，您可以使用例 7-61 的命令添加一个新用户。

【例 7-61】

```
[root@cat Desktop]# useradd babycat
```

随后，使用 passwd 命令为这一新用户设置密码。最后使用例 7-62 的带有-S 选项的 passwd 命令列出 babycat 用户与密码状态相关的信息。

【例 7-62】

```
[root@cat Desktop]# passwd -S babycat
babycat PS 2017-01-13 0 99999 7 -1 (Password set, MD5 crypt.)
```

看到例 7-62 显示的结果，您应该放心了吧？因为密码的加密算法已经变更成 MD5 了，修改 Linux 的设置竟然如此简单，而且还是修改加密算法哦！

7.11　图形化的用户管理程序（User Manager Tool）

在 Linux 操作系统下有一个图形化的用户管理程序，您可以在开启的终端窗口中执行 system-config-users 命令来启动这一图形化的用户管理程序。如果这一图形化的工具还没有安装，则可以使用如下的方法安装这一软件包，如图 7-16 所示（以下操作是在 Oracle Linux 7.2 上进行的）。

（1）插入 Linux 系统的安装 DVD，在 Packages 目录下找到 system-config-users 软件包。

（2）右击 system-config-users 软件包，在弹出的快捷菜单中选择 Open With Software Install 命令，根据提示选择安装。

当该软件包安装成功之后，您就可以在终端窗口中执行 system-config-users 命令来启动这一图形化的用户管理工具了。该工具启动后的界面如图 7-17 所示。

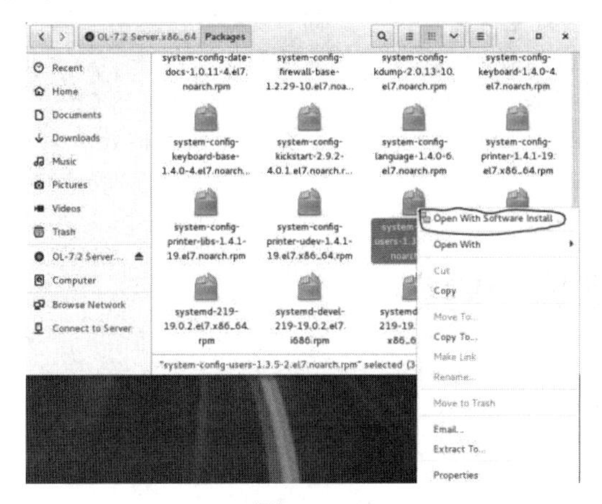

图 7-16

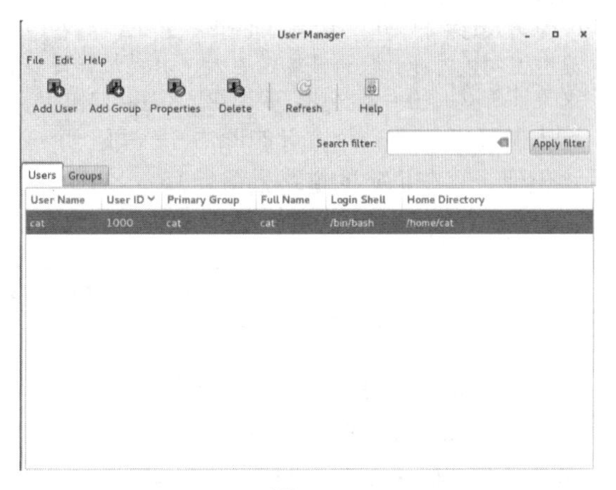

图 7-17

在该界面中有两个选项卡，它们分别是用于用户管理的 Users（用户）选项卡和用于群组管理的 Groups（群组）选项卡。要添加一个用户或群组，单击 Add User 或 Add Group 按钮。要修改一个已经存在的用户或群组，从列表中选择一个记录项并单击 Properties（属性）按钮。从列表中选择一个记录项并单击 Delete（删除）按钮，可以删除一个用户或一个群组的账户。可以利用 Search filter 文本框来查找特定的用户或群组。在 Search filter 文本框中输入要查找的名字的前几个字母，单击 Apply filter 按钮即可查找。此外，还可以通过单击列标的方式按任意一列排序。

7.12　nautilus 界面的汉化

提示：

为了减少篇幅，本书将相关的操作细节都放在资源包中的电子书中了。有兴趣的读者可以自己查阅。在不同版本的 Linux 上修改语言的操作略有不同，在资源包中的 ch07 章中提供了在 Oracle Linux 6 上将系统的语言修改成中文简体字的完整视频。

以前使用的 nautilus（图形）界面都是洋文，现在您可以将这个界面改成有几千年光辉灿烂历史和成就了无数文人墨客的古老汉字。修改的方法也很简单，单击 Linux 登录界面最下面的 Language，之后系统会弹出一个选择语言的窗口，选择中文（简体）选项，单击 OK 按钮，就完成了语言的转换。

在 Username 处输入 dog 并按 Enter 键，在 Password 处输入 dog 用户的密码并按 Enter 键完成登录。系统会弹出一个窗口询问是只将这个会话（连接）改成中文显示还是使中文成为默认（即以后每次登录都是中文界面），这里单击 Just For This Session（只是这个会话）按钮。

之后出现的 Linux 界面就都是中文了，单击“dog 的工作目录”图标，在打开的 dog 目录窗口中单击 babydog 目录图标。最后双击 tie.txt 文件的图标来打开这个文件（在资源包中有这个文件，您可以使用 ftp 将它传到 babydog 目录中，也可以使用其他的文件）。以下就是 tie.txt 文件中所存的中文信息，它讲述了有身份的男人必须佩戴领带的由来。

```
您知道领带的起源吗?
历史学家和考古学家经过了几十年的不懈努力终于得到了明确的答案。
领带起源于远古游牧民族马的缰绳，因为女人们认为好男人就像烈马。
虽然他们可以驰骋疆场，干出轰轰烈烈的大事来，但也是桀骜不驯的。
如果没人很好地驾驭，指不定会闯出什么乱子来。所以她们想出来领带。
领带象征着马的缰绳，女人们要时刻准备勒紧缰绳，
以使男人这匹烈马时刻在她们的操控之下，沿着她们设计的大道奔驰。
这也说明了为什么在正式场合男人一定要戴领带，而且一定要打紧的原因，
这象征着女人的手始终在掌控着男人这匹烈马！！！
```

这也验证了这样一个古老的谚语——每一个成功的男人后面一定有一个女人（因为是那双握紧缰绳的手才使他一直在正确的道路上前行）。

7.13 您应该掌握的内容

在学习第 8 章之前，请检查一下您是否已经掌握了以下内容：

- 熟悉 Linux 系统的安全模型。
- 理解 Linux 系统上的用户和 uid。
- 熟悉 passwd 文件中每个字段（列）的含义。
- 熟悉 shadow 文件中每个字段（列）的含义，以及与 passwd 文件之间的关系。
- 什么是用户的群组（groups）？
- 熟悉 group 文件中每个字段的含义。
- 熟悉 gshadow 文件中每个字段的含义。
- 了解 group 和 gshadow 文件之间的关系。
- 在一个 Linux 文件上可以为哪三类用户设置权限？这些权限是什么？
- 怎样查看文件或目录的权限？
- 理解 ls -l 命令列表的第 1 列中每一个字符的含义。
- 了解 Linux 系统的安全检测流程。
- 怎样使用符号表示法设定或更改文件或目录上的权限？
- 怎样使用数字表示法设定文件或目录上的权限？
- 理解权限的符号表示与数字表示之间的关系以及如何互相转换。
- 在 Oracle Linux 7 上，UID 和 GID 的变化有哪些？
- 在 Oracle Linux 6 或 Oracle Linux 7 上密码的默认加密算法有哪些？
- 怎样获取和更改目前系统正在使用的加密算法？
- 了解 User Manager Tool 的安装和使用。

第 8 章　用户、群组及权限的深入讨论

通过第 7 章的学习，读者应该已经知道在 Linux 系统上每一个使用者（用户）都会有一个内部的相对应的 ID 号码。群组的部分也是一样，每一个群组的名称也都会有一个内部相对应的 ID 号码。而这些 ID 号码的信息以数字的方式储存在硬盘上，Linux 系统就是通过这些 ID 号码来管理和维护用户和群组的。

8.1　passwd、shadow 和 group 文件及系统用户和群组

在 Linux 或 UNIX 系统上，上面谈到的**那些 ID 号码和其他的验证信息都是以纯文本方式存储在如下文件中**（第 4 个文件目前还不会用到，所以不在讨论的范围之内）。

（1）/etc/passwd。

（2）/etc/shadow。

（3）/etc/group。

（4）/etc/gshadow。

第 1 个文件/etc/passwd 是存储使用者（用户）信息的数据库。可以使用 Linux 系统的 cat、more 或 less 命令来显示/etc/passwd 文件中的详细内容，可以在这个文件中看到所有使用者的详细信息。

第 2 个文件/etc/shadow 中存放的是使用者（用户）的密码，也就是所谓的使用者的密码数据库。您也可以使用 cat、more 或 less 命令来显示/etc/shadow 文件中的详细内容。下面使用例 8-1 的 tail 命令列出该文件中最后 5 行的信息。

提示：

在对/etc/shadow 文件进行操作之前，一定要先切换到 root 用户，因为只有 root 用户才有权访问这个文件。

【例 8-1】

```
[root@dog ~]# tail -5 /etc/shadow
htt:!!:14525:0:99999:7:::
dog:$1$FLAQ3m6z$h0LSBoVSwpyQhQkaJfPsW0:14561:0:99999:7:::
cat:$1$wgjVOCA2$ggKjUQtmqA/7WTjtToAw4.:14561:0:99999:7:::
fox:$1$iMj6Ei8G$jy0V8FRrdl7rkyZ6slVyx/:14600:0:99999:7:::
pig::14602:0:99999:7:::
```

在/etc/shadow 文件中，每一行的第 1 个字段是用户名。而第 2 个字段就是相应用户的密码，如果第 2 个字段以“1”开头就表示这个用户已经设定了密码，紧跟其后的是那些像鬼画符一样的东西（如 cat、dog 和 fox 用户的记录）。其实，第 2 个字段的整串密码是将用户的 ID 和所设定的（正文）密码使用 MD5 哈希加密算法得来的，如图 8-1 所示。

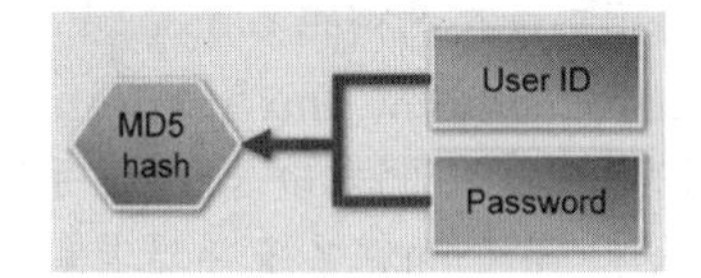

图 8-1

指点迷津：

在 Oracle Linux 6 或 Oracle Linux 7 操作系统上密码的默认加密算法已经改为 SHA512 并且加密后的密码是以6开头而且长了许多。

第 3 个文件/etc/group 中存放的是使用者群组的信息，也就是所谓的使用者群组数据库。您也可以

使用 cat、more 或 less 命令来显示/etc/group 这个文件中的详细内容。

接下来简要地介绍一下什么是系统使用者（用户）和系统群组。可以使用例 8-2 的 more 命令来浏览/etc/passwd 文件。为了节省篇幅，这里对显示输出进行了裁剪。

【例 8-2】

```
[root@dog ~]# more /etc/passwd
root:x:0:0:root:/root:/bin/bash ……
lp:x:4:7:lp:/var/spool/lpd:/sbin/nologin
mail:x:8:12:mail:/var/spool/mail:/sbin/nologin
ftp:x:14:50:FTP User:/var/ftp:/sbin/nologin
--More--(53%)
```

注意/etc/passwd 文件中的第 3 个和第 4 个字段的用户 ID 和群组 ID，Linux 和 UNIX 系统将 1～499 之间的号码（包括 1 和 499）保留给内建的系统用户和系统群组使用。而这些系统用户和系统群组对某些系统服务和应用程序具有控制的权限，例如 lp 这个用户是针对打印机的服务，而 ftp 则是针对 ftp 服务的用户等。

指点迷津：

在 Oracle Linux 7 操作系统上,1000 以下的号码保留给系统用户和系统群组，1000 或以上的号码为普通用户。

8.2 使用 passwd 修改密码和检查用户密码的状态

如果要修改一个用户的密码，可以使用 Linux 系统的 passwd 命令（这个命令前面已经介绍过）。假设您在普通用户下，如果您修改后的新密码不安全（如太短），Linux 系统会拒绝修改并给出提示信息。

注意：

普通用户只能修改自己的密码。

为了演示 passwd 命令使用的细节，以 fox 用户登录 Linux 系统。如果已经登录了系统，可使用例 8-3 的 whoami 命令验证一下。如不是 fox 用户，就使用 su 命令切换到 fox 用户。

【例 8-3】

```
[fox@dog ~]$ whoami
fox
```

因为 fox 是一个普通用户，所以他只能修改自己的密码。于是可以使用例 8-4 的 passwd 命令来修改自身的密码。当按 Enter 键后系统会给出要求改变密码的提示信息，在(current) unix password 处输入 gua（fox 用户现在的密码）。

之后出现 New unix password，在此处输入 wang（新密码），按 Enter 键之后，系统会提示这是一个糟糕的密码，密码太短（Linux 系统要求密码的长度不能少于 6 个字符）。

紧接着 Linux 系统会要求您重新输入 UNIX 的 password，这次您在 New unix password 处输入 wangwang，但是系统再一次拒绝了这个密码。从系统给出的提示信息“BAD PASSWORD: it does not contain enough DIFFERENT characters”可以知道：虽然这次长度够了（8 个字符），但是没有使用足够的不同类型的字符。这是什么意思呢？原来 UNIX 或 Linux 系统要求普通用户的密码除了长度要超过 6 个字符之外，还必须包括至少一个数字、一个特殊字符，还要大小写混写。

紧接着系统会要求您再次重新输入 UNIX 的 password，这次您在 New unix password 处输入 W_wan9。当按 Enter 键后，系统会要求您重新输入这个密码，您再次输入 W_wan9。当按 Enter 键后，终于看到了系统显示的密码修改成功的提示信息。

【例 8-4】

```
[fox@dog ~]$ passwd
Changing password for user fox.
Changing password for fox
(current) unix password:
New unix password:
BAD PASSWORD: it is too short
New unix password:
BAD PASSWORD: it does not contain enough DIFFERENT characters
New unix password:
Retype new unix password:
passwd: all authentication tokens updated successfully.
```

这个 W_wan9 密码是真够安全的，不过要想记住这样复杂的密码也不是件容易的事。

指点迷津：

为了容易记住那些安全而复杂的密码，有人发明了如下的数字与字符的替换方法：1->l（小写的 L）、0->o、9->q、2->to 或 too 和 4->for 等。

假设您的公司的安全控制一塌糊涂，小道消息满天飞。在这种情况下，操作系统的安全已经变得毫无意义。因此您还是想使用容易记忆的简单密码，那么怎样才能绕过系统对密码安全性的检查而将 fox 用户的密码也改成 wang 呢？办法总是有的，那就是使用 root 用户来修改。

首先，您要切换到 root 用户。之后，使用例 8-5 的 passwd 命令修改 fox 用户的密码。当按 Enter 键后，系统并未像对待普通用户那样要求输入该用户现在的密码，而是直接要求您输入新密码，root 这个超级用户牛皮就是大，他要干什么连操作系统都不敢吭声。

【例 8-5】

```
[root@dog ~]# passwd fox
Changing password for user fox.
New unix password:
BAD PASSWORD: it is too short
Retype new unix password:
passwd: all authentication tokens updated successfully.
```

现在可以在 New unix password 处输入 wang 这个您所中意的口令，当按 Enter 键后系统还是会显示密码太短了的提示信息，但是这次系统显示了要求您重新输入新密码的信息。在 Retype new unix password 处再次输入 wang，当按 Enter 键后系统还是会显示密码已经修改成功的信息。这是因为 root 用户是操作系统管理员，有至高无上的权力，操作系统也奈何不了他。以后您就可以使用 wang 这个口令（密码）登录 fox 用户了。

除了可以使用 passwd 命令来修改用户的密码外，还可以使用 passwd 命令来检查用户的密码状态。如果您现在是在 fox 用户下，可以试着使用例 8-6 的 passwd 命令查看 dog 用户的密码状态。

【例 8-6】

```
[fox@dog ~]$ passwd -S dog
Only root can do that.
```

从例 8-6 的显示结果可以知道，**只有 root 用户可以使用带有-S 选项的 passwd 命令来查看一个用户的密码状态**。于是，您可以使用 su 命令切换到 root 用户（或再开启一个终端窗口直接以 root 用户登录系统），之后使用例 8-7 的 passwd 命令查看 dog 用户的密码状态。

【例 8-7】

```
[root@dog ~]# passwd -S dog
Password set, MD5 crypt.
```

例 8-7 的显示结果表明 dog 用户已经设定了密码，而且是使用 MD5 算法加密的。也可以使用例 8-8 的带有--status 选项的 passwd 命令再次查看 dog 用户的密码状态，您会发现在 passwd 命令中使用--status 选项和-S 选项的效果是完全相同的。

【例 8-8】

```
[root@dog ~]# passwd --status dog
Password set, MD5 crypt.
```

之后，您可以使用例 8-9 的带有-S 选项的 passwd 命令查看 pig 用户的密码状态以发现与 dog 用户密码状态的不同之处。

【例 8-9】

```
[root@dog ~]# passwd -S pig
Password locked.
```

例 8-9 的显示结果表明 pig 用户的密码已经被锁住了，因为我们在创建用户时并未设定密码。下面可以使用例 8-10 的 tail 命令以发现带有-S 选项的 passwd 命令的显示结果与/etc/shadow 文件中第 2 个字段的对应关系。

【例 8-10】

```
[root@dog ~]# tail -4 /etc/shadow
dog:$1$FLAQ3m6z$h0LSBoVSwpyQhQkaJfPsW0:14561:0:99999:7:::
cat:$1$wgjVOCA2$ggKjUQtmqA/7WTjtToAw4.:14561:0:99999:7:::
fox:$1$L4zXDTir$40sjaI.gurByc3Buvgyhk0:14608:0:99999:7:::
pig::14602:0:99999:7:::
```

例 8-10 的显示结果表明最后一行的 pig 用户记录的第 2 列是空的，这正对应着例 8-9 的显示结果的 Password locked.。例 8-10 的显示结果表明第 1 行的 dog 用户记录的第 2 列是以1开始，这正对应着例 8-7 和例 8-8 的显示结果的 Password set, MD5 crypt.。这也再一次说明了在 Linux 和 UNIX 系统上经常可以使用不同的方法来获取相同的信息。

8.3 使用 su 命令进行用户的切换

相信读者对 su 命令并不陌生，因为前面已经多次使用 su 命令从一个用户切换到另一个用户。本节将详细介绍 su 命令的工作机理。为了讲解方便，首先要切换回 fox 用户，再使用例 8-11 的 whoami 命令验证当前用户是否为 fox 用户。

【例 8-11】

```
[fox@dog ~]$ whoami
fox
```

接下来，使用例 8-12 的 echo 命令显示环境变量 PATH 的值（即系统搜寻命令的路径）。

【例 8-12】

```
[fox@dog ~]$ echo $PATH
/usr/kerberos/bin:/usr/local/bin:/bin:/usr/bin:/usr/X11R6/bin:/home/fox/bin
```

现在，您先使用例 8-13 的 su 命令切换到 dog 用户。

【例 8-13】

```
[fox@dog ~]$ su dog
Password:
```

请注意切换之后提示符部分的变化，开头部分的 fox 已经变成了 dog，但提示符最后部分却从~变成了 fox。此时，使用例 8-14 的命令再验证一下当前用户是否是 dog 用户。

【例 8-14】

```
[dog@dog fox]$ whoami
dog
```

例 8-14 的显示结果清楚地表明当前用户就是 dog 用户，这表明用户的切换已经成功。接下来您还要使用例 8-15 的 pwd 命令检查一下当前的工作目录。

【例 8-15】

```
[dog@dog fox]$ pwd
/home/fox
```

例 8-15 的显示结果是不是使您感到有些沮丧，因为当前的工作目录仍然是 fox 的家目录/home/fox。接下来您可以继续使用例 8-16 的 echo 命令显示环境变量 PATH 的值。

【例 8-16】

```
[dog@dog fox]$ echo $PATH
/usr/kerberos/bin:/usr/local/bin:/bin:/usr/bin:/usr/X11R6/bin:/home/fox/bin
```

例 8-16 的显示结果清楚地表明环境变量 PATH 的值与例 8-12 中的完全相同。以上的例子说明 su dog 命令并未重新设置环境变量。

为了后面的演示方便，您可以使用例 8-17 的 exit 命令退回（切换）到 fox 用户。

【例 8-17】

```
[dog@dog fox]$ exit
exit
```

之后，使用例 8-18 的 su 命令再次切换到 dog 用户。在 Password 处输入 wang。

【例 8-18】

```
[fox@dog ~]$ su - dog
Password:
```

注意，这次在 su 与 dog 之间多了一个“-”，并注意切换之后提示符部分的变化，开头部分的 fox 又成了 dog，但是提示符最后部分的~却没有发生变化。此时，您应该使用例 8-19 的 whoami 命令再验证一下当前用户是否是 dog 用户。

【例 8-19】

```
[dog@dog ~]$ whoami
dog
```

例 8-19 的显示结果清楚地表明当前用户就是 dog 用户，这表明用户的切换已经成功。接下来，还要使用例 8-20 的 pwd 命令检查一下当前的工作目录。

【例 8-20】

```
[dog@dog ~]$ pwd
/home/dog
```

例 8-20 的显示结果终于使您感到欣慰了，因为当前的工作目录已经是 dog 的家目录/home/dog 了。接下来，您可以继续使用例 8-21 的 echo 命令显示环境变量 PATH 的值。

【例 8-21】

```
[dog@dog ~]$ echo $PATH
/usr/kerberos/bin:/usr/local/bin:/bin:/usr/bin:/usr/X11R6/bin:/home/dog/bin
```

例 8-21 的显示结果清楚地表明环境变量 PATH 的值与例 8-12 中的已经不同了，系统搜寻命令的最后一个目录已经不是/home/fox/bin 了，而变成了现在的/home/dog/bin。

以上的例子说明 su - dog 命令要重新设置环境变量。这是因为 su - dog 命令中使用了“-”，使用“-”

在用户切换后系统要重新启动login（登录）shell，也就是要重新装入当前用户（dog用户）的环境变量。这就是带有“-”与没有带“-”选项的su命令之间的区别。一般在实际工作中倾向于使用带有“-”的su命令，这样可以减少不必要的混淆。

下面使用例8-22的su命令切换到root用户，并在Password处输入root用户的密码。

【例8-22】

```
[dog@dog ~]$ su root
Password:
```

请注意切换之后提示符部分的变化，开头部分的dog已经变成了root，但提示符最后部分却从~变成了dog。此时，使用例8-23的whoami命令验证一下当前用户是否是root用户。

【例8-23】

```
[root@dog dog]# whoami
root
```

例8-23的显示结果清楚地表明当前用户已经是root用户，这表明用户的切换确实成功了。接下来，还要使用例8-24的pwd命令检查一下当前的工作目录。

【例8-24】

```
[root@dog dog]# pwd
/home/dog
```

例8-24的显示结果是不是再一次令您感到有些沮丧，因为当前的工作目录仍然是dog的家目录。接下来，您可以继续使用例8-25的echo命令显示环境变量PATH的值。

【例8-25】

```
[root@dog dog]# echo $PATH
/usr/kerberos/sbin:/usr/kerberos/bin:/usr/local/bin:/bin:/usr/bin:/usr/X11R6/bi
n:/home/dog/bin
```

例8-25的显示结果清楚地表明环境变量PATH的值的最后一个目录（即系统寻找命令时，搜索的最后一个路径）仍然是/home/dog/bin。

为了后面的演示方便，可使用例8-26的exit命令退回到dog用户，也可以再开启一个终端窗口以dog或其他普通用户登录。之后，使用例8-27的su命令再次切换到root用户。

【例8-26】

```
[root@dog dog]# exit
exit
```

【例8-27】

```
[dog@dog ~]$ su - root
Password:
```

注意这次在su与root之间多了一个“-”。注意切换之后提示符部分的变化，开头部分的dog又变成了root，但提示符最后部分的“~”并未发生变化，看到这些您心里应该踏实多了吧？为了保险起见，还应该使用例8-28的whoami命令再验证一下当前用户是否是root用户。

【例8-28】

```
[root@dog ~]# whoami
root
```

例8-28的显示结果清楚地表明当前用户就是root用户，这表明用户的切换已经成功。接下来，您还要使用例8-29的pwd命令检查一下当前的工作目录。

【例8-29】

```
[root@dog ~]# pwd
/root
```

例 8-29 的显示结果终于使您感到欣慰了，因为当前的工作目录已经是 root 的家目录/root 了。接下来，您可以继续使用例 8-30 的 echo 命令显示环境变量 PATH 的值。

【例 8-30】

```
[root@dog ~]# echo $PATH
/usr/kerberos/sbin:/usr/kerberos/bin:/usr/local/sbin:/usr/local/bin:/sbin:/bin:
/usr/sbin:/usr/bin:/usr/X11R6/bin:/root/bin
```

例 8-30 的显示结果清楚地表明环境变量 PATH 的值与例 8-21 中的已经不同了，系统搜寻命令的最后一个目录已经不是/home/dog/bin 了，而变成了现在的/root/bin。以上的例子说明 su - root 命令确实也要重新设置环境变量。

为了后面的演示方便，要再次使用 exit 命令退回到 dog 用户。之后，使用例 8-31 的 su 命令再次进行用户的切换。在 Password 处输入 root 用户的密码。

【例 8-31】

```
[dog@dog ~]$ su -
Password:
```

请注意切换之后提示符部分的变化，开头部分的 dog 又变成了 root，但是提示符最后部分的“~”没有发生变化，看到这些您心里可能在想现在到底切换到了哪个用户啊？因此，必须使用例 8-32 的 whoami 命令再查看一下当前用户到底是哪个。

【例 8-32】

```
[root@dog ~]# whoami
root
```

例 8-32 的显示结果清楚地表明当前用户就是 root 用户，这表明 su -和 su - root 命令的功能应该是相同的。接下来，您还要使用例 8-33 的 pwd 命令检查一下当前的工作目录。

【例 8-33】

```
[root@dog ~]# pwd
/root
```

例 8-33 的显示结果使您感到欣慰，因为当前的工作目录确实是 root 的家目录/root。接下来，您可以继续使用例 8-34 的 echo 命令显示环境变量 PATH 的值。

【例 8-34】

```
[root@dog ~]# echo $PATH
/usr/kerberos/sbin:/usr/kerberos/bin:/usr/local/sbin:/usr/local/bin:/sbin:
/bin:/usr/sbin:/usr/bin:/usr/X11R6/bin:/root/bin
```

例 8-34 的显示结果清楚地表明环境变量 PATH 的值与例 8-30 中的完全相同，最后一个目录也已经变成了现在的/root/bin。

通过例 8-31～例 8-34 可以得出结论，那就是 su -和 su - root 命令的功能完全相同。

下面通过例子演示如何从 root 用户切换到一个普通用户。可以使用例 8-35 的 su 命令从 root 用户切换到 cat 用户。

注意：

这次系统并未要求输入新用户的密码，这是因为 root 用户是超级用户，拥有至高无上的权限。

【例 8-35】

```
[root@dog ~]# su - cat
```

请注意切换之后提示符部分的变化，开头部分变成了 cat，但提示符最后部分的“~”没有发生变化。接下来，还是要使用例 8-36 的 whoami 命令再查看一下当前用户到底是哪个。

【例 8-36】

```
[cat@dog ~]$ whoami
cat
```

例 8-36 的显示结果清楚地表明当前用户已经是 cat 用户，这表明用户的切换已经成功。接下来，您还要使用例 8-37 的 pwd 命令检查一下当前的工作目录。

【例 8-37】

```
[cat@dog ~]$ pwd
/home/cat
```

例 8-37 的显示结果又一次让您感到了欣慰，因为当前的工作目录已经是 cat 的家目录/home/cat 了。接下来，可以继续使用例 8-38 的 echo 命令显示环境变量 PATH 的值。

【例 8-38】

```
[cat@dog ~]$ echo $PATH
/usr/kerberos/bin:/usr/local/bin:/bin:/usr/bin:/usr/X11R6/bin:/home/cat/bin
```

例 8-38 的显示结果清楚地表明环境变量 PATH 的值与例 8-34 中的已经不同了，系统搜寻命令的最后一个目录已经不是/root/bin，而变成了现在的/home/cat/bin。

su 命令的使用还有那么多奥秘，没想到吧？其实什么事就怕仔细琢磨。您看，那银行系统多复杂、多安全？最终还不是让那些盗贼们仔细琢磨出安全漏洞来了。许多人都认为漂亮的老婆靠不住，其实根本就不是漂亮的老婆的问题，是有太多的情场高人甚至专家惦记着她。所谓不怕贼偷就怕贼惦记。如果您拿上一套小说或“经典”读上它几百遍，再查查其他相关的资料，没事就瞎琢磨，最终您也就成了这方面的专家或大师了，是不是？

8.4 发现与用户相关信息的命令

在 Linux 系统上工作时，时常需要知道您现在是在哪个用户下工作。对应默认设置来说，一般可以通过 Linux 系统的提示符来识别。如果是在普通用户下，其系统提示符如下：

```
[dog@dog ~]$
```

系统提示符中的$符号表明当前用户是一个普通用户，系统提示符中前面的第 1 个 dog 表明当前用户是 dog。如果现在您在 root 用户下，其系统提示符如下：

```
[root@dog ~]#
```

系统提示符中的#号表明当前用户是 root 超级用户，系统提示符中前面紧接着“[”之后的 root 表明当前用户是 root。

但有时可能系统提示符已经被其他的高手修改过，其中没有包括用户名，如某个 Linux 系统提示符是如下的格式：

```
localhost ~$
```

从 Linux 的系统提示符中，没人能推断出当前用户名，那又该怎么办呢？还记得 whoami 命令吗？您可以使用例 8-39 的 whoami 命令来确定当前用户。

【例 8-39】

```
[dog@dog ~]$ whoami
dog
```

如果您想知道当前用户属于哪些群组，可以使用 Linux 的 groups 或 id 命令。如果您现在仍然在普通用户 dog 下，则可以使用例 8-40 的 **groups 命令来确定 dog 用户所属的群组。**

【例 8-40】

```
[dog@dog ~]$ groups
dog
```

或是使用 id 命令，**id 命令不但可以获取当前用户所属的群组，还可以获取群组的 ID 号以及用户 ID 号和用户名。**因此，可使用例 8-41 的命令以获取 dog 用户更加详细的信息。

【例 8-41】

```
[dog@dog ~]$ id
uid=500(dog) gid=500(dog) groups=500(dog)
```

如果您现在是在超级用户 root 下，也可以使用例 8-42 的 groups 命令来确定 root 这个超级用户所属的群组。

【例 8-42】

```
[root@dog ~]# groups
root bin daemon sys adm disk wheel
```

从例 8-42 的显示结果可以看出 root 用户所属的群组还真不少。您也可以使用例 8-43 的 id 命令以获取 root 用户更加详细的信息。

【例 8-43】

```
[root@dog ~]# id
uid=0(root) gid=0(root) groups=0(root),1(bin),2(daemon),3(sys),4(adm),
6(disk),10(wheel)
```

从例 8-43 的显示结果可以看出，root 用户所属的群组全部都是系统预设的群组，因为它们的 gid 都小于 499。而 root 用户的 uid 和 gid 都是 0，所以他是系统的老大。

如果现在您又想知道在这个 Linux 系统所登录的用户有哪些，则可以使用 Linux 的 users、who 或 w 命令。为了弄清楚这些命令究竟显示的是哪些用户，您可以再使用 telnet 以 cat 用户登录 Linux 系统，之后使用例 8-44 的 su 命令切换到 fox 用户。

【例 8-44】

```
[cat@dog ~]$ su - fox
Password:
```

接下来，您要使用例 8-45 的 whoami 命令确认当前用户是否已经是 fox 用户，即保证用户切换成功。

【例 8-45】

```
[fox@dog ~]$ whoami
fox
```

为了能将这些命令解释得更清楚，您可以再使用图形界面以 root 用户登录 Linux 系统，之后使用例 8-46 的 su 命令切换到 pig 用户。

【例 8-46】

```
[root@dog ~]# su - pig
```

接下来，您要使用例 8-47 的 whoami 命令确认当前用户是否已经是 pig 用户，即保证用户切换成功。

【例 8-47】

```
[pig@dog ~]$ whoami
pig
```

之后，就可以使用例 8-48 的 users 命令列出目前正在 Linux 系统上工作的所有用户了。

【例 8-48】

```
[dog@dog ~]$ users
cat dog dog root root
```

例 8-48 的显示结果表明：users 命令只列出目前登录 Linux 系统的所有用户的名字，但是并未包含

fox 和 pig 用户，即没有包含使用 su 命令切换登录的用户。接下来，您可以使用例 8-49 的 who 命令以列出目前正在 Linux 系统上工作的所有用户的更加详细的信息。

【例 8-49】

```
[dog@dog ~]$ who
dog      pts/1        Jan  1 02:17  (192.168.137.1)
dog      pts/2        Jan  1 02:18  (192.168.137.1)
root      :0          Jan  1 03:05
root     pts/3        Jan  1 03:10  (:0.0)
cat      pts/4        Jan  1 03:11  (192.168.137.1)
```

例 8-49 的显示结果表明：who 命令不但列出了目前登录 Linux 系统的所有用户的名字，还显示了登录的终端、登录的日期和时间以及登录的主机 IP 地址（也可能是主机名）。是不是比 users 命令详细多了？但同样也未包含使用 su 命令切换的用户——fox 和 pig。

最后，您可以使用例 8-50 的 w 命令以列出目前正在 Linux 系统上工作（登录）的所有用户的详细信息。

【例 8-50】

```
[dog@dog ~]$ w
03:12:24 up  1:05,  5 users,  load average: 0.35, 0.27, 0.13
USER     TTY      FROM              LOGIN@   IDLE   JCPU   PCPU WHAT
dog      pts/1    192.168.137.1    02:17    0.00s  0.23s  0.03s w
dog      pts/2    192.168.137.1    02:18   31:25   0.28s  0.05s login - dog
root     :0       -                03:05   ?xdm?   2:06   1.18s /usr/bin/gnome-
root     pts/3    :0.0             03:10    1:39   0.24s  0.11s -bash
cat      pts/4    192.168.137.1    03:11    1:07   0.20s  0.04s login - cat
```

例 8-50 的显示结果表明：w 命令不但列出了 who 命令所列出的所有信息，而且还包含了登录后所用的 shell 和所用的 CPU 时间等。是不是比 users 和 who 命令详细多了？但同样也未包含 fox 和 pig 用户，即也未包含使用 su 命令切换登录的用户。其实，要想了解目前有哪些用户登录了 Linux 系统，只要能记住 w 命令就行了。

从以上 users、who 以及 w 命令的例子可以得出结论：users、who 以及 w 命令显示的结果中不包括使用 su 命令切换的用户。

最后，**如果您想了解用户登录系统和重启的 Linux 系统时间的历史记录，则可以使用 Linux 系统的 last 命令。**因此，您可以使用例 8-51 的 last 命令获取登录用户的比较详细的历史记录和 Linux 重新启动的相关信息（您的系统中显示的信息可能很多）。

【例 8-51】

```
[dog@dog ~]$ last
root     :0                         Sat Jan 12 10:40   still logged in
dog      pts/1        192.168.137.1   Sat Jan 12 10:40   still logged in
reboot  system boot  2.6.9-42.0.0.0.1 Sat Jan 12 10:38        (00:02)
dog      pts/1        192.168.137.1   Sat Jan 12 10:29 - down (00:07)
reboot  system boot  2.6.9-42.0.0.0.1 Sat Jan 12 10:26        (00:10)
```

例 8-51 的显示结果不但清楚地列出登录用户的历史记录，还列出了 Linux 系统重新启动的历史信息。

8.5　Linux 系统的默认权限设定

在 Linux 操作系统上，所有文件系统预设的默认权限都是 666，即所有者、同一群组用户和其他用户都具有读和写权限，但都没有执行权限，如图 8-2 所示。**而目录系统预设的默认权限是 777，**即所有者、同一群组用户和其他用户都具有读、写和执行的全部权限，如图 8-3 所示。

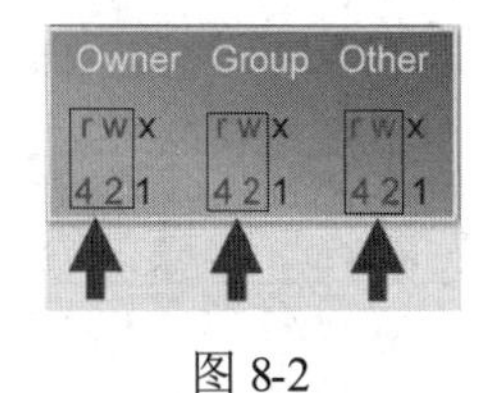

图 8-2

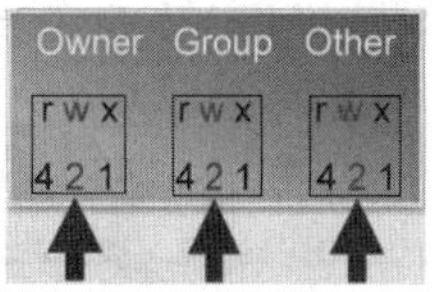

图 8-3

但是以上所介绍的默认权限并不是生成文件和目录时所产生的最终的文件和目录的权限，而是要经过掩码（umask，中国台湾人翻译成遮罩）遮挡掉（过滤掉）某些不需要的默认权限，最后才能产生用户所需的文件和目录的最终权限。

☞ 指点迷津：

umask 的英文原义是化装舞会上的面具，一个人带上了面具别人就看不到他/她的本来面目。在文件或目录的某一些权限上使用了 umask，系统将看不到这个（或这些）权限了，也就相当于它们被过滤掉了。

Linux 系统在预设的情况下，普通用户的默认掩码（umask）为 002，而 root 用户的默认掩码为 022。 那么怎样确定一个用户目前的掩码呢？就是使用 umask 命令。如果您现在是在普通用户 dog 下，可以**使用例 8-52 的 umask 命令来确定当前用户目前的掩码。**

【例 8-52】

```
[dog@dog ~]$ umask
0002
```

例 8-52 的显示结果表明普通用户的默认掩码（umask）为 002，这里显示结果的后 3 个数字就是用户的掩码（umask）。

为了查看 root 用户的默认掩码（umask），您需要使用例 8-53 的 su 命令先切换到 root 用户，并在 Password 处输入 root 用户的密码。确定已经切换到 root 用户之后，您就可以使用例 8-54 的 umask 命令来确定 root 用户目前的掩码了。

【例 8-53】

```
[dog@dog ~]$ su -
Password:
```

【例 8-54】

```
[root@dog ~]# umask
0022
```

例 8-54 的显示结果表明超级用户 root 的默认掩码（umask）为 022，这里显示结果的后 3 个数字就是用户的掩码（umask）。

☞ 指点迷津：

在有些中文的 Linux 书中提到例 8-52 和例 8-54 显示结果中的第 1 个字符表示的是文件的类型，但是我们认为应该表示的是特殊权限（在本节的稍后部分介绍）。

接下来介绍通过使用文件的默认权限和 umask，Linux 系统是如何为一个普通用户所创建的文件最终产生权限的。由于在 Linux 系统上，所有文件系统预设的默认权限是 666，普通用户的默认掩码为 002，所以经过掩码遮挡后 other 的写权限就被遮挡掉了（也只有这一位被遮挡掉，因为其他位都没有遮罩），因此最终这个文件的权限为 664，如图 8-4 所示。

之后再介绍通过使用文件的默认权限和 umask，Linux 系统是如何为 root 用户所创建的文件最终产生权限的。由于在 Linux 系统上，所有文件系统预设的默认权限为 666，而 root 用户的默认掩码为 022，所以经过掩码遮挡后 group 和 other 的写权限都被遮挡掉了（也只有这两位被遮挡掉，因为其他位都没有遮罩），因此最终这个文件的权限是 644，如图 8-5 所示。

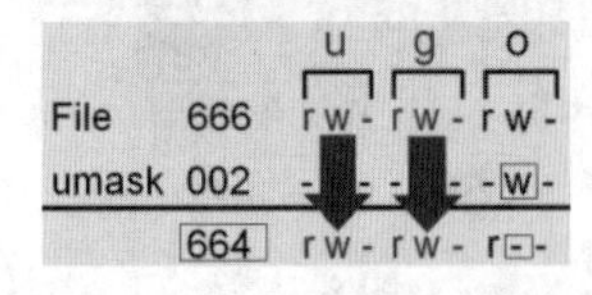

图 8-4

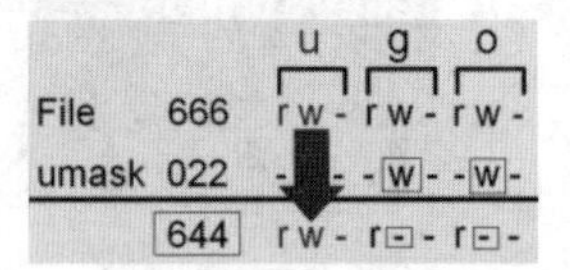

图 8-5

☞指点迷津：

在有些中文的 Linux 书或教学网站上提到可以通过一个文件的默认权限减去 umask 来获取最后该文件的权限，或通过将一个文件的默认权限与 umask 进行异或运算（异或运算是：当两个数字相同时，结果为 0；当两个数字不同时，结果为 1）来获取最后该文件的权限。这样做的结果在某些情况下会产生错误的权限。

下面通过例子来解释这一问题的原委。首先来看图 8-6。此时文件的默认权限为 666，umask 为 022。将 666 与 022 相减之后所得的结果为 644（如果是异或运算，其结果也是 644），这个结果是正确的，其实这是凑巧了。

接下来再看图 8-7。此时文件的默认权限仍然为 666，umask 这回改成了 033。将 666 与 033 相减之后所得的结果为 633（如果是异或运算，其结果就成了 655），这个结果可就不正确了，这回就没那么巧了。因为按照之前介绍的利用 umask 产生一个文件的最后权限的方法，该文件的最后权限应该是 644（group 和 other 的 w 和 x 权限都被遮起来了）。

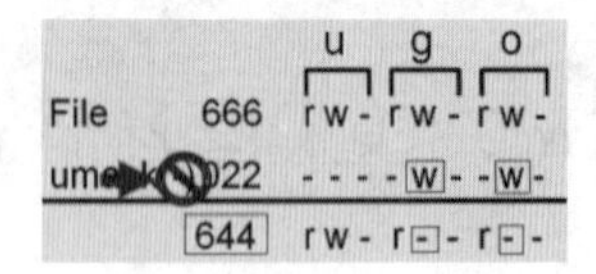

图 8-6

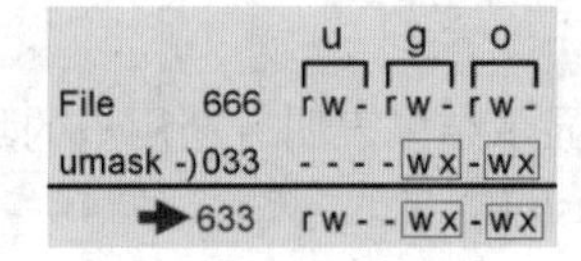

图 8-7

为了进一步证明以上的结论，您可以使用例 8-55 的 cd 命令将 dog 用户的当前目录切换为 dog 家目录下的 babydog 子目录。

【例 8-55】

```
[dog@dog ~]$ cd babydog
```

当确信进入/home/dog/babydog 目录后，您就可以使用例 8-56 的 umask 命令将当前用户目前的掩码改为 033。

【例 8-56】

```
[dog@dog babydog]$ umask 033
```

之后系统不会给出任何提示信息，因此您应该使用例 8-57 的 umask 命令来确定当前用户目前的掩码是否为 033。

【例 8-57】

```
[dog@dog babydog]$ umask
0033
```

当确认当前（dog）用户目前的掩码确实是 033 之后，可以使用例 8-58 的 touch 命令在当前目录中创建一个名为 dog_wolf.baby 的空文件。

【例 8-58】

```
[dog@dog babydog]$ touch dog_wolf.baby
```

之后系统不会给出任何提示信息，因此您应该使用例 8-59 的带有-l 选项的 ls 命令列出以 do 开头的所有文件（也包括目录）。

【例 8-59】

```
[dog@dog babydog]$ ls -l do*
-rw-r--r--  1 dog dog 0 Jan 11 06:59 dog_wolf.baby
```

例 8-59 的显示结果清楚地表明 dog_wolf.baby 的所有者的权限为可读和可写，同一群组或其他用户的权限只有可读。将这组权限转换成八进制数就是 644（二进制数为 110100100），真的不是文件默认权限 666 和 umask 033 相减或相异或的结果。现在读者应该更加清楚 Linux 系统利用默认权限和掩码产生最终文件和目录权限的方法了吧？

讲了这么多与掩码（umask）有关的操作，可能还会有读者感到困惑，umask 到底有啥用？**简单地说，使用 umask 用户可以很容易地获得最后要创建的文件或目录的最终权限。**

如果一个用户想关闭以后创建的所有文件和目录的 group 及 other 的全部权限，但是开放所有者的所有权限（如图 8-8 所示），可以使用 077 的 umask 来快捷地达到这一目的，如图 8-9 所示。

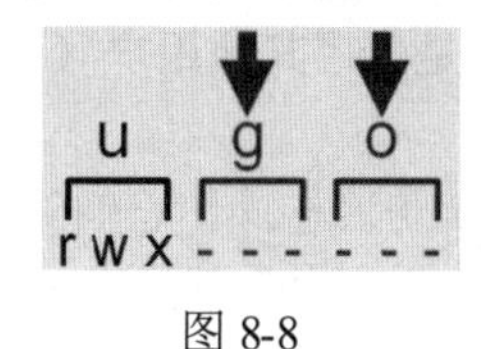

图 8-8

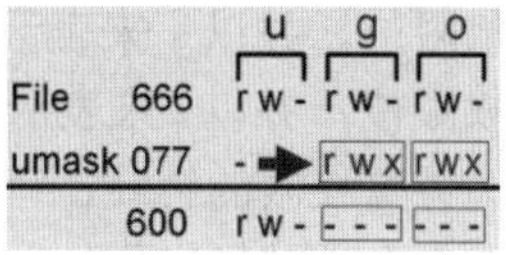

图 8-9

假设您现在仍然在/home/dog/babydog 目录中，为了完成以上所述的操作，可以使用例 8-60 的 umask 命令将当前用户目前的掩码改为 077。

【例 8-60】

```
[dog@dog babydog]$ umask 077
```

之后系统还是不会给出任何提示信息，因此您应该使用例 8-61 的 umask 命令来确定当前用户目前的掩码是不是 077。

【例 8-61】

```
[dog@dog babydog]$ umask
0077
```

当确认当前（dog）用户目前的掩码确实是 077 之后，可以使用例 8-62 的 touch 命令在当前目录中创建一个名为 wolf_dog.baby 的空文件。

【例 8-62】

```
[dog@dog babydog]$ touch wolf_dog.baby
```

之后系统不会给出任何提示信息，因此您应该使用例 8-63 的带有-l 选项的 ls 命令列出以 w 开头的所有文件（也包括目录）。

【例 8-63】

```
[dog@dog babydog]$ ls -l w*
-rw-------  1 dog dog 0 Jan 12 06:11 wolf_dog.baby
```

例 8-63 的显示结果清楚地表明只有 wolf_dog.baby 的所有者（owner）具有相应的权限，而 group 和 other 都没有任何权限。使用 umask 用户可以很轻松地决定要创建的目录和文件的最终权限，是不是非常方便？

如果读者读过其他的有关 Linux 或 UNIX 书籍，可能会发现本书有关这部分的内容要比其他书多很多。因为从我们的教学实践中发现对于不少学生，这部分的内容是乍一看非常简单，但是真正理解起来并不那么轻松。

什么事就怕您仔细琢磨，我们对 umask 稍微一琢磨就琢磨出这么多事来。据说野生动物园就是一个人没事时琢磨出来的，他每次逛动物园时总是发现猴子和其他动物都被关在笼子里供人们欣赏，他反复琢磨此事，一天突发奇想：“如果将人关在笼子里让猴子和其他动物来参观人，那会产生什么效果呢”？

他将这一想法付诸了实践，那就是现在的野生动物园。在野生动物园里人们被关在笼子里（坐在车里）供猴子和其他动物观赏，效果相当好！所以读者在学习 Linux 或 UNIX 系统时如果突然有了一个奇怪的想法，不妨在系统上试一试，没准会得到意想不到的收获。

8.6 特殊权限（第 4 组权限）

为了更方便、有效及安全地控制文件或其他 Linux 资源的服务，与其他 UNIX 类似，Linux 操作系统也引入了一组特殊权限，被称为第 4 组权限。本节将详细介绍这组特殊权限。

这组特殊的权限又被进一步分为 suid、sgid 和 sticky 3 种权限。其中，suid 是借用所有者（u）权限中的最后一位，即可执行权限位，并以 s 来表示，如图 8-10 所示；sgid 是借用群组（g）权限中的最后一位，即可执行权限位，并以 s 来表示，如图 8-11 所示；而 sticky 是借用其他用户（o）权限中的最后一位，即可执行权限位，并以 t 来表示，如图 8-12 所示。

看了以上有关特殊权限的解释，可能您还是不太清楚 Linux 系统是怎样操作它们的。下面再通过更加详细的例子来一个个地解释它们。首先假设目前有一个文件，它的所有用户都具有执行权限，而有一个目录，它的所有用户都没有执行权限，如图 8-13 所示。

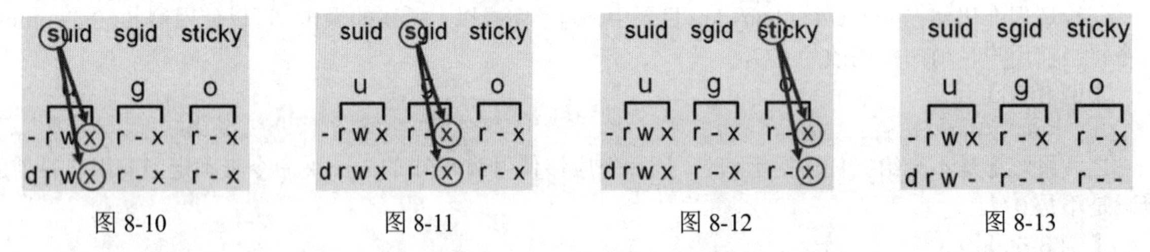

图 8-10　　图 8-11　　图 8-12　　图 8-13

此时，如果要在这个文件上加入 suid 特殊权限，因为文件的所有者（u）本来就有执行（x）权限，所以 Linux 系统就会使用小写的 s 替换这一位的 x，如图 8-14 所示。替换后的结果如图 8-15 所示。

如果在这个目录上加入 suid 特殊权限，因为目录的所有者（u）本身没有执行（x）权限，所以 Linux 系统就会使用大写的 S 替换这一位的 x，如图 8-16 所示。替换后的结果如图 8-17 所示。

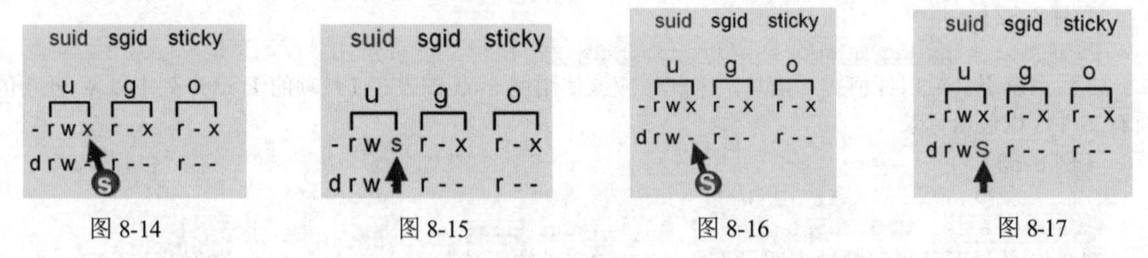

图 8-14　　图 8-15　　图 8-16　　图 8-17

通过以上的讨论，可以得出结论：**当在一个文件或目录上加入 suid 特殊权限时，如果原来的文件或目录的所有者具有 x 权限（即 suid 要借位的权限），Linux 系统就使用小写的 s 来代替；如果原来的文件或目录没有 x 权限，Linux 系统就使用大写的 S 来代替。**

sgid 和 sticky 的操作也是一样。此时，如果要在这个文件上加入 sgid 特殊权限，因为文件的同一群组（g）本来就有执行（x）权限，所以 Linux 系统就会使用小写的 s 替换这一位的 x，替换后的结果如图 8-18 所示。如果要在这个目录上加入 sgid 特殊权限，因为目录的同一群组（g）本身没有执行（x）权限，所以 Linux 系统就会使用大写的 S 替换这一位的 x，替换后的结果如图 8-19 所示。

通过以上的讨论，同样可以得出结论：**当在一个文件或目录上加入 sgid 特殊权限时，如果原来的文**

件或目录的同一群组（g）具有 x 权限（即 sgid 要借位的权限），Linux 系统就使用小写的 s 来代替；如果原来的文件或目录没有 x 权限，Linux 系统就使用大写的 S 来代替。

此时，如果要在这个文件上加入 sticky 特殊权限，因为文件的其他用户（o）本来就有执行（x）权限，所以 Linux 系统就会使用小写的 t 替换这一位的 x，替换后的结果如图 8-20 所示。如果要在这个目录上加入 sticky 特殊权限，因为目录的其他用户（o）本身没有执行（x）权限，所以 Linux 系统就会使用大写的 T 替换这一位的 x，替换后的结果如图 8-21 所示。

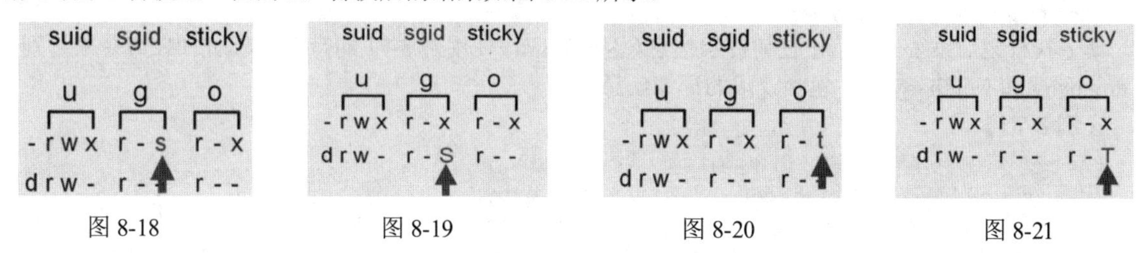

图 8-18　　图 8-19　　图 8-20　　图 8-21

通过以上的讨论，同样可以得出结论：**当在一个文件或目录上加入 sticky 特殊权限时，如果原来的文件或目录的其他用户具有 x 权限（即 sticky 要借位的权限），Linux 系统就使用小写的 t 来代替；如果原来的文件或目录没有 x 权限，Linux 系统就使用大写的 T 来代替。**

8.7　以 chmod 的字符方式设置特殊（第 4 组）权限

介绍完什么是特殊（第 4 组）权限之后，读者一定想知道如何设置它。下面通过一系列例子来演示怎样设置特殊权限。假设现在是在 dog 用户的家目录下，为了后面的操作方便，您使用例 8-64 的 cd 命令切换到 babydog 子目录（也可以是其他目录）。

【例 8-64】

```
[dog@dog ~]$ cd babydog
```

之后，使用例 8-65 的 touch 命令创建两个名字分别为 dog.baby 和 wolf.baby 的空文件。

【例 8-65】

```
[dog@dog babydog]$ touch {dog,wolf}.baby
```

接下来，使用例 8-66 的带有-l 选项的 ls 命令列出当前目录中所有以 baby 结尾的文件。

【例 8-66】

```
[dog@dog babydog]$ ls -l *baby
-rw-rw-r--  1 dog dog 0 Jan 13 03:29 dog.baby
-rw-rw-r--  1 dog dog 0 Jan 13 03:29 wolf.baby
```

之后，分别使用例 8-67 和例 8-68 的 chmod 命令修改 dog.baby 和 wolf.baby 文件的权限。

【例 8-67】

```
[dog@dog babydog]$ chmod 755 dog.baby
```

【例 8-68】

```
[dog@dog babydog]$ chmod 754 wolf.baby
```

最后使用例 8-69 的带有-l 选项的 ls 命令列出 dog.baby 和 wolf.baby 文件包括权限的详细信息。要保证 dog.baby 的 owner、group 和 other 都具有 x 权限，wolf.baby 的 owner 和 group 具有 x 权限，但是 other 没有 x 权限。

【例 8-69】

```
[dog@dog babydog]$ ls -l dog.baby wolf.baby
```

```
-rwxr-xr-x  1 dog dog 0 Jan 13 03:29 dog.baby
-rwxr-xr--  1 dog dog 0 Jan 13 03:29 wolf.baby
```

做完了以上的准备工作，您就可以干正事了，那就是设置这两个文件的特殊权限。假设您现在想在 dog.baby 上设置 suid 的特殊权限，由于 suid 权限是借用 u 这一组，所以您可以**使用例 8-70 的 chmod 命令来添加 suid 特殊权限。**

【例 8-70】

```
[dog@dog babydog]$ chmod u+s dog.baby
```

命令执行之后系统不会给出任何提示信息，因此您应该使用例 8-71 的带有-l 选项的 ls 命令来分别列出 dog.baby 和 wolf.baby 文件包括权限的详细信息。

【例 8-71】

```
[dog@dog babydog]$ ls -l dog.baby wolf.baby
-rwsr-xr-x  1 dog dog 0 Jan 13 03:29 dog.baby
-rwxr-xr--  1 dog dog 0 Jan 13 03:29 wolf.baby
```

从例 8-71 的显示结果可以看出：dog.baby 文件的 u 那组权限中原来具有 x 的权限，因此在加入 suid 特殊权限之后 x 就变成了 s。

假设您现在想在 wolf.baby 上设置 sgid 的特殊权限，由于 sgid 权限是借用 g 这一组，所以可以**使用例 8-72 的 chmod 命令来添加 sgid 特殊权限。**

【例 8-72】

```
[dog@dog babydog]$ chmod g+s wolf.baby
```

命令执行之后系统还是不会给出任何提示信息，因此您应该使用例 8-73 的带有-l 选项的 ls 命令来分别列出 dog.baby 和 wolf.baby 文件包括权限的详细信息。

【例 8-73】

```
[dog@dog babydog]$ ls -l dog.baby wolf.baby
-rwsr-xr-x  1 dog dog 0 Jan 13 03:29 dog.baby
-rwxr-sr--  1 dog dog 0 Jan 13 03:29 wolf.baby
```

从例 8-73 的显示结果可以看出：wolf.baby 文件的 g 那组权限中原来具有 x 的权限，因此在加入 sgid 特殊权限之后 x 就变成了 s。

假设您现在想在 dog.baby 上设置 sticky 的特殊权限，由于 sticky 权限是借用 o 这一组，所以可以**使用例 8-74 的 chmod 命令来添加 sticky 特殊权限。**

【例 8-74】

```
[dog@dog babydog]$ chmod o+t dog.baby
```

命令执行之后系统仍然不会给出任何提示信息，因此您应该使用例 8-75 的带有-l 选项的 ls 命令来分别列出 dog.baby 和 wolf.baby 文件包括权限的详细信息。

【例 8-75】

```
[dog@dog babydog]$ ls -l dog.baby wolf.baby
-rwsr-xr-t  1 dog dog 0 Jan 13 03:29 dog.baby
-rwxr-sr--  1 dog dog 0 Jan 13 03:29 wolf.baby
```

从例 8-75 的显示结果可以看出：dog.baby 文件的 o 那组权限中原来具有 x 的权限，因此在加入 sticky 特殊权限之后 x 就变成了 t。

假设您现在想在 wolf.baby 上设置 sticky 的特殊权限，由于 sticky 权限是借用 o 这一组，所以可以使用例 8-76 的 chmod 命令来添加 sticky 特殊权限。

【例 8-76】

```
[dog@dog babydog]$ chmod o+t wolf.baby
```

命令执行之后系统不会给出任何提示信息，因此您应该使用例 8-77 的带有-l 选项的 ls 命令来分别列出 dog.baby 和 wolf.baby 文件包括权限的详细信息。

【例 8-77】

```
[dog@dog babydog]$ ls -l dog.baby wolf.baby
-rwsr-xr-t  1 dog dog 0 Jan 13 03:29 dog.baby
-rwxr-sr-T  1 dog dog 0 Jan 13 03:29 wolf.baby
```

从例 8-77 的显示结果可以看出：wolf.baby 文件的 o 那组权限中原来没有 x 的权限，因此在加入 sticky 特殊权限之后就变成了 T 权限。

8.8 以 chmod 的数字方式设定特殊权限

除了 8.7 节介绍的设定或修改特殊权限（第 4 组权限）的方法，还可以在 chmod 命令中使用数字表示法来设定或修改特殊权限。特殊权限（第 4 组权限）是使用所有者（u）权限前面的那位数字，即最前面（最左面）的数字。**在第 4 组权限中，suid 使用八进制的 4（二进制的 100）来表示，sgid 使用八进制的 2（二进制的 10）来表示，而 sticky 使用八进制的 1（二进制的 1）来表示，如图 8-22 所示。**

suid	sgid	sticky
(4)	(2)	(1)

图 8-22

为了后面的演示方便，下面首先分别使用例 8-78 和例 8-79 的 chmod 命令将 dog.baby 和 wolf.baby 文件的权限恢复到加入特殊权限之前的状态。

【例 8-78】

```
[dog@dog babydog]$ chmod 755 dog.baby
```

【例 8-79】

```
[dog@dog babydog]$ chmod 754 wolf.baby
```

命令执行之后系统不会给出任何提示信息，因此您应该使用例 8-80 的带有-l 选项的 ls 命令分别列出 dog.baby 和 wolf.baby 文件包括权限的详细信息。

【例 8-80】

```
[dog@dog babydog]$ ls -l dog.baby wolf.baby
-rwxr-xr-x  1 dog dog 0 Jan 13 03:29 dog.baby
-rwxr-xr--  1 dog dog 0 Jan 13 03:29 wolf.baby
```

从例 8-80 的显示结果可以看出这两个文件中已经没有任何特殊权限了，而且已经恢复到了与例 8-69 的显示结果完全相同的权限状态。

接下来，您要在 dog.baby 文件上加入 suid 和 sticky 特殊权限。**参考图 8-22，可知代表这两个特殊权限的数字为 5（4+1），也可使用二进制来换算 100+1=101，而 101 就是八进制的 5。**因此就可**使用例 8-81 的 chmod 命令在 dog.baby 文件上加入 suid 和 sticky 特殊权限。**其中，权限部分的 755 就是文件原有的权限，最前面的 5 就是要添加的特殊权限。

【例 8-81】

```
[dog@dog babydog]$ chmod 5755 dog.baby
```

命令执行之后系统不会给出任何提示信息，因此您应该使用例 8-82 的带有-l 选项的 ls 命令分别列出 dog.baby 和 wolf.baby 文件包括权限的详细信息。

【例 8-82】

```
[dog@dog babydog]$ ls -l dog.baby wolf.baby
-rwsr-xr-t  1 dog dog 0 Jan 13 03:29 dog.baby
-rwxr-xr--  1 dog dog 0 Jan 13 03:29 wolf.baby
```

从例 8-82 的显示结果可以看出：dog.baby 文件的 u 那组权限中原来具有 x 的权限，因此在加入 suid 特殊权限之后 x 就变成了 s；而 dog.baby 文件的 o 那组权限中原来具有 x 的权限，因此在加入 sticky 特殊权限之后 x 就变成了 t。

之后，您要在 wolf.baby 文件上加入所有的特殊权限。参考图 8-22，可知代表这 3 个特殊权限的数字为 7（4+2+1），也可以使用二进制来换算 100+10+1=111，而 111 就是八进制的 7。因此您就可以使用例 8-83 的 chmod 命令以数字表示法在 wolf.baby 文件上加入所有的特殊权限。其中，权限部分的 754 就是文件原有的权限，最前面的 7 就是要添加的特殊权限。

【例 8-83】

```
[dog@dog babydog]$ chmod 7754 wolf.baby
```

命令执行之后系统不会给出任何提示信息，因此您应该使用例 8-84 的带有-l 选项的 ls 命令分别列出 dog.baby 和 wolf.baby 文件包括权限的详细信息。

【例 8-84】

```
[dog@dog babydog]$ ls -l dog.baby wolf.baby
-rwsr-xr-t  1 dog dog 0 Jan 13 03:29 dog.baby
-rwsr-sr-T  1 dog dog 0 Jan 13 03:29 wolf.baby
```

从例 8-84 的显示结果可以看出：wolf.baby 文件的 u 那组权限中原来具有 x 的权限，因此在加入 suid 特殊权限之后 x 就变成了 s；wolf.baby 文件的 g 那组权限中原来具有 x 的权限，因此在加入 sgid 特殊权限之后 x 就变成了 s；wolf.baby 文件的 o 那组权限中原来没有 x 的权限，因此在加入 sticky 特殊权限之后就变成了 T 权限。

看来，使用 chmod 命令的数字表示法来添加特殊权限似乎更方便也更快捷，但是理解起来要比字符表示法困难一些。

提示：

为了减少篇幅，本书将使用 nautilus 设定特殊权限内容都放在了资源包中的电子书中了。有兴趣的读者可以自己查阅。

8.9　特殊权限对可执行文件的作用

8.6 节～8.8 节一直在介绍特殊权限及特殊权限的设定和修改，可能会有读者问它们到底有什么用处呢？从本节开始将介绍这些特殊权限的实际应用，首先可以将 suid 和 sgid 特殊权限设定在可执行文件上，它们具有如下特性：

- **suid 特殊权限是以命令（可执行文件）的所有者权限来运行这一命令（可执行文件）的，而不是以执行者的权限来运行该命令。**
- sgid 特殊权限与 suid 类似，是以命令的群组的权限来运行这一命令的。

如果读者对以上所介绍的特性还不是十分清楚，也没有关系。下面通过有关 ping 命令的例子继续深入地解释这些特性。首先以 root 用户登录 Linux 系统，之后使用例 8-85 的带有-l 选项的 ls 命令列出/bin 目录下的 ping 命令（可执行文件）的详细信息。

【例 8-85】

```
[root@dog ~]# ls -l /bin/ping
-rwsr-xr-x  1 root root 33272 Oct  7  2006 /bin/ping
```

从例 8-85 的显示结果可以看出：/bin 目录下的 ping 命令（可执行文件）确实具有 suid 特殊权限，并且其他用户（others）具有可执行权限。

ping 命令在测试计算机网络是否联通时非常有用。那么，为什么 ping 命令要有 suid 权限呢？因为它是使用 ICMP 网络协议（Internet Control Message Protocol，互联网控制消息协议）来测试两台计算机之间的网络是否联通（即是否可以互相进行通信），而在 Linux 的内核中设定只有 root 用户才有权限控制 ICMP 的封包，如图 8-23 所示。因此为了使其他用户有权使用 ping 命令，就必须在 ping 命令上设置 suid 权限，其他用户都有执行权限，并且 ping 的所有者为 root 用户。这样不管是哪一个用户来执行 ping 命令，都是以 root 权限来操作的，如图 8-24 所示。也只有这样，非 root 的普通用户才能使用 ping 命令，才能控制 ICMP 的封包。

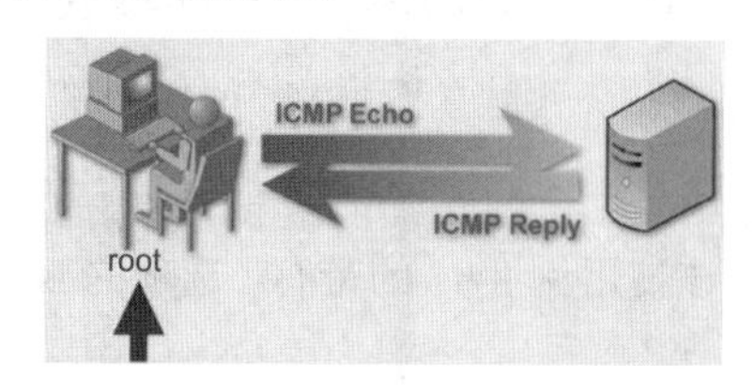

图 8-23

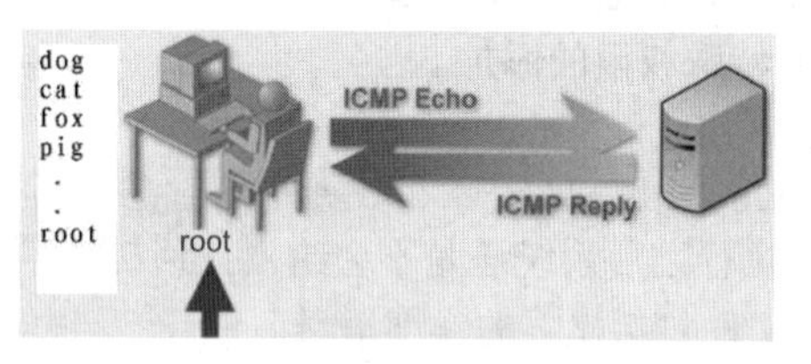

图 8-24

指点迷津：

互联网控制消息协议（ICMP）能够使系统发送控制或出错信息的封包给其他系统，这些封包提供了一种在一个系统上的 IP 层和另一个系统上的 IP 层通信的机制。

下面通过例子来演示以上的解释。以 dog 这个普通用户登录 Linux 系统，之后使用例 8-86 的 ping 命令测试该系统是否与 IP 地址为 192.168.56.101 的计算机系统联通（其实是本机的 IP），ping 命令中的 -c4 表示要 ping 4 次。

【例 8-86】

```
[dog@dog Desktop]$ ping 192.168.56.101 -c 4
PING 192.168.56.101 (192.168.56.101) 56(84) bytes of data.
64 bytes from 192.168.56.101: icmp_seq=1 ttl=64 time=0.031 ms ……
4 packets transmitted, 4 received, 0% packet loss, time 3006ms
rtt min/avg/max/mdev = 0.030/0.032/0.034/0.001 ms
```

例 8-86 的显示结果表明是可以 ping 得通的，因为所发的 4 个包都收到了，并未丢失任何包。这是因为在 ping 命令上有 suid 权限，而其他用户上设置了执行权限。

接下来切换回 root 用户所在的终端窗口，**使用例 8-87 的 chmod 命令将 ping 命令的 suid 特殊权限去掉。**

【例 8-87】

```
[root@dog ~]# chmod u-s /bin/ping
```

命令执行之后系统不会给出任何提示信息，因此应该使用例 8-88 的带有-l 选项的 ls 命令再次列出 /bin/ping 文件包括权限的详细信息。

【例 8-88】

```
[root@dog ~]# ls -l /bin/ping
-rwxr-xr-x  1 root root 40760 Sep 27  2013 /bin/ping
```

例 8-88 的显示结果表明 suid 权限已经被拿掉了，但是其他用户仍然具有可执行权限。**当确认 ping 命令的 suid 特殊权限已经去掉之后，再次切换回 dog 用户所在的终端窗口，使用例 8-89 的 ping 命令重新测试该系统是否与 IP 地址为 192.168.56.101 的计算机系统之间保持联通状态。**

【例 8-89】

```
[dog@dog ~]$ ping 192.168.56.101 -c4
ping: icmp open socket: Operation not permitted
```

结果是这次就 ping 不通了，要注意系统的提示信息：是说不允许操作 ICMP 的 socket，也就是说无法控制 ICMP 的封包，并不是系统不允许执行 ping 这个命令。如果是不允许执行 ping 这个命令，应该产生 Permission denied 的错误信息，如图 8-25 所示。

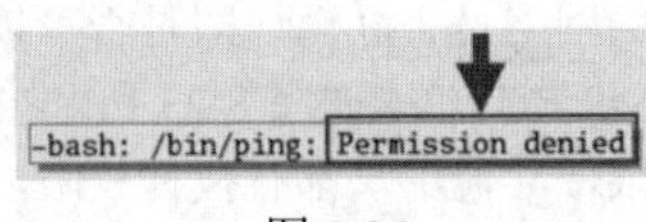

图 8-25

sgid 特殊权限的用法与 suid 特殊权限的用法十分相似，这里不再给出具体例子。现在您应该理解 suid 和 sgid 特殊权限的妙用了吧？

最后为了不影响后面的工作，您应该使用 chmod 命令将 suid 特殊权限重新添加到/bin/ping 文件（命令）上。首先切换回 root 用户，之后使用例 8-90 的 chmod 命令来完成 suid 特殊权限的添加。

【例 8-90】

```
[root@dog ~]# chmod u+s /bin/ping
```

命令执行之后系统还是不会给出任何提示信息，因此您应该使用例 8-91 的带有-l 选项的 ls 命令列出/bin/ping 文件包括权限的详细信息。

【例 8-91】

```
[root@dog ~]# ls -l /bin/ping
-rwsr-xr-x. 1 root root 40760 Sep 27  2013 /bin/ping
```

例 8-91 的显示结果表明/bin/ping 文件的权限状态又恢复到了原来系统默认的状态。接下来您就可以继续工作了。

提示：

读者最好养成习惯，如果由于工作需要修改了系统或命令的设置，当完成了所需的操作，并且以后不再需要这一设置时，一定将设置修改回原来的设置。这样今后可以避免许多不必要的麻烦。

8.10 特殊权限对目录的作用

介绍完将 suid 和 sgid 特殊权限设定在可执行文件上的操作和工作原理之后，本节将继续介绍特殊权限的另外一些实际应用。那就是将 sticky 和 sgid 特殊权限设定在目录上，它们具有如下特性：

- 如果在一个目录上设置了 sticky 这个特殊权限，那么就只有文件的所有者和 root 用户才可以删除该目录中的文件，而 Linux 系统不会理会 group 或 other 的写权限。
- 如果在一个目录上设置了 sgid 这个特殊权限，那么只要是同一群组的成员（具有相同 gid 的用户），都可以在这个目录中创建文件。
- **通常会对目录同时设置 sticky 和 sgid 这两个特殊权限以方便项目的管理（将同一个项目的文件都放到这一个目录中以方便同一项目的成员之间共享信息）。**

如果读者对以上所介绍的特性还不是十分清楚，也没有关系。下面通过一些实际的例子继续深入地解释这些特性。假设您现在仍然在 dog 用户下，可以使用例 8-92 的带有-dl 选项的 ls 命令列出/tmp 目录的详细信息，其中 d 这个参数表示要列出/tmp 目录本身的信息，如果没有 d 这个参数，ls 命令就将列出/tmp 目录中的所有内容。

【例 8-92】

```
[dog@dog ~]$ ls -dl /tmp
drwxrwxrwt  9 root root 4096 Jan 15 07:44 /tmp
```

从例 8-92 的显示结果可以看出/tmp 目录上具有 sticky 的特殊权限，因为其他用户（o）的执行权限为 t，所以只有文件的所有者或 root 用户才有权限删除/tmp 目录中的文件。为了证明这一点，可使用例 8-93 的 touch 命令在/tmp 目录中创建一个空文件。

【例 8-93】

```
[dog@dog ~]$ touch /tmp/dog_wolf.baby
```

命令执行之后系统还是不会给出任何提示信息，因此您应该使用例 8-94 的带有-l 选项的 ls 命令列出/tmp 目录中的详细信息。

【例 8-94】

```
[dog@dog ~]$ ls -l /tmp/dog_wolf.baby
-rw-rw-r-- 1 dog dog 0 Jan 16 10:13 /tmp/dog_wolf.baby
```

例 8-94 的显示结果表明您已经成功地在/tmp 目录中创建了 dog_wolf.baby 这个空文件，但是其他用户没有写权限，为此您使用例 8-95 的 chmod 命令为其他用户加入写权限。

【例 8-95】

```
[dog@dog ~]$ chmod o+w /tmp/dog_wolf.baby
```

命令执行之后系统还是不会给出任何提示信息，因此您应该使用例 8-96 的带有-l 选项的 ls 命令列出/tmp 目录中以 d 开头的所有文件的详细信息。

【例 8-96】

```
[dog@dog ~]$ ls -l /tmp/d*
-rw-rw-rw- 1 dog dog 0 Jan 16 10:13 /tmp/dog_wolf.baby
```

确定无误之后，切换到 cat 用户（或其他普通用户）。接着使用例 8-97 带有-f 选项的 rm 命令强制删除/tmp 目录中的 dog_wolf.baby 文件。

【例 8-97】

```
[cat@dog ~]$ rm -f /tmp/dog_wolf.baby
rm: cannot remove '/tmp/dog_wolf.baby': Operation not permitted
```

例 8-96 的显示结果表明/tmp/dog_wolf.baby 的其他用户是具有写权限的，因此 cat 用户应该可以删除这个文件。但是例 8-97 的显示结果却告诉我们系统不允许执行这个删除操作，这是因为在/tmp 目录上已经设置了 t 特殊权限，所以只有这个文件的所有者 dog 用户或 root 用户才有权删除该文件，而作为其他用户的 cat 用户是没有权限执行该操作的。现在读者应该明白本节所介绍的第 1 个特性了吧？

为了解释后面的两个特性，您首先切换到 root 用户。之后，使用例 8-98 的 groupadd 命令添加一个新的用户群组（group）friends。

提示：

读者如果对 groupadd 命令不太清楚，不要紧。只要照着做就行了，因为这个命令以后将详细介绍。

【例 8-98】

```
[root@dog ~]# groupadd friends
```

以上命令执行之后系统还是不会给出任何提示信息，因此您应该使用例 8-99 的 tail 命令列出/etc/group 文件中最后 1 行的信息。

【例 8-99】

```
[root@dog ~]# tail -1 /etc/group
friends:x:503:
```

例 8-99 的显示结果表明您已经成功地在系统中创建了一个名为 friends 的新用户组（group）。之后，您可以分别使用例 8-100 和例 8-101 的 usermod 命令将 dog 和 fox 用户加入到这个新的 friends 用户组中。

提示：

读者如果对 usermod 命令不太清楚，不要紧。只要照着做就行了，因为这个命令以后也将详细介绍。

【例 8-100】

```
[root@dog ~]# usermod -G friends dog
```

【例 8-101】

```
[root@dog ~]# usermod -G friends fox
```

以上命令执行之后系统还是不会给出任何提示信息，因此您应该使用例 8-102 的 tail 命令列出/etc/group 文件中最后 1 行的信息。

【例 8-102】

```
[root@dog ~]# tail -1 /etc/group
friends:x:503:dog,fox
```

例 8-102 的显示结果表明您已经成功地将 dog 和 fox 两个用户添加到 friends 这个新用户群组（group）中。之后，您重新以 dog 用户登录 Linux 系统。登录后，使用例 8-103 的 id 命令进一步确定 dog 用户所属的群组。

【例 8-103】

```
[dog@dog ~]$ id
uid=500(dog) gid=500(dog) groups=500(dog),503(friends)
```

例 8-103 的显示结果清楚地表明 dog 用户已经属于 friends 用户群组。之后，您重新以 fox 用户登录 Linux 系统。登录后，使用例 8-104 的 id 命令进一步确定 fox 用户所属的群组。

【例 8-104】

```
[fox@dog ~]$ id
uid=502(fox) gid=502(fox) groups=502(fox),503(friends)
```

例 8-104 的显示结果清楚地表明 fox 用户也已经属于 friends 用户群组（group）。切换到 root 用户，之后使用例 8-105 的 chmod 命令开放 fox 用户的家目录的所有（普通）权限。

【例 8-105】

```
[root@dog ~]# chmod 777 /home/fox
```

以上命令执行之后系统不会给出任何提示信息，因此您应该使用例 8-106 的带有-ld 选项的 ls 命令列出/home/fox 目录的详细信息，其中 d 选项将使 ls 命令只列出目录，而不是目录中的内容。

【例 8-106】

```
[root@dog ~]# ls -ld /home/fox
drwxrwxrwx  2 fox fox 4096 Dec 25  2009 /home/fox
```

接下来切换回 fox 用户，您要使用例 8-107 的 mkdir 命令在当前目录（fox 用户的家目录）下创建一个名为 baby 的子目录。

【例 8-107】

```
[fox@dog ~]$ mkdir baby
```

以上命令执行之后系统还是不会给出任何提示信息，因此您应该使用例 8-108 的带有-ld 选项的 ls 命令列出当前目录中以 b 开头的所有目录的详细信息。

【例 8-108】

```
[fox@dog ~]$ ls -ld b*
drwxrwxr-x  2 fox fox 4096 Jan 15 23:08 baby
```

接下来您要在这个 baby 目录上添加一个 sgid 的特殊权限并将该目录的群组改成 friends。因为之前并未介绍过修改文件或目录群组的命令，因此，下面将使用 Linux 图形界面来完成以上操作。其具体操作步骤如下：

（1）使用 Linux 图形界面以 root 用户登录之后，在 Linux 桌面上双击 Computer 目录图标，在依次打开的窗口中分别双击 Filesystem 目录图标、home、fox。

（2）右击 baby 目录图标，在弹出的快捷菜单中选择 Properties 命令。

（3）打开 baby 目录的属性（Properties）对话框，选择 Permissions（权限）选项卡。

（4）在 File group（文件群组）下拉列表框中选择 friends 选项，在 Special flags 栏中（特殊标志，即特殊权限）选中 Set group ID 复选框（设置 suid），最后单击 Close 按钮。

提示：

为了减少本书的篇幅，特将以上图形操作的细节都放在资源包中的电子书中了。当读者不明白时可以自己查阅本章电子书的相关部分。在 Oracle Linux 6 和 Oracle Linux 7 上，其操作略有不同，读者可以参阅资源包中这一章的教学视频。

完成以上修改之后，切换回 fox 用户，您要使用例 8-109 的带有-ld 选项的 ls 命令列出当前目录中以 b 开头的所有目录的详细信息。

【例 8-109】

```
[fox@dog ~]$ ls -ld b*
drwxrwsr-x  2 fox friends 4096 Jan 15 23:08 baby
```

例 8-109 的显示结果清楚地表明您已经在 baby 目录上添加了 sgid 特殊权限，并且这个目录的群组是 friends。由于在 baby 目录上具有 sgid 特殊权限，所以在这个目录中创建的任何文件都将属于 friends 群组。下面的例子将证明这一点。

接下来，您使用例 8-110 的 touch 命令在/home/fox/baby 目录中创建一个名为 fox.baby 的空文件。

【例 8-110】

```
[fox@dog ~]$ touch /home/fox/baby/fox.baby
```

以上命令执行之后系统还是不会给出任何提示信息，因此您应该使用例 8-111 的带有-l 选项的 ls 命令列出/home/fox/baby 目录中所有文件和目录的详细信息。

【例 8-111】

```
[fox@dog ~]$ ls -l /home/fox/baby/
total 0
-rw-rw-r--  1 fox friends 0 Jan 15 23:32 fox.baby
```

从例 8-111 的显示结果可以看出 fox.baby 文件的群组确实为 friends。切换到 dog 用户，使用例 8-112 的 touch 命令在/home/fox/baby 目录中创建一个名为 dog.baby 的空文件。

【例 8-112】

```
[dog@dog ~]$ touch /home/fox/baby/dog.baby
```

以上命令执行完后系统还是不会给出任何提示信息，因此您应该使用例 8-113 的带有-l 选项的 ls 命令列出/home/fox/baby 目录中所有文件和目录的详细信息。

【例 8-113】

```
[dog@dog ~]$ ls -l /home/fox/baby/
total 0
-rw-rw-r--  1 dog friends 0 Jan 15 23:35 dog.baby
-rw-rw-r--  1 fox friends 0 Jan 15 23:32 fox.baby
```

从例 8-113 的显示结果可以看出 dog.baby 文件的群组也是 friends，而不是 dog 用户的主要群组（Primary Group）dog。所以通过在一个目录上设置了 sgid 这个特殊权限，同一群组的成员就可以共享这个目录中的文件。

但这样做也存在一个安全隐患，因为只要是该群组的用户都可以删除这个目录中的任何文件，如果您现在仍然是在 dog 用户下，可以使用例 8-114 的 rm 命令删除 fox 用户的文件/home/fox/baby/fox.baby。

【例 8-114】

```
[dog@dog ~]$ rm /home/fox/baby/fox.baby
```

以上命令执行之后系统还是不会给出任何提示信息，因此您应该使用例 8-115 的带有-l 选项的 ls 命令列出/home/fox/baby 目录中所有文件和目录的详细信息。

【例 8-115】

```
[dog@dog ~]$ ls -l /home/fox/baby/
total 0
```

```
-rw-rw-r--  1 dog friends 0 Jan 15 23:35 dog.baby
```

例 8-115 的显示结果清楚地表明：您已经成功地删除了/home/fox/baby 目录中的 fox.baby 文件。是不是蛮恐怖的？您现在应该明白本节所介绍的第 2 个特性了吧？您可以通过这一特性来达到共享文件的目的，特别是在项目开发和管理中非常有用，但是有可能留下安全隐患。

那么，有没有办法能够使同一个项目的成员能够共享文件（也可能包括目录），但项目成员之间的文件又能保持相对的独立性，即这些共享的文件只有文件的所有者可以删除。

当然有，那就是本节所介绍的最后一个，也是第 3 个特性：可以对目录同时设置 sticky 和 sgid 这两个特殊权限。例如前面所介绍的狗项目已经大功告成，其所获得的方法已经可以投入实际应用。现在根据市场需求，不但要培育出新的狗品种，而且还要培育出新的狐狸品种。因此在这些爱狗和爱狐人士的大力支持下，狗项目的科研工作者又启动了一个培育狗和狐狸新品种的科研项目，叫做创造 baby 项目，简称 baby 项目。

作为操作系统管理员，为了方便管理，您将创建 dog、fox 和 manager 3 个用户。dog 用户负责创建和管理与 dog 信息有关的文件，而 fox 用户负责创建和管理与 fox 信息有关的文件，manager 用户是项目经理，如图 8-26 所示。

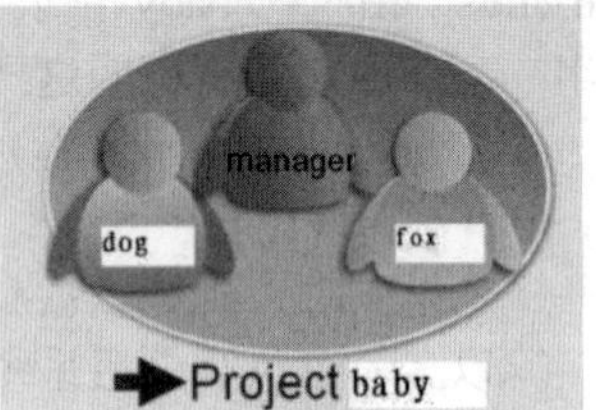

图 8-26

为了简单起见，将共享的文件都放入/home/fox/baby 目录中，并且文件的所属群组设置为 friends。首先要切换到 root 用户，接下来使用例 8-116 的带有-ld 选项的 ls 命令列出/home/fox/baby 目录的详细信息。

【例 8-116】

```
[root@dog ~]# ls -ld /home/fox/baby
drwxrwsr-x  2 fox friends 4096 Jan 15 23:37 /home/fox/baby
```

确认了在/home/fox/baby 目录上没有 sticky 特殊权限之后，使用例 8-117 的 chmod 命令在/home/fox/baby 目录上加入 sticky 特殊权限。

【例 8-117】

```
[root@dog ~]# chmod o+t /home/fox/baby
```

以上命令执行之后系统还是不会给出任何提示信息，因此您应该使用例 8-118 的带有-ld 选项的 ls 命令列出/home/fox/baby 目录的详细信息。

【例 8-118】

```
[root@dog ~]# ls -ld /home/fox/baby
drwxrwsr-t  2 fox friends 4096 Jan 15 23:37 /home/fox/baby
```

当确认了/home/fox/baby 目录上已经具有了 sticky 特殊权限之后，切换到 fox 用户。接下来使用例 8-119 的 touch 命令在 fox 家目录下的 baby 子目录下创建一个空文件。

【例 8-119】

```
[fox@dog ~]$ touch baby/fox.baby
```

切换到 dog 用户，使用例 8-120 的带有-l 选项的 ls 命令列出/home/fox/baby/目录中的所有内容的详细信息。

【例 8-120】

```
[dog@dog ~]$ ls -l /home/fox/baby/
total 0
-rw-rw-r--  1 dog friends 0 Jan 16 01:39 dog.baby
-rw-rw-r--  1 fox friends 0 Jan 16 01:38 fox.baby
```

之后，使用例 8-121 的 rm 命令删除 fox 用户的文件/home/fox/baby/fox.baby。

【例 8-121】

```
[dog@dog ~]$ rm /home/fox/baby/fox.baby
```

```
rm: cannot remove '/home/fox/baby/fox.baby': Operation not permitted
```

例 8-121 的显示结果表明系统不允许 dog 用户删除 fox 用户的/home/fox/baby/fox.baby 文件，这是因为在/home/fox/baby 目录上已经设置了 t 特殊权限，所以只有这个目录的所有者 fox 用户或 root 用户才有权删除该目录中的文件，而作为其他用户的 dog 用户，虽然他与 fox 用户属于同一群组，但是也没有权限执行该操作。

不过 dog 用户还是可以删除它自己在/home/fox/baby 这个共享目录中所创建的文件，如可以使用例 8-122 的 rm 命令删除 dog 用户的文件/home/fox/baby/dog.baby。

【例 8-122】

```
[dog@dog ~]$ rm /home/fox/baby/dog.baby
```

以上命令执行之后系统还是不会给出任何提示信息，因此您应该使用例 8-123 的带有-l 选项的 ls 命令列出/home/fox/baby 目录的详细信息。

【例 8-123】

```
[dog@dog ~]$ ls -l /home/fox/baby/
total 0
-rw-rw-r--  1 fox friends 0 Jan 16 01:38 fox.baby
```

从例 8-123 的显示结果可知，您已经成功地删除了 dog 用户的/home/fox/baby/dog.baby 文件。通过以上的例子，读者应该清楚了**如果在一个目录上同时设置了 sticky 和 sgid 这两个特殊权限，同一群组的用户不但可以共享该目录中的文件，而且每一个用户都不能删除同一群组中其他用户的文件。以这样的方式实现同一项目中不同项目成员之间的信息共享，不但方便而且更安全。**现在读者应该彻底理解本节所介绍的特殊权限第 3 个特性了吧？

指点迷津：

在实际应用中，很少使用项目的普通成员的家目录或它的子目录来作为项目的共享目录，因为这样这个普通成员用户的权限有些过大，如 fox 用户就可以删除其他用户在这个共享目录中创建的文件，这样可能会存在安全隐患。本节之所以使用这一方法，主要是为了减少书的篇幅。在实际工作中，也许单独创建一个用户如 manager，而将这一用户的家目录或它的子目录来作为项目的共享目录让其他用户分享会更好些。

8.11　您应该掌握的内容

在学习第 9 章之前，请检查一下您是否已经掌握了以下内容：

- 熟悉/etc/shadow 文件中存放的信息。
- 熟悉/etc/group 文件中存放的信息。
- 怎样使用 passwd 命令修改密码和检查用户密码的状态？
- 在使用 su 命令进行用户的切换时，Linux 系统是怎样操作的？
- 熟悉 id 和 groups 命令的用法。
- 理解 Linux 系统的默认权限设定和掩码（umask）。
- 怎样使用掩码（umask）产生用户所需的文件和目录的最终权限？
- 理解 suid、sgid 和 sticky 这 3 种特殊权限。
- 怎样使用 chmod 命令设置特殊权限？
- 理解特殊权限对可执行文件的作用。
- 理解特殊权限对目录的作用。
- 理解特殊权限在项目开发或管理中的使用方法以及对系统安全的影响等。

扫一扫，看视频

第 9 章　Linux 文件系统及一些命令的深入探讨

在本章中，首先简要地介绍一些磁盘分区和文件系统的概念。之后介绍一个在 UNIX 或 Linux 系统中非常重要的概念，那就是 i 节点（inodes）。接下来进一步利用 i 节点的概念来解释 Linux 文件操作与管理的内部机制。最后将介绍一些与文件相关命令的使用方法。

9.1　磁盘分区和文件系统

☞ 指点迷津：

如果读者在阅读以下内容时感觉不好理解，请不要担心，只要有一个概念就行了，因为在本书的稍后部分还要更加详细地介绍这两个概念和它们的工作原理。因为在本章中要用到它们，所以提前做一个简单的介绍。

当买了一块新的硬盘后，即使将这个硬盘安装在计算机上也不能直接使用。首先必须把这个硬盘划分成数个（也可能是一个）分区，之后再把每一个分区格式化为文件系统，然后 Linux 系统才能在格式化后的硬盘分区上存储数据和进行相应的文件管理及维护。

如果读者使用过 Windows 系统，应该已经遇到过类似的问题。当您购买了（也可能是自己或朋友攒的）一个新的装有 Windows 系统的 PC 时，一般会将 PC 的硬盘划分成若干个逻辑盘，之后再把每一个逻辑盘格式化成 NTFS 或 FAT32 文件系统。

其实，**Linux 或 UNIX 系统上的磁盘分区就相当于 Windows 系统上的逻辑盘**，而把每一个分区格式化为文件系统就相当于 Windows 系统上把每一个逻辑盘格式化成 NTFS 或 FAT32 文件系统，只不过名称不同而已。

把一个分区格式化为文件系统就是将磁盘的这个分区划分成许多大小相等的小单元，并将这些小单元顺序地编号。而这些小单元就被称为块（block），Linux 默认的 block 大小为 4KB，如图 9-1 所示。

在 Linux 系统上 block 是存储数据的最小单位，而每个 block 最多只能存储一个文件。如果一个文件的大小超过 4KB，那么就会占用多个 blocks。例如，一个文件的大小为 11KB，就需要 3 个 blocks 来存储这个文件，如图 9-2 所示。

图 9-1

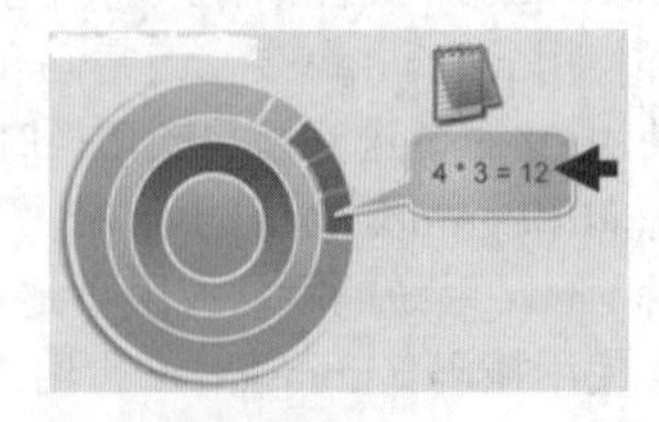

图 9-2

在 Linux 系统（在早期的版本中默认使用的是 ext2）中默认使用的是 ext3 文件系统（Third Extended Linux Filesystem，第三代扩展 Linux 文件系统）。当然 Linux 操作系统也支持许多常见的文件系统，如 ext2，这是 RHEL 3（RHEL 为 Red Hat Enterprise Linux 四个单词中每个单词的首字母）或之前版本默认使用的文件系统。Linux 系统也支持 msdos 文件系统，这种文件系统主要用于软盘或其他可热插拔存储设备。另外，Linux 系统还支持 ISO9660，它是用在光盘上的标准文件系统。

指点迷津：

Oracle Linux 6 默认使用的是 ext4 文件系统，而 Oracle Linux 7 默认使用的是 xfs 文件系统。

9.2　i 节点

一个 i 节点就是一个与某个特定的对象（如文件或目录）相关的信息列表。i 节点实际上是一个数据结构，它存放了有关一个普通文件、目录或其他文件系统对象的基本信息。

在 UNIX 或 Linux 系统上，当一个磁盘被格式化成文件系统（如 ext3 或 ext4）时，系统将自动生成一个 i 节点（inode）表，其中包含了所有文件的元数据（metadata，描述数据的数据），如图 9-3 所示。**i 节点（inodes）的数量决定了在这个文件系统（分区）中最多可以存储多少个文件，因为每一个文件和目录都会对应于一个唯一的 i 节点，而这个 i 节点是使用一个 i 节点号（inode number，简写成 inode-no）来标识的。**也就是说，在一个分区（partition）中有多少个 i 节点就只能够存储多少个文件和目录。在多数类型的文件系统中，i 节点的数目是固定的，并且是在创建文件系统时生成的。**在一个典型的 UNIX 或 Linux 文件系统中，i 节点所占用的空间大约是整个文件系统大小的 1%。**

通常每个 i 节点由两部分组成，第 1 部分是有关文件的基本信息，第 2 部分是指向存储文件信息的数据块的指针（图 9-3 中的最后一列）。以下就是图 9-3 所示 i 节点结构的解释（从左到右每一列）：

（1）inode-no 为 i 节点号。在一个文件系统中，每一个 i 节点都有一个唯一的编号。

（2）File type 为文件的类型。如“-”为普通文件，而 d 表示目录。

（3）permission 为权限。在 i 节点中是使用数字表示法来表示存储每一个文件或目录的权限，这是因为数字表示法要比符号表示法占用的存储空间小。

（4）Link count 为硬连接（hard link）数。有关硬连接在这一章的稍后部分将详细介绍。

（5）UID 为文件所有者的 UID。

（6）GID 为文件所有者（owner）所属群组的 GID。

（7）size 为文件的大小。

（8）Time stamp 为时间戳。时间戳又包含了 3 个时间：

① Access time（A time）指的是最后一次存取这个文件的时间。

② Modify time（M time）指的是最后一次编辑这个文件的时间。

③ Change time（C time）指的是 i 节点（inodes）中相对于这个文件的任何一列的元数据发生变化的时间。例如，将第 2 个 i 节点的权限从 755 修改为 754，那么在这个 i 节点的 permission 字段中的值就会发生变更，所以 C time 会被变更成 permission 变更的时间，如图 9-4 所示。如果 M time 被更新时，通常 A time 和 C time 也会跟着一起被更新，如图 9-5 所示。这是因为在更新一个文件之前必须先打开这个文件，所以要先更新 A time；而编辑完之后一般文件的大小要发生变化，所以 C time 也会被更新，图 9-6 所示。

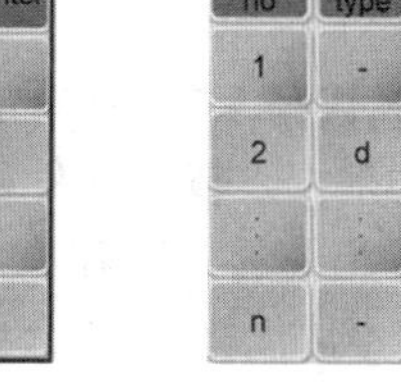

Inode-no	File type	permission	Link count	UID	GID	size	Time stamp	......	pointer
1	-	644	1	500	500				
2	d	755	1	0	0				
⋮	⋮	⋮	⋮	⋮	⋮	⋮	⋮	⋮	⋮
n	-	644	2	501	501				

图 9-3

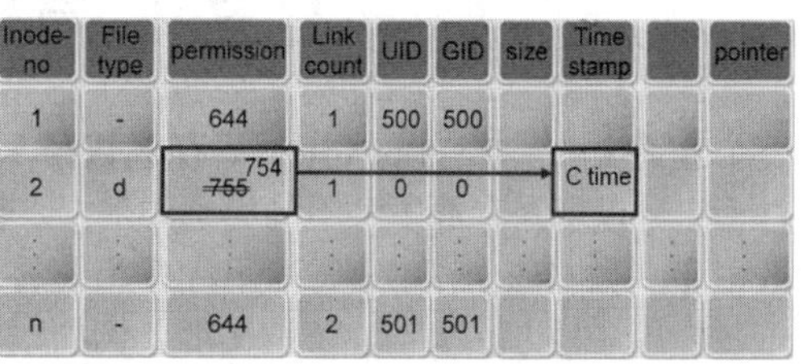

Inode-no	File type	permission	Link count	UID	GID	size	Time stamp		pointer
1	-	644	1	500	500				
2	d	~~755~~ 754	1	0	0		C time		
⋮	⋮	⋮	⋮	⋮	⋮	⋮	⋮	⋮	⋮
n	-	644	2	501	501				

图 9-4

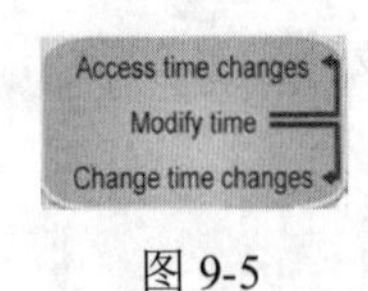

图 9-5

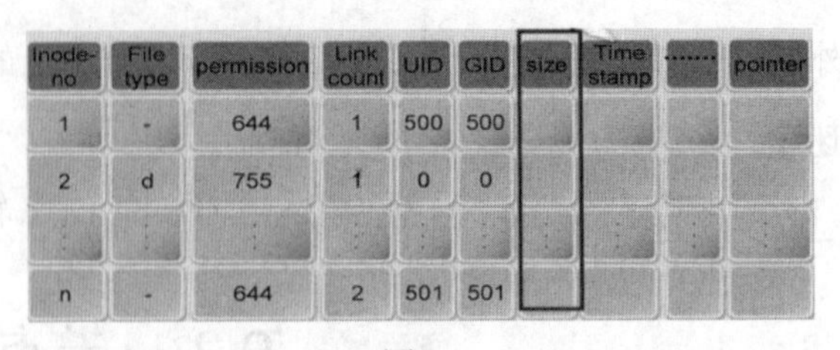

Inode-no	File type	permission	Link count	UID	GID	size	Time stamp	......	pointer
1	-	644	1	500	500				
2	d	755	1	0	0				
⋮	⋮	⋮	⋮	⋮	⋮	⋮	⋮		⋮
n	-	644	2	501	501				

图 9-6

除了以上介绍的之外，i 节点中还包含了一些其他的属性（已经超出了本书的范围，所以这里就不介绍了）。要记住的是：i 节点中所有的属性都是用来描述文件的，而不是文件中的内容。那么，文件中的内容，即文件中的数据又被存放到什么地方了呢？它们被存放在由 i 节点中最后一列的指针（pointer）所指向的数据块中了。

可能有读者还是会有些困惑，那就是 UNIX 系统为什么要引入 i 节点这样一个并不简单的数据结构呢？设想一下，如果系统不使用 i 节点而是直接对文件进行管理和维护，当文件大小变化很大并且文件数量很多时，文件的管理和维护操作将变得极为困难。但有了 i 节点就不同了，因为 i 节点中存储着文件的基本（常用的）信息而规模非常小，这样文件的查找就可以通过搜寻 i 节点来完成，而且也会使文件的管理和维护变得更加快捷和方便。

其实，**i 节点有点像图书馆中的图书目录，在每一本书的图书目录中印有该书的内容简介、作者信息、出版日期、页数等摘要信息。读者一般是先快速地搜寻图书目录并通过目录中的摘要信息来决定下一步的行动。**

在 UNIX 或 Linux 文件系统中，用户一般是通过文件名访问文件的。下面将之前介绍的三个概念（术语）再次总结一下：

（1）文件名是访问和维护文件时最常使用的。

（2）i 节点（inodes）是系统用来记录有关文件信息的对象。

（3）数据块是用来存储数据的磁盘空间的单位。

综上所述，每个文件必须具有一个名字并且与一个 i 节点相关。通常系统通过文件名就可以确定 i 节点，之后通过 i 节点中的指针就可以定位存储数据的数据块，如图 9-7 所示。

文件名（Filename）→ i 节点（inodes）→ 数据据块（Data Block）

图 9-7

可能有读者想知道 inodes 的确切含义，但是这恐怕是徒劳的。因为曾有专家询问过 UNIX 的鼻祖之一 Dennis Ritchie，他说他也记不清了。有专家推测 inodes 可能源自于 Index（索引），因为 inodes（i 节点）的功能确实与索引非常相似，但这也只能是推测而已，到目前为止还没人知道它的确切含义。在 UNIX 的第一版手册中使用的是 i-node，但是后来“-”被渐渐地取消了。

9.3 普通文件和目录

一个普通文件（Regular File）只存放数据，也许在 UNIX 或 Linux 系统中最常见的文件类型就是普通文件，它可以用来存放多种不同类型的数据。**普通文件可以存储 ASCII 码数据、中文字符、二进制数据、数据库（如 Oracle 等）、与应用程序相关的数据等。**

可以使用多种方法来创建普通文件。例如，在之前介绍的使用 touch 命令创建一个或多个新文件，也可以使用正文编辑器创建一个正文文件，还可以使用编译器创建一个包含二进制数据的文件。图 9-8

是一个普通文件的结构示意图（其中还包括了所存的可能数据类型及创建方法）。

图 9-8 表示 wolf_dog.baby 是一个普通文件，文件名 wolf_dog.baby 指向编号为 16221 的 i 节点，而这个 i 节点所指向的数据块中存储着文件 wolf_dog.baby 中的数据。数据块中的数据可以为多种数据类型中的一种，并且文件可能由许多种方法中的一种所创建。

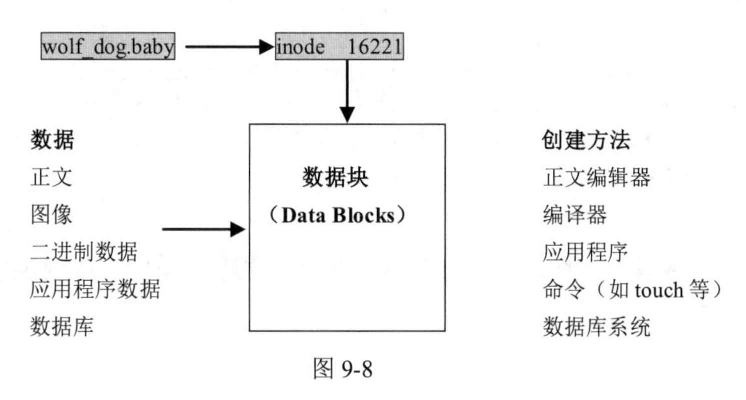

图 9-8

介绍完了普通文件，接下来介绍在 UNIX 或 Linux 系统中另一类常用的“特殊”文件，即目录。**目录中存储的是文件名和与文件名相关的 i 节点号码的信息。与可以存储多种不同类型数据的普通文件不同，在目录中只能存放一类数据。**

引入目录的目的主要是方便文件的管理和维护，同时也可以加快文件或目录的查询速度。在这里要理解的是：目录中并没有存放其他文件，目录中只存放了逻辑上能够在目录中找到那些文件的记录。可能有读者还是不能完全理解这段话，没关系，图 9-9 就是目录结构的示意图（其中还包括了数据类型和创建方法）。

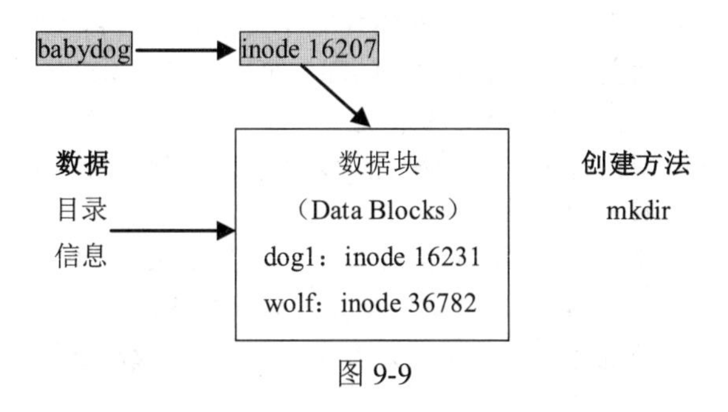

图 9-9

图 9-9 表示 babydog 是一个目录，目录名 babydog 指向编号为 16207 的 i 节点，而这个 i 节点所指向的数据块中存储着目录 babydog 中的数据。数据块中所存放的数据是一个文件名和与文件名相关的 i 节点号码的列表，并且目录是通过使用 mkdir 命令所创建的。为了帮助读者理解，我们给出了 i 节点与相对应的文件名列表的示意图，如图 9-10 所示。

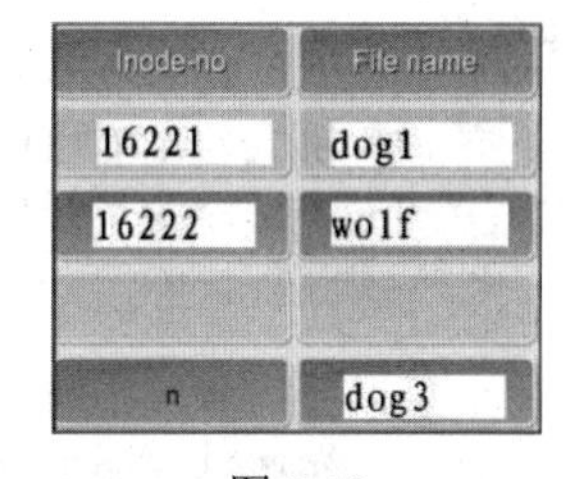

图 9-10

目录实际上就是一个列表，在这个列表中记录了每一个（人们可以理解的）文件名和所对应的计算机的 i 节点号码。当一个用户要访问一个文件时，用户使用的是人们可以理解的文件名。但是计算机是看不懂这个文件名的（计算机内部只能识别和使用二进制数），因此系统就通过以上这个列表找到这个文件所对应的 i 节点号码，计算机通过 i 节点号码才能找到文件。

可以使用带有-i 选项的 ls 命令获取文件和目录的信息，并在每一行记录的开始显示这个文件或目录的 i 节点号码（inode number）。如果您现在仍然在 dog 用户的家目录，可以使用例 9-1 的带有-li 选项的 ls 命令获取该目录中所有内容的详细信息并附有 i 节点号码。

【例 9-1】

```
[dog@dog ~]$ ls -li
total 4820
 16207  drwxr-xr--   2 dog dog   4096 Jan 13 03:29 babydog
356233  drwxrwxr-x   2 dog dog   4096 Dec  6  2009 boydog
356238  -rw-rw-r--   1 dog dog   1972 Dec  1  2009 cal3009   ......
```

讲了半天 inode number，结果获取一个文件或目录的 i 节点号（inode number）却那么容易，只需一条带有-li 选项的 ls 命令就搞定了。

9.4 cp、mv 及 rm 命令如何操作 inodes

☞指点迷津：

本节的内容对非 IT 专业的读者可能有些难度，如果读者觉得不能完全理解，也不用紧张。因为即使完全不理解这部分的内容，也不会影响您后面的学习。等学完本书之后，再回过头来阅读本节的内容可能会容易些。

首先介绍使用 cp 命令复制文件时，系统内部的动作（对 inodes 所产生的影响）。当复制文件命令发出时，系统要进行如下操作：

（1）系统将找到一个空闲的 i 节点记录（inode number），把新增加文件的元数据（meta data）写入到这个空闲的 i 节点中并将这个新记录放入 inode 表中。

（2）同时还要产生一条目录记录，把新增的文件名对应到这个空的 inode 号码。

（3）当做完以上操作之后，系统才会将文件的内容（数据）复制到新增的文件中去。

之后，介绍使用 mv 命令移动文件时，系统内部的动作（对 inodes 所产生的影响）。如果要移动的文件的原来位置与移动后的目的位置是在同一个文件系统上，当移动文件命令发出时，系统要进行如下操作：

（1）系统会首先产生一个新的目录记录，把新的文件名对应到原有（源文件）的 i 节点。

（2）删除带有旧文件名的原有的目录记录。

（3）系统除了会更新时间戳之外，移动文件行为对原本在 inode 表中的数据不会有任何影响，也不会将数据移动到其他的文件中去，也就是说没有发生真正的数据移动。

（4）如果要移动的文件的源位置与目的位置是在不同的文件系统上时，mv 的行为是复制和删除两个动作。

☞指点迷津：

有些数据库的书，如 Oracle 管理和维护方面的书，在介绍进行数据文件或日志文件的搬移时，都强调要使用 cp 和 rm 命令进行文件的搬移，不要使用 mv 命令。其原因就是上面介绍的，因为 mv 命令很可能并未真正地将物理数据搬移到了指定的位置而只是做了所谓的逻辑移动而已。

最后，介绍使用 rm 命令删除文件时，系统内部的动作（对 inodes 所产生的影响）。当删除文件命令发出时，系统要进行如下操作：

（1）系统首先会将这个文件的连接数（link count）减 1（如原来文件 dog1.txt 的 link count 为 3，运行了 rm dog1.txt 命令之后，dog1.txt 的 link count 将为 2），之后这个文件的 link count 如果小于 1，系统就会释放这个 i 节点以便重用。

（2）释放存储这个文件内容的数据块，即将这些数据块标记为可以使用。

（3）删除记录这个文件名和 i 节点号的目录记录。

（4）系统并未真正地删除这一文件中的数据，只有当其他文件要使用这些已经释放的数据块时，这些数据块中原有的数据才会被覆盖掉。

指点迷津：

其实，一些数据恢复软件工具就是利用了刚刚介绍的 rm 的这一操作特性，因为只要原来的数据没有被覆盖掉就有办法将它恢复过来。

9.5 符号（软）连接

符号连接（也叫软连接）是指向另一个文件的一个文件。与目录相类似，符号连接也只能包含一种类型的数据。一个符号连接包含了它所指向的文件的路径，也就是说一个符号连接的内容就是它所指向（对应）的文件的文件名（包括了完整的目录）。**因为符号连接使用的是指向其他文件的路径名，所以符号连接可以指向其他文件系统上的文件。**

那么，怎样才能知道在某一目录中有哪些符号连接呢？方法很简单，就是使用读者已经非常熟悉的带有-l 选项的 ls 命令。我们在第 7 章的 7.6 节中介绍过 ls -l 命令的显示结果中的第 1 列的第 1 个字符表示文件的类型，如果是 d（directory）就表示是目录，如果是“-”就表示是文件。现在还要加上一个，那就是如果是 l 表示是一个连接。另外在显示结果的最后一列中，在->左边的是符号连接名，在->右边的是所指向对象的完整路径，显示结果中的大小为这个完整路径的字符个数。

讲了这么多可能有读者还是不很清楚，下面再通过一个具体的例子来演示一下。您可以使用例 9-2 的带有-l 选项的 ls 命令列出在/bin 目录下所有以 v 开头的对象。

【例 9-2】

```
[dog@dog ~]$ ls -l /bin/v*
-rwxr-xr-x  1 root root 468928 Oct  8  2006 /bin/vi
lrwxrwxrwx  1 root root      2 Oct  8  2009 /bin/view -> vi
```

请看例 9-2 的显示结果的最后一行：其中，第 1 列的第 1 个字符是 l，因此表示这是一个连接。最后一列的/bin/view -> vi 表示连接名为/bin/view（在/bin 目录中的 view），vi 就是连接所指向的完整路径（因为正好在同一个目录中。其实，这是刻意安排的，其目的就是降低读者学习的难度）。第 5 列的 2 表示该连接所指向的完整路径为两个字符（vi 就有两个字符）。而 vi 的信息就在显示结果的第 1 行，它是一个普通文件，所有用户都可以读和执行 vi 这个文件，其实 vi 就是第 12 章将要介绍的正文编辑器。

以上使用的例子中的符号连接是系统已经建好的，那么可不可以自己创建所需的符号连接呢？当然可以，读者可以使用 ln 命令来创建软连接。**ln 命令的语法格式如下：**

```
ln -s 文件名 [连接名]
```

其中，ln 是 link（连接）的缩写，而 s 是 soft（软）的第 1 个字符。如果省略了连接名就表示连接名与对应的文件同名（但是在不同的目录中）。

下面还是通过一些例子来进一步解释这个命令的具体用法，以及如何列出符号连接的相关信息。假设您现在的当前用户为 dog 用户的家目录，您首先使用例 9-3 的 ls 命令列出 boydog 子目录中的所有内容。

【例 9-3】

```
[dog@dog ~]$ ls -l boydog
total 16
-rw-rw-r--  1 dog dog 1972 Dec  1  2009 cal2009
-rw-rw-r--  1 dog dog 1040 Dec  3  2009 lists ……
```

之后，使用例 9-4 的 ls 命令列出 wolf 子目录中的所有内容。注意，在这个 ls 命令显示的结果中有一个名为 dog.wolf.baby 的文件。

【例 9-4】

```
[dog@dog ~]$ ls -l wolf
total 4
-rw-rw-r--  1 dog dog 84 Dec 22  2009 delete_disable
-rw-rw-r--  1 dog dog  0 Dec 12  2009 dog3.wolf ……
-rw-rw-r--  1 dog dog  0 Dec 12  2009 dog.wolf.baby
……
```

狗项目经理让您将它的资料也放入 boydog 子目录中，为了将来管理或维护方便您决定将为 dog.wolf.baby 文件建立一个 dog_wolf.boy 符号连接并放在 boydog 目录中，您试着使用例 9-5 的 ln 命令来完成这一操作。

【例 9-5】

```
[dog@dog ~]$ ln -s  wolf/dog.wolf.baby boydog/dog_wolf.boy
```

系统执行完以上 ln 命令之后不会给出任何提示信息，因此您要使用例 9-6 带有-l 选项的 ls 命令列出 boydog 子目录中的所有内容。

【例 9-6】

```
[dog@dog ~]$ ls -l boydog
total 16
-rw-rw-r--  1 dog dog 1972 Dec  1  2009 cal2009  ……
lrwxrwxrwx  1 dog dog   18 Jan 24 17:25 dog_wolf.boy -> wolf/dog.wolf.baby
-rw-rw-r--  1 dog dog 1040 Dec  3  2009 lists ……
```

例 9-6 显示结果的第 3 行清楚地表明您已经成功地在 boydog 目录中创建了一个名为 dog_wolf.boy 的文件。在这一行中的第 1 个字符为 l，这表示 dog_wolf.boy 是一个连接。第 5 列的 18 表示该连接所指向的完整路径的长度为 18 个字符（wolf/dog.wolf.baby 总共为 18 个字符）。最后一列的 dog_wolf.boy -> wolf/dog.wolf.baby 表示连接名为 dog_wolf.boy（在当前目录中的 dog_wolf.boy），wolf/dog.wolf.baby 就是连接所指向的完整路径。一些 Linux 的书认为这标志着软连接已经创建成功。

9.6　怎样发现软连接断开问题

☞指点迷津：

不过，请不要高兴得太早！创建软连接的目的之一是在修改文件中的内容之后，软连接中的内容也会随之改变，反之亦然。这显然要比维护多个文件的备份容易得多，而且也不容易出错，即一个文件的内容修改了但其他文件中的内容没变。

现在可测试一下刚刚创建的连接能否完成以上重任，可以使用例 9-7 所示带有重定向符号>>的 echo 命令往 dog 家目录下的 wolf 子目录下的 dog.wolf.baby 文件中添加一行新信息。

【例 9-7】

```
[dog@dog ~]$ echo weight: 23 kg >> wolf/dog.wolf.baby
```

系统执行完以上 echo 命令之后不会给出任何提示信息，因此您要使用例 9-8 的 cat 命令显示出这个文件中的全部内容。

【例 9-8】

```
[dog@dog ~]$ cat wolf/dog.wolf.baby
```

```
weight: 23 kg
```

从例 9-8 的显示结果可知您已经成功地向这个 dog.wolf.baby 文件中添加一行 weight: 23 kg 的新信息。接下来，您使用例 9-9 的 cat 命令试着列出当前目录下的 boydog 子目录中 dog_wolf.boy 软连接中的全部内容。

【例 9-9】

```
[dog@dog ~]$ cat boydog/dog_wolf.boy
cat: boydog/dog_wolf.boy: Too many levels of symbolic links
```

不看不知道，一看吓一跳。怎么会出错呢？明明系统在执行例 9-5 的 ln 命令之后没有产生任何出错信息，还有这太多层符号连接（Too many levels of symbolic links）又是什么意思呀？Linux 系统与其他软件系统类似，出错提示信息让人看上去常常是不知所以然。

那我们又怎么知道到底是哪里出了错呢？还记得 file 命令吗？您可以**使用例 9-10 的 file 命令来看看在您所创建的软连接上到底发生了什么。**

【例 9-10】

```
[dog@dog ~]$ file boydog/dog_wolf.boy
boydog/dog_wolf.boy: broken symbolic link to 'wolf/dog.wolf.baby'
```

例 9-10 的显示结果告诉我们这个符号连接与对应的文件 wolf/dog.wolf.baby 之间的连接已经断开了。

☞ **指点迷津：**

因为符号连接使用的是指向其他文件的路径名，而在例 9-5 的 ln 命令中使用的是相对路径，所以系统找不到这个软连接所对应的文件，于是就认为符号连接断开了。看来计算机还是比人傻，不会像人那样能随机应变和见风使舵。

9.7　软连接所对应路径的选择及软连接的测试

为了解决软连接断开的问题，您要首先使用例 9-11 的 rm 命令将刚刚在 boydog 目录中创建的 dog_wolf.boy 软连接删除掉。

【例 9-11】

```
[dog@dog ~]$ rm boydog/dog_wolf.boy
```

为了后面的操作方便，您可以使用例 9-12 的 cd 命令将当前目录切换到 dog 家目录下的 boydog 子目录。为了保险起见，您可以使用例 9-13 的 pwd 命令确认一下。

【例 9-12】

```
[dog@dog ~]$ cd boydog
```

【例 9-13】

```
[dog@dog boydog]$ pwd
/home/dog/boydog
```

当确认了当前目录就是/home/dog/boydog 之后，您就可以**使用例 9-14 的 ln 命令重新创建所需的软连接了。注意，这次文件的路径使用的是绝对路径。**

【例 9-14】

```
[dog@dog boydog]$ ln -s  /home/dog/wolf/dog.wolf.baby dog_wolf.boy
```

系统执行完以上 ln 命令之后不会给出任何提示信息，因此您要使用例 9-15 带有-l 选项的 ls 命令列出当前目录中的所有内容。

【例 9-15】

```
[dog@dog boydog]$ ls -l
```

```
total 16
-rw-rw-r--  1 dog dog 1972 Dec  1  2009 cal2009
-rw-rw-r--  1 dog dog 1972 Dec  1  2009 cal3009
lrwxrwxrwx  1 dog dog   28 Jan 25 04:03 dog_wolf.boy -> /home/dog/wolf/dog.
wolf.baby ……
```

例 9-15 显示结果的第 4 行清楚地表明您已经成功地在 boydog 目录中创建了一个名为 dog_wolf.boy 的软连接而且所指向的文件路径已经是绝对路径了。此时，请注意终端显示的颜色变化，第 4 行最后一列中 dog_wolf.boy 的颜色已经从红色变成了浅蓝色，而->右侧相关文件路径的红色也已经消失。接下来，您再次使用例 9-16 的 file 命令来检查一下您刚刚创建的软连接。

【例 9-16】

```
[dog@dog boydog]$ file dog_wolf.boy
dog_wolf.boy: symbolic link to '/home/dog/wolf/dog.wolf.baby'
```

从例 9-16 的显示结果来推测这次创建的软连接应该没有问题了，现在您可以使用例 9-17 的 cat 命令显示 dog_wolf.boy 软连接中的全部内容（实际上，就是这个软连接所指向的文件中的内容）。

【例 9-17】

```
[dog@dog boydog]$ cat dog_wolf.boy
weight: 23 kg
```

折腾了半天，终于看到了我们盼望已久的结果。为了进一步加深对软连接的理解，您可以使用例 9-18 的带有重定向符号>>的 echo 命令往当前用户的家目录下的 wolf 子目录下的 dog.wolf.baby 文件中再添加一行新信息。

【例 9-18】

```
[dog@dog boydog]$ echo gender: M >> ~/wolf/dog.wolf.baby
```

系统执行完以上 echo 命令之后不会给出任何提示信息，因此您要使用例 9-19 的 cat 命令显示出 dog_wolf.boy 软连接的全部内容。

【例 9-19】

```
[dog@dog boydog]$ cat dog_wolf.boy
weight: 23 kg
gender: M
```

例 9-19 的显示结果清楚地表明 gender: M 这行新的信息已经被成功地添加到了 dog_wolf. boy 的最后一行。

以上的操作都是对软连接所对应的文件进行的，这回咱们倒过来，往软连接中添加一行新信息，之后看看会发生什么。于是，您可以使用例 9-20 的带有重定向符号>>的 echo 命令往当前用户的家目录下的 boydog 子目录下的 dog_wolf.boy 软连接中添加一行新信息。

【例 9-20】

```
[dog@dog boydog]$ echo age: 3 >> dog_wolf.boy
```

系统执行完以上 echo 命令之后不会给出任何提示信息，因此您要使用例 9-21 的 cat 命令显示出当前用户的家目录下的 wolf 子目录下的 dog.wolf.baby 文件中的全部内容。

【例 9-21】

```
[dog@dog boydog]$ cat ~/wolf/dog.wolf.baby
weight: 23 kg
gender: M
age: 3
```

例 9-21 的显示结果清楚地表明 age: 3 这行新的信息已经被成功地添加到了当前用户的家目录下的 wolf 子目录下的 dog.wolf.baby 文件的最后一行。

您不但可以建立一个文件的软连接，也可以建立一个目录的软连接。由于我们在之前已经撞了墙，不敢再使用相对路径了，否则再多撞几次墙可能真的撞成了“铁头功”了。您现在使用例 9-22 的 ln 命令利用 wolf 目录的绝对路径来创建 wolf 目录的软连接。

【例 9-22】

```
[dog@dog boydog]$ ln -s /home/dog/wolf wolf
```

系统执行完以上 ln 命令之后不会给出任何提示信息，因此您要使用例 9-23 带有-l 选项的 ls 命令列出当前目录中的所有内容。

【例 9-23】

```
[dog@dog boydog]$ ls -l
total 16    ……
-rw-rw-r--  1 dog dog 1040 Dec  4  2009 lists200
lrwxrwxrwx  1 dog dog   14 Jan 25 09:18 wolf -> /home/dog/wolf
```

例 9-23 显示结果的最后一行清楚地表明您已经成功地在 boydog 目录中创建了一个名为 wolf 的软连接而且它对应着/home/dog/wolf 目录。此时，请注意终端显示的颜色，最后一行最后一列中 wolf 的颜色为浅蓝色，而->右侧相关目录路径的颜色为深蓝色。接下来，您可以使用例 9-24 的 cd 命令切换到 wolf 软连接中。

【例 9-24】

```
[dog@dog boydog]$ cd wolf
```

为了确认以上 cd 命令的执行是否正确，您可以使用例 9-25 的 pwd 命令列出当前的工作目录的全路径。

【例 9-25】

```
[dog@dog wolf]$ pwd
/home/dog/boydog/wolf
```

当确认无误之后，就可使用例 9-26 的带有-l 选项的 ls 命令列出当前目录中的所有内容。

【例 9-26】

```
[dog@dog wolf]$ ls -l
total 8
-rw-rw-r--  1 dog dog 84 Dec 22  2009 delete_disable
-rw-rw-r--  1 dog dog  0 Dec 12  2009 dog1.wolf ……
-rw-rw-r--  1 dog dog  0 Dec 12  2009 dog.wolf.girl
```

例 9-26 的显示结果告诉我们在 dog 用户的家目录下的 boydog 目录中的 wolf 软连接中所存的内容与 dog 用户的家目录下的 wolf 目录中的完全相同。为了进一步证明这个软连接确实对应着 dog 用户的家目录下的 wolf 目录，您可以使用例 9-27 的 rm 命令删除其中的一个名为 dog.wolf.girl 的文件。

【例 9-27】

```
[dog@dog wolf]$ rm dog.wolf.girl
```

当以上 rm 命令执行成功之后，使用例 9-28 的 cd 命令切换到 dog 用户的家目录下的 wolf 目录中。

【例 9-28】

```
[dog@dog wolf]$ cd ~/wolf
```

为了确认以上 cd 命令的执行是否正确，您可以使用例 9-29 的 pwd 命令列出当前工作目录的全路径。

【例 9-29】

```
[dog@dog wolf]$ pwd
/home/dog/wolf
```

当确认无误之后，就可使用例 9-30 的带有-l 选项的 ls 命令列出当前目录中的所有内容。

【例 9-30】

```
[dog@dog wolf]$ ls -l
```

```
total 8
-rw-rw-r--  1 dog dog 84 Dec 22  2009 delete_disable
-rw-rw-r--  1 dog dog  0 Dec 12  2009 dog1.wolf ……
-rw-rw-r--  1 dog dog  0 Dec 12  2009 dog.wolf.boy
```

例9-30的显示结果清楚地表明那个名为dog.wolf.girl的文件已经不见了（即那条年轻貌美的女狗已经不见了，可能远嫁他乡了）。

为了进一步演示软连接的好处，您可以分别使用例9-31的touch命令和例9-32的mkdir命令分别在当前目录中创建一个名为wolf.dog的文件和一个名为boywolf的目录。

【例9-31】

```
[dog@dog wolf]$ touch wolf.dog
```

【例9-32】

```
[dog@dog wolf]$ mkdir boywolf
```

之后，可以使用例9-33的cd命令切换回原来的wolf（目录）软连接中去。当确认无误之后，您就可以使用例9-34的带有-l选项的ls命令列出当前目录中的所有内容。

【例9-33】

```
[dog@dog wolf]$ cd -
/home/dog/boydog/wolf
```

【例9-34】

```
[dog@dog wolf]$ ls -l
total 12
drwxrwxr-x  2 dog dog 4096 Jan 25 09:24 boywolf
-rw-rw-r--  1 dog dog   84 Dec 22  2009 delete_disable
-rw-rw-r--  1 dog dog    0 Dec 12  2009 dog1.wolf ……
-rw-rw-r--  1 dog dog    0 Jan 25 09:23 wolf.dog
```

例9-34的显示结果清楚地表明您确实已经成功地创建了一个名为wolf.dog的文件和一个名为boywolf的目录。使用软连接是不是很方便？

为了后面操作的方便，您首先使用例9-35的cd命令退回到dog用户的家目录下的boydog目录。之后为了确保切换成功，您要使用例9-36的pwd命令验证一下您的当前目录是不是/home/dog/boydog。

【例9-35】

```
[dog@dog wolf]$ cd ..
```

【例9-36】

```
[dog@dog boydog]$ pwd
/home/dog/boydog
```

9.8 列出软连接对应的i节点号及软连接的工作原理

符号连接是指向另一个文件的一个文件，也就是说符号连接本身也是一个文件。您可以使用例9-37的带有-i（i应该是inode的第1个字符）选项的ls命令列出当前目录中所有的文件和目录，其中还包含了每个文件和目录的i节点号。

【例9-37】

```
[dog@dog boydog]$ ls -il
total 16
356236 -rw-rw-r--  1 dog dog 1972 Dec  1  2009 cal2009   ……
356234 lrwxrwxrwx  1 dog dog   28 Jan 25 04:03 dog_wolf.boy -> /home/dog/
```

```
wolf/dog.wolf.baby ......
356401 lrwxrwxrwx  1 dog dog   14 Jan 25 09:18 wolf -> /home/dog/wolf
```

之后，您要使用例 9-38 的带有-i 选项的 ls 命令列出 dog 用户家目录下 wolf 子目录的详细信息，其中也包括这个目录的 i 节点号。

【例 9-38】

```
[dog@dog boydog]$ ls -ild ~/wolf
356405 drwxrwxr-x  3 dog dog 4096 Jan 25 09:24 /home/dog/wolf
```

在例 9-37 显示结果的最后一行的第 1 列中的 i 节点号为 356401，而例 9-38 显示结果的第 1 列中的 i 节点号却为 356405，显然是不同的。这表明**符号连接也要占用一个 i 节点，也就是说软连接本身也是一个文件。图 9-11 是系统使用软连接访问数据操作的示意图。**

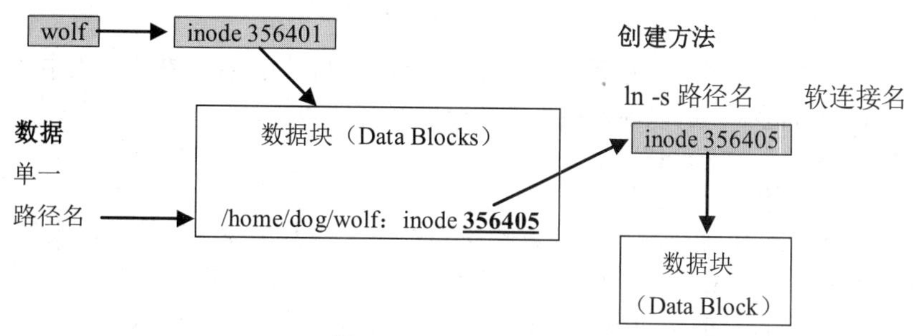

图 9-11

现在对图 9-11 所示系统访问数据的操作流程做一个比较详细的解释：

（1）首先系统利用符号连接名 wolf 查找到这个软连接所对应的 i 节点 356401。

（2）通过 i 节点 356401 中的指针查找到 wolf 的数据块（其中，存放着所指向目录的全路径和对应的 i 节点号）。

（3）利用 wolf 数据块中的数据查找到这个目录所对应的 i 节点号（356405）。

（4）通过 i 节点 356405 中的指针查找到/home/dog/wolf 所对应的数据块。

（5）对/home/dog/wolf 的数据块中的数据进行操作。

之后，您可以使用例 9-39 的带有-i 选项的 ls 命令列出 dog 用户当前目录下 wolf 子目录中 dog.wolf.boy 文件的详细信息，其中也包括这个文件的 i 节点号。

【例 9-39】

```
[dog@dog boydog]$ ls -il ~/wolf/dog.wolf.boy
356412 -rw-rw-r--  1 dog dog 0 Dec 12  2009 /home/dog/wolf/dog.wolf.boy
```

在例 9-37 显示结果的第 3 行的第 1 列中的 i 节点号为 356234，而例 9-39 显示结果的第 1 列中的 i 节点号却为 356412，显然是不同的。这再一次说明符号连接（软连接）要占用一个 i 节点，也再一次证明软连接本身确实是一个文件。

9.9 硬 连 接

一个硬连接（Hard Link）是一个文件名与一个 i 节点之间的对应关系，也可以认为一个硬连接是在所对应的文件上添加了一个额外的路径名。每一个文件（任何种类）都至少使用一个硬连接，在一个目录中的每一个记录都构成了一个硬连接。可以将每一个文件名都看成是对应于一个 i 节点的硬连接。例如当您使用 touch 命令创建一个文件时，系统就创建了一个新的目录记录，而正是这个记录将文件名指定到一个特定的 i 节点。

硬连接也是一种连接，它把多个不同的文件名对应到一个 i 节点上，如图 9-12 中就将名为 lover 和 wife 的两个文件对应到了一个 i 节点上。由于这两个文件对应到了同一个 i 节点（号），所以它们会使用相同的 i 节点记录。这么做的好处是可以避免一些重要的信息被误删，因为当存储信息的文件被删除后，还可以通过硬连接访问对应的 i 节点并找到存储信息的数据块。例如不小心将文件 wife 误删了，还可以通过文件 lover 把信息找回来。

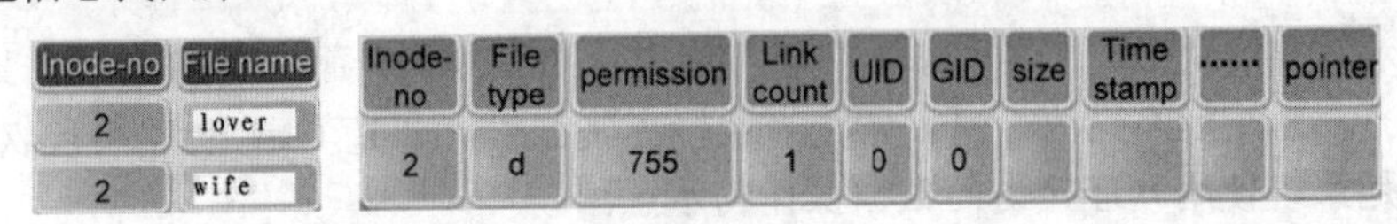

图 9-12

因为每一个磁盘分区（文件系统）的 i 节点都是独立的，并且在 i 节点中的指针所指向的数据块也只能存在于这个分区中，所以硬连接不能跨分区（文件系统）。读者也可以使用 ln 命令来创建硬连接，创建硬连接的 ln 命令的语法格式如下：

```
ln 文件名 [连接名]
```

与创建软连接的 ln 命令相比，创建硬连接的 ln 命令只缺少了-s 选项，其他完全相同。

下面还是通过例子来演示如何创建硬连接以及硬连接的一些特性。为了后面的操作，首先使用例 9-40 的 echo 命令向当前目录的 wolf 子目录的 wolf.dog 文件中添加一行信息。

【例 9-40】

```
[dog@dog ~]$ echo The First Wolf Dog for this project >> wolf/wolf.dog
```

系统执行完以上 echo 命令之后不会给出任何提示信息，因此您要使用例 9-41 带有-l 选项的 ls 命令列出当前目录中所有名字以 w 开头的文件和目录。

【例 9-41】

```
[dog@dog ~]$ ls -l wolf/w*
-rw-rw-r-- 1 dog dog 36 Jan 26 03:39 wolf/wolf.dog
```

注意例 9-41 的显示结果，此时文件的连接数为 1，文件大小已经增加到 36 字节。因为这个 wolf.dog 文件是使用 touch 命令创建的，所以这个文件原来的大小是 0。接下来，您可以使用例 9-42 的 cat 命令列出这个 wolf.dog 文件中的全部内容。

【例 9-42】

```
[dog@dog ~]$ cat wolf/wolf.dog
The First Wolf Dog for this project
```

为了后面的演示操作方便，您使用例 9-43 的 mkdir 命令在 dog 用户的家目录，也就是当前目录中创建一个名为 backup（备份）的目录。为了节省篇幅，我们并未检查这个目录是否创建成功，有兴趣的读者可以自己使用 ls 命令测试一下。

【例 9-43】

```
[dog@dog ~]$ mkdir backup
```

由于这条狼狗是狗项目产下来的第一条狼狗，因此非常珍贵。所以存放这条狼狗信息的文件变得极为重要，于是狗项目经理让您将它的资料妥善保管一定不能有任何丢失。**为了妥善保管这个文件，您决定将为它在 backup 目录中建立一个同名的硬连接，您可以使用例 9-44 的 ln 命令来完成这一操作。**

【例 9-44】

```
[dog@dog ~]$ ln wolf/wolf.dog backup
```

系统执行完以上 ln 命令之后还是不会给出任何提示信息，因此您要使用例 9-45 带有-l 选项的 ls 命令列出当前目录的 backup 子目录中的所有内容。

【例 9-45】

```
[dog@dog ~]$ ls -l backup
total 4
-rw-rw-r--  2 dog dog 36 Jan 26 03:39 wolf.dog
```

看到例 9-45 的显示结果，您的心里踏实多了吧，因为 wolf.dog 的连接数已经为 2。由于这个文件实在太重要了，因此，您决定再为 wolf.dog 文件在 backup 目录中建立一个名为 wolf.dog2 的硬连接，您可以使用例 9-46 的 ln 命令来完成这一操作。

【例 9-46】

```
[dog@dog ~]$ ln wolf/wolf.dog backup/wolf.dog2
```

系统执行完以上 ln 命令之后还是不会给出任何提示信息，因此您要使用例 9-47 带有-l 选项的 ls 命令列出当前目录的 backup 子目录中的所有内容。

【例 9-47】

```
[dog@dog ~]$ ls -l backup
total 8
-rw-rw-r--  3 dog dog 36 Jan 26 03:39 wolf.dog
-rw-rw-r--  3 dog dog 36 Jan 26 03:39 wolf.dog2
```

看到例 9-47 的显示结果，您的心里应该更加踏实了，因为 wolf.dog 和 wolf.dog2 的连接数都已经为 3 了。接下来，您应该使用例 9-48 带有-li 选项的 ls 命令列出当前目录的 wolf 子目录中以 w 开头的文件的详细信息。

【例 9-48】

```
[dog@dog ~]$ ls -li wolf/w*
356404 -rw-rw-r--  3 dog dog 36 Jan 26 03:39 wolf/wolf.dog
```

随后，您应该使用例 9-49 带有-li 选项的 ls 命令列出当前目录的 backup 子目录中的所有内容（其中也包括了 inode number）。

【例 9-49】

```
[dog@dog ~]$ ls -li backup
total 8
356404 -rw-rw-r--  3 dog dog 36 Jan 26 03:39 wolf.dog
356404 -rw-rw-r--  3 dog dog 36 Jan 26 03:39 wolf.dog2
```

对比例 9-48 和例 9-49 的显示结果，可以发现所有对象的 i 节点都是 356404，即它们都对应到同一个 i 节点，而且它们的连接数都已经增加到 3。其实除了名字之外，它们其他的信息完全相同。

一天这个狗项目研发团队中的一个成员，不知为什么鬼使神差地发出了一个例 9-50 的 rm 命令将 dog 家目录的 wolf 子目录中所有以 w 开头的文件全都删除了。

【例 9-50】

```
[dog@dog ~]$ rm wolf/w*
```

当狗项目经理想要浏览一下这条宝贝的狼狗资料时，突然发现找不到了。这时不仅是狗项目经理，狗项目研发团队的所有人员都惊出了一身冷汗。辛辛苦苦地干了这么长的时间，就这么点真东西还不见了，这项目验收咋通过呀？

狗项目经理马上找到了您，问有没有办法把这像命根子一样重要的狗资料恢复过来。于是，您首先使用例 9-51 的 ls 命令列出 dog 家目录的 wolf 子目录中所有以 w 开头的文件。

【例 9-51】

```
[dog@dog ~]$ ls -li wolf/w*
ls: wolf/w*: No such file or directory
```

看到例 9-51 的显示结果，您已经确切地知道存储你们单位最最重要的狼狗资料的文件已经不见了。

这时您想起来所做过的硬连接，于是，使用例 9-52 带有-li 选项的 ls 命令列出当前目录的 backup 子目录中的所有内容。

【例 9-52】

```
[dog@dog ~]$ ls -li backup
total 8
356404 -rw-rw-r--  2 dog dog 36 Jan 26 03:39 wolf.dog
356404 -rw-rw-r--  2 dog dog 36 Jan 26 03:39 wolf.dog2
```

由于/dog/home/wolf/wolf.dog 已经被删除，所以例 9-52 显示结果中所有硬连接的连接数都降到了 2。看到您所建立的硬连接都在，您心里当然是暗自庆幸。接下来，您使用例 9-53 的 cat 命令列出了当前目录的 backup 子目录中 wolf.dog 硬连接中的全部内容。

【例 9-53】

```
[dog@dog ~]$ cat backup/wolf.dog
The First Wolf Dog for this project
```

当确定这个像命根子一样重要的狗资料依然存在之后，您就可以重新生成原来的 wolf.dog（狼狗）文件了。

要注意的是，只能对文件建立硬连接，而不能对一个目录建立硬连接。如您可以试着使用例 9-54 的 ln 命令为 wolf 目录创建一个硬连接。

【例 9-54】

```
[dog@dog ~]$ ln wolf backup
ln: 'wolf': hard link not allowed for directory
```

例 9-54 的显示结果表示系统不允许为目录建立硬连接。这也是与软连接的一个不同点。

9.10 Linux 系统中的文件类型和 socket 简介

Linux 系统支持几乎所有在 UNIX 系统中使用的文件类型。一般来说，文件提供了一种存储数据、触发设备及运行进程之间通信的机制。**在之前的几章中，先后介绍了普通文件（regular file）、目录（directory）及符号（软）连接 3 种类型的文件。除此之外，Linux 系统中还有更多的其他类型的文件，在 Linux 系统中一共有以下 7 种类型的文件。**

- -：普通文件（regular file），也有人称为正规文件。
- d：目录（directory）。
- l：符号（软）连接。
- b：块特殊文件（b 是 block 的第 1 个字符），一般是指块设备，如硬盘。
- c：字符特殊文件（c 是 character 的第 1 个字符），一般是指字符设备，如键盘。
- p：命名的管道文件（p 是 pipe 的第 1 个字符），一般用于在进程之间传输数据。
- s：套接字（s 是 socket 的第 1 个字符）。

由于之前对普通文件（regular file）、目录（directory）及符号（软）连接 3 种类型的文件的讨论已经足够多，这里不再谈论。以下提供几个例子简单地介绍其他几种类型的文件。首先，您可以使用例 9-55 的带有-l 选项的 ls 命令列出/dev 目录中所有以 sd 开头的文件。

【例 9-55】

```
[dog@dog ~]$ ls -l /dev/sd*
brw-rw----  1 root disk 8, 0 Jan 26  2009 /dev/sda
brw-rw----  1 root disk 8, 1 Jan 26  2009 /dev/sda1
```

```
......
```

例 9-55 的显示结果告诉我们，所有这些文件都是块特殊文件，因为它们的文件类型都由 b 来表示。实际上，这些块特殊文件就是我们的 SCSI 硬盘和硬盘分区，它们也叫块设备。接下来，您可以使用例 9-56 的带有-l 选项的 ls 命令列出/dev 目录中 tty1 和 mice 文件。

【例 9-56】

```
[dog@dog ~]$ ls -l /dev/tty1 /dev/mice
crw-------  1 root root 13, 63 Jan 26  2009 /dev/mice
crw-------  1 root root  4,  1 Jan 26 07:44 /dev/tty1
```

例 9-56 的显示结果表明：/dev 目录中 tty1 和 mice 这两个文件都是字符特殊文件，其中 tty1 是终端而 mice 是鼠标，它们都是串行端口设备，也叫字符设备。接下来，您可以使用例 9-57 的带有-l 选项的 ls 命令列出/dev 目录中所有以 ini 开头的文件。

【例 9-57】

```
[dog@dog ~]$ ls -l /dev/ini*
prw-------  1 root root 0 Jan 26  2009 /dev/initctl
```

例 9-57 的显示结果表明：/dev 目录中 initctl 文件是一个命名的管道文件，命名的管道文件一般用于在进程之间传输数据。

指点迷津：

在 Linux 6 和 Linux 7 上，initctl 是一个指向/run/systemd/initctl/fifo 的软连接。可以使用“ls -l /run/systemd/initctl/fifo”命令获取与例 9-57 相似的显示结果。

最后，您可以使用例 9-58 的带有-l 选项的 ls 命令列出/dev 目录中的 log 文件。

【例 9-58】

```
[dog@dog ~]$ ls -l /dev/log
srw-rw-rw-. 1 root root 0 Jan 14 16:11 /dev/log
```

例 9-58 的显示结果表明：/dev 目录中的 log 文件是一个套接字（socket）。其实，为什么要将 socket 翻译成套接字我们也没找到确切的答案。**socket 是在计算机中使用比较频繁的术语，特别是在网络通信中。**为了帮助没有计算机专业知识的读者理解这一常常挂在许多计算机大虾嘴边上的时髦术语，下面给出一个简要而实用的解释。

想象一下打电话的过程，如果您要给某个人打电话，您必须首先拿起话筒，拨此人的电话号码，并等待对方接电话。当您与此人通话时就建立了两个通信的终点。

（1）您的电话，在您所在的地方。

（2）远处的电话，在对方所在的地方。

只要双方进行通话，就必须有两个通话所必需的终点（电话）和一条在它们之间的通信线路存在。图 9-13 给出了以两部电话作为终点，它们之间通过电话网络连接的示意图。如果没有电话网络，每部电话也就是个塑料盒子而已。

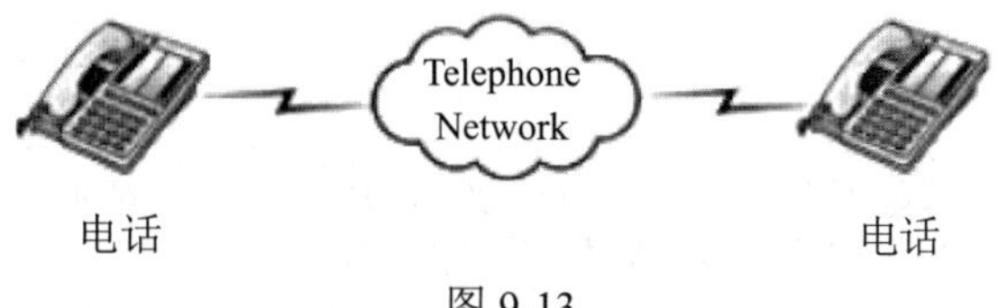

图 9-13

在 UNIX 或 Linux 中的 socket 与电话十分相似。socket 就相当于一条通信线路的终点（电话），而在这些终点（sockets）之间存在着数据通信网络。

sockets与电话相似的另一点是：当您打电话给其他人时，您需要拨打对方的电话号码。sockets使用网络地址取代了电话号码。通过访问远程（计算机）的socket地址，您的程序就可以在您的本机socket与远程的终点（socket）之间建立起一条通信线路。

综上所述，**一个socket仅仅是通信（过程中）的一个终点而已。**

9.11　怎样检查磁盘空间

操作系统管理员的日常工作之一就是要监督文件系统的使用情况，可以通过Linux系统提供的两个命令来完成这一工作。这两条命令分别是：

（1）df——显示文件系统中磁盘使用和空闲区的数量。

（2）du——显示磁盘使用的总量。

df命令以KB为单位列出每个文件系统中所有的（磁盘）空间：已经使用的（磁盘）空间和空闲的（磁盘）空间。如果加上-h或-H选项（h或H是human的第1个字符），df命令以人类容易理解的方式列出每个文件系统中（磁盘）空间的使用情况。

假设您目前是在dog用户的家目录中，您可以使用例9-59的df命令列出当前目录下的wolf子目录所在文件系统的磁盘空间信息。

【例9-59】

```
[dog@dog ~]$ df wolf
Filesystem          1K-blocks        Used Available Use% Mounted on
/dev/sda5             5091552        51756   4781152   2% /home
```

例9-59的显示结果表明wolf目录是存放在/dev/sda5文件系统上的，这个文件系统的磁盘空间总共为5091552（KB），已经使用的磁盘空间为51756（KB），空闲的（可获得的）磁盘空间为4781152（KB），磁盘空间的使用率为2%，该文件系统被挂载在/home挂载点上（有关文件系统的挂载以后会详细介绍）。

如果您现在想知道dog用户的家目录下的boydog子目录的磁盘空间使用情况，于是您试着使用例9-60的df命令列出所需要的磁盘空间信息。

【例9-60】

```
[dog@dog ~]$ df boydog
Filesystem          1K-blocks        Used Available Use% Mounted on
/dev/sda5             5091552        51756   4781152   2% /home
```

比较例9-60与例9-59的显示结果，您会立刻发现它们完全相同。这也就是说无论在df命令中使用的是哪个目录，df命令只列出这个目录所在的文件系统的磁盘空间信息。

也可以在df命令中直接使用设备名，如您可以使用例9-61的df命令列出磁盘设备/dev/sda5的磁盘空间信息。

【例9-61】

```
[dog@dog ~]$ df /dev/sda5
Filesystem          1K-blocks        Used Available Use% Mounted on
/dev/sda5             5091552    51756   4781152   2% /home
```

比较例9-61与例9-60或例9-59的显示结果，您也同样会发现它们完全相同。这也就是说在df命令中使用设备名，df命令会列出这个设备所对应的文件系统的磁盘空间信息。

如果在命令df中没有使用任何参数，df命令将列出在Linux系统上的每一个文件系统的磁盘空间信息，如您可以使用例9-62的df命令。

【例 9-62】

```
[dog@dog ~]$ df
Filesystem          1K-blocks      Used Available Use% Mounted on
/dev/sda2            8064304      3446808   4207840      46% /   ......
/dev/sda5            5091552      51756     4781152      2% /home
```

如果在 df 命令中加上-h 或-H 选项，则 df 命令以人类容易理解的方式列出每个文件系统中（磁盘）空间的使用情况，如您可以使用例 9-63 的 df 命令。

【例 9-63】

```
[dog@dog ~]$ df -h
Filesystem            Size  Used Avail Use% Mounted on
/dev/sda2             7.7G  3.3G  4.1G  46% /     ......
/dev/sda5             4.9G   51M  4.6G   2% /home
```

在例 9-63 的显示结果中，每个文件系统磁盘空间的大小都是以 MB 或 GB 为单位，是不是更容易阅读些？

可能有读者问 df 命令的结果到底有什么用处呢？作为一个操作系统管理员，如果您已经发现某个文件系统中的磁盘空间快用完了，这时您就需要提前采取一些措施，如将一些不常用的文件搬移（备份）到其他磁盘或 DVD 上以释放一些磁盘空间。

如果在 df 命令中加上-i 选项，df 命令将列出在 Linux 系统上的每一个文件系统的 i 节点使用情况的信息，如您可以使用例 9-64 的 df 命令。

【例 9-64】

```
[dog@dog ~]$ df -i
Filesystem            Inodes   IUsed   IFree IUse% Mounted on
/dev/sda2            1026144  137112  889032   14% /   ......
/dev/sda5             647680     302  647378    1% /home
```

在例 9-64 的显示结果中，第 1 列为文件系统名，第 2 列为这个文件系统中总共的 i 节点数，第 3 列为已经使用的 i 节点数，第 4 列为空闲的 i 节点数，第 5 列为 i 节点的使用率，最后一列为文件系统的挂载点。可以利用这些信息来监督文件系统的 i 节点的使用现状。

du 命令以 KB 为单位显示文件系统磁盘空间使用的总量，并将递归地显示所有子目录的磁盘空间使用量。如果在这个命令中使用-s 选项，命令的结果就只显示一个目录总的磁盘空间使用量。在 du 命令中也同样可以加上-h 或-H 选项。

指点迷津：

在一些 UNIX 系统上，如 SUN 公司的 Solaris 操作系统上，du 命令的单位不是 KB 而是数据块数，在这里每个数据块为 512B，1KB 为 1024B。

假设您目前是在 dog 用户中，您可以使用例 9-65 的 du 命令列出 dog 用户的家目录及它的所有子目录的磁盘空间信息，其中的……表示省略了一些输出显示结果。

【例 9-65】

```
[dog@dog ~]$ du /home/dog
4       /home/dog/wolf/boywolf
20      /home/dog/wolf        ......
8660    /home/dog
```

提示：

在 dog 用户中，您不能使用 du 命令显示不属于 dog 用户的目录，这会产生系统出错信息，如 du /home 命令就会报错。如果需要，您可以先切换到 root 用户。

如果在 du 命令中加上-s 选项，du 命令将只列出 dog 用户的家目录所使用的全部磁盘空间信息，如您可以使用例 9-66 的 du 命令。

【例 9-66】

```
[dog@dog ~]$ du -s /home/dog
8660    /home/dog
```

如果在 du 命令中再加上 h 选项，du 命令就以人类容易理解的方式只列出 dog 用户的家目录所使用的全部磁盘空间信息，如您可以使用例 9-67 的 du 命令。

【例 9-67】

```
[dog@dog ~]$ du -sh /home/dog
8.5M    /home/dog
```

在例 9-67 的显示结果中，/home/dog 目录磁盘空间的大小都已经是以 MB 为单位了，是不是更容易阅读些？

9.12 可移除式媒体的工作原理及 CD 和 DVD 的使用

可移除式媒体的英文原文是 Removable Media。说实在的 Removable 这个单词的中文翻译有多种，例如有可移动的、可拆卸的等。Media 的中文翻译也不止一种，例如媒介、介质等。读者也用不着认真追究 Removable Media 翻译后中文术语的含义，也许当时翻译的人自己都不十分清楚。其实 Removable Media 就是指 USB 闪存、软盘、CD、DVD 等可移除式媒体（Removable Media）。它们有如下特点：

（1）在访问可移除式媒体之前，必须将这个 Removable Media 挂载（mount）到系统上（有关文件系统的挂载和卸载在以后的章节中将详细介绍）。

（2）在移除可移除式媒体之前，必须将这个 Removable Media 从系统上卸载掉。

（3）在默认的情况下，一般非 root 的普通用户只能挂载某些特定的设备（如 USB 闪存、软盘、CD、DVD 等）。

（4）默认的挂载点一般是根目录下的 media，即/media。

下面将分别介绍 CD、DVD 和 USB 闪存的挂载和卸载。首先介绍如何挂载及卸载 CD 和 DVD。

在 Linux 系统的 gnome 或 KDE 的图形环境中，您只要在光驱中放入 CD 或 DVD，它们就会被自动地 mount（挂载）到系统中来。如果没有被自动地 mount（挂载）到系统中来，就必须手动地挂载 CD/DVD。

习惯上如果是 CD/DVD Reader，将使用 mount /media/cdrom 命令将 CD/DVD 挂载到/media/cdrom 之下。如果是 CD/DVD Writer，将使用 mount/media/cdrecorder 命令将 CD/DVD 挂载到/media/cdrecorder 之下。可以使用 eject 命令退出（umount）CD/DVD。

指点迷津：

当安装大型软件（软件需要存放在几个光盘上）时，如果安装数据库管理系统，千万不要将当前的工作目录设为 CD 所在的目录，这样将无法更换光盘，因为执行 eject 或 umount 命令时系统要求 CD 目录中没有任何操作。

在 RHEL5（Red Hat Enterprise Linux 5）或 RHEL4 系统上默认已经创建了一个名为/media 的目录，而且在这个目录下还默认创建了两个名字分别为 cdrom 和 floppy 的子目录。您可以使用例 9-68 的带有-l 选项的 ls 命令来验证这一点。

【例 9-68】

```
[dog@dog ~]$ ls -l /media
total 8
drwxr-xr-x  2 root root 4096 Jan 27 16:32 cdrom
```

```
drwxr-xr-x  2 root root 4096 Jan 27 16:32 floppy
```

☞指点迷津：

在 Linux 7 上，DVD 是自动安装在/run/media/用户名目录下，如以 cat 用户登录就是安装在/run/media/cat 目录下。并且不是使用 cdrom 而是使用 DVD 的名字，如 Oracle Linux 7.2 安装 DVD 则为 OL-7.2 Server.x86_64。要注意的是，由于这个目录名字中包含了空格，所以在操作时必须用引号括起来，如 ls -l 'OL-7.2 Server.x86_64'。在 Linux 6 上，DVD 依然安装在/media 下，并且也不是使用 cdrom 而是使用 DVD 的名字，如 Oracle Linux 6.6 安装 DVD 则为 OL6.6 x86_64 Disc 1 20141018。在 Linux 6 和 Linux 7 上 DVD 的安装和卸载与微软的几乎没什么区别，非常简单。

此时，您可以使用例 9-69 的带有-l 选项的 ls 命令列出/media/cdrom 目录中的全部内容。注意，如果您的 Linux 系统中没有相关的目录，则可以使用 mkdir 命令来创建这些目录。

【例 9-69】

```
[dog@dog ~]$ ls -l /media/cdrom
total 0
```

虽然/media/cdrom 目录是存在的，但是例 9-69 的显示结果却告诉我们这个目录是空的。这是因为此时光驱还没有被挂载到/media/cdrom 这个挂载点（目录）上，于是您试着使用例 9-70 的 mount 命令将光驱（/dev/hdc 为光驱设备，在 Linux 6 和 Linux 7 上光驱设备为/dev/sr0）挂载到/media/cdrom 上。

【例 9-70】

```
[dog@dog ~]$ mount /dev/hdc /media/cdrom
mount: only root can do that
```

例 9-70 的显示结果是不是令您感到有些失望？系统显示的信息告诉我们只有 root 用户才能挂载光驱。因此，您使用例 9-71 的 su 命令立即切换到 root 用户。

【例 9-71】

```
[dog@dog ~]$ su -
Password:
```

切换到 root 用户之后，您再次使用例 9-72 的 mount 命令来挂载光驱。

【例 9-72】

```
[root@dog ~]# mount /dev/hdc /media/cdrom
mount: block device /dev/hdc is write-protected, mounting read-only
```

这次系统成功地将光驱挂载到了/media/cdrom 挂载点上，但是从例 9-72 的显示结果可以看出这个光驱是有写保护的，它是以只读方式挂载的。接下来，您就可以使用例 9-73 的带有-l 选项的 ls 命令列出/media/cdrom 目录中的全部内容（即光盘中的所有内容）。

【例 9-73】

```
[root@dog ~]# ls -l /media/cdrom
total 30
dr-xr-xr-x   3 root root  2048 Oct 27  2006 Enterprise
-r--r--r--  11 root root  6287 Oct 25  2006 EULA  ......
```

这次例 9-73 的显示结果就是您插在光驱里的光盘的内容，因为我在虚拟光驱中“插入”的是 Oracle Enterprise Linux 的第 1 张光盘，所以显示的也就是这张光盘中的内容。如果需要换盘（或不再需要这张光盘了），您可以使用例 9-74 的 eject 命令来退出光盘。

【例 9-74】

```
[root@dog ~]# eject /media/cdrom
```

系统执行完以上 eject 命令之后不会给出任何提示信息，因此您可以使用例 9-75 带有-l 选项的 ls 命令列出目前/media/cdrom 目录中的所有内容。

【例 9-75】

```
[root@dog ~]# ls -l /media/cdrom
total 0
```

例 9-75 的显示结果表明目前/media/cdrom 目录中已经是空的了，也就是说您已经成功地退出了光驱。为了后面的操作方便，您要使用例 9-76 的 mount 命令重新挂载光驱。

【例 9-76】

```
[root@dog ~]# mount /dev/hdc /media/cdrom
mount: block device /dev/hdc is write-protected, mounting read-only
```

接下来，您还是应该使用例 9-77 带有-l 选项的 ls 命令列出/media/cdrom 目录中的全部内容。

【例 9-77】

```
[root@dog ~]# ls -l /media/cdrom
total 30
dr-xr-xr-x   3 root root  2048 Oct 27  2006 Enterprise
-r--r--r--  11 root root  6287 Oct 25  2006 EULA  ……
```

这次您不再使用 eject 命令来退出光盘，而是使用例 9-78 的 umount 命令直接卸载/media/cdrom 文件系统（即光驱）。

【例 9-78】

```
[root@dog ~]# umount /media/cdrom
```

系统执行完以上 umount 命令之后还是不会给出任何提示信息，因此您可以使用例 9-79 带有-l 选项的 ls 命令列出目前/media/cdrom 目录（光驱）中的所有内容。

【例 9-79】

```
[root@dog ~]# ls -l /media/cdrom
total 0
```

例 9-79 的显示结果表明目前/media/cdrom 目录中已经是空的了，也就是说您已经成功地卸载了光驱。从以上的例子来看，对于光驱来说无论是执行 eject 命令，还是执行 umount 命令，其最后的结果都是一样的。

9.13　可移除式媒体——USB 闪存

介绍完了 CD 和 DVD 之后，接下来介绍怎样在 Linux 系统上使用 USB 闪存。其实，在 Linux 系统上挂载 USB 闪存非常简单，只要将 USB 闪存插入计算机，Linux 的内核（kernel）会自动探测到这一设备并将其自动安装为 SCSI 设备。在 Linux 系统的 gnome 或 KDE 的图形环境中，您只要在计算机上插入 USB 闪存，它们就会被自动地挂载到系统中来，并且会在 Linux 系统的图形桌面上新增加一个 USB 闪存的图标。通常这个 USB 闪存将被挂载在/media/<Device ID>，其中 Device ID 为设备标识符。

在桌面上出现 USB 闪存的图标之后，您就可以双击这个图标来浏览闪存中的内容了。您也可以继续双击感兴趣的目录或文件。

当然也可以使用 telnet 以 dog 用户登录 Linux 系统，随后使用例 9-80 的带有-l 选项的 ls 命令列出/media 目录中的全部内容。

【例 9-80】

```
[dog@dog ~]$ ls -l /media
total 14
dr-xr-xr-x   3 root root 2048 Oct 27  2006 cdrom
drwxr-xr-x   2 root root 4096 Jan 28 13:51 floppy
drwxr-xr-x  54 root root 8192 Jan  1  1970 KINGSTON
```

例 9-80 的显示结果中确实多了一个名为 KINGSTON 的目录，这就是我们的 USB 闪存。那么怎样来确定这个 USB 闪存的设备名呢？您可以使用例 9-81 的 mount 命令列出您所使用的 Linux 系统中所挂载的全部文件系统。

【例 9-81】

```
[dog@dog ~]$ mount
/dev/sda2 on / type ext3 (rw)
/dev/sda5 on /home type ext3 (rw)    ……
/dev/hdc on /media/cdrom type iso9660 (ro,nosuid,nodev)
/dev/sdb1 on /media/KINGSTON type vfat (rw,nosuid,nodev)
```

例 9-81 的显示结果表明这个 KINGSTON 闪存的设备名是/dev/sdb1，它的文件类型是 vfat（这是微软操作系统上的文件格式）。通过设备名/dev/sdb1，可以确信 Linux 系统的内核确实是将 USB 闪存当作 SCSI 设备来处理的。

接下来，您要切换到 root 用户（因为只有 root 用户可以卸载 USB 闪存）。之后您可以使用例 9-82 的 umount 命令卸载这个 USB 闪存。

【例 9-82】

```
[root@dog ~]# umount /media/KINGSTON
```

系统执行完以上 umount 命令之后不会给出任何提示信息，因此您可以使用例 9-83 带有-l 选项的 ls 命令列出目前/media/KINGSTON 目录（USB 闪存）中的所有内容。

【例 9-83】

```
[root@dog ~]# ls -l /media/KINGSTON
total 0
```

例 9-83 的显示结果表明目前/media/KINGSTON 目录中已经是空的了，也就是说您已经成功地卸载了 USB 闪存。此时，在桌面上那个名为 KINGSTON 的 USB 闪存也不见了。

现在您可以使用例 9-84 的 mount 命令来重新挂载那个名为 KINGSTON 的 USB 闪存（也可以使用 mount /dev/sdb1 /media/KINGSTON）。之后，在 Linux 系统的图形桌面上又重新出现了那个名为 KINGSTON 的 USB 闪存。

【例 9-84】

```
[root@dog ~]# mount /media/KINGSTON
```

系统执行完以上 mount 命令之后也是不会给出任何提示信息，因此您可以使用例 9-85 带有-l 选项的 ls 命令列出目前/media/KINGSTON 目录（USB 闪存）中的所有内容。

【例 9-85】

```
[root@dog ~]# ls -l /media/KINGSTON
total 968512
drwxr-xr-x  7 root root      4096 Aug 28  2009 ??
drwxr-xr-x  4 root root      4096 Jul 21  2008 ????  ……
-rwxr-xr-x  1 root root 655025354 Oct  2  2007 10201_database_win32.zip
```

看了例 9-85 的显示结果，您就可以确信这个名为 KINGSTON 的 USB 闪存已经被挂载到了系统上，其中文件名部分出现的“?”是由于字符集不兼容造成的。实际上这也告诉读者，如果您的文件或目录要在不同的操作系统或数据库管理系统上使用，其文件名或目录名最好全部使用 ASCII 码，这样可以避免一些不必要的麻烦（**Linux 6 和 Linux 7 对中文提供了更好的支持**）。

提示：

为了减少本书的篇幅，特将以上 USB 闪存的图形操作细节都放在了资源包中的电子书中了。另外，将在 Linux 虚拟机上安装虚拟软盘这节的全部内容也都移到了电子书中。当读者遇到问题时可以自己查阅本章电子书的相关部分。

9.14 可移除式媒体——软盘

与光驱和 USB 闪存不同，Linux 的内核（kernel）不会自动挂载软盘。因此如果您想使用软盘，就必须手动将软盘挂载到 Linux 系统上。而在拿出软盘之前也必须卸载软盘，因为只有这样才能保证将软盘中修改过的数据全部写回到软盘中去。

Linux 系统默认会在/media 目录中创建一个名为 floppy 的子目录，可以使用例 9-86 带有-l 选项的 ls 命令列出/media 目录中的全部内容来验证 floppy 子目录的存在。

【例 9-86】

```
[dog@dog ~]$ ls -l /media
total 8
drwxr-xr-x  2 root root 4096 Jan 29 15:10 cdrom
drwxr-xr-x  2 root root 4096 Jan 29 15:10 floppy
```

例 9-86 的显示结果表明 floppy 子目录确实已经存在于/media 目录中。可以使用 mount /media/floppy 命令来挂载软盘，而使用 umount /media/floppy 命令来卸载软盘。

☞指点迷津：

在 Linux 7 上，软盘是自动安装在/run/media/root 目录下，并且名字不是使用 floppy 而是使用 disk。在 Linux 6 上，软盘默认依然安装在/media 下，并且名字也不是使用 floppy 了而是使用 disk。在 Linux 6 和 Linux 7 上软盘的图形操作非常简单。

在开始使用一张软盘之前，必须先将这张软盘格式化。软盘格式化又被分为以下两种类型：

（1）软盘的低级格式化（用的比较少）。

（2）将软盘格式化为某一文件系统（即高级格式化）。

如果要对软盘进行低级格式化，可以使用 fdformat 命令，您可以使用例 9-87 的 fdformat 命令对要使用的软盘进行低级格式化（在使用这个命令之前要先切换到 root 用户）。

【例 9-87】

```
[root@dog ~]# fdformat /dev/fd0H1440
Double-sided, 80 tracks, 18 sec/track. Total capacity 1440 kB.
Formatting ... done
Verifying ... done
```

这个命令会执行一会儿，例 9-87 显示结果的第 2 行显示的是格式化的进度，而最后一行显示的是验证的进度。在 Linux 6 操作系统上，以上命令中的/dev/fd0H1440 应改为/dev/fd0u1440。

如果要对软盘进行高级格式化，可以使用如下的几种方式来完成（其中，命令 mkfs 是 make file system 的缩写，而命令 mke2fs 是 make ext2 file system 的缩写，vfat 是微软的文件系统格式）：

（1）mkfs -t ext2|ext3|vfat /dev/fd0。

（2）mke2fs /dev/fd0。

现在您可以使用例 9-88 的 mkfs 命令将软盘格式化为 ext3 文件系统的格式。

【例 9-88】

```
[root@dog ~]# mkfs -t ext3 /dev/fd0
mke2fs 1.35 (28-Feb-2004)
Filesystem label=
OS type: Linux
```

```
Block size=1024 (log=0)        ......
Filesystem too small for a journal      ......
```

提示：

请注意例 9-88 显示结果中用方框括起来的部分，系统的提示信息是说这个文件系统太小了无法在上面建立日志，这是因为一张软盘的容量只有 1.44MB。其实，没有日志的 ext3 文件系统就是 ext2 文件系统。所以要在软盘上创建 ext3 的文件系统是徒劳的。可以使用　例 9-89 的带有-h 选项的 df 命令获取软盘的大小。**在 Linux 6 上已经不支持 ext3 文件系统而改为支持 ext4 文件系统。在 Linux 7 上甚至也不支持 ext2 文件系统了。**

【例 9-89】

```
[root@dog ~]# df -h /media/floppy
Filesystem          Size    Used    Avail   Use%    Mounted on
/dev/fd0            1.4M    19K     1.3M    2%      /media/floppy
```

当软盘格式化完成之后，您还要将其挂载到 Linux 系统上，之后才能使用这张软盘。于是您可以使用例 9-90 的 mount 命令挂载软盘。

【例 9-90】

```
[root@dog ~]# mount /dev/fd0 /media/floppy
```

指点迷津：

在 Linux 7 和 Linux 6 上，最好使用图形操作来加载和卸载软盘以及格式化软盘。资源包中有详细的视频。

系统执行完以上 mount 命令之后不会给出任何提示信息，因此您可以使用例 9-91 带有-l 选项的 ls 命令列出目前/media/floppy 目录（软盘）中的所有内容。

【例 9-91】

```
[root@dog ~]# ls -l /media/floppy
total 12
drwx------  2 root root 12288 Jan 29 16:35 lost+found
```

例 9-91 的显示结果表明在/media/floppy 目录（软盘）中有一个 lost+found 的子目录，这是 Linux 系统在创建 ext3 文件系统时自动创建的。看到了这些信息就可以确定软盘已经被成功地格式化了。

现在，您就可以正常使用这张软盘了，您可以使用例 9-92 的 touch 命令在这张软盘上创建一个名为 fox_wolf 的空文件。

【例 9-92】

```
[root@dog ~]# touch /media/floppy/fox_wolf
```

系统执行完以上 touch 命令之后不会给出任何提示信息，因此您可以使用例 9-93 带有-l 选项的 ls 命令列出目前/media/floppy 目录（软盘）中的所有内容。

【例 9-93】

```
[root@dog ~]# ls -l /media/floppy
total 12
-rw-r--r--  1 root root     0 Jan 29 16:48 fox_wolf
drwx------  2 root root 12288 Jan 29 16:35 lost+found
```

例 9-93 的显示结果表明您确实已经成功地在软盘上创建了一个名为 fox_wolf 的空文件。其实，在软盘上创建文件与在硬盘上相比，也看不出什么区别。

在前面讲到这张软盘实际上被格式化成了 ext2 文件系统，可能会有读者问怎样才能确定这张软盘的文件系统呢？办法很简单，就是输入不带任何参数的 mount 命令，如例 9-94。

【例 9-94】

```
[root@dog ~]# mount
```

```
/dev/sda2 on / type ext3 (rw)  ......
/dev/fd0 on /media/floppy type ext2 (rw)
```

从例 9-94 的显示结果的最后一行可以确定挂载在/media/floppy 目录的软盘（/dev/fd0）确实是 ext2 的文件系统，而且是可读、可写。现在读者应该放心了吧？

接下来，您可以试着使用 mke2fs 来格式化软盘，如例 9-95。mke2fs 命令应该更简单些，因为不用指定文件类型参数就直接将软盘格式化为 ext2 的文件系统。

【例 9-95】

```
[root@dog ~]# mke2fs /dev/fd0
mke2fs 1.35 (28-Feb-2004)
/dev/fd0 is mounted; will not make a filesystem here!
```

例 9-95 显示结果的最后一行告诉我们当软盘（/dev/fd0）处在 mount 状态时，是不能进行格式化的。这可能是出于安全的考虑，以防止操作系统管理员不小心错误地将一个正在使用的文件系统格式化了（格式化后，之前文件系统中所有数据全部丢光）。为此，您要首先使用例 9-96 的 umount 目录将软盘卸载掉。

【例 9-96】

```
[root@dog ~]# umount /media/floppy
```

系统执行完以上 umount 命令之后不会给出任何提示信息，因此您可以使用例 9-97 带有-l 选项的 ls 命令列出目前/media/floppy 目录（软盘）中的所有内容。

【例 9-97】

```
[root@dog ~]# ls -l /media/floppy
total 0
```

例 9-97 的显示结果表明/media/floppy 目录（软盘）已经没有任何内容，即是空的。这就说明您已经成功地卸载了软盘。现在您就可以再次使用 mke2fs 命令来格式化软盘，如例 9-98。

【例 9-98】

```
[root@dog ~]# mke2fs /dev/fd0
mke2fs 1.35 (28-Feb-2004)
Filesystem label=        ......
Writing inode tables: done
Writing superblocks and filesystem accounting information: done ......
```

这次在例 9-98 显示结果的 Writing inode tables: done 行之下已经没有了 Filesystem too small for a journal 这行，这是因为 mke2fs 命令直接将软盘格式化为了 ext2 的文件系统。接下来使用例 9-99 的 mount 命令挂载软盘。

【例 9-99】

```
[root@dog ~]# mount /media/floppy
```

系统执行完以上 mount 命令之后不会给出任何提示信息，因此您可以使用例 9-100 带有-l 选项的 ls 命令列出目前/media/floppy 目录（软盘）中的所有内容。

【例 9-100】

```
[root@dog ~]# ls -l /media/floppy
total 12
drwx------  2 root root 12288 Jan 29 21:31 lost+found
```

例 9-100 的显示结果表明在/media/floppy 目录（软盘）中还有一个 lost+found 的子目录，其实这是 Linux 系统在创建 ext2 文件系统时自动创建的。但是您“辛辛苦苦”创建的名为 fox_wolf 的文件却不见了。看到了这些信息您就可以确定软盘已经被成功地格式化了。为了后面的演示清楚，您可以使用例 9-101 的 mkdir 命令在软盘上创建一个名为 fox 的目录。

提示：

这次创建目录而不是创建文件主要的目的是试着使用不同的方法来完成同样的工作。科学家们已经证明所有的动物包括灵长类都有与生俱来的好奇心，正是在好奇心的驱使下动物才不断探索和进化，人类才不断地探索，文明才不断地进步。因此您在阅读本书时可能也会突然产生一些奇想（可能与本书或任何其他的 Linux 书都不同），您不妨在系统上试试，没准一个伟大的发现就此诞生了!!! 人类学家们根据考古证据推测：一个偶然的机会有人在撒有小麦种子的土地上浇了泼尿，结果长出了麦苗。由此而产生了水利灌溉并引发了农业革命，农耕文明也就此而诞生。原来人类光辉灿烂的文明就是这不经意的一泼尿浇出来的，没想到吧？事物都是一分为二的，好奇心也有负面的效果。科学家们也已经证明正是在好奇心的驱使下，每一个人身上都保留着祖先遗传下来的喜新厌旧的基因。

【例 9-101】

```
[root@dog ~]# mkdir /media/floppy/fox
```

接下来，您应该使用例 9-102 带有-l 选项的 ls 命令列出目前/media/floppy 目录中的所有内容。

【例 9-102】

```
[root@dog ~]# ls -l /media/floppy
total 13
drwxr-xr-x  2 root root  1024 Jan 29 21:41 fox
drwx------  2 root root 12288 Jan 29 21:40 lost+found
```

例 9-102 的显示结果表明您确实已经成功地在软盘上创建了一个名为 fox 的目录。接下来，为了确定这张软盘的文件系统，您可以使用例 9-103 不带任何参数的 mount 命令。

【例 9-103】

```
[root@dog ~]# mount
/dev/sda2 on / type ext3 (rw)      ......
/dev/fd0 on /media/floppy type ext2 (rw)
```

从例 9-103 显示结果的最后一行可以确定挂载在/media/floppy 目录的软盘（/dev/fd0）确实也是 ext2 文件系统，而且也是可读和可写的。

9.15 将软盘格式化为 DOS 文件系统及可能产生的问题

可以将软盘格式化为微软的 DOS 文件系统，以方便在 Linux 和 Windows 两种操作系统之间进行文件交换。接下来，试着使用例 9-104 的 mkfs 命令将软盘格式化为 vfat 格式。

【例 9-104】

```
[root@dog ~]# mkfs -t vfat /dev/fd0
mkfs.vfat 2.8 (28 Feb 2001)
mkfs.vfat: /dev/fd0 contains a mounted file system.
```

指点迷津：

有的 Linux 教程认为看到例 9-104 的显示结果，就表示已经将软盘成功地格式化成了微软的 vfat 文件系统。这是一种误解，其实 Linux 系统并未格式化软盘。

那么又怎样知道这一点呢？办法很简单，就是使用您熟悉的不能再熟悉的 ls 命令，因此您使用例 9-105 带有-l 选项的 ls 命令列出软盘中的全部内容。

【例 9-105】

```
[root@dog ~]# ls -l /media/floppy
total 13
```

```
drwxr-xr-x  2 root root  1024 Jan 29 21:41 fox
drwx------  2 root root 12288 Jan 29 21:40 lost+found
```

例 9-105 的显示结果清楚地表明软盘并未被格式化，因为您创建的 fox 目录还在上面。还记得为什么吗？Linux 系统格式化软盘之前，软盘必须被卸载掉。于是，您使用例 9-106 的 umount 命令卸载软盘。

【例 9-106】

```
[root@dog ~]# umount /media/floppy
```

系统执行完以上 umount 命令之后不会给出任何提示信息，因此您可以使用例 9-107 带有-l 选项的 ls 命令列出目前/media/floppy 目录（软盘）中的所有内容。

【例 9-107】

```
[root@dog ~]# ls -l /media/floppy
total 0
```

例 9-107 的显示结果表明/media/floppy 目录（软盘）中已经没有任何内容，即是空的。这就说明您已经成功地卸载了软盘。现在您就可以使用 mkfs 命令将软盘格式化为 vfat 文件系统了，如例 9-108。

【例 9-108】

```
[root@dog ~]# mkfs -t vfat /dev/fd0
mkfs.vfat 2.8 (28 Feb 2001)
```

有了之前的教训，从例 9-108 的显示结果我们无法确定软盘格式化命令是否真的成功了。为此，您要使用例 9-109 的 mount 命令挂载软盘。

【例 9-109】

```
[root@dog ~]# mount /dev/fd0 /media/floppy
```

系统执行完以上 mount 命令之后不会给出任何提示信息，因此您可以使用例 9-110 带有-l 选项的 ls 命令列出目前/media/floppy 目录（软盘）中的所有内容。

【例 9-110】

```
[root@dog ~]# ls -l /media/floppy
total 0
```

例 9-110 的显示结果表明在/media/floppy 目录（软盘）中是空的。这也间接地说明软盘已经被重新格式化了，因为原来软盘上的所有数据都不见了。您还可以使用例 9-111 带有-h 选项的 df 命令列出软盘空间使用情况的信息。

【例 9-111】

```
[root@dog ~]# df -h /media/floppy
Filesystem            Size  Used Avail Use% Mounted on
/dev/fd0              1.4M     0  1.4M   0% /media/floppy
```

由于 Linux 操作系统在 vfat 文件系统上并不创建 lost+found 目录，所以例 9-111 的显示结果表示软盘的可用磁盘空间就是全部的磁盘空间。为了确定这张软盘的文件系统，您可以使用例 9-112 不带任何参数的 mount 命令。

【例 9-112】

```
[root@dog ~]# mount
/dev/sda2 on / type ext3 (rw)    ......
/dev/fd0 on /media/floppy type vfat (rw)
```

从例 9-112 的显示结果的最后一行可以确定挂载在/media/floppy 目录的软盘（/dev/fd0）确实就是微软的 vfat 文件系统，而且也是可读和可写的。

☞ 指点迷津：

从将软盘格式化为 vfat 类型和建立软连接的例子读者可能已经意识到，Linux 系统的提示信息有时并不清晰，甚至可能会有误导的作用，所以读者要切记在做重要的操作之前和之后都要使用命令验证一下，以保证您的操作万无一失。这是系统管理员必须遵守的“金科玉律”，因为系统出了任何问题系统管理员都是难脱干系的。

9.16 您应该掌握的内容

在学习第 10 章之前，请检查一下您是否已经掌握了以下内容：

- 简单了解磁盘分区和文件系统的概念。
- 什么是 i 节点？
- i 节点结构和工作原理。
- 普通文件与 i 节点之间的关系。
- 目录与 i 节点之间的关系。
- cp 命令是如何操作 inodes 的。
- mv 命令是如何操作 inodes 的。
- rm 命令是如何操作 inodes 的。
- 符号（软）连接的原理。
- 怎样建立软连接？
- 软连接与 i 节点之间的关系。
- 硬连接的原理。
- 怎样建立硬连接？
- 硬连接与 i 节点之间的关系。
- 在 Linux 系统中 7 种文件类型是什么？
- 怎样使用 df 命令来检查文件系统磁盘空间？
- 怎样使用 du 命令来检查目录磁盘空间？
- 可移除式媒体的工作原理。
- 怎样使用命令手工挂载和卸载 CD 或 DVD？
- 当安装大型软件时，为什么当前目录不能为 CD 所在目录？
- 怎样使用 USB 闪存？
- 怎样使用命令手工挂载和卸载 USB 闪存？
- 怎样使用命令手工挂载和卸载软盘？
- 怎样进行软盘的低级格式化？
- 怎样将软盘格式化为 ext2 的文件系统？
- 怎样将软盘格式化为微软的 vfat 的文件系统？
- 格式化软盘时要注意的问题。
- 确认软盘格式化是否成功的方法。
- 怎样确认软盘的文件系统类型？

扫一扫，看视频

第 10 章　正文处理命令及 tar 命令

在本章中将继续介绍一些处理正文（字符串）的命令，之后要比较详细地介绍一下在 Linux 或 UNIX 系统上一个使用比较广泛的命令 tar，以及如何使用 tar 命令进行备份和恢复，还要介绍这个命令的压缩功能等。

10.1　使用 cat 命令进行文件的纵向合并

读者可能还有印象在第 6 章的 6.7 节中介绍过：可以使用 paste 命令进行文件的横向合并操作，使用“>>”的输出重定向符号进行文件的纵向合并操作（但没有给出具体例子）。其实，**除了输出重定向符号“>>”可以完成文件的纵向合并操作之外，读者所熟悉的 cat 命令也可以完成这一操作。**由于这一命令读者已经很熟悉了，下面直接通过例子来演示怎样使用 cat 命令来完成文件的纵向合并操作。

首先，可以将当前目录切换为/home/dog/babydog 目录，接下来，使用例 10-1 的命令创建一个名为 baby.age 的正文文件。之后，要使用例 10-2 的 cat 命令验证一下。

【例 10-1】

```
[dog@dog babydog]$ echo "Age: 3 months" > baby.age
```

【例 10-2】

```
[dog@dog babydog]$ cat baby.age
Age: 3 months
```

确认 baby.age 文件中的内容正确之后，使用例 10-3 的命令创建一个名为 baby.kg 的正文文件。之后，要使用例 10-4 的 cat 命令验证一下。

【例 10-3】

```
[dog@dog babydog]$ echo "Weight: 8Kg" > baby.kg
```

【例 10-4】

```
[dog@dog babydog]$ cat baby.kg
Weight: 8kg
```

确认 baby.kg 文件中的内容正确之后，使用例 10-5 的命令创建一个名为 baby.sex 的正文文件。之后，要使用例 10-6 的 cat 命令验证一下。

【例 10-5】

```
[dog@dog babydog]$ echo "Gender: F" > baby.sex
```

【例 10-6】

```
[dog@dog babydog]$ cat baby.sex
Gender: F
```

确认 baby.sex 文件中的内容正确之后，您就可以**使用例 10-7 的 cat 命令创建一个名为 baby 的正文文件，也就是所谓文件的纵向合并。**

【例 10-7】

```
[dog@dog babydog]$ cat baby.age baby.kg baby.sex > baby
```

系统执行完以上 cat 命令之后同样不会有任何提示信息，因此使用例 10-8 的 cat 命令列出 baby 文件中的全部内容。

【例 10-8】

```
[dog@dog babydog]$ cat baby
Age: 3 months
Weight: 8kg
Gender: F
```

例 10-8 的显示结果表明您已经成功地完成了 baby.age、baby.kg 和 baby.sex 这 3 个文件的纵向合并。

下面演示另一种文件纵向合并的方法，这次是使用“>>”重定向符号。您要**使用例 10-9～例 10-11 的 cat 命令分别将 baby.age、baby.sex 和 baby.kg 的内容添加到 baby2 文件中。**

【例 10-9】

```
[dog@dog babydog]$ cat baby.age >> baby2
```

【例 10-10】

```
[dog@dog babydog]$ cat baby.sex >> baby2
```

【例 10-11】

```
[dog@dog babydog]$ cat baby.kg >> baby2
```

系统执行完以上每个 cat 命令之后都不会有任何提示信息，因此使用例 10-12 的 cat 命令列出 baby2 文件中的全部内容。

【例 10-12】

```
[dog@dog babydog]$ cat baby2
Age: 3 months
Gender: F
Weight: 8kg
```

例 10-12 的显示结果表明您同样也已经成功地完成了 baby.age、baby.kg 和 baby.sex 这 3 个文件的纵向合并，只不过多使用了两条命令而已。比较两种文件的纵向合并方法，不难发现还是例 10-7 的方法简单些。

10.2　unix2dos 和 dos2unix 命令（工具）

在第 6 章的 6.5 节中，读者已经学习了怎样使用 tr 命令将 DOS 格式的文件转换成 UNIX 格式的文件，或将 UNIX 格式的文件转换成 DOS 格式的文件。其实，还有更简单的方法来完成这些文件格式的转换，那就是使用 Linux 系统所提供的两个工具——unix2dos 和 dos2unix。

在 UNIX 系统的正文（纯文字）格式的文件中只用换行符\n 作为行结束符，而在 DOS（Windows）系统的正文（纯文字）格式的文件中是以回车符\r 和换行符\n 作为行结束符，如图 10-1 所示。这可能会造成显示上的问题。为了演示可能出现的问题，您可以使用 ftp 将 10.1 节中刚刚创建的正文文件 baby 发送到 Windows 系统的 F:\ftp 文件夹中，如图 10-2 所示（如果 ftp 服务没有启动，可以再开启一个终端窗口以 root 用户登录 Linux 系统，之后使用 service vsftpd start 来启动 ftp 服务）。

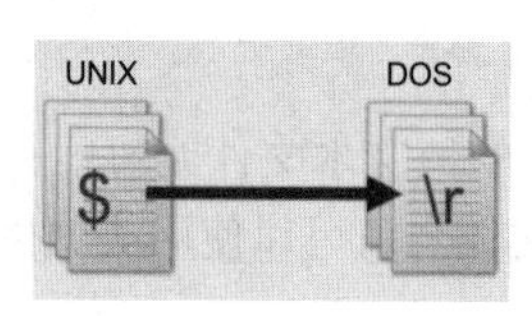

图 10-1

图 10-2

☞ 指点迷津：

如果虚拟机使用的是 Oracle VM VirtualBox，操作会更简单，可以直接将 baby 这个文件复制到共享目录（文件夹）中。之后，切换到 Windows 系统并打开共享文件夹，您就可以看到那个在 Linux 系统上创建的正文文件 baby 了。

将 baby 文件发送到 Windows 系统的 F:\ftp 文件夹中之后，使用记事本打开这个文件，您会发现所显示的内容都在一行上，如图 10-3 所示。为了比较方便也给出了 DOS 格式的 baby 文件，如图 10-4 所示。因此，在将 UNIX 格式的文件发送到 Windows 系统上之前，最好先将这个文件转换成 DOS 格式的文件。

图 10-3

图 10-4

以下通过例子来演示怎样使用这两个工具来完成所需的转换。狗项目已经初见成效，现在上面决定要扩大这个项目的规模，因此有一些新的科研人员加入该项目。但是这些新的科研人员对 Linux 系统一窍不通，不过他们都会使用 Windows 系统。为此，狗项目经理让您将他们所需的资料都先转换成 Windows（DOS）格式的文件，以方便他们的使用。

您想首先将 Linux 系统的 baby 文件转换成 DOS 格式的文件，于是使用例 10-13 所示带有-A 选项的 cat 命令列出 baby 文件的全部内容及其换行符。

【例 10-13】

```
[dog@dog babydog]$ cat -A baby
Age: 3 months$
Weight: 8kg$
Gender: F$
```

确认了 baby 文件为 UNIX 的纯文字格式之后，**使用例 10-14 所示 unix2dos 命令将 baby 文件的格式转换成 DOS 的纯文字格式。**

【例 10-14】

```
[dog@dog babydog]$ unix2dos baby
unix2dos: converting file baby to DOS format ...
```

☞ 指点迷津：

如果 unix2dos 没有安装，您要切换到 root 用户，使用“yum install unix2dos”这一软件工具。

虽然例 10-14 的显示结果表明文件 baby 已经被转换成了 DOS 格式，但是您最好使用例 10-15 所示带有-A 选项的 cat 命令再次列出 baby 文件的全部内容。

【例 10-15】

```
[dog@dog babydog]$ cat -A baby
Age: 3 months^M$
Weight: 8kg^M$
Gender: F^M$
```

这些新的科研人员也可能在 Windows 系统上创建一些与狗项目相关的纯文本文件或对现有的文件进行一些修改，再发送给 Linux 系统。此时，您在使用这些 DOS 格式的文件之前可以**使用类似例 10-16 的 dos2unix 命令将其转换成 UNIX 格式的文件。**

【例 10-16】

```
[dog@dog babydog]$ dos2unix baby
dos2unix: converting file baby to UNIX format ...
```

☞指点迷津：

如果 dos2unix 没有安装，您要切换到 root 用户，使用“yum install dos2unix”这一软件工具。

虽然例 10-16 的显示结果表明文件 baby 已经被转换成了 UNIX 的格式，但是您最好使用例 10-17 带有-A 选项的 cat 命令再次列出 baby 文件的全部内容。

【例 10-17】

```
[dog@dog babydog]$ cat -A baby
Age: 3 months$
Weight: 8kg$
Gender: F$
```

除了可以使用带有-A 参数的 cat 命令列出的换行符之外，您还可以使用带有-l 选项的 ls 命令来观察文件大小的变化，如可以使用例 10-18 的 ls 命令列出 baby 文件相关的详细信息。

【例 10-18】

```
[dog@dog babydog]$ ls -l baby
-rw-rw-r--  1 dog dog 36 Jan 31 16:00 baby
```

请注意在例 10-18 的显示结果中 baby 文件的大小为 36 字节，现在这个文件为 UNIX 格式。再次使用例 10-19 的 unix2dos 命令将 baby 文件的格式转换成 DOS 的纯文字格式。

【例 10-19】

```
[dog@dog babydog]$ unix2dos baby
unix2dos: converting file baby to DOS format ...
```

当转换完成之后，您再次使用例 10-20 带有-l 选项的 ls 命令列出 baby 文件相关的详细信息。

【例 10-20】

```
[dog@dog babydog]$ ls -l baby
-rw-rw-r--  1 dog dog 39 Jan 31 16:00 baby
```

请读者注意在例 10-20 的显示结果中 baby 文件的大小为 39 字节，现在这个文件为 DOS 格式。其实，baby 文件正好有 3 行数据，在 DOS 格式的 baby 文件中正好每行比 UNIX 格式的 baby 文件中多出一个回车\r 字符，所以 3 行数据总共多出 3 个字符。

☞指点迷津：

读者在网上下载一些 Oracle 的脚本文件，之后在 Windows 系统中使用记事本打开这些脚本文件时，如果发现显示比较乱，很可能就是文件格式的问题，因为许多 Oracle 脚本文件都是在 UNIX 系统上创建的。这时，您刚刚学习过的方法没准就派上了用场。

10.3 使用 diff 或 sdiff 命令比较两个文件的差别

diff（diff 应该是 difference 的前 4 个字母）命令用来比较两个文件中的内容，这个命令是以如下方式来显示命令的结果的。

（1）<表示第 1 个文件中的数据行。

（2）>表示第 2 个文件中的数据行。

这个命令在系统或软件升级时常常使用，可以使用 diff 这个命令（应用程序）来比较新的配置文件和旧的配置文件之间的变化。

为了清楚地演示 diff 命令的用法，下面创建两个每行只有一个字符的文件。您首先使用例 10-21 的 cat 命令创建一个名为 letters.upper 的正文文件。当您按 Enter 键之后，光标将会停留在下一行的开始处，此时您就可以输入文件的内容了。其中 A～H 是您输入的，当输入完最后一个字母 H 并按 Enter 键之后，光标将会停留在最后一行的开始处，此时按 Ctrl+D 键，将会重新出现系统提示符。这也就表示您已经成功地创建了 letters.upper 文件。

【例 10-21】

```
[dog@dog ~]$ cat > letters.upper
A
B
C
D
E
F
G
H
Ctrl+D
```

接下来，您要使用完全相同的方法创建一个名为 letters 的正文文件，如例 10-22 所示。

【例 10-22】

```
[dog@dog ~]$ cat > letters
A
b
C
D
E
f
G
Ctrl+D
```

之后，您可以使用例 10-23 的 tail 命令来验证一下所创建的文件是否正确无误（注意，这里最好不要使用 cat 命令，因为 cat 命令显示的两个文件之间没有任何信息，很难辨认两个文件是以哪一行分隔的）。

【例 10-23】

```
[dog@dog ~]$ tail letters.upper letters
==> letters.upper <==
A
B  ......
==> letters <==
A
b  ......
```

做完了以上的准备工作之后，咱们就可以干正事了。您可以**使用例 10-24 的 diff 命令来比较 letters.upper 和 letters 这两个文件的差别。**为了阅读方便，我们使用在显示结果的每一行加上注释的方式来解释这个命令的显示输出结果，注释以#开始。其中，显示结果的第 1 行中的字母 c 为 compare（比较）的第 1 个字母，而显示结果的倒数第 2 行中的字母 d 应该是 differ（不同）的第 1 个字母。

【例 10-24】

```
[dog@dog ~]$ diff letters.upper letters
2c2      # 第 1 个文件的第 2 行与第 2 个文件的第 2 行比较。
< B      # 第 1 个文件的第 2 行为 B。
```

```
---
> b       # 第 2 个文件的第 2 行为 b。
6c6       # 第 1 个文件的第 6 行与第 2 个文件的第 6 行比较。
< F       # 第 1 个文件的第 6 行为 F。
---
> f       # 第 2 个文件的第 6 行为 f。
8d7       # 第 1 个文件一共有 8 行，而第 2 个文件一共有 7 行。
< H       # 第 1 个文件的第 8 行（也是最后一行）为 H。
```

除了 diff 命令之外，**Linux 系统还提供了一个类似的文件比较命令 sdiff**（其中 s 是 side-by-side 的第 1 个字母，diff 也应该是 difference 的前 4 个字母）。这个命令是以如下方式来显示命令的结果的。

（1）|左侧表示第 1 个文件中的数据行。

（2）|右侧表示第 2 个文件中的数据行。

（3）<表示第 1 个文件中的数据行（当第 1 文件中有数据但是第 2 个文件中没有时）。

（4）>表示第 2 个文件中的数据行（当第 2 个文件中有数据但是第 1 个文件中没有时）。

了解了 sdiff 命令的使用方式之后，您就可以**使用例 10-25 的 sdiff 命令再次比较 letters. upper 和 letters 这两个文件的差别了。**为了显示清楚，我们删掉了一些空格。而且只对显示结果中存在不同的行加了注释。

【例 10-25】

```
[dog@dog ~]$ sdiff letters.upper letters
A                                A
B                              | b         # 第 1 个文件中为 B，第 2 个文件中为 b。
C                                C
D                                D
E                                E
F                              | f         # 第 1 个文件中为 F，第 2 个文件中为 f。
G                                G
H                              <           # 第 1 个文件中为 H，第 2 个文件中的这一行为空。
```

为了演示在 sdiff 命令的显示结果中>与<之间的差别，您可以使用例 10-26 的 sdiff 命令比较 letters 和 letters.upper 这两个文件之间的差别。

【例 10-26】

```
[dog@dog ~]$ sdiff letters letters.upper
A                                A
b                              | B         # 第 1 个文件中为 b，第 2 个文件中为 B。
......
f                              | F         # 第 1 个文件中为 f，第 2 个文件中为 F。
G                                G
                               > H         # 第 1 个文件的这一行为空，第 2 个文件中为 H。
```

有人比较喜欢 sdiff 命令，认为这个命令的显示结果更容易阅读。但是如果比较的两个文件很大，而其中的差别又很少，此时使用 diff 命令可能更好些。

10.4　Linux 系统自带英语字典以及 look 命令

Linux 系统本身自带一个英语字典，这个字典就是/usr/share/dict/words 文件，您可以使用例 10-27 的 ls 命令来验证这个文件的存在。

【例 10-27】

```
[dog@dog ~]$ ls -l /usr/share/dict/words
lrwxrwxrwx. 1 root root 11 Apr 24  2015 /usr/share/dict/words -> linux.words
```

您可以使用例 10-28 的 more 命令分页显示这个字典中的所有英语单词(有不少 Linux 的书是使用 less 命令，但我们认为还是使用 more 更好些。因为在所有的 UNIX 系统上都会有 more 命令，但 less 就不一定了。还有 less 具有编辑功能，这可能会存在安全隐患，因为这里只是浏览 words 文件中的内容)。

【例 10-28】

```
[dog@dog ~]$ more /usr/share/dict/words
&c
'd
…
-'s
…
10th
…
A
A&M
```

从例 10-28 的显示结果可以看出，在这个文件中每行只存放了一个英语单词。在这个字典中首先是以特殊字符开始的单词，之后是以“-”开始的单词，再其后是以数据开始的单词，随后是以大写字母开始的单词等（在不同版本的 Linux 系统上显示可能会略有不同）。

可能有读者会问这个 Linux 系统自带的英语字典的词汇量到底有多少呢？要得到准确的词汇量的方法很简单，就是使用带有-l 选项的 wc 命令。因此，您可以使用例 10-29 的 wc 命令准确地获取这个英语字典中的单词总数。

【例 10-29】

```
[dog@dog ~]$ wc -l /usr/share/dict/words
483523 /usr/share/dict/words
```

从例 10-29 的显示结果可知 Linux 系统的英语字典的词汇量还真不小，有 48 万多个单词。**在 Linux 系统中有一个拼法检查的命令，那就是 look 命令。**look 命令的用法很简单，就是 look 空一格后加要检查的单词。如您**使用例 10-30 的 look 命令来检查 progra 这个单词的拼法。**这个命令执行后将列出所有以 progra 开头的英语单词以供选择，为了减少篇幅，这里省略了一些输出结果。

【例 10-30】

```
[dog@dog backup]$ look progra
prograde
program
program's ……
```

如果使用例 10-31 的 look 命令来查看 discovety 的拼法，您会感到失望。当这个命令执行完之后，系统不会显示任何信息。这是因为没有任何英语单词是以 discovety 开头的。

【例 10-31】

```
[dog@dog backup]$ look discovety
```

其实，此时您可以少写两个字母，问题就解决了。如您可以使用例 10-32 的 look 命令来查看 discove 这个单词的拼法。

【例 10-32】

```
[dog@dog backup]$ look discove
discovenant
```

```
discover
discoverability
......
```

这里需要说明的是，使用 look 命令列出来的英语单词也是来自 Linux 系统自带的英语词典，即/usr/share/dict/words 这个 ASCII 码文件。

接下来将介绍几个常用的对正文文件内容进行格式的工具（命令），这些工具将重新编排正文文件中的内容格式。

10.5 使用 expand 命令将制表键（Tab）转换成空格

首先要介绍的是 **expand 命令，这个命令将正文文件中的 Tab 键都转换成空格键。expand 命令的输出默认是显示在标准输出上，可以使用重定向符号“>”将这个命令的输出结果存入一个文件中。**

为了后面的操作更加清楚，我们先做点准备工作。首先在 Windows 系统上打开 ftp 目录的文件夹，之后使用记事本打开 emp.data 文件。接下来进行如下操作：

（1）选择“编辑”→“全选”命令，如图 10-5 所示。

（2）之后您会发现每一行的阴影区都很长，如图 10-6 所示。这说明每一行的数据之后都有一些空白符号，这是在生成这个 Oracle 脚本文件时系统自动加上的。

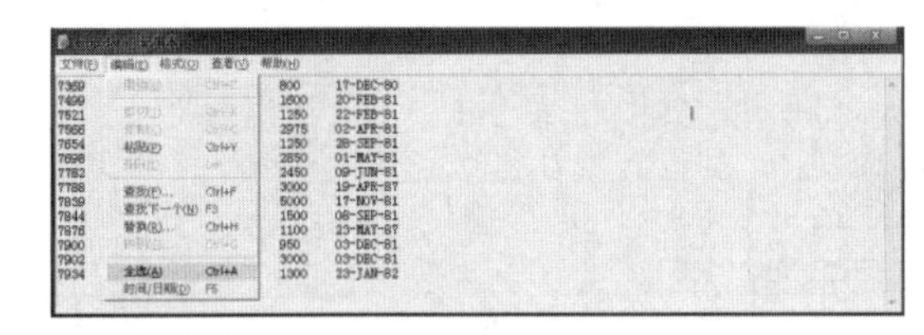

图 10-5

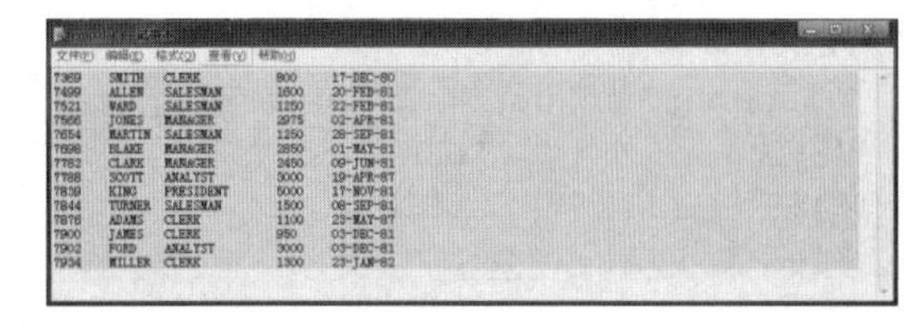

图 10-6

（3）您要手工删除每一行数据后面的空白符号，删除了所有的空白符之后，就可以存盘退出了，如图 10-7 所示。

（4）之后使用 ftp 的 put 命令将这个修改后的 emp.data 文件发送到 dog 用户家目录下的 backup（/home/dog/backup）子目录中，如图 10-8 所示。

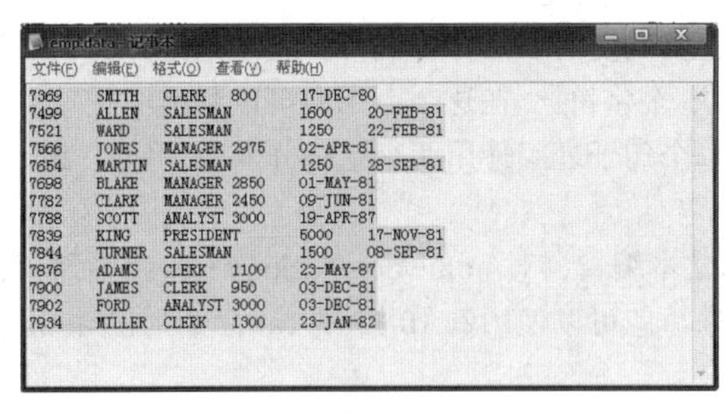

图 10-7

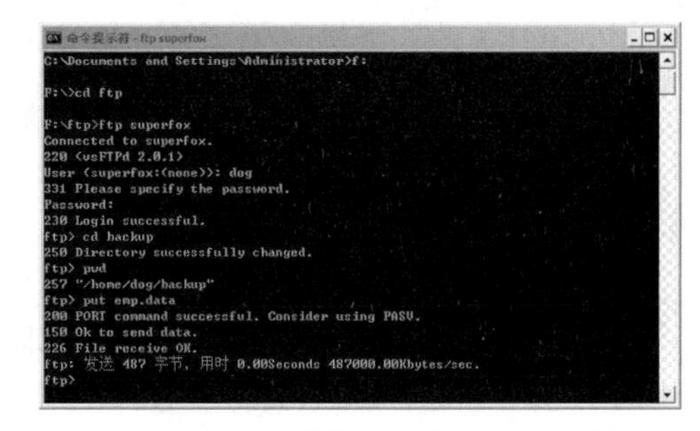

图 10-8

做完了以上的准备工作，现在终于可以演示 expand 命令的用法了。首先要进入 dog 用户的/home/dog/backup 目录，您将使用例 10-33 的 cat 命令列出 emp.data 中的全部内容。

【例 10-33】

```
[dog@dog backup]$ cat emp.data
```

```
7369    SMITH    CLERK   800      17-DEC-80
7499    ALLEN    SALESMAN         1600    20-FEB-81
7521    WARD     SALESMAN         1250    22-FEB-81
......
```

从例 10-33 的显示结果根本无法区分每个字段之间的分隔符是 Tab 还是空格。因此，您要使用例 10-34 带有-A 选项的 cat 命令再次列出 emp.data 中的全部内容。

【例 10-34】

```
[dog@dog backup]$ cat -A emp.data
7369^ISMITH^ICLERK^I800^I17-DEC-80^M$
7499^IALLEN^ISALESMAN^I1600^I20-FEB-81^M$
7521^IWARD^ISALESMAN^I1250^I22-FEB-81^M$
......
```

例 10-34 的显示结果清楚地表明每个字段之间的分隔符都是 Tab，显示结果中的^I 就表示 Tab。现在您就可以**使用例 10-35 的 expand 命令将正文文件 emp.data 中的 Tab 键都转换成空格键并存入名为 emp.spaces 的文件中。**

【例 10-35】

```
[dog@dog backup]$ expand emp.data > emp.spaces
```

系统执行完以上 expand 命令之后不会产生任何提示信息。因此，您需要使用例 10-36 带有-A 选项的 cat 命令列出 emp.spaces 文件中的所有内容。

【例 10-36】

```
[dog@dog backup]$ cat -A emp.spaces
7369    SMITH   CLERK   800       17-DEC-80^M$
7499    ALLEN   SALESMAN          1600    20-FEB-81^M$
7521    WARD    SALESMAN          1250    22-FEB-81^M$
......
```

例 10-36 的显示结果清楚地表明在 emp.spaces 文件中的每一个字段的分隔符都已经由 Tab 变成了空格。

10.6 使用 fmt 和 pr 命令重新格式化正文

fmt 命令将它的输入格式化成一些段落，其中段落宽度是使用 fmt 命令的 wn 选项来定义的（w 为 width 的第 1 个字母，n 为字符的数目，系统默认宽度为 75 个字符）。在这个命令中可以利用-u 选项将文件中的空格统一化（每个单词之间使用一个空格分隔，每个句子之间使用两个空格分隔）。另外，fmt 命令将它的输入中的空行当作段落分隔符看待。

为了能更清楚地解释 fmt 命令，您要使用图形界面的文本编辑器对/home/dog/backup/ news 进行编辑，在一些单词之间加入若干个空格，之后存盘退出。接下来，您可以使用例 10-37 的 cat 命令列出 news 文件中的全部内容以验证是否真的加入了这些空格。

【例 10-37】

```
[dog@dog backup]$ cat news
The newest    scientific discovery shows   that God exists.
He is a   super   programmers,
and he creates   our life   by writing programs with life codes (genes) !!!
```

例 10-37 的显示结果清楚地表明您已经成功地加入了那些毫无意义的多余的空格，而且还不少。下面您可以**使用例 10-38 的 fmt 命令将文件 news 中的纯文字进行重新格式化，并将结果放入名为 news.fmt 的文件中。**

【例 10-38】

```
[dog@dog backup]$ fmt -u -w48 news > news.fmt
```

系统执行完以上 fmt 命令之后也不会产生任何提示信息。因此，您需要使用例 10-39 的 cat 命令列出 news.fmt 文件中的所有内容。

【例 10-39】

```
[dog@dog backup]$ cat news.fmt
The newest scientific discovery shows that
God exists.  He is a super programmers, and
he creates our life by writing programs with
life codes (genes) !!!
```

从例 10-39 的显示结果可知每个单词之间都是使用一个空格分隔，那些多余的空格都被去掉了，而每个段落都是以两个空格开始的。注意，段落是以“.”作为结束符的。

接下来要介绍的重新格式化正文的命令是 pr。**该命令按照打印机的格式重新编排纯文本文件中的内容。pr 命令的默认输出为每页 66 行，其中 56 行为正文内容，并包括表头。**

您试着**使用例 10-40 的 pr 命令重新按照打印机的格式来格式化/usr/share/dict/words 文件中的内容**（不同版本的 Linux 系统的显示可能略有不同），并通过管道将所得结果送 more 程序分页显示。为了节省篇幅，这里对输出结果进行了压缩并删除了绝大部分内容。每按下一次空格键，系统的显示就向下滚动一屏。

【例 10-40】

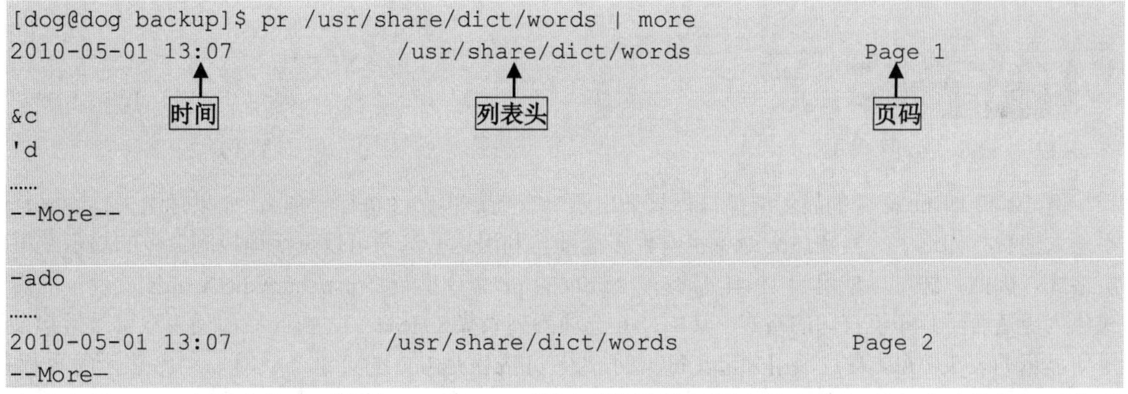

由于在例 10-40 中没有指定列表头（Header），所以系统默认使用文件名作为列表头，并在每页的页首部分显示。与列表头显示在每页的页首部分的还有页码和时间。

指点迷津：

有的 Linux 书中讲在 pr 命令显示结果的页首部分的时间是系统当前的时间。这肯定是不对的，因为这个时间是在 2010 年，而此时的时间已经是 2017 年了。那么这个时间到底是什么时间呢？读者别着急，您可以在使用图形界面以 root 用户登录 Linux 后，使用如下方法来轻松地获取有关这个时间的准确信息。

（1）在 Linux 系统的桌面上双击 Computer 图标，在打开的窗口中双击 Filesystem 图标，如图 10-9 所示。

（2）双击 usr 目录图标，在打开的窗口中双击 share 目录图标，在打开的窗口中双击 dict 目录图标，之后将进入 dict 目录窗口，如图 10-10 所示。

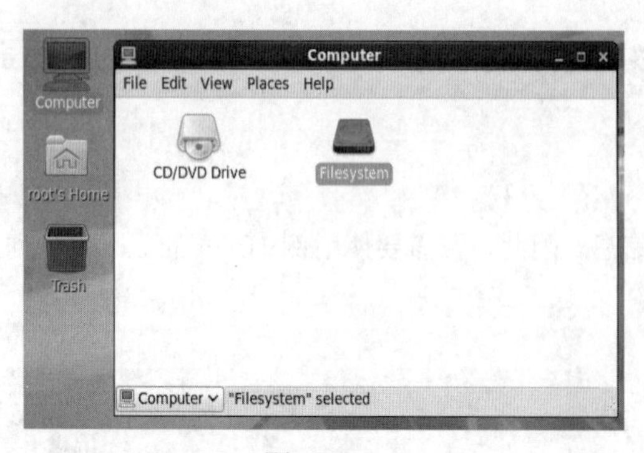

图 10-9

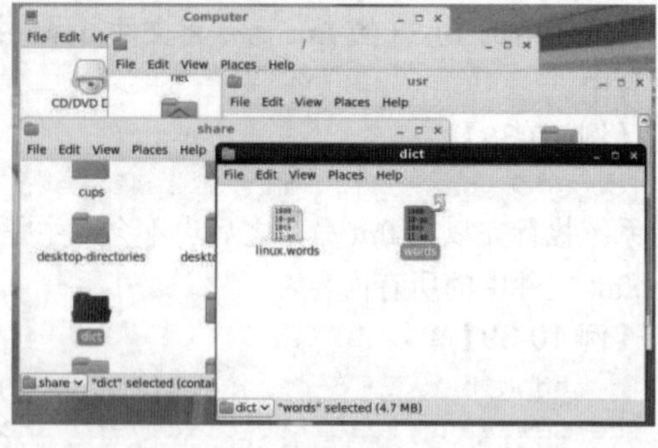

图 10-10

（3）右击 words 文件图标，在弹出的快捷菜单中选择 Properties 命令，如图 10-11 所示。

（4）打开 words Properties（words 文件的属性）对话框，如图 10-12 所示。其中的修改时间（Modified）就是 pr 命令显示结果的页首部分的时间，这个时间正是 2010 年 05 月 01 日（星期六）下午 1 点 07 分。

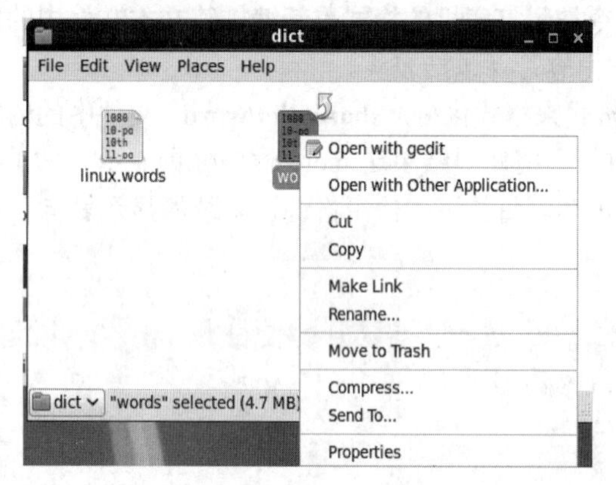

图 10-11

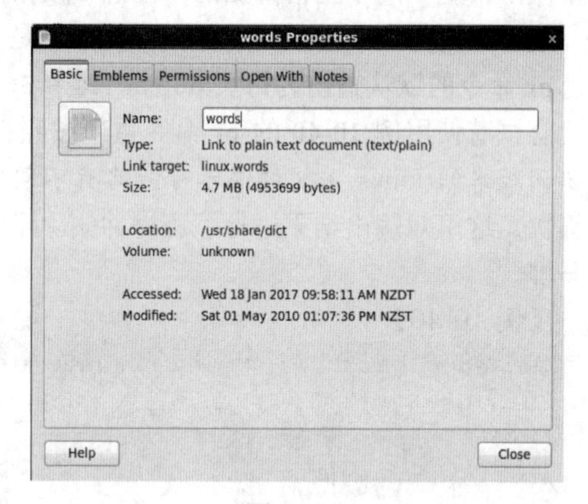

图 10-12

例 10-40 的 pr 命令的显示结果每行只列出了一个英语单字（每行一列），如果是送去打印机打印是不是太浪费打印纸了？其实，pr 命令也有许多选项，利用这些选项可以灵活地控制命令的显示结果的输出格式。因此，您可以使用例 10-41 带有多个选项的 pr 命令重新将/usr/share/dict/words 文件中的内容格式化为更适合于打印机打印的格式。其中，-h 选项为列表头（Header），在 h 后面使用双引号括起来的就是要显示的表头信息，-l 选项用来定义每页的行数（l 应该是 line 的第 1 个字母），-l18 表示每页都有 18 行，-5 表示每页打印 5 列。为了节省篇幅，这里对显示结果进行了压缩。

【例 10-41】

```
[dog@dog ~]$ pr -h"English Dictionary on Linux" -l18 -5 /usr/share/dict/words | more
2010-05-01 13:07          English Dictionary on Linux          Page 1


&c          'prentice   'shun       'tis        'un
'd          're         'slid       'twas       've
......
2006-10-08 02:00          English Dictionary on Linux          Page 2


-acal       -acy        -age        -ana        -ar
-acea       -ad         -agogue     -ance       -arch
--More--
```

☞ 指点迷津：

这里使用-l18 选项主要是为了节省篇幅，在实际应用中很少会在一页上打印这么少的内容。另外，-l 选项后的数目不能太小，如果太小 pr 命令会忽略这一选项，例如使用-l10，有兴趣的读者可以自己试一下。

提示：

通过之前的学习，读者已经知道了 pr 命令显示结果中的时间是文件的修改（更改）时间。有时这可能是一个大问题。因为可能某个文件的内容在几年前已经定型了根本就不需要进行任何修改。这样，当您使用 pr 命令格式化这个文件并打印出来时，打印结果中每页页首所显示的日期和时间就是几年前最后一次更改这个文件的时间。如果您将这样的打印结果拿给领导或客户看，您可能就会遇到麻烦。

那么有没有办法在不打开文件的情况下就更改这个文件的修改时间呢？当然有，还是那句老话，只有您想不到的，没有 UNIX 或 Linux 办不到的。下面通过几个简单的例子来演示这种方法。首先，切换到 dog 用户的家目录。之后，使用例 10-42 带有-l 选项的 ls 命令列出所有以 u 开头并以.sql 结尾的文件（您也可以使用其他不是刚刚创建的正文文件）。

【例 10-42】

```
[dog@dog ~]$ ls -l u*.sql
-rw-rw-r--  1 dog dog 92 Dec 20 09:31 unixsql.sql
```

接下来，使用例 10-43 的 cat 命令列出 unixsql.sql 文件中的全部内容以确认这个文件中的内容是否适合打印。

【例 10-43】

```
[dog@dog ~]$ cat unixsql.sql
select empno, ename, job, sal, deptno
from emp
where sal >= 1200
and job <> upper('clerk');
```

现在，您可以使用例 10-44 的 pr 命令重新按照打印机的格式来格式化 unixsql.sql 文件中的内容。为了节省篇幅，这里对显示结果进行了压缩。

【例 10-44】

```
[dog@dog ~]$ pr unixsql.sql
2015-12-20 09:31                unixsql.sql                Page 1

select empno, ename, job, sal, deptno
from emp
where sal >= 1200
and job <> upper('clerk');
```

请注意例 10-44 的显示结果中左上角的时间是 2015-12-20 09:31。现在，您就可以使用例 10-45 的 touch 命令来更改 unixsql.sql 文件的修改时间。

【例 10-45】

```
[dog@dog ~]$ touch unixsql.sql
```

之后，您应该再次使用例 10-46 的 pr 命令重新按照打印机的格式来格式化 unixsql.sql 文件中的内容。

【例 10-46】

```
[dog@dog ~]$ pr unixsql.sql
2017-01-18 10:11                unixsql.sql                Page 1

select empno, ename, job, sal, deptno
from emp
```

```
where sal >= 1200
and job <> upper('clerk');
```

注意，此时例 10-46 的显示结果中左上角的时间已经变为 2017-01-18 10:11（这个时间就是您使用 touch 命令的时间）。别看 touch 命令不起眼，这次可解决了大问题。

10.7 归档文件和归档技术

为了保证文件和目录的安全，可以通过在可移除式介质（也可以是远程计算机上的硬盘）上创建这些文件和目录的备份或归档的方法来保护它们。这样在文件或目录丢失、误删或损坏时，就可以使用所做的归档副本来恢复它们。**归档（archiving）就是将许多文件（或目录）打包成一个文件。归档的目的就是方便备份、还原及文件的传输操作。**

Linux 操作系统的标准归档命令是 tar。tar 命令的功能是将多个文件（也可能包括目录，因为目录本身也是文件）放在一起存放到一个磁带或磁盘归档文件中，并且将来可以根据需要只还原归档文件中的某些指定的文件。

tar 命令默认并不进行文件的压缩，因此使用 tar 命令打包后的文件可能比原文件还要大。但是，tar 命令本身支持压缩和解压缩算法。tar 内部使用的压缩和解压缩的算法是 gzip 和 gunzip 或 bzip2 和 bunzip2。在 tar 命令中，t 应该是 tape 的第 1 个字母，而 ar 应该是 archive 的头两个字母。tar 命令的语法格式如下：

```
tar [选项]... [归档文件名]...
```

注意：

在 tar 命令中，归档文件名要使用相对路径。

而在 tar 命令中必须至少使用如下选项中的一个。

- c：创建一个新的 tar 文件。
- t：列出 tar 文件中内容的目录。
- x：从 tar 文件中抽取文件。
- f：指定归档文件或磁带（也可能是软盘）设备（一般都要选），这里需要指出的是，在 RHEL 4（Oracle Linux 4）之前的版本中规定在 f 选项之后必须紧跟着文件名而不能再加其他参数，但是从 RHEL 4 开始已经取消了这一限制。

除了以上所介绍的 4 个在 tar 命令中必须至少选择其中之一的常用选项之外，在 tar 命令中还有以下 3 个可选的选项。

- v：显示所打包的文件的详细信息，v 是 verbose 的第 1 个字母。
- z：使用 gzip 压缩算法来压缩打包后的文件。
- j：使用 bzip2 压缩算法来压缩打包后的文件。

要注意的是，在 tar 命令中，所有的选项之前都不能使用前导的“-”。这也是 tar 命令与其他 UNIX 或 Linux 命令的一个明显区别。

为了后面的操作方便，我们先做一些准备工作。现在假设您还在 dog 用户的家目录中，您要使用例 10-47 的 mkdir 命令创建一个名为 arch 的新目录。

【例 10-47】

```
[dog@dog ~]$ mkdir arch
```

系统执行完以上 mkdir 命令之后不会产生任何提示信息。因此，您需要使用例 10-48 的 ls 命令列出这个目录的详细内容。

【例 10-48】

```
[dog@dog ~]$ ls -ld a*
drwxrwxr-x  2 dog dog 4096 Feb  4 05:06 arch
```

确定创建了 arch 目录之后，分别使用例 10-49 和例 10-50 的 cp 命令将当前目录中所有以.JPG 结尾和所有以.txt 结尾的文件复制到 arch 目录中。

【例 10-49】

```
[dog@dog ~]$ cp *.JPG arch
```

【例 10-50】

```
[dog@dog ~]$ cp *.txt arch
```

系统执行完以上两个 cp 命令之后都不会产生任何提示信息。因此，您需要使用例 10-51 的 ls 命令列出这个目录的详细内容。注意，这次在 ls 命令的选项中没有-d，因为这次要显示 arch 目录中的内容而不是 arch 目录本身的信息。

【例 10-51】

```
[dog@dog ~]$ ls -l arch
total 4692
-rw-r--r--  1 dog dog 2990289 Feb  4 05:07 dog.JPG
-rw-rw-r--  1 dog dog      84 Feb  4 05:07 name.txt ……
-rw-r--r--  1 dog dog  674610 Feb  4 05:07 NewZealand.JPG
-rw-rw-r--  1 dog dog      68 Feb  4 05:07 salary.txt
```

从例 10-51 的显示结果可以确定您所做的两次复制都已经成功。但是，我们觉得文件 NewZealand.JPG 有点多余，所以您可以使用例 10-52 的 rm 命令将这个大一点的文件删除。

【例 10-52】

```
[dog@dog ~]$ rm arch/New*
```

系统执行完以上 rm 命令之后，也不会产生任何提示信息。因此，您需要使用例 10-53 的 ls 命令列出这个目录中的所有内容。

【例 10-53】

```
[dog@dog ~]$ ls -l arch
total 4028
-rw-r--r--  1 dog dog 2990289 Feb  4 05:07 dog.JPG
-rw-rw-r--  1 dog dog     152 Feb  4 05:07 emplist.txt
……
```

从例 10-53 的显示结果可知文件 NewZealand.JPG 已经被删除了。现在您可以使用例 10-54 所示带有-h 选项的 du 命令列出 arch 目录所使用的全部磁盘空间。

【例 10-54】

```
[dog@dog ~]$ du -h arch
4.0M    arch
```

10.8　使用 tar 命令创建、查看及抽取归档文件

做完了以上准备工作之后，您就可以**使用例 10-55 的 tar 命令将 arch 目录打包成一个名为 arch.tar 的归档文件。**其中，c 选项表示要创建一个新的归档文件，v 选项表示要在创建过程中显示所有打包的文件和目录，f 选项后跟的就是归档文件名 arch.tar。

【例 10-55】

```
[dog@dog ~]$ tar cvf arch.tar arch
arch/
arch/learning.txt
arch/name.txt  ……
```

由于在 tar 命令中使用了 v 选项，所以在这个命令的执行过程中会显示所有打包的文件和目录。为了确保万无一失，您应该使用例 10-56 的 ls 命令列出以.tar 结尾的所有文件。

【例 10-56】

```
[dog@dog ~]$ ls -lh *.tar
-rw-rw-r--  1 dog dog 4.0M Feb  4 05:12 arch.tar
```

从例 10-56 的显示结果可知 tar 命令确实已经生成了名为 arch.tar 的归档文件，而且这个文件的大小与 arch 目录的大小一样都是 4.0MB。这样您就将 arch 这个子目录打包好了。之后您可以将它复制到可移除式存储设备，例如 USB 闪存上，或使用 ftp 发送到远程的计算机上，以备不时之需。

一般从归档文件包中抽取文件之前，您要先检查一下这个包中到底有哪些文件和目录。可以使用带有 t 选项的 tar 命令来完成这一重任。如您可以**使用例 10-57 的 tar 命令来显示 arch.tar 这个归档文件（包）中所有的文件。**

【例 10-57】

```
[dog@dog ~]$ tar tf arch.tar
arch/
arch/learning.txt
arch/name.txt ……
```

从例 10-57 的显示结果可知 tar tf 命令只以相对路径显示打包的文件，而且没有包含文件的细节信息。您可以在 tar 命令中再加入 v 命令来显示文件更加详细的信息，如您可以使用例 10-58 的 tar 命令来显示 arch.tar 这个归档文件（包）中每一个文件的详细信息。

【例 10-58】

```
[dog@dog ~]$ tar tvf arch.tar
drwxrwxr-x dog/dog         0 2010-02-04 05:09:43 arch/
-rw-r--r-- dog/dog      4720 2010-02-04 05:07:22 arch/learning.txt
-rw-rw-r-- dog/dog        84 2010-02-04 05:07:22 arch/name.txt ……
```

从例 10-58 的显示结果可知 tar tvf 命令是以与 ls -l 相同的方式来显示归档文件（包）中每一个文件的详细信息。

接下来的问题就是如何解开打包好的文件，要使用 tar xvf 命令来解开打包好的文件。这个命令将在当前目录中抽取打包的文件，并且会按照打包时的文件层次结构来解开打包后的文件。因此一定要将当前（工作）目录切换到打包时所在的目录，这样才能保证抽取（恢复）的文件放回到原来的位置。

为了更加清楚地演示使用 tar 命令进行文件和目录的恢复，首先使用例 10-59 带有-r 选项的 rm 命令删除 arch 以及其中的全部内容。

【例 10-59】

```
[dog@dog ~]$ rm -r arch
```

系统执行完以上 rm 命令之后，不会产生任何提示信息。注意，如果使用 root 用户执行这一命令，系统会产生提示信息让用户确认是否删除文件。随后，您需要使用例 10-60 的 ls 命令列出所有以 ar 开头的文件和目录。

【例 10-60】

```
[dog@dog ~]$ ls -l ar*
-rw-rw-r--  1 dog dog 4106240 Feb  4 05:12 arch.tar
```

从例 10-60 的显示结果可知您已经成功地删除了 arch 目录以及其中的全部内容。现在，您就可以**使用例 10-61 的 tar 命令来恢复 arch 目录以及其中的全部内容。**

【例 10-61】

```
[dog@dog ~]$ tar xvf arch.tar
arch/
arch/learning.txt
arch/name.txt
arch/flowers.JPG
arch/dog.JPG  ......
```

由于在这个命令中使用了 v 选项，所以在该命令的执行过程中会显示所有包中的文件和目录。为了确保万无一失，您应使用例 10-62 的 ls 命令列出以 ar 开头的所有文件和目录。

【例 10-62】

```
[dog@dog ~]$ ls -l ar*
-rw-rw-r--  1 dog dog 4106240 Feb  4 05:12 arch.tar

arch:
total 4028
-rw-r--r--  1 dog dog 2990289 Feb  4 05:07 dog.JPG
-rw-rw-r--  1 dog dog     152 Feb  4 05:07 emplist.txt
......
```

例 10-62 的显示结果清楚地表明曾经被不幸删除的 arch 目录和这个目录中的所有文件都已经恢复了。使用 tar 命令进行备份和恢复只能恢复到备份（使用 tar 打包）时的状态，在打包之后所做的任何修改都将全部丢失。

提示：

使用 tar 命令（工具）对普通文件和命令进行备份和恢复是 UNIX 或 Linux 系统上比较常用的方法，而且也是一种简单和容易掌握的方法。备份和恢复常常被描述成令人望而生畏的工作，学习了 tar 命令之后，读者可能会发现也不过就是执行一条 Linux 系统的命令而已。其实，备份和恢复方法本身并不太复杂，但是要制定出一套好的而且是简单易行的备份和恢复策略（方案）就不那么容易了。

10.9　文件的压缩和解压缩

进行文件压缩的主要目的是缩小文件的大小，这样会节省存储文件的磁盘或磁带的空间，另外在网络上传输这些小文件也会减少网络的流量（也就是节省网络的带宽）。**一般对正文文件进行压缩之后，文件的大小可以被压缩大约 75%之多。但是二进制的文件，如图像文件通常不会被压缩多少。使用 tar 命令产生的归档文件常常需要压缩，因此在使用 tar 命令打包文件时会顺便压缩所产生的归档文件。**

在 Linux 系统中有两组常用的压缩命令（工具）。其中，**第 1 组压缩工具是 gzip 和 gunzip，如果使用 gzip 来压缩文件（也包括目录），就必须使用 gunzip 来解压缩。它们是 Linux 系统上标准的压缩和解压缩工具，**对正文文件的压缩比一般超过 75%。**第 2 组压缩工具是 bzip2 和 bunzip2，如果使用 bzip2 压缩文件，就必须使用 bunzip2 来解压缩。它们是 Linux 系统上比较新的压缩和解压缩工具，通常对归档文件的压缩比要优于 gzip 工具。**比较新的 Linux 版本才支持 bzip2 和 bunzip2 命令。

gzip 命令的语法格式如下：

```
gzip [选项] [压缩文件名...]
```

其中，几个经常使用的选项如下。

- -v：在屏幕上显示出文件的压缩比（v是verbose的第1个字母）。
- -c：保留原来的文件，而新创建一个压缩文件，其中压缩文件名以.gz结尾。

而解压缩时，只要输入gunzip空一格之后跟着要解压缩的文件即可，如命令gunzip arch.gz。下面还是通过一些例子来演示怎样使用gzip命令来压缩文件和怎样使用gunzip命令来解压缩文件。

为了后面的操作更加简单，可以使用例10-63的cd命令将当前目录切换到arch目录。

【例10-63】

```
[dog@dog ~]$ cd arch
```

之后，使用例10-64的ls命令列出当前目录中所有文件名以l开头的文件的详细信息。

【例10-64】

```
[dog@dog arch]$ ls -lh l*
-rw-r--r--  1 dog dog 4.7K Feb  4 05:07 learning.txt
```

例10-64的显示结果表明在arch目录中有一个名为learning.txt的正文文件，它的大小是4.7KB。接下来，**可使用例10-65的gzip命令压缩该文件，由于在当前目录中只有一个以l开头的文件。**所以可以使用l*来代替learning.txt这个很长的文件名，是不是方便多了？

【例10-65】

```
[dog@dog arch]$ gzip l*
```

系统执行完以上gzip命令之后不会产生任何提示信息。因此，您需要使用例10-66带有-lh选项的ls命令列出当前目录中所有文件名以l开头的文件的详细信息。

【例10-66】

```
[dog@dog arch]$ ls -lh l*
-rw-r--r--  1 dog dog 2.0K Feb  4 05:07 learning.txt.gz
```

比较例10-64和例10-66的显示结果可以发现原来名为learning.txt的文件已经变成了名为learning.txt.gz的文件，而且文件的大小也从4.7KB减少到了2.0KB。gzip命令确实将文件的大小压缩了不少。您也可以**使用例10-67的gunzip解压缩learning.txt.gz文件。**同理，因为在当前目录中只有一个以l开头的文件，所以这里使用了l*来代替learning.txt.gz。

【例10-67】

```
[dog@dog arch]$ gunzip l*
```

系统执行完以上gunzip命令之后也不会产生任何提示信息。因此，您需要使用例10-68带有-lh选项的ls命令再次列出当前目录中所有以l开头的文件的详细信息。

【例10-68】

```
[dog@dog arch]$ ls -lh l*
-rw-r--r--  1 dog dog 4.7K Feb  4 05:07 learning.txt
```

例10-68的显示结果表明原来名为learning.txt.gz的文件又变回了名为learning.txt的文件，而且文件的大小也从2.0KB重新增加到了4.7KB。

接下来，您可以**使用例10-69带有-vc选项的gzip命令来压缩learning.txt这个文件并将压缩的结果存放在learn.gz文件中。**

【例10-69】

```
[dog@dog arch]$ gzip -vc l* > learn.gz
learning.txt:    59.2%
```

由于这次使用了-v选项，所以gzip命令执行过程中要显示压缩比，对learning.txt的压缩比是59.2%。

为了得到压缩前后文件大小的准确信息，您需要使用例10-70带有-lh选项的ls命令再次列出当前目录中所有以l开头的文件的详细信息。

【例 10-70】

```
[dog@dog arch]$ ls -lh l*
-rw-rw-r--  1 dog dog 2.0K Feb  4 09:12 learn.gz
-rw-r--r--  1 dog dog 4.7K Feb  4 05:07 learning.txt
```

由于这次使用了-c 选项，所以 gzip 命令要保留原来的文件 learning.txt，并在命令执行完之后生成一个名为 learn.gz 的压缩文件。

您**可以使用 gzip 命令来压缩文件，但是不能使用这一命令压缩目录。**为了证明这一点，您使用例 10-71 的 cd 命令先退回到 dog 的家目录。

【例 10-71】

```
[dog@dog arch]$ cd
```

系统执行完以上 cd 命令之后也不会产生任何提示信息，因此您最好使用例 10-72 的 pwd 命令测试一下当前目录是不是 dog 的家目录。

【例 10-72】

```
[dog@dog ~]$ pwd
/home/dog
```

确认了当前目录确实在 dog 的家目录中之后，您可以试着使用例 10-73 的 gzip 命令压缩 arch 目录。

【例 10-73】

```
[dog@dog ~]$ gzip arch > arch.gz
gzip: arch is a directory - ignored
```

例 10-73 的显示结果清楚地告诉我们 arch 是一个目录，所以系统忽略 gzip 这个命令。**这样就证明了不能使用 gzip 这一命令来压缩目录。**

下面通过例子来解释有关图像（二进制）文件的压缩问题。也是为了后面的操作简单，您先使用例 10-74 的 cd 命令切换回 dog 用户家目录下的 arch 子目录中。

【例 10-74】

```
[dog@dog ~]$ cd arch
```

之后，使用例 10-75 的 ls 命令列出当前目录中所有以 JPG 结尾的图像文件的详细信息。

【例 10-75】

```
[dog@dog arch]$ ls -lh *JPG
-rw-r--r--  1 dog dog 2.9M Feb  4 05:07 dog.JPG
-rw-r--r--  1 dog dog 1.1M Feb  4 05:07 flowers.JPG
```

例 10-75 的显示结果表明在 arch 目录中有一个名为 dog.JPG 的图像（二进制）文件，它的大小是 2.9MB。接下来，您可以使用例 10-76 的 gzip 命令来压缩这个文件。

【例 10-76】

```
[dog@dog arch]$ gzip -cv dog* >dog.JPG.gz
dog.JPG:          0.2%
```

由于在以上命令中使用了-v 选项，所以 gzip 命令执行过程中要显示压缩比，对 dog.JPG 图像文件的压缩比只有 0.2%。费了好大的劲，只压缩了千分之二，是不是得不偿失？之后，再次使用例 10-77 的 ls 命令列出当前目录中所有以 dog 开头的图像文件的详细信息。

【例 10-77】

```
[dog@dog arch]$ ls -lh dog*
-rw-r--r--   1 dog dog 2.9M Feb  4 05:07 dog.JPG
-rw-rw-r--  1 dog dog 2.9M Feb  4 09:34 dog.JPG.gz
```

比较例 10-77 的显示结果中两个压缩前后的图像文件可以发现它们的大小根本看不出有什么变化。

10.10　在使用 tar 命令的同时进行压缩和解压缩

为了简化操作，通常会在使用 tar 命令打包文件的同时顺便压缩打包好的文件。其实，**tar 命令本身就具有文件的压缩和解压缩功能。在使用 tar 命令时，可以通过使用如下两个参数（选项）来决定如何压缩打包好的文件。**

- z：使用 gzip 技术来压缩打包好的文件。
- j：使用 bzip2 技术来压缩打包好的文件。

下面通过例子来演示怎样使用 tar 命令在打包文件的同时顺便压缩打包好的文件。为了演示清楚，您首先要做一些准备工作。您先要使用例 10-78 的 cd 命令切换到 arch 目录。

【例 10-78】

```
[dog@dog ~]$ cd arch
```

当进入 arch 目录之后，使用例 10-79 的 ls 命令列出当前目录中所有的文件和目录。

【例 10-79】

```
[dog@dog arch]$ ls -l
total 6952
-rw-r--r--  1 dog dog 2990289 Feb  4 05:07 dog.JPG
-rw-rw-r--  1 dog dog 2984774 Feb  4 09:34 dog.JPG.gz
......
-rw-rw-r--  1 dog dog    1959 Feb  4 09:12 learn.gz ......
```

从例 10-79 的显示结果可知在 arch 目录中有两个以.gz 结尾的压缩文件。现在您应该使用例 10-80 的 rm 命令删除这两个压缩文件，以恢复该目录的原始状态。

【例 10-80】

```
[dog@dog arch]$ rm *.gz
```

系统执行完以上 rm 命令之后不会产生任何提示信息。因此，您应该使用例 10-81 的 ls 命令列出当前目录中的全部内容。

【例 10-81】

```
[dog@dog arch]$ ls -l
total 4028
-rw-r--r--  1 dog dog 2990289 Feb  4 05:07 dog.JPG
-rw-rw-r--  1 dog dog     152 Feb  4 05:07 emplist.txt
......
```

例 10-81 的显示结果表明所有以.gz 结尾的压缩文件都已经不见了。之后，使用例 10-82 的 cd 命令退回到 dog 的家目录。

【例 10-82】

```
[dog@dog arch]$ cd
```

当确认了已经在 dog 的家目录之后，您就可以**使用例 10-83 的 tar 命令将 arch 目录打包而且同时使用 gzip 技术压缩打包后的文件**。打包后的文件名为 arch.tar.gz，tar 命令中的 z 参数就表示要使用 gzip 技术压缩打包后的文件。

【例 10-83】

```
[dog@dog ~]$ tar cvfz arch.tar.gz arch
arch/
arch/learning.txt
```

```
arch/name.txt
arch/flowers.JPG
......
```

由于在例 10-83 的 tar 命令中使用了 v 参数，所以在这个 tar 命令执行过程中会显示打包的每一个文件和目录。

接下来，您还可以使用例 10-84 的 tar 命令将 arch 目录打包而且同时使用 bzip2 技术压缩打包后的文件。打包后的文件名为 arch.tar.bz2，tar 命令中的 j 参数就表示要使用 bzip2 技术压缩打包后的文件。

【例 10-84】

```
[dog@dog ~]$ tar cvfj arch.tar.bz2 arch
arch/
arch/learning.txt
arch/name.txt
arch/flowers.JPG
......
```

由于在例 10-84 的 tar 命令中也使用了 v 参数，所以在这个 tar 命令执行过程中也会显示打包的每一个文件和目录。最后，您应该使用例 10-85 带有-l 选项的 ls 命令列出当前目录中所有带有 tar 这 3 个字母的文件。

【例 10-85】

```
[dog@dog ~]$ ls -l *tar*
-rw-rw-r--  1 dog dog 4106240 Feb  4 05:12 arch.tar
-rw-rw-r--  1 dog dog 4064484 Feb  4 21:41 arch.tar.bz2
-rw-rw-r--  1 dog dog 4082801 Feb  4 21:41 arch.tar.gz
```

例 10-85 的显示结果清楚地表明没有经过压缩的打包文件 arch.tar 最大，经过 gzip 技术压缩后的文件 arch.tar.gz 要比 arch.tar 小，而经过 bzip2 技术压缩后的文件 arch.tar.bz2 要比 arch.tar.gz 还小（也就是最小的）。

☞ 指点迷津：

细心的读者可能已经发现，在使用的例子中无论哪种压缩技术，压缩文件的效果都不明显。这是因为在 arch 目录中有两个图像（二进制）文件而且它们的大小已经接近整个目录的大小。这也再一次证明了对二进制文件进行压缩意义不大。因此，建议读者在今后的实际工作中最好将文本文件和二进制文件分别存放在不同的目录中，这样您就可以只压缩存放文本文件的目录了，从而产生很好的压缩效果。另外，这样管理和维护也更加方便。

10.11 使用 tar 命令将文件打包到软盘上的步骤及准备工作

可以使用 tar 命令将文件直接打包到软盘上，也就是将软盘当作磁带来使用。但是**如果要使用 tar 命令将文件打包到软盘上，就必须进行如下操作：**

（1）必须将要使用的软盘进行低级格式化。

（2）不需要将磁盘格式化成文件系统。

（3）必须将软盘卸载掉。

（4）使用 tar 命令将文件直接打包到软盘上。

（5）在 tar 命令中要使用软盘的设备名/dev/fd0，因为软盘已经被卸载掉了，所以不能使用软盘所对应的目录。

为了能够清晰地演示使用 tar 命令以软盘为存储介质的备份与恢复过程，您首先要再创建两张虚拟软盘。

提示：

为了减少本书的篇幅，特将资源包中创建虚拟软盘的图形操作细节、低级格式化虚拟软盘的图形操作细节、将 arch 目录打包到软盘上的图形操作细节，以及使用 tar 命令利用软盘上的备份恢复 arch 目录的图形操作细节全都放在资源包中的电子书中了，有兴趣的读者可以自行查阅。

添加了两张新的虚拟软盘之后，您要启动 Linux 系统。以 root 用户登录。如果您目前是在其他普通用户下，可以使用例 10-86 的 su 命令切换到 root 用户。

【例 10-86】

```
[dog@dog ~]$ su -
Password:
```

切换成功之后，您应该使用例 10-87 的 cd 命令将当前目录切换到 dog 用户的家目录中。

【例 10-87】

```
[root@dog ~]# cd ~dog
```

将当前目录切换到 dog 用户的家目录之后，使用例 10-88 带有-lh 选项的 ls 命令列出当前目录下的 arch 子目录中的所有内容。

【例 10-88】

```
[root@dog dog]# ls -lh arch
total 4.0M
-rw-r--r--  1 dog dog 2.9M Feb  4 05:07 dog.JPG
-rw-rw-r--  1 dog dog  152 Feb  4 05:07 emplist.txt
-rw-r--r--  1 dog dog 1.1M Feb  5 02:29 flowers.JPG
......
```

10.12　低级格式化多张虚拟软盘

做完了以上的准备工作之后，您就可以将所创建的 3 张虚拟软盘都进行低级格式化。以下就是低级格式化这 3 张虚拟软盘的具体操作步骤：

（1）在 VirtualBox Manager 中，单击 Settings 图标，选择 Storage，在 Storage Tree 中选择 floppy，单击 Floppy Drive 右侧的软盘图标，选择“Choose Virtual Floppy Disk File ...”。之后会打开虚拟软盘的选择窗口。

（2）选择虚拟软盘所在目录并选择第 3 张虚拟软盘，单击 Open 按钮，最后单击 OK 按钮。之后将重新退回到 VirtualBox Manager 窗口。

（3）切换回 root 用户所在的终端窗口，之后您就可以使用例 10-89 的 fdformat 命令低级格式化第 3 张虚拟软盘了。

【例 10-89】

```
[root@dog dog]# fdformat /dev/fd0u1440
Double-sided, 80 tracks, 18 sec/track. Total capacity 1440 kB.
Formatting ... done
Verifying ... done
```

（4）再次切换回 VirtualBox Manager 中，单击 Settings 图标，选择 Storage，在 Storage Tree 中选择 floppy，单击 Floppy Drive 右侧的软盘图标，选择“Choose Virtual Floppy Disk File ...”。之后会打开虚拟

软盘的选择窗口。

（5）选择虚拟软盘所在目录并选择第 2 张虚拟软盘，单击 Open 按钮，最后单击 OK 按钮。之后将重新退回到 VirtualBox Manager 窗口。

（6）切换回 root 用户所在的终端窗口，之后您就可以使用例 10-90 的 fdformat 命令低级格式化第 2 张虚拟软盘了。

【例 10-90】

```
[root@dog dog]# fdformat /dev/fd0u1440
Double-sided, 80 tracks, 18 sec/track. Total capacity 1440 kB.
Formatting ... done
Verifying ... done
```

（7）再次切换回 VirtualBox Manager 中，单击 Settings 图标，选择 Storage，在 Storage Tree 中选择 floppy，单击 Floppy Drive 右侧的软盘图标，选择“Choose Virtual Floppy Disk File ...”。之后会打开虚拟软盘的选择窗口。

（8）选择虚拟软盘所在目录并选择第 1 张虚拟软盘，单击 Open 按钮，最后单击 OK 按钮。之后将重新退回到 VirtualBox Manager 窗口。

（9）切换回 root 用户所在的终端窗口，之后您就可以使用例 10-91 的 fdformat 命令低级格式化第 1 张虚拟软盘了。

【例 10-91】

```
[root@dog dog]# fdformat /dev/fd0u1440
Double-sided, 80 tracks, 18 sec/track. Total capacity 1440 kB.
Formatting ... done
Verifying ... done
```

10.13　使用 tar 命令将 arch 目录打包（备份）到软盘上

将所有的虚拟软盘低级格式化之后，就可以开始使用 tar 命令将 arch 目录打包（备份）到软盘上了（最后在备份之前保证当前的虚拟软盘是第 1 张软盘，这样主要是为了管理和维护上的方便，在真实的系统上是通过为每张软盘编号来完成的）。您现在就可以使用例 10-92 的 tar 命令将 arch 目录（包括其中的所有文件和目录）打包（备份）到软盘上了。

☞ 指点迷津：

在这个 tar 命令中的 M 选项表示要分片打包（备份）arch 目录。因为一张软盘的容量只有 1.44MB，这样打包的文件完全可能超过 1.44MB，所以必须加上 M 参数来分片处理打包的文件。由于这个命令是在软盘没有挂载的情况下发出的，所以要使用软盘的设备（文件）名/dev/fd0。

【例 10-92】

```
[root@dog dog]# tar cvfM /dev/fd0 arch
arch/
arch/learning.txt  ......
Prepare volume #2 for '/dev/fd0' and hit return:
```

当系统出现例 10-92 的最后一行显示输出时，表示需要更换软盘片。右击 VirtualBox 窗口左下角的软盘图标，选择第 2 张虚拟软盘。

切换回 root 用户所在的终端窗口，并在系统的提示处按 Enter 键，之后系统可能会出现如下的提示信息：

```
Prepare volume #3 for '/dev/fd0' and hit return:
```

这表示需要再次更换软盘片。再次右击 VirtualBox 窗口左下角的软盘图标，选择第 3 张虚拟软盘。

切换回 root 用户所在的终端窗口，并在系统的提示处按 Enter 键，之后系统将继续执行 tar 命令的操作并显示打包的文件直到所有的文件都打包到软盘上为止。

```
Prepare volume #3 for '/dev/fd0' and hit return:
```

以上就是将文件打包到软盘上的具体操作方法。到此为止，您已经成功地使用 tar 命令将 dog 家目录中的 arch 子目录（也包括该目录中的所有内容）备份到 3 张软盘上了。

10.14 使用 tar 命令利用软盘上的备份恢复 arch 目录

备份不是目的，备份的目的是恢复。为了能清晰地演示使用由 tar 命令产生的软盘备份来恢复丢失的文件，下面要首先删除 dog 家目录中的 arch 子目录连同该目录中的所有文件。可使用例 10-93 带有-r 选项的 rm 命令来删除/home/dog/arch 目录和其中的所有内容。

注意：

因为是在 root 用户下执行 rm 命令，所以在删除每一个文件之前，必须使用 y 来确定。

【例 10-93】

```
[root@dog dog]# rm -r arch
rm: descend into directory 'arch'? y
rm: remove regular file 'arch/learning.txt'? y
......
```

删除了所有的文件之后，最好使用例 10-94 的 ls 命令列出以 a 开头的所有文件或目录。

【例 10-94】

```
[root@dog dog]# ls -l a*
-rw-rw-r--  1 dog dog       0   Feb  4 09:13 arch.gz
-rw-rw-r--  1 dog dog 4106240   Feb  4 05:12 arch.tar  ......
```

当确认 arch 目录已经不见了之后，要先插入第 1 张备份软盘。于是，再次右击 VirtualBox 窗口左下角的软盘图标，选择第 1 张虚拟软盘。

切换回 root 用户所在的终端窗口，您现在可以使用例 10-95 的 tar 命令将打包（备份）到软盘上的文件重新恢复到当前目录下。

【例 10-95】

```
[root@dog dog]# tar xvfM /dev/fd0
arch/
arch/learning.txt  ......
Prepare volume #2 for '/dev/fd0' and hit return:
```

当系统出现例 10-95 的最后一行显示输出时，表示需要更换软盘片。再次右击 VirtualBox 窗口左下角的软盘图标，取消第 1 张虚拟软盘，选择第 2 张虚拟软盘。

切换回 root 用户所在的终端窗口，并在系统的提示处按 Enter 键，之后系统可能会出现如下的提示信息：

```
Prepare volume #3 for '/dev/fd0' and hit return:
```

这表示需要再次更换软盘片。再次右击 VirtualBox 窗口左下角的软盘图标，取消第 2 张虚拟软盘，选择第 3 张虚拟软盘。

切换回 root 用户所在的终端窗口，并在系统的提示处按 Enter 键，之后系统将继续执行 tar 命令的操作并显示所抽取（恢复）的文件直到所有的打包文件恢复完为止。

```
Prepare volume #3 for '/dev/fd0' and hit return:
arch/emplist.txt
arch/game.txt
arch/salary.txt
```

以上就是抽取打包到软盘上的所有文件的具体操作方法。到此为止，您已经成功地使用 tar 命令将备份到 3 张软盘上的所有目录和文件又重新恢复到了原来所在的 dog 家目录中。接下来，为了谨慎起见，您应该使用例 10-96 带有-lh 选项的 ls 命令列出当前目录下 arch 目录中的全部内容。

【例 10-96】

```
[root@dog dog]# ls -lh arch
total 4.0M
-rw-r--r--  1 dog dog 2.9M Feb  4 05:07 dog.JPG
-rw-rw-r--  1 dog dog  152 Feb  4 05:07 emplist.txt
......
```

看到例 10-96 的显示结果，您的心里应该踏实了，因为 arch 目录及这个目录中的所有文件又都活灵活现地出现在您的眼前了。原来备份和恢复也不过如此。

☞ 指点迷津：

在本章之所以使用这么大的篇幅比较详细地介绍使用软盘进行备份和恢复，是因为备份和恢复工作是系统管理员的日常工作之一，特别是备份。因为要保证系统在出问题或崩溃时不丢失或少丢失信息，也没有什么灵丹妙药，唯一切实可行的方法就是备份。所以有专家在谈到保证计算机系统安全时曾使用了这样的话：备份、备份、再备份。有一些公司的 Linux 系统或 UNIX 系统是使用磁带进行备份和恢复的，其实与我们介绍的使用软盘进行备份和恢复的方法极为相似，只要将更换软盘改为更换磁带就行了。这也是我们花这么大的篇幅介绍使用软盘进行备份和恢复的主要原因。

10.15　您应该掌握的内容

在学习第 11 章之前，请检查一下您是否已经掌握了以下内容：

- 怎样使用 cat 命令进行文件的纵向合并？
- 微软系统的正文文件与 UNIX 系统正文文件之间格式上的差别。
- 利用 dos2unix 工具将微软的 DOS 格式的正文文件转换成 UNIX 格式。
- 利用 unix2dos 工具将 UNIX 格式的正文文件转换成 DOS 格式。
- 怎样使用 diff 命令来比较两个文件的差别？
- 怎样使用 sdiff 命令来比较两个文件的差别？
- 怎样使用 expand 命令将正文文件中的制表键转换成空格？
- 使用 fmt 命令重新格式化正文。
- 使用 pr 命令重新格式化正文。
- pr 命令显示结果中的时间是什么时间？
- 怎样获取或改变 pr 命令显示结果中的时间？

- 理解什么是归档（archive）文件以及归档技术。
- 熟悉 tar 命令和这个命令的常用选项（参数）的用法。
- 熟悉 Linux 系统上两种常用的文件的压缩和解压缩技术的用法。
- 了解正文文件的压缩比和二进制文件压缩比之间的差别。
- 怎样在使用 tar 命令的同时进行压缩和解压缩？
- 使用 tar 命令将文件打包到软盘上的具体步骤有哪些？
- 怎样在 Oracle VM VirtualBox 虚拟机上创建多张虚拟软盘？
- 怎样在 Oracle VM VirtualBox 虚拟机上低级格式化多张虚拟软盘？
- 怎样使用 tar 命令将一个目录打包（备份）到多张软盘上？
- 怎样使用 tar 命令利用多张软盘上的备份恢复丢失的目录？

第 11 章 Shell 编程（sed、awk、grep 的应用）

扫一扫，看视频

曾有专家指出 UNIX 大虾经常使用的命令只有两个。相信第 1 个命令读者已经相当熟悉，那就是 ls 命令。第 2 个命令就是将在本章中介绍的 grep，这个命令是用来在文件中搜索满足特定要求的内容。在本章中除了 grep 命令之外，还将介绍它的两个变种：egrep 和 fgrep 命令。除此之外，在本章中还要介绍两个在 UNIX 系统上使用频率比较高但也比较复杂的工具，它们是 sed 和 awk 命令，有 UNIX 和 Linux 专家称这些工具（程序）为过滤器。

其实，从学习这些命令开始，您就已经开始了真正意义上的 Shell 编程。甚至在本章的最后一节还要介绍在程序设计中两个非常重要也是经常使用的语句，它们就是分支（条件）语句和循环语句。

11.1 使用 grep 命令搜索文件中的内容

可以通过**使用 grep、egrep 和 fgrep 命令来搜索文件中满足特定模式（pattern）或字符串的内容。**在本节将首先介绍 grep 命令，而其他两个类似的命令将在后续章节中介绍。

grep 命令的由来可以追溯到 UNIX 诞生的早期。在 grep 命令出现之前，UNIX 用户经常使用一个叫做 ed 的行编辑器来搜寻正文。正如大家所熟知的，在 UNIX 系统中搜索的模式（patterns）被称为正则表达式（regular expressions）。为了要彻底搜索一个文件，有用户将这个字符串之前加上前缀 global（全面的）。一旦找到了一个相匹配的内容，用户就想将其列印（print）在屏幕上。**把这一切放在一起的操作就是 global/regular expressions/print。由于这串英语太长，因此有用户就取了每个单词的第 1 个字母，那就是 grep。**其实 grep 这个命令的名字虽然看上去有些怪，但是这个名字的由来完全是自然形成的，也不难理解。

grep 和 egrep 命令能够在一个或多个文件的内容中搜索某一特定的字符模式（character pattern），也被称为正则表达式（regular expressions）。一个模式可以是一个单一的字符、一个字符串、一个单词或一个句子。

一个正则表达式是描述一组字符串的一个模式。正则表达式的构成是模仿了数学表达式，通过使用操作符将较小的表达式组合成一个新的表达式。一个正则表达式既可以是一些纯文本文字，也可以是用来产生模式的一些特殊字符。为了进一步定义一个搜索模式，grep 命令支持以下几种正则表达式的元字符（regular expression metacharacters），即通配符。

- c*：将匹配 0 个（即空白）或多个字符 c（c 为任一字符）。
- .：将匹配任何一个字符而且只能是一个字符。
- [xyz]：将匹配方括号中的任意一个字符。
- [^xyz]：将匹配不包括方括号中的字符的所有字符。
- ^：锁定行的开头。
- $：锁定行的结尾。

在基本正则表达式中，如元字符*、+、{、|、(和)已经失去了它们原来的含义，如果要恢复它们原本的含义要在之前冠以反斜线\，如*、\+、\{、\|、\(和\)。

grep 命令是用来在每一个文件中或标准输出上搜索特定的模式。**当使用 grep 命令时，包含一个指定字符模式的每一行都会被打印（显示）在屏幕上，但是使用 grep 命令并不改变文件中的内容。**grep 命令的语法格式如下：

```
grep 选项 模式 文件名
```

其中，选项可以改变 grep 命令的搜寻方式。除了-w 选项之外，其他的每个选项都可以在 egrep 和 fgrep 命令中使用。grep 命令中常用选项的说明如下。

- -c：仅列出包含模式的行数。
- -i：忽略模式中的字母大小写。
- -l：列出带有匹配行的文件名。
- -n：在每行的最前面列出行号。
- -v：列出没有匹配模式的行。
- -w：把表达式作为一个完整的单字来搜寻，忽略那些部分匹配的行。

提示：

如果是搜索多个文件，grep 命令的结果只显示在文件中发现匹配模式的文件名，而搜索的是单一的文件，grep 命令的结果将显示每一个包含匹配模式的行。

下面通过一系列的例子来进一步解释 grep 命令的不同用法。您还是以 dog 用户登录 Linux 系统，之后使用例 11-1 的 cd 命令将当前目录切换为 backup 目录，因为在这个目录中有一个第 10 章 10.5 节生成的文件 emp.data，在这个文件中存有员工的信息。如果读者的系统中没有这个文件或 backup 目录，可以按照 10.5 节的方法重新生成它们。

【例 11-1】

```
[dog@dog ~]$ cd backup
```

一天狗项目经理要求您为他列出一份职位为 CLERK（文员）的所有员工的清单。于是，您可以使用例 11-2 的 grep 命令。其中，CLERK 就是要搜索的文字模式。

【例 11-2】

```
[dog@dog backup]$ grep CLERK emp.data
7369    SMITH   CLERK   800     17-DEC-80
7876    ADAMS   CLERK   1100    23-MAY-87 ……
```

例 11-2 的显示结果中确实只包含了全部 CLERK 员工的信息。如果狗项目经理现在只想知道公司中有多少职位为 CLERK 的员工，那又该怎么办呢？可能有读者会想到数一数例 11-2 的显示结果不就行了。但是实际上有时并不是那样简单，因为如果是一个大公司可能有几千个文员，所以可以**使用例 11-3 所示带有-c 的 grep 命令显示职位是文员的记录数。**

【例 11-3】

```
[dog@dog backup]$ grep -c CLERK emp.data
4
```

例 11-3 的显示结果表明在 emp.data 文件中只有 4 个职位是文员的记录，即公司中只有 4 个文员。如果现在您记不清要搜索的字符串的大小写，可使用例 11-4 的命令进行搜寻。

【例 11-4】

```
[dog@dog backup]$ grep Clerk emp.data
```

结果是一无所获，因为 grep 命令默认在搜索时是区分大小写的。在这种情况下，您就可以**使用例 11-5 带有-i 选项的 grep 命令进行搜索。**

【例 11-5】

```
[dog@dog backup]$ grep -i Clerk emp.data
```

```
7369    SMITH   CLERK   800     17-DEC-80
7876    ADAMS   CLERK   1100    23-MAY-87 ......
```

这次您终于获得了所需要的结果，当您记不清或不确定要搜索字符串的大小写时，-i 选项非常有用。如果狗项目经理要求在列出一个职位为 CLERK 的所有员工的同时还要在每一行的前面冠以行号。您可以使用例 11-6 带有-in 选项的 grep 命令。

【例 11-6】

```
[dog@dog backup]$ grep -in Clerk emp.data
1:7369  SMITH   CLERK   800     17-DEC-80
11:7876 ADAMS   CLERK   1100    23-MAY-87
12:7900 JAMES   CLERK   950     03-DEC-81
14:7934 MILLER  CLERK   1300    23-JAN-82
```

例 11-6 的显示结果是不是有些怪？它显示的行号是不连续的，这是为什么呢？为了回答这个问题，您先使用例 11-7 带有-n 选项的 cat 命令列出 emp.data 中所有的数据行并在每行之前同样冠以行号。

【例 11-7】

```
[dog@dog backup]$ cat -n emp.data
     1  7369    SMITH   CLERK   800     17-DEC-80   ......
    11  7876    ADAMS   CLERK   1100    23-MAY-87
    12  7900    JAMES   CLERK   950     03-DEC-81
    13  7902    FORD    ANALYST 3000    03-DEC-81
    14  7934    MILLER  CLERK   1300    23-JAN-82
```

看到例 11-7 的显示结果，读者应该清楚了，原来 grep 命令中的-n 选项实际上显示的行号是这个记录行在源文件中的行号。**如果狗项目经理又要求您列出一个除了职位为 CLERK 以外的所有员工的清单。于是，您可以使用例 11-8 带有-v 选项的 grep 命令。**

【例 11-8】

```
[dog@dog backup]$ grep -v CLERK emp.data
7499    ALLEN   SALESMAN        1600    20-FEB-81
7521    WARD    SALESMAN        1250    22-FEB-81
7566    JONES   MANAGER 2975    02-APR-81  ......
```

您还可以**利用^通配符使用例 11-9 的 grep 命令列出在 emp.data 文件中所有以 78 开始的数据行**（员工号以 78 开始的所有员工的记录）。

【例 11-9】

```
[dog@dog backup]$ grep ^78 emp.data
7839    KING    PRESIDENT       5000    17-NOV-81
7844    TURNER  SALESMAN        1500    08-SEP-81
7876    ADAMS   CLERK   1100    23-MAY-87
```

您还可以**利用$通配符使用例 11-10 的 grep 命令列出在 emp.data 文件中所有以 87 结尾的数据行**（1987 年雇佣的所有员工的记录）。

【例 11-10】

```
[dog@dog backup]$ grep 87$ emp.data
7788    SCOTT   ANALYST 3000    19-APR-87
7876    ADAMS   CLERK   1100    23-MAY-87
```

您也可以使用例 11-11 带有-i 选项的 grep 命令列出在文件 emp.data 中所有包含 Man(不区分大小写）的数据行。

【例 11-11】

```
[dog@dog backup]$ grep -i Man emp.data
```

```
7499    ALLEN   SALESMAN         1600    20-FEB-81
7521    WARD    SALESMAN         1250    22-FEB-81
7566    JONES   MANAGER 2975     02-APR-81  …..
```

例 11-11 的显示结果实际上就是公司中所有职位为 SALESMAN（销售）和 MANAGER（经理）的所有员工的清单，因为只有这两个职位的单词中包含了 MAN 这个字符串。

如果您现在只想知道公司中有多少职位为 SALESMAN 和 MANAGER 的员工，那又该怎么办呢？可以使用例 11-12 带有-c 的 grep 命令只显示职位是销售和经理的记录数。

【例 11-12】

```
[dog@dog backup]$ grep -c MAN emp.data
7
```

您还可以使用管道操作符将 grep 命令与其他命令连成一条管道线来完成更为复杂的操作。可以使用例 11-13 的组合命令，在列出职位为 CLERK 的所有员工的清单之后，再按工资进行排序。其中，sort 命令中的-k4 选项表示按第 4 个字段进行排序，而第 4 个字段（列）就是员工的工资。

【例 11-13】

```
[dog@dog backup]$ grep -i Clerk emp.data | sort -k4
7876    ADAMS   CLERK   1100    23-MAY-87
7934    MILLER  CLERK   1300    23-JAN-82
7369    SMITH   CLERK   800     17-DEC-80
7900    JAMES   CLERK   950     03-DEC-81
```

例 11-13 的显示结果有点奇怪，因为 800 居然排在了 1300 之后。这是因为 sort 命令默认是按字符顺序进行排序的，还记得吗？于是，您可以使用例 11-14 的组合命令来获得正确的结果。这次在 sort 命令中加入了-n 选项，这个选项表示 sort 命令将按数字顺序来排序。

【例 11-14】

```
[dog@dog backup]$ grep -i Clerk emp.data | sort -n -k4
7369    SMITH   CLERK   800     17-DEC-80
7900    JAMES   CLERK   950     03-DEC-81
7876    ADAMS   CLERK   1100    23-MAY-87
7934    MILLER  CLERK   1300    23-JAN-82
```

您也可以使用例 11-15 的 grep 命令列出在文件 emp.data 中所有工资在 1000～1990 元的数据行。在这个命令中'1..0'表示以 1 开头随后是两个任意字符最后是 0 的字符串。

【例 11-15】

```
[dog@dog backup]$ grep '1..0' emp.data
7499    ALLEN   SALESMAN        1600    20-FEB-81
......
7934    MILLER  CLERK   1300    23-JAN-82
```

您还可以使用例 11-16 的 grep 命令列出在文件 emp.data 中所有工资在 1000～1990 元和 2000～2990 元的数据行（个位必须为 0）。在这个命令中'[12]..0'表示以 1 或 2 开头随后是两个任意字符最后是 0 的字符串。

【例 11-16】

```
[dog@dog backup]$ grep '[12]..0' emp.data
7499    ALLEN   SALESMAN        1600    20-FEB-81
......
7698    BLAKE   MANAGER 2850    01-MAY-81
7782    CLARK   MANAGER 2450    09-JUN-81
7844    TURNER  SALESMAN        1500    08-SEP-81
......
```

比较例 11-15 和例 11-16 的显示结果，可以发现在例 11-16 的显示结果中确实多了两行工资在 2000 元之上的员工记录。

但是我们知道在 emp.data 文件中还有一个工资为 2975 元的员工记录没有显示在例 11-16 的输出结果中。于是，您可以改写 grep 命令中的正则表达式，如例 11-17 重新列出在文件 emp.data 中所有工资在 1000～1990 元和 2000～2990 元的数据行（个位必须为 0 或 5）。在这个命令中'[12]..[05]'表示以 1 或 2 开头随后是两个任意字符最后是 0 或 5 的字符串。

【例 11-17】

```
[dog@dog backup]$ grep '[12]..[05]' emp.data
7499    ALLEN   SALESMAN        1600    20-FEB-81
7521    WARD    SALESMAN        1250    22-FEB-81
7566    JONES   MANAGER 2975    02-APR-81 ......
```

仔细观察例 11-17 的显示结果可以发现它只比例 11-16 的输出结果多出了一行工资为 2975 元的员工记录（数据行）。

假设在公司中 1000 元以上到 3000 元之下的工资为绝大多数员工的工资水平，低于这个数的员工为低收入者，而高于这个数的员工为高收入者。现在老板叫您打印一份只包括低收入和高收入员工的清单，您就可以使用例 11-18 带有-v 的命令来完成这一使命。

【例 11-18】

```
[dog@dog backup]$ grep -v '[12]..[05]' emp.data
7369    SMITH   CLERK   800     17-DEC-80
7788    SCOTT   ANALYST 3000    19-APR-87
7839    KING    PRESIDENT       5000    17-NOV-81
7900    JAMES   CLERK   950     03-DEC-81
7902    FORD    ANALYST 3000    03-DEC-81
```

在例 11-18 的显示结果中包含了两个工资在 1000 元以下的低收入员工的记录行，其他的都是高收入员工的记录行。

grep 命令在搜索字符串时实际上进行的是部分匹配操作，即只要在一个单词的一部分能与搜索模式匹配就认为已经满足条件了。有时，这样的操作方式会产生意想不到的结果，如您使用例 11-19 的命令显示工资为 800～990（个位必须为 0）元的所有员工的数据行。

【例 11-19】

```
[dog@dog backup]$ grep  '[89].0' emp.data
7369    SMITH   CLERK   800     17-DEC-80
7698    BLAKE   MANAGER 2850    01-MAY-81
7900    JAMES   CLERK   950     03-DEC-81
```

在例 11-19 的显示结果中有一行工资为 2850 元的员工记录，这显然不是我们所需要的结果。**为了纠正这个错误，您可以使用例 11-20 带有-w 选项的 grep 命令。**

【例 11-20】

```
[dog@dog backup]$ grep -w '[89].0' emp.data
7369    SMITH   CLERK   800     17-DEC-80
7900    JAMES   CLERK   950     03-DEC-81
```

这次您终于得到了真正所期望的结果，**因为-w 选项要求 grep 命令在搜索模式时必须进行整个单词的匹配而不能进行部分匹配。**这一选项也并不是什么时候都那么好用，如您修改一下例 11-11 的命令，使用例 11-21 带有-w 选项的 grep 命令来显示公司中所有职位为 SALESMAN 和 MANAGER 员工的清单。

【例 11-21】

```
[dog@dog backup]$ grep -w MAN emp.data
```

看到例 11-21 的显示结果您也许会感到吃惊，因为系统没有显示任何记录行。这正是-w 选项起了作用，因为这次 grep 命令是使用的整个单词的完全匹配，而在 emp.data 文件中根本就没有一个 MAN 单词。

指点迷津：

如果读者阅读过 Oracle 数据库方面的书，可能已经发现了 grep 命令与 SQL 语言中的 select 语句非常相似。实际上， emp.data 文件中的数据就是从 Oracle 数据库的 scott 用户的 emp 表中导出的，并且几乎上面所有的操作都可以使用类似的 select 语句来完成，只不过操作环境是在 Oracle 下而不是在 Linux 下，还有使用的是 emp 表而不是 emp.data 文件而已。

在 UNIX 或 Linux 系统中，为了系统管理和维护的需要，管理员常常使用 grep 命令搜索系统配置的信息。为了演示这方面的例子，可使用例 11-22 的 cd 命令切换到/etc 目录下。

【例 11-22】

```
[dog@dog backup]$ cd /etc
```

当确定了当前目录已经是/etc 目录之后，**可使用例 11-23 带有-l 选项的 grep 命令在当前目录中的 group、passwd 和 hosts 3 个文件中搜索模式 root 并列出包含这一模式的文件名。**

【例 11-23】

```
[dog@dog etc]$ grep -l root group passwd hosts
group
passwd
```

如果您还是不放心，可以首先使用例 11-24 的命令列出这 3 个文件的相关信息。

【例 11-24】

```
[dog@dog etc]$ ls -l group passwd hosts
-rw-r--r--  1 root root  689 Jan 15  2009 group
-rw-r--r--  1 root root  165 Oct  8 18:11 hosts
-rw-r--r--  1 root root 1870 Dec 26 01:12 passwd
```

当确定了这 3 个文件都存在之后，您可以使用例 11-25 和例 11-26 的 head 命令分别列出 group 和 passwd 文件中的头 2 行信息（之所以使用-2 是为了减少输出量以节省篇幅）。

【例 11-25】

```
[dog@dog etc]$ head -2 group
root:x:0:root
bin:x:1:root,bin,daemon
```

【例 11-26】

```
[dog@dog etc]$ head -2 passwd
root:x:0:0:root:/root:/bin/bash
bin:x:1:1:bin:/bin:/sbin/nologin
```

例 11-25 和例 11-26 的显示结果清楚地表明在 group 和 passwd 文件中确实都存在 root 这个字符串（字符模式），所以在例 11-23 的显示结果中就包括了这两个文件的文件名。接下来，您可以使用例 11-27 的 cat 命令列出 hosts 文件中的全部内容。

【例 11-27】

```
[dog@dog etc]$ cat hosts
# Do not remove the following line, or various programs
# that require network functionality will fail.
127.0.0.1              dog.super.com dog localhost.localdomain localhost
```

例 11-27 的显示结果清楚地表明在 hosts 文件中确实不存在 root 这个字符串（字符模式），所以在例 11-23 的显示结果中就没有包括 hosts 这个文件的文件名。

由于在/etc/passwd 文件中普通用户都是在 500（UID）以上，于是我们试着使用例 11-28 的 grep 命令列出在这个文件中全部有关普通用户的信息。

【例 11-28】

```
[dog@dog etc]$ grep '5*' passwd
root:x:0:0:root:/root:/bin/bash
bin:x:1:1:bin:/bin:/sbin/nologin  ......
```

例 11-28 显示结果中的……表示省略了后面的显示输出，这个结果同样会使您感到吃惊，因为它列出了整个文件中的全部内容。这是因为我们定义的'5*'是表示有 0 个或多个 5，当然 passwd 文件中的所有数据行都满足这个条件，所以 grep 列出了该文件中的全部数据行。

为了达到目的，这次将 grep 命令中的字符模式由'5*'改为'55*'，之后再试试，如例 11-29。

【例 11-29】

```
[dog@dog etc]$ grep '55*' passwd
sync:x:5:0:sync:/sbin:/bin/sync
nfsnobody:x:65534:65534:Anonymous NFS User:/var/lib/nfs:/sbin/nologin
......
dog:x:500:500:dog:/home/dog:/bin/bash
cat::501:501::/home/cat:/bin/bash
fox:x:502:502::/home/fox:/bin/bash
pig:x:503:501::/home/pig:/bin/bash
```

例 11-29 的显示结果离我们的要求更近了一步，但是其中有多行数据只是其中包含了 5 但并不是 500 以上。其实，在这里您可以**使用例 11-30 带有-w 选项的 grep 命令列出所有在该系统中的普通用户的信息。**

【例 11-30】

```
[dog@dog etc]$ grep -w '50.' passwd
dog:x:500:500:dog:/home/dog:/bin/bash
cat::501:501::/home/cat:/bin/bash
fox:x:502:502::/home/fox:/bin/bash
pig:x:503:501::/home/pig:/bin/bash
```

接下来，您也许想知道哪些用户默认使用的是 bash。您可以**使用例 11-31 的 grep 命令列出在 passwd 文件中所有以/bash 结尾的数据行（也就是所有默认使用 bash 的用户）。**

【例 11-31】

```
[dog@dog etc]$ grep '/bash$' passwd
root:x:0:0:root:/root:/bin/bash
netdump:x:34:34:Network Crash Dump user:/var/crash:/bin/bash
dog:x:500:500:dog:/home/dog:/bin/bash
cat::501:501::/home/cat:/bin/bash  ......
```

grep 命令的功能强大吧？而且利用它的不同选项和变化万千的正则表达式（模式）您可以获取所需要的许多超值信息。如果读者阅读过其他同类的 Linux 或 UNIX 书籍，会发现本书这部分的内容要长很多。我们认为这个命令在实际工作中使用的频率很高，而且也很有效。特别是在系统管理和维护工作中，如您现在想知道目前系统使用的 ftp 服务的进程名，您可以使用例 11-32 的带有管道的组合命令。

【例 11-32】

```
[dog@dog etc]$ ps -e | grep ftp
3819 pts/2    00:00:00 vsftpd
```

是不是挺方便的？如果在您的 Linux 服务器上安装了 Oracle 数据库管理系统，您想检查一下相关的 Oracle 进程是不是启动了，只要将例 11-32 中的 ftp 改为 ora 就行了。一些 Oracle 大虾常说的要使用 Linux

命令检查一下 Oracle 的服务（进程）是否都启动了，原来就一条命令那么简单。现在您不但已经进化成为了 Linux 大虾，而且也突变成了 Oracle 大虾。

其实，有关 grep 命令我们只涉及了冰山的一角。grep 命令中的选项有许许多多，而且用法也更是变化万千，即使再写 100 页也有的写。不过我们相信本书所介绍的内容已经可以应付多数 Linux 或 UNIX 系统的日常工作了。

11.2 使用 egrep 命令搜索文件中的内容

有时一个简单的正则表达式无法定位（找到）您要搜寻的内容，如您要寻找满足模式 1 或模式 2 的数据行。在这种情况下，egrep 命令就可以派上用场。**egrep 命令的名字来自 expression grep，其中命令名的第 1 个字符就是 expression（表达式）的首字母。**

egrep 命令的语法格式与 grep 命令相同。但是，egrep 命令是用来在一个或多个文件的内容中利用扩展的正则表达式的元字符搜索特定的模式。扩展的正则表达式的元字符包括了 grep 命令中使用的正则表达式元字符的同时还增加了一些额外的元字符。所增加的元字符的说明如下。

- +：匹配一个或多个前导字符。
- a|b：匹配 a 或 b。
- (RE)：匹配括号中的正则表达式 RE。

下面还是通过一些例子进一步解释 egrep 命令的不同用法。经理要您打印一张工资为 1000、2000、3000、4000 和 5000 元的所有员工的清单，此时就可使用例 11-33 的 egrep 命令。

【例 11-33】

```
[dog@dog backup]$ egrep '[1-5]+000' emp.data
7788    SCOTT   ANALYST 3000    19-APR-87
7839    KING    PRESIDENT      5000    17-NOV-81
7902    FORD    ANALYST 3000    03-DEC-81
```

为了后面的演示方便，我们先做一些准备工作。您首先使用例 11-34 带有-A 选项的 cat 命令列出 emp.data 文件中的全部内容。为了节省篇幅，这里省略了大部分的显示输出。

【例 11-34】

```
[dog@dog backup]$ cat -A emp.data
7369^ISMITH^ICLERK^I800^I17-DEC-80$
7499^IALLEN^ISALESMAN^I1600^I20-FEB-81$ ......
```

从例 11-34 的显示结果可以看出 emp.data 文件中的每一列都是以制表键分隔的。为了使后面的操作简单，您可以使用例 11-35 带有-t 选项的 expand 命令将 emp.data 中所有的制表键都转换成一个空格符，并将结果重定向输出到 emp.fmt 文件中。其中，-t 1 表示将制表键转换成一个空格符。

【例 11-35】

```
[dog@dog backup]$ expand -t 1 emp.data > emp.fmt
```

接下来，使用例 11-36 带有-A 选项的 cat 命令列出新产生的 emp.fmt 文件中的全部内容。

【例 11-36】

```
[dog@dog backup]$ cat -A emp.fmt
7369 SMITH CLERK 800 17-DEC-80$
7499 ALLEN SALESMAN 1600 20-FEB-81$
7521 WARD SALESMAN 1250 22-FEB-81$ ......
```

例 11-36 的显示结果清楚地表明所有的制表键已经被成功地转换成了一个空格符。现在您就可以继续下面的操作了。

随着对 Linux 系统的熟悉程度的加深，狗项目经理也想利用 Linux 系统提供的工具完成一些更具挑战性的工作。一天，他要您为他列出一张职位是 CLERK 但是工资在 1000 元或以上并低于 2000 元的员工的名单。您就可以使用例 11-37 的 egrep 命令来完成经理交给您的这一任务，这里假设所有 CLERK 的工资都是精确到十位（即个位永远为 0）。其中，'CLERK 1..0'告诉命令寻找 CLERK 字符串后面紧跟着一个空格符，随后是一个 1，在这个 1 之后是任意的两个字符，之后必须跟一个 0 的字符模式。

【例 11-37】

```
[dog@dog backup]$ egrep 'CLERK 1..0' emp.fmt
7876 ADAMS CLERK 1100 23-MAY-87
7934 MILLER CLERK 1300 23-JAN-82
```

例 11-37 的显示结果表明参加狗项目的员工中有两个文员的工资满足所给的条件。在这个例子中由于员工很少，所以满足条件的员工就更少了。但是在一些大型或超大型机构中可能有几万甚至几十万员工，这时满足条件的员工可能就太多了。您可以通过继续添加附加条件的方法来进一步限制显示结果中的数据量。

狗项目经理看了您给他的员工清单，觉得不错。但是他现在只想让您列出在满足以上条件的同时员工的名字还必须以 S 结尾的员工清单。此时，您就可以使用例 11-38 的 egrep 命令来完成经理交给您的这一重托。其中，'S CLERK 1..0'告诉命令寻找 S 字符后面紧跟着一个空格符，之后 CLERK 字符串后面紧跟着一个空格符，随后是一个 1，在这个 1 之后是任意的两个字符，之后必须跟一个 0 的字符模式。

【例 11-38】

```
[dog@dog backup]$ egrep 'S CLERK 1..0' emp.fmt
7876 ADAMS CLERK 1100 23-MAY-87
```

其实，可以使用例 11-39 和例 11-40 的 grep 命令来分别替代以上例 11-37 和例 11-38 的 egrep 命令，而所获得的结果与对应的 egrep 命令的结果完全相同。

【例 11-39】

```
[dog@dog backup]$ grep 'CLERK 1..0' emp.fmt
7876 ADAMS CLERK 1100 23-MAY-87
7934 MILLER CLERK 1300 23-JAN-82
```

【例 11-40】

```
[dog@dog backup]$ grep 'S CLERK 1..0' emp.fmt
7876 ADAMS CLERK 1100 23-MAY-87
```

经理又想让您为他列出一张全部销售人员的名单，可是您记不清 SALESMAN 的具体拼法了，只记得以 S 开头和以 MAN 结尾，但是中间的字母都忘了。那也没关系，您可以使用例 11-41 的 egrep 命令来解决这一难题。

指点迷津：

这里最好使用[A-Z]，因为这样就能保证匹配的一定是英语大写字母。如果使用..就可能产生错误的结果，如 S205MAN 是满足匹配模式的。

【例 11-41】

```
[dog@dog backup]$ egrep 'S[A-Z]+MAN' emp.fmt
7499 ALLEN SALESMAN 1600 20-FEB-81
7521 WARD SALESMAN 1250 22-FEB-81
7654 MARTIN SALESMAN 1250 28-SEP-81
7844 TURNER SALESMAN 1500 08-SEP-81
```

看到例 11-41 的显示结果，经理很高兴。但是他觉得名单上的人太多，找起人来不方便。因此，他要求您这次只列出工资在 1600 元或以上的销售人员。您可以对之前的 egrep 命令略加修改，使用例 11-42

的 egrep 命令来完成经理交给您的新任务，这里也假设所有销售人员的工资都是精确到十位（即个位永远为 0）。

【例 11-42】

```
[dog@dog backup]$ egrep 'S[A-Z]+MAN 16.0 ' emp.fmt
7499 ALLEN SALESMAN 1600 20-FEB-81
```

其实，使用例 11-43、例 11-44 和例 11-45 的 egrep 命令也都能得到与例 11-42 完全相同的显示结果。

【例 11-43】

```
[dog@dog backup]$ egrep 'S[A-Z]+MAN 160.' emp.fmt
7499 ALLEN SALESMAN 1600 20-FEB-81
```

【例 11-44】

```
[dog@dog backup]$ egrep 'S[A-Z]+MAN 16.. ' emp.fmt
7499 ALLEN SALESMAN 1600 20-FEB-81
```

【例 11-45】

```
[dog@dog backup]$ egrep 'S[A-Z]+MAN 1600' emp.fmt
7499 ALLEN SALESMAN 1600 20-FEB-81
```

通过以上例 11-42～例 11-45 的学习，读者应该已经发现了 Linux 系统相当灵活，常常可以通过不同的方法来获得相同的信息。可能有读者会认为 Linux 系统这么灵活善变是不是会很难掌握。根据多数 UNIX 和 Linux 业内的过来人的经历，只要经过一定时间的学习和锻炼掌握 UNIX 和 Linux 系统应该不成问题。与人相比 Linux 或 UNIX 系统已经太好理解和掌握了。通过以下的故事，读者就可以理解人是多么难以捉摸。

有一个大善人，住在一个海岛上，他做了很多好事，但是就是找不到女朋友。一天，上帝派来一个天使来帮他。天使对他说："你可以许一个愿，我来帮你实现。"由于他是天下的第一好人，所以他首先想到了海岛上居民过海太不方便了，于是，他许的愿是在海岛上建建造一座过海大桥。天使赶紧说"这个太难了，你还是再许一个愿吧！"他想了想就问天使："您就告诉我，什么时候女人说'是'的时候是'不是'、说'不是'的时候是'是'？"天使沉思了片刻之后问他："你刚才要建的过海大桥是双向的还是单向的？"

所以只要读者能与人交往，就一定能学会与 Linux 或 UNIX 系统交往。

接下来，经理要求您列出所有人名以 ES 或 ER 结尾的员工名单。于是，您试着使用例 11-46 的 egrep 命令来完成这一使命。其中，'E(S|R) '告诉命令在每一行数据中搜寻字母 E 后面紧跟着 S 或 R。

【例 11-46】

```
[dog@dog backup]$ egrep 'E(S|R) ' emp.fmt
7566 JONES MANAGER 2975 02-APR-81
7698 BLAKE MANAGER 2850 01-MAY-81
7782 CLARK MANAGER 2450 09-JUN-81
7844 TURNER SALESMAN 1500 08-SEP-81
7900 JAMES CLERK 950 03-DEC-81
7934 MILLER CLERK 1300 23-JAN-82
```

在例 11-46 的显示结果中，不但包括了所有人名以 ES 或 ER 结尾的员工，而且还包括了所有在职位字段中包含 ES 或 ER 的员工。于是，您进一步地限制所显示的结果，您在之前的 egrep 命令的字符串模式中添加了[A-Z]，这次您使用例 11-47 的 egrep 命令来重新完成经理交给您的使命。其中，'E(S|R) [A-Z]'告诉命令在每一行数据中搜寻字母 E 后面紧跟着 S 或 R，之后是一个空格符，在这个空格符之后是任何一个大写英语字母。

【例 11-47】

```
[dog@dog backup]$ egrep 'E(S|R) [A-Z]' emp.fmt
```

```
7566 JONES MANAGER 2975 02-APR-81
7844 TURNER SALESMAN 1500 08-SEP-81
7900 JAMES CLERK 950 03-DEC-81
7934 MILLER CLERK 1300 23-JAN-82
```

☞ **指点迷津：**

通过以上的 egrep 命令的例子，读者可以发现只要将文件中的数据按某一特定的格式存放，书写搜寻某个字符串的 Linux 命令将变得相当简单。如果读者学习过数据库管理系统（如 Oracle），在数据库的表中的数据就是经过高度格式化的，因此才使得数据库的查询变得非常容易。闹了半天，Oracle 数据库也挺简单。

11.3　使用 fgrep 命令搜索文件中的内容

最后介绍 grep 命令的另一个变种 fgrep。fgrep 命令也是用来在一个或多个文件中搜索与指定字符串或单词相匹配的数据行。搜索文件命令 fgrep 的搜索速度要比 grep 命令快，而且 fgrep 命令可以一次迅速地搜索多个模式。

但是，**与 grep 不同，fgrep 命令不能搜索任何正则表达式，即将通配符（元字符）当作普通字符来处理（也就是按该字符的字面意思来处理，该命令中 f 应该是 fixed-character 的第一个字母）。也就是说，搜索文件命令 fgrep 不能使用特殊字符，只能搜索确定的模式。**利用这样的特性，您可以在搜索模式中包括通配符。您既可以在命令行上输入搜索的模式，也可以使用-f 选项从文件中读取要搜索的模式。

以下还是通过一些例子进一步解释 fgrep 的具体用法。为此，您首先使用例 11-48 的 echo 命令创建一个名为 conditions 的新文件，并将 ADAMS CLERK 1100 这行数据添加到 conditions 文件中。为了节省篇幅，这里省略了测试命令，有兴趣的读者可以自己试一下。

【例 11-48】

```
[dog@dog backup]$ echo ADAMS CLERK 1100 > conditions
```

之后，**使用例 11-49 带有-f 选项的 fgrep 命令列出 emp.fmt 文件中所有与 conditions 文件中内容相匹配的数据行。**其中，-f 选项告诉搜寻模式存放在文件 conditions 中，而 conditions 文件中的内容就是 ADAMS CLERK 1100，它也就是 fgrep 的搜寻模式。

【例 11-49】

```
[dog@dog backup]$  fgrep -f conditions emp.fmt
7876 ADAMS CLERK 1100 23-MAY-87
```

实际上例 11-49 的显示结果就是名为 ADAMS，职位是 CLERK，并且工资为 1100 元的员工的记录行。其实，您也可以换一种方式，使用例 11-50 的组合命令来获取与例 11-49 命令完全相同的结果。

【例 11-50】

```
[dog@dog backup]$ cat emp.fmt | fgrep -f conditions
7876 ADAMS CLERK 1100 23-MAY-87
```

为了使读者更进一步地理解 fgrep 命令的功能，您使用例 11-51 的 echo 命令在 conditions 文件的最后再添加一行数据 MANAGER 2975。

【例 11-51】

```
[dog@dog backup]$ echo MANAGER 2975 >> conditions
```

之后，使用例 11-52 带有-f 选项的 fgrep 命令再次列出 emp.fmt 文件中所有与 conditions 文件中内容相匹配的数据行。

【例 11-52】

```
[dog@dog backup]$  fgrep -f conditions emp.fmt
```

```
7566 JONES MANAGER 2975 02-APR-81
7876 ADAMS CLERK 1100 23-MAY-87
```

例 11-52 的显示结果中除了例 11-49 的数据行之外，又多了一行职位是 MANAGER，同时工资为 2975 元的员工记录。其实，在 Oracle Linux 或 Red Hat Linux 系统中，将以上命令中的 fgrep 换成 grep 或 egrep 将会得到完全相同的结果，如您可以使用例 11-53 的 grep 命令重新列出 emp.fmt 文件中所有与 conditions 文件中内容相匹配的数据行。

【例 11-53】

```
[dog@dog backup]$ grep -f conditions emp.fmt
7566 JONES MANAGER 2975 02-APR-81
7876 ADAMS CLERK 1100 23-MAY-87
```

看了例 11-53 的显示结果之后，可能有读者会想这 fgrep 与 grep 命令也没有什么区别。咱们不是在这一节的开始部分讲过吗？fgrep 的搜索速度要比 grep 命令快，不过这快不快真是很难看出来，就像人好不好，谁能看出来？就是真看出来时也是太晚了。

不过 fgrep 与 grep 命令还有另外一个区别，那就是 fgrep 命令将通配符（元字符）当作普通字符来处理。可以通过以下例子清晰地演示出 fgrep 与 grep 命令之间的这种差别。首先您使用例 11-54 的 cat 命令列出 news.fmt 文件中的全部内容。

【例 11-54】

```
[dog@dog backup]$ cat news.fmt
The newest scientific discovery shows that
God exists. He is a super programmers, and
he creates our life by writing programs with
life codes (genes) !!!
```

读者在例 11-54 的显示结果中可以看到在 news.fmt 文件中确实包括了“.”，但是“.”在正则表达式中是通配符，其含义是将匹配任何一个字符而且只能是一个字符。现在 fgrep 命令就派上了用场，您可以使用例 11-55 的 fgrep 命令在 news.fmt 文件中搜索包含“.”的数据行。

【例 11-55】

```
[dog@dog backup]$ fgrep '.' news.fmt
God exists. He is a super programmers, and
```

例 11-55 的显示结果确实只有包含了“.”的数据行，这是因为 fgrep 命令将通配符“.”当作普通字符来处理。如果您现在将 fgrep 改为 grep 命令，会产生什么结果呢？您可以使用例 11-56 的 grep 命令试一下。

【例 11-56】

```
[dog@dog backup]$ grep '.' news.fmt
The newest scientific discovery shows that
God exists.  He is a super programmers, and
he creates our life by writing programs with
life codes (genes) !!!
```

由于在 grep 命令中“.”是一个通配符，所以整个文件中的所有数据行都能与搜索模式'.'匹配，所以该命令列出了 news.fmt 文件中的所有数据行。您也可以改用例 11-57 的 egrep 命令来重新在 news.fmt 文件中搜寻'.'，其结果将与例 11-56 的完全相同。为了节省篇幅，这里省略了输出显示结果。

【例 11-57】

```
[dog@dog backup]$ egrep '.' news.fmt
```

指点迷津：

在某些 Linux 发行版中，egrep 和 fgrep 都是 grep 命令的符号连接或者别名，只不过在调用时系统分别自动使用了-E 或-F 选项罢了。其实，有些版本的 Red Hat Linux 和 Oracle Linux 就是这样。**不过在 Oracle Linux 6 和 Oracle Linux 7 上已经不是符号连接了。**

为了证明这一点，您要首先使用例 11-58 的 find 命令从根目录开始搜索，寻找名为 fgrep 的文件（程序）。找到了 fgrep 的文件之后，您可以使用例 11-59 带有-l 选项的 ls 命令列出在/bin 目录中所有以 grep 结尾的文件（程序）。

【例 11-58】

```
[root@dog ~]# find / -name fgrep
/bin/fgrep
```

【例 11-59】

```
[root@dog ~]# ls -l /bin/*grep
lrwxrwxrwx  1 root root     4 Oct  8 17:40 /bin/egrep -> grep
lrwxrwxrwx  1 root root     4 Oct  8 17:40 /bin/fgrep -> grep
-rwxr-xr-x  1 root root 77296 Oct  7  2006 /bin/grep
```

例 11-59 的显示结果清楚地表明 egrep 和 fgrep 确实都是指向/bin 目录中的 grep 的连接。

11.4 使用 sed 命令搜索和替换字符串

通过前面 Linux 的学习，可能有读者已经感到了厌倦，也可能手心在冒汗，手指头有些酸痛，可能脑海里又浮现出使用微软的图形系统的美好时光，想放弃这令人沮丧的命令行系统的学习。

如果您已经出现了以上症状，我们在这里就要恭喜您了，因为您已经成为了一名 Linux 系统的专业人士。有人将其称为职业症状，因为一个人只要将某件事当作养家糊口的职业就很难再狂热地追求它了，就像舞星回到家里不再想跳舞，老师回到家里不愿教自己的孩子，厨师回到家里不愿做饭，当保姆的回家里决不可能再侍候老公一样。

其实，当在 Linux 的 shell 提示符下输入命令时，您就已经开始了 Linux 的 shell 编程。而当使用文件的输入/输出重定向或管道时，您已经真正地开始编写由 shell 解释和执行的小程序了。读者可以回想一下，到目前为止您学习了多少不同的 Linux 命令，再加上每个命令中许许多多的不同选项，就会发现其实在您的（工作）腰带上已经挂上了一大把的编程工具。没想到吧？在不知不觉中您手头已经积攒了不少的（编程）家伙事了。

利用被称为管道操作符的|，多个命令由管道符连成了管道线。在 UNIX 或 Linux 系统中，流过管道线的信息（数据）就叫做流（stream）。为了编辑或修改一条管道中的信息，似乎顺理成章的就是使用流编辑器（stream editor），这也正是 sed 这个命令的名字的由来。其中，s 是 stream 的第 1 个字母，而 ed 是 editor（编辑器）的头两个字母。

sed 命令是构建在一个叫做 ed 的旧版的行编辑器之上的。与 grep 命令类似，sed 命令也包括了众多的选项，其用法也是变化万千。我们在这里还是采用处理 grep 命令的类似方法，把重点放在一些经常使用的方法上，而不是面面俱到地介绍 sed 命令的方方面面，如果那样肯定本节是介绍不完的，可能要写一本书才行。sed 命令的语法格式如下：

```
sed [选项]…{以引号括起来的命令表达式} [输入文件]…
```

其中，最常用的命令表达式是在一个文件中的指定数据行的范围内抽取某一模式（字符串）并用新的模式替代它。**这个命令表达式的通用格式为：s/旧模式/新模式/标志，在这里 s 是 substitute（替代）的第 1 个字母，而两个最有用的标志分别是 g 和 n。g 是 globally（全局地）的第 1 个字母，表示要替代每一行中所出现的全部模式。n 告诉 sed 只替代前 n 行中所出现的模式。**

以下通过一些例子来演示 sed 命令的常用方法。还是以 dog 用户登录 Linux 系统，之后使用例 11-60 的 cd 命令切换到当前目录下的 backup 子目录。

【例 11-60】

```
[dog@dog ~]$ cd backup
```

还记得 emp.fmt 文件吗？该文件中字段（列）的分隔符是空格。这就存在一个问题，如果某一字段的字符串本身就包括了空格，就会造成混淆，也会给处理工作带来麻烦。为此，您可以**使用例 11-61 的 sed 命令将所有的空格（分隔符）都转换成分号（;）。sed 命令中的-e 选项中的 e 应该是 expression（表达式）的第 1 个字母，而表达式's/ /;/'表示在由管道送来的每行数据中搜寻空格之后用分号取代。**

【例 11-61】

```
[dog@dog backup]$ cat emp.fmt | sed -e 's/ /;/'
7369;SMITH CLERK 800 17-DEC-80
7499;ALLEN SALESMAN 1600 20-FEB-81 ......
```

从例 11-61 的显示结果可以发现 sed 命令只替代了每行数据中的第 1 个空格，因为 sed 命令默认只搜索并替代所发现的第 1 个与搜索模式相匹配的字符（串）。为了要替代每一行中所有的空格，您要使用 g 标志，如例 11-62 所示。

【例 11-62】

```
[dog@dog backup]$ cat emp.fmt | sed -e 's/ /;/g'
7369;SMITH;CLERK;800;17-DEC-80
7499;ALLEN;SALESMAN;1600;20-FEB-81 ......
```

例 11-62 的显示结果表明 emp.fmt 中的所有空格都已经变成了分号。这回您终于成功地把文件中的分隔符由空格全都变成了分号。其实，即使不使用管道线，也可以获得例 11-62 或例 11-61 的结果。您**可以使用例 11-63 的 sed 命令来获取与例 11-62 完全相同的显示结果。看上去例 11-63 的 sed 命令应该更简单一些。**

【例 11-63】

```
[dog@dog backup]$ sed -e 's/ /;/g' emp.fmt
7369;SMITH;CLERK;800;17-DEC-80
7499;ALLEN;SALESMAN;1600;20-FEB-81 ......
```

虽然看上去例 11-63 的 sed 命令应该更简单一些，但是有不少 UNIX 或 Linux 的大虾们还是偏爱使用管道操作，如例 11-62 那样的命令。可能的原因是“看上去非常专业”，因为没有 UNIX 或 Linux 背景的用户看上去有点晕。

这里需要进一步解释的是：以上的任何命令都不改变源文件（emp.fmt）中的任何信息。为了证明这一点，您可以使用例 11-64 的 cat 命令列出 emp.fmt 文件中的全部内容。

【例 11-64】

```
[dog@dog backup]$ cat emp.fmt
7369 SMITH CLERK 800 17-DEC-80
7499 ALLEN SALESMAN 1600 20-FEB-81 ......
```

例 11-64 的结果表明 emp.fmt 文件中的内容还是依然如故，没有丝毫的改变。可能有读者真的要保存经过 sed 命令替代后的数据，那又该怎么办呢？其实办法很简单，就是利用输出重定向再生成一个文件就行了。

一天，公司的经理找到您，他让您将公司中文员（CLERK）这一职位马上改为助理经理（ASSISTANT MANAGER），因为这些员工在与客户打交道时经常碰壁。于是，您**使用例 11-65 的 sed 命令将所有的 CLERK 字符串都替换成 ASSISTANT MANAGER。**

【例 11-65】

```
[dog@dog backup]$ grep -i Clerk emp.fmt | sed -e 's/CLERK/ASSISTANT MANAGER/g'
7369 SMITH ASSISTANT MANAGER 800 17-DEC-80
7876 ADAMS ASSISTANT MANAGER 1100 23-MAY-87
7900 JAMES ASSISTANT MANAGER 950 03-DEC-81
7934 MILLER ASSISTANT MANAGER 1300 23-JAN-82
```

看了例 11-65 的显示结果，您自己是不是也觉得有点眼晕呢？ASSISTANT MANAGER 到底是属于一个字段还是两个字段？真的是很难分辨。为了要将原先的空格分隔符先都转换成分号，之后再将CLERK 都转换成 ASSISTANT MANAGER，您需要在 sed 命令中使用两个 s 命令表达式，这两个命令表达式要使用分号（;）分隔开（这里将字段的分隔符也定义成分号，这是故意安排的。但在实际工作中读者应该尽量避免），如例 11-66。

【例 11-66】

```
[dog@dog backup]$ grep CLERK emp.fmt | sed -e 's/ /;/g;s/CLERK/ASSISTANT MANAGER/g'
7369;SMITH;ASSISTANT MANAGER;800;17-DEC-80
7876;ADAMS;ASSISTANT MANAGER;1100;23-MAY-87
7900;JAMES;ASSISTANT MANAGER;950;03-DEC-81
7934;MILLER;ASSISTANT MANAGER;1300;23-JAN-82
```

例 11-66 的显示结果与之前的例 11-65 的相比，是不是清楚多了？可能有读者已经想到了，为什么又使用管道线了？不会又是为了“看上去非常专业”吧？为了回答这一问题，您试着使用例 11-67 的 sed 命令来完成与例 11-66 完全相同的工作，但是这次没有通过管道而是直接操作 emp.fmt 文件。

【例 11-67】

```
[dog@dog backup]$ sed -e 's/ /;/g;s/CLERK/ASSISTANT MANAGER/g' emp.fmt
7369;SMITH;ASSISTANT MANAGER;800;17-DEC-80
7499;ALLEN;SALESMAN;1600;20-FEB-81
7521;WARD;SALESMAN;1250;22-FEB-81
7566;JONES;MANAGER;2975;02-APR-81  ……
```

对比例 11-67 与例 11-66 显示结果之间的不同，您就可以很容易地发现这两种用法之间的细微差别了。至于要使用哪一种方法，要根据您想获得什么样的信息而定。

读者可能还记得 who 命令吧？您可以使用例 11-68 的 who 命令列出目前您的 Linux 系统上所有登录的用户信息。

【例 11-68】

```
[dog@dog backup]$ who
dog      pts/1        Feb 12 15:40 (192.168.137.1)
root     :0           Feb 12 16:08
cat      pts/2        Feb 12 16:08 (192.168.137.1)
```

从例 11-68 的显示结果可以看出对于不熟悉 Linux 的用户来说，这些显示信息并不容易理解。为此，您可以**使用例 11-69 带有管道操作符的组合命令将显示结果的日期信息转换成容易理解的方式。**

【例 11-69】

```
[dog@dog backup]$ who | sed 's/Feb/Logged in February/'
dog      pts/1        Logged in February 12 15:40 (192.168.137.1)
root     :0           Logged in February 12 16:08
cat      pts/2        Logged in February 12 16:08 (192.168.137.1)
```

例 11-69 的显示结果是不是更容易理解些？不过前提是您得懂洋文。您也可以使用例 11-70 带有管道操作符的组合命令将终端的信息转换成容易理解的方式。

【例 11-70】

```
[dog@dog backup]$ who | sed 's/ pts/on termianl pts/;s/ :0/on termianl :0/'
dog      on termianl pts/1       Feb 12 15:40 (192.168.137.1)
root     on termianl :0          Feb 12 16:08
cat      on termianl pts/2       Feb 12 16:08 (192.168.137.1)
```

例 11-70 的显示结果中的终端信息是不是更清晰一些？这 sed 命令的功能是不是很强大？您也**可以在 sed 命令中使用 d 标志在显示结果中删除不需要的行，如可以使用例 11-71 的组合命令删除 who 命令显示结果中的第 1 行。**

【例 11-71】

```
[dog@dog backup]$ who | sed '1d'
root     :0          Feb 12 16:08
cat      pts/2       Feb 12 16:08 (192.168.137.1)
```

您也**可以在 sed 命令中使用 d 标志在显示结果中删除指定范围的数据行，如可以使用例 11-72 的组合命令删除 who 命令显示结果中的第 1～第 2 行。**

【例 11-72】

```
[dog@dog backup]$ who | sed '1,2d'
cat      pts/2       Feb 12 16:08 (192.168.137.1)
```

例 11-72 的显示结果中只剩下一行数据了，这是因为原本正在使用系统的用户只有 3 个，所以 who 命令的显示结果应该为 3 行，但是由于 1～2 行的数据已经被 sed 命令删除了。因此最终的结果就只有最后的第 3 行了。

您还**可以在 sed 命令表达式中利用字符串（模式）来指定删除的范围。**如您可以使用例 11-73 的组合命令先将 emp.data 文件中的数据按工资（第 4 个字段）以数字的顺序排序（-n 选项表示以数字的顺序排序）。之后将其结果通过管道送给 sed 命令，sed 命令将删除从第 1 行开始一直到工资为 1600 元为止的所有数据行（包括工资为 1600 元的数据行）。

【例 11-73】

```
[dog@dog backup]$ sort -n -k4 emp.data | sed '1,/1600/d'
7782    CLARK   MANAGER 2450     09-JUN-81  ……
7839    KING    PRESIDENT        5000     17-NOV-81
```

接下来将演示几个使用 sed 命令的更为复杂的例子。为了演示方便，我们首先使用图形的文字编辑器生成一个带有特定模式的正文文件。为此，您要使用图形界面以 dog 用户登录 Linux 系统，以下就是生成这个文件的具体操作步骤：

提示：

为了减少本书的篇幅，特将相关的图形操作细节全都放在资源包中的电子书中了，有兴趣的读者可以自行查阅。

（1）开启一个终端窗口，使用 “ls *dog*” 命令列出 dog 家目录中所有包含 dog 的文件和子目录以及这些子目录中的所有文件。

（2）全选 “ls *dog*” 命令的显示结果，选择 Edit→Copy 命令。

（3）选择 Applications→Accessories→Text Editor 命令。

（4）在 gedit 窗口中，选择 Edit→Paste 命令。

（5）之后，单击 Save 按钮。接下来将打开 Save as 窗口。

（6）单击（选择）Browse for other folders，选择 Home 目录，在列表框中选择 backup 子目录。

（7）在 Name 文本框中输入文件名 “sedtest”，单击 Save 按钮。到此为止，所需的文件 sedtest 就已经生成了。

接下来，在终端窗口中输入例 11-74 的 cd 命令切换到 dog 用户家目录下的 backup 子目录。随即使用例 11-75 的 cat 命令列出使用图形界面的文字编辑器所创建的 sedtest 文件中的全部内容。

【例 11-74】

```
[dog@dog ~]$ cd backup
```

【例 11-75】

```
[dog@dog backup]$ cat sedtest
dog.JPG  dog_wolf2

babydog:
baby     baby.cp   cal2038       tie.txt    ……

boydog:
cal2009  cal3009  dog_wolf.boy  lists  lists200  wolf

mumdog:
boy.dog  boy.wolf  dog  girl.dog  girl.wolf  wolf
```

在例 11-75 的显示结果中有一些空行，现在我们要将它们都删除。那么在 sed 命令的命令表达式中怎样表示空行呢？还记得^和$吗？其实，**可以使用^$来表示一个空行（即只有开始符和结尾符的行）。因此，您可以使用例 11-76 的 sed 命令删除 sedtest 中的所有空行。**

【例 11-76】

```
[dog@dog backup]$ sed '/^$/d' sedtest
dog.JPG  dog_wolf2
babydog:
baby     baby.cp   cal2038       tie.txt   ……
boydog:
cal2009  cal3009  dog_wolf.boy  lists  lists200  wolf
mumdog:
boy.dog  boy.wolf  dog  girl.dog  girl.wolf  wolf
```

您也可以使用例 11-77 的 sed 命令删除 sedtest 中的所有空行，其结果与例 11-76 的完全相同。为了节省篇幅，这里省略了输出显示结果。

【例 11-77】

```
[dog@dog backup]$ sed '/^$/d' < sedtest
```

您还**可以构造出更加复杂的 sed 命令。例如您要在删除所有空行的同时，还要删除所有包含了 cal 字符串（模式）的行，而且还要将所有的字符串 tie 变成 fox。要完成这一复杂的操作，您只需使用例 11-78 这一条 sed 命令就行了。**

【例 11-78】

```
[dog@dog backup]$ sed '/^$/d;/cal/d;s/tie/fox/g' sedtest
dog.JPG  dog_wolf2
babydog:
baby2    baby.kg   dog.baby      fox.txt~
baby3    baby.sex  dog_wolf.baby  wolf.baby
boydog:
mumdog:
boy.dog  boy.wolf  dog  girl.dog  girl.wolf  wolf
```

如果读者使用过电子邮件或一些其他的应用程序，可能已经注意到了，**电子邮件和一些应用程序显示**

的每一行信息都是以>开始的。看上去挺神秘的，其实**可以使用下面例 11-79 的一条 sed 命令来做到这一点。**其中，**第 1 个命令表达式/^$/d 表示要删除所有的空行，第 2 个命令表达式 s/^/> /表示将开始符号替换成大于符号和空格符，最后的> email.sed 表示将 sed 命令的结果存入 email.sed** 文件。

【例 11-79】

```
[dog@dog backup]$ sed '/^$/d;s/^/> /g' sedtest >email.sed
```

系统执行完以上 sed 命令后不会有任何提示信息，所以您应该使用例 11-80 的 cat 命令列出 email.sed 中的全部内容以验证例 11-79 的 sed 命令是否正确。

【例 11-80】

```
[dog@dog backup]$ cat email.sed
> dog.JPG  dog_wolf2
> babydog:
> baby      baby.cp   cal2038        tie.txt  ……
```

例 11-80 的显示结果清楚地表明 email.sed 文件中的每一行确实都是以>开始。也可能有读者想开始符^正常情况下本来就不显示，以上的结果只能说明在正常显示的情况下这个文件中的每一行都是以>开始，这并不能证明开始符^已经被替代了。那您就可以使用例 11-81 带有-A 选项的 cat 命令重新列出 email.sed 中的全部内容。

【例 11-81】

```
[dog@dog backup]$ cat -A email.sed
> dog.JPG  dog_wolf2$
> babydog:$
> baby      baby.cp   cal2038        tie.txt$  ……
```

在例 11-81 的显示结果中不但包含了新的行开始符>还包括了行结束符$。看到例 11-81 这样的显示结果您应该放心了吧？

可能现在有人给您一份 Linux 或 UNIX 的程序员的工作，您还会感到心虚。但是通过下面几节的学习，您的自信将大幅度地提升。

11.5 awk 命令简介及位置变量（参数）

从本节开始，将介绍 UNIX（其实 awk 工具来自 UNIX 系统，当然在 Linux 系统上也一定存在）系统中一个非常重要而且功能强大的编程工具 awk，**awk 本身就是一种程序设计语言。**虽然通过 11.4 节的学习，读者已经发现了在处理正文文件方面 sed 命令的强大功能，但是与将要介绍的 awk 命令相比还是逊色多了。

awk 命令（程序）是一种用来分析和处理正文文件的编程工具。它的功能非常强大，同时也比之前介绍过的 Linux 或 UNIX 命令（工具）更为复杂。有专家这样评价 awk，“在 UNIX 系统中，awk 是用途最多的通用过滤程序（工具）之一”。正因为如此，有一些专门介绍 awk 命令的书籍。如果读者将来从事相关的工作，可以找来看看。

可能有读者对 awk 这个名字的由来比较感兴趣。曾有人推测 awk 命令的名字来自 awkward 这个英语单词的前 3 个字母，因为 awk 命令的语法令人望而生畏（awkward）。其实，这是一个误解。**这个命令的 3 位作者的姓分别是 Aho、Weingberger 和 Kernighan，awk 命令的名字就是取自这 3 位大师姓的第 1 个字母。awk 命令诞生于 20 世纪 70 年代的末期，**也许这也是它影响了众多的 UNIX 和 Linux 用户的原因之一。

与 sed 命令相似，awk 命令可以从命令行中直接获取参数。也可以将程序（参数）写入一个文件，之后让 awk 命令从这个文件中获取指令。awk 命令的通用语法格式如下：

```
awk '{commands}'
```

其中，commands 为一个或多个命令。在 awk 命令中使用频率最高的两个标志（参数），一个应该是 -f，这个标志表明 awk 命令将从该标志之后的文件中读取指令而不是从命令行读取；另一个标志应该是 -Fc，这个标志表明字段之间的分隔符是 c 而不是默认的空白字符（如制表键、一个或多个空格符）。

在 awk 程序中可能最有用也是极为常用的命令就是 print 命令。在不带任何参数的情况下，print 命令将一行接一行地打印出文件中的所有数据行。例 11-82 是使用 awk 工具的最简单的例子，在这个例子中 awk 命令将列出由管道送来（who 命令的结果）的所有数据行。其实，这个命令的显示结果与 who 命令没什么区别。

【例 11-82】

```
[dog@dog backup]$ who | awk '{ print }'
dog      pts/1        Feb 14 02:42 (192.168.137.1)
root     :0           Feb 14 03:46
cat      pts/2        Feb 14 03:46 (192.168.137.1)
```

☞ **指点迷津：**

在文件和 Linux 命令的显示结果中，每行信息被指定的分隔符分隔成若干个字段，还记得吗？每个字段都被赋予一个唯一的标识符。其中，字段 1 的标识符是$1，字段 2 的标识符是$2 等。

在 awk 命令中使用字段标识符会使您的一些 Linux 日常管理和维护工作变得相当简单。如您现在只想列出目前正在 Linux 系统上工作的用户（登录的用户），您就可以**使用例 11-83 的命令列出 who 命令显示结果中每行的第 1 个字段，即目前登录 Linux 系统的用户名。**

【例 11-83】

```
[dog@dog backup]$ who | awk '{ print $1 }'
dog
root
cat
```

是不是很方便？不但如此，您还可以加入一些解释性的信息以使显示的结果更容易阅读。**如您只想显示用户名和用户现在使用的终端并且在每个用户名之前加入 User，在用户名和终端之间加入 is on terminal line 字符串，您就可以使用例 11-84 的命令。**

【例 11-84】

```
[dog@dog backup]$ who | awk '{ print "User  " $1 " is on terminal line " $2}'
User dog is on terminal line pts/1
User root is on terminal line :0
User cat is on terminal line pts/2
```

您也可以将例 11-84 的命令略加改造只列出 emp.data 文件中的第 2 个字段（员工姓）和第 4 个字段（员工的工资），并且在员工姓前加上 Employee，在员工的姓和工资之间加上 has salary 字符串。于是，您可以使用例 11-85 的命令来完成这一工作。

【例 11-85】

```
[dog@dog backup]$ awk '{ print "Employee  " $2 " has salary " $4}' emp.data
Employee SMITH has salary 800
Employee ALLEN has salary 1600
Employee WARD has salary 1250 ……
```

11.6 在awk命令中指定字段的分隔符及相关例子

在11.5节的开始部分就已经介绍了字段分隔符标志-F，但是在11.5节的例子中并未使用过这一标志。这是因为在11.5节的所有例子中字段都是以空白字符分隔的。在本节中通过一些例子来演示字段分隔符标志-F的用法和一些较为复杂的awk命令。

还记得Linux系统的口令文件吗？在这个文件中所有的字段都是以“:”分隔的。有时可能只想知道某些用户登录时使用的shell，**可以使用例11-86的组合命令。在这个组合命令中，egrep命令从/etc/passwd文件中抽取包含dog或cat的数据行，之后将egrep命令的结果通过管道送给awk命令。awk命令把冒号看成字段的分隔符并将列出第1个（用户名）和第7个字段（登录时的shell)，同时还将在显示结果中加入一些描述信息以帮助阅读和理解。**

【例11-86】

```
[dog@dog backup]$ egrep 'dog|cat' /etc/passwd | awk -F: '{ print $1" has " $7 " as
loggin shell." }'
dog has /bin/bash as loggin shell.
cat has /bin/bash as loggin shell.
```

如果有一天经理问您现在咱们公司的Linux系统上最流行的shell是哪个？有多少人在使用这个shell？现在您就完全不用调查所有的用户了，使用例11-87的组合命令即可获取所需要的全部信息。

【例11-87】

```
[dog@dog backup]$ awk -F: '{ print $7 }' /etc/passwd | sort | uniq -c
      1
      6 /bin/bash
      1 /bin/sync ……
```

例11-87的显示结果清楚地表明在我们的系统上使用频率最高的shell是bash（也是唯一的），一共有6个用户使用。但是在大型和超大型系统中一般不会使用一种shell而且用户也会很多。有了awk命令，再与之前学习过的命令进行简单的组合，您就可以轻而易举地获取以前很难获取的系统信息。

如果您想知道哪些用户在登录时使用的shell是存放在/bin目录中以及这个shell的名字，您就可以使用例11-88的组合命令。

【例11-88】

```
[dog@dog backup]$ grep /bin/ /etc/passwd | awk -F: '{ print $1" " $7 }'
root /bin/bash
sync /bin/sync
netdump /bin/bash
dog /bin/bash ……
```

可是在例11-88的显示结果中有一个名为sync的用户使用的是/bin/sync应用程序，您不想让它出现在显示的结果中。于是，您对这个命令进行了修改，**将以上命令的结果通过管道送给sed命令，并由sed命令删除所有包含sync字符串（模式）的数据行，如例11-89。**

【例11-89】

```
[dog@dog backup]$ grep /bin/ /etc/passwd | awk -F: '{ print $1" " $7 }' | sed '/sync/d'
root /bin/bash
netdump /bin/bash
dog /bin/bash ……
```

虽然在例 11-89 的显示结果中确实已经去掉了 sync 用户的记录行，但是显示的结果却没有顺序。**因此您可以再将这个结果通过管道送给 sort 命令进行排序，如例 11-90。**

【例 11-90】

```
[dog@dog backup]$ grep /bin/ /etc/passwd | awk -F: '{ print $1" " $7 }' | sed '/sync/d'
| sort
cat /bin/bash
dog /bin/bash
fox /bin/bash
netdump /bin/bash
pig /bin/bash
root /bin/bash
```

以上例 11-88～例 11-90 的方法告诉我们这样一个事实，那就是编程并不需要一步到位，而是一步步地不断加以完善的。开发大型软件也是一样，许多软件在刚刚发行时，bugs 满天飞，但是厂家照样卖。然后是一边卖一边改进。

11.7 在 awk 命令表达式中使用 NF、NR 和$0 变量

为了方便 awk 编程，awk 中还引入了一个叫 NF 的变量。**如果在命令表达式中使用没有$符号的 NF 变量，这个变量将显示一行记录中有多少个字段。如果在命令表达式中使用带有$符号的 NF 变量，这个变量将显示一行记录中最后一个字段。**

下面通过以下几个例子来演示 NF 变量在 awk 命令中的具体用法。例如您可以使用例 11-91 的组合命令列出 who 命令显示结果中每一行的字段数（列数）。

【例 11-91】

```
[dog@dog backup]$ who | awk '{ print NF }'
5
6
6
```

为了验证例 11-91 的显示结果是否正确，您可以使用例 11-92 的 who 命令。从例 11-92 的显示结果可知 awk 命令是将空白符号当作字段的分隔符的。

【例 11-92】

```
[dog@dog backup]$ who
root     :0          Feb 14 03:46
dog      pts/1       Feb 14 06:30 (192.168.137.1)
cat      pts/2       Feb 14 07:00 (192.168.137.1)
```

若在例 11-91 的命令中的 NF 前加上$符号，会得到什么结果呢？可以试试，如例 11-93。

【例 11-93】

```
[dog@dog backup]$ who | awk '{ print $NF }'
03:46
(192.168.137.1)
(192.168.137.1)
```

例 11-93 的显示结果确实已经变成了 who 命令结果的最后一个字段。其实，您可以利用 NF 变量使用例 11-94 的组合命令来完成与例 11-87 的命令十分相似的工作。在这个组合命令中，egrep 命令从/etc/passwd 文件中抽取包含 bin 或 sbin 的数据行，之后将 egrep 命令的结果通过管道送给 awk 命令。awk

命令把冒号看成字段的分隔符并将列出每一行的最后一个字段。之后再将 awk 命令的结果通过管道送给 sort 命令进行排序并继续后面的操作。

【例 11-94】

```
[dog@dog backup]$ egrep 'bin|sbin' /etc/passwd | awk -F: '{ print $NF }' | sort |
uniq -c
      6 /bin/bash
      1 /bin/sync
      1 /sbin/halt ……
```

虽然例 11-94 的显示结果就是我们所需要的，但是排序并不是按数字的大小进行的。为了使显示的结果更加完美，您在例 11-94 命令的最后添加上了| sort -n，如例 11-95。

【例 11-95】

```
[dog@dog backup]$ egrep 'bin|sbin' /etc/passwd | awk -F: '{ print $NF }' | sort |
uniq -c | sort -n
      1 /bin/sync
      1 /sbin/halt
      1 /sbin/shutdown
      6 /bin/bash
     31 /sbin/nologin
```

与 NF 变量相似，awk 命令还引入了另一个变量 NR，这个变量用来追踪所显示的数据行的数目，即显示数据行的编号。因此，您可以利用 NR 变量使用例 11-96 的组合命令轻松地获取 dog 家目录下 wolf 子目录中所有文件和目录并为每个文件和目录编号。

【例 11-96】

```
[dog@dog backup]$ ls -l ~/wolf | awk '{ print NR": "$0}'
1: total 16
2: drwxrwxr-x  2 dog dog 4096 Jan 25  2009 boywolf
3: -rw-rw-r--  1 dog dog   84 Dec 22 19:07 delete_disable
……
```

有了 NR 变量是不是很方便？在以上命令中使用了$0 变量，即第 0 个字段，这里$0 变量表示整个数据行。您现在可以使用例 11-97 的 who 命令列出目前在系统上的所有用户。

【例 11-97】

```
[dog@dog backup]$ who
dog      pts/1        Feb 15 17:28 (192.168.137.1)
cat      pts/2        Feb 15 17:57 (192.168.137.1)
root     :0           Feb 15 17:57
```

例 11-97 显示结果中的最后一个字段是用户登录 Linux 系统所使用的计算机的 IP 地址，如果为空，表示是本机登录。现在如果您想在每个用户记录的最前面显示这个用户登录 Linux 系统所使用的计算机，您就可以使用例 11-98 的组合命令来轻松地完成这一工作。

【例 11-98】

```
[dog@dog backup]$ who | awk '{ print $6": "$0}'
(192.168.137.1): dog      pts/1        Feb 15 17:28 (192.168.137.1)
(192.168.137.1): cat      pts/2        Feb 15 17:57 (192.168.137.1)
: root     :0           Feb 15 17:57
```

从以上几个例子，您可能已经发现了巧妙地使用 NF、NR 或$0 变量可以大大地减小 shell 编程的复杂程度。

11.8 利用 awk 命令计算文件的大小

有时作为操作系统管理员，您可能想知道某个目录下文件的大小。此时您自然就会想到带有-l 选项的 ls 命令，但是这个命令除了文件名和文件大小之外，还要显示很多其他信息。为此，可以将这个 ls 命令的结果通过管道送给 awk 命令做进一步的处理。您可以使用例 11-99 的组合命令只显示/boot 目录中每一个文件的文件名和大小。

【例 11-99】

```
[dog@dog backup]$ ls -lF /boot | awk '{ print $9 " " $5}'
config-2.6.9-42.0.0.0.1.EL 50341
config-2.6.9-42.0.0.0.1.ELsmp 49934
grub/ 1024    ......
```

虽然例 11-99 的显示结果就是您所需要的，但是看上去有些凌乱。为了使 awk 命令的显示结果更加清晰，在 awk 命令中还引入了以下两个可以在 print 命令表达式中使用的特殊的字符序列。

- \n：产生一个回车（操作）。
- \t：产生一个制表键。

于是，可以利用\t 重新修改一下例 11-99 的组合命令以使显示的结果容易阅读。您可以使用例 11-100 的组合命令再次列出/boot 目录中每一个文件的文件名和大小，但这次是文件的大小在前，而文件名随后，文件大小和文件名由制表键隔开。

【例 11-100】

```
[dog@dog backup]$ ls -lF /boot | awk '{ print $5 "\t" $9}'
50341   config-2.6.9-42.0.0.0.1.EL
49934   config-2.6.9-42.0.0.0.1.ELsmp
1024    grub/   ......
```

以上例 11-100 的显示结果虽然清楚多了，但显示的结果没有顺序。如果您想了解文件磁盘空间的使用情况，可能最关心的是大文件，因为只有大文件才对系统的冲击比较大。如果想知道最大的 3 个文件的大小并且显示的结果是按文件由大到小的顺序列出，您就可以使用例 11-101 的组合命令。其中，sort 命令中的-r 表示倒着排序，-n 表示按数字排序。

【例 11-101】

```
[dog@dog backup]$ ls -lF /boot | awk '{ print $5 "\t" $9}' | sort -rn | head -3
1504173 vmlinuz-2.6.9-42.0.0.0.1.EL
1444456 vmlinuz-2.6.9-42.0.0.0.1.ELsmp
766260  System.map-2.6.9-42.0.0.0.1.ELsmp
```

如果您想知道/boot 目录中所有文件大小的总和，您可以在 awk 命令中加入变量和带有加法的表达式，如例 11-102。其中，totalsize 是自定义的一个存储文件大小总和的变量。

【例 11-102】

```
[dog@dog backup]$ ls -lF /boot | awk '{ totalsize = totalsize + $5; print totalsize }'
0
50341
......
4183922
5628378
```

awk 命令中的命令表达式 totalsize = totalsize + $5 可以缩写成 totalsize += $5。于是，您可以将

例 11-102 简化成例 11-103。

【例 11-103】

```
[dog@dog backup]$ ls -lF /boot | awk '{ totalsize += $5; print totalsize }'
0
50341
......
4183922
5628378
```

可是例 11-102 或例 11-103 的显示结果与我们所希望的结果之间还是有一定的差距，因为它们除了显示最后一行的所有文件大小的总和之外，还显示了太多与我们毫不相关的信息。为此，您再将例 11-103 命令的结果通过管道送给 tail -1 命令，如例 11-104。

【例 11-104】

```
[dog@dog backup]$ ls -lF /boot | awk '{ totalsize += $5; print totalsize }' | tail -1
5628378
```

这次您终于看到了您所希望的结果。**除了使用 tail 命令之外，一种更好的方法是在 awk 命令中使用 END 关键字。**现在您可以利用 END 关键字重写例 11-104，如例 11-105。

【例 11-105】

```
[dog@dog backup]$ ls -lF /boot | awk '{ totalsize += $5} END { print totalsize }'
5628378
```

例 11-105 的显示结果与例 11-104 的完全相同，但是可能该命令更简单易读。您还可以在 awk 命令的表达式中加入一些描述性的字符串，如例 11-106。其中，\为续行符号。

【例 11-106】

```
[dog@dog backup]$ ls -lF /boot | awk '{ totalsize += $5} END { print "/boot dirctory
has a total of  \
 " totalsize " bytes used." }'
/boot dirctory has a total of 5628378 bytes used.
```

例 11-106 的显示结果是不是更容易阅读？还可以在表达式中加入 NR 变量在显示文件大小总和的同时显示文件的总数。可以使用例 11-107 的组合命令来完成这一工作。

【例 11-107】

```
[dog@dog backup]$ ls -lF /boot | awk '{ totalsize += $5} END { print "/boot dirctory
has a total of  \
 " totalsize " bytes used across "NR" files." }'
/boot dirctory has a total of 5628378 bytes used across 13 files.
```

例 11-107 的显示结果应该更容易理解，因为它不但显示了文件大小的总和，而且还显示了文件的总数。

如果在您的工作中经常使用例 11-107 的组合命令，您可以使用如例 11-108 的方法将其存入一个名为 script1（文件名可随便起）的正文文件中。首先在终端窗口中输入 cat << EOF > script1。该命令的含义是接收来自标准输入（键盘）的信息并以 EOF（End Of File）作为输入的结束符，而且将所有的标准输出都重定向输入 script1 文件中。其中，方框中的内容是您要输入的，>符号是系统自动显示的，\为续行符号，而 EOF 是文件（输入）结束符。

【例 11-108】

```
[dog@dog backup]$ cat << EOF > script1
>        { totalsize += $5}
> END    { print "/boot dirctory has a total of "  \
>          totalsize " bytes used across "NR" files." }
```

```
> EOF
```

生成完这个文件之后，您应该使用类似例 11-109 的 ls 命令验证一下。

【例 11-109】

```
[dog@dog backup]$ ls -l s*
-rw-rw-r--  1 dog dog 129 Feb 15 18:28 script1
-rw-rw-r--  1 dog dog 332 Feb 13 03:47 sedtest
```

当确认了 script1 文件已经生成之后，您就可以使用例 11-110 的组合命令来列出/boot 命令中文件大小的总和以及文件的总数了。在 awk 命令中，-f 选项表示这个命令要从紧跟在该选项之后的文件（script1）中获取命令表达式。

【例 11-110】

```
[dog@dog backup]$ ls -lF /boot | awk -f script1
/boot dirctory has a total of 5628378 bytes used across 13 files.
```

以上命令是不是简单多了？实际上我们已经涉及 shell 脚本的开发了。有一些 UNIX 方面的书就把类似 script1 的文件叫做脚本文件。接下来将介绍怎样开发简单的 shell 脚本。

11.9　简单 shell 脚本的开发

您可以将一些经常使用的 Linux（UNIX）和 shell 命令放入一个正文文件，这个文件就是所谓的 shell 脚本文件。一旦生成了这个 shell 脚本文件并测试无误之后，您就可以通过反复执行这个 shell 脚本文件来获取所需的信息或完成所需的操作。

脚本的英文是 script，有讲稿的含义。可能是因为 shell 的 script（脚本）文件就像 UNIX 系统的讲稿一样，UNIX 系统将来就照着这个讲稿顺序地“念”就行了（即顺序地执行 shell script 文件中的命令）。详细介绍 shell 脚本的开发已经远远超出了本书的范畴，因为只是 shell 脚本的开发就可以编写一本相当厚的教材了。下面通过将 11.8 节中的例 11-110 的命令改写为 shell 脚本的过程来简单地介绍 shell 脚本的开发和执行。

为了简单起见，您可以试着使用例 11-111 的 echo 命令将“ls -lF /boot | awk -f script1”这个组合命令存入当前目录中的 boot_size 文件。

【例 11-111】

```
[dog@dog backup]$ echo ls -lF /boot | awk -f script1 > boot_size
```

系统执行完以上命令不会产生任何提示信息，所以您必须使用类似例 11-112 的 cat 命令列出 boot_size 文件中的全部内容。其中，使用-A 选项的目的是列出不可见的特殊字符。

【例 11-112】

```
[dog@dog backup]$ cat -A boot_size
/boot dirctory has a total of 0 bytes used across 1 files.$
```

很显然例 11-112 的显示结果并不是我们所需要的，这是因为例 11-111 的 echo 命令是将“ls -lF /boot | awk -f script1”的结果存入了 boot_size 文件。为了能够将“ls -lF /boot | awk -f script1”这个命令本身存入 boot_size 文件中，您可以使用例 11-113 的 echo 命令，在这个命令中要存入的组合命令被双引号括起来了。

【例 11-113】

```
[dog@dog backup]$ echo "ls -lF /boot | awk -f script1" > boot_size
```

系统执行完以上命令不会产生任何提示信息，所以您必须使用类似例 11-114 的 cat 命令列出 boot_size 文件中的全部内容。

【例 11-114】

```
[dog@dog backup]$ cat -A boot_size
ls -lF /boot | awk -f script1$
```

从例 11-114 的显示结果可知这次 boot_size 文件中存放的确实是您所需要的组合命令，而这个 boot_size 文件就是 shell 脚本文件。您还可以使用类似例 11-115 带有-l 选项的 ls 命令列出 boot_size 文件的相关信息。

【例 11-115】

```
[dog@dog backup]$ ls -l b*
-rw-rw-r--  1 dog dog 30 Feb 16 11:36 boot_size
```

接下来，您就可以使用例 11-116 的命令执行 boot_size 这个 shell 脚本文件了。在该命令中使用了 GNU Bourne-Again shell，还要注意的一点是 script1 文件必须也在当前目录中。

【例 11-116】

```
[dog@dog backup]$ bash boot_size
/boot dirctory has a total of 5628378 bytes used across 13 files.
```

例 11-116 的显示结果与 11.8 节中例 11-110 的结果完全相同，这也正是我们所希望的。是不是使用 shell 脚本要比直接使用 Linux 命令方便多了？其实，您还可以使用 Bourne shell 来运行 boot_size 这个 shell 脚本文件，如例 11-117，其中 sh 命令就表示 Bourne shell。

【例 11-117】

```
[dog@dog backup]$ sh boot_size
/boot dirctory has a total of 5628378 bytes used across 13 files.
```

您还可以使用 Korn shell 来运行 boot_size 这个 shell 脚本文件，如例 11-118，其中 ksh 命令就表示 Korn shell。

【例 11-118】

```
[dog@dog backup]$ ksh boot_size
/boot dirctory has a total of 5628378 bytes used across 13 files.
```

读者不难发现实际上例 11-116、例 11-117 和例 11-118 的显示结果一模一样，这也从一个侧面说明了实际上这 3 种 shell 在许多方面并没有什么差别。这也因为在 boot_size 这个 shell 脚本文件中使用的都是 UNIX 系统中通用的功能。

11.10　在 awk 命令中条件语句的使用

以上介绍的包含 awk 命令的脚本实际上就是程序。**为了编程的实际需要，awk 命令的设计者还引入了分支（条件）语句以控制程序的流程。条件语句的关键字是 if。**以下通过一些具体的例子来说明 if 语句的实际用法。

如果您是一个操作系统管理员，有时可能想列出在所管理的 Linux 系统上所有用户名为 3 个字符的用户，就可以使用例 11-119 的命令来完成这一工作。其中，length 是 Linux 系统自带的一个程序，也叫例程，它的功能是取指定参数的长度。**这里==的两个等号就是等于。整个 if 语句的含义是：如果第 1 个字段的长度为 3，就打印第 0 个字段即这个记录行。**

【例 11-119】

```
[dog@dog backup]$ awk -F: '{ if (length($1) == 3  ) print $0 }' /etc/passwd
bin:x:1:1:bin:/bin:/sbin/nologin
adm:x:3:4:adm:/var/adm:/sbin/nologin    ......
```

```
fox:x:502:502::/home/fox:/bin/bash
pig:x:503:501::/home/pig:/bin/bash
```

您也可以将以上 awk 命令的结果通过管道送入 wc 命令来计算这个 Linux 系统上所有用户名为 3 个字符的用户总数，如例 11-120。

【例 11-120】

```
[dog@dog backup]$ awk -F: '{ if (length($1) == 3  ) print $0 }' /etc/passwd | wc -l
13
```

要注意的是 if 语句中使用的等号是双等号==，如果您在 if 语句中使用了单个的等号=，系统会报错，如例 11-121。

【例 11-121】

```
[dog@dog backup]$ awk -F: '{ if (length($1) = 3  ) print $0 }' /etc/passwd | wc -l
awk: cmd. line:1: { if (length($1) = 3  ) print $0 }
awk: cmd. line:1:                   ^ syntax error
0
```

一天经理让您为他做一张工资为 3 位数（几百元的低收入）的所有员工的清单，您就可以将例 11-119 的命令略加修改，**使用例 11-122 的 awk 命令来获取经理所要的信息。**

【例 11-122】

```
[dog@dog backup]$ awk  '{ if (length($4) == 3  ) print $0 }' emp.data
7369    SMITH   CLERK   800     17-DEC-80
7900    JAMES   CLERK   950     03-DEC-81
```

如果经理只想知道工资为 3 位数的所有员工的总数，您就可以将以上 awk 命令的结果通过管道送入 wc 命令来计算工资为 3 位数的所有员工的总数，如例 11-123。

【例 11-123】

```
[dog@dog backup]$ awk  '{ if (length($4) == 3  ) print $0 }' emp.data | wc -l
2
```

依此类推，您只要将以上命令略加修改就可以获得工资为 4 位数、5 位数等的员工的信息。条件语句是不是使您的编程工作变得更加简单了？

您还可以将例 11-123 的组合命令存入一个正文文件中，如可以使用例 11-124 的 echo 命令试着将这些命令存入到一个名为 emp_num 的 shell 脚本文件中。

【例 11-124】

```
[dog@dog backup]$ echo "awk  '{ if (length($4) == 3  ) print $0 }' emp.data | wc -l" >
emp_num
```

系统执行完以上命令不会产生任何提示信息，所以您必须使用类似例 11-125 的 cat 命令列出 emp_num 文件中的全部内容以确保脚本文件中的命令准确无误。

【例 11-125】

```
[dog@dog backup]$ cat -A emp_num
awk  '{ if (length() == 3  ) print -bash }' emp.data | wc -l$
```

看到例 11-125 的显示结果，您一定会感到吃惊，因为系统并未将$4 和$0 两个位置变量正确地存入 emp_num 文件中。这是由于$符号造成的问题。为此，您可以使用图形界面的正文编辑器（当然也可以使用 vi）改正系统造成的错误。之后再使用例 11-126 的 cat 命令来验证所做的修改是否正确。

【例 11-126】

```
[dog@dog backup]$ cat -A emp_num
awk  '{ if (length($4) == 3  ) print $0 }' emp.data | wc -l$
```

当确认 emp_num 脚本文件中的内容准确无误之后，您就可以使用例 11-127 的命令运行 emp_num 这个脚本文件了。当然您也可以使用 bash 或 ksh 来运行 emp_num 脚本文件，并且会得到同样的结果，有兴趣的读者可以自己试一下。

【例 11-127】

```
[dog@dog backup]$ sh emp_num
2
```

11.11 在 awk 命令中循环语句的使用

在本章的最后一节将简单地介绍在任何程序设计语言中都十分重要的语句，那就是循环语句。在 20 世纪中期已经证明任何程序设计语言中只要包含了顺序、分支和循环这 3 种语句结构，理论上就可以编写任何类型的程序。**在 awk 工具中使用频率较高的循环语句可能是 for 语句。**以下通过例子简略地介绍 for 语句在 awk 中的应用。

有时操作系统管理员可能要统计用户名所使用的字符的个数，即用户名为 1 个字符的有多少，用户名为 2 个字符的有多少，用户名为 3 个字符的有多少等。假设在这个 Linux 系统上用户名最多是 8 个字符，为此您要首先使用例 11-128 所示的方法创建一个为 awk 命令使用的脚本文件 forscript。其中，所有方框框起来的部分是您要通过键盘输入的。

【例 11-128】

```
[dog@dog backup]$ cat << EOF > forscript
> {
>  count[length($1)]++
> }
> END {
>       for (i=1; i<9; i++)
>         print "There are " count[i] " user accounts with " i " letter names."
> }
> EOF
```

下面详细解释这个脚本文件中每一部分的具体含义。首先看第 1 部分，它是从第 1 行的{符号开始到 END 结束，即如下所示：

```
{
  count[length($1)]++
}
END
```

在这一部分真正完成我们所需任务的语句为 count[length($1)]++，这个语句实际上是 count[length($1)] = count[length($1)] + 1 的缩写。它的含义是将第 1 个字段的长度作为数组元素的下标，并将这个数组元素的个数加 1 再重新存回到原来的数组元素中。为了方便解释这一部分的操作过程，可以使用例 11-129 的 head 命令列出/etc/passwd 文件中的前 10 行。

【例 11-129】

```
[dog@dog backup]$ head /etc/passwd
root:x:0:0:root:/root:/bin/bash
bin:x:1:1:bin:/bin:/sbin/nologin
daemon:x:2:2:daemon:/sbin:/sbin/nologin
adm:x:3:4:adm:/var/adm:/sbin/nologin    ......
```

当 awk 命令扫描/etc/passwd 文件时，首先遇到的是 root 用户，这个用户的长度是 4，由于在第 1 次使用 count[4]时，它所存的值是 0，所以执行完 count[4]++，即 count[4] = count[4] + 1 语句之后，count[4]

的值已经增加为 1。

接下来 awk 命令扫描这个文件的第 2 行，此时遇到的是 bin 用户，这个用户的长度是 3，由于在第 1 次使用 count[3]时，它所存的值也是 0，所以执行完 count[3]++，即 count[3] = count[3] + 1 语句之后，count[3]的值也已经增加为 1。

接下来 awk 命令扫描这个文件的第 3 行，此时遇到的是 daemon 用户，这个用户的长度是 6，由于在第 1 次使用 count[6]时，它所存的值也是 0，所以执行完 count[6]++语句之后，count[6]的值也已经增加为 1。

接下来 awk 命令扫描这个文件的第 4 行，此时遇到的是 adm 用户，这个用户的长度又是 3 了，由于在上一次使用 count[3]时，它所存的值已经变为了 1，所以执行完 count[3]++语句之后，count[3]的值将为 2，依此类推。

介绍完了 forscript 脚本文件的第 1 部分之后，接着解释这个脚本文件的第 2 部分。该部分是以 END 关键字之后的{开始到以 EOF 上一行的}结束的部分，即如下所示：

```
{
    for (i=1; i<9; i++)
        print "There are " count[i] " user accounts with " i " letter names."
}
```

这部分实际上只有一个 for 循环语句，其中 i 是循环控制变量。这个 for 循环在 i 等于 1 时开始循环操作。循环的操作是先打印出 There are 字符串（在 are 之后有一个空格），之后打印出 count[i]的值（即用户名中字符个数为 i 的用户数量），接下来再打印 user accounts with 字符串（在 user 之前和 with 之后都有一个空格），之后打印 i 变量的值（即用户名中字符个数），最后打印出 letter names.字符串（在 letter 之前有一个空格）。每次循环操作后 i 变量自动加 1，当在每次进行循环操作之前系统要检查 i 的值是否小于 9，只有在 i<9 时才执行循环体内的操作，否则就跳出循环体，执行循环体后的第 1 个语句。实际上，这个 for 循环将打印出用户名中字符个数从 1～8 的用户数量和对应的用户名中字符个数连同一些描述性信息。

这里假设用户名的字符个数最多是 8 个，如果是其他数字，如 20，您就将条件语句改为 i<21 就行了。接下来，您就可以试着使用例 11-130 的 awk 语句来获取所需要的信息了。

【例 11-130】

```
[dog@dog backup]$ awk -F: -f forscript < /etc/passwd
There are  user accounts with 1 letter names.
There are  user accounts with 2 letter names.
There are  user accounts with 3 letter names.
......
```

例 11-130 的显示结果再一次令您感到吃惊，因为系统根本没有显示任何 count[i]的值。这是为什么呢？为了要找到究竟出了什么问题，您将使用例 11-131 的 cat 命令列出 forscript 文件中的全部内容。

【例 11-131】

```
[dog@dog backup]$ cat forscript
{
  count[length()]++
}
END {
      for (i=1; i<9; i++)
        print "There are " count[i] " user accounts with " i " letter names."
}
```

从例 11-131 的显示结果可知 length 函数所使用的$1 参数并不存在，这是因为 cat 命令在处理$1 时是将它看成了一个已经定义的系统变量看待，而我们从来也没有定义过这个变量，所以它的值为空。使用将在第12章介绍的vi编辑器来创建这个forscript文件就可以避免这个问题的发生。现在，可以使用图形界面的正文编辑器将$1加到length()的括号中。之后您要再次使用例11-132的cat命令列出forscript文件中的全部内容以确认修改成功。

【例11-132】

```
[dog@dog backup]$ cat forscript
{
  count[length($1)]++
}
END {
      for (i=1; i<9; i++)
        print "There are " count[i] " user accounts with " i " letter names."
}
```

当确认forscript文件中的内容准确无误之后，您就可以使用例11-133的awk命令列出您所需要的信息了。

【例11-133】

```
[dog@dog backup]$ awk -F: -f forscript < /etc/passwd
There are  user accounts with 1 letter names.
There are 1 user accounts with 2 letter names.
There are 13 user accounts with 3 letter names.
There are 11 user accounts with 4 letter names.
There are 3 user accounts with 5 letter names. ……
```

从例11-133的显示结果可以看出在这个Linux系统上用户名所使用的字符个数主要集中在3或4个字符。

其实，只要将以上的forscript文件中的内容做一些简单的修改就可以应用到其他地方。如经理让您为他列出员工工资从3位数～6位数的员工数量，即工资为3位数的员工人数、工资为4位数的员工人数等等。您就可以使用图形界面的正文编辑器对forscript文件中的内容做相应的修改之后存入一个叫salscript的脚本文件中。接下来，您应该使用例11-134的cat命令列出salscript文件中的全部内容。

【例11-134】

```
[dog@dog backup]$ cat salscript
{
  count[length($4)]++
}
END {
      for (i=3; i<7; i++)
        print "There are " count[i] " employees with " i " digits salary."
}
```

由于工资是emp.data文件中的第4个字段，所以在length函数中的参数改为$4。由于要列出员工工资从3位数～6位数的员工人数，所以将条件语句改为i<7。另外，由于显示的信息已经发生了变化，所以也修改了相应的描述性信息。

当确认了salscript文件中的内容准确无误之后，您就可以使用例11-135的awk命令列出经理所需要的员工信息了。

【例11-135】

```
[dog@dog backup]$ awk -f salscript < emp.data
There are 2 employees with 3 digits salary.
```

```
There are 12 employees with 4 digits salary.
There are  employees with 5 digits salary.
There are  employees with 6 digits salary.
```

从例 11-135 的显示结果可以看出在这个公司中员工的工资几乎都是 4 位数（1000～9999），只有两个倒霉的员工的工资为 3 位数（100～999）。

您还可以将例 11-133 的组合命令存入一个正文文件中，如您可以使用例 11-136 的 echo 命令将这些命令存入到一个名为 user_num 的 shell 脚本文件中。

【例 11-136】

```
[dog@dog backup]$ echo "awk -F: -f forscript < /etc/passwd" > user_num
```

系统执行完以上命令不会产生任何提示信息，所以您必须使用类似例 11-137 的 cat 命令列出 user_num 文件中的全部内容以确保脚本文件中的命令准确无误。

【例 11-137】

```
[dog@dog backup]$ cat user_num
awk -F: -f forscript < /etc/passwd
```

当确认 user_num 脚本文件中的内容准确无误之后，您就可以使用例 11-138 的命令运行 user_num 这个脚本文件了。当然您也可以使用 bash 或 ksh 来运行 user_num 脚本文件，并且会得到同样的结果，有兴趣的读者可以自己试一下。

【例 11-138】

```
[dog@dog backup]$ sh user_num
There are       user accounts with 1 letter names.
There are   1   user accounts with 2 letter names.
There are   13  user accounts with 3 letter names.
There are   11  user accounts with 4 letter names.
There are   3   user accounts with 5 letter names.
There are   4   user accounts with 6 letter names.
There are   3   user accounts with 7 letter names.
There are   3   user accounts with 8 letter names.
```

awk 本身就是一个功能强大的程序设计语言，它的语法与 C 语言类似，即使将本书后面的章节都用来介绍怎样编写一些功能强大和有趣的脚本也未必能介绍完全。sed 和 grep 也是一样，因为它都有许多的命令选项和变种。

不过一个好消息是，Linux（UNIX）操作系统管理员和普通用户使用这些命令的功能是相当有限的。有专家曾统计过许多用户 95%以上的（使用这些工具的）经常性操作只是从文件中抽取某些列或改变数据行的顺序等，与我们在本章中所介绍的例子极其类似。因此建议读者：在学习 Linux（UNIX）系统的这个阶段只要掌握了本章所介绍的内容就可以了，之后在实际工作中再根据需要来扩充相关知识。

11.12　您应该掌握的内容

在学习第 12 章之前，请检查一下您是否已经掌握了以下内容：

- 什么是正则表达式？
- 理解 grep 命令支持的元字符。
- 在 grep 命令中常用的选项有哪些？
- 使用 grep 命令抽取文件中的不同数据行。
- 掌握在 grep 命令中利用不同的正则表达式或命令选项进行数据的搜索。

- 在 egrep 命令中所增加的元字符。
- 使用 egrep 命令抽取文件中的不同数据行。
- 使用 fgrep 命令抽取文件中的不同数据行。
- fgrep 与 grep 命令之间的差别及使用 fgrep 的方便之处。
- 怎样利用 sed 命令搜索并替换字符串？
- 在 sed 命令中使用 g 标志与不使用这一标志之间的差别。
- 怎样利用 sed 命令搜索并删除与指定模式匹配的数据行？
- 怎样在 sed 命令中使用多个命令表达式？
- 怎样在 sed 命令的命令表达式中表示空行？
- 了解 awk 命令的用途。
- 在 awk 命令中位置变量的使用。
- 在 awk 命令中指定字段的分隔符并利用管道完成比较复杂的操作。
- 在 awk 命令中 NF、NR 及$0 变量的使用。
- 怎样利用 awk 命令来计算文件的大小？
- 理解字符序列\n 和\t 的用法。
- 在 awk 编程中怎样利用 END 关键字来简化程序设计？
- 怎样开发和运行简单的 shell 脚本？
- 怎样在 awk 命令中使用条件语句？
- 怎样在 awk 命令中使用循环语句？
- 使用 echo 命令生成脚本文件可能产生的问题及解决的办法。

第 12 章　利用 vi 编辑器创建和编辑正文文件

扫一扫，看视频

通过前面章节的学习，读者应该知道了如何利用已经掌握的原始（简单）工具和重定向符号来创建及修改正文文件，如使用 cat 或 sed 命令。但是，一般都是利用这种方法创建十分简单的文件，而且文件的修改可以用令人望而生畏来形容。也正因为如此，前面在修改比较复杂的正文文件时，不得不借助于图形界面下的正文编辑器 gedit。

本章将介绍一种在所有 UNIX 和 Linux 系统中一定都有的全屏幕正文编辑器 vi。vi 是一种命令行方式的正文编辑器，即它可以在图形界面没有启动的情况下工作。可能有读者会想：使用图形界面的正文编辑器，如 gedit，不就行了吗？为什么还要引入 vi 呢？这是因为 Linux 的系统配置文件一般都是正文文件，而所谓的系统维护和系统配置主要是修改这些系统配置文件。但是当系统出现问题时，往往图形界面无法正常工作，另外如果管理员是在远程通过网络来维护系统时，命令行编辑器，如 vi 就可能是救活您的系统的最后一根救命稻草。

也正因为如此，我们曾听到过不止一位 UNIX 的高手说过对 vi 的熟练程度就可以看出一个人的 UNIX 道行。似乎是对 vi 越熟悉越好，可是要达到相当的熟练水平并不是短时间能够做到的，因为 vi 的使用本身就可以写一本书。我们认为只要掌握 vi 的基本用法就行了，读者可以将 vi 看成是救火（救急）用的，因为多数情况下图形界面都是正常工作的。此时，您就可以使用简单而功能强大的图形界面的正文编辑器。我们的观点是在完成工作的前提下，使用最简单的方法，做最少的工作。

本章将系统地介绍 vi 编辑器和 vi 的命令，以及使用 vi 创建、修改、合并正文文件等。

12.1　vi 编辑器简介

vi 是一个 UNIX 和 Linux 系统内嵌的标准正文（文字）编辑器，它是一种交互类型的正文编辑器，它可以用来创建和修改正文文件。vi 是 visual interface to the ex editor 的前两个单词的首字母（ex 是 UNIX 系统上的一种行编辑器，即只能使用编辑器的命令操作当前行），vi 的作者是当时在美国加利福尼亚大学伯克利分校工作的 Bill Joy。vi 编辑器的最大好处之一就是它可以在图形界面没有启动的情况下工作。vi 还有另一个重要的用途，那就是如果您想修改某些只读的系统文件而又不想改变这些文件的读写权限，这时您唯一的选择只能是使用 vi 编辑器。

当您使用 vi 编辑一个正文文件时，vi 将文件中的所有正文放入一个内存缓冲区。所有的操作都是在这个内存缓冲区中进行的，您可以选择将所做的修改写到磁盘上，也可以放弃这些修改。

在 Red Hat Linux 和 Oracle Linux 系统上的 vi 编辑器实际上是 vim。vim 是 vi improved 的缩写（改进型的 vi），它是一种开源的 vi 编辑器而且还加入了许多扩展的特性。用 vim 官方网站 http://www.vim.org 的说法是：vim 是一个程序开发工具而不只是一个正文编辑器。因为 vim 中增加了许多附加的功能，如字符串（模式）搜索、运行 Linux 命令或其他程序和进行多个文件的编辑等，所以许多 Linux 的程序开发人员也喜欢使用这个编辑器。

正像 UNIX 和 Linux 系统那样，vi 是一个适合于专业人员的工具，因此对于普通用户来说学习起来要比那些简单的图形编辑器困难一些。现在将 vi 的优缺点做一个总结，vi 具有如下优点。

（1）速度快：可以使用较少的输入完成较多的操作。

（2）简单（所需资源）：不依赖于鼠标或图形界面。

（3）可获得性好：包括在绝大多数 UNIX 类型的操作系统中。

同时，vi 也具有如下缺点。

（1）学习难度大：与许多简单的图形编辑器相比，vi 的学习曲线比较陡。

（2）键组合不易记：键组合强调的是速度而不是易学和易记。

您可以使用 vi 命令来启动 vi 编辑器以创建、修改或浏览一个或多个正文文件。vi 命令的语法格式如下：

```
vi [选项] [文件名]
```

在 vi 命令的选项中有两个比较重要的选项（参数），它们分别是-r 和-R。如果在您编辑一个文件时系统崩溃了，您就可以使用-r 选项来恢复这个文件。要恢复一个文件，您可以执行如下的命令：

```
vi  -r  文件名
```

使用以上的 vi 命令可以打开那个崩溃的文件，之后您就可以编辑这个文件了。等编辑完成之后您就可以存储这个文件并退出 vi 编辑器。

您也可以使用-R 选项以只读的方式打开一个文件，此时您可以使用如下的 vi 命令：

```
vi  -R  文件名
```

以只读的方式打开一个文件之后，您只能阅读文件中的内容而不能做任何修改，这样可以防止不小心偶然覆盖掉文件中有用的内容。

使用 vi 打开一个文件时，如果该文件已经存在，vi 将开启这个文件并显示该文件中的内容。如果这个文件不存在，vi 将在所编辑的内容第 1 次存盘时创建该文件。以下通过例子进一步解释这段话的意思。

首先，您还是以 dog 用户登录 Linux 系统；之后，使用例 12-1 的 cd 命令切换到 dog 用户家目录下的 backup 子目录；接下来，使用例 12-2 的 ls 命令列出该目录中所有的文件。

【例 12-1】

```
[dog@dog ~]$ cd backup
```

【例 12-2】

```
[dog@dog backup]$ ls
boot_size   emp.data    emp_num human.txt   news2   salscript   sedtest
conditions  emp.fmt     emp.spaces  learning.txt news8  salscript~  user_num
email.sed   emp.fmt2    forscript   news    news.fmt    script1     words
```

现在您可以通过例 12-3 的命令使用 vi 编辑器开启文件 news，系统执行了这个命令之后，vi 就会显示 news 文件中的内容，如图 12-1 所示。在图 12-1 上部显示的是文件的内容。在图的左下角，首先显示文件名 news，之后的 3L 表示这个文件中一共有 3 行（L 是 Line 的第 1 个字符），最后的 170C 表示这个文件中一共有 170 个字符（C 是 Characters 的第 1 个字符）。底部右侧的 1,1 表示目前光标是在第 1 行的第 1 个字符处，其中前面的 1 表示第 1 行，后面的 1 表示第 1 个字符。如果移动光标的位置，这个行号或字符号也会随之而变。右下角的 All 表示目前显示的是文件中的全部内容。vi 编辑器显示的信息是不是非常清晰？但前提是您必须要先学会阅读这些有用的信息。

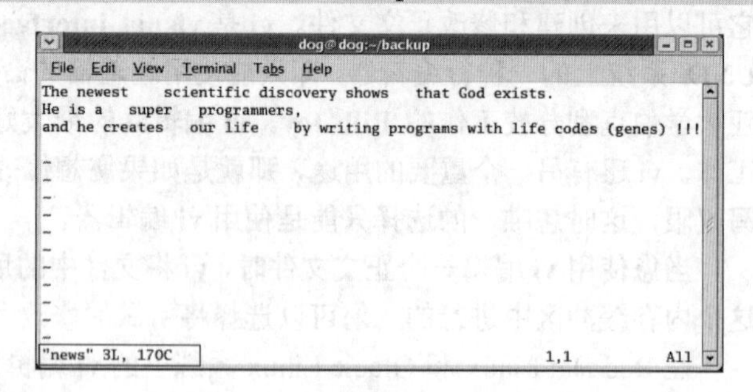

图 12-1

【例 12-3】

```
[dog@dog backup]$ vi news
```

如果要退出 vi，可以输入冒号“:”，之后再输入小写字母 q 并按 Enter 键，如图 12-2 所示。

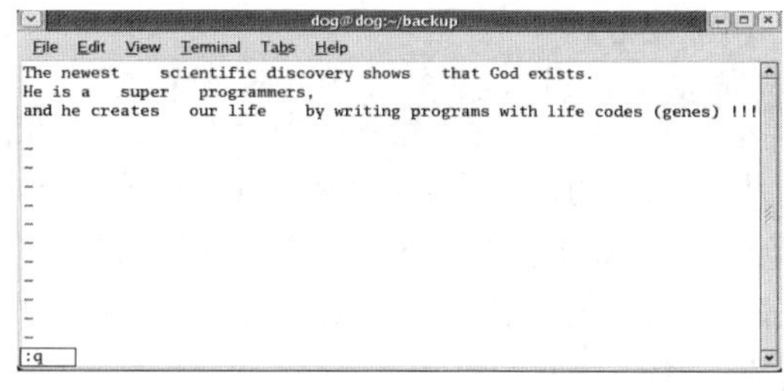

图 12-2

下面您可以使用例 12-4 的 vi 命令来编辑一个根本不存在的文件 nothing，进入 vi 编辑器之后可以看到文件是空的，如图 12-3 所示。在该图的左下角，首先显示文件名 nothing，之后显示这个文件是一个新文件[New File]。

【例 12-4】

```
[dog@dog backup]$ vi nothing
```

为了验证“如果文件不存在，vi 编辑器将在所编辑的内容第 1 次存盘时创建该文件”这一结论，需再开启一个终端窗口，之后使用例 12-5 的 ls 命令列出以 no 开头的所有文件。

【例 12-5】

```
[dog@dog backup]$ ls no*
ls: no*: No such file or directory
```

从例 12-5 的显示结果可以看出 nothing 这个文件还没有生成。之后切换到第 1 个（vi 所在的）终端窗口，按 i 键（切换到插入模式，接下来会详细介绍）并随便输入一些内容，如 if you need a best friend, contact our dog project!!!（中文意思是：如果你需要最好的朋友，与我们狗项目联系！！！），如图 12-4 所示。此时该图左下角的显示已经变为--INSERT--，右侧显示的 1,54 表示光标在第 1 行第 54 个字符上。

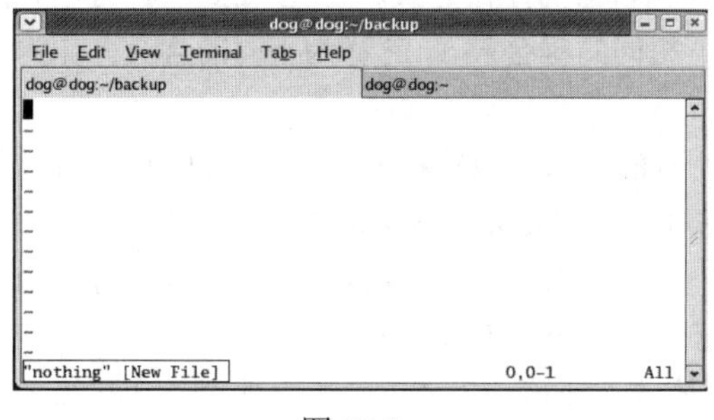

图 12-3

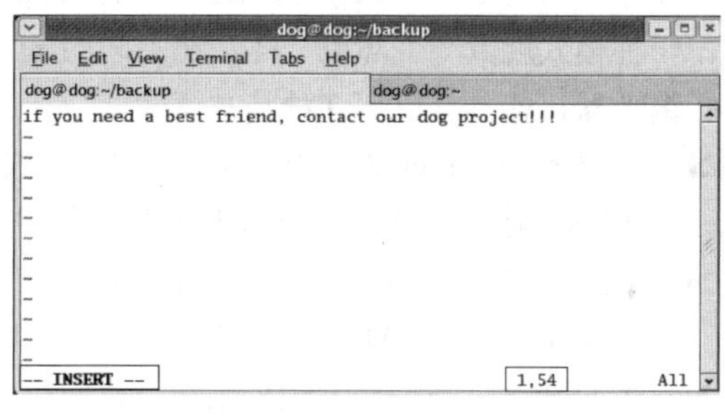

图 12-4

之后按 Esc 键，输入冒号“:”，然后输入小写的 w 并按 Enter 键，将 vi 编辑器中的内容存盘，如图 12-5 所示。随后 vi 界面的左下角将变为"nothing" [New] 1L, 54C written，如图 12-6 所示。其含义是共有 1 行 54 个字符被写入新文件 nothing 中。

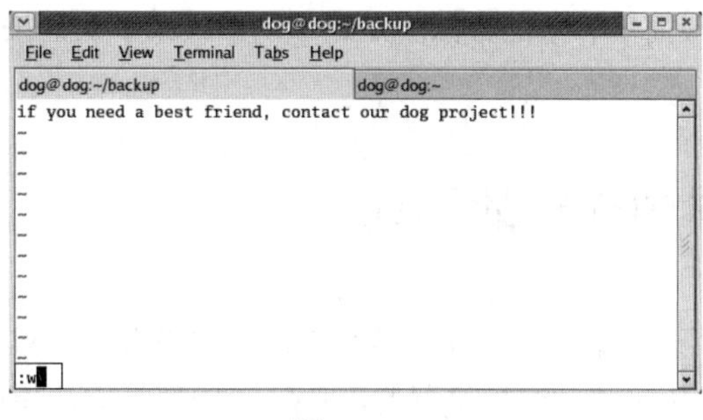

图 12-5

图 12-6

接下来，切换到另一个终端窗口，在这个终端窗口中使用例 12-6 的 ls 命令再次列出以 no 开头的所有文件。

【例 12-6】

```
[dog@dog backup]$ ls -l no*
-rw-rw-r--  1 dog dog 53 Feb 23 13:43 nothing
```

从例 12-6 的显示结果可以看出 nothing 这个文件已经生成。这也就证明了“如果文件不存在，vi 编辑器将在所编辑的内容第 1 次存盘时创建该文件”这一结论的正确性。

随后再次切换到第 1 个（vi 所在的）终端窗口，输入冒号“:”之后再输入小写字母 q 并按 Enter 键以退出 vi 编辑器。

12.2 vi 编辑器的操作模式

从某种意义上讲，vi 编辑器就像 UNIX 或 Linux 操作系统中的另外一个“操作系统”，它如此的复杂，因此读者很难只通过一章的学习就完全掌握它的使用方法。对于已经习惯了微软的图形编辑器的读者来说，在开始学习 vi 时会感到有些沮丧，因为在传统的 vi 编辑器中是不能使用鼠标的。但是通过本章的学习和反复的练习，您可能会慢慢地喜欢上这一编辑器。因为一旦您可以熟练地使用一些命令和组合键操作之后，您会发现使用 vi 的工作效率明显地高于一般的图形编辑器，而且还能完成一些使用图形编辑器很难完成的工作。

在读者开始真正使用 vi 编辑器之前，您必须理解 vi 编辑器的操作方式。**首先 vi 是一种有模式的编辑器。一种模式就像一个环境一样，在不同的 vi 模式下相同的键会被 vi 解释为不同的含义。作为一种命令行编辑器，vi 具有以下 3 种基本模式。**

- 命令行模式：vi 的默认模式。在这一模式中，所有的输入都被解释成 vi 命令，您可以执行修改、复制、移动、粘贴和删除正文等命令。也可以进行移动光标、搜索字符串和退出 vi 的操作等。
- 编辑模式：在编辑模式中，可以往一个文件中输入正文。在这一模式下，您输入的每一个字符都被 vi 编辑器解释为输入的正文。使用 Esc 键返回命令行模式。
- 扩展模式：在一些 UNIX 系统上也叫最后一行模式。在这一模式下，可以使用一些高级编辑命令，如搜寻和替代字符串、存盘或退出 vi 等。要进入最后一行模式，要在命令行模式下输入冒号“:”，冒号这一操作将把光标移到屏幕的最后一行。

在 vi 编辑器中，按 Esc 键将退出当前的 vi 模式，连续两次按 Esc 键总是返回命令行模式。由于在不同的 vi 模式下相同的键会被 vi 解释为不同的含义，所以读者在进行任何 vi 操作时必须清楚目前 vi 的模式。但是**有时可能您会忘记 vi 目前的模式，此时一个最简单有效的方法就是连续两次（或多次）按 Esc 键先退回到命令行模式。**

12.3 在 vi 编辑器中光标的移动

使用过微软的图形编辑器的读者可能还记得，如果要在编辑器中编辑某个字符或字符串，就需要将光标首先移到要编辑的部分。在图形编辑器中是使用鼠标来移动光标位置的，但在 vi 中您是无法使用鼠标来移动光标位置的，而必须使用键盘上的键来移动光标的位置。在移动光标时必须处于命令行模式，其实当一进入 vi 时，vi 就处于命令行模式。表 12-1 给出了在 vi 编辑器中用来移动光标位置的键（也有人称为命令）与光标移动之间的关系。

表 12-1

键组合（命令）	光标的移动
h、左箭头或 Backspace	光标向左移动一个字符
j 或下箭头	光标向下移动一行
k 或上箭头	光标向上移动一行
l、右箭头或空格键	光标向右（向前）移动一个字符
w	光标向前移动一个字（单词）
b	光标向后移动一个字（单词）
e	光标移动到当前字的结尾
$	光标移动到当前行的结尾
0（零）	光标移动到当前行的开始
^	光标移动到当前行中第 1 个非空白字符
Enter 键	光标移动到下一行的开始
(	光标向后移动一个句子
)	光标向前移动一个句子
{	光标向上移动一个段落
}	光标向下移动一个段落

为了后面的演示方便，我们先做些准备工作。首先使用例 12-7 的复制命令将 dog 用户的家目录中的 game.txt 复制到当前目录。命令中的“~”表示当前用户的家目录，“.”表示当前目录，还记得吗？这里我们偷了点懒，要复制的文件名使用了 g*，这是因为在 dog 用户的当前目录中只有一个以 g 开始的文件。

【例 12-7】

```
[dog@dog backup]$ cp ~/g* .
```

系统执行完以上命令不会产生任何提示信息，因此您应该使用类似例 12-8 的 ls 命令验证以上所做的文件复制是否成功。

【例 12-8】

```
[dog@dog backup]$ ls -l g*
-rw-r--r--  1 dog dog 1950 Feb 24 06:52 game.txt
```

当确认了 game.txt 文件已经存在之后，您应该使用例 12-9 带有-A 选项的 cat 命令列出 game.txt 文件中的全部内容。为了节省篇幅，这里省略了大部分的显示输出。

【例 12-9】

```
[dog@dog backup]$ cat -A game.txt
How important is gaming in teaching to become an expert? ^M$
^M$
An old Chinese proverb, M-!M-0Tell me and I will forget, show me and I will reme
mber, involve me and I will understandM-!M-1 (Danchak, Jennings, Johnson & Scalz
o, 1999, p. 4).^M$
^M$
```

从例 12-9 的显示结果可知这个文件的格式是微软的 DOS 格式，因此您可以使用例 12-10 的命令将 game.txt 文件的格式转换成 UNIX 的格式。

【例 12-10】

```
[dog@dog backup]$ dos2unix game.txt
dos2unix: converting file game.txt to unix format ...
```

当格式转换成功之后，您最好使用例 12-11 的 fmt 命令调整一下 game.txt 文件的格式并将结果存入 game.fmt 文件中。

【例 12-11】

```
[dog@dog backup]$ fmt -u game.txt > game.fmt
```

系统执行完以上命令不会产生任何提示信息，因此您应该使用例 12-12 带有-A 选项的 cat 命令列出 game.fmt 文件中的全部内容以验证转换是否满足要求。

【例 12-12】

```
[dog@dog backup]$ cat -A game.fmt
How important is gaming in teaching to become an expert?$
$
An old Chinese proverb, M-!M-0Tell me and I will forget, show me and I$
will remember, involve me and I will understandM-!M-1 (Danchak, Jennings,$
Johnson & Scalzo, 1999, p. 4).$
$
Learning is an integration of insight, experience, cognition, and actions$
(Kolb, 1984; Lainema, 2009). Learning through direct experience has been$
found to produce the most effective learning outcomes, whereby learners$
```

确认其内容准确无误之后，就可以使用例 12-13 的 vi 命令开始编辑 game.fmt 文件了。

【例 12-13】

```
[dog@dog backup]$ vi game.fmt
```

提示：

为了减少本书的篇幅，特将以下有关 vi 编辑器的图形操作细节全都移到资源包中的电子书中了。读者在阅读此书以下部分时，如果理解上有困难可以参阅资源包中的电子书，上面有详细的图示。

系统执行完以上命令之后将出现 vi 编辑画面，此时光标停留在第 1 行第 1 个字母 H 上。接下来，您就可以使用表 12-1 中所介绍的移动光标键（命令）来移动光标的位置了。

首先按 l 键，每按一次 l 键光标就向右移动一个字符。连续按多次 l 键直到光标停在 to 单词的 o 字母上为止。之后按 h 键，每按一次 h 键光标就向左移动一个字符。连续按多次 h 键直到光标停在第 1 行的 is 单词的 i 字母上为止。

接下来按 j 键，每按一次 j 键光标就向下移动一行。连续按多次 j 键直到光标停在第 5 行的 Scalzo 单词的 z 字母上为止。之后按 k 键，每按一次 k 键光标就向上移动一行。连续按多次 k 键直到光标重新停在第 1 行的 is 单词的 i 字母上为止。

接下来按 w 键，每按一次 w 键光标就向右（前）移动一个单字。连续按多次 w 键直到光标停在 become 单词的 b 字母上为止。之后按 b 键，每按一次 b 键光标就向左（后）移动一个单字。连续按多次 b 键直到光标停在 gaming 单词的第 1 个 g 字母上为止。

接下来按 e 键光标移动到当前字的结尾，即光标停在 gaming 单词的最后一个 g 字母上。之后按$键光标就移动到当前行的结尾，即光标停在 expert 单词之后的?字符上。

接下来按 0（零）键光标就移动到当前行的开始，即光标停在 How 单词的 H 字母上。

之后按右括号)键光标就向前移动一个句子，连续按多次)键直到光标停在 These 单词的 T 字母上为止。观察光标移动的过程，读者可以发现 Linux 的句子分隔符是英文的句点“.”。

接下来按左括号（键光标就向后移动一个句子，连续按多次）键直到光标停在 An 单词的 A 字母上为止。

之后按}键光标就向下移动一个段落，连续按两次}键直到光标停在第 3 段和第 4 段之间的空行的开始处（Knowledge 之上）为止。观察光标移动的过程，读者可以发现 Linux 的段落分隔符是空行。

接下来按{键光标就向上移动一个段落，连续按多次{键直到光标停在第 1 行的 How 单词的 H 字母上为止。

相信读者通过以上例子的操作已经能够基本掌握在 vi 编辑器中移动光标的操作了，之后可以输入冒号“:”，最后输入 q 并按 Enter 键退出 vi 编辑器。

在以上 vi 操作中使用的 game.fmt 文件或 game.txt 文件中的内容是摘自本书的作者之一何茜颖的一篇论文。也许有读者看了这个文件中的第 1 行就觉得这篇论文是不是有点耸人听闻了？这游戏怎么能把一个人教成专家呢？简直是笑话！

其实，专家就是一件事干久了干熟练了。所以要成为专家关键是要能坚持下去，而游戏恰好能使您上瘾，您也就能很轻松而且很高兴地坚持下去了。这正所谓“专家都从菜鸟来，牛人都靠熬出来！”

记得许多年前看了个电视片（名字已经记不得了），影片的主人公是一个小男孩。他每天夜里都尿床，他的妈妈就想当然地认为他是夜里偷懒不想起床。于是为了帮助他改掉这个坏毛病，这位慈母每天都将他尿的被褥晾在外面。这个小男孩为了不让其他同学看到这一壮观的景象，每天下学后都第 1 个冲出校门并以最快的速度一口气跑回家，这样在同学们到家之前他就已经将他夜里画的地图全都收好了。就这样，年复一年，日复一日，当他已经不再尿床时，他竟然跑成了奥运会的马拉松冠军。

没想到吧，只要长期坚持，这尿床也能尿出奥运会冠军来！所以要想成为 Linux 的大牛、专家，您也需要不懈的努力，要坚持下去。想想看，您要是捧着一本名著没事就看，看上它几百遍甚至几千遍，不也成了什么学的专家了吗？不过对社会有没有用就很难说了。

12.4 进入插入模式

在 12.3 节中所介绍的光标移动操作都是在 vi 的命令行模式下进行的，这对于使用 vi 编辑器向文件中输入（插入）正文信息并不适用。**在插入正文之前，vi 编辑器必须处于插入模式。从 vi 的命令行模式进入插入模式的命令如下。**

- a：进入插入模式并在光标之后进行添加。
- i：进入插入模式并在光标之前进行插入。
- A：进入插入模式并在当前（光标所在）行之后进行添加。
- I：进入插入模式并在当前（光标所在）行之前（开始）进行插入。
- o：进入插入模式并在当前（光标所在）行之下开启新的一行。
- O：进入插入模式并在当前（光标所在）行之上开启新的一行。

为了演示以上命令，您可以使用例 12-14 的 vi 命令再次开始编辑 game.fmt 文件。

【例 12-14】

```
[dog@dog backup]$ vi game.fmt
```

系统执行完以上命令之后将出现 vi 编辑画面，此时光标停留在第 1 行第 1 个字母 H 上。接下来，您就可以使用上面所介绍的任何一个命令从 vi 的命令行模式进入到插入模式。

首先按 i 键将进入 vi 的插入模式。此时光标会停在原来的位置（H 字母上），vi 窗口的左下角会出现 -- INSERT --，这就表示已经进入了 vi 的插入模式。

此时，所有的输入都会放在光标的前面（即 H 字母的前面），您可以输入 12345。接下来，为了后面的操作方便，使用退格键（Backspace）删除刚刚输入的 12345，之后按 Esc 键返回命令行模式（恢复到之前的画面）。

之后按 a 键也进入 vi 的插入模式。此时光标会停在字母 o 上，vi 窗口的左下角也会出现-- INSERT --，这表示已经进入了 vi 的插入模式。

此时，您还是输入 12345，这次会发现 12345 放在了 H 字母之后，这也就是添加的含义。接下来，还是使用退格键删除刚刚输入的 12345，随后按 Esc 键返回命令行模式。

为了使后面的操作更加清晰，您要使用光标移动键 j 和 l（也可以是下箭头和右箭头键）将光标先移动到单词 Chinese 的第 1 个字母 C 上。

接下来按 I 键就也进入 vi 的插入模式。此时光标会停在当前行的第 1 个字母 A 上，这回明白了 I 命令与 i 命令之间的差别了吧？vi 窗口的左下角也会出现-- INSERT --，这就表示已经进入了 vi 的插入模式。

随后按 Esc 键返回命令行模式，紧接着按 A 键就也进入 vi 的插入模式。此时光标会停在当前行的最后一个字母 I 之后，这回明白 A 命令的含义了吧？vi 窗口的左下角也会出现-- INSERT --，这就表示已经进入了 vi 的插入模式。

按 Esc 键返回命令行模式。为了使后面的操作更加清晰，您要使用光标移动键（也可以是箭头键）将光标先移动到单词 action 的第 1 个字母 a 上。

之后按 o 键将进入插入模式并在当前（光标所在）行之下（也就是 action 单词所在的行之下）开启新的一行。按 Esc 键返回命令行模式，之后按 u 键取消 o 命令的操作（u 命令后面要详细介绍）以恢复到文件原来的状态。

之后按 O 键将进入插入模式并在当前（光标所在）行之上（也就是 action 单词所在的行之上）开启新的一行。在插入模式，您可以输入任何正文信息。

操作完成之后，按 Esc 键返回命令行模式，之后按 u 键取消 O 命令的操作以恢复到文件原来的状态。最后输入冒号“:”随后输入 q！并按 Enter 键强行退出 vi 编辑器。

12.5 在命令行模式下修改、删除与复制的操作

与微软的图形界面编辑器不同，vi 在进行正文的修改、删除和复制等操作时必须处在命令行模式下。vi 提供了许多编辑正文的命令，其中使用频率较高的一些命令，如表 12-2 所示。

表 12-2

	Change	Delete	Yank(copy)
Line	cc	dd	yy
Letter	cl	dl	yl
Word	cw	dw	yw

这里需要对表 12-2 中的内容做进一步的解释。在每一栏中的第 1 个字母表示命令，为该列名的首字符，因此 c 就是 Change 的第 1 个字母，d 是 Delete 的第 1 个字母等。在每一栏中的第 2 个字母是要操作的对象（是行、字符还是字），应该是所对应的第 1 列的第 1 个字母，但是这里有一个例外。那就是第 1 行的第 1 列是 Line，可是 L 已经被 Letter 占用了，所以 vi 的作者想出来一个替代方法，就是重复使用代表命令的字母[列名的第 1 个字母]。

为了帮助读者更好地理解这些命令，我们将表 12-2 做进一步细化。有关编辑光标所在位置的命令的含义如下［以下的 Yank 是复制（copy）的意思］。

- cc：修改光标所在行（Change Line）。其中，第 2 个 c 是代替 Line 的。
- dd：删除光标所在行（Delete Line）。其中，第 2 个 d 也是代替 Line 的。
- yy：复制光标所在行（Yank Line）。其中，第 2 个 y 也是代替 Line 的。
- cl：修改光标所在字符（Change Letter）。其中，l 是 Letter 的第 1 个字符。

- dl：删除光标所在字符（Delete Letter）。其中，l 是 Letter 的第 1 个字符。
- yl：复制光标所在字符（Yank Letter）。其中，l 是 Letter 的第 1 个字符。
- cw：修改光标所在字（Change Word）。其中，w 是 Word 的第 1 个字符。
- dw：删除光标所在字（Delete Word）。其中，w 是 Word 的第 1 个字符。
- yw：复制光标所在字（Yank Word）。其中，w 是 Word 的第 1 个字符。

下面通过一些例子演示编辑光标所在行命令的用法。为此，您还是要使用例 12-15 的 vi 命令来编辑 game.fmt 文件。

【例 12-15】

```
[dog@dog backup]$ vi game.fmt
```

系统执行完以上命令之后就将进入 vi 编辑器的命令行页面，此时光标会停留在上一次操作后退出时的位置。接下来，您要将光标移到 Johnson 的第 1 个字母 J 上。

连续两次按 c 键，即输入了 cc 命令，之后光标所在行的所有信息都被删除了并且在 vi 窗口的左下角出现了-- INSERT --。其实，change 命令的功能就是先删除要修改的正文并进入插入模式，这时您就可以输入修改的信息了。为了后面的操作方便，您最好将 game.fmt 文件复原。因此，首先按 Esc 键返回命令行模式，之后按 u 键即完成了文件的复原。

接下来，连续两次按 d 键，即输入了 dd 命令，光标所在行的所有信息都被删除了，但是这次仍然还在 vi 的命令行模式下。为了后面的操作方便，您最好将 game.fmt 文件复原。因为现在已经在 vi 的命令行模式下，所以只要按 u 键就可以完成文件的复原。

接下来，连续两次按 y 键，即输入了 yy 命令，之后光标所在行没有发生任何变化，还是保存原样，这是因为 yy 只是对光标所在行进行了复制并未做任何修改。

那么又怎样确定已经复制了这行信息呢？您可以将光标移到第 2 行的开始处，接下来按 p 键（是粘贴命令，后面将详细介绍），之后所复制的信息都被粘贴到第 2 行的下面了。

编辑光标所在字符和单词命令的用法与编辑光标所在行命令的用法基本相同，这里就不给例子了，有兴趣的读者可以找时间自己试一试。

除了以上介绍的修改、删除和复制操作命令之外，Linux 系统还有对句子和段落进行类似操作的如下命令。

- c)：向前修改光标所在的句子。
- d)：向前删除光标所在的句子。
- y)：向前复制光标所在的句子。
- c(：向后修改光标所在的句子。
- d(：向后删除光标所在的句子。
- y(：向后复制光标所在的句子。
- c{：向上修改光标所在的段落。
- d{：向上删除光标所在的段落。
- y{：向上复制光标所在的段落。
- c}：向下修改光标所在的段落。
- d}：向下删除光标所在的段落。
- y}：向下复制光标所在的段落。

下面只给出一个演示 d}（向下删除光标所在的段落）命令的例子，其他的命令如果读者感兴趣可以自己试一下。假设您仍然处于原来的画面，如果不是您需要重复以前的操作来恢复到这个画面。

接下来，顺序按 d 键和}键，即输入了 d}命令，之后光标所在行（包括这一行）之下的段落就被删除了，但是这次仍然还在 vi 的命令行模式下。

12.6 粘 贴 命 令

vi 编辑器中的粘贴命令是 p（小写）或 P（大写）。虽然有的 Linux 资料将 p 或 P 解释成 paste（粘贴）的第 1 个字母，但是根据权威的 UNIX 书籍的解释这里的 p 是 put（放、置）的第 1 个字母。与之前介绍过的命令一样，粘贴（p 或 P）命令也只能在 vi 的命令行模式下使用，而且粘贴命令是用来粘贴删除、修改或复制的数据（信息）的。

粘贴命令具有如下特性，如果之前操作（删除、修改或复制）的是数据行：

- p（小写）将数据放置（粘贴）在当前行之下。
- P（大写）将数据放置（粘贴）在当前行之上。

如果之前操作（删除、修改或复制）的数据是字符：

- p（小写）将数据放置（粘贴）在光标之后。
- P（大写）将数据放置（粘贴）在光标之前。

下面通过一些例子来演示粘贴命令的用法。为此，您要使用例 12-16 的 vi 命令来编辑 game.fmt 文件。

【例 12-16】

```
[dog@dog backup]$ vi game.fmt
```

系统执行完以上命令之后就将进入 vi 编辑器的命令行页面，此时光标会停留在上一次操作后退出时的位置。接下来，您要将光标移到 How 的第 1 个字母 H 上。

接下来，使用 dd 命令删除光标所在的整个数据行。之后将光标移动到 Johnson 的第 1 个字母 J 上。此时，输入 p（小写）就将刚才删除的整行数据放置在当前行（Johnson 所在行）之下。之后，将光标移回到原来的位置，即 Johnson 的第 1 个字母 J 上。随后，输入 P（大写）就将刚才删除的整行数据放置（粘贴）在当前行（Johnson 所在行）之上。

在以上的粘贴命令之前，我们使用的是删除命令。对于复制命令，有兴趣的读者可以自己试一下，其实复制（yy）命令在 12.5 节中已经使用过了。

下面来演示较为复杂的复制和粘贴操作，那就是复制或粘贴一个完整的英语句子。为了后面的操作方便，连续 3 次按 u 键将文件的内容恢复到原来的状态，之后将光标移动到 An 的第 1 个字母 A 上。

使用 y)命令复制光标所在位置上的整个句子，之后再将光标移到 2009)与 These 之间的“.”上。输入 p（小写）之后刚才所复制的整个句子就将出现在 2009)与 These 之间的“.”之后。

之后，按 u 键将文件恢复到粘贴之前的状态。接下来，输入 P（大写）之后刚才所复制的整个句子就将出现在 2009)与 These 之间的“.”（光标）之前。

如果读者有兴趣也有时间，可以试着利用 12.5 节中所介绍的那些命令与粘贴命令搭配使用从而加深对这些命令的理解和提高使用 vi 编辑器的熟练程度。

12.7 复原和重做命令及 vi 的可视模式

在编辑正文文件的内容时，常常发生这样的事情，就是做了修改之后，发现修改是错误或没有必要的。此时，您一定想将文件复原到修改之前的样子。复原命令就可以帮助您轻松地完成这一工作。但是当文件复原到修改之前的样子之后，您仔细端详了一会儿发现还是刚才修改过的内容更好。要达到这一目的也很简单，那就是使用取消复原命令。**在 vi 编辑器中提供了如下恢复（复原）和取消恢复（重做）命令。**

- u：复原最近一次的变更（操作），其中 u 是 undo 的第 1 个字母。
- Ctrl+R：取消最近一次的复原（重做上一个操作），其中 R 是 Redo 的第 1 个字母。
- U：复原当前行（光标所在行）的所有变化。

下面还是通过例子来演示这些命令的用法。首先使用 vi 编辑器再次打开 game.fmt 文件（假设当前目录还是/home/dog/backup），之后将光标移到第 1 行的第 1 个字符，输入 O（大写）在第 1 行之上再开启一行并进入插入模式，随即输入 Practice, practice all time!!!。

首先复制 Practice, practice all time!!!这段正文（使用复制命令之前要使用 Esc 键返回命令行模式），之后移动光标并使用粘贴命令将这段正文粘贴到文件的不同位置。

接下来，输入 u（小写）就将复原到最后一次的粘贴之前的样子，再输入 u（小写）就将退回到再上一次粘贴之前的样子。

此时，按 Ctrl+R 键（同时按 Ctrl 键和 R 键），倒数第 2 次粘贴的结果就又出现了。继续按 Ctrl+R 键，最后一次粘贴的结果就又出现了。

在微软图形界面的文字编辑器中，用户可以使用鼠标来选择要操作的字符或字符串等。这样会使一些操作变得相当简单。在 vi 编辑器中也有类似的功能，不过您是通过使用键盘上不同键来完成的。为了要选择字符或字符串，您必须首先进入 vi 的可视（Visual）模式。可以使用如下方式进入 vi 的可视模式。

- v：选择光标所在的字符并进入可视模式。
- V：选择光标所在的整行并进入可视模式。

可视键可以与光标移动键组合使用来选择所需的正文，其中的光标移动键包括 w、)、}、箭头等。

可以使用 vi 的命令对那些已经选择的正文进行删除、修改、复制、过滤、搜寻/替换等操作。以下通过例子来演示如何进入 vi 的可视模式、选择要操作的正文及对它进行一些操作，其中也包括 U（大写）操作。

使用 u 命令复原到粘贴之前的原始状态并将光标放在第 1 行的第 1 个字母 P 上。按 v 键之后在屏幕的左下角会显示--VISUAL--，这表明 vi 编辑器已经进入可视（Visual）模式。之后，使用 l 键（或右箭头键）将光标移到这一行的第 1 个“!”之后（这样的操作就选择了 Practice, practice all time!字符串）。

按 y 键复制所选的正文，之后使用 j 键将光标移动到(Lainema, 2009).的点上。输入 p（小写）进行粘贴，之后 vi 将把所选的正文粘贴到光标（.）之后。

接下来输入 U（大写），之后您将会发现刚刚粘贴的内容已经不见了，即系统又复原到执行 p 命令之前的样子。随后再输入 U（大写），之后您将会发现刚刚粘贴的内容又出现了，即系统又复原到执行上一个 U 命令之前的样子。

12.8　在命令行模式下关键字的搜索

经常操作的正文文件很大，这时如果想找到特定的内容就比较困难。因此 vi 编辑器提供了关键字（正文）搜索的方法来帮助用户快速而方便地找到所需的文件内容。**在 vi 编辑器中既可以进行正向搜索也可以进行反向搜索，关键字（正文）搜索命令如下。**

- /关键字：向下搜索关键字（正文）。
- ?关键字：向上搜索关键字（正文）。

当使用以上之一的搜索命令搜索到关键字（正文）之后，可以使用如下的命令继续进行同方向或反方向的搜索。

- n：继续进行同方向的搜索。

- N：继续进行同反向的搜索。

下面还是通过例子来演示在 vi 编辑器中如何搜索特定的字符串（关键字）。假设您是某学术杂志的审稿人，您对所审查的论文不是很熟悉，就可以通过查看论文所引用的主要文章（书籍）是否新和这些文章是否是高水平学术出版物上发表的来间接地评估这篇论文。

因为何茜颖这位作者您以前从来没听说过而且她的论文所写的内容您以前也没见过。因此为了审查她的论文，您可以使用例 12-17 的 vi 命令打开她的论文（game.fmt 文件）。

【例 12-17】

```
[dog@dog backup]$ vi game.fmt
```

系统执行完以上命令之后就将进入 vi 编辑器的命令行页面，此时光标会停留在上一次操作后退出时的位置。由于这篇论文是 2010 年初收到的，所以您要浏览一下她所引用的所有 2009 年出版的（也就是最新的）文章。因此您输入/2009 向下搜索关键字（2009）。

当您按 Enter 键之后，vi 编辑器将向下搜索并将光标停在第 1 个 2009 字符串的第 1 字符 2 上。现在您就可以检查她所引用的这篇论文的出处了。

按 n 键进行同方向的搜索（即向下搜索），之后光标将停在下一个 2009 字符串的第 1 字符 2 上，继续按 n 键直到光标停在最后一行的 2009 字符串的第 1 字符 2 上为止。如果您按 N 键，vi 将进行反向的搜索，即向上搜索。如果读者感兴趣可以自己试一下。

您也想浏览一下这篇论文中引用的比较老的文章，如至少 10 年前的文章。于是您输入?19（因为目前光标已经在文件的最后一行了）向上搜索关键字（19）。

当您按 Enter 键之后，vi 编辑器将向上搜索并将光标停在第 1 个 19 字符串的第 1 个字符 1 上。现在您就可以检查她所引用的这篇论文的出处了。

按下 n 键进行同方向的搜索（即向上搜索），之后光标将停在上一个 19 字符串的第 1 字符 1 上，继续按 n 键，光标将不停地跳到上一个 19 字符串的第 1 字符 1 上。如果您按下 N 键，vi 将进行反向的搜索，即向下搜索。如果读者感兴趣可以自己试一下。

通过分析这篇论文所引用的文章的重要程度，您基本上可以确定何茜颖这篇论文是否可以发表。如果她引用的主要是一些世界级学术刊物上最近发表的文章，而且这些文章的作者又是大专家，就可以发表她这篇论文，因为有那么多张老虎皮披在她身上，作为出版社您基本上没有冒什么风险。如果她引用的都是一些不知名的学术刊物上发表的文章，您可能就会决定不发表她这篇论文，因为这次她身上披的可能是些兔子皮或耗子皮，作为出版社您所冒的风险可能很大。

12.9 一些编辑命令及编辑技巧

为了方便编辑正文文件以及加快编辑的速度，vi 中引入了许多编辑命令和使用这些命令加快编辑速度的技巧，现将其汇总如下。

- dtc：删除从光标所在处到字符 c 的全部内容，其中 c 是任意一个字符。
- rc：删除光标所在处的字符并以字符 c 取代，其中 c 是任意一个字符。
- cw：进入插入模式用输入覆盖从光标处到这个单词结尾处的所有内容。
- x：删除光标所在处的字符。
- J：将当前行与之下的行合并。
- ~：转换光标所在字母的大小写，将大写转换成小写而将小写转换成大写。
- ndd：删除 n 行（从光标所在行算起），其中 n 是自然数，如 3、4、5。
- nyy：复制 n 行（从光标所在行算起），其中 n 是自然数，如 3、4、5。

- nx：删除 n 个字符（从光标所在处算起），其中 n 是自然数。
- R：以输入的字符替代原有的字符直到按 Esc 键为止。
- .：重复之前的命令。

下面通过一系列例子来演示如何利用以上命令来加速您的正文编辑工作。还是使用 vi 编辑器打开 game.fmt 文件，之后将光标移动到 An 的第 1 个字符 A 上。

现在您要删除从光标处到 T（Tell 的第 1 个字母）之前全部字符，您应该顺序按 d、t 和 T，之后从光标处到 T 之前的所有字符都不见了。

使用 u 命令恢复原来的状态，之后将光标移动到 old 的第 1 个字符 o 上。此时，您想将 old 这个单词的第 1 个字母 o 改成大写的 O。于是您可以顺序按 R 和 O 键，之后原来的 o 就变成了 O。

使用 u 命令恢复原来的状态，之后将光标移动到 gaming 的第 1 个字符 g 上。现在您想将 gaming 改为 playing。于是，您顺序按 C 和 W 键，之后单词 gaming 就不见了，并且进入插入模式。现在您就可以输入 playing 单词了，此时仍然在插入模式。为了方便后面的操作，按 Esc 键返回命令行模式，之后使用 u 命令恢复文件原来的状态。

此时按 x 键 vi 将删除光标所在的字符 g，继续按两次 x 键将 am 字母也删除掉。为了方便后面的操作，使用 u 命令恢复已经删除的所有字符并将光标移动到第 1 行的第 1 个字符 P 上。

按 j 键就会发现原来的第 2 行已经合并到第 1 行（原第 2 行的开始紧接着原第 1 行的末尾）。为了方便后面的操作，使用 u 命令恢复文件原来的状态并将光标移动到 old 单词的 o 字母上。

按~键，光标所在字符的 o（小写）将变成 O（大写）同时光标移动到下一个字符 l 上。为了方便后面的操作，使用 u 命令恢复文件原来的状态并将光标移动到 Learning 单词的第 1 个字母 L 上。

使用 6dd 命令将删除 6 行（从光标所在的行算起的 6 行）。命令执行后，所指定的 6 行数据就不见了。之后将光标移到第 3 行（即第 1 个空行）的开始处，紧接着按下 p 键将使用 6dd 删除的内容粘贴到这个空行之下。使用以上方法就可以完成正文的搬移工作。

nyy 的命令语法与 ndd 命令十分相似，这里就不再给出例子了，有兴趣的读者可以自己试一试。

为了方便后面的操作，使用 u 命令恢复文件原来的状态并将光标移动到第 2 行的 teaching 单词的 i 字母上。使用 3x 命令删除 ing 3 个字符。

为了方便后面的操作，使用 u 命令恢复文件原来的状态并将光标移动到第 2 行的 gaming 单词的第 1 个字母 g 上。按 r 键，之后在屏幕的左下角出现了--REPLACE--，这表示 vi 进入了替代模式。在替代模式中 vi 将使用键盘输入的每一个字符替代光标所在处的字符。

您可以输入 playing，在输入的过程中，您可以发现它将顺序地替代 gaming 和空格。最后按 Esc 键返回命令行模式，接下来按 u 键取消所做的替代操作。

12.10 扩展模式与文件的存储和退出

vi 的扩展模式（Extended mode）也叫最后一行模式（Last line mode）。通过前面几节的学习相信读者掌握了不少 vi 的编辑命令和技巧，但是怎样才能将利用它们所做的修改存入到磁盘文件中呢？这就需要使用扩展模式下的 w 命令。

要想进入 vi 的扩展模式只要在命令行模式下（也必须在命令行模式下）按冒号“:”键即可，这个冒号将出现在 vi 窗口的最后一行（左下角），这也许是扩展模式也被称为最后一行模式的原因。这时您就可以输入扩展模式的命令了。在扩展模式下，可以按 Esc 键重新返回命令行模式。在扩展模式下可以使用的命令如下。

- :w：将文件存入/写入（saves/writes）磁盘。
- :q：退出（quits）vi 编辑器（并不存盘）。
- :wq：将文件存入/写入（saves/writes）磁盘并退出（quits）vi 编辑器。

在以上的每个命令之后都可以加上!，!是强制执行的意思，加上!之后这些命令变为如下格式。

- :w!：强行将文件存入/写入磁盘，即使是只读文件也存盘。
- :q!：强行退出 vi 编辑器，如果文件做过修改可能会丢失数据。
- :wq!：强行将文件存入/写入磁盘并退出 vi 编辑器。

要想将文件存盘或退出 vi 编辑器就必须先进入 vi 的扩展模式，因为所有的存盘和退出命令都是扩展模式下的命令。

下面通过一些例子来演示这些扩展模式下的命令使用的具体用法。您可以使用例 12-18 的 vi 命令创建一个新文件 slogan（口号）。

【例 12-18】

```
[dog@dog backup]$ vi slogan
```

系统执行完以上命令之后就将进入 vi 编辑器的命令行页面，此时光标会停留在第 1 行的开始处，而 vi 窗口的左下角显示的信息告诉我们 slogan 是一个新文件。按 i 键（也可以使用 a 命令）将进入插入模式，之后输入 Do anything is better than do nothing !!!（做什么都比什么也不做强）。

按 Esc 键返回命令行模式，之后输入冒号“:”进入扩展模式，输入 w 命令存盘。当您按 Enter 键之后，在 vi 窗口的左下角的信息就发生了变化，这些信息告诉我们系统将 1 行 42 个字符写入了 slogan 这个新文件。

使用 yy 命令复制刚刚输入的一行信息，之后使用 p 命令将复制的数据行粘贴到当前行之下。之后输入冒号“:”进入扩展模式，输入 q 命令退出。

当您按 Enter 键之后，vi 会拒绝执行您输入的 q 命令，同时在 vi 窗口的最后一行显示自从上次修改之后还没有写（存）盘并提示我们可以在命令中加入！来强行退出。

现在输入冒号“:”再次进入扩展模式，输入 q！命令强行退出。当您按 Enter 键之后就退出了 vi 编辑器。

接下来，您可以使用例 12-19 的 cat 命令列出 slogan 文件中的全部内容以验证以上使用的 w 和 q！命令是否正常工作了。

【例 12-19】

```
[dog@dog backup]$ cat slogan
Do anything is better than do nothing !!!
```

例 12-19 的显示结果只有一行信息，这就是 w 命令写入文件的结果。由于在输入第 2 行信息之后并未存过盘，而是使用了 q！命令强行退出了 vi 编辑器，实际上使用 q！命令就等于放弃了之前所做的修改。

为了演示:w!命令的例子，您需要做点准备工作。首先使用例 12-20 带有-l 选项的 ls 命令列出 news 文件的相关信息的细节。

【例 12-20】

```
[dog@dog backup]$ ls -l news
-rw-rw-r--  1 dog dog 170 Feb  2  2009 news
```

从例 12-20 的显示结果可知 news 文件的拥有者和同组用户具有写权限，现在您使用例 12-21 的 chmod 将 news 的权限改为 555。

【例 12-21】

```
[dog@dog backup]$ chmod 555 news
```

系统执行完以上命令之后不会产生任何提示信息，所以您需要再次使用例 12-22 带有-l 选项的 ls 命令重新列出 news 文件的相关信息的细节。

【例 12-22】

```
[dog@dog backup]$ ls -l news
-r-xr-xr-x  1 dog dog 170 Feb  2  2009 news
```

当确认 news 文件的所有写权限都被取消之后，您就可以使用例 12-23 的 vi 命令来编辑 news 文件了。

【例 12-23】

```
[dog@dog backup]$ vi news
```

系统执行完以上命令之后就将进入 vi 编辑器的命令行页面，此时光标会停留在第 1 行的开始处，而 vi 窗口的左下角显示的信息告诉我们 news 是一个只读文件。

将光标移动到第 3 行的开始处，之后按 o 键将在第 3 行之下开启新的一行，此时在 vi 窗口的左下角将出现--INSERT--，这就表示已经进入插入模式。现在就可以输入数据了，您输入字符串 Is it true?。

现在试着输入:w 命令。当按 Enter 键后，系统会拒绝执行这条写盘命令并在 vi 窗口的最后一行显示提示信息，这一提示信息告诉您这是一个只读文件要写盘得使用！。

于是您先按 Esc 键（如果有问题就多按几下 Esc 键，一般就可以了）返回命令行模式，之后输入:w！命令再次存盘。当您按 Enter 键后，系统会在 vi 窗口的最后一行显示有 4 行 182 个字符被写入磁盘。这就表示您的写盘操作已经成功。

使用扩展模式的 q 命令退出 vi 编辑器，接下来使用例 12-24 的 cat 命令列出 news 文件的全部内容以验证扩展模式的 w！命令的执行效果。

【例 12-24】

```
[dog@dog backup]$ cat news
The newest   scientific discovery shows   that God exists.
He is a   super   programmers,
and he creates   our life   by writing programs with life codes (genes) !!!
Is it true?
```

例 12-24 的显示结果表明新添加的那行信息确实已经被写入了 news 文件。扩展模式的 w！命令在系统维护工作中非常重要，因为一些操作系统配置文件是只读文件。但是有时操作系统管理员必须根据具体的情况对系统的一些配置进行调整，也就是要修改某个只读的系统配置文件，此时就可以利用:w!命令来完成系统的重新配置。

12.11　快速移动光标在文件中的位置

通过前面的学习和操作，相信读者已经能够熟悉 vi 编辑器中的光标移动操作了。可能细心的读者已经发现，这些移动光标的命令还是存在一些不足之处。例如，一个文件很大有几十页甚至几百页，此时利用这些命令来长距离地移动光标就不是一件容易的事了。

没关系，vi 的设计者早就高瞻远瞩预见到了这一问题。**在 vi 编辑器中还有如下适合长距离快速移动光标在文件中位置的命令。**

- G：跳转到（光标放到）文件的最后一行，其中 G 是 go 的第 1 个字母。
- nG：跳转到（光标放到）文件的第 n 行，n 为自然数 1、2、3 等。
- Ctrl+d：光标向下移动半个屏幕，其中 d 是 down 的第 1 个字母。
- Ctrl+u：光标向上移动半个屏幕，其中 u 是 up 的第 1 个字母。

为了演示以上操作，您还是使用 vi 编辑器打开 game.fmt 这个宝贝文件，当执行 vi 命令之后，系统就会出现 vi 的画面，此时光标在第 2 行的第 1 个字母 H 上。

现在您按 G 键，光标就会跳到最后一行的第 1 个字母 a 上，并在 vi 窗口的右下角出现 Bot（Bot 是 Bottom 的前 3 个字母，意思是底部或末尾）。接下来，您可以输入 1G 命令，光标就会跳回到第 1 行的第 1 个字母 P 上，并在 vi 窗口的右下角出现 Top。

现在为了后面的演示方便，将 vi 的窗口缩小使 Johnson 开始的那一行处在 vi 窗口的中间位置。接下来按 Ctrl+d 键，光标就会向下移动半个屏幕，即原来在 vi 窗口中间位置的以 Johnson 开始的那一行变为了 vi 窗口中的第 1 行，而且光标就落在这一行的第 1 个字母 J 上。继续按 Ctrl+d 键，光标就又会向下移动半个屏幕，即原来在 vi 窗口中间位置的以 take 开始的那一行变为了 vi 窗口中的第 1 行，而且光标就落在这一行的第 1 个字母 t 上。接下来按 Ctrl+u 键，光标就会向上移动半个屏幕，光标又回到 Johnson 开始的那一行的第 1 个字母 J 上。继续按 Ctrl+u 键，光标又会向上移动半个屏幕回到第 1 行的第 1 个字母 P 上。

使用以上的命令来移动光标是不是比之前使用 h、j、k、l 键或箭头键移动快多了？

还是假设您是一位学术刊物的审稿人，您发现所审的论文引用的都是很新的高水平文章。但是为了稳妥起见，您可能还要查看一下这篇论文的结论，一般论文的结论都在文章的末尾，这时就可以使用 G 命令了。有时即使论文本身很好但结论如果太过前卫或激进（特别是在人文和社会科学领域），作为审稿人，您也可能决定不刊登这篇论文。如一篇历史研究方面的论文得出了如下结论：

```
历史上真正的苏妲己，她是一位受到诋毁最多的女性，是一位完全被妖魔化的女性。
事实上，她是事业上最成功的女性，也是一位最敬业的女性，是有史以来最出色的女间谍。
她用自己的美貌、个人魅力和机智勇敢彻底颠覆了汤商王朝，是建立大周朝的第一功臣。
极为讽刺的是，她对大周朝的赤胆忠心和卓越功勋换来的却是被顶天上司处死和千古骂名。
因为周武王和姜太公不想因为她的出色表现而损害了他们精心营造出的大周朝清明的声誉，
那些开国元勋们也不愿让她在大周朝胜利的大饼中再分去一大块，结果是自己人都盼她死。
其实，姜子牙掩面斩妲己，不是因为她美，而是作为她的顶头上司，他无颜面对自己的下属。
最后，周朝的最高决策层只能编造出来狐狸精附体这样的弥天大谎来哄骗天下和她的家人。
妲己一案向人们展示了周朝辉煌历史中一个最阴暗的角落，也展示了政治和人性肮脏的一面。
要敬畏历史。因为透过历史，我们可以看到政治中最肮脏的角落和人性最丑陋的内心深处!!!
妲己在爱情上可以说是一个彻底的失败者，为了事业，先后失去了两个真爱的人伯邑考和帝辛。
```

不管这篇论文的论据有多么充分，您都可能要封杀这篇论文，不能将其刊登在学术刊物上。因为一旦刊登了，可能会遭到许多大专家、大学者甚至“传统美德”的卫道士们的一片声讨和围攻，甚至可能会影响您所在单位的正常工作，也可能砸了您自己的饭碗。

12.12 快速移动光标在屏幕中的位置

除了以上介绍的几个快速在文件中移动光标位置的命令之外，**vi 编辑器还引入了如下快速在屏幕中移动光标的位置的命令（这些命令都是在命令行模式下使用的）。**

- H（High）：光标将跳到屏幕的第 1 行（也就是最上面的一行）。
- M（Middle）：光标将跳到屏幕正中间的那一行。
- L（Low）：光标将跳到屏幕的最后一行（也就是最下面的一行）。
- z<Enter 键>：使（光标所在）当前行变为屏幕的第 1 行。

为了演示以上操作，您还是使用 vi 编辑器打开 game.fmt 这个文件，当执行 vi 命令之后，系统就会出现 vi 的画面，此时光标可能在第 8 行的 integration 的第 1 个字母 i 上。

现在您按 H 键，光标就会跳到屏幕上第 1 行的第 1 个字母 P 上，并在 vi 窗口的右下角出现 Top（Top 意思是顶部）。接下来按 L 键，光标就会跳到屏幕上最后一行的第 1 个字母的位置上（正好这一行是空行）。之后可以按 M 键，光标就会跳到屏幕正中间的那一行的第 1 个字母 f 上。

接下来按 z 键和 Enter 键（既可以是同时按下，也可以是顺序按下），原来光标所在行就变成了现在屏幕上第 1 行了。

当做完了所有的操作之后，您就可以按冒号键进入最后一行模式，随后按 q 键，之后按 Enter 键来退出 vi 编辑器。

12.13 vi 编辑器的过滤功能

vi 编辑器不仅提供了大量的命令来方便和加快我们的文件编辑工作，而且在 vi 编辑器中还可以直接使用 Linux（UNIX）操作系统的命令来进一步提高文件编辑的效率。这就是 vi 编辑器的所谓过滤（Filtering）功能，利用这一功能您可以方便快捷地完成以下文件的操作：

- 将一个命令的输出结果存入正在编辑的文件。
- 将正在编辑的文件中的数据作为一个命令的输入。

为了应对欧债危机的冲击，您的老板为了公司的生存决定要进一步压缩经营成本。他要您打印一份全公司所有员工的清单并按工资由高到低排列，他要好好研究研究看看能不能找到降低运营成本的好方法。他还要求在这个报告的第 1 行加上员工工资报告的标题，接下来还要印出打印这份报告的日期和时间（也就是所谓的时间戳）。为此，您使用例 12-25 的 vi 命令创建一个名为 report.emp 的新文件。

【例 12-25】

```
[dog@dog backup]$ vi report.emp
```

当 vi 编辑器启动之后，进入插入模式并输入正文========== Employee Salary Report ==========。

紧接着返回到命令行模式，随即按下!!（注意，在这个操作之前，一定要将光标移到正文的下一行，否则命令的输出将覆盖掉这行正文），之后在屏幕的左下角将出现:.!的提示信息，这就表示您可以输入 Linux（UNIX）命令了。

接下来，输入 date 命令并按 Enter 键。之后您会发现系统的日期和时间已经出现在第 2 行。为了增加报告的易读性，您可以使用已经学习过的 vi 命令和技巧在当前行之上和之下插入空行。

紧接着返回到命令行模式，随即按下!!，之后在屏幕的左下角将出现:.!的提示信息，此时输入 cat emp.data 的 Linux（UNIX）命令并按 Enter 键，之后，emp.data 文件中的全部内容将被添加到光标所在处。

将光标放在 emp.data 的数据的第 1 行的第 1 个字符上以方便之后的排序操作，随即按下!}，之后在屏幕的左下角将出现:.,$!的提示信息。在这里，冒号后的“.”表示当前行，而$表示最后一行，整个提示的意思是“!”后输入的命令是操作从当前行到最后一行的所有数据。接下来，输入 sort -nr -k4 命令对从当前行到最后一行的所有数据按工资进行反向排序。

当按 Enter 键之后，所指定范围的员工数据就已经按工资由高到低排列好了。最后为了增加报告的易读性，您可以使用已经学习过的 vi 命令和技巧进一步编辑这个员工报告。

通过以上例子的学习和操作，读者不难发现：只要将 Linux 的一些命令进行适当的组合，您就可以完成许多之前必须使用购买来的软件才能完成的工作。现在您就可以省下不少购买软件的费用了。如果您对 Linux 命令达到一定的熟练程度之后，您会发现与使用其他软件相比，常常是使用 Linux 命令完成工作的效率更高。而且这些命令非常稳定，在版本升级时变化也比图形工具小得多。其实这也就减少了重新学习或培训的时间。

12.14 设置 vi 编辑器工作方式

可以通过重新设置 vi 编辑器的变量（也被称为 set 命令的变量）的方式来改变 vi 编辑器的显示或工

作方式以适应您的实际工作环境的需要。当设置了一个vi变量的值时，您实际上就是用所设置的特性覆盖了vi默认的特性。

如果在vi的命令行模式下，输入:set命令就可以浏览常用的（也有人认为是重要的）vi变量及它们的默认设定值。如果在vi的命令行模式下，输入:set all命令就可以浏览全部vi变量及它们的默认设定值。

下面还是使用例子来演示这两个命令的具体用法。首先您可以使用vi命令开启report.emp文件，之后在vi的命令行模式下输入:set命令。当按Enter键之后，在vi窗口的下半部分就会列出常用的vi变量及它们的默认设定值。

如果要返回原来的vi状态就按Enter键，之后就会返回到vi的命令行模式。此时，可以输入:set all命令。当按Enter键之后，系统就会分页列出全部vi变量及它们的默认设定值。

请注意vi窗口的左下角，根据这个消息我们猜测vi编辑器是以more命令的方式来显示这些变量和它们的设定值的。因此，您可以利用按空格键以每次向下移动一屏幕（页）的方式来浏览所有的设置。当浏览完成之后，如果要返回原来的vi命令行状态就按Enter键，之后就会返回到vi的命令行模式。

与之前介绍的两个命令类似，可以在vi的命令行模式下，输入:help命令来比较轻松地获取vi的帮助信息。当按Enter键之后，系统就会分页列出全部vi的帮助信息和帮助文件。

指点迷津：

如果您想浏览具体某个题目（命令）的帮助信息，您可以使用:help topic命令，这里topic为题目（命令）。若想浏览yy的帮助信息，您就可以输入:help yy命令。

之后您就可以使用在本章中已经学习过的光标移动命令（按j键向下移动一行光标）来浏览这些帮助信息。当您浏览完所需的帮助信息之后，如果要返回原来的vi命令行状态就输入:q并按Enter键，之后就会返回到vi的命令行模式。

下面列出一些可能经常会用到的vi变量，其中包括显示行号、不可见字符（如制表键和行结束符）。

- :set nu：显示行号，其中nu为numbers的前两个字母。
- :set nonu：隐藏（不显示）行号，其中nu为numbers的前两个字母。
- :set ic：指令中搜寻时忽略大小写，其中ic是ignore case的缩写。
- :set noic：指令中搜寻时区分大小写，其中ic是ignore case的缩写。
- :set list：显示不可见字符（如制表键和行结束符）。
- :set nolist：关闭显示（不显示）不可见字符（如制表键和行结束符）。
- :set showmode：显示当前操作的模式。
- :set noshowmode：不显示当前操作的模式。

接下来通过几个例子来演示如何设置vi变量的值。当编辑的文件很大时，您可能需要知道目前操作的是第几行。还有程序员在进行程序调试时，往往需要清楚每一程序行的行号，这会给程序的诊断和调试带来方便。假设您仍然在vi编辑器的命令行模式下，您就可以输入:set nu以使vi编辑器显示所编辑文件中每一行的行号。

当您按Enter键之后，系统就会在所编辑文件中的每一行前冠以行号（行号从1开始单调递增，每行加1）。

由于编辑的需要，您还需要显示所编辑文件中的不可见字符（如制表键和行结束符），因此您输入:list以使vi编辑器显示所编辑文件中的不可见字符（本来应该输入:set list，这是故意做错的）。

当您按Enter键之后，系统只在vi窗口的底部显示了第1行的信息并包含了不可见字符（行结束符$）。这显然不是您所期望的结果。

以上显示结果显然不是您所期望的，于是您输入:set list以使vi编辑器显示所编辑文件中的不可见字符。当按 Enter 键之后，系统显示了所编辑文件中的所有不可见字符。

当不再需要显示不可见的字符时，您就可以在 vi 的命令行模式下输入:set nolist 以使 vi 编辑器隐藏不可见的字符。当您按 Enter 键之后，系统就不再显示不可见字符了。

当不再需要显示行号时，您就可以在 vi 的命令行模式下输入:set nonu 以使 vi 编辑器隐藏（不显示）行号。当您按 Enter 键之后，系统将不再显示行号了。

所有 set 命令设置的变量值只在本次会话中有效，即当退出 vi 编辑器之后再次使用 vi 编辑器开启文件时，所有的 vi 变量设置又恢复到默认值。如果在您的工作中每次开启 vi 编辑器时都需要某些变量的特定设置，可以将这些变量的特定设置放在一个名为.exrc 的文件中（这个文件一定要存放在用户的家目录中），在一些 Linux 操作系统中这个文件的名也可以是.vimrc（这个文件也必须存放在用户的家目录中）。其具体操作步骤如下：

（1）在用户家目录中创建一个名为.exrc（在 Linux 操作系统中也可以是.vimrc）的文件。

（2）将设置 vi 变量值的命令放入.exrc（在 Linux 操作系统中也可以是.vimrc）的文件。

（3）在输入 set 命令时没有前导的冒号“:”。

（4）文件中每一行只存放一条命令。

每当用户开启一个 vi 会话（使用 vi 命令打开文件）时，无论用户的当前工作目录是哪个目录，vi 编辑器都要读用户家目录中的.exrc 文件并利用其中的命令来设置相应的 vi 变量。

下面您使用例 12-26 的命令利用 vi 在 dog 用户的家目录中创建一个名为.exrc 的新文件。

【例 12-26】

```
[dog@dog backup]$ vi ~/.exrc
```

当 vi 编辑器启动之后，进入插入模式并输入 set 命令 se nu（其中，se 是 set 的缩写），之后进入扩展模式并输入 wq 命令存盘退出。

按 Enter 键之后，输入 vi news.fmt 命令（也可以编辑其他文件）。之后 vi 编辑器中显示 news.fmt 文件内容的同时还在每行之前显示这一行的行号。这也就表示您在~/.exrc 文件中设置的变量值已经开始发挥作用了，是不是方便多了？

12.15　搜寻和替代关键字

在编辑文件时，常常需要找到要修改的部分（字符串）并用正确的字符串替代它们。如果文件很大，利用已经学习和使用过的移动光标的方法找到需要修改的字符串可能是一件十分艰巨的工作。一个好消息是在 vi 编辑器中有自动查找并替代关键字的命令，用户可以使用这一命令来快速和方便地完成查找和替代工作。

查找和替代关键字（字符串）命令必须在 vi 的扩展（最后一行）模式下使用。另外，查找和替代命令是使用 sed 的方式进行查找和替代的。我们在第 11 章中已经比较全面地介绍了 sed 命令的用法，相信读者应该已经熟悉了。可以使用如下方式为查找和替代命令指定搜寻和替代的范围（定址范围）。

- 不指定：仅为当前行。
- n1，n2：从 n1 到 n2 行，其中 n1 和 n2 都是自然数。
- 1，$或%：整个文件。
- .,.+n：从当前行到当前行加 n 行（.+n），其中 n 为自然数。
- .,.−n：从当前行到当前行减 n 行（.−n），其中 n 为自然数。

为了后面的演示方便，您要使用例 12-27 的 vi 命令开启 slogan 文件以进行进一步编辑。

【例 12-27】

```
[dog@dog backup]$ vi slogan
```

系统执行以上命令之后将进入 vi 编辑器，利用之前学习过的命令行方法将第 2 个 do 的第 1 个字母也改成大写，之后返回命令行模式。

接下来，输入 yy 命令执行复制，之后输入 15p 将 yy 复制的那一行粘贴 15 次。注意在每一行前都有行号，这是因为您在 12.14 节创建并设置了~/.exrc 文件。

此时光标在第 2 行的第 1 个字母 D 上，输入:s/Do/Doing 命令。该命令在当前行上搜索字符串 Do 并用 Doing 字符串取代。当按 Enter 键之后，vi 将执行以上的命令，因此第 2 行（当前行）的第 1 个 Do 就被 Doing 取代了。但当前行的第 2 个 Do 还是原样并没有被取代。

为了使后面的操作方便，按 u 键，之后按 Enter 键恢复文件的原样（即取消所做的替代操作）。

为了要取代当前行上所匹配的所有关键字，您要在命令中使用 g 选项，g 是 global 的第 1 个字符。因此，您这次输入:s/Do/Doing/g 命令。当按 Enter 键之后，第 3 行（当前行）中所有的 Do 字符串都被 Doing 所取代了。

使用 u 命令将文件复原，之后输入:1,8s/Do/Doing/g 命令。这个命令的含义是搜寻第 1～第 8 行并将搜索到的所有 Do 用 Doing 取代。当按 Enter 键之后，文件中从第 1～第 8 行的所有 Do 都变成了 Doing，而且在 vi 窗口的左下角显示有 8 行 16 处被替代。

使用 u 命令将文件复原，之后输入:1,$s/Do/Doing/g 命令。这个命令的含义是搜寻第 1 行到最后一行（即整个文件）并将搜索到的所有 Do 用 Doing 取代。

当按 Enter 键之后，文件中从第 1 行到最后一行（即整个文件）的所有 Do 都变成了 Doing，而且在 vi 窗口的左下角显示有 16 行 32 处被替代。

再次使用 u 命令将文件复原，之后输入:1,%s/Do/Doing/g 命令。这个命令的含义也是搜寻第 1 行到最后一行（即整个文件）并将搜索到的所有 Do 用 Doing 取代。

当按 Enter 键之后，文件中从第 1 行到最后一行（即整个文件）的所有 Do 也都变成了 Doing，而且在 vi 窗口的左下角也显示有 16 行 32 处被替代。实际上，:1,%s/Do/Doing/g 命令与:1,$s/Do/Doing/g 命令的功能完全相同。

再次使用 u 命令将文件复原并将光标移到第 8 行的第 1 个字母 D 上，之后输入:.,.+5s/Do/Doing/g 命令。这个命令的含义是搜寻当前行到当前行加 5 行并将搜索到的所有 Do 用 Doing 取代，其中.表示当前行，而.+5 表示当前行之下的 5 行（8+5=13 行）。

当按 Enter 键之后，文件中从当前行到当前行加 5 行的所有 Do 也都变成了 Doing，而且在 vi 窗口的左下角显示为 6 行 12 处被替代。

再次使用 u 命令将文件复原，还是将光标移到第 8 行的第 1 个字母 D 上，之后输入:.,.-5s/Do/Doing/g 命令。这个命令的含义是搜寻当前行到当前行减 5 行并将搜索到的所有 Do 用 Doing 取代。

当按 Enter 键之后，在 vi 窗口的底部会出现提示信息告诉您这是一个反向取代操作并问您是否继续，您输入 y 确定。之后继续按 Enter 键，文件中从当前行到当前行减 5 行（即从第 8～第 3 行）的所有 Do 也都变成了 Doing。

当所有的操作完成之后，您可以再次使用 u 命令将文件复原。现在您就可以退出 vi 编辑器了，既可以根据需要进行存盘退出，也可以不存盘退出。

12.16 间接（高级）读写文件操作

有时用户可能需要同时编辑多个文件，为了帮助用户高速和便捷地完成这样的工作，**vi 编辑器引入**

了一些同时编辑（操作）多个文件的命令（功能）。所有的这些命令也是必须在扩展模式下使用。其中常用的读写不同文件的命令如下。

- :r dog：将名为 dog 的文件（必须存在）中的内容读入到当前文件中。
- :n1,n2w cat：将 n1 到 n2 的内容写入文件 cat。
- 1,$w wolf：将当前文件中的全部内容写入文件 wolf。
- :n1,n2w >>fox：将 n1 到 n2 的内容添加到文件 fox 的末尾。

在以上命令中，文件名是用户自己给的，r 是 read 的第 1 个字母，w 是 write 的第 1 个字母。假设您现在仍然在 dog 家目录下的 backup 目录，您可以使用 vi news.fmt 来编辑 news.fmt 这个文件。当进入 vi 编辑器之后，将光标移到第 4 行的第 1 个字母 l 上。

之后输入:r slogan 命令。这个命令的含义是将名为 slogan 的文件中的全部内容读入到当前文件（即 news.fmt）中并放置在光标所在行之下。

当按 Enter 键之后，slogan 文件中的全部内容就出现在第 5 行上（该 slogan 文件中只有一行数据，您的文件中可能有多行数据）。操作完成后，可以使用:q!命令退出 vi 编辑器。

假设老板觉得虽然您给他的员工报告很好，但是他老人家说他现在只考虑工资在 2000 元以上的员工。为此，您可以使用 vi 编辑器开启 report.emp，之后可以使用:5,10w Salary.Hi 来完成老板的这一重托。因为 5～10 行的员工就是所有工资高于 2000 元者。

当按 Enter 键之后，在 vi 窗口的左下角出现了一些提示信息，这些信息告诉我们已经有 6 行 209 个字符被写入了新文件 Salary.Hi 中。现在，您应该使用例 12-28 的 cat 命令列出 Salary.Hi 中所有的内容以验证您的操作是否达到了预期的效果。

【例 12-28】

```
[dog@dog backup]$ cat Salary.Hi
7839    KING    PRESIDENT       5000    17-NOV-81
7902    FORD    ANALYST         3000    03-DEC-81
7788    SCOTT   ANALYST         3000    19-APR-87
7566    JONES   MANAGER         2975    02-APR-81
7698    BLAKE   MANAGER         2850    01-MAY-81
7782    CLARK   MANAGER         2450    09-JUN-81
```

老板看了使用 Salary.Hi 文件产生的员工清单之后感到非常满意，但是他觉得美中不足的是这张清单中没有产生清单的日期和时间。因为他老人家是经常要您打印类似的员工清单，时间长了他也记不得哪张清单是什么时候打印的了。因此他要求您在这份极为重要的员工清单上加上生成的日期和时间。于是，您将光标移到第 3 行的第 1 个字母 M 上，之后输入:.w >> Salary.Hi 命令将当前行（即第 3 行）添加到 Salary.Hi 文件的末尾。

当按 Enter 键之后，在 vi 窗口的左下角出现了一些提示信息，这些信息告诉我们已经有 1 行 29 个字符被添加到了文件 Salary.Hi 末尾。当完成了所有的操作之后，您可以输入:q 命令退出 vi 编辑器或输入:q!命令强行退出 vi 编辑器。

接下来，您应该使用例 12-29 的 cat 命令再次列出 Salary.Hi 中所有的内容以验证您的操作是否达到了预期的效果。

【例 12-29】

```
[dog@dog backup]$ cat Salary.Hi
7839    KING    PRESIDENT       5000    17-NOV-81
7902    FORD    ANALYST         3000    03-DEC-81
7788    SCOTT   ANALYST         3000    19-APR-87
7566    JONES   MANAGER         2975    02-APR-81
```

```
7698    BLAKE   MANAGER         2850    01-MAY-81
7782    CLARK   MANAGER         2450    09-JUN-81
Mon Mar  1 02:10:34 CST 2010
```

余下的命令的操作与上面所介绍的非常相似，这里不再一一介绍，有兴趣的读者可以有时间自己试一试。

除了以上介绍的命令之外，在使用 vi 编辑器的同时编辑（开启）多个文件时，还可以使用如下 vi 命令在不同的文件之间进行切换。

- :n：从当前文件切换到下一个文件，其中 n 是 next 的第 1 个字母。
- :rew：倒转到第 1 个文件，其中 rew 是 rewind 的前 3 个字母。
- :n#：跳转到前一个文件，可以用来在两个文件之间来回跳转。

为了使后面的操作更加清晰，您应该使用例 12-30、例 12-31 和例 12-32 的 echo 命令创建 3 个新文件，其文件名分别是 dog1、dog2 和 dog3，而双引号括起来的部分就是对应文件中的内容。

【例 12-30】

```
[dog@dog backup]$ echo "1st Baby Dog" > dog1
```

【例 12-31】

```
[dog@dog backup]$ echo "2nd Baby Dog" > dog2
```

【例 12-32】

```
[dog@dog backup]$ echo "3rd Baby Dog" > dog3
```

之后使用例 12-33 的 cat 命令一次全部列出 dog1、dog2 和 dog3 中的所有内容以检查所创建的文件是否正确无误。

【例 12-33】

```
[dog@dog backup]$ cat dog1 dog2 dog3
1st Baby Dog
2nd Baby Dog
3rd Baby Dog
```

之后使用 vi dog1 dog2 dog3 利用 vi 编辑器同时开启这 3 个文件，进入 vi 编辑器后将出现 dog1 的编辑画面，即 vi 编辑器现在操作的文件（当前文件）是 dog1。

接下来输入:n 命令切换到下一个文件（即 dog2 文件，注意在 vi 命令中文件的顺序就是文件进行切换的顺序）。当按 Enter 键之后，在 vi 窗口中将显示文件 dog2 中的内容 2nd Baby Dog，在 vi 窗口的左下角的文件名也已经变为 dog2。

接下来继续输入:n 命令以切换到下一个文件（即 dog3 文件，dog2 的下一个文件就是 dog3）。当按 Enter 键之后，在 vi 窗口中将显示文件 dog3 中的内容 3rd Baby Dog，在 vi 窗口的左下角的文件名也已经变为 dog3。

接下来输入:rew 命令倒转（回转）到第 1 个文件（即 dog1 文件，因为 dog1 是 vi 命令后的第 1 个文件）。当按 Enter 键之后，在 vi 窗口中将显示文件 dog1 中的内容 1st Baby Dog，在 vi 窗口的左下角的文件名也已经变为 dog1。

接下来，这次您输入:n#命令以跳转到前一个（操作过的）文件（即 dog3 文件）。当按 Enter 键之后，在 vi 窗口中将再次显示文件 dog3 中的内容 3rd Baby Dog，在 vi 窗口的左下角的文件名也已经变为 dog3。

接下来，您再次输入:n#命令以跳转到前一个（操作过的）文件（即 dog1 文件）。当按 Enter 键之后，在 vi 窗口中将重新显示文件 dog1 中的内容 1st Baby Dog，在 vi 窗口的左下角的文件名也再次变为 dog1。

☞ **指点迷津：**

如果读者读过其他类似的 UNIX 或 Linux 系统的书籍会发现本书这一章要比其他书中介绍 vi 的部分长了许多。这是因为从我们的工作和教学实践中发现，许多没有接触过命令行工具的初学者在学习 vi 时还是觉得有一定难度的，不可能通过查看了命令（功能键）列表就可以很快学会 vi 操作，是需要一定时间有系统的训练才能掌握的。如果对 vi 编辑器没有一定的熟练程度可能会影响后面的学习，因为当系统出现问题时，经常是图形界面已经不能工作了，这时进行系统文件的重新配置等工作只能依靠 vi 这样的命令行编辑器来完成了。如果不会使用命令行编辑器，即使您找到了问题也没法解决。当然，并不是说在日常的工作中都要使用 vi 编辑器，而不使用图形界面的编辑器。这里只是强调对 vi 的使用能达到一定的熟练程度，即当图形界面玩不活时，您还能用 vi 来救活系统。

12.17 您应该掌握的内容

在学习第 13 章之前，请检查一下您是否已经掌握了以下内容：

- 了解 vi 编辑器在 Linux 和 UNIX 系统中的重要性。
- 熟悉 vi 编辑器的不同操作模式。
- vi 编辑器的不同操作模式之间是怎样转换的。
- 熟悉 vi 编辑器中常用的光标移动键（命令）。
- 熟悉从 vi 的命令行模式进入插入模式的命令。
- 比较熟练地使用修改、删除、复制和粘贴等常用命令。
- 比较熟练地使用复原和重做命令。
- 怎样进入 vi 的可视模式和使用它所提供的功能？
- 掌握一些加快编辑速度的编辑命令和技巧，如复制或删除多行等。
- 怎样在命令行模式下快速搜索关键字？
- 怎样进入 vi 的扩展模式及如何存储和退出文件？
- 学会快速移动光标在文件中位置的方法。
- 学会快速移动光标在屏幕中位置的方法。
- 利用 vi 编辑器的过滤功能来提高编辑文件的效率。
- 设置 vi 编辑器工作方式以方便您的日常工作。
- .exrc 文件的用途及创建和设定方法。
- 在 vi 中是怎样搜寻和替代关键字的？
- 在 vi 编辑器中怎样读写多个文件？
- 在 vi 编辑器中怎样在多个文件之间进行切换？

第 13 章　配置 Bash Shell 和系统配置文件

虽然读者在之前的学习过程中一直在使用 Bash Shell，但都是使用 Bash Shell 的默认配置。在有些情况下这些默认的配置并不完全适合于实际的工作环境，因此 Linux 操作系统管理员就需要重新配置 Bash Shell。本章将介绍如何配置 Bash Shell 以及一些相关的内容。

13.1　Bash Shell 的配置与变量

与微软的操作系统不同，Linux（UNIX）操作系统都赋予了操作系统使用者（用户）相当大的自主性，Linux 操作系统的使用者可以根据需要来方便地重新配置他们的系统。其中在 Linux 系统中最常用的就是重新配置 Bash Shell。可以通过以下几种方式来完成：

（1）利用局域（部）变量来设定（配置）Bash Shell。

（2）通过别名和函数来设定 Bash Shell。

（3）通过 set 命令来设定 Bash Shell。

（4）通过环境变量来设定 Bash Shell 中的其他命令和应用程序。

谈到 Shell 的设定就无法回避 shell 变量，其实有关 shell 变量在第 5 章中已经简单地介绍过。但是要想熟练地使用 shell 变量来设定 shell，前面的内容显然是不够的，因此接下来要比较详细地介绍 shell 变量。

shell 变量是内存中一个命了名的临时存储区，在其中可以存放数字或字符等信息（计算机的术语是值）。可以利用 shell 变量来设定 shell 或其他的程序，而且变量只存在于内存中。除此之外，shell 变量还具有以下特性：

- **shell 变量分为两种类型，即局部（自定义的）变量和环境变量。**
- 局部变量只能在当前的工作环境（shell）中使用。
- 环境变量不但可以在当前的工作 shell 中使用，而且还会传给它的所有子 shell。

那么怎样才能显示 shell 变量（名）和变量的值呢？可以使用以下两个命令来完成：

（1）使用 set 命令显示所有的变量，其中既包括了局部变量，也包括了环境变量。

（2）使用 env 命令显示环境变量，其中 env 是 environment（环境）的前 3 个字母。

您可以使用例 13-1 以 set 开头的组合命令分页显示系统所有 Bash Shell 变量的信息。

【例 13-1】

```
[dog@dog ~]$ set | more
BASH=/bin/bash  ......
HOSTNAME=dog.super.com   ......
--More--
```

在例 13-1 的显示结果中用方框框起来的变量之前已经碰到过，相信读者应该有些印象。也可使用例 13-2 以 env 开头的组合命令分页显示所有 Bash Shell 环境变量的信息。

【例 13-2】

```
[dog@dog ~]$  env | more
REMOTEHOST=192.168.11.1
HOSTNAME=dog.super.com
PWD=/home/dog  ......
--More--
```

13.2　通过局部变量来设定 Shell

Shell 脚本中的数据以及 Shell 环境的设置都将被放在 shell 变量中，所以要**通过创建 shell 变量或修改变量中的值来设定 shell。在 UNIX 和 Linux 操作系统中通常习惯用大写的字母作为 shell 变量名。**创建 shell 局部变量的方法是在操作系统提示符下输入：

```
变量名=变量的值
```

如 DOG1_COLOR=black，其中 DOG1_COLOR 为 shell 变量名，而 black 为 shell 变量的值。如果要提取 shell 变量中的值在变量之前冠以$符号，如在操作系统提示符下输入：

```
Echo $DOG1_COLOR
```

接下来，您可以使用例 13-3 的命令创建一个名为 DOG1_COLOR 的 Bash Shell 局部变量并将 black（黑色）赋予这个变量（即这个变量的值是 black）。

【例 13-3】

```
[dog@dog ~]$ DOG1_COLOR=black
```

系统执行完以上命令之后不会有任何提示信息，因此为了验证这个命令是否正确执行，您应该使用例 13-4 以 set 开始的组合命令再次分页显示所有 Bash Shell 变量的信息。

【例 13-4】

```
[dog@dog ~]$ set | more
BASH=/bin/bash
COLORS=/etc/DIR_COLORS
DOG1_COLOR=black  ……
--More--
```

例 13-4 的显示结果清楚地表明您已经成功地创建了一个名为 DOG1_COLOR 的 Bash Shell 局部变量，而这个变量的值是 black。您也可以通过使用例 13-5 的 echo 命令来直接显示 Bash Shell 变量 DOG1_COLOR 中的值。

【例 13-5】

```
[dog@dog ~]$ echo $DOG1_COLOR
black
```

为了后面的演示需要，您还要使用例 13-6 的命令创建一个名为 DOG2_COLOR 的 Bash Shell 局部变量，并将 grey 赋予该变量。

【例 13-6】

```
[dog@dog ~]$ DOG2_COLOR=grey
```

如果由于狗项目开发的需要，项目的开发人员已经为狗项目创建了许多以 DOG 开头的 shell 变量。现在狗项目经理让您为他列出一张所有与狗项目相关的变量清单，您又该怎么办呢？还记得第 11 章中讲述的 grep 命令吗？因此您可以使用例 13-7 的组合命令来完成经理交给您的艰巨任务。

【例 13-7】

```
[dog@dog ~]$ set | grep DOG
DOG1_COLOR=black
DOG2_COLOR=grey
```

例 13-7 的显示结果给出了所有名字以 DOG 开头的变量和它们的值，是不是很方便？只要发挥想象力，您就可以利用学过的命令进行巧妙的组合来获取所需的信息。

从例 13-1 的显示结果可知，实际上 Linux 系统预定义了许多 Bash Shell 变量，以下是几个预定义

shell 变量的例子。

- COLUMNS：设置终端窗口的宽度。
- LINES：设置终端窗口的高度。
- HISTFILESIZE：决定将多少条命令在用户退出系统时存入历史文件。

一般没有特殊需要，用户是没有必要修改这些系统预定义的 shell 变量。可以使用 set 命令获取它们的预设（默认）值。可能会有读者问怎样才能确定一个变量是局部变量而不是环境变量呢？办法也比较简单，就是使用 set 和 env 命令，在 set 命令的显示结果中出现了但是在 env 命令的显示结果中没有的一定是局部变量。

有些读者现在可能还是不能完全理解，没关系，下面通过一个例子就能很好地理解上述内容了。您可以使用例 13-8 以 set 命令开始的组合命令列出 LINES 变量的值，之后再使用例 13-9 以 env 命令开始的组合命令列出 LINES 变量的值。

【例 13-8】

```
[dog@dog ~]$ set | grep LINES
LINES=25
```

【例 13-9】

```
[dog@dog ~]$ env | grep LINES
```

由于使用 set 命令可以显示 LINES 的值（LINES=25），但是使用 env 命令却找不到 LINES 这个变量，所以可以断定 LINES 是一个局部变量而不是环境变量。

如果您使用同样的方法确定 PS1 的变量类型，又会产生什么结果呢？这次您首先使用例 13-10 以 set 命令开始的组合命令列出 PS1 变量的值，之后再使用例 13-11 以 env 命令开始的组合命令列出 PS1 变量的值。

【例 13-10】

```
[dog@dog ~]$ set | grep PS1
PS1='[\u@\h \W]\$ '
```

【例 13-11】

```
[dog@dog ~]$ env | grep PS1
```

由于使用 set 命令可以显示 PS1 的值（PS1='[\u@\h \W]\$'），但是使用 env 命令却找不到 PS1 这个变量，所以可以断定 PS1 也是一个局部变量而不是环境变量。

13.3 局部变量 PS1

PS1 变量主要用来设置 Bash Shell 提示符所显示的信息，也就是常常看到的$符号（或#符号）和它之前的信息，例如[dog@dog ~]$。有时由于实际工作的需要，**在从事不同的工作时需要使用不同的提示信息，这时就可利用重新设置 PS1 的方法按要求显示提示信息。**

也许 PS1 是用户修改的最多的 shell 变量之一，可以将一些换码序列（escape sequences）插入到 PS1 变量中，这些换码序列就成了提示信息的一部分。通过这些换码序列和字符串的不同组合，用户几乎可以随心所欲地构造出所希望的 shell 提示信息。在 PS1 中可以使用的换码序列如下。

- \d：系统当前的日期，d 应该是 date（日期）的第 1 个字母。
- \t：系统当前的时间，t 应该是 time（时间）的第 1 个字母。
- \h：简短形式的主机名，h 应该是 host（主机）的第 1 个字母。
- \u：当前用户名，u 应该是 user（用户）的第 1 个字母。

- \w：当前的工作目录，w 应该是 working directory（工作目录）的第 1 个字母。
- \!：当前命令的历史编号，! 为执行历史命令的第 1 个字符。
- \$：如果是普通用户显示$，而如果是 root 用户显示#。
- \l：显示 shell 终端设备的基本名，l 应该是 line 的第 1 个字母。

接下来，您可以使用例 13-12 的 echo 命令或例 13-13 的组合命令来显示 PS1 变量中的值，也就是 PS1 的系统预设（默认）值。

【例 13-12】

```
[dog@dog ~]$ echo $PS1
[\u@\h \W]\$
```

【例 13-13】

```
[dog@dog ~]$ set | grep PS1
PS1='[\u@\h \W]\$ '
```

现在顺序地解释例 13-12 的显示结果的含义。**系统按顺序首先显示的信息是[，之后是当前用户名（\u），紧接着是@，随后是简短形式的主机名（\h），之后是一个空格，随后是当前的工作目录（\W），接着是]，最后如果是普通用户显示$，而如果是 root 用户就显示#。**

现在读者应该清楚例 13-12 和例 13-13 的命令中提示信息部分的含义了吧？其中，~为用户的家目录。提示信息告诉我们目前使用的主机名为 dog，登录的用户名为 dog，目前正在 dog 用户的家目录中工作，而且 dog 用户是一个普通用户。

下面可以使用例 13-14 的命令重新设定 PS1 变量，以便操作系统的提示信息更加丰富。

【例 13-14】

```
[dog@dog ~]$ PS1='[\u@\h \w TTY\l \d \t \!]\$'
[dog@dog ~ TTY1 Tue Mar 02 20:37:58 1002]$
```

通过例 13-14 中对 PS1 变量的设置，系统的提示信息是：[用户名@主机名 当前工作目录 TTY 后跟所使用的终端号 当前系统日期 当前系统时间 该命令的历史编号]。如果是普通用户，显示$；而如果是 root 用户，就显示#。

系统的提示信息表明目前使用的主机名为 dog，登录的用户名为 dog，目前正在 dog 用户的家目录中工作，使用的终端为 TTY1，目前的系统日期是 3 月 2 日星期二，当前时间是 20 点 37 分 58 秒，这个命令在历史记录中排 1002 号，而且 dog 用户是一个普通用户。

这里需要注意的是，每当输入一个命令并按 Enter 键执行后，不但提示信息中的时间要发生变化，而且历史记录的编号也会加 1。如果只按 Enter 键，历史记录的编号就会保持不变。您可以使用例 13-15 的 echo 命令，等执行完之后只按 Enter 键以观察这些操作对提示信息的影响。

【例 13-15】

```
[dog@dog ~ TTY1 Tue Mar 02 20:49:29 1002]$echo $DOG1_COLOR
black
[dog@dog ~ TTY1 Tue Mar 02 20:49:44 1003]$  #只按下 Enter 键
[dog@dog ~ TTY1 Tue Mar 02 20:50:13 1003]$
```

可是现在您发现这时系统提示信息实在太多了，看上去有点眼晕。是不是又怀念起了过去的美好时光，想将 PS1 恢复到默认配置？那又该怎么办呢？可能有读者已经想到了就是再把 PS1 的值重新设回来不就行了吗？这样做当然可以，不过有点麻烦，另外如果您已经忘了默认设置，那又该如何处理呢？其实办法非常简单，就是退出 Linux 系统，之后再重新登录就行了。不用把问题想得过于复杂，很多时候最简单的办法是最有效的。

13.4 别名的用法及设定

通过前面的学习，读者可能已经注意到了，有些命令（包括参数）很长，如果它们是经常使用的，每次输入这么长的命令不但效率很低，而且也容易出错。因此 Linux（UNIX）引入了 alias 命令（别名），**alias 命令使用户可以为一个很长的命令建立一个简短的别名，之后用户就可以使用这个简单易记的别名来执行该命令而不再必须输入原来的长命令了。**

别名就是 Shell 中命令的一种速记法，它使用户能够按自己的需求定制和简化 Linux（UNIX）命令。alias 命令很简单，它的语法格式如下：

```
alias 别名的名字=命令字符串
```

其中，命令字符串可能要使用单引号括起来，如 alias dir='ls -laF'，这里 dir 就是别名。

Shell 维护一个别名的列表，每当有命令输入时，Shell 都要搜寻这个别名列表。如果命令的第 1 个单词是一个别名，Shell 将使用（定义）别名的正文代替这个单词。当创建一个别名时，要遵守如下规则：

（1）**在等号的两边都不能有任何空格。**

（2）如果命令字符串中包含任何选项、元字符或空格，命令就必须使用单引号括起来。

（3）**在一个别名中的每一个命令必须用分号（;）隔开。**

Bash Shell 本身包含了若干个预定义的别名，可以使用 alias 命令来显示这些别名，同时也会显示用户定义的别名。可以使用例 13-16 的 alias 命令来显示系统中的所有别名。

【例 13-16】

```
[dog@dog ~]$ alias
alias l.='ls -d .* --color=tty'
alias ll='ls -l --color=tty'
alias ls='ls --color=tty'
alias vi='vim'  ......
```

请注意例 13-16 的显示结果的方框中别名 vi 的定义，读者现在应该知道 Linux 系统默认的 vi 编辑器实际上是 vim 的原因了吧？

假设狗项目的工作人员绝大部分是来自微软系统的，他们对微软的 DOS 系统命令很熟悉，而且他们最常使用的操作是列出当前目录中的所有文件和目录。由于 DOS 系统的列目录命令是 dir，因此您就可以为这些用户定义一个 dir 别名来完成列出当前目录中的所有文件和目录操作。这样也就节省了培训的时间，提高了他们的工作效率，而且也减少了他们出错的几率。于是，您使用例 13-17 的 alias 命令来定义这个 dir 别名。

【例 13-17】

```
[dog@dog ~]$ alias dir='ls -laF'
```

系统执行完以上命令之后不会有任何提示，因此您需要使用例 13-18 的 alias 命令来验证以上这个命令是否正确。

【例 13-18】

```
[dog@dog ~]$ alias dir
alias dir='ls -laF'
```

当确认了别名 dir 已经被正确地创建之后，您就可以使用这个别名了。现在您可以使用例 13-19 的命令列出当前目录中所有的内容了。为了节省篇幅，这里省略了大部分输出结果。

【例 13-19】

```
[dog@dog ~]$ dir
```

```
total 16992
drwx------  21 dog  dog    4096 Mar  2 18:33 ./
drwxr-xr-x   7 root root    4096 Dec 25 04:51 ../
drwxrwxr-x   2 dog  dog    4096 Feb  5 02:29 arch/   ......
```

其实，dir 这个别名只列出当前目录中的所有内容，因此列出的内容完全取决于用户所在的当前目录。如您使用例 13-20 的 cd 命令切换到/home/dog/wolf 目录，之后再使用例 13-21 的命令列出所在目录的全部内容，这次列出的将是/home/dog/wolf 目录中的所有文件和目录。

【例 13-20】

```
[dog@dog ~]$ cd wolf
```

【例 13-21】

```
[dog@dog wolf]$ dir
total 24
drwxrwxr-x   3 dog dog 4096 Jan 26  2009 ./
drwx------  21 dog dog 4096 Mar  2 18:33 ../  ......
```

狗项目的多数工作人员打字速度都比较慢，而且英语也不好，但是他们使用的命令很少，而且重复的频率很高，因此他们希望能方便地重复使用他们以前使用过的命令。于是，您**为 history 命令创建了别名 h。您使用例 13-22 的 alias 命令来创建这一别名。**

【例 13-22】

```
[dog@dog wolf]$ alias h=history
```

当确定 h 别名创建成功之后，狗项目的工作人员**就可以使用例 13-23 的简单命令获取他们曾经输入过的历史命令，**之后就可以方便地重复执行所需的命令了。

【例 13-23】

```
[dog@dog wolf]$ h
......
  999  alias dir
 1000  dir   ......
 1006  h
```

由于狗项目的多数工作人员已经习惯了微软系统的工作方式，因此他们中的多数人认为 Linux 系统中所删除的文件也被放入回收站中，如果需要还可以从回收站恢复过来。但是实际上在 Linux 上使用 rm 命令删除的文件是彻底地删除，并未受到回收站的保护。为了防止他们误删重要的文件，您使用例 13-24 的 alias 命令为他们创建了一个名为 del 的别名。

【例 13-24】

```
[dog@dog wolf]$ alias del='rm -i'
```

当确定 del 别名创建成功之后，狗项目的工作人员使用这个别名进行文件删除时就会更安全，因为每删除一个文件之前系统都会询问是否删除该文件。例如，用户可以使用例 13-25 的简单命令删除 dog3.wolf.boy 文件。当按 Enter 键后系统会出现提示信息询问是否要删除 dog3.wolf.boy 文件，如果发现文件名是错的，您就可以回答 n，系统就不删除这个文件。只有回答是 y 时才删除这个文件。

【例 13-25】

```
[dog@dog wolf]$ del dog3.wolf.boy
rm: remove regular empty file 'dog3.wolf.boy'? n
```

随后，您应该使用例 13-26 的命令以验证 dog3. wolf.boy 文件是否还存在。

【例 13-26】

```
[dog@dog wolf]$ dir *.boy
-rw-rw-r--  1 dog dog 0 Dec 12 21:50 dog3.wolf.boy
-rw-rw-r--  1 dog dog 0 Dec 12 21:46 dog.wolf.boy
```

例 13-26 的显示结果清楚地表明 dog3.wolf.boy 文件依然安然无恙，现在您可以放心了吧？接下来，您可以使用例 13-27 的 alias 命令列出所有的别名。

【例 13-27】

```
[dog@dog wolf]$ alias
alias del='rm -i'
alias dir='ls -laF'
alias h='history'        ......
alias vi='vim'           ......
```

例 13-27 的显示结果除了系统预定义的别名外，还给出了您刚刚定义的 3 个新别名。

经过一段时间的实践，狗项目的工作人员开始渐渐喜欢上了 Linux 系统，随着对系统的熟悉，他们已经很少使用为他们所创建的别名了，而现在他们更愿意直接使用 Linux 命令来工作，因为这样更容易控制系统，而且看上去也更专业。

因此您现在就可以使用取消别名命令来取消为他们所定义的别名了。**取消别名命令的语法格式为：**

```
unalias 别名的名字
```

现在您就可以分别使用例 13-28、例 13-29 和例 13-30 的 unalias 命令取消所有之前定义的别名。

【例 13-28】

```
[dog@dog wolf]$ unalias dir
```

【例 13-29】

```
[dog@dog wolf]$ unalias h
```

【例 13-30】

```
[dog@dog wolf]$ unalias del
```

系统执行完以上命令之后都不会有任何提示，因此您可以使用例 13-31 的 alias 命令列出所有的别名来验证以上命令是否正确。

【例 13-31】

```
[dog@dog wolf]$ alias
alias l.='ls -d .* --color=tty'
alias ll='ls -l --color=tty'  ......
```

例 13-31 的显示结果表明您之前所定义的 3 个别名已经被成功地删除了。

还可以将几个命令放在一行上定义成一个别名，其中每个命令之间由分号分隔（系统将顺序执行所定义的命令）。由于狗项目不断地扩大，现在的项目信息已经放到了多个不同的 Linux 服务器上了。由于工作的需要一些用户经常同时连接到多个服务器上(而且可能使用的不同用户名),时间一长就记不得了。为此他们需要经常确定主机名、登录的用户名和日期及时间。为此，您可以**使用例 13-32 的 alias 命令为他们创建一个名为 info 的别名。**

【例 13-32】

```
[dog@dog wolf]$ alias info='hostname; whoami; date'
```

当确认了别名 info 已经被正确地创建了之后，他们就可以使用这个别名了。现在可以**使用例 13-33 的命令列出所需要的信息了。**

【例 13-33】

```
[dog@dog wolf]$ info
dog.super.com
dog
Wed Mar  3 06:56:57 CST 2010
```

别名的功能强大吧？其实还远不止于此，在别名的定义中还可以使用管道将多个命令连起来。由于受到篇幅的限制，这里就不给出具体的例子了，有兴趣的读者可以自己试一试。

13.5　利用 set 进行 Shell 的设置

在 13.1 节中已经介绍了通过 set 命令可以设定 Bash Shell，而且讲解了如何通过使用没有任何选项的 set 命令来显示所有的变量和它们的值。除此之外，set 命令还能够执行更多的 shell 设置工作，有许多 shell 参数可以通过 set -o 命令来设定。可以**使用例 13-34 的带有 set 的组合命令来显示全部可以通过 set -o 命令设置的参数及这些参数的默认值。**为了节省篇幅，这里只显示了部分输出结果。

【例 13-34】

```
[dog@dog ~]$ set -o | more
allexport      off
emacs          on
history        on
noclobber      off
vi             off
```

请注意例 13-34 显示结果中的 noclobber 参数，它的默认值是 off。这里的 clobber 是损毁的意思，noclobber 也就是不损毁的意思。如果将参数 noclobber 的值开启（设置为 on），则意味着当使用>或>&操作符时不会损毁已经存在的文件，也就是说当使用输出重定向符号>或>&时，如果>或>&右边的文件已经存在，系统将不会执行这一输出重定向命令，以保证已经存在的文件不会遭到损坏。但是由于这个参数的默认值是 off，所以输出重定向操作将覆盖原有的文件（如果文件已经存在）。

下面还是通过例子来进一步解释 noclobber 参数的用法和设置。首先做一些准备工作。您应该使用例 13-35 的 cd 命令切换到/home/dog/wolf 目录中，之后使用例 13-36 的 cp 命令创建一个新的名为 boy 的文件，最后使用例 13-37 的 cat 命令列出 boy 文件中的所有内容以验证复制命令的正确性。

【例 13-35】

```
[dog@dog ~]$ cd wolf
```

【例 13-36】

```
[dog@dog wolf]$ cp dog.wolf.baby boy
```

【例 13-37】

```
[dog@dog wolf]$ cat boy
weight: 23 kg
gender: M
age: 3
```

例 13-37 的显示结果表明 boy 文件中存放的是一个 3 岁小狗的信息。过了一段时间经理让您为他制作一个 wolf 目录中所有文件的列表（文件），此时您已经忘记了有这么一个重要的 boy 文件了，于是您使用了例 13-38 的命令来产生所需的列表并存入 boy 文件(注意在输入 ls 命令时又将 s 错误地输成了 a)。

【例 13-38】

```
[dog@dog wolf]$ la -l >& boy
```

接下来，您应该使用例 13-39 的 cat 命令列出 boy 文件中的所有内容。

【例 13-39】

```
[dog@dog wolf]$ cat boy
-bash: la: command not found
```

例 13-39 的显示结果表明原来 boy 文件中有用的内容全部被没用的错误信息覆盖掉了。是不是蛮恐怖的？如果您使用的是例 13-40 的命令，也好不到哪去。

【例 13-40】

```
[dog@dog wolf]$ la -l > boy
-bash: la: command not found
```

这次系统执行完以上命令之后会显示错误信息，当您使用例 13-41 的 cat 命令列出 boy 文件中的所有内容时，却发现这个文件已经被清空了。

【例 13-41】

```
[dog@dog wolf]$ cat boy
```

为了进行后面的操作，使用例 13-42 的 cp 命令重新创建那个名为 boy 的文件，之后使用例 13-43 的 cat 命令再次列出 boy 文件中的所有内容，以验证所需的数据都已经存在了。

【例 13-42】

```
[dog@dog wolf]$ cp dog.wolf.baby boy
```

【例 13-43】

```
[dog@dog wolf]$ cat boy
weight: 23 kg
gender: M
age: 3
```

为了防止已经存在的文件中的数据被意外地覆盖掉，您可以使用例 13-44 的 set 命令重新设置 noclobber 参数的值。

【例 13-44】

```
[dog@dog wolf]$ set -o noclobber
```

随后，您应该使用例 13-45 的组合命令列出 noclobber 参数的当前值。

【例 13-45】

```
[dog@dog wolf]$ set -o | grep noclob
noclobber       on
```

例 13-45 的显示结果清楚地表明 noclobber 参数的值已经从 off 变为了 on，这下您就放心多了。现在您试着在例 13-46 中重新输入与例 13-38 完全相同的命令，但是这次系统拒绝执行这条命令，并显示不能覆盖已经存在的文件 boy。您再次在例 13-47 中使用与例 13-40 完全相同的命令，系统也同样拒绝执行这条命令。

【例 13-46】

```
[dog@dog wolf]$ la -l >& boy
-bash: boy: cannot overwrite existing file
```

【例 13-47】

```
[dog@dog wolf]$ la -l > boy
-bash: boy: cannot overwrite existing file
```

之后，您使用例 13-48 的 cat 命令再次列出 boy 文件中的全部内容，您会发现文件中的信息完好无损。

【例 13-48】

```
[dog@dog wolf]$ cat boy
weight: 23 kg
gender: M
age: 3
```

但是将 noclobber 的参数设置成 on，对>>重定向符号并不产生任何影响，这是因为>>将数据附加到文件的末尾并不会造成文件中原有数据的任何丢失。如现在您想在 boy 文件的末尾加上系统的日期和时间，您就可以使用例 13-49 的带有>>符号的命令。

【例 13-49】

```
[dog@dog wolf]$ date >> boy
```

接下来，您应该使用例 13-50 的 cat 命令列出 boy 文件中的全部内容。

【例 13-50】

```
[dog@dog wolf]$ cat boy
weight: 23 kg
gender: M
age: 3
Wed Mar  3 10:58:56 CST 2010
```

在 Linux 操作系统中 Bash Shell 命令行默认是使用 emacs（编辑器的）语法，但是有些 vi 高手可能更喜欢 vi 的语法，此时可以使用 set -o vi 进行重新设置。为此，您应该先使用例 13-51 的组合命令列出 emacs 和 vi 参数的设置。

【例 13-51】

```
[dog@dog wolf]$ set -o | egrep 'emacs|vi'
emacs           on
privileged      off
vi              off
```

例 13-51 的显示结果表明 emacs 参数的值是 on，而 vi 参数的值是 off，也就表示 Bash Shell 命令行目前使用的是 emacs 语法。接下来，您使用例 13-52 的 set 命令将 Bash Shell 命令行目前使用的语法改成 vi 的语法。

【例 13-52】

```
[dog@dog wolf]$ set -o vi
```

之后，您应该使用例 13-53 的组合命令再次列出 emacs 和 vi 参数的设置。

【例 13-53】

```
[dog@dog wolf]$ set -o | egrep 'emacs|vi'
emacs           off
privileged      off
vi              on
```

例 13-53 的显示结果表明 emacs 参数的值是 off，而 vi 参数的值是 on，这也就表示 Bash Shell 命令行目前使用的已经是 vi 语法了。因为您现在还不是 vi 高手，所以最好使用例 13-54 的 set 命令将 Bash Shell 命令行目前使用的语法再重新改回到原来默认的 emacs 语法。

【例 13-54】

```
[dog@dog wolf]$ set -o emacs
```

接下来，您应该使用例 13-55 的组合命令再次列出 emacs 和 vi 参数的设置，以确认目前 Bash Shell 命令行使用的语法已经是默认的 emacs 语法了。

【例 13-55】

```
[dog@dog wolf]$ set -o | egrep 'emacs|vi'
emacs       on
privileged  off
vi              off
```

13.6 将局部变量转换成环境变量

当用户创建了一个变量之后，这个变量只能在该用户目前工作的 shell 环境中使用（生效）。一旦离开了当前的 shell 环境，该变量就失效了。只有环境变量才能不仅在当前的 shell 环境中生效（可以使

用），而且还可以在它的所有子 shell 中生效。因此如果您想让自定义的变量可以在当前的 shell 和它的每一个子 shell 中使用，就必须将这个自定义的变量转换（升级）成环境变量。将自定义的变量升级成环境变量的语法格式如下：

```
export 变量名
```

这里的 export 在商业贸易中的含义是出口。从商业贸易角度讲，可能 UNIX 的作者认为局部变量就有点像国内本地的货物，而环境变量既然是所有的 shell（用户）都可以使用，也就相当于出口到全世界各地的货物。因此将局部（本地）变量升级为环境变量就是要将本地变量（货物）出口到世界各地。这可能就是 export 这个命令的含义吧。

如果读者对当前工作的 shell 和它的子 shell 这样的表述不十分理解，也没有关系。您可以把当前工作的 shell 看成一个主程序，将它的子 shell 看成这个主程序的一些子程序，而环境变量就相当于全局变量，因此环境变量可以在主程序和它的所有子程序中使用。

下面通过首先定义局部变量，之后再将其升级为环境变量的例子来进一步解释将局部变量升级为环境变量的具体操作。下面还是使用 DOG1_COLOR 和 DOG2_COLOR 这两个自定义的变量，首先应该使用例 13-56 的以 set 开始的组合命令来查看这两个变量是否存在。

【例 13-56】

```
[dog@dog ~]$ set | grep DOG
```

当确认变量确实不存在后，您可以使用例 13-57 的命令创建 DOG1_COLOR 这一变量，并将它的值设定为 black。

【例 13-57】

```
[dog@dog ~]$ DOG1_COLOR=black
```

随即，应该使用例 13-58 以 set 开始的组合命令来查看变量 DOG1_COLOR 和它的值。

【例 13-58】

```
[dog@dog ~]$ set | grep DOG
DOG1_COLOR=black
```

☞ 指点迷津：

有些 Linux 的教材是直接使用 set 或 set | more 命令进行测试的，但是这样会显示太多毫不相关的变量。建议读者在学习 Linux 或 UNIX 的起步阶段就养成一个好习惯，即只查找和显示所需要的信息。这样做的好处是不但会减少工作量，而且也减少了出错的机会。

当确认了变量 DOG1_COLOR 已经存在，并且它的值也正确无误之后，您可以使用例 13-59 的 su 命令切换到 cat 用户（也可以是其他用户），注意这里在 su 和 cat 之间不能使用“-”，即不能使用 su - cat，其中的原因稍后会详细解释。

【例 13-59】

```
[dog@dog ~]$ su cat
```

当确认已经在 cat 用户下之后，您应该使用例 13-60 以 set 开始的组合命令来查看变量 DOG1_COLOR 和它的值。

提示：

有些 Linux 的书籍是使用 whoami 命令来确认目前所在的用户的。这里使用一个小技巧来减少一些工作量，读者只要注意 shell 提示符中“[”之后的用户名就能确定当前用户了。

【例 13-60】

```
[cat@dog dog]$ set | grep DOG
```

系统执行完以上命令之后也没有任何显示结果出现，这表明在 cat 用户的环境中根本没有 DOG1_

COLOR 这个变量，也就是 cat 用户无法使用 dog 用户的变量 DOG1_COLOR。这也就证明了局部变量只在当前的 shell 中有效。在这里由于是在 dog 用户中使用 su 命令切换到 cat 用户，所以 dog 用户使用的 shell 称为主（parent）shell，而 cat 用户使用的 shell 称为子（child）shell。之后使用例 13-61 的 exit 命令退出 cat 用户，也就返回到 dog 用户。

【例 13-61】

```
[cat@dog dog]$ exit
exit
```

接下来，您使用例 13-62 的 export 命令将自定义的变量 DOG1_COLOR 升级为环境变量。

【例 13-62】

```
[dog@dog ~]$ export DOG1_COLOR
```

系统执行完以上命令之后也不会有任何提示，因此您应该使用例 13-63 以 env 开始的组合命令来查看 DOG1_COLOR 是否已经升级成了环境变量。

【例 13-63】

```
[dog@dog ~]$ env | grep DOG
DOG1_COLOR=black
```

当确认了环境变量 DOG1_COLOR 已经存在，并且它的值也正确无误之后，您就可以使用例 13-64 的 su 命令再次切换到 cat 用户。

【例 13-64】

```
[dog@dog ~]$ su cat
```

系统执行完以上命令之后也不会有任何提示，因此您应该使用例 13-65 以 set 开始的组合命令和例 13-66 以 env 开始的组合命令来查看变量 DOG1_COLOR 是否存在。

【例 13-65】

```
[cat@dog dog]$ set | grep DOG
DOG1_COLOR=black
```

【例 13-66】

```
[cat@dog dog]$ env | grep DOG
DOG1_COLOR=black
```

例 13-65 和例 13-66 的显示结果证明了环境变量在当前的 shell 和它的子 shell 中都是有效的。之后使用例 13-67 的 exit 命令再次退出 cat 用户。

【例 13-67】

```
[cat@dog dog]$ exit
exit
```

其实，也可以在定义变量的同时就将这个变量升级为环境变量。您可以使用例 13-68 的 export 命令定义一个名为 DOG2_COLOR 的变量，并将它升级为一个环境变量。

【例 13-68】

```
[dog@dog ~]$ export DOG2_COLOR=grey
```

系统执行完以上命令之后也不会有任何提示，因此您应该使用例 13-69 以 env 开始的组合命令来查看 DOG2_COLOR 是否已经创建并被升级成了环境变量。

【例 13-69】

```
[dog@dog ~]$ env | grep DOG2
DOG2_COLOR=grey
```

当确认了环境变量 DOG2_COLOR 已经存在，并且它的值也正确无误之后，您就可以使用例 13-70 的 su 命令再次切换到 cat 用户。

【例 13-70】

```
[dog@dog ~]$ su cat
```

随后，您应该使用例 13-71 以 env 开始的组合命令查看变量 DOG2_COLOR 是否存在。

【例 13-71】

```
[cat@dog dog]$ env | grep DOG2
DOG2_COLOR=grey
```

当一个变量不再需要时，可以使用 unset 取消这个变量。您可以使用例 13-72 的 unset 命令取消变量 DOG2_COLOR。

【例 13-72】

```
[cat@dog dog]$ unset DOG2_COLOR
```

之后，您应该使用例 13-73 以 env 开始的组合命令查看以上变量是否还存在。

【例 13-73】

```
[cat@dog dog]$ env | grep DOG
DOG1_COLOR=black
```

例 13-73 的显示结果清楚地表明变量 DOG2_COLOR 已经被取消了。但是如果在子 shell 中，unset 命令则只能取消当前 shell 中的变量，而其他 shell 中的变量不受影响。为了证明这一点，您使用例 13-74 的 exit 命令再次退出 cat 用户。

【例 13-74】

```
[cat@dog dog]$ exit
exit
```

当确认当前用户为 dog 之后，您应该使用例 13-75 以 env 开始的组合命令来查看变量 DOG2_COLOR 是否还存在。

【例 13-75】

```
[dog@dog ~]$ env | grep DOG
DOG2_COLOR=grey
DOG1_COLOR=black
```

例 13-75 的显示结果表明环境变量 DOG2_COLOR 依然完好无损。但如果是在主（parent）shell 中就不同了，如果在主 shell 中，unset 命令不但取消当前 shell 中的这个变量，而且它的所有子 shell 也都不能再访问这个变量了。现在您使用例 13-76 的 unset 命令取消变量 DOG1_COLOR。

【例 13-76】

```
[dog@dog ~]$ unset DOG1_COLOR
```

接下来，您应该使用例 13-77 以 env 开始的组合命令查看这一变量是否还存在。

【例 13-77】

```
[dog@dog ~]$ env | grep DOG
DOG2_COLOR=grey
```

例 13-77 的显示结果清楚地表明变量 DOG1_COLOR 已经被取消了。由于是在主 shell 中，unset 命令一旦取消了当前 shell 中的变量，则它的所有子 shell 也都不能再访问这个变量了。为了证明这一点，您使用例 13-78 的 su 命令进入 cat 用户。

【例 13-78】

```
[dog@dog ~]$ su cat
```

当确认当前用户为 cat 之后，您应该使用例 13-79 以 env 开始的组合命令来查看变量 DOG1_COLOR 是否还存在。

【例 13-79】

```
[cat@dog dog]$ env | grep DOG
```

```
DOG2_COLOR=grey
```

例 13-79 的显示结果清楚地表明变量 DOG1_COLOR 已经不见了。这也就证明了如果在主 shell 中，unset 命令不但取消了当前 shell 中的这个变量，而且它的所有子 shell 也都不能再访问这个变量了。

☞ **指点迷津：**

有些 Linux 的教材说环境变量会在整个主机上生效，这是有问题的。需要指出的是，所有的子 shell 与所有的 shell（用户）并不是一个概念。您可以使用下面简单的方法来测试一下：再开启一个终端窗口，之后使用 env | grep DOG 命令您会发现没有任何显示，这也就说明不是子 shell 的其他 shell 是不能使用这些环境变量的。即使是在 root 用户中创建的环境变量也是一样的，有兴趣的读者可以自己试一下。

13.7　常用的环境变量

从例 13-2 的 env | more 命令的显示结果可以知道，在 Linux 系统中有许多预设的环境变量，但是用户经常使用的却并不多。以下就是一些用户可能经常使用的环境变量及操作环境的命令。

- HOME：用户家目录的路径。
- PWD：用户当前的工作目录。
- LANG：标识程序将要使用的默认语言。
- TERM：用户登录终端的类型。
- reset：当屏幕崩溃（如出现乱码等），重新设置终端的命令（不是变量）。
- PATH：可执行文件（命令）搜索路径，即搜寻存放程序的一个目录列表。
- which：定位并显示可执行文件（命令）所在路径的命令（不是变量）。
- SHELL：用户登录 shell 的路径。
- USER：用户的用户名。
- DISPLAY：X 显示器的名字。

现在假设您还是以 dog 用户登录的 Linux 系统，您可以**使用例 13-80 以 env 开始的组合命令获取环境变量 HOME 的信息。**

【例 13-80】

```
[dog@dog ~]$ env | grep HOME
HOME=/home/dog
```

例 13-80 的显示结果表明 dog 用户的家目录就是我们已经非常熟悉的/home/dog。接下来，使用例 13-81 的 su 命令切换到 root 用户（在 Password 处输入 root 的密码）。

【例 13-81】

```
[dog@dog ~]$ su - root
Password:
```

之后，您可以使用例 13-82 以 env 开始的组合命令再次获取环境变量 HOME 的信息。

【例 13-82】

```
[root@dog ~]# env | grep HOME
HOME=/root
```

由于当前用户已经成为了 root，所以例 13-82 的显示结果表明 root 用户的家目录是我们也已经非常熟悉的/root。

其实，可以使用例 13-83 的 echo 命令（显示变量 HOME 的值）来获取与例 13-82 完全相同的信息。但是，感觉还是使用以 env 开始的组合命令获取环境变量的信息更清晰些。

【例 13-83】

```
[root@dog ~]# echo $HOME
/root
```

操作完成之后使用 exit 命令返回 dog 用户，根据提示符中的~，可以断定是在 dog 用户的家目录中。此时，可使用例 13-84 以 env 开始的组合命令获取环境变量 PWD 的信息。

【例 13-84】

```
[dog@dog ~]$ env | grep PWD
PWD=/home/dog
```

接下来，使用例 13-85 的 cd 命令切换到 dog 用户家目录的 wolf 子目录。之后，您使用例 13-86 以 env 开始的组合命令再次获取环境变量 PWD 的信息。

【例 13-85】

```
[dog@dog ~]$ cd wolf
```

【例 13-86】

```
[dog@dog wolf]$ env | grep PWD
PWD=/home/dog/wolf
OLDPWD=/home/dog
```

仔细观察例 13-84 和例 13-86 的显示结果，可以发现 PWD 变量存放的就是当前工作目录的路径，PWD 变量的值与 pwd 命令的结果完全相同（读者可以自己试一下）。

接下来要进一步解释环境变量 LANG。为此，您使用例 13-87 以 env 开始的组合命令获取环境变量 LANG 的信息。

【例 13-87】

```
[dog@dog wolf]$ env | grep LANG
LANG=en_US.UTF-8
```

根据例 13-87 的显示结果可知目前这个 Linux 系统使用的字符集是美国英语 en_US. UTF-8。我们目前是使用 telnet 登录的，如果您使用图形界面登录，请先退出 Linux 系统。

提示：

为了减少本书的篇幅，特将以下操作的图形解释部分全都移到资源包中的电子书中了。读者在阅读此书以下部分时，如果理解上有困难可以参阅资源包中的电子书，其中有详细的图示。

接下来，将 Linux 图形界面的文字改成简体中文。以下就是更改语言的具体操作步骤：

（1）选择用户 dog，单击图形界面底部的 Language 选择菜单。如果出现汉语（中国）选项就直接选择汉语（中国）。

（2）如果没有汉语（中国）选项就选择“other...”，在选择语言窗口中选择汉语（中国），之后单击 OK 按钮。然后使用 dog 用户登录 Linux 系统。

（3）单击保留旧名称按钮。因为我们不想让简体中文字符集成为这个 Linux 系统的默认字符集。

（4）当进入 Linux 系统后，您会发现所有的显示都已经是简体中文了。此时，开启一个终端窗口以便输入命令。

在终端窗口中，使用例 13-88 以 env 开始的组合命令再次获取环境变量 LANG 的信息。

【例 13-88】

```
[dog@dog ~]$ env | grep LANG
LANG=zh_CN.UTF-8
GDM_LANG=zh_CN.UTF-8
```

根据例 13-88 的显示结果可知目前这个 Linux 系统使用的字符集已经是简体中文 zh_ CN.UTF-8 了。现在应该对环境变量 LANG 清楚了吧？

如果您使用 telnet（命令行终端）登录 Linux，您可以使用例 13-89 以 env 开始的组合命令获取环境变量 TERM 的信息。

【例 13-89】

```
[dog@dog ~]$ env | grep TERM
TERM=ansi
```

接下来，您使用图形界面登录 Linux，之后使用例 13-90 以 env 开始的组合命令再次获取环境变量 TERM 的信息。

【例 13-90】

```
[dog@dog ~]$ env | grep TERM
TERM=xterm
COLORTERM=gnome-terminal
```

通过比较例 13-89 和例 13-90 的显示结果，可以发现 Linux 系统使用 telnet 登录与使用图形界面登录之间终端的差别。

现在，您可以使用例 13-91 以 env 开始的组合命令来获取环境变量 PATH 的值，即在执行命令（可执行文件）时要搜索的全部路径，路径之间用冒号隔开。

【例 13-91】

```
[dog@dog ~]$ env | grep PATH
PATH=/usr/kerberos/bin:/usr/local/bin:/bin:/usr/bin:/usr/X11R6/bin:/home/dog/bin
```

提示：

如果读者对以下有关 Oracle 安装时的变量设置内容不感兴趣或理解上有困难，可以跳过这段内容，不会影响本书后面的学习。

目前一种流行的趋势是将 Oracle 数据库管理系统安装在 Linux 系统上，此时就需要设置一些环境变量，这些变量和它们的设置如下（其中#后是注释）：

```
ORACLE_BASE=/oracle                        #定义 Oracle 软件的安装目录
export ORACLE_BASE                         #将 ORACLE_BASE 变量升级为环境变量
ORACLE_HOME=$ORACLE_BAS/oracle12           #定义 Oracle 数据库的安装目录
export $ORACLE_HOME                        #将 ORACLE_HOME 变量升级为环境变量
PATH=$PATH:$ORACLE_HOME/bin                #将$ORACLE_HOME/bin（也就是/oracle/
                                            oracle12/bin）加入到搜索路径中
```

以上的 Linux 系统环境变量的设置是为了系统能够搜索到 Oracle 系统中的可执行文件，以保证 Oracle 系统的正常运行。注意，这里为了方便，相关的 Oracle 目录定义的较短，在实际商业环境中这些目录都很长。

有兴趣的读者可以仿照本节中所解释的方法对其他环境变量进行类似测试，这里不再给出具体的例子。

13.8 Shell 启动脚本和登录 Shell

已经介绍了创建变量和将它们升级成环境变量的具体方法，但还是有一个问题没有彻底解决，那就是如果用户退出 Linux 系统或系统重新启动了，之后再次登录时原来定义的变量就全部消失了。**如果要想继续使用这些局部或环境变量就要重新定义并升级这些变量，是不是太麻烦了？有没有办法将这些设定永久地保持下去？当然有，那就是将这些变量定义和升级为环境变量的操作存入 Shell 启动脚本中。**

脚本就是存放了一些 Linux（UNIX）命令的正文文件，而 Shell 启动脚本（Shell Startup Scripts）

是在 Linux 系统启动之后立即自动执行的脚本，其中包含了系统启动后需要执行的命令和系统配置。Shell 启动脚本的作用包含以下 4 点：

- 通过在启动脚本文件中设置局部变量或运行 set 命令来设置 shell。
- 通过在启动脚本文件中建立环境变量来设置其他的程序。
- 在启动脚本文件中创建（启用）别名。
- 在启动脚本文件中定义系统启动时要执行的程序。

在有些 UNIX 或 Linux 书中，也将启动脚本文件称为 Shell 初始化文件（Initialization Files）或系统配置文件（System Configuration Files）。除了 Shell 启动脚本之外，与系统启动和用户登录相关的另外两个非常重要的概念就是登录 Shell（Login shell）和非登录 Shell（Non-login shell）。

登录 Shell 就是由用户登录的操作而触发所运行的 shell，即用户登录后所使用的 shell。通过“su - 用户名”命令进行用户切换，这个用户使用的也是他的登录 Shell（Login shell）。

非登录 Shell 是以其他方式启动的 shell，具体地说非登录 Shell 是由以下方式启动的：

- 使用“su 用户名”命令，注意这里的 su 命令没有使用“-”。
- 使用图形终端。
- 执行脚本。
- 从一个 shell 中启动的 shell。

13.9　Login shell 执行的启动脚本和顺序

Login shell 和 Non-login shell 会执行不同的启动脚本。首先介绍 Login shell 执行的脚本及其执行的顺序，**当一个用户登录 Linux 系统时，Login shell 按如下顺序执行所需脚本。**

（1）执行/etc/profile 这个启动脚本（Startup Script），在/etc/profile 这个启动脚本中会调用/etc/profile.d 目录下的所有启动脚本。

（2）执行~/.bash_profile（用户家目录中的.bash_profile）这个启动脚本，在~/.bash_profile 这个启动脚本中又会调用~/.bashrc（用户家目录中的.bashrc）这个启动脚本，而~/.bashrc 这个启动脚本又将调用/etc/bashrc 这个启动脚本。

通常 Linux 系统为每一个用户都自动创建了.bash_profile 和.bashrc 脚本文件，这两个文件就存放在用户的家目录中。

下面简要地解释/etc/profile 这个启动脚本是怎样调用/etc/profile.d 目录下的所有启动脚本的。首先使用例 13-92 的 ls 命令列出/etc/profile.d 目录中所有的内容。

【例 13-92】

```
[dog@dog ~]$ ls -l /etc/profile.d
total 120
-rwxr-xr-x  1 root root  713 Oct  7  2006 colorls.sh
-rwxr-xr-x  1 root root  190 Oct  7  2006 glib2.sh
-rwxr-xr-x  1 root root   70 Oct  7  2006 gnome-ssh-askpass.sh
-rwxr-xr-x  1 root root  210 Oct  7  2006 krb5.sh  ……
```

从例 13-92 的显示结果可知在/etc/profile.d 目录中存放的都是以.sh 或.csh 结尾的 shell 脚本文件。接下来，您可以使用例 13-93 的 tail 命令列出/etc/profile 文件最后 8 行的内容。

【例 13-93】

```
[dog@dog ~]$ tail -8 /etc/profile
for i in /etc/profile.d/*.sh ; do
```

```
    if [ -r "$i" ]; then
        . $i
    fi
done          ……
```

例 13-93 显示结果的第 1 行的 for i in /etc/profile.d/*.sh ; do 表示只要/etc/profile.d 目录中还有以.sh 结尾的 shell 脚本文件就继续执行循环体中的语句（*.sh 表示以.sh 结尾的所有文件），其实循环体中只有一个条件语句（这个条件语句占据了第 2、第 3 和第 4 行）。

第 2 行的 if [-r "$i"]; then 表示如果变量 i 的值所表示的文件是可读的就执行 then 后面第 3 行的语句。

注意，参考例 13-92 的显示结果可以看出在第 1 次循环时，i 的值为 colorls.sh；第 2 次循环时，i 的值为 glib2.sh 等。

第 3 行的. $i 表示调用（执行）变量 i 的值所代表的脚本文件，在第 1 次循环时调用 colorls.sh，第 2 次循环时调用 glib2.sh 等。

第 4 行的 fi 为 if（条件）语句的结束标志，而第 5 行的 done 为 for 循环语句的结束标志。

提示：

如果读者对以上关于 shell 程序的解释不十分理解也没有关系，不会影响后面的学习。其实，以上程序语句的详细解释是属于 Linux 的 shell 程序设计课程的内容。这段解释的目的是使那些有一定程序设计基础的读者对/etc/profile 这个重要脚本的运作方式有一个概括的了解。限于本书的篇幅和范围，这里就不对用户家目录中的.bash_profile 做进一步的解释了。其实，它的运作方式与/etc/profile 差不多，甚至还要简单点。如果读者掌握了 shell 程序设计的知识，对这些脚本文件中的 shell 语句就不难理解了。

接下来，通过以下的例子来形象地演示 Login shell 调用（执行）的启动脚本和它们的顺序。为此，您首先使用例 13-94 的 su 命令切换到 root 用户。

【例 13-94】

```
[dog@dog ~]$ su - root
Password:
```

为了安全起见，您使用例 13-95 的 cp 命令将要修改的重要文件/etc/profile 做一个备份以防止意外损毁。

【例 13-95】

```
[root@dog ~]# cp /etc/profile profile.bak
```

接下来，您最好使用例 13-96 的 ls 命令检查一下备份文件是否已经生成。

【例 13-96】

```
[root@dog ~]# ls
anaconda-ks.cfg  install.log         profile.bak
Desktop          install.log.syslog  Templates
```

指点迷津：

要养成习惯，在修改重要的文件之前一定要做备份，并要使用命令确认备份文件已经正确生成。这样万一出了问题还可以回到原点，千万不要过于自信。

做好了以上的准备工作之后，使用例 13-97 的 vi 命令开启/etc/profile 进行编辑。在/etc/profile 文件的第 2 行插入新的一行 echo 命令（方框框起来的部分），修改之后存盘退出。

【例 13-97】

```
[root@dog ~]# vi /etc/profile
# /etc/profile
echo '1.  /etc/profile is running !!!'    ……
```

之后，使用例 13-98 的 exit 命令返回 dog 用户。接下来，使用例 13-99 的 vi 命令开启 dog 家目录中的.bash_profile 以进行编辑。在.bash_profile 文件的第 2 行也插入新的一行 echo 命令（方框框起来的部分），修改之后存盘退出。**为了节省篇幅，这里没有做备份。在实际工作中，读者一定要做备份，千万别偷懒。**

【例 13-98】

```
[root@dog ~]# exit
```

【例 13-99】

```
[dog@dog ~]$ vi .bash_profile
1 # .bash_profile
2 echo "2.  ~/.bash_profile is running !!!"  ......
```

之后，利用同样的方法使用例 13-100 的 vi 命令编辑 dog 家目录中的.bashrc 以插入所需的内容。其中方框中的内容是您输入的。

【例 13-100】

```
[dog@dog ~]$ vi .bashrc
1 # .bashrc
2 echo '3.  ~/.bashrc is running !!!'  ......
```

例 13-99 和例 13-100 的显示结果表明在 dog 用户中使用 vi 编辑器时每行之前都冠以了行号，还记得是什么原因吗？如果忘记了，请复习一下第 12.14 节的内容。

之后要再次切换到 root 用户，因为只有 root 用户有权修改/etc/bashrc 文件。接下来，利用与之前同样的方法使用例 13-101 中的 vi 命令编辑/etc/bashrc 以插入所需的内容。其中方框中的内容是您输入的。

【例 13-101】

```
[root@dog ~]# vi /etc/bashrc
# /etc/bashrc
echo '4.  /etc/bashrc is running !!!'   ......
```

之后，重新使用 dog 用户登录 Linux 系统。当登录之后，系统就会按顺序显示出您在不同的脚本文件中输入的 echo 命令的信息，之后才会出现 Shell 的提示字符。

```
login: dog
Password:
Last login: Thu Mar  4 21:39:29 from 192.168.11.1
You have mail.
1.  /etc/profile is running !!!
2.  ~/.bash_profile is running !!!
3.  ~/.bashrc is running !!!
4.  /etc/bashrc is running !!!
```

其实，在目前阶段即使您没有完全理解本节的内容，而只记住了上面脚本文件的执行顺序也可以。为了演示如何使用 su - dog 命令切换到 dog 用户，可先使用 telnet 以 cat 用户登录 Linux 系统。

```
login: cat
Last login: Thu Mar  4 00:06:58 from 192.168.11.1
1.  /etc/profile is running !!!
4.  /etc/bashrc is running !!!
```

以 cat 用户登录 Linux 系统之后只显示了两行/etc 目录中脚本的相关信息，而并未显示 cat 家目录中那两个脚本文件的相关信息。这只是因为之前只编辑了 dog 用户的.bash_profile 和.bashrc 文件。现在，您就可以使用例 13-102 的 su 命令切换到 dog 用户。

【例 13-102】

```
[cat@dog ~]$ su - dog
Password:
```

```
1. /etc/profile is running !!!
2. ~/.bash_profile is running !!!
3. ~/.bashrc is running !!!
4. /etc/bashrc is running !!!
```

例 13-102 的显示结果显示使用 su - dog（也可以是其他用户）执行的是 Login shell。

13.10 Non-login shell 执行的启动脚本和顺序

与 Login shell 有所不同，**Non-login shell 并不执行/etc/profile 这个启动脚本，也不执行~/.bash_profile（用户家目录中的.bash_profile）这个启动脚本。**

当用户以 Non-login shell 登录 Linux 系统时，将首先执行~/.bashrc（用户家目录中的.bashrc）脚本文件，而~/.bashrc 脚本文件将调用/etc/bashrc 这个脚本文件。当执行完了这两个启动脚本文件之后，Non-login shell 才会执行/etc/profile.d 目录中全部相关的脚本文件。

可能有些读者要问：**到底什么情况是以 Non-login shell 登录呢？一种情况是使用不带“-”的 su 命令，另一种就是在当前的系统提示符下启动一个新的 shell。**

为了进一步演示 Non-login shell 登录使用的启动脚本和执行顺序，首先以 cat 用户登录 Linux 系统。接下来，使用例 13-103 的 su 命令切换到 dog 用户，当切换成功之后就会按顺序显示出您在不同的脚本文件中输入的 echo 命令的信息，之后才会出现 Shell 的提示字符。

【例 13-103】

```
[cat@dog ~]$ su dog
Password:
3. ~/.bashrc is running !!!
4. /etc/bashrc is running !!!
[dog@dog cat]$
```

例 13-103 的显示结果清楚地表明 Non-login shell 没有执行/etc/profile 和~/.bash_ profile 启动脚本。它首先执行的是~/.bashrc 脚本文件，之后执行的是/etc/bashrc 脚本文件。

另一个需要注意的问题是，在例 13-103 的显示结果的最后一行工作目录部分变成了 cat，cat 的含义是当前的工作目录是 cat 的家目录。您可以使用例 13-104 的 pwd 命令验证一下。

【例 13-104】

```
[dog@dog cat]$ pwd
/home/cat
```

可能会有读者认为是没有切换成功，还在 cat 用户下吧？肯定不会的，因为在例 13-103 的显示结果已经有“3. ~/.bashrc is running !!!”的信息，而您只在 dog 用户的.bashrc 文件中加入了这行信息，另外在系统提示符中@之前的用户名已经变成了 dog。如果您还是觉得心里不踏实，也没关系，您可以使用例 13-105 的 whoami 命令确定一下当前的用户。

【例 13-105】

```
[dog@dog cat]$ whoami
dog
```

现在，您心里应该踏实了吧？还有您也应该知道 su - dog 和 su dog（当然可以是其他用户，不一定非得是 dog）这两个命令之间的差别了吧？

下面演示另一种利用 Non-login shell 登录的方法，那就是在当前的系统提示符下启动一个新的 shell。于是，您使用例 13-106 的 bash 命令启动一个新的 shell。

【例 13-106】

```
[dog@dog cat]$ bash
3.  ~/.bashrc is running !!!
4.  /etc/bashrc is running !!!
```

例 13-106 的显示结果与例 13-103 的完全相同。但是如果您使用例 13-107 的 sh 命令，会发现 shell 将不会执行~/.bashrc 和/etc/bashrc 启动脚本，因为这两个文件是 Bash Shell 的启动脚本文件（也称为配置文件），它们对其他 shell 不起作用。

【例 13-107】

```
[dog@dog cat]$ sh
```

系统执行完以上命令之后，系统的提示符会变成 Bourn Shell 的提示符 sh-3.00$。为了后面的操作方便，您应该使用例 13-108 的 exit 命令返回到原来的 Bash Shell。

【例 13-108】

```
sh-3.00$ exit
exit
```

13.11 /etc/profile 文件和/etc/profile.d 目录

当一个用户登录 Linux 系统或使用 su -命令切换到另一用户时，也就是 Login shell 启动时，首先要确保执行的启动脚本就是/etc/profile。这里需要再一次强调：只有 Login shell 启动时才会运行/etc/profile 这个脚本，而 Non-login shell 不会调用这个脚本。

一些重要的变量就是在这个脚本文件中设置的，如 PATH、USER、LOGNAME、HOSTNAME、MAIL、HISTSIZE 和 INPUTRC。其中，INPUTRC 指向/etc/inputrc 文件，这是一个 ASCII 码文件，其中存放的是针对键盘热键设置的信息。其变量的含义如下。

- **PATH：预设可执行文件或命令的搜索路径。**
- USER：用户登录时使用的用户名。
- LOGNAME：其值为$USER。
- **HOSTNAME：所使用的主机名。**
- **MAIL：存放用户电子邮件的邮箱（实际上是一个 ASCII 码文件）。**
- HISTSIZE：历史记录的行数。

要注意的是，在/etc/profile 文件中设置的变量是全局变量。下面稍微详细地介绍变量 USER、LOGNAME 和 MAIL，如果读者对/etc/profile 文件中的任何变量的定义不清楚，也可以采取类似的方法来处理。首先您可以使用例 13-109 的命令列出在/etc/profile 文件中变量 USER 和与它相关的变量的定义。

【例 13-109】

```
[dog@dog ~]$ cat /etc/profile | grep USER
USER="'id -un'"
LOGNAME=$USER
MAIL="/var/spool/mail/$USER"
export PATH USER LOGNAME MAIL HOSTNAME HISTSIZE INPUTRC
```

首先看例 13-109 显示结果的第 1 行变量 USER 的定义，读者应该还记得 id 这个命令，本书第 8 章中曾经简单地介绍过，在这里再略微详细地介绍一下该命令的用法。您可以使用例 13-110 不带任何参数的 id 命令列出当前用户比较详细的信息。

【例 13-110】

```
[dog@dog ~]$ id
uid=500(dog) gid=500(dog) groups=500(dog),503(friends)
```

如果您需要当前用户的 uid，则可以使用例 13-111 带有-u 选项的 id 命令，这里-u 选项表示要列出有效用户 id，也就是 uid。

【例 13-111】

```
[dog@dog ~]$ id -u
500
```

例 13-111 的显示结果表明当前用户的 uid 是 500。如果您想让 id 命令列出用户名，则可以使用例 13-112 带有-un 选项的 id 命令。

【例 13-112】

```
[dog@dog ~]$ id -un
dog
```

例 13-112 的显示结果表明当前用户名是 dog，现在明白例 13-109 中 USER="'id -un'"这一行的含义了吧？实际上现在变量 USER 的值就是 dog，可以使用例 13-113 的 echo 命令测试一下。

【例 13-113】

```
[dog@dog ~]$ echo $USER
dog
```

从例 13-109 显示结果的第 2 行变量 LOGNAME 的定义可知当前变量 LOGNAME 的值也是 dog，您也可以使用例 13-114 的 echo 命令再测试一下。

【例 13-114】

```
[dog@dog ~]$ echo $LOGNAME
dog
```

从例 13-109 显示结果的第 3 行变量 MAIL 的定义可知当前变量 MAIL 的值应该是/var/spool/mail/dog，您也可以使用例 13-115 的 echo 命令再测试一下。

【例 13-115】

```
[dog@dog ~]$ echo $MAIL
/var/spool/mail/dog
```

接下来，**您可以使用例 13-116 的 file 命令来确定/var/spool/mail/dog 的文件类型。**

【例 13-116】

```
[dog@dog ~]$ file /var/spool/mail/dog
/var/spool/mail/dog: ASCII mail text
```

例 13-116 的显示结果表明**/var/spool/mail/dog 这个文件是一个 ASCII 文件，所以您可以使用例 13-117 的 cat 命令列出这个邮箱中的全部内容。**

【例 13-117】

```
[dog@dog ~]$ cat /var/spool/mail/dog
From cat@dog.super.com  Wed Dec 23 13:19:19 2009
Return-Path: cat@dog.super.com
Received: from dog.super.com (dog.super.com [127.0.0.1]) ......
```

例 13-117 的显示结果就是 dog 用户邮箱中的内容（所有的邮件），其中还有那封水价看涨，要这位老弟赶紧洗衣服和多多地存水的绝对机密邮件。

通过以上这些例子，相信读者应该基本理解以上这 3 个变量的含义了。

☞ 指点迷津：

绝大多数 Linux 和 UNIX 的资料，甚至教材在介绍与本节类似的内容时都非常简练，就像本节开始时只简单地列出了变量的含义（有的书甚至更简单），初学者要想通过这么简单的叙述就能掌握所介绍的内容是相当困难的。本书就是想通过例 13-109～例 13-117 的这些例子教会读者自己使用已经学习过的命令和方法一步步地通过自己的努力来发现问题的真正答案。这在实际工作中是非常重要的，因为工作中出现的问题往往在书中是找不到答案的。而答案就在您的手下，但是要靠您自己去寻找。

下面将继续介绍/etc/profile.d 目录中的脚本文件，其实在本章第 13.9 节的开始部分读者已经看到了这个目录中所存放的全部脚本文件。在/etc/profile.d 这个目录中存放的是一些应用程序所需的启动脚本，其中包括了颜色、语言、vim 及 which 等命令的一些附加设置。

这些脚本文件之所以能够被自动执行，是因为在/etc/profile 中使用一个 for 循环语句来调用这些脚本，这一点在例 13-93 的显示结果的解释中已经比较详细地介绍过。而这些脚本文件是用来设置一些变量和运行一些初始化过程的。

下面通过一些例子大致地介绍/etc/profile.d 目录下一些脚本文件中的具体内容。首先，您使用例 13-118 的 cd 命令切换到/etc/profile.d 目录。之后，使用例 13-119 的 ls 命令列出/etc/profile.d 目录中的所有脚本文件（在这个目录中只有脚本文件）。

【例 13-118】

```
[dog@dog ~]$ cd /etc/profile.d
```

【例 13-119】

```
[dog@dog profile.d]$ ls
colorls.csh  glib2.sh                 krb5.csh  lang.sh   vim.csh
colorls.sh   gnome-ssh-askpass.csh    krb5.sh   less.csh  vim.sh
glib2.csh    gnome-ssh-askpass.sh     lang.csh  less.sh   which-2.sh
```

接下来，使用例 13-120 的 file 命令确定 less.sh 文件的文件类型。在确定了这个文件是一个 ASCII 码文件之后，使用例 13-121 的 cat 命令列出 less.sh 文件中的全部内容。

【例 13-120】

```
[dog@dog profile.d]$ file less.sh
less.sh: ASCII text
```

【例 13-121】

```
[dog@dog profile.d]$ cat less.sh
# less initialization script (sh)
[ -x /usr/bin/lesspipe.sh ] && export LESSOPEN="|/usr/bin/lesspipe.sh %s"
```

例 13-121 显示结果的第 1 行表示这是一个 shell 的 less 命令的初始化脚本文件。如果对其他的脚本文件的内容感兴趣，可以使用以上的方法获取脚本文件中的内容。

13.12 ~/.bash_profile 和~/.bashrc 及其他的一些系统文件

~/.bash_profile 和~/.bashrc 这两个脚本文件中主要是存放用户自己的一些设定，其中包括了用户自己定义的变量和别名。如果在登录时需要执行某些将把输出信息传送到屏幕上的命令，那么应该将这些命令存放在~/.bash_profile 文件中，而不要放在~/.bashrc 文件中。

/etc/bashrc 脚本文件中的信息是全局的，其中包括了一些全系统使用的函数和别名的设定，如 umask 的设定。但环境变量的设定并不放在该文件中，而是放在/etc/profile 文件中。

~/.bash_logout 这个脚本文件也是存放在用户（每个用户都有一个）的家目录中，每当用户退出系统时就会运行该脚本文件。它的主要作用是在用户退出系统时，自动运行某些程序。如自动备份一些重要的并在用户登录后更改过的文件，以及删除没用的临时文件等。

在 Linux 系统中支持多种语言（必须安装过），这些有关语言信息的变量就是由/etc/ sysconfig/i18n 文件来维护的。您可以使用例 13-122 的 ls 命令来验证该文件是否存在。

【例 13-122】

```
[dog@dog ~]$ ls -l /etc/sysconfig/i18n
-rw-r--r--  1 root root 101 Oct  8 18:15 /etc/sysconfig/i18n
```

之后，您可以使用例 13-123 的 file 命令检查一下该文件的文件类型是不是正文文件。

【例 13-123】

```
[dog@dog ~]$ file /etc/sysconfig/i18n
/etc/sysconfig/i18n: ASCII text
```

当获知它是 ASCII 文件之后，就可使用例 13-124 的 cat 命令列出该文件的全部内容了。

【例 13-124】

```
[dog@dog ~]$ cat /etc/sysconfig/i18n
LANG="en_US.UTF-8"
SUPPORTED="zh_CN.UTF-8:zh_CN:zh:en_US.UTF-8:en_US:en"
SYSFONT="latarcyrheb-sun16"
```

例 13-124 的显示结果表明目前这个系统所使用的系统语言是美国英语，同时还支持简体中文（因为我们安装了中文简体字）。

~/.bash_history 文件是存放用户使用过的命令，每个命令一行。每当用户登录 bash 之后，bash 就会立即将这个文件中的所有历史命令读入内存，这也是为什么用户可以查看到他使用过的历史命令的原因。您可以使用例 13-125 的命令获取历史命令的总数。

【例 13-125】

```
[dog@dog ~]$ history | wc -l
999
```

为了减少输出，您使用例 13-126 的 tail 命令列出最近所发的 3 个命令。

【例 13-126】

```
[dog@dog ~]$ tail -3 .bash_history
exit
cat /etc/sysconfig/i18n
exit
```

不过例 13-126 的显示结果好像有些问题，因为它只包含了上次退出 bash 之前使用过的命令，那些这次登录后使用过的命令却没有显示出来。于是，您决定使用例 13-127 的以 history 开始的组合命令来验证一下。

【例 13-127】

```
[dog@dog ~]$ history | tail
......
  999  history | wc -l
 1000  tail .bash_history
 1001  history | tail
```

例 13-127 的显示结果就包括了所有的历史命令。这也就说明了~/.bash_history 中的内容并不是实时更新的。

提示：

历史命令的机制确实给我们提供了不少方便，但是它也是一把双刃剑，因为通过查阅历史记录，其他人特别是root 用户就可以方便地获取您曾经使用过的命令。有时您不想让别人知道您在系统上干了什么（如偷看了不该看的东西，或者您是一位 IT 顾问等），此时历史命令机制就带来了麻烦。这里有一个简单的方法可以解决这些看起来比较棘手的问题。

为此，您可以**使用例 13-128 的命令将.bash_history 文件清空**。之后，使用例 13-129 的 exit 命令退出系统。

【例 13-128】

```
[dog@dog ~]$ echo > .bash_history
```

【例 13-129】

```
[dog@dog ~]$ exit
```

接下来，重新以 dog 用户登录系统。之后，使用例 13-130 的命令列出所有历史命令。

【例 13-130】

```
[dog@dog ~]$ history
    1  tail .bash_history
    2  history | wc -l ……
    9  history
```

为了与例 13-130 的命令对比，可使用例 13-131 的 cat 命令列出.bash_history 文件中的内容。

【例 13-131】

```
[dog@dog ~]$ cat .bash_history
tail .bash_history
history | wc -l  ……
exit
```

按理说例 13-130 和例 13-131 的显示结果都应该是空的，但为什么还会残存一些我们不想要的命令呢？**曾经提到过~/.bash_history 中的内容并不是实时更新的，其实这些残存的内容就是在使用echo > .bash_history 命令清空.bash_history 文件时还没有写到这个文件中的那些历史命令。如果它们仍然包括了您不想让其他人看到的秘密，办法很简单，即使用例 13-132 的 echo 命令再次清空.bash_history。**之后，立即使用例 13-133 的 exit 命令退出系统。

【例 13-132】

```
echo > .bash_history
```

【例 13-133】

```
exit
```

接下来，重新以 dog 用户（原来的用户）登录 Linux 系统。登录后，您使用例 13-134 的 history 命令再次列出所有历史命令。

【例 13-134】

```
[dog@dog ~]$ history
    1  history     ……
    5  history
```

为了与例 13-134 的 history 命令对比，您还可以使用例 13-135 的 cat 命令再次列出.bash_ history 文件中的内容。

【例 13-135】

```
[dog@dog ~]$ cat .bash_history
History ……
exit
```

看了例 13-135 及其显示结果之后，您应该放心了吧？**因为现在再也没人知道您在系统上做过但是又不想让其他人知道的那些事情了。只是使用了几个简单的命令就把证据销毁得一干二净，您现在也应该算是一个 Linux 大虾了吧？**

提示：

通过前面 13 章的学习，读者实际上已经具备了 Linux（UNIX）普通用户所需的知识和技能，也就是说只要掌握了前面所介绍的内容，就应该可以在 Linux 或 UNIX 系统上工作了。如果您现在感到很疲倦，不妨考虑休整几天，之后再继续后面内容的学习。

13.13 您应该掌握的内容

在学习第 14 章之前，请检查一下您是否已经掌握了以下内容：

- 在 Linux 操作系统上可以通过哪些方式来配置 Shell？
- shell 变量的特性、分类以及显示变量的命令。
- 创建 shell 局部变量的方法。
- 怎样通过局部变量 PS1 设置 Bash Shell（系统）的提示信息？
- 什么是别名（alias）及别名的设定与取消？
- 设定别名时需要注意的问题。
- 怎样利用 set 进行 Shell 的设置？
- 怎样将局部变量转换成环境变量？
- 了解一些常用的环境变量。
- 理解启动脚本文件（Startup Scripts）和登录 Shell。
- 了解登录 Shell 执行的启动脚本和顺序。
- 了解非登录 Shell 执行的启动脚本和顺序。
- 了解/etc/profile 文件中的主要内容及功能。
- 了解/etc/profile.d 目录中脚本文件的作用。
- 了解用户家目录中.bash_profile 和.bashrc 文件的内容和用处。
- 了解/etc/bashrc 文件中的内容和作用。
- 了解用户家目录中.bash_logout 文件的内容和用处。
- 了解用户家目录中.bash_history 的作用。
- 掌握怎样删除历史命令。

第 14 章　系统安装注意事项及相关的概念

现在，您的 Linux 学习将处在一个新起点上，因为即将开始的是 Linux 系统管理和维护的学习。这些内容对于Linux操作系统管理员来说是必需的，当然对于其他Linux用户也是相当有益的。由于在第0章中比较详细地介绍了 Linux 操作系统的安装过程，所以在本章中将不重复那些已介绍过的内容，而把重点放在那些比较重要的系统配置和有关的概念上。

14.1　Oracle Linux 安装的硬件需求及相关的概念

对于任何一个操作系统而言，访问（操作）计算机硬件是它的主要任务之一，当然 Linux 操作系统也不例外。**Linux 操作系统的内核（Kernel）本身就包括了访问计算机关键硬件（如 CPU 和内存等）的代码，通常 Linux 系统自动地探测和配置这些硬件。**

通常 Linux 系统是通过内核的设备驱动程序来实现对外部设备的支持。大多数设备驱动程序是静态地编译在 Linux 系统的内核中，也有一些是以动态地可载入模块来实现的。

在安装 Oracle Linux 操作系统之前，要先确定您的计算机硬件是否与 Oracle Linux 系统兼容。您可以在 Oracle 的官方网站上免费下载对应版本的 Oracle Linux Installation Guide，其中对系统的要求都有详细的描述。以 Oracle Linux 6 为例，Oracle Linux 6 既可以安装在 32 位也可以安装在 64 位的 x86 体系结构的计算机上；内存最少为 1GB，硬盘空间最少为 1GB，CPU 的内核数没有限制（我们觉得这些都属于广告用语；Oracle 实际上是说可以安装在所有的计算机上，因为目前在市场上销售的 PC 就没有那么低的配置）；x86 体系结构的计算机最大支持 64GB 的内存而 x86_64 体系结构的计算机支持 4TB 的内存。

现实中，Linux 硬件兼容问题并不像许多人说的那么严重，因为在购买 Linux 服务器时厂商早就把服务器的兼容问题解决了，他不解决俺还不买了，所以关键是银子够不够。

也许真的必须自己来判断某一计算机系统是否与某一特定版本的 Oracle Linux 操作系统兼容，您可以登录 https://www.oracle.com/linux/operating-system/index.html 或登录 http://linux.oracle.com/supported.html 这两个网站来获取相关的信息。

Red Hat Enterprise Linux 和 Oracle Linux 都支持多 CPU（SMP 类型的计算机）。32 位的 Linux 操作系统所支持的内存大小与 CPU 的类型有关，对于 i586 的内核只能支持 1GB 的内存，对于标准的 i686/athlon 内核可以支持 4GB 的内存，对于 SMP（对称性多处理器体系结构）i686/athlon 内核可以支持 16GB 的内存，在基于支持英特尔的物理地址扩展（Physical Address Extensions，PAE）技术的处理器（CPUs）上大内存（bigmem）内核支持最大 64GB 的内存。

下面简单地解释什么是 SMP 计算机系统。SMP 是 Symmetric Multiple Processing 的缩写。SMP 计算机系统具有多个 CPUs，CPU 的个数为 2～64 个。在一个 SMP 计算机中所有的 CPUs 共享相同的内存、系统总线和 I/O 设备，而由一个单一的操作系统控制着所有的 CPUs。SMP 计算机系统的体系结构如图 14-1 所示。

接下来简单地介绍 32 位 Linux 系统是怎样实现支持 64GB 内存的。由于一个 32 位的系统可以线性寻址的范围最大是 2^32，即大约为 4GB，为了在 IA-32 体系结构上可以访问 4GB 以上的内存，在 Linux 操作系统中使用了一种名为页地址扩展（PAE）的技术。其实，PAE 有两种解释，一种是 Page Address

Extensions，即页地址扩展；另一种解释就是 Physical Address Extensions，即物理地址扩展。PAE 技术就是将原来的线性寻址范围增加 4 位，从 2^32 位增加到 2^36（2 的 36 次方）位，即大约为 64GB。PAE 技术的示意图如图 14-2 所示。**注意 64 位的 Linux 不需要 PAE 技术，因为 64 位系统的线性寻址范围最大可以到 2^64。**

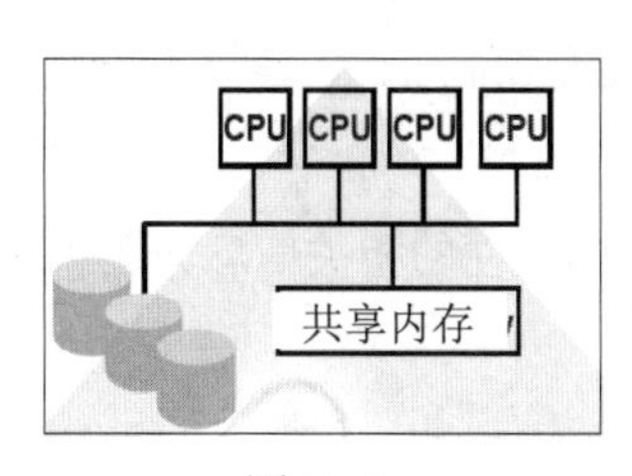

图 14-1

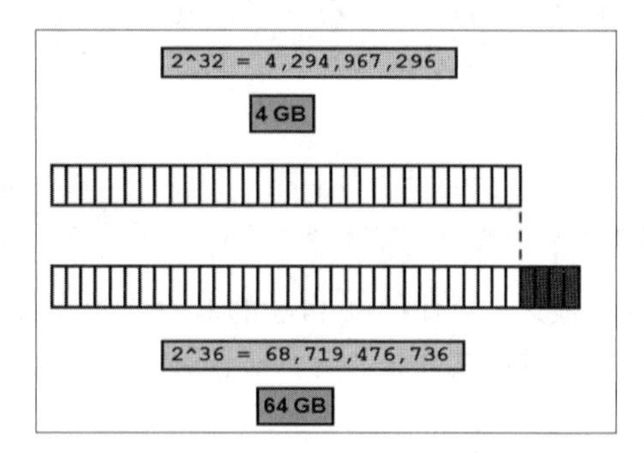

图 14-2

Oracle 公司在 2010 年 9 月发布了新的 Oracle Linux 不间断企业内核（Unbreakable Enterprise Kernel for Oracle Linux），该内核可以在 Oracle Linux 5.5 或以上版本中使用，而在 Oracle Linux 5.6 或以上版本中已经是默认的内核了。开发不间断企业内核（Unbreakable Enterprise Kernel）的初衷就是要紧跟科技发展的脚步和满足用户现实的需要——适应大量的 CPU、管理超大规模的内存以及无线宽带连接等。

不间断企业内核在 Oracle 的工作负荷下进行了深度而严格的测试，因此 Oracle 公司建议 Oracle 数据库服务器和其他企业级服务器都应该使用不间断企业内核（Unbreakable Enterprise Kernel）。Oracle 公司承诺继续保持与 Red Hat Linux 的兼容。同时为了满足那些需要与 RHEL 百分之百兼容的用户的实际需要，Red Hat 的兼容内核作为 Oracle Linux 的一部分继续提供。在 Oracle Linux 支持项目下，无论使用不间断企业内核还是 Red Hat 的兼容内核的客户都会得到完全的支持。

利用不间断企业内核代替 Red Hat 的兼容内核改变的仅仅是内核而已。在用户空间没有任何改变。无论使用哪一种内核，现有的应用程序的运行都不会改变。使用不同的内核也不会改变系统程序库（如 glibc）。

不间断企业内核是在与 Oracle 数据库、中间件和硬件工程团队紧密合作的情况下开发和优化的，从而能够确保对绝大多数企业级所需的工作负荷 Linux 操作系统都将稳定运行并具有优异的性能。除了对大型系统性能方面的改善之外，不间断企业内核还包括了一些在数据中心运行 Linux 所需的新特性。其中包括：

- 对大型非均匀内存访问（NUMA）系统的高级支持。
- 对最新的无线宽带软件层、OFED（开放光纤企业分布）1.5.1 的支持。
- 可以自动探测到固态硬盘（SSD，Solid State Drive）并使用优化的代码（不使用为旋转介质设计的代码）访问固态硬盘。
- 数据与 SAN（存储区域网络）集成在一起等。

一般在安装 RHEL 之前最好看一下版本注释，港台翻译成发行公告（Release Notes）。可以在 RHEL 的安装光盘的第 1 张光盘上找到这些文件。要查看这些文件的内容，首先要将 Linux 系统安装光盘的第 1 张光盘插入 CD 光驱。之后使用例 14-1 的 ls 命令列出所有以 REL 开头的文件的相关信息（注意，要使用 root 用户登录，否则将无法加载 cdrom）。

【例 14-1】

```
[root@dog ~]# ls -l /media/cdrom/REL*
```

```
ls: /media/cdrom/REL*: No such file or directory
```

例 14-1 的显示结果表明没有这个文件或目录，如果看到这样的显示结果，请不要慌，其实您没做错任何事情。这是因为光驱没有挂载，因此使用例 14-2 的命令挂载 cdrom。

【例 14-2】

```
[root@dog ~]# mount /dev/sr0 /media/cdrom
mount: block device /dev/sr0 is write-protected, mounting read-only
```

☞ **指点迷津：**

在 Linux 6 和 Linux 7 上，cdrom 目录需要使用 mkdir 命令创建（命令为 cd /media; mkdir cdrom）。另外，在 Linux 6 和 Linux 7 系统上光驱设备为/dev/sr0 而早期的版本为/dev/hdc。

挂载完成之后，使用例 14-3 的 ls 命令再次列出所有以 REL 开头的文件的相关信息。之后您就会发现所需的版本注释文件了。为了节省篇幅，这里省略了输出结果。

【例 14-3】

```
[root@dog ~]# ls -l /media/cdrom/REL*
```

可以发现 Linux 系统的版本注释文件的格式为 html。在 Linux 的图形桌面上，双击光驱图标，之后双击 cdrom 目录中的/media/cdrom/RELEASE-NOTES-x86_64-en.html 文件的图标。之后 Linux 将使用它的默认网络浏览器 Mozilla Firefox 打开这个文件。现在您就可以慢慢地阅读该文件的内容了。

除了在光盘上可以找到这些版本注释文件之外，RHEL（红帽企业版 Linux）在/etc 目录下还提供了一个名为 redhat-release 的正文文件，其中只包含一行有关发行版本信息的字符串。这个文件是属于 redhat-release 软件包的一部分。Oracle Linux 系统也包括了这一文件，其文件名是/etc/redhat-release，如果您在 Oracle Linux 6.6 上，可以使用例 14-4 的 cat 命令来显示红帽企业版 Linux 服务器版本方面的信息。

【例 14-4】

```
[root@dog ~]# cat /etc/redhat-release
Red Hat Enterprise Linux Server release 6.6 (Santiago)
```

Oracle Linux 也有一个 Oracle 自己的类似正文文件，其文件名是/etc/oracle-release。如果您在 Oracle Linux 6.6 上，可以使用例 14-5 的 cat 命令来显示 Oracle Linux 服务器版本方面的信息。

【例 14-5】

```
[root@dog ~]# cat /etc/oracle-release
Oracle Linux Server release 6.6
```

14.2 硬件设备与文件的对应关系

与 UNIX 相同，在 Linux 中所有的硬件设备都被当作文件，这样硬件的管理和维护就与文件的管理和维护统一起来。**在 Linux 操作系统中硬件设备被分为两大类，它们分别是：**

（1）**块设备（Block Devices）。**

（2）**字符设备（Character Devices）。**

主要有 3 种块设备，以下给出了每种块设备在 Linux 系统中对应的文件。

- /dev/hda：IDE（Integrated Device Electronics）硬盘驱动器。其中，hda 中的 a 是 IDE 硬盘的编号。如有第 2 个 IDE 硬盘，将对应到文件/dev/hdb 等。如果这个 IDE 硬盘被分成了几个分区（Partitions），每一个分区都会有一个编号并将对应到文件/dev/hda1、/dev/hda2 等。
- /dev/sda：SCSI（Small Computer System Interface）硬盘驱动器。其中，sda 中的 a 是 SCSI 硬盘的编号。如有第 2 个 SCSI 硬盘，将对应到文件/dev/sdb 等。如果这个 SCSI 硬盘被分成了几个

分区（Partitions），每一个分区都会有一个编号并将对应到文件/dev/sda1、/dev/sda2 等。

- /dev/fd0：标准软盘驱动器。其中，fd0 的 0 是软盘驱动器的编号。

以下是几个字符设备以及它们所对应的文件的例子。

- /dev/tty[0-7]：虚拟终端窗口。
- /dev/st0：SCSI 磁带机。

块设备与字符设备之间有许多不同之处，表 14-1 所示是这两类不同设备之间的比较。既然它们也是文件，所以也具有访问权限，用户当然也可通过设备所对应的文件访问这些设备。

表 14-1

设　备	块 设 备	字 符 设 备
访问单位	块（512/1024 字节），每次访问一块	一个字符（一个字节），每次访问一个字符
特性	访问速度快，随机访问	访问速度慢，顺序访问
权限	brw-rw----	crw-rw----

接下来，您可以使用例 14-6 带有-li 选项的 ls 命令列出/dev 目录中所有以 s 开头第 2 个字符是 d 或 r 的所有文件。实际上，就是所有的光驱和 SCSI 硬盘（包括硬盘分区）。

【例 14-6】

```
[root@dog ~]# ls -li /dev/sd* /dev/sr*
1527 brw-rw----  1 root disk   8, 0 Jan 23  2017 /dev/sda
1528 brw-rw----  1 root disk   8, 1 Jan 23  2017 /dev/sda1
1529 brw-rw----  1 root disk   8, 2 Jan 23  2017 /dev/sda2
1530 brw-rw----  1 root disk   8, 3 Jan 23  2017 /dev/sda3
1534 brw-rw----+ 1 root cdrom 11, 0 Jan 22 16:38 /dev/sr0
```

从例 14-6 的显示结果可知**每一个设备的分区都对应一个文件，这个文件要占用一个 i 节点，而且每个设备文件（无论光驱还是 SCSI 硬盘的每一个分区）的权限部分都是以 b 开头（其中，b 就是 block 的第 1 个字母）。**

随后，您可以使用例 14-7 带有-li 选项的 ls 命令列出/dev 目录中文件 tty0～tty7 的相关信息。实际上，就是终端 tty0～tty7 的相关信息。

【例 14-7】

```
[root@dog ~]# ls -li /dev/tty[0-7]
1038 crw--w---- 1 root tty  4, 0 Jan 23  2017 /dev/tty0
1043 crw--w---- 1 root tty  4, 1 Jan 23  2017 /dev/tty1
1044 crw------- 1 root root 4, 2 Jan 23  2017 /dev/tty2 ......
```

从例 14-7 的显示结果可知**每一个终端设备都对应一个文件，这个文件也要占用一个 i 节点，而且每个设备文件的权限部分都是以 c 开头（其中，c 就是 character 的第 1 个字母）。**

一个设备文件提供了访问这个设备的一种机制。与普通文件、目录和符号连接不同，设备文件并不使用数据块，因此设备文件也就没有大小（size）。**在设备文件中，i 节点中文件大小这个字段存放的是访问设备的设备号。**

设备号用两个数表示，前面是主要（major）设备号，后面是辅助（minor）设备号，两者之间用逗号分开。这一点读者可以从例 14-4 和例 14-5 的显示结果中看出。如设备文件/dev/sda1 的主要设备号是 8 而辅助设备号是 1。

Linux 操作系统就是根据主要（major）设备号来确定驱动程序入口（就是采用哪个驱动程序），而 Linux 操作系统根据辅助（minor）设备号来确定相同驱动程序中使用的具体设备（也就是同类设备

中，此设备的内部编号）。以下通过一个具体例子来进一步解释 Linux 系统是如何使用设备文件来访问（操作）具体的物理设备的。

在图 14-3 中，/dev/sda 表示一个设备文件，文件名/dev/sda 指向编号为 840 的 i 节点。根据在这个 i 节点记录中的 size 字段存放的设备号（major number 为 8，minor number 为 0），Linux 系统就可以找到 8 所指向的 SCSI 硬盘驱动程序和 0（0 号分区表示整个硬盘）所指向的具体分区。Linux 系统通过执行这个硬盘驱动程序就可以对硬盘进行读写操作。

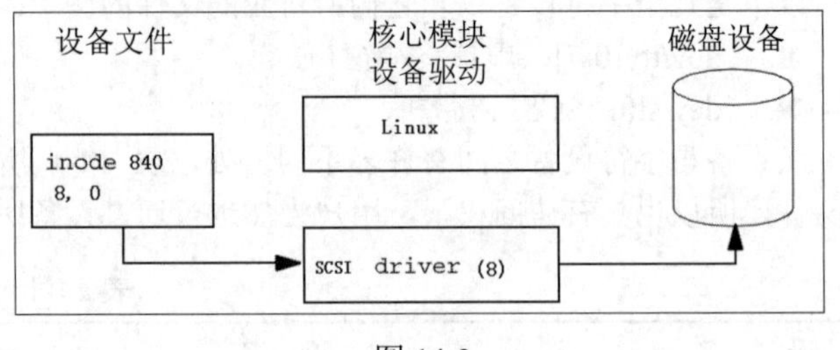

图 14-3

14.3 安装 Linux 的方法和一些安装选项

安装 RHEL（红帽企业版 Linux，也包括 Oracle Linux）被分为两个阶段，在第 1 个阶段中必须要有开机用的映像文件（Images）。存有开机所用映像文件的介质（媒体）也被称为引导介质或启动介质（boot media）。RHEL 系统所支持的引导介质包括：

（1）包含 bootimg.img 文件的 USB 设备，如 USB 散存，即所谓使用 USB 开机，但在决定使用 USB 作为引导设备之前，必须确定所使用计算机的 BIOS 版本支持 USB 开机。

（2）RHEL 4（第 4 版）或以上版本已经不再支持软盘引导了。

（3）boot.iso 文件，它是一种 ISO9660 标准的文件系统格式的文件，一般这种文件刻录在 CD 或 DVD 光盘上，也就是使用光盘开机。

（4）pxeboot 目录，其中 PXE 是 Preboot eXecution Environment（预启动执行环境）的缩写。这种方式在大量安装 Linux 系统时是非常有效的。

您可以从 Oracle Software Delivery Cloud（其网址为 https://edelivery.oracle.com/linux）上免费下载 Oracle Linux 安装映像文件（你可能需要注册，注册也是免费的）。安装之后，就可以从 ULN（Unbreakable Linux Network，不间断 Linux 网络）和 Oracle Linux Yum Server 获取 Oracle Linux 软件包。以 Oracle Linux 6.6 为例，表 14-2 所示是基于 64 位 x86 体系结构的 Oracle Linux 6.6 版的映像文件清单。

表 14-2

名　称	产品编号	尺　寸
Oracle Linux Release 6 Update 6 source DVD 1	V52216-01	3.1 GB
Oracle Linux Release 6 Update 6 source DVD 2	V52217-01	2.1 GB
Oracle Linux Release 6 Update 6 for x86_64 (64 Bit)	V52218-01	3.7 GB
Oracle Linux Release 6 Update 6 Boot ISO image for x86_64 (64 bit)	V52219-01	226MB
Oracle Linux Release 6 Update 6 UEK Boot ISO image for x86_64 (64 bit)	V52220-01	238 MB

在表 14-2 中，V52218-01 就是完整的可启动的安装 ISO 映像。您可以将这个映像烧成 DVD 并用它启动和安装 Linux 系统。您也可以在 Oracle VM VirtualBox 虚拟机中使用虚拟 DVD-ROM 光驱启动和安装 Linux 系统。

V52219-01 和 V52220-01 分别是 Red Hat 兼容内核和不间断企业内核第 2 版的启动 ISO 映像。您也可以将这两个映像烧成 CD 或 DVD 并用它们启动和启动一个 Linux 系统安装。然而，要完成安装，您必须指定如何访问安装软件包。V52216-01 和 V52217-01 是这一版本中软件包源代码的映像。

如果您使用一个 Boot ISO 或 Preboot eXecution Environment（PXE），即所谓的预启动执行环境，您可能要设置一个网络安装服务器以存放 RPM 软件包。而该服务器必须要有足够的磁盘空间以存放全部的 Oracle Linux 安装 DVD 映像（应该大于 3.7GB），并且您还必须要为它配置 HTTP 或 NFS 服务器以便为您要安装 Oracle Linux 的计算机提供所需的映像文件（如何安装 NFS 服务器将在第 19 章详细介绍）。

在第 2 个阶段中就可以安装 RHEL（Oracle Linux）系统了。可以选择使用图形界面来进行安装，也可以选择使用文字界面来进行安装。此外，也可以选择使用自动（Kickstart）模式进行安装。

使用图形界面安装是 RHEL（Oracle Linux）的默认安装方式，只有在使用 CDROM、硬盘和 NFS 进行安装时才可以使用图形界面安装。文字模式的安装是以菜单的方式进行的，而且文字模式可以适合于任何形式的安装方法。

如果使用光盘安装 RHEL（Oracle Linux），在安装时系统会自动测试光盘以保证光盘上所存的内容没有问题。安装之前，可能需要重新设置 BIOS，以决定开机（引导系统）的顺序。BIOS 是 Basic Input/Output System（基本输入/输出系统）的缩写。以下为设定 BIOS 的具体步骤：

在开机后立即按 Delete 键（在 VMware 上按 F2 键）就将进入 BIOS 的设定页面。由于不同 BIOS 版本之间的差异，所以在实际安装时您所获得的 BIOS 设定画面可能有所不同。

由于要选择光驱作为开机的引导设备，所以选择 Boot 选项卡，此时最上面的是可移除式设备（也就表示这是开机引导系统的首选设备）。使用键盘上的上下箭头键移动光标将 CD-ROM Drive 加亮。接下来使用键盘上的+和-键将 CD-ROM Drive 移到最上面。

选择 Exit 选项卡，之后选择 Exit Saving Changes 选项。之后会弹出配置确认窗口，单击 Yes 按钮。当按 Enter 键之后即完成了 BIOS 的设定。

完成 BIOS 的设定之后，就可以安装 RHEL（这里实际上安装的是与 RHEL 完全兼容的 Oracle Linux）了。开机不久就会出现 Oracle Linux 选择安装方法的画面，此时如果直接按 Enter 键就会使用光盘安装 Linux。

指点迷津：

在 Oracle VM VirtualBox 虚拟机上，单击 Settings 图标，再单击 System 图标，在“Boot Order:”列表框中选择 Optical（光盘）并将其移到最上部，随后单击 OK 按钮。将光驱指向 Oracle Linux 安装映像文件（.ISO 文件），如果是 Oracle Linux 6.6，就是 V52218-01。最后单击 Start 图标开始 Linux 操作系统的安装。

14.4　硬盘的结构及硬盘分区

当一个新的硬盘在使用之前，首先要将它划分成一个或数个分区（Partitions），分区类似于 Windows 系统的逻辑硬盘。那么为什么要进行这种硬盘分区呢？按照许多 Linux 和 UNIX 书（也包括了红帽 Linux 公司的官方培训教材）的解释是：

（1）更容易管理和控制系统，因为相关的文件和目录都放在一个分区中。

（2）系统效率更高。

（3）可以限制用户使用硬盘的份额（磁盘空间的大小）。

（4）更容易备份和恢复。

但是所有的书籍对硬盘分区这样一个重要概念的解释都相当简练，对于初学者想从这一解释的字里行间真正地理解硬盘分区的概念是很难办到的。为了能使读者比较透彻地理解硬盘分区这一概念，下面首先简要地介绍硬盘的结构。

一个硬盘设备中的组件既可以是物理组件也可以是逻辑组件。一个硬盘的物理组件包括盘片和读写磁头等。而逻辑组件包括磁盘分区（Partitions/Slices）、磁柱（Cylinders）、磁道（Tracks）和数据块（Blocks/Sectors）。

一个硬盘物理上是由一系列的盘片组成，这些盘片表面上被涂上了磁性材料并且一起叠放在一个旋转轴上。对硬盘的读写操作就是依靠旋转轴带动所有盘片的转动和读写磁头径向（沿半径的）移动来完成的，如图 14-4 所示。根据以上的解释和图 14-4，可以对硬盘的物理结构及组成的各个部件和工作原理总结如下：

（1）硬盘的存储区是由一个或多个盘片所组成。

（2）所有的盘片一同旋转。

（3）磁头驱动（移动）臂沿径向一个单位一个单位地移动读写磁盘。

（4）移动读写磁头读写盘片两面磁介质上的数据。

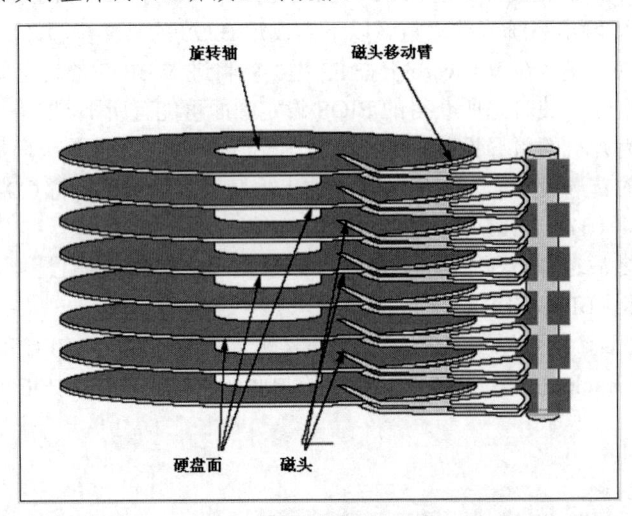

图 14-4

介绍完了硬盘的物理结构之后，现在来解释硬盘的逻辑结构及其逻辑组件。**一个硬盘逻辑上可以被划分成块（Blocks/Sectors）、磁道（Tracks）、磁柱（Cylinders）和分区（Partitions/Slices）。**

（1）块是盘片上寻址（访问）的最小单位，一块可以存储一定字节的数据，如图 14-5 所示。

（2）磁道（Tracks）是由一系列头尾相连的块所组成的圆圈，如图 14-6 所示。

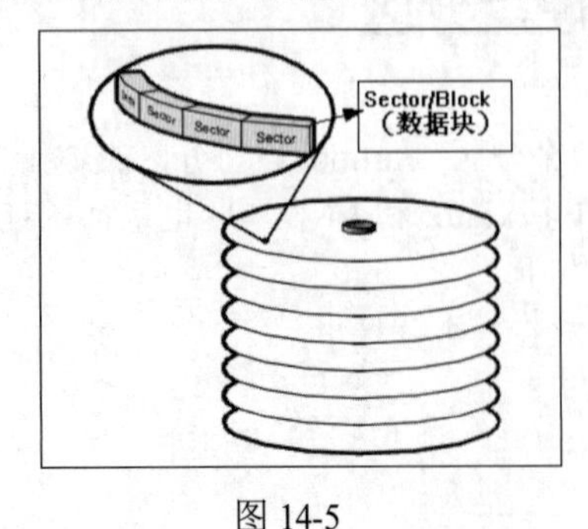

图 14-5

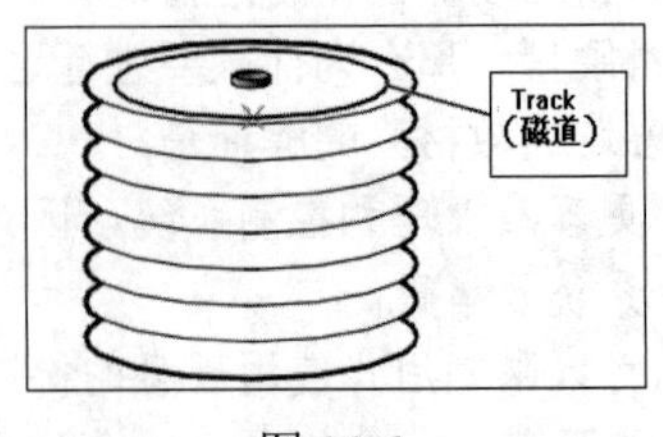

图 14-6

（3）磁柱（Cylinders）是一叠磁道，由在相同半径上每个盘面的磁道所组成，如图 14-7 所示。

（4）分区（Partitions/Slices）由一组相邻的磁柱所组成，如图 14-8 所示。

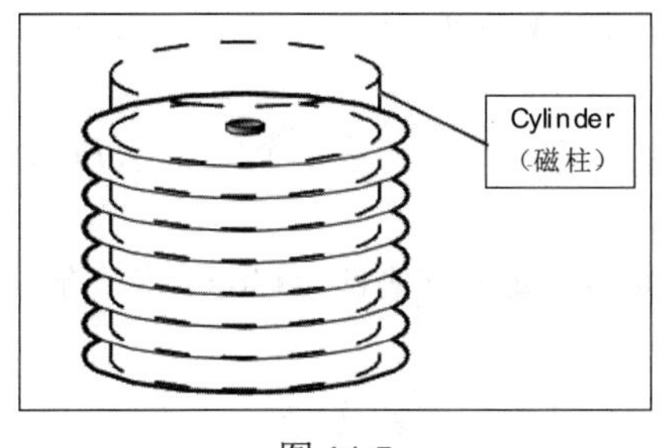

图 14-7

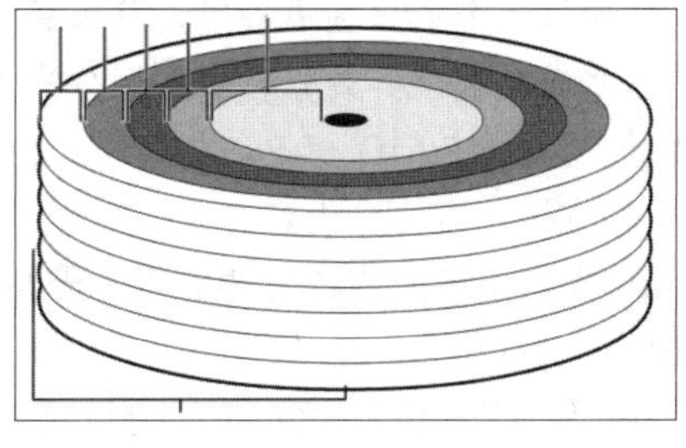

图 14-8

从以上的解释和图示可以知道在盘片上每一磁道的块数取决于这个磁道的半径，因此越靠外（盘片边缘）的磁道上的块数也就越多（也就是读写速度越快），而越靠内侧（盘片中心）的磁道上的块数也就越少（也就是读写速度越慢）。

由于磁盘的读写操作是机械操作（磁盘的旋转和磁头驱动臂带动磁头的移动），所以磁盘的读写速度与内存的读写速度相比，可以说是太慢了（一般慢 10^3～10^5 倍）。因此硬盘的读写速度可能会影响到整个计算机系统的效率。

那么怎样才能提高一个现有硬盘的速度呢？实际上磁盘的读写速度是由磁盘的转速和磁头移动速度以及磁头移动的距离所决定的，而磁盘的转速和磁头驱动臂移动的速度是一定的（我们无法改变）。因此要想提高磁盘的读写速度，唯一的解决方案就是减少磁头移动的距离，当然如果所访问的数据都在一个磁柱上是最理想的。

如果将系统的数据都放在一个磁柱或相邻的磁柱上，磁盘的读写速度将得到很大的提高。实际上这就是分区的概念。有了分区的概念，现在回过头来看本节开始部分给出的红帽 Linux 公司官方培训教材中为硬盘分区列出的 4 点好处。以下是对红帽 Linux 公司为硬盘分区列出的 4 点好处的进一步解释。

（1）更容易管理和控制系统，因为相关的文件和目录都放在一个分区里。当不使用这些文件和目录时，可以将这个分区卸载，这样也更安全（其实也提高了系统的效率，因为系统管理的文件和目录少了）。

（2）系统效率更高。因为系统读写磁盘时，磁头移动的距离缩短了。

（3）可以限制用户使用硬盘的份额（磁盘空间的大小），因为可以限制用户只能使用指定的硬盘分区。

（4）更容易备份和恢复。可以只对所需的分区进行备份和恢复操作，这样备份和恢复的数据量会大大下降。

现在读者应该相信硬盘分区的好处了吧？接下来将进一步介绍 Linux 操作系统中硬盘是怎样分区的。

14.5　Linux 系统中硬盘的分区

在 Linux（UNIX 和其他的操作系统也一样）操作系统中，当您购买了一个新的硬盘后，如果要使用这个新硬盘，您就必须首先将这个硬盘划分成一个或几个分区（Partitions）。接下来通常会将这些分区格式化（format）成指定的文件系统，在 RHEL 4 和 RHEL 5（Oracle Linux）系统中默认的文件系统是 ext3（这部分内容在以后将详细介绍），而 Oracle Linux 6 的默认文件系统是 ext4。

硬盘的分区又分为主分区（Primary Partitions）、扩展分区（Extended Partitions）和逻辑分区

（Logical Partitions）。在一个硬盘上最多可以划分出：

（1）4 个主分区（Primary Partitions）。

（2）如果 4 个主分区不够用，可以将其中一个分区划分成扩展分区。

（3）之后在这个扩展分区中再划分出多个逻辑分区。

可以使用软件 RAID 和逻辑卷管理（LVM）将多个分区组合在一起，构成一个较大的虚拟分区，以方便管理和维护（这部分内容在以后会有专门的章节详细介绍）。

Linux 操作系统的内核支持的每个硬盘上的分区数量还是有一定的限制的，Linux 内核在每个硬盘上可以最多支持：

- 在 SCSI 硬盘上划分 15 个分区（Partitions）。
- 在 IDE 硬盘上划分 63 个分区（Partitions）。

当一个分区被格式化成指定的文件系统之后，还必须将这个分区挂载（mount）到一个挂载点（mount point）上，然后才能够访问这个分区。挂载点实际上就是 Linux 文件系统的层次结构中的一个目录，可以通过这个目录来访问这个分区以对这个分区进行数据的读写操作（这部分内容在以后也会有专门的章节详细介绍）。

接下来将继续介绍在 Linux 操作系统中硬盘分区的结构。这里的例子使用的是 IDE 硬盘，这个硬盘所对应的设备文件是/dev/hda。

在这个例子中 IDE 硬盘/dev/had 被划分出 3 个主分区（Primary Partitions），以及一个扩展分区（Extended Partitions），如图 14-9 所示；而在这个扩展分区中又划分出 4 个逻辑分区（Logical Partitions），并且还剩下一些没有使用（划分）的磁盘空间，如图 14-10 所示。

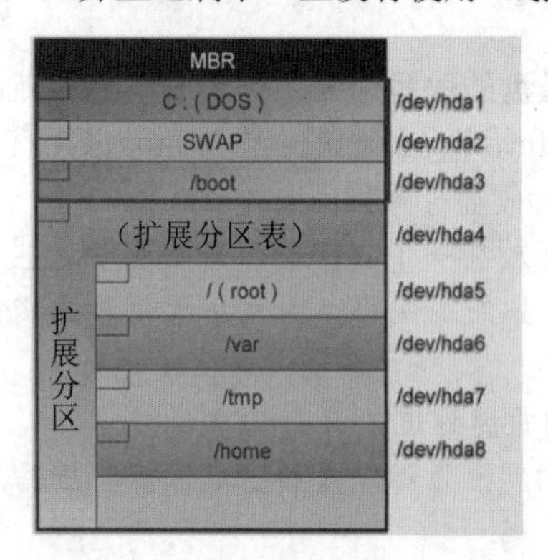

图 14-9

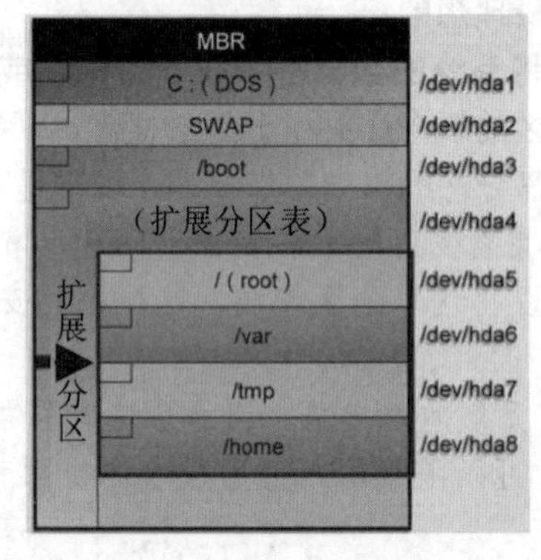

图 14-10

所有的分区（包括主分区、扩展分区和逻辑分区）都对应于/dev 目录中的一个以 hda 开头后面紧跟一个数字编号的（设备）文件，而整个硬盘又对应着/dev/hda 这个设备文件。

在图 14-9 或图 14-10 最上面的是 MBR，MBR 是 Master Boot Record 的缩写。有同行将 MBR 翻译成主引导记录，港台地区的一些书籍将其翻译成主要开机磁区。要注意的是，MBR 并不属于任何分区，也正因为如此 MBR 也就不会对应于 Linux 系统中的任何设备文件。**MBR 不属于任何一个操作系统，也不能用操作系统提供的磁盘操作命令来读取它。**

MBR 会被存储在第 1 个硬盘的第 0 号磁道上，并且它的大小固定为 512 字节，而 MBR 中又包括 3 个部分，它们分别是：

（1）boot loader[中文翻译是自举引导程序或引导装（加）载程序]，其大小固定为 446 字节。在 boot loader 中存放了开机所必需的信息，这些信息的最主要作用是供选择从哪个分区装入操作系统。

如果安装了 GRUB 管理程序（以后将要介绍），GRUB 第一阶段的程序代码就会被存储在这里，如图 14-11 所示。

（2）**分区表（partition table），其大小固定为 64 字节。在分区表中存放了每一个分区的起始磁柱和结束磁柱，而记录每一个分区的起始磁柱和结束磁柱所需的空间固定为 16 字节，所以在一个硬盘上最多只能划分出 4 个主分区（64/16=4），因为此时分区表的空间已经用完了，如图 14-12 所示。**

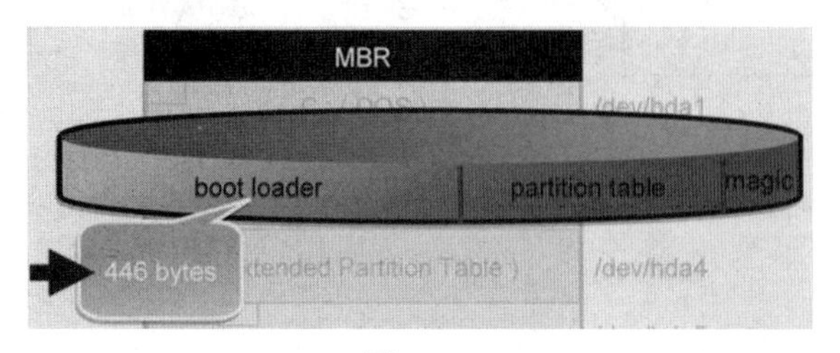

图 14-11

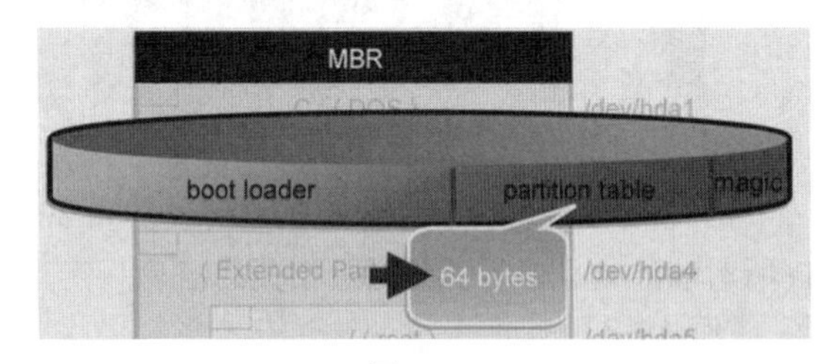

图 14-12

（3）magic number（幻数），其大小固定为 2 字节。在 magic 中存放了每一个 BIOS 的 magic number（号）——它是用来探测错误的，如图 14-13 所示。

如果 4 个主分区不够用，可以将其中一个分区划分成扩展分区，也就是所谓的 3P+1E 技术（3 个 Primary Partitions+1 个 Extended Partition）。扩展分区不能单独使用，必须在扩展分区中划分出逻辑分区，而信息只能存放在逻辑分区中。在扩展分区中会使用链接，也就是 link list（链接列表）的方式来记录每一个逻辑分区所对应到的磁柱。

所谓的链接方式就是在 MBR 中要记录扩展分区的起始磁柱和结束磁柱，如图 14-14 所示。而在扩展分区中的每一个逻辑分区的第 1 个块中也会记录自己这个逻辑分区的起始磁柱和结束磁柱，如图 14-15 所示。同时还要记录下一个逻辑分区的起始磁柱和结束磁柱，如图 14-16 所示。

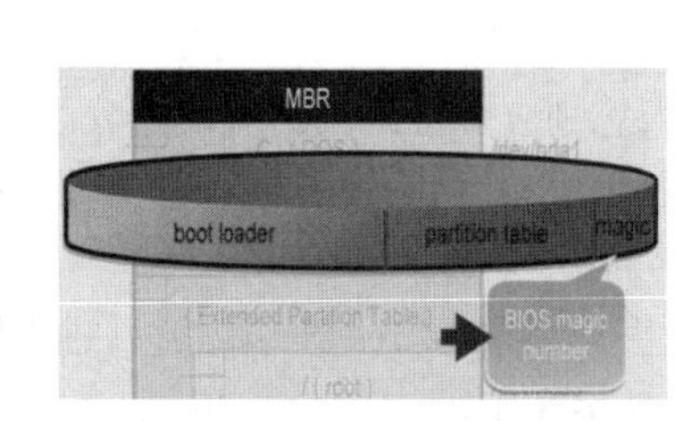

图 14-13

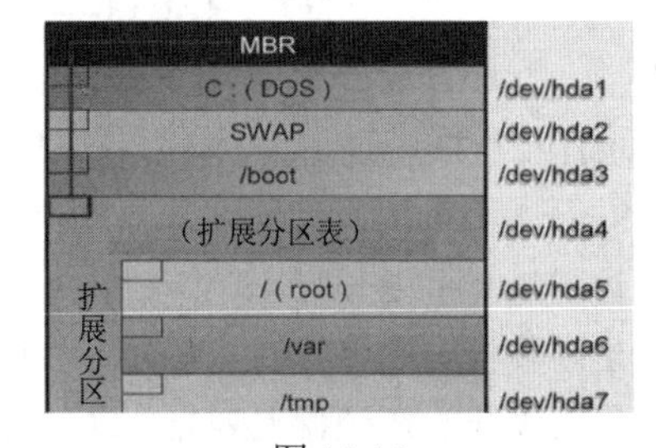

图 14-14

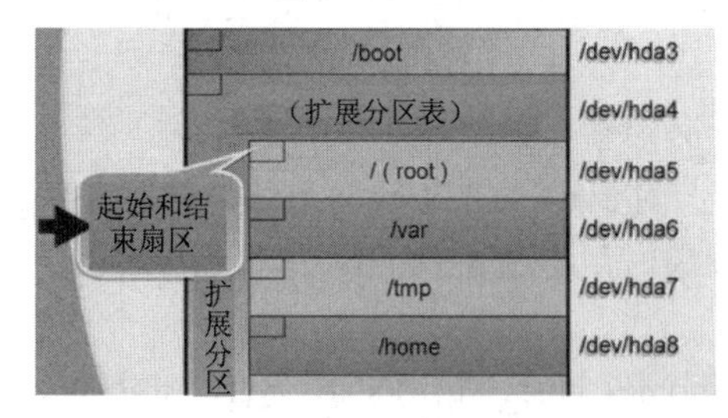

图 14-15

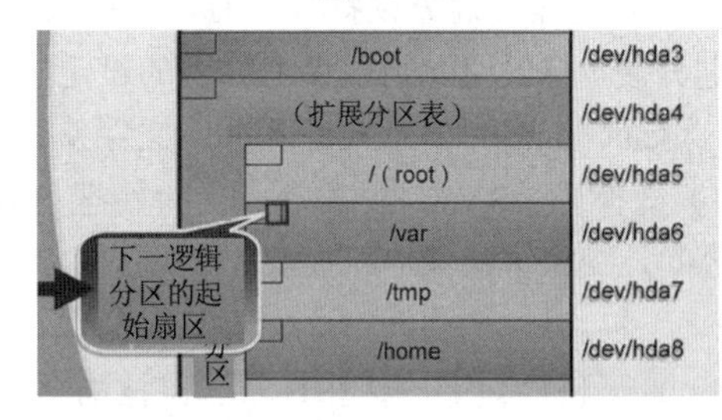

图 14-16

就这样利用每一个逻辑分区的起始磁柱和结束磁柱，以及下一个逻辑分区的起始磁柱和结束磁柱将所有的逻辑分区都链接在了一起，如图 14-17 所示。其实包括主分区的所有分区也是以这种方式链接在一起的，也叫链接方式，如图 14-18 所示。

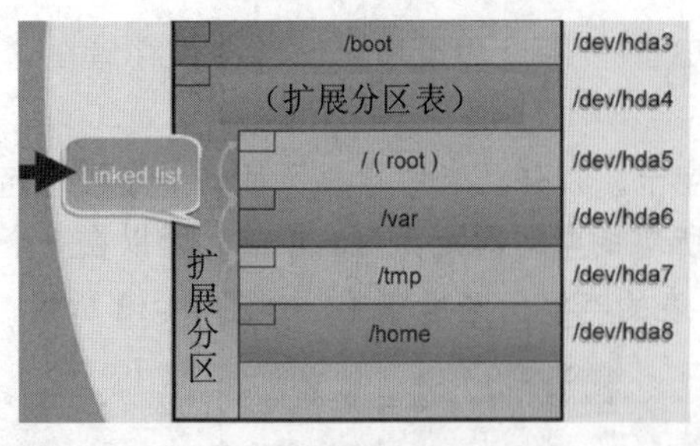

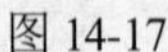
图 14-17

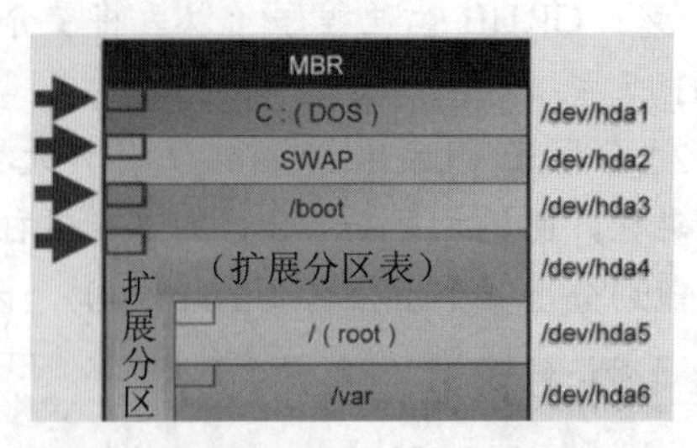

图 14-18

为了进一步理解以上所讲述的内容，您可以使用例 14-8 带有-l 选项的 fdisk 命令列出设备文件/dev/sda 所对应的硬盘中所有分区及相关的信息。

【例 14-8】

```
[root@dog ~]# fdisk -l /dev/sda
......
   Device Boot      Start         End      Blocks   Id  System
/dev/sda1   *           1          33      265041   83  Linux
/dev/sda2              34        1053     8193150   83  Linux
/dev/sda3            1054        1314     2096482+  82  Linux swap
/dev/sda4            1315        1958     5172930    5  Extended
/dev/sda5            1315        1958     5172898+  83  Linux
```

例 14-8 的显示结果清楚地表明每一个分区的起始磁柱都与相邻的上（前）一个分区的结束磁柱相连，就这样构成了一个（分区）链接。

14.6 配置文件系统的注意事项

在安装 RHEL（Oracle Linux）操作系统时，安装程序会要求您划分分区。当出现硬盘分区配置（Disk Partitioning Setup）页面时，您需要选择是自动分区（会将分区自动格式化为系统默认的文件系统）还是手动分区，这里选择手动分区。

之后会出现警告页面警告创建新分区会造成硬盘上的数据丢失，单击 Yes 按钮。随后进入硬盘配置页面，此时就可以开始在硬盘上划分分区并格式化为所需的文件系统了。

在使用安装程序划分硬盘分区时，必须要为每一个分区指定挂载点、分区的大小和文件系统的类型。在划分硬盘分区时，可以参考如下的设定原则：

（1）/etc、/bin、/lib、/sbin 和/dev 文件系统（目录）必须包含在/（根）文件系统中。

（2）交换区（Swap Space）一般为物理内存的两倍。对于 64 位的 Linux 系统，如果内存在 2.5～32GB 之间，交换区的大小可以等于物理内存的大小；如果内存超过了 32GB，交换区的大小可以设为 32GB。

（3）最好使用如下的这些目录当作挂载点：/boot、/home、/usr、/usr/local、/var、/tmp 和/opt。

☞ 指点迷津：

如果系统比较小，也可以将/home、/usr、/usr/local、/var、/tmp 和/opt 都归入根（/）分区。在 Linux 安装中只将/home 作为一个单独的分区处理，而其他的分区也都并入了根（/）分区。但是许多 Linux 专业人员往往喜欢将/boot 作为一个独立的分区来处理。

在预设的情况下，所有开机要用到的文件都要存放在/boot 这个目录中，使用/boot 来当作挂载点（即它为一个独立的分区）会使系统启动的速度加快，同时也使得它的备份和恢复更容易、更快捷。为了要加快系统启动以及系统检测的速度，通常/boot 分区都设置得很小。但是具体要设置多大？很难找到一个明确的答案。一个简单的办法就是通过对现有的类似系统的观察来获取相关的信息并对要安装的系统进行预测，于是您可以使用例 14-9 带有-h 选项的 df 命令获取现有系统的/boot 分区的大小。

【例 14-9】

```
[root@dog ~]# df -h /boot
Filesystem            Size  Used Avail Use% Mounted on
/dev/sda1             251M   16M  223M   7% /boot
```

从例 14-9 的显示结果可以看出您的现有系统的/boot 分区的设置偏大了，如果要安装的系统与这一系统类似，可以考虑减小这一分区的大小，即使减到 128MB 也没有问题。

/home 目录是用来存放所有用户个人文件的目录，使用/home 当作挂载点（即将/home 划分成一个单独的分区）可以使用户信息的备份与恢复以及管理和维护变得更简单易行。

在预设的情况下，/usr 目录中存放的是系统的应用程序和与命令相关的系统数据，其中包括系统的一些函数库及图形界面所需的文件等。将/usr 划分成一个单独的分区同样也是为了/usr 目录中信息的备份与恢复更加方便。

/var 这个目录是用来存放系统运行过程中经常变化的文件，如 log 文件和 mail 文件等。而/tmp 目录是用来存放用户或程序运行时所需的临时文件。将/var 和/tmp 分别划分成单独的分区可以减少备份和恢复的数据量，因为这两个分区中的数据是不需要进行备份的。

除了 RHEL（Oracle Linux）提供的外部命令（可执行文件）和软件包之外，其他厂商提供的程序和软件包都会存放在/usr/local 和/opt 目录中。将/usr/local 和/opt 分别划分成单独的分区也是为了方便备份与恢复。

接下来，可能有读者问每个分区的大小到底应该设置为多少？如果您阅读过一些 Linux 的资料，会发现上面会说类似于如下的话："不同系统分区的设置和大小会有差异"，有的资料还会继续解释："分区的设置和大小要根据具体的业务而定"。不知读者看懂了没有。以上的话句句是真理，都是绝对正确的。问题是到底怎么设置我们还是不知道。

其实，老祖宗留给子孙万代的所谓经典中的很多话也与此类似。不是我们笨，而是写书的人根本就没写明白，也没打算写明白（更有可能自己也没明白）。人类与其他哺乳动物一样具有与生俱来的好奇心，所以越看不懂就越想看，因此有的书，人类已经研究了几千年了，现在还在研究，而且还有一批专家在研究，但就是搞不清圣人们说的是什么意思。看来要将书写成经典并流芳百世、万世就应该写的谁也看不懂。

问题是我们这些干活的人怎么办？我们在设置这些分区时必须给出具体的大小，而不能告诉计算机根据具体的业务而定。这里给出一个简单易行的方法，那就是**找到一个已经安装的系统（可以是其他人安装的），当然最好与您要安装的系统类似，之后使用 Linux 命令获取现有系统中这些分区的大小信息。例如，可以使用例 14-10 带有-hs 选项的 du 命令来获取这方面的信息。这个命令要执行一段时间之后才能获得显示结果。**

【例 14-10】

```
[root@dog ~]# du -hs /home /usr /usr/local /var /tmp
30M     /home
3.5G    /usr
176K    /usr/local
99M     /var
55M     /tmp
```

要注意在这个 du 命令中最好要使用-s 选项，否则显示的信息会太多（阅读起来比较困难）。**还有，这些分区的大小只是您在配置新系统时的参考值，它们应该被看成最低值，最后一定要在系统运行了一段时间而且是正常的业务时间来获取这些信息。**

其实，常常所需要的信息就在手下，利用已经学习过的命令就能获取您所急需的信息，而查书查文档可能查了几天还是一头雾水。学习 Linux 系统一定要学用结合，要将已经知道的命令和知识不断地付之实践，这样才能迅速地提高您的 Linux 系统的应用和管理水平。

14.7　Linux 系统安装时的网络配置

在安装 Linux 的过程中，另一个令初学者感到畏惧的地方可能就是网络配置。在本节只是对网络配置所需的概念给出形象的解释并介绍必要的网络配置以完成 Linux 的安装。

当进入网络配置（Network Configuration）页面后，会发现您的计算机中的所有网络卡，在这个系统中只有一个网络卡 eth0。此时默认的设置是使用 DHCP（自动获取 IP），由于需要使用静态 IP（网络地址），所以要单击 Edit 按钮。如果有两张网卡，一般会将第二张设置成自动获取 IP 以方便上网。

之后会出现编辑 eth0 的窗口，取消选中 Configure using DHCP 复选框，输入 IP Address（192.168.137.38）和 Netmask（255.255.255.0），最后单击 OK 按钮。在这里网络地址（IP Address）最好与 VMnet8（NAT）的网址在一个网段（如果使用的是 Oracle VM VirtualBox 虚拟机，其网址就要与 VirtualBox 在一个网段，一般为 192.168.56.），因为这样您就可以使用 Windows 操作系统与 Linux 操作系统通过虚拟网络进行通信了。

在 Set the hostname 处选中 manually 单选按钮并输入主机名（这里输入 dog.super.com），之后在 Gateway 文本框中输入 192.168.137.1，在 Primary DNS 文本框中输入 192.168.137.38，单击 Next 按钮。

接下来对本节中出现的几个常用的网络术语和概念解释如下（有关这些网络术语和概念详细介绍是属于 Linux 网络服务器课程的内容）。

在一个计算机网络中，每一台计算机都有一个唯一的网络地址（如 192.168.137.38），实际上计算机之间的通信就是使用这个网址来进行的。可以将网址（IP）想象为街道的门牌号，而网段就相当于整个街道（即包括了该街道的所有门牌号）。

由于网络 IP 很难记，所以可以为每台计算机取一个计算机名，用户就可以通过这个容易记忆的计算机名来访问计算机。计算机名就相当于住户名。

Gateway 中文的翻译是网关或网间链接器。当与其他网段的计算机进行通信时，您的计算机是先将通信的封包(信息)发送到Gateway(所在的主机)，之后再由Gateway转发给这个计算机。其实，Gateway 就类似于单位（公司）的收发室。当员工发信时，只需要将信件送到收发室就行了，之后再由收发室决定使用何种方式将信件发送到目的地。当然收信的过程也极为类似。

Primary DNS（Domain Name Server）主域名服务器：**当在网络中计算机很多时，计算机名和 IP 地址的转换将变得困难起来，这时就可以设置 Primary DNS 来完成计算机名和 IP 地址的转换（解析）工作。Primary DNS 就类似于电话的 114 查号台，当您想知道某个单位或公司的电话时就可以打电话到 114 询问，只要这个公司是存在的（当然要有电话），操作员就会告诉您，之后您就可以使用获得的电话号码打电话给这个公司了。Primary DNS 也完成类似的工作但它返回给您的计算机的是所要通信的计算机的 IP 而且操作都是自动的，您也看不见它的这些操作。**

如果网络太大一个 DNS 不堪重负，就可以配置第 2 个 DNS 甚至第 3 个 DNS（Tertiary DNS）。当然也可能是为了安全，即一个 DNS 坏了，还有第 2 个顶上，将 DNS 冗余。

接下来将介绍防火墙（Firewall Setup）。**防火墙的目的是限制远程的用户（使用者）可以访问您的计**

算机上的哪些资源。在安装 Linux 的过程中，在防火墙设置（Firewall Configuration）页面选择是否启用防火墙，为了方便，这里选择不启用防火墙(No firewall)，如图 14-19 所示。如果启用了防火墙(Enabled firewall），就可以再开启一些网络服务以允许远程的用户连接到这台计算机并可以访问这些服务。

在 Enable SELinux 列表框中选择 Disabled，最后单击 Next 按钮，如图 14-19 所示。在这里是为了方便，才不启用安全的。

Oracle Linux 系统默认将启用防火墙，并询问您要开启哪些网络服务。如果没有选择（开启）任何网络服务，防火墙就会挡掉所有远程的连接，如图 14-20 所示。**可能系统的设计者认为来自外面（远程）的攻击就像火灾一样，防火墙的作用就是将火挡在计算机的外面使之不会烧到计算机的内部。**

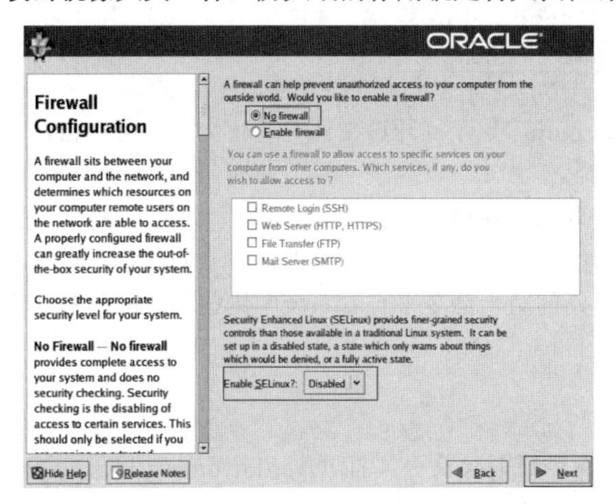

图 14-19

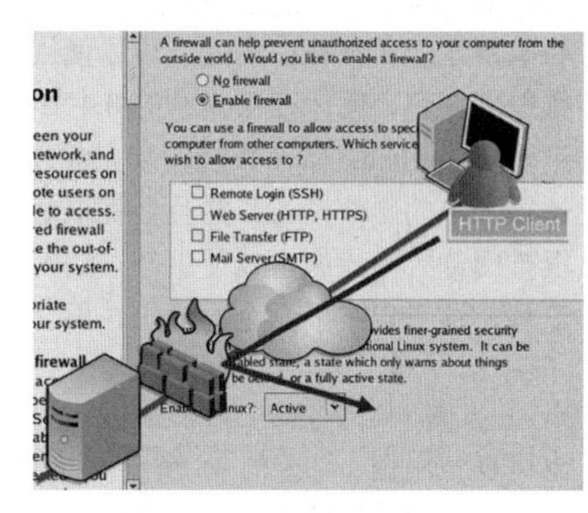

图 14-20

如果选择（开启）了某个（某些）网络服务，那么防火墙就会开启相应的端口（ports），如图 14-21 所示。而远程用户（使用者）就可以通过这些服务所使用的端口连接到您的主机上，也就是可以通过防火墙的限制来存取您这台计算机上的资源，如图 14-22 所示。

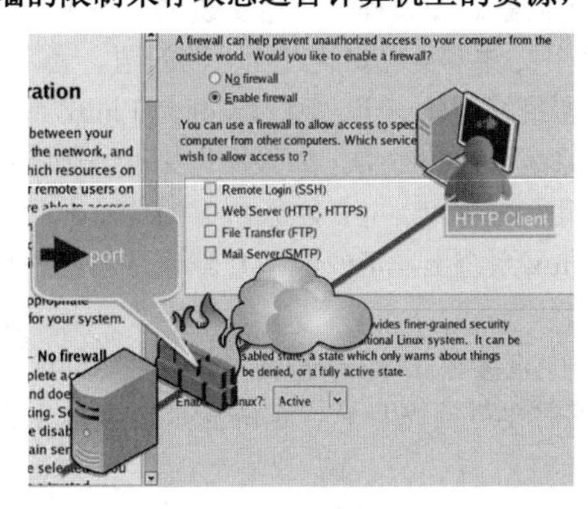

图 14-21

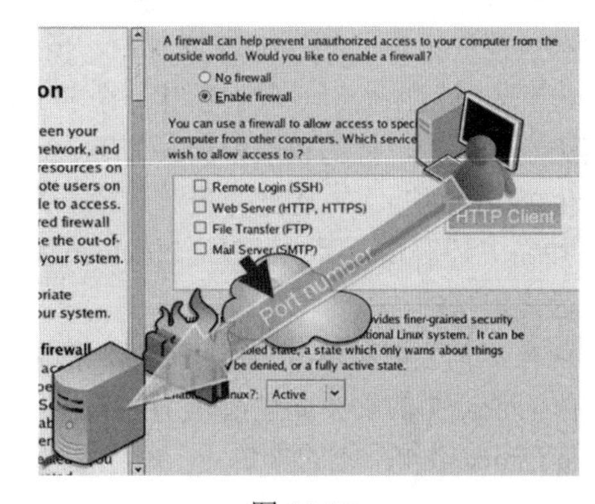

图 14-22

14.8 Linux 系统安装时的其他配置

在 Oracle Linux 系统的安装光盘中有许多的软件包，如果磁盘空间够的话，最简单的办法是选择安装全部的软件包（即选中 Everything 复选框）。或者也可以安装预定义的软件包（Install default software packages）。

而预设要安装的清单存放在 Oracle Linux 系统安装光盘的第 1 张光盘的文件/media/cdrom/Enterprise/base/comps.xml 中，您可以使用例 14-11 的 ls 命令来验证这一文件的存在。在 Oracle Linux 6.6 上该文件为/media/cdrom/Server/listing。实际上，在 Oracle Linux 6 或 Oracle Linux 7 上安装软件包已经非常方便了，只要系统上了网，您就可以在 root 用户下以“yum install 软件包名”安装软件包而使用 yum update 命令更新软件包或系统。

【例 14-11】

```
[root@dog ~]# ls -l /media/cdrom/Enterprise/base
total 139221
-r--r--r--  1 root root  9148316 Oct 27  2006 comps.rpm
-r--r--r--  3 root root   571500 Oct 27  2006 comps.xml
-r--r--r--  1 root root  8582700 Oct 27  2006 hdlist  ......
```

当确定这一文件存在之后，可以使用其他命令如 more 或 vi 打开该文件并进行浏览。可以自己决定安装哪些软件包，就像在第 0 章的 0.4 节中介绍的那样。

当 Oracle Linux 操作系统安装完成之后，系统会要求重新启动计算机。当重新启动时，系统会搜寻这台计算机中的硬件设备，并且会将这些硬件设备的信息显示在屏幕上。由于屏幕上的信息滚动很快，所以很难阅读。因此您可以使用例 14-12 以 dmesg 开始的组合命令来查看系统中这些相关的信息。为了节省篇幅，这里省略了命令的输出结果。

【例 14-12】

```
[root@dog ~]# dmesg | more
```

也可以使用例 14-13 的 more 命令（也可以是 vi 命令或 less 命令）打开/var/log/dmesg 日志文件来浏览系统中这些相关的信息。为了节省篇幅，这里省略了命令的输出结果。

【例 14-13】

```
[root@dog ~]# more /var/log/dmesg
```

当系统出现问题时，系统会将所有的出错信息都写到/var/log/messages 这个日志文件中。所以您也可以打开这个文件通过阅读其中的内容以发现系统是否出现了问题。安装程序会将安装过程中所有的信息都存放在/root/install.log 日志文件中，所以您也可以查看这个文件来发现安装过程中的问题。

最后安装程序会引导我们创建一个非 root 用户的账户，您最好创建一个。因为 root 是 Linux 系统的最高级别的用户，他的权限很大。使用 root 用户进行日常的系统管理和维护，如果操作失误，可能对系统产生灾难性的后果，因此，最好创建一个新用户，如这个用户的名为 dog，填入所需的信息之后单击 Next 按钮。还有 dog 用户可以通过 telnet 和 ftp 连接到这个 Linux 系统上，但 root 用户默认是不能进行这样的远程连接的。

现在不需要安装 Additional CDs，所以在附件 CDs 界面中直接单击 Next 按钮（Oracle Linux 6 或 Oracle Linux 7 的安装光盘都是 DVD——只有一张，所以不需要更换光盘）。这样您就顺利地完成了 Oracle Linux 操作系统的安装。

14.9 您应该掌握的内容

在学习第 15 章之前，请检查一下您是否已经掌握了以下内容：

- 了解安装 RHEL（Oracle Linux）的硬件要求。
- 怎样确定某一计算机系统是否与 RHEL 操作系统兼容？
- 了解物理地址扩展技术及 SMP 系统。

- 什么是块设备（Block Devices）？
- 什么是字符设备（Character Devices）？
- 硬件设备与文件的对应关系。
- 了解块设备与字符设备之间的差别。
- Linux 系统是如何使用设备文件来访问具体的物理设备的?
- 熟悉利用重新设置 BIOS 来调整开机（引导系统）顺序的方法。
- 怎样选择 Linux 系统不同的安装方法?
- 理解硬盘的物理结构及组成的各个部件和工作原理。
- 理解硬盘的逻辑结构及其逻辑组件。
- 熟悉硬盘分区的概念和引入硬盘分区的原因。
- 在 Linux 系统中硬盘分区的种类及其限制。
- 了解 Linux 硬盘分区的结构。
- 引入扩展分区（Extended Partitions）和逻辑分区（Logical Partitions）的原因。
- 了解 MBR（主引导记录）的结构及其每部分所存放的信息。
- 分区之间是怎样连接起来的?
- 怎样获得每一个分区的起始磁柱和结束磁柱的信息。
- SCSI 硬盘和 IDE 硬盘在划分磁盘分区上的差别?
- 在 Linux 系统中一般要划分出哪些硬盘分区?
- 怎样估算硬盘分区的大小?
- 在 Linux 系统安装时需要设置哪些网络配置?
- 在 Linux 系统中防火墙的工作原理。
- 在 Linux 系统的安装过程中怎样选择所需要的软件包?
- 怎样获取 Linux 的安装和出错信息?
- 为什么至少要创建一个非 root 用户来进行 Linux 系统的日常管理和维护?

扫一扫，看视频

第 15 章　系统的初始化和服务

本章将系统地介绍 Linux 系统开机和关机的流程，以及在启动过程中所需的重要文件，如/boot/grub/grub.conf 和/etc/inittab。这里所说的流程并不是我们看到的按下计算机开关等，而是系统内部的流程。虽然我们无法直接看到这些流程的具体操作，但是通过了解它们，可以配置出更安全可靠和高效的 Linux 系统来，也会使日常的管理和维护更加容易。以下就是 RHEL 和 Oracle Linux 启动流程的具体步骤（以下各章节就是依照这一顺序展开的）：

（1）计算机的 BIOS 执行 POST（加电自检）。

（2）BIOS 为引导加载程序（bootloader）读取 MBR。

（3）GRUB bootloader 加载 Linux 内核。

（4）Linux 内核初始化和配置硬件。

（5）Linux 内核加载 initramfs 映像中的模块。

（6）Linux 内核启动系统的第一个进程/sbin/init。

（7）/sbin/init 获取系统的控制权，接下来该进程将：

① 读/etc/inittab。

② 执行/etc/rc.d/rc.sysinit。

③ 按照/etc/inittab 中所定义的 runlevel 启动系统。

④ 执行/etc/rc.d/rc.local。

15.1　Linux 系统引导的顺序

当打开计算机的电源时，计算机就会进入 BIOS。BIOS 的工作是检查计算机的硬件设备，如 CPU、内存和风扇速度等，如图 15-1 所示。

检查完之后（如果没有问题），将进入 MBR，也就是进入引导加载程序（boot loader）。MBR 存储在启动盘的第 1 个块中，大小为 512 字节。其中，前 446 字节中的程序代码是用来选择 boot partition（分区），也就是要由哪个分区装入开机用的程序代码，如图 15-2 所示。

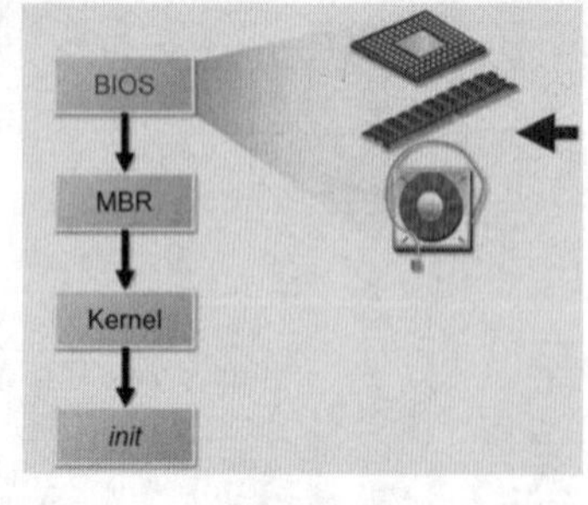

图 15-1

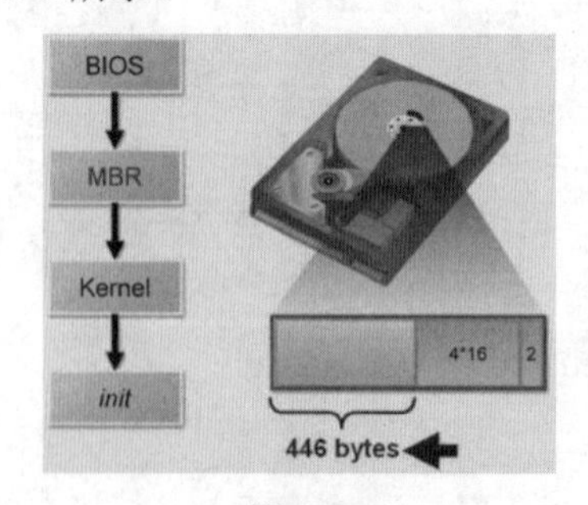

图 15-2

载入开机用的程序代码之后就会载入操作系统内核（Kernel）的代码，在内核部分主要是装入计算机设备的驱动程序以便操作系统可以控制计算机上的设备，如图 15-3 所示；**并且以只读的方式挂载/（根）文件系统，也就是此时操作系统只能读到根文件系统（目录）所在的分区。**您可以使用例 15-1 的 df 命令获取/根文件系统（目录）所在的分区等信息，也就是说，开机的第 3 个阶段操作系统只能阅读/dev/sda2 这个分区。所以必须将/etc、/bin、/lib、/sbin 和/dev 这些文件系统包含在/dev/sda2 这个分区中，如图 15-4 所示。

【例 15-1】

```
[root@dog ~]# df -h /
Filesystem              Size  Used Avail Use% Mounted on
/dev/sda2               7.7G  3.3G  4.1G  46% /
```

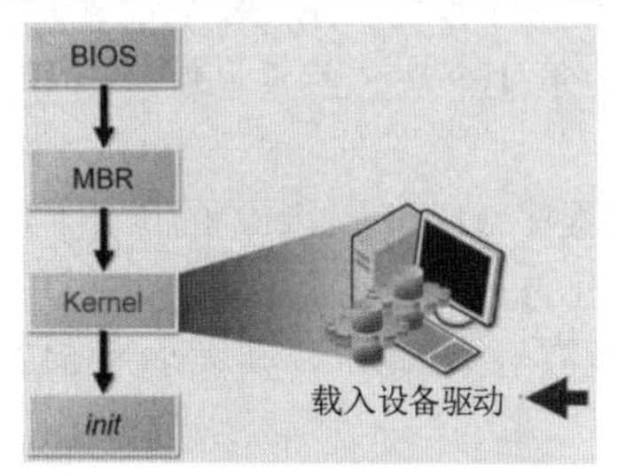

图 15-3

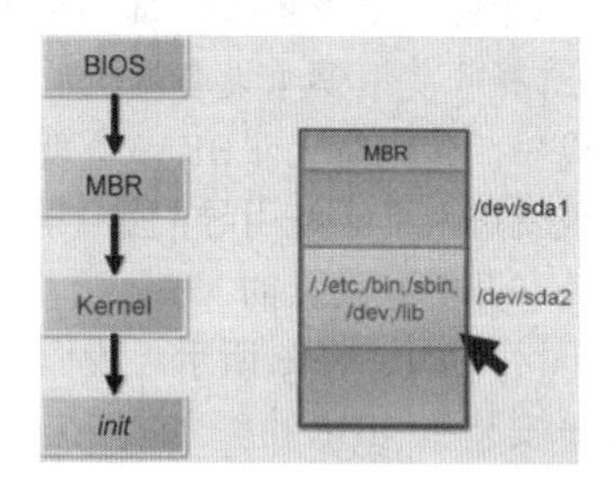

图 15-4

最后内核（Kernel）会执行 init 程序，所以 init 程序的进程（process）id 为 1，即 Linux 操作系统第 1 个执行的程序。可以使用例 15-2 带有-C 选项的 ps 命令列出有关名为 init 命令的进程状态。ps 是 process status（进程状态的缩写），-C 选项中的 C 是 Command（命令）的第 1 个字母，这一选项之后要紧跟一个命令名。

提示：

如果读者没学习过计算机原理之类的课程，可以把进程看成一段在内存中运行的程序。

【例 15-2】

```
[root@dog ~]# ps -C init
  PID TTY          TIME CMD
    1 ?        00:00:01 init
```

例 15-2 的显示结果清楚地表明 init 这一命令的进程 ID（PID）为 1。也可以使用例 15-3 带有-p 选项的 ps 命令列出 PID 为 1 的进程状态，其中，-p 选项中的 p 是 process（进程）的第 1 个字母，这一选项之后要紧跟一个 PID。

【例 15-3】

```
[root@dog ~]# ps -p 1
  PID TTY          TIME CMD
    1 ?        00:00:01 init
```

从例 15-3 的显示结果可以清楚地看出它与例 15-2 的显示结果完全相同。现在您对 init 这个程序的进程（process）id 为 1 这一结论不会有任何怀疑了吧？

另外，init 程序还会根据 run level 运行图 15-5 中的一些程序，在后面将详细介绍它们。

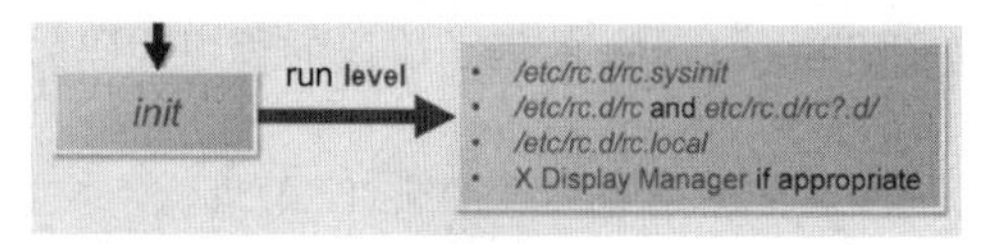

图 15-5

15.2 BIOS 的初始化和引导加载程序

BIOS 是 Basic Input/Output System（基本输入/输出系统）的缩写，它是硬件与软件之间的接口，

而且是非常基本的接口。BIOS 提供了一组基本的操作系统使用的指令，系统启动的成功与否依赖于 BIOS，因为事实上是由 BIOS 为外围设备提供了最低级别的接口和控制。BIOS 的初始化主要有以下 3 项工作：

（1）检查（检测）计算机硬件和外围设备。当 BIOS 一启动就会做一个自我检测的工作（也叫加电自检。英文为 POST，即 Power On Self Test 的缩写），以检测计算机上的硬件和外围设备，如 CPU、内存、风扇等。

（2）选择由哪一个设备来开机，在 14.3 节中已经详细地介绍了如何在 BIOS 中设置开机的顺序。

（3）在选择了使用哪个设备开机后，就会读取开机设备的第 1 个块（其实也就是 MBR）中的内容并执行这段代码。到此为止，BIOS 也就完成了它的使命。

接下来也就进入了系统引导的第二阶段，也就是引导加载程序（boot loader）的操作。boot loader 可以安装在启动（开机）硬盘的 MBR 中，也可以安装在开机硬盘的一个分区上。如一块 IDE 的硬盘被划分成为 3 个分区，如图 15-6 所示。我们知道在一个硬盘上只能有一个 MBR，其大小为 512 字节。可以将 boot loader 安装在 MBR 上，如图 15-7 所示。

有时也可能将 boot loader 安装在这个硬盘的某个分区上（在这个分区的第一块，也叫引导块上），如图 15-8 所示。其中的原因可能是 MBR 区已经被其他的程序占用，如被 SPFDisk 开机管理程序占用了，如图 15-9 所示。

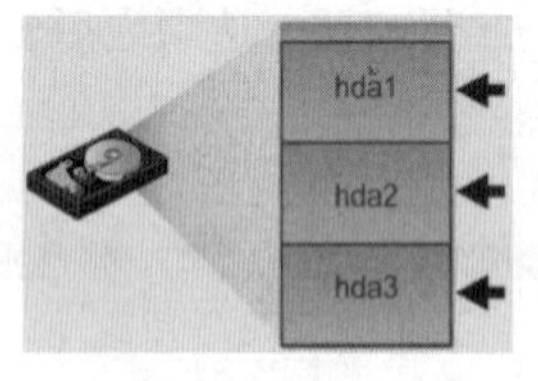

图 15-6

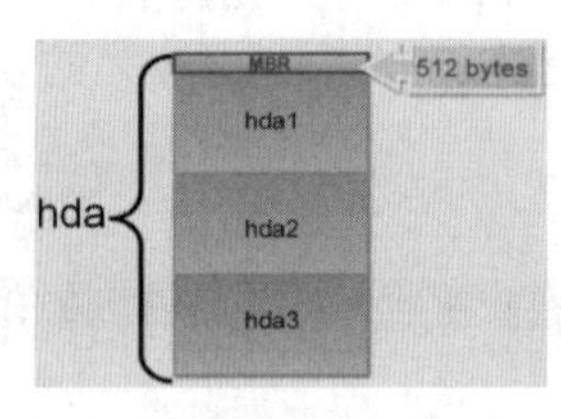

图 15-7

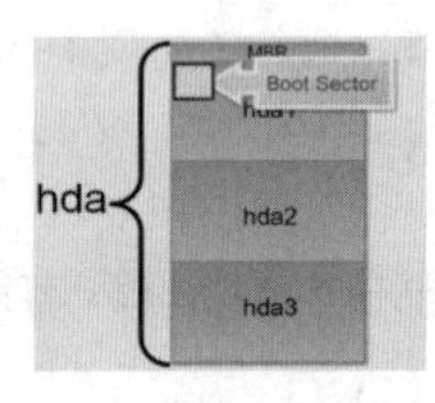

图 15-8

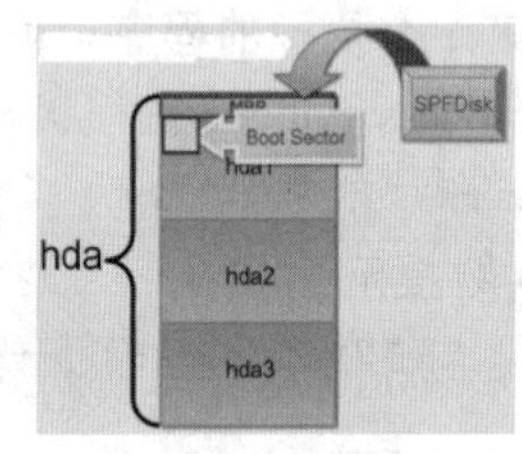

图 15-9

boot loader 的程序代码分为两个阶段，第一阶段的程序代码很小，只有 446 字节，可以存放在 MBR 或硬盘分区的引导（启动）块中；第二阶段的程序代码是从 boot 分区载入的。下面通过 3 个不同的开机流程的范例来进一步解释 boot loader 是如何工作的。假设在一个 IDE 硬盘（如 hda）上安装了 Windows Server 2003 和 Red Hat Enterprise Linux 4 两个操作系统，如图 15-10 所示。

提示：

Oracle Linux（RHEL）操作系统的默认 boot loader 是 GRUB，GRUB 是 Grand Unified Bootloader 的缩写。如果要想使用 GRUB 在一台计算机上安装多个操作系统，要先安装其他操作系统，最后安装 Linux 操作系统。

第 1 个范例是使用 MBR 来启动 Linux 操作系统。当开机时 BIOS 读入 MBR 的前 446 字节的程序代码（即 boot loader 的第一阶段的程序代码），如图 15-11 所示。

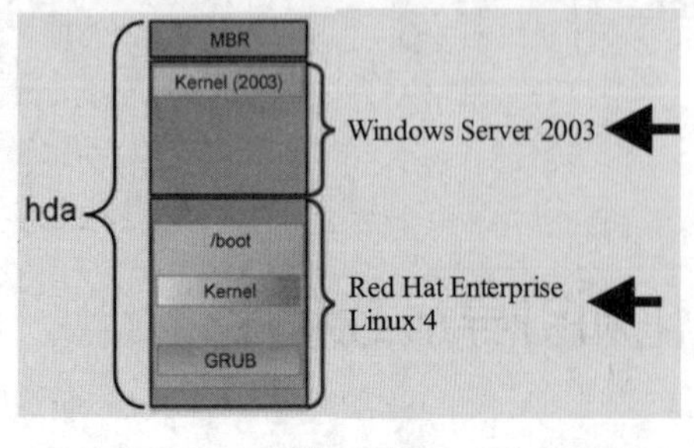

图 15-10

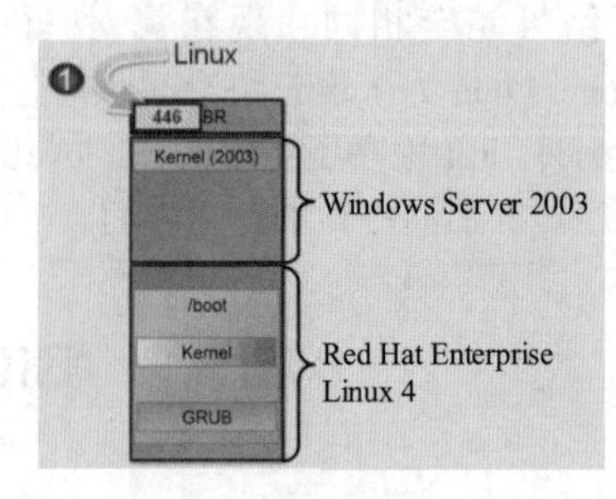

图 15-11

boot loader 第一阶段的程序代码运行之后，将载入 boot loader 第二阶段的程序代码并进入 GRUB 的开机选单，如图 15-12 所示。在 GRUB 的开机选单中，列出了这台计算机上可以启动的所有操作系统，如图 15-13 所示。在这个开机选单中就可以选择开机的操作系统了。

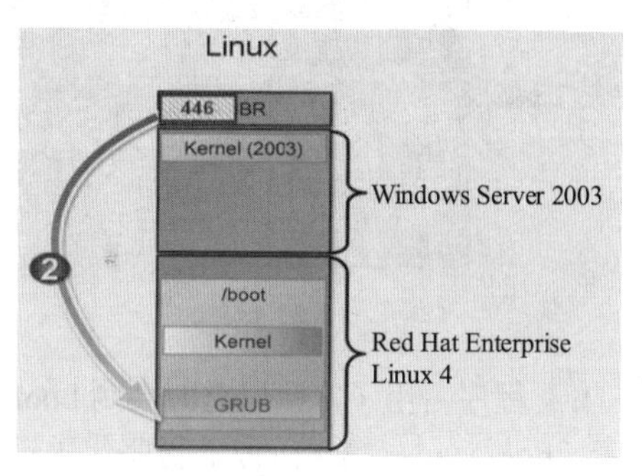

图 15-12

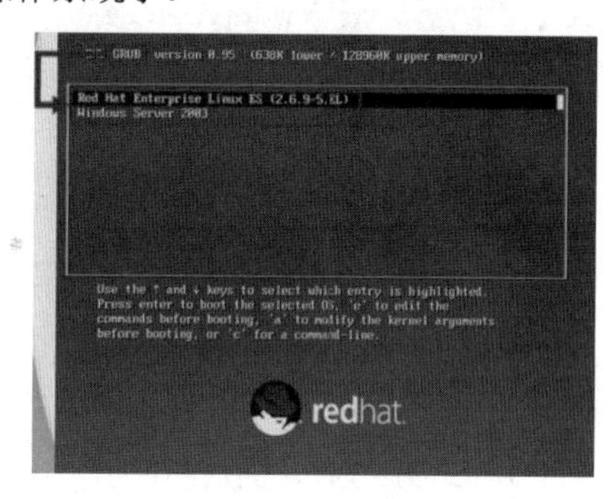

图 15-13

此时，选择最上面的 Red Hat Enterprise Linux 4 操作系统，如图 15-14 所示。之后，GRUB 就会选择 Red Hat Enterprise Linux 4 操作系统的内核（Kernel）来开机，如图 15-15 所示。

图 15-14

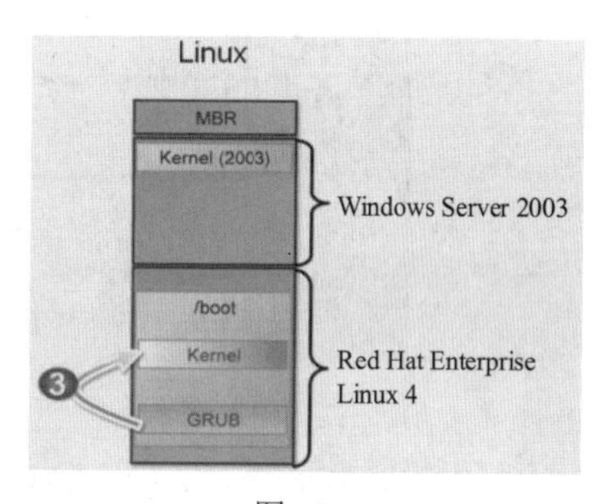

图 15-15

第 2 个范例是使用 MBR 来启动 Windows Server 2003 操作系统。当开机时 BIOS 还是读入 MBR 的前 446 字节的程序代码，如图 15-16 所示。boot loader 第一阶段的程序代码运行之后，将载入 boot loader 第二阶段的程序代码并进入 GRUB 的开机选单，如图 15-17 所示。

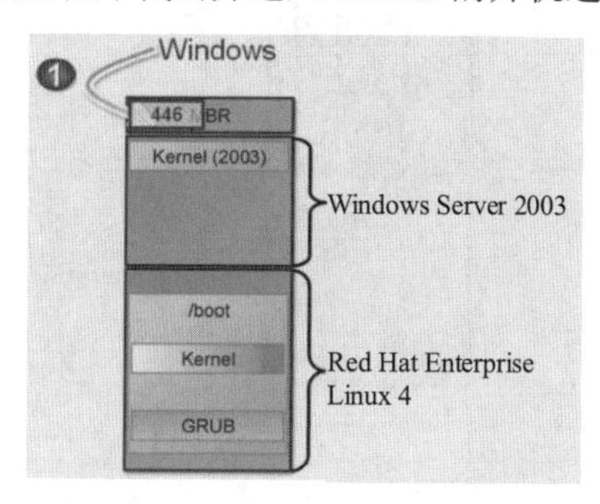

图 15-16

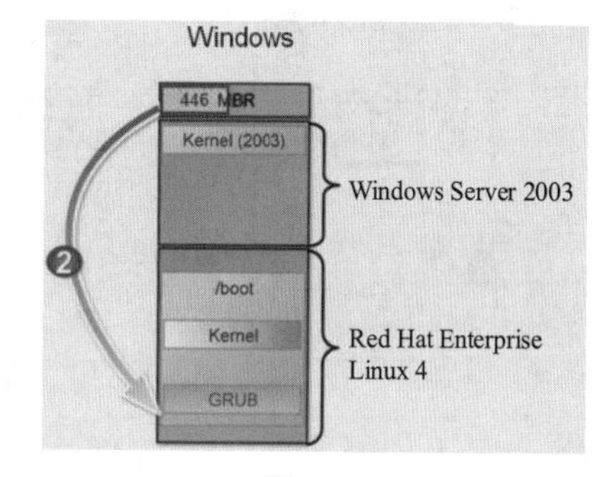

图 15-17

这次在开机选单中选择 Windows Server 2003 开机，因此 GRUB 就会选择 Windows Server 2003 操作系统的内核（Kernel）来开机，如图 15-18 所示。

第 3 个范例是 MBR 已经被其他的程序占用了，此时还要使用 Linux 开机，如图 15-19 所示。

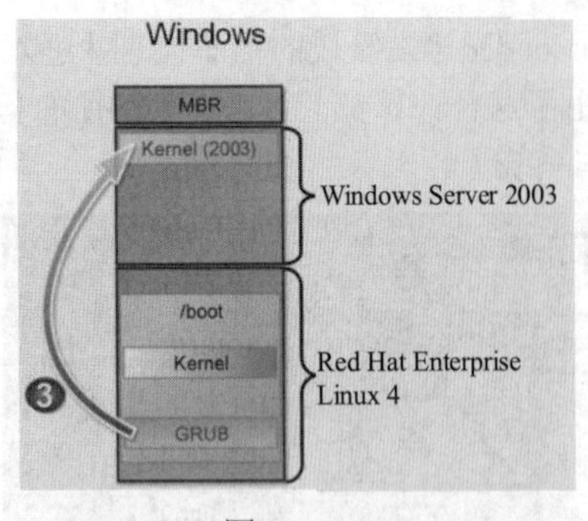

图 15-18

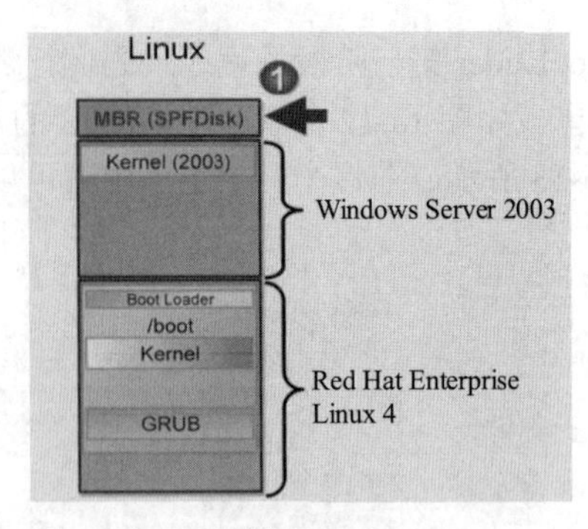

图 15-19

当开机时，同样会进入 MBR，但是 MBR 已经被 SPFDisk 程序占用了，所以这时会到/boot 分区的引导块载入 boot loader 第一阶段的程序代码，如图 15-20 所示。boot loader 第一阶段的程序代码运行之后，就会载入第二阶段的程序代码进入 GRUB 的开机选单，如图 15-21 所示。

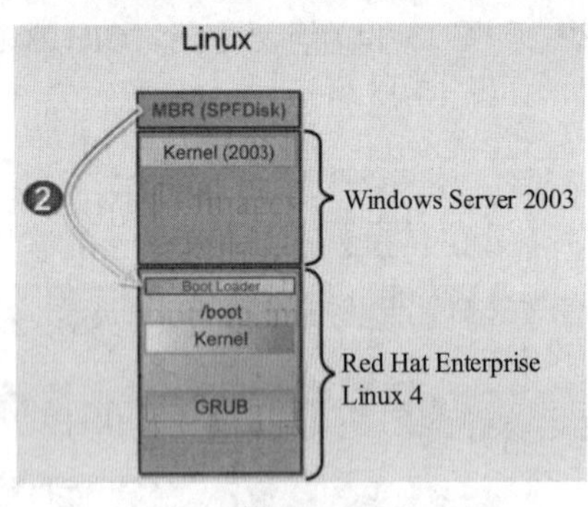

图 15-20

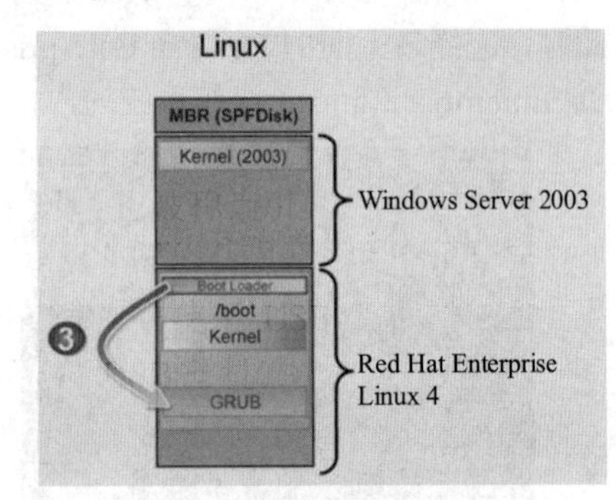

图 15-21

如果选择 Linux 系统开机，之后 GRUB 就会选择 Red Hat Enterprise Linux 4 操作系统的内核（Kernel）来开机，如图 15-22 所示。这进一步说明了，如果 MBR 被其他程序的代码占用了，那么 boot loader 就会改放在/boot 分区的引导块（boot sector）上，如图 15-23 所示。

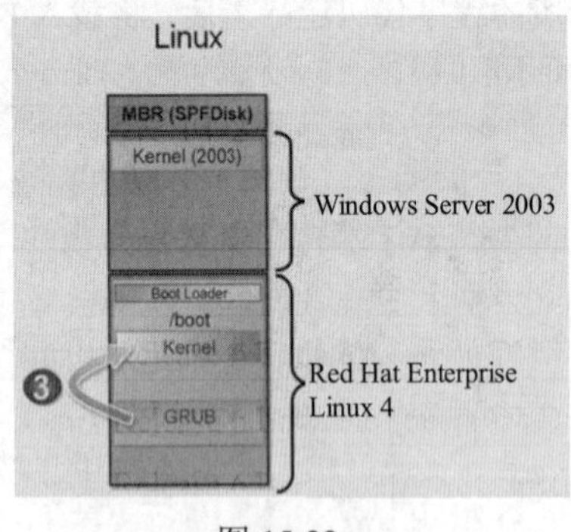

图 15-22

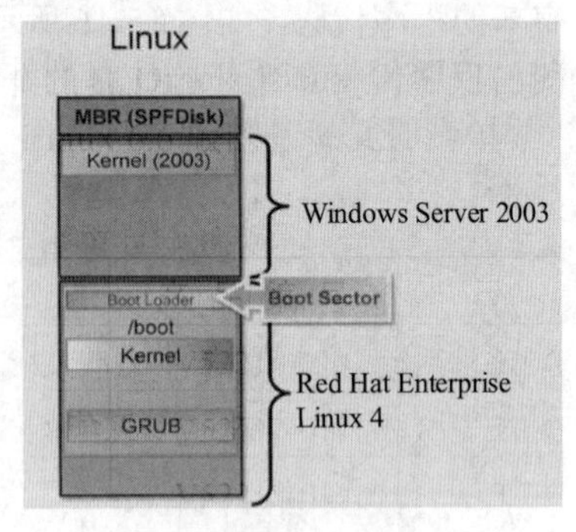

图 15-23

15.3 GRUB 程序和 grub.conf 文件

其实，从 MBR 载入 boot loader 开始到执行 init 程序之间所有操作都是由 GRUB 负责的（GRUB

是 GUN 项目的一个产品），如图 15-24 所示。如果安装的是 Oracle Linux 6.6，开机时就会立即进入 GRUB 的画面，如图 15-25 所示。

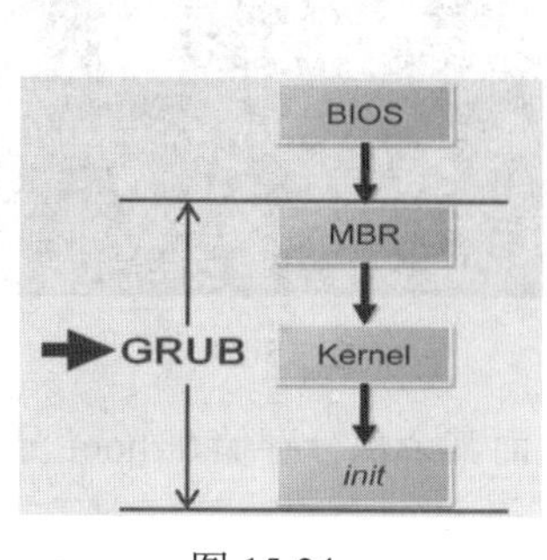

图 15-24

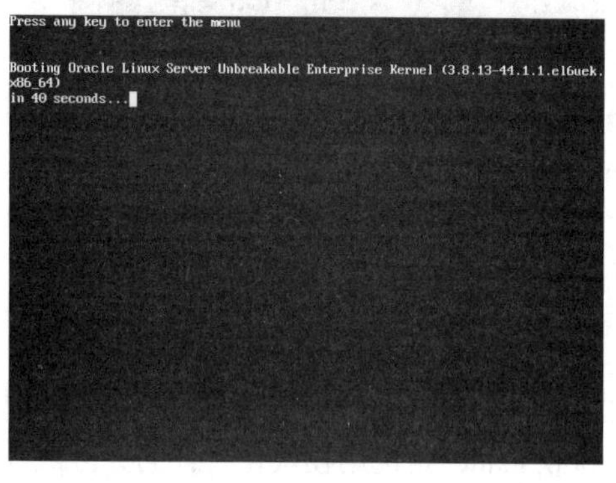

图 15-25

提示：

timeout 默认时间是 5s，即 5s 内没有按任意键就以默认的内核（不间断内核）启动。为了比较容易抓拍启动画面，我们将其改为了 60s（1min）。

如果按键盘上的任意一个键，就会出现开机选单。图 15-26 表明这台计算机有两个操作系统，一个是 Oracle Linux 不间断内核，另一个是红帽兼容内核。另外，还可以在这个画面的左上角看到 GRUB 的版本号是 0.97，如图 15-27 所示。

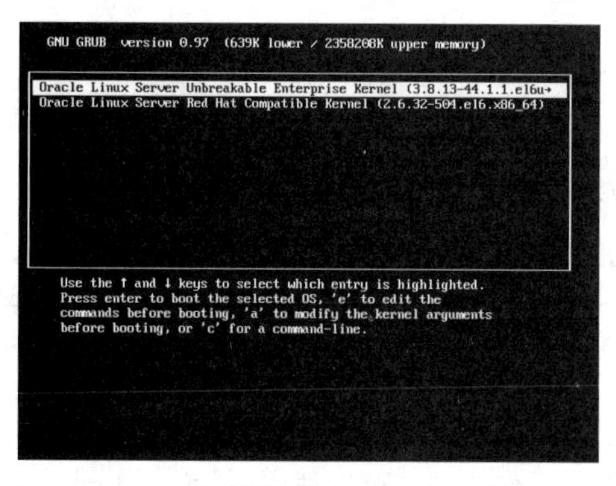

图 15-26

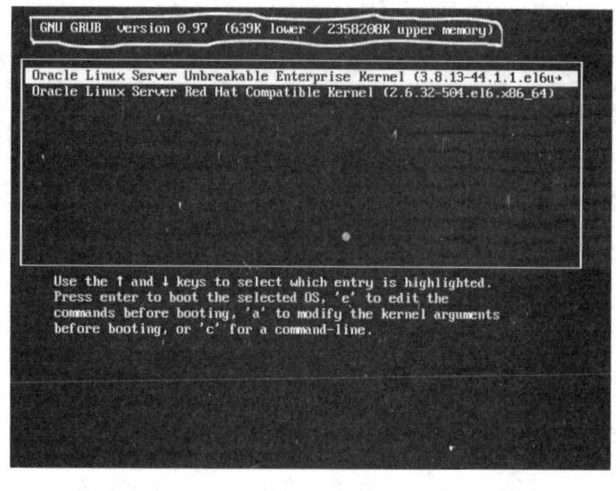

图 15-27

GRUB 的全称是 Grand Unified Bootloader（多重操作系统启动管理器），这个多重开机管理程序具有如下一些特性：

（1）具有一个命令行界面并可以在开机提示符下输入 GRUB 的命令。

（2）可以使用多种文件系统开机，其中包括 ext2、ext3、ext4、vfat、Btrfs 等。

（3）支持使用 MD5 加密技术以保护 GRUB 的密码。

（4）GRUB 的设置存放在/boot/grub/grub.conf 配置文件中。

（5）变更/boot/grub/grub.conf 文件中的内容会立即生效。

（6）如果硬盘上的 MBR 损坏了，可以使用/sbin/grub-install 命令重新将 boot loader 安装到 MBR 中。

当出现 GRUB 的开机选单后，按键盘上的 c 键就会进入 GRUB 的命令行界面，如图 15-28 所示。之后就会出现提示符 grub>，如图 15-29 所示。此时，就可以输入 GRUB 的命令了。

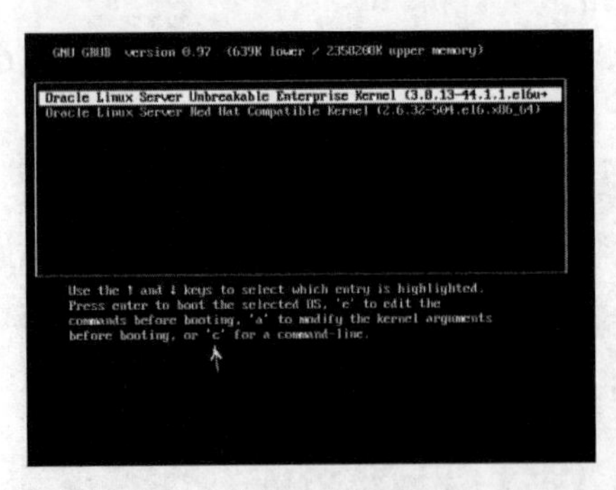

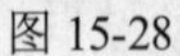

图 15-28

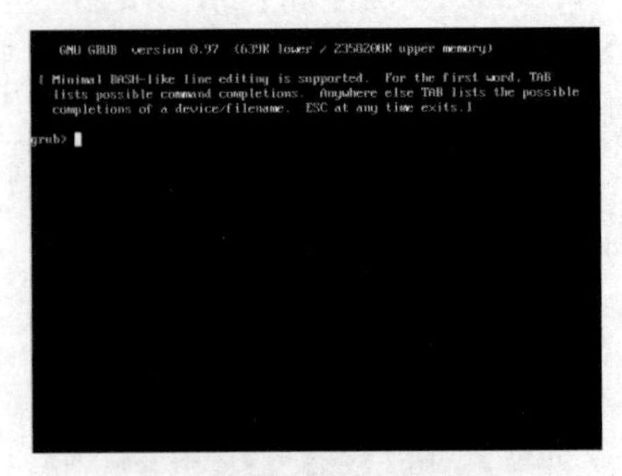

图 15-29

GRUB boot loader 代码的一小部分（子集）被写入 MBR，而其余部分存储在/boot 分区。另外，GRUB boot loader 是使用模块化设计的并分成几个工作阶段。

Stage1：GRUB 的第一阶段代码在 MBR 中。GRUB 的第一阶段代码通常是指向 GRUB 的下一阶段——可能是 Stage1_5 或 Stage2。 GRUB 可能装入 Stage1_5 的代码，也可能不装入，这取决于所使用的文件系统的类型。可以在 root 用户下使用 file 命令“file /boot/grub/stage1”获取 GRUB 第一阶段相关的信息，其显示的信息如下：

```
/boot/grub/stage1: x86 boot sector; GRand Unified Bootloader,
stage1 version 0x3, GRUB version 0.94, code offset 0x48
```

Stage1_5：Stage1_5 处理特定的文件系统类型，它们都是以相对应的文件系统名开始的。这一阶段的代码是用来正确识别文件系统的。可以使用 cd 命令将当前目录切换成/boot/grub，之后使用“ls *stage1*”列出这一阶段所需的代码文件，其显示的信息如下：

```
e2fs_stage1_5  iso9660_stage1_5  reiserfs_stage1_5  vstafs_stage1_5
fat_stage1_5   jfs_stage1_5      stage1             xfs_stage1_5
ffs_stage1_5   minix_stage1_5   ufs2_stage1_5
```

Stage2：这是 GRUB 映像的主要部分，这部分的代码存储在/boot 分区的/boot/grub/stage2 文件中。可以在 root 用户下使用 file 命令“file /boot/grub/stage2”获取 GRUB 第二阶段相关的信息，其显示的信息如下：

```
/boot/grub/stage2: GRand Unified Bootloader stage2 version 3.2, installed partition
65535, identifier 0x0, GRUB version 0.97, configuration file (hd0,0)/grub/grub.conf
```

正是这一部分的代码读/boot/grub/grub.conf 文件以获取如何装入内核所需的详细配置信息。

接下来将详细地介绍/boot/grub/grub.conf 这个 grub 配置文件的内容和语法格式。注意，在进行下面操作之前要以 root 用户登录 Linux 或切换到 root 用户。为了操作方便，可以使用例 15-4 的 cd 命令切换到/boot/grub 目录。

【例 15-4】

```
[root@dog ~]# cd /boot/grub
```

之后，使用例 15-5 的 ls 命令确认 grub.conf 文件存放在这个目录中，接下来，使用例 15-6 的 file 命令确认 grub.conf 文件的类型。

【例 15-5】

```
[root@dog grub]# ls -l gr*
-rw-------  1 root root 761 Oct  8 18:15 grub.conf
```

【例 15-6】

```
[root@dog grub]# file grub.conf
grub.conf: ASCII text
```

最后就可以使用例 15-7 的 more 命令列出 grub.conf 文件中的全部内容，也可以使用 cat 命令。但是在浏览或查看这个文件时，最好不要使用 vi 以免意外地修改和损坏这个文件。

【例 15-7】

```
[root@dog grub]# more grub.conf
# grub.conf generated by anaconda
#
# Note that you do not have to rerun grub after making changes to this file
# NOTICE:  You have a /boot partition.  This means that
#          all kernel and initrd paths are relative to /boot/, eg.
#          root (hd0,0)
#          kernel /vmlinuz-version ro root=/dev/sda2
#          initrd /initrd-version.img
#boot=/dev/sda
default=0    ......
```

在 grub.conf 文件中，所有以#开头的都是注释，系统不会执行这些信息。这个文件的第 3 行的意思是说修改了这个文件之后不必返回 grub（也就是重新启动系统），这可能就是 grub 程序的特性之一“变更/boot/grub/grub.conf 文件中的内容会立即生效”的依据吧！

在文件的第 4、第 5 和第 6 行中的内容：这个系统有一个/boot 分区，所有的内核（Kernel）和初始化（initrd）程序的路径都指向/boot/，根分区（/）对应于(hd0,0)。第 7 行表示内核存放在/dev/sda2 分区，第 9 行表示启动盘是/dev/sda 盘。

提示：

在以下部分使用的是 Red Hat Enterprise Linux 的另一个版本，所以显示有略微的差异。

介绍完注释部分之后，将介绍正文部分。该文件以 title 这一行为分界线，分为上下两部分，如图 15-30 所示。其中，上面的（第一）部分就是基本设定，如图 15-31 所示。

```
# grub.conf generated by anaconda
#
# Note that you do not have to rerun grub after making changes to this file
# NOTICE:  You have a /boot partition.  This means that
#          all kernel and initrd paths are relative to /boot/, eg.
#          root (hd0,0)
#          kernel /vmlinuz-version ro root=/dev/sda2
#          initrd /initrd-version.img
#boot=/dev/sda
default=0
timeout=5
splashimage=(hd0,0)/grub/splash.xpm.gz
hiddenmenu
title Red Hat Enterprise Linux ES (2.6.9-5.EL)
        root (hd0,0)
        kernel /vmlinuz-2.6.9-5.EL ro root=LABEL=/ rhgb quiet
        initrd /initrd-2.6.9-5.EL.img
```

图 15-30

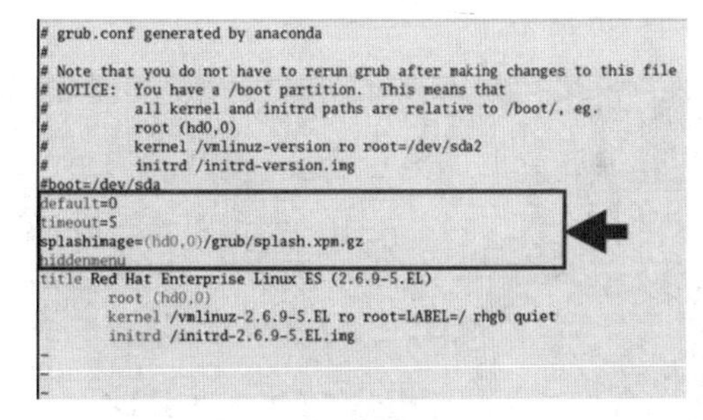

图 15-31

下面的（第二）部分是区分多个操作系统的开机设定，如图 15-32 所示。由于现在这台计算机上只安装了一套操作系统，所以只有一组开机设定。在第 1 部分的基本设定里，如果设置为 default=0，是指预设（默认）以第 1 组操作系统来开机，如图 15-33 所示。

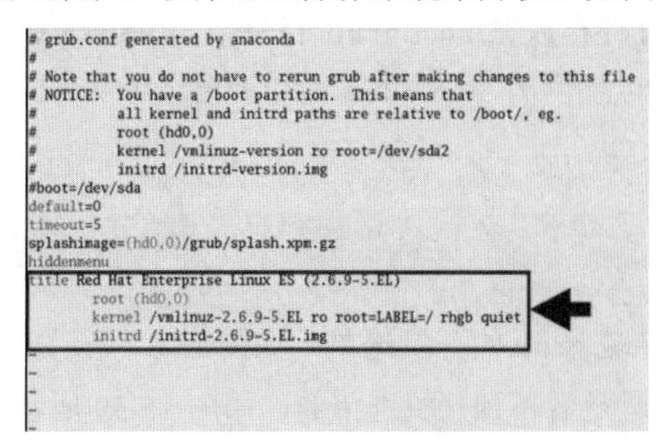

图 15-32

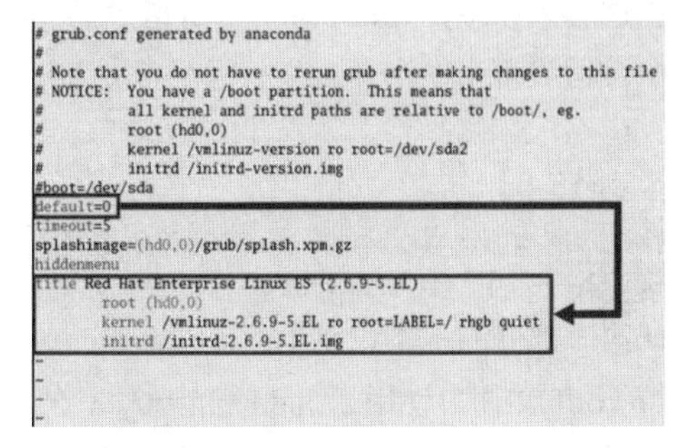

图 15-33

如果有两组操作系统的设定，且设置为 default=1，则是指预设（默认）以第 2 组操作系统来开机，如图 15-34 所示。在第 1 部分的基本设定里，timeout=5 表示在进入 grub 页面之后，预设（默认）会要求用户在 5s 之内选择以哪个操作系统来开机，如图 15-35 所示。

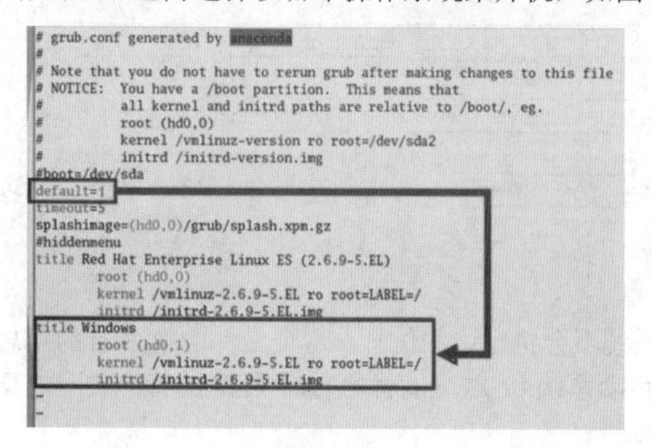

图 15-34

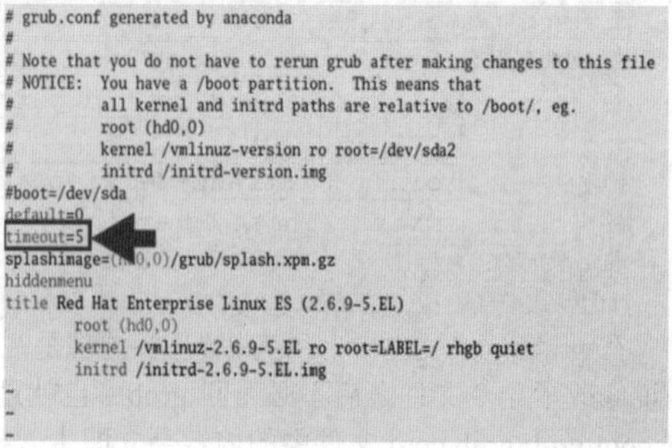

图 15-35

此时 grub 页面上的时钟会一秒一秒地递减，如图 15-36 所示。如果在 5s 内用户没有应答，grub 就会按 default 的值来启动默认开机操作系统。与 default 一样 timeout 的值也可以修改：如果设为 0 就不显示开机选择菜单而立即启动系统；如果设为-1 将无限地等待。第 1 部分的基本设定里，**splashimage 的设定是指开机时使用的背景画面**。必须解释的一点是(hd0,0)的含义，也就是 grub 的路径表示法：其中，**hd0 表示第 1 个硬盘，逗号后面的 0 表示该硬盘上的第 1 个分区，所以(hd0,0)表示第 1 个硬盘的第 1 个分区。由于在该系统中，/boot 分区对应于第 1 个硬盘的第 1 个分区，因此(hd0,0)就对应着/boot 分区**，如图 15-37 所示。

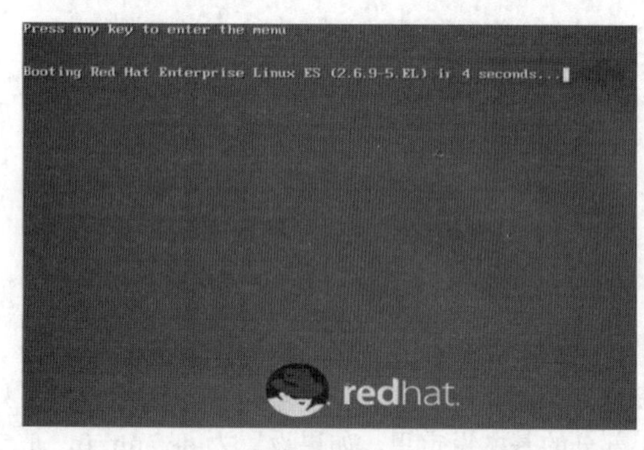

图 15-36

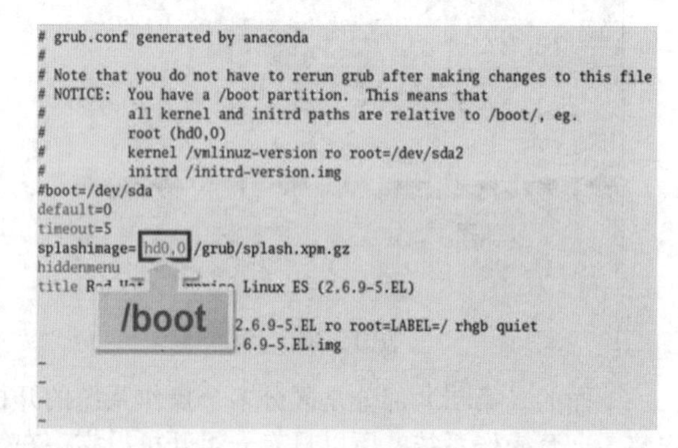

图 15-37

在这套系统中，splashimage 所指定的开机背景图案文件存放在/boot/grub 目录中的 splash.xpm.gz 文件中。假设现在的当前工作目录仍然是/boot/grub，就可以使用例 15-8 的 ls 命令列出这个文件的相关信息。

【例 15-8】

```
[root@dog grub]# ls -l sp*
-rw-r--r--. 1 root root 1341 May  7  2010 splash.xpm.gz
```

在第 1 部分的基本设定里，**hiddenmenu 的设定是要隐藏 grub 的开机选单**，如图 15-38 所示。如果在 grub.conf 文件中使用了 hiddenmenu 指令，那么在开机时是看不到开机选单的，如图 15-39 所示。要按下任意键之后，才能出现 grub 的开机选单。

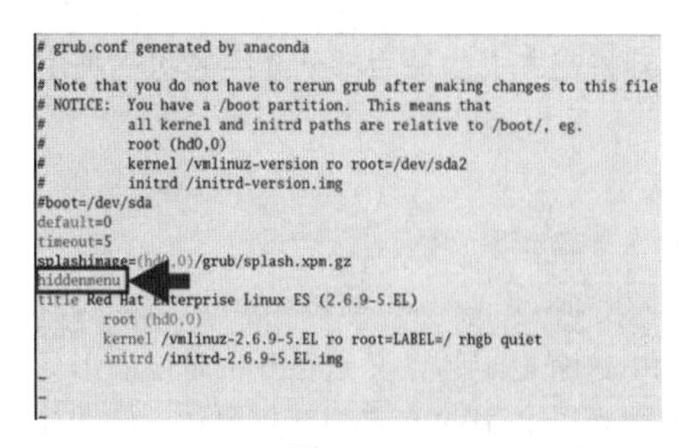

图 15-38

图 15-39

介绍完 grub.conf 文件中第 1 部分的设定之后，接下来介绍第 2 部分的设定。这一部分的第 1 行也就是标题，它设置了开机时开机选单中显示的标题（也就是要选择的操作系统名称），如图 15-40 所示。接下来的 root (hd0,0)设置了 grub 程序将要使用的文件所在的目录，其实(hd0,0)同样对应着/boot 目录（分区），如图 15-41 所示。

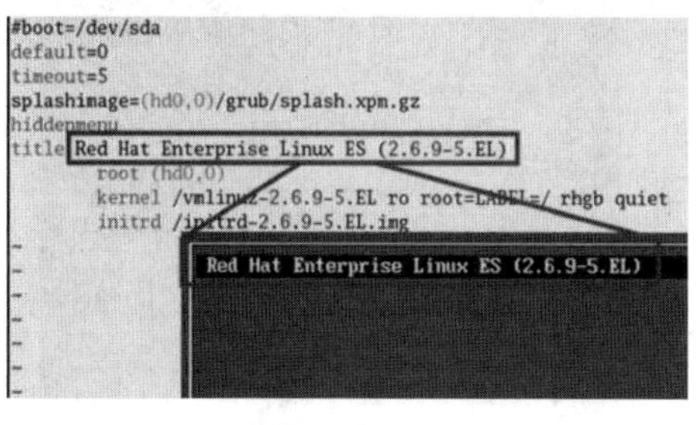

图 15-40

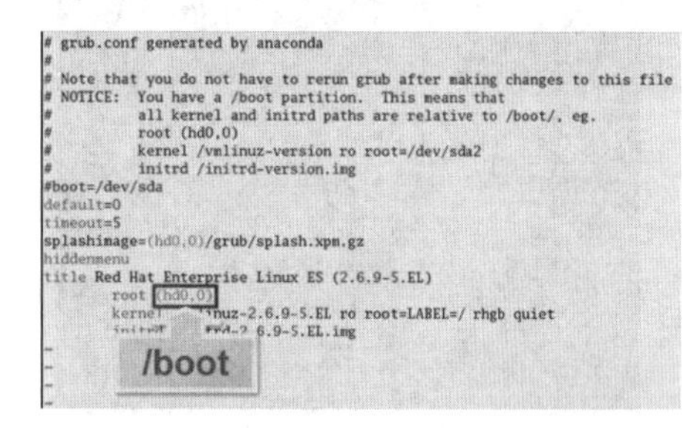

图 15-41

☞指点迷津：

实际上标题可以随便填写，并不需要与所使用的操作系统有关，但是在实际应用中一般都会使用与实际使用的操作系统相关的信息。

接着设定的是内核（Kernel）的存放位置。由于在上一行设定了(hd0,0)，所以内核就存放在(hd0,0)里，也就是/boot 目录，如图 15-42 所示。接下来，**ro root=LABEL=/是设定/这个根目录的位置。其中，ro 为只读（read only）。所以整个 ro root=LABEL=/的含义是以只读的方式挂载根目录，**如图 15-43 所示。这也就是前面所介绍的 grub 以只读的方式挂载根目录的原因。

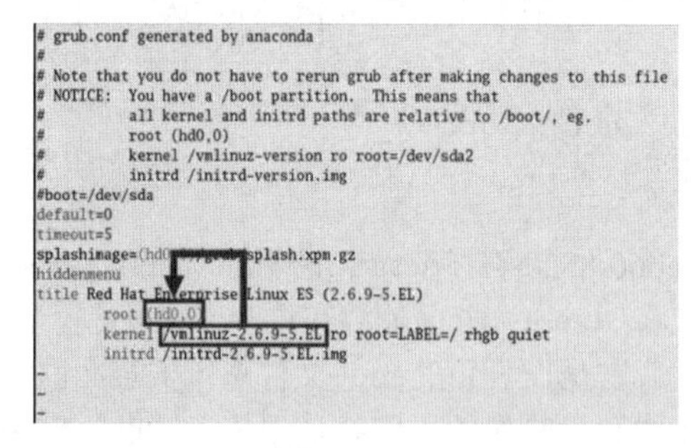

图 15-42

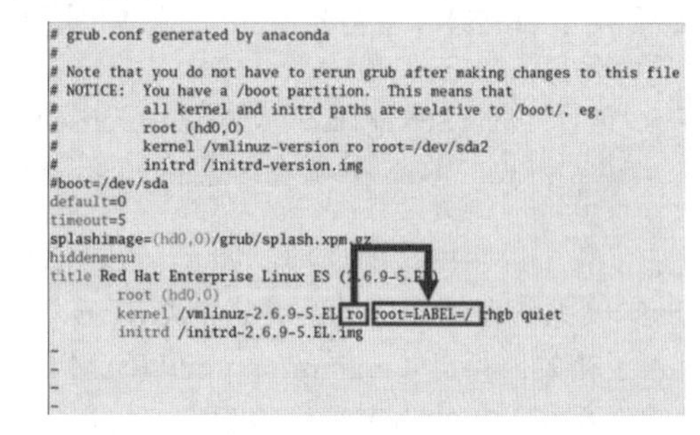

图 15-43

正是因为有 ro root=LABEL=/这一设定，所以 grub 才能以只读的方式读到根目录。但是除了 root=LABEL=/这种设定方式之外，还有另外两种不同的表示方法。由于这里 Linux 系统的根分区是对应着/dev/sda2，所以也可使用 root=/dev/sda2 表示/目录的位置。或是使用 LVM（逻辑卷）的格式，如

root=/dev/VOL/GROUP00/LVVOL00 表示（有关 LVM 的内容将在本书的最后部分介绍）。可以使用例 15-9 的 df 命令列出根目录所对应的磁盘分区。

【例 15-9】

```
[root@dog ~]# df -h /
Filesystem            Size  Used Avail Use% Mounted on
/dev/sda2             7.7G  3.3G  4.1G  46% /
```

接下来介绍 rhgb，它是 Red Hat Graphical Boot 的缩写。这个设定的含义是在开机时以图形界面取代传统的命令行界面。Linux 开机的传统画面会将开机的过程都以文字的方式列在屏幕上，如图 15-44 所示。但是在 Oracle Linux（RHEL 4 或之后的版本）中，预设开机时会使用图形界面，如图 15-45 所示。如果想在开机时使用传统的显示方式，只要删除 rhgb 就可以了。这样也许使配置的系统看上去更专业，最起码在外行人看来。而设置 quiet 是为了在开机时不显示出错的信息，如果想要显示这些错误的信息，也只需删除 quiet 就行了。

```
Starting udev:                                              [  OK  ]
Initializing hardware...  storage network audio done        [  OK  ]
Configuring kernel parameters:                              [  OK  ]
Setting clock  (localtime): Fri Jul  8 22:52:56 CST 2005    [  OK  ]
Loading default keymap (us):                                [  OK  ]
Setting hostname example.domain.com:                        [  OK  ]
Checking root filesystem
/: clean, 81233/1281696 files, 486419/2560359 blocks
                                                            [  OK  ]
Remounting root filesystem in read-write mode:              [  OK  ]
Setting up Logical Volume Management:                       [  OK  ]
Checking filesystems
/boot: clean, 39/50200 files, 17548/200780 blocks
/home: clean, 11/127744 files, 8437/255031 blocks
                                                            [  OK  ]
Mounting local filesystems:                                 [  OK  ]
Enabling local filesystem quotas:                           [  OK  ]
Enabling swap space:                                        [  OK  ]
INIT: Entering runlevel: 5
Entering non-interactive startup
Starting readahead_early:                                   [  OK  ]
```

图 15-44

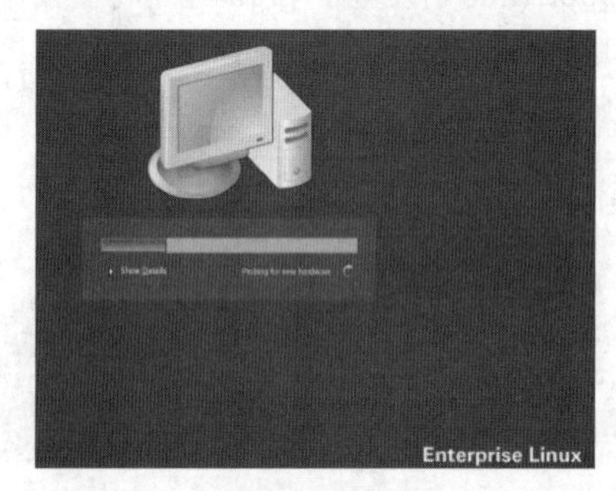

图 15-45

最后一行的设定是将 initrd 映像文件装入内存中，initrd 映像文件存放的是一些启动程序。可以使用例 15-10 的 ls 命令列出 initrd 映像文件的相关信息。

【例 15-10】

```
[root@dog ~]# ls -l /boot/in*
-rw-r--r-- 1 root root 527478 Oct  8 17:41 /boot/initrd-2.6.9-42.0.0.0.1.EL.img
-rw-r--r-- 1 root root 516368 Oct  8 17:41 /boot/initrd-2.6.9-42.0.0.0.1.ELsmp.img
```

提示：

从 Oracle Linux 5.5 开始对 grub.conf 文件中的内容以及与之相关部分做了一点点改变。在标题（title）部分默认指定了两个启动内核，分别是不间断企业内核和红帽兼容内核（Red Hat Compatible Kernel）。在 Oracle Linux 6.6 上这两个安装内核分别是：

- Oracle Linux Server Unbreakable Enterprise Kernel (3.8.13-44.1.1.el6uek.x86_64)
- Oracle Linux Server Red Hat Compatible Kernel (2.6.32-504.el6.x86_64)

增加了若干说明内核的选项，如 ro root=UUID=42a8cbb0-852d-4f1f-aeaa ...说明/dev/sda1（/boot）分区的 UUID（系统自动生成的）并告诉 GRUB 以只读方式将/（root）分区加载在这一分区。

引入了初始内存盘（initramfs，intial RAM file system），它是在真正的 root 文件系统安装之前的一个最初的文件系统。初始内存盘由关键字 initrd 说明，初始内存盘映像的工作就是预装入块设备模块，如 IDE、SCSI 或 RAID，以便这些模块正常地驻留在 root 文件系统上，这样就可以访问和加载它们了。当刚刚装入的内核获得了足够的初始化信息之后，它就切换到由 root 指令所指定的真正的 root 文件系统上了，而真正的 root 文件系统是在系统配置文件/etc/fstab 中说明的。初始内存盘（initramfs）是与内核捆绑在一起的，并且内核加载 initramfs 是作为第 2 阶段启动过程的一部分。

初始内存盘的指令被称为 initrd 的原因是：在之前版本中创建内存盘映像的工具叫 mkinitrd，而所创建的 RAM 文件被称为 initrd 文件。在 Oracle Linux 6 中，每当安装一个新内核时，安装脚本都会调用 dracut 工具来创建初始内存文件系统（initramfs）。grub.conf 的指令仍然使用 initrd 以维持与其他工具的兼容。您通常都不需要手工地，因为如果安装和升级的内核和相关软件包是由 Oracle 公司提供的，这一步（创建 initramfs）是自动执行的。

initrd 指令必须指向与相同版本的内核相对应的 initramfs 文件，如内核（kernel）是 kernel /vmlinuz-3.8.13-44.1.1.el6uek.x86_64，则与之对应的 initrd 必须是 initrd /initramfs-3.8.13-44.1.1.el6uek .x86_64.img。

初始内存文件系统（initramfs）的映像文件是存放在/boot 分区的，在 Oracle Linux 6 上有两个 initramfs 映像文件，它们的目录和文件名如下：

- /boot/initramfs-3.8.13-44.1.1.el6uek.x86_64.img
- /boot/initramfs-2.6.32-504.el6.x86_64.img

15.4　在 grub 开机选单中加入多个系统的实例

为了安全起见，可以使用如下的简单方法备份虚拟机。首先正常关闭虚拟机上的 Linux 系统，之后在 Windows 系统上退出虚拟机软件。最后将虚拟机目录连同所有的文件复制到其他硬盘（可以是逻辑硬盘）即完成了备份。

提示：

为了减少本书的篇幅，特将以下操作的图形解释部分全都移到资源包中的电子书中了。读者在阅读此书以下部分时，如果理解上有困难可以参阅资源包中的电子书，其中有详细的图示。

如果以后虚拟机上的 Linux 操作系统出现了问题，只要将这个备份目录（包括里面的全部文件）都复制回来即完成了虚拟机的恢复，是不是方便多了？另外，在修改任何系统配置文件之前，当然也包括/boot/grub/grub.conf，必须先为这个文件做一个备份。这样万一发生了意外损坏，还可以使用备份文件来恢复文件的原貌。一定要养成习惯，千万别嫌麻烦。

为了操作方便，可以使用例 15-11 的 cd 命令将当前的工作环境切换到/boot/grub 目录。

【例 15-11】

```
cd /boot/grub
```

之后，**使用例 15-12 的 cp 命令为 grub.conf 文件做一个备份 grub.conf.bak 文件**。接下来最好使用类似例 15-13 的 ls 命令验证一下所做的备份文件是否已经生成。

【例 15-12】

```
[root@dog grub]# cp grub.conf grub.conf.bak
```

【例 15-13】

```
[root@dog grub]# ls -l gr*
-rw-------  1 root root 761 Oct  8 18:15 grub.conf
-rw-------  1 root root 761 Mar 12 23:46 grub.conf.bak
```

当确定了 grub.conf 的备份文件 grub.conf.bak 已经生成之后，就可以使用 vi 编辑器来重新配置 grub.conf 文件中的设置了。可以使用例 15-14 的 vi 命令来编辑 grub.conf 文件。为了节省篇幅，这里省略了这个文件中前后无关的内容。之后做如下修改：

（1）在 hiddenmenu 之前加上了#，以在开机时不隐藏 grub 的开机选单。

（2）将光标移到 title 的第 1 个字母 t 上，使用 vi 的 4yy 命令复制 title Enterprise 开始的 4 行并粘贴在 initrd 所在的这一行。

（3）将这个 title 之后的正文修改为 Dog Project Super Server 3068。

（4）将 root (hd0,0)中逗号之后的 0 改为 1，即改成 root (hd0,1)。root (hd0,1)为第 1 个硬盘的第 2 个分区。由于在这个系统的第 2 个分区/dev/sda2 对应着根目录（/分区），而在/目录下根本就没有文件 vmlinuz-2.6.9-42.0.0.0.1.ELsmp，也没有文件 initrd-2.6.9-42.0.0.0.1. ELsmp.img。其实，它们都在/boot 目录（分区）中。因此，将来使用 Dog Project Super Server 3068 开机时就无法开机。

（5）删除 rhgb quiet 两个设定。

（6）使用:wq!命令存盘退出 vi。

【例 15-14】

```
[root@dog grub]# vi grub.conf
......
splashimage=(hd0,0)/grub/splash.xpm.gz
#hiddenmenu
title Enterprise (2.6.9-42.0.0.0.1.ELsmp)
        root (hd0,0)
        kernel /vmlinuz-2.6.9-42.0.0.0.1.ELsmp ro root=LABEL=/ rhgb quiet
        initrd /initrd-2.6.9-42.0.0.0.1.ELsmp.img
title Dog Project Super Server 3068
        root (hd0,1)
        kernel /vmlinuz-2.6.9-42.0.0.0.1.ELsmp ro root=LABEL=/
        initrd /initrd-2.6.9-42.0.0.0.1.ELsmp.img  ......
```

指点迷津：

在 Oracle Linux 6 或 Oracle Linux 7 操作系统上可以直接将第 2 个操作系统的 title 修改为 Dog Project Super Server 3068。

当退出 vi 编辑器后，可使用例 15-15 的 reboot 命令重新启动 Linux 系统（重新开机）。

【例 15-15】

```
[root@dog ~]# reboot
```

当重新开机后，就可以看到出现了 grub 的开机选单，并出现了刚刚设定的 Dog Project Super Server 3068。因为已经注释掉了 hiddenmenu。因此在开机显示中会出现刚刚设定的 Dog Project Super Server 3068（您的系统可能会略有不同）。与 RHEL 有所不同的是，Oracle Linux 系统的开机选单的底色为黑色，其他几乎完全相同。开机时光标指向默认的 Oracle Linux 系统，并且在最后一行显示等待的秒数，这个秒数从 5s 开始倒数。当减到 0 时，也就是在 5s 内您没有任何响应（没按下任何键），grub 将使用默认的系统开机。

如果 5s 内按下了任意一个键，就会发现倒数的时间不见了，也就是会停下来让用户选择开机的系统。这时可以使用键盘上的上下键来选择使用哪一个操作系统开机，如可以先将光标移到 Dog Project Super Server 3068 这个有问题的操作系统上。

之后按 Enter 键后就使用它来开机了。经过一会儿就又回到原来的画面。但是如果操作时出现出错画面，按下任意键才会返回原来的画面。

接下来，可以按 e 键来编辑 Dog Project Super Server 3068 这个操作系统的设定。按 e 键之后，就会看到 Dog Project Super Server 3068 系统的这 3 行设定。

正是由于第 1 行的设定错误，才造成无法启动系统。因此将光标移到第 1 行并按 e 键来编辑第 1 行的设定。将原来的(hd0,1)中错误的 1 改为正确的 0，即改为(hd0,0)，随后按 Enter 键接受这个变化。

按 Enter 键之后就又回到了 grub 开机选单的页面，此时 root 分区已经改为(hd0,0)的正确设定，随后按 b 键启动系统（开机）。按 b 键之后，系统会以文字方式显示许多信息，并且屏幕上的信息一直在滚动。

经过一段时间的运行，最后将进入 Linux 系统图形界面的登录页面，以 root 用户登录。其实，现在这个所谓的 Dog Project Super Server 3068 与之前使用的 Oracle Linux 系统是一个操作系统，因为这两个操作系统的开机设定已经基本相同了。

之后开启一个终端窗口，使用 vi/boot/grub/grub.conf 命令打开 grub.conf 文件以进行编辑，此时会发现 Dog Project Super Server 3068 的 root 分区仍然对应着(hd0,1)，将其改为(hd0,0)之后存盘退出。这样就可以保证每次以 Dog Project Super Server 3068 系统开机时，root 分区都将使用(hd0,0)。

原来看上去很神秘的系统开机（引导）设置，也没什么，只不过是简单地配置一个文件中的几个参数而已。咱们这个 Dog Project Super Server 3068（狗项目超级服务器 3068）不知道底细的还以为是什么最新款式的高端服务器呢！其实，只是换了个名字和在开机时显示一些看上去就眼晕的所谓非常专业的信息而已。能这么快就配置出这么“高端和复杂”的服务器，没准此时您在用户眼里也成了 IT 的大专家了。

15.5　修改 root 和 grub 的密码

由于城市化的进程不断加快，许多城里人越来越感到孤独，邻里之间也很少来往。正是在这种大背景下，市场对宠物，特别是狗的需求成爆炸式的增长。狗项目的管理层也与时俱进，适应市场的需要成立了一个高档狗的服务公司，负责高档狗的繁育、销售、训练、医疗和寄宿等一系列的狗服务。公司取名为狗——最忠实的伴侣股份有限公司，简称狗伴侣公司。别看许多人自己抠的厉害，但是为了自己心爱的狗却花起钱来从不含糊。因此狗伴侣公司从成立那天起生意就如日中天，现在连锁店和加盟店已经遍布全国。

由于公司的急剧扩张也带来了一些管理上的问题，最近一个子公司的一位部门经理突然消失了，连同他一起消失的还有好多只价格不菲的新品种的小狗。这位部门经理还负责管理和维护这个子公司的计算机系统，现在他突然失踪了，**公司里没人知道这套计算机系统的管理员密码**。所以公司的总经理（原狗项目经理）只得让您这位公司里唯一的一位 Linux 大虾亲自出马了。

当您开机进入 grub 的开机选单时，首先选择要启动的操作系统（选择 Linux），之后按 a 键以便在开机之前修改 Linux 系统的内核参数（也就是大虾们常说的传一个参数给 Kernel）。

按 a 键之后出现 grub append>提示符并在其后列出 ro root=LABEL=/ rhgb quiet 的信息，这里要注意的是，append 是附加的意思，因此只能在 ro root=LABEL=/之后附加信息，即 ro root=LABEL=/是不能修改的。**删掉 ro root=LABEL=/之后的 rhgb quiet，并添加一个空格和 1。这里的 1 是单用户模式，即要以单用户模式登录 Linux 系统。**

在使用单用户模式登录 Linux 系统时，不用使用任何密码就可以登录 Linux，而且是以 root 用户登录系统。当按 Enter 键之后就会开机，并且会将所有的开机动作都显示在屏幕上（这是因为删除了 rhgb），最后就会出现单用户模式的提示符。现在您已经成功地以 root 用户登录了 Linux 系统，可以使用 whoami 命令来验证现在登录的用户是否是 root。

这也就是说，**单用户模式是以 root 用户登录的而且不需要使用密码，因此当忘记了（也可能根本就不知道）root 密码时就可以以单用户模式登录 Linux。现在就可以使用 passwd 命令修改 root 用户的密码了，**这里改成 wang（既然是狗伴侣公司的密码也就用狗叫了。您也可以使用其他的密码如 miao 猫叫，这样可能更安全因为谁也想不到狗会学猫叫）。

虽然重新修改了 root 用户的密码解决了登录 Linux 系统的问题，但是这个子公司所发生的事还是让您心有余悸。凡能摸到服务器的人都能不使用密码就以 root 用户登录 Linux 系统，而且还能修改 root 的密码，想起来就不寒而栗。因为狗伴侣公司的员工中真正的善男信女也没几个，连公司的命根子——狗崽子们都敢顺，还有啥事他们不敢干呢？

为了预防哪些“心术不正”或对公司心怀不满的员工使用单用户模式以 root 用户登录 Linux，您决定在 grub 程序的配置文件 grub.conf 中设定 grub 的密码。这样任何人要想通过 grub 传递参数给 Linux 或修改开机的设定，就必须使用这个密码。为此**使用 vi 编辑器打开 grub.conf 文件，在第 1 部分最后添加 password wang，之后存盘退出 vi 编辑器**。

退出 vi 编辑器之后，使用 reboot 命令重新启动 Linux 系统。系统重启后的 grub 开机画面已经发生了一些变化。系统提示信息的最后是说要按 p 键，之后输入密码才能进行下一步的操作。按 p 键之后，系统会要求输入密码，此时输入您在 grub.conf 文件中设定的密码。

如果输入的密码正确，当按 Enter 键之后就又会出现与之前一模一样的开机画面。现在您就又可以传参数给内核了。

可是现在您心里还是不踏实，因为您**在 grub.conf 文件中是以明码方式设定的密码**，这很容易泄密的。再环顾四周，这狗伴侣公司的员工一个个都精得跟猴子似的，这种以明码方式设定的密码哪能防得了他们？

于是您觉得要将这个密码加密，还记得在 15.3 节所介绍的 grub 的特性之一“支持使用 MD5 加密技术以保护 GRUB 的密码”吗？现在就可以使用 MD5 加密技术来加密 grub.conf 文件中设定的密码，为此使用图形界面以 root 登录 Linux 系统（因为要使用鼠标），之后就会进入 Linux 系统的图形界面。

开启一个终端窗口，输入 grub-md5-crypt 命令，在 Passwd 处输入 wang，在 Retype passwd 处再次输入 wang 确认，之后就会出现一组谁也看不懂的使用 MD5 加密技术加密后的密码，最后复制这个加密后的密码。

使用 vi 编辑器打开 grub.conf 文件将原来第 1 部分的密码行改为 password --md5 1WFt4U/$mbUoNUEkvL5nECWtFhpT8.（--md5 表示后面的密码是使用 MD5 加密技术加密后的密码）。为了避免错误，其中密码部分是粘贴上的。**之后存盘退出 vi 编辑器即完成了 grub 密码的加密**（密码的加密并未改变任何其他操作的方式）。

☞ **指点迷津：**

有些 Linux 书介绍的是在单用户模式下加密密码。建议最好还是在图形界面中加密密码，因为这样可以使用鼠标进行加密密码的复制或粘贴操作，以避免出现输入错误。

为了进一步解释刚刚使用 MD5 加密的密码，使用例 15-16 的 tail 命令列出/etc/shadow 文件的最后 3 行。

【例 15-16】

```
[root@dog ~]# tail -3 /etc/shadow
cat:$1$wgjVOCA2$ggKjUQtmqA/7WTjtToAw4.:14561:0:99999:7:::
fox:$1$L4zXDTir$40sjaI.gurByc3Buvgyhk0:14608:0:99999:7:::
pig::14602:0:99999:7:::
```

将例 15-16 的显示结果中密码部分与刚刚使用 MD5 加密的密码进行比较就可以发现它们的前 3 个字符都是1，它们表示已经设定了密码。

☞ **指点迷津：**

在 Oracle Linux 6 或 Oracle Linux 7 操作系统上密码的默认加密算法已经改为 SHA512 并且加密后的密码是以6开始而且长了许多。

现在，您悬着的那颗心终于可以踏实下来了，因为即使有心怀不轨的人看到了 grub.conf 文件的密码也没用，没人能看懂这些像鬼画符一样的密码，只能干着急，是不？

15.6　内核的初始化和 init 的初始化

根据 15.1 节所介绍的 Linux 系统引导顺序，接下来将继续介绍内核在初始阶段所进行的操作有哪些。内核（Kernel）在开机阶段要做的主要操作如下：

（1）发现（监测）计算机上有哪些设备。

（2）发现设备之后，将这些设备的驱动程序初始化并载入到内核中。

（3）当必要的驱动程序都载入之后，以只读的方式挂载根目录文件系统。

（4）内核将载入 Linux 的第 1 个进程，即 init 进程，所以 init 程序是第 1 个被执行的。

接下来就由 init 进程接管系统。init 进程（程序）首先要读取/etc/inittab 文件中的设定（这里 inittab 应该就是 init table 的缩写，也就是 init 表），并根据这些设定来配置系统以完成系统的初始化。以下就是 init 进程初始化时要做的工作：

（1）决定预设系统使用哪个 run level（有关 run level 以后将详细介绍）。

（2）init 执行一些系统初始化的脚本（程序）来初始化操作系统。

（3） init 根据 run level 的设置执行 run level 所对应目录中的脚本以决定要启动的服务。

（4）设定某个组合键。

（5）定义 UPS 不间断电源系统当电源出现问题时或电源恢复时要执行哪些程序等。

如果启动的 run level 是 5，就会初始化 X Windows 的环境，也就是图形环境。接下来对 init 进程初始化时要做的工作逐一加以解释，为此可使用例 15-17 的 more 命令分屏列出 init 的配置文件/etc/inittab 中的全部内容。为了节省篇幅，这里只显示了部分的输出结果。

指点迷津：

有些 Linux 书是使用 vi 命令列出/etc/inittab 中的内容，但是建议最好不要使用 vi，而使用 more 或 cat 命令，这样可以避免意外地修改或损坏这个重要的文件。对其他系统配置文件也应奉行同样的原则，千万不要过于自信，要从一开始学习时就养成好习惯。

【例 15-17】

```
[root@dog ~]# more /etc/inittab
......
# Default runlevel. The runlevels used by RHS are:
#   0 - halt (Do NOT set initdefault to this)
#   1 - Single user mode
#   2 - Multiuser, without NFS (The same as 3, if you do not have networking)
#   3 - Full multiuser mode
#   4 - unused
#   5 - X11
#   6 - reboot (Do NOT set initdefault to this)
#
id:5:initdefault:        ......
```

在这个文件中设定了 init 程序要做哪些工作。其中，第 1 项工作就是决定预设（默认）要使用哪个 run level（运行级别）。接下来，从例 15-17 的显示结果可以知道 Linux 操作系统的 run level 一共分 7 级，分别是 0～6。在这里只简单说明常用的 run level 1、3 和 5（关于 run level 后文将详细介绍）。

第 1 个常用的是 run level 1，就是在 15.5 节介绍过的单用户模式。单用户模式可以让 root 用户不使用密码就可以登录 Linux 系统，主要是用来维护系统时使用。

第 2 个常用的是 run level 3，它是 Full multiuser mode（完全的多用户模式），在这一模式下会启动完整（全部）的系统服务，但是在用户登录后会进入文字模式。

第 3 个常用的是 run level 5，它是 X11，也就是 X Windows 模式，在这一模式下也会启动完整的系统服务，但是在用户登录后会进入 X Windows 模式，也就是图形界面。

如果/etc/inittab 文件中的 initdefault 之前被设置为 5（如图 15-46 所示），这就表示系统的预设（默认）是 run level 5，也就是使用 X11（图形界面）来启动系统，如图 15-47 所示。

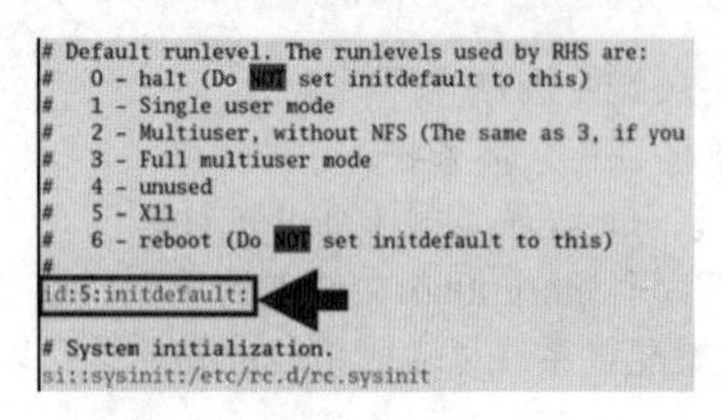

图 15-46

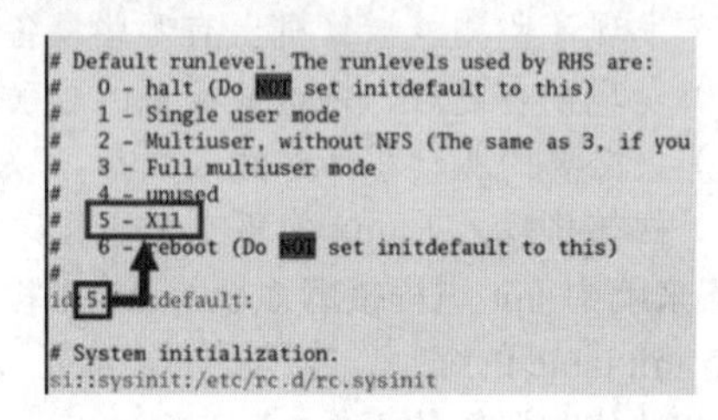

图 15-47

接下来继续介绍 init 的第 2 项工作，它会执行一些系统初始化的脚本来初始化操作系统。在这个系统中，init 会执行/etc/rc.d 目录中的 rc.sysinit 程序来初始化系统，如图 15-48 所示。

init 的第 3 项工作是根据 run level 的设置来执行所对应目录中的程序，以决定要启动哪些服务。如果默认设定为 5，那么就会将 5 这个参数传给/etc/rc.d 目录中的 rc 这个程序，如图 15-49 所示。其实，它的含义也就是执行/etc/rc.d/rc5.d 目录中的所有程序。可以使用例 15-18 的 ls 命令列出/etc/rc.d 目录中的所有内容。

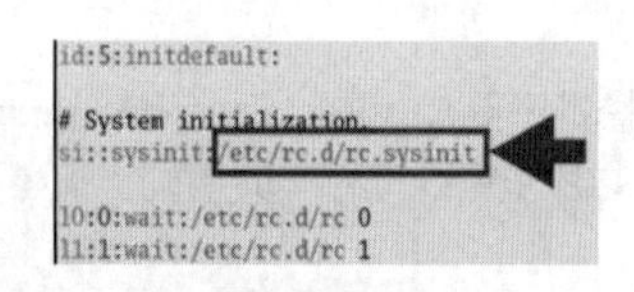

图 15-48

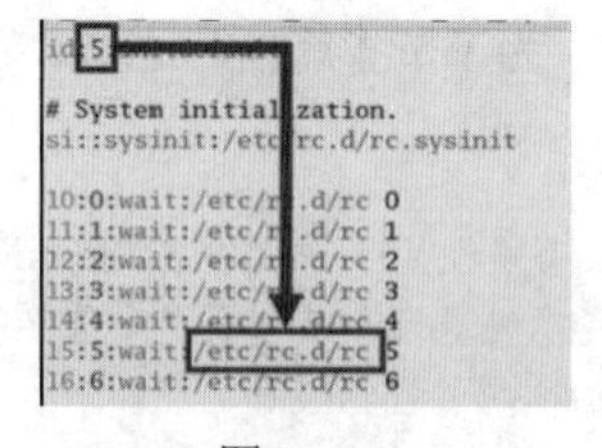

图 15-49

指点迷津：

在 Oracle Linux 6 上，/etc/inittab 的设置要简单许多，因为许多都是系统自动执行的。如果您使用的是 Oracle Linux 6 或以上版本，你可以忽略那些早期版本的配置。

【例 15-18】

```
[root@dog ~]# ls -l /etc/rc.d
total 112
drwxr-xr-x  2 root root  4096 Oct 16 11:51 init.d
-rwxr-xr-x  1 root root  2352 Mar 17  2004 rc
drwxr-xr-x  2 root root  4096 Oct 16 11:51 rc0.d
drwxr-xr-x  2 root root  4096 Oct 16 11:51 rc1.d ……
-rwxr-xr-x  1 root root   220 Jun 24  2003 rc.local
-rwxr-xr-x  1 root root 28078 Oct 23  2006 rc.sysinit
```

在例 15-18 的显示结果中列出了所有 run level 对应的目录，在这些目录中存放着对应 run level 要执行的程序（脚本），也就是所谓的要启动的服务。如果 run level 是 5，就会执行 rc5.d 目录中的程序，也就是要启动 rc5.d 目录中的服务。

第 4 项工作就是设定某个组合键，如图 15-50 所示就是设定按 Ctrl+Alt+Delete 键时，系统会执行 shutdown 的命令。在 shutdown 命令之后还有一些参数，在本章的最后部分将介绍它们。其实，同时按 Ctrl+Alt+Delete 键的操作与 Windows 系统上的非常类似。

第 5 项工作是定义 UPS 不间断电源系统，即当电源出现问题时或电源恢复时要执行哪些程序。在图 15-51 中，定义了当电源出现问题时要执行 shutdown 命令来关机。

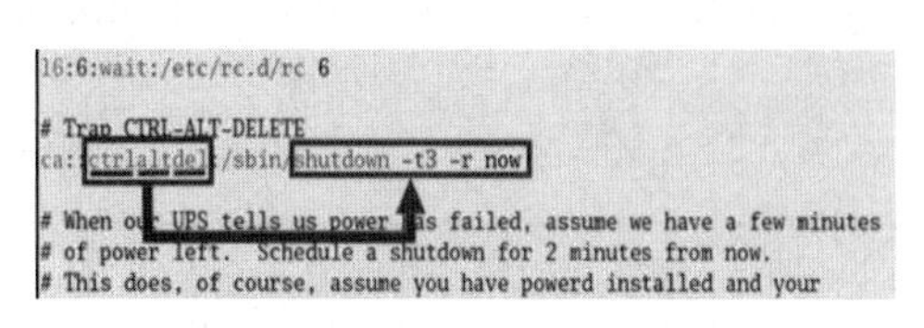

图 15-50

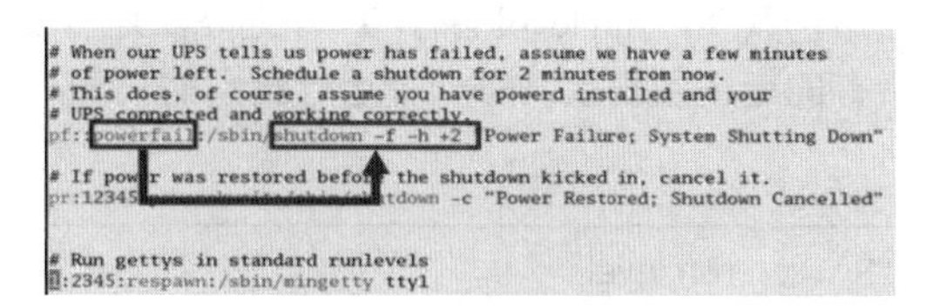

图 15-51

而在图 15-52 中，则定义了当电源恢复时会执行 shutdown -c 的命令。其中-c 这个参数就是在计算机关机之前取消关机的操作，c 应该是 Cancel（取消）的第 1 个字母。因为可能是由于电压不稳，而造成瞬间断电，在这种情况下就应该取消关机的操作。

UPS 的功能是这样的：若断电了，UPS 会提供短暂的电源供应给计算机。但 UPS 的电量有限，不能长时间供电，因此 UPS 会通知计算机告诉 Linux 系统电源已经发生了问题，并要求 Linux 正常关机以将内存中的数据写回到硬盘上以避免丢失任何数据，如图 15-53 所示。

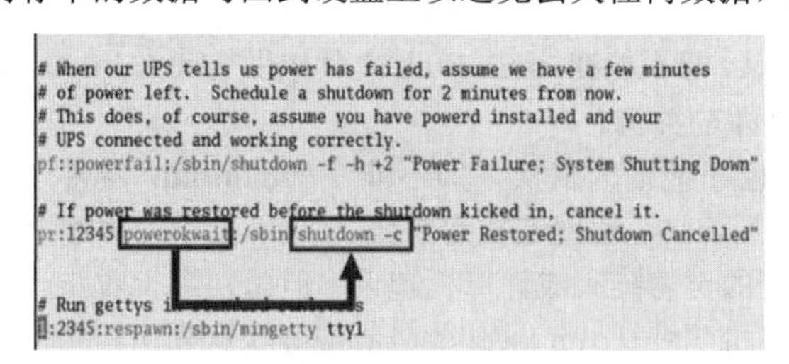

图 15-52

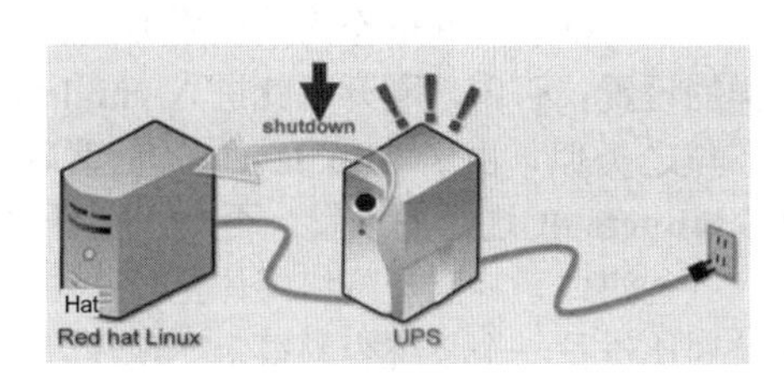

图 15-53

第 6 项工作是产生 6 个 virtual consoles，也就是 tty1～tty6。如图 15-54 中的 6 个命令就是使用 mingetty 这个指令来分别产生 tty1～tty6 这 6 个 virtual consoles。

最后一项工作是如果启动的是 run level 5，就会初始化 X Windows 的环境，如图 15-55 所示。最后一行的设定就是初始化 X Windows 的环境，也就是图形环境。

根据以上的讨论，可以总结出 init 程序在进行系统初始化时的主要工作流程图，如图 15-56 所示。接下来的几节将进一步详细地讨论以上 init 初始化工作流程中的每一个具体步骤。

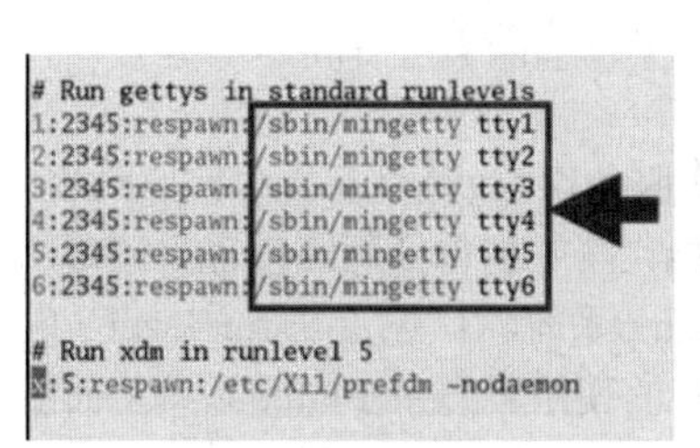

图 15-54

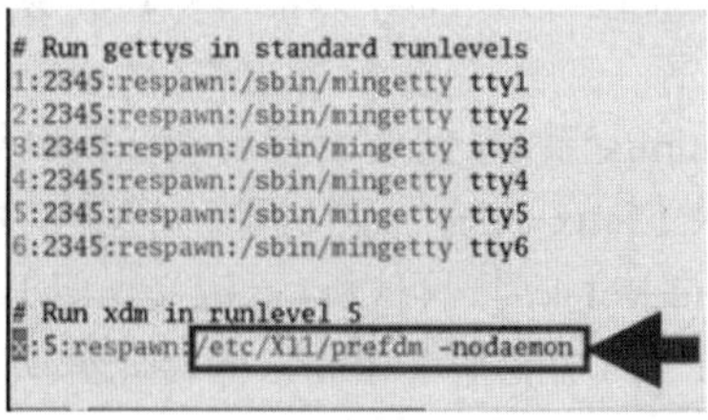

图 15-55

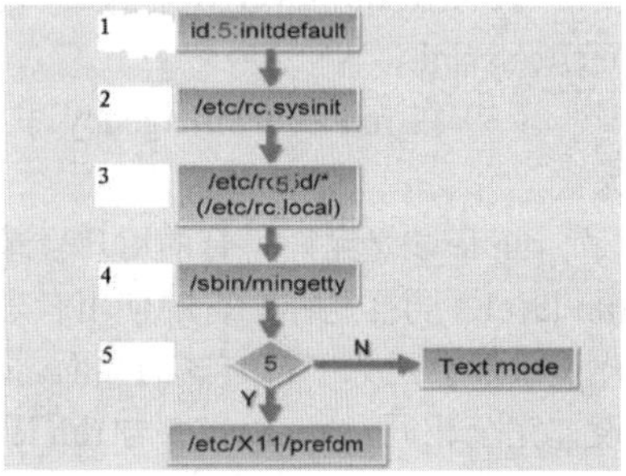

图 15-56

15.7 run levels（运行级别）

实际上，本节将介绍 init 初始化工作流程中的第 1 个步骤，即载入系统默认的 run level。在 15.6 节中曾经提及到 run level 并简单介绍了 3 个常用的 run level，在本节中将对每一个 run level 进行比较详细的介绍，其实，run level 除了 0～6 之外，还有 S 和 emergency（紧急）两种。表 15-1 列出了 Linux 系统中所有的运行级别以及每一个运行级别的功能。

表 15-1

run level	功　能
0	关机，不能设置为 initdefault（即不能设置为默认的运行级别）
1、S、emergency	单用户模式，只有 root 用户可以登录，是用于系统维护的
2	多用户模式，但是没有启动网络功能
3	多用户模式，启动了网络功能，但是为文字界面
4	用户自定义模式，默认与 run level 3 相同
5	与 run level 3 相同，并且启动了 X11（即图形界面）
6	重新启动系统，不能设置为 initdefault

由于 run level 0 是作为关机用的，所以不能设为默认，即不能在/etc/inittab 文件中做 id:0:initdefault:这样的设置，否则，刚开机就进入 run level 0，也就是即刻关机。

与之类似，由于 run level 6 是重启系统，所以也不能设为默认，即不能在/etc/inittab 文件中做 id:6:initdefault:这样的设置，否则，刚开机就进入 run level 6，也就是重启系统。

一些媒体，特别是网络媒体把一些攻击计算机系统的黑客描写成计算机超人，但是实际上攻击一个系统要比维护一个系统容易得多。现在只要将某台计算机的默认 run level 改成 0 或 6 就达到了攻击的效果，攻击一个计算机系统是不是很简单？

其实，现实中也是一样。美国人花了那么多钱来搞导弹防御体系，可是也就那么几架民航机就搞出一个改写历史的 9・11 来。**防御要全方位地防御，而攻击只要找到一个薄弱点就可以了。**

run level 1、S 和 emergency 都是单用户模式。单用户模式只允许 root 用户登录 Linux 系统，主要是做一些系统的维护工作，那么这 3 个 run levels 又有哪些不同呢？其主要的差别是执行程序的多少。

（1）在 run level 1 中，init 进程首先执行/etc/rc.sysinit 程序来初始化操作系统，之后再执行/etc/rc1.d 目录中的所有程序，可以表示为 init -> /etc/rc.sysinit -> /etc/rc1.d/*。

（2）在 run level S 中，init 进程只会执行/etc/rc.sysinit 程序来初始化操作系统，可以表示为 init -> /etc/rc.sysinit。

（3）在 run level emergency 中，init 进程只会执行/etc/rc.sysinit 脚本中某些必要的程序来初始化操作系统。

run level 2 允许所有的用户登录 Linux 系统，但是没有启动任何网络服务，也就是没有提供网络功能。run level 3 同样允许所有的使用者登录 Linux 系统，而且拥有完整的功能，其中也包括网络功能，但是用户登录后会进入字符方式的界面。run level 4 用户可以自己定义，但 Linux 系统默认设置与 run level 3 的设置完全相同。run level 5 与 run level 3 的功能基本相同，同样允许所有的使用者登录 Linux 系统，而且拥有完整的功能，其中也包括网络功能。唯一的不同是 run level 5 启动 X11，也就是会进入 X Windows 的图形界面。

Linux 系统使用哪个 run level 是由 init 进程（程序）来定义的，可以使用如下 3 种方式来选择使用哪一种 run level：

（1）在开机时使用的 run level 会预设在/etc/inittab 文件中，如在 Linux 系统上/etc/inittab 文件中的相关设置为 id:5:initdefault:，即这个 Linux 系统将使用 run level 5 来开机。

（2）从 boot loader 传一个参数给 Linux 系统的内核，如在 15.5 节中，在开机之前，在 grub 的开机程序中修改内核参数以单用户模式登录之后修改 root 密码的方法。

（3）是在开机进入 Linux 系统后使用 init c 命令来进入指定的 run level，其中，c 是 run level 0 ~ 6、S 及 emergency。

接下来的问题就是怎样才能知道所使用的 Linux 系统目前以及之前的 run level 呢？可以使用/sbin 目录中的 runlevel 命令（程序），即运行/sbin/runlevel 命令。如例 15-19 使用 runlevel 命令列出目前以及之前的 run level。也可以使用 who -r 命令，其显示结果应该为 run-level 5　2017-01-30 09:08。

【例 15-19】

```
[root@dog ~]# runlevel
N 5
```

例 15-19 的显示结果表明目前系统的 run level 是 5，即运行在图形界面模式，最前面的 N 是之前的 run level。因为该系统一直都是使用 run level 5，所以没有之前的 run level。接下来，使用例 15-20 的 init 3 命令将系统的 run level 变为 3，即以多用户文字模式运行。也可以使用 telinit 3 命令，其运行结果完全相同。

【例 15-20】

```
[root@dog ~]# init 3
```

当 Linux 系统已经转换到 run level 3 之后，可以使用例 15-21 的 runlevel 命令再次列出相关的运行级别。

【例 15-21】

```
[root@dog ~]# runlevel
5 3
```

例 15-21 的显示结果表明目前系统的 run level 是 3，即运行在多用户文字模式，最前面的 5 是之前的 run level，因为之前是从 run level 5 转过来的。现在可以使用例 15-22 的 init 5 让系统重新回到 run level 5，也可以使用 startx 命令进入图形界面。

【例 15-22】

```
[root@dog ~]# init 5
```

以上命令执行之后，可以使用例 15-23 的 runlevel 命令再次列出相关的运行级别。

【例 15-23】

```
[root@dog ~]# runlevel
3 5
```

例 15-23 的显示结果表明目前系统的 run level 是 5，而之前是 run level 3。

15.8　/etc/rc.d/rc.sysinit 所做的工作

参考图 15-56（init 进行系统初始化的工作流程图），接下来将介绍第 2 个步骤，即执行/etc/rc.d/rc.sysinit 脚本。可使用 more/etc/rc.d/rc.sysinit 分页浏览/etc/rc.d/rc.sysinit 程序的内容，它是一个 shell 脚本文件，如果读者对 shell 程序设计比较熟悉，可以看看（因为详细介绍 shell 程序设计已超出了本书的范畴）。以下就是/etc/rc.d/rc.sysinit 脚本要做的主要工作：

（1）启动（激活）热插拔设备（udev），如 USB 设备，并且也会启用 SELinux（Security- Enhanced Linux），详细介绍 SELinux 的内容是属于 Linux 的高级课程的内容。

（2）将内核的参数设定在/etc/sysctl.conf 文件中，关于/etc/sysctl.conf 后面会详细介绍。

（3）设定系统时钟。

（4）载入 keymaps 的设定，这样计算机在开机后才能知道相对应的键盘设定。

（5）启用交换（分）区这个虚拟内存区。

（6）设定主机名（hostname），主机名是在/etc/sysconfig/network 文件中设定的。

（7）检查 root 文件（/）系统，如果没有问题就将其重新挂载成可读可写的状态。

（8）启用 RAID 磁盘阵列和 LVM 设备。

（9）启用磁盘配额功能，即限制用户最多可以使用多少磁盘空间。

（10）检查并挂载其他的文件系统。

（11）清除开机时用的临时文件以及一些已经无用的目录和文件。

可以使用例 15-24 的 cat 命令通过列出/etc/sysconfig/network 文件中的全部内容的方法来获取这个系统的主机名。

【例 15-24】

```
[root@dog ~]# cat /etc/sysconfig/network
NETWORKING=yes
HOSTNAME=dog.super.com
GATEWAY=192.168.137.1
```

从例 15-24 的显示结果可知，这台计算机的主机名是 dog.super.com，是安装时设定的。

15.9 执行对应/etc/rc.d/rc*.d 目录中的程序（脚本）

接下来介绍流程图中的第 3 个步骤，即根据 run level 的设置执行/etc/rc.d 目录中所对应 rc?.d 子目录中的程序，以决定要停用和启用哪些服务。例如，设定的是 run level 3，就执行/etc/rc.d/rc3.d 子目录中的程序。

以下通过这台计算机上的具体设定来进一步解释 Linux 系统内部是如何进行相关操作的。使用 more 或 cat 命令列出/etc/inittab 文件中的内容，会发现系统默认的 run level 是 5，因此 init 进程就会将 5 这个参数传给/etc/rc.d/rc 程序，如图 15-57 所示。

随后，/etc/rc.d/rc 程序加上 5 这个参数，就会执行/etc/rc.d/rc5.d 目录中的所有程序（脚本）来停用和启用相关的服务。所以每个 run level 都有相对应的目录，在这个相对应的目录中就存放了要停用和启用的服务所需的全部程序（脚本），如图 15-58 所示。

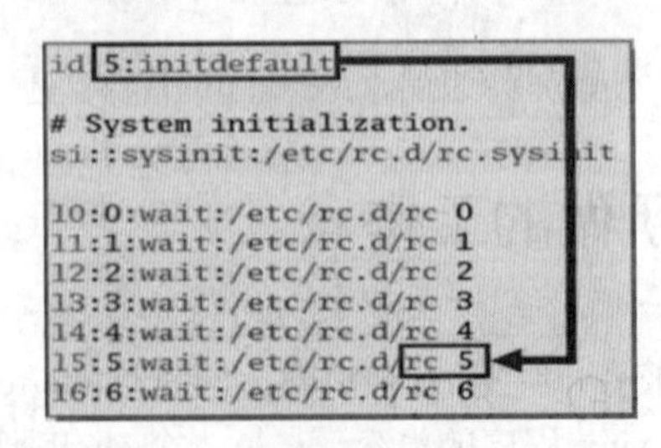

图 15-57

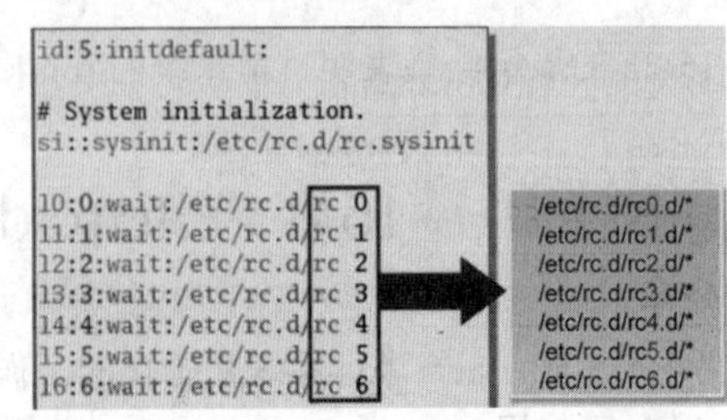

图 15-58

可以使用例 15-25 的 ls 命令列出/etc/rc.d 目录中的所有内容。从例 15-25 的显示结果可以看出在

/etc/rc.d 目录中，0～6 每个 run level 都有对应的一个目录，而在这些目录中就存放着需要停用和启用的服务（程序）。

【例 15-25】

```
[root@dog ~]# ls -l /etc/rc.d
total 112
drwxr-xr-x  2 root root  4096 Oct 16 11:51 init.d
-rwxr-xr-x  1 root root  2352 Mar 17  2004 rc
drwxr-xr-x  2 root root  4096 Oct 16 11:51 rc0.d
drwxr-xr-x  2 root root  4096 Oct 16 11:51 rc1.d ......
-rwxr-xr-x  1 root root   220 Jun 24  2003 rc.local
-rwxr-xr-x  1 root root 28078 Oct 23  2006 rc.sysinit
```

接下来，可以使用例 15-26 的 ls 命令列出/etc/rc.d/rc5.d 目录中的所有内容，也就是 run level 5 所用的服务。为了节省篇幅，这里对输出结果进行了大规模的剪裁。

【例 15-26】

```
[root@dog ~]# ls -l /etc/rc.d/rc5.d
total 280
lrwxrwxrwx  1 root root 13 Oct  8 17:42 K01yum      -> ../init.d/yum ......
lrwxrwxrwx  1 root root 11 Oct  8 17:40 S99local -> ../rc.local
```

例 15-26 的显示结果清楚地表明在/etc/rc.d/rc5.d 目录中存放的全部都是一些连接（link），并且所有的 link 都是指向（连接到）/etc/rc.d/init.d 目录中的某个程序（可执行文件）。其中../表示当前目录的父目录（上一级目录），而/etc/rc.d/rc5.d 目录的父目录就是/etc/rc.d 目录。而 init.d 中的最后一个 d 表示 daemon，其实，在/etc/rc.d/rc5.d 目录中的 rc.d 中的 d 和 rc5.d 中的 d 也是代表 daemon 的意思。Daemon 的意思是（希腊神话中）半人半神的精灵或守护神，在这里被翻译成守护进程。

15.10 守 护 进 程

在继续讨论 init 程序进行系统初始化的工作流程图之前，读者有必要先弄明白什么是守护进程以及这种进程的工作原理。**简单地说，守护进程就是在后台（背景）运行的一个程序，其主要功能就是提供一些系统的服务。/etc/rc.d/init.d 目录中的所有程序全都是在后台运行的、提供系统服务的程序（进程），如 httpd、vsftpd 和 smb 等。**

而**这些守护进程都是在后台一直运行并等待用户提出要求以便提供服务**，如图 15-59 所示。httpd 程序（进程）就是提供 http 的服务，它会开启 80 号端口以让用户可以通过 80 号端口访问这台计算机，如图 15-60 所示。

图 15-59

图 15-60

这里进一步解释守护进程的工作原理：在后台运行的一个守护进程时刻等待一个请求（用 UNIX 的术语就是等待事件的发生）。**当这个守护进程收到一个请求时，通常它会为这个请求再生成一个子进程来专门为这个请求服务，而原来那个守护进程（父进程）继续等待下一个请求。而守护进程又分成两种类型：**

（1）独立（Standalone）守护进程。

（2）临时（Transient）守护进程，由超级守护进程（super daemon）控制的守护进程。

下面介绍这两种类型的守护进程之间的差别，它们的差别主要是提供服务的方式。

独立守护进程的工作方式是：当用户或程序提出需求时，独立守护进程会自己为用户或程序提供所需的服务，如图 15-61 所示。

临时守护进程的工作方式是：当用户或程序提出需求时，先向 xinetd 超级守护进程要求服务，之后 xinetd 进程再调用相应的临时守护进程，最后再由这个临时守护进程为用户或程序提供所需的服务，如图 15-62 所示。

图 15-61

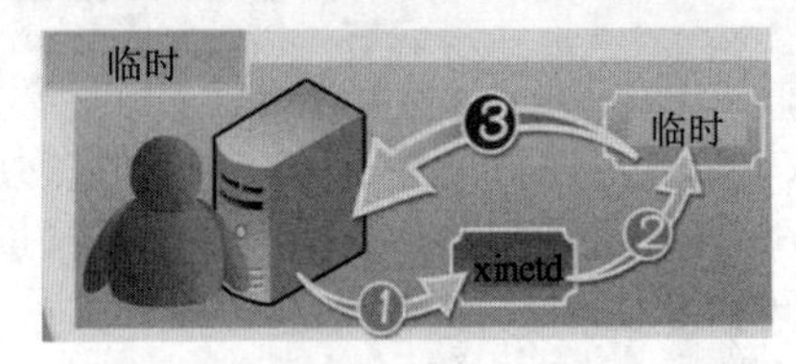

图 15-62

因此这两种类型的守护进程的最大差别就是临时类型的守护进程必须要通过 xinetd 超级守护进程的调用才能向用户或程序提供所需的服务，也就是说，临时类型的守护进程不能自己直接向用户或程序提供服务。而独立守护进程是不需要通过 xinetd 超级守护进程的调用，它直接向用户或程序提供服务。**xinetd 进程之所以叫做超级守护进程，是因为所有临时守护进程都由它管理。**

接下来，通过例子来进一步演示这两种类型的守护进程之间的不同之处。为此，先介绍在这些例子中要用的一个 Linux 命令和要用到的几个参数，这个命令就是 netstat。该命令将列出计算机网络连接方面的信息，在后面例子中要用到如下几个参数。

- -n：不要进行名字解析，包括不解析主机名和用户名等，n 是 numeric 的第 1 个字母。
- -l：显示计算机上有哪些端口正在监听，也就是允许其他用户连进来，l 是 listening 的第 1 个字母。
- -p：显示哪个程序正在使用哪个端口，p 是 program 的第 1 个字母。
- -t：显示 tcp。
- -u：显示 udp。

由于 telnet 服务是使用端口 23，所以可以使用例 15-27 的 netstat 命令显示与 telnet 服务有关的网络连接信息。

【例 15-27】

```
[root@dog ~]# netstat -tupln | grep :23
tcp        0      0 0.0.0.0:23       0.0.0.0:*       LISTEN      2656/xinetd
```

从例 15-27 的显示结果可以看出，监听端口 23 的并不是 telnetd 进程，而是 xinetd 超级守护进程。现在使用例 15-28 的 netstat 命令再次显示与 telnet 服务有关的网络连接信息。注意，这次不使用 l 参数。

【例 15-28】

```
[root@dog ~]# netstat -tupn | grep :23
tcp        0      0 192.168.11.38:23     192.168.11.1:1051       TIME_WAIT   -
```

从例 15-28 的显示结果可知现在没有用户使用 telnet 服务（即没有 telnet 连接）。现在在 Windows 系统上使用 telnet（telnet 192.168.11.38）以 dog 用户登录 Linux 系统，在登录成功之后，使用例 15-29 的 netstat 命令再次显示与 telnet 服务有关的网络连接信息。

【例 15-29】

```
[root@dog ~]# netstat -tupn | grep :23
tcp 0  0  192.168.11.38:23 192.168.11.1:1689 ESTABLISHED 4129/in.telnetd: 19
```

从例 15-29 的显示结果可知现在端口 23 是由 in.telnetd 进程使用。现在使用例 15-30 的 netstat 命令再次显示与 telnet 服务有关的网络连接信息。注意，这次要加上 l 参数。

【例 15-30】

```
[root@dog ~]# netstat -tupln | grep :23
tcp        0      0 0.0.0.0:23          0.0.0.0:*        LISTEN      2656/xinetd
```

从例 15-30 的显示结果可以看出，监听端口 23 的也不是 telnetd 进程，还是 xinetd 进程。

接下来，我们看看独立（Standalone）守护进程的工作方式。由于提供 ftp 服务的进程是一个独立守护进程，因此可以使用例 15-31 的 netstat 命令显示与 ftp 服务有关的网络连接信息。

【例 15-31】

```
[root@dog ~]# netstat -tupln | grep ftp
```

但是以上命令没有产生任何显示输出，这是因为 ftp 服务还没有启动，可以使用例 15-32 的 service 命令检查 ftp 服务的状态（service 命令以后会介绍，另外，这个版本的 Linux 系统的 ftp 进程为 vsftpd，其他版本上可能不同）。

【例 15-32】

```
[root@dog ~]# service vsftpd status
vsftpd is stopped
```

例 15-32 的显示结果表明，目前 ftp 服务已经停止了，因此可以使用例 15-33 的 service 命令启动（启用）ftp 服务。

【例 15-33】

```
[root@dog ~]# service vsftpd start
Starting vsftpd for vsftpd:   OK  ]
```

当确认 ftp 服务已经启用之后，可以使用例 15-34 的 netstat 命令再次显示与 ftp 服务有关的网络连接信息。

【例 15-34】

```
[root@dog ~]# netstat -tupln | grep ftp
tcp    0      0 0.0.0.0:21        0.0.0.0:*        LISTEN      4485/vsftpd
```

从例 15-34 的显示结果可以看出，监听端口 21 的并不是 xinetd 超级守护进程，而正是 vsftpd 独立进程本身。

可能会有读者问独立守护进程不是工作得好好的吗？为什么还要引入 xinetd 超级守护进程和临时守护进程？答案是提高系统的效率和资源利用率。想想看，如果在一个系统上有许多不常用的服务，如果完全采用独立守护进程来提供服务就会浪费许多系统资源并可能影响到系统整体的效率，因为不管有没有连接请求，这些独立守护进程都要在后台一直运行着，时刻等待着提供服务。有了 xinetd 超级守护进程和临时守护进程就完全不一样了，因为平时只有 xinetd 超级守护进程在运行以监听来自用户或程序的服务请求，是不是节省了不少系统资源？

在 Linux 系统中，独立守护进程（Standalone processes）又分为两种：

（1）在开机时由 init 进程直接启动的，如虚拟终端控制台（virtual console）。

（2）System V 的守护进程，例如，httpd 和 vsftpd 就是 System V 的守护进程。

15.11　System V 脚本（程序）的特性

接下来将讨论 System V 脚本（程序）的特点。run level 就是要定义计算机开机时启动哪些服务。**每个 run level 都有它相对应的目录**，例如在/etc/rc.d 目录中就可以看到 rc0.d～rc6.d 子目录，这些子目录就是 run level 0～6 所对应的目录，如图 15-63 所示。

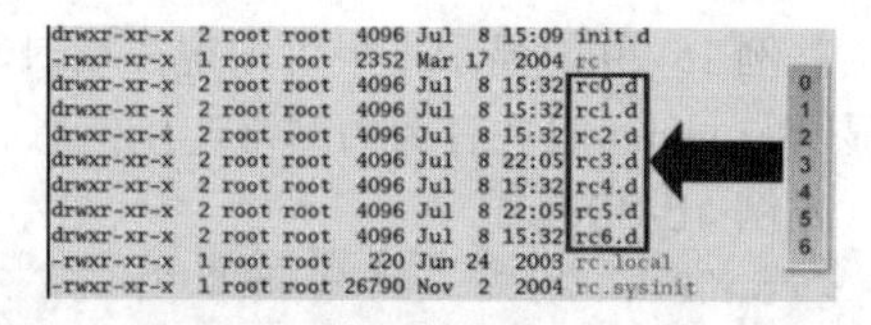

图 15-63

用来初始化系统的 System V 的脚本（程序）存放在 /etc/rc.d/init.d 目录中，可以使用例 15-35 的 ls 命令列出这些脚本。为了节省篇幅，这里只保留了少量的显示结果。

【例 15-35】

```
[root@dog ~]# ls -l /etc/rc.d/init.d
total 772
-rwxr-xr-x  1 root root   15578 Oct  7  2006 autofs
-rwxr-xr-x  1 root root    1368 Oct  7  2006 bluetooth
-rwxr-xr-x  1 root root    3022 Oct 23  2006 httpd
-rwxr-xr-x  1 root root    1880 Oct  8  2006 vsftpd
-rwxr-xr-x  1 root root    2497 Oct  8  2006 xinetd
```

那么 run level 为什么可定义所提供的服务呢？因为每个 run level 所对应的目录中都存放了一些连接，而这些连接就是指向 init.d 目录中的脚本，并且每个连接都带有一个 start 或 stop 参数，所以根据 run level 所对应的目录中的连接就可设定系统启动后要提供哪些服务。例如，使用例 15-36 的 ls 命令列出与 run level 5 所对应的目录/etc/rc.d/rc5.d 中的所有内容。

【例 15-36】

```
[root@dog ~]# ls -l /etc/rc.d/rc5.d
total 280
lrwxrwxrwx  1 root root 21 Oct  8 18:03 K01tog-pegasus -> ../init.d/tog-pegasus
lrwxrwxrwx  1 root root 13 Oct  8 17:42 K01yum -> ../init.d/yum
lrwxrwxrwx  1 root root 15 Oct  8 17:43 K15httpd -> ../init.d/httpd
lrwxrwxrwx  1 root root 13 Oct  8 17:42 K20nfs -> ../init.d/nfs  ......
```

从例 15-36 的显示结果可以发现，在/etc/rc.d/rc5.d 目录中存放的全部都是连接（link）并且都连接到/etc/rc.d/init.d 目录中的某个可执行文件，而它们就是 System V 的程序。

接下来介绍这些连接名称的格式。在这些连接的名称里主要分为 3 个区域：第一区是以 K 或 S 开头，如图 15-64 所示；第二区是两位数字，如图 15-65 所示；紧随其后的第三区是连接的 System V 的程序名称。在第一区中，若以 K 开头，表示要停用连接的这个服务，K 是 Kill 的第 1 个字母。在第一区中，若以 S 开头，表示要启用连接的服务，S 是 Start 的第 1 个字母。在第二区中是数字，代表要执行的先后顺序，数字越小的越先执行，数字越大的越后执行。

```
lrwxrwxrwx 1 root root 15 Dec 29 19:45 K89rdisc -> ../init.d/rdisc
lrwxrwxrwx 1 root root 14 Dec 29 19:58 K91capi -> ../init.d/capi
lrwxrwxrwx 1 root root 23 Dec 29 19:46 S00microcode_ctl -> ../init.d/microcode_ctl
lrwxrwxrwx 1 root root 22 Dec 29 19:46 S02lvm2-monitor -> ../init.d/lvm2-monitor
```

图 15-64

```
lrwxrwxrwx 1 root root 15 Dec 29 19:45 K89rdisc -> ../init.d/rdisc
lrwxrwxrwx 1 root root 14 Dec 29 19:58 K91capi -> ../init.d/capi
lrwxrwxrwx 1 root root 23 Dec 29 19:46 S00microcode_ctl -> ../init.d/microcode_ctl
lrwxrwxrwx 1 root root 22 Dec 29 19:46 S02lvm2-monitor -> ../init.d/lvm2-monitor
```

图 15-65

但是在 K 和 S 之间是先执行 K 开头的连接，即先停用连接所指向的服务，如图 15-66 所示。之后再执行以 S 开头的连接，即后启用连接所指向的服务，如图 15-67 所示。这是因为在系统启动之前，应该先将系统复位（归零），也就是把所有的服务先都停用掉。

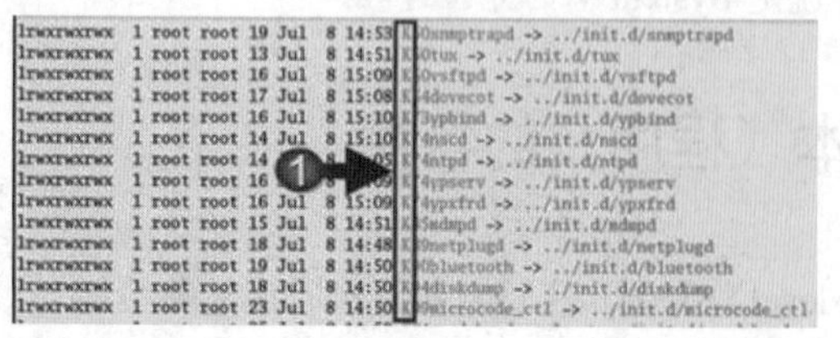

图 15-66

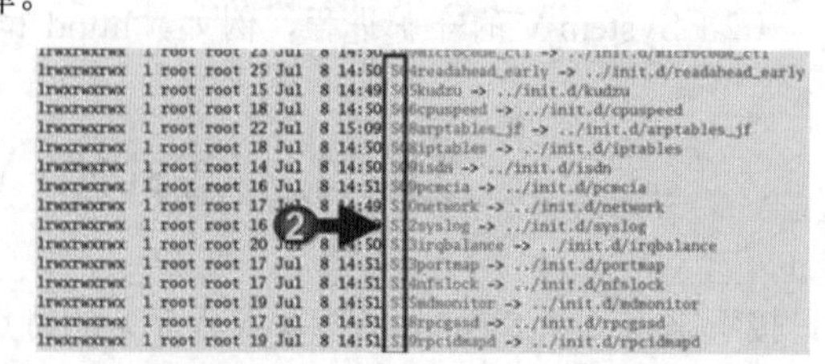

图 15-67

所以当执行完以上这些连接所指向的脚本之后，就已经初始化了系统上所需的服务。

15.12　System V 服务的管理及/etc/rc.d/rc.local 脚本

System V 的守护进程脚本（程序）有一个特性，就是启动（start）和停用（stop）都使用一个脚本，只是在脚本后面加上不同的参数而已。除了 start 和 stop 参数之外，在运行 System V 的脚本时还可以使用的一个参数就是 status，即确定这个 System V 服务的状态。

下面通过一组例子来演示如何操作 ftp 这个 System V 服务（进程）。首先在 Windows 系统上开启一个 DOS 窗口并进入 F:\ftp 目录，之后使用例 15-37 的 ftp 命令连接 Linux 系统。

【例 15-37】

```
F:\ftp>ftp 192.168.11.38
Connected to 192.168.11.38.
Connection closed by remote host.
```

例 15-37 的显示结果表明 ftp 服务还未开启。之前都是用 service 命令来管理和维护 ftp 服务，这次改用 System V 的操作方法。使用例 15-38 的命令来确定 vsftpd 进程当前的状态。

【例 15-38】

```
[root@dog ~]# /etc/init.d/vsftpd status
vsftpd is stopped
```

例 15-38 的显示结果清楚地表明，vsftpd 进程现在处于停用状态，因此要使用例 15-39 的命令来启动 vsftpd 进程（ftp 的服务）。

【例 15-39】

```
[root@dog ~]# /etc/init.d/vsftpd start
Starting vsftpd for vsftpd:   OK  ]
```

当执行了以上命令之后，为了保险起见，应该使用例 15-40 的命令再次查看 vsftpd 进程（ftp 的服务）当前的状态以确定 vsftp 进程是否在运行。

【例 15-40】

```
[root@dog ~]# /etc/init.d/vsftpd status
vsftpd (pid 3966) is running...
```

此时，就可以使用这台计算机上的 ftp 服务了。当用户操作完成之后，如果没有人使用 ftp 服务，就应该关闭 ftp 服务，因此可以使用例 15-41 的命令来停用 ftp 的服务。

☞ **指点迷津：**

在实际工作中，要养成一个习惯，就是只要目前没用的服务一律停用掉，这样系统才不容易遭到攻击，也就更安全。现实生活中也是一样，防止流行病的最有效方法就是隔离，如抗击非典时采用的方法。

【例 15-41】

```
[root@dog ~]# /etc/init.d/vsftpd stop
Shutting down vsftpd:   OK  ]
```

当执行了以上命令之后，为了保险起见，应该使用例 15-42 的命令再次查看 vsftpd 进程（ftp 的服务）当前的状态以确定 vsftp 进程是否已经停止。

【例 15-42】

```
[root@dog ~]# /etc/init.d/vsftpd status
vsftpd is stopped
```

也可使用类似的方法来操作其他的System V脚本，如使用例15-43的命令启动HTTP的服务、例15-44的命令查看HTTP服务的当前状态、例15-45的命令停用HTTP的服务。

【例15-43】

```
[root@dog ~]# /etc/init.d/httpd start
Starting httpd:  OK  ]
```

【例15-44】

```
[root@dog ~]# /etc/init.d/httpd status
httpd (pid 4014 4013 4012 4011 4010 4009 4008 4007 4004) is running...
```

【例15-45】

```
[root@dog ~]# /etc/init.d/httpd stop
```

接下来，同样还是介绍init程序进行系统初始化工作的第3步，执行/etc/rc.d/rc.local脚本。init进程在执行完run level所对应目录中的连接之后，就会执行/etc/rc.d/rc.local程序。可以使用例15-46的ls命令将所有run level对应的目录中以local结尾的内容都显示出来。

【例15-46】

```
[root@dog ~]# ls -l /etc/rc*.d/*local
lrwxrwxrwx  1 root root  11 Oct  8 17:40 /etc/rc2.d/S99local -> ../rc.local
lrwxrwxrwx  1 root root  11 Oct  8 17:40 /etc/rc3.d/S99local -> ../rc.local
lrwxrwxrwx  1 root root  11 Oct  8 17:40 /etc/rc4.d/S99local -> ../rc.local
lrwxrwxrwx  1 root root  11 Oct  8 17:40 /etc/rc5.d/S99local -> ../rc.local
-rwxr-xr-x  1 root root 220 Jun 24  2003 /etc/rc.d/rc.local
```

从例15-46的显示结果可以清楚地看到，run level 2～5所对应的目录中都有S99local的连接，其中S是启用（start）的意思，99代表最后才执行，而执行的程序都是rc.local。

所以init进程在执行完run level所对应目录中的连接之后，都会执行rc.local程序。因此，可以修改rc.local脚本文件，将run level 2～5都要执行的指令或程序设定在这个文件中。

15.13 管理和维护服务

接下来介绍如何控制Linux操作系统上服务的停止和启动，当然也包括如何查看服务的工作状态。控制或启动Linux操作系统服务的工具分为两大类：

（1）控制Linux系统开机时默认（预设）会自动启动哪些服务的工具。

（2）在开机之后，手动地控制服务的停止和启动，即可以立即控制服务状态的工具。

在第1种类型的工具中，有以下3个工具可以控制Linux默认可以自动启动的服务。

（1）ntsysv：是一个基于控制台（终端）的交互类型的工具，可以在虚拟终端（命令行终端）上使用。在Linux系统安装时，系统会自动使用这个工具，但是也可以在终端中运行这一工具。默认情况下，这个工具只更改当前run level的服务设置，但是通过使用--level选项就可以修改其他run level的服务设置。

（2）chkconfig：是一个可以在多数Linux系统上快速使用的命令行工具。当在chkconfig命令中使用--list参数（没有服务名）就会显示所有System V脚本（服务）在每一run level上启动与停止服务的列表。

（3）Service Configuration工具：一个图形界面的工具，因此要在X Windows中执行。

接下来使用一些例子来演示这些工具的具体用法。既可以在图形终端窗口启动ntsysv工具，也可以在命令行界面上启动这个工具，要以root用户登录Linux系统。登录之后，运行ntsysv命令，就会进入

ntsysv 的界面。

ntsysv 实际上是一个菜单驱动的程序，可以通过上下箭头在菜单选项之间移动并利用空格键来选取或取消服务，以决定在开机时要启动的预设服务。当设定完成，按 Tab 键，切换到 OK 按钮上，之后再按 Enter 键即完成了操作系统预设开机后要自动启动的服务。

但是，在运行 ntsysv 命令时，如果没有使用任何参数，则只能修改当前 run level 的服务设定。如果要设定其他 run level 的服务配置，就必须在 ntsysv 后加上--level 及要设定的 run level，如 ntsysv --level 35，就是要设定 run level 3 和 5 预设会自动启动的服务配置。

下面接着讨论 chkconfig 命令。如果刚刚接手一个 Linux 系统，可能很想知道在这个系统上到底每一 run level 都启用了哪些服务，此时就可以使用例 15-47 的 chkconfig 命令轻松地获取这些信息。为了节省篇幅，这里只显示了少量的显示结果。

【例 15-47】

```
[root@dog ~]# chkconfig --list
squid               0:off   1:off   2:off   3:off   4:off   5:off   6:off
cups-config-daemon  0:off   1:off   2:off   3:on    4:on    5:on    6:off
......
xinetd based services:
       gssftp:      off
       echo:        off
       kshell:      off
       daytime:     off
telnet: on    ......
```

chkconfig --list 命令是不是很方便？接下来，可以使用例 15-48 的 ls 命令列出每一 run level 所对应 ssh 服务预设自动启动的配置。ssh 服务是 secure shell 的服务。

【例 15-48】

```
[root@dog ~]# ls -l /etc/rc*.d/*sshd
lrwxrwxrwx. 1 root root 14 Dec 28 05:00 /etc/rc0.d/K25sshd -> ../init.d/sshd
lrwxrwxrwx. 1 root root 14 Dec 28 05:00 /etc/rc1.d/K25sshd -> ../init.d/sshd
lrwxrwxrwx. 1 root root 14 Dec 28 05:00 /etc/rc2.d/S55sshd -> ../init.d/sshd
lrwxrwxrwx. 1 root root 14 Dec 28 05:00 /etc/rc3.d/S55sshd -> ../init.d/sshd
lrwxrwxrwx. 1 root root 14 Dec 28 05:00 /etc/rc4.d/S55sshd -> ../init.d/sshd
lrwxrwxrwx. 1 root root 14 Dec 28 05:00 /etc/rc5.d/S55sshd -> ../init.d/sshd
lrwxrwxrwx. 1 root root 14 Dec 28 05:00 /etc/rc6.d/K25sshd -> ../init.d/sshd
```

例 15-48 的显示结果表明，run level 2～5 的 gpm 服务都是以 S 开头，这也就是说，在 run level 2～run level 5 预设系统开机时 ssh 都会自动启动。为了检查在每一 run level 上 ssh 服务预设开机时是否会自动启动，也可以使用例 15-49 的 chkconfig 命令。

【例 15-49】

```
[root@dog ~]# chkconfig --list sshd
sshd            0:off   1:off   2:on    3:on    4:on    5:on    6:off
```

例 15-49 的显示结果表明，预设在 run level 2～5 开机时 gpm 都会自动启动，这与例 15-48 的 ls 命令所得出的结论是完全相同的，但应该是使用例 15-49 的 chkconfig 命令更简单一些。现在，可以使用例 15-50 的 chkconfig 命令在 run level 2～4 上停用 ssh 服务。

【例 15-50】

```
[root@dog ~]# chkconfig sshd --level 234 off
```

当执行完以上命令之后，可以使用例 15-51 带有-l 选项的 ls 命令再次列出每一 run level 所对应 ssh 服务的预设自动启动的配置。

【例 15-51】

```
[root@dog ~]# ls -l /etc/rc*.d/*sshd
lrwxrwxrwx 1 root root 14 Jan 30 15:13 /etc/rc0.d/K25sshd -> ../init.d/sshd
lrwxrwxrwx 1 root root 14 Jan 30 15:13 /etc/rc1.d/K25sshd -> ../init.d/sshd
lrwxrwxrwx 1 root root 14 Jan 30 15:13 /etc/rc2.d/K25sshd -> ../init.d/sshd
lrwxrwxrwx 1 root root 14 Jan 30 15:13 /etc/rc3.d/K25sshd -> ../init.d/sshd
lrwxrwxrwx 1 root root 14 Jan 30 15:13 /etc/rc4.d/K25sshd -> ../init.d/sshd
lrwxrwxrwx 1 root root 14 Jan 30 15:13 /etc/rc5.d/S55sshd -> ../init.d/sshd
lrwxrwxrwx 1 root root 14 Jan 30 15:13 /etc/rc6.d/K25sshd -> ../init.d/sshd
```

例 15-51 的显示结果表明，run level 2～4 的 ssh 服务已经变为以 K 开头，这也就是说，在 run level 2～4 预设系统开机时 ssh 服务将不会自动启动。为了检查在每一 run level 上 ssh 服务预设开机时是否会自动启动，可使用例 15-52 的 chkconfig 命令（注意：将--list 放在服务名之前或之后，所获得的结果都完全相同）。

【例 15-52】

```
[root@dog ~]# chkconfig sshd --list
sshd            0:off   1:off   2:off   3:off   4:off   5:on    6:off
```

例 15-52 的显示结果表明，预设在 run level 2～4 开机时 ssh 都不会自动启动，这与例 15-51 的 ls 命令所得出的结论是完全相同的。做完了以上操作之后，应该使用例 15-53 的命令恢复 ssh 服务最初的设置，随后最好使用例 15-54 的命令再检查一下。

【例 15-53】

```
[root@dog ~]# chkconfig sshd --level 234 on
```

【例 15-54】

```
[root@dog ~]# chkconfig sshd --list
shd             0:off   1:off   2:on    3:on    4:on    5:on    6:off
```

接下来，演示 Service Configuration 这个基于图形界面的工具。在图形界面的终端窗口中，选择 System→Administration→Services 命令，如图 15-68 所示。随后将启动这一图形管理工具，如图 15-69 所示。

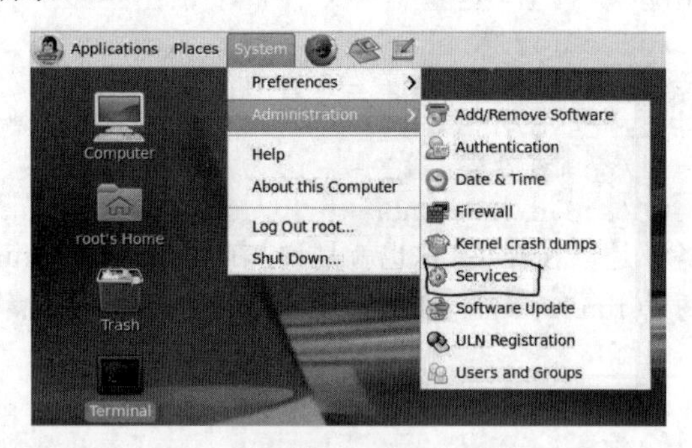

图 15-68

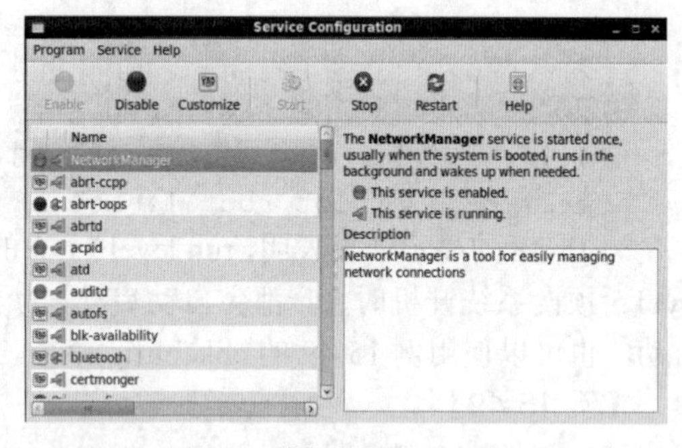

图 15-69

在该页面中，就可以选中在开机时要自动启动的服务；单击 Customize 按钮，在弹出的 Customize Runlevel 窗口中选择相应的 Runlevel 复选框，单击 OK 按钮；最后单击 Enable 按钮启用这一服务或单击 Disable 按钮关闭这一服务。

在第 2 种类型的工具中，Linux 系统也提供了以下 3 个工具来手动控制服务的停止和启动，即立即控制（改变）服务的运行状态。

（1）service：可以立即启动和停用独立（Standalone）类型的服务。

（2）chkconfig：可以立即启动和停用 xinetd 超级守护进程所管理的服务。

（3）Service Configuration 工具：一个图形界面的工具，只能在 X Windows 中使用。

其实，在第 2 种类型的工具中的第 2 个和第 3 个工具与前面所介绍的在第 1 种类型的工具中的后两个工具完全相同，只是用在了不同的地方而已。

接下来，同样使用一些例子来演示这些工具的具体用法。service 这个命令在之前使用过，我们曾经使用这一命令来启动 ftp 服务以及确认这个服务的状态。在下面的例子中，操作另一个 Linux 系统常用的服务 ssh。于是首先启动一个命令行的虚拟终端，之后以 root 用户登录 Linux 系统，随后使用例 15-55 的 service 命令查看 ssh 服务的状态。

【例 15-55】

```
[root@dog ~]# service sshd status
openssh-daemon (pid  2212) is running...
```

例 15-55 的显示结果清楚地表明，ssh 服务已经启动。接下来，使用例 15-56 的 service 命令来停用 ssh 服务。

【例 15-56】

```
[root@dog ~]# service sshd stop
Stopping sshd:                                             [  OK  ]
```

例 15-56 的显示结果清楚地表明，ssh 服务已经停用了，现在使用例 15-57 的 service 命令再次查看 ssh 服务的状态。

【例 15-57】

```
[root@dog ~]# service sshd status
openssh-daemon is stopped
```

例 15-57 的显示结果清楚地表明，ssh 服务已经停止。最后，应该使用例 15-58 的 service 命令重新启动 ssh 服务。

【例 15-58】

```
[root@dog ~]# service sshd start
Starting sshd:                                             [  OK  ]
```

也可以使用 ssh 服务的绝对路径的方法来停用和启动 ssh 服务，如可以使用例 15-59 的命令停用 ssh 服务和使用例 15-60 的命令启动 ssh 服务。

【例 15-59】

```
[root@dog ~]# /etc/init.d/sshd stop
Stopping sshd:                                             [  OK  ]
```

【例 15-60】

```
[root@dog ~]# /etc/init.d/sshd start
Starting sshd:                                             [  OK  ]
```

有些 Linux 的书籍建议使用例 15-59 和例 15-60 的方法来停用和启动独立类型的服务，这是因为这种使用绝对路径的方法是 UNIX System V 的设计，所以在所有的 Linux 和 UNIX 系统上都可以使用，而 service 这个工具在有些版本的 Linux 或 UNIX 上是不能使用的。我们认为，如果您的系统上可以使用 service 命令，还是使用 service 这个命令简单一些。

另外，在使用绝对路径的方法中，除了使用 start 和 stop 之外，还可以使用 reload、restart 和 status 这 3 个参数。如可以使用例 15-61 的命令重新载入 ssh 服务，使用例 15-62 的命令重新启动 ssh 服务，使用例 15-63 的命令查看 ssh 服务的状态。

【例 15-61】

```
[root@dog ~]# /etc/init.d/sshd reload
Stopping sshd:                                             [  OK  ]
Starting sshd:                                             [  OK  ]
```

【例 15-62】

```
[root@dog ~]# /etc/init.d/sshd restart
Stopping sshd:                                             [  OK  ]
Starting sshd:                                             [  OK  ]
```

【例 15-63】

```
[root@dog ~]# /etc/init.d/sshd status
openssh-daemon (pid  5038) is running...
```

其实，reload 和 restart 这两个参数的功能完全相同，都是先立即停止服务，之后再立即重新启动这个服务，而 status 这个参数是显示当前服务的状态。

接下来，通过停用和启动读者已经非常熟悉的 telnet 服务来演示 chkconfig 是怎样立即启动和停用 xinetd 超级守护进程所管理的服务。首先，使用例 15-64 的 chkconfig 命令查看 telnet 服务当前的状态。

【例 15-64】

```
[root@dog ~]# chkconfig telnet --list
telnet          on
```

例 15-64 的显示结果表明，当前 telnet 服务已经启用，现在使用例 15-65 的 chkconfig 命令停用 telnet 服务（也就是常听到的关闭 telnet 服务，或将 telnet 口封掉）。

【例 15-65】

```
[root@dog ~]# chkconfig telnet off
```

如果是使用 telnet 连接到系统上的，在原来的 telnet 窗口中会出现类似如下的掉线信息：

```
失去了跟主机的连接。
```

如果再使用类似例 15-66 的命令使用 telnet 连接您的 Linux 系统，系统也会显示连接失败的信息。

【例 15-66】

```
C:\Documents and Settings\Administrator>telnet 192.168.11.38
正在连接到 192.168.11.38...不能打开到主机的连接， 在端口 23: 连接失败
```

现在您使用例 15-67 的 chkconfig 命令再次查看 telnet 服务当前的状态。

【例 15-67】

```
[root@dog ~]# chkconfig telnet --list
telnet          off
```

例 15-67 的显示结果表明，当前 telnet 服务已经停用，现在使用例 15-68 的 chkconfig 命令启动 telnet 服务（也就是常听到的开启 telnet 服务，或将 telnet 口打开）。

【例 15-68】

```
[root@dog ~]# chkconfig telnet on
```

此时，再在 DOS 窗口中使用例 15-69 的 telnet 连接您的 Linux 系统，当按 Enter 键之后就将出现 Linux 系统的登录页面，要求输入用户名，输入之后，系统将要求输入密码。

【例 15-69】

```
C:\Documents and Settings\Administrator>telnet 192.168.11.38
Enterprise Linux Enterprise Linux AS release 4 (October Update 4)
Kernel 2.6.9-42.0.0.0.1.ELsmp on an i686
login: dog
Password:
```

现在使用例 15-70 的 chkconfig 命令再次查看 telnet 服务当前的状态，会发现 telnet 服务已经启动了，这也是可以使用 telnet 连接成功的原因。

【例 15-70】

```
[root@dog ~]# chkconfig telnet --list
telnet          on
```

最后，演示怎样使用 Service Configuration 这个基于图形界面的工具来手动控制服务的停止和启动，即立即控制（改变）服务的运行状态。在图形界面的终端窗口中，选择 System→Administration→Services 命令，随后将启动这一图形管理工具。

在该页面中，就可以选中要操作的服务，单击 Start 或 Stop 或 Restart 按钮来完成对该服务的相应控制。

指点迷津：

在 Linux 或 UNIX 系统中，进程是指在内存中运行的程序，而进程所提供的功能就是服务。其实，它们本来就是相同事物的不同方面。许多 Linux 或 UNIX 的专业人员，并不严格地区分这三者，常常是随便地使用它们，所以读者要根据上下文来区别。另外，程序多数是以脚本文件的形式存放在硬盘上，而这些文件又都是可执行文件，所以程序、脚本和可执行文件也常常被混用。与其他操作系统不同的是，Linux 是在几乎完全自由的情况下，由许多不同的开发人员开发出来的，所以一些 Linux 的术语并没有十分严格的定义。

15.14　关闭系统及重启系统

Oracle Linux 与 Red Hat Linux 一样是非常稳定的操作系统，一般很少需要关闭或重启系统。按照 Oracle 公司和 Red Hat Linux 公司的话，只有增加或移去硬件、升级 Linux 或升级内核时才需要关闭或重启 Linux 系统。Oracle Linux 系统提供了以下 4 个关闭系统的命令。

（1）shutdown -h now：其中，h 是 halt（停止）的第 1 个字母，最后的 now 是时间，表示立即关闭系统，也可以输入其他的时间。

（2）halt：与 shutdown 相同，但是支持几个不同的参数，如-n 参数表示在关机之前不做同步的操作，这样关机的速度会快一些，但可能会丢失数据。

（3）poweroff：关闭系统同时也关闭计算机的电源。

（4）init 0：就是进入 run level 0 做关机的操作。

上述 4 个命令在关机之前，都会自动运行 sync（synchronize）命令来同步系统。sync 命令的功能是强制将内存中已经变化的数据块和超级数据块写回到硬盘中，这样就可以避免数据的丢失，如图 15-70 所示。如果您的系统中的数据已经做了大量的修改，而此时又要做一个比较危险的操作，此时可以直接运行一下 sync 同步命令以减少数据丢失的可能性。

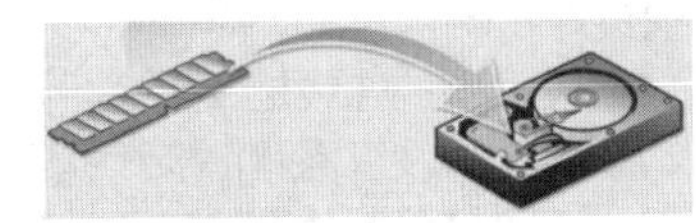

图 15-70

在这 4 个关机命令中，shutdown 功能应该是最丰富的。这个命令有许多选项可以选择，可以使用 --help 来查看这些选项（参数）的用法。其中，-k 参数可能比较有用，使用这个参数时，shutdown 命令并不真正关机而只是发一条警示信息。为了更好地演示这一用法，最好再开启一个终端窗口并以 dog 用户（可以是其他用户）登录 Linux。之后，回到 root 用户所在的终端窗口并输入例 15-71 带有-k 参数的 shutdown 命令。

【例 15-71】

```
[root@dog ~]# shutdown -k now "Dog super server will shutdown at 23:30"
Broadcast message from root (pts/1) (Thu Mar 18 21:19:47 2010):
Dog super server will shutdown at 23:30
The system is going down to maintenance mode NOW!
Shutdown cancelled.
```

以上命令并未真正关机，只是显示了以上包括了所发的警示信息在内的一些信息而已。现在，切换到 dog 用户的终端窗口，就可以发现在屏幕上显示了如下的系统提示信息：

```
Broadcast message from root (pts/1) (Thu Mar 18 21:19:47 2010):
Dog super server will shutdown at 23:30
The system is going down to maintenance mode NOW!
```

所以作为管理员，有时可以使用这种方法向所有的在线用户发布信息，是不是很方便？另外，在 shutdown 的时间处可不用 now 而是具体的时间，如 23:55 就表示在 23 点 55 分关闭系统。那么这有什么好处呢？假如您工作的公司不大，公司可能要求每天晚上下班之后最后一个使用系统的用户退出系统后才能关闭系统。如果公司的员工经常加班，这样管理员就遇到了一个问题，那就是必须等最后一个用户退出系统后才能关机。如果公司员工加班是常态而且一般都加到很晚（可能为了讨好老板，没事也在公司耗着），管理员如果天天等最后一个员工退出系统后再关机非累死不可，这时在 shutdown 命令中指定具体时间就相当有用了，因为管理员可以到点就下班走人，系统到深夜指定的时间自己自动关机了。

再有，**在以上 4 个关闭系统命令中，许多专业人员更青睐于 init 0**。知道为什么吗？那就是看上去非常专业，因为从 init 0 命令的字面意思很难看出与关机有什么关系。

最后，介绍重启 Linux 的命令。Oracle Linux 提供了以下 4 个重新启动系统的命令。

（1）shutdown -r now：其中，r 是 reboot 的第 1 个字母，即在 shutdown 之后，立即重新启动系统。最后的 now 也是时间，表示立即关闭系统，当然也可以输入其他的时间。

（2）reboot：重新启动系统。

（3）init 6：进入 run level 6 做重新开机的操作。

（4）在虚拟终端（控制台）上按 Ctrl+Alt+Delete 键。

在这里需要说明的是，**在以上 4 个重新启动系统命令中，许多 UNIX 和 Linux 的专业人员更喜欢 init 6**。也是看上去非常专业，因为在那些对 UNIX 和 Linux 一无所知的用户面前，一会儿使用 init 6，一会儿使用 init 0，用户一看就眼晕。

尽管许多 Linux 的书都认为作为一个非常稳定的操作系统，一般很少需要关闭或重启系统。但是当系统出了问题时，而且又不知道问题的所在，往往重启系统可以解决问题。

指点迷津：

作为一个操作系统管理员，当系统出现问题时千万不要紧张（也没有必要紧张）。以下就是必须牢记的解决问题的灵丹妙药：

（1）检查所有的连线是否都连好了。

（2）如果连线没有问题，检查所有的开关是否都开了。

（3）如果所有的开关也都开了，重启系统。一般多数的问题都会解决了。

尽管以上的方法不能登大雅之堂，但是却很好用。不过一定要注意在写报告时或向领导汇报时千万别这么说，要说得越专业越好。在一个行当里混久了，就会发现：其实，说是说，做是做，说做从来都是两码事。

考古学家、历史学家和研究科学发展史的专家们发现：当有多种可能的技术方案来解决同一个问题时，如果不知道答案，往往最简单的就是答案，而我们的祖先或竞争对手（也可能是敌人）往往也是使用最简单的方法来解决问题。

15.15 Oracle Linux 7 系统初始化和服务的变化

伴随着科技的发展，Oracle 公司也与时俱进对 Oracle Linux 7 做出来一些改变。以下就是 Oracle Linux 7 启动流程的具体步骤：

（1）计算机的 BIOS 执行 POST（加电自检）。

（2）BIOS 为引导加载程序（bootloader）读取 MBR。

（3）GRUB 2 bootloader 加载 vmlinuz 内核映像。

（4）GRUB 2 提取 initramfs（内存文件系统）映像的内容。

（5）Linux 内核加载 initramfs 映像中的模块。

（6）Linux 内核启动系统的第一个进程 systemd。

（7）systemd 进程获取系统的控制权，接下来该进程将：

① 从/etc/ systemd 目录中读取一些配置文件。

② 读取/etc/systemd/system/default.target 链接的文件。

③ 将系统带到由 system target 所定义的状态。

④ 执行/etc/rc.d/rc.local。

Oracle Linux 7 默认的 bootloader 已经改为 GRUB 2，而不再是之前版本的 GRUB 了。现在旧的 GRUB 已经被称为“传统的 GRUB”了。该 GRUB 2 bootloader 将 vmlinuz 内核映像载入内存并抽取 initramfs 映像中的内容以生成一个临时的、基于内存的文件系统（temfs）。这个初始的内存盘（initramfs）是一个在真正的根（root）文件系统被加载之前的初始 root 文件系统。

在新装入的内核中它的初始化序列中获得了足够的信息之后，它会进行切换开始使用在 GRUB 2 配置中的 root 指令说明的真正的 root 文件系统。加载真正 root 文件系统所需的其他信息是存放在/etc /fstab 文件中的。

内核启动的第一个进程已经不再是 init 了而是 systemd 进程——该进程的 ID 为 1（PID 1）。现在 systemd 进程是一个系统上所有进程的始祖。您完全可以理解成将之前版本中的 init 进程改成了 systemd 进程。systemd 进程从/etc/systemd 目录中一些文件中读取它的配置信息。/etc/system/system.conf 文件控制 systemd 进程如何控制系统的初始化。

可以使用例 15-72 带有-p 选项的 ps 命令列出 PID 为 1 的进程的相关信息，其中-p 选项中的 p 是 process（进程）的第 1 个字母，这一选项之后要紧跟一个 PID。

【例 15-72】

```
[root@cat Desktop]# ps -p 1
  PID TTY          TIME CMD
    1 ?        00:00:04 systemd
```

例 15-72 的显示结果清楚地表明 ID（PID）为 1 的进程就是 systemd。systemd 进程通过读取 /etc/systemd/system/default.target 链接的文件来决定默认的系统目标（system target），而系统目标文件（system target file）定义了 systemd 启动的服务。systemd 进程把系统带到系统目标（system target）所定义的状态，以及执行如下的一些系统初始化任务：

- 设置主机名
- 初始化网络
- 基于配置初始化 SELinux
- 显示欢迎标语
- 基于内核参数初始化系统硬件
- 加载文件系统，其中包括诸如/proc 文件系统的虚拟文件系统
- 清除/var 中的目录
- 启动交换区

如果您将/etc/rc.local 变成可执行文件并且把/usr/lib/systemd/system/rc-local.services 复制到/etc/

systemd/system，systemd 将运行您在/etc/rc.local 中定义的任何操作。然而，最好的运行这种本地操作方法是在您自己的 systemd 单元中定义它们。有关 systemd 和如何写 systemd 单元方面的信息，您可以参阅 manual pages 的 systemd（1）、systemd-system.conf（5）和 systemd.unit（5）。

初始内存文件系统的目的就是预装入块设备（如 IDE、SCSI 或 RAID）模块，以便系统可以访问和加载这些块设备，因为真正的 root 文件系统通常都存储在这些块设备上。初始内存文件系统（initramfs）与内核绑定在一起并且作为两阶段启动过程的一部分内核要载入这个初始内存文件系统。例如，如果内核的版本是 3.8.13-98.7.1，那么在/boot 目录中一定存在包含这一版本号的 vmlinuz 文件和 initramfs。其文件名分别如下（可以使用 ls 命令来证明这一点）：

- vmlinuz-3.8.13-98.7.1.el7uek.x86_64
- initramfs-3.8.13-98.7.1.el7uek.x86_64.img

每当安装一个新内核时，安装脚本都会自动调用 dracut 实用程序创建一个初始内存文件系统（initramfs）。可以使用例 15-73 的以 lsinitrd 命令开始的管道命令浏览由 dracut 所创建的映像的内容。为了节省篇幅，这里省略了绝大部分显示输出结果。

【例 15-73】

```
[root@cat ~]# lsinitrd | more
Image: /boot/initramfs-3.8.13-98.7.1.el7uek.x86_64.img: 27M ...
```

15.16　GRUB 2 和/etc/default/grub 文件

GRUB 2 的配置文件是/boot/grub2/grub.cfg。这里需要指出的是：**与早期版本的配置文件不同，您是不能直接编辑这个文件的，您必须使用 grub2-mkconfig 命令来生成 grub.cfg 这一配置文件。当生成 grub.cfg 时，grub2-mkconfig 命令使用/etc/grub.d 目录中的一些模板脚本文件并从/etc/default/grub 文件中获取菜单-配置的设置。/etc/grub2.cfg 文件是一个指向/boot/grub2/grub.cfg 的符号连接。**可以使用例 15-74 的 ls 命令列出/etc/grub.d 目录中的所有模板脚本文件。

【例 15-74】

```
[root@cat grub.d]# ls /etc/grub.d
00_header  01_users  20_linux_xen     30_os-prober  41_custom
00_tuned   10_linux  20_ppc_terminfo  40_custom     README
```

在/etc/grub.d 目录中的这些脚本文件是以字母顺序被读取的。因此，您可以通过更改这些脚本的名字的方式来改名指定菜单项的启动顺序。

那么/boot/grub2/grub.cfg 这个文件又是怎样生成的呢？当生成 grub.cfg 这个文件时，系统要从/etc/default/grub 文件中获取 GRUB 2 菜单-配置的设置。可以使用例 15-75 的 cat 命令列出/etc/default/grub 文件中全部内容。

【例 15-75】

```
[root@cat ~]# cat /etc/default/grub
GRUB_TIMEOUT=5
GRUB_DISTRIBUTOR="$(sed 's, release .*$,,g' /etc/system-release)"
GRUB_DEFAULT=saved
GRUB_DISABLE_SUBMENU=true
GRUB_TERMINAL_OUTPUT="console"
GRUB_CMDLINE_LINUX="rhgb quiet"
GRUB_DISABLE_RECOVERY="true"
```

与早期版本中的/boot/grub/grub.conf 文件有点不同的是：在/etc/default/grub 文件中，所有的参数都冠以了 GRUB_并且都改成了大写。如果改变了任何这些参数，您就必须运行 grub2-mkconfig 以重新生成/boot/grub2/grub.cfg 这个文件，如可以使用如下的命令：

```
grub2-mkconfig -o /boot/grub2/grub.cfg
```

如果 GRUB_DEFAULT 的值是 saved，那么就可以使用 grub2-set-default 命令和 grub2-reboot 命令指定默认选项。这两个命令的功能如下：

- grub2-set-default：为所有后续的重新启动系统设置默认选项。
- grub2-reboot：仅为下一次重新启动系统设置默认选项。

从例 15-75 的显示结果可以看出：在该系统上 GRUB_DEFAULT 的值为 saved，即 GRUB_ DEFAULT = saved，因此您可以使用如下的命令将所有后续的重新启动的选项设为第二个菜单选项（menuentry）：

```
grub2-set-default 1
```

GRUB 2 的配置文件——/boot/grub2/grub.cfg 包含了若干个 menuentry 段，而每一个 menuentry 段就代表一个安装的 Linux 内核。每一个段都是以带有一些选项的 menuentry 关键字开始。每个 menuentry 也是在 GRUB 2 选单中的一个单独的菜单选项（即 GRUB 2 窗口中的一个可选操作系统），而大括号{}括起来的就是与之相关的代码。可以在 root 用户下使用 cat /boot/grub2/grub.cfg 命令列出这个 GRUB 2 的配置文件的全部内容。另外，也可以**使用 grep '^menuentry' /boot/grub2/grub.cfg 命令列出在这一配置文件中所有与 menuentry 相应的记录行。**

15.17　systemd 简介

systemd 是 Oracle Linux 7 中新的系统和服务管理器，它与在 Oracle Linux 6 和之前版本中所使用的那些 Sys V 的 init 脚本是兼容的。

在 Oracle Linux 7 系统启动之后，systemd 是启动的第一个进程（相当于早期版本的 init 进程），并且它也是系统关闭时最后一个进程。它控制着启动的最后阶段并为使用系统进行准备。它也通过并行地装入多个服务而加快启动的速度。

systemd 允许您管理在系统上的各种类型的单元，其中包括服务（name.service）、目标（name.target）、设备（name.device）、文件系统加载点（name.mount）和套接字（name.socket）等。每个 systemd 单元是由相应的单元配置文件所定义的，它们分别存放在以下目录中：

- /usr/lib/systemd/system：以安装的 RPM 软件包发行的 systemd 单元。
- /run/systemd/system：在运行期间创建的 systemd 单元。
- /etc/systemd/system：由系统管理员所创建和管理的 systemd 单元，这些目录要优先于那些运行期间所创建的目录。

可获得的 systemd 单元类型很多，每个类型单元文件名都有一个由逗号开始的扩展名，以服务单元（service unit）为例，其扩展名为“.service”。您可以通过使用命令 man systemd.service 来查看有关 service unit 的详细信息。对感兴趣的其他单元类型，也可以如法炮制。可以使用例 15-76 的 systemctl 的 list-unit-files 命令列出所有安装的单元（unit）文件。

【例 15-76】

```
[root@cat ~]# systemctl list-unit-files
UNIT FILE                                 STATE
proc-sys-fs-binfmt_misc.automount         static
dev-hugepages.mount                       static
```

```
dev-mqueue.mount                                    static
proc-fs-nfsd.mount                                  staticME ...
```

在之前版本的 Oracle Linux 中，Linux 系统是使用在/etc/rc.d/init 目录中的那些 init 脚本来启动后停止服务的。**但是在 Oracle Linux 7 中，那些 init 脚本已经被 systemd 的服务单元（service units）所取代。服务单元的扩展名是“.service”。**可以使用例 15-77 的 systemctl 的 list-units 命令列出所有安装的服务单元（service units）。

【例 15-77】

```
[root@cat ~]# systemctl list-units --type service --all
UNIT                    LOAD     ACTIVE   SUB      DESCRIPTION
abrt-ccpp.service       loaded   active   exited   Install ABRT coredump ho
abrt-oops.service       loaded   active   running ABRT kernel log watcher
abrt-vmcore.service     loaded   inactive dead     Harvest vmcores for ABRT
abrt-xorg.service       loaded   active   running ABRT Xorg log watcher ...
```

在例 15-77 的显示结果中，从左到右分别为服务单元的名字、单元的装入状态、高级别（ACTIVE）和低级别（SUB）的单元激活状态，最后是描述信息。您也可以使用例 15-78 的 systemctl 的 list-unit- files 命令查看哪些服务单元（service units）是开启的。

【例 15-78】

```
[root@cat ~]# systemctl list-unit-files --type service
UNIT FILE                                           STATE
abrt-ccpp.service                                   enabled
abrt-oops.service                                   enabled
abrt-pstoreoops.service                             disabled
abrt-vmcore.service                                 enabled ...
```

15.18 利用 systemctl 来管理服务

在 Oracle Linux 7 中，可以使用 systemctl 工具来管理和维护所有的服务。这一工具提供了许多管理和维护服务的命令。当然，为了与之前版本的兼容，Oracle Linux 7 继续支持 service 命令。例如，您可以使用例 15-79 的 systemctl 的 status 命令显示一个激活的服务、sshd 的详细信息。

【例 15-79】

```
[root@cat ~]# systemctl status sshd
sshd.service - OpenSSH server daemon
   Loaded: loaded (/usr/lib/systemd/system/sshd.service; enabled; vendor
preset: enabled)
   Active: active (running) since Fri 2017-02-03 16:27:37 NZDT; 54min ago
     Docs: man:sshd(8)
           man:sshd_config(5)
 Main PID: 1006 (sshd)
   CGroup: /system.slice/sshd.service
           └─1006 /usr/sbin/sshd -D ...
```

您也可以使用例 15-80 的 systemctl 的 is-active 命令检查 sshd 这个服务是否正在运行（运行为 active 而没有运行为 inactive。

【例 15-80】

```
[root@cat ~]# systemctl is-active sshd
active
```

您也可以使用例 15-81 的 systemctl 的 is-enabled 检查 sshd 这个服务是否被开启（开启为 enabled 而没有开启为 disabled）

【例 15-81】

```
[root@cat ~]# systemctl is-enabled sshd
enabled
```

在之前版本的 Oracle Linux 中，Linux 系统是使用 service 应用程序来启动和停止服务的。在 Oracle Linux 7 中，系统提供了一个全新的工具（应用程序）——systemctl，它可以完全取代原来的 service 工具。service 应用程序和 systemctl 应用程序管理和维护服务命令的对照如表 15-2 所示。

表 15-2

Service 功能	Systemctl 功能
service *name* start	systemctl start *name*
service *name* stop	systemctl stop *name*
service *name* restart	systemctl restart *name*
service *name* condrestart	systemctl try-restart *name*
service *name* reload	systemctl reload *name*
service *name* status	systemctl starus *name*
service --status-all	systemctl list-units --type service --all

systemctl 这一工具不但可以完全取代 service 工具，而且它还可以取代 chkconfig 工具。在之前版本的 Oracle Linux 中，Linux 系统是使用 chkconfig 应用程序来开启和禁止服务的。在 Oracle Linux 7 中，systemctl 可以完全取代原来的 chkconfig 工具。chkconfig 应用程序和 systemctl 应用程序开启和禁止服务命令的对照如表 15-3 所示。

表 15-3

chkconfig 功能	systemctl 功能
chkconfig *name* on	Systemctl enable *name*
chkconfig *name* off	Systemctl disable *name*
chkconfig --list *name*	Systemctl status *name* Systemctl is-enabled *name*
chkconfig --list	Systemctl list-unit-files --type service

15.19 systemd 的 Target Units 与 run levels

在之前版本的 Oracle Linux 中，Linux 系统使用 SysV 的 init run levels（运行级别）。而这些运行级别提供了以不同目的使用系统的能力，因为系统只为某一特定目的启动所需的服务。**在 Oracle Linux 7 中，运行级别（run levels）已经被 systemd 的目标单元（target units）所取代（为了与之前版本兼容，run levels 仍然可以使用）。目标单元的扩展名是“.target”，与运行级别类似目标单元允许您在启动系统时只启动某一特定目的所需的那些服务。**

在 Oracle Linux 7 中，有一组预定义的，它们与之前版本中的 run levels 相似。您可以使用例 15-82 的 find 命令列出这些预定义的 systemd 的 run levels 目标单元的绝对路径。

【例 15-82】

```
[root@localhost ~]# find / -name "runlevel?.target"
/usr/lib/systemd/system/runlevel1.target
/usr/lib/systemd/system/runlevel6.target
/usr/lib/systemd/system/runlevel3.target
/usr/lib/systemd/system/runlevel4.target
/usr/lib/systemd/system/runlevel5.target
/usr/lib/systemd/system/runlevel2.target
/usr/lib/systemd/system/runlevel0.target
```

Oracle Linux 7 的目标单元和早期版本的 Linux 中所使用的运行级别之间的对照如表 15-4 所示。

表 15-4

运 行 级 别	目 标 单 元
0	runlevel0.target, poweroff.target
1	runlevel1.target, rescue.target
2、3、4	runlevel[234].target, multi-user.target
5	runlevel5.target, graphical.target
6	runlevel6.target, reboot.target

每一个 runlevel[0123456]. target 文件都是一个连接到系统启动目标（system-start target）的一个连接。您可以使用例 15-83 的 cd 命令和例 15-84 的 ls 命令来证明这一点。

【例 15-83】

```
[root@localhost ~]# cd /usr/lib/systemd/system
```

【例 15-84】

```
[root@localhost system]# ls -l runlevel?.target
lrwxrwxrwx. 1 root root 15 Jan 13  2016 runlevel0.target -> poweroff.target
lrwxrwxrwx. 1 root root 13 Jan 13  2016 runlevel1.target -> rescue.target
lrwxrwxrwx. 1 root root 17 Jan 13  2016 runlevel2.target -> multi-user.target
lrwxrwxrwx. 1 root root 17 Jan 13  2016 runlevel3.target -> multi-user.target
lrwxrwxrwx. 1 root root 17 Jan 13  2016 runlevel4.target -> multi-user.target
lrwxrwxrwx. 1 root root 16 Jan 13  2016 runlevel5.target -> graphical.target
lrwxrwxrwx. 1 root root 13 Jan 13  2016 runlevel6.target -> reboot.target
```

在 Oracle Linux 7 中，除了可以使用大家已经熟悉的早期版本中的 runlevel 命令来查看系统的运行级别之外，还可以使用 systemctl 这一工具来获取相关的信息。如您可以使用例 15-85 的 systemctl 的 get-default 命令确认目前系统默认使用的是哪一个目标单元（target unit）。

【例 15-85】

```
[root@localhost system]# systemctl get-default
graphical.target
```

您也可以使用例 15-86 大家熟悉的 runlevel 命令来确认目前系统的运行级别。参考表 15-4，您就会发现例 15-85 和例 15-86 的显示结果实际上是相同的，它们都表示系统目前是运行在图形方式。

【例 15-86】

```
[root@localhost system]# runlevel
N 5
```

Oracle 公司声称：虽然目前仍然保留 runlevel 命令，但是这仅仅是为了与之前版本兼容而保留的。Oracle 鼓励在 Oracle Linux 7 中使用 systemctl 命令，其实有关目标单元的命令远远不止例 15-85 中所使用的 systemctl 命令，例如您可以使用例 15-87 的 systemctl 的 list-units 命令列出在当前系统上目前活动的目标（active targets）。

【例 15-87】

```
[root@cat ~]# systemctl list-units --type target
UNIT                    LOAD   ACTIVE SUB    DESCRIPTION
basic.target            loaded active active Basic System
cryptsetup.target       loaded active active Encrypted Volumes
getty.target            loaded active active Login Prompts
graphical.target        loaded active active Graphical Interface ...
```

默认目标单元是在/etc/systemd/system/default.target 文件中定义的，但是该文件实际上是指向当前目标单元的一个符号连接。如您可以使用例 15-88 的 ls 命令确认这一点。

【例 15-88】

```
[root@cat ~]# ls -l /etc/systemd/system/default.target
lrwxrwxrwx. 1 root root 36 Dec 31 18:41 /etc/systemd/system/default.target
-> /lib/systemd/system/graphical.target
```

您也可以使用 systemctl 命令更改系统的默认目标单元，如您可以**使用例 15-89 的 systemctl 的 set-default 命令将系统的默认目标单元变更成多用户目标单元。**

【例 15-89】

```
[root@cat ~]# systemctl set-default multi-user.target
Removed symlink /etc/systemd/system/default.target.
Created symlink from /etc/systemd/system/default.target to
/usr/lib/systemd/system/multi-user.target.
```

接下来，您可以使用与例 15-88 完全的 ls 命令即例 15-90 再次列出/etc/systemd/system 目录下的 default.target 文件的相关信息。

【例 15-90】

```
[root@cat ~]# ls -l /etc/systemd/system/default.target
lrwxrwxrwx. 1 root root 41 Feb  5 14:56 /etc/systemd/system/default.target
-> /usr/lib/systemd/system/multi-user.target
```

从例 15-90 的显示结果，您可以发现目前系统的默认目标单元文件已经指向了多用户目标单元。systemctl 的 set-default 命令并没有真正地更改系统的状态。可以使用 systemctl 的 isolate 命令更改当前活动系统的目标，如您可以使用例 15-91 的 systemctl 的 isolate 命令将当前活动系统的目标变更成多用户目标单元。

【例 15-91】

```
[root@cat ~]# systemctl isolate multi-user.target
```

注意当例 15-91 的命令成功执行之后，系统立即切换到多用户界面（runlevel 3），即多用户模式的文字界面。该命令与早期版本中的 telinit <runlevel>命令相似，在 Oracle Linux 7 中，依然可以使用 telinit 命令，但是这仅仅是为了与之前版本兼容而保留的。

此时如您再次使用与例 15-85 完全相同的 get-default 命令确认目前系统默认使用的是哪一个目标单元，其显示结果将变为多用户目标单元，如例 15-92。

【例 15-92】

```
[root@cat ~]# systemctl get-default
multi-user.target
```

您也可以使用 systemctl default 命令或 systemctl isolate default.target 命令进入默认目标单元，这两个命令是等价的，感兴趣的读者可以自己在系统上试一下。如果您现在仍然在文字界面下，您可以使用

systemctl isolate graphical.target 命令再次切换回图形界面。最后，别忘了使用例 15-93 的 set-default 命令将系统的默认目标单元变更为原来的图形目标单元以方便后面的操作。

【例 15-93】

```
[root@cat ~]# systemctl set-default graphical.target
Removed symlink /etc/systemd/system/default.target.
Created symlink from /etc/systemd/system/default.target to
/usr/lib/systemd/system/graphical.target.
```

15.20 救援和紧急模式，及关闭、挂起和重启系统

救援模式（Rescue mode）与单用户模式相同，这是一种特殊的模式。该模式是在这样的情况下使用的：当由于某种原因您无法正常地启动系统，此时系统试图加载本地文件系统和启动一些系统服务；但是救援模式不启动网络服务也不允许其他用户登录系统。进入救援模式时，系统提示要输入 root 的密码。以下例 15-94 就是进入救援模式的命令：

【例 15-94】

```
[root@cat ~]# systemctl rescue
```

以上命令将向所有目前登录系统的用户发送一条系统正在准备关机消息。另外，您也可以使用 systemctl isolate rescue.target 命令进入救援模式，该命令与例 15-94 的命令功能完全相同，而只是这一命令不向用户发送消息而已。

紧急模式（Emergency mode）以只读方式加载 root 系统并且不试图加载任何本地的其他文件系统。在系统甚至都无法进入救援模式时，紧急模式允许您试着修复系统。要进入紧急模式，您需要提供 root 的密码。以下例 15-95 就是进入紧急模式的命令：

【例 15-95】

```
[root@cat ~]# systemctl isolate rescue.target
```

以上进入紧急模式的命令也会向所有目前登录的用户发送一条消息。**注意：在虚拟机上安装的 Oracle Linux 7 上，以上这条命令似乎比 systemctl rescue 命令好用。**

在 Oracle Linux 7 中，systemctl 可以完全取代在早期 Linux 版本中使用的较老的电源管理命令（系统关闭、挂起和重启命令）。旧有命令和 systemctl 命令的对照如表 15-5 所示。同样在 Oracle Linux 7 中，依然可以使用旧有的命令进行电源的管理，但是这仅仅是为了与之前版本兼容而保留的。

表 15-5

旧 命 令	相同的 Systemctl 命令
halt	systemctl halt
poweroff	systemctl poweroff
reboot	systemctl reboot
pm-suspend	systemctl suspend
pm-hibernate	systemctl hibernate
pm-suspend-hybrid	systemctl hybrid-sleep

在表 15-5 中，相信读者对 halt、poweroff 和 reboot 已经比较熟悉了，因此这里就不再解释了。接下来，重点解释一下挂起（suspending）和休眠（hibernating）命令。

挂起命令将系统的状态存储在内存（RAM）中并且关闭计算机的大多数设备的电源。当重新开启计算机时，系统将从内存中恢复系统的状态而不必重启系统。因为系统的状态是存储在内存中而不是存储在硬盘上，所以从挂起模式恢复系统要比从休眠模式恢复系统快很多。但是这种模式也有一个弊端：如果是断电了，挂起系统的状态就完全丢失了（也就是无法恢复了）。

休眠命令将系统的状态存储在硬盘上并且关闭计算机的大多数设备的电源。当重新开启计算机时，系统将从存储在硬盘上的数据恢复它的状态而不必重启系统。因为系统的状态是存储在硬盘上而不是存储在内存中，所以从休眠模式恢复系统要比从挂起模式恢复系统慢很多。但是这种模式的好处是：如果断电了，因为休眠系统的状态已经存储在了硬盘上，所以依然可以恢复系统的状态。

读者可能觉得 Oracle Linux 7 所做的改变还真不少，其实不然，因为在这一章我们已经介绍了绝大部分改变的内容。再有在 Oracle Linux 7 中，您仍然可以使用之前版本的命令。

15.21 您应该掌握的内容

在学习第 16 章之前，请检查一下您是否已经掌握了以下内容：

- 了解 Linux 系统引导的顺序。
- 了解 BIOS 初始化所做的主要工作。
- 理解 boot loader 是如何工作的。
- GRUB 这个多重开机管理程序具有哪些特性？
- 理解 grub.conf 文件中的一些重要内容。
- 如何在 grub 开机选单中加入多个系统？
- 怎样在不知道 root 用户密码的情况下，以 root 用户登录并修改 root 的密码？
- 怎样修改 grub 的密码以及加密这个密码？
- 了解内核的初始化和 init 的初始化的步骤。
- 了解每一 run levels（运行级别）的主要功能。
- 怎样切换 run level 和查看 run level?
- 了解 etc/rc.d/rc.sysinit 这个脚本所做的主要工作。
- 理解/etc/rc.d/rc*.d 目录中的程序的执行方式和功能。
- 了解守护进程及其工作原理。
- 理解独立守护进程的工作方式。
- 理解临时守护进程的工作方式。
- 理解 xinetd 超级守护进程的作用。
- System V 脚本（程序）的特性和工作方式。
- 了解 System V 服务是怎样管理的。
- 了解/etc/rc.d/rc.local 脚本。
- 怎样管理和维护 Linux 系统上的服务？
- 熟悉管理和维护服务的系统工具。
- 了解关闭系统的命令以及常用的特性。
- 了解重启系统的命令。

第 16 章 Linux 内核模块及系统监控

在第 15 章中，已经比较详细地介绍了系统开机时所载入的/boot 分区中的 Linux 系统内核部分。在本章将介绍内核模块，所介绍的内容包括内核将提供哪些方面的服务，以及如何配置系统的内核。

16.1 Linux 系统内核模块以及这些模块的配置

Linux 系统内核模块实际上是对 Linux 系统小内核（开机时载入的内核部分，在有的书中称为核心）的扩充，这些模块可以在需要时装入也可以在不需要时卸载。将这些模块与系统核心部分（开机时载入的内核部分）分开的好处是：在没有增加开机时载入内核映像大小的情况下，又允许在需要时扩充内核的功能。

内核中的许多组件可以被编译成可动态载入的形式，这些编译后的组件就是内核模块。**内核模块是外挂在核心上的，这样在增加系统功能的同时，却不会增加核心的大小。**内核模块有两个功能：

（1）提供计算机外围设备的驱动程序。

（2）提供一些其他的文件系统的支持。

在载入内核模块时，可以设定内核模块，所有的内核模块都存放在/lib/modules 目录中，您可以使用例 16-1 的 ls 命令列出所有的内核模块（Kernel Modules）。

【例 16-1】

```
[root@dog ~]# ls -l /lib/modules
drwxr-xr-x. 7 root root 4096 Dec 28 05:05 2.6.32-504.el6.x86_64
drwxr-xr-x. 8 root root 4096 Dec 27 17:08 3.8.13-44.1.1.el6uek.x86_64
```

例 16-1 的显示结果只列出了每一类内核模块所在的目录，您可以继续使用 ls 命令列出感兴趣的目录中的全部内容（所有内核模块）。

如果想要控制这些内核模块，可以使用 lsmod 命令列出目前已经载入了哪些模块，而您可以使用 modprobe 命令来临时载入某个模块。modprobe 命令的语法格式如下：

```
modprobe 模块名
```

如果将一个没有 Red Hat 公司（或 Oracle 公司）认证许可的模块加入到系统内核中，会使得内核变成一个受污染的内核（tainted kernel），而 Red Hat 公司不会对受污染的内核（tainted kernel）提供任何服务。还远不止如此，Oracle 公司也可能不会对受污染的内核（tainted kernel）提供服务。如果您的 Linux 系统的内核已经成了一个 tainted kernel，而这台计算机是 Oracle 服务器，您可就遇到大麻烦了，因为操作系统和数据库厂商都可能不提供技术支持了。

☞ **指点迷津：**

其实，在许多领域都是一样。如买家用电器时，一般厂家都会声明：如果用户私自打开电器，厂家会拒绝继续提供保修的。可能有人觉得这厂家也太绝情了，说实在的许多新产品出了问题，有时就连厂家自己也搞不明白。当然最简单的办法就是找个借口不提供服务，而且还可以把责任全都推到用户身上。所以这也给读者提个醒，如果您的系统是在保修期内或您的公司购买了服务，您最好没事别捅它，因为一旦厂商找到了您动过系统的证据，他可就找到了修不好的理由了。其实，往往是他们的系统本来就很糟糕，他们自己清楚的很，正愁找不到借口呢！

接下来将介绍怎样设置内核模块。也许在设置某个模块之前，您很想知道这些模块目前的配置信息。您可以使用/sbin/modinfo 这个命令来浏览某个模块的信息，其中 modinfo 是 module 和 information 两个英文单词的缩写。modinfo 命令的语法格式如下：

```
modinfo 模块名
```

以上命令将列出该模块的一些信息以及它的认证许可是由谁（哪家公司）签署的。modinfo、modprobe、depmod、lsmod 和 rmmod 等模块管理和维护命令都是由软件包 module-init-tools 所提供的。如果您的系统没有安装这一软件包，您可以切换到 DVD 的 Server/Packages 目录，使用类似例 16-2 的 rpm 命令安装这一软件包。

【例 16-2】

```
[root@dog Packages]# rpm -ivh module-init-tools-3.9-24.0.1.el6.x86_64.rpm
Preparing...          ########################################### [100%]
 package module-init-tools-3.9-24.0.1.el6.x86_64 is already installed
```

接下来，您可以使用例 16-3 的/sbin/modinfo 命令列出 vboxsf 这个模块的信息以及它的认证许可是由哪家公司签署的。

【例 16-3】

```
[root@dog ~]# modinfo vboxsf
filename:       /lib/modules/3.8.13-44.1.1.el6uek.x86_64/misc/vboxsf.ko
version:        5.0.10 (interface 0x00010004)
license:        GPL
author:         Oracle Corporation
description:    Oracle VM VirtualBox VFS Module for Host File System Access
srcversion:     0F2AB44DF9E8F4D468A06F2
depends:        vboxguest    ...
```

有些模块会调用其他模块中所提供的功能来应用到自身上，这就是模块的依赖性（相依性）。模块的相依性会记录在/lib/modules 目录中的$(uname -r)子目录下的 modules.dep 文件中。还记得$(uname -r)的含义吗？它的含义是取出 uname -r 命令的结果（值），而 uname -r 命令就是获取当前 Linux 系统内核的版本信息，您可以使用例 16-4 的命令来验证这一点。

【例 16-4】

```
[root@dog ~]# uname -r
3.8.13-44.1.1.el6uek.x86_64
```

知道了$(uname -r)之后，您就可以使用例 16-5 的 ls 命令列出/lib/modules/$(uname -r)目录中的全部内容了。当然，您也可以直接使用 ls -l /lib/modules/$(uname -r)，该命令所获得的结果与例 16-5 的一模一样。

【例 16-5】

```
[root@dog ~]# ls /lib/modules/3.8.13-44.1.1.el6uek.x86_64/modules.dep
/lib/modules/3.8.13-44.1.1.el6uek.x86_64/modules.dep
```

例 16-5 的显示结果中确实列出了 modules.dep 这个记录了相依性的文件，这个文件是正文文件，您可以使用例 16-6 的 file 命令来验证这一点。

【例 16-6】

```
[root@dog ~]# file /lib/modules/3.8.13-44.1.1.el6uek.x86_64/modules.dep
/lib/modules/3.8.13-44.1.1.el6uek.x86_64/modules.dep: ASCII text, with
very long lines
```

例 16-6 的显示结果清楚地表明这个文件是一个 ASCII 码文件，但是这个文件很长，内容很多。您也可以使用例 16-7 的 lsmod 命令列出目前已经载入的模块列表。该命令的输出实际上是从/proc/modules 文件中读出的。

【例 16-7】

```
[root@dog ~]# lsmod
Module                 Size  Used by
nls_utf8               1421  1        ......
ext4                 532122  2
jbd2                 100737  1 ext4
mbcache                7575  1 ext4   ...
```

在例 16-7 的显示结果中，Used by 列给出了使用这一模块的进程总数并且在随后列出了这一模块所依赖的那些模块的列表。

可以使用 Linux 系统提供的 insmod 命令手工地装入一个内核模块，其中 insmod 是 install module 的缩写，其功能与之前介绍的 modprobe 命令相同。但使用 modprobe 命令载入模块时，可同时载入相依赖的模块，使用起来可能更方便些。insmod 命令的语法格式如下：

```
insmod 模块名
```

可以使用 Linux 系统提供的 rmmod 命令来手工地卸载一个内核模块，其中 rmmod 是 remove module 的缩写。rmmod 命令的语法格式如下：

```
rmmod 模块名
```

16.2 /proc 虚拟文件系统

为了使内核的管理和维护与文件系统的管理和维护能够使用完全相同的方法，UNIX 操作系统引入了一个虚拟文件系统/proc，这样用户就可以使用在进行文件操作时已经熟悉的命令和方法来进行内核信息的查询和配置了。**/proc 并不存在于硬盘上，而是一个存放在内存中的虚拟目录，可以借助修改这个目录中的文件来及时变更内核的参数。/proc 这个目录中包含了存放目前系统内核信息的文件，通过这些文件就可以列出目前内核的状态。**Linux 系统继续沿用了这一技术，/proc 虚拟文件系统（目录）的特色可以总结如下：

（1）可以使用/proc 来获取内核的配置信息或对内核进行配置。

（2）/proc 是一个虚拟文件系统，所有的文件只存储在内存中，并不存放到硬盘上。

（3）由于/proc 存在内存中，所以系统重启后所有更改自动消失，又回到初始的设置。

（4）利用/proc 可以显示进程的信息、内存资源、硬件设备、内核所占用的内存等。

（5）在/proc 中有一些子目录，如/proc/PID/子目录中包含了所有进程的信息（其中 PID 是以数字表示的进程号）、/proc/sys/子目录中包含了内核参数等。

（6）可以利用/proc/sys/子目录下的文件来修改网络设置、内存设置或内核的一些参数。

（7）所有对/proc 的修改立即生效。

接下来，您可以使用例 16-8 的 ls 命令列出/proc 目录中的详细内容，您会发现所有的文件大小都是 0。为了节省篇幅，这里省略了输出结果。

【例 16-8】

```
[root@dog ~]# ls -l /proc
```

尽管所有的文件大小都是 0，但仍然可使用 cat 命令打开这些文件，如可使用例 16-9 的 cat 命令列出内存的详细信息，当然您也可以列出 cpu 或其他设备的信息，是不是很方便？

【例 16-9】

```
[root@dog ~]# cat /proc/meminfo
MemTotal:       807032   kB
```

```
MemFree:        637748    kB
Buffers:         12772    kB
Cached:         115148    kB
......
```

下面是一个通过修改/proc/sys/net/ipv4/icmp_echo_ignore_all 文件中的内容来修改内核参数的例子，通过这样的修改 Linux 系统就可以忽略 ICMP 的封包，也就是 ping 命令无法 ping 通这台主机。其中，ICMP 是 Internet Control Message Protocol 的缩写。

为此，您首先在微软的 Windows 系统上启动一个 DOS 窗口，之后使用例 16-10 的 ping 命令 ping 您的 Linux 主机（您的 Linux 主机的 IP 可能有所不同）。

【例 16-10】

```
C:\Documents and Settings\Administrator>ping 192.168.11.38
Pinging 192.168.11.38 with 32 bytes of data:
Reply from 192.168.11.38: bytes=32 time=2ms TTL=64 ......
Ping statistics for 192.168.11.38:
   Packets: Sent = 4, Received = 4, Lost = 0 (0% loss),
Approximate round trip times in milli-seconds:
   Minimum = 0ms, Maximum = 2ms, Average = 0ms
```

例 16-10 的显示结果清楚地表明目前您的微软系统是可以 ping 通这台 Linux 主机的。随后，切换回 Linux 操作系统（要在 root 用户下）。现在，您使用例 16-11 的 echo 命令将文件/proc/sys/net/ipv4/icmp_echo_ignore_all 中的内容更改为 1。

【例 16-11】

```
[root@dog ~]# echo "1" > /proc/sys/net/ipv4/icmp_echo_ignore_all
```

随即，您使用例 16-12 的 cat 命令列出这一文件的全部内容以验证所做的修改是否成功。

【例 16-12】

```
[root@dog ~]# cat /proc/sys/net/ipv4/icmp_echo_ignore_all
1
```

当确认/proc/sys/net/ipv4/icmp_echo_ignore_all 文件中的内容已经是 1 之后，切换回微软系统，并在 DOS 窗口中使用例 16-13 的 ping 命令重新 ping 您的 Linux 主机。这回您会发现已经无法 ping 通了，最后同时按 Ctrl+C 键退出 ping 的界面。

【例 16-13】

```
C:\Documents and Settings\Administrator>ping 192.168.11.38
Pinging 192.168.11.38 with 32 bytes of data:
Request timed out.    ......
Ping statistics for 192.168.11.38:
   Packets: Sent = 3, Received = 0, Lost = 3 (100% loss),
```

这里需要指出的是：如果此时使用 telnet 连接 Linux 主机是可以连通的，有兴趣的读者可以自己试一下。不但远程的计算机无法 ping 通这台 Linux 主机，就是本机也无法 ping 通。切换到 Linux 主机，使用例 16-14 的 ping 命令 ping 本机（其中，127.0.0.1 为本机回路的 IP）。此时，您会发现同样无法 ping 通，最后按 Ctrl+C 键退出 ping 的界面。

【例 16-14】

```
[root@dog ~]# ping 127.0.0.1
PING 127.0.01 (127.0.0.1) 56(84) bytes of data.
--- 127.0.01 ping statistics ---
5 packets transmitted, 0 received, 100% packet loss, time 4005ms
```

做完以上实验之后，使用例 16-15 的 echo 命令将 proc/sys/net/ipv4/icmp_echo_ ignore_all 文件中的内

容再改回为 0。

【例 16-15】

```
[root@dog ~]# echo "0" > /proc/sys/net/ipv4/icmp_echo_ignore_all
```

系统执行完以上命令之后也不会有任何显示信息，为此您使用例 16-16 的 cat 命令再次列出这一文件中的全部内容以验证所做的修改是否成功。

【例 16-16】

```
[root@dog ~]# cat /proc/sys/net/ipv4/icmp_echo_ignore_all
0
```

当确认/proc/sys/net/ipv4/icmp_echo_ignore_all 文件中的内容已经是 0 之后，使用例 16-17 的 ping 命令 ping 本机，此时就可以 ping 通了，最后按 Ctrl+C 键退出 ping 的界面。

【例 16-17】

```
[root@dog ~]# ping 127.0.0.1
PING 127.0.0.1 (127.0.0.1) 56(84) bytes of data.
64 bytes from 127.0.0.1: icmp_seq=0 ttl=64 time=0.372 ms  ......
--- 127.0.0.1 ping statistics ---
5 packets transmitted, 5 received, 0% packet loss, time 4004ms
rtt min/avg/max/mdev = 0.055/0.122/0.372/0.125 ms, pipe 2
```

切换回微软系统，并在 DOS 窗口中使用例 16-18 的 ping 命令重新 ping 您的 Linux 主机。这回您会发现微软系统又可以 ping 通 Linux 主机了。

【例 16-18】

```
C:\Documents and Settings\Administrator>ping 192.168.11.38
Pinging 192.168.11.38 with 32 bytes of data:
Reply from 192.168.11.38: bytes=32 time<1ms TTL=64  ......
Ping statistics for 192.168.11.38:
    Packets: Sent = 4, Received = 4, Lost = 0 (0% loss),
Approximate round trip times in milli-seconds:
    Minimum = 0ms, Maximum = 0ms, Average = 0ms
```

在本章的 16.1 节中介绍过：如果将一个没有 Red Hat 公司认证许可的模块加入到系统内核中，会使得内核变成一个受污染的内核（tainted kernel），而对于 tainted kernel，操作系统和数据库厂商都可能不提供技术支持。

可能会有读者问：那我们又怎样才能知道我们的 Linux 系统是否是一个 tainted kernel 呢？办法很简单，就是查看/proc/sys/kernel/tainted 这个虚拟文件，如果其中的内容是 0 就是没有受到污染（not tainted），如果其中的内容不是 0 就是受到了污染（tainted）。您可以使用例 16-19 的 cat 命令列出/proc/sys/kernel/tainted 这个虚拟文件中的全部内容。

【例 16-19】

```
[root@dog ~]# cat /proc/sys/kernel/tainted
1
```

例 16-19 的显示结果表明这个系统的内核受到了污染，您的系统上的结果可能不同。

☞ **指点迷津：**

随着 Linux 系统的不断膨胀，/proc 目录已经变的非常拥挤和凌乱，因此在 Oracle Linux 6 和 Oracle Linux 7 中为了使/proc 这一目录变得清晰和整洁，Linux 创建了一个新的所谓的 sysfs 文件系统并将许多原来存放在/proc 目录中的内容存放在了这个新文件系统中。sysfs 文件系统安装在/sys 目录下，您可以使用 ls -l /sys 命令列出这一目录下的全部子目录。有兴趣的读者可以自己试一试。

16.3 通过 sysctl 命令永久保存/proc/sys 下的配置

在 16.2 节中已经介绍了怎样通过修改/proc/sys/目录中的文件来修改内核参数，但是由于/proc/sys/目录中的文件只存在于内存中，所以系统重启后所有更改过的内核参数自动消失。也就是只能暂时修改内核参数，即/proc/sys/目录中的文件无法保存所做的变更。

因此要使用 sysctl 这个命令来变更内核参数的设定才能将这些设定变成静态的，也就是变成永久的设置，这样在重新启动系统时这些设定才不会消失。**使用 sysctl 这个命令所变更的参数会保存到/etc/sysctl.conf 这个系统设置文件中。**您可以使用例 16-20 的 more 命令列出/etc/sysctl.conf 文件中的全部内容。

【例 16-20】

```
[root@dog ~]# more /etc/sysctl.conf
# Kernel sysctl configuration file for Red Hat Linux
# For binary values, 0 is disabled, 1 is enabled.  See sysctl(8) and
# sysctl.conf(5) for more details.  ……
```

在系统启动之后，init 程序进行系统初始化时会自动执行 rc.sysinit 这个程序（脚本），而 rc.sysinit 程序会自动读取/etc/sysctl.conf 这个系统设置文件并执行这个文件中的系统配置。您可以使用例 16-21 的 ls 命令列出/proc/sys/目录中的全部内容。

【例 16-21】

```
[root@dog ~]# ls -l /proc/sys
total 0
dr-xr-xr-x  2 root root 0 Mar 20 19:15 debug
dr-xr-xr-x  7 root root 0 Mar 20 19:15 dev
dr-xr-xr-x  5 root root 0 Mar 20 18:57 fs  ……
```

之后您可以继续使用 ls 命令列出/proc/sys/目录下的子目录的内容，您也可以使用例 16-22 的 cat 命令列出/proc/sys/kernel/hostname 文件中的内容（也可以列出其他文件的内容）。

【例 16-22】

```
[root@dog ~]# cat /proc/sys/kernel/hostname
dog.super.com
```

使用 sysctl 命令可以进行系统配置和维护，也可以监督系统配置的变化。**比较经常使用 sysctl 命令完成的工作有：**

（1）列出所有当前的系统设置：sysctl -a。

（2）从/etc/sysctl.conf 文件中重新载入系统设置：sysctl -p。

（3）动态设置一个在/proc 目录中文件的值：sysctl -w kernel.shmmax=2147483648。

接下来，可使用例 16-23 的以 sysctl 开始的组合命令分页列出所有当前的系统设置，注意最后要使用 more，否则显示的内容很难阅读。

【例 16-23】

```
[root@dog ~]# sysctl -a | more
sunrpc.tcp_slot_table_entries = 16
sunrpc.udp_slot_table_entries = 16
sunrpc.nfs_debug = 0  ……
```

之后，可使用例 16-24 的 sysctl 命令从/etc/sysctl.conf 文件中重新载入系统设置。

【例 16-24】

```
[root@dog ~]# sysctl -p
net.ipv4.ip_forward = 0
net.ipv4.conf.default.rp_filter = 1   ......
```

将例 16-24 的显示结果与例 16-20 命令所列出的/etc/sysctl.conf 文件中的内容进行比较，可以轻易地发现它们完全相同（除了注释信息之外）。随后，您可以使用例 16-25 带有-w 选项的 sysctl 命令将 2147483648 写入/proc/sys/kernel/shmmax 虚拟文件中。

【例 16-25】

```
[root@dog ~]# sysctl -w kernel.shmmax=2147483648
kernel.shmmax = 2147483648
```

之后，可使用例 16-26 的 cat 命令列出这一文件的内容以验证例 16-25 的命令是否正确。

【例 16-26】

```
[root@dog ~]# cat /proc/sys/kernel/shmmax
2147483648
```

☞ **指点迷津：**

例 16-25 的 sysctl -w 命令在安装 Oracle 数据库管理系统时可能要用到，它是将 shmmax 这个参数设置为 2GB。其实，安装 Oracle 数据库管理系统时，所需的几乎所有 Linux 操作系统参数的设置都是使用本章所介绍的方法完成的。虽然对于许多初次接触 Oracle 数据库的人来说，在 Linux 或 UNIX 系统上安装 Oracle 是一件令人生畏的事情，但是只要您掌握了本章所介绍的内容，在 Linux 或 UNIX 系统上安装 Oracle 应该没有问题了。

16.4 检测和监督 Linux 系统中的硬件设备

当系统启动时就可以在屏幕上看到引导信息，但是由于这些信息在屏幕上停留的时间很短（一直快速滚动），所以很难阅读。对此系统会使用一个叫做 klogd 的服务将这些信息写入到内存的一个环形缓冲区（ring buffer）中，可以使用 dmesg 命令来查看环形缓冲区中的信息。不过这个环形缓冲区的空间是有限的，当环形缓冲区被写满之后，系统将会把环形缓冲区中的信息写到/var/log/dmesg 日志文件中，这样就可以避免后来的信息覆盖掉前面的信息。因此，也可以通过/var/log/dmesg 日志文件中的内容来查看内核的信息。以上所讲述的操作过程如图 16-1 所示。

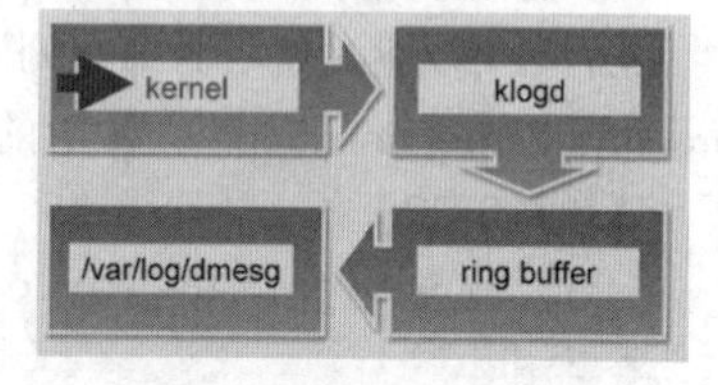

图 16-1

可使用例 16-27 的组合命令列出环形缓冲区中的信息，也可以使用例 16-28 的 more 命令列出/var/log/dmesg 日志文件中的所有信息。为了节省篇幅，这里省略了输出显示结果。

【例 16-27】

```
[root@dog ~]# dmesg | more
```

【例 16-28】

```
[root@dog ~]# more /var/log/dmesg
```

在 Linux 系统中有一个叫 kudzu 的工具。这个工具可以维护系统中已经检测到的硬件设备数据库，当系统检测到某个设备或一个设备被移除时，kudzu 就会自动设定系统并引导管理员来设定这个设备，同时还要将检测到的设备信息写入/etc/sysconfig/ hwconf 这个文件中，可使用例 16-29 的 more 命令来浏览/etc/sysconfig/hwconf 文件中的内容。

【例 16-29】

```
[root@dog ~]# more /etc/sysconfig/hwconf
```

```
class: OTHER
bus: PCI
detached: 0    ......
```

kudzu 这个工具会使用/usr/share/hwdata 目录中的硬件设备（数据库）文件中的数据来检测系统的硬件设备。之后，系统会将检测到的设备的详细信息以文件的方式存放在/proc 目录中，如在/proc/cpuinfo 文件中就存放了与 cpu 相关的信息。

接下来，您可以使用例 16-30 的 ls 命令列出/usr/share/hwdata 目录中所有的硬件设备文件。如果您对某一类设备感兴趣，可以使用 more 或 cat 命令列出设备文件中的内容。

【例 16-30】

```
[root@dog ~]# ls -l /usr/share/hwdata
total 1336
-rw-r--r-- 1 root root 330695 Sep  4  2009 MonitorsDB
-rw-r--r-- 1 root root 616678 Sep  4  2009 pci.ids ......
```

接下来，您可以使用例 16-31 的 ls 命令列出/proc 目录中所有以 info 结尾的文件。

【例 16-31】

```
[root@dog ~]# ls -l /proc/*info
-r--r--r--  1 root root 0 Mar 21 12:19 /proc/buddyinfo
-r--r--r--  1 root root 0 Mar 21 12:19 /proc/cpuinfo ......
```

可以使用例 16-32 的 cat 命令列出/proc/cpuinfo 文件中的全部内容，即 cpu 的所有信息。

【例 16-32】

```
[root@dog ~]# cat /proc/cpuinfo
processor       : 0
vendor_id       : GenuineIntel
cpu family      : 6     ......
```

在 linux-2.6 内核中已经开始使用 udev 检测所有硬件设备，而 kudzu 有逐渐被取代的趋势。udev 是一个工具，它能够根据系统中硬件设备的状态动态更新设备文件，包括设备文件的创建、删除等。使用 udev 后，在/dev 目录下就只包含系统中真正存在的设备。

udev 只支持 linux-2.6 内核，因为 udev 严重依赖于 sysfs 文件系统提供的信息，而 sysfs 文件系统只在 linux-2.6 内核中才有。udev 不是一个内核程序而是用户程序（user-mode daemon）。那么，udev 的配置文件放在哪里？udev 是一个用户模式程序。它的配置文件是/etc/udev/ udev.conf，这个文件一般默认至少有以下几项：

- udev_root="/dev" ; udev 产生的设备文件的根目录是/dev。
- udev_db="/dev/.udev.tdb"; 通过 udev 产生的设备文件形成的数据库。
- udev_rules="/etc/udev/rules.d" ; 用于指导 udev 工作的规则所在目录。
- udev_log="err" ;当出现错误时，用 syslog 记录错误信息。

您可以使用例 16-33 的 more 命令分页列出/etc/udev/udev.conf 文件的全部内容。

【例 16-33】

```
[root@dog ~]# more /etc/udev/udev.conf
# udev.conf
# The main config file for udev    ......
```

udev 的语句存放在/etc/udev/rules.d/目录中的文件中，这些语句包括文件名、权限、拥有者、属组以及发现一个新设备时要执行的命令。您可以使用例 16-34 的 ls 命令列出/etc/ udev/rules.d/目录中所有的文件。

【例 16-34】

```
[root@dog ~]# ls -l /etc/udev/rules.d/
total 228
-rw-r--r-- 1 root root   515 Jul  3  2009 05-udev-early.rules
-rw-r--r-- 1 root root   922 Sep  3  2009 40-multipath.rules ……
```

接下来，可使用例 16-35 的命令分页列出/etc/udev/rules.d/50-udev.rules 文件的全部内容。

【例 16-35】

```
[root@dog ~]# more /etc/udev/rules.d/50-udev.rules
# There are a number of modifiers that are allowed to be used in some of the
# fields.  See the udev man page for a full description of them. ……
```

16.5　系统总线支持和可热插拔总线支持

接下来将介绍 Linux 系统是怎样支持 PCI 总线的，首先简单介绍 PCI 总线的概念。PCI 是 Peripheral Component Interconnect（外设部件互连标准）的缩写，它是目前个人电脑中使用最为广泛的接口之一，几乎所有的主板产品上都带有这种插槽。PCI 插槽也是主板带有最多数量的插槽类型，在目前流行的台式机主板上，ATX 结构的主板一般带有 5～6 个 PCI 插槽，而小一点的 MATX 主板也都带有 2～3 个 PCI 插槽，可见其应用的广泛性。

在 Linux 操作系统上，可以使用/sbin/lspci 命令来查看目前有哪些设备插在 PCI 插槽中，而这些 PCI 的信息会存放在/proc/bus/pci/这个子目录中。您可以使用例 16-36 的 lspci 命令来查看目前有哪些设备插在 PCI 插槽中，也可以使用例 16-37 的 ls 命令列出/proc/bus/pci/子目录中所有的内容。为了节省篇幅，这里省略了输出显示结果。

【例 16-36】

```
[root@dog ~]# lspci
```

【例 16-37】

```
[root@dog ~]# ls -l /proc/bus/pci
total 0
dr-xr-xr-x  2 root root 0 Mar 21 16:36 00
-r--r--r--  1 root root 0 Mar 21 16:57 devices
```

下面继续介绍 Linux 系统的内核可以支持哪些可热插拔的总线，Linux 内核支持 USB 和 IEEE1394 这两种常见的可热插拔总线。USB 是英文 Universal Serial BUS（通用串行总线）的缩写，是一个外部总线标准，用于规范计算机与外部设备的连接和通信，是应用在 PC 领域的接口技术。USB 接口支持设备的即插即用和热插拔功能。USB 是在 1994 年底由英特尔、康柏、IBM、Microsoft 等多家公司联合提出的。

当 Linux 操作系统监测到有设备被插到 USB 或 IEEE1394 插槽中时，系统就会自动识别。可以使用/sbin/lsusb 命令来列出目前有哪些设备插在 USB 插槽中，如您可以使用例 16-38 的 lsusb 命令列出目前有哪些设备插在 USB 插槽中。

【例 16-38】

```
[root@dog ~]# lsusb
Bus 001 Device 001: ID 0000:0000
Bus 002 Device 001: ID 0000:0000
```

Oracle Linux 操作系统会自动挂载 USB 设备，如您将 USB 闪存插入计算机之后，Linux 系统会将其挂载在/media 目录下，您可以使用例 16-39 的 ls 命令来验证这一点。

【例 16-39】

```
[root@dog ~]# ls -l /media
total 4
drwxr-xr-x  55 root root 8192 Jan  1  1970 KINGSTON
```

提示：

由于在 2.6 内核里，逐渐使用 udev 取代了 hotplug。按照 udev 的作者 Greg K.H 的话，废弃 hotplug 的原因是 sysfs 的出现，因为 sysfs 会产生非常多的 hotplug 事件，远远超过了 2.4 的内核。以至于使 hotplug 变得相当复杂，而且因为 hotplug 都是 bash 所写，系统的效率开始下降。为此，本书将以下有关 hotplug 部分全都移到资源包中的电子书中了。感兴趣的读者可以查阅资源包中的电子书。

16.6 系统监视和进程控制工具——top 和 free

在 Linux 和 UNIX 操作系统中一个使用最频繁的系统监督工具可能就是 top，这个命令的使用非常简单，只要在操作系统提示符下输入 top 即可，如您可以**使用例 16-40 的 top 命令列出系统状态，系统默认每 5s 刷新一下屏幕上的显示结果。**

【例 16-40】

```
[root@dog ~]# top
top - 04:26:47 up 35 min,  3 users,  load average: 0.22, 0.16, 0.10
Tasks:  84 total,   1 running,  83 sleeping,   0 stopped,   0 zombie
Cpu(s):  5.3% us,  7.9% sy,  0.7% ni, 85.8% id,  0.0% wa,  0.3% hi,  0.0% si
Mem:    807032k total,   290772k used,   516260k free,    23144k buffers
Swap:  2096472k total,        0k used,  2096472k free,   174456k cached
  PID USER      PR  NI  VIRT  RES  SHR S %CPU %MEM    TIME+  COMMAND
 3601 root      15   0 39052  16m 4228 S  8.3  2.1   0:39.72 X
 4467 root      25  10 29876  16m 9860 S  4.0  2.0   0:05.51 rhn-applet-gui
 ……
```

虽然 top 命令的使用极为简单，但是要真正理解 top 命令所显示的结果却并不容易。接下来将详细地解释例 16-40 的 top 命令显示结果中一些常用的状态信息的具体含义。

第 1 行从 top -之后到方框之前的内容表示：这个系统是早上 04:26:47 开机的，已经开启了 35min，目前系统上有 3 个用户。

第 1 行方框中的内容表示系统的平均负载，load average 显示的是在过去 10min 系统的平均负载，其中的 3 个数字分别代表现在、5min 前和 10min 前系统的平均负载。我们这个系统目前的系统平均负载是 0.22，5min 前的系统平均负载是 0.16，而 10min 前的系统平均负载是 0.10。看了这些系统平均负载数字，读者自然会问这些数字代表什么意思啊？如果您读过其他 Linux 书籍，可能会感到有些失望，因为多数都没给出具体的解释。这可能是因为计算 load average 的数学公式还是比较复杂的，很难用三言两语解释清楚。

这里将给出 load average 实用的解释。系统平均负载（load average），即任务队列的平均长度，按照某些文档，这 3 个数分别是目前、5min 和 10min 时间内平均有多少个进程由于 CPU 来不及处理而进入等待状态。在传统 UNIX 的管理员手册中，认为**在 1 以下表示系统大部分时间是空闲，1～2 之间表示系统正好以它的能力运行，而 2～3 表示系统轻度过载，10 以上表示系统已经严重过载。**不过，显然对于不同的系统，过载的标准是不同的。**目前一些专家认为 load average 不应该大于您的系统的处理器数目×2。**

按照以上标准，我们系统的 CPU 是相当空闲的。在实际的生产系统上，系统过载不一定是系统本身的问题，很可能是系统上运行了某个或某些糟糕的应用程序，因此就需要操作系统管理员进一步调查以查明问题的真相，这样才能真正地解决问题。

显示结果的第 4 行显示的是与内存有关的信息，它们表示系统总的内存（total）为 807032KB，所使用的内存（used）为 290772KB，空闲的内存（free）为 516260KB。

显示结果的第 5 行显示的是与交换区有关的信息，它们表示系统总的交换区（total）大小为 2GB，所使用的交换区（used）为 0，空闲的交换区（free）也为 2GB。

许多人并未意识到其实 top 是一个交互类型的工具，在 top 命令中，输入“?”就可以看到一个选项列表。其中一个比较有用的选项是 u，这个选项可以让 top 命令只显示输出一个用户的相关信息。如果您现在还在 top 命令的窗口中，按“?”键就会出现如下的显示输出。为了节省篇幅，这里对输出结果进行了剪裁。

```
Help for Interactive Commands - procps version 3.2.3
  z,b     . Toggle: 'z' color/mono; 'b' bold/reverse (only if 'x' or 'y')
  u       . Show specific user only
  n or #  . Set maximum tasks displayed
  W         Write configuration file
  q         Quit
          ( commands shown with '.' require a visible task display window )
```

按任意键就又会来到 top 命令的窗口，在 Swap 之下的第 6 行会出现 Which user (blank for all):的系统提示信息，此时可输入感兴趣的用户，如输入 dog，其显示结果如下：

```
......
Swap:  2096472k total,       0k used,  2096472k free,   207596k cached
Which user (blank for all): dog
  PID USER      PR  NI  VIRT  RES  SHR S %CPU %MEM    TIME+  COMMAND
 3601 root      15   0 40336  17m 5184 S  8.3  2.2  11:14.46 X     ......
```

当按 Enter 键之后，top 命令就会只显示 dog 这一个用户的相关信息，其显示结果如下：

```
......
Swap:  2096472k total,       0k used,  2096472k free,   207628k cached
  PID USER      PR  NI  VIRT  RES  SHR S %CPU %MEM    TIME+  COMMAND
 4258 dog       15   0  5520 1396 1176 S  0.0  0.2   0:00.10 bash
```

从这个例子可能也看不出什么有用的信息来，但是如果您管理的是一个生产系统，如管理的 Linux 系统上运行着 Oracle 数据库管理系统，这时可能就很有用了。此时您在用户名处输入 oracle，top 命令就将列出所有由 oracle 启动进程的相关信息，您就可以帮助 Oracle 数据库管理员（DBA）进行 Oracle 数据库的排错或优化了。

另一个常用的 Linux 和 UNIX 系统监测工具是 free，可**使用 free 命令来显示内存的使用状态（但是没有 vmstat 显示的详细）**。这个命令的使用也非常简单，只要在操作系统提示符下输入 free 即可，如您可以使用例 16-41 的 free 命令列出系统内存的状态。

【例 16-41】

```
[root@dog ~]# free
             total       used       free     shared    buffers     cached
Mem:        807032     341412     465620          0      32136     207584
-/+ buffers/cache:     101692     705340
Swap:      2096472          0    2096472
```

使用 free 这个命令也可以同时获得物理内存和虚拟内存（交换区）的使用量，而 total、used 和 free 内存与 top 命令显示中的含义相同。

需要特别注意的是：有时 top 命令显示的结果可能会误导您做出错误的判断。下面是一个在安装了

Oracle 数据库管理系统的 Linux 系统上使用 top 命令获得的相关显示结果。

```
Mem: 16124948K used, 42724K free
```

依据这个显示结果，您可能会觉得系统目前的形式已经十分严峻了，因为系统已经用掉了 16GB 左右的内存，而空闲的内存只有 42MB 了。但奇怪的是这个系统目前运行得相当平稳，系统的反应速度也没有下降。这又是为什么呢？此时您就需要使用 free 命令。以下就是在这个 Linux 系统上使用 free 命令获得的相关显示结果。

```
shared      buffers     cached
1710184     351312   13330324
```

看了 free 命令的结果您终于一块石头落地了，因为 free 命令的结果显示在被使用的内存当中有 13GB 是内存缓冲区，这些内存是共享内存而且可以被使用，所以您的系统的内存使用没有任何问题。

这也告诉我们，**有时依据一个 Linux 系统工具获得的结果很难做出准确的判断，但是如果将由两个或多个命令获得的结果综合起来进行分析就很容易地做出准确的判断。**

现实中也是一样，现在骗子都不单干了，而是组成一个团队，即组团忽悠以增加行骗成功的概率。一个骗子办不成的事，现在多个骗子齐心合力协同作战就可以办成了。在 Linux 系统中也是，一个命令解决不了的问题，将两个或多个命令组合起来就很容易地解决了。

Linux 系统也提供了一个图形界面的系统监督工具，即 System Monitor，可以在 Linux 系统的图形终端窗口中的系统提示符下（root 用户）输入 gnome-system-monitor，当按 Enter 键后就会进入 System Monitor 的页面，这时就会列出系统所有进程的状态信息。向下拖动窗口右侧的滚动条直到看到 klogd 进程为止，选择 klogd 进程，单击 More Info 按钮。

之后将在窗口的底部出现 klogd 进程的详细信息，选择 Resource Monitor 选项卡。之后就将出现 CPU、内存、虚拟内存（交换区）以及硬盘等硬件设备的详细信息。

其实这个工具有些类似微软的 Windows 任务管理器，如当您按 Ctrl+Alt+Delete 键之后就会出现 Windows 任务管理器的视窗，选择“性能”选项卡，您就会看到相似的画面。

以上我们又一次将 Linux 系统与微软系统联系了起来，并发现了许多相似之处。其实生活当中许多看上去毫不相干的事物，当您仔细分析后会发现它们却十分相似。例如，许多人认为追星现象是现代社会的产物，但是经过考古学家和历史学家的不懈努力终于发现实际上在几千年前的远古文明时期已经存在了追星现象。那时的明星又是谁呢？答案一定会使您感到吃惊，是猴子！表 16-1 所示是明星演出与耍猴之间的简单比较，通过这个简单的比较，您会发现明星演出与耍猴之间真的非常相似。

表 16-1

明星演唱会	耍　猴
明星	猴子
导演	耍猴者
剧务	打杂的
演的精彩，有人喝彩和献花等	耍的好，有人喝彩和扔瓜子、花生

现在我们常常听到革命工作没有职位高低贵贱，只是分工不同而已，但是实际情况却大相径庭。尽管有人认为明星与猴子所从事的工作从本质上说完全相同，都是娱乐大众。但是明星的待遇和受人尊重的程度与猴子相比，可以说有天壤之别。这也许正是许多人追星和梦想成为明星的原因所在吧！

利用已知的知识来理解未知的事物是一种重要的获取新知识的手段，但是在利用已有的知识进行外推时也要小心，也可能会推出谬误来，也许我们上面推出来的就是谬误！！！有人考证计算机的始祖是中国人，理由是《易经》中的阴阳就是二进制，而八卦就是八进制。这样的推论好像有些站不住脚，这就好像有一个刚会数数的小孩子，他只会数 1 和 2，家里人就认为可能是神童，因为脑袋同计算机一样是二进制的。过了一段时间这个小孩可以从 1 数到 8 了，家里人终于确信了他绝对是一个神童，因为他还可以将二进制转换成八进制。

16.7 系统监视和进程控制工具——vmstat 和 iostat

接下来介绍另一个 Linux 系统监控工具 vmstat。vmstat 这个工具可以被用来显示进程、内存、交换区、I/O 以及 CPU 的工作状态。其语法格式如下：

```
vmstat  [时间间隔] [显示的记录行数]
```

可使用例 16-42 的命令列出系统的进程、内存、交换区、I/O 以及 CPU 的工作状态。

【例 16-42】

```
[root@dog ~]# vmstat
procs -----------memory---------- ---swap-- -----io---- --system-- ----cpu----
 r  b   swpd   free   buff  cache   si   so    bi    bo   in    cs us sy id wa
 0  0      0 634884  13776 116744    0    0    40     9 1005    44  1  3 96  0
```

在省略所有参数的情况下，vmstat 命令只显示一行的结果。现在，我们从左到右介绍 vmstat 命令的显示结果中的每一列的具体含义（忽略了 memory 的部分，因为其含义与 free 的差不多）。

- process / r：进程正在等待 CPU（运行队列的大小）。
- process / b：进程在不中断地睡眠。
- swap / si：进程从交换区滚入（载入）内存。
- swap / so：进程滚出到交换区上，但是仍然处于运行状态。
- io / bi：载入内存的数据块数。
- io / bo：写入硬盘的数据块数。
- system / in：每秒钟的中断次数。
- system / cs：每秒钟的环境切换的次数。
- cpu / us：执行用户代码所使用的 CPU 时间。
- cpu / sy：执行系统码所使用的 CPU 时间。
- cpu / id：CPU 空闲时间。
- cpu / wa：CPU 等待的时间。

这里稍微解释一下每秒钟的环境切换的次数（system/cs）。因为 Linux 和 UNIX 系统都是多用户系统，所以多个用户共享一个 CPU（这里为了简化问题，只考虑一个 CPU），CPU 以分时的方式分配给每一个用户，比如说时间片是 100ms，也就是每个用户在每次最多可以使用 100ms 的 CPU。这样如果一个进程（如进程 A）很大，在指定的时间片内不能完成，等时间片用完之后，系统就要将 CPU 的所有权分配给下一个用户的进程（如进程 B）。这时系统要将进程 A 的环境参数（如局域变量等）存入一个特殊的被称为堆栈的内存区域（也称为压入堆栈），之后还要将进程 B 的环境参数从堆栈的内存区域中取出（从堆栈中弹出）。以上将前一个进程的环境参数压入堆栈和将后一个进程的环境参数从堆栈中弹出的操作（可能还要一些其他的相关操作）就是所谓的环境切换（Context Switch）。

假设进程 A 是一个进行 Oracle 数据库备份的进程，它可能要运行几十分钟甚至更长，现在您可以想象环境切换的次数大的惊人。由于频繁地进行环境切换会消耗大量的系统资源，此时您就要帮助 Oracle 数据库管理员重新配置 Oracle 数据库使这样的执行时间超长的进程独占自己使用的内存区以避免环境的切换。

现在您不但可以管理和维护Linux系统了，而且还能发现Oracle数据库引起的效率问题并指导Oracle的系统优化了，同时变成了操作系统和数据库系统方面的大虾，没想到吧？

例 16-42 的 vmstat 命令的显示结果只有一行，在管理和维护实际的商业系统时，很难根据这一行信息做出准确的判断，因此您可以**使用类似例 16-43 的 vmstat 命令来监督系统的运行情况，其中 3 表示每 3s 刷新（重新收集）一次显示信息，5 表示一共刷新 5 次（也就是共显示 5 行）。注意，在实际工作中，刷新的时间间隔和显示的记录行数都可能要大些，这样更容易帮助操作系统管理员做出正确的判断。**

【例 16-43】

```
[root@dog ~]# vmstat 3 5
procs -----------memory---------- ---swap-- -----io---- --system-- -----cpu----
 r  b   swpd   free   buff  cache   si   so    bi    bo   in    cs us sy id wa
 0  0      0 637036  12716 115724    0    0    60    12 1007    48  1  4 94  0
 0  0      0 637036  12724 115716    0    0     0    17 1005    38  1  1 99  0
......
```

类似例 16-43 的覆盖一段时间的统计信息更有用，因为如果是一行的统计信息有问题我们可以暂时认为这是突跳（偶然事件），暂时先不用管它。但是某一列或某几列的值在多行上都很高（持续在高位），这可能就是问题的所在。

指点迷津：

在使用以下所介绍的 iostat 工具之前，必须安装一个叫 sysstat 的软件包，因为我们在安装 Linux 系统时已经安装了这个软件包，所以可以使用。如果您没有安装这个软件包，您可以参阅第 17 章 17.2 节，因为有关安装软件包的内容将会在第 17 章 17.2 节中介绍。

硬盘活动、硬盘等待队列的长度和硬盘热点（访问频率极高的硬盘区域）都是影响 Linux 系统整体效率的重要信息。那么如何收集这些重要的 I/O 统计信息呢？可以使用下面即将介绍的一个监督系统 I/O 设备负载信息的常用工具——iostat（为 I/O statistics 的缩写）。这个工具除了可以用来获取 I/O 设备性能方面的信息之外，还同样可以获取 CPU 性能方面的信息。这个工具显示结果（报告）的第 1 部分是从系统启动以来的统计信息，而接下来的部分就是从前一部分报告的时间算起的统计信息。iostat 命令的语法格式如下：

iostat　[选项] [时间间隔] [刷新显示信息的次数]

在“选项”（参数）中有几个比较常用的选项，它们分别是：

（1）-d——显示硬盘所传输的数据和服务时间，即包括每个硬盘，d 是 disk 的第 1 个字母。

（2）-p——包含每个分区的统计信息，p 是 partition 的第 1 个字母。

（3）-c——只显示 CPU 的使用信息。

（4）-x——显示扩展的硬盘统计信息，x 是 extended 的缩写。

您可以使用类似例 16-44 的 iostat 命令来监督 Linux 系统的 CPU 使用状况，其中 2 表示每 2s 刷新（重新收集）一次显示信息，3 表示一共刷新显示信息 3 次。

【例 16-44】

```
[root@dog ~]# iostat -c 2 3
Linux 2.6.9-42.0.0.0.1.ELsmp (dog.super.com)    03/24/2010
avg-cpu:  %user   %nice    %sys %iowait   %idle
           1.53    0.00    4.65    0.04   93.77
avg-cpu:  %user   %nice    %sys %iowait   %idle
           0.50    0.00    1.01    0.00   98.49 ......
```

例 16-44 的显示结果表明这个系统非常空闲，因为 CPU 有 90%以上的时间是空闲的。接下来，可使用例 16-45 的 iostat 命令来监督硬盘分区的运行状况（实际工作中刷新的时间间隔和刷新显示信息的次数要大些，这里使用 3 和 2 是为了节省时间和减少显示的篇幅）。

【例 16-45】

```
[root@dog ~]# iostat -d -p -k 3 2
Linux 2.6.9-42.0.0.0.1.ELsmp (dog.super.com)    03/24/2010
Device:            tps    kB_read/s    kB_wrtn/s    kB_read    kB_wrtn
hdc               0.00         0.06         0.00        212          0
sda               1.96        37.43         8.59     123487      28330
sda1              0.21         0.21         0.00        695          2    ......
Device:            tps    kB_read/s    kB_wrtn/s    kB_read    kB_wrtn
hdc               0.00         0.00         0.00          0          0
sda               0.67         0.00        18.73          0         56
sda1              0.00         0.00         0.00          0          0  ......
```

例 16-45 的显示结果给出了每个硬盘中每个分区的 I/O 统计信息，以下对这个显示结果的列名做一个简单的解释。

- tps：表示 transfers per second 的缩写（每秒钟传输的数量），一个 transfer 就是对设备的一个 I/O 请求。
- kB_read/s：每秒钟从硬盘中读出数据的 KB 数。
- kB_wrtn/s：每秒写入硬盘数据的 KB 数，wrtn 为 written 的缩写。
- kB_read：从硬盘中读出数据的总 KB 数。
- kB_wrtn：写入硬盘数据的总 KB 数，wrtn 为 written 的缩写。

使用类似例 16-45 的 iostat 命令来监督硬盘分区的运行状况，您可以发现哪个硬盘分区是 I/O 瓶颈。如果您的 Linux 系统上是运行的 Oracle 数据库管理系统，消除 I/O 瓶颈往往是 Oracle 数据库优化的一个重要部分。如您发现 sda2 分区的 I/O 量过大，而 Oracle 的所有数据都放在了这个分区上，此时就可通过将有 I/O 竞争的一些数据移动到不同的硬盘上（如将表、索引以及排序区分别存放到不同的硬盘上）来解开 I/O 瓶颈，从而达到优化 Oracle 系统的目的，与此同时您不需要增加任何软硬件资源。看来系统优化也没那么神秘是不是？

16.8 系统中进程的监控——ps 和 pgrep

有关 Linux 的进程，读者应该不会感到陌生，因为之前我们已经遇到许多次了。在本节中将比较详细和全面地介绍什么是进程，以及如何监控进程。

与 UNIX 系统相同，在 Linux 系统上您所运行的每一个程序都会在 Linux 系统中创建一个相对应的进程。**当一个用户登录 Linux 系统并启动 shell 时，他就启动了一个进程（shell 进程）。当用户执行一个 Linux 命令或开启一个应用程序时，他也启动了一个进程。**

由系统启动的进程被称为守护进程，守护进程是在后台运行并提供系统服务的一些进程。例如，httpd 守护进程提供 HTTP 的服务。

每一个进程都有一个唯一的进程标识号码（PID 为 Process Identification Number 的缩写），**Linux 系统的内核就是使用这个 PID 来追踪、控制以及管理进程的。每一个进程又与一个 UID 和一个 GID 相关联以决定这个进程的功能，通常与一个进程相关的 UID 和 GID 与启动这个进程的用户的 UID 和 GID 相同。**

当一个进程创建另一个进程时，第 1 个进程被称为新进程的父进程（parent process），而新进程被

称为子进程（child process）。当子进程运行时，父进程处于等待状态。当子进程完成了它的工作之后，子进程会通知父进程，然后父进程终止子进程。如果父进程是一个交互的 shell（程序），将出现 shell 的提示符，这表示 shell 正在准备执行新的命令。

那么怎样才能知道系统目前有哪些正在运行的进程呢？可以**使用 ps（process status 的缩写，即进程状态）命令来列出所在 shell 所调度运行的进程**。ps 命令有一些选项，可以通过使用不同的选项来以不同的格式显示进程状态的信息。ps 命令的语法格式如下：

```
ps [选项]
```

对于每一个进程，ps 命令将显示 PID、终端标识符（TTY）、累计执行时间和命令名（CMD）。其中，选项可以是多个选项。以下是在 ps 命令中两个经常使用的选项。

- -e：显示系统上每一个进程的信息，这些信息包括 PID、TTY、TIME 和 CMD，其中 e 是 every（每一个）的第 1 个字符。
- -f：显示每一个进程的全部信息列表，除了-e 选项显示的信息之外，还额外地增加了 UID、父进程标识符号（PPID，即 Parent Process ID）和进程启动时间（STIME），其中 f 是 full（全部的）的第 1 个字母。

您可以使用例 16-46 不带任何参数的 ps 命令仅列出所在 shell 所调度运行的进程（不会列出任何系统的守护进程）。这是 ps 命令的最简单形式，它只能列出非常有限的信息。

【例 16-46】

```
[root@dog ~]# ps
  PID TTY          TIME CMD
 3820 pts/1    00:00:00 su
 3821 pts/1    00:00:00 bash
 3862 pts/1    00:00:00 ps
```

随后，使用例 16-47 带有-ef 选项的 ps 命令列出目前在系统上被调度运行的所有进程。

【例 16-47】

```
[root@dog ~]# ps -ef | more
UID        PID  PPID  C STIME TTY          TIME CMD
root         1     0  0 00:21 ?        00:00:01 init [5]          ......
root         2     1  0 00:21 ?        00:00:00 [migration/0]     ......
root      3820  3794  0 00:26 pts/1    00:00:00 su -
root      3821  3820  0 00:26 pts/1    00:00:00 -bash
root      3866  3821  0 00:41 pts/1    00:00:00 ps -ef
root      3867  3821  0 00:41 pts/1    00:00:00 more
```

在例 16-47 的显示结果中包括了系统中目前运行的所有进程，其中也包括了守护进程。以下对这个显示结果的每一列做进一步的解释。

（1）UID：该进程的拥有者（owner）的用户名。

（2）PID：该进程的唯一进程标识号码。

（3）PPID：父进程的进程标识号码。

（4）C：这个值已经不再使用了。

（5）STIME：该进程启动的时间（小时:分:秒）。

（6）TTY：这个进程的控制终端，注意系统守护进程将显示问号“?”，表示这个进程不是使用终端启动的。

（7）TIME：该进程的累计执行时间。

（8）CMD：命令名、选项和参数。

请看例 16-47 的显示结果的倒数 1、2、3 行，可以发现实际上 Linux 系统是使用两个子进程（进程 ID 为 3866 和 3867）来完成 ps -ef | more 命令的工作的，这两个子进程所对应的命令分别是 ps -ef 和 more，他们的父进程都是 3821，而这个父进程所对应的命令为 bash。您可以参考以上（1）～（8）对每一行含义进行解释，很容易理解任何一个进程的状态信息。

常常我们只对某些特定的进程感兴趣，此时就可以将 ps 和 grep 命令利用管道符号（|）组合成一个命令来搜寻这些特定的进程，如您可以使用例 16-48 的组合命令列出所有在命令中含有 tty 的进程的状态信息。

【例 16-48】

```
[root@dog ~]# ps -ef | grep tty
root      2851     1  0 00:23 tty1     00:00:00 /sbin/mingetty tty1
......
root      3184     1  0 00:23 tty6     00:00:00 /sbin/mingetty tty6
root      4167  3821  0 01:15 pts/1    00:00:00 grep tty
```

为了方便进程的搜寻操作，Linux（UNIX）还引入了一个功能类似以上 ps 和 grep 的组合命令的单独命令，这个命令就是 pgrep。您可以使用 pgrep 命令利用名字来显示指定的进程。pgrep 命令默认只显示在命令行上匹配所指定条件的每个进程的 PID。

接下来，使用例 16-49 的 pgrep 命令列出命令名中包含字符串 klogd 的任何进程的 PID。

【例 16-49】

```
[root@dog ~]# pgrep klogd
2356
```

虽然例 16-49 的命令正确地显示了命令名中包含字符串 klogd 进程的 PID 为 2356，但是有时我们可能并不能记住准确的进程名，此时在显示这个进程的 PID 的同时，我们也想显示这个进程的名字，这时就可使用例 16-50 带有-l 选项的 pgrep 命令来完成这一工作。

【例 16-50】

```
[root@dog ~]# pgrep -l klogd
2356 klogd
```

16.9 系统中进程的监控——pstree、kill 和 pkill

除了以上两个与进程管理有关的命令之外，**Linux 系统还提供了另一个可能看起来更直观的与进程管理有关的命令，那就是 pstree 命令。pstree 命令将正在运行的进程作为一棵树来显示，树的根基可以是一个进程的 PID 也可以是 init**（如果在命令中没有参数）。如果在命令中指定的参数是用户名，那么进程树的根是基于这个用户所拥有的进程。

下面使用例子来演示 pstree 命令的具体用法。假设您是使用 telnet 登录 Linux 系统的，并且已经切换到了 root 用户（否则您要做这些操作）。您可以使用例 16-51 的 ps 命令获取当前用户下所有运行的进程的 PID。

【例 16-51】

```
[root@dog ~]# ps
  PID TTY          TIME CMD
 4729 pts/1    00:00:00 su
 4730 pts/1    00:00:00 bash
 4863 pts/1    00:00:00 ps
```

之后，使用例 16-52 的命令分页显示系统中所有进程的详细状态信息。

【例 16-52】

```
[root@dog ~]# ps -ef | more
UID        PID  PPID  C STIME TTY          TIME CMD
root         1     0  0 00:21 ?        00:00:01 init [5] ......
root         4     1  0 00:21 ?        00:00:00 [events/0]
```

不要退出 more 命令，切换到图形界面的终端窗口（还是以 root 用户登录）。之后，您使用例 16-53 的 pstree 命令列出 PID 为 4729 的进程的进程状态树。

【例 16-53】

```
[root@dog ~]# pstree 4729
su───bash───more
```

例 16-53 的显示结果表明：more 进程的父进程为 bash，而 bash 进程的父进程为 su 进程。您也可以在 pstree 命令中不使用 PID 而只使用用户名。如您使用例 16-54 的 pstree 命令列出用户 dog 的所有进程的进程状态树。

【例 16-54】

```
[root@dog ~]# pstree dog
bash───su───bash───more
```

如果在 pstree 命令中不使用任何参数，将列出以 init 进程为根（起始点）的系统中所有进程（包括守护进程）的进程状态树，如您可以使用例 16-55 不带任何参数的 pstree 命令列出这个系统所有进程的进程状态树。为了节省篇幅，这里省略了输出显示结果。

【例 16-55】

```
[root@dog ~]# pstree
```

以上所介绍的所有有关进程的命令都只是查看进程的状态以及进程之间的从属关系，那么如何来控制进程的状态呢？在 Linux 和 UNIX 中是使用信号（Signal）来控制进程的。

一个信号就是可以传送给一个进程的一个消息。进程通过执行信号所要求的操作（动作）来响应信号。信号由一个信号号码和一个信号名来标识，每一个信号都有一个相关的操作。常用信号的描述如表 16-2 所示。

表 16-2

信号号码	信号名	事件	定义（描述）	默认响应
1	SIGHUP	挂起 Hang up	挂掉电话线或终端连接的挂起信号。这个信号也会造成某些进程在没有终止的情况下重新初始化	退出 Exit
2	SIGINT	中断 Interrupt	使用键盘产生的一个中断信号(通常是使用 Ctrl+C 键)	退出 Exit
9	SIGKILL	杀死 KILL	杀死一个进程的信号，一个进程不能忽略这个信号	退出 Exit
15	SIGTERM	终止 Terminate	以一种有序的方式终止一个进程。一些进程会忽略这个信号。kill 和 pkill 命令默认发送的就是这个信号	

那么又怎样将一个信号发送给一个或多个进程呢？可以**使用 kill 命令把一个信号发送给一个或多个进程。kill 命令只能终止一个用户所属的那些进程，但是 root 用户可以使用 kill 命令终止任何进程。kill 命令默认是向进程发送 signal 15，这个信号将引起进程以一种有序的方式终止**（正常终止）。kill 命令的语法格式为：

```
kill [-signal] PIDs
```

在用 kill 命令终止一个进程之前，必须知道该进程的 PID。可使用之前刚刚介绍的方法来获取进程的 PID，可以通过在一个命令行上输入多个 PIDs 的方法，一次终止多个进程。

为了演示 kill 命令的用法，您先使用例 16-56 的组合命令分页显示系统中所有进程的状态信息。为了节省篇幅，这里省略了输出结果显示。不要退出 more 命令。此时，再开启一个终端窗口（以 root 用户登录），之后使用例 16-57 的 pgrep 命令确定 more 命令的进程 PID。

【例 16-56】

```
[root@dog ~]# ps -ef | more
```

【例 16-57】

```
[root@dog ~]# pgrep -l more
3852 more
```

接下来，就可以使用例 16-58 的 kill 命令以一种有序的方式终止 PID 为 3852 的进程了。

【例 16-58】

```
[root@dog ~]# kill 3852
```

随后，您应该使用例 16-59 的 pgrep 命令来测试这个 kill 命令是否执行成功。

【例 16-59】

```
[root@dog ~]# pgrep -l more
```

系统执行完以上 pgrep 命令也不会有任何系统提示信息，这就表明 more 命令所对应的进程已经不存在了，也就是进程 3852 已经被终止了。现在切换回原来发出 ps -ef | more 命令的终端窗口，您就会看到如下的显示：

```
root      1943     1  0 12:18 ?        00:00:00 [kjournald]
root      1944     1  0 12:18 ?        00:00:00 [kjournald]
root      2328     1  0 12:18 ?        00:00:00 syslogd -m 0
--More—Terminated
[root@dog ~]#
```

这个显示结果清楚地表明 more 命令已经被终止了。看来终止一个进程也是蛮容易的，是吧？如果当您运行某一个程序时不知什么原因这个程序死了，而您又无法退出这个程序，您就可以使用以上方法将这个程序所对应的进程终止掉以退出这个程序。

我们在之前介绍过 kill 命令默认是向进程发送 signal 15，而这个信号将引起进程以一种有序的方式终止（正常终止），当然这是我们所希望的了。尽管以 kill 命令和 service 命令都可以终止一个独立的守护进程，但是这两个命令还是有一些细微的差别。为了说明这一点，您先使用例 16-60 的 pgrep 命令列出命令中含有 ftp 字符串的进程的 PID。

【例 16-60】

```
[root@dog ~]# pgrep -l ftp
3996 vsftpd
```

获得 vsftpd 进程的 PID 之后，就可使用例 16-61 的 kill 命令终止 PID 为 3996 的进程了。

【例 16-61】

```
[root@dog ~]# kill 3996
```

接下来，您应该使用例 16-62 的 pgrep 命令来测试这个 kill 命令是否执行成功。

【例 16-62】

```
[root@dog ~]# pgrep -l ftp
```

以上命令执行之后没有任何系统提示信息，这表明 vsftpd 独立的守护进程已经不存在了，即进程 3996 已经被终止了。您可用例 16-63 的 service 命令查看 vsftpd 进程的状态。

【例 16-63】

```
[root@dog ~]# service vsftpd status
vsftpd dead but subsys locked
```

例 16-63 的显示结果告诉我们：vsftpd 守护进程已经死了而且相关的子系统也被锁住了，这与之前使用 service vsftpd stop 命令所获得的结果还是有差别的。

指点迷津：

在实际工作中应该尽量避免使用 kill 命令来终止进程或程序，首先应该尽可能地使用正常的方法来结束进程，kill 命令应该是当正常的手段无法工作时才予以考虑。

但是到目前为止，利用默认的 signal 15，kill 命令似乎可以终止所有的进程，其实这完全是因为您运气好。接下来，您使用例 16-64 的 service 命令重新启动 vsftpd 守护进程。

【例 16-64】

```
[root@dog ~]# service vsftpd restart
Shutting down vsftpd: FAILED]
Starting vsftpd for vsftpd:   OK  ]
```

当系统执行完以上的命令之后，您使用例 16-65 的 pgrep 命令再次列出命令中含有 ftp 字符串的进程的 PID（由于之前该系统重启过，所以 vsftpd 的 PID 小于原来的 PID）。

【例 16-65】

```
[root@dog ~]# pgrep -l ftp
3899 vsftpd
```

之后，在 Windows 上启动一个 DOS 窗口，使用例 16-66 的 ftp 命令登录 Linux 系统。

【例 16-66】

```
F:\ftp>ftp 192.168.11.38
Connected to 192.168.11.38.
220 (vsFTPd 2.0.1)
User (192.168.11.38:(none)): dog
331 Please specify the password.
Password:
230 Login successful.
```

之后，切换到之前的终端窗口，使用例 16-67 的 kill 命令终止 PID 为 3899 的进程。

【例 16-67】

```
[root@dog ~]# kill 3899
```

随后，您应该使用例 16-68 的 pgrep 命令来测试这个 kill 命令是否执行成功。

【例 16-68】

```
[root@dog ~]# pgrep -l ftp
3906 vsftpd
3908 vsftpd
```

例 16-68 的显示结果表明 kill 命令不但没能终止 vsftpd 进程，而且现在系统中的 vsftpd 进程还变成了两个，只是 PID 不再是 3899 了。其实，这是因为已经有用户使用 ftp 连接到了这个 Linux 系统上，所以 Linux 系统必须尽可能地保证这些用户不受影响，也就是说，这时您想利用以上方法终止 vsftpd 进程是徒劳的。

为了验证通过 ftp 连接到 Linux 系统的用户并未受到影响，您切换回 DOS 窗口，在 ftp 的提示符下输入例 16-69 的 pwd 命令。

【例 16-69】

```
ftp> pwd
257 "/home/dog"
```

从例 16-69 的显示结果，您可以确定目前远程用户与 Linux 系统仍然保持着 ftp 的正常连接。接下来，您切换到之前的终端窗口，使用例 16-70 的 kill 命令杀死 PID 为 3906 的进程。注意，这次在 kill 命令中向进程发送的是 signal 9。

【例 16-70】

```
[root@dog ~]# kill -9 3906
```

接下来，您应该使用例 16-71 的 pgrep 命令来测试这个 kill 命令是否执行成功。

【例 16-71】

```
[root@dog ~]# pgrep -l ftp
3908 vsftpd
```

例 16-71 的显示结果表明现在只剩下了 PID 为 3908 的 vsftpd 进程了，而另外一个 PID 为 3906 的 vsftpd 进程已经不见了，这就证明了例 16-70 的 kill 命令确实已经杀死了 PID 为 3906 的进程。为了再次测试通过 ftp 连接到 Linux 系统的用户是否受到了影响，您再次切换回 DOS 窗口，在 ftp 的提示符下输入例 16-72 的 pwd 命令。

【例 16-72】

```
ftp> pwd
257 "/home/dog"
```

从例 16-72 的显示结果看，您可以确定目前远程用户与 Linux 系统仍然保持着 ftp 的正常连接。接下来，您再次切换到之前的终端窗口，使用例 16-73 的 kill 命令杀死 PID 为 3908 的进程。注意，这次在 kill 命令中也是向进程发送 signal 9。

【例 16-73】

```
[root@dog ~]# kill -9 3908
```

之后，您应该使用例 16-74 的 pgrep 命令来测试这个 kill 命令是否执行成功。

【例 16-74】

```
[root@dog ~]# pgrep -l ftp
```

系统执行完以上 pgrep 命令不会有任何系统提示信息，这表明 vsftpd 这个独立的守护进程已经不存在了，即进程 3908 已被杀死了。为了测试通过 ftp 连接到 Linux 系统的用户是否受到了影响，再次切换回 DOS 窗口，在 ftp 的提示符下输入例 16-75 的 pwd 命令。

【例 16-75】

```
ftp> pwd
Connection closed by remote host.
```

从例 16-75 的显示结果看，您可以确定目前远程用户与 Linux 系统之间的 ftp 连接已经中断了，因为 ftp 的进程已经被杀死了。

注意：

只有当完全必要时才能使用 kill-9 命令。这是因为当在一个活动的进程上使用 kill -9 命令时，进程并不执行一种有序的终止而是立即终止。因此在控制数据库的进程上或在修改文件的程序上使用 signal 9 可能会造成数据崩溃。

您也可以使用例 16-76 的 kill 命令列出 kill 命令可以发送给系统的所有信号的信号号码和信号名。为了节省篇幅，这里省略了输出显示结果。说实话，能全部看懂的人，Linux 或 UNIX 系统的道行一定不浅。

【例 16-76】

```
[root@dog ~]# kill -l
```

使用 kill 命令虽然可以终止进程，但是您必须首先使用其他命令获取要终止进程的 PID，如使用 pgrep 命令。那么有没有办法在终止一个进程时只使用它的进程名呢？当然有，使用 pkill 命令就可以达到这个目的。

可以使用 pkill 命令向一个进程发送信号，默认 pkill 命令向进程发送 signal 15 的终止信号。与 kill 命令不同的是，pkill 允许使用进程名来标识要终止的进程。为了演示 pkill 命令的具体用法，首先开启一个终端窗口并以 dog 用户登录 Linux。之后，使用例 16-77 的命令分页显示系统中所有进程的状态信息。为了节省篇幅，这里只显示了极少量的输出结果。

【例 16-77】

```
[dog@dog ~]$ ps -ef | more
UID        PID  PPID  C STIME TTY          TIME CMD
root         1     0  0 17:52 ?        00:00:01 init [5]
root         2     1  0 17:52 ?        00:00:00 [migration/0]
root         3     1  0 17:52 ?        00:00:00 [ksoftirqd/0]
```

注意不要退出 more 命令，之后切换到原来 root 用户所在的终端窗口，您使用例 16-78 的 pgrep 命令列出命令中含有 more 字符串的进程的信息。

【例 16-78】

```
[root@dog ~]# pgrep -l more
3996 more
```

接下来，您就可以使用例 16-79 的 pkill 命令终止 more 命令所对应的进程了。这里使用的是进程名，所以即使没有例 16-78 的操作也没问题，因为我们根本就不需要这个进程的 PID。

【例 16-79】

```
[root@dog ~]# pkill more
```

接下来，您应该使用例 16-80 的 pgrep 命令来测试这个 pkill 命令是否执行成功。

【例 16-80】

```
[root@dog ~]# pgrep -l more
```

系统执行完以上 pgrep 命令也不会有任何系统提示信息，这就表明 more 这个进程已经不存在了，也就是进程 more 已经被终止了。现在切换回原来发出 ps -ef | more 命令的终端窗口，您就会看到如下的显示：

```
root      1945     1  0 17:53 ?        00:00:00 [kjournald]
root      1946     1  0 17:53 ?        00:00:00 [kjournald]
--More—Terminated
[dog@dog ~]$
```

这个显示结果清清楚楚地表明 more 命令已经被终止了。好像使用 pkill 命令来终止一个进程更方便些，是不是？

其实，在 Windows 系统上也有类似于 kill 和 pkill 命令的功能，只不过是图形界面的操作而已。如您在 Windows 系统上按 Ctrl+Alt+Delete 键，就会出现 Windows 的任务管理器视窗。此时您可以选择“应用程序”选项卡，之后选择您要终止的应用程序，最后单击“结束任务”按钮就终止了这个应用程序。接下来选择“进程”选项卡，之后选择您要终止的进程，最后单击“结束进程”按钮就终止了这个进程。

实际上，在 Linux 系统上也有类似于 Windows 系统的键组合，如 CTL+C 表示 SIGINT (2)、CTL+Z 表示 SIGSTOP (19)，用户也可以利用这些组合键给一个进程发信号。

16.10 您应该掌握的内容

在学习第 17 章之前，请检查一下您是否已经掌握了以下内容：

- 什么是 Linux 系统内核模块？

- 内核模块的主要功能是什么？
- 理解什么是受污染的内核（tainted kernel）。
- 怎样查看内核模块的信息？
- 理解虚拟文件系统/proc。
- 怎样利用/proc 来查看以及修改系统的内核参数？
- 使用 sysctl 命令来变更内核参数。
- 理解系统设置文件/etc/sysctl.conf。
- 理解系统检测和监督硬件设备的操作过程。
- 列出在 PCI 插槽中有哪些设备。
- 熟悉 top 和 free 这两个系统监督工具，以及它们之间的差别。
- 熟悉 vmstat 和 iostat 这两个系统监督工具，以及它们之间的差别。
- 熟悉 ps 和 pgrep 这两个系统进程的监督工具。
- 熟悉 pstree 这个系统进程的监督工具。
- 熟悉 kill 和 pkill 这两个系统进程的控制工具，以及它们之间的差别。
- 理解什么是信号以及常用的信号。
- 怎样使用信号（Signal）来控制进程？
- 为什么只有当完全必要时才能使用 kill -9 命令？

第 17 章　软件包的管理

在 Oracle Linux 以及目前多数的主流 Linux 系统上，软件的安装、升级、移除以及维护工作都是由 RPM 软件包管理（Package Manager）程序来完成的。其中，RPM 是 Red Hat Package Manager 的缩写。RPM 这个软件包管理程序最初是由 Red Hat 公司开发的，但是由于它使用方便，所以也就成了目前最热门的软件包管理程序了。

17.1　RPM 的特性和 RPM 程序的工作方式

由于在多数 Linux 系统上，多数软件的安装和维护都是使用 RPM 软件包管理程序来完成的，所以在本节将首先介绍 RPM 软件包的一些特性。其主要特性如下：

（1）与微软的软件管理和安装程序不同，当您**在安装 RPM 软件包时，完全没有交换式的界面，也就是说您无法以交互的方式安装软件包。**

（2）**RPM 的软件包适用于所有的软件**，即操作系统的核心程序和一些附加的软件都可以使用 RPM 这个程序来安装和维护。

（3）与其他软件管理和安装程序不同，它在**安装软件包时不需要安装之前的版本**。

利用 RPM 软件包管理程序之所以能够方便有效地安装、升级和移除软件，是因为 RPM 软件包管理程序本身就是一个小型的系统。在 RPM 中主要有以下 3 个组件。

（1）RPM 本地数据库，所有的 RPM 本地数据库都存放在/var/lib/rpm 目录中。所谓的数据库就是一些存有数据的逻辑上相关的文件。您可以使用例 17-1 带有-l 选项的 ls 命令列出/var/lib/rpm 目录中所有的文件，即 RPM 本地数据库。

【例 17-1】

```
[root@dog ~]# ls -l /var/lib/rpm
total 39664
-rw-r--r--  1 rpm rpm  5439488 Mar 25 20:44 Basenames
-rw-r--r--  1 rpm rpm    12288 Oct  8 18:10 Conflictname
-rw-r--r--  1 rpm rpm  2252800 Mar 25 20:44 Dirnames  ......
```

（2）rpm 命令本身，以及一些相关的可执行文件。

（3）rpm 的软件包文件，rpm 的文件名分为 5 个部分。文件名的具体命名方式如下：name-version-release.architectures.rpm。其中，**第 1 部分是 name，表示这个 rpm 软件包的名称；第 2 部分是 version，表示这个 rpm 软件包的版本编号；第 3 部分是 release，表示这个 rpm 软件包的版本发布次数（修正号码）；第 4 部分是 architectures，表示这个 rpm 软件包适用于哪些 IT 平台；最后部分是 rpm，表示这个 rpm 软件包的文件扩展名。**

下面稍微详细地解释第 4 部分的 architectures，即 rpm 软件包所支持的 IT 平台。与 Red Hat Linux 一样，Oracle Linux 也支持多种不同体系结构的 CPU。其中除了 x86 之外，还包括绝大多数流行的 CPU，如 SPARC、Alpha 和 PowerPC 等。但是目前多数 Linux 系统还是运行在 x86 平台上，x86 包括 i386、i586、i686 以及 noarch（这里 i 是指与 Intel 兼容的 CPU）。如果适用平台是 i386，表示只要是 x86 的 CPU 都可以使用，但是如果适用平台是 i686，就不一定能用于 i386 和 i586 的硬件平台。如果适用平台是 noarch，表示所有种类的 CPU 都可以使用，一般说明文件（即没有二进制数据的存在）都属于此类。

接下来通过一个例子来进一步解释 rpm 文件名中每一部分的具体含义，为此首先将 Linux 的 DVD（V52218-01）光盘插入光驱。之后，用例 17-2 的 cd 命令切换到 RPM 软件包所在的目录。

【例 17-2】

```
root@cat ~]# cd /media/"OL6.6 x86_64 Disc 1 20141018"/Packages
```

随后，使用例 17-3 的 ls 命令列出以 kernel-2 开头的所有文件（就是 Linux 内核软件包）。

【例 17-3】

```
[root@cat Packages]# ls -l kernel-2*
-rw-r--r--. 1 root root 30496136 Oct 15  2014 kernel-2.6.32-504.el6.x86_64.rpm
```

例 17-3 的显示结果表明：**这个软件包的名为 kernel，其版本编号是 2.6.32，修正版本是第 504 版，EL 是 Enterprise Linux 的缩写，适用的平台是 64 位的 x86 的 CPU，文件的扩展名为 rpm。**

如果文件的扩展名为 src.rpm，则表示这个软件包是源代码（Source Code），即软件包所对应的文件名的格式为 name-version-release.architectures.src.rpm。**这样的源代码是不能直接安装的，必须首先将其编译成.rpm 形式的文件**，即 name-version-release.architectures.rpm 文件，之后才能进行安装。

将 Linux 的源代码 DVD（V52216-01）光盘插入光驱。之后，可以使用例 17-4 的 cd 命令进入 DVD 的 SRPMS 目录。

【例 17-4】

```
[root@cat ~]# cd /media/"OL6.6 Source Disc1  20141018"/SRPMS
```

确认当前的工作目录已经是 DVD 的 SRPMS 目录之后，使用例 17-5 的 ls 命令列出该目录中所有源代码形式的 RPM 软件包（也叫 SRPM 软件包）。

【例 17-5】

```
[root@cat SRPMS]# ls *.src.rpm
bacula-5.0.0-12.el6.src.rpm
batik-1.7-8.5.el6.src.rpm
binutils-2.20.51.0.2-5.42.el6.src.rpm
boost-1.41.0-25.el6.src.rpm
cjkuni-fonts-0.2.20080216.1-36.el6.src.rpm ...
```

为了方便 RPM 软件包的管理和维护，RPM 软件包管理程序提供了如下的主要功能。

- install/remove：安装以及移除软件。
- query：查询许多有关 RPM 软件包的信息。
- verify：验证已经安装的软件有没有被修改过。
- build：可以将源代码编译成 rpm 文件。

17.2 使用 RPM 安装及移除软件

尽管有许多 RPM 软件包管理程序的安装和移除选项，但是**在实际软件安装与移除工作中经常使用的主要 RPM 选项只有如下几个。**

（1）rpm –i |--install：安装（Install）软件。

（2）rpm –U|--upgrade：升级（Upgrade）旧版本的软件。

（3）rpm –F|--freshen：刷新/更新（Freshen）旧版本的软件。

（4）rpm –e|--erase：移除/删除（Erase）软件。

通常在使用以上安装参数时，都会配合使用-v 和-h 参数以显示安装的进度。其中，v 是 verbose 的第 1 个字母，使用-v 参数提供更详细的输出；而 h 是 hash 的第 1 个字母，使用-h 参数将按安装进度列

出 hash 符号即#（一般都与-v 参数一起使用）。

其中，（1）～（3）都属于安装软件的范畴，那么它们究竟有什么不同呢？这里整理出表 17-1 以帮助读者进一步理解它们的功能以及之间的差别。

表 17-1

RPM 选项	没有旧版本	有 旧 版 本	适 用 范 围
rpm -i | --install	安装	安装新版本并保留旧版本	升级内核
rpm -U | --upgrade	安装	删除旧版本，之后安装新版本（软件升级）	应用程序（一些应用程序只允许保留一个版本）
rpm -F | --freshen	不安装	删除旧版本，之后安装新版本（软件升级）	升级目前的系统

一般在升级系统内核时，都使用 rpm –i|--install 来安装新版本的内核。这是因为在安装新版本之后旧版本依然保留，万一新版本的内核有问题，还可以继续使用旧版本的内核。

一般在升级应用程序时，都使用 rpm –U|--upgrade 来安装新版本的程序。因为在多数情况下旧版本的应用程序完全没有必要保留，而且有的应用程序只允许保留一个版本。

使用 rpm –F|--freshen 只更新已安装的软件，若原来没有安装过这个软件（即没有旧版本）就不会安装，若原来有旧版本就会升级旧版本，这是它与 rpm –U|--upgrade 的区别。

在前一章中曾经提到：在使用 iostat 工具之前，必须安装 sysstat 软件包。但并未介绍如何安装这个软件包，下面就来演示使用 rpm 来移除和安装这个软件包的具体操作。

为了演示这个操作，首先要移除（删除）sysstat 这个软件包，为此您使用例 17-6 的 rpm 命令确认要删除的软件包的名字（防止同时有多个软件包的名字以 sysstat 开头的情况发生，您必须要先确认一下，要养成习惯）。rpm 命令中的-q 参数后面将要介绍。

【例 17-6】

```
[root@cat ~]# rpm -q sysstat
sysstat-9.0.4-27.el6.x86_64
```

当确认了系统中只有一个名字是以 sysstat 开始的软件包之后，就可使用例 17-7 的 rpm 命令移除该软件包了（如果以 sysstat 开始的软件包不只一个，就必须使用软件包的全名了）。

【例 17-7】

```
[root@cat ~]# rpm -e sysstat
```

之后系统没有任何提示信息，现在当您使用例 17-8 的 iostat 命令时，系统会列出 iostat 命令找不到的提示信息，这表明您已经成功地移除了那个名字以 sysstat 开头的软件包。

【例 17-8】

```
[root@cat ~]# iostat
bash: iostat: command not found
```

接下来，使用例 17-9 的 umount 命令卸载光驱（umount 命令在以后的章节将详细介绍）。

【例 17-9】

```
[root@cat ~]# umount /media/"OL6.6 Source Disc1  20141018"
```

随即，在光驱中插入 Linux 的 DVD（V52218-01）光盘。接下来，使用例 17-10 的 mount 命令挂载光驱（在使用这一命令之前，您可能需要使用 mkdir /media/cdrom 命令在/media 目录下创建 cdrom 目录）。

【例 17-10】

```
[root@cat ~]# mount -t iso9660 /dev/cdrom /media/cdrom
mount: block device /dev/sr0 is write-protected, mounting read-only
```

当光驱挂载成功之后，使用例 17-11 的 cd 命令切换到/media/cdrom/Packages 目录。

【例 17-11】

```
[root@cat ~]# cd /media/cdrom/Packages
```

目录切换成功之后，使用例 17-12 的 ls 命令列出所有名字以 sysstat-开头的软件包。

【例 17-12】

```
[root@cat Packages]# ls -l sysstat-*
-rw-rw-r--. 1 root root 237968 Oct 16  2014 sysstat-9.0.4-27.el6.x86_64.rpm
```

例 17-12 的显示结果表明：**这个 rpm 软件包的名字为 sysstat，版本是 9.0.4，修正版是第 27 版，适用的平台为 64 位的 x86 CPU。**接下来，您**使用例 17-13 带有-ivh 参数的 rpm 命令安装 sysstat-9.0.4-27.el6.x86_64.rpm 这个软件包。**

【例 17-13】

```
[root@cat Packages]# rpm -ivh sysstat-9.0.4-27.el6.x86_64.rpm
Preparing...          ########################################### [100%]
   1:sysstat          ########################################### [100%]
```

等安装完成之后，您就可以使用例 17-14 的 iostat 命令再次列出系统输入/输出的统计信息了，这次系统会显示您所需要的结果了。

【例 17-14】

```
[root@cat Packages]# iostat
Linux 3.8.13-68.1.3.el6uek.x86_64 (cat.super.com)  02/10/2017  _x86_64_
(1 CPU)
avg-cpu:  %user   %nice %system %iowait  %steal   %idle
           8.22    0.00    6.30    2.34    0.00   83.13
Device:            tps   Blk_read/s   Blk_wrtn/s   Blk_read   Blk_wrtn
scd0              0.28         1.73         0.00       5364          0
sda              13.88       800.22      1064.52    2483836    3304194
```

看来移除（删除）和安装软件包也挺简单的，其实许多 Linux 的软件包都存放在 DVD 的 Packages 目录中，如您可以使用例 17-15 的 ls 命令列出名字中包含 telnet 的所有软件包。

【例 17-15】

```
[[root@cat Packages]# ls -l *telnet*
-rw-rw-r--. 1 root root 58768 Aug 26  2014 telnet-0.17-48.el6.x86_64.rpm
-rw-rw-r--. 1 root root 37344 Aug 26  2014 telnet-server-0.17-48.el6.x86_64.rpm
```

例 17-15 显示结果所列出的软件包就是安装 telnet 服务所需的软件包，如果您在安装 Linux 系统时没有安装 telnet 服务，也没有关系，现在您使用类似例 17-13 的方法安装所需的软件包就行了。

这里需要说明的一点是：rpm 软件包管理程序支持使用 ftp 服务器或 HTTP 服务器的远程软件包的安装，即软件包是存放在远程的 ftp 服务器或 HTTP 服务器上的。这对规模比较大、有许多台安装了 Linux 系统的计算机的公司就很有用了，因为所有的软件包都放在一个地方，系统的管理和维护就变得简单多了。

接下来介绍如何利用 rpm 来更新 Linux 操作系统的内核（Kernel）。首先在更新之前您必须确定有必要更新目前系统的内核，可以使用例 17-16 带有-r 参数的 uname 命令列出目前操作系统的版本信息。

【例 17-16】

```
[root@cat Packages]# uname -r
3.8.13-68.1.3.el6uek.x86_64
```

指点迷津：

最好不要使用 rpm -U 或 rpm -F 命令来更新操作系统的内核，因为如果这样做了，系统内核更新后，旧版本的内核会被移除掉。这是非常危险的，因为没有人能保证新版本的内核是百分之百没有问题，一旦新版本的内核有致命的缺陷，对您的系统可能将造成灾难性的后果。因此这里强烈建议使用 rpm -i 命令来安装新版本的内核，让旧版本的内核和新版本的内核并存，即都可以使用。

一般可以使用如下的 rpm 命令安装新版本的内核：rpm -ivh kernel-version.arch.rpm。安装新版本的内核之后，系统会将新版本内核添加到/boot/grub/grub.conf 文件中。如果您使用 more 或 cat 命令列出/boot/grub/grub.conf 文件中的内容，就会发现在这个文件中新增加了一组使用新版内核的开机设定。利用修改 default 的值可以设定默认开机时使用的系统内核。

更新完系统内核之后，使用新版本的内核重新开机（重启系统）以测试新版内核的工作是否正常。如果新版的内核有问题，您还可以继续使用旧版的内核。经过一段时间的运行测试之后，如果认为新版内核没有问题，您就可以使用 rpm -e 命令移除旧版的内核。其实，旧版本的内核就是不移除也没有关系。

17.3 查询 RPM 软件包中的信息

在查询 RPM 软件包时，可以将这些 RPM 软件包分为两大类，它们分别是已经安装在 Linux 系统上的软件包和还没有安装的软件包。**在查询已经安装的软件包的信息时，可以使用带有如下几种参数（选项）的 rpm 命令：**

（1）“rpm –qa”命令可以显示目前操作系统上安装的全部软件包，**其中 q 是 query（查询）的第 1 个字母，a 是 all（全部）的第 1 个字母。**

（2）“rpm -qf 文件名”显示该文件是由哪个软件包安装的，**f 是 file 的第 1 个字母**。

（3）“rpm -qi 软件包名”显示这个软件包的信息，**i 是 information 的第 1 个字母**。

（4）“rpm -ql 软件包名”列出该软件包中的全部文件，其中 **l 是 list 的第 1 个字母**。

下面通过一些例子来演示以上各个命令的具体用法。首先您使用例 17-17 的组合命令分页显示目前操作系统上安装的全部软件包。

【例 17-17】

```
[root@cat ~]# rpm -qa | more
libglade2-devel-2.6.4-3.1.el6.x86_64
system-config-firewall-tui-1.2.27-7.2.el6_6.noarch
valgrind-3.8.1-3.7.el6.x86_64 ……
--More--
```

接下来，使用例 17-18 带有-l 选项的 ls 命令列出/bin 目录中所有带有 tar 字符串的文件和目录（也可以列出其他文件，如 gzip），因为我们想了解 tar 命令的情况。

【例 17-18】

```
[root@cat ~]# ls -l /bin/*tar*
lrwxrwxrwx. 1 root root      3 Apr 24  2015 /bin/gtar -> tar
-rwxr-xr-x. 1 root root 395472 Jul 11  2014 /bin/tar
-rwxr-xr-x. 1 root root   2555 Jul 24  2010 /bin/unicode_start
```

从例 17-18 的显示结果可以看出我们要找的 tar 命令就是/bin/tar，现在您使用例 17-19 带有-qf 选项的 rpm 命令列出安装/bin/tar 文件的软件包。

【例 17-19】

```
[root@cat ~]# rpm -qf /bin/tar
tar-1.23-11.0.1.el6.x86_64
```

例 17-19 的显示结果表明/bin/tar 这个文件是由 tar-1.23-11.0.1.el6.x86_64 这个 rpm 软件包安装的。接

下来，就可以使用例 17-20 的 rpm 命令列出这个软件包的详细信息了。

【例 17-20】

```
[root@cat ~]# rpm -qi tar-1.23-11.0.1.el6.x86_64
Name        : tar                          Relocations: (not relocatable)
Version     : 1.23                              Vendor: Oracle America
Release     : 11.0.1.el6                    Build Date: Fri 11 Jul 2014 06:17:15 AM NZST
Install Date: Fri 24 Apr 2015 05:13:30 PM NZST      Build Host: ca-build44.us.oracle
.com
Group       : Applications/Archiving        Source RPM: tar-1.23-11.0.1.el6.src.rpm
Size        : 2616319                          License: GPLv3+
Signature   : RSA/8, Fri 11 Jul 2014 06:17:33 AM NZST, Key ID 72f97b74ec551f03
URL         : http://www.gnu.org/software/tar/
Summary     : A GNU file archiving program  ……
```

在例 17-20 的显示结果中，有一些之前已经介绍过了，这里就不重复了。其中，Build Date 是这个 RPM 软件包创建的日期，这个软件包是在 2014 年 7 月 11 日创建的；Install Date 是这个 RPM 软件包安装的日期，这个软件包是在 2015 年 4 月 24 日安装的。

接下来，您可以使用例 17-21 带有-ql 选项的 rpm 命令列出 tar-1.23-11.0.1.el6.x86_64 这个软件包中所包含的全部文件，并将结果通过管道送给 more 命令分页显示。

【例 17-21】

```
[root@dog ~]# rpm -ql tar | more
/bin/gtar
/bin/tar
/usr/share/doc/tar-1.23    ……
--More--
```

从例 17-21 的显示结果可以看出 tar-1.23-11.0.1.el6.x86_64 这个软件包中所包含的文件还真不少，其中就有/bin/tar 这个文件。

介绍完了如何查询已经安装的软件包的信息之后，接下来介绍如何查询未安装的软件包的信息。在查询未安装的软件包的信息时，可以使用带有如下几种参数的 rpm 命令：

（1）“rpm -qip 软件包的文件名”命令可以显示这个软件包的相关信息，p 是 package（软件包）的第 1 个字母。

（2）“rpm -qlp 软件包的文件名”可以列出这个软件包中所包含的全部文件，l是 list 的第 1 个字母。

接下来还是利用例子来进一步解释如何查询未安装的软件包的信息。为此，您可能需要使用例 17-22 的 umount 命令卸载光驱。

【例 17-22】

```
[root@cat ~]# umount /media/cdrom
```

之后，在光驱中插入 Linux 的 DVD（V52218-01）光盘。随后，使用例 17-23 的 mount 命令挂载光驱。

【例 17-23】

```
[root@cat ~]# mount -t iso9660 /dev/cdrom /media/cdrom
mount: block device /dev/sr0 is write-protected, mounting read-only
```

接下来，使用例 17-24 的 cd 命令将当前目录切换到/media/cdrom/Packages 目录。

【例 17-24】

```
[root@cat ~]# cd /media/cdrom/Packages
```

随后，使用例 17-25 的 ls 命令列出在当前目录中所有以 sysstat 开头的 rpm 软件包。

【例 17-25】

```
[root@cat Packages]# ls sysstat*
sysstat-9.0.4-27.el6.x86_64.rpm
```

现在，您就可以使用例 17-26 的 rpm 命令列出这个未安装的软件包的相关信息。

【例 17-26】

```
[root@cat Packages]# rpm -qip sysstat*
Name      : sysstat   Relocations: (not relocatable)
Version   : 9.0.4     Vendor: Oracle America
Release   : 27.el6    Build Date: Wed 15 Oct 2014 08:46:59 AM NZDT  ……
```

其实，细心的读者可能已经发现了例 17-26 的 rpm 命令只比例 17-20 的 rpm 命令多了一个 p 参数，这里 p 就是 package（软件包）的意思。

接下来，您可以使用例 17-27 带有-qlp 选项的 rpm 命令列出这个未安装的软件包中所包含的全部文件，并将结果通过管道送给 more 命令分页显示。

【例 17-27】

```
[root@cat Packages]# rpm -qlp sysstat* | more
/etc/cron.d/sysstat
/etc/rc.d/init.d/sysstat
/etc/sysconfig/sysstat
/etc/sysconfig/sysstat.ioconf
/usr/bin/cifsiostat
/usr/bin/iostat        ……
--More--
```

例 17-27 的显示结果包含了 sysstat-9.0.4-27.el6.x86_64.rpm 这个未安装的软件包中所包含的所有文件，其中就包括了/usr/bin/iostat 这个我们所熟悉的可执行文件。

17.4 验证 RPM 软件包是否被修改过

首先介绍什么叫 RPM 软件包被修改过，您使用例 17-28 的 man 命令列出 rpm 命令的说明，并将结果通过管道送给 more 命令分页显示，向下搜寻到含有方框框住的内容为止。

【例 17-28】

```
[root@dog ~]# man rpm | more
    S file Size differs
    M Mode differs (includes permissions and file type)
    5 MD5 sum differs
    D Device major/minor number mismatch
    L readLink(2) path mismatch
    U User ownership differs
    G Group ownership differs
    T mTime differs
    C selinux Context differs
```

当使用 rpm 的验证命令之后，显示结果中的前部使用一个字符表示软件包的一部分被修改过。例 17-28 的显示结果中使用方框框起来的部分就是这些字符所代表的具体含义，其实，如果您有一定的英语基础，应该能读懂其中的含义。为了帮助读者了解，下面对每一个字符所表示的具体含义给出进一步的解释。

- S：表示软件包的文件大小与安装时的不同，也就是说这个文件的大小被更改过，其中 S 是 Size 的第 1 个字母。
- M：表示软件包的文件类型，也就是文件的权限或类型被修改过，与当初安装时的不同，其中 M 是 Mode（类型）的第 1 个字母。
- 5：表示文件的 MD5 值与当初安装时不同，MD5 的值用来检测文件是否有问题。
- D：表示设备的主设备号或从设备号被修改过，其中 D 是 Device 的第 1 个字母。
- L：表示文件的连接路径被修改过，其中 L 是 Link 的第 1 个字母。
- U：表示文件的拥有者被修改过，其中 U 是 User（用户）的第 1 个字母。
- G：表示文件的拥有群组被修改过，其中 G 是 Group（群组）的第 1 个字母。
- T：表示文件的 mTime，即文件的修改时间被修改过，T 为 Time 的第 1 个字母。
- C：表示 selinux（Linux 系统安全）环境被修改过，C 为 Context 的第 1 个字母。

验证 rpm 软件包有没有被修改过又分为两大类，它们分别是验证安装后的软件包文件有没有被修改过和在安装 rpm 软件包之前验证该软件包有没有 Red Hat 的签字（Signature）。

在验证安装后的软件包文件有没有被修改过的部分，可以使用带有如下几种参数（选项）的 rpm 命令：

（1）rpm -Va 命令将所有已经安装的 rpm 软件包文件与 RPM 数据库进行比较来验证安装后的文件是否修改过。其中，V 是 Verify（验证）的第 1 个字母，a 是 all 的第 1 个字母。

（2）“rpm -V 软件包名”命令将这个由“软件包名”所指定的已经安装的 rpm 软件包文件与 RPM 数据库进行比较来验证安装后的文件是否修改过。

（3）“rpm -Vp 软件包名”命令将已经安装的 rpm 软件包与“软件包名”所指定的软件包进行比较来验证安装后的文件有哪些被修改过。

为了帮助读者进一步理解怎样验证安装后的软件包文件有没有被修改过，下面还是通过一些例子来演示以上各个命令的具体用法。使用例 17-29 带有-Va 选项的 rpm 命令列出系统中已经安装的所有软件包中所包含的每一个文件是否被修改过的信息，并将结果通过管道送给 more 命令分页显示。为了节省篇幅，这里只显示了少量的输出结果。注意系统执行这个命令会比较慢，所以要等待一会儿才能得到所需的结果。

【例 17-29】

```
[root@cat ~]# rpm -Va | more
.M....G..    /var/log/gdm
.M.......    /var/run/gdm
missing     /var/run/gdm/greeter    ......
--More--
```

对照例 17-28 的显示结果中使用方框框起来的部分的解释，您就可以很容易地理解例 17-29 显示结果中每个文件的修改状况了。但是要列出所有 RPM 软件包的修改状况时间会很久。不知道读者还记得/etc/inittab 这个重要的系统配置文件吗？假如现在您已经不记得是否修改过这个文件了，但是您又想知道这个文件在安装之后是否被修改过。于是，您首先使用例 17-30 带有-qf 选项的 rpm 命令列出/etc/inittab 这个文件所属的软件包。

【例 17-30】

```
[root@cat ~]# rpm -qf /etc/inittab
initscripts-9.03.46-1.0.4.el6_6.1.x86_64
```

例 17-30 的显示结果清楚地表明/etc/inittab 这个文件所属的软件包是 initscripts-9.03.46- 1.0.4.el6_6.1.x86_64，因此您可以使用例 17-31 带有-V 选项的 rpm 命令列出 initscripts-9.03.46-1.0.4.el6_6.1.x86_64

这个软件包中哪些文件的状态被修改过的信息。

【例 17-31】

```
[root@cat ~]# rpm -V initscripts-9.03.46-1.0.4.el6_6.1.x86_64
..5....T.  c /etc/inittab
S.5....T.  c /etc/sysctl.conf
```

例 17-31 的显示结果表明/etc/inittab 的 MD5 和 mTime 都被修改过了，而且与列出已安装的所有软件包中的每一个文件的状态相比，这个命令执行的时间要短许多。

假设现在光驱中仍然插着 Linux 的 DVD（V52218-01）光盘，为了后面的操作方便，首先使用例 17-32 的 cd 命令将当前的工作目录切换到/media/cdrom/Packages 目录。

【例 17-32】

```
[[root@cat ~]# cd /media/cdrom/Packages
```

接下来，您使用例 17-33 带有-l 选项的 ls 命令列出/usr/bin/iostat 文件的详细信息。注意，此时这个文件的拥有者是 root 这个超级用户。

【例 17-33】

```
[root@cat Packages]# ls -l /usr/bin/iostat
-rwxr-xr-x. 1 root root 66976 Oct 15  2014 /usr/bin/iostat
```

随后，使用例 17-34 的 rpm 命令列出/usr/bin/iostat 这个文件所属的 RPM 软件包。

【例 17-34】

```
[root@cat Packages]# rpm -qf /usr/bin/iostat
sysstat-9.0.4-27.el6.x86_64
```

现在，使用例 17-35 的 rpm 命令指定要与 sysstat-9.0.4-27.el6.x86_64 这个软件包作比较。

【例 17-35】

```
[root@cat Packages]# rpm -Vp sysstat-9.0.4-27.el6.x86_64
error: open of sysstat-9.0.4-27.el6.x86_64 failed: No such file or directory
```

例 17-35 显示的比较结果却令人费解，系统说没有这样一个文件或目录，可是从例 17-34 的结果中确实可以确定/usr/bin/iostat 这个文件是属于 sysstat-9.0.4-27.el6.x86_64 这个软件包的，这又是为什么呢？为了找到问题的答案，使用例 17-36 的 ls 命令列出在当前目录中所有文件名中包含了 sysstat 的软件包。

【例 17-36】

```
[root@cat Packages]# ls *sysstat*
sysstat-9.0.4-27.el6.x86_64.rpm
```

从例 17-36 的显示结果可知例 17-34 的命令给出的结果中省略了.rpm。于是，这次使用例 17-37 的 rpm 命令指定要与 sysstat-9.0.4-27.el6.x86_64.rpm 这个软件包作比较。

【例 17-37】

```
[root@cat Packages]# rpm -Vp sysstat-9.0.4-27.el6.x86_64.rpm
```

例 17-37 显示的结果表明与 sysstat-9.0.4-27.el6.x86_64.rpm 软件包相比较，没有文件被修改过。接下来，您使用例 17-38 的 chown 命令将/usr/bin/iostat 拥有者改为 dog（狗）用户。

【例 17-38】

```
[root@cat Packages]# chown dog /usr/bin/iostat
```

接下来，您应该使用例 17-39 带有-l 选项的 ls 命令再次列出/usr/bin/iostat 的详细信息。

【例 17-39】

```
[root@cat Packages]# ls -l /usr/bin/iostat
-rwxr-xr-x. 1 dog root 66976 Oct 15  2014 /usr/bin/iostat
```

例 17-39 的显示结果清楚地表明目前/usr/bin/iostat 文件的拥有者已经变成了 dog 用户。随后，使用例 17-40 的 rpm 命令指定要与 sysstat-9.0.4-27.el6.x86_64.rpm 软件包再次作比较。

【例 17-40】

```
[[root@cat Packages]# rpm -Vp sysstat-9.0.4-27.el6.x86_64.rpm
.....U...    /usr/bin/iostat
```

例 17-40 的显示结果清楚地表明目前/usr/bin/iostat 的拥有者已经被修改过了。为了不影响后面的操作，应使用例 17-41 的 chown 命令将/usr/bin/iostat 拥有者改回原来的 root 用户。

【例 17-41】

```
[root@cat Packages]# chown root /usr/bin/iostat
```

随即，您应该使用例 17-42 带有-l 选项的 ls 命令再次列出/usr/bin/iostat 的详细信息。

【例 17-42】

```
[root@dog RPMS]# ls -l /usr/bin/iostat
-rwxr-xr-x. 1 root root 66976 Oct 15  2014 /usr/bin/iostat
```

例 17-42 的显示结果清楚地表明目前/usr/bin/iostat 文件的拥有者已经变回为 root 用户。接下来，使用例 17-43 的 rpm 命令指定与 sysstat-9.0.4-27.el6.x86_64.rpm 软件包再次比较。

【例 17-43】

```
[root@cat Packages]# rpm -Vp sysstat-9.0.4-27.el6.x86_64.rpm
```

例 17-43 显示的结果又一次表明与 sysstat-9.0.4-27.el6.x86_64.rpm 软件包相比较，又没有文件被修改过了。现在明白了“rpm -Vp 软件包名”这个命令的用法了吧？

接下来继续介绍在安装 RPM 软件包之前验证该软件包有没有 Red Hat 的签名（Signature）。其实，Red Hat 公司在发布 RPM 软件包时，都会在这些软件包中签署一个 GPG 的私有签名（关于 GPG 的详细介绍可以登录如下网址 http://www.gnupg.org/查看）。要验证一个 RPM 软件包是否有 Red Hat 签名，需做以下操作：

（1）使用 rpm --import RPM-GPG-KEY 命令将 RPM-GPG-KEY 导入系统中。RPM- GPG-KEY 就像一个指纹文件一样，其中记录了每个 RPM 软件包的签名。

（2）之后，使用 rpm -qa gpg-pubkey 命令查询导入 RPM-GPG-KEY 的操作是否成功。

（3）如果 RPM-GPG-KEY 的导入成功，使用 rpm -K <package_file>.rpm 命令验证这个软件包有没有 Red Hat 的签名，其中<package_file>.rpm 是要验证的 rpm 软件包名。

假设现在光驱中仍然插着 Linux 的 DVD（V52218-01）光盘，您使用例 17-44 的 ls 命令列出光盘中的 RPM-GPG-KEY 文件的信息。

【例 17-44】

```
[root@cat cdrom]# ls -l /media/cdrom/RPM-GPG-KEY
-rw-r--r--. 1 root root 1011 Oct 19  2014 /media/cdrom/RPM-GPG-KEY
```

当确认 RPM-GPG-KEY 文件确实存在之后，使用例 17-45 带有--import 选项的 rpm 命令将光盘中的 RPM-GPG-KEY 导入到 Linux 系统中。

【例 17-45】

```
[[root@cat cdrom]# rpm --import /media/cdrom/RPM-GPG-KEY
```

随即，您应该使用例 17-46 带有-qa 选项的 rpm 命令来查询以上的导入是否成功。

【例 17-46】

```
[[root@cat cdrom]# rpm -qa gpg-pubkey
gpg-pubkey-ec551f03-53619141
```

例 17-46 的显示结果表明光盘中的 RPM-GPG-KEY 已经被导入进 Linux 系统中了。为了后面的操作方便，使用例 17-47 的 cd 命令切换到/media/cdrom/Packages 目录。

【例 17-47】

```
[[root@cat cdrom]# cd /media/cdrom/Packages
```

确认当前的工作目录已经是/media/cdrom/Packages 之后，使用例 17-48 带有-K 选项的 rpm 命令来验证 sysstat-9.0.4-27.el6.x86_64.rpm 这个软件包有没有 Red Hat 的签名。

【例 17-48】

```
[root@cat Packages]# rpm -K sysstat-9.0.4-27.el6.x86_64.rpm
sysstat-9.0.4-27.el6.x86_64.rpm: rsa sha1 (md5) pgp md5 OK
```

从以上例 17-48 显示结果中 gpg md5 OK 的信息，我们就完全可以确定 sysstat-9.0.4-27.el6.x86_64.rpm 这个软件包有 Red Hat 的签名，因此您可以放心大胆地安装使用了。

在查询一个 RPM 软件包是否有 Red Hat 的签名的 rpm 命令中，可以将-K 选项换成--checksig，其命令执行的结果完全一样。您可以使用例 17-49 带有--checksig 选项的 rpm 命令再次验证 sysstat-9.0.4-27.el6.x86_64.rpm 这个软件包有没有 Red Hat 的签名。

【例 17-49】

```
[root@cat Packages]# rpm --checksig sysstat-9.0.4-27.el6.x86_64.rpm
sysstat-9.0.4-27.el6.x86_64.rpm: rsa sha1 (md5) pgp md5 OK
```

☞ **指点迷津：**

若所管理的 Linux 系统需要经常安装和卸载 RPM 软件包，最好将 Linux 系统光盘的内容复制到硬盘上，这样在安装 RPM 软件包时就不用总是进行加载和卸载光盘等操作了。

17.5 rpm2cpio 工具

假设有一天一个用户发现他不能使用 iostat 这个命令，于是他找到了 Linux 系统光盘并试图安装相关的 RPM 软件包。为了演示这一操作，您要以 dog 用户（或其他普通用户）登录 Linux 系统。之后使用例 17-50 的 cd 命令切换到/media/cdrom/Packages 目录（假设现在光驱中仍然插着 Linux 操作系统的第 3 张光盘）。

【例 17-50】

```
[dog@cat ~]$ cd /media/cdrom/Packages
```

之后，使用例 17-51 的 rpm 命令安装 sysstat-9.0.4-27.el6.x86_64.rpm 这个软件包。

【例 17-51】

```
[dog@cat Packages]$ rpm -ivh sysstat-9.0.4-27.el6.x86_64.rpm
error: can't create transaction lock on /var/lib/rpm/.rpm.lock (Permission denied)
```

例 17-51 的显示结果表明，dog 无权在 Linux 系统上使用 rpm 命令安装 RPM 软件包。

rpm2cpio 这个工具的功能就是将.rpm 类型的文件转换成.cpio 类型的文件。那么.cpio 类型的文件又有什么用处呢？这是因为.rpm 类型的文件只有 root 用户才可以安装，而.cpio 类型的文件普通用户也可以安装。因此，可以将.rpm 类型的文件转换成.cpio 类型的文件，这样普通用户也就可以安装了，如图 17-1 所示。

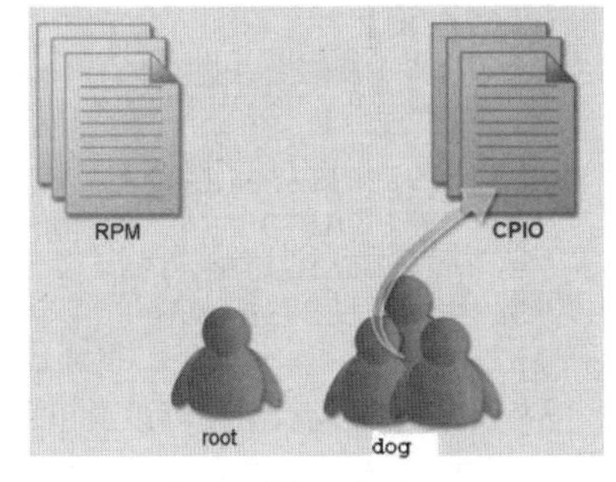

图 17-1

接下来还是通过例子来演示使用 rpm2cpio 工具将一个.rpm 类型的文件转换成.cpio 类型的文件的具体操作。首先使用例 17-52 的 mkdir 命令在 dog 家目录下创建一个 pack 目录。

【例 17-52】

```
[dog@cat Packages]$ mkdir ~/pack
```

系统执行完以上命令不会有任何系统提示信息，所以您应该使用例 17-53 的 ls 命令列出 dog 用户的家目录中所有的内容。为了节省篇幅，这里省略了输出显示结果。

【例 17-53】

```
[dog@dog RPMS]$ ls ~
```

当确认 pack 目录已经存在之后，**使用例 17-54 的 rpm2cpio 命令将.rpm 类型（RPM 软件包）的文件 sysstat-9.0.4-27.el6.x86_64.rpm 转换成名为 sysstat.cpio 的.cpio 类型的文件，并存放在 dog 用户的家目录下的 pack 子目录中。**

【例 17-54】

```
$ rpm2cpio sysstat-9.0.4-27.el6.x86_64.rpm > ~/pack/sysstat.cpio
```

为了比较.rpm 类型的文件与.cpio 类型的文件的大小，您首先使用例 17-55 带有-l 选项的 ls 命令列出光盘中文件名包含 sysstat 的所有软件包（其实就一个）的详细信息。

【例 17-55】

```
[dog@cat Packages]$ ls -l *sysstat*
-rw-rw-r--. 1 root root 237968 Oct 16  2014 sysstat-9.0.4-27.el6.x86_64.rpm
```

之后，您使用例 17-56 带有-l 选项的 ls 命令列出 dog 用户的家目录下的 pack 子目录中所有文件名中包含 sys 的文件（其实也是一个）。

【例 17-56】

```
[dog@cat Packages]$ ls -l ~/pack/*sys*
-rw-rw-r--. 1 dog dog 853472 Feb 10 14:14 /home/dog/pack/sysstat.
```

比较例 17-55 和例 17-56 的显示结果，可以发现.cpio 类型的文件要比.rpm 类型的文件大许多。为了后面的操作方便，您可以使用例 17-57 的 cd 命令将当前的工作目录切换到 dog 用户的家目录下的 pack 子目录。

【例 17-57】

```
[dog@cat Packages]$ cd ~/pack
```

接下来，您应该使用例 17-58 的 pwd 命令来确认目录的切换是否成功。

【例 17-58】

```
[dog@cat pack]$ pwd
/home/dog/pack
```

当确认当前目录已经是 dog 用户的家目录下的 pack 子目录之后，**可使用例 17-59 的 cpio 命令来查看在 sysstat.cpio 中的所有文件**。为了节省篇幅，这里只显示了少量的输出结果。

【例 17-59】

```
[dog@cat pack]$ cpio -it < sysstat.cpio
./etc/cron.d/sysstat
./etc/rc.d/init.d/sysstat
./etc/sysconfig/sysstat
./etc/sysconfig/sysstat.ioconf
./usr/bin/cifsiostat
./usr/bin/iostat      ……
```

从例 17-59 的显示结果可以看出所有的文件都是以点开始，这表示所有文件都是以相对路径存储的，这也是在一开始就要为这个.cpio 类型的文件创建一个单独的目录（/home/dog/pack）的原因。这样在解开 cpio 文件时，cpio 命令会把这个.cpio 类型的文件中的所有文件存放在当前目录（也就是它所在的目录）

中。现在，您就可以**使用例 17-60 带有-id 选项的 cpio 命令解开 sysstat.cpio 这个文件。**

【例 17-60】

```
[dog@cat pack]$ cpio -id < sysstat.cpio
1667 blocks
```

当看到例 17-60 的显示结果之后，您就可以确定 sysstat.cpio 这个文件已经被解开。此时，可以使用例 17-61 带有-l 选项的 ls 命令列出当前目录中的所有内容。

【例 17-61】

```
[dog@dog pack]$ ls -l
total 304
drwx------  5 dog dog   4096 Apr 12 17:04 etc
-rw-rw-r--  1 dog dog 291100 Apr 12 16:52 sysstat.cpio
drwx------  5 dog dog   4096 Apr 12 17:04 usr
drwx------  3 dog dog   4096 Apr 12 17:04 var
```

从例 17-61 的显示结果可以看出，在当前目录下又多了 3 个新的子目录。接下来，您可以使用例 17-62 的 ls 命令列出当前目录下 usr/bin/子目录中的 iostat 文件的详细信息。

【例 17-62】

```
[dog@cat pack]$ ls -l usr/bin/iostat
-rwxr-xr-x. 1 dog dog 66976 Feb 10 14:30 usr/bin/iostat
```

确认 usr/bin/iostat 可执行文件存在之后，您就可以使用例 17-63 的命令执行这个 iostat 命令来获取系统的输入/输出的统计信息了。

【例 17-63】

```
[dog@cat pack]$ usr/bin/iostat
Linux 3.8.13-68.1.3.el6uek.x86_64 (cat.super.com) 02/10/2017 _x86_64_(1 CPU)
avg-cpu:  %user   %nice %system %iowait  %steal   %idle
           1.68    0.00    1.95    2.24    0.00   94.13
Device:            tps   Blk_read/s   Blk_wrtn/s   Blk_read   Blk_wrtn
scd0              0.23         1.29         0.00       2332          0
sda               9.42       287.10        16.22     520716      29426   ......
```

看到了例 17-63 的显示结果，您终于可以放心了，折腾了半天终于在普通用户上将所需的软件包安装好了。以上的例子也再一次告诉我们实践的重要性。看来“实践是检验真理的唯一标准”这句话还真有道理，有时书上说的未必就灵光。所以当遇到问题时不一定就非得去查书，即使是经典或圣人写的书也未必能给出所有问题的答案，其实许多情况下，答案就在您的手下。而且，常常是最简单的，甚至是最原始的方法就是答案，就像我们上面的例子一样。

一些考古学家和历史学家们发现一些传世经典之所以能准确地预言和几乎给出所有问题的答案，实际上是把语言的多义性发挥到了极致。因为这些传世经典使用的语言非常难以理解，人类读了几百年甚至几千年还没有完全读懂，直到现在还有许多专家和大家在研究。其实，许多情况下根本就不是这些传世经典准确预言了事件的发生，而是等事件发生之后，后人附会上去的，因为这些经典中的话您怎样理解都可以。

之所以写这段话，是想提醒读者：如果您拿到了一本 IT 的书（当然也可以是其他的书），也许是一个大教授和大专家写的，如果有些内容您看了 N 遍，还是看不懂，您就没有必要再看了。多数可能是书本来就没写明白，也有可能是作者根本就没打算写明白（是不是为了保护知识产权）。这时最有效的方法是自己上机试试，或找朋友和同事问问。作为从事自然科学和技术的人，您不能像人文领域的专家那样，一本经典可以读一辈子。因为科学技术您不在一定的时间内掌握，实际上也就没用了，就过时了。

提示：

为了减少本书的篇幅，特将使用 Linux 的图形工具安装和管理软件包这一节全都移到资源包中的电子书中了。感兴趣的读者可以参阅资源包中的电子书。

指点迷津：

可能有读者认为引入 rpm2cpio 工具好像是多余的，因为 rpm 命令工作得好好的，而且应该更简单些。其实不然，因为在一些大型系统上，用户可能很多。有些用户可能出于某种需要，要经常安装和卸载一些自用的软件包，如果没有 rpm2cpio 这个工具，所有的这些安装和卸载工作就都必须由 root 用户完成，可以想象管理员的工作量会大到难以承受的地步。当然有人认为将 root 的密码告诉这些用户，让他们用 root 用户进行软件包的安装与卸载不就解决问题了吗？这样做是解决了这个问题，但却出现了更大的安全问题。在实际工作中，除了管理员之外，其他用户是不应该使用 root 用户进行任何操作的。而且即使是管理员，也只是在必要时才使用 root 用户进行操作，平时应该尽可能地使用普通用户登录。

17.6　yum 概要

yum（Yellowdog Updater, Modified)是一个开源的命令行软件包管理工具，它被广泛用于在 Linux 操作系统上管理和维护 RPM 软件包。对于以 RPM 形式发行的软件包，yum 可以自动更新、自动管理这些软件包和它们之间的依赖性。yum 要与软件库（软件包的集合）一起工作，而软件库既可以是在本地计算机上也可以是在远程的通过互联网可访问的服务器上。

从 Red Hat Enterprise 5 开始，yum 已经成为了从 Red Hat 官方软件库获取 Red Hat Enterprise Linux RPM 软件包的主要工具，也是安装、删除和管理 RPM 软件包的主要工具。在 Red Hat Enterprise 4 和早期的版本中使用的是 up2date 工具。

Oracle Linux 也提供了 yum 这一工具（实用程序）。**当 yum 安装或升级一个软件包时，它也会安装或升级所有依赖的软件包，也就是说可以自动地解决软件包之间的依赖性。在 Linux 操作系统中，有一些 RPM 软件包在安装之前，系统要求必须先安装其他的软件包。这也就是所谓的 RPM 软件包的属性依赖性（也有人称为相依性）问题，即这个软件包的安装依赖于其他软件包的安装。**

yum 实用程序从软件库中下载软件包的头和软件包。所有 RPM 软件包都存储在软件库中，而所需的软件包就可以使用 yum 从软件库中下载并安装到系统上。**Oracle 的公共 yum 服务器提供了一种安装和升级 Oracle Linux 系统的便捷方法而且是免费的。所有的补丁（包括 bug 的修补、安全漏洞的修补、软件功能的加强等）也都可以从这一公共 yum 服务器上获取。不过 Oracle 公共 yum 服务器并不提供任何技术支持，您可以通过网址 http://public-yum.oracle.com 访问该公共 yum 服务器。**

一般 Oracle Linux 6 和 Oracle Linux 7 在默认安装之后都会自动配置好与公共 yum 服务器相关的设置，即只要您的计算机能够上网就可以访问 Oracle 公共 yum 服务器。如果不能访问这个 Oracle 公共 yum 服务器，您可能需要使用 wget 实用程序将 repo 文件下载到目录/etc/yum.repos.d 中。wget 实用程序是一个非交互的命令行工具，它可以使用 HTTP、HTTPS 或 FTP 来提取文件。

要下载 yum repo 的配置文件，您必须首先以 root 用户登录（或切换到 root 用户），随后使用 cd/etc/yum.repos.d 命令切换到/etc/yum.repos.d 目录。如果是 Oracle Linux 6，您要使用 wget http://public-yum.oracle.com/public-yum-ol6.repo 命令下载 yum repo 的配置文件。如果是 Oracle Linux 7，您要下载 yum repo 配置文件的命令则应该是 wget http://public-yum.oracle.com/public-yum- ol7.repo。

当 yum repo 的配置文件下载之后，/etc/yum.repos.d 目录中的内容被更新，您可以使用例 17-64 的 ls

命令列出/etc/yum.repos.d 目录中的全部内容来验证这一点。

【例 17-64】

```
[root@cat ~]# ls /etc/yum.repos.d
packagekit-media.repo  public-yum-ol6.repo
```

public-yum-ol6.repo 就是 yum repo 的配置文件，该文件是一个正文文件，您可以使用例 17-65 的 more（或 cat）命令列出该文件中的全部内容。为了节省篇幅，这里省略了输出结果。

【例 17-65】

```
[root@cat yum.repos.d]# more public-yum-ol6.repo
```

可以通过编辑这个 yum repo 配置文件来开启特定的软件库。其方法很简单，就是找到您计划要更新的软件库的段落，如[public_ol6_u6_base]，将 enabled 设为 1（开启），如果要关闭就设为 0。当软件库开启之后，您就可以使用 yum 这一工具了。

17.7　yum 的配置

yum 的主要配置文件是/etc/yum.conf，该文件的设置是全局设置。您可以使用例 17-66 的 cat 命令列出该文件中的全部内容。

【例 17-66】

```
[root@cat yum.repos.d]# cat /etc/yum.conf
[main]
cachedir=/var/cache/yum/$basearch/$releasever
keepcache=0
debuglevel=2
logfile=/var/log/yum.log
exactarch=1
obsoletes=1
gpgcheck=1
plugins=1
installonly_limit=3  ...
```

在/etc/yum.conf 文件中，[main]段中所定义的都是全局设置。以下按顺序逐一解释每个参数的含义。

- cachedir：存储下载软件包的目录。
- keepcache：如果设为 0，在安装软件包之后删除它们。
- debuglevel：记录日志的信息量，从 0 到 10。
- logfile：yum 的日志文件。
- exactarch：当设为 1 时，yum 只更新相同体系结构的软件包。
- obsoletes：当设为 1 时，yum 在更新期间替换废弃的软件包。
- gpgcheck：当设为 1 时，yum 检查 GPG 签名以验证软件包的授权。gpgkey 指令指定 GPG key 的位置。
- plugins：当设为 1 时，开启有扩展功能的 yum plugins。
- installonly_limit：对于任何单一的软件包可以同时安装的最大版本数。

而定义各个软件库的配置文件是存放在/etc/yum.repos.d 目录中的。Oracle Linux 将有关每个软件库的消息存储在该目录中的一个单独的文件中。而正是这些 repos 文件定义了要使用哪些软件库。每个 repo 文件包括若干个相关软件库的说明，如 public-yum-ol6.repo 文件中就包含有[public_ol6_latest]、 [public_ol6_addons]、[public_ol6_ga_base]、[public_ol6_u1_base]和[public_ol6_UEK_base]等。您可以使用类似例 17-65 的 more（或 cat）命令列出这个文件中的全部内容。以下是 repo 文件中所包含的主要指令的解释：

- name：软件库的描述。
- baseurl：主要软件库的位置（http://、ftp://、file://）。
- enabled：当设为 1 时，yum 使用该软件库；当设为 0 时，yum 禁止该软件库。

不仅仅是通过互联网来访问，yum 软件库还可以是本地的。通过使用 createrepo 命令来创建本地的 yum 软件库并且要将 baseurl 设置为本地的目录。

17.8 yum 的常用命令

在执行软件包管理工作时，使用 yum 实用程序往往是最快捷的方法。该工具提供的功能远远超过了 rpm 和图形化软件包管理工具所提供的功能。有许多 yum 命令，但是在本节接下来的部分中仅仅讨论那些常用的命令。

有若干个 yum 命令可以列出在您的系统上所开启的任何软件库中的软件包或安装的软件包。您既可以列出特定类型的软件包，也可以以软件包的名字、体系结构或版本等来定义您要列出的软件包。

要列出在您的系统上的所有软件库中的全部软件包和所有安装的软件包，您可以使用 yum list all 或 yum list 命令，这两个命令的显示结果是完全相同的。

要列出在您的系统上的所有安装的软件包，您可以使用 yum list installed 命令。而要列出在您的系统上的任何开启的软件库中所有已经安装的软件包，您可以使用 yum list available 命令。

要查看一个文件的软件包名，可以使用“yum provides 文件名”命令。您可以使用例 17-67 的 yum 命令列出/etc/sysconfig/sshd 文件中的软件包名。

【例 17-67】

```
[root@dog ~]# yum provides /etc/sysconfig/sshd
Loaded plugins: refresh-packagekit, security
openssh-server-5.3p1-81.el6.x86_64 : An open source SSH server daemon
Repo        : public_ol6_latest
Matched from:
Filename    : /etc/sysconfig/sshd    ...
```

要查看在您的系统上哪些已安装的软件包可以更新，您可以使用 yum check-updat 命令。该命令运行的结果将显示更新软件包的名字加体系结构、及版本，并同时显示软件库。该命令的显示结果与 yum list update 命令完全相同。

在更新软件包时，您可以选择一次更新一个单独的软件包、多个软件包或全部的软件包。如果在更新时存在任何软件包的依赖性，所依赖的软件包也同时被更新。要更新一个单独的软件包，您可以使用“yum update 软件包名”命令。yum 会检查依赖性、显示所解决的依赖性和一个交易概要，提示 Is this ok [y/N]，并等待您的响应，然后下载并安装软件包和所需的任何依赖的软件包。使用 yum -y 可以绕过提示。要更新所有的软件包和它们所依赖的软件包，您可以使用 yum update 命令（不使用任何参数）。

要安装一个新的软件包连同任何依赖的软件包，您可以使用“yum install 软件包名”命令。如要安装 GNU C 编译器和不间断内核开发软件包，您可以首先使用 yum install gcc 命令，随后使用 yum install kernel-uek-devel 命令。

当使用 yum 时，您不需要担心安装和更新内核软件包之间的差别，因为 yum 总是安装一个新内核

而不管您是使用的 yum update 还是 yum install 命令。

要移除一个软件包，您可以使用"yum remove 软件包名"命令。如果要移除 zsh 软件包，您可以使用 yum remove zsh 命令。

如果读者有时间并且也有兴趣，可以将本节中的 yum 命令在系统上运行一下。当然在运行之前，您的计算机系统一定要可以上网。

究竟是使用 RPM 软件包管理程序还是 yum 来管理和维护 RPM 软件包，这取决于具体的工作环境，如网络环境。例如，如果是安装一个在 Linux 系统 DVD 上的软件包，也许使用 RPM 命令可能更快捷，因为不需要上网，当然也不受网络是否拥挤的影响。但是在多数情况下，用 yum 安装或更新内核和软件包应该比较简单。实际上，具体使用哪一种方法常常是个人的习惯而已。

17.9　您应该掌握的内容

在学习第 18 章之前，请检查一下您是否已经掌握了以下内容：

- 了解 RPM 软件包的主要特性。
- 熟悉 RPM 的 3 个主要组件。
- 熟悉 RPM 的文件名的命名方式。
- 熟悉 RPM 软件包管理程序提供的主要功能。
- 在软件安装与移除工作中经常使用的主要 rpm 选项有哪些？
- 熟悉 rpm 命令的-i、-U 以及-F 参数之间的差别。
- 在查询已经安装的软件包的信息时，rpm 命令所使用的主要参数有哪些？
- 在查询未安装的软件包的信息时，rpm 命令所使用的主要参数有哪些？
- 怎样验证 RPM 软件包是否修改过？
- 怎样在安装 rpm 软件包之前验证这个软件包有没有 Red Hat 的签名？
- 为什么要引入 rpm2cpio 工具？
- 了解 rpm2cpio 工具的使用方法。
- 什么是 RPM 软件包的属性依赖性（相依性）问题？
- 什么是 yum？
- 如何下载 yum repo 的配置文件？
- 怎样开启特定的软件库？
- 熟悉 yum 的主要配置文件是/etc/yum.conf。
- 熟悉 repo 文件中所包含的主要命令。
- 怎样使用 yum 安装或更新内核和软件包？
- 熟悉 yum 的常用命令。

扫一扫，看视频

第 18 章　硬盘分区、格式化及文件系统的管理

与其他操作系统一样，Linux 的文件系统也是存放在硬盘上（可能有少量存放在可移除式存储设备）。因此在本章将详细地介绍硬盘分区、格式化及文件系统的管理与维护。

18.1　在虚拟机上添加虚拟硬盘

为了清楚地演示硬盘分区和格式化操作，首先在虚拟机上添加两块 1GB 的虚拟硬盘。当确认已经成功地添加了这两个硬盘（在实际工作中其容量会远大于 1GB，这里使用这么小的硬盘只是为了操作时速度快一点和节省硬盘空间）之后，就将进入本章的正题了。

提示：

为了减少本书的篇幅，特将在 VMware 虚拟机上添加虚拟硬盘这一节全都移到资源包中的电子书中了。如果读者对此感兴趣可以参阅资源包中的电子书。在资源包中的教学视频中有在 Oracle VM VirtualBox 虚拟机上添加虚拟硬盘的具体操作，有需要的读者可以参考。

18.2　系统初始化时怎样识别硬盘设备及硬盘分区

系统初始化时是根据 MBR（Master Boot Record）来识别硬盘设备的，在 MBR 中包括用来载入操作系统的可执行代码。其实这个可执行代码就是 MBR 中前 446 字节的 Boot Loader 程序（引导加载程序），如图 18-1 所示。**而在 Boot Loader 程序之后的 64（16×4）字节的空间则是用于存储分区表（Partition table）相关信息，**如图 18-2 所示。

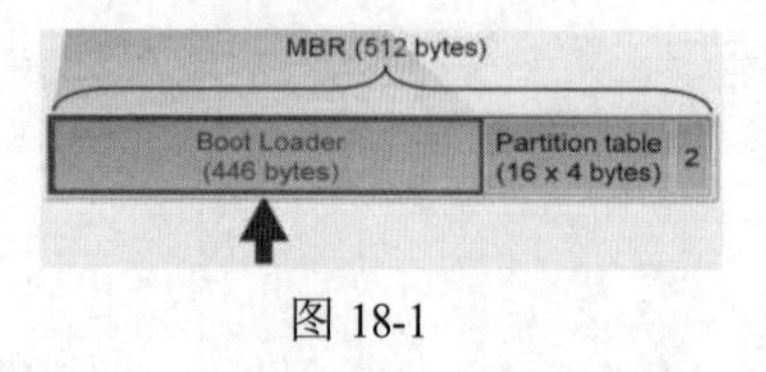

图 18-1

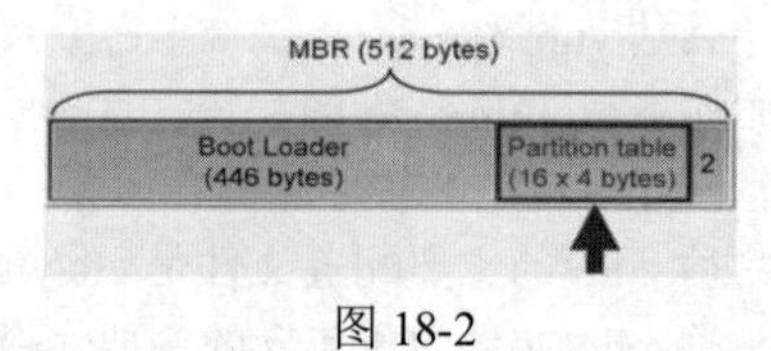

图 18-2

在分区表（Partition table）中存储的主要信息包括分区号（Partition id）、分区的起始磁柱和分区的磁柱数量。所以 Linux 操作系统在初始化时就可以根据分区表中以上 3 种信息来识别硬盘设备。其中，常见的分区号如下。

- 0x5（或 0xf）：可扩展分区（Extended partition）。
- 0x82：Linux 交换区（Swap partition）。
- 0x83：普通 Linux 分区（Linux partition）。
- 0x8e：Linux 逻辑卷管理分区（Linux LVM partition）。
- 0xfd：Linux 的 RAID 分区（Linux RAID auto partition）。

由于 MBR 留给分区表的磁盘空间只有 64 字节，而每个分区表的大小为 16 字节，所以在一个硬盘上最多可以划分出 4 个主分区（Primary Partition）。如果想要在一个硬盘上划分出 4 个以上的分区，则

可以通过在硬盘上先划分出一个可扩展分区（Extended partition）的方法来增加额外的分区。不过，在 Linux 的 Kernel 中所支持的分区数量有如下限制。

- 一个 IDE 的硬盘最多可以使用 63 个分区。
- 一个 SCSI 的硬盘最多可以使用 15 个分区。

接下来的问题就是为什么要将一个硬盘划分成多个分区，而不是直接使用整个硬盘呢？其主要有如下原因：

（1）方便管理和控制。

（2）提高系统的效率。

（3）使用磁盘配额的功能限制用户使用的磁盘量。

（4）便于备份和恢复。

下面将进一步解释以上 4 个硬盘分区的理由。首先，可以将系统中的数据（也包括程序）按不同的应用分成几类，之后将这些不同类型的数据分别存放在不同的磁盘分区中。由于在每个分区上存放的都是类似的数据或程序，这样管理和维护就简单多了。如图 18-3 所示，将应用程序、用户数据以及需要特殊安全控制的 3 类不同的信息分别存放在 3 个不同的硬盘分区里。

为什么使用硬盘分区可以提高系统的效率呢？还记得 14.4 节的解释吗？**是因为系统读写磁盘时，磁头移动的距离缩短了，即搜寻（Search）的范围小了，**如图 18-4 所示。**如果不使用分区，每次在硬盘上搜寻信息时可能要搜寻整个硬盘，所以速度会很慢。**另外，硬盘分区也可以减轻碎片（文件不连续存放）所造成的系统效率下降的问题。

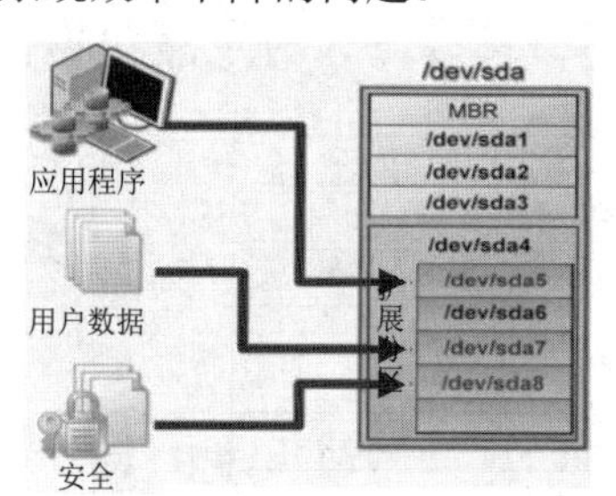

图 18-3

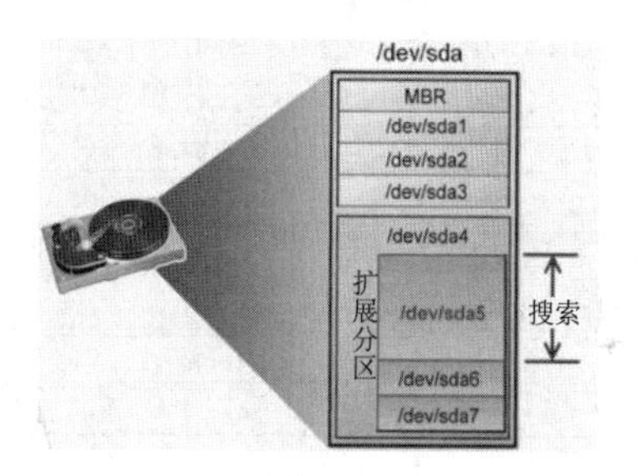

图 18-4

因为限制用户使用磁盘配额（Quotas）的功能只能在分区一级上使用，所以为了限制用户使用磁盘的总量以防止用户浪费磁盘空间（甚至将磁盘空间耗光），最好将磁盘先分区再分配给一般用户，如图 18-5 所示。

为什么便于备份和恢复呢？因为可以只对所需的分区进行备份和恢复操作，这样备份和恢复的数据量会大大地下降，而且也更简单和方便。如图 18-6 所示的/home 分区是专门存放用户的数据和程序的分区，这个分区上的信息经常变化，而其他分区上存放的 Linux 操作系统的信息很少发生变化。因此需要经常备份的就只有/home 分区了，这样备份时数据量会大幅度地减少，同时备份和恢复工作也将变得更简单、快捷。

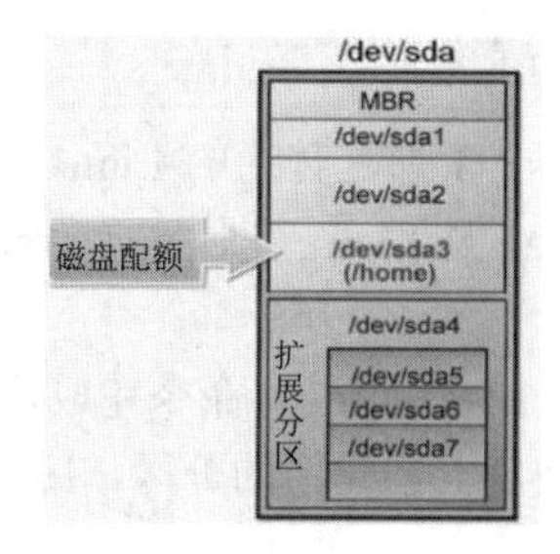

图 18-5

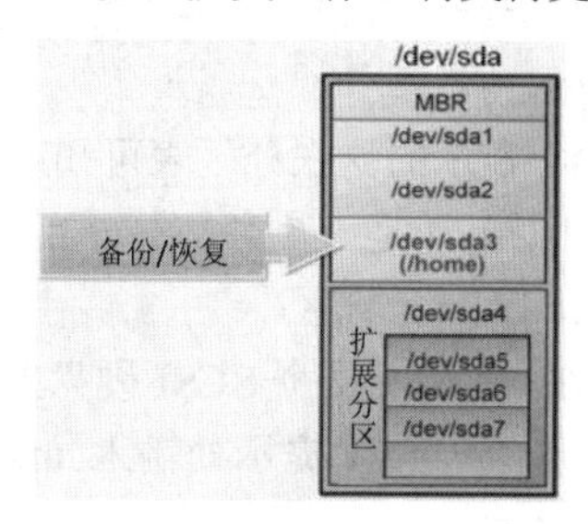

图 18-6

18.3 使用 fdisk 和 partprobe 命令来管理硬盘分区

了解了什么是硬盘分区，以及 Linux 操作系统引入硬盘分区的缘由之后，本节将介绍如何创建一个硬盘分区和怎样才能让 Linux 系统识别到所创建的硬盘分区。**在 Linux 操作系统中创建硬盘分区的命令是 fdisk**（其实 Windows 系统中也有这个命令）。可以使用例 18-1 带有-l 选项的 ls 命令列出系统中所有的 SCSI 硬盘和分区。

【例 18-1】

```
[root@dog ~]# ls -l /dev/sd*
brw-rw---- 1 root disk 8,  0 Feb 13  2017 /dev/sda
brw-rw---- 1 root disk 8,  1 Feb 13  2017 /dev/sda1 ……
brw-rw---- 1 root disk 8, 16 Feb 13  2017 /dev/sdc
```

例 18-1 的显示结果的文件名中没有数字的（如/dev/sda 和/dev/sdc）为整个硬盘，而文件名中带有数字的为分区（如/dev/sda1 等）。知道了在这个系统上有哪些硬盘之后，您就可以使用例 18-2 带有-l 选项的 fdisk 命令列出该系统上第 1 个 SCSI 硬盘的分区信息了。

【例 18-2】

```
[root@dog ~]# fdisk -l /dev/sda
Disk /dev/sda: 16.1 GB, 16106127360 bytes
255 heads, 63 sectors/track, 1958 cylinders
Units = cylinders of 16065 * 512 = 8225280 bytes
```

Device	Boot	Start	End	Blocks	Id	System
/dev/sda1	*	1	16	128488+	83	Linux
/dev/sda2		17	1163	9213277+	83	Linux
/dev/sda3		1164	1673	4096575	83	Linux
/dev/sda4		1674	1958	2289262+	5	Extended
/dev/sda5		1674	1804	1052226	82	Linux swap

例 18-2 显示结果的第 3 行，即以 Units 开始的那一行为每个磁柱的大小，对于这个硬盘，每个磁柱的大小约为 8MB（8225280 bytes）。而由方框框起来的部分就是所谓的分区表（Partition table），从左到右依次为：

（1）硬盘分区所对应的设备文件名（Device）。

（2）是否为 boot 分区（Boot），有*的为 boot 分区，否则不是。

（3）起始磁柱（Start）。

（4）结束/终止磁柱（End）。

（5）分区的数据块数，即分区的容量（Blocks）。

（6）分区号码（Id）。

（7）分区的类型。

从例 18-2 显示的这张分区表可知：/dev/sda1、/dev/sda2 和/dev/sda3 都是普通的 Linux 分区（Linux partition），/dev/sda4 是一个可扩展分区（Extended partition），/dev/sda5 是 Linux 交换区（swap partition），其中/dev/sda1 为 boot 分区。

如果想在/dev/sda 这个 SCSI 硬盘上创建新的分区，可以使用例 18-3 的 fdisk 命令完成这一操作。在 Command (m for help)提示处输入 m。如果想在 IDE 的第 1 个硬盘上创建新的分区，应该使用 fdisk /dev/sda 命令。

【例 18-3】

```
[root@dog ~]# fdisk /dev/sda
......
Command (m for help): m                           # m 是您要输入的
Command action
   a   toggle a bootable flag  ......
   m   print this menu
   n   add a new partition  ......
Command (m for help):
```

如果您有一定的英语水平，应该可以看懂每个命令的解释了。为了帮助读者能够比较清楚地理解这些命令的功能，以下对这个命令列表中常用的命令做进一步的解释。

- d：删除一个（已经存在的）分区，其中 d 是 delete 的第 1 个字母。
- l：列出（已经存在的）分区的类型，其中 l 是 list 的第 1 个字母。
- m：列出 fdisk 中使用的所有命令，其中 m 是 menu 的第 1 个字母。
- n：添加一个新的分区，其中 n 是 new 的第 1 个字母。
- p：列出分区表的内容，其中 p 是 print 的第 1 个字母。
- q：退出 fdisk，但是不存储所做的改变，其中 q 是 quit 的第 1 个字母。
- t：改变分区的系统 id，其中 t 应该是 title 的第 1 个字母。
- w：退出 fdisk 并存储所做的改变，其中 w 是 write 的第 1 个字母。

在 Command (m for help)处输入 p 来列出分区表的内容，将会出现如下的显示输出结果。

```
Command (m for help): p
Disk /dev/sda: 16.1 GB, 16106127360 bytes ......
   Device Boot      Start         End      Blocks   Id  System
/dev/sda1   *           1          16      128488+  83  Linux ......
/dev/sda5            1674        1804     1052226   82  Linux swap
Command (m for help):
```

执行完 fdisk 的 p 指令后会发现目前在/dev/sda 这个 SCSI 硬盘上一共有/dev/sda1～/dev/sda5 五个分区。接下来，在 Command (m for help)处输入 n 以创建一个新的分区，在 First cylinder (1805-1958, default 1805)处直接按 Enter 键接受默认的起始磁柱 1805，在 Last cylinder or +size or +sizeM or +sizeK (1805-1958, default 1958)处输入+128M 将这个新分区的大小定义成 128MB（因为每个磁柱的大小大约为 8MB，所以可以换算成结束磁柱，但是这样做比较麻烦，所以建议直接使用磁盘的大小），其操作如下：

```
Command (m for help): n
First cylinder (1805-1958, default 1805):
Using default value 1805
Last cylinder or +size or +sizeM or +sizeK (1805-1958, default 1958): +128M
```

之后将又出现 Command (m for help)的提示，为了验证在这个 SCSI 硬盘上所添加的新分区操作是否成功，在该提示处输入 p 指令以列出这个硬盘的分区表中的内容，操作和显示结果如下：

```
Command (m for help): p
Disk /dev/sda: 16.1 GB, 16106127360 bytes   ......
  Device Boot      Start         End      Blocks   Id  System
/dev/sda1   *           1          16      128488+  83  Linux ......
/dev/sda6            1805        1821      136521   83  Linux
```

从以上的显示结果可以看出这个 SCSI 硬盘的分区表里又多了一个新的/dev/sda6 的普通 Linux 分区。

介绍完了在一个硬盘上创建新分区的操作之后，接下来介绍如何删除（移除）一个分区。如果您现在改变主意了，不想要那个新的/dev/sda6 分区了，可以使用 fdisk 的 d 指令删除这个分区，其操作如下：

在 Command (m for help)处输入 d，在 Partition number (1-6)处输入 6，因为要删除的刚刚创建的分区为/dev/sda6。

```
Command (m for help): d
Partition number (1-6): 6
```

之后将又出现 Command (m for help)的提示，为了验证这个分区是否已经被成功地删除了，在该提示处再次输入 p 指令以列出这个硬盘的分区表中的内容，操作和显示结果如下：

```
Command (m for help): p
Disk /dev/sda: 16.1 GB, 16106127360 bytes   ……
   Device Boot      Start         End      Blocks   Id  System
/dev/sda1   *           1          16      128488+  83  Linux  ……
/dev/sda5            1674        1804     1052226   82  Linux swap
```

以上的显示结果表明/dev/sda6 分区已被成功地删除了，因为在 SCSI 硬盘的分区表里已经没有/dev/sda6 分区了。由于您并不想更改这个存有 Linux 操作系统的硬盘的分区配置，所以最后使用 fdisk 的 q 命令退出 fdisk 命令的控制返回操作系统，其操作和显示结果如下：

```
Command (m for help): q
You have new mail in /var/spool/mail/root
[root@dog ~]#
```

为了安全起见，在接下来的操作中使用新的虚拟硬盘，因为它们上面没有任何信息，也就不怕信息的丢失或损毁了。现在您想在 SCSI 硬盘/dev/sdb 上创建新的分区，于是可使用例 18-4 的 fdisk 命令来完成这一操作（以下以注释的方式来解释输入的 fdisk 指令）。

【例 18-4】

```
[root@dog ~]# fdisk /dev/sdb
……
Warning: invalid flag 0x0000 of partition table 4 will be corrected by w(rite)
Command (m for help): n                        # 输入 n 创建一个新分区
Command action
   e   extended
   p   primary partition (1-4)
p                                              # 输入 p 创建一个主分区（Primary Partition）
Partition number (1-4): 1                      # 输入分区的标号（Id）1
First cylinder (1-130, default 1): 1           # 接受默认的起始磁柱 1
Last cylinder or +size or +sizeM or +sizeK (1-130, default 130): +256M
                                               # 输入+256M（分区的大小）
Command (m for help): p                        # 输入 p 列出磁盘/dev/sdb 的分区表
Disk /dev/sdb: 1073 MB, 1073741824 bytes  ……
   Device Boot      Start         End      Blocks   Id  System
/dev/sdb1               1          32      257008+  83  Linux
```

检查之后，如果认为所创建的新分区没有问题，您就可以在 Command (m for help)处输入 w 将所做的修改写回到磁盘/dev/sdb 的分区表并退出 fdisk 命令，其操作和显示结果如下：

```
Command (m for help): w
The partition table has been altered!
Calling ioctl() to re-read partition table.
Syncing disks.
[root@dog ~]#
```

当 w 指令执行完之后，系统就会将所创建的新分区的信息写到磁盘/dev/sdb 的分区表中，如图 18-7 所示。

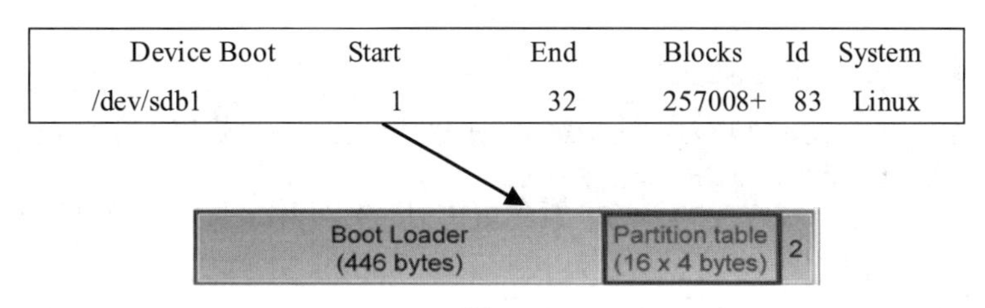

图 18-7

之后，**使用例 18-5 的 fdisk 命令列出硬盘/dev/sdb 以及上面所有分区的详细信息。**

【例 18-5】

```
[root@dog ~]# fdisk -l /dev/sdb
Disk /dev/sdb: 1073 MB, 1073741824 bytes  ......
  Device Boot      Start         End      Blocks   Id  System
/dev/sdb1              1          32      257008+  83  Linux
```

例 18-5 的显示结果表明已在硬盘/dev/sdb 上成功地创建了/dev/sdb1 这个普通 Linux 分区。

接下来，您使用例 18-6 的 mke2fs 命令将/dev/sdb1 分区格式化为 ext2 的文件系统。

☞指点迷津：

在 Oracle Linux 6 和 Oracle Linux 7 中也可以使用 mkfs /dev/sdb1 命令。

【例 18-6】

```
[root@dog ~]# mke2fs /dev/sdb1
mke2fs 1.35 (28-Feb-2004)
Filesystem label=
OS type: Linux
Block size=1024 (log=0)   ......
Writing inode tables: done
Writing superblocks and filesystem accounting information: done
This filesystem will be automatically checked every 22 mounts or
180 days, whichever comes first.  Use tune2fs -c or -i to override.
```

例 18-6 的显示结果表示/dev/sdb1 分区的格式化已经成功。随后，就可使用这一分区了。

☞指点迷津：

在一些其他的 Linux 系统上，当执行完 fdisk 的 w 命令之后，虽然新的分区已经创建成功，但是并不能立即使用，因为此时系统还不能识别这个分区。需要重启系统或使用 partprob 命令之后，系统才能识别这个分区。如图 18-8 所示就是一个这样的 Linux 系统，在执行了 w 指令后，系统提示内核仍然使用旧的分区表，要重启系统后才会使用新的分区表。

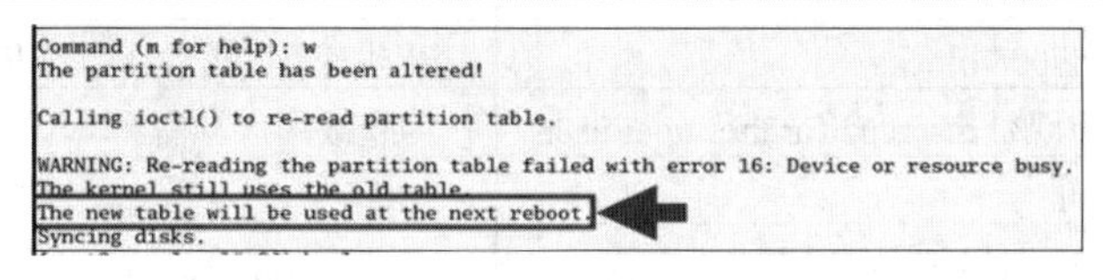

图 18-8

在这样的系统上，此时如果使用 mke2fs 命令是无法格式化/dev/sdb1 分区的，因为系统根本找不到该分区。不过也没有必要一定要重启 Linux 系统，可以使用 partprob 命令重新初始化内存中内核的分区表的信息，也就是让新的分区表生效，从而使系统可以识别所创建的新分区。因此，可以**使用例 18-7 的 partprobe 命令重新初始化内存中内核的分区表。**

【例 18-7】

```
[root@dog ~]# partprobe
Warning: Unable to open /dev/hdc read-write (Read-only file system).  /dev/hdc
 has been opened read-only.
```

当例 18-7 的 partprobe 命令执行成功之后，系统就可以识别这个分区了，您也就可以使用 mke2fs 或 mkfs 命令将/dev/sdb1 分区格式化了。

18.4 创建文件系统（数据的管理）

在一个硬盘上所创建的分区并不能直接存放数据，需要将这个分区先格式化成一个 Linux 系统可以识别的文件系统之后才能正常地使用。在 Linux 系统上，功能最全的格式化命令为 mke2fs。

该命令的语法格式为：

```
mke2fs [选项] 设备文件名
```

其中，常用的选项包括以下内容。

- -b：定义数据块的大小（以字节为单位），默认是 1024 字节（1KB）。
- -c：在创建文件系统之前检查设备上是否有坏块。
- -i：定义字节数与 i 节点之间的比率（多少字节对应一个 i 节点）。
- -j：创建带有日志（Journal）的 ext3 文件系统。
- -L：设置文件系统的逻辑卷标。
- -m：定义为超级用户预留磁盘空间的百分比（默认为 5%）。
- -N：覆盖默认 i 节点数的默认计算值。

指点迷津：

在 Oracle Linux 6 和 Oracle Linux 7 中，可以使用 mkfs 命令来代替 mke2fs 命令，这两个命令的功能相同并且语法格式也相同。

为了后面解释方便，下面将例 18-6 的 mke2fs 命令显示结果中与分区相关的信息重新列出来，并使用注释的方式对相关的显示结果做了进一步的解释。其相关内容如表 18-1 所示。

表 18-1

序　号	分 区 信 息	注　释
1	OS type: Linux	# 操作系统的类型为 Linux
2	Block size=1024 (log=0)	# 每个数据块的大小为 1KB
3	Fragment size=1024 (log=0)	
4	64256 inodes, 257008 blocks	# 一共有 64256 个 i 节点和 257008 个数据块
5	12850 blocks (5.00%) reserved for the super user	# 为超级用户预留 12850 个数据块
6	First data block=1	
7	Maximum filesystem blocks=67371008	# 文件系统的上限是 67371008 个数据块，约 67GB
8	32 block groups	# 一共有 32 个数据块组
9	8192 blocks per group, 8192 fragments per group	# 每个数据块组有 8192 个数据块
10	2008 inodes per group	# 每个数据块组有 2008 个 i 节点
11	Superblock backups stored on blocks:	# 超级数据块被存储（备份）在下一行的数据块中
12	8193, 24577, 40961, 57345, 73729, 204801, 221185	# 每个数据块都存放着完全相同的超级块信息

可能读者看了以上的解释之后，对一些内容还是不能彻底理解。没关系，接下来对这些内容要做进一步的介绍。

当使用 fdisk 命令在磁盘上创建了分区之后，该分区是不能直接用来存放数据（当然也包括软件）的，如图 18-9 所示。**必须先将其格式化成一种 Linux 系统可以识别的文件系统。所谓的格式化就是将分区中的硬盘空间划分成大小相等的一些数据块（Blocks），以及设定这个分区中有多少个 i 节点可以使用等，**如图 18-10 所示。

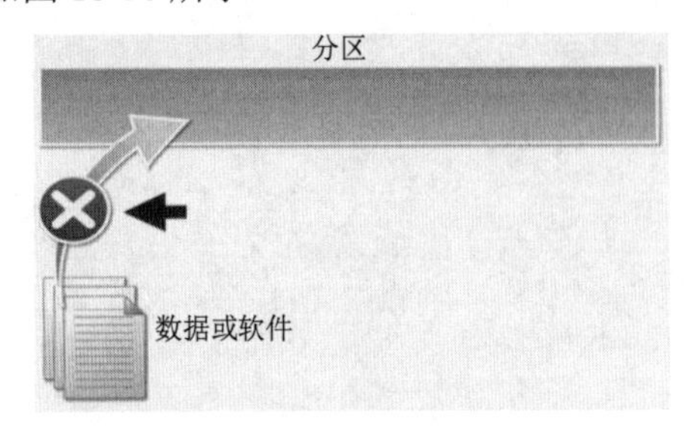

图 18-9

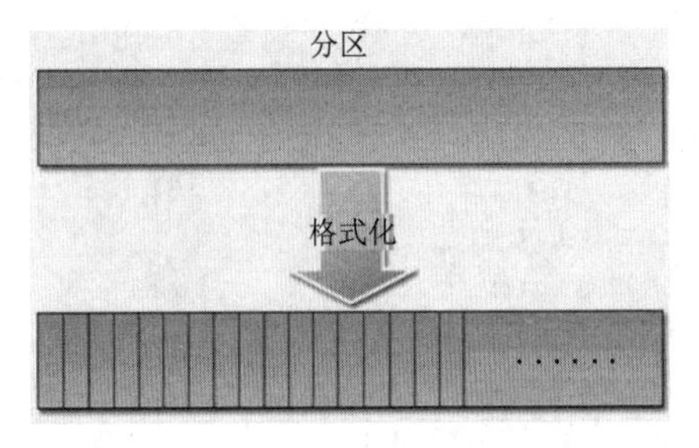

图 18-10

每个数据块（Blocks）就是文件系统存储数据的最小单位，也正因为如此才能将信息存放到这些数据块中，如图 18-11 所示。另外，**多个数据块又组成了数据块组（block groups），每个分区的第 1 个数据块是引导块（boot sector）。第 1 组（group 0）的第 1 个数据块是超级块（super block），如图 18-12 所示。这个超级块是用来记录这个分区总共划分出了多少个数据块、有多少 i 节点（inodes）、已经用了多少个数据块和 i 节点等信息。**从表 18-1 的第 8 行可知在/dev/sdb1 分区中一共有 32 个数据块组，第 9 行表示每个数据块组包含了 8192 个数据块，第 10 行表示每个数据块组有 2008 个 i 节点，实际上这些就是超级块中的信息。

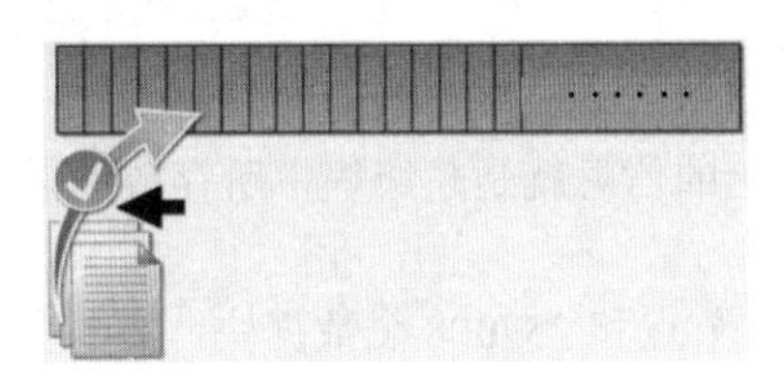

图 18-11

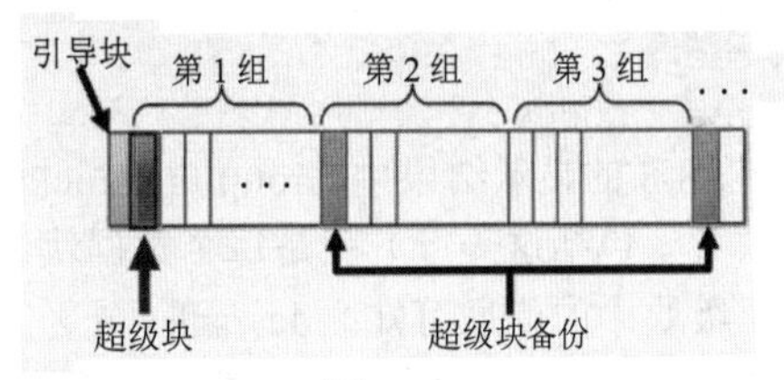

图 18-12

很显然超级块非常重要。**如果超级块损毁了，这个分区也就无法访问了，**如图 18-13 所示。**为了防止超级块的损毁，Linux 操作系统每隔几个数据块组就存放（备份）一份超级块，如图 18-14** 所示。从表 18-1 的第 11 行和第 12 行可知/dev/sdb1 分区的超级块还分别备份在第 8193、24577 以及 40961 号数据块中。

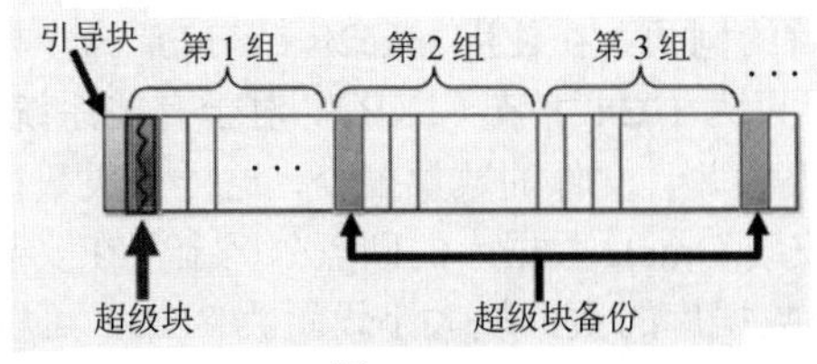

图 18-13

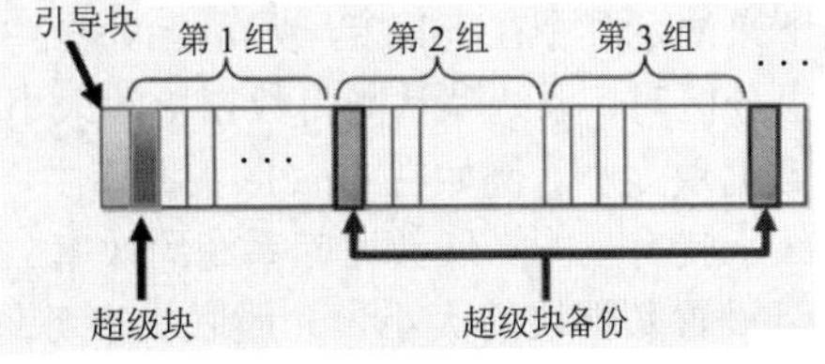

图 18-14

Linux 系统提供了一个名为 dumpe2fs 的命令，这个命令将列出每个设备（分区）上文件系统的超级块（super block）和数据块组（block groups）的信息。可以使用例 18-8 的 dumpe2fs 命令列出/dev/sdb1 分区配置的信息，并通过管道送给 more 命令分页显示。

【例 18-8】

```
[root@dog ~]# dumpe2fs /dev/sdb1 | more
dumpe2fs 1.35 (28-Feb-2004)
Filesystem volume name:   <none>
Last mounted on:          <not available>
Filesystem OS type:       Linux
Inode count:              64256
Block count:              257008
Reserved block count:     12850
Free blocks:              246833
Free inodes:              64245
First block:              1
Block size:               1024
Fragment size:            1024
Reserved GDT blocks:      256
Blocks per group:         8192
Fragments per group:      8192
Inodes per group:         2008
Inode blocks per group:   251
--More--    # 按下空格键显示下一页（屏幕）
Inode blocks per group:   251
Filesystem created:       Wed May 12 10:45:17 2010
Last mount time:          n/a    ......
Group 0: (Blocks 1-8192)                                ......
--More--    # 多次按下空格键一直到显示最后一页（屏幕）
......
  Free blocks: 254206-257007
  Free inodes: 62249-64256
```

在例 18-8 的显示结果中 Group 0: (Blocks 1-8192)这一行之上的信息就是超级块中所存放的信息，在这一行以下（包括这一行）就是每个数据块组的详细信息。

从超级块中的信息可知：/dev/sdb1 分区上一共有 64256 个 i 节点和 257008 个数据块，其中 12850 个保留给超级用户使用。目前空闲的数据块个数为 246833 个，空闲的 i 节点个数为 64245 个，数据块的大小为 1024 字节（1KB），每个数据块组包含 8192 个数据块、2008 个 i 节点和 251 个 i 节点的数据块等。

18.5　用 mke2fs 或 mkfs 格式化命令创建文件系统的实例

接下来演示几个在 mke2fs 或 mkfs 命令中使用不同参数的例子。在使用 mke2fs 或 mkfs 命令格式化一个硬盘分区时，系统默认是将数据块的大小（block size）设为 1024 字节（1KB）。对于有些系统来说，1KB 的数据块太小。例如在 Oracle 数据库中，数据文件都很大并且文件的数量很少，这样如果数据块设置得这么小就有可能降低数据库系统的效率。因此一般在安装 Oracle 数据库的硬盘分区上，在安装之前都会重新设置数据块的大小。一般联机事务处理的 Oracle 数据库的数据块大小设置为 8KB，可以**使用例 18-9 带有-b 选项的 mke2fs 命令（如果是 Oracle Linux 6 或 Oracle Linux 7，也可以改为 mkfs 命令）将/dev/sdb1 分区的数据块大小设置为 8KB。**

注意，当系统执行这个命令时会出现警告信息：对于系统来说 8192 字节的数据块太大了（最大为 4096），并在接下来的一行问无论如何还要继续吗？在这里输入 y，以继续格式化。

【例 18-9】

```
[root@dog ~]# mke2fs -b 8192 /dev/sdb1
Warning: blocksize 8192 not usable on most systems.
mke2fs 1.35 (28-Feb-2004)
mke2fs: 8192-byte blocks too big for system (max 4096)
Proceed anyway? (y,n) y
Warning: 8192-byte blocks too big for system (max 4096), forced to continue
Filesystem label=
OS type: Linux
Block size=8192 (log=3)
Fragment size=8192 (log=3)
32128 inodes, 32126 blocks ……
```

从例 18-9 的显示结果可以看出/dev/sdb1 分区的数据块大小确实为 8KB（用方框框起来的部分）。这里需要指出的是在一些其他的 Linux 系统上，这个命令运行的结果将把数据块大小设置为 4096 字节（4KB）。不过即使是 4KB 也比 1KB 好多了，可能是 Oracle Linux 已经考虑到了数据库的应用需要。

在讲解下一个例子之前，先复习一下 mke2fs 或 mkfs 命令中的-i 参数的功能：定义字节数与 i 节点之间的比率（多少字节对应一个 i 节点）。

指点迷津：

在有些中文的 Linux 教程中提到-i 参数是用来设定每个 i 节点（inode）的大小，这种说法是错的。本书的第 9.2 节中是这样介绍 i 节点的：一个 i 节点就是一个与某个特定的对象（如文件、目录或符号连接）相关的信息列表。i 节点实际上是一个数据结构，它存放了有关一个普通文件、目录或其他文件系统对象的基本信息。从这一对 i 节点的叙述可以推断作为存储数据的数据结构的大小不应该随意变化（即不应该随便设定）。也许有读者心里还是觉得不踏实，固定对 i 节点的叙述也是摘自这本书，这等于都是一家之词了。

为了消除读者的疑虑，请读者重新看一下例 18-6 的结果，在/dev/sdb1 分区中总共有 64256 个 i 节点，读者应该还记得我们所使用的/dev/sdb1 分区的大小为 256MB，因此每个 i 节点所对应的字节数为 256×1024/64256=4KB。而在例 18-9 的结果中总共有 32128 个 i 节点，因此每个 i 节点所对应的字节数为 256×1024/32128=8KB。也许以上的解释还没有完全消除读者的疑虑，为此读者可以重新看一下例 18-8 的结果，在接近超级块信息部分的最后面有一行 Inode size:128 的信息，这才是 i 节点的大小。其实，您使用 dumpe2fs 命令显示任何一个分区的信息都会显示 Inode size:128，即 i 节点的大小是固定的。现在您应该放心了吧?

i 节点（inode）的数量决定了在这个文件系统（分区）中最多可以存储多少个文件，因为每一个文件和目录都会对应于唯一的 i 节点。从以上的解释可以看出，Linux 系统默认设置的 i 节点数量显然是为了支持小文件的。可是在 Oracle 数据库系统中数据文件都很大而且很少，这样过多的 i 节点不但浪费了系统资源，而且也会降低系统的效率，所以一般在安装 Oracle 数据库的硬盘分区上，可能会重新设置 i 节点的数量。如可以**使用例 18-10 带有-i 选项的 mke2fs 或 mkfs 命令将/dev/sdb1 分区的 i 节点数设置为每 1MB 空间一个 i 节点。**

【例 18-10】

```
[root@dog ~]# mke2fs -i 1048576 /dev/sdb1
mke2fs 1.35 (28-Feb-2004) ……
256 inodes, 257008 blocks
12850 blocks (5.00%) reserved for the super user ……
```

例 18-10 的显示结果表明现在/dev/sdb1 分区中总共只有 256 个 i 节点，因为 256MB/256=1MB，所以每 1MB 的磁盘空间对应于一个 i 节点。可能有读者会问是不是少了点，其实真正的数据库系统使用的硬盘往往有几十甚至几百 GB，而数据文件也是以 GB 为单位的。

如果知道所使用的分区上要存放文件的总的数量（当然要预留出一些富余的 i 节点来），您可以使用带有-N 选项的 mke2fs 或 mkfs 命令在格式化/dev/sdb1 分区时，直接设定 i 节点的数量，如可以**使用例 18-11 带有-N 选项的 mke2fs 命令将/dev/sdb1 分区的 i 节点的数量直接设定为 368，并将数据块大小设定为 4KB。**

【例 18-11】

```
[root@dog ~]# mke2fs -b 4096 -N 368 /dev/sdb1
mke2fs 1.35 (28-Feb-2004)    ......
Block size=4096 (log=2)
Fragment size=4096 (log=2)
384 inodes, 64252 blocks
3212 blocks (5.00%) reserved for the super user    ......
```

例 18-11 的显示结果表明/dev/sdb1 分区上的数据块大小为 4096 字节，总共有 384 个 i 节点（Linux 系统将以在-N 选项中指定的数量为基准点，但会根据实际情况做适当的调整）。

从例 18-11 的显示结果还可以看出在/dev/sdb1 分区上为超级用户预留磁盘空间设定为 5%（磁盘空间总量的 5%），这也是 Linux 系统的默认值。在使用 mke2fs 或 mkfs 命令格式化一个硬盘分区时，系统默认会为超级用户预留 5%的磁盘空间以方便系统的管理和维护。可以使用-m 选项来改变默认的这一设定，m 这个选项会定义为超级用户预留磁盘空间的百分比，如可以**使用例 18-12 带有-m 选项的 mke2fs 或 mkfs 命令将/dev/sdb1 分区中为超级用户预留的磁盘空间设定为 8%（磁盘空间总量的 8%）。**

【例 18-12】

```
[root@dog ~]# mke2fs -m 8 /dev/sdb1
mke2fs 1.35 (28-Feb-2004)    ......
20560 blocks (8.00%) reserved for the super user    ......
```

例 18-12 的显示结果表明在/dev/sdb1 分区中为超级用户预留磁盘空间已经设定为了 8%。

在使用 mke2fs 或 mkfs 命令格式化一个硬盘分区时，使用-L 选项可以为格式化的分区设定分区名（label）。Linux 系统默认不会为一个分区设定 label，可以**使用例 18-13 带有-L 选项的 mke2fs 或 mkfs 命令为/dev/sdb1 分区设定一个 label，这里使用/oracle 作为该分区的 label。**

【例 18-13】

```
[root@dog ~]# mke2fs -L /oracle /dev/sdb1
mke2fs 1.35 (28-Feb-2004)
Filesystem label=/oracle
OS type: Linux    ......
```

例 18-13 的显示结果表明这个分区的 label 为/oracle。要注意的是，即使在 oracle 之前没有/，即 label 只是 oracle，以上命令也能够正确执行。但习惯上会将 label 设定成要挂载的目录，如/、/boot、/home 等，这样既方便系统的使用，也方便系统的管理和维护。

在使用 mke2fs 命令格式化一个硬盘分区时，使用-j 选项可以创建带有日志（Journal）的 ext3 文件系统（有关这部分的内容后面将详细介绍）。可以使用例 18-14 带有-j 选项的 mke2fs 或 mkfs 命令将/dev/sdb1 分区格式化成 ext3 的文件系统。

【例 18-14】

```
[root@dog ~]# mke2fs -j /dev/sdb1
mke2fs 1.35 (28-Feb-2004)    ......
Creating journal (4096 blocks): done    ......
```

从例 18-14 显示结果的方框中的信息可以知道在这个文件系统上已经创建了日志（Journal），实际上这就是 ext3 的文件系统。您可以回顾一下之前使用 mke2fs 或 mkfs 命令格式化/dev/sdb1 分区的例子，在那些例子的显示结果中都没有框有方框的那行信息，因此那些例子都是将/dev/sdb1 分区格式化成了 ext2 文件系统。ext3 文件系统与 ext2 文件系统之间的唯一差别就是 ext3 文件系统多了日志（Journal）的功能。

☞指点迷津：

如果读者对 18.3～18.5 节所介绍的硬盘分区和分区格式化的内容还是不能完全理解，也没有关系。您可以想象有一个暴发户正在炒房子和炒地皮，他买下了一个旧的很大的空库房以等待地价的攀升。为了利润最大化，他将这个库房做了简单的装修。之后将这个库房划分为几个不同的区域，如餐饮区、小百货区、水果蔬菜区等。之后又在每个区内划出了一些大小相等的摊位出租给不同的商户。这里不同的区域就相当于硬盘的分区，每一个大小相等的摊位就相当于数据块，而那些商户就相当于数据。小的数据块设置就相当于都是小摊位，适合于小业主的散户，而大的数据块设置就相当于都是大摊位，适合于大商户，如水果蔬菜的批发商。

18.6　ext2 与 ext3 文件系统之间的差别及转换

为了使读者更好地理解和使用 ext2 和 ext3 文件系统，下面首先介绍 ext2 与 ext3 文件系统之间的差别。**其实这两种文件系统的格式是完全相同的，只是 ext3 文件系统会在硬盘分区的最后面留出一块磁盘空间来存放日志（Journal）记录**，如图 18-15 所示。

接下来详细地介绍 ext2 与 ext3 文件系统在硬盘上写入数据的过程。**在 ext2 格式的文件系统上，当要向硬盘中写入数据时，系统并不是立即将这些数据写到硬盘上，而是先将这些数据写到数据缓冲区中（内存）**，如图 18-16 所示。**当数据缓冲区写满时，这些数据才会被写到硬盘中**，如图 18-17 所示。

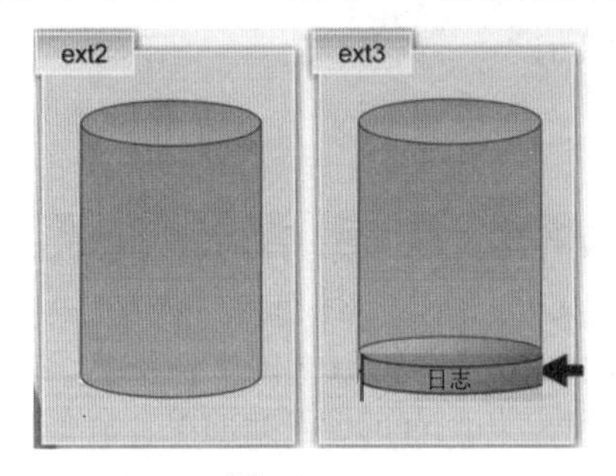

图 18-15

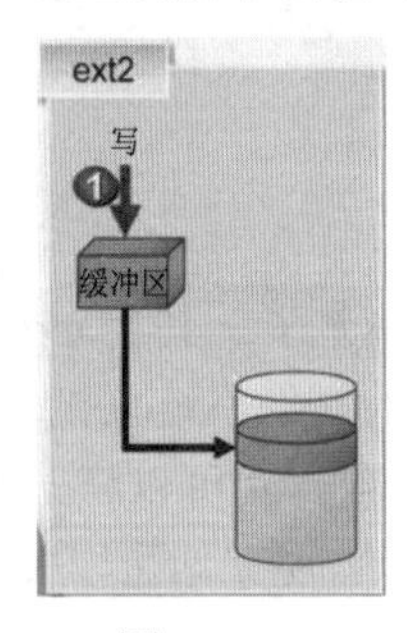

图 18-16

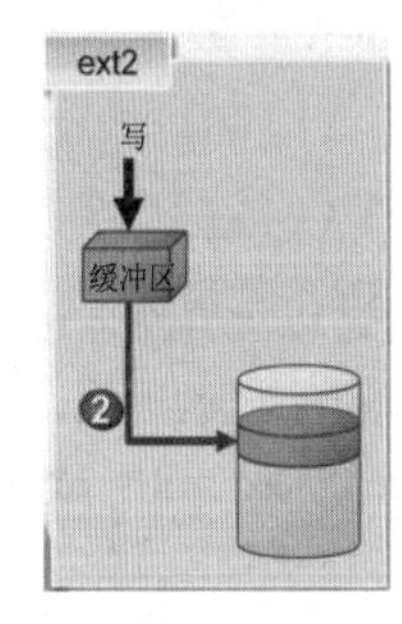

图 18-17

在 ext3 格式的文件系统上，当要向硬盘中写入数据时，其系统内部的操作过程如下：

（1）系统同样先将这些数据写到数据缓冲区中（内存），如图 18-18 所示。

（2）当数据缓冲区写满时，在数据被写入硬盘之前系统要先通知日志现在要开始向硬盘中写入数据（即向日志中写入一些信息），如图 18-19 所示。

（3）之后才会将数据写入硬盘中，如图 18-20 所示。

（4）当数据写入硬盘之后，系统会再次通知日志数据已经写入硬盘，如图 18-21 所示。

图 18-18

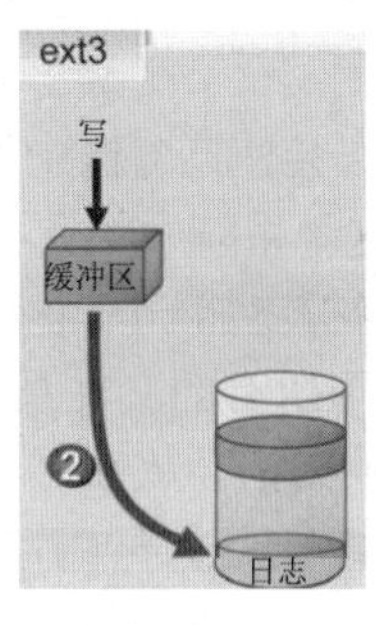

图 18-19

图 18-20

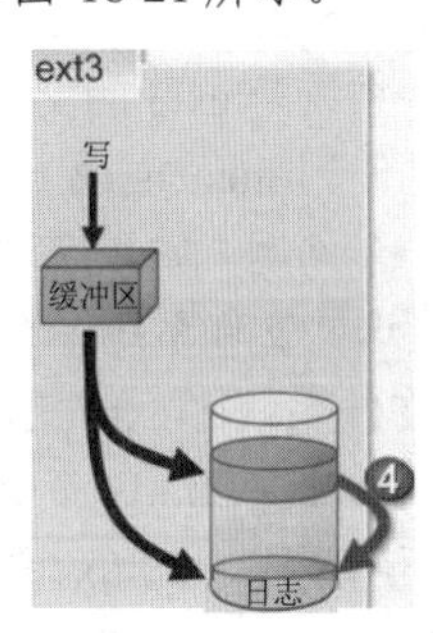

图 18-21

当了解了 ext2 与 ext3 文件系统在硬盘上写入数据的过程之后，接下来可能有读者会问那么日志这个机制到底有什么用处？

在 ext2 文件系统中，由于没有日志机制，所以 Linux 系统使用 Valid bit 标志位来记录系统在关机之前该文件系统是否已经卸载（每个文件系统都有一个自己的 Valid bit）。**Valid bit 的值为 1，表示在关机之前这个文件系统已经卸载（即正常关机）；Valid bit 的值为 0，表示在关机之前这个文件系统没有卸载（即非正常关机）。**

在开机时系统会检查每个文件系统的 Valid bit，如果 Valid bit 的值为 1 就直接挂载。如果 Valid bit 的值为 0，系统就会扫描这个硬盘分区来发现损坏的数据，如图 18-22 所示。**这样时间会很长，尤其是分区很大时。**

而在 ext3 文件系统中，由于有日志机制，在开机时系统会检查日志中的信息。利用日志中的信息，系统就会知道有哪些数据还没有写入硬盘中，如图 18-23 所示。**由于系统在硬盘上搜寻的范围很小，所以系统检查的时间就会快很多。**

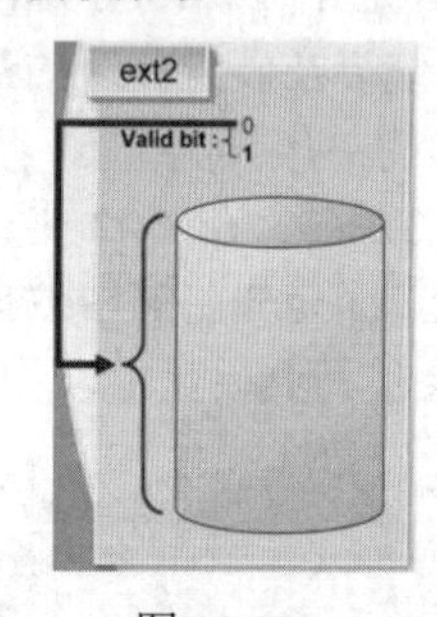

图 18-22

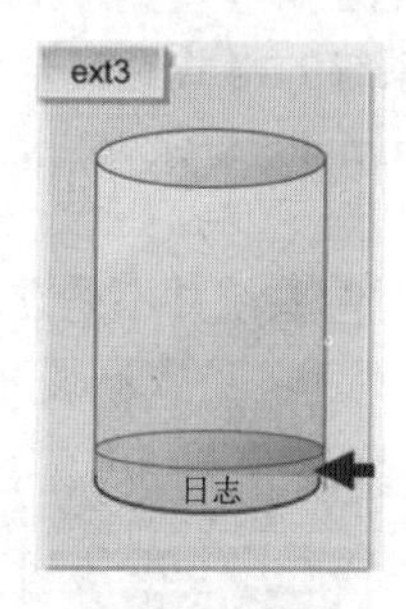

图 18-23

通过以上介绍，读者应该已经清楚了：**其实 ext3 和 ext2 的文件格式是一模一样的，只是 ext3 上增加了日志的机制而已。**而且将 ext2 的文件系统直接转换成 ext3 的文件系统是一件相当容易的工作。**只要在 mke2fs 或 mkfs 命令中加入-j 选项，就可以将一个硬盘分区格式化成一个 ext3 的文件系统，**在 18.5 节的例 18-14 中已经演示过这一用法。现在您可以使用例 18-15 所示以 dumpe2fs 开始的组合命令分页列出/dev/sdb1 分区的设置信息。

【例 18-15】

```
[root@dog ~]# dumpe2fs /dev/sdb1 | more
dumpe2fs 1.35 (28-Feb-2004)
Filesystem volume name:   <none>     ......
Filesystem features:      has_journal resize_inode filetype sparse_super
......
Inode count:              64256
```

例 18-15 的显示结果方框中的信息表示在/dev/sdb1 分区上的文件系统使用了日志的机制，也就是说这个文件系统是 ext3 的文件系统。

但是使用 mke2fs 或 mkfs 命令格式化一个分区的操作会使该分区中原来存有的数据全部丢失，这就带来了一个问题。如果您现在接手了一个 Linux 系统，这个系统中的所有分区都是使用的 ext2 的文件系统，而且这些文件系统中存放了许多有用的信息。最近老板参加了一个 IT 厂商的产品促销会，在会上得知 ext3 文件系统比 ext2 更新更好，于是他通知立即将公司所有的文件系统全部转换成 ext3。显然此时很难使用 mke2fs 或 mkfs 命令来转换了，因为公司的所有数据都存放在这个系统上。

请不用紧张，Linux 系统的设计者们早就高瞻远瞩预测到这一点了，为此 Linux 系统引入了一个叫 tune2fs 的命令，可以将 ext2 的文件系统直接转换成 ext3 的文件系统，而且不会丢失任何数据。为了演示这一命令的使用，您首先使用例 18-16 的 mke2fs 命令将/dev/sdb1 分区重新格式化为 ext2 的文件系统。

【例 18-16】

```
[root@dog ~]# mke2fs /dev/sdb1
mke2fs 1.35 (28-Feb-2004)
Filesystem label=
......
Writing inode tables: done
Writing superblocks and filesystem accounting information: done
......
```

从例 18-16 的显示结果可以断定这个文件系统是 ext2 格式的，因为在显示结果中用方框框起来的那两行之间并没有 Creating journal (4096 blocks): done 这行信息（见例 18-14）。但是为了保险起见，可以使用例 18-17 的组合命令再次分页列出/dev/sdb1 分区的设置信息。

【例 18-17】

```
[root@dog ~]# dumpe2fs /dev/sdb1 | more
dumpe2fs 1.35 (28-Feb-2004)
Filesystem volume name:   <none>   ......
Filesystem features:      resize_inode filetype sparse_super
Default mount options:    (none)   ......
```

在例 18-17 显示结果的方框中已经没有了 has_journal 的信息，因此可以断定这个文件系统就是 ext2 的文件系统。接下来，您就可以使用例 18-18 的 tune2fs 命令直接将/dev/sdb1 分区的文件系统转换成 ext3。

【例 18-18】

```
[root@dog ~]# tune2fs -j /dev/sdb1
tune2fs 1.35 (28-Feb-2004)
Creating journal inode: done    ......
```

尽管从例 18-18 的显示结果可以断定/dev/sdb1 分区的文件系统已经被转换成了 ext3 格式的文件系统。但是为了慎重起见，您应该使用例 18-19 的以 dumpe2fs 开始的组合命令再次分页列出/dev/sdb1 分区的设置信息。

【例 18-19】

```
[root@dog ~]# dumpe2fs /dev/sdb1 | more
dumpe2fs 1.35 (28-Feb-2004)
Filesystem volume name:   <none>   ......
Filesystem features:      has_journal resize_inode filetype sparse_super
Default mount options:    (none)   ......
```

例 18-19 显示结果的方框中的信息表示/dev/sdb1 分区的文件系统使用了日志的机制，也就是说这个文件系统已经是 ext3 的文件系统了。原来将 ext2 的文件系统直接转换成 ext3 的文件系统就这么简单！接下来，您就可以使用同样的方法将其他的 ext2 文件系统也都直接转换成 ext3 的文件系统。

除了以上使用带有-j 选项的 mke2fs 或 mkfs 命令将一个分区格式化为 ext3 的文件系统之外，Linux 系统还提供了另一个专门将一个分区格式化为 ext3 文件系统的命令，就是 mkfs. ext3 命令，因此也可使用例 18-20 的 mkfs.ext3 命令将/dev/sdb1 分区格式化为 ext3 文件系统。

【例 18-20】

```
[root@dog ~]# mkfs.ext3 /dev/sdb1
mke2fs 1.35 (28-Feb-2004)
Filesystem label=        ......
Creating journal (4096 blocks): done    ......
```

尽管从例 18-20 的显示结果中方框框起来的部分，已经可以断定/dev/sdb1 分区已经被格式化成了 ext3 格式的文件系统。但为了慎重起见，您应该使用例 18-21 的以 dumpe2fs 开始的组合命令再次分页列出 /dev/sdb1 分区的设置信息。

【例 18-21】

```
[root@dog ~]# dumpe2fs /dev/sdb1 | more
dumpe2fs 1.35 (28-Feb-2004)
Filesystem volume name:   <none>   ......
Filesystem features:      has_journal resize_inode filetype sparse_super
Default mount options:    (none)    ......
```

例 18-21 显示结果的方框中的信息表示/dev/sdb1 分区的文件系统使用了日志的机制，也就是说这个文件系统已经被格式化成了 ext3 的文件系统。

除了以上介绍的可以使用不带-j 选项的 mke2fs 或 mkfs 命令将一个分区格式化为 ext2 的文件系统之外，Linux 系统还提供了另一个专门将一个分区格式化为 ext2 文件系统的命令，那就是 mkfs.ext2 命令，有兴趣的读者可以自己试试。这里需要指出的是在所有这些格式化命令中，mke2fs 命令应该是功能最全的和使用最普遍的。

18.7　为一个分区设定 lable（分区名）

前面在表示一个分区时都是使用类似/dev/sda*n* 的表示方法，其中 *n* 是自然数表示的分区号，如图 18-24 所示的/dev/sda 中的分区都是使用的这种表示法。其实还可以使用 label 表示法，如图 18-25 所示的/dev/sda 中的分区就是使用的 label 表示法。读者要注意图 18-25 中最左面的以“/”开始的字符串不是目录名而是分区的 lable，这里是为了方便管理和维护，特意将分区的 lable 设为要挂载的目录名。

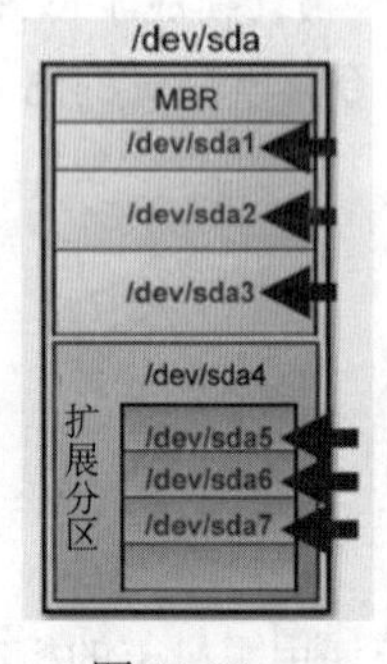

图 18-24

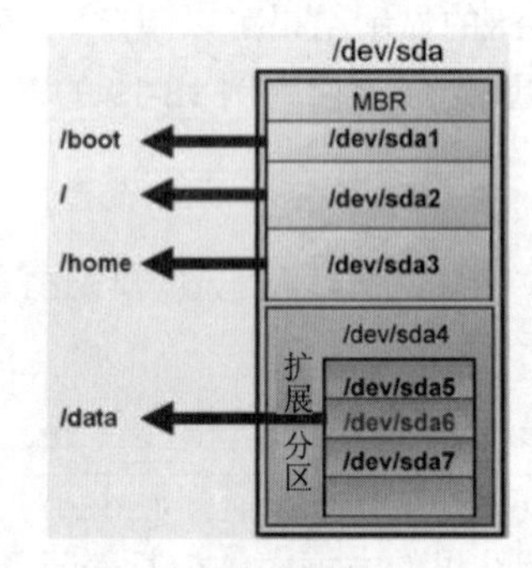

图 18-25

分区的 lable 表示法提供了一种可能是更简单、便捷的分区表示法，因此就同样可以使用 label 表示法来表示一个硬件设备了，可以使用 e2label 命令来设定或查看一个设备的 label 名称。您可以使用例 18-22 的 fdisk 命令列出目前系统中所有硬盘分区的信息。

【例 18-22】

```
[root@dog ~]# fdisk -l
Disk /dev/sda: 16.1 GB, 16106127360 bytes ......
   Device Boot      Start         End      Blocks   Id  System
/dev/sda1   *           1          16      128488+  83  Linux
/dev/sda2              17        1163     9213277+  83  Linux
/dev/sda3            1164        1673     4096575   83  Linux
```

```
/dev/sda4          1674       1958     2289262+   5  Extended
/dev/sda5          1674       1804     1052226   82  Linux swap

Disk /dev/sdb: 1073 MB, 1073741824 bytes ……
   Device Boot      Start         End      Blocks   Id  System
/dev/sdb1               1          32      257008+  83  Linux

Disk /dev/sdc: 1073 MB, 1073741824 bytes  ……
Disk /dev/sdc doesn't contain a valid partition table
```

例 18-22 的显示结果表明：目前这个系统上有 3 个 SCSI 的硬盘，它们分别是/dev/sda、/dev/sdb 和/dev/sdc。其中，硬盘/dev/sda 上有 5 个分区，分别是/dev/sda1～/dev/sda5；硬盘/dev/sdb 上只有一个分区，即/dev/sdb1；而硬盘/dev/sdc 上没有任何有效的分区。您可以**使用例 18-23 的 e2label 命令列出/dev/sda1 分区的 label。**

【例 18-23】

```
[root@dog ~]# e2label /dev/sda1
/boot
```

例 18-23 的显示结果表明/dev/sda1 分区的 label 为/boot。您也可以使用例 18-24 的 e2label 命令列出/dev/sda2 分区的 label。

【例 18-24】

```
[root@dog ~]# e2label /dev/sda2
/
```

例 18-24 的显示结果表明/dev/sda2 分区的 label 为“/”。您还可以使用例 18-25 的 e2label 命令列出/dev/sda3 分区的 label。

【例 18-25】

```
[root@dog ~]# e2label /dev/sda3
/home
```

例 18-25 的显示结果表明/dev/sda3 分区的 label 为/home。您还可以使用例 18-26 的 e2label 命令列出/dev/sdb1 分区的 label。

【例 18-26】

```
[root@dog ~]# e2label /dev/sdb1
```

例 18-26 的 e2label 命令执行完后，系统没有显示任何信息。因为我们并未为/dev/ sdb1 分区设定 label。可以使用例 18-27 的 e2label 命令将/dev/sdb1 分区的 label 设定为 oracle。

【例 18-27】

```
[root@dog ~]# e2label /dev/sdb1 oracle
```

接下来，您应该使用例 18-28 的 e2label 命令列出/dev/sdb1 分区的 label。

【例 18-28】

```
[root@dog ~]# e2label /dev/sdb1
oracle
```

例 18-28 的显示结果表明 dev/sdb1 分区的 label 确实是 oracle。但是为了管理和维护方便，如果这个分区要挂载在/oracle 目录下，习惯上我们会将分区的 label 也设定为/oracle，如您可以使用例 18-29 的 e2label 命令将/dev/sdb1 分区的 label 设定为/oracle。

【例 18-29】

```
[root@dog ~]# e2label /dev/sdb1 /oracle
```

之后，您应该使用例 18-30 的 e2label 命令列出/dev/sdb1 分区的 label。

【例 18-30】

```
[root@dog ~]# e2label /dev/sdb1
/oracle
```

例 18-30 的显示结果表明 dev/sdb1 分区的 label 确实已经是/oracle，这一 lable 要比之前的 oracle 更容易识别。

Linux 系统还提供了一个叫 blkid 的命令，可以使用这个命令查看所有硬盘分区的设备文件名、label 以及文件类型等信息，如您可以使用例 18-31 的 blkid 命令来列出这些信息。

【例 18-31】

```
[root@dog ~]# blkid
/dev/sda1: LABEL="/boot" UUID="9d102812-5208-4797-816a-9b408e2d3383" SEC_
TYPE="ext3" TYPE="ext2"
/dev/sda2: LABEL="/" UUID="ee183d44-f717-46fd-88b2-cefb2afab006" SEC_ TYPE= "ext3"
TYPE="ext2"    ......
```

例 18-31 的显示结果确实列出了所有硬盘分区的设备文件名、label 以及文件类型等信息，只不过看上去好像不太容易阅读。

指点迷津：

读者千万不要擅自改变分区/dev/sda1～/dev/sda5 的 label，因为这可能造成 Linux 系统无法正常开机（其原因会在后面内容做详细的解释）。

18.8 文件系统的挂载与卸载

当您在硬盘上创建了一个分区并将其格式化成某一文件系统之后，您也无法立即将数据（程序）存储在这个文件系统上。在使用这个文件系统之前，您必须先将这个分区挂载到 Linux 系统上，也就是将这个分区挂载到 Linux 文件系统的某个目录上。听起来是不是有点晕？没关系，接下来会详细地解释其中的原委。

挂载的概念是：当要使用某个设备时，如光盘或软盘，必须先将它们对应到 Linux 系统中的某个目录上，如图 18-26 所示。**这个对应的目录就叫挂载点（mount_point），**如图 18-27 所示。**只有经过这样的对应操作之后，用户或程序才能访问到这些设备。**

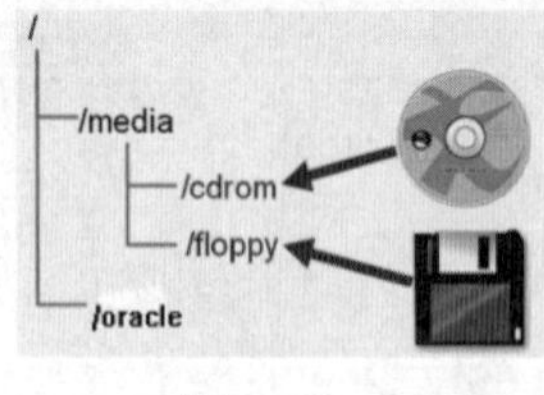

图 18-26

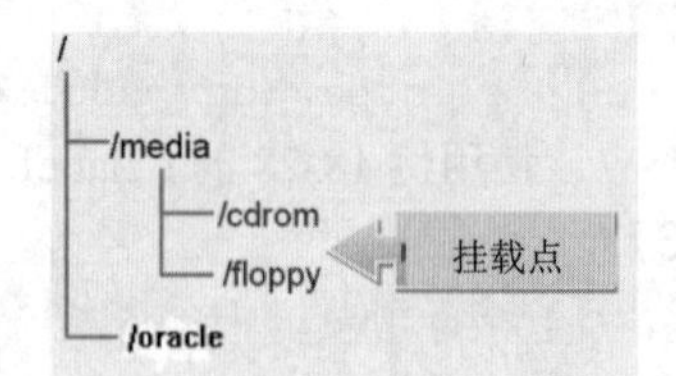

图 18-27

而这个操作的过程就叫设备（文件系统）的挂载，如图 18-28 所示。**硬盘的分区在使用之前也必须挂载，例如当您要使用已经格式化的分区/dev/sda6 时，也要先将这个分区挂载到 Linux 系统上。**如您想将 Oracle 数据库的信息存放在这个分区上，为了管理和维护方便，就可以先在 Linux 系统上创建一个/oracle 目录，之后再将分区/dev/sda6 挂载到/oracle 目录上，如图 18-29 所示。之后，用户或程序才能访问到/dev/sda6 分区。

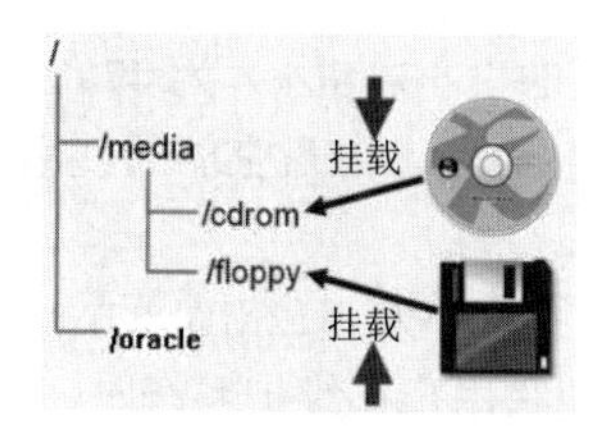

图 18-28

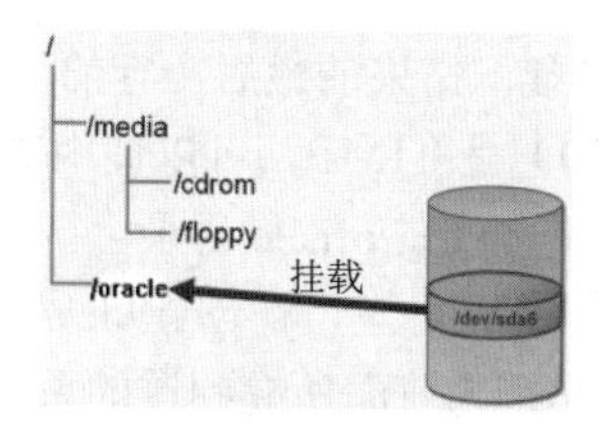

图 18-29

为了安全起见，在接下来的操作中将使用 sdb 硬盘上的分区。为了能顺利地完成后面的操作，您要首先使用 fdisk 命令将/dev/sdb1 分区的大小重新设定为 512MB，之后将该分区格式化为 ext3（也可以是 ext2）的文件系统（若有问题，可参阅本章之前介绍的相关内容）。接下来，可以使用例 18-32 带有-F 参数的 ls 命令列出根（/）目录中所有的内容。

【例 18-32】

```
[root@dog ~]# ls -F /
bin/  etc/    lib/          misc/  proc/  selinux/  tftpboot/  var/ ......
```

例 18-32 的显示结果清楚地表明目前在“/”目录中并没有 oracle 子目录，现在您就可以使用例 18-33 的 mkdir 命令来创建/oracle 子目录了。

【例 18-33】

```
[root@dog ~]# mkdir /oracle
```

系统执行完以上 mkdir 命令之后不会给出任何信息，所以您应该再次使用例 18-34 带有-F 参数的 ls 命令列出根（/）目录中所有的内容。

【例 18-34】

```
[root@dog ~]# ls -F /
bin/  etc/    lib/          misc/  oracle/  sbin/    sys/      usr/  ......
```

例 18-34 的显示结果清楚地表明您已经在“/”目录下成功地创建了 oracle 子目录。接下来，您就可以使用例 18-35 的 mount 命令将/dev/sdb1 分区挂载到/oracle 目录上，其命令非常简单。

【例 18-35】

```
[root@dog ~]# mount /dev/sdb1 /oracle
```

系统执行完以上 mount 挂载命令之后不会给出任何信息，所以您要使用例 18-36 的 mount 命令列出目前挂载在系统上的所有文件系统。

【例 18-36】

```
[root@dog ~]# mount
/dev/sda2 on / type ext3 (rw)
none on /proc type proc (rw)    ......
/dev/hdc on /media/cdrom type iso9660 (ro,nosuid,nodev)
/dev/sdb1 on /oracle type ext3 (rw)
```

从例 18-36 显示结果的最后一行的信息可知：/dev/sdb1 分区已经被挂载到/oracle 目录上，该分区的文件类型是 ext3，而且这个文件系统的状态是可读可写。您也可以使用例 18-37 带有-h 选项的 df 命令列出目前系统中所有已经挂载的分区的相关信息。

【例 18-37】

```
[root@dog ~]# df -h
Filesystem            Size  Used Avail Use% Mounted on
/dev/sda2             8.7G  7.0G  1.3G  85% /
/dev/sda1             122M   14M  102M  13% /boot  ......
/dev/sdb1             479M   11M  444M   3% /oracle
```

从例 18-37 显示结果的最后一行的信息可知：/dev/sdb1 分区的大小（Size）为 479MB，已经使用的磁盘空间（Used）是 11MB，可以使用的磁盘空间（Avail）是 444MB，磁盘空间的使用率（Use%）为 3%，这个分区被挂载在/oracle 目录上。

可能有读者感到奇怪，在创建/dev/sdb1 分区时可是设定它的大小为 512MB 的，现在怎么变成了 479MB 了？这是因为前面所提到过的系统要预留一部分空间给超级用户在维护系统时使用，而且系统本身也要消耗一些磁盘空间。

为了使读者加深了解，您可以使用例 18-38 的 cp 命令将/usr/bin 中的所有内容全部复制到/oracle 中。由于复制的数据量比较大，所以命令要执行一段时间。

【例 18-38】

```
[root@dog ~]# cp -a /usr/bin /oracle
```

接下来，您可以使用例 18-39 的 df 命令再次列出目前系统中所有挂载分区的相关信息。

【例 18-39】

```
[root@dog ~]# df -h
Filesystem          Size  Used Avail Use% Mounted on
/dev/sda2           8.7G  7.0G  1.3G  85% /  ……
/dev/sdb1           479M  270M  184M  60% /oracle
```

从例 18-39 显示结果的最后一行的信息可以看出：/dev/sdb1 分区的磁盘空间使用情况已经发生了很大的变化，目前磁盘空间的使用率（Use%）已经上升为 60%了。现在，您应该可以确信/dev/sdb1 分区就是挂载在/oracle 目录上的了。接下来，您还可以使用例 18-40 带有-l 选项的 ls 命令列出/oracle 目录中的全部内容。

【例 18-40】

```
[root@dog ~]# ls -l /oracle
total 73
drwxr-xr-x  2 root root 61440 May  9 15:21 bin
drwx------  2 root root 12288 May 15 09:21 lost+found
```

例 18-40 的显示结果表明在/oracle 目录中确实存在一个名为 bin 的子目录。完成了以上操作之后，就可使用例 18-41 的 umount 命令卸载/oracle 上的文件系统了。

【例 18-41】

```
[root@dog ~]# umount /oracle
```

系统执行完以上 umount（卸载）命令之后不会给出任何信息，所以您要使用例 18-42 的 mount 命令重新列出目前挂载在系统上的所有文件系统。

【例 18-42】

```
[root@dog ~]# mount
/dev/sda2 on / type ext3 (rw)
none on /proc type proc (rw)    ……
/dev/hdc on /media/cdrom type iso9660 (ro,nosuid,nodev)
```

在例 18-42 的显示结果中，您再也找不到/dev/sdb1 分区的信息了。这表明您已经成功地卸载了/dev/sdb1 分区。当然您也可以使用例 18-43 带有-h 选项的 df 命令再次列出目前系统中所有挂载分区的相关信息。

【例 18-43】

```
[root@dog ~]# df -h
Filesystem          Size  Used Avail Use% Mounted on
/dev/sda2           8.7G  7.0G  1.3G  85% /   ……
/dev/hdc            267M  267M     0 100% /media/cdrom
```

在例 18-43 的显示结果中，您再也找不到/dev/sdb1 分区的信息了。这也再一次证明您已经成功地卸载了/dev/sdb1 分区。您也可以使用例 18-44 带有-l 选项的 ls 命令再次列出目前/oracle 目录中的全部内容。

【例 18-44】

```
[root@dog ~]# ls -l /oracle
total 0
```

例 18-44 的显示结果表明/oracle 目录中的所有文件和目录都不见了，这也同样说明/dev/ sdb1 分区已经被卸载了。

在挂载文件系统时也可以使用分区的 label 来完成。可以使用例 18-45 的 e2label 命令列出/dev/sdb1 分区的 label。

【例 18-45】

```
[root@dog ~]# e2label /dev/sdb1
```

由于这个命令执行之后系统没有显示任何信息，这表明在该分区上没有设定 label。您可以使用例 18-46 的 e2label 命令将/dev/sdb1 分区的 label 设定为/oracle。

【例 18-46】

```
[root@dog ~]# e2label /dev/sdb1 /oracle
```

系统执行完以上 e2label 命令之后同样不会给出任何信息，所以您要使用例 18-47 的 e2label 命令重新列出/dev/sdb1 分区的 label。

【例 18-47】

```
[root@dog ~]# e2label /dev/sdb1
/oracle
```

确认了/dev/sdb1 分区的 label 为/oracle 之后，您就可以**使用例 18-48 带有-L 选项的 mount 命令使用 label 值来挂载这个分区了。**注意，这里紧跟在-L 选项之后的/oracle 为/dev/sdb1 分区的 label，而最后的/oracle 为挂载点（目录）。

【例 18-48】

```
[root@dog ~]# mount -L /oracle /oracle
```

随后，您要使用例 18-49 的 mount 命令再次列出目前挂载在系统上的所有文件系统。

【例 18-49】

```
[root@dog ~]# mount
/dev/sda2 on / type ext3 (rw)
none on /proc type proc (rw)    ......
/dev/sdb1 on /oracle type ext3 (rw)
```

在例 18-49 的显示结果中，又可以看到/dev/sdb1 分区的信息了。这表明您已经成功地挂载了/dev/sdb1 分区。当然也可以使用例 18-50 带有-h 选项的 df 命令再次列出目前系统中所有分区的相关信息。

【例 18-50】

```
[root@dog ~]# df -h
Filesystem            Size  Used Avail Use% Mounted on
/dev/sda2             8.7G  7.0G  1.3G  85% /  ......
/dev/sdb1             479M  270M  184M  60% /oracle
```

在例 18-50 的显示结果中，又见到了/dev/sdb1 分区的信息。这也再一次证明您已经成功地挂载了该分区。也可使用例 18-51 的 ls 命令再次列出目前/oracle 目录中的全部内容。

【例 18-51】

```
[root@dog ~]# ls -l /oracle
total 73
```

```
drwxr-xr-x  2 root root 61440 May  9 15:21 bin
drwx------  2 root root 12288 May 15 09:21 lost+found
```

在例 18-51 的显示结果中您又看到了久违的/oracle 目录中那些宝贵的信息了，**这也说明使用 e2label 命令设定一个分区 label 的操作不会损坏分区中原有的信息。**

☞ **指点迷津：**

可能读者会想为什么使用 Linux 系统的硬盘分区那么麻烦，而不能像微软系统那样硬盘安装上就可以使用呢？其实硬盘分区（设备）挂载和卸载的概念是源自 UNIX，UNIX 系统一般是作为服务器使用的，这样安全就是一个必须面对的大问题，特别是在网络上。最简单也是最有效的方法就是不使用的硬盘分区（设备）不挂载，因为没有挂载的硬盘分区是无法访问的，这样系统也就更安全了。另外，这样也可以减少挂载的硬盘分区数量，实际上也就减少了系统维护文件的规模，当然也就减少了系统的开销，即提高了系统的效率。

18.9　mount 和 umount 命令深入讨论

在 18.8 节中所使用的 mount 命令都是不带任何选项（参数）的简单 mount 命令，虽然在绝大多数情况下，这种 mount 命令已经可以满足实际工作的需要，但是在一些特殊情况下还是要设定挂载的文件系统的一些操作特性，可以通过在 mount 命令中使用一些参数来达到这一目的。mount 命令的完整语法格式如下：

```
mount [-t vfstype] [-o options] device mount_point
```

其中，device 就是要挂载的设备（硬盘分区）名，mount_point 为挂载点（挂载的目录）。命令的第 1 个方括号中的-t，t 是 type（类型）的第 1 个字母，而 vfstype 是 virtual file system type 的缩写，就是要挂载的文件类型（通常在 mount 命令中不需要指定，因为 Linux 系统的内核可以自动判断）。这里的文件类型可能包括：

- Linux 的 ext2 文件系统。
- Linux 的 ext3 文件系统。
- Linux 的 ext4 文件系统。
- 微软的 vfat 文件系统。
- 用于光盘映像的 iso9660 文件系统等。

在该命令的第 2 个方括号中的-o options，最前面的 o 是 option 的第 1 个字母，options 为选项。其中，常用的选项如下。

- suid：允许挂载的文件系统使用 suid 或 sgid 的特殊权限。
- dev：允许挂载的文件系统建立设备文件，如/dev/sda1～/dev/sda5，及/dev/sdb1。
- exec：允许挂载文件系统挂载之后可以执行该文件系统中的可执行文件。
- auto：在计算机开机之后会自动挂载这个文件系统。
- nouser：只允许超级用户（root）可以挂载这个文件系统。
- async：在写数据时先写到数据缓冲区中后再写到硬盘上，这样效率会比较高，async 是 asynchronously（异步地）的缩写。
- loop：用来挂载 loopback 的设备，如光驱就是 loopback 的设备。
- ro：挂载后的文件系统是只读的，即只能进行读操作。
- rw：挂载后的文件系统是可读和可写的，即可以进行读写操作。

如果在挂载 ext2 或 ext3 或 ext4 的文件系统时没有指定任何选项，Linux 系统默认使用如下选项：rw、 suid、dev、exec、auto、nouser 和 async。

当不再使用一个文件系统（设备）时，使用 umount（unmount 的缩写）命令将这个文件系统（设备）卸载。umount 命令的完整语法格式如下：

```
umount device | mount_point
```

在使用 umount 命令卸载一个文件系统时，既可以使用设备（文件）名，也可以使用挂载点。首先使用例 18-52 的 mount 命令列出目前系统上挂载的所有文件系统。

【例 18-52】

```
[root@dog ~]# mount
/dev/sda2 on / type ext3 (rw)
none on /proc type proc (rw)    ......
/dev/sdb1 on /oracle type ext3 (rw)
```

在例 18-52 的显示结果中的最后一行有一个挂载在/oracle 目录上的/dev/sdb1 分区，现在您可以使用例 18-53 的 umount 命令通过设备文件名的方式卸载这一分区。

【例 18-53】

```
[root@dog ~]# umount /dev/sdb1
```

接下来，您要使用例 18-54 的 mount 命令再次列出目前挂载在系统上的所有文件系统。

【例 18-54】

```
[root@dog ~]# mount
/dev/sda2 on / type ext3 (rw)    ......
/dev/hdc on /media/cdrom type iso9660 (ro,nosuid,nodev)
```

在例 18-54 的显示结果中，您再也找不到/dev/sdb1 分区的信息了。这表明已经成功地卸载了/dev/sdb1 分区。接下来，您要使用例 18-55 的 mount 命令重新将/dev/sdb1 文件系统挂载到/oracle 目录上。

【例 18-55】

```
[root@dog ~]# mount /dev/sdb1 /oracle
```

随后，您应该使用例 18-56 的 mount 命令再次列出目前挂载在系统上的所有文件系统。

【例 18-56】

```
[root@dog ~]# mount
/dev/sda2 on / type ext3 (rw) ......
/dev/sdb1 on /oracle type ext3 (rw)
```

在例 18-56 的显示结果中的最后一行又出现了那个挂载在/oracle 目录上的/dev/sdb1 分区，现在您可以使用例 18-57 的 umount 命令使用挂载点的方式卸载这一分区。

【例 18-57】

```
[root@dog ~]# umount /oracle
```

之后，您要使用例 18-58 的 mount 命令再次列出目前挂载在系统上的所有文件系统。

【例 18-58】

```
[root@dog ~]# mount
/dev/sda2 on / type ext3 (rw)        ......
/dev/hdc on /media/cdrom type iso9660 (ro,nosuid,nodev)
```

在例 18-58 的显示结果中，您再也找不到/dev/sdb1 分区的信息了。这表明您已经成功地卸载了/dev/sdb1 分区。

以上的这些例子进一步证明了：**在使用 umount 命令卸载一个文件系统时，既可以使用设备名，也可以使用挂载点。但是如果有用户正在使用一个文件系统，umount 命令将无法卸载该系统。**为了证明这一点，首先要使用例 18-59 的 mount 命令将/dev/sdb1 分区重新挂载到/oracle 目录上。为了节省篇幅，这里没有进行测试，但是在实际工作中最好测试一下。

【例 18-59】

```
[root@dog ~]# mount /dev/sdb1 /oracle
```

当确认以上命令执行成功之后，使用例 18-60 的 cd 命令将 root 的当前工作目录切换到/oracle。随后，使用例 18-61 的 pwd 命令列出当前工作目录以验证 cd 命令是否执行成功。

【例 18-60】

```
[root@dog ~]# cd /oracle
```

【例 18-61】

```
[root@dog oracle]# pwd
/oracle
```

当确认当前工作目录确实为/oracle 之后，再开启一个终端窗口以 root 用户登录 Linux 系统，接下来使用例 18-62 的 umount 命令卸载/oracle 文件系统。

【例 18-62】

```
[root@dog ~]# umount /oracle
umount: /oracle: device is busy
```

例 18-62 的命令执行之后，Linux 系统并未卸载/oracle 文件系统，而是显示了“所在的设备忙碌”的提示信息。此时可以使用 Linux 系统的 fuser 命令来找到并解决其中的问题。**fuser 命令将显示使用指定文件或文件系统进程的 ID（PID）以及相关的信息。**在默认显示模式中，每个文件名之后紧跟着一个表示访问类型的字母，如下所示。

- c：表示当前目录。
- e：正在运行可执行文件等。

另外，在 fuser 命令中也可以使用一些选项（参数）。为了节省篇幅，以下只列出了后面要用到的 3 个参数（有兴趣的读者可以使用--help 选项或 man 命令查看相关的信息）。

- -v：显示详细的信息，v 是 verbose output　的第 1 个字母。
- -k：杀死正在访问文件的进程，k 是 kill 的第 1 个字母。
- -m：指定挂载点文件系统。

了解了 fuser 这个强大的命令之后，为了找出其中的问题，您可以使用例 18-63 带有-v 选项的 fuser 命令列出/oracle 文件系统使用情况的信息。

【例 18-63】

```
[root@dog ~]# fuser -v /oracle
                     USER     PID      ACCESS  COMMAND
/oracle              root     5377     ..c..   bash
                     root     kernel   mount   /oracle
```

例 18-63 的显示结果表明：目前 root 用户的当前目录是/oracle，所执行的命令是 bash，进程 ID 是 5377。原来是有用户正在/oracle 目录中工作，为了能卸载/oracle 文件系统，您使用例 18-64 带有-km 选项的 fuser 命令终止使用/oracle 文件系统的进程。

【例 18-64】

```
[root@dog ~]# fuser -km /oracle
/oracle:             5377c
```

确认以上命令执行成功之后，就可使用例 18-65 的 umount 命令卸载/oracle 文件系统了。

【例 18-65】

```
[root@dog ~]# umount /oracle
```

执行以上 umount 命令之后，系统并未显示任何信息，所以您要使用例 18-66 的 mount 命令再次列出目前挂载在系统上的所有文件系统。

【例 18-66】

```
[root@dog ~]# mount
/dev/sda2 on / type ext3 (rw)    ......
/dev/hdc on /media/cdrom type iso9660 (ro,nosuid,nodev)
```

在例 18-66 的显示结果中，您已经找不到挂载在/oracle 目录上的/dev/sdb1 分区的信息了。这表明您已经成功地卸载了/oracle 文件系统。

另外，**在 mount 命令中可以使用 remount 选项来自动改变一个已经挂载的文件系统的选项。这样做的好处是：可以在不卸载文件系统的情况下直接修改这个文件系统的选项，也就是修改了文件系统的工作状态。**

为了演示 remount 选项的用法，您可以首先使用例 18-67 带有-L 选项的 mount 命令重新挂载/oracle 文件系统。

【例 18-67】

```
[root@dog ~]# mount -L /oracle /oracle
```

随即，您应该使用例 18-68 的 mount 命令再次列出目前挂载在系统上的所有文件系统。

【例 18-68】

```
[root@dog ~]# mount
/dev/sda2 on / type ext3 (rw)    ......
/dev/sdb1 on /oracle type ext3 (rw)
```

例 18-68 显示结果的最后一行表明目前/oracle 文件系统的状态是可读可写，现在您可以使用例 18-69 带有 remount 选项的-omount 命令重新将/oracle 文件系统挂载为只读状态。

【例 18-69】

```
[root@dog ~]# mount -o remount,ro /oracle
```

☞ **指点迷津：**

在“remount,”与 ro 之间不能使用空格。若有空格，将无法修改所指定文件系统的状态。

接下来，您要使用例 18-70 的 mount 命令再次列出目前挂载在系统上的所有文件系统。

【例 18-70】

```
[root@dog ~]# mount
/dev/sda2 on / type ext3 (rw) ......
/dev/sdb1 on /oracle type ext3 (ro)
```

例 18-70 显示结果的最后一行表明目前/oracle 文件系统的状态已经变成了只读。

18.10　使用 mount 命令的两个特殊实例

首先要演示的实例是如何挂载一个不允许执行的文件系统，为了保证后面的操作顺利，您先使用例 18-71 的 umount 命令卸载/oracle 文件系统。为了节省篇幅，这里省略了测试操作，即假设每一个操作都是正确的，但是在实际工作中最好要测试。

【例 18-71】

```
[root@dog ~]# umount /oracle
```

当确认以上命令执行成功之后，使用例 18-72 的 mount 命令重新挂载/oracle 文件系统。由于在这个 mount 命令中没有使用任何选项，所以系统会使用默认的选项，而默认方式挂载的文件系统是可执行的。

【例 18-72】

```
[root@dog ~]# mount /dev/sdb1 /oracle
```

当/oracle 文件系统挂载成功之后，您应该使用例 18-73 的 cd 命令将当前的工作目录切换为/oracle/bin。

【例 18-73】

```
[root@dog ~]# cd /oracle/bin
```

当目录切换成功之后，使用例 18-74 的./whoami 命令列出当前的用户名。

【例 18-74】

```
[root@dog bin]# ./whoami
root
```

例 18-74 的显示结果表明当前用户是 root，这也说明目前/oracle 文件系统是处于可执行的状态，因为/oracle/bin 目录中的文件是可以执行的。之后，使用例 18-75 的 umount 命令卸载/oracle 文件系统。

【例 18-75】

```
[root@dog bin]# umount /oracle
umount: /oracle: device is busy
```

当看到例 18-75 的显示结果时，请不要惊慌，知道是什么原因吗？因为 root 用户在/oracle/bin 目录中，所以您要使用例 18-76 的 cd 命令将 root 用户的当前目录切换回 root 的家目录。之后，再使用例 18-77 的 umount 命令重新卸载/oracle 文件系统。

【例 18-76】

```
[root@dog bin]# cd
```

【例 18-77】

```
[root@dog ~]# umount /oracle
```

当确认以上命令执行成功之后，使用例 18-78 带有-o noexec 选项的 mount 命令再次以不可执行的方式挂载/oracle 文件系统。

【例 18-78】

```
[root@dog ~]# mount -o noexec /dev/sdb1 /oracle
```

当/oracle 文件系统挂载成功之后，您应该使用例 18-79 的 cd 命令再次将当前的工作目录切换为/oracle/bin。

【例 18-79】

```
[root@dog ~]# cd /oracle/bin
```

当目录切换成功之后，使用例 18-80 的./whoami 命令列出当前的用户名。

【例 18-80】

```
[root@dog bin]# ./whoami
-bash: ./whoami: Permission denied
```

例 18-80 的显示结果清楚地表明这次系统已经拒绝执行./whoami 命令了，因为目前系统是以不可执行的方式挂载了/oracle 文件系统。您可以使用例 18-81 的 mount 命令以列出目前所有文件系统相关状态信息的方式来验证这一点。

【例 18-81】

```
[root@dog bin]# mount
/dev/sda2 on / type ext3 (rw)   ……
/dev/sdb1 on /oracle type ext3 (rw,noexec)
```

例 18-81 显示结果的最后一行表明目前/oracle 文件系统的状态确实是不可执行的（noexec）。

接下来要演示的是如何挂载一个 ISO 的映像文件。可能的情况是这样的，您需要知道一个 ISO 映像文件中所存放的内容，可是您的 Linux 系统上却没有光驱，此时您就可以使用挂载 ISO 的映像文件的方法来解决这一难题。

在这个实例中，我们使用 Linux 系统的安装光盘中的第 1 张光盘的映像文件（也可以是其他的光盘映像文件）。您要首先在 Windows 系统上启动一个 DOS 窗口，使用例 18-82 切换盘符的 DOS 命令将当前盘切换到 ftp 文件夹所在盘。

【例 18-82】

```
C:\Documents and Settings\Ming>G:
```

之后，使用例 18-83 的 DOS 命令将当前目录切换为 ftp 目录，接下来使用例 18-84 的 dir 命令列出 ftp 目录（文件夹）中的所有内容。

【例 18-83】

```
G:\>cd ftp
```

【例 18-84】

```
G:\ftp>dir
 Volume in drive G has no label.  ……
10/27/2006  05:46 AM      627,085,312 Enterprise-R4-U4-i386-disc1.iso
             1 File(s)    627,085,312 bytes
             2 Dir(s)  72,164,118,528 bytes free
```

要确保所需的.iso 映像文件在这个目录中，如果不在，可以使用微软的复制操作将其复制到这个目录中。之后，使用例 18-85 的 ftp 命令连接 Linux 系统。

【例 18-85】

```
G:\ftp>ftp superdog
Connected to superdog.
Connection closed by remote host.
```

如果出现了以上无法连接的信息，不要着急。这可能是 ftp 服务没有启动，您要切换到原来 root 用户所在的终端窗口，之后使用例 18-86 的 service 命令查看 ftp 服务目前的状态。

【例 18-86】

```
[root@dog bin]# service vsftpd status
vsftpd is stopped
```

例 18-86 的显示结果表明目前 ftp 服务是停止的，因此您使用例 18-87 的 service 命令启动 ftp 服务。

【例 18-87】

```
[root@dog bin]# service vsftpd start
Starting vsftpd for vsftpd:  OK  ]
```

当确认 ftp 服务已经启动之后，切换回原来的 DOS 窗口。随后，使用例 18-88 的 ftp 命令再次连接 Linux 系统。在 User (superdog:(none))处输入 dog，在 Password 处输入 wang（dog 用户的密码）。在登录成功之后，使用 ftp 的 bin 命令切换到二进制模式，使用 pwd 命令确认目前操作的目录，使用 put Enter* 命令将 Windows 系统上的 G:\ftp 目录中所有以 Enter 开始的文件（实际上只有一个文件）都上传到 Linux 系统的/home/dog 目录中。当确认上传成功之后，使用 bye 命令退出 ftp。注意，所有用方框框起来的部分是您需要输入的。

【例 18-88】

```
G:\ftp>ftp superdog
Connected to superdog.
220 (vsFTPd 2.0.1)
User (superdog:(none)): dog
331 Please specify the password.
Password:wang
```

```
230 Login successful.
ftp> bin
200 Switching to Binary mode.
ftp> pwd
257 "/home/dog"
ftp> put Enter*
200 PORT command successful. Consider using PASV.    ......
ftp> bye
```

做了这么多准备工作之后终于可以干正事了，首先要切换回原root用户所在的终端窗口。接下来，使用例18-89的cd命令将当前工作目录切换到dog用户的家目录。

【例18-89】

```
[root@dog bin]# cd ~dog
```

确认切换成功之后，使用例18-90的ls命令列出当前目录中所有以.iso结尾的文件。

【例18-90】

```
[root@dog dog]# ls -l *.iso
-rw-r--r--  1 dog dog 627085312 May 16 10:19 Enterprise-R4-U4-i386-disc1.iso
```

当确认了所需的ISO映像文件确实存在之后，**使用例18-91的mkdir命令在根（/）目录下创建一个用来挂载ISO映像文件的名为iso的子目录。**

【例18-91】

```
[root@dog dog]# mkdir /iso
```

当确认所需的目录已经创建成功之后，**使用例18-92的mount命令将当前目录中的这个ISO映像文件挂载到/iso目录上。命令中的"-t iso9660"表示要挂载的文件系统是iso9660，"-o ro,loop"表示以只读的方式将这个文件系统挂载成光盘格式的文件系统。**

【例18-92】

```
[root@dog dog]# mount -t iso9660 -o ro,loop Enterprise-R4-U4-i386-disc1.iso /iso
```

随后，您应该使用例18-93的mount命令再次列出目前挂载在系统上的所有文件系统。

【例18-93】

```
[root@dog dog]# mount
/dev/sda2 on / type ext3 (rw)     ......
/home/dog/Enterprise-R4-U4-i386-disc1.iso on /iso type iso9660 (ro,loop=/dev/loop0)
```

例18-93显示结果的最后一行清楚地表明dog家目录中的那个映像文件已经被成功地挂载到了/iso目录上，而且这个文件系统的格式是只读的光盘格式。之后，您可以使用例18-94的cd命令将当前目录切换成/iso目录。

【例18-94】

```
[root@dog dog]# cd /iso
```

确认当前目录已是/iso目录之后，使用例18-95的ls命令列出当前目录中的所有内容。

【例18-95】

```
[root@dog iso]# ls -l
total 64
dr-xr-xr-x   4 root root  2048 Oct 27  2006 Enterprise
-r--r--r--   3 root root  8859 Oct 14  2006 enterprise-man.css
-r--r--r--  11 root root  6287 Oct 25  2006 EULA    ......
```

例18-95的显示结果给出了您挂载的光盘中所存放的所有内容。没有光驱同样可以使用光盘映像文件中的东西，Linux系统强大吧？

18.11　利用/etc/fstab 文件在开机时挂载文件系统

尽管使用 mount 命令可以挂载文件系统/oracle（/dev/sdb1），但是只要重新开机该文件系统就被卸载了，如果要使用它就必须使用 mount 命令重新挂载这个文件系统。重新启动系统之后，您使用例 18-96 的 df 命令列出系统上的所有分区（文件系统）。

【例 18-96】

```
[root@dog ~]# df -h
Filesystem           Size  Used Avail Use% Mounted on
/dev/sda2            8.7G  7.0G  1.3G  85% /    ......
/dev/hdc             267M  267M     0 100% /media/cdrom
```

在例 18-96 的显示结果中根本找不到文件系统/oracle（/dev/sdb1），但是为什么/、/boot 以及/home 等文件系统每次系统一开机就自动挂载呢？答案就在/etc/fstab 文件中。

Linux 系统在每次启动时都要读/etc/fstab 这个系统配置文件，并根据此文件中的设定来挂载相应的文件系统（设备），可使用例 18-97 的 cat 命令列出/etc/fstab 文件中的全部内容。

【例 18-97】

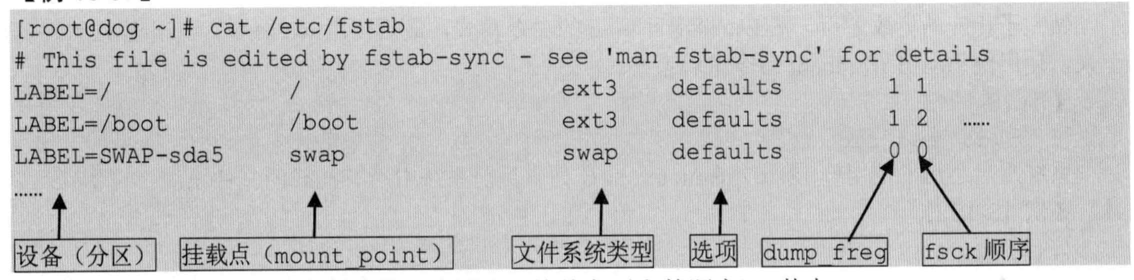

以下是对/etc/fstab 文件中内容的进一步解释（按从左至右的顺序）。其中：

（1）设备/分区（device）既可以使用 label 的表示法（如/root），也可以使用设备的表示法（如/dev/sda1）。

（2）挂载点也就是第 1 列中的设备要挂载的目录。

（3）文件系统类型（File system type），除了 ext2 或 ext3 或 ext4 类型之外，还包括其他的文件类型，如 proc 虚拟文件系统等。

（4）选项（options）与之前在介绍 mount 命令时所介绍的选项完全相同，而默认（default）的设定也与 mount 命令中的默认选项一模一样。

（5）Dump 的频率（dump_freq），如果为 0，表示该文件系统不需要 dump（转储）；如果为 1，表示需要 dump 该文件系统。

（6）fsck 应该是 file system check 的缩写，这一栏表示系统开机时检查文件系统的先后次序。如果是 0，表示不做检查；如果是 1，表示第 1 个检查；如果是 2，表示第 2 个检查……依此类推，检查的顺序最大到 9。如果检查的顺序相同，则是由上到下依序检查。

最后要注意的是：**根（/）目录文件系统的检查顺序一般要放在第 1 位，即将 fsck 的检查频率设为 1，并将这个文件系统设定的记录作为在/etc/fstab 文件中的第 1 个记录。**

之前挂载/dev/sdb1 文件系统都是使用的 mount 命令，但是每次开机后要使用这个文件系统就必须再次使用 mount 命令挂载这个文件系统。为了保证每次开机之后系统自动挂载/dev/sdb1 文件系统，要将这个文件系统挂载的设定存入/etc/fstab 文件中。为了安全起见，您首先使用例 18-98 的 cp 命令备份

/etc/fstab 这个重要的文件。之后，使用例 18-99 的 ls 命令列出当前目录中的所有内容以验证该备份文件确实生成。

【例 18-98】

```
[root@dog ~]# cp /etc/fstab fstab.bak
```

【例 18-99】

```
[root@dog ~]# ls
anaconda-ks.cfg  Desktop  fstab.bak  install.log  install.log.syslog  mbox
```

之后，使用例 18-100 的 vi 命令编辑/etc/fstab 文件，在这个文件中加入将/dev/sdb1 分区挂载到/oracle 目录上的记录（方框框起来的部分）。

【例 18-100】

```
[root@dog ~]# vi /etc/fstab
# This file is edited by fstab-sync - see 'man fstab-sync' for details
LABEL=/                 /                       ext3    defaults        1 1 ......
/dev/sdb1               /oracle                  ext3    defaults        1 2 ......
/dev/hdc                /media/cdrom            auto   pamconsole,exec,noauto, managed
0 0
/dev/fd0                /media/floppy          auto    pamconsole,exec,noauto, managed
0 0
```

做完了相应的更改之后，按 Esc 键退回到 vi 的命令模式，最后使用:wq 命令存盘退出 vi 编辑器。接下来，使用例 18-101 的 reboot 命令重启系统。

【例 18-101】

```
[root@dog ~]# reboot
```

系统重启之后，使用例 18-102 的 mount 命令列出目前系统中所有挂载的文件系统（设备）。

【例 18-102】

```
[root@dog ~]# mount
/dev/sda2 on / type ext3 (rw)    ......
/dev/sdb1 on /oracle type ext3 (rw)  ......
```

例 18-102 的显示结果清楚地表明/dev/sdb1 分区已经挂载到/oracle 目录上，而且文件类型是 ext3，文件状态是可读可写。

因此如果想让 Linux 系统一启动就挂载某个文件系统（设备），您只需将这个文件系统（设备）的挂载设定存储到/etc/fstab 文件中就行了。

读者可能还有印象，那就是在挂载光盘时，只使用了 mount /media/cdrom 命令，在命令中并未指定设备名。这又是为什么呢？其实答案就在/etc/fstab 文件中。您可以回顾一下例 18-100 的显示结果，其中的倒数第 2 行就是挂载光盘的设定信息。当系统执行 mount 命令时，如果命令中的参数不全，系统就会到/etc/fstab 文件中寻找并利用查找到的信息来执行命令，所以您也可以使用 mount /dev/hdc（在 Linux 6 和 Linux 7 上光驱设备为/dev/sr0）命令来挂载光盘，因为系统根据/etc/fstab 文件中的设定可以自动将这个命令转换成 mount /dev/hdc /media/cdrom 命令来执行。有了/etc/fstab 这个宝贵的文件，是不是方便多了？

如果在 mount 命令中使用一个没有在/etc/fstab 文件中出现的目录，系统又会怎样处理呢？您试着使用例 18-103 的 mount 命令将一个文件系统挂载到/dog 目录上。

【例 18-103】

```
[root@dog ~]# mount /dog
mount: can't find /dog in /etc/fstab or /etc/mtab
```

例 18-103 的显示结果表明在/etc/fstab 或/etc/mtab 文件中都无法找到/dog。也就是说，当使用 mount

命令挂载设备（文件系统）时，系统会先到/etc/fstab 文件中查找所需的信息，如果找不到对应的目录或设备，就会到/etc/mtab 文件中查找。

那么/etc/mtab 文件又有什么用途呢？其实，/etc/mtab 文件记录了系统当前的挂载设定。为了进一步解释/etc/mtab 文件的功能，下面做一个实验。首先使用例 18-104 的 mkdir 命令在“/”目录下创建一个 superdog 子目录。

【例 18-104】

```
[root@dog ~]# mkdir /superdog
```

之后，使用例 18-105 的 cat 命令列出/etc/mtab 文件的全部内容。可以发现在这个文件中并没有/superdog 目录的任何信息。

【例 18-105】

```
[root@dog ~]# cat /etc/mtab
/dev/sda2 / ext3 rw 0 0    ......
/dev/sdb1 /oracle ext3 rw 0 0 ......
```

现在您使用例 18-106 的 mount 命令将/dev/sdb1 分区挂载到/superdog 目录上。之后，使用例 18-107 的 cat 命令再次列出/etc/mtab 文件的全部内容。

【例 18-106】

```
[root@dog ~]# mount /dev/sdb1 /superdog
```

【例 18-107】

```
[root@dog ~]# cat /etc/mtab
/dev/sda2 / ext3 rw 0 0    ......
/dev/sdb1 /oracle ext3 rw 0 0  ......
/dev/sdb1 /superdog ext3 rw 0 0 ......
```

例 18-107 的显示结果表明在/etc/mtab 文件的最后确实多了一行将/dev/sdb1 分区挂载到/superdog 目录上的设定信息。其实，/etc/mtab 文件中的内容与 mount 命令显示的结果一模一样，有兴趣的读者可以自己试一下。

接下来，您可以使用例 18-108 的 umount 命令卸载/superdog 目录上的文件系统。这里之所以可以只使用挂载的目录来卸载/dev/sdb1 分区，是因为 Linux 操作系统会在/etc/mtab 文件中查找相关的设定并将其应用到 umount 命令中。

【例 18-108】

```
[root@dog ~]# umount /superdog
```

为了确认/superdog 目录上的文件系统是否已经卸载，您可以使用 mount 命令，也可以使用例 18-109 的 cat 命令来验证。

【例 18-109】

```
[root@dog ~]# cat /etc/mtab
/dev/sda2 / ext3 rw 0 0   ......
/dev/sdb1 /oracle ext3 rw 0 0  ......
/dev/hdc /media/cdrom iso9660 ro 0 0
```

例 18-109 的显示结果表明在/etc/mtab 文件中最后那行将/dev/sdb1 分区挂载到/superdog 目录上的设定信息已经不见了，现在知道了/etc/mtab 文件的妙用了吧？

指点迷津：

如果读者还是对文件系统（设备）的挂载和卸载有疑惑，可以将文件系统（设备）想象为家用电器，mount 命令就相当于接通电器的电源，而 umount 就相当于拔掉电器的电源。

18.12　虚拟内存的概念以及设置与管理

所谓的虚拟内存，就是一块硬盘空间被当作内存使用。几乎在所有的操作系统中都会使用虚拟内存，那是为什么呢？答案很简单，因为没有足够的内存。由于内存的价格比硬盘要昂贵许多，因此一台计算机的内存要比硬盘空间小很多。有时在运行一些大的软件时，可能内存空间不够用，此时就可以使用硬盘空间来充数，如图 18-30 所示。

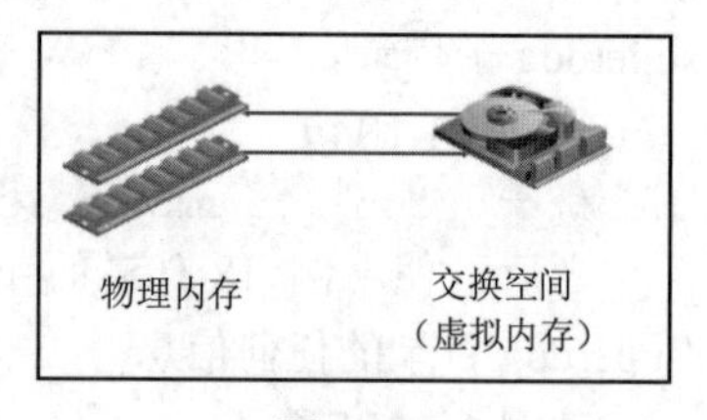

图 18-30

不过使用虚拟内存虽然扩大了内存的容量，但却降低了系统的运行效率，因为硬盘的访问速度要比内存慢 10^3～10^5 倍。其实，这是一种典型的处理资源不足的方法，即用空间换时间。

现实当中也有类似的情况，如您在北京的王府井附近使用 380 万元可能只能买下厕所大的房子，但去王府井和天安门一会儿就到。如果在北京六环以外，这 380 万元就可以买一个可以住的房子了，但是进城就要花很长的时间喽。这也是一个空间和时间互换的常见例子。在人类历史的发展过程中，我们的祖先一直同资源不足做斗争。我们每个人也都不得不面对资源不足，并千方百计（有时可能是不择手段）地获取资源。

我也一直面对资源不足，总是感到手头的钱不够。也许有了足够的资源，俺也不干这 IT 了，也不用当软件民工了。也像媒体上那些名人那样，学学琴棋书画，看看老祖宗给俺们留下的那些传世经典，没事提个鸟笼子哼着小曲，把自己也变成一位“优雅的儒生”。

在 Linux 系统中，虚拟内存被称为系统交换区（swap）。而 Linux 系统的 swap 区又分为两种，第 1 种是使用划分好的分区作为 swap 区，第 2 种是使用 Linux 系统的文件作为 swap 区。要在 Linux 系统上创建一个 swap 区（虚拟内存），需要执行以下操作：

（1）创建 swap 区所用的分区或文件，并且在创建分区时，需要将分区的类型设成 0x82。

（2）使用 mkswap 命令在该分区或文件上写入一个特殊的识别标志（signature）。

（3）将 swap 类型的文件系统的挂载信息加入到/etc/fstab 文件中。

（4）如果虚拟内存使用的是 swap 分区，要使用 swapon -a 命令来启用。其实，swapon -a 命令会读取/etc/fstab 文件中所有有关 swap 的记录，并启用所有的 swap 分区。如果使用的是 swap 文件，则使用 swapon swapfile（swap 的文件名）来启用。

除了以上所介绍的内容之外，还可以使用 swapon -s 命令来查看 swap 分区或文件的状态信息。在第 18.13 节和 18.14 节将通过两个实例来分别演示如何使用硬盘分区和文件来创建和使用系统交换区（虚拟内存）。

18.13　使用硬盘分区创建和使用系统交换区的实例

第 1 个实例就是演示如何使用硬盘分区来创建和使用系统交换区。首先使用例 18-110 的 fdisk 在/dev/sdb 硬盘上划分分区。为了讲解方便，在这个例子中使用注释来解释所需的操作。其中，用方框框起来的部分表示您要输入的内容。

【例 18-110】

```
[root@dog ~]# fdisk /dev/sdb
Command (m for help): p                    # 列出硬盘中的所有分区的配置信息
```

```
Disk /dev/sdb: 1073 MB, 1073741824 bytes    ......
Command (m for help): n                       # 创建一个新分区
Command action
   e   extended
   p   primary partition (1-4)
p                                             # 创建主分区
Partition number (1-4): 2                     # 分区号码（ID）为 2
First cylinder (64-130, default 64):          # 按 Enter 键接受默认的起始磁柱
Using default value 64
Last cylinder or +size or +sizeM or +sizeK (64-130, default 130): +128M
                                              # 结束磁柱为 128MB
Command (m for help): m                       # 列出 fdisk 中所有的命令
Command action    ......
   t   change a partition's system id         ......
Command (m for help): t                       # 更改分区的类型
Partition number (1-4): 2                     # 更改第 2 个分区
Hex code (type L to list codes): L            # 列出所有分区类型的编号
......
 3  XENIX usr       3c  PartitionMagic  82  Linux swap      c4  DRDOS/sec (FAT-
......
Hex code (type L to list codes): 82           # 设定分区的类型编号为 82，即 Linux 的 swap 分区
Changed system type of partition 2 to 82 (Linux swap)
Command (m for help): p                       # 列出硬盘上的所有分区的配置信息
Disk /dev/sdb: 1073 MB, 1073741824 bytes    ......
   Device Boot      Start         End      Blocks   Id  System
/dev/sdb1               1          63      506016   83  Linux
/dev/sdb2              64          80      136552+  82  Linux swap
Command (m for help): w                       # 将所做的变更写入到这个硬盘的分区表中
The partition table has been altered!  ......
```

为了使系统可以识别所创建的新分区，您可能需要使用例 18-111 的 partprobe 命令重新初始化内存中内核的分区表。

【例 18-111】

```
[root@dog ~]# partprobe
Warning: Unable to open /dev/hdc read-write (Read-only file system).  /dev/hdc
has been opened read-only.
```

接下来，**使用例 18-112 的 mkswap 命令在/dev/sdb2 分区上写入一个特定的系统交换区（swap）的识别标志。**

【例 18-112】

```
[root@dog ~]# mkswap /dev/sdb2
Setting up swapspace version 1, size = 139825 kB
```

例 18-112 的显示结果表示系统交互区的标志写入成功。随后，**使用例 18-113 的 vi 命令编辑/etc/fstab 文件，并在文件中添加一行将/dev/sdb2 分区设置为 swap 分区的记录。**

【例 18-113】

```
[root@dog ~]# vi /etc/fstab
# This file is edited by fstab-sync - see 'man fstab-sync' for details
LABEL=/                 /                   ext3    defaults        1 1 ......
/dev/sdb2               swap                swap    defaults        0 0
/dev/sdb1               /oracle             ext3    defaults        1 2 ......
```

修改之后，存盘退出 vi 编辑器。之后，**使用例 18-114 带有-s 选项的 swapon 命令列出当前正在使用的所有系统交换区的状态。**

【例 18-114】

```
[root@dog ~]# swapon -s
Filename                                Type            Size    Used    Priority
/dev/sda5                               partition       1052216 0        -1
```

紧接着，**使用例 18-115 带有-a 选项的 swapon 命令根据/etc/fstab 文件中有关系统交换区的记录信息来启动系统交换区。**

【例 18-115】

```
[root@dog ~]# swapon -a
```

随后，应该使用例 18-116 的 swapon 命令再次列出当前正在使用的所有交换区的状态。

【例 18-116】

```
[root@dog ~]# swapon -s
Filename                                Type            Size    Used    Priority
/dev/sda5                               partition       1052216 0        -1
/dev/sdb2                               partition       136544  0       -2
```

例 18-116 的显示结果表明在系统中又多了一个分区类型的系统交换区/dev/sdb2。

18.14 使用文件创建和使用系统交换区的实例

接下来演示第 2 个实例，即将一个 Linux 系统的文件转换成 swap 区。首先要**使用例 18-117 的 dd 命令创建一个系统交换区所使用的文件。**

【例 18-117】

```
[root@dog ~]# dd if=/dev/zero of=/oracle/swapfile bs=1M count=128
128+0 records in
128+0 records out
```

在继续后面的操作之前，这里需要先对例 18-117 的 dd 命令中所用的参数做一些解释。它们的具体含义如下：

- dd 命令的功能是转换并复制文件。
- 在 if=/dev/zero 中，if 是 input file（输入文件）的缩写，而/dev/zero 是一个内容都是 0 的文件，所以 if=/dev/zero 就是将这个内容都是 0 的/dev/zero 文件作为输入文件。
- 在 of=/oracle/swapfile 中，of 是 output file（输出文件）的缩写，因此整个表达式的含义就是将输入文件中的内容输出到文件/oracle/swapfile 中，也就是输出文件为/oracle/swapfile，而这个文件的内容都是 0。
- 在 bs=1M 中，bs 是 block size（数据块尺寸/大小）的缩写，所以 bs=1M 的含义是将/oracle/swapfile 分区文件的数据块设置成 1MB。
- count=128 表示输出文件/oracle/swapfile 的大小为 128 个数据块，即 128MB。

此时，您可以使用例 18-118 带有-1 选项的 ls 命令列出/dev 目录中所有以 z 开始的文件，其实只有一个叫 zero 的字符类型的文件。

【例 18-118】

```
[root@dog ~]# ls -l /dev/z*
crw-rw-rw-  1 root root 1, 5 May 18  2010 /dev/zero
```

随后，您可以使用例 18-119 的 ls 命令列出/oracle 目录中的所有内容，其显示结果表明确实有一个大小为 128MB 的名为 swapfile 的新文件，而且该文件是刚刚创建的。

【例 18-119】

```
[root@dog ~]# ls -lh /oracle
total 129M
-rw-r--r--  1 root root 128M May 18 10:26 swapfile
```

接下来，**使用例 18-120 的 mkswap 命令在 oracle/swapfile 文件上写入一个特定的系统交互区（swap）的识别标志。**

【例 18-120】

```
[root@dog ~]# mkswap /oracle/swapfile
Setting up swapspace version 1, size = 134213 kB
```

例 18-120 的显示结果表示交互区的识别标志写入成功。随后，使用例 18-121 的 vi 命令编辑/etc/fstab 文件，并在文件中添加一行将 oracle/swapfile 文件设置为 swap 文件的记录。

【例 18-121】

```
[root@dog ~]# vi /etc/fstab
# This file is edited by fstab-sync - see 'man fstab-sync' for details
LABEL=/                  /                        ext3    defaults        1 1  ......
/dev/sdb2                swap                     swap    defaults        0 0
/oracle/swapfile         swap                     swap    defaults        0 0
/dev/sdb1                /oracle                  ext3    defaults        1 2  ......
```

修改之后，存盘退出 vi 编辑器。之后，**使用例 18-122 带有-s 选项的 swapon 命令列出系统当前正在使用的所有交换区的状态。**

【例 18-122】

```
[root@dog ~]# swapon -s
Filename                                Type            Size    Used    Priority
/dev/sda5                               partition       1052216 0       -1
/dev/sdb2                               partition       136544  0       -2
```

紧接着，**使用例 18-123 带有-a 选项的 swapon 命令根据/etc/fstab 文件中有关系统交换区的记录信息来启动系统交换区。**

【例 18-123】

```
[root@dog ~]# swapon -a
```

随即，可使用例 18-124 的 swapon 命令再次列出当前正在使用的所有交换区的状态。

【例 18-124】

```
[root@dog ~]# swapon -s
Filename                        Type            Size    Used    Priority
/dev/sda5                       partition       1052216 0       -1
/dev/sdb2                       partition       136544  0       -2
/oracle/swapfile                file            131064  0       -3
```

例 18-124 的显示结果表明在系统中又多了一个文件类型的系统交换区/oracle/swapfile。

指点迷津：

如果可能，应该尽量使用分区类型的交换区（虚拟内存），因为分区类型的交换区的系统效率要比文件类型的交换区高。

18.15 在 ext3/ext2 文件系统中文件属性的设定

在 ext3 和 ext2 文件系统中都支持一些特殊的文件属性，利用它们可以控制文件的特性以方便文件的管理和维护。Linux 操作系统提供了两个用来显示和改变文件属性的命令。

- lsattr：该命令用来显示文件的属性，lsattr 是 list attributes 的缩写。
- chattr：该命令用来改变文件的属性，chattr 是 change attributes 的缩写，这个命令的语法格式为 chattr +|- |=属性 1[属性 2…] 文件 1[文件 2…]。

那么有哪些可以设定的文件属性呢？以下是一些常用的文件属性。

- A：当文件被修改时，这个文件的 atime（存取的时间）记录不会被修改。
- a：只允许对文件做添加（append）操作，而不允许覆盖文件中已经存在的内容。
- d：在系统使用 dump 命令做备份时不备份这个文件。
- i：文件永远不能修改，既不能删除这个文件，也不能修改该文件的名称。
- j：将文件中的数据以及这个文件的元数据都写到 ext3 的日志（Journal）中。
- S：当文件被修改时，就立即做数据的同步操作，即将修改的数据立即写入硬盘中。

假设您现在的工作目录仍然是 root 的家目录/root，您可以首先使用例 18-125 带有-l 选项的 ls 命令列出该目录中的所有内容。

【例 18-125】

```
[root@dog ~]# ls -l
total 152
-rw-r--r--  1 root root  1102 May  9 13:50 anaconda-ks.cfg
drwxr-xr-x  2 root root  4096 May  9 14:30 Desktop ……
```

如果您想要查看以上所列出的所有文件的属性，可以使用例 18-126 的 lsattr 命令。

【例 18-126】

```
[root@dog ~]# lsattr
------------- ./fstab.bak
------------- ./install.log.syslog
……
```

在例 18-126 的显示结果中，文件名之前的部分就是文件属性。由于之前没有为这些文件设定任何文件属性，所以它们的属性都是空的（以“-”表示）。

接下来，您切换回 dog 用户。之后使用例 18-127 的 cp 命令复制要使用的文件。

【例 18-127】

```
[dog@dog ~]$ cp news news.bak
```

随后，可使用例 18-128 的 lsattr 命令查看在当前目录下所有以 news 开始的文件的属性。

【例 18-128】

```
[dog@dog ~]$ lsattr news*
------------- news
------------- news.bak
```

例 18-128 的显示结果清楚地表明以上两个文件中没有设定任何属性。接下来，使用例 18-129 的 cat 命令显示出 news.bak 文件中的所有内容。

【例 18-129】

```
[dog@dog ~]$ cat news.bak
The newest scientific discovery shows that God exists.
```

```
He is a super programmer,
and he creates our life by writing programs with life codes (genes) !!!
```

假设您想在每个用户浏览过这个文件的内容后，将用户的用户名、使用的终端以及访问日期和数据都添加到该文件的最后，可以试着使用例 18-130 的 echo 命令。

【例 18-130】

```
[dog@dog ~]$ echo "'whoami'  'tty'  'date'" > news.bak
```

接下来，您使用例 18-131 的 cat 命令再次显示出 news.bak 文件中的所有内容以验证例 18-130 的命令执行的结果。

【例 18-131】

```
[dog@dog ~]$ cat news.bak
dog  /dev/pts/2  Tue May 18 21:48:53 NZST 2010
```

例 18-131 的显示结果表明目前文件 news.bak 中只有 echo 命令的结果了，而之前的重大发现信息已经被覆盖掉了，这显然不是我们所希望的。

为了后面的操作方便，您可以再次使用 cp news news.bak 命令恢复 news.bak 文件原来的内容。接下来，您试着使用例 18-132 的 chattr 为 news.bak 命令文件添加 a 属性。

【例 18-132】

```
[dog@dog ~]$ chattr +a news.bak
chattr: Operation not permitted while setting flags on news.bak
```

例 18-132 的显示结果表明 dog 用户的权限太小，系统竟然不允许他为自己的文件设定属性。为此，您使用例 18-133 的 su 命令切换到 root 用户（注意不要使用“-”，因为这样切换之后 root 的当前工作目录仍然是 dog 的家目录），在 Password 处输入 root 的密码。

【例 18-133】

```
[dog@dog ~]$ su root
Password:
```

用户切换成功之后，最好使用例 18-134 的 pwd 命令列出 root 用户的当前工作目录，以确保仍然在 dog 的家目录下。

【例 18-134】

```
[root@dog dog]# pwd
/home/dog
```

接下来，您可以**使用例 18-135 的 chattr 命令再次为 news.bak 文件添加上 a 属性。**

【例 18-135】

```
[root@dog dog]# chattr +a news.bak
```

这次系统执行完这个命令之后没有任何显示。为了验证 news.bak 文件是否已经具有了 a 属性，您可以使用例 18-136 的 lsattr 命令再次列出 news.bak 文件的属性。

【例 18-136】

```
[root@dog dog]# lsattr news.bak
-----a-------- news.bak
```

例 18-136 的显示结果清楚地表明 news.bak 文件上已经有了 a 属性。现在，您可以使用例 18-137 的 echo 命令再次将需要的信息写入 news.bak 文件。

【例 18-137】

```
[root@dog dog]# echo "'whoami'  'tty'  'date'" > news.bak
bash: news.bak: Operation not permitted
```

例 18-137 的显示结果表明以上覆盖 news.bak 文件内容的操作是不允许的，因为您已经在 news.bak 文件上设定了 a 属性，是不是更安全了？接下来，您可以试着用例 18-138 的 echo 命令将需要的信息添加到 news.bak 文件末尾。

【例 18-138】

```
[root@dog dog]# echo "'whoami'  'tty'  'date'" >> news.bak
```

这次您成功了，因为系统执行完这个命令没有给出任何信息，您应该使用例 18-139 的 cat 命令再次列出 news.bak 的全部内容以确认所需的信息确实已经添加到了这个文件的最后。

【例 18-139】

```
[root@dog dog]# cat news.bak
The newest scientific discovery shows that God exists.
He is a super programmer,
and he creates our life by writing programs with life codes (genes) !!!
root   /dev/pts/2  Tue May 18 21:54:19 NZST 2010
```

例 18-139 的显示结果中的最后一行详细地记录了用户名、使用的终端以及日期和时间。之后切换回 dog 用户，然后您可以用例 18-140 的 echo 命令再次将这个用户的相关信息添加到 news.bak 文件末尾。

【例 18-140】

```
[dog@dog ~]$ echo "'whoami'  'tty'  'date'" >> news.bak
```

系统执行完这个命令同样不会给出任何信息，因此您应该使用例 18-141 的 cat 命令再次列出 news .bak 的全部内容以确认所需的信息确实已经添加到了该文件的最后。

【例 18-141】

```
[dog@dog ~]$ cat news.bak
The newest scientific discovery shows that God exists. ......
root    /dev/pts/2  Tue May 18 21:54:19 NZST 2010
dog     /dev/pts/3  Tue May 18 21:55:52 NZST 2010
```

为了后面的操作方便，请在此切换回 root 用户。之后使用例 18-142 的 rm 命令试着删除 news.bak 这个宝贵文件，操作的结果表明如果一个文件具有了 a 属性，即使 root 这个至高无上的超级用户也不能删除它，这样就非常安全了。

【例 18-142】

```
[root@dog dog]# rm news.bak
rm: remove regular file 'news.bak'? y
rm: cannot remove 'news.bak': Operation not permitted
```

☞ **指点迷津：**

以上所介绍的操作一般都是夹在程序中的，如网上调查就可以使用类似的命令将所收集到的信息以添加的方式写到一个文件中，而这个文件中的原有信息都不会被覆盖掉。例如前文所述的狗项目，现在将要出售的狗的详细信息放在了网页上，您就可以在相关的程序中加入类似以上所介绍的命令来收集浏览过狗网页的用户信息。之后，您可以对所收集到的信息进行分析以发现潜在的用户、浏览频率高的狗以及多数用户喜欢的价位等。

如果某一个文件属性不再需要了，您也可以使用 chattr 命令将该文件中不需要的文件属性去掉，如您可以**使用例 18-143 的 chattr 命令将 news.bak 文件上的 a 属性去掉。**

【例 18-143】

```
[root@dog dog]# chattr -a news.bak
```

为了验证 news.bak 文件是否已经没有了 a 属性，您可以使用例 18-144 的 lsattr 命令再次列出 news .bak 文件的属性。

【例 18-144】

```
[root@dog dog]# lsattr news.bak
------------- news.bak
```

例 18-144 的显示结果清楚地表明 news.bak 文件已经不具有任何文件属性了。有时一个文件中存放的信息非常重要，此时不但这个文件不能被覆盖，而且连添加操作也不允许，即不允许做任何的改动。在这种情况下，可以在这样的文件上加上 i 属性，如您可以**使用例 18-145 的 chattr 命令在 news.bak 文件上加上 i 属性。**

【例 18-145】

```
[root@dog dog]# chattr +i news.bak
```

为了验证 news.bak 文件是否已经具有了 i 属性，您可以**使用例 18-146 的 lsattr 命令再次列出 news.bak 文件的属性。**

【例 18-146】

```
[root@dog dog]# lsattr news.bak
----i-------- news.bak
```

例 18-146 的显示结果清楚地表明 news.bak 文件上已经有了 i 属性。现在，您试着用例 18-147 的 cat 命令列出 news.bak。为了节省篇幅，这里省略了输出显示结果。

【例 18-147】

```
[root@dog dog]# cat news.bak
```

例 18-147 的显示结果表明具有 i 属性的文件是可以浏览（查看）的。现在，您可以试着使用例 18-148 的 echo 命令再次将需要的信息写入 news.bak 文件。

【例 18-148】

```
[root@dog dog]# echo "'whoami'   'tty'   'date'" > news.bak
bash: news.bak: Permission denied
```

例 18-148 的显示结果表明以上覆盖 news.bak 文件内容的操作是不允许的，因为您已经在 news.bak 文件上设定了 i 属性。接下来，您可以试着用例 18-149 的 echo 命令将需要的信息添加到 news.bak 文件末尾。

【例 18-149】

```
[root@dog dog]# echo "'whoami'   'tty'   'date'" >> news.bak
bash: news.bak: Permission denied
```

例 18-149 的显示结果表明以上在 news.bak 文件最后添加内容的操作也是不允许的，看来 i 比 a 属性还要严格。随即，试着使用例 18-150 的 rm 命令删除 news.bak 这个宝贵文件。

【例 18-150】

```
[root@dog dog]# rm news.bak
rm: remove write-protected regular file 'news.bak'? y
rm: cannot remove 'news.bak': Operation not permitted
```

例 18-150 操作的结果表明如果一个文件具有了 i 属性，即使 root 这个至高无上的超级用户也同样不能删除它。最后，试着使用例 18-151 的 touch 命令修改 news.bak 文件的时间。

【例 18-151】

```
[root@dog dog]# touch news.bak
touch: cannot touch 'news.bak': Permission denied
```

结果又使您碰了一鼻子灰，在一个文件上加了 i 属性之后，就连 touch 一下这个文件都不允许了，这样是不是这个文件已经是最安全的了？

18.16 分区工具 parted 和 cfdisk

parted 实用程序是 GNU 项目开发的一个分区工具，可以使用这一工具查看现存的分区表、更改现

存分区的大小、从空闲的磁盘空间或额外的硬盘上添加分区等。与 fdisk 实用程序相比，parted 这一工具具有更多的功能，也更为强大（最起码它的设计者们这样认为）。例如，它支持更多的磁盘标签类型并提供了一些额外的命令。parted 的语法格式如下：

```
parted [选项] 设备 [命令 [参数] ]
```

您可以使用例 18-152 的命令进入该命令的交互模式，在交互模式中每次只能输入一个命令。其中，/dev/sdb 为要进行分区操作的硬盘。可在(parted)之后输入 parted 的命令。

【例 18-152】

```
[root@dog ~]# parted /dev/sdb
GNU Parted 2.1
Using /dev/sdb
Welcome to GNU Parted! Type 'help' to view a list of commands.
(parted)
```

在(parted)提示处输入一个 parted 的命令或输入 help 以列出 parted 的全部命令。如果您对特定的命令感兴趣，可输入"help 命令名"，如例 18-153 的 help 命令。

【例 18-153】

```
(parted) help mkpart
 mkpart PART-TYPE [FS-TYPE] START END     make a partition

PART-TYPE is one of: primary, logical, extended    ...
```

您可以使用例 18-154 的 print 命令显示指定硬盘（/dev/sdb）上现存的分区表。

【例 18-154】

```
(parted) print
Model: VBOX HARDDISK (scsi)
Disk /dev/sdb: 1074MB
Sector size (logical/physical): 512B/512B
Partition Table: msdos
Number  Start   End    Size   Type     File system  Flags
 1      32.3kB  280MB  280MB  primary  ext3

(parted)
```

您可以使用例 18-155 的 mklabel 命令创建一个新分区表。其中，方框括起来的是您要输入的。其中，硬盘标签类型只能是下列类型中的一种：aix、amiga、bsd、dvh、gpt、mac、msdos、pc98、sun 或 loop。当输入 gpt 并按下 Enter 键之后，系统会显示警告信息。当输入 y 并按下 Enter 键之后，系统就又重新出现(parted)的提示以等待您继续输入 parted 的下一个命令。

【例 18-155】

```
(parted) mklabel
New disk label type? gpt
Warning: The existing disk label on /dev/sdb will be destroyed and all data
on
this disk will be lost. Do you want to continue?
Yes/No? y
(parted)
```

接下来，您可以使用例 18-156 的 mkpart 命令创建一个新分区。其中，方框部分是您要输入的，在没有方框的第一行直接按 Enter 键。这样就完成了硬盘的分区。

【例 18-156】

```
(parted) mkpart
Partition name?  []?
File system type?  [ext2]? ext4
Start? 1
End? 256MB
(parted)
```

接下来，您可以使用例 18-157 的 print 命令显示指定硬盘（/dev/sdb）上新的分区表。

【例 18-157】

```
(parted) print
Model: VBOX HARDDISK (scsi)
Disk /dev/sdb: 1074MB
Sector size (logical/physical): 512B/512B
Partition Table: gpt

Number  Start   End    Size   File system  Name  Flags
 1      1049kB  256MB  255MB
(parted)
```

等完成了所有的操作之后，您就可以用例 18-158 的 quit 命令退出 parted 实用程序了。

【例 18-158】

```
(parted) quit
Information: You may need to update /etc/fstab.
```

实际上，parted 实用程序的使用方法与 fdisk 非常相似。读者可以通过一些练习来熟练地掌握其使用。至于究竟是使用哪一个分区工具进行硬盘的分区，我们的意见是在满足要求的情况下，使用您所熟悉的那一个就可以了，完全没有必要与自己过不去。一般在实际工作中，在完成工作的前提之下，最好是使用最简单和最熟悉的方法。

在 Linux 系统上，另一个硬盘分区工具是 cfdisk。可以使用这一实用程序在一个硬盘设备上创建、删除和更改分区。您可以用例 18-159 的命令启动 cfdisk 实用程序，其中/dev/sda 为要进行分区操作的硬盘设备。随后系统将开启如图 18-31 所示的 cfdisk 窗口。

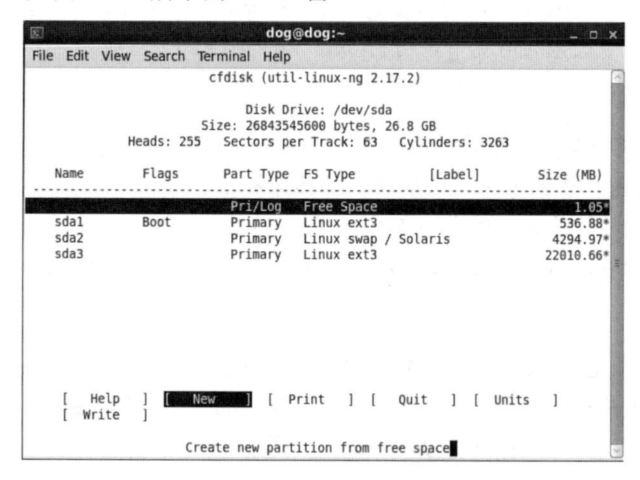

图 18-31

【例 18-159】

```
[root@dog ~]# cfdisk /dev/sda
```

在 cfdisk 窗口的顶部显示的是该硬盘（/dev/sda）的摘要信息，而分区表显示在窗口的中部。在窗口的底部方括号中显示的是可选的命令。

加亮的是当前分区，您可以使用上下箭头键从分区列表中选择分区。使用左右箭头（或 Tab）键来选择命令。所有说明分区的命令都应用于当前分区。

注意在图 18-31 中，因为这个硬盘上存在没有分配的空闲磁盘空间，所以才有那个[New]菜单（命令）。如果一个硬盘上没有空闲磁盘空间，那么就不会有这个[New]菜单。

另一个需要说明的是：cfdisk 实用程序并不支持 gpt 类型的分区。如果您用例 18-160 的命令启动 cfdisk 实用程序，其中/dev/sdb 为要进行分区操作的硬盘设备。随后系统将显示不支持 GPT 的警告信息并建议您使用 GNU 的 parted。

【例 18-160】

```
[root@dog ~]# cfdisk /dev/sdb
 Warning!!  Unsupported GPT (GUID Partition Table) detected. Use GNU Parted
```

18.17 常用文件系统的总结

Oracle Linux 操作系统支持许多不同类型的文件系统，有一些已经讨论过，其中讨论的比较详细的是 ext2 和 ext3，因此相关的内容在这一节中就不再重复了。在这一节接下来的部分将简要地介绍一下在 Oracle Linux 系统上一些常用的文件系统。

1．ext2

ext2 是 1993 年 1 月在 Linux 系统中引入的第二代扩展文件系统（second extended filesystem）。ext2 支持的最大文件系统的大小为 8TB，而所支持的最大文件的大小为 2TB，但是它没有日志机制。

2．ext3

ext3 是第三代扩展文件系统（third extended filesystem），它是在 ext2 文件系统基础之上进行了改进的文件系统并且包括了日志机制。ext3 支持的最大文件系统的大小为 16TB，而所支持的最大文件的大小也为 2TB。在不需要重新格式化的情况下，可将 ext2 文件系统直接升级为 ext3 文件系统。

3．ext4

ext4 是 ext3 文件系统的继任者而且规模更大。ext4 支持非常大的文件系统和非常大的文件、extents（连续的物理块）、预分配、延迟分配、较快的文件系统检查、更稳定的日志机制和一些其他方面的增强。ext4 支持的最大文件系统的大小也为 16TB，而所支持的最大文件的大小则为 16TB。**这一文件系统是在 Oracle Linux 6 开始引入的，并且也是 Oracle Linux 6 的默认文件系统。**

4．vfat

vfat 是一种 MS-DOS 文件系统，也被称为 FAT32 文件系统。虽然 Linux 系统支持 vfat 文件系统，但是并没有日志机制，也缺乏 ext 类型的文件系统中所拥有的许多特性。因为 Windows 和 Linux 系统都可以读 vfat 文件系统，所以在这两种操作系统之间进行数据交换时，vfat 文件系统就变得非常有用了。

5．Btrfs

Btrfs（B-Tree file system）是一种为 Linux 设计的写时拷贝文件系统（Copy-on-write 技术在对数据进行修改的时候，不会直接在原来的数据位置上进行操作，而是重新找个位置修改，这样的好处是一旦系统突然断电，重启之后不需要做 fsck.）。**Btrfs 可以满足对大型存储子系统的需求，从而扩展了文件系统的规模。Btrfs 文件系统提供了创建可读快照和可写快照的能力，以及将整个文件系统回滚到之前已知的一个良好状态的能力。Btrfs 文件系统还包括了总和检验（Checksum）功能以确保数据的完整性，以及透明的压缩功能以节省磁盘空间。Btrfs 文件系统也包括了集成的逻辑卷管理操作以方便添加和移除磁盘空间和方便使用不同的 RAID 级别。这一文件系统是在 Oracle Linux 6 开始引入的。**不过在 Oracle Linux 6 的安装选择文件系统列表中并未包括 Btrfs 文件系统。要创建 Btrfs 文件系统，您必须以 Btrfs 的 boot 选项来初始化安装。要获得 boot 提示符，在图形化启动屏幕显示期间按下 Esc 键。为了在安装期间创建一个 Btrfs 文件系统，在 boot 提示符处输入如下的命令：

```
boot: linux btrfs
```

6．XFS

XFS 是一种高效的日志文件系统。Oracle Linux 中的 XFS 文件系统需要 64 位的 x86 体系结构的 CPU，并且需要第 2 版（2.6.39）或以上版本的不间断企业内核。XFS 文件系统是 Oracle Linux 7 默认的文件系统。XFS 支持的最大文件系统的大小可达 500TB，而所支持的最大文件的大小也为 16TB。您既可以在一个常规磁盘分区上，也可以在一个逻辑卷上创建 XFS 文件系统。

在一个设备或硬盘分区上创建一个 Linux 文件系统的命令是 mkfs（在早期版本中为 mke2fs）。该命令的语法格式如下：

```
mkfs [选项] 设备
```

mkfs 命令实际上是一个前端的封装器（封装脚本），它封装了诸如 mkfs.ext2、mkfs.ext3 和 mkfs.ext4 等创建文件系统的实用程序。您也可以在命令行下直接运行这些实用程序以创建相应的文件系统。当使用 mkfs 封装器时，您是通过包括“-t 文件系统类型”的选项来说明要创建的文件系统的类型。如果没有指定文件类型，Linux 系统默认创建的是 ext2 文件系统。要查看您所安装的 Linux 系统所支持的文件系统，您可以使用“ls /sbin/mk*”命令。以下例 18-161 和例 18-162 分别是在 Oracle Linux 6.6 和 Oracle Linux 7.2 上运行这一命令的结果。

【例 18-161】

```
[root@dog ~]# ls /sbin/mk*
/sbin/mkdosfs   /sbin/mkfs.cramfs  /sbin/mkfs.ext4dev   /sbin/mkinitrd
/sbin/mkdumprd  /sbin/mkfs.ext2    /sbin/mkfs.msdos     /sbin/mkswap
/sbin/mke2fs    /sbin/mkfs.ext3    /sbin/mkfs.vfat
/sbin/mkfs      /sbin/mkfs.ext4    /sbin/mkhomedir_helper
```

【例 18-162】

```
[root@cat ~]# ls /sbin/mk*
/sbin/mkdict    /sbin/mkfs.btrfs   /sbin/mkfs.fat    /sbin/mkhomedir_helper
/sbin/mkdosfs   /sbin/mkfs.cramfs  /sbin/mkfs.minix  /sbin/mklost+found
/sbin/mkdumprd  /sbin/mkfs.ext2    /sbin/mkfs.msdos  /sbin/mkswap
/sbin/mke2fs    /sbin/mkfs.ext3    /sbin/mkfs.vfat
/sbin/mkfs      /sbin/mkfs.ext4    /sbin/mkfs.xfs
```

比较一下例 18-161 和例 18-162 的显示结果，您就可以发现在例 18-162 的显示结果中多出了 mkfs.btrfs 实用程序和 mkfs.xfs 实用程序。显然 Oracle Linux 7 支持的文件系统要比 Oracle Linux 6 多一些。

这里需要支持的是：并不是所有的 mk*文件都是被用来创建文件系统的。例如，mkhomedir_helper 命令是创建家目录的一个帮助实用程序；而 mkdosfs、mkfs.msdos 和 mkfs.vfat 实际上是指向 mkfs.fat 的符号连接。

如果要在/dev/sdb1 分区上创建 ext2 文件系统，您可以在 root 用户下使用如下的任何一个命令：

```
（1）# mkfs /dev/sdb1
（2）# mke2fs /dev/sdb1
（3）# mkfs.ext2 /dev/sdb1
```

如果要在/dev/sdb1 分区上创建 ext3 文件系统，您可以在 root 用户下使用如下的任何一个命令：

```
（1）# mkfs -t ext3 /dev/sdb1
（2）# mke2fs -t ext3 /dev/sdb1
（3）# mkfs.ext3 /dev/sdb1
```

如果要在/dev/sdb1 分区上创建 ext4 文件系统，您可以在 root 用户下使用如下的任何一个命令：

```
（1）# mkfs -t ext4 /dev/sdb1
（2）# mke2fs -t ext4 /dev/sdb1
（3）# mkfs.ext4 /dev/sdb1
```

正如在本章前面几节所介绍的那样，您可以利用选项修改数据块的大小、i 节点的个数、日志选项等。如果在创建文件系统的命令中没有包括任何选项，那么 Linux 会使用系统默认的选项。问题是这些默认选项又是如何定义的呢？答案是这些默认选项是定义在一个名为/etc/mke2fs.conf 的配置文件中，您可以使用例 18-163 的 ls 命令确认这一文件的存在。

【例 18-163】

```
[root@cat ~]# ls -l /etc/mke2fs*
-rw-r--r--. 1 root root 936 Mar  7  2015 /etc/mke2fs.conf
```

/etc/mke2fs.conf 文件是一个正文文件，您可以使用例 18-164 的 file 命令确认这一点。

【例 18-164】

```
[root@cat ~]# file /etc/mke2fs.conf
/etc/mke2fs.conf: ASCII text
```

最后，您就可以使用例 18-165 的 cat 或 more 命令列出这个正文文件中的全部内容。

【例 18-165】

```
[root@cat ~]# cat /etc/mke2fs.conf

[defaults]
base_features = sparse_super,filetype,resize_inode,dir_index,ext_attr
default_mntopts = acl,user_xattr
enable_periodic_fsck = 0
blocksize = 4096
inode_size = 256
inode_ratio = 16384 ...
```

18.18 您应该掌握的内容

在学习第 19 章之前，请检查一下您是否已经掌握了以下内容：

- 系统初始化时是根据什么来识别硬盘设备的？
- 理解 MBR 中的 boot loader 程序和 Partition table。
- 为什么在 Linux 系统中一块硬盘上只能创建 4 个 Primary Partition？
- 常见的硬盘分区类型有哪些？
- 将一个硬盘划分成多个分区的主要原因有哪些？

- 使用 fdisk 命令列出系统硬盘的分区信息并理解这些信息的含义。
- 掌握使用 fdisk 命令创建和删除硬盘分区等操作以及常用的 fdisk 命令。
- 理解 mke2fs 命令中常用选项的含义和用法。
- 熟悉使用 mke2fs 命令格式化硬盘分区的方法。
- 理解 dumpe2fs 命令所列出硬盘分区配置的信息含义。
- 通过利用不同的选项使用 mke2fs 将一个分区格式化为满足实际需要的文件系统。
- 理解 ext2 与 ext3 文件系统之间的差别及怎样将 ext2 转换成 ext3 文件系统。
- 怎样为一个分区设定 lable?
- 熟悉 e2label 命令的用法。
- 了解文件系统挂载的概念及引入这一概念的缘由。
- 掌握文件系统的挂载（mount）与卸载（umount）操作的方法。
- 怎样列出目前系统所挂载的文件系统?
- 怎样在挂载文件系统时，设定要挂载的文件系统的类型和操作特性?
- 了解 mount 命令中设定文件系统操作特性的常用选项以及系统默认选项有哪些。
- 了解 mount 命令中 remount 选项的用法。
- 如果有用户正在使用一个文件系统，怎样卸载这个文件系统?
- 怎样使用 fuser 命令列出一个文件系统的现状，以及终止使用该文件系统的进程?
- 怎样挂载一个 ISO 的映像文件?
- 怎样利用/etc/fstab 文件在开机时挂载文件系统?
- 理解/etc/fstab 文件中每一列的具体含义。
- 理解/etc/mtab 文件的作用以及文件中的内容。
- 引入虚拟内存，即系统交换区（swap）的原因是什么?
- 创建一个 swap 区（虚拟内存）的主要操作步骤有哪些?
- 熟悉使用硬盘分区来创建系统交换区以及将一个文件转换成 swap 区。
- 怎样为 ext3/ext2 文件系统中的文件设定属性?
- 常用的文件属性有哪些?
- 在什么情况下需要为文件设定属性?
- 怎样查看和验证属性的设定?
- 怎样取消已经设定的文件属性?
- 了解硬盘分区工具 parted 的功能和基本用法。
- 了解硬盘分区工具 cfdisk 的功能和基本用法。
- 熟悉 ext4 文件系统的特点以及与 ext3 的主要差别。
- 了解 vfat 文件系统的适用环境。
- 了解 Btrfs 文件系统的特性。
- 了解 XFS 文件系统的特性或所需的软硬件环境。
- 熟悉创建 ext4、ext3 和 ext2 文件系统的三种不同方法。
- 了解配置文件/etc/mke2fs.conf。
- 怎样查看所安装的 Linux 所支持的文件系统?

第 19 章 Linux 网络原理及基本设置

本章介绍的是 Linux 网络的原理和一些基本的设置，目的是使读者在学习完本书之后，能够管理和维护 Linux 服务器数量较少的小型 Linux 网络。详细介绍网络服务器的架设和 Linux 网络系统的管理与维护，已经远远超出了本书的范畴。

提示：

为了减少本书的篇幅，特将在 VMware 虚拟机上搭建虚拟网络这一节全都移到资源包中的电子书中了。如果读者对此感兴趣可以参阅资源包中的电子书。如果使用的是 Oracle VM VirtualBox，只需要再创建一个虚拟机，之后安装上 Linux 操作系统并将其中的一个网卡的网址与第一个 Linux 系统配置在一个网段即可。

19.1 Linux 操作系统怎样识别网络设备

Oracle Linux（RHEL）是以模块的方式载入网卡的驱动程序的，如果已经设定好在开机时就使用网络，那么系统在开机（启动）时就会自动载入网卡的驱动程序模块。在开机时，Linux 系统会读取/etc/modprobe.conf 文件中的设定，并根据这些设定来决定载入哪些网卡的驱动程序模块。

在所有的网络设定文件和脚本中都会使用网卡的逻辑名来引用网卡，以方便系统的管理和维护，例如，系统中的第 1 个网卡的逻辑名是 eth0。在/etc/modprobe.conf 文件中会将这些网卡的逻辑名对应到系统所监测到的特定网卡。这样做的好处是：如果系统上更换了一个网卡，就不必变更所有相关的系统配置文件和脚本中的网卡名，特别是当网卡更换比较频繁时会极大地减轻操作系统管理员管理和维护系统的工作量，同时也降低了出错的概率。可以使用例 19-1 的 cat 命令列出/etc/modprobe.conf 文件中的所有内容。

【例 19-1】

```
[root@boydog ~]# cat /etc/modprobe.conf
alias eth0 pcnet32
alias scsi_hostadapter mptbase ……
```

例 19-1 的显示结果表明，在这个系统中所监测到的网卡是 pcnet32，并且系统还为这个网卡设定了一个别名（逻辑名）eth0。所以在这台主机中所有相关的系统配置文件和脚本中都会使用 eth0 这个网卡的逻辑名来代替 pcnet32。如果将来这台计算机更换了另一不同的网卡，在整个系统中只有这一行的 pcnet32 会变成新的网卡的名称，是不是方便多了？

指点迷津：

Oracle Linux 6 已经取消了/etc/modprobe.conf 文件。而模块的设置文件都存放在/etc/modprobe.d 目录下，这些设置文件的扩展名都为.conf。如果您对这方面感兴趣，可使用 man modprobe.d 命令获取比较详细的介绍。

接下来介绍在 Linux 中可以使用哪些网卡。Oracle Linux 会为每一个所监测到的网卡设定一个逻辑上的别名。一般可以透过这个别名的字首来判断出系统所使用的网卡的种类。

- Ethernet（以太网）卡：是使用 eth 为字首后跟一个数字编号作为逻辑名，如 eth0、eth1 或 eth*N* 等，其中 eth0 是第 1 个网卡。

- Token Ring（令牌环网）卡：是使用 tr 为字首后跟一个数字编号作为逻辑名，如 tr0、tr1 以及 tr*N* 等，其中 tr0 也是第 1 个网卡。
- FDDI（光纤网络）卡：是使用 fddi 为字首后跟一个数字编号作为逻辑名，如 fddi0、fddi1 以及 fddi*N* 等，其中 fddi0 是第 1 个网卡。
- PPP（拨号网络）卡：是使用 ppp 为字首后跟一个数字编号作为逻辑名，如 ppp0、ppp1 以及 ppp*N* 等，其中 ppp0 是第 1 个网卡。

每个网卡上都会有一个唯一的编号，这个编号是由网卡的制造商编号和网卡出厂时的序列号两部分组成的：

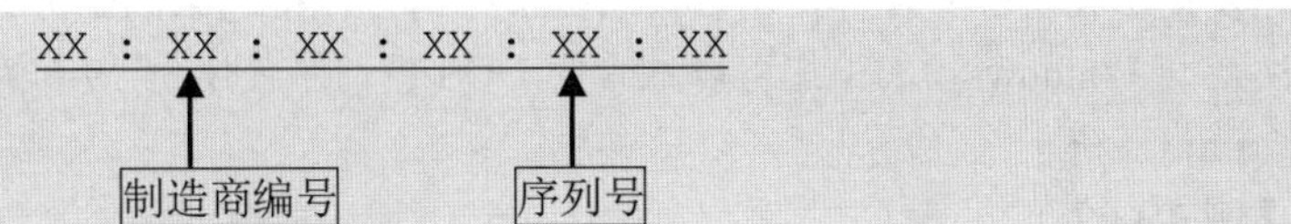

可以使用 Linux 操作系统的 ifconfig 命令（实用程序）或 dmesg 命令来查看系统上网卡的编号。命令 ifconfig 中的 if 应该是 interface（接口或界面）的缩写，而 config 应该是 configure（配置）的前 6 个字母。命令 dmesg 中的 d 应该是 device（设备）的第 1 个字母，而 mesg 应该是 message（信息或消息）的缩写。可以使用例 19-2 不带任何参数的 ifconfig 命令获取系统中所有正在启用的网卡的信息。

【例 19-2】

```
[root@boydog ~]# ifconfig
eth0      Link encap:Ethernet  HWaddr 00:0C:29:CA:28:0D
          inet addr:192.168.177.38  Bcast:192.168.177.255  Mask:255. 255. 255.0
......
```

在例 19-2 显示结果的第 1 行用方框框起来的部分（HWaddr 00:0C:29:CA:28:0D）中，HWaddr 是 Hardware Address（硬件地址）的缩写，紧跟其后的 6 组由冒号分隔的十六进制数字则是这个网卡的硬件地址。

19.2 使用 ifconfig 命令来维护网络

可以使用 ifconfig 命令来设定系统中网卡的 IP 地址，但是通常都不会直接使用这个命令来配置网卡的 IP 地址（因为比较复杂），而是通过其他的脚本来调用 ifconfig 命令。

如果在系统提示符下直接输入不带任何参数的 ifconfig 命令，系统会在屏幕上显示出系统中网卡的详细信息，以及有哪些网卡处于停用状态。如例 19-2 中的 ifconfig 命令就在屏幕上显示出了这台主机中所有正在启动的网卡的详细信息。从例 19-2 的显示结果可以看出这台主机中只有一个网卡（eth0），这个网卡的 IP 地址为 192. 168.177.38。

切换到 Windows 系统之后，开启一个 DOS 窗口，如果在这个 DOS 窗口中使用例 19-3 的 telnet 192.168.177.38 命令，就可以连接到目前的 Linux 系统上。

【例 19-3】

```
G:\ftp>telnet 192.168.177.38
```

切换回 Linux 系统，使用例 19-4 的 ifconfig 修改 eth0 网卡的 IP 地址和相关的其他信息，一般当变更网络 IP 的同时也会变更子网掩码和广播地址（频道）。

【例 19-4】

```
[root@boydog ~]# ifconfig eth0 192.168.177.68 netmask 255.255.255.0 broadcast
192.168.177.254
```

系统执行以上命令之后不会有任何显示信息，因此要使用例 19-5 的 ifconfig 命令重新列出这台主机中所有正在启动的网卡的详细信息，以确认所做的变更已经成功。

【例 19-5】

```
[root@boydog ~]# ifconfig
eth0      Link encap:Ethernet  HWaddr 00:0C:29:CA:28:0D
          inet addr:192.168.177.68  Bcast:192.168.177.254  Mask:255.255. 255.0
......
```

例 19-5 的显示结果清楚地表明，目前网卡 eth0 的 IP 地址已经变成了 192.168.177.68，并且其他相关信息也发生了相应的变化（显示结果的第 2 行用方框框起来的部分）。

切换回 Windows 系统，您可以试着在 DOS 窗口中使用例 19-6 的 telnet 192.168.177.38 命令来连接目前的 Linux 系统。

【例 19-6】

```
G:\ftp>telnet 192.168.177.38
Connecting To 192.168.177.38...Could not open connection to the host, on port 23:
Connect failed
```

例 19-6 的显示结果清楚地表明，使用原来的 IP 地址已经无法与我们的 Linux 系统进行远程连接了，这是因为目前这个主机的 IP 地址已经变成了 192.168.177.68。接下来，改用例 19-7 的 telnet 192.168.177.68 命令来连接目前的 Linux 系统，这次就可以连接成功了。

【例 19-7】

```
G:\ftp>telnet 192.168.177.68
```

随即，使用例 19-8 的 reboot 命令重新启动这台主机（要在 root 用户下使用 reboot 命令）。

【例 19-8】

```
[root@boydog ~]# reboot
```

当系统重启之后，使用例 19-9 的 ifconfig 命令再次列出所有启动的网卡的详细信息。

【例 19-9】

```
[root@boydog ~]# ifconfig
eth0        Link encap:Ethernet  HWaddr 00:0C:29:CA:28:0D
            inet addr:192.168.177.38  Bcast:192.168.177.255  Mask:255.255. 255.0
......
```

例 19-9 的显示结果清楚地表明，目前网卡 eth0 的 IP 地址已经变回为 192.168. 177.38，并且其他相关信息也都变回原来的设定。这说明使用 ifconfig 命令对网络设定的修改并不是永久的，因为 ifconfig 命令不会将这些设定写到系统的网络配置文件中。其实，不只是重启系统，就是重启网卡，网卡的设定也会恢复到原来的设定。

19.3 使用 ifdown 和 ifup 命令（脚本）停止和启动网卡

ifdown 命令（脚本）是用来停用系统上指定的网卡，而 ifup 命令（脚本）是用来启动系统上指定的网卡。这两个命令的语法格式都非常简单，只要在命令之后空一格加上要停用或启动的网卡名（逻辑名）就可以了。当使用 ifup 命令启动一个网卡时，这个命令会先读取这个网卡的网络配置文件。所以当**一个网卡的网络配置文件被修改之后，以及在网卡的网络配置文件中新增或删除了某些设定之后，都要使用 ifdown 和 ifup 这两个命令重新启用这个网卡。**

而当一个 Linux 系统从静态 IP 变到自动获取 IP，也就是使用 BOOTP 或使用 DHCP 服务器自动获

取 IP 时，也应该使用 ifdown 和 ifup 这两个命令来重新启用网卡。接下来利用一个实例来演示如何使用 ifdown 和 ifup 这两个命令重新启用网卡 eth0。首先使用例 19-10 不带任何参数的 ifconfig 命令列出这台主机中所有当前正在启动的网卡的详细信息。

【例 19-10】

```
[root@boydog ~]# ifconfig
eth0      Link encap:Ethernet  HWaddr 00:0C:29:CA:28:0D
           inet addr:192.168.177.38  Bcast:192.168.177.255  Mask:255.255. 255.0
......
```

例 19-10 的显示结果清楚地表明，目前系统中正常使用的网卡只有 eth0 这一个网卡。接下来，使用例 19-11 的 ifdown 命令停用 eth0 这个网卡。

【例 19-11】

```
[root@boydog ~]# ifdown eth0
```

系统执行以上命令之后不会有任何显示信息，因此要使用例 19-12 的 ifconfig 命令重新列出该主机中所有正常使用的网卡的详细信息以确认 eth0 这个网卡已经被成功停用了。

【例 19-12】

```
[root@boydog ~]# ifconfig
lo        Link encap:Local Loopback
          inet addr:127.0.0.1  Mask:255.0.0.0     ......
```

在例 19-12 的显示结果中已经看不见 eth0 这个网卡的信息了，这就表明 eth0 已经被成功停用了。如果此时在微软系统上试图以 telnet 或 ftp 远程连接这台 Linux 系统主机，是无法建立远程连接的。随后，使用例 19-13 的 ifup 命令重新启动 eth0 这个网卡。

【例 19-13】

```
[root@boydog ~]# ifup eth0
```

系统执行以上命令之后也不会有任何显示信息，因此要使用例 19-14 的 ifconfig 命令重新列出这台主机中所有正在正常使用的网卡的详细信息，以确认 eth0 已经成功启动了。

【例 19-14】

```
[root@boydog ~]# ifconfig
eth0     Link encap:Ethernet  HWaddr 00:0C:29:CA:28:0D
        inet addr:192.168.177.38  Bcast:192.168.177.255  Mask:255.255.255.0
......
```

在例 19-14 的显示结果中又可以看见 eth0 的信息了，这表明 eth0 已经成功启动。如果此时在微软系统上试图以 telnet 远程连接这台 Linux 系统主机，就又可以建立远程连接了。

指点迷津：

有时不知什么原因突然使用网络远程连接一台主机就是连不上，但是之前也没人做过什么操作，经过检查后发现全部所需的服务都正常工作。这时不妨先使用 ifdown 命令将这台主机的网卡停用，之后再使用 ifup 命令重新启动网卡，很可能问题就解决了。

19.4　网络配置文件和使用命令行网络配置工具配置网络

通过前几节的学习，相信读者已经能够修改一个网卡上的 IP 和其他的相关网络设定了，但是这些设定在重启系统之后就不管用了（网卡又恢复到了原来的设定）。如果要使这些修改成为永久的设定就需要修改相应的网络配置文件。

这些网卡所对应的网络配置文件都存放在/etc/sysconfig/network-scripts 目录中，而每张网卡所对应的配置文件的文件名是以 ifcfg-开始，-之后就是这个网卡的逻辑名，如 eth0 这个网卡所对应的网络配置文件名就是 ifcfg-eth0。为了验证这一点，可以使用例 19-15 的 cd 命令将 root 用户的当前工作目录切换到/etc/sysconfig/network-scripts。

【例 19-15】

```
[root@boydog ~]# cd /etc/sysconfig/network-scripts
```

之后，使用例 19-16 的 ls 命令列出当前目录中所有文件名以 ifcfg 开头的文件。在该系统中只有两个，ifcfg-eth0 就对应到 eth0，而 ifcfg-lo 是对应到本机的 loopback 网络设定。

【例 19-16】

```
[root@boydog network-scripts]# ls -l ifcfg*
-rw-r--r--  1 root root 171 May 20 16:59 ifcfg-eth0
-rw-r--r--  1 root root 254 Jun 21  2001 ifcfg-lo
```

可以通过这些网络配置文件来设置网络的相关内容，例如，设置网络的静态 IP，也可以设置成使用 dhcp 的动态 IP，或者 bootp 自动获取 IP 等。

接下来，**使用例 19-17 的 cat 命令列出/etc/sysconfig/network-scripts 目录中的 ifcfg-eth0 文件中的全部内容。**为了方便起见，以下使用注释的方式来解释这个文件中的每一行。

【例 19-17】

```
[root@boydog network-scripts]# cat ifcfg-eth0
DEVICE=eth0                          # 网卡的别名（逻辑名），要与所对应的文件最后部分相同
BOOTPROTO=static                     # 使用静态 IP（即要手动设定 IP），如果使用动态 IP 就是 dhcp
BROADCAST=192.168.177.255            # 广播地址（频道），在使用静态 IP 时必须设定
HWADDR=00:0C:29:CA:28:0D             # 网卡的硬件地址，出厂时由厂家设定
IPADDR=192.168.177.38                # IP 地址，在使用静态 IP 时必须设定
NETMASK=255.255.255.0                # 子网掩码
NETWORK=192.168.177.0                # 网段
ONBOOT=yes                           # 当为 yes，表示在开机时会自动启动网卡
TYPE=Ethernet                        # 网卡的类型
```

所谓的网络配置，就是要修改网卡所对应的网络配置文件，可以通过使用文字编辑器直接编辑网络配置文件来重新配置网络。但是尽量不要使用这种方法，特别是初学者，如果不得不使用这种方法，在修改网络配置文件之前一定要先备份这个网络配置文件以防意外。

一般都是使用 Linux 提供的网络配置工具来进行网络的配置或维护。Linux 系统提供了两个常用的网络配置工具，分别是 netconfig 和 system-config-network。

netconfig 是一个命令行（文字界面）的网络配置工具，可以使用这个工具来创建和编辑网络配置文件，但是所做的变更不会立即生效，必须通过使用 ifdown 和 ifup 命令重新启动网卡才会使所做的变更生效。

接下来通过一个重建被误删或损坏的网卡所对应的网络配置文件的实例来演示 netconfig 命令行的网络配置工具的具体用法。例 19-16 命令的显示结果表明，在我们所使用的系统中只有两个网卡所对应的网络配置文件，分别是 ifcfg-eth0 和 ifcfg-lo。为了安全起见，应该首先使用例 19-18 的 cp 命令对 ifcfg-eth0 这个非常重要的网络配置文件做一个备份。之后，应该测试一下备份是否成功，这里为了节省篇幅省略了测试的操作。

【例 19-18】

```
[root@boydog network-scripts]# cp ifcfg-eth0 ifcfg-eth0.bak
```

当确认备份成功之后，使用例 19-19 的 rm 命令删除 ifcfg-eth0 网络配置文件。

【例 19-19】

```
[root@boydog network-scripts]# rm ifcfg-eth0
rm: remove regular file 'ifcfg-eth0'? y
```

当以上命令执行之后，系统不会有任何提示。因此需要使用例 19-20 的 ls 命令列出当前目录中所有以 ifcfg 开始的文件或目录，以确认所做的删除操作已经成功。

【例 19-20】

```
[root@boydog network-scripts]# ls ifcfg*
ifcfg-eth0.bak  ifcfg-lo
```

当确认 ifcfg-eth0 文件已经被成功地删除之后(这是在模拟 ifcfg-eth0 文件丢失或损坏的故障)，在 root 用户下，使用例 19-21 的 netconfig 命令启动命令行（文字界面）的网络配置工具来重新配置网络（默认 netconfig 将配置 eth0 这个网卡）。

提示：

为了减少本书的篇幅，特将有关网络配置的图解部分全都移到资源包中的电子书中了。如果读者对此感兴趣，可以参阅资源包中的电子书。

【例 19-21】

```
[root@boydog network-scripts]# netconfig
```

指点迷津：

在 Oracle Linux 6 或以上的版本中，应该使用 system-config-network 这一网络配置工具。

系统执行以上命令之后，进入 netconfig 工具的网络配置页面，单击 Yes 按钮。取消动态 IP 的选项（也就是选择静态 IP），在 IP address 文本框中输入 192.168.177.68 新 IP 地址（可以是其他但是最好与您的 Windows 系统在一个网段，这样便于测试），输入子网掩码及其他相关的内容（可以接受默认），最后单击 OK 按钮以完成网络配置。

完成了 eth0 网卡的网络配置之后，使用例 19-22 的 ls 命令再次列出当前目录中所有以 ifcfg 开头的文件或目录，以确认 netconfig 工具已经成功生成了 eth0 网卡所对应的网络配置文件 ifcfg-eth0。

【例 19-22】

```
[root@boydog network-scripts]# ls ifcfg*
ifcfg-eth0  ifcfg-eth0.bak  ifcfg-lo
```

例 19-22 的显示结果表明，netconfig 工具确实已经成功生成了 eth0 网卡所对应的网络配置文件 ifcfg-eth0。之后，使用例 19-23 的 cat 命令列出 ifcfg-eth0 文件中的全部内容。

【例 19-23】

```
[root@boydog network-scripts]# cat ifcfg-eth0
DEVICE=eth0
ONBOOT=yes
BOOTPROTO=static
IPADDR=192.168.177.68
NETMASK=255.255.255.0
GATEWAY=192.168.177.254
```

例 19-23 的显示结果表明，在 netconfig 工具中所做的修改都已经写到了 ifcfg-eth0 文件中。随后，用例 19-24 的 ifconfig 命令重新列出这台主机中所有正常使用的网卡的详细信息。

【例 19-24】

```
[root@boydog network-scripts]# ifconfig
eth0      Link encap:Ethernet  HWaddr 00:0C:29:CA:28:0D
```

```
        inet addr:192.168.177.38  Bcast:192.168.177.255  Mask:255.255.255.0
......
```

例 19-24 的显示结果表明，目前 eth0 这个网卡的网络配置信息仍然是以前的，这是因为 netconfig 工具只会将所做的修改（配置）写到 ifcfg-eth0 文件中，而不会改变目前系统的网络配置。为了使所做的网络配置生效，应该先使用例 19-25 的 ifdown 命令停用 eth0 网卡，之后再使用例 19-26 的 ifup 命令启动 eth0 网卡。

【例 19-25】

```
[root@boydog network-scripts]# ifdown eth0
```

【例 19-26】

```
[root@boydog network-scripts]# ifup eth0
```

如果之前在 Windows 系统上使用 telnet 与这个 Linux 系统建立了连接，切换到微软系统，会见到如下与主机连接断开的信息：

```
Connection to host lost.
```

现在，可以使用例 19-27 的 telnet 命令利用原来这台 Linux 主机 IP 继续进行远程连接。

【例 19-27】

```
G:\ftp>telnet 192.168.177.38
Connecting To 192.168.177.38...Could not open connection to the host, on port 23:
Connect failed
```

例 19-27 的显示结果清楚地表明，目前无法使用 192.168.177.38 这个 IP 地址与 Linux 主机建立 telnet 的连接。接下来，使用例 19-28 的 telent 命令，利用 192.168.177.68 的 IP 地址与这台 Linux 主机建立 telnet 的连接。

【例 19-28】

```
G:\ftp>telnet 192.168.177.68
```

这次就可以建立 telnet 连接了，之后使用例 19-29 的 ifconfig 命令重新列出这台主机中所有正常使用的网卡的详细信息。

【例 19-29】

```
[root@boydog ~]# ifconfig
eth0      Link encap:Ethernet  HWaddr 00:0C:29:CA:28:0D
          inet addr:192.168.177.68  Bcast:192.168.177.255  Mask:255.255.255.0
......
```

例 19-29 的显示结果表明，目前 eth0 这个网卡已经使用了新的网络配置信息，这是因为已经使用 ifdown 和 ifup 命令重新启动了 eth0 网卡。

如果要配置的网卡不是 eth0，就需要在 netconfig 命令中使用--device 选项来指定要配置的网卡的逻辑名。例 19-30 就是使用 netconfig 命令来配置 eth1 网卡。

【例 19-30】

```
[root@boydog network-scripts]# netconfig --device eth1
```

系统执行以上命令之后，进入 netconfig 工具的网络配置页面，按空格键选择使用动态 IP。之后按 Tab 键使光标移到 OK 按钮上，按 Enter 键单击 OK 按钮以完成网络配置。

完成了 eth1 网卡的网络配置之后，使用例 19-31 的 ls 命令列出当前目录中所有以 ifcfg 开头的文件或目录，以确认是否已成功地生成了 eth1 网卡所对应的网络配置文件 ifcfg-eth1。

【例 19-31】

```
[root@boydog network-scripts]# ls ifcfg*
ifcfg-eth0  ifcfg-eth0.bak  ifcfg-eth1  ifcfg-lo
```

例 19-31 的显示结果表明，netconfig 工具确实已经成功生成了 eth1 网卡所对应的网络配置文件

ifcfg-eth1。之后，使用例 19-32 的 cat 命令列出 ifcfg-eth1 文件中的全部内容。

【例 19-32】

```
[root@boydog network-scripts]# cat ifcfg-eth1
DEVICE=eth1
ONBOOT=yes
BOOTPROTO=dhcp
```

例 19-32 的显示结果清楚地表明，在 netconfig 工具中所做的修改（配置）都已经写到了 ifcfg-eth1 网络配置文件中。由于在我们的系统中只有 eth0 这一个网卡，即 eth1 网卡并不存在，所以应该使用例 19-33 的 rm 命令删除 ifcfg-eth1 文件。

【例 19-33】

```
[root@boydog network-scripts]# rm ifcfg-eth1
rm: remove regular file 'ifcfg-eth1'? y
```

当以上命令执行之后，系统不会有任何提示，因此需要使用例 19-34 的 ls 命令列出当前目录中所有以 ifcfg 开头的文件或目录，以确认所做的删除操作已经成功。其显示结果中再也看不到 ifcfg-eth1 文件了，这表明已经成功地删除了这个没有用的文件。

【例 19-34】

```
[root@boydog network-scripts]# ls ifcfg*
ifcfg-eth0  ifcfg-eth0.bak  ifcfg-lo
```

在 Linux 操作系统上还有另一个网络配置工具 NetworkManager，它是一个图形界面的工具，每个用户都能启动该图形化的网络配置工具，但必须有 root 的权限才能修改网络的设置。下载的资源包中有这一图形工具使用方法的视频演示。

19.5 在一个网卡上绑定多个 IP 地址

在实际工作中，有时需要在一个网卡上设置多个 IP 地址，可以使用所谓的虚拟网卡技术（virtual interfaces），也就是为这个网卡设置另一个别名的配置文件，通过这些不同的配置文件在这个网卡上绑定多个 IP 地址。

如果只需要在一个网卡上绑定少量的 IP 地址，可以手动为每个 IP 地址创建一个网络配置文件。这些网络配置文件的文件名必须以 ifcfg-开始，后跟网卡的逻辑名，之后是冒号紧跟数字表示这是第几个虚拟网卡，网络配置文件的文件名的格式是：

```
ifcfg-ethN:nnn
```

其中，N 是自然数，表示第几个网卡；nnn 也是自然数，表示在这个网卡上的第几个虚拟网卡。如在网卡 eth0 上绑定两个 IP 地址，那么就可以在原来的网络配置文件 ifcfg-eth0 中设置第 1 个 IP，然后再新增一个 ifcfg-eth0:0 的网络设置文件，并在这个文件中设置第 2 个 IP，而 ifcfg-eth0:0 就是虚拟网卡所对应的网络配置文件。

接下来演示如何在 eth0 这个网卡上再绑定一个 IP。为了后面的操作方便，首先使用例 19-35 的 cd 命令，将当前工作目录切换回/etc/sysconfig/network-scripts。

【例 19-35】

```
[root@boydog ~]# cd /etc/sysconfig/network-scripts
```

随后，使用例 19-36 的 ls 命令列出当前目录中所有文件名以 ifcfg 开头的文件。

【例 19-36】

```
[root@boydog network-scripts]# ls ifcfg*
```

```
ifcfg-eth0  ifcfg-eth0.bak  ifcfg-lo
```

之后，使用例 19-37 的 cp 命令，通过复制 ifcfg-eth0 文件的方法来生成虚拟网卡的网络配置文件 ifcfg-eth0:0。

【例 19-37】

```
[root@boydog network-scripts]# cp ifcfg-eth0 ifcfg-eth0:0
```

☞ 指点迷津：

在我的一个 Oracle Linux 7.2 上，第一张网卡的名字是 enp0s3，所对应的网络配置文件名为 ifcfg-enp0s3，因此所生成的虚拟网卡的网络配置文件名为 ifcfg-enp0s3:0。并且在 Oracle Linux 7 上可以使用 systemctl 命令代替 service 命令来管理网络服务，如使用 systemctl restart network 命令重启网络服务。

随后，应该使用例 19-38 的 ls 命令再次列出当前目录中所有以 ifcfg 开头的文件名。

【例 19-38】

```
[root@boydog network-scripts]# ls ifcfg*
ifcfg-eth0  ifcfg-eth0:0  ifcfg-eth0.bak  ifcfg-lo
```

当确认所需的虚拟网卡的配置文件已经生成之后，使用例 19-39 的 vi 命令编辑这个虚拟网卡的配置文件 ifcfg-eth0:0。

【例 19-39】

```
[root@boydog network-scripts]# vi ifcfg-eth0:0
DEVICE=eth0:0
BOOTPROTO=none ……
IPADDR=192.168.177.168
NETMASK=255.255.255.0 ……
```

将第 1 行的设备名改为 eth0:0（一定与相应文件名“-”之后的部分一样），将 IP 地址改为 192.168.177.168（可以是其他 IP，这里是故意将虚拟网卡的 IP 设在与其他虚拟主机在同一网段，这样可以方便后面的测试，因为没有设置 Gateway）。之后，存盘退出 vi 编辑器。为了保险起见，还应该使用例 19-40 的 cat 命令列出 ifcfg-eth0:0 中的全部内容，以确保修改都已经写入这个文件并且准确无误。这里为了节省篇幅，省略了显示结果。

【例 19-40】

```
[root@boydog network-scripts]# cat ifcfg-eth0:0
```

接下来，使用例 19-41 的 ifconfig 命令列出这台主机中所有网卡的详细信息，以验证虚拟网卡的网络设定是否生效。

【例 19-41】

```
[root@boydog network-scripts]# ifconfig
eth0      Link encap:Ethernet  HWaddr 00:0C:29:CA:28:0D
          inet addr:192.168.177.38  Bcast:192.168.177.255  Mask:255.255.255.0
          inet6 addr: fe80::20c:29ff:feca:280d/64 Scope:Link  ……
```

从例 19-41 的显示结果可知，目前系统还没有使用这个新的虚拟网卡，因此应该使用例 19-42 的 ifdown 命令和例 19-43 的 ifup 命令，重新启动 eth0 网卡来让新的网络设定生效。

【例 19-42】

```
[root@boydog network-scripts]# ifdown eth0
```

【例 19-43】

```
[root@boydog network-scripts]# ifup eth0
```

然后，使用例 19-44 的 ifconfig 命令再次列出这台主机中所有网卡的详细信息。

【例 19-44】

```
[root@boydog network-scripts]# ifconfig
eth0      Link encap:Ethernet  HWaddr 00:0C:29:CA:28:0D
          inet addr:192.168.177.38  Bcast:192.168.177.255  Mask:255.255.255.
......
eth0:0    Link encap:Ethernet  HWaddr 00:0C:29:CA:28:0D
          inet addr:192.168.177.168  Bcast:192.168.177.255  Mask:255.255.255.0
          UP BROADCAST RUNNING MULTICAST  MTU:1500  Metric:1
          Interrupt:193 Base address:0x2024
......
```

例 19-44 的显示结果清楚地表明，目前系统中启用的网卡除了原来的 eth0 之外，又多了一个 eth0:0 虚拟网卡，其设定就是之前使用 vi 编辑器在 ifcfg-eth0:0 文件中所做的。这就表明设定的虚拟网卡 eth0:0 已经正常工作了。其实 eth0 和 eth0:0 都对应到一个网卡，只是分别设定了不同的 IP 地址而已。

为了进一步测试这个虚拟网卡是否正常工作，切换到另一台主机（girlwolf），之后使用例 19-45 的 ping 命令测试这台主机是否能与 192.168.177.168 的主机进行网络通信。

【例 19-45】

```
[root@girlwolf ~]# ping 192.168.177.168 -c 2
PING 192.168.177.168 (192.168.177.168) 56(84) bytes of data.
64 bytes from 192.168.177.168: icmp_seq=0 ttl=64 time=3.48 ms ……
--- 192.168.177.168 ping statistics ---
2 packets transmitted, 2 received, 0% packet loss, time 1002ms
rtt min/avg/max/mdev = 0.974/2.227/3.481/1.254 ms, pipe 2
```

例 19-45 的显示结果表明，这两台主机是可以 ping 通的，此时如果使用例 19-46 的 ping 命令 ping192.168.177.38 这个 IP 所对应的主机同样也可以 ping 通。为了节省篇幅，这里省略了显示输出结果。

【例 19-46】

```
[root@girlwolf ~]# ping 192.168.177.38 -c 2
```

若还不放心，也可使用例 19-47 的 telnet 与 192.168.177.168 的主机进行远程连接，会发现同样可以连接到 boydog 那台主机上。这就进一步证明了虚拟网卡已经正常工作了。

【例 19-47】

```
[root@girlwolf ~]# telnet 192.168.177.168
```

如果要在一个网卡上绑定大量的 IP 地址，使用以上所介绍的设置虚拟网卡的方法就不那么方便了，这时可以通过创建 ifcfg 范围文件的方法来快速而方便地解决这一问题。ifcfg 范围文件的文件名必须以 ifcfg-开头，之后加上所对应的网卡“-”，最后是 rang 加编号，其格式为：

```
ifcfg-ethN-rangeN
```

其中，N 为自然数，为网卡的编号。如要在 eth0 上绑定 8 个 IP 地址，就可以新增加一个名为 ifcfg-eth0-range0 的网络配置文件，然后在这个文件中设置 IP 地址的范围。

从例 19-44 的显示结果可以看出，目前在 eth0 这个网卡上已经绑定了两个 IP。接下来，使用例 19-48 的 ls 命令列出当前目录中所有文件名以 ifcfg 开头的文件。

【例 19-48】

```
[root@boydog network-scripts]# ls ifcfg*
ifcfg-eth0  ifcfg-eth0:0  ifcfg-eth0.bak  ifcfg-lo
```

之后，使用例 19-49 的 cp 命令，通过复制 ifcfg-eth0:0 文件的方法生成虚拟网卡范围的网络配置文件 ifcfg-eth0-range0。

【例 19-49】

```
[root@boydog network-scripts]# cp ifcfg-eth0:0 ifcfg-eth0-range0
```

系统执行完以上复制命令后不会有任何提示信息，所以应该使用例 19-50 的 ls 命令再次列出当前目录中所有以 ifcfg 开头的文件名，以验证以上复制命令是否正确执行。

【例 19-50】

```
[root@boydog network-scripts]# ls ifcfg*
ifcfg-eth0  ifcfg-eth0:0  ifcfg-eth0.bak  ifcfg-eth0-range0  ifcfg-lo
```

确认所需的虚拟网卡的配置文件已经生成之后，使用例 19-51 的 vi 命令编辑这个虚拟网卡范围的配置文件 ifcfg-eth0-range0。

【例 19-51】

```
[root@boydog network-scripts]# vi ifcfg-eth0-range0
DEVICE=eth0-range0                        # 虚拟网卡的设备名
BOOTPROTO=none ……
IPADDR_START=192.168.177.200              # 虚拟网卡的起始 IP 地址
IPADDR_END=192.168.177.203                # 虚拟网卡的终止（结束）IP 地址
NETMASK=255.255.255.0 ……
```

将第 1 行的设备名改为 eth0-range0（一定与相应文件名“-”之后的部分一样），删除 IP 地址那一行，加入起始 IP 地址 IPADDR_START=192.168.177.200 和结束 IP 地址 IPADDR_END=192.168.177.203（注意要设置连续的 IP 地址，在这个例子中实际上是在 eth0 网卡上又绑定了 192.168.177.200、192.168.177.201、192.168.177.202 和 192.168.177.203 共 4 个 IP 地址）。之后，存盘退出 vi 编辑器。为了保险起见，还应该使用例 19-52 的 cat 命令列出 ifcfg-eth0-range0 中的全部内容。这里为了节省篇幅，省略了显示结果。

【例 19-52】

```
[root@boydog network-scripts]# cat ifcfg-eth0-range0
```

随后，应该使用例 19-53 的 ifdown 命令和例 19-54 的 ifup 命令，重新启动 eth0 网卡使新的网络设定生效。

【例 19-53】

```
[root@boydog network-scripts]# ifdown eth0
```

【例 19-54】

```
[root@boydog network-scripts]# ifup eth0
```

然后，使用例 19-55 的 ifconfig 命令，再次列出这台主机中所有网卡的详细信息，以验证虚拟网卡范围的网络设定是否生效。

【例 19-55】

```
[root@boydog network-scripts]# ifconfig
eth0     Link encap:Ethernet  HWaddr 00:0C:29:CA:28:0D
         inet addr:192.168.177.38  Bcast:192.168.177.255  Mask:255.255.255.0
         inet6 addr: fe80::20c:29ff:feca:280d/64 Scope:Link  ……
eth0:    Link encap:Ethernet  HWaddr 00:0C:29:CA:28:0D
         inet addr:192.168.177.200  Bcast:192.168.177.255  Mask:255.255.255.0
         UP BROADCAST RUNNING MULTICAST  MTU:1500  Metric:1
         Interrupt:193 Base address:0x2024
eth0:0   Link encap:Ethernet  HWaddr 00:0C:29:CA:28:0D
         inet addr:192.168.177.168  Bcast:192.168.177.255  Mask:255.255.255.0
         UP BROADCAST RUNNING MULTICAST  MTU:1500  Metric:1
         Interrupt:193 Base address:0x2024
eth0:1   Link encap:Ethernet  HWaddr 00:0C:29:CA:28:0D
         inet addr:192.168.177.201  Bcast:192.168.177.255  Mask:255.255.255.0
         UP BROADCAST RUNNING MULTICAST  MTU:1500  Metric:1
```

```
        Interrupt:193 Base address:0x2024
eth0:2  Link encap:Ethernet  HWaddr 00:0C:29:CA:28:0D
        inet addr:192.168.177.202  Bcast:192.168.177.255  Mask:255.255.255.0
        UP BROADCAST RUNNING MULTICAST  MTU:1500  Metric:1
        Interrupt:193 Base address:0x2024
eth0:3  Link encap:Ethernet  HWaddr 00:0C:29:CA:28:0D
        inet addr:192.168.177.203  Bcast:192.168.177.255  Mask:255.255.255.0
        UP BROADCAST RUNNING MULTICAST  MTU:1500  Metric:1
        Interrupt:193 Base address:0x2024 ......
```

例 19-55 的显示结果清楚地表明，目前系统中启用的网卡除了原来的 eth0 和 eth0:0 之外，又多了 4 张名为 eth0:、eth0:1、eth0:2 和 eth0:3 的虚拟网卡，其设定就是之前使用 vi 编辑器在 ifcfg-eth0-range0 文件中所设置的。

为了进一步测试这些虚拟网卡是否正常工作，切换到微软系统之后，使用例 19-56 的 ping 命令测试这台主机是否能与 IP 地址为 192.168.177.202 的主机进行网络通信（也可以使用 192.168.177.200～192.168.177.203 的任何 IP）。

【例 19-56】

```
G:\ftp>ping 192.168.177.202
Pinging 192.168.177.202 with 32 bytes of data:
Reply from 192.168.177.202: bytes=32 time=3ms TTL=64   ......
Ping statistics for 192.168.177.202:
   Packets: Sent = 4, Received = 4, Lost = 0 (0% loss),
Approximate round trip times in milli-seconds:
   Minimum = 0ms, Maximum = 3ms, Average = 0ms
```

例 19-56 的显示结果表明，PC 和这台 Linux 主机是可以 ping 通的。如果还不放心，也可以使用例 19-57 的 telnet 与 IP 地址是 192.168.177.201 的主机进行远程连接。

【例 19-57】

```
G:\ftp>telnet 192.168.177.201
```

您会发现可以连到这台主机上，使用例 19-58 的 uname 命令会发现这台主机就是 boydog. super.com。这就进一步证明了所绑定的这些虚拟网卡已经正常工作了。

【例 19-58】

```
[dog@boydog ~]$ uname -n
boydog.super.com
```

也可以使用例 19-59 的 ip 命令列出系统中所有的网卡和在网卡上绑定的 IP 地址，在显示结果中/24 表示前 24 位都是 1 的子网掩码，也就是 255.255.255.0。如果只是为了获取每个网卡的 IP 地址，可能这个命令更简洁一些。

【例 19-59】

```
[root@boydog ~]# ip addr
1:  lo: <LOOPBACK,UP> mtu 16436 qdisc noqueue ......
2: eth0: <BROADCAST,MULTICAST,UP> mtu 1500 qdisc pfifo_fast qlen 1000
    link/ether 00:0c:29:ca:28:0d brd ff:ff:ff:ff:ff:ff
    inet 192.168.177.38/24 brd 192.168.177.255 scope global eth0
    inet 192.168.177.168/24 brd 192.168.177.255 scope global secondary eth0:0
    inet 192.168.177.200/24 brd 192.168.177.255 scope global secondary eth0:
    inet 192.168.177.201/24 brd 192.168.177.255 scope global secondary eth0:1
    inet 192.168.177.202/24 brd 192.168.177.255 scope global secondary eth0:2
    inet 192.168.177.203/24 brd 192.168.177.255 scope global secondary eth0:3
    inet6 fe80::20c:29ff:feca:280d/64 scope link  ......
```

利用虚拟网卡技术，可以使您的公司看上去比实际强大得多，因为可以在一个网卡上绑定多个 IP，这样用户就可以通过多个不同的 IP 地址来访问公司的服务器，而用户会误以为公司有许多台网络服务器对外提供服务，这是不是很好？如果您是一个金融公司，而在客户眼里您的公司已经富得流油，当然客户也就放心地将她/他们的血汗钱交给你们这些理财专家来管理了。

19.6　分享其他 Linux 系统上 NFS 的资源

NFS 是 Network File System 的缩写，它适用于在不同的 UNIX（Linux）系统之间分享彼此的网络资源，如图 19-1 所示。**分享 NFS 资源的计算机称为 NFS Server（服务器）**，如图 19-2 所示。

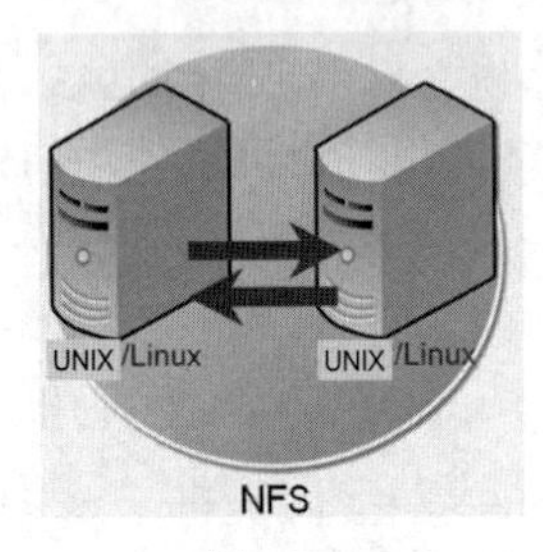

图 19-1

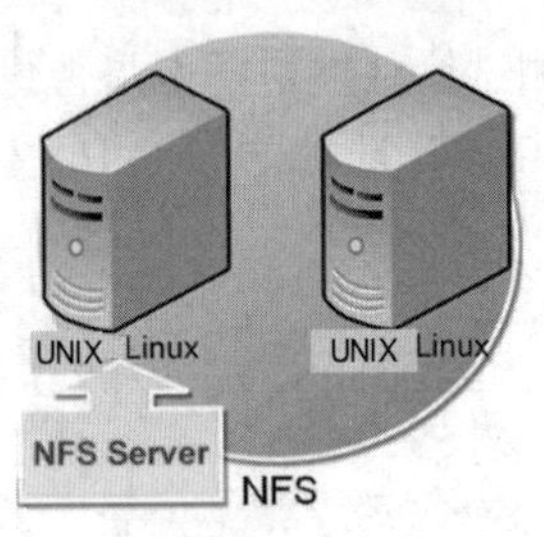

图 19-2

为了演示如何分享 NFS 服务器上的资源，首先切换到 girlwolf 的 Linux 主机上，以 dog 用户登录（或切换到 dog 用户），使用例 19-60 的 cat 命令在 dog 的家目录中创建一个名为 ancestor 的正文文件，其中阴影部分为要输入的内容，最后按 Ctrl+D 键存盘退出。

【例 19-60】

```
[dog@girlwolf ~]$ cat > ancestor
The first girl wolf for the dog project.
She will be the ancestor of all puppies in this project !!!
She will be a great mother dog !!!
```

系统执行以上操作之后不会有任何提示信息，因此要使用例 19-61 的 cat 命令列出 ancestor 文件中的全部内容，以验证所需的文件确实生成了。

【例 19-61】

```
[dog@girlwolf ~]$ cat ancestor
The first girl wolf for the dog project.
She will be the ancestor of all puppies in this project !!!
She will be a great mother dog !!!
```

之后，切换到 root 用户。**使用例 19-62 的 vi 命令开启/etc/exports 文件。这个文件是空的，输入阴影部分的信息（这行信息的含义是分享该主机上的/home/dog 目录，*表示所有的主机都可以访问这个目录，rw 表示可读可写）。之后存盘并退出 vi 编辑器。**

【例 19-62】

```
[root@girlwolf ~]# vi /etc/exports
/home/dog       *(rw,sync)
```

接下来，应该使用例 19-63 的 cat 命令列出/etc/exports 文件中的全部内容，以验证所需的文件确实生成了。

【例 19-63】

```
[root@girlwolf ~]# cat /etc/exports
```

```
/home/dog        *(rw,sync)
```

确认之后，**使用例 19-64 的 exportfs 命令来更新分享清单，其中-r 表示 reexport。**

【例 19-64】

```
[root@girlwolf ~]# exportfs -r
```

随后，切换回 boydog 主机，使用例 19-65 的 showmount 命令列出 192.168.177.138 这台主机上所分享出来的目录。

【例 19-65】

```
[root@boydog ~]# showmount -e 192.168.177.138
mount clntudp_create: RPC: Program not registered
```

看到以上的提示信息请不要紧张。切换回 girlwolf 的 Linux 主机，使用例 19-66 的 rpm 命令验证 nfs-utils 软件包是否安装。

【例 19-66】

```
[root@girlwolf ~]# rpm -q nfs-utils
nfs-utils-1.0.6-70.EL4
```

确认 nfs-utils 软件包已经安装之后（如果没有安装要先安装这个软件包），使用例 19-67 的 rpcinfo 命令来查看 rpc 的 port map（rpc 相关程序与端口的对应信息）。

【例 19-67】

```
[root@girlwolf ~]# rpcinfo -p
   program vers proto   port
    100000    2   tcp    111  portmapper
    100000    2   udp    111  portmapper
    100024    1   udp    978  status
    100024    1   tcp    981  status
```

从例 19-67 的显示结果可以推测 nfs 服务没有启动，因为在以上显示中并没有 nfs 服务的相关信息。使用例 19-68 的 service 命令查看 nfs 服务的状态。

【例 19-68】

```
[root@girlwolf ~]# service nfs status
Shutting down NFS mountd: rpc.mountd is stopped
nfsd is stopped
rpc.rquotad is stopped
```

例 19-68 的显示结果表明 nfs 服务目前确实处于停用状态，因此使用例 19-69 的 service 命令启动 nfs 服务。

【例 19-69】

```
[root@girlwolf ~]# service nfs start
Starting NFS services:    OK  ]
Starting NFS quotas:   OK  ]
Starting NFS daemon:   OK  ]
Starting NFS mountd:   OK  ]
```

☞指点迷津：

在 Oracle Linux 7 上也可以使用 systemctl 命令代替 service 命令来管理 nfs 服务，如使用 systemctl start nfs 命令启动 nfs 服务。

当确认 nfs 服务启动之后，使用例 19-70 的 rpcinfo 命令再次查看 rpc 的 port map。这次会发现多了 nfs 和其他的一些程序的信息。

【例 19-70】

```
[root@girlwolf ~]# rpcinfo -p
  program vers proto   port
   100000    2  tcp   111  portmapper
   ......
   100003    2  udp   2049  nfs
   100003    3  udp   2049  nfs  ......
```

再次切换回 boydog 主机，使用例 19-71 的 showmount 命令重新显示 192.168.177.138 这台主机上所分享出来的目录。

【例 19-71】

```
[root@boydog ~]# showmount -e 192.168.177.138
Export list for 192.168.177.138:
/home/dog *
```

例 19-71 的显示结果表明，192.168.177.138 这台主机所分享出来的资源为/home/dog 目录中的所有内容。之后，使用例 19-72 的 ls 命令列出“/”目录中的所有内容。

【例 19-72】

```
[root@boydog ~]# ls /
bin   dev  home   lib         media  mnt  proc  sbin    srv  tftpboot  usr
boot  etc  initrd  lost+found  misc   opt  root  selinux  sys  tmp       var
```

从例 19-72 的显示结果可知在“/”目录中有一个 mnt 的目录，使用例 19-73 的 mkdir 命令创建一个/mnt/nfswolf 的目录用于挂载 nfs 文件系统。

【例 19-73】

```
[root@boydog ~]# mkdir /mnt/nfswolf
```

当确认/mnt/nfswolf 目录创建成功之后，**使用例 19-74 的 mount 命令，将 girlwolf 这台主机所分享出来的/home/dog 目录挂载在/mnt/nfswolf 挂载点上。**

【例 19-74】

```
[root@boydog ~]# mount 192.168.177.138:/home/dog /mnt/nfswolf
```

系统执行完以上命令之后不会有任何提示信息，因此需要使用例 19-75 的 mount 命令列出目前挂载在这个 Linux 系统上的所有文件系统，以验证以上 nfs 文件系统是否挂载成功。

【例 19-75】

```
[root@boydog ~]# mount
/dev/sda2 on / type ext3 (rw)    ......
192.168.177.138:/home/dog on /mnt/nfswolf type nfs (rw,addr=192.168.177.138)
```

例 19-75 的显示结果清楚地表明，192.168.177.138 这台主机上/home/dog 目录已经被挂载在/mnt/nfswolf 目录下，它的文件类型是 nfs 并且可以进行读写操作。也可以使用例 19-76 带有-h 选项的 df 命令获取与例 19-75 命令类似的信息。

【例 19-76】

```
[root@boydog ~]# df -h
Filesystem            Size  Used Avail Use% Mounted on
/dev/sda2             8.7G  7.0G  1.3G  85%   /  ......
192.168.177.138:/home/dog
                      4.0G   41M  3.7G   2%   /mnt/nfswolf
```

确认已经挂载了这个 nfs 文件系统之后，试着使用例 19-77 的 ls 命令列出/mnt/nfswolf 目录中的全部内容。

【例 19-77】

```
[root@boydog ~]# ls -l /mnt/nfswolf
ls: /mnt/nfswolf: Permission denied
```

例 19-77 的显示结果表明，boydog 主机上的 root 用户也无权访问这个刚刚挂载的文件系统，这是因为 boydog 主机上的 root 用户并不是 girlwolf 主机上的 root 用户，这就是铁路警察各管一段吧。再次切换到 girlwolf 主机，使用例 19-78 带有-ld 选项的 ls 命令列出/home/dog 目录的详细信息。

【例 19-78】

```
[root@girlwolf ~]# ls -ld /home/dog
drwx------  4 dog dog 4096 May 26 10:53 /home/dog
```

看了例 19-78 的显示结果就应该清楚了，因为还没有开放/home/dog 目录的访问权限，**使用例 19-79 的 chmod 命令对所有的用户开放/home/dog 命令的所有权限（其中最左面的 1 是加上 sticky 的权限，这样可保证除了 owner 之外的其他用户不能删除该目录中的内容）。**

【例 19-79】

```
[root@girlwolf ~]# chmod 1777 /home/dog
```

随后，应该使用例 19-80 带有-ld 选项的 ls 命令再次列出/home/dog 目录的详细信息。

【例 19-80】

```
[root@girlwolf ~]# ls -ld /home/dog
drwxrwxrwt  4 dog dog 4096 May 26 10:53 /home/dog
```

当确认已经开放了/home/dog 目录的所有权限之后，**使用例 19-81 的 exportfs 命令再次更新分享清单。**随后，切换回 boydog 主机，使用例 19-82 的 ls 命令再次列出/mnt/nfswolf 目录中的全部内容。

【例 19-81】

```
[root@girlwolf ~]# exportfs -r
```

【例 19-82】

```
[root@boydog ~]# ls -l /mnt/nfswolf
total 4
-rw-rw-r--  1 dog dog 136 May 26 10:46 ancestor
```

最后，使用例 19-83 的 cat 命令列出/mnt/nfswolf 目录中 ancestor 文件中的全部内容。您终于看到了盼望已久的珍贵信息。

【例 19-83】

```
[root@boydog ~]# cat /mnt/nfswolf/ancestor
The first girl wolf for the dog project.
She will be the ancestor of all puppies in this project !!!
She will be a great mother dog !!!
```

文件中所存信息的中文大意是：项目的第一条母狼，她将是这个项目中所有小狗（狼）的祖先，她将成为一位伟大的狗娘。

19.7 利用 Auto-Mounter 自动挂载 NFS 文件系统

Auto-Mounter 是一个守护进程（daemon process），这个守护进程可以用来监视某个目录，例如监控/mnt/nfs 目录，如图 19-3 所示。**当有用户需要访问这个目录中的信息时，如使用 cd 命令切换到这一目录（cd /mnt/nfs），这时 Auto-Mounter 发现有用户要使用这一目录，它就会自动将该目录所对应的 nfs 文件系统挂载到这个目录上，**如图 19-4 所示。

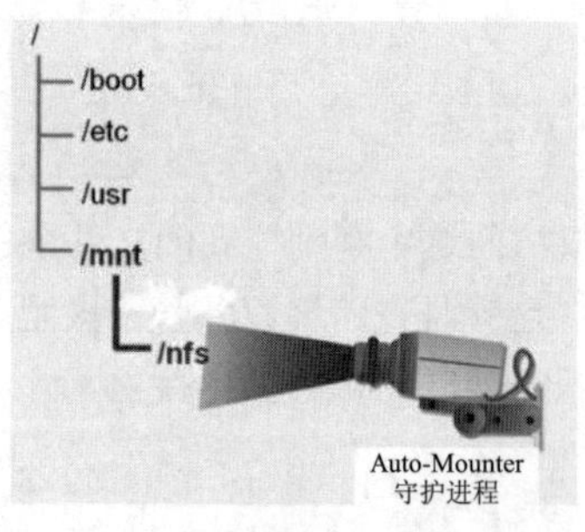

图 19-3

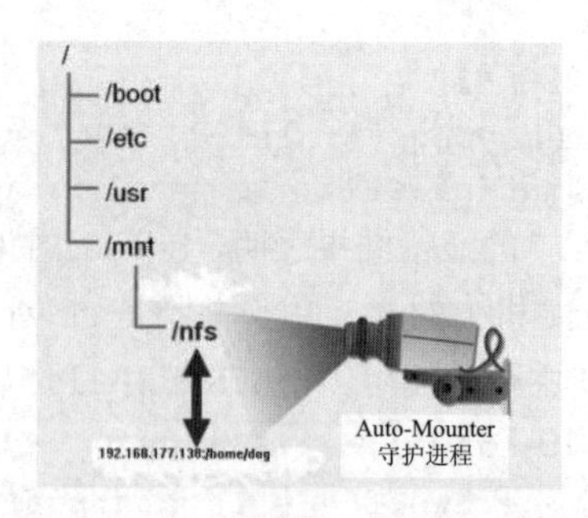

图 19-4

过了一段时间后（默认是 60s），Auto-Mounter 守护进程发现该目录已没有用户使用，它将自动卸载这个目录上的文件系统，如图 19-5 所示。可能会有读者问为什么要这样做呢？假设在公司中有一台文件服务器，员工的计算机都连接到这台服务器上，员工在使用这台服务器上的文件系统时就要使用 mount 命令挂载这个文件系统，如图 19-6 所示。

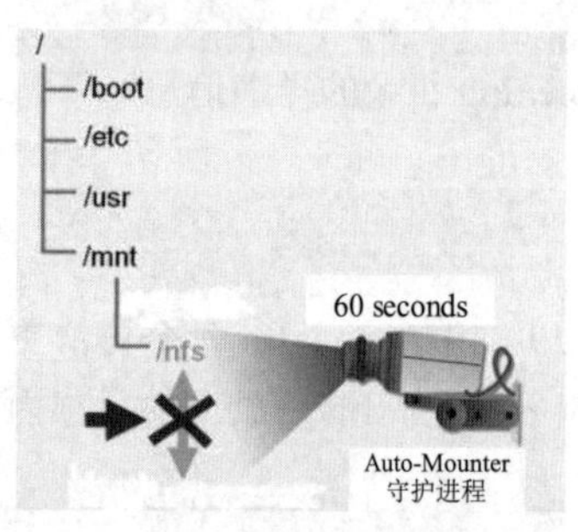

图 19-5

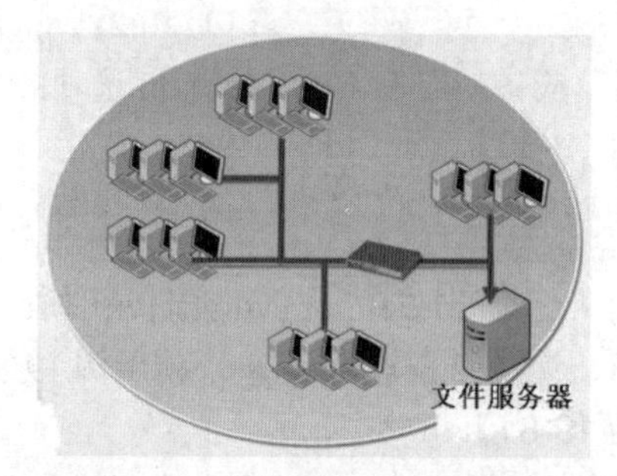

图 19-6

可是许多员工使用完了所分享的文件之后并不卸载这个文件系统，导致员工的计算机与这台文件服务器一直处于连线的状态。这样就会对整个网络产生很大的负荷，因为计算机处在连线的状态时，会彼此一直相互传送封包以确保与对方的连接，如图 19-7 所示。

此时可**在客户端使用 Auto-Mounter 守护进程来监控文件服务器上分享出来的目录，让闲置超过一定时间的 nfs 文件系统自动卸载，这样就可减轻网络不必要的负荷**，如图 19-8 所示。

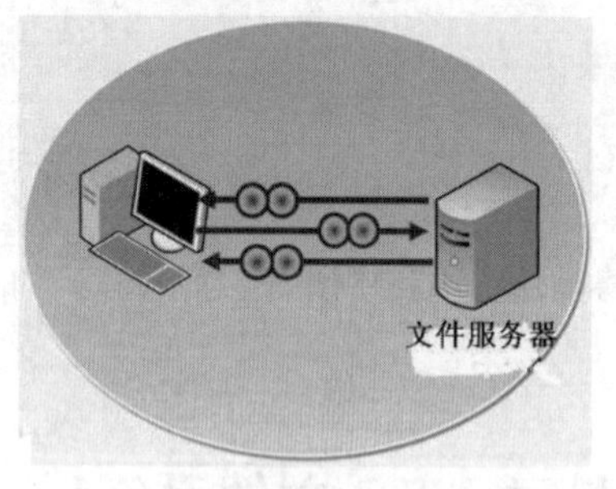

图 19-7

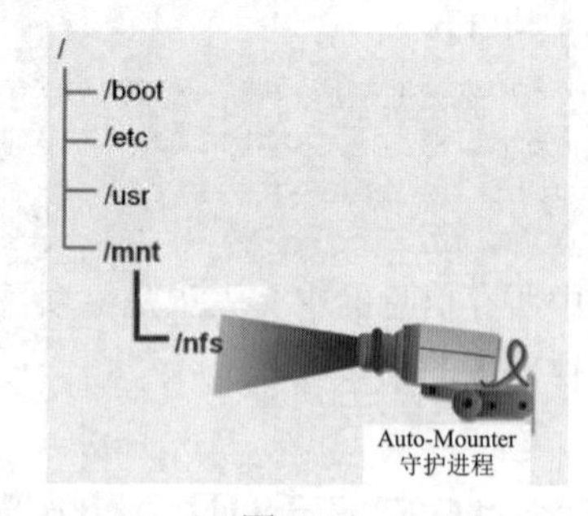

图 19-8

在介绍如何设定 Auto-Mounter 之前，为了后面的操作简单，先使用例 19-84 的 mkdir 命令在/mnt 目录中再创建一个子目录 nfs。

【例 19-84】

```
[root@boydog ~]# mkdir /mnt/nfs
```

系统执行完以上 mkdir 命令之后不会有任何提示信息，因此需要使用例 19-85 带有-l 选项的 ls 命令再次列出/mnt 目录的详细信息，以确认所需的目录创建成功。

【例 19-85】

```
[root@boydog ~]# ls -l /mnt
total 12
drwxr-xr-x  2 root root 4096 May 20 17:18 hgfs
drwxr-xr-x  2 root root 4096 May 27 09:02 nfs
drwxr-xr-x  2 root root 4096 May 26 11:34 nfswolf
```

指点迷津：

您可能使用 rpm -q autofs 命令验证 autosf 软件包是否安装；如果没有安装，要先安装这个软件包；如使用 yum install autofs 命令安装这一软件包。随后使用 service start autofs 启动 autofs 的服务，而在 Oracle Linux 7 上也可以使用 systemctl start autofs 启动 autofs 的服务。

接下来，**使用例 19-86 的 vi 命令开启/etc/auto.master 文件，这个文件是 Auto-Mounter 守护进程的主要配置文件**（如果 autosf 软件包没安装，/etc 目录下将不存在任何名字以 auto 开头的文件）。

【例 19-86】

```
[root@boydog ~]# vi /etc/auto.master
......
#/net   /etc/auto.net
/mnt/nfs       /etc/auto.nfs --timeout=90
```

在这个文件的最后添加上/mnt/nfs /etc/auto.nfs --timeout=90 这一行，修改完成之后存盘退出，其中第 1 列/mnt/nfs 为 Auto-Mounter 守护进程所要监控的目录，第 2 列/etc/auto.nfs 是挂载设定的配置文件，第 3 列--timeout=90 是允许所挂载的文件系统可以空闲 90s 即 1.5min，如果空闲时间超过 90s，Auto-Mounter 守护进程就会自动卸载所监控的文件系统。

紧接着就要设置/etc/auto.nfs 配置文件了，为此可以使用例 19-87 带有-l 选项的 ls 命令列出在/etc 目录中所有文件名以 auto 开头的文件。

【例 19-87】

```
[root@boydog ~]# ls -l /etc/auto*
-rw-r--r-- 1 root root 13034 Jul 13  2016 /etc/autofs.conf
-rw------- 1 root root   232 Jul 13  2016 /etc/autofs_ldap_auth.conf
-rw-r--r-- 1 root root   667 Jul 13  2016 /etc/auto.master
-rw-r--r-- 1 root root   524 Jul 13  2016 /etc/auto.misc
-rwxr-xr-x 1 root root  1260 Jul 13  2016 /etc/auto.net
-rwxr-xr-x 1 root root   687 Jul 13  2016 /etc/auto.smb
```

从例 19-87 的显示结果发现，默认系统中并没有/etc/auto.nfs 这个配置文件，但是有一个名为/etc/auto.misc 的模板文件，因此可以使用例 19-88 的 cp 命令，通过复制这个模板文件的方式来生成/etc/auto.nfs 文件。

【例 19-88】

```
[root@boydog ~]# cp /etc/auto.misc /etc/auto.nfs
```

当确认/etc/auto.nfs 文件生成之后，应该使用例 19-89 的 vi 命令开启/etc/auto.nfs 文件。

【例 19-89】

```
[root@boydog ~]# vi /etc/auto.nfs
......
#removable      -fstype=ext2          :/dev/hdd
girlwolf        -ro,soft,intr         192.168.177.138:/home/dog
```

在这个文件的最后添加上 girlwolf　-ro,soft,intr　192.168.177.138:/home/dog 这一行，修改完成之后存盘退出。这里需要对所添加的设定解释一下：其中第 1 列 girlwolf 为共享文件系统的名称，既可以是服务器名，也可以是自定义的名称；第 2 列中的-ro 是以只读的方式挂载这个文件系统，soft 是当 nfs 服务器发生故障时（如当机）会传回错误信息给使用者，intr 是允许中断；第 3 列为要分享资源的服务器的 IP 和所要分享的目录。

随后，为了后面的操作方便，可使用例 19-90 的 cd 命令将当前目录切换到/mnt/nfs。

【例 19-90】

```
[root@boydog ~]# cd /mnt/nfs
```

接下来，使用例 19-91 的 ls 命令列出/mnt/nfs 目录中的全部内容，但是会发现系统没有显示任何信息。这也就是说在这个目录中没有任何文件或目录。

【例 19-91】

```
[root@boydog nfs]# ls
```

然后，试着使用例 19-92 的 cd 命令进入 girlwolf 目录。其显示结果同样会使您大失所望，因为系统的提示信息告诉我们根本就没有 girlwolf 这个文件或目录。

【例 19-92】

```
[root@boydog nfs]# cd girlwolf
-bash: cd: girlwolf: No such file or directory
```

实际上，我们在配置完所有的 Auto-Mounter 守护进程所需的配置文件之后还少做了一件非常重要的事情，那就是启动 Auto-Mounter 守护进程。为此，要使用例 19-93 的 service 命令启动这个守护进程。

【例 19-93】

```
[root@boydog nfs]# service autofs restart
Stopping automount:  OK  ]
Starting automount:   OK  ]
```

确认 Auto-Mounter 守护进程启动之后，可以使用例 19-94 的 ls 命令再次列出/mnt/nfs 目录中的全部内容，但是，会发现系统没有显示任何信息。

【例 19-94】

```
[root@boydog nfs]# ls
```

然后，使用例 19-95 的 cd 命令试着再次进入 girlwolf 目录。其显示结果同样会使您吃惊不小，因为系统还是找不到 girlwolf 这个文件或目录。

【例 19-95】

```
[root@boydog nfs]# cd girlwolf
-bash: cd: girlwolf: No such file or directory
```

其实，完全没有必要担心，您根本没有做错任何事。其原因是 girlwolf 服务器上的 nfs 服务停了（因为重新启动过这台服务器）。于是，您切换到这个服务器。之后，使用例 19-96 的 service 命令启动这台服务器上的 nfs 服务。

【例 19-96】

```
[root@girlwolf ~]# service nfs start
Starting NFS services:    OK  ]
Starting NFS quotas:   OK  ]
Starting NFS daemon:   OK  ]
Starting NFS mountd:   OK  ]
```

当确认 nfs 服务启动并切换回 boydog 服务器之后，使用例 19-97 的 cd 命令再次进入当前目录下的 girlwolf 子目录。

【例 19-97】

```
[root@boydog nfs]# cd girlwolf
```

这次就可以进入 girlwolf 的目录了，并且系统没有产生任何错误信息。接下来，可以使用例 19-98 带有-l 选项的 ls 命令列出当前目录中所有的内容。

【例 19-98】

```
[root@boydog girlwolf]# ls -l
total 4
-rw-rw-r-- 1 dog dog 136 May 26 10:46 ancestor
```

这次终于看到极为珍贵的文件 ancestor 了。接下来，使用例 19-99 的 cat 命令列出其存有的详细信息。

【例 19-99】

```
[root@boydog girlwolf]# cat ancestor
The first girl wolf for the dog project.
She will be the ancestor of all puppies in this project !!!
She will be a great dog mother !!!
```

看到了全部的信息之后可以放心了，因为这一切已经证明 girlwolf 服务器中所分享出来的目录已经被自动地挂载到/mnt/nfs 目录上。为了进一步证明所分享出来的 nfs 文件系统已经自动挂载，还可以使用例 19-100 的 mount 命令列出目前系统中所有挂载的文件系统。

【例 19-100】

```
[root@boydog girlwolf]# mount
/dev/sda2 on / type ext3 (rw) ......
192.168.177.138:/home/dog on /mnt/nfs/girlwolf type nfs (ro,soft,intr,
addr=192.168.177.138)
```

在例 19-100 显示结果的最后一行就可以看到，IP 地址为 192.168.177.138 的主机上的/home/dog 目录已经被自动挂载在本机的/mnt/nfs/girlwolf 目录下，而且文件系统的类型是 nfs。接下来，使用例 19-101 的 cd 命令返回到 root 用户的家目录。

【例 19-101】

```
[root@boydog girlwolf]# cd ~
[root@boydog ~]#
```

等 90s 之后，使用例 19-102 的 mount 命令再次列出目前系统中所有挂载的文件系统。

【例 19-102】

```
[root@boydog ~]# mount
/dev/sda2 on / type ext3 (rw) ......
automount(pid28114) on /mnt/nfs type autofs (rw,fd=5,pgrp=28114,minproto=2,
maxproto=4)
```

例 19-102 的显示结果表明，在 boydog 系统上已经再也找不到任何 girlwolf 服务器所分享出来的目录了，因为那么长时间没人使用，所以已经被 boydog 系统的 Auto-Mounter 守护进程自动卸载了。

19.8 您应该掌握的内容

在学习第 20 章之前，请检查一下您是否已经掌握了以下内容：

- 什么是网卡的逻辑名以及为什么要引入网卡的逻辑名？
- 如何查看物理网卡所对应的网卡逻辑名？

- 怎样透过一个网卡的别名的字首来判断出这个网卡的种类？
- 怎样获取系统中所有正在启用的网卡的信息？
- 怎样使用 ifconfig 命令来设定系统中网卡的 IP 地址以及相关设定？
- 掌握使用 ifdown 和 ifup 命令来启动和停止网卡。
- 熟悉网卡所对应的网络配置文件所存放的目录。
- 理解 ifcfg-eth0 网络配置文件中每行内容的具体含义。
- 怎样通过编辑网络配置文件来重新配置网络？
- 怎样使用 netconfig（system-config-network）命令行工具来配置网络？
- 当 ifcfg-eth0 这个网络配置文件损坏时如何修复？
- 怎样在一个网卡上绑定多个不连续的 IP 地址？
- 怎样在一个网卡上绑定多个连续的 IP 地址？
- 怎样查看某台主机所分享出来的目录？
- 怎样挂载一个 nfs 文件系统以及注意事项？
- 理解 Auto-Mounter 守护进程自动挂载 NFS 文件系统的工作原理。
- 怎样利用 Auto-Mounter 自动挂载 NFS 文件系统？
- 设置 Auto-Mounter 守护进程需要修改的主要配置文件有哪几个？
- 熟悉/etc/auto.master 文件的配置。
- 熟悉/etc/auto.nfs 文件的配置。
- 熟悉测试 Auto-Mounter 自动挂载和卸载 nfs 文件的具体操作步骤。

扫一扫，看视频

第 20 章　用户管理及维护

作为一名 Linux（UNIX）操作系统管理员，您在制定管理用户的规则（政策）时，必须考虑以下这些因素：

（1）系统的访问（量），这包括了系统上文件和其他资源的访问量，以及是否需要限制系统的使用者必须在特定的时间和特定的地点才能登录系统等。

（2）用户的账号和密码的有效期限，即是否需要强制用户定期变更他们的密码。

（3）硬件设备的现状，其中包括了硬盘空间和内存的容量以及 CPU 的处理能力。并以此为依据来决定是否需要限制每个用户使用 CPU 或内存资源的总量，以及是否需要启用磁盘配额以限制每个用户所使用的磁盘空间总量。

20.1　/etc/passwd 文件与 finger 和 chfn 命令

在 Linux（UNIX）系统中有一个对于用户管理至关重要的系统文件，那就是/etc/passwd 文件，这个文件也被称为用户账户数据库。这个文件在本书的第 7 章中做过比较详细的介绍，在本章中只是对没有提及到的有关用户管理的内容进行一些补充。

/etc/passwd 文件中记录了所有用户登录系统时需要用到的账户信息，而其他系统服务和应用程序使用的系统账户信息也被存放在这个文件中。在这个文件中，每个用户都会占用一行记录，并且使用冒号分隔出 7 个字段（列）。为了后面的讲解方便，您使用例 20-1 的 more 命令分页显示/etc/passwd 文件中的内容。

【例 20-1】

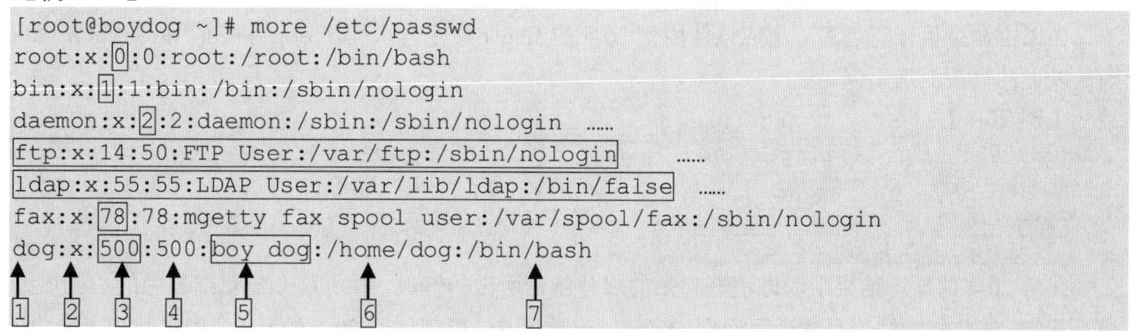

```
[root@boydog ~]# more /etc/passwd
root:x:0:0:root:/root:/bin/bash
bin:x:1:1:bin:/bin:/sbin/nologin
daemon:x:2:2:daemon:/sbin:/sbin/nologin ......
ftp:x:14:50:FTP User:/var/ftp:/sbin/nologin ......
ldap:x:55:55:LDAP User:/var/lib/ldap:/bin/false ......
fax:x:78:78:mgetty fax spool user:/var/spool/fax:/sbin/nologin
dog:x:500:500:boy dog:/home/dog:/bin/bash
```


在/etc/passwd 文件中每一行的第 3 个字段记录的是这个用户的 uid，其中 root 用户的 uid 一定是 0，而 1～499 的 uid 是保留给系统服务或应用程序所使用的系统账号，我们自己建立的用户 uid 会从 500 开始。每一个用户都会有一个唯一的 uid。

☞ **指点迷津：**

在 Oracle Linux 7 中 1000 以下的号码保留给系统用户和系统群组，1000 或以上的号码为普通用户。

第 5 个字段记录的是有关这个用户的注释信息，也叫 finger information，如用户的全名、电话、地址等信息。可以使用 finger 命令来显示用户的这一部分及相关的信息，如您可以使用例 20-2 的 finger

命令显示 dog 用户的注释信息。

【例 20-2】

```
[root@boydog ~]# finger dog
Login: dog                              Name: boy dog
Directory: /home/dog                     Shell: /bin/bash
On since Sat May 29 09:04 (NZST) on pts/2 from 192.168.177.1
No mail.
No Plan.
```

指点迷津：

如果显示结果为 bash: finger: command not found，则可能是 finger 软件包没有安装。可以使用 rpm -q finger 命令测试一下。如果 finger 软件包没有安装，可以使用 yum 安装；也可以进入安装 DVD 的 Packages 目录，随后使用 rpm -ivh finger*安装相关的软件包。

从例 20-2 的显示结果看出 finger 命令所显示的用户信息主要来自/etc/passwd 文件中的第 1、5、6 和 7 个字段。这个命令显示的结果要比/etc/passwd 文件中的记录更容易阅读。

Linux 系统提供了一个修改 finger information 的命令，即 chfn（应该是 change finger information 的缩写），在这个命令中使用频率较高的几个参数有如下几个。

- -f 或--full-name：设定用户的全名（真实名字）。
- -o 或--office：设定用户办公室的信息，例如，地址或房间号等。
- -p 或--office-phone ：设定用户办公室的电话号码。

接下来，您使用例 20-3 的 chfn 命令修改 dog 用户的 finger information，其中全名改为 Father Dog，办公室地址改为 Hong Kong，办公室的电话号码改为 81683163。

【例 20-3】

```
[root@boydog ~]# chfn -f "Father Dog" -o "Hong Kong" -p 81683163 dog
Changing finger information for dog.
Finger information changed.
```

当以上命令执行完之后，您应该使用例 20-4 的 finger 命令再次列出 dog 用户的 finger information 以确认以上的修改准确无误。

【例 20-4】

```
[root@boydog ~]# finger dog
Login: dog                              Name: Father Dog
Directory: /home/dog                     Shell: /bin/bash
Office: Hong Kong, 81683163      ......
```

在例 20-4 的显示结果中以方框框起来的部分就是所做的修改，看了这个显示结果您的心应该踏实了吧？其实，这些修改的信息都会写回到/etc/passwd 文件中。可使用例 20-5 的 tail 命令重新列出/etc/passwd 文件的最后 10 行以验证这些信息是否已经被写回到该文件中为了节省篇幅，我们省略了其他无关的记录行。

【例 20-5】

```
[root@boydog ~]# tail /etc/passwd
dog:x:500:500:Father Dog,Hong Kong,81683163:/home/dog:/bin/bash
```

例 20-5 的显示结果清楚地表明使用 chfn 命令对 dog 用户的 finger information 所做的修改都已经写回到 dog 用户记录的第 5 个字段中。

☞ 指点迷津：

如果读者阅读过其他的 Linux 或 UNIX 的书，不少书在介绍这部分内容时是使用 cat 命令来显示系统文件的内容。建议读者最好使用 tail 命令，因为在进行系统管理时有一个原则：就是只操作您应该操作的部分，在显示信息时就是只显示您需要的信息。这样做的好处一是安全，二是有时可以提高工作效率，而且看上去专业。

在/etc/passwd 文件中的最后一个字段（列）记录的是这个用户登录后第 1 个要执行的进程（Linux 系统默认为/bin/bash），也就是当用户登录 Linux 系统之后，第 1 个执行的程序就是 shell。如果这一列中记录的是/sbin/nologin，例如，在例 20-1 的显示结果中由方框框起来的 ftp 用户的记录，就表示这个用户的账户只能使用应用程序（ftp）登录到 Linux 系统中。可能有读者还是没能完全理解这段话的“内涵”（一些 Linux 的书就是这样解释的，往往一句话的内涵太深奥了就令人无法理解）。

下面就通过一个实例来详细地解释这段话的“内涵”。为此，首先使用例 20-6 的 service 命令检查一下在您的 Linux 系统中 ftp 服务是否已经启动。

【例 20-6】

```
[root@boydog ~]# service vsftpd status
vsftpd is stopped
```

如果 ftp 没有启动，需要用例 20-7 的 service 命令启动 ftp 服务（即启动 vsftpd 进程）。

【例 20-7】

```
[root@boydog ~]# service vsftpd start
Starting vsftpd for vsftpd:   OK  ]
```

由于我们并不知道 ftp 用户的密码，所以为了后面的操作方便，您可以使用例 20-8 的 passwd 命令修改 ftp 用户的密码。为了简单起见，这里使用了 ftp 作为这个用户的密码。

【例 20-8】

```
[root@boydog ~]# passwd ftp
Changing password for user ftp.
New UNIX password:                          # 输入 ftp 作为新的密码
BAD PASSWORD: it's WAY too short
Retype new UNIX password:                   # 再次输入 ftp 确认新的密码
passwd: all authentication tokens updated successfully.
```

当确认修改了 ftp 用户的密码之后，切换到 Linux 系统的图形登录界面，在 Username 文本框中输入 ftp（用户名），如图 20-1 所示。之后在 Password 文本框中输入 ftp（密码），当按 Enter 键之后系统会给出“您的账户已经被禁止”的提示信息，如图 20-2 所示。这表示 ftp 这个用户无法使用 shell 与 Linux 系统进行交互。

图 20-1

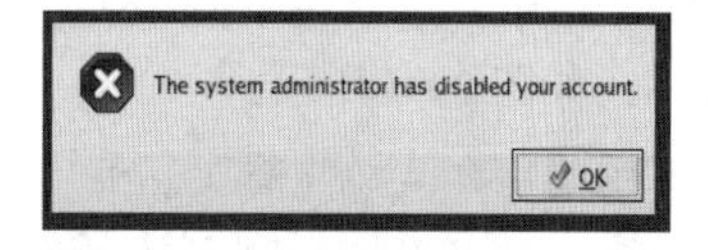

图 20-2

切换到微软系统并开启一个 DOS 窗口，之后使用例 20-9 的 ftp 命令与您的 Linux 主机进行 ftp 的连接。其中，方框框起来的部分是您要输入的。

【例 20-9】

```
C:\Documents and Settings\Ming>ftp 192.168.177.38
Connected to 192.168.177.38.
220 (vsFTPd 2.0.1)
User (192.168.177.38:(none)): ftp                # 输入 ftp 作为用户名
```

```
331 Please specify the password.
Password:                                    # 输入 ftp（ftp 用户的密码）
230 Login successful.
ftp> pwd                                     # 输入 pwd 命令确认当前工作目录
257 "/"                                      # 这里的/是 ftp 的当前目录
ftp> ls                                      # 输入 ls 命令列出当前用户中的全部内容
200 PORT command successful. Consider using PASV.
150 Here comes the directory listing.
Pub                                          # 这是系统自动设置的，主要是为了安全
226 Directory send OK.
ftp: 5 bytes received in 0.01Seconds 0.33Kbytes/sec.
```

通过以上这些操作，现在您应该彻底理解“**如果第 7 列中记录的是/sbin/nologin，就表示这个用户的账户只能使用应用程序（ftp）登录到 Linux 系统中。**”这段话的真正含义了吧！

如果第 7 列中记录的是/sbin/false，例如，在例 20-1 的显示结果中由方框框起来的 ldap 用户的记录，就表示不能使用这个用户的账户来登录 Linux 系统。可能有读者还是没能完全理解这段话的“内涵”。没理解也没有关系，下面这个实例将进一步解释其中的奥秘。为了安全起见，您要用例 20-10 的 cp 命令为/etc/passwd 这个重要的系统文件做一个备份。

【例 20-10】

```
[root@boydog ~]# cp /etc/passwd passwd.bak
```

系统执行完以上复制命令之后不会有任何显示信息，因此您应该使用例 20-11 的 ls 命令列出当前目录中的所有内容以确认 passwd.bak 文件已经生成。

【例 20-11】

```
[root@boydog ~]# ls
anaconda-ks.cfg  Desktop  install.log  install.log.syslog  passwd.bak
```

当确认/etc/passwd 的备份文件已经存在之后，使用例 20-12 的 vi 命令编辑/etc/passwd 文件。将 ftp 用户记录的最后一个字段改为/sbin/false（为了将来改回原来的设置方便，这里保留了原来的记录并在之前加上了注释符号）。

【例 20-12】

```
[root@boydog ~]# vi /etc/passwd
root:x:0:0:root:/root:/bin/bash   ......
#ftp:x:14:50:FTP User:/var/ftp:/sbin/nologin
ftp:x:14:50:FTP User:/var/ftp:/sbin/false ......
```

修改之后存盘退出。之后切换到 Linux 系统的图形登录界面，在 Username 文本框中输入 ftp（用户名），如图 20-3 所示。之后在 Password 文本框中输入 ftp（密码），当按 Enter 键之后系统会给出系统错误的提示信息，如图 20-4 所示。

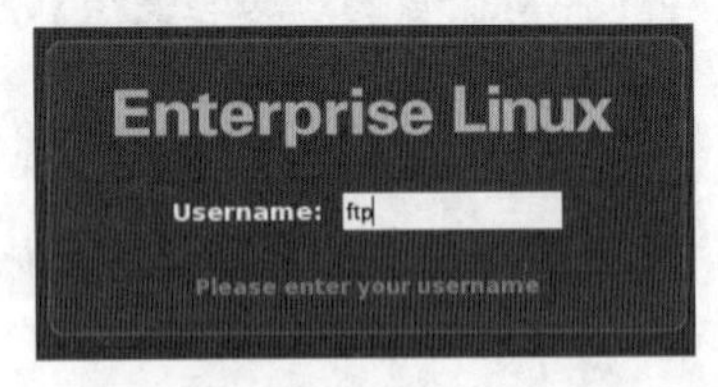

图 20-3

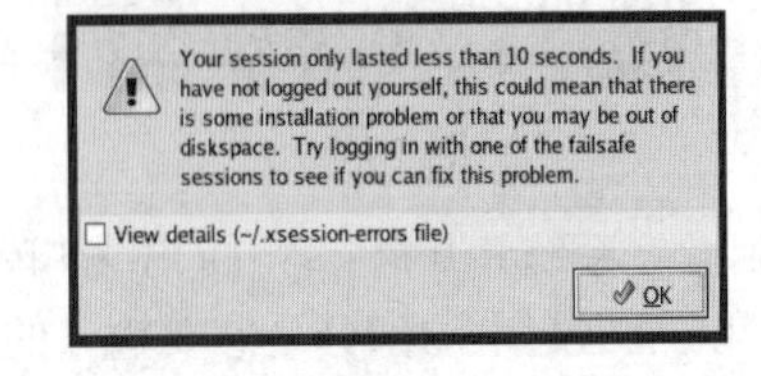

图 20-4

通过以上这些操作，现在您应该对“**如果第 7 列中记录的是/sbin/false，就表示不能使用这个用户的账户来登录 Linux 系统。**”这段话的含义清楚点了吧！做完了以上的操作之后，别忘了将/etc/passwd 文件中 ftp 用户记录改回原来的设置。

要保证 Linux 系统正常工作，/etc/passwd 这个文件的权限就必须是 rw-r--r--。这是因为每个用户在登录 Linux 系统时都必须读取/etc/passwd 这个文件中有关自己的记录，所以必须将这个文件的读权限开发给系统中的每个用户。接下来还是通过一个实例来进一步解释其中的原委。为此，您使用例 20-13 的 ls 命令来获取/etc/passwd 文件的使用权限的信息。

【例 20-13】

```
[root@boydog ~]# ls -l /etc/passwd
-rw-r--r--  1 root root 2740 May 29 12:38 /etc/passwd
```

确认该文件的权限确实是-rw-r--r--之后，使用类似例 20-14 的 telnet 命令连接您的 Linux 系统主机，并以普通用户 dog 登录 Linux 系统。为了节省篇幅，这里省略了 telnet 命令本身。

【例 20-14】

```
Oracle Linux Server release 6.8
Kernel 3.8.13-68.1.3.el6uek.x86_64 on an x86_64
login: dog                                              # dog 是您输入的
Password:                                               # 输入 dog 用户的密码
Last login: Fri Feb 17 16:08:27 from 192.168.56.1
[dog@boydog ~]$
```

从例 20-14 的显示结果可知目前普通用户是可以登录您的 Linux 系统的。之后，切换回 root 用户所在的终端窗口，使用例 20-15 的 chmod 命令去掉/etc/passwd 上同组用户和其他用户的所有权限（包括读权限）。

【例 20-15】

```
[root@boydog ~]# chmod 600 /etc/passwd
```

系统执行完以上 chmod 命令之后不会有任何显示信息，因此您应该使用例 20-16 带有-l 的 ls 命令再次获取/etc/passwd 文件的使用权限以确认所做的修改已经成功。

【例 20-16】

```
[root@boydog ~]# ls -l /etc/passwd
-rw-------. 1 root root 2202 Feb 19 09:29 /etc/passwd
```

确认已经去掉了/etc/passwd 上所有其他用户的一切权限之后，重新切换回微软 DOS 所在的终端窗口，使用例 20-17 的 telnet 命令再次连接您的 Linux 系统主机，并重新以普通用户 dog 登录 Linux 系统。为了节省篇幅，这里省略了 telnet 命令本身。

【例 20-17】

```
Oracle Linux Server release 6.8
Kernel 3.8.13-68.1.3.el6uek.x86_64 on an x86_64
login: dog                                              # dog 是您输入的
Password:                                               # 输入 dog 用户的密码
Last login: Sun Feb 19 09:44:53 from 192.168.56.1
id: cannot find name for user ID 502
id: cannot find name for user ID 502
[I have no name!@boydog ~]$
```

例 20-17 的显示结果告诉我们现在 Linux 系统无法找到 user ID 为 502 的用户的信息，这是因为 dog 这个普通用户无法读取/etc/passwd 文件中的信息造成的。**看来这攻击一个计算机系统也蛮简单的，只用了一条 chmod 命令就能让系统上的所有人都惊出一身冷汗来！是不是觉得自己也成了一位武林高手了？也有了在 IT 这个大江湖上混饭吃的本事了？**

当做完了以上惊险的操作之后，您一定要使用例 20-18 的 chmod 命令将/etc/passwd 文件的权限恢复为最初的状态。

【例 20-18】

```
[root@boydog ~]# chmod 644 /etc/passwd
```

系统执行完以上 chmod 命令之后不会有任何显示信息，因此您应该使用例 20-19 带有-l 选项的 ls 命令再次获取/etc/passwd 文件的使用权限以确认所做的复原操作已经成功。

【例 20-19】

```
[root@boydog ~]# ls -l /etc/passwd
-rw-r--r--  1 root root 2740 May 29 12:38 /etc/passwd
```

20.2 怎样在 Linux 系统中添加一个新的用户账户

在 Linux 系统上新增一个用户的命令是 useradd，这个命令很简单，其语法格式如下：

```
useradd 用户名
```

当使用 useradd 这个命令在 Linux 系统中创建一个新用户时，系统要操作 3 个系统文件并且完成以下的操作：

（1）在/etc/passwd 这个文件中新增一条这个用户账号的记录。

（2）将这个用户的密码及相关的信息存入/etc/shadow 这个文件。

（3）在/etc/group 文件中新增一个与这个用户账号同名的私有群组。

（4）为这个用户创建一个家目录。

（5）变更这个用户的家目录的权限和属主（即目录的所有者）。

接下来还是通过一些例子来演示怎样在 Linux 系统中添加一个新用户的具体操作。首先，您要使用例 20-20 的 tail 命令列出/etc/passwd 文件中最后的 2 行内容（也可以再多几行）。

【例 20-20】

```
[root@boydog ~]# tail -2 /etc/passwd
fax:x:78:78:mgetty fax spool user:/var/spool/fax:/sbin/nologin
dog:x:500:500:Father Dog,Hong Kong,81683163:/home/dog:/bin/bash
```

例 20-20 的显示结果表明在我们的系统中只有一个我们自己创建的用户 dog（之前我重装了系统，所以以前创建的用户都不见了），就是最后一行所显示的记录。之后，使用例 20-21 的 tail 命令列出/etc/shadow 文件中最后的 2 行内容。

【例 20-21】

```
[root@boydog ~]# tail -2 /etc/shadow
fax:!!:14749:0:99999:7:::
dog:$1$OOiuXfFs$cmoVp/fy.mQCM1wA1i94o.:14749:0:99999:7:::
```

例 20-21 的显示结果也表明在我们的系统中只有一个我们自己创建的用户 dog，在这个文件的最后一行存储着 dog 用户加密后的密码以及与密码相关的信息。接下来，使用例 20-22 的 tail 命令列出/etc/group 文件中最后的 2 行内容。

【例 20-22】

```
[root@boydog ~]# tail -2 /etc/group
fax:x:78:
dog:x:500:
```

在/etc/group 这个文件的最后一行存储着 dog 用户的私有群组 dog 的信息。接下来，使用例 20-23 带有-l 选项的 ls 命令列出/home 目录中的详细内容。

【例 20-23】

```
[root@boydog ~]# ls -l /home
```

```
total 20
drwx------  4 dog  dog   4096 May 20 18:26 dog
drwx------  2 root root 16384 May 21 04:38 lost+found
```

Linux 默认将普通用户的家目录放（创建）在/home 目录下，所以在例 20-23 的显示结果中可以看到 dog 的家目录 dog。随后，使用例 20-24 带有-al 选项的 ls 命令列出/home/dog 目录中所有的文件和目录（其中也包括隐藏文件）。

【例 20-24】

```
[root@boydog ~]# ls -al /home/dog
total 56
drwx------  4 dog  dog  4096 May 20 18:26 .
drwxr-xr-x  4 root root 4096 May 20 17:06 ..
-rw-------  1 dog  dog   335 May 29 12:52 .bash_history
-rw-r--r--  1 dog  dog    24 May 20 17:06 .bash_logout
-rw-r--r--  1 dog  dog   191 May 20 17:06 .bash_profile
-rw-r--r--  1 dog  dog   124 May 20 17:06 .bashrc ……
```

从例 20-24 的显示结果可以看出 dog 家目录中的隐藏文件还真不少，不过这些隐藏文件都是 Linux 系统自动生成的（将在后面介绍）。

接下来就要干正事了，使用例 20-25 的 useradd 命令在系统中新增一个 fox（狐狸）用户。系统中就一条狗，这狗友也太孤单了，所以帮他找一位狐朋免得生活太寂寞了。

【例 20-25】

```
[root@boydog ~]# useradd fox
```

系统执行完以上命令之后不会有任何显示信息，因此您应该使用例 20-26 的 tail 命令再次列出/etc/passwd 文件中最后的 2 行内容以确认 fox 用户已经创建成功。

【例 20-26】

```
[root@boydog ~]# tail -2 /etc/passwd
dog:x:500:500:Father Dog,Hong Kong,81683163:/home/dog:/bin/bash
fox:x:501:501::/home/fox:/bin/bash
```

例 20-26 的显示结果表明在/etc/passwd 文件中最后一行确实多出来一条有关 fox 用户的记录，这就表明您已经成功地创建了 fox 用户。接下来，使用例 20-27 的 tail 命令再次列出/etc/shadow 文件中最后的 2 行内容。

【例 20-27】

```
[root@boydog ~]# tail -2 /etc/shadow
dog:$1$OOiuXfFs$cmoVp/fy.mQCM1wA1i94o.:14749:0:99999:7:::
fox:!!:14758:0:99999:7:::
```

例 20-27 的显示结果表明在/etc/shadow 文件中最后一行也多出来一条有关 fox 用户密码的记录，这也再一次证明您已经成功地创建了 fox 用户。接下来，使用例 20-28 的 tail 命令再次列出/etc/group 文件中最后的 2 行内容。

【例 20-28】

```
[root@boydog ~]# tail -2 /etc/group
dog:x:500:
fox:x:501:
```

例 20-28 的显示结果表明在/etc/group 文件中最后一行确实多出来一条与 fox 用户同名的私有群组记录。接下来，使用例 20-29 的 ls 命令再次列出/home 目录中的详细内容。

【例 20-29】

```
[root@boydog ~]# ls -l /home
```

```
total 24
drwx------  4 dog  dog   4096 May 20 18:26 dog
drwx------  4 fox  fox   4096 May 29 15:32 fox
drwx------  2 root root 16384 May 21 04:38 lost+found
```

例 20-29 的显示结果清楚地表明在/home 目录中确实已经有一个名为 fox 的子目录了，这个/home/fox 目录就是 fox 的家目录。随后，使用例 20-30 带有-al 选项的 ls 命令列出/home/fox 目录中所有的文件和目录（其中也包括隐藏文件）。

【例 20-30】

```
[root@boydog ~]# ls -al /home/fox
total 52
drwx------  4 fox  fox  4096 May 29 15:32 .
drwxr-xr-x  5 root root 4096 May 29 15:32 ..
-rw-r--r--  1 fox  fox    24 May 29 15:32 .bash_logout
-rw-r--r--  1 fox  fox   191 May 29 15:32 .bash_profile
-rw-r--r--  1 fox  fox   124 May 29 15:32 .bashrc ……
```

虽然 fox 的家目录才刚刚建立，但是从例 20-30 的显示结果可以看出与 dog 的家目录一样，**在 fox 的家目录中同样也有不少以“.”开头的隐藏文件，这是 Linux 系统在创建一个用户的家目录之后自动生成的**。可能有读者问：这些文件又是从哪里来的呢？为了回答这一问题，您使用例 20-31 带有-al 选项的 ls 命令列出/etc/skel 目录中的所有内容。

【例 20-31】

```
[root@boydog ~]# ls -al /etc/skel
total 100
drwxr-xr-x    4 root root  4096 May 20 16:54 .
drwxr-xr-x  110 root root 12288 May 29 15:32 ..
-rw-r--r--    1 root root    24 Oct  7  2006 .bash_logout
-rw-r--r--    1 root root   191 Oct  7  2006 .bash_profile
-rw-r--r--    1 root root   124 Oct  7  2006 .bashrc ……
```

比较例 20-31 和例 20-30 的显示结果就可以发现，确实这两个目录中所有以“.”开头的隐藏文件都是一模一样的，不但文件名就连文件的大小都相同。**实际上，Linux 系统在创建一个用户的家目录之后就自动地将/etc/skel 目录中的这些以“.”开头的隐藏文件复制到这个新创建的用户的家目录中。这里需要指出的是：useradd 命令在复制这些文件之后就会将这些文件的所有者变更成这个新创建的用户，同时还要将这些文件所属的群组变更成这个新用户的私有群组。这些隐藏的系统文件存放了一些用户的个人设定信息和环境变量。**

虽然已经成功地创建了 fox 用户，但是您还无法使用 fox 用户登录 Linux 系统，因为您还不知道这个用户的密码（其实根本就没有设密码）。您可以使用例 20-32 带有-S 选项的 passwd 命令查看目前 fox 用户的密码状态。

【例 20-32】

```
[root@boydog ~]# passwd -S fox
Password locked.
```

例 20-32 的显示结果表明 fox 用户的密码被锁住了（不同版本的 Linux 显示结果会略有不同）。随后，使用例 20-33 的 tail 命令列出/etc/shadow 的最后 2 行以检验 fox 用户的密码设定。

【例 20-33】

```
[root@boydog ~]# tail -2 /etc/shadow
dog:$1$OOiuXfFs$cmoVp/fy.mQCM1wA1i94o.:14749:0:99999:7:::
fox:!!:14758:0:99999:7:::
```

注意在例 20-33 的显示结果中 fox 用户的第 2 个字段与 dog 用户的第 2 个字段确实不同，fox 用户的第 2 个字段只是两个惊叹号。接下来，使用例 20-34 的 passwd 命令修改 fox 用户的密码。在 New UNIX password 处输入 wang 作为密码，在看到差劲的密码：密码太短的提示信息时，不要管它，在 Retype new UNIX password 处继续输入 wang 来完成 fox 用户的密码设定。既然是狐朋狗友，所以口令也设成一样的都是狗叫“汪”。

【例 20-34】

```
[root@boydog ~]# passwd fox
Changing password for user fox.
New UNIX password:
BAD PASSWORD: it is too short
Retype new UNIX password:
passwd: all authentication tokens updated successfully.
```

当修改了 fox 用户的密码之后，您应该使用例 20-35 带有-S 选项的 passwd 命令再次查看目前 fox 用户的密码状态。

【例 20-35】

```
[root@boydog ~]# passwd -S fox
Password set, MD5 crypt.
```

从例 20-35 的显示结果可以看出 fox 用户密码状态的变化，目前 fox 用户是使用的 MD5 加密技术加密的密码。之后，使用例 20-36 的 tail 命令再次检验 fox 用户新的密码设定。

【例 20-36】

```
[root@boydog ~]# tail -2 /etc/shadow
dog:$1$OOiuXfFs$cmoVp/fy.mQCM1wA1i94o.:14749:0:99999:7:::
fox:$1$092VLd82$6qtzPzEiMZmWP1Q120W8o0:14758:0:99999:7:::
```

例 20-36 的显示结果表明 fox 用户的密码设定字段已经从两个惊叹号变成了与 dog 用户第 2 个字段类似的以1开头的字符串，这就是使用 MD5 技术（算法）加密后的密码。

指点迷津：

在 Oracle Linux 6 或 Oracle Linux 7 操作系统上密码的默认加密算法已经改为 sha512 并且加密后的密码是以6开头而且长了许多。

20.3 使用 newusers 命令一次创建一批（多个）用户

随着狗公司业务的迅速膨胀，使用狗公司计算机系统的人数也不断地攀升。操作系统管理员经常需要在很短的时间内在系统中创建许多个用户，现在所面临的问题是既要保证管理员在规定的时间内完成工作又不能使管理员的工作压力过大（别因为工作压力过大而跳槽甚至跳楼了，那可太有损狗伴侣公司在公众面前的形象了）。Linux 的 newusers 命令就可以解决这个问题，**使用 newusers 命令可以一次创建一批用户**。

为了便于管理，狗公司决定为每一窝新生的小狗都指定一个专人来照料以保证每个小狗都能茁壮成长，因为公司中的所有人的荣华富贵和美好未来全都靠这帮狗崽子。作为狗公司的系统管理员，您将在 Linux 系统上创建相应的用户。为了简单起见，这些用户名分别使用 babydog1、babydog2 等。以下就是使用 newusers 命令一次创建所有这些用户的实例。

首先，您要创建一个正文文件并将所有要创建用户的信息都存放在这个文件中（每个用户记录占一行）。为此，您**使用例 20-37 的 vi 命令创建一个名为 dogs 的正文文件，并在这个文件中输入要创建的用**

户记录信息，记录信息的格式与/etc/passwd 文件中的完全相同，其中的第 2 个字段为用户的密码，如 baby1 和 baby2。在这个例子中为了区分之前创建的用户，我们将新的狗崽子用户的 uid 和 gid 都设置为从 601 开始。这里一共输入了 6 条用户的记录，当输入完成之后存盘退出。

【例 20-37】

```
[root@boydog ~]# vi dogs
babydog1:baby1:601:601::/home/babydog1:/bin/bash
babydog2:baby2:602:602::/home/babydog2:/bin/bash ......
```

之后，您应该使用例 20-38 的 cat 命令验证一下输入的用户信息是否准确无误。这里为了节省篇幅，省略了显示结果。

【例 20-38】

```
[root@boydog ~]# cat dogs
```

当确认 dogs 文件中的用户信息准确无误之后，您就可以**使用例 20-39 的 newusers 命令一次创建所有这些小狗用户了。**

【例 20-39】

```
[root@boydog ~]# newusers dogs
```

系统执行完以上 newusers 命令之后不会有任何显示信息，因此您应该使用例 20-40 的 tail 命令列出/etc/passwd 文件中最后的 8 行内容以确认 6 个狗崽子用户都已经创建成功了。

【例 20-40】

```
[root@boydog ~]# tail -8 /etc/passwd
dog:x:500:500:Father Dog,Hong Kong,81683163:/home/dog:/bin/bash
fox:x:501:501::/home/fox:/bin/bash
babydog1:x:601:601::/home/babydog1:/bin/bash
babydog2:x:602:602::/home/babydog2:/bin/bash    ......
```

例 20-40 的显示结果清楚地表明在/etc/passwd 文件中确实多出来您刚刚创建的 6 个小狗崽子用户的记录信息。接下来，您要使用例 20-41 的 tail 命令列出/etc/shadow 文件中最后的 8 行内容以确认 6 个小狗用户的密码信息是否已经写入这个文件，即密码是否设定好。

【例 20-41】

```
[root@boydog ~]# tail -8 /etc/shadow
dog:$1$OOiuXfFs$cmoVp/fy.mQCM1wA1i94o.:14749:0:99999:7:::
fox:$1$092VLd82$6qtzPzEiMZmWP1Ql20W8o0:14758:0:99999:7:::
babydog1:mAky.0f02Obog:14758:0:99999:7:::
babydog2:x9hNtO9jn4P1w:14758:0:99999:7:::  ......
```

之后，您要使用例 20-42 的 tail 命令列出/etc/group 文件中最后的 8 行内容以确认 6 个小狗用户的私有群组是否已经创建成功。

【例 20-42】

```
[root@boydog ~]# tail -8 /etc/group
dog:x:500:
fox:x:501:
babydog1:x:601:babydog1
babydog2:x:602:babydog2
......
```

接下来，使用例 20-43 带有-l 选项的 ls 命令列出/home 目录中的详细内容以确认系统是否已经为这 6 个小狗用户创建了它们的家目录。

【例 20-43】

```
[root@boydog ~]# ls -l /home
```

```
total 48
drwx------  2 babydog1 babydog1  4096 May 30 10:24 babydog1
drwx------  2 babydog2 babydog2  4096 May 30 10:24 babydog2
......
drwx------  2 root     root     16384 May 21 04:38 lost+found
```

例 20-43 的显示结果表明 6 个小狗用户的家目录都已经创建成功。随后，使用例 20-44 带有-al 选项的 ls 命令列出/home/babydog3 目录中所有的文件和目录。

【例 20-44】

```
[root@boydog ~]# ls -al /home/babydog3
total 12
drwx------   2 babydog3 babydog3 4096 May 30 10:24 .
drwxr-xr-x  11 root     root     4096 May 30 10:24 ..
```

例 20-44 的显示结果表明这个目录中是空空如也，并没有哪些名字以“.”开头的隐藏文件，**这是因为使用 newusers 命令创建用户时，系统并不会将/etc/skel 目录中那些系统配置文件自动复制到所创建用户的家目录中。如果您想复制这些文件到用户的家目录中，可以使用 cp 命令手动复制这些文件。**

由于没有这些用来设定用户局部变量和环境变量的隐藏系统配置文件，这些用户的工作方式会与使用 useradd 命令创建的用户有所不同。可使用例 20-45 利用 telnet 连接您的这个 Linux 主机，之后使用 babydog3 用户登录 Linux 系统，在 Password 处输入 baby3（密码）。

【例 20-45】

```
login: babydog3                                  # 您要输入的狗崽子用户名
Password:                                        # 您要输入的狗崽子用户的密码
-bash-3.00$                                      # 系统提示信息
```

当按 Enter 键之后会出现-bash-3.00$的系统提示符，这是因为在这个用户的家目录中没有那些系统配置文件，因此也就无法设置这个用户的局部变量和环境变量。

20.4 用户的私有群组以及群组的管理

用户私有群组（User Private Group）是 Red Hat Linux（Oracle Linux）引入的一种特殊机制，也叫 UPG 机制。这种机制的工作原理是这样的：当 Linux 系统创建一个用户账号时，系统就会自动创建一个与这个用户同名的私有群组，并且要将这个用户的账号加入到这个私有群组中，这样所有这个用户新增的文件（和目录）就都会属于这个私有群组。

那么这样做有什么好处呢？当然有，这样做可以防止用户新增的文件属于公共群组（任何用户都可以访问的群组）。在 Red Hat Linux 中，创建一个新用户的操作步骤如下：

（1）系统首先创建这个所需的账号，例如 dog。

（2）之后，UPG 机制就会为这个用户产生一个同名的私有群组。

（3）将这个用户加入到该私有群组中。

（4）之后将用户家目录的权限改为 rwx------。

（5）如果没有做其他的设定，这个用户所创建的文件（或目录）都将属于该私有群组。

但是在其他的 UNIX 系统上并没有私有群组（UPG）这种机制，如在 SUN 公司（现为 Oracle 公司）的 Solaris 系统中，当系统创建一个新用户时，系统默认会将这个用户加入到 other 这个群组中。other 这个群组也就是所称的公共群组，即所有（其他）用户都可以访问的群组。从这一点上看 Red Hat Linux 系统引入私有群组会使得系统变得更安全。**但是事物都是一分为二的，如果一个系统很大，上面的用户很多，这样每一个用户都有一个私有群组势必会造成管理负担的增加。**

Linux 系统会将所有的群组（group）的信息存放在/etc/group 这个系统文件中，该文件也被称为群组数据库。可以通过直接修改这个文件中的内容来管理和维护系统中的群组，但是并不推荐使用这种方法来进行用户群组的管理和维护，因为这样做，如果操作失误可能会对系统造成灾难性的后果。一般都是使用命令来进行群组的管理和维护的。**Linux 系统提供以下 3 个群组管理和维护的命令。**

（1）**groupadd：创建一个新的群组账户。**

（2）**groupmod：修改一个群组账户的信息。**

（3）**groupdel：删除一个群组账户。**

在使用这些群组操作命令之前，您应该先使用例 20-46 的 tail 命令列出/etc/group 这个群组数据库中的最后 2 行。

【例 20-46】

```
[root@boydog ~]# tail -2 /etc/group
babydog5:x:605:babydog5
babydog6:x:606:babydog6
```

接下来，使用例 20-47 的 groupadd 命令在系统中新增加一个名为 boydogs 的群组。

【例 20-47】

```
[root@boydog ~]# groupadd boydogs
```

系统执行完以上命令之后不会有任何显示信息，因此应该使用例 20-48 的 tail 命令再次列出/etc/group 文件中最后的 2 行内容以确认这个名为 boydogs 的群组是否创建成功。

【例 20-48】

```
[root@boydog ~]# tail -2 /etc/group
babydog6:x:606:babydog6
boydogs:x:607:
```

例 20-48 的显示结果清楚地表明 boydogs 的群组已经创建成功。经过狗公司员工们的精心呵护这些小狗们终于个个都长成了英俊潇洒的狗小伙子了。接下来，您可以使用例 20-49 的 groupmod 命令将群组 boydogs 改名为 daddogs。

【例 20-49】

```
[root@boydog ~]# groupmod -n daddogs boydogs
```

接下来，您应该使用例 20-50 的 tail 命令再次列出/etc/group 文件中最后的 2 行内容以确认这个名为 boydogs 的群组已经确实被修改成了 daddogs。

【例 20-50】

```
[root@boydog ~]# tail -2 /etc/group
babydog6:x:606:babydog6
daddogs:x:607:
```

例 20-50 的显示结果清楚地表明 boydogs 的群组已经被成功地改为 daddogs 了。原来这些狗小伙子们已经成家立业成了为人之父了。随后，您可以使用例 20-51 的 groupdel 命令将 daddogs 这一群组从/etc/group 文件中删除。

【例 20-51】

```
[root@boydog ~]# groupdel daddogs
```

系统执行完以上命令之后也不会有任何显示信息，因此应该使用例 20-52 的 tail 命令再次列出/etc/group 文件中最后的 2 行内容以确认这个名为 daddogs 的群组确实已经被删除了。

【例 20-52】

```
[root@boydog ~]# tail -2 /etc/group
babydog5:x:605:babydog5
babydog6:x:606:babydog6
```

例 20-52 的显示结果清楚地表明 daddogs 的群组已经不见了。这一地区前一段时间流行狗流感，为了防止这种致命的狗流感病毒传染给没有免疫力的人类，狗公司在公众舆论的压力下不得不捕杀了所有疑似染上狗流感的全部狗崽。对狗公司来说损失惨重，幸亏狗公司的业务已经遍布全国，其他地区没有流行狗流感。否则这么多科学技术人员多年辛苦培育出来的新品种真要绝种了。

20.5　使用 usermod 命令修改用户账户

通过之前的学习，读者应该已经知道了每个用户的账户信息都存放在/etc/passwd 这个系统文件中。因此可以通过手动修改/etc/passwd 文件中内容的方法来修改用户的账户信息，但是并不建议使用这种方法。取而代之的是**使用 Linux 系统的 usermod（user modify 的缩写）命令来修改用户的账户信息。usermod 的语法格式为：**

```
usermod [选项] 用户名
```

下面通过一个修改 babydog4 用户家目录的实例来演示 usermod 命令的具体用法。在修改这个用户之前，您应该使用例 20-53 的 id 命令确认 babydog4 这个用户的存在。

【例 20-53】

```
[root@boydog ~]# id babydog4
uid=604(babydog4) gid=604(babydog4) groups=604(babydog4)
```

可能会有读者想：如果记不清用户的名字了又该怎么办？也不要着急，还记得 tail 命令吗？您可以使用类似例 20-54 的 tail 命令列出所需用户的相关内容。

【例 20-54】

```
[root@boydog ~]# tail -3 /etc/passwd
babydog4:x:604:604::/home/babydog4:/bin/bash
babydog5:x:605:605::/home/babydog5:/bin/bash
babydog6:x:606:606::/home/babydog6:/bin/bash
```

接下来，您就可以**使用例 20-55 的 usermod 命令来修改 babydog4 用户的家目录了**。这里-d 的 d 是 directory 的第 1 个字母，而/home/babies 是修改后 babydog4 用户新的家目录。

【例 20-55】

```
[root@boydog ~]# usermod -d /home/babies babydog4
```

系统执行完以上命令之后也不会有任何显示信息，因此应该使用例 20-56 的 tail 命令再次列出/etc/passwd 文件中的内容以确认 babydog4 用户的家目录确实已经是/home/babies。

【例 20-56】

```
[root@boydog ~]# tail -3 /etc/passwd
babydog4:x:604:604::/home/babies:/bin/bash
babydog5:x:605:605::/home/babydog5:/bin/bash
babydog6:x:606:606::/home/babydog6:/bin/bash
```

例 20-56 的显示结果清楚地表明 babydog4 用户目前的家目录确实已经是/home/babies 了。之后，您要使用例 20-57 带有-l 选项的 ls 命令列出/home 目录中的详细内容以确认/home/babies 目录是否存在。为了节省篇幅，这里省略了输出显示结果。

【例 20-57】

```
[root@boydog ~]# ls -l /home
```

看了例 20-57 的显示结果，您是不是感到有些失望？因为在/home 目录中根本就找不到这个/home/babies 目录。这是因为 usermod 命令只修改/etc/passwd 文件中用户的相关信息而并不创建这个目录。因此，您必须使用例 20-58 的 mkdir 命令手工创建这个/home/babies 目录。

【例 20-58】

```
[root@boydog ~]# mkdir /home/babies
```

当确认这个目录创建成功之后，您还要使用例 20-59 的 chown 命令将这个目录的所有者改为 babydog4，同时也要将它的所属群组改为这个用户的私有群组 babydog4。

【例 20-59】

```
[root@boydog ~]# chown babydog4.babydog4 /home/babies
```

随后，您应该使用例 20-60 带有-l 选项的 ls 命令列出/home 目录中的详细内容以确认/home/babies 目录的存在以及目录的所有者和所属群组是否正确。

【例 20-60】

```
[root@boydog ~]# ls -l /home
total 52
drwxr-xr-x  2 babydog4 babydog4  4096 May 31 09:40 babies
drwx------  2 babydog1 babydog1  4096 May 30 10:24 babydog1 ......
```

看到例 20-60 的显示结果之后，您终于可以确定您已经真正而且彻底地完成了将 babydog4 的家目录修改成/home/babies 的所有操作。

除了修改一个用户的家目录之外，您还可以使用 usermod 命令将一个用户加入到一个指定的群组中。为了演示这一用法，您首先使用例 20-61 的 tail 命令列出/etc/group 文件中的最后 3 行。

【例 20-61】

```
[root@boydog ~]# tail -3 /etc/group
babydog4:x:604:babydog4
babydog5:x:605:babydog5
babydog6:x:606:babydog6
```

从例 20-61 的显示结果可以看出目前只有一个名为 babydog6 的用户属于 babydog6 这个群组。接下来，您**使用例 20-62 带有-G 选项的 usermod 命令将 babydog4 这个用户添加到 babydog6 这一群组中。**这里-G 中的 G 是 Group（群组）的第 1 个字母。

【例 20-62】

```
[root@boydog ~]# usermod -G babydog6 babydog4
```

接下来，您应该使用例 20-63 的 tail 命令再次列出/etc/group 文件中最后的 3 行内容以确认 babydog4 这个用户是否已经被添加到 babydog6 群组中。

【例 20-63】

```
[root@boydog ~]# tail -3 /etc/group
babydog4:x:604:
babydog5:x:605:babydog5
babydog6:x:606:babydog6,babydog4
```

从例 20-63 显示结果的最后一行可知：在 babydog6 群组中，除了原来的 babydog6 用户之外，又多了一个名为 babydog4 的用户。这就表明将 babydog4 用户添加到 babydog6 群组中的操作已成功。也可使用例 20-64 的 id 命令列出 babydog4 用户与所属群组相关的信息。

【例 20-64】

```
[root@boydog ~]# id babydog4
uid=604(babydog4) gid=604(babydog4) groups=604(babydog4),606(babydog6)
```

例 20-64 的显示结果表明：现在 babydog4 这个用户不仅属于它的私有群组 babydog4，而且还同时属于 babydog6 这个群组了。

另外，您还可以使用带有-g 选项的 usermod 命令更改一个用户的主要群组，也就是这个用户的 gid。如您**使用例 20-65 带有-g 选项的 usermod 命令将 babydog4 这个用户的主要群组，也就是 gid 变更为**

dog 群组。

【例 20-65】

```
[root@boydog ~]# usermod -g dog babydog4
```

接下来，应该使用例 20-66 的 id 命令重新列出 babydog4 用户与所属群组相关的信息。

【例 20-66】

```
[root@boydog ~]# id babydog4
uid=604(babydog4) gid=500(dog) groups=500(dog),606(babydog6)
```

例 20-66 的显示结果清楚地表明 babydog4 用户主要群组已经变成了 dog，而且它的私有群组也跟着变成了 dog 群组。您还可以使用例 20-67 的 tail 命令列出/etc/passwd 文件的最后 3 行来观察 babydog4 用户记录中的变化。

【例 20-67】

```
[root@boydog ~]# tail -3 /etc/passwd
babydog4:x:604:500::/home/babies:/bin/bash
babydog5:x:605:605::/home/babydog5:/bin/bash
babydog6:x:606:604::/home/babydog6:/bin/bash
```

例 20-67 的结果表明目前 babydog4 用户主要群组的 gid 已经变成了 500，即 dog 群组。

20.6 使用 usermod 命令锁住用户及将用户解锁

usermod 命令还有另一个功能，那就是可以使用 usermod 命令来锁住一个用户的账号，当然也可以使用这个命令将一个锁定的用户账号解锁。为了演示 usermod 命令的这种功用，您可以试着使用例 20-68 的 telnet 命令连接您的 Linux 主机并以 babydog6 登录。

【例 20-68】

```
login: babydog6                                # babydog6 为您要输入的用户名
Password:                                      # 输入 baby6（该用户的密码）
Last login: Mon May 31 14:35:58 from 192.168.177.1
-bash-3.00$
```

例 20-68 的显示结果表明可以使用 babydog6 用户账号登录 Linux 系统。接下来，还可以使用例 20-69 的 tail 命令列出/etc/shadow 文件的最后 2 行中用户密码记录中的信息。

【例 20-69】

```
[root@boydog ~]# tail -2 /etc/shadow
babydog5:P6CrF7QrZmRVU:14758:0:99999:7:::
babydog6:HHcLNeV/VQmWM:14758:0:99999:7:::
```

随后，您要使用例 20-70 带有-L 选项的 usermod 命令将 babydog6 用户的账号锁住。**可能的原因是：作为操作系统管理员您怀疑 babydog6 这个用户在系统中做了他不应该做的事，也可能是这个账号的密码被别有用心的人破解了，而这个人正在使用这个用户的账号获取他不应该获取的信息。在没有确定问题之前，也许最稳妥的办法就是先将这个用户的账号锁住，这样如果真的有问题，也不会使问题进一步蔓延。**

【例 20-70】

```
[root@boydog ~]# usermod -L babydog6
```

接下来，您应该再次使用例 20-71 的 tail 命令以观察 babydog6 用户密码记录中的变化。

【例 20-71】

```
[root@boydog ~]# tail -2 /etc/shadow
```

```
babydog5:P6CrF7QrZmRVU:14758:0:99999:7:::
babydog6:!HHcLNeV/VQmWM:14758:0:99999:7:::
```

在例 20-71 的显示结果中的最后一行的第 2 个字段的最前面多了一个“!”，这表示该用户的密码已经锁住了。此时，也可使用例 20-72 的 passwd 命令列出这一用户的密码状态。

【例 20-72】

```
[root@boydog ~]# passwd -S babydog6
Password locked.
```

例20-72的显示结果表明babydog6用户的密码已被锁住。现在将无法再使用babydog6用户登录Linux了。接下来，**可使用例 20-73 的 usermod 命令将该用户的账号解锁。**

【例 20-73】

```
[root@boydog ~]# usermod -U babydog6
```

系统执行完以上命令之后同样也不会有任何显示信息，因此应该使用例 20-74 的 tail 命令重新列出/etc/shadow 文件中最后的 2 行内容以再次观察 babydog6 用户密码记录中的变化。

【例 20-74】

```
[root@boydog ~]# tail -2 /etc/shadow
babydog5:P6CrF7QrZmRVU:14758:0:99999:7:::
babydog6:HHcLNeV/VQmWM:14758:0:99999:7:::
```

注意在例 20-74 的显示结果中的最后一行的第 2 个字段的最前面的“!”已经不见了，又恢复到原来的状态，这表示这个用户的密码已经解锁了。此时，您也可以使用例 20-75 带有-S 选项的 passwd 命令再次列出 babydog6 这个用户的密码状态。

【例 20-75】

```
[root@boydog ~]# passwd -S babydog6
Password set, DES crypt.
```

例 20-75 的显示结果清楚地表明 babydog6 这个用户的密码已经解锁了。现在您就又可以使用 babydog6 这个用户登录 Linux 系统了。

20.7　使用 userdel 命令删除用户账号

当一个用户不再需要使用系统时（可能是这个员工跳槽或被炒鱿鱼了），就可以将这个用户从 Linux 系统中删除。可以使用手动的方法来删除这个用户，使用手动方法删除用户时，要分别删除/etc/passwd 文件中用户账号的记录、/etc/shadow 文件中这个用户账号的密码记录，以及/etc/group 文件中相关群组的信息，最后还要删除/var/spool/mail/用户名所对应的邮件文件，这样才可以彻底删除这个用户的信息。是不是太麻烦了？

所以不建议使用这种手动的方法来删除一个用户，而是**使用 userdel 命令来删除一个不需要的用户。userdel 命令的语法格式为：**

```
userdel [-r] 用户名
```

在删除一个用户之前最好要先浏览一下/etc/passwd、/etc/shadow 和/etc/group 这 3 个文件。由于之前已经浏览了许多遍，为了节省篇幅，这里就省略这些操作了，但在实际工作中最好不要偷懒。接下来，要使用例 20-76 的 ls 命令列出所有用户的邮箱文件。

【例 20-76】

```
[root@boydog ~]# ls -l /var/spool/mail
total 28
-rw-rw----  1 dog  mail    0 May 20 17:06 dog
```

```
-rw-rw----  1 fox  mail     0 May 29 15:32 fox
-rw-------  1 root root 28473 May 31 09:48 root
```

从例 20-76 的显示结果可以知道 Linux 系统并没有为使用 newusers 命令所创建的用户建立相应的邮箱（文件），这是 newusers 命令的另外一个不足之处。

下面就可使用例 20-77 带有-r 选项的 userdel 命令删除 babydog6 这个不再需要的用户。

【例 20-77】

```
[root@boydog ~]# userdel -r babydog6
```

系统执行完以上命令之后不会有任何显示信息，因此应该使用例 20-78 的 tail 命令重新列出/etc/passwd 文件中最后的 2 行内容以观察 babydog6 用户的记录是否已经被删除。

【例 20-78】

```
[root@boydog ~]# tail -2 /etc/passwd
babydog4:x:604:500::/home/babies:/bin/bash
babydog5:x:605:605::/home/babydog5:/bin/bash
```

在例 20-78 的结果中再也看不到 babydog6 用户的身影了。随后，还应该使用例 20-79 的 tail 命令重新列出/etc/shadow 文件中相关内容以观察该用户的密码记录是否已经被删除。

【例 20-79】

```
[root@boydog ~]# tail -2 /etc/shadow
babydog4:3g34.M4bPHo56:14758:0:99999:7:::
babydog5:P6CrF7QrZmRVU:14758:0:99999:7:::
```

在例 20-79 的显示结果中同样也找不到有关 babydog6 用户密码的记录了。最后，您还应该使用例 20-80 的 tail 命令重新列出/etc/group 文件中最后的 2 行内容以观察其中的变化。

【例 20-80】

```
[root@boydog ~]# tail -2 /etc/group
babydog5:x:605:babydog5
babydog6:x:606:babydog4
```

从例 20-80 的显示结果可知：**删除用户的 userdel 命令并未更改/etc/group 文件中相关的内容，这是因为尽管删除了这个用户，但是该用户的私有群组仍然可能被其他用户所使用（即有其他用户属于这个群组）。如果要删除这个群组，您就要使用 groupdel 命令来删除它。**

例 20-77 中所删除的用户 babydog6 是使用 newusers 命令所创建的，因此没有邮箱，所以我们也无法观察到带有-r 选项的 userdel 命令对用户邮箱的影响。为此，您可以使用例 20-81 带有-r 选项的 userdel 命令删除 fox 用户。

【例 20-81】

```
[root@boydog ~]# userdel -r fox
```

随即，您应该使用例 20-82 带有-l 选项的 ls 命令列出/var/spool/mail 目录中的全部内容。

【例 20-82】

```
[root@boydog ~]# ls -l /var/spool/mail
total 28
-rw-rw----  1 dog  mail     0 May 20 17:06 dog
-rw-------  1 root root 28473 May 31 09:48 root
```

例 20-82 的显示结果清楚地表明 fox 用户的邮箱已经被删除了。其他 3 个文件的测试与例 20-78～例 20-80 几乎相同，为了节省篇幅这里就不重复了。

那么带有-r 与不带-r 选项的 userdel 命令之间有什么不同呢？为了回答这个问题，您使用例 20-83 不带-r 选项的 userdel 命令删除 babydog5 用户。

【例 20-83】

```
[root@boydog ~]# userdel babydog5
```

接下来，您可以使用例 20-84 带有-l 选项的 ls 命令列出/home 目录中的全部内容。

【例 20-84】

```
[root@boydog ~]# ls -l /home
total 44    ......
drwx------  2    605 babydog5  4096 May 30 10:24 babydog5 ......
```

从例 20-84 的显示结果可以看出使用不带-r 选项的 userdel 命令所删除的 babydog5 用户的家目录依然存在，而使用带有-r 选项的 userdel 命令删除的两个用户的家目录却不见了。

如果在 userdel 命令中使用了-r 选项，系统会在删除一个用户的同时删除这个用户的家目录和他的邮箱。可能会有读者问这样的区别有什么实际意义吗？在有些情况下相当有用，如一个用户的家目录中的一些文件已经分享给许多其他用户，但是由于某种原因必须删除这个用户，此时就可以使用不带-r 选项的 userdel 命令删除这个用户，这样其他用户还可以继续使用他的家目录中的那些分享的文件。是不是很方便？

20.8 用户账户密码的管理

用户账户密码管理，即密码使用时间规则（策略），主要指一个用户账号的密码可使用多长时间，即过了这么长时间之后用户必须变更密码以防止密码被心怀不轨的人破译。

Linux 系统默认用户账号的密码永远不会过期，但是如果一个系统有比较高的安全要求，就应该强制设置用户密码的使用期限以防止由于密码使用时间过长而泄密的情况发生，也就是要强迫用户每过多长时间必须变更他们的密码。**可以通过修改/etc/login.defs 文件中的设置来修改密码默认的有效期限。也可以使用 Linux 的 chage 命令来更改系统上一个现有用户密码的有效期限，chage 为 change age 的缩写。chage 命令的语法格式如下：**

```
chage [选项] 用户名
```

为了详细介绍 chage 命令，使用例 20-85 的命令列出/etc/shadow 文件中最后 1 行记录。

【例 20-85】

```
[root@boydog ~]# tail -1 /etc/shadow
babydog4:3g34.M4bPHo56:14758:0:99999:7:::
↑           ↑           ↑     ↑    ↑    ↑
1           2           3     4    5    6
```

接下来进一步解释这个文件中相关字段的具体含义。由于第 1 个和第 2 个字段在之前的章节中已经详细地介绍过，这里就不再重复了。以下是其他字段的具体含义：

第 3 个字段——上一次密码变更的日期。这个日期是以 1970 年 1 月 1 日为起点，每过一天加 1。

第 4 个字段——密码至少要使用几天才可以变更密码。如果为 0 表示不限制，即用户可以随时变更密码。

第 5 个字段——密码最长可以使用多少天就必须变更密码，如果这个字段（列）的值为 99999，则不限制用户密码的有效期限，即可以永远都不变更密码。

第 6 个字段——密码要到期前几天必须通知用户变更密码。例如，babydog4 的密码到期 7 天（一周）之前就必须通知这个用户更改他的密码。

第 7 个字段——密码过期几天后，如果用户还没有更改他的密码，系统就要锁住这个用户账号。

第 8 个字段——密码期限的到期日，即到了这一天就锁住这个用户。这个日期也是以 1970 年 1 月 1

日为起点，每过一天加 1。

第 9 个字段——也就是最后一个字段是系统保留的字段，留作以后系统开发出新的功能时使用。

下面通过一系列的例子来演示怎样使用 chage 命令修改和查看一个用户密码的信息，以及观察/etc/shadow 文件中相应记录栏位的变化。为此，您要使用例 20-86 的 tail 命令列出/etc/shadow 文件中的最后 2 行记录。

【例 20-86】

```
[root@boydog ~]# tail -2 /etc/shadow
babydog3:DitpDax/n9NXs:14758:0:99999:7:::
babydog4:3g34.M4bPHo56:14758:0:99999:7:::
```

为了操作方便，在后面的例子中都使用/etc/shadow 文件中的最后一行的 babydog4 用户。注意 babydog4 用户记录的第 3 个字段，其上一次密码变更日期为 14758。首先**使用例 20-87 的 chage 命令列出 babydog4 用户密码的全部信息，**这里-l 中的 l 应该是 list 的第 1 个字母。

【例 20-87】

```
[root@boydog ~]# chage -l babydog4
Minimum:        0    ......
Last Change:                 May 29, 2010
Password Expires:            Never ......
```

例 20-87 的显示结果中使用方框框起来的部分表明 babydog4 最后一次修改密码的日期为 2010 年 5 月 29 日（不同版本的 Linux 显示结果可能会略有差别）。接下来，**使用例 20-88 的 chage 命令将 babydog4 最后一次修改密码的日期改为 2010 年 6 月 1 日。**这里-d 中的 d 是指 lastday，日期的格式为 YYYY-MM-DD。

【例 20-88】

```
[root@boydog ~]# chage -d 2010-06-01 babydog4
```

系统执行完以上 chage 命令之后不会有任何显示信息，因此您应该使用例 20-89 带有-l 选项的 chage 命令再次列出 babydog4 用户密码的全部信息。

【例 20-89】

```
[root@boydog ~]# chage -l babydog4
Minimum:        0    ......
Last Change:                 Jun 01, 2010
Password Expires:            Never ......
```

例 20-89 的显示结果中使用方框框起来的部分清楚地表明 babydog4 最后一次修改密码的日期已经变更为 2010 年 6 月 1 日。随后，您还可以使用例 20-90 的 tail 命令列出/etc/shadow 文件中的最后 2 行记录以观察最后一行中第 3 个字段的变化。

【例 20-90】

```
[root@boydog ~]# tail -2 /etc/shadow
babydog3:DitpDax/n9NXs:14758:0:99999:7:::
babydog4:3g34.M4bPHo56:14761:0:99999:7:::
```

注意例 20-90 显示结果的最后一行中第 3 个字段的值已经由 14758 变为 14761，而从 2010 年 5 月 29 日变到 2010 年 6 月 1 日正好需要增加 3 天。

例 20-89 的显示结果中的第 1 行和例 20-90 显示结果的最后一行中第 4 个字段的值都是 0，这表示 babydog4 这个用户可以随时变更密码。但是这样的设置在有时可能会有问题，例如，某个用户可能有些神经质，总是担心自己的密码泄密，别人偷看他的见不得人的信息。所以经常修改他的密码，有时一天修改几次，可能的结果是最后连自己都记不住自己的密码了。为了减少这种情况的发生，可以通过设置密码至少要使用几天才可以变更密码的方式来避免用户过于频繁地变更密码。如您可以**使用例 20-91 带有-m 选项的 chage 命令将 babydog4 最少的密码变更期限变为 3 天，这里-m 中的 m 是指 mindays。**

【例 20-91】

```
[root@boydog ~]# chage -m 3 babydog4
```

接下来，应该使用例 20-92 带有-l 选项的 chage 命令再次列出这一用户密码的全部信息。

【例 20-92】

```
[root@boydog ~]# chage -l babydog4
Minimum:          3
Maximum:          99999     ......
```

例 20-92 的显示结果中第 1 行使用方框框起来的部分清楚地表明 babydog4 最少的密码变更期限已经变为 3 天。随后，您还可以使用例 20-93 的 tail 命令列出/etc/shadow 文件中的最后 2 行记录以观察最后一行中第 4 个字段的变化。

【例 20-93】

```
[root@boydog ~]# tail -2 /etc/shadow
babydog3:DitpDax/n9NXs:14758:0:99999:7:::
babydog4:3g34.M4bPHo56:14761:3:99999:7:::
```

注意例 20-93 显示结果的最后一行中第 4 个字段的值已经由 0 变为 3，即这个用户的密码至少要使用 3 天之后才能修改。

例 20-92 显示结果中的第 2 行和例 20-93 显示结果的最后一行中第 5 个字段的值都是 99999，这表示 babydog4 这个用户可以永远都不变更密码。如果长期使用相同的密码，很容易造成密码的泄密，所以您可以**使用例 20-94 带有-M 选项的 chage 命令设定 babydog4 用户的密码最长使用 30 天（约 1 个月）之后就必须变更密码，这里-M 中的 M 是指 maxdays。**

【例 20-94】

```
[root@boydog ~]# chage -M 30 babydog4
```

随即，应该使用例 20-95 的 chage 命令再次列出 babydog4 用户密码的全部信息。

【例 20-95】

```
[root@boydog ~]# chage -l babydog4
Minimum:          3
Maximum:          30
Warning:          7     ......
Password Expires:         Jul 01, 2010  ......
```

例 20-95 的显示结果中第 2 行使用方框框起来的部分清楚地表明 babydog4 用户的密码最长使用期限已经变成了 30 天。此时的 Password Expires 也变成了 2010 年 7 月 1 日，正好是 2010 年 6 月 1 日之后的一个月。随后，您还可以使用例 20-96 的 tail 命令列出/etc/shadow 文件中的最后 2 行记录以观察最后一行中第 5 个字段的变化。

【例 20-96】

```
[root@boydog ~]# tail -2 /etc/shadow
babydog3:DitpDax/n9NXs:14758:0:99999:7:::
babydog4:3g34.M4bPHo56:14761:3:30:7:::
```

注意例 20-96 显示结果的最后一行中第 5 个字段的值已经由 99999 变为 30，即这个用户的密码最长可以使用 30 天之后就必须变更密码。

如果读者注意过一些收费的系统：这些系统为了吸引客户，可能会给客户 1 个月的试用期，在试用期客户可以免费使用这个系统提供的服务，过了试用期（1 个月）客户就必须交费，否则就不能再使用这个系统提供的服务。这样的系统的用户管理就可以通过使用例 20-94 中所介绍的 chage 命令来实现，原来看上去很深奥的东西，实际上却如此的简单，只用一条 Linux 命令就搞定了。

例 20-95 的显示结果中的第 3 行和例 20-96 显示结果的最后一行中第 6 个字段的值都是 7，这表示

babydog4 这个用户密码在过期之前 7 天（一周）就要开始警告这个用户变更他的密码。如果您觉得一周太长了，可以**使用例 20-97 带有-W 选项的 chage 命令设定 babydog4 用户的密码警告天数为 5 天，这里-W 中的 W 是指 warndays。**

【例 20-97】

```
[root@boydog ~]# chage -W 5 babydog4
```

随后，应该使用例 20-98 带有-l 选项的 chage 命令再次列出这一用户密码的全部信息。

【例 20-98】

```
[root@boydog ~]# chage -l babydog4
Minimum:        3
Maximum:        30
Warning:        5    ......
Account Expires:        Never
```

例 20-98 的显示结果中第 3 行使用方框框起来的部分清楚地表明 babydog4 用户的密码警告天数已经改为 5 天。随后，您还可以使用例 20-99 的 tail 命令列出/etc/shadow 文件中的最后 2 行记录以观察最后一行中第 6 个字段的变化。

【例 20-99】

```
[root@boydog ~]# tail -2 /etc/shadow
babydog3:DitpDax/n9NXs:14758:0:99999:7:::
babydog4:3g34.M4bPHo56:14761:3:30:5:::
```

注意例 20-99 显示结果的最后一行中第 6 个字段的值已经由 7 变为 5，即系统会在这个用户的密码到期前 5 天开始警告这个用户变更其密码。为了讲解的方便，下面先解释/etc/shadow 文件中的第 8 个字段。

例 20-98 的显示结果中的最后一行的 Account Expires 为 Never，而在例 20-99 显示结果的最后一行中第 8 个字段的值是空，这表示 babydog4 这个用户没有设置密码期限的到期日。如果您想要设置这个账号在 2010 年 6 月 1 日过期，可以**使用例 20-100 带有-E 选项的 chage 命令设定 babydog4 用户的账号在指定的日期过期，这里-E 中的 E 是指 expiredate。**

【例 20-100】

```
[root@boydog ~]# chage -E 2010-06-01 babydog4
```

接下来，应该使用例 20-101 的 chage 命令再次列出 babydog4 用户密码的全部信息。

【例 20-101】

```
[root@boydog ~]# chage -l babydog4
Minimum:        3    ......
Inactive:       -1   ......
Account Expires:        Jun 01, 2010
```

例 20-101 的显示结果中最后一行使用方框框起来的部分清楚地表明 babydog4 用户的账号将在 2010 年 6 月 1 日过期。随后，您还可以使用例 20-102 的 tail 命令列出/etc/shadow 文件中的最后 2 行记录以观察最后一行中第 8 个字段的变化。

【例 20-102】

```
[root@boydog ~]# tail -2 /etc/shadow
babydog3:DitpDax/n9NXs:14758:0:99999:7:::
babydog4:3g34.M4bPHo56:14761:3:30:5::14761:
```

注意例 20-102 显示结果的最后一行中第 8 个字段的值已经由空变为 14761，正好与第 3 个字段的值相同（也是 2010 年 6 月 1 日）。

目前的时间是 2010 年 6 月 2 日，显然 babydog4 用户的账号已经过期了。切换到微软系统，开启一个 DOS 窗口，使用例 20-103 的 telnet 命令与您的 Linux 主机建立连接，之后，使用 babydog4 用户登录 Linux 系统，在 Password 处输入 baby4（这个用户的密码）。

【例 20-103】

```
login: babydog4                                          # 输入用户名 babydog4
Password:                                                # 输入密码 baby4
Last login: Wed Jun  2 11:53:22 from 192.168.177.1
-bash-3.00$
```

之后，您会发现您依旧可以使用 babydog4 这个用户登录 Linux 系统。可是我们不是已经设置了 babydog4 用户的账号在一天前就过期了吗？这 Linux 系统又在要什么花招呢？

问题出在/etc/shadow 文件中第 7 个字段上，在例 20-101 的显示结果中的第 4 行的 Inactive 为-1，而在例 20-102 显示结果的最后一行中第 7 个字段的值是空，这表示 babydog4 用户没有启用账号期限过期这一特性。**如果想将 Inactive 设置为 5，您就可以使用例 20-104 的 chage 命令设定 babydog4 用户的账号在指定的日期过期，这里-I 中的 I 是指 inactive。**

【例 20-104】

```
[root@boydog ~]# chage -I 5 babydog4
```

随后，您应该使用例 20-105 的 chage 命令再次列出 babydog4 用户密码的全部信息。

【例 20-105】

```
[root@boydog ~]# chage -l babydog4
Minimum:        3   ......
Inactive:       5   ......
```

例 20-105 的显示结果中第 4 行使用方框框起来的部分清楚地表明 babydog4 用户的账号的 inactive 的值已经变成了 5。随后，您还可以使用例 20-106 的 tail 命令列出/etc/shadow 文件中的最后 2 行记录以观察最后一行中第 7 个字段的变化。

【例 20-106】

```
[root@boydog ~]# tail -2 /etc/shadow
babydog3:DitpDax/n9NXs:14758:0:99999:7:::
babydog4:3g34.M4bPHo56:14761:3:30:5:5:14761:
```

注意例 20-106 显示结果的最后一行中第 7 个字段的值已经由空变为 5。重新切换到微软系统，开启一个 DOS 窗口，使用例 20-107 的 telnet 命令与您的 Linux 主机建立连接，之后，使用 babydog4 用户登录 Linux 系统，在 Password 处输入 baby4（这个用户的密码）。

【例 20-107】

```
login: babydog4                                          # 输入用户名 babydog4
Password:                                                # 输入密码 baby4
Your account has expired; please contact your system administrator
User account has expired
Connection to host lost.
C:\Documents and Settings\Ming>
```

例 20-107 的显示结果表明：您的账号已经过期，请与系统管理员联系。之后显示您的连接已经断开的信息。其实，即使在例 20-104 的命令中将 5 改为 0，babydog4 用户也同样无法登录 Linux 系统。有兴趣的读者可以自己试一下。

没想到看上去如此简单的密码管理，这稍微一仔细琢磨竟然琢磨出这么多事来。世界上的事怕就怕认真二字，只要认真地做、一根筋地做，几乎就没有做不成的事，当然也包括学习 Linux 操作系统。

其实，生活中也有不少类似的例子。许多年前看到国外的一篇报道说：有一位老兄深深地爱上了一位女明星，不幸地是这位女明星已经结婚了。但是这位仁兄仍然不灰心，每天照样送花给他的这位心上人。这一送就送了 20 来年，最后他的执着和对爱情的忠贞终于感动了上苍。最终是一个圆满的结局——有情人终成眷属。相信如果有这位仁兄的那份执着（那么大的明星都能追到手），就没有什么事是办不成的，所以只要读者有信心坚持下去，就一定能从 Linux 的菜鸟进化成大虾、专家、泰斗，最后在年逾古稀时终于修炼成一代宗师。

20.9 Login shell 与 Non-login shell 脚本以及 su 命令

其实，我们在第 13 章中已经比较详细地介绍了 Login shell 和 Non-login shell 脚本及其用法。不过通过前面多章的学习，相信读者的 Linux 功力一定增加了许多，因此在这里对它们的应用给出表 20-1 所示的总结，以加深读者对它们用法的理解。

表 20-1

	profile 脚本	bashrc 脚本
目的	设置变量值，如 MAIL="/var/spool/mail/$USER"	bash 配置文件，如 PS1 设定
适用于全部用户	/etc/profile，只要有用户登录系统就会执行该脚本	/etc/bashrc
适用于一个用户	~/.bash_profile，用来定义每个用户自己的环境变量	~/.bashrc
特点	只有用户登录时，系统才会执行脚本中的命令，只有重新登录之后，脚本文件中新的设定才会生效	用户登录系统或开启子 shell 都会执行这些脚本中的命令

相信读者对 su 命令并不陌生，因为在本书的第 8 章 8.3 节中详细地介绍了怎样使用 su 命令从一个用户切换到另一个用户，并且在之前的章节中经常使用这一命令。在这里只是对这一命令的用法做一些补充而已。

这里需要再次强调的是：使用带有“-”的 su 命令，如 su - fox 是开启的 Login shell，而不带“-”的 su 命令，如 su fox 是开启的 Non-login shell。如果在“-”之后没有用户名，如 su -表示切换到 root 用户而且是以 Login shell 登录。如果只输入 su 表示切换到 root 用户而且是以 Non-login shell 登录。

如果只想使用某个用户的身份执行一条命令而并不想切换到这个用户，可以使用带有-c 选项的 su 命令。假设您目前在 dog 用户下，此时您想查看另一个普通用户（如 babydog4）的密码状态，可以试着输入例 20-108 带有-S 选项的 passwd 命令。

【例 20-108】

```
[dog@boydog ~]$ passwd -S babydog4
Only root can do that.
```

例 20-108 的显示结果表明只有 root 用户才可以运行以上命令，之前我们都是要先切换到 root 用户，之后再执行以上 passwd 命令，最后再切换回 dog 用户。这样做是不是挺麻烦的？现在就**可用例 20-109 带有-c 选项的 su 命令来达到同样的目的，在 Password 处输入 root 用户的密码。这里-c 中的 c 应该是 command 的第 1 个字母，紧跟在 su 之后的是要以该身份执行-c 选项所指定的命令的用户名，紧跟着-c 之后以单引号括起来的就是要执行的命令。**

【例 20-109】

```
[dog@boydog ~]$ su root -c 'passwd -S babydog4'
Password:
Password set, DES crypt.
```

这次您不但获得了 babydog4 用户账户的密码状态，而且也不要进行烦琐的用户之间的切换操作了，是不是更方便、更简单？

20.10 普通用户利用 sudo 命令执行 root 用户权限的命令

以上使用带有-c 选项的 su 命令虽然能够执行只有 root 权限才能执行的命令，但是这里存在一个安全隐患，因为使用者必须知道 root 用户的密码，有时这是非常危险的。有时操作系统管理员的工作负担很重，此时就可以将一些不太重要的系统管理工作指派给一个普通用户，但是为了系统的安全，您又不想将 root 的密码告诉此人，此时就可以使用 Linux 系统提供的 sudo 命令来完成这一重任。

要使某一个用户可以执行只有 root 用户才能执行的命令之前，必须编辑系统文件/etc/sudoers，将这个用户和要执行的命令添加到该文件中。之后，这个特定的用户就可以使用 root 用户的 uid 和 root 用户的 gid 利用 sudo 命令来执行这个特定的命令了。

而其他在/etc/sudoers 这个系统文件中没有定义的用户账号，如果试图以 sudo 命令来执行命令时，系统就会自动通知管理员（root）有未经许可的用户使用未经许可的命令，并将这些信息以邮件的形式发给 root 用户。

为了后面的演示清楚，您可以使用例 20-110 的 useradd 命令在系统中添加一个名为 cat 的用户（如果已经存在，可以省略这一步）。为了节省篇幅，这里省略了测试操作。

【例 20-110】

```
[root@boydog ~]# useradd cat
```

当确认 cat 用户创建成功之后，使用例 20-111 的 passwd 命令修改 cat 用户的密码，在 New UNIX password 处输入 miao，在 Retype new UNIX password 处再次输入 miao 确认密码。

【例 20-111】

```
[root@boydog ~]# passwd cat
Changing password for user cat.
New UNIX password:
BAD PASSWORD: it is too short
Retype new UNIX password:
passwd: all authentication tokens updated successfully.
```

接下来，使用例 20-112 的 vi 命令开启/etc/sudoers 文件。为了节省篇幅，这里只显示了最后几行。

【例 20-112】

```
[root@boydog ~]# vi /etc/sudoers
# Same thing without a password
# %wheel        ALL=(ALL)       NOPASSWD: ALL

"/etc/sudoers" [readonly] 28L, 580C                 1,1           Top
```

例 20-112 的显示结果表明/etc/sudoers 是只读文件，无法进行编辑，因此要退出 vi 编辑器。之后，**使用例 20-113 的 visudo 命令来编辑/etc/sudoers 这一宝贝的文件**。开启这个文件之后，使用 i 键进入 INSERT 模式，输入方框框住的部分。编辑完成之后存盘退出。

【例 20-113】

```
[root@boydog ~]# visudo
# sudoers file.    ……
# User alias specification
User_Alias WATCHDOG=cat,babydog1
# Cmnd alias specification
```

```
Cmnd_Alias FTPDOG=/etc/init.d/vsftpd    ......
root    ALL=(ALL) ALL
WATCHDOG ALL=FTPDOG    ......
```

下面对这些添加的内容做进一步的解释。带方框部分从上到下，它们的含义分别是：

（1）定义了一个名为 WATCHDOG 的用户别名，其中包括 cat 和 babydog1 两个用户。

（2）定义了一个名为 FTPDOG 的命令别名，其命令为/etc/init.d/vsftpd。

（3）定义 WATCHDOG 这一编组用户可以从任何地点（主机）上执行 FTPDOG 的命令别名所定义的命令。

以上整个/etc/sudoers 文件的设定就是将 ftp 服务的管理和维护操作下放给 cat 和 babydog1 用户，同时还不让这两个用户知道 root 用户的密码，其中/etc/init.d/vsftpd 就是 ftp 服务所对应的程序。

之后，使用例 20-114 的 su 命令切换到 cat 用户。为了保险起见，随即使用例 20-115 的 whoami 命令确认一下当前用户是否是 cat。

【例 20-114】

```
[root@boydog ~]# su - cat
```

【例 20-115】

```
[cat@boydog ~]$ whoami
cat
```

接下来，**使用例 20-116 的 sudo 命令列出 ftp 服务目前的状态。**当按 Enter 键之后可能会出现一些系统显示信息，并要求输入密码。注意这个密码是 cat 的密码而不是 root 的密码，因此在 Password 处输入 cat 的密码 miao，之后就会出现 ftp 服务目前的状态。

【例 20-116】

```
[cat@boydog ~]$ sudo /etc/init.d/vsftpd status
We trust you have received the usual lecture from the local System
Administrator. It usually boils down to these two things:
        #1) Respect the privacy of others.
        #2) Think before you type.
Password:
vsftpd is stopped
```

如果 ftp 服务没有启动，就可**使用例 20-117 的 sudo 命令以启动 ftp 服务。**

【例 20-117】

```
[cat@boydog ~]$ sudo /etc/init.d/vsftpd start
Starting vsftpd for vsftpd:  OK  ]
```

接下来，使用例 20-118 的 su 命令切换到 babydog1 用户，在 Password 处输入 babydog1 用户的密码 baby1。

【例 20-118】

```
[cat@boydog ~]$ su - babydog1
Password:
```

当确认当前用户已经是 babydog1 之后，使用例 20-119 的 sudo 命令列出 ftp 服务目前的状态。当按 Enter 键之后也可能会出现一些系统显示信息，并要求输入密码。在 Password 处输入 babydog1 的密码 baby1，之后就会出现 ftp 服务目前的状态。

【例 20-119】

```
-bash-3.00$ sudo /etc/init.d/vsftpd status
......
Password:
vsftpd (pid 3993) is running...
```

随后，**使用 su 命令切换到 dog 用户。之后，使用例 20-120 的 sudo 命令列出 ftp 服务目前的状态。**当按 Enter 键后，系统会出现 dog 用户不在 sudoers 文件中的信息。

【例 20-120】

```
[dog@boydog ~]$ sudo /etc/init.d/vsftpd status
dog is not in the sudoers file.  This incident will be reported.
```

随即，切换到 root 用户。当确认当前用户已经是 root 之后，**使用例 20-121 的 mail 命令查看 root 用户的邮箱。一般最后一个邮件就是系统刚刚发来的有关有未经许可的用户使用了 sudo 命令的信息。我的系统是第 17 封邮件，于是在&之后输入 17 来阅读这封邮件的内容。**

【例 20-121】

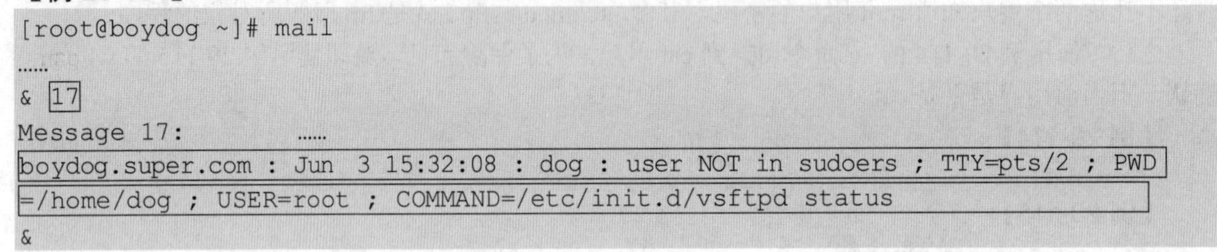

[root@boydog ~]# mail
......
& 17
Message 17:   ......
boydog.super.com : Jun 3 15:32:08 : dog : user NOT in sudoers ; TTY=pts/2 ; PWD
=/home/dog ; USER=root ; COMMAND=/etc/init.d/vsftpd status
&

不看不知道，一看吓一跳。**这 Linux 系统记录的可真够详细，从这封邮件的内容可知：dog 用户并不在 sudoers 文件中，这个用户从 boydog.super.com 主机上于 6 月 3 日 15 点 32 分 08 秒在 pts/2 终端上的/home/dog 工作目录中以 root 的身份使用了/etc/init.d/vsftpd status 命令。**这也给读者提个醒，今后在工作中，如果您不了解一个系统，最好不要乱动，因为您不知道系统上有什么机关。所谓三尺之上有神灵，要想神不知除非己莫为。这 Linux 系统也跟老神仙差不多了，没有什么它老人家不知道的。

20.11 suid、sgid 以及 sticky 特殊权限综述

其实，在第 8 章中已经比较详细地介绍了 suid、sgid 和 sticky 这 3 种特殊可执行权限。不过通过前面多章的学习，相信读者可能对这 3 种权限的特性有了更加深入的认识，因此在这里对它们的应用给出如下总结以加深读者对它们用法的理解。

- 通常（在默认的情况下）使用者会以自己的 uid 和 gid 身份来执行一个程序。
- **在一个可执行文件中设置了 suid 位（权限）之后，使用者就会以该文件的拥有者的身份来执行这个文件。**
- **在一个可执行文件中设置了 sgid 位（权限）之后，使用者就会以该文件的所属群组的身份来执行这个文件。**
- **在目录上设置 sgid 权限用来创建一个可以共享的目录。**
- 通常在一个目录中所创建的文件属于创建这个文件的用户的默认群组。
- **当在一个目录上设置了 sgid 权限时，在这个目录中所创建的文件将与这个目录属于相同的群组。**
- 通常用户如果对一个目录具有写权限就可以删除这个目录中的任何文件，而不管这个文件的拥有者是谁。
- **如果在一个目录上设置了 sticky 位就只有文件的拥有者才可以删除这个文件。**

为了进一步帮助读者理解 suid、sgid 和 sticky 这 3 种特殊可执行权限的用法，我们将它们的应用总结成表 20-2，以方便读者的理解和记忆。

表 20-2

特殊可执行权限	文　件	目　录	命　令	文件模式
suid	以文件拥有者的权限执行	不适用（N/A）	chmod u+s chmod 4755	s=x+suid S=-+suid
sgid	以文件所属群组的权限执行	在这个目录中所有的文件都将属于这个目录所属的群组	chmod g+s chmod 2755	s=x+sgid S=-+sgid
sticky	不适用（N/A）	只有文件的拥有者才可以删除自己的文件	chmod o+t chmod 1777	t=x+sticky T=-+sticky

下面通过一个实例来演示在一个可执行文件中设置了 suid 位（权限）之后，使用者就会以该文件的拥有者的身份来执行这个文件。首先切换到 root 用户，使用例 20-122 带有-l 选项的 ls 命令列出/usr/bin/passwd 文件的详细信息。

【例 20-122】

```
[root@boydog ~]# ls -l /usr/bin/passwd
-r-s--x--x  1 root root 21200 Oct  8  2006 /usr/bin/passwd
```

例 20-122 的显示结果表明这个可执行文件上已经设置了 suid 特殊权限。之后，使用例 20-123 的组合命令列出系统中正在运行的进程中有哪些含有 passwd 字符串。ps 应该是 process status 的每个单词的第 1 个字母，ps 命令列出当前系统中正在运行的进程的信息。

【例 20-123】

```
[root@boydog ~]# ps aux | grep passwd
root     21301  0.0  0.0  5320  644 pts/2    R+   14:06   0:00 grep passwd
```

例 20-123 的显示结果表明目前在系统中只有一个含有 passwd 字符串的 grep passwd 进程正在运行，并且是由 root 用户执行的。

指点迷津：

在有些 Linux 教程中使用的是 ps -aux 命令，即在 aux 之前多了一个“-”。在 Red Hat Linux 中 ps 命令的选项之前是不需要加“-”的，如果加了，系统反而会出现一行警告信息。

之后，再开启一个终端窗口并以 cat 用户（也可以是其他普通用户）登录 Linux 系统。接下来，使用例 20-124 的 passwd 命令试着修改 cat 用户自己的密码。

【例 20-124】

```
[cat@boydog ~]$ passwd
Changing password for user cat.
Changing password for cat
(current) UNIX password:
```

停在以上的状态，切换到 root 所在的终端窗口，使用例 20-125 的组合命令再次列出目前系统中正在运行的进程中有哪些含有 passwd 字符串。

【例 20-125】

```
[root@boydog ~]# ps aux | grep passwd
root     21373  0.0  0.1  4428 1088 pts/3    S+   14:08   0:00 passwd
root     21465  0.0  0.0  4624  644 pts/2    R+   14:11   0:00 grep passwd
```

例 20-125 的显示结果表明在系统中正在运行的进程除了原来的 grep passwd 之外，还多了一个 passwd 进程并且是由 root 用户执行的，虽然实际上这个程序是由 cat 用户运行的。

接下来，切换回 cat 用户的终端窗口，并在如下显示的(current) UNIX password 处随便输入一个字符来退出 passwd 程序的控制。

```
[cat@boydog ~]$ passwd
Changing password for user cat.
Changing password for cat
(current) UNIX password:
```

随后切换到 root 用户。之后，用例 20-126 的命令去掉 passwd 文件上的 suid 特殊权限。

【例 20-126】

```
[root@boydog ~]# chmod u-s /usr/bin/passwd
```

接下来，您需要使用例 20-127 的 ls 命令再次列出/usr/bin/passwd 文件的详细信息。

【例 20-127】

```
[root@boydog ~]# ls -l /usr/bin/passwd
-r-x--x--x  1 root root 21200 Oct  8  2006 /usr/bin/passwd
```

例 20-127 的显示结果表明/usr/bin/passwd 这个可执行文件上的 suid 特殊权限已经被去掉了。随后，使用例 20-128 的 passwd 命令试着修改 cat 用户自己的密码。

【例 20-128】

```
[cat@boydog ~]$ passwd
Changing password for user cat.
Changing password for cat
(current) UNIX password:
```

停在以上的状态，切换回 root 所在的终端窗口，使用例 20-129 的组合命令再次列出目前系统中正在运行的进程中有哪些含有 passwd 字符串。

【例 20-129】

```
[root@boydog ~]# ps aux | grep passwd
cat      21603  0.4  0.1  5140 1092 pts/3    S+   14:15   0:00 passwd
root     21619  0.0  0.0  4740  644 pts/2    R+   14:16   0:00 grep passwd
```

例 20-129 的显示结果表明目前在系统中正在运行的进程除了 grep passwd 进程之外，还多了一个 passwd 进程，但这次是由 cat 用户执行了。

接下来，切换回 cat 用户的终端窗口，并在如下显示的(current) UNIX password 处输入 miao（cat 用户的正确密码）。之后，系统会显示错误信息并退出 passwd 程序。

```
[cat@boydog ~]$ passwd
Changing password for user cat.
Changing password for cat
(current) UNIX password:
passwd: Authentication token manipulation error
```

为了探寻究竟，您可以使用例 20-130 的 telnet 命令连接 Linux 系统并以 cat 用户登录，在 Password 处输入 miao（cat 用户的正确密码）。之后，您将以 cat 用户登录 Linux 系统。

【例 20-130】

```
Enterprise Linux Enterprise Linux AS release 4 (October Update 4)
Kernel 2.6.9-42.0.0.0.1.ELhugemem on an i686
login: cat
Password:
Last login: Fri Jun  4 14:07:53 from 192.168.177.1
```

如果您心里还没底，可以使用例 20-131 的 whoami 命令列出当前用户。例 20-131 的显示结果没有让您失望，当前的用户确实是 cat。

【例 20-131】

```
[cat@boydog ~]$ whoami
cat
```

这也间接说明去掉了/usr/bin/passwd 文件上的 suid 特殊权限之后，只会影响使用 passwd 命令（即执行/usr/bin/passwd 文件）的用户的操作，而不会影响其他无关的操作。

随后切换到 root 用户。之后，使用例 20-132 的 chmod 命令将/usr/bin/passwd 文件上的 suid 特殊权限重新添加上去。

【例 20-132】

```
[root@boydog ~]# chmod u+s /usr/bin/passwd
```

系统执行完以上 chmod 命令之后不会有任何显示信息，因此您需要使用例 20-133 带有-l 选项的 ls 命令再次列出/usr/bin/passwd 文件的详细信息。

【例 20-133】

```
[root@boydog ~]# ls -l /usr/bin/passwd
-r-s--x--x  1 root root 21200 Oct  8  2006 /usr/bin/passwd
```

例 20-133 的显示结果表明在可执行文件/usr/bin/passwd 上已重新设置了 suid 特殊权限。

20.12　您应该掌握的内容

在学习第 21 章之前，请检查一下您是否已经掌握了以下内容：

- 在制定管理用户的规则（策略）时，必须考虑的因素有哪些？
- 怎样使用 finger 命令列出一个用户的 finger information？
- 怎样使用 chfn 命令修改一个用户的 finger information？
- 理解/etc/passwd 文件中每个记录的最后一个字段的含义。
- 为什么/etc/passwd 文件的权限必须是-rw-r--r--，才能保证 Linux 系统正常工作？
- 熟悉使用 useradd 命令在 Linux 系统中创建用户。
- 在使用 useradd 命令创建一个用户时，系统要在哪些系统文件中完成哪些操作？
- 怎样验证这些操作是否成功？
- 怎样使用 newusers 命令一次创建多个用户？
- 了解 useradd 命令与 newusers 命令之间的差别。
- 熟悉 Red Hat Linux 引入的用户私有群组（User Private Group）的概念。
- 怎样使用 groupadd、groupmod 和 groupdel 命令来管理 Linux 的群组？
- 理解/etc/group 这个群组数据库中的内容。
- 怎样使用 usermod 命令修改一个用户账户的信息？
- 怎样使用 usermod 命令锁住一个用户及将一个用户解锁？
- 怎样使用 userdel 命令删除一个用户账号？
- 怎样使用 chage 命令进行用户账户密码的管理？
- 理解/etc/shadow 文件中每个记录的第 3～第 9 个字段（列）的含义。
- 理解带有-c 选项的 su 命令的用法。
- 理解/etc/sudoers 文件和 sudo 命令的用法。
- 怎样查看未经许可的用户使用 sudo 命令的相关信息？
- 了解 suid、sgid 以及 sticky 特殊权限的用法。

第 21 章 Linux 高级文件系统管理

话说天下大事，合久必分、分久必合。不光天下的事是这样，Linux（UNIX）系统也是这样。之前为了提高系统效率和方便管理及维护，将一块硬盘划分成多个分区（合久必分），但是随着系统的膨胀，可能其中的硬盘数量（当然也包括分区数量）也急剧增多，这时管理大量的硬盘和分区就变成了一件相当艰巨的工作，因此 Linux（UNIX）系统又想出来一个办法，那就是将许多硬盘（分区）当作一个逻辑上的整体来管理或维护（分久必合）。

本章将介绍磁盘阵列和逻辑卷（LV）的管理与维护，最后还要介绍磁盘配额的管理。

21.1 在虚拟机上添加虚拟硬盘

为了进行后面的 LV 和 RAID 操作，您需要在 Linux 系统的虚拟主机上增加 6 个 1GB 的虚拟硬盘（如果硬盘容量小，也可以增加 3 个）。如果您现在使用的仍然是单个的虚拟机，只要重复 18.1 节的方法就可以在虚拟机上添加虚拟硬盘了。

当添加了所需的全部虚拟硬盘之后，启动虚拟网络上的所有虚拟机。接下来就可以进行 RAID 或 LV 的操作了。

注意：

为了减少本书的篇幅，特将在 VMware 虚拟机上添加虚拟硬盘这一节全都移到资源包中的电子书中了。如果读者对此感兴趣可以参阅资源包中的电子书。

21.2 磁盘阵列简介

磁盘阵列（RAID）是英文 Redundant Array of Inexpensive Disks 或 Redundant Array of Independent Disks 的缩写，许多商家更喜欢第 1 种解释，即廉价磁盘冗余阵列，因为这样更容易推销其产品。而第 2 种解释是独立磁盘冗余阵列，这当然不如第 1 种的有吸引力**（在比较新的 Linux 版本中更喜欢用独立磁盘冗余阵列，可能是因为硬盘现在已经是白菜价了、再强调价格便宜已经没有用了）**

从概念上来讲，所谓的 RAID 就是将两块或多块硬盘创建（映射）成一个逻辑卷，以加大磁盘的容量和增加磁盘的带宽（读写速度）。简单地说，RAID 是把多块独立的硬盘（物理硬盘）按不同的方式组合起来形成一个硬盘组（逻辑硬盘），从而提供比单个硬盘更高的存储性能和数据备份功能。组成磁盘阵列的不同方式称为 RAID 级别（RAID Level）。在用户看来，组成的磁盘组就像是一个硬盘，用户可以对它进行分区、格式化等操作。总之，对磁盘阵列的操作与单个硬盘一模一样。不同的是，磁盘阵列的存储速度要比单个硬盘高很多，而且可以提供自动数据备份。

为了解释什么是 RAID，首先必须介绍 3 个与 RAID 相关的重要术语。第 1 个术语就是条带化（stripping），第 2 个术语是镜像（mirroring），而第 3 个则是数据校验（Parity）。接下来一个个地解释这 3 个重要的术语。

条带化（stripping）是将数据划分成一定大小的部分（pieces）之后将它们平均地存放在属于一个逻辑卷的多个硬盘上。与单个硬盘相比，这样通常会在一个逻辑卷上产生更大的磁盘容量和 I/O 带宽（更高的磁盘读写速度）。

如果读者还是没有完全理解条带化（stripping）带来的好处，可以想象一下去银行办理存款或取款业务，如果银行只开了一个窗口而且人很多，这时在银行里办事的人就会排起长龙。如果银行多开几个窗口，排队的人等候的时间就会短多了。银行的窗口就相当于硬盘，而排队等候办事的人就相当于要处理的数据。其实条带化（stripping）就是利用了这样的方法，即并行（同时）处理多个业务。如果读者没有去过银行，也可以想象一下去超市买东西在收银台前排队交钱或在火车站售票窗口排队买票的情形。

也许有读者认为到银行排队的都是有钱人，其实不然。在银行排队的人最多是有点小钱，真正有钱的大款从来不需要排队，因为他们是 VIP（Very Important Person）客户，一进银行的门就被请到了贵宾室去了。看来有了足够的资源，办起事来就是方便，感觉真好！这也解释了为什么一些有钱有势的人都那么霸道，因为他们知道他们有足够的资源可以把事情摆平，底气足啊！而生活在底层的小人物总是惧怕达官显贵，因为他们没有资源，所以底气不足啊！

接下来解释**镜像（mirroring）。镜像**是将相同的数据同步地写到同一逻辑卷的不同成员（硬盘）上的处理操作。通过这种将相同的信息写到同一逻辑卷中的每一个成员（硬盘）上的方法，镜像提供了对数据的保护。其实，所谓的镜像就是我们经常说的数据冗余。因为当在一个硬盘上的数据损坏时，还可以使用其他硬盘上的相同数据。

最后解释**数据校验（Parity）。Parity** 一词有人翻译成奇偶校验，其实 Parity 就是检查数据的错误。在一些 RAID 级别中，当系统进行读写数据时会执行一些计算（这些计算主要是在写操作时进行）。这样当在一个逻辑卷中的一个或多个硬盘出了问题而无法访问时，就有可能利用同样的数据校验（Parity）操作重新构造出磁盘上损坏的数据并读出这些数据来，这是因为在 Parity 的算法中包含了 Error Correction Code（错误纠正代码），简称 ECC 的功能，这种算法为 RAID 卷中的每一个数据条带（块）计算出相应的数据校验码。

将以上所介绍的这 3 种特性放在一起，就是条带化产生较好的 I/O 执行效率，镜像提供了对数据的保护，而数据校验可以检查数据并利用数据校验码来恢复数据。这实际上就是人们常说的 RAID 的三大特性，即大规模、保护数据和提高 I/O 的访问速度。

最初，RAID 只是一种将两个或多个硬盘逻辑地组合在一起的非常简单的方法。与现实生活中的其他事情相似，随着用户需求的不断增加，RAID 的级别（Level）目前已经有 0～7 级，加之不同级别之间的各种组合，可以选择的 RAID 种类很多。限于篇幅有限，本书将只介绍 RAID 0、RAID 1 和 RAID 5 这 3 种最基本的而且常用的 RAID 方法。理解了这 3 种 RAID 方法之后，其他的方法也就不难理解了，因为它们都是大同小异。

21.3 RAID 0 的工作原理

RAID 0 又称为 Strip（条带化）或 Stripping，它代表了所有 RAID 级别中最高的存储性能。RAID 0 提高存储性能的原理是把连续的数据分散到多个磁盘上存取，这样系统在有数据请求时就可以在多个磁盘上并行执行，每个磁盘执行属于它自己的那部分数据请求。这种数据上的并行操作可以充分利用总线的带宽，显著提高磁盘整体存取性能。RAID 0 的缺点是没有提供数据冗余，因此一旦用户数据损坏，这些损坏的数据将无法得到恢复。

只要有两个或更多个硬盘就可以做成 RAID 0。RAID 0 的工作原理是这样的（在下面的例子中为了简单起见，只使用了两个硬盘）：假设一个文件中存放的内容是 ABCDEF（这里 A～F 表示的是由 RAID 0 划分出的条带），现在要将这个文件存放到 RAID 0 的磁盘阵列中，如图 21-1 所示。系统会将 A 首先写到 RAID 0 磁盘阵列中的第 1 个硬盘中，如图 21-2 所示。将 B 写到 RAID 0 的第 2 个硬盘中，如图 21-3 所示。将 C 写到 RAID 0 的第 1 个硬盘中，如图 21-4 所示。将 D 写到 RAID 0 的第 2 个硬盘中，如图 21-5 所示。

依此类推，也就是将文件中的内容依照顺序分别（平均地）写入 RAID 0 的两个硬盘中。RAID 0 磁盘阵列的总容量是所有磁盘容量的总和，如第 1 个硬盘和第 2 个硬盘的容量都是 1GB，那么由这两个硬盘所组成的 RAID 0 磁盘阵列的容量就是 2GB，如图 21-6 所示。

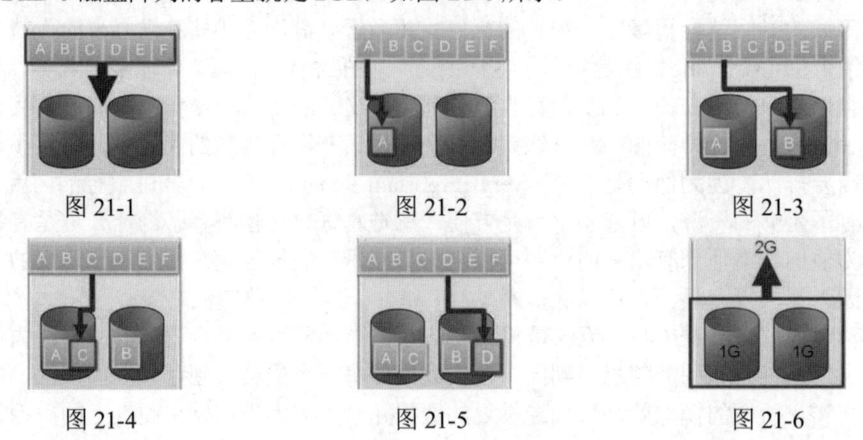

图 21-1　图 21-2　图 21-3

图 21-4　图 21-5　图 21-6

现将 RAID 0 的特色总结一下。RAID 0 的数据存取速度很快，因为在同一时刻有两个（也可能是 *N* 个）硬盘在并行地读写。每个硬盘只需写入一半（或 1/*N*）的数据量。但 RAID 0 很不安全，因为只要 RAID 0 磁盘阵列中的一块硬盘坏了，上面的文件也就无法访问了。

根据 RAID 0 的特点，可以看出 RAID 0 特别适用于对性能要求较高，而对数据安全不太在乎的领域，如图形工作站等。对于个人用户，RAID 0 也可能是提高硬盘存储性能的比较好的选择，前提是您能负担得起多个硬盘的成本。

21.4　RAID 1 的工作原理

简单地说，RAID 1 提供了数据的镜像，也就是百分之百的数据冗余。RAID 1 也常常被称为磁盘镜像。通常当使用 RAID 1 时，操作系统看到的是由两个或多个硬盘所组成的逻辑卷，然而它展现给应用系统或数据库管理系统的却是一个单一的卷。当操作系统向这个卷中写入数据时，系统是将完全相同的数据写入到这个卷中的所有成员（硬盘）上，因此 RAID 1 所需的硬盘空间是 RAID 0 的 2 倍（或 *N* 倍）。不过 RAID 1 可以提高读操作的效率，因为系统可以并行地读取冗余的硬盘（镜像成员）。

只要有两个或多个硬盘就可以做成 RAID 1。RAID 1 的工作原理是这样的：假设这个文件中的内容仍然是 ABCDEF，现在要将该文件存放到 RAID 1 的磁盘阵列中，系统会将 A 分别写到 RAID 1 的磁盘阵列中的第 1 个硬盘和第 2 个硬盘中，如图 21-7 所示。接下来，将 B 分别写到 RAID 1 的第 1 个硬盘和第 2 个硬盘中，如图 21-8 所示。

依此类推，也就是将文件中的相同内容分别写入 RAID 1 的两个硬盘中，如图 21-9 所示。RAID 1 磁盘阵列的总容量（磁盘空间）是所有磁盘容量的总和的一半，如第 1 个硬盘和第 2 个硬盘的容量都是 1GB，那么由这两个硬盘所组成的 RAID 1 磁盘阵列的容量就是 1GB。

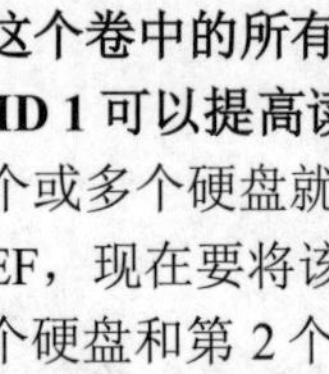

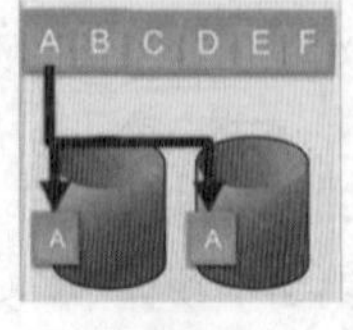

图 21-7

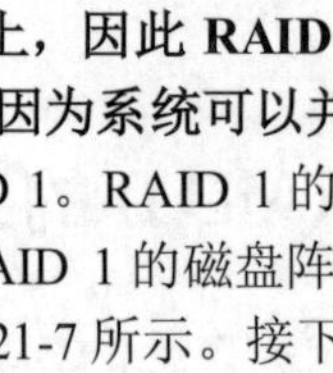

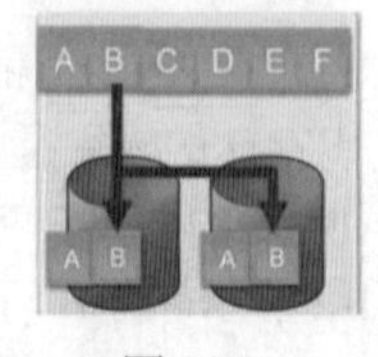

图 21-8

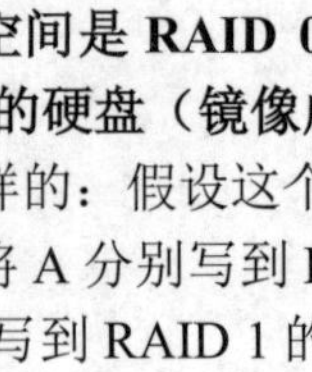

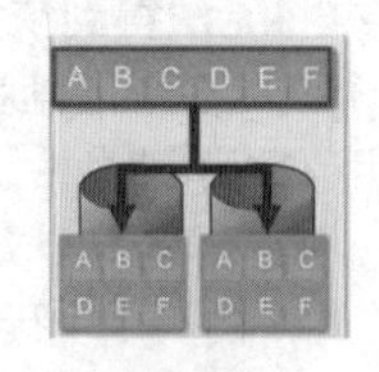

图 21-9

最后再将 RAID 1 的特色总结一下。RAID 1 很安全，因为即使磁盘阵列中的一个硬盘坏了还可以从磁盘阵列中的其他硬盘中存取数据。访问速度会很慢（注意是指写操作），因为同一份数据要写入两个硬盘中（若是 *N* 个盘组成的 RAID 1，就要写入 *N* 个硬盘中）。

提示：

在系统的设计或配置中，安全与效率一直是一对矛盾。在同样的资源条件下，越安全的系统效率就越低，反之亦然。最后系统的管理者或设计者必须在两者之间进行折中。

指点迷津：

一些数据仓库系统的数据量可能相当大，可能到数百个 GB 的规模甚至更大，这时系统的备份和恢复工作已经变成了数据库管理员的一个沉重的工作负担。由于一般数据仓库的数据基本上都是历史数据，大多采用一次装入之后定期添加的方式装入数据，所以平时数据仓库系统主要是读操作而写操作几乎没有。对于这样的系统就可以使用 RAID 1，从而可以减少备份的频率，因为即使磁盘阵列中的一个磁盘坏了，系统还能照常运行。而且还可以提高读操作的效率，因为相同的数据同时存到了不同的硬盘上来。

21.5 RAID 5 的工作原理

RAID 5 是一种存储性能、数据安全和存储成本折中的存储解决方案。要使用 RAID 5，需要至少 3 个硬盘。RAID 5 所提供的数据冗余不是真正的数据冗余（数据的镜像），而是使用数据的校验码。RAID 5 的数据校验码分布在磁盘阵列中的不同硬盘上，而且与真正的数据放在不同的硬盘上。

RAID 5 可能是目前比较流行的 RAID 方法。它之所以备受一些用户的青睐，是因为它在提高了系统效率的同时使硬盘空间的需求要比 RAID 1 小。这是因为数据校验码（parity values）所占的磁盘空间要比真正的数据少。

RAID 5 的工作原理是这样的（在下面的例子中为了简单起见，只使用了 3 个硬盘）：还是假设这个文件中的内容是 ABCDEF，系统会将 A 首先写到 RAID 5 磁盘阵列中的第 1 个硬盘中，如图 21-10 所示。将 B 写到 RAID 5 的第 2 个硬盘中，如图 21-11 所示。再将 A 和 B 进行数据校验算法的运算并将运算结果（数据校验码）存入到第 3 个硬盘中，如图 21-12 所示。

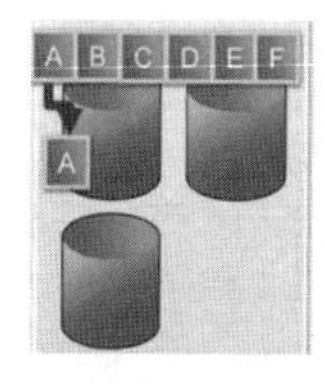

图 21-10

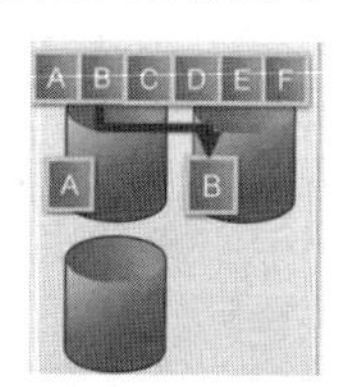

图 21-11

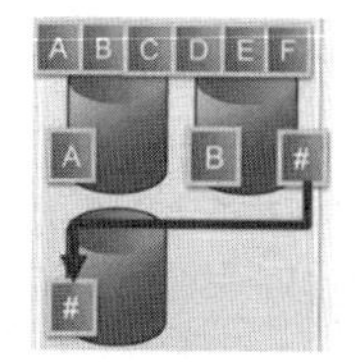

图 21-12

这样如果磁盘阵列中的任何 1 个磁盘上的数据损坏了，例如数据 B 损坏了（如图 21-13 所示），就可以利用数据 A 和数据校验算法重新生成数据 B，如图 21-14 所示。接下来，将数据 C 写到 RAID 5 的第 3 个硬盘中，如图 21-15 所示。

图 21-13

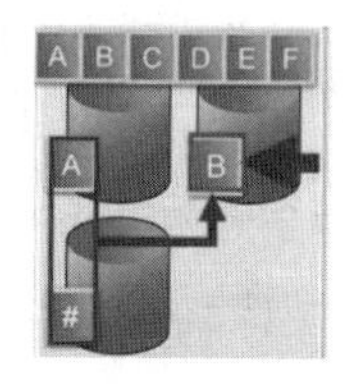

图 21-14

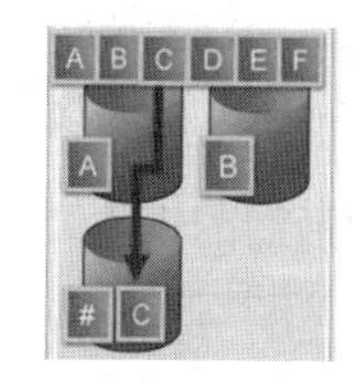

图 21-15

随即，将 D 写到 RAID 5 的第 1 个硬盘中，如图 21-16 所示。最后，再将 C 和 D 进行数据校验算法的运算并将运算结果存入到第 2 个硬盘中，如图 21-17 所示。就这样每写入两个条带（strips）的数据，就会将这两个条带（strips）的数据进行数据校验算法的运算并将运算结果存入下一个硬盘中。最后将所有的数据和数据校验码都存入了磁盘阵列中的各个硬盘中，如图 21-18 所示。

RAID 5 磁盘阵列的总容量（磁盘空间）是所有磁盘容量的总和再减去一个硬盘的容量，如在以上例子中每个硬盘的容量都是 1GB，那么由这 3 个硬盘所组成的 RAID 5 磁盘阵列的容量就是 2GB。如果是 *N* 个盘组成的 RAID 5 磁盘阵列，其容量为 *N*-1 个硬盘的容量。

图 21-16

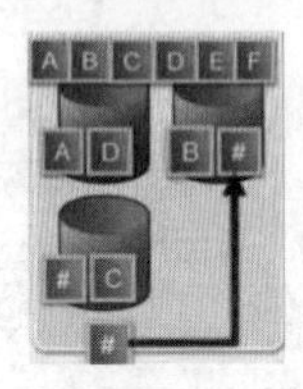

图 21-17

图 21-18

最后再将 RAID 5 的特色总结一下。RAID 5 要比 RAID 0 安全，因为 RAID 5 可以允许磁盘阵列中的一个硬盘损毁。在这种情况下，RAID 5 可以借助于数据校验算法来恢复损坏的硬盘上的数据。但是如果在上面的例子中有两个硬盘同时损毁，数据就没法恢复了。理论上讲，RAID 5 要比 RAID 1 的数据存取速度快，因为 RAID 5 只将两份数据的数据校验码写入硬盘，这样写操作的量要明显小于镜像操作。但是实际上也不一定，因为在存放数据校验码之前系统还必须做数据校验算法的运算，这本身就需要时间。

☞ 指点迷津：

在许多系统上，RAID 5 的写操作效率很低，因此建议如果您的系统中写操作很频繁，如联机事务处理系统（银行、电信或超市的日常处理系统），最好不要选择 RAID 5。

21.6 配置软件 RAID 1 的实例

提示：

下面的操作是使用 RAID 1，对于其他级别的 RAID，其操作步骤以及使用的命令都大体相同。如果读者有兴趣，可以使用其他级别的 RAID 来重做下面的例子。

RAID 既可以由硬件来实现，也可以由软件来实现。由软件来实现的 RAID，其控制软件是内嵌在操作系统中或外挂在像卷管理程序之类的软件中的（如 Veritas Volumne Manager）。Linux 操作系统的软件 RAID 可以使用磁盘分区，由于资源的限制，在本书的 RAID 操作中都将使用软件 RAID。

☞ 指点迷津：

在不少的 Linux 教程中这部分都是使用磁盘分区来演示 RAID 的操作，但是为了更接近真实的生产系统，本书将使用两块整个的硬盘来演示 RAID 的操作。

为了能方便后面的操作，在下面的实例中是利用两个空的硬盘来组成一个 RAID 1 的磁盘阵列。首先您应该使用例 21-1 的 ls 命令列出/dev 目录中所有以 sd 开头后面只跟一个字符的文件（即系统上的所有 SCSI 硬盘设备文件）。

【例 21-1】

```
[root@girlwolf ~]# ls -l /dev/sd?
brw-rw----  1 root disk 8,  0 Jun 10  2010 /dev/sda
brw-rw----  1 root disk 8, 16 Jun 10  2010 /dev/sdb
brw-rw----  1 root disk 8, 32 Jun 10  2010 /dev/sdc
brw-rw----  1 root disk 8, 48 Jun 10  2010 /dev/sdd ......
```

接下来要将/dev/sdb、/dev/sdc 和/dev/sdd 这 3 个硬盘都划分成 RAID 分区。为此，您先使用例 21-2 的 fdisk 命令对/dev/sdb 硬盘进行分区，由于这个硬盘是新的，所以在该硬盘上没有任何分区（partition）。为了解释方便，以下还是使用注释的方式来解释所做的操作。其中多数使用方框框起来的是您要输入的，#之后的是注释。

【例 21-2】

```
[root@girlwolf ~]# fdisk /dev/sdb
......
Command (m for help): p              # 列出/dev/sdb 硬盘上的所有分区
Disk /dev/sdb: 1073 MB, 1073741824 bytes  ......
   Device Boot      Start         End      Blocks   Id  System

Command (m for help): n              # 在硬盘上创建一个新的分区（partition）
Command action
   e   extended
   p   primary partition (1-4)       # 输入 p 创建一个主分区（primary partition）
p
Partition number (1-4): 1            # 输入分区号 1（我们要将整个硬盘划分成一个分区）
First cylinder (1-130, default 1): # 按 Enter 键接受默认值 1
Using default value 1
Last cylinder or +size or +sizeM or +sizeK (1-130, default 130):
# 按 Enter 键接受默认值 130
Using default value 130
Command (m for help): p              # 再次列出/dev/sdb 硬盘上的所有分区
Disk /dev/sdb: 1073 MB, 1073741824 bytes  ......
   Device Boot      Start         End      Blocks   Id  System
/dev/sdb1               1         130     1044193+  83  Linux
# 现在在/dev/sdb 硬盘上多了一个名为/dev/sdb1 的 Linux 分区，但是这里需要的是 RAID 分区
Command (m for help): l
# 列出 Linux 系统的所有分区类型和编号，因为目前还不知道 RAID 分区的编号
17  Hidden HPFS/NTF 64  Novell Netware  b7  BSDI fs          fd  Linux raid auto
......
# 为了节省篇幅，这里只显示了少量的输出结果
Command (m for help): t            # 变更分区的类型
Selected partition 1               # 输入要变更的分区号（由于只有一个分区，所以系统会自动列出）
Hex code (type L to list codes): fd           # 输入要变更的分区类型编号
Command (m for help): p # 再次列出/dev/sdb 硬盘上的所有分区
......
   Device Boot      Start     End      Blocks   Id  System
/dev/sdb1           1         130      1044193+  fd  Linux raid autodetect
# 以上的显示表明/dev/sdb1 这个分区类型已经变成了 raid 类型
Command (m for help): w                       # 存储所有变更的内容
The partition table has been altered!  ......
```

接下来，您要使用例 21-3 的 fdisk 命令对/dev/sdc 硬盘进行分区。之后，还要使用例 21-4 的 fdisk 命令对/dev/sdd 硬盘进行分区。具体操作方法与例 21-2 中所使用的完全相同。

【例 21-3】

```
[root@girlwolf ~]# fdisk /dev/sdc
```

【例 21-4】

```
[root@girlwolf ~]# fdisk /dev/sdd
```

为了使这 3 个新创建的 raid 分区立即可以使用，您可能要使用例 21-5 的 partprobe 命令。

【例 21-5】

```
[root@girlwolf ~]# partprobe
```

之后，可以使用例 21-6 的 ls 命令列出这 3 个硬盘以及它们上的所有分区的设备文件。

【例 21-6】

```
[root@girlwolf ~]# ls -l /dev/sd[b-d]*
brw-rw----  1 root disk 8, 16 Jun 10  2010 /dev/sdb
brw-rw----  1 root disk 8, 17 Jun 10 07:50 /dev/sdb1
brw-rw----  1 root disk 8, 32 Jun 10  2010 /dev/sdc
brw-rw----  1 root disk 8, 33 Jun 10 07:50 /dev/sdc1
brw-rw----  1 root disk 8, 48 Jun 10  2010 /dev/sdd
brw-rw----  1 root disk 8, 49 Jun 10 07:50 /dev/sdd1
```

Linux 内核利用 MD 驱动器支持软件 RAID。接下来，您就可以**使用例 21-7 的 mdadm 命令将 dev/sdb1 和/dev/sdc1 这两个分区组合成一个 RAID 1 的磁盘阵列了。**

【例 21-7】

```
[root@girlwolf ~]# mdadm -C /dev/md0 -l 1 -n 2 /dev/sdb1 /dev/sdc1
mdadm: array /dev/md0 started.
```

这里对 mdadm 命令以及所使用的选项做一些解释。mdadm 中开头的两个字母 md 是 Multi-Disk（多盘）两个单词的首字母，adm 是 administer（管理）的前 3 个字母。命令中的-C 选项表示要创建一个 RAID 磁盘阵列（这里的 C 是 Create 的第 1 个字母），并指定该 RAID 磁盘阵列对应到/dev/md0 设备文件；-l 选项表示要指定 RAID 的级别（Level），后面的 1 表示是 RAID 1；-n 选项表示要指定分区的数量，后面的 2 表示有两个分区；最后表示要使用/dev/sdb1 和/dev/sdc1 这两个分区来组成一个 RAID 1 的磁盘阵列。

例 21-7 的 mdadm 命令也可以写成 mdadm --create /dev/md0 --level=1 --raid-devices=2 /dev/sdb1 /dev/sdc1。很多初学者认为这样的写法更容易理解与记忆，但是多数大虾们还是喜欢例 21-7 的写法，因为看上去更专业也更简洁。

当创建了 RAID 1 磁盘阵列之后，可以**使用例 21-8 的 cat 命令通过列出虚拟文件系统/proc 目录下的 mdstat 虚拟文件的方法来查看目前 RAID 磁盘阵列的状态。**

【例 21-8】

```
[root@girlwolf ~]# cat /proc/mdstat
Personalities : [raid1]
md0 : active raid1 sdc1[1] sdb1[0]
     1044096 blocks [2/2] [UU]
unused devices: <none>
```

在使用这个 RAID 1 磁盘阵列之前，您还需要将其格式化成 Linux 可以识别的文件系统。因此您可以**使用例 21-9 带有-j 参数的 mke2fs 命令将/dev/md0 格式化成 ext3 文件系统**（也可以使用 mkfs -t ext3 /dev/md0，当然如果是 Linux 6 或以上的版本也可以格式化成 ext4 文件系统）。

【例 21-9】

```
[root@girlwolf ~]# mke2fs -j /dev/md0
```

```
mke2fs 1.43-WIP (20-Jun-2013)
Filesystem label=
OS type: Linux    ......
```

之后，使用例 21-10 的 mkdir 命令创建一个名为/oradata 的目录作为挂载/dev/md0 设备文件所对应的 RAID 1 磁盘阵列的挂载点。

【例 21-10】

```
[root@girlwolf ~]# mkdir /oradata
```

系统执行完以上创建目录的命令之后不会有任何显示，因此您需要使用例 21-11 带有-l 选项的 ls 命令列出/oradata 目录中的全部内容以验证所需的目录是否创建成功。

【例 21-11】

```
[root@girlwolf ~]# ls -l /oradata
total 0
```

从例 21-11 的显示结果可以看出/oradata 目录已经存在了，但这个目录现在还是空的。之后，您就可以**使用例 21-12 的 mount 命令将 RAID 1 磁盘阵列挂载到/oradata 目录下。**

【例 21-12】

```
[root@girlwolf ~]# mount /dev/md0 /oradata
```

系统执行完以上 mount 命令之后不会有任何显示，因此您需要使用例 21-13 的 ls 命令再次列出/oradata 目录中的全部内容，以验证所需的 RAID 1 磁盘阵列是否挂载成功。

【例 21-13】

```
[root@girlwolf ~]# ls -l /oradata
total 16
drwx------  2 root root 16384 Jun 10 07:58 lost+found
```

从例 21-13 的显示结果可以看出现在在/oradata 目录中多了一个 lost+found 的子目录，这实际上就表示 RAID 1 磁盘阵列已经挂载成功了。您也可以使用例 21-14 带有-h 选项的 df 命令列出系统中所有已经挂载的分区的信息。

【例 21-14】

```
[root@girlwolf ~]# df -h
Filesystem           Size  Used Avail Use% Mounted on
/dev/sda2            8.7G  7.0G  1.3G  85% /   ......
/dev/md0            1004M   18M  936M   2% /oradata
```

例 21-14 显示结果的最后一行清楚地表明/dev/md0 设备文件所对应的 RAID 1 磁盘阵列被挂载在了/oradata 目录下，这个磁盘阵列的容量大约是 1GB，已经使用了 18MB 的空间，可以使用的空间为 936MB，以及磁盘空间已经使用了 2%。

接下来，您可以使用例 21-15 带有-l 选项的 ls 命令列出 dog 用户家目录中的详细内容。

【例 21-15】

```
[root@girlwolf ~]# ls -l ~dog
total 4
-rw-rw-r--  1 dog dog 136 May 26 10:46 ancestor
```

例 21-15 的显示结果表明在 dog 用户家目录中有一个名为 ancestor 的文件。您可以使用例 21-16 的 cp 命令将这个文件复制到 RAID 1 磁盘阵列上（即/oradata 目录中）。

【例 21-16】

```
[root@girlwolf ~]# cp ~dog/an* /oradata
```

系统执行完以上复制命令之后不会有任何显示，因此您需要使用例 21-17 带有-l 选项的 ls 命令再次列出/oradata 目录中的全部内容以验证所执行的复制操作是否成功。

【例 21-17】

```
[root@girlwolf ~]# ls -l /oradata
total 20
-rw-r--r--  1 root root   136 Jun 10 08:13 ancestor
drwx------  2 root root 16384 Jun 10 07:58 lost+found
```

例 21-17 的显示结果清楚地表明在/oradata 目录中已经多了一个名为 ancestor 的文件。随后，您可以使用例 21-18 的 cat 命令列出该文件的全部内容。

【例 21-18】

```
[root@girlwolf ~]# cat /oradata/ancestor
The first girl wolf for the dog project.
She will be the ancestor of all puppies in this project !!!
She will be a great dog mother !!!
```

以上显示结果就是狗项目中那位伟大狗娘的详细信息。原来咱这个没谱的狗项目不但带出了一帮专家和技术精英，而且还培养出一批狗明星来，没想到吧？想当初申请立这个科研项目时，俺们的主任也就是想申请点科研经费保住自己和手下几个弟兄们的饭碗而已。

指点迷津：

最后一步可能是修改 mdadm 的配置文件/etc/mdadm.conf，该文件存储了 RAID 的配置信息。这些信息用来帮助 mdadm 在系统启动时组装现有的磁盘阵列。默认这个文件是不存在的，您可以使用 vi /etc/mdadm.conf 命令创建这个文件并在其中输入“ARRAY /dev/md0 devices=/dev/sdb1,/dev/sdc1”一行信息（基于以上的操作），最后存盘退出。在 Linux 系统中提供了一个叫 mdadm.conf-example 的模板文件，你也可以将这个文件复制为/etc/mdadm.conf 并加入类似“ARRAY /dev/md0 devices=/dev/sdb1,/dev/sdc1”的信息。一般 mdadm.conf-example 模板文件存放在“/usr/share/doc/mdadm-版本”目录中，在我操作的这个 Linux 系统上该文件存放在/usr/share/doc/mdadm-3.3 目录中。

虽然您已经使用 mount 命令挂载了这个辛辛苦苦创建的 RAID 1 磁盘阵列，但是只要 Linux 系统一重新启动，您就需要重新挂载该磁盘阵列。**如果您想让系统启动时自动挂载这个磁盘阵列，可以使用例 21-19 的 vi 命令编辑/etc/fstab 文件。**

【例 21-19】

```
[root@girlwolf ~]# vi /etc/fstab
# This file is edited by fstab-sync - see 'man fstab-sync' for details
LABEL=/              /                        ext3    defaults        1 1 ......
/dev/md0             /oradata                 ext3    defaults        1 2
```

在 etc/fstab 文件的最后添加挂载/dev/md0 设备文件的设定。之后，存盘退出 vi 编辑器。为了使在 etc/fstab 文件新增加的设定生效，您使用例 21-20 的 reboot 命令重启系统。

【例 21-20】

```
[root@girlwolf ~]# reboot
```

之后，可以使用例 21-21 的 mount 命令来验证/dev/md0 设备文件是否已经自动挂载。

【例 21-21】

```
[root@girlwolf ~]# mount
/dev/sda2 on / type ext3 (rw)    ......
/dev/md0 on /oradata type ext3 (rw) ......
```

例 21-21 的显示结果中用方框框起来的部分清楚地表明/dev/md0 设备文件所对应的 RAID 1 磁盘阵列已经被挂载在/oradata 目录下，文件类型是 ext3，并且这个文件系统是可读可写。

也可使用**例 21-22 带有--detail 的 mdadm 命令列出/dev/md0 所对应的磁盘阵列的状态。**

【例 21-22】

```
[root@girlwolf ~]# mdadm --detail /dev/md0
/dev/md0:
        Version : 00.90.01
  Creation Time : Thu Jun 10 07:54:43 2010
     Raid Level : raid1        ……
```

可以使用 mdadm 工具来管理和维护 RAID 磁盘阵列。而 RAID 的设备文件除了/dev/md0 之外，还有许多，可以使用例 21-23 的 ls 命令列出系统中所有的 RAID 设备文件名。

【例 21-23】

```
[root@girlwolf ~]# ls -l /dev/md*
brw-rw----  1 root disk 9,  0 Jun 10  2010 /dev/md0
brw-r-----  1 root disk 9,  1 Jun 10  2010 /dev/md1
brw-r-----  1 root disk 9, 10 Jun 10  2010 /dev/md10 ……
```

21.7 软件 RAID 1 的测试和恢复实例

提示：

只有 RAID 1 和 RAID 5 的磁盘阵列在有一个硬盘损坏时可以继续工作，并且能够继续下面的联机修复操作。而 RAID 0 的磁盘阵列因为没有磁盘镜像，所以只要有一个硬盘坏掉，所有的数据就都无法访问了。

为了模拟 RAID 1 的磁盘阵列中的一个硬盘出了故障，您可以**使用例 21-24 带有-f 选项的 mdadm 命令将/dev/md0 设备中的/dev/sdc1 分区标为故障分区。**

【例 21-24】

```
[root@girlwolf ~]# mdadm /dev/md0 -f /dev/sdc1
mdadm: set /dev/sdc1 faulty in /dev/md0
```

为了能够提供安全、可靠的服务，狗项目的重要数据都已存放在 RAID 1 的磁盘阵列上了。一天不知什么原因该磁盘阵列中/dev/sdc1 分区所在的硬盘坏了，您必须立即行动来解决这一重大的系统故障。但由于此时正是系统访问量较大的时段，如果关闭系统必然要影响公司的业务。为了尽可能地不影响使用系统的用户，您决定以联机的方式来修复系统。

您首先使用例 21-25 带有-l 选项的 ls 命令列出/oradata 目录中的所有内容。

【例 21-25】

```
[root@girlwolf ~]# ls -l /oradata
total 20
-rw-r--r--  1 root root   136 Jun 10 08:13 ancestor
drwx------  2 root root 16384 Jun 10 07:58 lost+found
```

例 21-25 的显示结果使您的心总算踏实了些，因为您已经看到了狗项目的老祖宗文件 ancestor。接下来，您使用例 21-26 的 cat 命令列出老祖宗文件中的全部信息。

【例 21-26】

```
[root@girlwolf ~]# cat /oradata/ancestor
The first girl wolf for the dog project.
She will be the ancestor of all puppies in this project !!!
She will be a great dog mother !!!
```

看到这位伟大的狗母亲的信息，您心里可以说如释重负了。因为公司的业务蓬勃发展，公司雇用了大批的员工，同时还衍生出大量的与狗有关的行业。甚至有专家用了狗文化来形容由该项目所带来的这些社会变化。从现实的意义上讲，这位伟大的狗娘，已经成为了许多人的衣食父母。既然珍贵的信息还在，所以也就没有必要进行数据恢复了。接下来，您**使用例 21-27 带有-r 选项的 mdadm 命令将 RAID 1 磁盘阵列/dev/md0 中已经损坏的硬盘分区移除（卸载）。在命令中-r 选项中的 r 是 remove（移除）的第 1 个字母。**

【例 21-27】

```
[root@girlwolf ~]# mdadm /dev/md0 -r /dev/sdc1
mdadm: hot removed /dev/sdc1 from /dev/md0
```

接下来，您可以**使用例 21-28 的 cat 命令列出目前系统中所有 RAID 磁盘阵列的状态信息。**

【例 21-28】

```
[root@girlwolf ~]# cat /proc/mdstat
Personalities : [raid1]              # RAID 1
md0 : active raid1 sdb1[0]           # 只有 sdb1 分区在工作
     1044096 blocks [2/1] [U_]       # 应该有两个分区，但目前只有一个 1GB 的分区
unused devices: <none>
```

例 21-28 的显示结果清楚地表明目前系统中只有一个 RAID 磁盘阵列 md0，而且只有一个 sdb1 硬盘的分区在工作。

由于之前您已经未雨绸缪，高瞻远瞩地预见到了磁盘阵列中的某个硬盘可能坏掉，所以您早已经准备好了一个备用的硬盘，并将整个硬盘划分成一个 RAID 分区。现在您就可以**使用例 21-29 带有-a 选项的 mdadm 命令直接将/dev/sdd1 分区加入到已经有问题的/dev/md0 的 RAID 1 磁盘阵列中了。在命令中-a 选项中的 a 是 add（添加）的第 1 个字母。**

【例 21-29】

```
[root@girlwolf ~]# mdadm /dev/md0 -a /dev/sdd1
mdadm: hot added /dev/sdd1
```

虽然例 21-29 的显示结果表明/dev/sdd1 分区已经添加到了磁盘阵列中，但是为了慎重起见，您应该**使用例 21-30 的 cat 命令再次列出目前系统中所有 RAID 磁盘阵列的状态信息。**

【例 21-30】

```
[root@girlwolf ~]# cat /proc/mdstat
Personalities : [raid1]
md0 : active raid1 sdd1[1] sdb1[0]
     1044096 blocks [2/2] [UU]
unused devices: <none>
```

看到例 21-30 显示结果的第 2 行和第 3 行之后，您可以百分之百地确信/dev/sdd1 分区已经成功地添加到了磁盘阵列中。到此为止，这个磁盘阵列的修复工作已经全部完成。

☞ 指点迷津：

在实际工作中，读者也应该像本书所介绍的那样。在系统正常时，就将修复系统的准备工作做好。这样在系统真的出事时，您就可以很快地修复系统而且不容易出差错。就像防火设施一样，在没有火灾时就一定准备好，而且还要不时地举行消防演习。计算机系统也是一样，平时没事时也要进行演习，免得到真出事时手忙脚乱。不少 Linux 的教程在介绍这一部分内容时所采用的方法是：关闭计算机系统，之后更换硬盘，接下来启动系统，再重新将新的硬盘分区，最后再将这个新的分区添加到 RAID 磁盘阵列中。虽然这样做是可以的，但是并不符合许多商业或生产系统的实际需要。因为对于这些系统来说分分秒秒都是钱，系统每停一分钟甚至几秒钟都可能损失大把的钱（如证券交易系统或银行系统）。所以作为操作系统管理员，您必须牢记在修复系统时尽量不要关机，即保证系统在修复的过程中仍然可以对外提供服务。这样做才能展现出您操作系统专家或大师的亮丽风采。

可能有读者会有疑问，咱们那比命根子还要重要的狗母亲的信息是否能真的存放到刚刚添加的新分区/dev/sdd1 上呢？为了回答这一问题，可以通过以下的实例得到准确的答案。

因为这些信息原来是存放在/dev/sdb1 上的，为了找到答案，您要使用例 21-31 带有-f 选项的 mdadm 命令将/dev/md0 设备中的/dev/sdb1 分区标为故障分区。

【例 21-31】

```
[root@girlwolf ~]# mdadm /dev/md0 -f /dev/sdb1
mdadm: set /dev/sdb1 faulty in /dev/md0
```

接下来，您可以使用例 21-32 的 cat 命令列出目前系统中所有 RAID 磁盘阵列的状态信息。

【例 21-32】

```
[root@girlwolf ~]# cat /proc/mdstat
Personalities : [raid1]
md0 : active raid1 sdd1[1] sdb1[2](F)
     1044096 blocks [2/1] [_U]

unused devices: <none>
```

确认/dev/md0 设备中的/dev/sdb1 分区已经标为故障分区之后，您使用例 21-33 的 cat 命令列出/oradata/ancestor 老祖宗文件中的全部信息。

【例 21-33】

```
[root@girlwolf ~]# cat /oradata/ancestor
The first girl wolf for the dog project.
She will be the ancestor of all puppies in this project !!!
She will be a great dog mother !!!
```

看到例 21-33 所显示的老祖宗文件中的信息之后，您基本上可以确信磁盘阵列中原来的信息也存放到了新添加的/dev/sdd1 上了。

如果您心里还是有点不踏实，也没关系。您可以使用例 21-34 带有-r 选项的 mdadm 命令将 RAID 1 磁盘阵列/dev/md0 中的/dev/sdb1 分区移除掉。

【例 21-34】

```
[root@girlwolf ~]# mdadm /dev/md0 -r /dev/sdb1
mdadm: hot removed /dev/sdb1
```

当确认/dev/sdb1 分区已经移除掉之后，您应该使用例 21-35 的 cat 命令再次列出在/oradata 目录中的 ancestor 文件中的全部信息。

【例 21-35】

```
[root@girlwolf ~]# cat /oradata/ancestor
The first girl wolf for the dog project.
She will be the ancestor of all puppies in this project !!!
She will be a great dog mother !!!
```

虽然您已经移除掉了/dev/sdb1 分区，但是例 21-35 的显示结果表明这位伟大的狗母亲的信息毫发无损。现在您应该放心了吧？

为了加深理解，您可以使用例 21-36 带有-a 选项的 mdadm 命令重新将/dev/sdc1 分区加入到/dev /md0 的 RAID 1 磁盘阵列中去。

【例 21-36】

```
[root@girlwolf ~]# mdadm /dev/md0 -a /dev/sdc1
mdadm: hot added /dev/sdc1
```

当确认/dev/sdc1 分区已经加入磁盘阵列之后，您应该使用例 21-37 的 cat 命令再次列出在/oradata 目录中的 ancestor 文件中的全部信息。

【例 21-37】

```
[root@girlwolf ~]# cat /oradata/ancestor
The first girl wolf for the dog project.
She will be the ancestor of all puppies in this project !!!
She will be a great dog mother !!!
```

虽然您原来的/dev/sdb1 分区已经变成了/dev/sdc1 分区，但是例 21-37 的显示结果表明这位伟大的狗母亲的信息仍然是毫发无损。原来 Linux 的 RAID 还这么神奇！接下来，您可以使用例 21-38 的 cat 命令重新列出目前系统中所有 RAID 磁盘阵列的状态信息。

【例 21-38】

```
[root@girlwolf ~]# cat /proc/mdstat
Personalities : [raid1]
md0 : active raid1 sdc1[0] sdd1[1]
      1044096 blocks [2/2] [UU]
unused devices: <none>
```

例 21-38 的显示结果清楚地表明目前系统中只有一个 RAID 1 的磁盘阵列，名为 md0，它是由 sdc1 和 sdd1 两个分区所组成的，两个分区都正常工作（U），这里 U 应该是 Up 的第 1 个字母。

也可使用例 21-39 带有--detail 的 mdadm 命令列出/dev/md0 所对应的磁盘阵列的状态。

【例 21-39】

```
[root@girlwolf ~]# mdadm --detail /dev/md0
/dev/md0:
        Version : 00.90.01
  Creation Time : Thu Jun 10 07:54:43 2010
     Raid Level : raid1
     Array Size : 1044096 (1019.63 MiB 1069.15 MB)
    Device Size : 1044096 (1019.63 MiB 1069.15 MB) ......
```

显然以上显示结果足够详细了，几乎包含了进行 RAID 管理和维护时所需的全部信息。

21.8 逻辑卷管理的概念

随着系统的不断膨胀，系统上硬盘和硬盘分区的数量也将快速地增加，这样传统的硬盘和分区管理方式就很难应付大量的硬盘和硬盘分区的管理和维护工作量。逻辑卷管理程序（Logical Volume Manager，简称 LVM；**目前 Oracle Linux 使用的是 LVM2**）将许多硬盘和硬盘分区做成一个逻辑卷，并把这个逻辑卷作为一个整体来统一管理，从而极大地简化了硬盘和硬盘分区的管理和维护。

实际上，**逻辑卷是由 Linux 设备映射器（Device Mapper，DM）在实际的块存储设备之上提供的一个抽象（逻辑）层。通过引入这样的一个逻辑层，可以使物理硬盘的管理和维护变得简单和容易。有了逻辑卷，您可以轻松地重新调整文件系统的大小，而且重组的文件系统可以分布在不同的物理硬盘上。**

在使用一个逻辑卷之前，必须先创建它。**以下就是创建一个逻辑卷的具体操作步骤：**

（1）将所需的硬盘或硬盘分区标识为物理卷（Physical Volumes，PV）。

（2）利用一个或多个物理卷来创建一个卷组（Volume Group，VG）。

（3）使用固定大小的物理区段（Physical Extents，PE）来定义物理卷。

（4）将逻辑卷（Logical Volumes，LV）创建在物理卷之上并且由物理区段所组成。

（5）将文件系统创建在逻辑卷上。

当一个或数个 PV 组合成一个 VG 时，LVM 会在所有的 PV 上做类似于格式化的工作，将每个 PV

划分成许多大小相等的磁盘空间，这些磁盘空间就叫 **Physical Extents，简称 PE。**

可以将一个 VG 看成一个虚拟硬盘，但是 VG 并不能直接使用，必须先在上面划分出逻辑卷之后才能存取数据。一个 LV 与 PV 之间并没有直接的对应关系（以后会做详细介绍），即一个 LV 的 PE 可以分散在不同的 PV 之上。

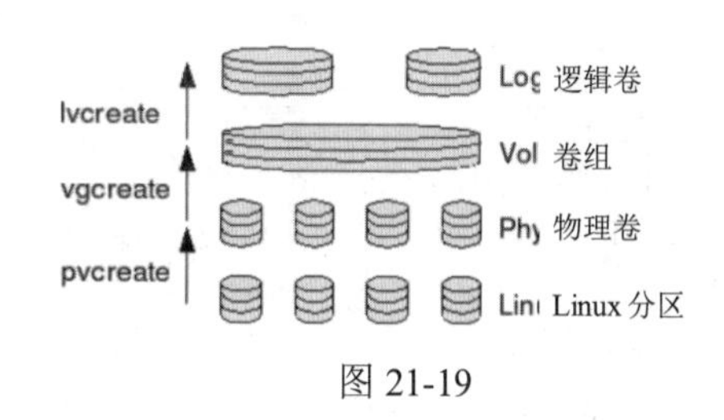

图 21-19

综上所述，利用 Linux 硬盘分区来创建逻辑卷的操作过程如图 21-19 所示。注意图中最左面的是要使用的命令。

21.9 创建逻辑卷的实例

为了创建逻辑卷（Logical Volumes），首先要将/dev/sde、/dev/sdf 和/dev/sdg 这 3 个硬盘都划分成 LVM 分区。为此，您先使用例 21-40 的 fdisk 命令对/dev/sde 硬盘进行分区，由于该硬盘是新的，所以在这个硬盘上没有任何分区。

【例 21-40】

```
[root@girlwolf ~]# fdisk /dev/sde
......
Command (m for help): p                    # 列出/dev/sde 硬盘上的所有分区
Disk /dev/sde: 1073 MB, 1073741824 bytes  ......
   Device Boot      Start         End      Blocks   Id  System
Command (m for help): n                    # 在这个硬盘上创建一个新的分区（partition）
Command action
   e   extended
   p   primary partition (1-4)             # 输入 p 创建一个主分区（primary partition）
p
Partition number (1-4): 1                  # 输入分区号 1（要将整个硬盘划分成一个分区）
First cylinder (1-130, default 1):         # 按 Enter 键接受默认值 1
Using default value 1
Last cylinder or +size or +sizeM or +sizeK (1-130, default 130):
                                           # 按 Enter 键接受默认值 130
Using default value 130
Command (m for help): p                    # 再次列出/dev/sde 硬盘上的所有分区
Disk /dev/sde: 1073 MB, 1073741824 bytes  ......
   Device Boot      Start         End      Blocks   Id  System
/dev/sde1               1         130     1044193+  83  Linux
# 现在在/dev/sde 硬盘上多了一个名为/dev/sde1 的 Linux 分区，但是这里需要的是 LVM 分区
Command (m for help): l
# 列出 Linux 系统的所有分区类型和编号，因为目前还不知道 LVM 的分区编号
 ......
9  AIX bootable    4f  QNX4.x 3rd part 8e  Linux LVM      df  BootIt  ......
Command (m for help): t                    # 变更分区的类型
Selected partition 1                       # 输入要变更的分区号
Hex code (type L to list codes): 8e        # 输入要变更的分区类型编号
Changed system type of partition 1 to 8e (Linux LVM)
Command (m for help): p                    # 再次列出/dev/sde 硬盘上的所有分区
```

```
......
   Device Boot     Start      End      Blocks   Id  System
/dev/sde1             1       130    1044193+  8e  Linux LVM
# 以上的显示表明/dev/sde1 分区类型已经变成了 LVM 类型
Command (m f or help): w                        # 存储所有变更的内容
The partition table has been altered! ......
```

接下来，您要使用例 21-41 的 fdisk 命令对/dev/sdf 硬盘进行分区。之后，还要使用例 21-42 的 fdisk 命令对/dev/sdg 硬盘进行分区。具体操作方法与例 21-40 中所使用的完全相同。

【例 21-41】

```
[root@girlwolf ~]# fdisk /dev/sdf
```

【例 21-42】

```
[root@girlwolf ~]# fdisk /dev/sdg
```

为了使这 3 个新创建的 LVM 分区立即可以使用，还要使用例 21-43 的 partprobe 命令。

【例 21-43】

```
[root@girlwolf ~]# partprobe
```

之后，您可以使用例 21-44 的 ls 命令列出这 3 个硬盘上的所有分区所对应的设备文件。

【例 21-44】

```
[root@girlwolf ~]# ls -l /dev/sd[e-g]?
brw-rw----  1 root disk 8, 65 Jun 11 20:24 /dev/sde1
brw-rw----  1 root disk 8, 81 Jun 11 20:24 /dev/sdf1
brw-rw----  1 root disk 8, 97 Jun 11 20:24 /dev/sdg1
```

之后，**使用例 21-45 的 pvcreate 命令将刚刚创建的硬盘分区/dev/sde1 转换成一个 PV。**

【例 21-45】

```
[root@girlwolf ~]# pvcreate /dev/sde1
  Physical volume "/dev/sde1" successfully created
```

接下来，还要**使用例 21-46 的 pvcreate 命令将硬盘分区/dev/sdf1 转换成一个物理卷。**

【例 21-46】

```
[root@girlwolf ~]# pvcreate /dev/sdf1
  Physical volume "/dev/sdf1" successfully created
```

当成功地创建了以上两个物理卷之后，您可以**使用例 21-47 的 vgcreate 命令将这两个物理卷加入到一个名为 vgdog 的卷组中。**在以上这些 pvcreate 和 vgcreate 命令中都可以加入-v 选项，这样在命令执行期间会显示更为详细的信息，如 pvcreate -v /dev/sdf1。

【例 21-47】

```
[root@girlwolf ~]# vgcreate vgdog /dev/sde1 /dev/sdf1
  Volume group "vgdog" successfully created
```

当卷组创建好之后，就可以在其中划分出一个逻辑卷了，如可使用例 21-48 的 lvcreate 命令从 vgdog 卷组中划分出一个大小为 250MB 的名为 lvdog 的逻辑卷。该命令在-L 选项后跟的是逻辑卷的大小，-n 选项后跟的是逻辑卷名，最后是卷组名。

【例 21-48】

```
[root@girlwolf ~]# lvcreate -L 250M -n lvdog vgdog
  Rounding up size to full physical extent 252.00 MB
  Logical volume "lvdog" created
```

例 21-48 的 lvcreate 命令也可以写成 lvcreate -v --size 250M --name lvdog vgdog。很多初学者也认为这样的写法更容易理解与记忆，但是多数大虾们还是喜欢例 21-48 的写法，因为看上去更专业也更简洁。

您可以使用例 21-49 带有-l 选项的 ls 命令列出/dev/vgdog 目录中的全部内容来进一步验证是否成功地创建了逻辑卷 lvdog。

【例 21-49】

```
[root@girlwolf ~]# ls -l /dev/vgdog/
total 0
lrwxrwxrwx  1 root root 23 Jun 11 20:31 lvdog -> /dev/mapper/vgdog-lvdog
```

例 21-49 的显示结果表明在/dev/vgdog 目录中有一个名为 lvdog 的连接，而这个连接指向/dev/mapper/vgdog-lvdog。看到这些信息就表示您的 lvdog 逻辑卷已经创建成功了。

在使用 lvdog 逻辑卷之前，您还需要将它格式化成 Linux 可以识别的文件系统。因此您可以**使用例 21-50 带有-j 选项的 mke2fs 命令将/dev/vgdog/lvdog 格式化成 ext3 文件系统。**

【例 21-50】

```
[root@girlwolf ~]# mke2fs -j /dev/vgdog/lvdog
mke2fs 1.35 (28-Feb-2004)
Filesystem label=
OS type: Linux       ......
```

之后，使用例 21-51 的 mkdir 命令创建一个名为/lvmdogs 的目录作为挂载/dev/vgdog/ lvdog 设备文件所对应的逻辑卷的挂载点。

【例 21-51】

```
[root@girlwolf ~]# mkdir /lvmdogs
```

系统执行完以上创建目录的命令之后不会有任何显示，因此您需要使用例 21-52 带有-l 选项的 ls 命令列出/lvmdogs 目录中的全部内容以验证所需的目录是否创建成功。

【例 21-52】

```
[root@girlwolf ~]# ls -l /lvmdogs
total 0
```

从例 21-52 的显示结果可以看出/lvmdogs 目录已经存在了，但是这个目录现在还是空的。确认了/lvmdogs 目录已经存在之后，您就可以**使用例 21-53 的 mount 命令将这个名为 lvdog 的逻辑卷挂载到/lvmdogs 目录下。**

【例 21-53】

```
[root@girlwolf ~]# mount /dev/vgdog/lvdog /lvmdogs
```

系统执行完以上 mount 命令之后不会有任何显示，因此您需要使用例 21-54 带有-l 选项的 ls 命令再次列出/lvmdogs 目录中的全部内容以验证所需的逻辑卷是否挂载成功。

【例 21-54】

```
[root@girlwolf ~]# ls -l /lvmdogs
total 12
drwx------  2 root root 12288 Jun 11 20:35 lost+found
```

从例 21-54 的显示结果可以看出现在/lvmdogs 目录中多了一个 lost+found 的子目录，实际上就表示 lvdog 逻辑卷已经挂载成功了。您也可以使用例 21-55 带有-h 选项的 df 命令列出系统中所有已经挂载的分区的信息。

【例 21-55】

```
[root@girlwolf ~]# df -h
Filesystem              Size  Used Avail Use% Mounted on
/dev/sda2               8.7G  7.0G  1.3G  85% /  ......
/dev/mapper/vgdog-lvdog   245M  6.1M  226M   3% /lvmdogs
```

例 21-55 显示结果的最后一行清楚地表明/dev/mapper/vgdog-lvdog 设备文件所对应的逻辑卷（即

lvdog）被挂载在/lvmdogs 目录下，而这个逻辑卷的容量是 245MB，已经使用了 6.1MB 的空间，可以使用的空间为 226MB，以及磁盘空间已经使用了 3%。

现在您就可以像使用其他文件系统（目录）一样的方法来使用这个逻辑卷了，在用户看来该逻辑卷仅是一个名为/lvmdogs 的目录而已。

如果您想让系统一启动就自动挂载 lvdog 这个逻辑卷，您可以使用 vi 命令编辑/etc/fstab 文件，在这个文件中加入挂载 lvdog 逻辑卷的设定。其方法与之前介绍的添加挂载 RAID 1 磁盘阵列的设定的方法大同小异，为了节省篇幅，这里就不给出操作步骤了。

21.10 动态放大逻辑卷

假设狗伴侣公司的绝大部分数据都是存放在您所创建的 lvdog 逻辑卷上。可是经过一段时间之后，由于公司的业务不停地扩展，数据量也不断地增加，lvdog 逻辑卷的 250MB 的磁盘空间已经不够了。现在需要扩展，而且不能影响系统的正常访问。可以**使用例 21-56 的 lvextend 命令在/dev/vgdog/lvdog 逻辑卷中再添加 250MB 的磁盘空间。其中，-L 选项后紧跟的是要添加的磁盘空间大小，而最后的/dev/vgdog/lvdog 是逻辑卷所对应的设备文件。**

【例 21-56】

```
[root@girlwolf ~]# lvextend -L +250M /dev/vgdog/lvdog
  Rounding up size to full physical extent 252.00 MB
  Extending logical volume lvdog to 504.00 MB
  Logical volume lvdog successfully resized
```

例 21-56 的显示结果清楚地表明 lvdog 逻辑卷的容量已经又多了 250MB。但是出于谨慎起见，还是应该使用例 21-57 的 df 语句列出目前系统中所有挂载的文件系统的信息。

【例 21-57】

```
[root@girlwolf ~]# df -h
Filesystem            Size  Used Avail Use% Mounted on
/dev/sda2             8.7G  7.0G  1.3G  85% /  ......
/dev/md0              1004M  18M  936M   2% /oradata
```

可是在例 21-57 的显示结果中根本找不到 lvdog 逻辑卷的记录。看来还是小心谨慎点好啊！不过也没有必要紧张，其实您没有做错任何事，这是因为之前这个 Linux 系统重启过。因此您要使用例 21-58 的 mount 命令再次将这个逻辑卷挂载在/lvmdogs 目录下。

【例 21-58】

```
[root@girlwolf ~]# mount /dev/vgdog/lvdog /lvmdogs
```

随即，您需要使用例 21-59 的 df 命令再次列出目前系统中所有挂载的文件系统的信息。

【例 21-59】

```
[root@girlwolf ~]# df -h
Filesystem                  Size  Used Avail Use% Mounted on
/dev/sda2                   8.7G  7.0G  1.3G  85% /  ......
/dev/mapper/vgdog-lvdog     245M  6.1M  226M   3% /lvmdogs
```

这次在例 21-59 的显示结果中终于看到了有关逻辑卷 lvdog 的信息，但是磁盘空间容量仍然是原来的 245MB，整整少了 250MB 呀！也不用慌，这是因为放大的 250MB 的磁盘空间还没有进行格式化，所以系统会认为 lvdog 这个逻辑卷仍然是 250MB。因此，您可以**使用例 21-60 的 resize2fs（在早期的版本中为 ext2online）命令将该逻辑卷以联机的方式格式化。**

【例 21-60】

```
[root@girlwolf ~]# resize2fs /dev/vgdog/lvdog
esize2fs 1.43-WIP (20-Jun-2013)
Filesystem at /dev/vgdog/lvdog is mounted on /lvmdogs;
on-line resizing required
old_desc_blocks = 1, new_desc_blocks = 2
Performing an on-line resize of /dev/vgdog/lvdog to 516096 (1k) blocks.
The filesystem on /dev/vgdog/lvdog is now 516096 blocks long.
```

之后，您应该使用例 21-61 的 df 命令再次列出目前系统中所有挂载的文件系统的信息。

【例 21-61】

```
[root@girlwolf ~]# df -h
Filesystem                  Size   Used Avail Use% Mounted on
/dev/sda2                   8.7G   7.0G  1.3G  85% /   ......
/dev/mapper/vgdog-lvdog     489M   6.3M  458M   2% /lvmdogs
```

这次在例 21-61 的显示结果中终于看到了您为这个逻辑卷所添加的 250MB 的磁盘空间。可能有读者会问 resize2fs 格式化后的文件系统是 ext2、ext3 还是 ext4 呢？为了弄明白这个问题，您可以使用例 21-62 的 mount 命令列出目前系统中所有挂载的文件系统。

【例 21-62】

```
[root@girlwolf ~]# mount
/dev/sda2 on / type ext3 (rw)   ......
/dev/mapper/vgdog-lvdog on /lvmdogs type ext3 (rw)
```

从例 21-62 的显示结果的最后一行可以看出这个逻辑卷被格式化成了 ext3 文件系统，因为 lvdog 逻辑卷就是使用带有-j 选项的 mke2fs 命令格式化成了 ext3 格式的文件系统。

21.11　增大卷组的大小

从 21.10 节的学习中读者已经知道了当一个逻辑卷的磁盘空间不够时如何扩展其空间容量，但是这里也有一个问题，那就是所有的磁盘空间都来自一个对应的卷组，可能有一天这个卷组上的磁盘空间都用完了，到那时又该怎么办呢？

不用担心，Linux 系统早就想到了这一点。此时，您可以先扩展卷组的磁盘空间。在 21.9 节中，您建立了两个物理卷，并且将这两个物理卷加入一个名为 vgdog 的卷组中，如图 21-20 所示。在下面的实例中您需要再创建一个，之后将这个新的物理卷添加到 vgdog 卷组中，如图 21-21 所示。也就是增大 vgdog 卷组的磁盘空间容量。

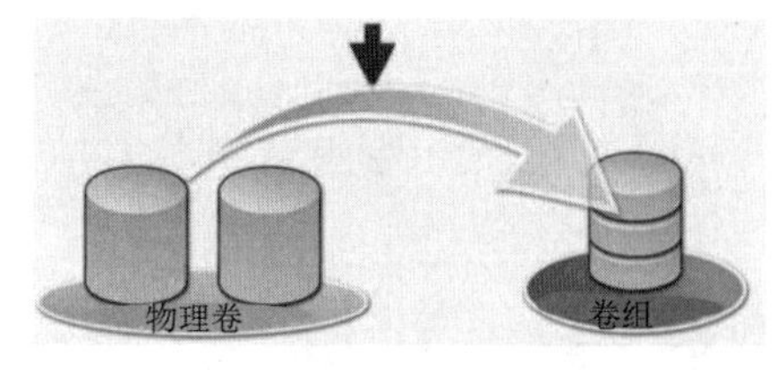

图 21-20

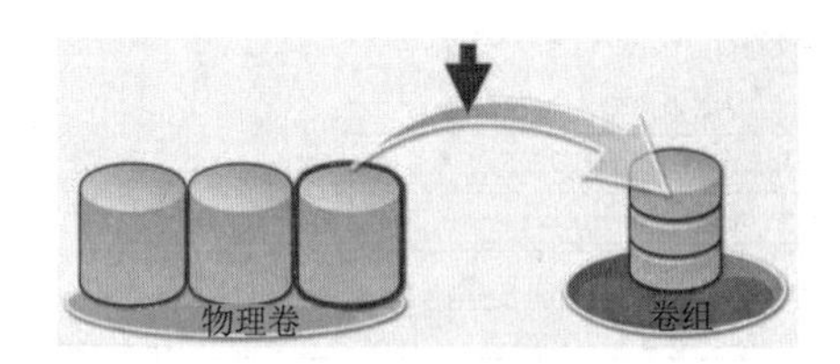

图 21-21

由于您之前已经高瞻远瞩预见到了 vgdog 卷组的磁盘空间容量可能需要扩展，并且做了些准备工作将一个闲置的硬盘/dev/sdg 划分成了一个 LVM 分区，所以后面就不用再进行硬盘分区了，当然工作也简单多了。接下来，您就可以**使用例 21-63 的 pvcreate 命令将这个已经准备多时的 LVM 硬盘分区/dev/sdg1**

转换成一个物理卷。

【例 21-63】

```
[root@girlwolf ~]# pvcreate /dev/sdg1
  Physical volume "/dev/sdg1" successfully created
```

例 21-63 的显示结果表明您已将/dev/sdg1 转换成了一个物理卷。在真正扩展 vgdog 卷组的磁盘空间容量之前，可以**使用例 21-64 的 vgdisplay 命令列出 vgdog 卷组的详细信息。**

【例 21-64】

```
[root@girlwolf ~]# vgdisplay vgdog
  --- Volume group ---
  VG Name               vgdog                  # 卷组名为 vgdog
  System ID
  Format                lvm2                   # LVM 的格式为 lvm2，如果是 lvm1，则为早期
  Metadata Areas         2                     # 版本的格式
  Metadata Sequence No  3
  VG Access            read/write
  VG Status             resizable
  MAX LV                0
  Cur LV                1                      # 目前的逻辑卷为一个
  Open LV               1                      # 开启（使用）的逻辑卷为一个
  Max PV                0
  Cur PV                2                      # 目前的物理卷为两个
  Act PV                2                      # 开启（使用）的物理卷为两个
  VG Size               1.98 GB                # 卷组的磁盘空间容量是 1.98GB，
  PE Size               4.00 MB                # 接近于 2GB
  Total PE              508
  Alloc PE / Size        126 / 504.00 MB  # 已经分配的磁盘空间大小为 504MB（约两个
  Free  PE / Size        382 / 1.49 GB     # 250MB）
  VG UUID               9TKi71-b5pt-hXM3-90ht-yXns-r10K-ysuACL
```

接下来，您就要**使用例 21-65 的 vgextend 命令将/dev/sdg1 物理卷加入到 vgdog 卷组中，即扩展 vgdog 卷组的磁盘空间容量。**

【例 21-65】

```
[root@girlwolf ~]# vgextend vgdog /dev/sdg1
  Volume group "vgdog" successfully extended
```

例 21-65 的显示结果清楚地表明您已经将物理卷/dev/sdg1 成功地加入到 vgdog 卷组中了。接下来，您要使用例 21-66 的 vgdisplay 命令再次列出 vgdog 卷组的详细信息。

【例 21-66】

```
[root@girlwolf ~]# vgdisplay vgdog
  --- Volume group ---        ......
  Metadata Areas         3      ......
  Cur PV                3
  Act PV                3
  VG Size               2.98 GB      ......
```

对比例 21-66 与例 21-63 的显示结果中的变化，就可以确信您已经成功地将物理卷/dev/ sdg1 加入到 vgdog 卷组中了，即完成了 vgdog 卷组的磁盘空间容量的扩展工作。

☞ 指点迷津：

与 RAID 不同的是，逻辑卷管理并未提供硬盘镜像（数据冗余）来保护数据，所以 LVM 没有 RAID 1 和 RAID

5 安全。另外，如果要在 Linux 操作系统上安装 Oracle 的集群（RAC），是不能使用 LVM 的，因为 Linux 系统的 LVM 技术尚不支持 Oracle 集群。

21.12 删除逻辑卷、卷组以及物理卷

如果经过了一段时间的运行，您发现 LVM 技术并未像有些人吹嘘的那样为系统的管理和维护工作带来了极大的方便，所以您想取消 LVM 所管理的所有硬盘空间，并释放这些磁盘空间还给系统做其他用途。

与创建逻辑卷的顺序相反，在释放这些磁盘空间的操作中首先要删除卷组上所定义的逻辑卷（LV），之后删除这个卷组（VG），最后才能删除所有的物理卷（PV）。接下来还是通过一个实例来演示这些操作的全过程。**要删除一个逻辑卷，就必须先将这个逻辑卷从系统中卸载掉。可以使用例 21-67 的 umount 命令卸载挂载在/lvmdogs 目录上的逻辑卷。**

【例 21-67】

```
[root@girlwolf ~]# umount /lvmdogs
```

随后，您需要使用例 21-68 的 df 命令再次列出目前系统中所有挂载的文件系统的信息。

【例 21-68】

```
[root@girlwolf ~]# df -h
Filesystem            Size  Used Avail Use% Mounted on
/dev/sda2             8.7G  7.0G  1.3G  85% /  ……
/dev/md0              1004M   18M  936M   2% /oradata
```

在例 21-68 的显示结果中，再也找不到任何挂载的逻辑卷了，这表明挂载在/lvmdogs 目录上的逻辑卷 lvdog 已经被卸载了。现在，就可**使用例 21-69 的 lvremove 命令移除设备文件/dev/vgdog/lvdog 所对应的逻辑卷了。在系统提示处输入 y 确认要移除 lvdog 逻辑卷。**

【例 21-69】

```
[root@girlwolf ~]# lvremove /dev/vgdog/lvdog
Do you really want to remove active logical volume "lvdog"? [y/n]: y
  Logical volume "lvdog" successfully removed
```

之后，您可以使用例 21-70 的 vgdisplay 命令再次列出 vgdog 卷组的详细信息。

【例 21-70】

```
[root@girlwolf ~]# vgdisplay vgdog
  --- Volume group ---
  VG Name               vgdog     ……
  Cur LV                0
  Open LV               0
  Max PV                0   ……
```

将例 21-70 与例 21-64 的显示结果进行对比，您可以发现原来 Cur LV 和 Open LV 的值都从 1 变为了 0，这就进一步证实了原来在 vgdog 卷组上定义的逻辑卷已经全都被删除了。接下来，您可以**使用例 21-71 的 vgremove 命令删除 vgdog 卷组。**

【例 21-71】

```
[root@girlwolf ~]# vgremove vgdog
  Volume group "vgdog" successfully removed
```

尽管从例 21-71 的显示结果就可以看出 vgdog 卷组已经被成功地删除了，但是为了慎重起见，您可以使用例 21-72 的 vgdisplay 命令再次列出 vgdog 卷组的详细信息。

【例 21-72】

```
[root@girlwolf ~]# vgdisplay vgdog
  Volume group "vgdog" not found
  Skipping volume group vgdog
```

例 21-72 的显示结果表明系统已经找不到 vgdog 卷组了，这就进一步证实了 vgdog 卷组已经被删除了。

☞ **指点迷津：**

一些 Linux 的教程认为在删除了卷组之后就算完成了全部所需的操作，但是我觉得最好还是要移除所有分区上的物理卷的卷标。

最后，您最好使用例 21-73 的 pvremove 命令同时移除/dev/sde1、/dev/sdf1 和/dev/sdg1 这 3 个分区上的物理卷的卷标。

【例 21-73】

```
[root@girlwolf ~]# pvremove /dev/sde1 /dev/sdf1 /dev/sdg1
  Labels on physical volume "/dev/sde1" successfully wiped
  Labels on physical volume "/dev/sdf1" successfully wiped
  Labels on physical volume "/dev/sdg1" successfully wiped
```

完成了以上操作之后，您不但删除了逻辑卷 lvdog 和卷组 vgdog，而且还释放了物理卷所使用的所有磁盘空间，即将这些磁盘空间归还给了 Linux 系统。最后您可能还需要删除/lvmdogs 目录。

21.13 Linux 系统的磁盘配额管理

在 Linux 系统上，用户可以创建自己的文件和目录，而这些文件和目录最终是存放在文件系统（格式化了的硬盘分区）上的。而 **Linux 系统的配额（Quota）机制就是用来限制用户在系统中所能创建的文件和目录的数量，** 如图 21-22 所示；**或者用来限制一个用户（也就是这个用户所创建的文件和目录）可以使用的磁盘空间大小，** 如图 21-23 所示。

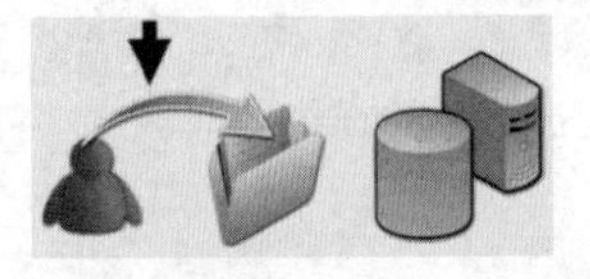

图 21-22

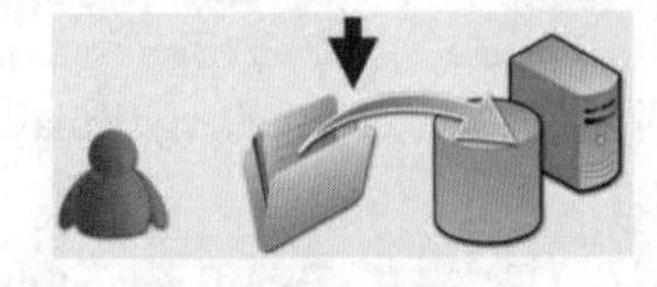

图 21-23

配额（Quota）机制是嵌在 Linux 内核中的，而且只能在每个文件系统上启用。即如果要启用 Linux 系统的配额机制，就要在所使用的文件系统上设定这一机制，也就是说 Linux 系统的配额机制要在文件系统一级进行设定。 这种配额机制的设定可以应用在如下情形：

- 针对系统中的每个用户来设定限制，在挂载文件系统时必须使用 usrquota 参数。
- 针对系统中的每个群组来设定限制，在挂载文件系统时必须使用 grpquota 参数。
- 针对系统中的每个用户或群组设定可使用的数据块的数量，即可使用的硬盘空间。
- 针对系统中的每个用户或群组设定可使用的 i 节点（i-nodes）的数量。也就是能够创建的文件和目录的数量。
- 如果限制的内容是软限制（Soft Limit），用户可以暂时超过所设定的限制，这个暂时的期限就是在宽免期（Grace Period）内，默认宽免期为一周，可在每个文件系统上设置所需的宽免期。而宽免期一过，软限制就会变成硬限制。

➘ 如果限制的内容是硬限制（Hard Limit），用户不可创建超过其限制的文件和目录。

如您在一个文件系统上设定了软限制是 4MB，硬限制是 8MB，那么用户就不能添加一个超过 8MB 的文件，但是仍然可以创建一个 4MB 的文件。如果过了宽免期，用户没有删除这个 4MB 的文件，该用户就不可以再创建任何其他文件了。

如果要在一个文件系统上使用磁盘配额机制，就必须在挂载这个文件系统时使用适当的参数，为了在/home 文件系统上使用磁盘配额机制，您要使用例 21-74 的 vi 命令来编辑/etc/fstab 系统配置文件。修改/home 文件系统的设定，在 defaults 之后加入“, usrquota”的用户磁盘配额的设定参数（用方框框起来的部分），之后存盘退出。

【例 21-74】

```
[root@boydog ~]# vi /etc/fstab
# This file is edited by fstab-sync - see 'man fstab-sync' for details
LABEL=/                /                    ext3    defaults          1 1 ......
LABEL=/home            /home          ext3    defaults,usrquota    1 2 ......
```

为了让 Linux 系统能够识别出以上的最新设定，您要使用例 21-75 带有-o remount 选项的 mount 命令重新挂载/home 文件系统。

【例 21-75】

```
[root@boydog ~]# mount -o remount /home
```

挂载完成之后，您就完成了设定/home 文件系统的磁盘空间配额的准备工作。

21.14 设定用户磁盘配额的实例

如果要在/home 目录（文件系统）上设定磁盘空间配额，首先必须使用例 21-76 带有-c 选项的 quotacheck 命令创建/home 文件系统的磁盘配额数据库。

【例 21-76】

```
[root@boydog ~]# quotacheck -c /home
```

接下来，您需要使用例 21-77 带有-l 选项的 ls 命令列出/home 目录中的全部内容。

【例 21-77】

```
[root@boydog ~]# ls -l /home
total 56
-rw-------  1 root     root      8192 Jun 13 09:35 aquota.user
drwxr-xr-x  2 babydog4 babydog4  4096 Jun  2 11:59 babies ......
```

从例 21-77 的显示结果，可以看出/home 目录中多了一个 aquota.user 文件，该文件就是/home 文件系统的磁盘配额数据库。当创建好了这一数据库之后，就可以启用该文件系统的磁盘配额机制了。**可使用例 21-78 的 quotaon 命令启用/home 文件系统的磁盘配额机制。可使用 quotaoff 命令关闭一个文件系统的磁盘配额机制。**

【例 21-78】

```
[root@boydog ~]# quotaon /home
```

随后，应该使用例 21-79 的 quotacheck 命令查看/home 目录的磁盘配额是否已经启用。

【例 21-79】

```
[root@boydog ~]# quotacheck /home
quotacheck: Quota for users is enabled on mountpoint /home so quotacheck might damage
the file.
Please turn quotas off or use -f to force checking.
```

确认/home文件系统的磁盘配额机制启用之后，先用例21-80的su命令切换到cat用户。

【例21-80】

```
[root@boydog ~]# su - cat
```

当确认已经切换到cat用户之后，使用例21-81的ls命令列出cat家目录中所有的内容。

【例21-81】

```
[cat@boydog ~]$ ls -l
total 0
```

例21-81的显示结果清楚地表明老猫是一个地地道道的无产者，家里是一无所有，可以说是一贫如洗。

接下来，您使用例21-82的dd命令在cat家目录中创建一个大小为9MB，名为bigcat（大猫）的新文件。命令中的if表示输入文件（if=/dev/zero/就是将/dev/zero文件作为复制的源文件），of表示输出文件（of=bigcat就是将bigcat文件作为复制的目标文件），bs=1M表示数据块的大小为1MB，而count=9表示数据块的个数为9。

【例21-82】

```
[cat@boydog ~]$ dd if=/dev/zero of=bigcat bs=1M count=9
9+0 records in
9+0 records out
```

其实看到以上命令执行后系统的显示输出，您已经可以确定系统已经在cat家目录中创建了一个名为bigcat的新文件，其大小为9MB。您可以使用例21-83带有-lh选项的ls命令再次列出cat家目录中所有的内容以进一步确认这个9MB的文件已经创建成功。

【例21-83】

```
[cat@boydog ~]$ ls -lh
total 9.1M
-rw-rw-r--  1 cat cat 9.0M Jun 13 10:30 bigcat
```

以上操作就证明了在没有设定cat用户的磁盘空间配额的情况下，可以在cat用户中创建9MB（也可以更大）的文件。为了后面的演示方便，您要使用例21-84的rm命令删除这个刚刚创建的bigcat文件。

【例21-84】

```
[cat@boydog ~]$ rm bigcat
```

系统执行完以上rm命令之后也不会有任何显示，因此您需要使用例21-85的ls命令再次列出cat家目录中所有的内容以确认这个bigcat文件已经被成功地删除掉了。

【例21-85】

```
[cat@boydog ~]$ ls -lh
total 0
```

确认bigcat文件被成功地删除之后，您应使用例21-86的exit命令退回到root用户下。

【例21-86】

```
[cat@boydog ~]$ exit
```

当确认已经回到root用户之后，您需要**使用例21-87的edquota命令来设定cat用户的磁盘空间配额**。为了节省篇幅，这里只给出了有关的显示结果部分。

【例21-87】

```
[root@boydog ~]# edquota cat
Disk quotas for user cat (uid 605):
  Filesystem            blocks    soft    hard    inodes   soft   hard
  /dev/sda3             72        0       0       16       0      0
.....
```

在例 21-87 显示结果中，第 1 个 soft 的值是数据块的软限制（即可以使用多少硬盘空间），第 1 个 hard 的值是数据块的硬限制（即用户最多可使用的硬盘空间限制），第 2 个 soft 的值是 i 节点的软限制，第 2 个 hard 的值是 i 节点的硬限制。所有限制的单位都是 KB。

按 i 键进入 INSERT 模式，将第 1 个 soft 的值改为 4096（即 4MB），将第 1 个 hard 的值改为 8192，如图 21-24 所示。修改之后，按 Esc 键退回到命令模式。随后，输入:wq 存盘退出。

Filesystem	blocks	soft	hard	inodes	soft	hard
/dev/sda3	72	4096	8192	16	0	0

图 21-24

完成了以上 cat 用户磁盘配额的设定之后，您使用例 21-88 的命令再次切换到 cat 用户。

【例 21-88】

```
[root@boydog ~]# su - cat
```

当确认已经切换到 cat 用户之后，您可以使用例 21-89 的 quota 命令列出当前用户（cat 用户）的磁盘配额设定信息。

【例 21-89】

```
cat@boydog ~]$ quota
isk quotas for user cat (uid 605):
   Filesystem  blocks  quota  limit  grace  files  quota  limit  grace
    /dev/sda3    72    4096   8192          16      0      0
```

接下来，您使用例 21-90 的 dd 命令创建一个名为 bigcat1，大小为 6MB 的文件。

【例 21-90】

```
[cat@boydog ~]$ dd if=/dev/zero of=bigcat1 bs=1M count=6
sda3: warning, user block quota exceeded.
6+0 records in
6+0 records out
```

从例 21-90 的显示结果可以看出：尽管 bigcat1 文件的大小（6MB）已经超过了这个用户的软限制 4MB，系统还是创建了这个文件，但是同时给出了用户所使用的数据块超出限制的警告信息。

为了谨慎起见，您可以使用例 21-91 的 ls 命令再次列出 cat 家目录中的全部内容。

【例 21-91】

```
[cat@boydog ~]$ ls -lh
total 6.1M
-rw-rw-r-- 1 cat cat 6.0M Jun 13 10:51 bigcat1
```

例 21-91 的显示结果清楚地表明在 cat 家目录中确实多了一个大小为 6MB 的 bigcat1 文件。尽管老猫有点多拿多占，但还在可以容忍的范围之内（硬限制以下），所以系统还是放行。此时，您可以使用例 21-92 的 quota 命令再次列出当前用户（cat 用户）的磁盘配额设定信息，以观察其中的变化。

【例 21-92】

```
[cat@boydog ~]$ quota
Disk quotas for user cat (uid 605):
    Filesystem  blocks   quota   limit   grace   files   quota   limit   grace
    /dev/sda3   6228*   4096   8192   6days   17      0      0
```

在例 21-92 的显示结果中多了一个 6 天的宽免期，表示在 6 天之内用户 cat 必须将他的磁盘使用空间降到 4MB 的软限制之下。本来老猫还以为这神不知鬼不觉地顺手牵羊可以多占点好处，没想到这 Linux 系统跟老神仙似的都给记录了下来，而且还给出了归还的期限。真应了那句老话：“要想神不知，除非已莫为”。看来不属于自己的东西拿起来就是烫手！

接下来，您使用例 21-93 的 dd 命令再创建一个名为 bigcat2，大小为 3MB 的文件。可能是老猫尝到了甜头，上次多拿了点，系统也没说什么居然放行了，因此也就得寸进尺了。

【例 21-93】

```
[cat@boydog ~]$ dd if=/dev/zero of=bigcat2 bs=1M count=3
sda3: write failed, user block limit reached.
dd: writing 'bigcat2': Disk quota exceeded
2+0 records in
1+0 records out
```

看到例 21-93 显示结果的第 1 行信息，您就觉得有点不对劲了，因为系统说写操作失败了，已经到了用户数据块的极限。接下来，您使用例 21-94 带有-lh 选项的 ls 命令再次列出 cat 家目录中的全部内容以确认到底发生了什么。

【例 21-94】

```
[cat@boydog ~]$ ls -lh
total 8.0M
-rw-rw-r--  1 cat cat 6.0M Jun 13 10:51 bigcat1
-rw-rw-r--  1 cat cat 2.0M Jun 13 10:53 bigcat2
```

看了例 21-94 的显示结果，您终于明白了 cat 用户最多只能使用 8MB 的磁盘空间，所以尽管 cat 用户在例 21-93 中要创建一个 3MB 的文件，但是由于受到磁盘配额的限制，系统只能委屈他将 bigcat2 文件的大小创建成 2MB，整整缩水了 1MB 呀！看来这老猫太贪了，连 Linux 系统都看不惯要限制它一下了。为了继续进行后面的操作，您应该使用例 21-95 的 exit 命令退回到 root 用户。

【例 21-95】

```
[cat@boydog ~]$ exit
```

如果您想将 cat 的磁盘配额设定复制给 babydog1 用户，您可以使用例 21-96 带有-p 选项的 edquota 命令。

【例 21-96】

```
[root@boydog ~]# edquota -p cat babydog1
```

以上命令的意思就是使用 cat 用户的磁盘配额设定作为模板，将这些设定套用到 babydog1 上。自从对老猫工作做出了严格的规定和监督之后，老猫已经变得相当廉洁了。原本公司对老猫所制定的管理和监督机制只是一个试点，没想到一套好的管理和监督机制居然能把一个原来手脚不太干净的人变成一个廉洁之士，因此公司高层决定进一步扩大试点的范围，这样才将这套行之有效的管理和监督机制套用到 babydog1 身上。

您也可以使用例 21-97 带有-p 选项的 edquota 命令将 cat 的磁盘配额设定同时复制给 babydog2 和 babydog3 用户。

【例 21-97】

```
[root@boydog ~]# edquota -p cat babydog2 babydog3
```

经过前一段时间的试点，公司高级管理层发现这套管理和监督机制真棒，于是就套用到更多的人身上。看来好的制度使差劲的人都变乖了。这么看 Linux 系统还真有点包公转世的味道，只按王法（规定）办事，什么七大姑八大姨，裙带关系到这都没用。

接下来的问题是怎么才能知道系统上所有用户的磁盘配额的设定呢？很简单，您可以使用例 21-98 带有-a 选项的 repquota 命令。

【例 21-98】

```
[root@boydog ~]# repquota -a
*** Report for user quotas on device /dev/sda3
Block grace time: 7days; Inode grace time: 7days
```

```
                Block limits                File limits
User          used    soft    hard  grace    used  soft  hard  grace
----------------------------------------------------------------------
root      --  40996      0       0             4     0     0
babydog1  --      8   4096    8192             2     0     0
babydog2  --      8   4096    8192             2     0     0
babydog3  --      8   4096    8192             2     0     0
cat       +-   8192   4096    8192  6days     18     0     0
```

例 21-98 的显示结果清楚地表明 cat 用户磁盘配额的设定已经成功地复制给 babydog1、babydog2 和 babydog3 用户了。

可能有读者问怎样才能取消一个用户的磁盘配额，还记得例 21-87 的 edquota 命令吗？使用这个命令将这个用户的软限制和硬限制都改为 0，并存盘退出就行了。为了减少篇幅，这里就不重复了。有兴趣的读者可以自己试一下。

21.15 您应该掌握的内容

在学习第 22 章之前，请检查一下您是否已经掌握了以下内容：

- 理解磁盘阵列（RAID）的概念和基本术语。
- 熟悉 RAID 0 的工作原理。
- 熟悉 RAID 1 的工作原理。
- 熟悉 RAID 5 的工作原理。
- 掌握配置软件 RAID 的操作。
- 怎样检查软件 RAID 1 中磁盘的状态以及如何联机修复损坏的硬盘？
- 理解逻辑卷管理的概念。
- 熟悉创建一个逻辑卷的具体操作步骤。
- 怎样创建和管理逻辑卷？
- 怎样动态放大逻辑卷？
- 怎样增大卷组的大小？
- 熟悉 Linux 系统的磁盘配额管理的工作原理。
- 怎样在一个文件系统上启用磁盘配额机制？
- 掌握设定用户磁盘配额的方法。
- 如何查看一个用户自己的磁盘配额信息？
- 如何查看系统上所有用户的磁盘配额信息？
- 理解设定了一个用户磁盘配额之后对这个用户的影响。
- 怎样将一个用户的磁盘配额设定复制给另外一个用户？
- 怎样将一个用户的磁盘配额设定复制给多个其他用户？

扫一扫，看视频

第 22 章　Linux 系统排除故障方法简介

尽管 Linux 系统是一个相当稳健的操作系统，但是有时还是免不了出现故障。作为操作系统管理员，重要职责之一便是排除故障，让系统继续正常工作。

由于可能出现的故障会很多，而读者在工作中也不可能那么不幸，经常碰到许多不同的故障。其实不少配置好的 Linux 系统很少出问题，有些操作系统管理员工作了几年都没有碰到什么真正的故障。因此，本章将介绍几种在 Linux 系统中可能常见的故障及其排除的方法。

22.1　排除故障的基本原理

当 Linux 操作系统出现故障时，系统并不会直接告诉我们是什么地方出了问题，而只会显示出相关的症状。就像人生病似的，多数人只是感觉不舒服知道自己生病了，但是并不知道是什么病，所以要到医院找医生看病。医生要进行一系列检查，最后才能做出正确的诊断并开始治疗（*N* 种检验的结果出来之后，医生做出了百分之百的正确诊断，是着凉引发的感冒，感冒在检验结果出来之前已经自愈了）。

在对 Linux 系统进行排除故障时，Linux 系统就像一个生了病的病人，作为操作系统管理员的您就是 Linux 系统这个病人的医生，您现在要根据 Linux 系统的症状对症下药。作为排除故障的第 1 步，您也要像医生（也可能是专家）那样对 Linux 这个病人进行相关的初步排查，尽可能多地收集相关的信息。此外，您还要确定系统中的哪些部分还可以正常工作（即没病的部分）。之后您应该大概地确定一下出问题的范围（到底什么部分生病了）。最后可能要查看 Linux 系统的日志文件或使用相关的命令来确认究竟是什么故障（做进一步的检查来确诊是什么病）。

排除系统故障的顺序应该是先易后难，其实多数 Linux 系统问题可能都是些小毛病。就像人生病似的，多数也就是感冒发烧或拉肚子等小病（不过到了医院，常常都要当大病治，要不医生靠什么赚钱呀）。还有最好将您的排除系统故障的过程记录下来，就像医生要写病历一样。这样以后再出现类似的问题时，您就可以很快地解决问题了。

☞ **指点迷津：**

> 这里需要注意的是，有时在修复系统时需要修改操作系统的配置文件。如果是这样的话，一定要先对原来的操作系统的配置文件进行备份，之后才能修改这个配置文件。这样万一出了问题，您还可以退回到原有的系统状态。还是那句老话，千万不要过于自信。

其实，在人类的历史发展进程中，我们的祖先早就掌握了如何排除系统故障的方法。一个在过去几千年一直伴随着中华文明的日常生产系统就是驴拉磨系统，这个系统主要由提供动力的驴和能将稻谷磨碎的磨盘两大部分组成，如图 22-1 所示。

图 22-1

其实，Linux 操作系统也与驴拉磨系统差不多。当 Linux 操作系统出了故障时，作为操作系统管理员，您首先必须要知道究竟是“驴子不走还是磨子不转”，之后才能对症下药。在接下来几节中，我们首先介绍一个对 Linux

操作系统管理员相当重要的工具 dd 命令行实用程序，随后通过几个具体的实例来进一步演示在 Linux 操作系统中是怎样确定究竟是“驴子不走还是磨子不转”，之后再让磨子（Linux 系统正常）转起来。

22.2 dd 命令行实用程序

Linux 操作系统管理员的最主要工作就是保证 Linux 系统在工作期间能够正常地运行。要做到这一点并不是一件容易的事情，因为 Linux 系统的运行环境相当复杂，很多因素都可能导致 Linux 系统的崩溃（其中包括硬件、软件乃至人为因素）。如果 Linux 崩溃了，Linux 系统管理员必须以最短的时间恢复 Linux 系统，并做到最好不丢失任何数据，至少应做到少丢失数据。**为了达到这一目标，唯一的办法就是备份，备份，再备份。而 dd 命令行实用程序就是在 Linux 系统上使用频率非常高的系统备份和恢复工具。**

dd 是一个在 UNIX 和类 UNIX 操作系统上的命令行实用程序，它的主要目的是转换和复制文件。正如在本书第 1 章 1.3 节中所介绍的那样——在 UNIX 系统中所有的东西都是文件，其中也包括了硬件（如硬盘）和特殊设备（如/dev/zero 和/dev/random），这样使得系统的管理和维护更加一致和简单；只要在这些硬件和特殊设备各自的驱动程序上实现了读写功能，dd 就可以读写这些文件。

因为一个硬盘的启动扇区的内容是在安装文件系统之前生成的，所以无法用操作系统的 cp（复制）命令备份。此时就可以使用 dd 程序来完成硬盘的启动扇区的备份工作，还可以使用 dd 命令将一个硬盘上的数据彻底洗掉。dd 程序还可以在复制数据的同时完成数据的转换，其中包括字节顺序的置换和进行 ASCII 编码和 EBCDIC 编码的互换。

dd 的名字源于 IBM 的作业控制语言（Job Control Language，JCL）中的 DD 语句，dd 代表的是 Data Definition（数据定义）两个字的首字符。因此与绝大多数其他的 UNIX 命令的语法格式不同，dd 命令的语法更像 IBM 的 JCL 语句，而不像 UNIX 命令。甚至有一些 UNIX 专业人士认为 dd 命令的语法“不伦不类，简直就是一个笑话”。不过它的功能却是非常强大的。

简而言之，**dd 是 Linux/UNIX 下的一个非常有用的命令，其作用是用指定大小的块拷贝一个文件，并在拷贝的同时进行指定的转换。**在 dd 命令中可以使用许多选项，选项的语法格式是：选项=选项值，而每个选项之间用空格分隔。其中常用的选项如下：

- if=文件名：指定输入（源）文件，默认为标准输入，而 if 是 input file 的缩写。
- of=文件名：指定输出（目的）文件，默认为标准输出，而 of 是 output file 的缩写。
- ibs=bytes：一次读入 bytes 个字节，即指定一个块大小为 bytes 个字节。
- obs=bytes：一次输出 bytes 个字节，即指定一个块大小为 bytes 个字节。
- bs=bytes：同时设置读入/输出的块大小，单位为 bytes 个字节。
- cbs=bytes：一次转换 bytes 个字节，即指定转换缓冲区大小。
- skip=blocks：从输入文件开头跳过 blocks 个块后再开始复制。
- count=blocks：仅拷贝 blocks 个块，块大小等于 ibs 指定的字节数。
- conv=conversion：用指定的参数转换文件，如 noerror 表示出错时不停止。

以下是一些使用 dd 命令行实用程序进行 Linux 系统维护工作的一些例子，其中包括了整个硬盘的备份与恢复、MBR 的备份与恢复、光盘的复制，以及清除磁盘或文件中的所有数据和将内存中的数据复制到硬盘上等。

您可以使用 dd if=/dev/sda of=/dev/sdd 命令将本地的/dev/sda 整盘备份（克隆）到/dev/sdd 硬盘上。您也可以使用 dd if=/dev/sda of=/backup/image 命令将/dev/sda 全盘数据备份到指定路径的 image 文件。

之后，如果系统崩溃了，您就可以使用 dd if=/backup/image of=/dev/sda 命令将备份文件恢复到指定盘。

之前我们讲过，因为一个硬盘的启动扇区的内容（也就是 MBR）是在安装文件系统之前生成的，所以无法用操作系统的cp（复制）命令备份。现在您就**可以使用 dd if=/dev/sda of=/backup/MBR.img count=1 bs=512 命令备份磁盘开始的 512 字节大小的 MBR 信息到指定文件了，其中 count=1 指仅拷贝一个块；bs=512 指块大小为 512 字节。**为了安全起见，您可以将这个 MBR 的备份文件复制到 USB 或远程的计算机上。之后，如果 MBR 崩溃了，您就可以使用 dd if=/backup/MBR.img of=/dev/sda 命令恢复 MBR 了。

看来这系统恢复（甚至系统启动扇区的恢复）也没有像许多人说的那么难，只是发了一条 dd 命令而已。不过关键的是您要在平时做好了相关的备份，即做到未雨绸缪。实际上，操作系统管理员做的最多的工作是例行的系统备份。一旦备份做的到位，系统的恢复就变得相对简单了。

如果您想精确地记录下目前内存中的内容，**您可以使用 dd if=/dev/mem of=/backup/mem.bin bs=1024（指定块大小为 1KB）命令将内存中的内容复制到硬盘上。**

您还可以使用 dd if=/dev/cdrom(sr0) of=/backup/dvd.iso 命令拷贝光盘内容到指定目录，并保存为 dvd.iso 文件。

有时出于安全的原因，您必须彻底洗掉硬盘（或其他设备）上的数据。您可以使用 dd if=/dev/zero of=/dev/sda bs=16M 将硬盘/dev/sda 中的数据全部置为零。您也可以使用 dd if=/dev/urandom of=/dev/sda bs=16M 将硬盘/dev/sda 中的数据全部置为随机的数据。

在以上两个清洗磁盘数据的命令中，bs=16M 选项使 dd 命令每次读写 16MB。对应目前的大多数系统，数据块越大系统执行的速度可能越快。这里需要指出的是：往设备中填写随机数据要比填写 0 需要更长的时间，因为那些随机数据必须要由 CPU 产生而产生 0 是非常快的。一般在现代的硬盘驱动器上，将硬盘上的数据全部清零之后大多数数据是无法恢复的。然而，对于一些其他类型的设备，如闪存，许多清零之后的数据可以通过特殊的技术恢复。

22.3 dd 命令应用实例

有时刚刚接手一个系统，您可能想知道硬盘的读写速度。您可以使用如下的方法来测试和分析系统顺序读和写的速度。首先**使用例 22-1 的 dd 命令测试硬盘的写速度**（实际上是/root 目录所在硬盘的写速度）。

【例 22-1】

```
[root@dog ~]# dd if=/dev/zero bs=1024 count=1000000 of=file_1GB
1000000+0 records in
1000000+0 records out
1024000000 bytes (1.0 GB) copied, 12.8864 s, 79.5 MB/s
```

接下来，您可以**利用在 root 的当前目录（也就是家目录/root）中刚刚生成的 file_1GB 来测试该硬盘的读速度，其 dd 命令如例 22-2。**

【例 22-2】

```
[root@dog ~]# dd if=file_1GB of=/dev/null bs=1024
1000000+0 records in
1000000+0 records out
1024000000 bytes (1.0 GB) copied, 0.962567 s, 1.1 GB/s
```

file_1GB 这个文件很大，您可以使用 ls -l file*命令来验证这一点。因此等操作完之后，您应该使用例 22-3 的 rm 命令删除这一文件。随后，您最好再使用 ls -l file*命令来确认一下。

【例 22-3】

```
[root@dog ~]# rm -f file_1GB
```

接下来的这个例子是将硬盘上的一个重要分区克隆到另外一个硬盘分区上。在我们的 Linux 系统上有一个/boot 分区，您可以使用例 22-4 的 ls 命令列出这一目录中的全部内容。

【例 22-4】

```
[root@dog ~]# ls /boot
config-2.6.32-504.el6.x86_64
config-3.8.13-44.1.1.el6uek.x86_64
efi ...
```

为了确定/boot 所在的具体设备文件名，您可以使用例 22-5 的 df 命令列出/boot 所在的设备以及其状态信息。

【例 22-5】

```
[root@dog ~]# df -h /boot
Filesystem      Size  Used Avail Use% Mounted on
/dev/sda1       488M   61M  392M  14% /boot
```

当确认了/boot 所在的设备之后，您可以**使用例 22-6 的 dd 命令将/dev/sda1 分区克隆到另一个硬盘的/dev/sdb1 分区。**

【例 22-6】

```
[root@dog ~]# dd if=/dev/sda1 of=/dev/sdb1 bs=4096 conv=noerror
Message from syslogd@dog at Feb 25 15:48:36 ...
 kernel:BUG: soft lockup - CPU#0 stuck for 22s! [kworker/0:2:3359]
131072+0 records in
131072+0 records out
536870912 bytes (537 MB) copied, 99.9375 s, 5.4 MB/s
```

接下来，您要使用例 22-7 的 mkdir 命令创建一个加载/dev/sdb1 分区的目录（为了简单起见，这里使用了/boot2）。随后，您就可以使用例 22-8 的 mount 命令加载/dev/sdb1 分区了。

【例 22-7】

```
[root@dog ~]# mkdir /boot2
```

【例 22-8】

```
[root@dog ~]# mount /dev/sdb1 /boot2
```

最后，您可以使用例 22-9 的 ls 命令列出/boot2 目录（即/dev/sdb1 分区）的全部内容。将其与用例 22-4 的显示结果比较，您就可以发现它们与/boot 目录中的内容一模一样。这说明您克隆分区的操作已经大功告成了。以后，如果/dev/sda1 分区出现了问题，您就可以用这份克隆分区来恢复了。是不是挺方便的？

【例 22-9】

```
[root@dog ~]# ls /boot2
config-2.6.32-504.el6.x86_64
config-3.8.13-44.1.1.el6uek.x86_64
efi ...
```

22.4 排除网络故障的实例及流程

为了能正确地演示下面排除网络故障的实例，您要首先切换到 boydog 主机上，停用 eth0 网卡和 ftp 服务。**排除网络故障的简单流程如下：**

（1）如果在网络连接时使用的是主机名，可以使用 dig 命令来验证主机名的配置是否正确，如果有误，则重新配置/etc/hosts 系统文件（大型网络可能要配置 DNS 服务器）。

（2）使用 ping 命令检查计算机网络是否正常联通。

（3）如果不能正常联通，在服务器端使用 ifconfig 命令检查网卡是否正常启动了。

（4）如果网卡没有启动，使用 ifup 命令启动网卡。

（5）如果还不能连接成功，则使用命令来检查所使用的服务是否已经启动。

（6）如果没有启动，则启动要使用的服务。

以上的简单流程并没有严格是顺序要求，如第 1 步和第 2 步的顺序就可以调换。下面通过在 girlwolf 主机上与 boydog 主机建立 ftp 连接的实例来演示排除网络故障的简单流程。

首先以 root 用户登录 girlwolf 主机系统，之后使用例 22-10 的 ftp 命令试着与 boydog 主机建立 ftp 连接。

【例 22-10】

```
[root@girlwolf ~]# ftp boydog
ftp: connect: No route to host
ftp> bye                                    # 输入 ftp 的 bye 命令退出 ftp 控制
```

例 22-10 的显示结果清楚地表明没有与 boydog 主机连接的路径。因此，输入 ftp 的 bye 命令退出 ftp。随后，使用例 22-11 的 dig 命令检查在所使用的网络上是否有 boydog 主机。

【例 22-11】

```
[root@girlwolf ~]# dig boydog
; <<>> DiG 9.2.4 <<>> boydog
;; global options:  printcmd
;; connection timed out; no servers could be reached
```

从例 22-11 的显示结果可以看出在您所使用的网络上根本就没有这个叫 boydog 的主机。因为这是一个小型网络，是利用/etc/hosts 系统文件来完成主机名的解析的（完成主机名与 IP 地址之间的转换），所以您使用例 22-12 的 vi 命令编辑/etc/hosts 这个文件（在实际工作中，一定要先备份这个文件）。

【例 22-12】

```
[root@girlwolf ~]# vi /etc/hosts
# Do not remove the following line, or various programs
# that require network functionality will fail.
127.0.0.1       girlwolf.super.com     girlwolf        localhost.localdomain
192.168.177.38  boydog.super.com        boydog
```

在系统配置文件/etc/hosts 的最后面添加上一行有关 boydog 主机名与 IP 地址（转换）的设定，即方框框起来的部分，之后存盘退出。

接下来，您可以使用例 22-13 的 ping 命令测试 girlwolf 主机上与 boydog 主机之间的网络是否正常联通。命令中的-c 3 表示只 ping 3 次。

【例 22-13】

```
[root@girlwolf ~]# ping boydog -c 3
PING boydog.super.com (192.168.177.38) 56(84) bytes of data.
From 192.168.177.138 icmp_seq=0 Destination Host Unreachable ……
--- boydog.super.com ping statistics ---
3 packets transmitted, 0 received, +3 errors, 100% packet loss, time 2000ms, pipe
4
```

以上 ping 的结果可能会令您感到失望，因为根本 ping 不通。于是，您又使用例 22-14 的 ping 命令通过 boydog 主机的 IP 地址来测试网络间是否正常联通。

【例 22-14】

```
[root@girlwolf ~]# ping 192.168.177.38 -c 3
PING 192.168.177.38 (192.168.177.38) 56(84) bytes of data.
From 192.168.177.138 icmp_seq=0 Destination Host Unreachable ......
```

这次 ping 的结果同样令您感到失望，因为也同样 ping 不通。为此，您不得不切换到 boydog 主机上。在 root 用户下使用例 22-15 的 ifconfig 命令测试 eth0 网卡是否正常启动。为了节省篇幅，这里省略了显示结果。

【例 22-15】

```
[root@boydog ~]# ifconfig eth0
```

例 22-15 的显示结果清楚地表明 eth0 这张网卡并未启用，所以您使用例 22-16 的 ifup 命令启动 eth0 这个网卡。

【例 22-16】

```
[root@boydog ~]# ifup eth0
```

当确认 eth0 网卡启动后，切换回 girlwolf 主机上，您可以使用例 22-17 的 ping 命令再次测试 girlwolf 主机上与 boydog 主机之间的网络是否正常联通。

【例 22-17】

```
[root@girlwolf ~]# ping boydog -c 3
PING boydog.super.com (192.168.177.38) 56(84) bytes of data.
64 bytes from boydog.super.com (192.168.177.38): icmp_seq=0 ttl=64 time=5.82 ms
......
--- boydog.super.com ping statistics ---
3 packets transmitted, 3 received, 0% packet loss, time 2003ms
rtt min/avg/max/mdev = 0.379/2.364/5.829/2.459 ms, pipe 2
```

这次 ping 的结果终于令您感到了欣慰，因为 girlwolf 与 boydog 之间的网络已经正常联通了。接下来，您使用例 22-18 的 ftp 命令试着再次与 boydog 主机建立 ftp 连接。

【例 22-18】

```
[root@girlwolf ~]# ftp boydog
ftp: connect: Connection refused
```

例 22-18 的显示结果清楚地表明还是没有办法与 boydog 主机建立 ftp 的连接。为此，您不得不再次切换回 boydog 主机上，在 root 用户下使用例 22-19 的 service 命令列出 ftp 服务当前的状态。

【例 22-19】

```
[root@boydog ~]# service vsftpd status
vsftpd is stopped
```

原来是 ftp 服务也停了，真是祸不单行，这怎么什么倒霉的事都让您一个人碰上了。接下来，您使用例 22-20 的 service 命令启动 ftp 服务。

【例 22-20】

```
[root@boydog ~]# service vsftpd start
Starting vsftpd for vsftpd:   OK  ]
```

指点迷津：

如果是在 Oracle Linux 7 上，也可以将例 22-19 和例 22-20 的两个命令分别改写为 systemctl status vsftpd 和 systemctl start vsftpd。

当确认 ftp 服务已经启动之后，切换回 girlwolf 主机系统原来 ftp 所在的终端窗口，使用例 22-21 的 ftp 的 open 指令与 boydog 主机建立 ftp 的连接。

【例 22-21】

```
ftp> open boydog
Connected to boydog.super.com.
220 (vsFTPd 2.0.1) ......
Name (boydog:root): dog                              # 输入普通用户名
331 Please specify the password.
Password:                                            # 输入这个用户的密码
230 Login successful.     ......
ftp> bye               ......                        # 操作完成之后输入bye命令退出ftp
```

例 22-21 的显示结果表明您终于解决了所有的网络问题。看来这条孤单的母狼终于可以向她心目中的白马王子（公狗）诉说衷肠了。当所需的操作全部完成之后，您就可以输入 bye 命令退出 ftp 并返回操作系统的控制。看来这网络故障的排除也挺简单的，就是操作起来比较烦琐。不过话也说回来了，如果太容易了，要操作系统管理员干嘛？

除 ifconfig 命令之外，还可用 ip addr 命令列出系统中所有网卡的 IP 地址。切换回 boydog 主机 root 用户所在的终端窗口，使用例 22-22 的命令列出 boydog 系统上所有网卡的 IP。

【例 22-22】

```
[root@boydog ~]# ip addr
1: lo: <LOOPBACK,UP> mtu 16436 qdisc noqueue     ......
2: eth0: <BROADCAST,MULTICAST,UP> mtu 1500 qdisc pfifo_fast qlen 1000
    link/ether 00:0c:29:ca:28:0d brd ff:ff:ff:ff:ff:ff
    inet 192.168.177.38/24 brd 192.168.177.255 scope global eth0
    inet 192.168.177.168/24 brd 192.168.177.255 scope global secondary eth0:0
    inet 192.168.177.200/24 brd 192.168.177.255 scope global secondary eth0:
    inet 192.168.177.201/24 brd 192.168.177.255 scope global secondary eth0:1
    inet 192.168.177.202/24 brd 192.168.177.255 scope global secondary eth0:2
    inet 192.168.177.203/24 brd 192.168.177.255 scope global secondary eth0:3
    inet6 fe80::20c:29ff:feca:280d/64 scope link     ......
```

如果是较大型的网络，也可能是默认网关（Gateway）出了问题，这时您可以使用如下的 3 个命令之一来获取路由（封包在网络中经过的路径）的信息：

- ip route。
- netstat -r。
- route -n。

另一个网络可能出问题的地方是/etc/nsswitch.conf 文件配置不对。您可以使用例 22-23 的 cat 命令列出该文件中的全部内容。为了节省篇幅，这里只显示了少量的输出结果。

【例 22-23】

```
[root@boydog ~]# cat /etc/nsswitch.conf
.....
#hosts:    db files nisplus nis dns
hosts:     files dns
.....
```

如果系统是使用/etc/hosts 进行计算机名字的解析，您就必须保证 files 出现在“hosts:”所在的那一行。以上的显示结果表明：这个系统先使用/etc/hosts 进行计算机名字的解析；如果无法完成就再使用 DNS 服务器进行计算机名字的解析。

如果实在找不到问题，您可以先使用 ifdown eth0 命令停用网卡，之后再使用 ifup eth0 重新启动网卡。如果有问题，系统会显示在屏幕上，您就可以根据这些信息决定下一步该做什么。正常情况下，这两个命令执行之后不会有任何显示信息。

指点迷津：

如果一台网络上的主机不知什么原因所有其他计算机都不能通过网络访问了，最简单的方法就是：先使用 ifdown eth0 停用它的网卡，之后再使用 ifup eth0 重新启动这个网卡，多数情况下，问题就可能已经解决了（也可以使用 service network restart，如果在 Oracle Linux 7 上也可以使用 systemctl restart network）。常常计算机系统就是这么莫名其妙，不过还是比人靠谱多了。

22.5 开机以及文件系统故障排除的流程

如果 Linux 系统不能正常开机，其排除故障的操作步骤如下：

（1）检查是不是开机管理程序的问题，在 RHEL 4 或以上的版本（也包括 Oracle Linux）中是使用 GRUB（在 Oracle Linux 7 上是 GRUB 2）作为默认的开机管理程序。

（2）如果开机管理程序没有问题，检查是否载入了正确的内核（Kernel）。

（3）如果开机时出现 panic 的错误，则表示根目录没有挂载成功。这时要检查/sbin/init 以及/etc/inittab 这两个系统文件中的配置有没有错误，并且还要检查根目录有没有损坏。

（4）如果/etc/rc.d/rc.sysinit 这个脚本文件没有执行成功，可能的问题是/bin/bash 这个文件损毁了或者是/etc/fstab 文件中的设定有问题。

（5）如果以上都没有问题，就要检查/etc/rc.d/rc 脚本文件的设定是否有问题，以及/etc/rc.d 目录下的 rc1.d ~ rc6.d 子目录中的脚本文件是否有问题。

看上去也挺简单的，但是真正做起来并不那么轻松。不过好在 Linux 系统是一个非常稳健的操作系统，平时很少出事。偶尔出件事，折腾折腾也是在情理之中的，另外也可以显示出系统管理员的重要性。如果系统真的永远不出事，操作系统管理员可能真要急死了。工作太多压力大，没有工作时压力更大。有活干比没活干还是强多了，在这就业压力这么大的环境下，能有人剥削自己都得偷笑了，是不？其实，其他行业也是一样。如果人都很健康，从来不生病，医生们非急死了，医院也会一个接一个地关门了。

文件系统的故障通常是由于系统当机（如突然断电）或非正常关机造成的文件系统损坏而引起的。**当一个文件系统出现故障时，进行文件系统修复的步骤如下：**

（1）使用 umount 命令卸载这个有问题的文件系统。

（2）使用 fsck -y 命令测试和修复这个文件系统。

（3）当这个文件系统修复成功之后，使用 mount 命令重新挂载该文件系统。

下面通过一个实例来演示以上修复文件系统故障的操作。首先切换回 girlwolf 主机 root 用户所在的终端窗口，之后使用例 22-24 的 df 命令列出目前系统上所有挂载的文件系统。

【例 22-24】

```
[root@girlwolf ~]# df -h
Filesystem            Size  Used Avail Use% Mounted on
/dev/sda2             8.7G  7.0G  1.3G  85% /   ......
/dev/md0              1004M  18M  936M   2% /oradata
```

假设/oradata 这个文件系统有些不对头，因此您要先使用例 22-25 的 umount 命令卸载/oradata 这个文件系统。

【例 22-25】

```
[root@girlwolf ~]# umount /oradata
```

以上命令执行之后系统不会给出任何信息，所以您要使用例 22-26 的 df 命令重新列出目前系统上所有挂载的文件系统以确认/oradata 文件系统已经卸载。

【例 22-26】

```
[root@girlwolf ~]# df -h
Filesystem          Size  Used Avail Use% Mounted on
/dev/sda2           8.7G  7.0G  1.3G  85% /  ……
/dev/sda3           4.0G   41M  3.7G   2% /home
```

当确认/oradata 文件系统已经成功地卸载之后，您就可以使用例 22-27 带有-y 选项的 fsck 命令检测和修复/dev/md0 这个文件系统了。

【例 22-27】

```
[root@girlwolf ~]# fsck -y /dev/md0
fsck 1.35 (28-Feb-2004)
e2fsck 1.35 (28-Feb-2004)
/dev/md0: clean, 12/130560 files, 8530/261024 blocks
```

当看到了/dev/md0:clean 之后，就可以确认/dev/md0 文件系统已经修复成功。接下来，就可使用例 22-28 的 mount 命令重新将/dev/md0 这个文件系统挂载在/oradata 目录之下。

【例 22-28】

```
[root@girlwolf ~]# mount /dev/md0 /oradata
```

以上命令执行之后系统不会给出任何信息，所以您要使用例 22-29 的 ls 命令列出/oradata 目录中的全部内容以确认/dev/md0 这个文件系统已经成功地挂载在/oradata 目录之下了，以及这个文件系统是否修复成功。

【例 22-29】

```
[root@girlwolf ~]# ls -l /oradata
total 20
-rw-r--r--  1 root root   136 Jun 10 08:13 ancestor
drwx------  2 root root 16384 Jun 10 07:58 lost+found
```

当看到了狗项目中最珍贵的 ancestor（老祖宗）文件之后，您终于可以放心了，因为这表明所做的修复工作是成功的。

22.6 某一运行级别的恢复

当 Linux 所运行的某一级别发生问题时，又该怎样修复呢？为了要修复这类问题，必须进入系统的单用户运行模式才能进行修复。单用户运行模式实际上包括了以下 3 种模式。

（1）Runlevel 1：顺序执行以下程序 init、/etc/rc.sysinit、/etc/rc1.d/*。

（2）Runlevel s, S 或 single：顺序执行以下程序 init、/etc/rc.sysinit。

（3）Runlevel emergency：也称 sulogin 模式，执行 init 程序之后，只会执行/etc/rc.sysinit 脚本文件中的部分代码。

根据以上介绍可知，实际上这 3 种单用户模式的区别主要就在于它们所执行程序代码的多少而已。那么又怎样才能进入这些单用户模式呢？

首先介绍怎样进入 Runlevel 1 模式。Linux 系统刚启动时，按下键盘上的任意键，之后系统就会进入 GRUB 的开机选单窗口，按键盘上的 a 键。删除 GRUB 指令“/”之后的内容，之后空一格输入 1。即传一个 1 的参数给系统，这个 1 的参数就是要进入 Runlevel 1。

按 Enter 键之后 Linux 系统就会进入 Runlevel 1 模式。注意此时系统的提示符与之前是不同的。如果系统是在开启状态，您也可以使用 init 1 命令使 Linux 系统进入 Runlevel 1。

那么又该怎样进入 Runlevel S 呢？为此，您输入 reboot 重新启动 Linux 系统。当开机出现 Welcome to Enterprise Linux 的欢迎信息（如果您使用的是 Red Hat Linux，其欢迎信息应该是 Welcome to Red Hat Enterprise Linux ES）之后，按 i 键就将进入 Runlevel S。

之后系统就会以问答的方式询问您所需的每一步的配置（是否要启用这个服务），您要根据实际情况来回答 Y 或 N。

那么又该怎样进入 Runlevel emergency 呢？通常如果系统配置文件/etc/fstab 中的设定发生错误，Linux 系统会自动进入 Runlevel emergency，也就是以 sulogin 的方式启动系统。接下来通过一个实例来演示如何修复由于/etc/fstab 中的设定错误而产生的系统故障。

22.7 修复/etc/fstab 设定错误而产生的系统故障

为了模拟这样的系统故障，您要以 root 用户登录系统，之后使用例 22-30 的 vi 命令编辑/etc/fstab 这个系统配置文件。

【例 22-30】

```
[root@girlwolf ~]# vi /etc/fstab
# This file is edited by fstab-sync - see 'man fstab-sync' for details
LABEL=/lover          /                    ext3    defaults       1 1  ……
```

将根目录文件系统的 Label 设定改为 LABEL=/lover（即方框框起来的部分），修改后的含义是将 LABEL 为/lover 的文件系统挂载到“/”（根）目录上，之后存盘退出 vi 编辑器。接下来，使用例 22-31 的 reboot 命令重新启动系统。

【例 22-31】

```
[root@girlwolf ~]# reboot
```

系统启动之后会显示无法解析 LABEL=/lover 的提示信息和一些其他的错误信息，系统将停止在这一画面。这是因为 Linux 操作系统在根据/etc/fstab 配置文件的内容载入文件系统时，无法正确地挂载/(根）目录。看来无论她怎样地热恋着她的狗情人，但是因为没有履行过法律程序，搬到一起住还是得不到法律的承认，派出所不可能给它们登记户口的（没有进行过相关的系统配置，Linux 系统是不挂载这一文件系统的，Linux 系统总是秉公执法）。

在最后一行的光标所在处输入 root 用户的密码，按 Enter 键后，系统就会出现（Repaire filesystem）1 #的提示信息。此时，系统就进入了 sulogin 模式下（Runlevel emergency）。

在 Runlevel emergency 下，还是可以照常执行 Linux 系统的命令，如您可以输入 ls 命令列出当前目录中的所有内容。此时，您试着使用 vi /etc/fstab 命令来编辑/etc/fstab 文件以将根目录的设定改回为原来的正确设定。当打开/etc/fstab 文件之后，却发现在屏幕的最下面显示这个文件是只读的（readonly）。

将根目录的设定改回为原来的正确设定，即去掉 lover。之后存盘退出。但是系统会提示说/etc/fstab 文件无法写入信息。这是因为目前根目录是以只读（readonly）的方式挂载的。因此，使用 vi 的:q!命令强行退出 vi 编辑器。

使用 mount -o remount, rw /dev/sda2 以可读可写的方式重新挂载/dev/sda2 文件系统(即根目录的文件系统)，之后使用 vi /etc/fstab 命令重新编辑/etc/fstab 文件。

☞ 指点迷津：

平时系统正常时就要将/etc/fstab 文件中的内容做成文档，当然有些重要的系统配置信息也要记录在文档中，这样在系统出问题时您就可以方便地知道系统正常时的正确配置了。

vi 编辑器开启/etc/fstab 文件之后，将 Label 设定中的 lover 去掉（即重新修改为 Label=/）。存盘退出之后，系统将出现已经写入到/etc/fstab 文件中的信息。随后，您就可以使用 reboot 命令重新启动 Linux 系统了。

系统重启后就可以正常工作了。Linux 系统的处理方式与现实生活中所碰到的十分类似。尽管母狼深深地爱着她的狗情人，但是因为没法进行结婚登记，所以不受到法律的保护，当然也不被社会（系统）所认可。虽然她并不爱自己的结发丈夫，但是法律和社会（系统）却只认这个她一点也不爱的丈夫，天不遂人愿哪！

可能有读者问 Linux 系统的处事方式怎么这么像人呢？答案很简单，因为 Linux 是人设计和开发的。如果 Linux 是老鼠开发的可能就像耗子了。不过即使是耗子开发的可能与人也有几分相似，因为科学家已经通过基因科学确认老鼠与人在 7000 万年前是由同一个祖先进化而来的，人与老鼠约 95%的基因是完全相同的。因此老鼠的病很容易传染给人类，而且老鼠的习性也与人极为相似，如喜欢群居、喜欢破坏自然环境等。这也解释了老鼠为什么总是喜欢与人类毗邻而居，因为它们的基因告诉它们人类是它们的远亲，是不是？

22.8　Linux 系统的救援模式及如何进入救援模式

当根目录所在文件系统损毁或者是开机管理程序损坏时，Linux 系统将无法用硬盘来启动。这时就只能使用光盘开机，即使用 Linux 操作系统光盘中的第 1 张光盘来开机。也可以将 Linux 操作系统的第 1 张光盘中的 boot.iso 文件刻录到其他光盘中做成开机光盘，并用这张开机光盘来开机（启动 Linux 系统）。也可以将 Linux 操作系统的第 1 张光盘中的 diskboot.img 文件复制到 USB 闪存上，之后使用这个 USB 闪存来开机。

☞ 指点迷津：

如果是 Oracle Linux 6 和 Oracle Linux 7，您要在 Oracle 官方网站上下载相应版本的 Boot ISO image 光盘。

那么又怎样才能找到 boot.iso 和 diskboot.img 这两个文件呢？首先您必须挂载 Linux 操作系统的第 1 张光盘。之后，在 Linux 系统的桌面上将出现 Linux 操作系统的第 1 张光盘的图标，双击光盘图标。之后系统将打开 cdrom 目录。

在 cdrom 目录窗口中，双击 images 图标，之后系统将打开 images 目录，其中就存放着 boot.iso 和 diskboot.img 这两个文件。

在 Linux 操作系统的第 1 张光盘挂载到系统上之后，您也可以使用命令来找到 boot.iso 和 diskboot .img 这两个文件，如您可以通过使用例 22-32 的 ls 命令列出/media/cdrom/images 目录中的全部内容的方法来轻松地找到 boot.iso 和 diskboot.img 这两个文件。

【例 22-32】

```
[root@girlwolf ~]# ls -l /media/cdrom/images
total 11632
-r--r--r--  3 root root 5615616 Oct 27  2006 boot.iso
-r--r--r--  3 root root 6291456 Oct 27  2006 diskboot.img
dr-xr-xr-x  2 root root    2048 Oct 27  2006 pxeboot ……
```

在使用光盘或 USB 闪存开机时，系统会将系统开机必需的文件从光盘或 USB 闪存上读入到内存中以形成一个可以开机的操作系统，这样才能通过指令进入救援模式。系统进入救援模式后就会尝试找到根目录所在的文件系统，并将根目录挂载到/mnt/simage 目录下。

接下来通过两个例子来进一步解释在根目录或开机管理程序损坏时如何来修复系统。

22.9 修复根目录文件系统损毁的实例

根目录文件系统的损毁不一定就是根目录文件系统真正坏了，有可能是系统找不到根目录，所以系统才认为根目录所在的文件系统损毁了。为了模拟这样的故障，您可以使用例 22-33 的 vi 命令编辑开机管理程序的配置文件/boot/grub/grub.conf。

【例 22-33】

```
[root@girlwolf ~]# vi /boot/grub/grub.conf
# grub.conf generated by anaconda        ......
#       kernel /vmlinuz-2.6.9-42.0.0.0.1.ELhugemem ro root=LABEL=/ rhgb quiet
        kernel /vmlinuz-2.6.9-42.0.0.0.1.ELhugemem ro root=LABEL=
        initrd /initrd-2.6.9-42.0.0.0.1.ELhugemem.img
```

将光标移动到 kernel 设定行，输入 yy 复制这一行，之后按 p 键将其粘贴在该行之下。在原来的 kernel 设定行的最前面加上#将这一整行注释掉，将复制的 kernel 设定行中“LABEL=”之后的所有设定全部删除，其目的就是让系统找不到要挂载的根目录。最后按 Esc 键退回到 vi 的命令行模式，输入:wq 存盘退出 vi 编辑器，之后，您要使用例 22-34 的 reboot（也可以使用 init 6）命令重新启动 Linux 系统。

【例 22-34】

```
[root@girlwolf ~]# reboot
```

系统重启之后将出现 Kernel panic 的系统故障信息。根据系统显示的故障信息，可以大致地猜测到可能是根目录文件系统出现了问题。重新启动计算机系统。

当系统重启时，按下任意键以进入 grub 开机管理程序的开机选单。之后按 a 键以修改 Linux 系统的内核参数。在系统显示的最后添加上“/”以表示要把 LABEL 值等于“/”的文件系统当作根目录文件系统。之后，按 Enter 键就可以正常开机了。

以上操作虽然能够正常开机，但是所有对 grub 的设定都不会写回到 grub 这个开机管理程序的配置文件/boot/grub/grub.conf 中。为了永久地消除这一故障，您要使用例 22-35 的 vi 命令再次编辑/boot/grub/grub.conf 这个 grub 的配置文件。

【例 22-35】

```
[root@girlwolf ~]# vi /boot/grub/grub.conf
#         initrd /initrd-version.img        ......
title Enterprise (2.6.9-42.0.0.0.1.ELhugemem)
        root (hd0,0)
        kernel /vmlinuz-2.6.9-42.0.0.0.1.ELhugemem ro root=LABEL=/ rhgb quiet
        initrd /initrd-2.6.9-42.0.0.0.1.ELhugemem.img
```

将光标移动到有问题的 kernel 设定行，输入 dd 删除这一行。之后将光标移动到原来 kernel 的设定行并将这一行最前面的#删除，即恢复原来的正确设定。最后按 Esc 键退回到 vi 的命令行模式，输入:wq 存盘退出 vi 编辑器。这样做完之后，您就一劳永逸地修复了以上看上去非常严重的系统故障了。

在不知不觉中，您也磨炼成了一个 Linux 系统的大虾了，没想到吧？正所谓“专家都从菜鸟来，大虾（牛人）都靠熬出来”。

22.10 开机管理程序损坏的实例

在之前所介绍的例子中，当系统出了故障时，都是想办法通过 grub 开机管理程序提供的一些方法来启动系统。可能会有读者问有没有可能 grub 程序本身坏了，当然有这种可能了。如果 grub 真的坏了，那又该怎么办呢？最后在即将完成本书的学习之前我们就玩一个更悬的例子，即将 grub 破坏掉，看看您能否将系统修复好以检验您的 Linux“道行”。

为了要将 grub 破坏掉，您要首先使用例 22-36 的 df 命令列出目前系统挂载的分区以确定系统启动盘。

【例 22-36】

```
[root@girlwolf ~]# df -h
Filesystem           Size  Used Avail Use% Mounted on
/dev/sda2            8.7G  7.0G  1.3G  85% /
/dev/sda1            122M   14M  102M  13% /boot  ……
```

从例 22-36 显示结果可知这个系统的启动盘是/dev/sda，因此您可以使用例 22-37 的 dd 命令将 grub 的 boot loader（自举引导程序）全部清零。

【例 22-37】

```
[root@girlwolf ~]# dd if=/dev/zero of=/dev/sda bs=446 count=1
1+0 records in
1+0 records out
```

现在解释以上 dd 命令的含义，if=/dev/zero 是将/dev/zero 文件作为输入文件（这个文件中存放的内容全是零），of=/dev/sda 是将/dev/sda 作为输出文件，bs=446 是数据块的大小为 446 字节，count=1 表示只复制一个数据块。整个 dd 命令的含义就是将/dev/sda 硬盘上的 MBR 的前 446 字节的内容全部变为 0，也就是将 grub 的 boot loader（自举引导程序）全部清零。实际上，就相当于开机管理程序损坏了。

之后，您要打开 Virtual Machine Settings 窗口，选择 CD/DVD 选项，取消选中 Connected 和 Connect at power on 复选框，最后单击 OK 按钮（如果没有使用虚拟机，将没有这一步的操作）。回到 root 用户窗口，接下来，您输入例 22-38 的 init 命令重新启动系统。

【例 22-38】

```
[root@girlwolf ~]# init 6
```

当系统重启之后，会显示找不到操作系统的错误提示信息（不同版本的 Linux 系统所显示的提示信息可能略有不同）。这是因为硬盘上的开机管理程序已经遭到了破坏，因此没有办法使用硬盘开机了。

此时要使用光盘来开机，您要再次打开 Virtual Machine Settings 窗口，选择 CD/DVD 选项，选中 Connected 和 Connect at power on 复选框，确定 ISO 映像文件是指向 Linux 操作系统光盘（或自制的开机光盘），最后单击 OK 按钮[如果没有使用虚拟机，将没有这一步的操作。但是您可能要重新设置 BIOS 的开机（引导系统）的顺序]。

随后，选择 VM→Power→Reset 命令重新启动这个 grub 开机管理程序损坏的虚拟计算机系统（如果没有使用虚拟机，将没有这一步的操作，而是直接按计算机上的 Reset 按钮）。或者，直接单击虚拟机下方的 Restart VM 按钮来重新启动这台有问题的虚拟机。

☞ **指点迷津：**

以上的操作是保证在虚拟机上以 ISO 光盘映像文件启动系统，如果使用的是 Oracle VM VirtualBox，其操作会略有不同。还有如果是 Oracle Linux 6 和 Oracle Linux 7，您可以使用相应版本的 Boot ISO image 光盘启动系统。

当系统重新启动之后，在 boot 提示字符处输入 linux rescue 以进入 Linux 系统的救援模式。按 Enter 键之后，系统就会将开机必需的文件载入到内存中来形成一个可以开机的操作系统。之后，系统会询问您要选择哪种语言，这里您选择英语，最后单击 OK 按钮。

接下来，系统会询问使用键盘的种类，选择美式键盘，最后单击 OK 按钮。随后，系统会询问您是否启用网络，这里使用 Tab 键跳到 No 并按 Enter 键，即选择不启用网络。

之后，系统就会出现 Rescue 信息，该信息告诉您系统将试着找到所安装的 Linux 系统并将所找到的操作系统挂载到/mnt/sysimage 目录下，您单击 Continue 按钮继续。

如果系统在救援模式下成功地找到了操作系统，就会出现相应的画面并提示所找到的操作系统已经挂载在/mnt/sysimage 目录之下了，此时您单击 OK 按钮。

之后，将出现系统提示符。此时就可输入 Linux 操作系统的命令了。接下来，可以试着使用 grub-install /dev/sda 命令（**如果是 Oracle Linux 7，其命令为 grub2-install/dev/sda**）来修复/dev/sda 硬盘上的 grub 开机管理程序的程序代码。

但是当您按 Enter 键之后，系统却提示找不到这个文件。这是因为/dev 命令是在/（根）目录下面，但是目前根目录被挂载在/mnt/sysimage 目录下。因此，您要使用 chroot /mnt/sysimage/命令将 root 用户的目录设置为/mnt/sysimage/。

之后，再次使用 grub-install /dev/sda 命令来修复/dev/sda 硬盘上的 grub 开机管理程序的程序代码。这次就可以成功地修复遭到破坏的 grub 的程序代码了。接下来，输入 exit 命令退出 chroot 机制。再次输入 exit 以退出 Linux 的救援模式。

之后，您就可以使用硬盘来正常开机了。这系统引导程序出了问题修复起来也并不像想象中的那么可怕，看来这 Linux 大虾也不难当，是吧？

22.11 您应该掌握的内容

在学习第 23 章之前，请检查一下您是否已经掌握了以下内容：

- 了解排除系统故障的顺序。
- 熟悉 dd 命令行实用程序以及常用的选项。
- 如何使用 dd 命令进行整个硬盘或分区的备份与恢复？
- 如何使用 dd 命令进行 MBR 的备份与恢复？
- 如何使用 dd 命令进行光盘的复制？
- 如何使用 dd 命令清除磁盘或文件中的所有数据？
- 如何使用 dd 命令测试硬盘的读写速度？
- 熟悉排除网络故障的简单流程。
- 熟悉排除网络故障时经常使用的命令和系统文件。
- 熟悉开机故障排除的流程。
- 熟悉当文件系统出现故障时进行文件系统修复的步骤。
- 怎样才能进入不同的单用户模式？
- 怎样修复由于/etc/fstab 设定错误而产生的系统故障？
- 理解什么是 Linux 系统的救援模式。
- 怎样进入救援模式？
- 怎样修复由于根目录文件系统损毁而引起的系统故障？
- 怎样修复由于开机管理程序损坏而引起的系统故障？

第 23 章　作业的自动化和 OpenSSH

本章由两部分所组成，第一部分是介绍作业的自动化，第二部分是介绍 OpenSSH。作业自动化的目的是将那些反复重复的日常系统维护工作自动化以减轻操作系统管理员（也可能是一般用户）的工作量和减少出错的机会。OpenSSH 是一套网络连接工具，利用它使系统之间的通信变得更安全。

23.1　自动化系统作业

正如在上一章所介绍的那样——操作系统管理员做的最多的工作可能是例行的系统备份，当然可能还有另外一些需要反复重复的系统维护工作。**在 Linux 系统上可以将这类的工作配置成自动运行的作业（Jobs，也叫任务（Tasks）），而这些作业可以在在特定的时间段内运行、也可以在特定的日期运行，还可以在系统的负载低于某一特定数值时运行。在 Linux 系统上，您可以使用自动化作业来执行例行的备份、监督系统、运行定制的脚本等。**Oracle Linux 提供了若干个自动化作业的实用程序，其中使用的最多的可能是 cron，其次应该就是 anacron。

cron 和 anacron 这两个实用程序都是用来调度执行重复作业的，而这些作业是按照时间、日期、月份、星期几的组合重复的。cron 允许作业的频率可以达到每分钟都运行。然而，如果在一个 cron 作业被调度时系统关闭了，那么这个作业就不会被执行。anacron 每天只运行一个作业一次，但是 anacron 会在下一次系统启动时记得那些所调度的但还没有运行的作业。引入 anacron 的主要目的是运行那些因为系统关闭而没有运行的 cron 作业。这对那些经常关闭和重启的系统尤为重要。

crond 守护进程负责执行调度作业（任务）。该守护进程搜索/var/spool/cron 目录中每个用户的 crontab 文件、/etc/anacrontab 文件和/etc/cron.d 目录下的文件，它检查这些文件中的每一个命令看看是否应该在目前这一分钟内运行这一命令。当一个作业被调度执行时，crond 就像拥有描述该作业的文件的用户那样执行该作业。

crond 作业是在/etc/crontab 配置文件中定义的，这是一个系统范围的配置文件。用户也可以有自己的 crond 作业，要以如下的格式来说明 crond 作业：

分　　小时　　天　　月　　星期几　　用户　　命令

- 分（minute）：0 ～ 59。
- 小时（hour）：0 ～ 23。
- 天（day）：1 ～ 31（必须是这个月的有效日期，如 6 月不可能有 31 日）。
- 月（month）：1 ～ 12（jan、feb、mar、apr 等）。
- 星期几（day of week）：0 ～ 7，其中 0 或 7 都表示星期天（或英文星期几的缩写，如 sun、mon、tue、wed、thu、fri、sat）。
- 用户（user）：作业要在该用户下运行。
- 命令（command）：要执行的命令，既可以上一个 shell 命令也可以是脚本。

在说明 crond 作业的格式中还可以使用如下的几个特殊字符：

- 星号（*）：可以用来说明所有的有效值。
- 减号（-）：说明两个整数之间的一个范围。
- 用逗号分隔的一个值列表：说明一个列表。

- 正斜线（/）：可以用来说明步长值。

可以在 crontab 配置文件中说明一个 crond 作业每多少分钟运行一次。以下就是几个这方面的例子以及相关的解释：

- */7　*　*　*　*　命令：每 7 分钟运行一次该命令。
- */15　*　*　*　*　命令：每 15 分钟运行一次该命令。
- */30　*　*　*　*　命令：每 30 分钟运行一次该命令。

可以在 crontab 配置文件中说明一个 crond 作业每多少小时运行一次。以下就是几个这方面的例子以及相关的解释：

- 0　*/2　*　*　*　命令：每 2 小时运行一次该命令。
- 0　*/4　*　*　*　命令：每 4 小时运行一次该命令。
- 0　*/5　*　*　*　命令：每 5 小时运行一次该命令。
- 0　*/8　*　*　*　命令：每 8 小时运行一次该命令。

可以在 crontab 配置文件中说明一个 crond 作业哪几天运行。以下就是几个这方面的例子以及相关的解释：

- 0　0　*　*　3　命令：每个星期三午夜（0:00）运行该命令。
- 0　0　*　*　6　命令：每个星期六午夜（0:00）运行该命令。

可以在 crontab 配置文件中说明一个 crond 作业在哪些月份运行。以下就是几个这方面的例子以及相关的解释：

- 0　0　30　6,9　*　命令：6 月 30 日午夜和 9 月 30 日午夜运行该命令。
- 0　0　1　*/4　*　命令：每 4 个月的第 1 天午夜运行该命令。

23.2　其他的一些 cron 目录和文件

在/etc/cron.d 目录中也包含了一些配置文件，在这些文件中所使用的语法格式与在/etc/crontab 文件中的语法格式一模一样。只有 root 用户有权在这一目录中创建和修改文件。您可以使用例 23-1 的 ls 命令列出/etc/cron.d 目录中的全部文件。

【例 23-1】

```
[root@dog ~]# ls -l /etc/cron.d
total 16
-rw-r--r--. 1 root root 113 Oct 15  2013 0hourly
-rw-------. 1 root root 108 Oct 16  2014 raid-check
-rw-r--r--. 1 root root 459 Dec  6  2013 sa-update
-rw-------. 1 root root 235 Oct 15  2014 sysstat
```

在/etc/cron.d 目录中的文件都是正文文件，您可以使用 file 命令确定这一点。如果您对其中的某个配置文件感兴趣，您可以使用 cat 命令列出其中的内容。如您可以使用例 23-2 的 cat 命令列出 0hourly 文件中的全部内容。

【例 23-2】

```
[root@dog ~]# cat /etc/cron.d/0hourly
SHELL=/bin/bash
PATH=/sbin:/bin:/usr/sbin:/usr/bin
MAILTO=root
HOME=/
01 * * * * root run-parts /etc/cron.hourly
```

另外，**在/etc 目录下还有几个特殊的子目录，在这些子目录中存放着一些特定的作业自动化配置文件，其名字是以 cron.开头，它们分别是：**

- cron.hourly
- cron.daily
- cron.weekly
- cron.monthly

取决于目录的名字，系统将每小时、每天、每周或每月执行这些目录中的脚本。如果想要调度这些脚本，您就必须在/etc/anacrontab 文件中创建相关的记录项。可以使用正文编辑器，如 vi 来添加或修改相关的记录项。

通过以上的介绍，我们知道 cron 这一实用程序的功能是相当强大的。因此为了系统的安全，对它的访问要进行必要的限制。**Linux 系统是使用两个访问控制文件/etc/cron.allow 和/etc/cron.deny 来限制对 cron 的访问的。每当一个用户试图添加或删除一个 cron 作业时，系统都要检查这两个访问控制文件。**如果/etc/cron.allow 文件存在，那么就只允许在这一文件中列出的用户使用 cron，并且/etc/cron.deny 文件被忽略。如果/etc/cron.allow 文件不存在，那么就不允许在/etc/cron.deny 文件中列出的用户使用 cron。如果这两个文件都不存在，那么就只有 root 用户可以使用 cron。这两个访问控制文件中内容的语法格式十分简单，每行一个用户名。

23.3 crontab 工具及 anacron 作业的配置

非 root 用户是使用 crontab 实用程序来配置 cron 作业（任务）的。所有由用户定义的 crontabs 都存储在/var/spool/cron 目录下，而且是使用创建它们的用户执行的。

作为一个用户，**如果要创建或编辑一个 crontab，您要首先登录系统，随后输入 crontab -e 命令。**该文件中内容的语法格式与/etc/crontab 中的完全相同，但是有一个小小的例外，那就是不用说明用户。当用户将所做的修改存储在 crontab 时，系统就会按照用户名存储这个 crontab 并写到/var/spool/cron/<用户名>文件中。为了列出您自己所拥有的个人 crontab 文件，您可以使用 crontab -l 命令。我们将在稍后用例子来演示如何创建或编辑 crontab。

介绍了那么多 cron 作业，接下来开始介绍 anacron 作业。anacron 作业是在/etc/anacrontab 配置文件中定义的。您可以使用例 23-3 的 cat 命令列出/etc/anacrontab 文件中的全部内容。

【例 23-3】

```
[root@dog ~]# cat /etc/anacrontab
# /etc/anacrontab: configuration file for anacron
# See anacron(8) and anacrontab(5) for details.
SHELL=/bin/sh
PATH=/sbin:/bin:/usr/sbin:/usr/bin
MAILTO=root
# the maximal random delay added to the base delay of the jobs
RANDOM_DELAY=45
# the jobs will be started during the following hours only
START_HOURS_RANGE=3-22
#period in days   delay in minutes   job-identifier   command
1    5    cron.daily            nice run-parts /etc/cron.daily
7    25   cron.weekly           nice run-parts /etc/cron.weekly
@monthly 45 cron.monthly        nice run-parts /etc/cron.monthly
```

接下来，将按顺序简要地介绍一下/etc/anacrontab 配置文件中的内容。在这个文件中，以#开始的为注释信息。头五行是五个配置 anacron 作业运行环境的变量，它们是：

- SHELL：要使用的 shell 环境。
- PATH：执行命令所使用的路径。
- MAILTO：anacron 作业的输出要使用电子邮件所发送的用户名。
- RANDOM_DELAY：对每一个作业定义最多可以延迟多少分钟（默认是延迟 6 分钟）。
- START_HOURS_RANGE：所调度的作业可以运行的时间间隔。

在/etc/anacrontab 文件中最后的部分包含了几个字段（几列），它们表示如何运行作业，这些字段包括：

- period in days：按天数一个作业执行的频率，在这里可以使用宏指令，其中@daily 为每天一次，@weekly 为 7 天（每周）一次，@monthly 为一个月一次。
- delay in minutes：如果需要，在执行一个作业之前 anacron 等待的分钟数（0 为没有延迟）。
- job-identifier：一个作业在日志文件中所使用的唯一名字。
- command：要执行的命令（既可以是一个 shell 命令，也可以是一个脚本）。

在这个 anacrontab 文件中定义的所有作业都会被随机地延迟 6～45 分钟，并且可以在 3 点到 22 点之间执行。

其中第 1 个作业会在每天的 3:11~3:50（5+6=11；5+45=50）之间运行；该命令执行/etc/cron.daily 目录中的所有程序；使用 run-parts 脚本，该脚本将一个目录作为一个命令行参数并顺序执行这一命令中的每一个程序。使用类似的方法，您可以很容易解释后面的几个作业是如何被调度执行的。

23.4 at 和 batch 工具

在之前的几节中，我们讨论了 cron 和 anacron 这两个实用程序，而它们都是用来调度执行重复的作业的。如果您现在只是想在未来某一特定的时间运行一个特定的程序，那又该怎么办呢？在这种情况下，at 和 batch 命令就派上了用场。

可以**使用 at 命令调度在某一特定的时间运行一个作业（任务）而且只运行一次**，也就是所谓的一次性作业（one-time job）。**batch 命令与 at 命令十分相似，只是要在系统的平均负载下降到 0.8 以下时才运行一个一次性的作业。如果要使用 at 和 batch，那么 atd 服务必须是正在运行状态。**

如果要在某一特定的时间调度一个一次性的作业，那么您可以输入命令 at time，其中，time 为执行命令的时间。而可以使用的 time 参数如下：

- HH:MM。
- midnight（午夜）：在 12:00AM。
- noon（正午）：在 12:00PM。
- teatime（喝茶时间）：在 4:00PM（下午 4 点）。
- month-name day year（月名 日 年）。
- MMDDYY、MM/DD/YY 或 MM.DD.YY（其中，MM 为表示月的两位数字，DD 为表示日的两位数字，YY 为表示年的两位数字）。
- now + time： time 是分钟、小时、天或几周（如，now + 3 days 表示 3 天后的这个时间）。

当输入带有 time 参数的 at 命令之后，系统的提示会变为 at>。此时就可以输入要执行的命令了，其命令既可以是一个 shell 命令也可以是一个脚本，随后按下 Enter 键。你可以输入多个命令，其方法是输

入每一个命令之后按 Enter 键。

当输入所有的命令之后，按下 Enter 键，光标会显示在一个空行的开始处，此时按下 Ctrl+D（同时按下 Ctrl 和 D 两个键）退出 at 程序的控制。您会收到一封电子邮件，其中的内容是来自这些命令的标准输出和标准错误信息。使用 atd 命令可以查看目前挂起的那些作业，如您可以使用例 23-4 的 at 命令启动一作业调度程序（其中，echo...是您输入的命令，可以是其他的命令或脚本）。

【例 23-4】

```
[root@cat ~]# at now + 1 minute
at> echo "dog.super.com server will go down soon."
at> <EOT>        # 按下 Ctrl+D 键
job 3 at Sat Mar  4 17:03:00 2017
```

由于之前运行过其他两个作业，因此以上显示的为 job 3。接下来，可以使用例 23-5 的 atq 命令查看目前挂起的作业。

【例 23-5】

```
[root@cat ~]# atq
3    Sat Mar  4 17:03:00 2017 a root
```

在一分钟之后，您重新使用与例 23-5 完全相同的 atq 命令再次查看目前挂起的作业，如例 23-6，您会发现挂起的作业已经不见了，而显示的结果是你已经收到了一封新邮件。

【例 23-6】

```
[root@cat ~]# atq
You have new mail in /var/spool/mail/root
```

此时，您就可以**使用例 23-7 的 mail 命令列出您的所有电子邮件。**为了节省篇幅，我们省略了大部分的显示输出结果。其中，...表示省略，以方框括起来的是您要输入的（5 表示要阅读第 5 封邮件，q 表示退出 mail 程序的控制）。

【例 23-7】

```
[root@cat ~]# mail
Heirloom Mail version 12.5 7/5/10.  Type ? for help.
"/var/spool/mail/root": 5 messages 2 new 3 unread  ...
N  5 root          Sat Mar  4 17:03  14/479   "Output from your job "
& 5
Message  5:      ...
dog.super.com server will go down soon.
& q
Held 5 messages in /var/spool/mail/root
```

在第 5 封电子邮件（也是最新的电子邮件）中，您就可以看到您所使用的命令 echo "dog.super.com server will go down soon."的结果了。

batch 命令与 at 命令十分相似，只是要在系统的平均负载下降到 0.8 时才运行那些命令或脚本。当输入 batch 命令之后，系统的提示也会变为 at>。输入多个命令或脚本，输入完每个命令（或脚本）之后按 Enter 键。最后在一个空行上按下 Ctrl+D（同时按下 Ctrl 和 D 两个键）结束 batch 程序的控制。

Linux 系统是使用两个访问控制文件/etc/at.allow 和/etc/ at.deny 来限制对 at 和 batch 的访问的。每当一个用户试图使用 at 或 batch 命令中的任何一个时，系统都要检查这两个访问控制文件。这两个文件的使用与/etc/cron.allow 和/etc/cron.deny 文件的使用方法相似。也就是说，**root 用户总是可以执行 at 和 batch 命令，而不理会这两个访问控制文件。**

如果/etc/at.allow 文件存在，那么就只允许在这一文件中列出的用户使用 at 和 batch 命令，并且

/etc/at.deny 文件被忽略。如果/etc/at.allow 文件不存在，那么就不允许在/etc/at.deny 文件中列出的用户使用 at 和 batch 命令。

23.5 为普通用户创建 crontab 的实例

随着狗公司业务的爆炸式增长，公司数据库的数据量也在急剧增加。现在，每天的例行备份工作已经成为了系统管理员的沉重负担。为此，作为系统管理员的您决定将每天的数据库例行备份自动化。您首先定义相关的 cron 作业并进行测试，等测试成功之后您再应用到数据库的备份工作中。以下就是具体的操作步骤：

首先您要以一个普通用户登录 Linux 系统或切换到一个普通用户。之后，您可以使用例 23-8 的 whoami 命令确认目前所在的用户。

【例 23-8】

```
[cat@cat ~]$ whoami
cat
```

接下来，您可以使用例 23-9 的 crontab -l 命令列出这个用户（cat 用户）的 crontab 文件中的全部内容。

【例 23-9】

```
[cat@cat ~]$ crontab -l
no crontab for cat
```

例 23-9 的显示结果清楚地表明：不存在 cat 用户的 crontab 文件，因此您可以使用例 23-10 的 crontab -e 命令创建一个每两分钟运行 echo "cat.super.com server will go down soon."命令的 cron 作业。

【例 23-10】

```
[cat@cat ~]$ crontab -e
*/2 * * * * echo "cat.super.com server will go down soon."
```

当执行以上命令之后，系统会自动开启 vi 编辑器，您可以输入以下的 cron 作业说明（为了测试方便，所输入的时间比较容易测试而命令也很简单）。之后存盘退出（在命令模式输入:wq）。

随后，您再次使用例 23-11 的 crontab -l 命令重新列出这个用户（cat 用户）的 crontab 文件中的全部内容。

【例 23-11】

```
[cat@cat ~]$ crontab -l
*/2 * * * * echo "cat.super.com server will go down soon."
```

现在，您就可以使用例 23-12 的 mail 命令列出这一用户的所有电子邮件。为了节省篇幅，我们省略了大部分的显示输出结果。其中，...表示省略，以方框括起来的是您要输入的（4 表示要阅读第 4 封邮件，q 表示退出 mail 程序的控制）。

【例 23-12】

```
[root@cat ~]# mail
Heirloom Mail version 12.5 7/5/10.  Type ? for help.
"/var/spool/mail/cat": 4 messages 4 new
>N  1 (Cron Daemon)       Sat Mar  4 18:10  25/854   "Cron <cat@cat> echo ""
 N  2 (Cron Daemon)     Sat Mar  4 18:12  25/854   "Cron <cat@cat> echo ""
 N  3 (Cron Daemon)     Sat Mar  4 18:14  25/854   "Cron <cat@cat> echo ""
 N  4 (Cron Daemon)     Sat Mar  4 18:16  25/854   "Cron <cat@cat> echo ""
```

```
& 4
Message  5:      ...
cat.super.com server will go down soon.
& q
Held 4 messages in /var/spool/mail/cat
```

在第 4 封电子邮件（也是最新的电子邮件）中，您就可以看到您所使用的命令 echo "cat.super.com server will go down soon."的结果了。从例 23-12 的显示结果还可以看出每封电子邮件的时间间隔正好是您定义的两分钟，这也间接证明了您所定义的 cron 作业确实每两分钟执行一次。

接下来，您试着使用例 23-13 的 ls 命令列出/var/spool/cron 目录中的全部内容。从例 23-12 的显示结果可知普通用户 cat 没有访问/var/spool/cron 目录的权限。

【例 23-13】

```
[cat@cat ~]$ ls -l /var/spool/cron
ls: cannot open directory /var/spool/cron: Permission denied
You have new mail in /var/spool/mail/cat
```

为了要查看这一目录中的内容你要切换到 root 用户，使用 su 命令切换到 root 用户。随后，您就可以使用例 23-14 的 ls 命令再次列出/var/spool/cron 目录中的全部内容了。

【例 23-14】

```
[root@cat ~]# ls /var/spool/cron
cat
```

确认了/var/spool/cron/cat文件确实存在之后，您就可以使用例 23-15 的 cat 命令列出/var/spool/ cron/cat 文件中的全部内容了。

【例 23-15】

```
[root@cat ~]# cat /var/spool/cron/cat
*/2 * * * * echo "cat.super.com server will go down soon."
```

等测试成功之后，您就可以再次编辑 crontab 文件，将时间替换成真正的备份时间，而将命令替换成真正的数据库备份脚本了。原来被一些大虾吹嘘的神乎其神的数据库自动备份竟然是如此简单，没想到吧？

如果您已经不再需要所定义的 cron 作业了，那么您就可以使用例 23-16 的 crontab -r 命令删除用户 cat 的 crontab。

【例 23-16】

```
[root@cat ~]# crontab -u -r cat
```

系统执行完以上命令并不给出任何显示输出信息，所以您应该使用例 23-17 的 crontab -l 命令重新列出 cat 用户的 crontab 文件中的全部内容。

【例 23-17】

```
[root@cat ~]# crontab -u -l cat
no crontab for cat
```

用例 23-17 的显示结果清楚地表明：现在 cat 用户的 crontab 文件已经不见了，这也就证明了您已经成功地删除了用户 cat 的 crontab 文件。

23.6 OpenSSH 概述和它的配置文件

在本书前面的章节中，我们经常使用 telnet 和 ftp 进行计算机之间的远程连接和通信。这也是许多

UNIX 和 Linux 用户最经常使用的系统之间通信的方法，但是它们都存在安全方面的隐患，因为用户的密码是以明码（未加密）的方式传输的。

一个大型的网络系统就像一个社会系统一样，当系统变得越来越大时，其安全的管理和维护会变得越来越复杂，也越来越困难。可以想象一下，对一个只有几户或几十户的小山村来说，其安全管理相对非常简单，但是要维护一个有几百万人口的大城市的安全就不是一件容易的事了。在大型的网络环境中，可能有成百上千的用户在上面操作。所谓“林子一大，什么鸟都有”，可能在众多的用户当中难免有几位不守规矩的武林高手，特别是在因特网（Internet）环境中。这就使得系统安全管理变得极为重要。

OpenSSH（SSH 为 Secure Shell 的缩写，OpenSSH 的中文意思是开放安全 Shell）正是为了解决以上问题而提出的。**OpenSSH 是一套在系统之间提供安全通信的网络连接工具。这套工具包括了如下的组件：**

- ssh：以安全的 shell 登录一个远程系统或在一个远程系统上运行一个命令。
- scp：安全的复制（拷贝）。
- sftp：安全的 ftp（file transfer protocol，文件传输协议）。
- sshd：OpenSSH 守护进程。
- ssh-keygen：创建 ECDSA 或 RSA 主机/用户身份验证密钥，其中，ECDSA 是 Elliptic Curve Digital Signature Algorithm（椭圆曲线数字签名算法）每个单词的字首；RSA 是以这个算法的三个设计者姓氏（Rivest、Shamir 和 Adleman）的首字母命名的。

与其他的诸如 telnet、rcp、rsh、rlogin 和 ftp 这些工具不同，**OpenSSH 工具加密在客户和服务器系统之间所有的通信，其中也包括密码**。每一个网络包都被使用只有本地和远程系统知道的一个密钥所加密。

OpenSSH 支持两个版本的 SSH，既支持第 1 版的 SSH 协议（SSH1）也支持第 2 版的 SSH 协议（SSH2）。另外，OpenSSH 提供了通过使用 X11 转发在网络上使用图形应用程序的安全手段。它还提供了一种通过使用端口转发来保护否则是不安全的 TCP/IP 协议的方法。

OpenSSH 客户和服务器有若干个配置文件。那些全局配置文件被存放在/etc/ssh 目录中，而用户配置文件被存放在用户家目录的/.ssh 目录（~/.ssh）中。

以下就是那些存放在/etc/ssh 目录中的全局配置文件的简要描述：

- moduli：包含用来建立一个安全连接的密钥互换信息。
- ssh_config：默认 OpenSSH 用户配置文件。记录项会被一个用户的~/.ssh/config 文件所覆盖。
- sshd_config：sshd 守护进程的配置文件。
- ssh_host_ecdsa_key：由 sshd 守护进程所使用的 ECDSA 的私钥。
- ssh_host_ecdsa_key.pub：由 sshd 守护进程所使用的 ECDSA 的公钥。
- ssh_host_key：SSH1 版的 RSA 的私钥。
- ssh_host_key.pub：SSH1 版的 RSA 的公钥。
- ssh_host_rsa_key：SSH2 版的 RSA 的私钥。
- ssh_host_rsa_key.pub：SSH2 版的 RSA 的公钥。

如果您系统已经安装了 OpenSSH，您就可以使用例 23-18 的 ls 命令列出/etc/ssh 目录中所有这些 OpenSSH 全局配置文件。

【例 23-18】

```
[root@dog ~]# ls -l /etc/ssh
total 156
-rw-------. 1 root root 125811 Oct 14  2014 moduli
```

```
-rw-r--r--. 1 root root   2047 Oct 14  2014 ssh_config
-rw-------. 1 root root   3879 Oct 14  2014 sshd_config
-rw-------. 1 root root    668 Dec 28 05:09 ssh_host_dsa_key
-rw-r--r--. 1 root root    590 Dec 28 05:09 ssh_host_dsa_key.pub
-rw-------. 1 root root    963 Dec 28 05:09 ssh_host_key
-rw-r--r--. 1 root root    627 Dec 28 05:09 ssh_host_key.pub
-rw-------. 1 root root   1675 Dec 28 05:09 ssh_host_rsa_key
-rw-r--r--. 1 root root    382 Dec 28 05:09 ssh_host_rsa_key.pub
```

还有一个 sshd 守护进程的 PAM 配置文件，该文件为/etc/pam.d/sshd，而且还有一个 sshd 服务的配置文件，该文件为/etc/sysconfig/sshd。

当一个用户连接到一个远程系统时，OpenSSH 将自动创建~/.ssh 目录和 known_hosts 文件。以下是那些用户说明的配置文件的简要描述：

- authorized_keys：包含了一个 SSH 服务器的验证公钥的列表。该服务器通过检验在这个文件中它所签的公钥来验证客户。
- id_ecdsa：这个用户的 ECDSA 私钥。
- id_ecdsa.pub：这个用户的 ECDSA 公钥。
- id_rsa：SSH2 版的 RSA 的私钥。
- id_rsa.pub：SSH2 版的 RSA 的公钥。
- identity：SSH1 版的 RSA 的私钥。
- identity.pub：SSH1 版的 RSA 的公钥。
- known_hosts：包含了该用户要访问的 SSH 服务器的主机密钥。当每次该用户连接到一个新服务器时 OpenSSH 将自动添加记录项。

23.7 OpenSSH 的配置和 OpenSSH 实用程序的使用

如果要将一个 Linux 系统配置成一个 OpenSSH 服务器，您就必须首先安装 openssh 和 openssh_server 两个软件包（在安装 Linux 操作系统时这两个软件包会被默认安装）。您可以使用例 23-19 的 rpm 命令验证是否安装了 openssh 和 openssh_server 这两个软件包。

【例 23-19】

```
[root@cat ~]# rpm -qa openssh*
openssh-6.6.1p1-22.el7.x86_64
openssh-server-6.6.1p1-22.el7.x86_64
openssh-clients-6.6.1p1-22.el7.x86_64
```

从例 23-19 的的显示结果可以看出：在这一系统上已经安装了相应的两个软件包。如果没有安装，您可以使用如下的两个 yum 命令安装这两个软件包（其中#是 root 用户的提示符；当然，也可以使用 rpm -i 命令安装相应的软件包）：

```
# yum install openssh
# yum install openssh-server
```

当 openssh 和 openssh_server 这两个软件包安装成功之后，您要使用如下的命令启动 sshd 守护进程（在 Oracle Linux 7 上也可以使用 systemctl start sshd）：

```
# service sshd start
```

如果要想在 Linux 系统每次启动时都自动启动 sshd 访问，您需要使用如下的 service 命令（在 Oracle Linux 7 上也可以使用 systemctl enable sshd）：

```
# service sshd enable
```

如果要将一个 Linux 系统配置成一个 OpenSSH 客户端，您就必须首先安装 openssh 和 openssh_clients 两个软件包。若没安装，可以使用如下的两个 yum 命令安装这两个软件包（其中#是 root 用户的提示符；当然，也可以使用 rpm -i 命令安装相应的软件包）：

```
# yum install openssh
# yum install openssh-clients
```

与配置 OpenSSH 服务器不同，在所配置的 OpenSSH 客户端上不需要启动任何服务。

所有的 OpenSSH 工具都需要您必须拥有一个要连接的远程系统上的用户账号。每次您试图利用 OpenSSH 连接这个远程系统时，您必须提供该远程系统的一个用户名和相应的密码。当您第一次连接一个 OpenSSH 服务器时，OpenSSH 客户端程序提示您确认您要连接的系统是正确的。**在使用 ssh 命令与远程主机连接时，您既可以使用远程主机名也可以使用 IP 地址。**如果要使用主机名，您可能需要先配置/etc/hosts 或 DNS 服务器。以下例 23-20 是利用远程主机的 IP 地址来完成 ssh 命令与远程主机连接的。其中方框括起来的是您要输入的，还有要输入远程主机上 root 用户的密码。

【例 23-20】

```
[root@dog ~]# ssh 192.168.56.101
The authenticity of host '192.168.56.101' can't be established.
RSA key fingerprint is 78:f5:cf:71:73:c1:c5:00:80:86:77:dc:83:41:a7:1e.
Are you sure you want to continue connecting (yes/no)? yes
Warning: Permanently added '192.168.56.101' (RSA) to the list of known hosts.
root@192.168.56.101's password:
```

主机验证是 OpenSSH 的主要特性之一，ssh 命令进行检查以确保您正在连接的主机就是您想要连接的。当您输入 yes 时，客户端程序将把服务器的公钥附加到~/.ssh/known_hosts 文件中。如果系统中没有~/.ssh，该命令会自动创建这一目录。下一次您再与这个远程服务器连接时，客户端程序将这个公钥与要连接的服务器上的进行比较，如果匹配而您又想继续保持连接就不再要求提供确认信息了。

如果有人要试图嗅探您的 SSH 会话，冒充您在它们自己的计算机上登录，那么您将收到一则类似如下的警告信息：

```
@@@@@@@@@@@@@@@@@@@@@@@@@@@@@@@@@@@@@@@@@@@@@@@@@@@@@@@@@@@
@       WARNING: POSSIBLE DNS SPOOFING DETECTED!          @
@@@@@@@@@@@@@@@@@@@@@@@@@@@@@@@@@@@@@@@@@@@@@@@@@@@@@@@@@@@
The RSA host key for ... has changed,
and the key for the according IP address ...
is unchanged. This could either mean that
DNS SPOOFING is happening or the IP address for the host
and its host key have changed at the same time.
Offending key for IP in /home/<user>/.ssh/known_hosts:10
@@@@@@@@@@@@@@@@@@@@@@@@@@@@@@@@@@@@@@@@@@@@@@@@@@@@@@@@@@@
@    WARNING: REMOTE HOST IDENTIFICATION HAS CHANGED!     @
@@@@@@@@@@@@@@@@@@@@@@@@@@@@@@@@@@@@@@@@@@@@@@@@@@@@@@@@@@@
IT IS POSSIBLE THAT SOMEONE IS DOING SOMETHING NASTY!
Someone could be eavesdropping on you right now (man-in-the-middle
attack)!
It is also possible that the RSA host key has just been changed.
```

```
The fingerprint for the RSA key sent by the remote host is ...
Please contact your system administrator.
Add correct host key in /home/<user>/.ssh/known_hosts to get rid
of this message.
Offending key in /home/<user>/.ssh/known_hosts:53
RSA host key for ... has changed and you have requested strict
checking.
Host key verification failed.
```

如果您曾经收到过类似以上的警告信息，您要停止 ssh 连接并且要确定是否是由于这个远程服务器的主机密钥发生变化所引起的（如是否是 SSH 升级或服务器本身升级所引起的）。**如果没有主机密钥发生变化的正当理由，那么在您彻底解决这一问题之前最好不要在试着连接这台主机了。**

23.8 ssh、scp 和 sftp 命令

ssh 命令允许您与一个远程系统连接或在一个远程系统上执行一个命令。 ssh 命令的语法格式如下：

```
ssh [选项] [用户名@]主机名 [命令]
```

在以上的命令中，主机名参数是一个您要连接的 OpenSSH 服务器的名字，而且它是唯一的一个必须的参数（可以使用主机的 IP 地址代替主机名，如例 23-20）。 例如，可以使用如下的命令与一个主机名为 dog 的远程服务器连接（其中，$为 Linux 系统上普通用户的提示符；如果是 root 用户，其提示符为#）：

```
$ ssh dog （或$ ssh dog.super.com）
```

以上的命令试图使用与您在本地系统上登录的同样的用户名连接那台远程主机（主机名为 dog），系统会提示您输入远程系统的密码。如果要以一个不同的用户连接一台远程的主机，您就要通过用户名@参数。以下命令是以 root 用户连接远程的 dog 服务器：

```
$ ssh root@dog （或$ ssh root@dog.super.com）
```

如果您要在一个远程系统上执行一条命令，就要在 ssh 命令中包括这一命令作为参数。ssh 以这一用户登录远程系统，随后执行该命令，然后关闭这一连接，如以下的命令：

```
$ ssh dog pwd（或$ ssh dog.super.com pwd）
```

scp 命令允许用户在不同的远程系统之间复制文件或目录（在复制目录时要使用-r 选项）。scp 命令是这样执行的：首先在两系统之间建立一个连接，随后复制文件或目录，最后关闭连接。 如果您要将一个文件复制到一个远程系统上（上传），所使用的 scp 命令的语法格式如下：

```
scp [选项] 本地文件名 [用户名@]目的主机名[:远程文件名]
```

例如，如果您想要将一个名为 ancestor 的本地文件复制到远程 dog 主机上相同用户的家目录中，您就可以使用如下的 scp 命令：

```
$ scp ancestor dog （或$ scp ancestor dog.super.com）
```

如果您要将这个相同的本地文件复制到远程系统的主机上相同用户的相同目录中但文件名改为 ancestor.dog，您就可以使用如下的 scp 命令：

```
$ scp ancestor dog:ancestor.dog
```

如果您要从一个远程系统上复制一个文件（下载），所使用的 scp 命令的语法格式如下：

```
scp [选项][用户名@]源（远程）主机名[:远程文件名] 本地文件名
```

例如，如果您要从一个远程系统上的同名用户的家目录中下载一个名为 ancestor.dog 的文件，其 scp 命令如下：

```
$ scp dog:ancestor.dog .
```

如果您要从那个远程系统上的同名用户的家目录中同样下载那个名为 ancestor.dog 的文件，但是要将其改名为 ancestor.dog.new，其 scp 命令如下：

```
$ scp dog:ancestor.dog ancestor.dog.new
```

sftp 命令完全可以替代 ftp 而且更安全，并且与 ftp 的功能一模一样。要使用 sftp，只要在登录一个上面运行着 OpenSSH 守护进程的服务器时使用 sftp 而不是使用 ftp 就行了。使用 sftp 命令连接一个远程系统的语法格式如下：

```
sftp [选项] [用户名@]主机名
```

以下的例子假设您在本地系统上是以用户 babydog 登录的并正在连接到一个名为 dog 的远程系统：

```
sftp dog （或$ sftp dog.super.com）
```

您要在 password 的提示处输入远程 dog 主机上与本地用户同名用户的密码，随后系统将显示 sftp 命令的提示符：

```
sftp>
```

如果您对 sftp 或 ftp 的命令不太熟悉，您可以输入 help 命令或“?”以显示在 sftp 中可以使用的全部命令的清单。如果您想将一个本地文件（如 ancestor.dog.new）上传到那个远程系统上，即从本地系统将这个文件复制到那个远程系统上，您可以使用如下的命令：

```
sftp> put ancestor.dog.new
```

凡是在 ftp 中所包含的命令都可以在 sftp 中使用，这里就不再重复了。如果操作完毕了，您可以输入 exit、quit 或 by 命令关闭连接并退出 sftp。

23.9　ssh-keygen 命令

ssh-keygen 命令是用来产生一对公共/私人身份验证密钥的。这对身份验证密钥允许一个用户在不提供密码的情况下连接到一个远程系统上。每个用户必须单独地产生密钥。如果您以 oracle 用户产生了密钥对，那么就只有 oracle 用户可以使用这对密钥。您可以使用以下的命令来产生一个 RSA 密钥的公钥和私钥对：

```
$ ssh-keygen -t rsa
```

在以上命令中要使用-t 选项来定义所创建的密钥的类型，在第 1 版的协议中可能的值为 rsa1，而在第 2 版的协议中可能的值则为 dsa、ecdsa 或 rsa。

您仍然可以定义一个密码短语以加密密钥的私钥部分。如果您加密了您的个人密钥，您就必须在每次使用密钥时提供所定义的密码短语。这可以防止骇客他/她获取了您的私钥并可以冒充您。也就是说，如果能够做到这一点，此人也就可以访问您可以访问的所有计算机了。是不是有点恐怖？当您设了密码短语之后，这位不走运的骇客还必须通过那个密码短语，好像是安全了点？

在以上例子中的 ssh-keygen 命令会在~/.ssh 目录（用户家目录中的.ssh 目录）中生成 id_rsa 和 id_rsa.pub 两个密钥文件。

如果想要在不提供密码的情况下登录一个远程系统或复制一些文件到一个远程系统，您就要将公钥（在本例中为~/.ssh/id_rsa.pub）复制到那个远程系统上的~/.ssh/authorized_keys 文件中。随后，要将远程系统上的~/.ssh 目录的权限修改为 700（默认就是 700）。此后，您就可以在不提供密码的情况下使用 ssh 和 scp 工具访问那个远程系统了，是不是很方便？

这里顺便说一下，一般在安装 Oracle 集群（RAC）时需要完成以上所介绍的配置以方便不同节点之间的信息交换。

如果允许多个远程连接，您要将公钥添加到 authorized_keys 文件中而不是复制。您可以使用如下的命令将所需的公钥添加到 authorized_keys 文件中（其中$为普通用户的提示符，如果是 root 用户 Linux 系统的提示符为#）：

```
$ cat id_rsa.pub >> authorized_keys
```

为了进一步改进系统的安全，您甚至可以禁止标准的密码验证而强制使用基于密钥的验证。要达到这一目的，您要将/etc/ssh/sshd_config 配置文件中的 PasswordAuthentication 选项设置为 no。其在/etc/ssh/sshd_config 文件中的设置如下：

```
PasswordAuthentication no
```

在完成了以上设置之后，如果用户的密钥没有在远程系统上该用户的 authorized_keys 文件中，那么这个远程系统就不允许该用户使用 ssh 连接该系统。在这种情况下，不但连接会被拒绝而且系统还会显示警告信息。

Linux 系统默认 PasswordAuthentication 选项设置是 yes，也就是允许用户使用密码验证。

23.10 使用 ssh 连接到远程服务器的实例

在这个实例中，我们将演示如何验证 OpenSSH 软件包是否安装，验证在服务器上 sshd 服务是否启动，最后使用 ssh 实用程序建立连接并在一个远程系统上执行一个命令。

随着狗公司业务的爆炸式增长，公司的系统变得越来越庞大，难免遇到“林子一大，什么鸟都有”的情形，这就使得系统安全变得极为重要。为此，作为系统管理员的您决定只能使用 ssh 连接远程服务器。您首先进行相关的测试和配置，以下就是具体的操作步骤：

首先您要验证 dog 服务器上所需的 openssh 软件包是否已经安装，您可以使用例 23-21 的 rpm 命令验证 openssh 软件包是否已经安装。

【例 23-21】

```
root@dog ~]# rpm -qa |grep openssh
openssh-5.3p1-104.el6_6.1.x86_64
openssh-askpass-5.3p1-104.el6_6.1.x86_64
openssh-clients-5.3p1-104.el6_6.1.x86_64
openssh-server-5.3p1-104.el6_6.1.x86_64
```

例 23-21 的显示结果清楚地表明在该系统上已经安装了所需的全部软件包。接下来，您可以**使用例 23-22 的 service 命令（在 Oracle Linux 7 上也可以使用 systemctl 命令）验证 sshd 服务是否已经启动。**

【例 23-22】

```
[root@dog ~]# service sshd status
openssh-daemon (pid  1872) is running...
```

例 23-22 的显示结果清楚地表明在该系统上 sshd 服务已经开启并正在运行。接下来，切换到另一台客户机 cat 上，然后您可以使用例 23-23 的 rpm 命令验证 openssh 软件包是否已经安装。

【例 23-23】

```
[root@cat ~]# rpm -qa openssh*
openssh-5.3p1-104.el6_6.1.x86_64
openssh-askpass-5.3p1-104.el6_6.1.x86_64
openssh-clients-5.3p1-104.el6_6.1.x86_64
openssh-server-5.3p1-104.el6_6.1.x86_64
```

例 23-23 的显示结果清楚地表明在该系统上已经安装了所需的全部软件包。这里需要再次强调的是：**在客户端上不需要启动 sshd 服务。**随后，您可以使用例 23-24 的 su 命令切换到普通用户 dog。

【例 23-24】

```
[root@cat Desktop]# su - dog
```

做完以上准备工作之后，您就可以干正事儿了。首先您可以使用例 23-25 的 ls 命令列出 dog 家目录中的所有文件和子目录。为了节省篇幅，我们省略了输出显示结果。

【例 23-25】

```
[dog@cat ~]$ ls -la
```

在例 23-25 的显示结果中并不存在~/.ssh 目录（如果您之前从来没有使用过 ssh 命令）。您可以使用例 23-26 的 ssh 命令远程登录 dog 主机。在要求回答的“Are you sure ...”处，输入 yes，在 dog 主机上的 dog 用户密码处输入 wang（该用户的密码）。

【例 23-26】

```
[dog@cat ~]$ ssh dog.super.com
The authenticity of host 'dog.super.com (192.168.56.102)' can't be
established.
RSA key fingerprint is 78:f5:cf:71:73:c1:c5:00:80:86:77:dc:83:41:a7:1e.
Are you sure you want to continue connecting (yes/no)? yes
Warning: Permanently added 'dog.super.com,192.168.56.102' (RSA) to the list
of known hosts.
dog@dog.super.com's password:
Last login: Tue Mar  7 10:21:32 2017 from 192.168.56.102
```

以上命令成功执行完之后，您可以使用例 23-27 的 hostname 命令显示所在主机名以验证您是否成功地登录了远程的 dog 主机。

【例 23-27】

```
[dog@dog ~]$ hostname
dog.super.com
```

随后，您可以使用例 23-28 的 logout 命令关闭与远程的主机 dog 的 ssh 连接。接下来，您可以使用例 23-29 的 hostname 命令显示所在主机名以验证您是否成功地返回了客户端主机 cat。

【例 23-28】

```
[dog@dog ~]$ logout
Connection to dog.super.com closed.
```

【例 23-29】

```
[dog@cat ~]$ hostname
cat.super.com
```

现在，您可以再次查看 dog 家目录中的.ssh 目录是否存在。使用例 23-30 的 ls 命令列出 dog 家目录中的所有文件和子目录。为了节省篇幅，我们省略了输出显示结果。

【例 23-30】

```
[dog@cat ~]$ ls -al
```

在例 23-30 的显示结果中已经有了~/.ssh 目录。最后，您可以使用例 23-31 的 ls 命令列出~/.ssh 目录中的所有文件和子目录。

【例 23-31】

```
[dog@cat ~]$ ls -al .ssh
total 12
drwx------. 2 dog dog 4096 Mar  8 17:00 .
```

```
drwx------. 34 dog dog 4096 Mar  8 16:48 ..
-rw-r--r--.  1 dog dog  410 Mar  8 17:00 known_hosts
```

例 23-31 的显示结果清楚地表明 known_hosts 文件已经存在。之后，您再使用例 23-26 的 ssh 命令远程登录 dog 主机时，远程系统就不会再提问了，而只需输入 dog 用户的密码即可。

当以上操作顺利完成之后，您就可以保证 cat 客户机上的用户可以使用 ssh 连接到远程服务器 dog 上了。

23.11 配置不使用密码的 OpenSSH 连接的实例

在这一实例中，我们将演示如何使用 ssh-keygen 产生一对 RSA 密钥并配置 OpenSSH 以不需提供密码的方式连接到一个远程系统。另外，还将演示 scp 命令的用法。

在狗公司中，许多员工都在多个不同的服务器上创建了同名的用户，每次员工以同名用户切换到不同的服务器时都需要提供密码，这样很不方便。为了能够使这些用户在从本地计算机连接到远程计算机时不再需要提供密码，您进行了如下的配置和测试：

为了要在 dog 主机上使用 ssh-keygen 为普通用户 dog 创建一个 RSA 密钥的公钥和私钥，您要以 dog 用户登录这台主机或使用 su 命令切换到 dog 用户。随后，您可以使用例 23-32 的 whoami 命令确认当前用户就是 dog 并且使用例 23-33 的 pwd 命令确认当前目录为该用户的家目录。

【例 23-32】

```
[dog@dog ~]$ whoami
dog
```

【例 23-33】

```
[dog@dog ~]$ pwd
/home/dog
```

随后，您应该使用例 23-34 的 ls 命令列出~/.ssh 目录中的全部内容以验证该用户的公钥和私钥是否存在。

【例 23-34】

```
[dog@dog ~]$ ls -al .ssh
ls: cannot access .ssh: No such file or directory
```

从例 23-34 的显示结果可以清楚地看到这个目录并不存在。现在，您就可以使用例 23-35 的 ssh- keygen -t rsa 命令生成所需的 RSA 密钥。在系统提示处按 Enter 键接受默认。

【例 23-35】

```
[dog@dog ~]$ ssh-keygen -t rsa
Generating public/private rsa key pair.
Enter file in which to save the key (/home/dog/.ssh/id_rsa):
Created directory '/home/dog/.ssh'.
Enter passphrase (empty for no passphrase):
Enter same passphrase again:
Your identification has been saved in /home/dog/.ssh/id_rsa.
Your public key has been saved in /home/dog/.ssh/id_rsa.pub.
The key fingerprint is:
23:5c:bd:f9:f3:6e:cf:36:b3:62:ab:d4:ba:38:5f:be dog@dog.super.com
The key's randomart image is:
+--[ RSA 2048]----+
```

```
|                 |
|       .         |
|      . .        |
|    . .   o      |
|     o S o       |
|      . . ..     |
|         .oo     |
|       .o +=.+.  |
|       .o=+E*+*  |
+-----------------+
```

在以上命令执行成功之后，您应该使用例 23-36 的 ls 命令再次列出~/.ssh 目录中的全部内容以验证该用户的公钥和私钥是否存在。

【例 23-36】

```
[dog@dog ~]$ ls -al ~/.ssh
total 16
drwx------. 2 dog dog 4096 Mar 10 08:33 .
drwx------. 5 dog dog 4096 Mar 10 08:33 ..
-rw-------. 1 dog dog 1675 Mar 10 08:33 id_rsa
-rw-r--r--. 1 dog dog  399 Mar 10 08:33 id_rsa.pub
```

从例 23-36 的显示结果可以清楚地看到：ssh-keygen 已经创建了这个目录和产生了两个密钥文件。现在，您应该使用例 23-37 的 scp 命令将这个本地系统（dog）上~/.ssh/id_rsa.pub 文件复制到远程系统（cat）上，其文件名为~/.ssh/authorized_keys。在问答处，输入 yes 继续，在密码处输入 wang（dog 的密码）。

【例 23-37】

```
[dog@dog ~]$ scp ~/.ssh/id_rsa.pub cat:~/.ssh/authorized_keys
The authenticity of host 'cat (192.168.56.101)' can't be established.
RSA key fingerprint is 78:f5:cf:71:73:c1:c5:00:80:86:77:dc:83:41:a7:1e.
Are you sure you want to continue connecting (yes/no)? yes
Warning: Permanently added 'cat,192.168.56.101' (RSA) to the list of known
hosts.
dog@cat's password:
id_rsa.pub                                    100%  399     0.4KB/s   00:00
```

因为这是您第一次与这台 OpenSSH 服务器连接，所以系统要求您确认该连接。需要指出的是：要建立连接，系统需要您提供密码。虽然您已经复制了公钥文件，但是您仍然连在本地系统（dog）上。为了能够从本地 dog 系统登录到远程 cat 主机之上，您应该使用例 23-38 的 ssh 命令完成远程登录 cat 主机。

【例 23-38】

```
[dog@dog ~]$ ssh cat
Last login: Sun Feb 19 09:49:22 2017 from 192.168.56.1
```

要注意到的是：这次登录远程系统 cat 已经不再需要输入密码了。接下来，您可以使用例 23-39 的 hostname 命令验证所登录的主机是不是 cat。

【例 23-39】

```
[dog@cat ~]$ hostname
cat.super.com
```

接下来，您应该使用例 23-40 的 ls 命令列出~/.ssh 目录中的全部内容以验证 authorized_keys 文件是否存在。

【例 23-40】

```
[dog@cat ~]$ ls -al .ssh
total 16
drwx------.  2 dog dog 4096 Mar 10 08:45 .
drwx------. 34 dog dog 4096 Mar  8 16:48 ..
-rw-r--r--.  1 dog dog  399 Mar 10 08:45 authorized_keys
-rw-r--r--.  1 dog dog  410 Mar  8 17:00 known_hosts
```

从例 23-40 的显示结果可以清楚地看到：authorized_keys 文件已经存在，也正是由于这一文件您在进行远程连接时不再需要提供密码。现在，您可以使用例 23-41 的 logout 命令关闭与 cat 主机的连接。

【例 23-41】

```
[dog@cat ~]$ logout
Connection to cat closed.
```

接下来，您可以使用例 23-42 的 hostname 命令验证所登录的主机为哪一个。随后，您可以使用例 23-43 的 exit 命令退出 dog 用户。实际上是退回到了 root 用户，从系统的提示符#就可以确认这一点。如果还不放心，可以使用例 23-44 的 whoami 命令再次确认一下。

【例 23-42】

```
[dog@dog ~]$ hostname
dog.super.com
```

【例 23-43】

```
[dog@dog ~]$ exit
logout
```

【例 23-44】

```
[root@dog Desktop]# whoami
root
```

当以上操作顺利完成之后，您就可以重复类似以上的操作完成对所有其他有同样需要的用户的相关配置。在安装 Oracle 集群（RAC）时就需要进行类似以上的配置，因为每个计算机节点之间要使用相同的用户自动地交换信息。

☞ 指点迷津：

OpenSSH 主要是用于防止来自外部的远程攻击。如果您管理和维护的是一个公司内部的局域网，那么使用传统的工具（如 telnet 或 ftp 等）可能更方便和更简单。是否使用 OpenSSH 更主要的是取决于公司在安全方面的要求以及管理员和用户的水平等因素。

23.12 您应该掌握的内容

在学习完本章之后，请检查一下您是否已经掌握了以下内容：

- 为什么要引入自动化系统作业？
- 在 Oracle Linux 中最常用的自动化作业实用程序是哪两个？
- cron 和 anacron 有什么差别？
- 了解 crond 守护进程的工作原理。
- 怎样定义 crond 作业？
- 熟悉常用的 cron 目录和文件。

- Linux 系统是使用哪两个访问控制文件来限制对 cron 的访问的？
- 普通用户怎样创建或编辑 crontab？
- 了解/etc/anacrontab 配置文件中主要内容的含义。
- at 和 batch 命令的语法和它们之间的差别。
- 熟悉常用的 time 参数。
- Linux 系统使用哪两个访问控制文件限制对 at 和 batch 的访问？
- 为什么要引入 OpenSSH？
- 熟悉 OpenSSH 的工作原理和配置文件。
- 怎样配置 OpenSSH 服务器和客户端？
- 熟悉 ssh、scp 和 sftp 命令的语法。
- 熟悉 ssh-keygen 命令功能和语法。
- 熟悉使用 ssh 连接到远程服务器的具体操作步骤。
- 熟悉配置不使用密码的 OpenSSH 连接的具体步骤。

结　束　语

相信通过前面的学习，读者已经掌握了 Linux 操作系统。可能读者已经意识到了，其实 Linux 操作系统并不像想象中或传说中的那么难懂。学习 Linux 操作系统是有规律可循的，只要掌握了其中的套路，再加上反复的实践，掌握 Linux 操作系统甚至成为 Linux 行当中的专家都只是一个时间的问题。相信通过本书的学习，读者已经掌握了学习 Linux（UNIX）系统的套路。

如果读者觉得还不够熟练，可以通过重复练习不熟悉的部分来逐步地熟练掌握 Linux 操作系统的使用。同遗忘做斗争是每个人都必须面对的问题，人们越想记住的东西就越容易忘记，而越想忘掉的痛苦却永远挥之不去。科学家已经证明要想使学到的知识或技能不会遗忘，唯一的方法是重复，而且要重复、重复、再重复，所谓温故而知新嘛；另外，是在错误中学习，人们在错误中，特别是在大的错误或灾难中学习到的东西是最不易被忘记的，也就是说错误是最好的老师。因此，学会 Linux 系统的两件法宝就是重复与不怕犯错误。

学习 Linux 操作系统兴趣也挺重要的，如果您在学习 Linux 系统时，有什么奇思妙想不妨在系统上试一试，没准就是一个伟大的新发现。另外，在 Linux 系统上做一些好玩的实验也对学习和掌握 Linux 系统很有帮助，没准玩着玩着就把自己玩成了一个 Linux 系统的大专家。一件事做长了、做久了、做熟了自然而然就成了专家。正所谓“专家都从菜鸟来、牛人（大虾）全靠熬出来”。

通常要熟练地掌握一门能保住饭碗的手艺（技能）需要较长的时间反复地练习才行。通过参加短期的 Linux 操作系统的培训课程就想成为这方面的行家是根本不可能的。这种课程只能达到把您引入 Linux 这个行业中的目的（希望如此）。之后，您还需要自己做大量的练习才能熟练地掌握 Linux 操作系统的知识和技能。因此最好将本书中的例题在计算机上至少做一遍。在实际工作中当 Linux 操作系统出了问题时，一般是没有很多时间查书的，作为 Linux 系统的专业人员您必须在很短时间内就得开始工作并能够快速地解决问题。正因为这样，您在平时就要把常用的 Linux 操作系统命令或操作练熟。

本书的内容是 Linux 操作系统管理员必须掌握的，也是 Linux 系统的开发人员或其他 Linux 从业人员应该掌握的。是 Linux 操作系统核心的内容，也是几乎所有其他 Linux 操作系统课程的基础。如果没有掌握这部分内容是很难成为一名优秀 Linux 操作系统管理员或 Linux 系统开发人员的。

重复学习或重复培训是一件非常浪费资源的事，有人很多年前就开始参加 Linux 操作系统的培训，一直到现在还在参加同一级别的 Linux 培训而且长进不大。为了不使读者重蹈覆辙，本书系统而全面地讲解了在这一级别 Linux 系统从业人员工作中常用和可能用到的几乎所有的知识和技能。因此读者在几乎完全掌握了本书的内容之后就不用再重复学习类似的课程了，可以上到一个新的层次，学习更高级的课程。另外，与 UNIX 系统相同，Linux 操作系统是一个相当稳定的操作系统，许多命令和操作很多年甚至 20 多年都没什么变化。因此，只要读者认真地学会了一个版本的 Linux 系统，升级就变得非常容易了，也就是说使用已经掌握的 Linux 知识和技能就可以在 Linux 系统的行当里长期地混下去了。

读者应该已经发现了本书差不多每一章中都有很多例题，这些例题对读者理解书中的内容很有帮助。科学已经证明：文字作为一种交流的工具，它的承载能力要比声音和图像小。正因为如此，在本书的许多章节中都附有许多图片甚至视频来帮助读者加深对所学知识的理解和掌握。书作为一种古老的单向交流工具，它的承载能力是很有限的，因此产生二义性几乎是不可避免的。基于以上理由，当您看书时，有些内容看一遍看不懂是很正常的。这时通过上机做例题可能会帮助您理解。只要能理解了书中所介绍的内容就达到了目的。至于是通过上机做练习，还是通过阅读书中的解释，还是看书中的图示学会的并不重要。

根据我个人的经验和从一些同行那里得到的信息，一个人要想真正成为在工作中能独挡一面的 Linux（UNIX）专家，一般需要至少 3～5 年的时间甚至更长。但是 Linux（UNIX）操作系统管理员的职业寿命很长。Linux（UNIX）操作系统管理员这一职业也有点像医生，干的年头越久经验越丰富。这本书是帮助读者解决温饱问题的，即帮您进入 Linux（UNIX）系统这个行业；而无法使您读完了此书就能漫步在梦想舞台的星光大道上。那还要靠您自己的努力加上运气。学习 Linux（UNIX）操作系统有点像煲汤要用文火慢慢地煲，时间越长效果越好，千万不要性急，所谓“欲速则不达”。只要读者有信心坚持下去成为 Linux 系统的大虾和专家没有任何问题，在许多传说中蜘蛛、兔子等修炼千年都能成精，受过现代化教育的人比它们开始修炼时的智商肯定高出许多倍。

即使您学会了此书之后并没有从事 Linux 操作系统方面的工作，您也会发现这本书所介绍的不少知识和技能同样可以套用到其他应用系统上（如数据库管理系统上），而且理解了 Linux 操作系统之后，学习其他的计算机应用系统会变得简单多了，因为计算机系统的知识是相通的，另外许多应用系统本身也借用了 Linux 或 UNIX 操作系统的设计和管理理念（也包括了一些技术）。

如果读者之前没有工作过，通过本书的虚拟项目——狗项目可以了解一些项目或机构的实际运作情况，这对没有任何工作经验的人应该会有所帮助。当然，您将来参加的项目未必是狗项目，可能是鸡项目或鸭项目。当您做了这样的项目之后，就会发现也都大同小异，只不过将来带出来的是鸡或鸭专家，而培育出来的是鸡或鸭明星而已。

希望读者能喜欢这本书，也更希望本书所介绍的内容能使读者真正领悟 Linux 操作系统并能对读者今后的 IT 生涯有所帮助。时间会做出正确的回答的。如果读者对本书有任何意见或要求，欢迎来信提出。我们的电子邮箱为 sql_minghe@yahoo.com.cn。

最后，恭祝读者胜利地完成了 Linux 操作系统的学习之旅，并且好机会像狗项目中的小狗一样一窝接一窝地蜂拥而来，“前途是光明的，道路是曲折的”。

何明

参 考 文 献

1. Compaq Computer Corporation. Tru64 UNIX V5.0 Basic Networking Skills: Student Guide. USA: Compaq Computer Corporation, 2001
2. Compaq Computer Corporation. Unix Shell Programming Featuring Korn Shell: Course Guide. USA: Compaq Computer Corporation, 1999
3. Compaq Information Technologies Group. Tru64 UNIX V5 Utilities and Commands: Student Guide. USA: Compaq Information Technologies Group, 2002
4. Craig M. Oracle Linux 7: Advanced Administration Student Guide. USA: Oracle Corporation, 2015
5. Craig M. Oracle Linux 7: System Administration Student Guide. USA: Oracle Corporation, 2015
6. Craig M. Oracle Linux System Administration Student Guide. USA: Oracle Corporation, 2012
7. Craig M. Oracle Linux System Advanced Administration Student Guide. USA: Oracle Corporation, 2012
8. Hewlett-Packard Company. Fundamentals of the Unix System: Instructor Guide. USA: Hewlett-Packard Company, 1999
9. Hewlett-Packard Company. HP-UX System and Network Administration I: Student Workbook. USA: Hewlett-Packard Company, 1999
10. Hewlett-Packard Company. HP-UX System and Network Administration II: Student Workbook. USA: Hewlett-Packard Company, 1999
11. Hewlett-Packard Company. Tru64 UNIX V5 network Administration: Student Guide. USA: Hewlett-Packard Company, 2002
12. Hewlett-Packard Company. Tru64 UNIX V5 System Administration: Student Guide. USA: Hewlett-Packard Company, 2002
13. Oracle Corporation. Oracle Database 11g: Real Application Clusters. USA: Oracle Corporation, 2007
14. Oracle Corporation. Oracle Enterprise Linux: Linux Fundamentals. USA: Oracle Corporation, 2007
15. Oracle Corporation. Oracle® Linux Administrator's Guide for Release 6. USA: Oracle Corporation, 2016
16. Oracle Corporation. Oracle® Linux Administrator's Guide for Release 7. USA: Oracle Corporation, 2016
17. Oracle Corporation. Oracle® Linux Administrator's Solutions Guide for Release 6. USA: Oracle Corporation, 2016
18. Oracle Corporation. Oracle® Linux Installation Guide for Release 6. USA: Oracle Corporation, 2016
19. Oracle Corporation. Oracle® Linux Installation Guide for Release 7. USA: Oracle Corporation, 2016
20. Pardeep S. Shell Programming Student Guide. USA: Oracle Corporation, 2014
21. Peiris, D. A., & He, Q. Y. *Incorporating Game Simulation in a Cognitive Online Learning Recommender System*. Conference paper presented at the 3rd Annual Conference of the Indian Subcontinent Decision Sciences Institute Region (ISDSI), Hyderabad, India, 2009
22. Red Hat, Inc. RH033 - Red Hat Linux Essentials for Red Hat Enterprise Linux 5. USA: Red Hat, Inc, 2009
23. Red Hat, Inc. RH033 - Red Hat Linux Essentials for Red Hat Enterprise Linux 4. USA: Red Hat, Inc, 2003
24. Red Hat, Inc. RH133 - Red Hat Enterprise Linux System Administration for Red Hat Enterprise Linux 4. USA: Red Hat, Inc, 2003
25. Red Hat, Inc. RH133 - Red Hat Linux System Administration for Red Hat Enterprise Linux 5. USA: Red

Hat, Inc, 2009
26. Red Hat, Inc. RH253 - Red Hat Enterprise Linux Network and Security Administration for Red Hat Enterprise Linux 5. USA: Red Hat, Inc, 2009
27. Red Hat, Inc. RH253 - Red Hat Network Services and Security Administration for Red Hat Enterprise Linux 4. USA: Red Hat, Inc, 2003
28. Ric D. & James S. etc. Managing Oracle on Linux: Student Guide. USA: Oracle Corporation, 2003
29. Sun Microsystems, Inc. Advanced System Administration for the Solaris 10 Operating System: Student Guide. USA: Sun Microsystems, Inc, 2005
30. Sun Microsystems, Inc. Advanced System Administration for the Solaris 9 Operating System: Student Guide. USA: Sun Microsystems, Inc, 2002
31. Sun Microsystems, Inc. Fundamentals of Solaris 8 Operating Environment for System Administrators: Student Guide. USA: Sun Microsystems, Inc, 2000
32. Sun Microsystems, Inc. Intermediate System Administration for the Solaris 10 Operating System: Student Guide. USA: Sun Microsystems, Inc, 2005
33. Sun Microsystems, Inc. Intermediate System Administration for the Solaris 9 Operating System: Student Guide. USA: Sun Microsystems, Inc, 2002
34. Sun Microsystems, Inc. Network System Administration for the Solaris 10 Operating System: Student Guide. USA: Sun Microsystems, Inc, 2005
35. Sun Microsystems, Inc. Network System Administration for the Solaris 9 Operating System: Student Guide. USA: Sun Microsystems, Inc, 2002
36. Sun Microsystems, Inc. Shell Programming for System Administrators: Student Guide. USA: Sun Microsystems, Inc, 2000
37. Sun Microsystems, Inc. Solaris 8 Operating Environment System Administration I: Student Guide. USA: Sun Microsystems, Inc, 2000
38. Sun Microsystems, Inc. Solaris 8 Operating Environment System Administration II: Student Guide. USA: Sun Microsystems, Inc, 2000
39. Sun Microsystems, Inc. Solaris Operating Environment TCP/IP Netwok Administration: Student Guide. USA: Sun Microsystems, Inc, 2000
40. Sun Microsystems, Inc. UNIX Essentials Featuring the Solaris 10 Operating System: Student Guide. USA: Sun Microsystems, Inc, 2005
41. Sun Microsystems, Inc. UNIX Essentials Featuring the Solaris 9 Operating System: Student Guide. USA: Sun Microsystems, Inc, 2002
42. Terry C. & Kurt W. Red Hat Linux Networking and System Administration. New York, USA: Redhat Press, 2002
43. Uma S.， Pardeep S. UNIX and Linux Essentials Student Guide. USA: Oracle Corporation, 2012